U0294336

新中国  年

1949 - 2019

水利科技大家
学行研究

高峻 等 著

中国水利水电出版社
www.waterpub.com.cn
·北京·

内 容 提 要

本书对新中国成立70年来13位水利科技大家的学行进行了系统研究与深入探讨，再现了汪胡桢、张含英、王化云、林一山、张光斗、严恺、姚汉源、朱显谟、张瑞瑾、林秉南、钱宁、罗西北、潘家铮等不忘初心、牢记使命、矢志不渝、勇攀高峰的心路历程，讲述了他们科技报国创新成果背后鲜为人知的故事和学行修明、德行可风、奋斗成功中蕴含的哲理和启示，是对新中国水利事业辉煌成就和历史经验最生动、最深刻的诠释。

本书是向新中国成立70周年的献礼之作，可供希望了解新中国水利发展历程的社会各界人士阅读；尤其可供水利工程、生态环保、地理气象、科学技术史和国史研究工作者以及相关专业的大专院校师生阅读参考。

图书在版编目（CIP）数据

新中国70年水利科技大家学行研究 / 高峻等著. --
北京 ：中国水利水电出版社，2019.9
ISBN 978-7-5170-7970-5

Ⅰ. ①新… Ⅱ. ①高… Ⅲ. ①水利工程—科学家—人
物研究—中国—现代 Ⅳ. ①K826.16

中国版本图书馆CIP数据核字(2019)第191086号

书　　名	新中国 70 年水利科技大家学行研究 XIN ZHONGGUO 70 NIAN SHUILI KEJI DAJIA XUEXING YANJIU
作　　者	高峻　等著
出版发行	中国水利水电出版社 （北京市海淀区玉渊潭南路 1 号 D 座　100038） 网址：www.waterpub.com.cn E - mail：sales@waterpub.com.cn 电话：(010) 68367658 (营销中心)
经　　售	北京科水图书销售中心 (零售) 电话：(010) 88383994、63202643、68545874 全国各地新华书店和相关出版物销售网点
排　　版	中国水利水电出版社微机排版中心
印　　刷	北京市密东印刷有限公司
规　　格	210mm×285mm　16 开本　46 印张　1007 千字
版　　次	2019 年 9 月第 1 版　2019 年 9 月第 1 次印刷
印　　数	0001—1000 册
定　　价	**260.00 元**

凡购买我社图书，如有缺页、倒页、脱页的，本社营销中心负责调换

序　一

武　力

水利在中国历来是国之大事。作为一个具有悠久农业文明的大国，从"大禹治水"到大运河、坎儿井，防治水害、兴修水利都是国家大事。新中国成立之初，百废待兴之际，国家就启动了"荆江分洪"工程、治理淮河工程，随后治理黄河、治理海河。在水利工程建设方面，新中国与中国古代最大的不同在于，古代是农业文明时代，水利主要是防洪、农业灌溉和运输；而新中国已经处于工业文明时代，工业化、城市化成为发展的主旋律，因此水能利用、工业用水、城市用水成为水利建设的主要目标，大力兴修水库和水电站成为新中国水利建设的特点和亮点。

工业文明时代也是一个生产和居住向城市集中的时代，是需要大规模消耗能源和水资源的时代。而中国人口众多和水资源欠丰这两个特点，使得当1949年新中国实现了国家独立、人民解放并开始大规模工业化以后，水利问题就立即摆在了执政的中国共产党面前：它既可以防治水旱灾害和进行农业灌溉，又可以提供现代能源（水力发电）、解决城市用水，可谓一举两得。因此，中国几千年积累下来的水文化在新时代、新中国得到发扬光大，创造出世界一流的水利工程。

我国是一个干旱缺水严重的国家。我国的淡水资源总量为28000亿立方米，占全球水资源的6%，仅次于巴西、俄罗斯、加拿大、美国和印度尼西亚，位列世界第六位。但是，我国的人均水资源量只有2300立方米，仅为世界平均水平的1/4，是全球人均水资源最贫乏的国家之一。按照国际公认的标准，人均水资源低于3000立方米为轻度缺水；人均水资源低于2000立方米为中度缺水；人均水资源低于1000立方米为严重缺水；人均水资源低于500立方米为极度缺水。

中国虽然人均水资源为轻度缺水，但是区域之间分布极不平衡。长江流域及其以南地区，国土面积只占全国的36.5%，其水资源量占全国的81%；其以北地区，国土面积占全国的63.5%，其水资源量仅占全国的19%。2017年，人均水资源超过4000立方米的共有6个省（自治区），排名顺序分别为：西藏142311.3立方米、青海13188.86立方米、广西4912.06立方米、云南4602.41立方米、新疆4206.41立方米、海南4165.74立方米；有16个省（自治区、直辖市）人均水资源（不包括过境水）低于严重缺水线，有6个省（自治区）（宁夏、河北、山东、河南、山西、江苏）人均水

武力，中国社会科学院当代中国研究所副所长、研究员、博士生导师。

资源低于 500 立方米。我国人均水资源区域分布与地区经济发展水平成反比。在经济发达的京津冀地区，人均水资源较少，而那些人均水资源均超过全国平均水平的地区，基本上都属于祖国边陲的经济欠发达地区，人口相对稀少，经济相对落后，城市化率比较低，并且随着经济发展和流动自由度的提高，人口还会向东南发达地区流动。很明显，水资源的分布成为制约中国经济发展的主要因素之一。

近年来，随着我国城镇化进程的加快和人们生活水平的提高，对于洁净水的需求日益增加。而我国也是水资源污染严重的国家之一，水资源需求与供给之间的不平衡使我国面临较严重的水资源短缺问题。

从新中国成立之日起，中国共产党和人民政府就高度重视水利建设。国家在这方面投入的人力物力不仅超过历史上任何一个时期，而且在当今世界也是首屈一指，水利建设的成就数不胜数。50 年代的"荆江分洪"工程、"治理淮河"工程令人自豪振奋；1957 年 4 月开工的新安江水电站，是中国自行设计、自制设备、自主建设的第一座大型水电站，也是我国第一座百米高的混凝土重力坝。1958 年 9 月，中国首座百万千瓦级的水电站——刘家峡水电站在黄河上游开工建设。至 1975 年，总装机容量 122.5 万千瓦的刘家峡水电站建成，成为中国水电史上的重要里程碑。此后中国又陆续建成了一批百万千瓦级的水电站。1991 年，二滩水电站作为世界银行在单个项目贷款最多的项目正式开工。全面实行国际招标，项目管理全面与国际接轨，引进国际管理经验和技术，促进我国水电建设技术和设备制造能力跨上了新台阶。90 年代初期，西部大开发为水电高速发展创造了良好的机遇。2017 年水力发电量替代标准煤 3.55 亿吨，中国水电对二氧化碳减排的贡献占全世界近 1/2。按照 2018 年 1 月国内各碳交易市场价格，水力发电年减排效益在 81 亿～492 亿元之间，平均价格 242 亿元。如果没有弃水，水力发电的减排效益更加显著。水电正常发挥功能在百年以上，能源产出与能源消耗比（EP/ETP）可以达到 300，是燃油发电的 10 倍。在所有低碳能源品种中，水电可持续减排能力最强。

2004 年 9 月 26 日，黄河公伯峡水电站首台 30 万千瓦机组投产，中国水电装机总容量突破 1 亿千瓦，居世界第一。从 1979 年改革开放算起，装机突破 1 亿千瓦用了 25 年时间。2010 年 8 月 25 日，云南澜沧江小湾水电站第 4 台机组投产，中国水电装机总容量突破 2 亿千瓦，不到 6 年时间又新增 1 亿千瓦装机。2017 年底，全国水电装机容量 34119 万千瓦。2017 年全年水力发电量总计 11945 亿千瓦时。梯级水库群渐成规模。红河、乌江、南盘江、红水河干流，黄河上中游，大渡河、雅砻江、澜沧江、金沙江干流中下游梯级群开发已渐成规模。流域梯级"群"的综合效益逐渐显现。

水利设施的防洪效益尤为显著。以三峡水利枢纽为主的长江和金沙江干支流形成的梯级水库群 30 多座，总防洪库容 530 亿立方米。截至 2017 年底，三峡工程累计拦洪运用 44 次，总蓄洪量 1322 亿立方米，干流堤防没有发生一处重大险情，确保了长江中下游的防洪安全，减轻了下游干支流地区的防洪压力，降低了防汛减灾成本。三峡工程成功应对 2010 年和 2012 年两次洪峰超 70000 立方米每秒的洪水过程；在 2016

年长江发生类似"98 大洪水"时，通过联合调度，成功避免了长江上游"1 号洪峰"与中下游"2 号洪峰"叠加遭遇，有效控制下游沙市站水位未超过警戒水位，城陵矶站水位未超过保证水位。根据中国工程院作为第三方独立评估的初步估算，三峡工程每年平均产生的防洪经济效益达 76.11 亿元（2007 年价格水平）。

新中国水利水电发展的成就，是老一辈水利水电人在艰难困苦条件下开创了基业，改革开放缩短了差距，自主创新实现了跨越。水利水电工程规模与技术难度不断刷新行业纪录。2010 年以来，世界规模最大的三峡水利枢纽工程，世界最高的黄登水电站碾压混凝土重力坝（203 米），总水推力最大的小湾混凝土双曲拱坝（1900 万吨），泄洪功率最大的溪洛渡水电工程（98710 兆瓦），地震设防烈度最高的大岗山水电工程（0.557g），规模最大的深埋长大洞室群锦屏二级水电站已成功建设并投入运行。正在建设的乌东德、白鹤滩、两河口、双江口水电站等也极具挑战。这些世界级巨型工程成功建设，极大地推动了工程领域的技术进步，也带动了基础科学的发展和各学科的交叉融合。

我在这里不厌其烦，但是仍然挂一漏万地引用资料列举新中国成立以来的重大水利设施建设成就，只是想告诉读者，我们一切日常享受到的水利设施和电力供应是几代人的努力，在世界经济发展史上都是值得大书特书、光照后人的。

由此引发我们对新中国成立以来从事水利建设的"水利专家"的关注，我们希望了解他们是怎样想的、怎样做的，他们不仅留给我们上述这些看得见、摸得着的物质财富，还留给了我们哪些精神、文化财富？这是我读这本书的初衷和期望。

高峻教授多年来孜孜不倦地从事新中国水利史研究，治学严谨，成果丰硕，为学界所瞩目敬重，可谓"筚路蓝缕，以启山林"。我与他为中国人民大学中共党史系的系友，从 80 年代起就有学术交流，交往多年。这次应他之邀作序，虽然自知能力不够，但是为新中国水利事业成就和"水利人"精神所感召，不敢推辞，故勉为其难。

通观本书，我感到这是作者群体在研究新中国水利设施建设基础上更进一步研究"水利人"行为的重要著作。本书分 14 个专题，研究和探讨了新中国 70 年 13 位水利科技大家汪胡桢、张含英、王化云、林一山、张光斗、严恺、姚汉源、朱显谟、张瑞瑾、林秉南、钱宁、罗西北、潘家铮的学行，再现出他们在水利事业中攀登水利工程科技巅峰的历程、理论和实践的创新成就。可以说，新中国治水事业取得的巨大成就，是在中国共产党的英明领导下，几代水利工程科技工作者和广大人民群众长期艰苦探索、勇于进取和团结协作的成果，其中水利工程科技大家起到了科技主力军的领军作用。新中国的 70 年，也是中国共产党和人民政府注重延揽人才，不拘一格重用人才，发挥专家在水利事业中的科技主导作用的年代。我们有责任为新中国水利史树碑立传，有责任让这些为新中国水利事业殚精竭虑、呕心沥血作出重大贡献的专家像历史上的孙叔敖、西门豹、李冰父子、王景、范仲淹、王安石、郭守敬等人一样名垂青史，成为后世楷模，将他们的精神融入到中华民族的优秀文化中泽被后世。

欣逢盛世，科学和文化必然繁荣。今年是新中国成立70周年，明年是全面建成小康社会之年，后年则是中国共产党建立100周年，这本书的问世恰逢其时，可以作为献给新中国成立70周年、献给中国共产党建立100周年的礼物，也是我们今天学习中共党史、学习新中国历史难得的教材之一，特此向高峻教授及其带领的团队表示祝贺，并期待有更多、更好的成果问世。

2019 年 8 月 16 日

序 二

吕 娟

中国地处欧亚大陆东部，太平洋西岸，南北跨度大，东西幅度宽，大多数地区处于中纬度、北温带，地势西高东低、呈阶梯状，流域面积超过 1000 平方千米的河流有 1500 余条。季风气候明显，冬季西北风，夏季东南风，大陆性气候强，温差大，降水年际变化大。这种独特的地形地貌和气候条件，既为中国农业发展提供了便利，也为中国经济社会发展带来了不利影响，水旱灾害频发，台风和地质灾害严重，中国人民曾为此付出过沉重的代价。

从大禹治水传说开始，中国的水利事件就史不绝书。中国的水利工程技术至少在春秋战国时期就已经成熟。最早且有确切记载的古代水利工程——芍陂，距今已有2600 余年的历史，而邗沟运河、都江堰、郑国渠、灵渠等水利工程距今也都有 2200 余年的历史，且至今仍在发挥作用。直至清末，中国水利发展起起伏伏达数千年。尽管如此，历史发展到 20 世纪上半叶，长江、黄河、淮河等大江大河仍未得到有效治理，灾害依然严重。1928—1931 年黄河流域大旱，遍及 13 省，灾民达 3400 万人，赤地千里，饿殍载道；1931—1939 年，长江、汉江、淮河、黄河、海河接连发生大水，灾情震惊世界，其中 1931 年长江、汉江和淮河水灾，长江流域淹没耕地 5090 万亩，死亡达14.5 万人，下游沿江大城市包括汉口均遭水淹，淮河流域淹没耕地 7700 万亩，死亡 7.5万人。至新中国成立初期，我国河湖基本处于无控制的自然状态，水系紊乱，江河湖泊防洪体系尚不足抵御 10 年一遇～20 年一遇的中小洪水危害；江河湖泊兴利程度很差，水资源利用水平低下。全国仅有堤防约 4.2 万千米，灌溉面积 2.4 亿亩（不到总耕地面积的 1/5），大中型水库只有 23 座；内河航道基本处于天然状态，通航里程 7.4 万千米，航道等级不高，航运设施落后；缺乏对水利基础资料的调查搜集和全面系统规划。人均国民收入仅 66 元，近半数人口衣不蔽体，食不果腹。因此，1949 年党和政府面临着百废待兴、百业待举的局面，建立体制机制、促进经济发展、保障人民生活、消除自然灾害、巩固人民政权成为新中国的首要任务。

2019 年，是中华人民共和国成立 70 周年。这 70 年，对于中国的水利事业来说是

吕娟，中国水利水电科学研究院防洪抗旱减灾工程技术研究中心主任兼水利史研究所所长，教授级高级工程师，博士生导师。

波澜壮阔的 70 年，是翻天覆地的 70 年。目前，中国的大江大河干流已经基本具备了防御新中国成立以来最大洪水的能力，中小河流暴雨洪水防范能力也显著提升，城乡供水基本得到有效保障，水旱灾害防御非工程措施不断完善，关键期洪水预报科学精准，水利工程调度科学有效，防洪抗旱减灾效益十分显著。据统计，截至 2017 年底，在工程措施建设方面：全国已建成 5 级以上堤防 30.6 万千米，保护人口 6.1 亿人，保护耕地 6.15 亿亩；已建成流量为 5 立方米每秒及以上的水闸（包括分洪闸、排水闸、挡潮闸、引水闸、节制闸）10.4 万座；已建成各类水库 9.9 万座，总库容 9035 亿立方米；已建成日取水大于等于 20 立方米的供水机电井或内径大于 200 毫米的灌溉机电井共 496.0 万眼；已建成各类装机流量 1 立方米每秒或装机功率 50 千瓦以上的泵站 9.5 万处；已建成设计灌溉面积 2000 亩及以上的灌区 2.3 万处，全国总灌溉面积 11 亿亩；已建成农村水电站 4.7 万座；已建成各类水文站 11 万处及较为完善的水利网信体系；全国水土流失综合治理面积达 125.8 万平方千米；全国内河航道通航里程 12.7 万千米。在非工程措施建设方面：颁布实施了《中华人民共和国水法》《中华人民共和国防洪法》《中华人民共和国水土保持法》《中华人民共和国水污染防治法》《中华人民共和国防汛条例》《中华人民共和国抗旱条例》《蓄滞洪区运用补偿暂行办法》等；编制完成大江大河防御洪水方案、洪水调度方案和抗旱水量应急调度预案等，形成了较为完善的法规预案体系；完善了以行政首长负责制为核心的防汛抗旱责任制体系。近 5 年来，全国因洪涝灾害死亡人数总体呈下降趋势；因洪涝年均农作物受灾面积、受灾人口、死亡人口比 21 世纪初减少 3～6 成；因旱受灾面积、粮食损失比 21 世纪初减少 6～7 成。2018 年因洪涝灾害死亡、失踪人数为新中国成立以来最低。近两年因旱饮水困难人数连创新低。截至 2018 年底，全国居民人均可支配收入 2.8 万元，贫困人口仅占全国总人口的 1.7%；GDP 为 13.46 万亿美元，排名世界第二位。

以上成绩的取得，是几代中国人自力更生、艰苦奋斗的结果，当然也包括新中国水利建设者的巨大奉献和付出。本书研究的水利科技大家——汪胡桢、张含英、王化云、林一山、张光斗、严恺、姚汉源、朱显谟、张瑞瑾、林秉南、钱宁、罗西北、潘家铮等先辈，就是新中国水利建设者的杰出代表，他们在江河治理、水利工程建设、水利人才培养等方面作出了突出贡献，引领了新中国水利建设的发展方向。本书作者通过查阅大量资料，对每位大家的学术思想、水利实践开展了深入的研究，还原了他们的思想情怀和水利实践的人生轨迹，不仅有助于读者了解他们的学行，还有助于读者了解新中国水利建设的发展脉络，让读者换个角度看中国。当然，本书因是一部学术著作，必然会仁者见仁、智者见智，我认为大家可以就此展开充分的讨论，只有充分的讨论，才能让历史越来越接近事实的真相。

我认为，高峻教授率领的团队对水利科技大家的学行开展研究，是一件非常有意义的事情。新中国成立已经 70 年了，确是到了该进行阶段总结的时候。随着中国经济社会的快速发展，我们越来越深刻地感觉到，举国体制、人民当家做主的社会主义的优越性是任何制度都无法比拟的，道路自信、理论自信、制度自信、文化自信将是我们未来应对一切困难的制胜法宝。水利作为中国经济社会可持续发展的基础支撑，是中国水利建设者奋发有为的战线，中国水利建设者应向先辈们学习，始终成为中国发展最可信赖的中坚力量。

是为序。

2019 年 6 月于北京

序　三

赵学儒

　　出版社好友照瑜首席嘱我为本书写个序，希望能从一位作家的独特角度来阐释对本书的感悟，我真是受宠若惊。虽几番推辞，无奈盛情难却，就浅谈一下读此书的感受吧。

　　第一，对科学家的感受。本书系统地研究了汪胡桢、张含英、王化云、林一山、张光斗、严恺、姚汉源、朱显谟、张瑞瑾、林秉南、钱宁、罗西北、潘家铮等科学家的初心、使命、奋斗过程、成功经验，学行修明。其中，张光斗、潘家铮等先生，其生前我曾采访过；林一山、王化云等先生，因为文学写作亦有研究。高山仰止、景行行止，他们给我以下启示：

　　首先，志向高远，忠于祖国，忠于人民。"科学没有国界，但科学家有自己的祖国。"他们深爱自己的祖国以及生活在这片土地上的人民，当初选择水利作为自己的终身事业，就是想改变祖国水利建设落后的面貌，使劳苦大众不再遭受洪涝灾害的威胁。新中国成立以后，他们看淡个人得失，对祖国、对人民负责，全身心投入祖国的水利建设，为祖国水利事业发展作出了巨大贡献。而祖国的伟大事业，也为他们提供了用武之地。他们扎根在祖国大地，枝繁叶茂、硕果累累。

　　其次，勤奋好学，注重实践，务实创新。"不积跬步，无以至千里；不积小流，无以成江海""一勤天下无难事"，勤奋好学、注重实践是成功者的必由之路。他们"读万卷书，行万里路"，而"合抱之木，生于毫末；九层之台，起于累土"。继而在实践中矢志不移创新、执着追求卓越，在攀登水利科技高峰的道路上行稳致远，为科技惠民、利民、富民、增进民生福祉作出了重大贡献。

　　再次，尊重科学，坚持原则，矢志不移。尊重科学，坚持真理，实事求是，是科技工作者最起码的德行和原则。他们坚持一切从实际出发，尊重经济规律、自然规律和生态规律，坚持按规律办事，按原则办事，不断提高各自研究领域的科学化和现代化水平。他们善于立足本职，以"咬定青山不放松"的韧劲，直面问题、迎难而上，破解了诸多科学难题，为我国科学事业的发展作出了重大贡献。

　　赵学儒，中国作家协会会员、中国报告文学学会会员、中国水利水电出版社特约编审、浙江水利水电学院兼职教授、华北水利水电大学客座教授，出版有长篇小说《大禹治水》、报告文学《龙腾中国》、社会类辅导教材《写作实讲》、散文集《若水》等著作十余部，多次获国家及部委奖励。

最后，总结经验，汲取教训，不断进步。每个人的一生中，有成功就会有失败。成功的经验固然重要，但失败的教训更加可贵。善于从失败中学习是一个人成长过程中不可缺少的因素。纵览这些科学家们的成功，与善于从失败中汲取经验教训并取得新知密不可分。"失败是成功之母""前车之鉴后事之师"，见证了他们的人生之路。

第二，对作者的感受。高峻教授团队的研究领域是新中国水利史、中国共产党史、中华人民共和国史，近年研究成果颇丰，可喜可贺。但他创新的研究方法，诸如通过认真整理有关文献资料，梳理科学家的生平事迹，运用历史唯物主义的理论和方法，以及社会学、历史学、水利工程学等举措，创新性地分析和论述科学家的实践与理论，从而揭示科学家的重要贡献、成功经验、心路历程及其他，更应叫好、点赞。

第三，对出版社的感受。进入新时代，中国水利水电出版社出版这本书，是对水利改革发展的有益贡献。习近平总书记说，我们要让科技工作成为富有吸引力的工作、成为孩子们尊崇向往的职业，让未来祖国的科技天地群英荟萃，让未来科学的浩瀚星空群星闪耀。故本书的出版就不仅是对新中国水利事业辉煌成就和历史经验生动、深刻的诠释，亦非仅供相关研究工作者以及一些大专院校师生阅读参考，更是为那些梦想插上科学翅膀的人提供了榜样读本。

水利是国民经济和社会发展的基础及命脉，在建设中国特色社会主义科技强国、实现中华民族伟大复兴的中国梦过程中无可替代。建设水利现代化，会有无数人追随先贤的智慧之光，放德而行，循道而趋。祝愿他们春华秋实，成果丰硕。

向所有在科学道路上不懈奋斗的人致敬！

2019 年秋于北京

前　言

在新中国成立 70 年之时，中国特色的社会主义建设事业已取得历史性的伟大成就，新中国成为世界大国和强国，巍然屹立于世界的东方。显著的标志之一是中国的科学技术取得了卓著的成就。在自然科学和工程技术的学科中，水利工程学伴随着新中国大江大河的治理和水生态文明建设，尤其是长江三峡工程、南水北调东中线工程、西电东送工程、黄土高原水土流失治理工程的建成与取得卓越的成效，已攀上世界的巅峰。水利工程学的学术水平成为世界第一，治水事业取得巨大成就，是在中国共产党的英明领导下，几代水利工程科技工作者和广大人民群众长期艰苦探索、勇于进取和团结协作的成果，其中水利工程科技大家起到科技主力军的领军作用。

本书由 14 个专题构成，研究和探讨了新中国 70 年的 13 位水利科技大家的学行，再现出他们在水利事业中攀登水利工程科技巅峰的历程，理论和实践的创新成就。其中有对新中国水利工程学界的三位中国科学院、中国工程院资深院士张光斗、严恺、潘家铮学行的专题研究，他们数十年如一日，在新中国治理长江、黄河、海河等大江大河的水利事业中作出了卓越的贡献，是水利工程学界的楷模、领军科学家。有对以解放军干部的身份转入水利战线，主持新中国黄河、长江治理事业近半个世纪，在实践中勤学、学而专、专而精，成为水利科技大家的河官王化云、"长江王"林一山的专题研究，他们带领广大水利工程科技人员和人民群众长期艰苦奋斗，主持建成了黄河、长江干支流上的一系列大型水利工程，为建成黄河、长江的防洪体系，使黄河 70 多年岁岁安澜，奉献甚巨。有对三位在新中国高等水利工程教育事业中开拓奠基、引领发展的水利工程教育家张光斗、严恺、张瑞瑾的专题研究，他们筚路蓝缕，创办系院，培育英才，为清华大学、河海大学、武汉大学的水利工程学科成长为世界顶尖学科，河海大学成为世界顶尖水利高等学府，为新中国的水利工程学攀上世界的巅峰作出了重大贡献。

党和政府注重延揽人才，不拘一格重用人才，发挥科技大家在水利事业中的科技主导作用，为科技大家营造出良好的科技创新和应用的环境。即便在十年"文化大革命"期间，水利工程科技大家大多仍坚持为治水事业出力，工作在第一线。本书所撰的汪胡桢、张含英、罗西北等 13 位水利科技大家均参加了新中国一系列重大治水工程的建设。他们中有在民国时期就参与治理黄河、长江和淮河的水利科技大家，有新中国成立前夕被党组织送至苏联培养学成归国的水利科技大家，还有在新中国成立后冲破西方国家的重重阻碍学成归国的水利科技大家。他们虽学术背景不同，但在党和政府的领导下，数十年同广大水利科技人员和劳动群众一道，各自在新中国水利建设战线上发挥出关键性的作用，水利工程科技贡献卓著，业绩彰显。

自力更生、拼搏进取、争创一流是水利科技大家共同的学行。在新中国成立初期的治理淮河控制性工程佛子岭水库大坝设计中，汪胡桢根据其时钢材、混凝土和木材等匮乏的实际，设计出坝工科技水平高，又节省材料的连拱高坝，在治淮委员会的支持下指导参建军民土法上马，精心施工，建成了世界一流水平的佛子岭连拱高坝。在长江三峡工程的建设中，汪胡桢还刻苦钻研重大建筑难题，最终解决了大坝混凝土浇筑后的裂缝问题。而潘家铮在三峡工程建设的库岸，特别是双线五级船闸的边坡处理、加固等工程技术难题的攻关中发挥出决定性的作用。林秉南则与同仁首创水工新型消能技术——宽尾墩，解决了大坝和大型水电站过水的消能问题，在国内外推广。

科技大家在水利工程建设中心怀强烈的使命感、责任感，不畏艰难，科学严谨，团结协作，成为他们铸就辉煌的重要原因。在发现黄河下游河道淤积的泥沙多为粗泥沙后，为探明其来源，钱宁与同仁历时20余年对黄土高原水土流失严重地区进行勘察，最终确定了黄河中游7.86万平方千米为多沙粗沙区。这一研究成果，为党和政府制定集中力量重点治理该区域泥沙流失战略提供了科学依据，作出了重大贡献。在长江三峡大坝的建筑中，90岁高龄的张光斗在两位工程技术人员的搀扶下，坚持登上已百米高的三峡大坝混凝土浇筑面检查施工质量，及时发现了问题并得到整改，确保了工程的施工质量，体现出他对三峡工程施工质量，对国家和人民事业高度负责的使命感、责任感。正是在张光斗等一大批水利水电工程科技工作者的执着中，三峡工程终以过硬的工程质量建成、投入运行，发挥出巨大的综合效益。

在研究和撰写中，本书遵循马克思主义唯物史观的理论，以历史学研究"以人系事"的基本叙史方法，结合水利工程学、社会学、地理学、生态学、经济学、政治学等学科的理论与方法，进行多学科的交叉性综合研究、专题性系列研究。通过系统收集、整理、分析相关的档案文献、史料汇编、史志、年鉴、报刊资料，从中汲取与论题研究有关的史料，掌握新中国水利科技大家对治水事业作出重要贡献的史实。通过实地考察新中国水利科技大家主持或参与勘测、设计、规划、建设的水利工程及执教的水利高等院校，直观地了解新中国水利科技大家杰出的学行，获得更多自然、工程、人文的理性认知。新中国老一辈水利科技大家多已故去，但跟随他们从事新中国水利建设的当事人尚多健在，采访、收集他们的口述资料能弥补文献史料、信息的欠缺，甚至可获得更珍贵的第一手资料。

本书对新中国水利科技大家热爱新中国，立志科学报国，改变祖国水患深重、水利事业落后面貌的高尚思想品格和感人至深的人文精神有生动的再现。钱宁、林秉南等水利科技大家与"两弹一星"功勋科学家钱学森一道，怀着爱国的赤子之心，学成后放弃在美国优越的工作和生活条件，于1955年、1956年冲破美国政府的重重阻碍回到祖国，投身新中国水利建设事业，在治理黄河和长江的事业中作出了杰出的贡献。1959年，为更好地置身于黄土高原水土保持事业，探索治理黄土高原水土流失之良策，朱显谟举家从繁华的大城市南京迁至陕西省杨凌小镇，一辈子扎根于黄土高原，致力于黄土高原水土保持事业研究，成为黄土高原水土保持研究事业的主要开拓者。钱宁、林秉南、朱显谟等水利科技大家以国家和人民的治水事业为重，献身水利事业的高尚精神和品格，不仅成为他们成就科学伟业的内因，成为新中国水利工程科技不断向前发展的强大内在动力，而且也成为中国特色社会主义新文化、新文明的内涵之一，值得学习、继承与弘扬。

时光荏苒，新中国成立后筚路蓝缕，长期艰辛探索，创新创造的老一辈水利科技大家多已离世，但他们创造的科学和工程技术业绩，推进了人类认知世界和改造自然的能力，推进了水利工程学的迅猛发展，极大地提高了新中国的科学技术地位和声誉；建成的大型水利水电工程正长久地造福于中国人民，助推和带动着国家各方面事业的永续发展；他们开拓的新中国水利工程建设事业正由后人进一步向前推进；他们科学爱国，献身水利工程科技事业，严谨治学，不断创新的学行、精神和品格，是一笔宝贵的文化财富、精神财富，是中国特色社会主义现代文明的重要组成部分，亟待深入地研究、成文成书、弘扬和传承。因此，将新中国 70 年杰出水利科技大家的学行，即理论和实践的史实进行系统全面地梳理，以文字的形式记述和再现，具有重要的学术价值。

本书的作者为高峻、李佳巍、刘晋萍、季平、邹萍萍、闫广涛、刘学文、隋晓红、晏小鹏、王婷婷、韩悦、卫筱筱、洪亮、石建伟、王得恒等。

作者

2019 年 6 月

目 录
CONTENTS

汪胡桢与新中国成立初期的淮河治理

绪论

第一章

汪胡桢一生治水实践概况

第二章

汪胡桢治淮的理论成果

第三章

汪胡桢治淮的实践成果——佛子岭水库

第四章

汪胡桢参与治淮的成功之道

汪胡桢与新中国成立初期的淮河治理

历史上淮河流经的地区堪称"天下粮仓"。但自1128年以来，受黄河改道、夺淮等诸多因素的影响，淮河成为一条深受泥沙淤积、洪涝侵害等顽疾困扰的害河。新中国成立初期，党和政府决定根治淮河。到1954年，淮河的治理取得了前所未有的成就。其中留学海外、有着丰富治淮经验的水利专家汪胡桢对淮河的治理作出了突出的贡献。他是民国时期的治淮元老，更是新中国第一代治淮功臣。他不仅为淮河的治理提供了理论指导，而且由他主持设计并修建的"治淮第一坝"——佛子岭连拱坝为淮河之水的综合利用提供了设施保障。此外，汪胡桢还在佛子岭连拱坝修建期间独创性地开启了"边建边学"的"佛子岭大学"模式。本篇通过对汪胡桢在新中国成立初期治淮工作的研究，分析总结汪胡桢在治淮事业中取得成就的原因，为今后的淮河治理提供有益的经验。

绪　　论

一、研究的缘起

淮河论长度比不上长江和黄河，论流域面积甚至不及松花江和珠江，但是这依然没有撼动它在中国大江大河中的地位。自古以来淮河就被列为"四渎"之一。而今它与秦岭一道共同形成贯穿中国轴心的南北分界线。它不仅是中国自然景观的分界线，还是人文风貌的分水岭。淮河发源于河南省桐柏县桐柏山太白顶西北侧河谷，[❶] 跨河南、安徽、江苏、山东四省。河流全长1000千米，流域面积26.9万平方千米，[❷] 沿途汇百川，纳千溪，最终流入长江，汇入黄海。根据地形划分，从淮源至洪河口为淮河的上游，洪河口至洪泽湖入淮口为淮河中游，从洪泽湖出口至三江营为淮河下游。

淮河本是一条清晏大河，它甘甜的河水哺育着两岸人民，素有"江淮熟，天下足"之美誉。但是，自黄河夺淮之后，它所带来的泥沙致使淮河河道淤塞，尾闾不畅，从

---

❶ 《中国河湖大典》编纂委员会：《中国河湖大典·淮河卷》，中国水利水电出版社，2010年，第1页。

❷ 熊怡等：《中国的河流》，人民教育出版社，1991年，第153页。

此淮河变成了历史上著名的灾河。据统计，自 1128 年黄河夺淮以来，❶ 淮河的灾害就与日俱增。在黄河夺淮初期的 13 世纪淮河百年发生水灾 35 次；14、15 世纪平均每百年发生水灾 74 次；16 世纪至新中国成立初期的 450 年中，平均每百年发生水灾 94 次。❷ 虽然历史上曾出现过像大禹一样的治淮名家，民国时期还出现过张謇、李仪祉等著名的治淮人物。但是由于当时政府的腐败以及社会发展的局限性等原因，无法从根本上治理好淮河水患，淮河也成为了近代以来最难治理的河流之一。因此，去除淮河水患成为流域内人民世世代代的迫切愿望。

汪胡桢是中国现代治淮先驱之一，曾在民国时期就致力于淮河的治理。汪胡桢 1915 年考入为治淮输送人才的河海工程专门学校（今河海大学前身），开启了他投身治理淮河的大门。毕业之后进入北洋政府水利局，后来他于 1930 年参与制定《导淮工程计划》，开始实际涉足淮河的治理工作。全面抗日战争开始后，汪胡桢的治淮工作被迫中断。新中国成立之初，淮河发生全流域的大洪水。面对严峻的洪灾形势，毛泽东主席发出了"一定要把淮河修好"的号召。淮河便成为新中国成立后第一条综合整治的大河。本着对人民高度负责的精神，汪胡桢出山治淮，继续他未尽的水利事业。汪胡桢对新中国成立初期（1949—1954 年）❸的治淮作出了巨大的贡献。他先后参与制定了《淮河水利建设五年计划大纲草案》(1951—1955)、《关于治淮方略的初步报告》。1951 年，他还主动请缨前往淮河支流淠河流域指挥修建新中国第一座连拱坝——佛子岭水库大坝，为今后淮河的治理积累了宝贵的经验。

对于淮河流域治水史的研究，学术界倾注了很大的力量。但是对于治淮水利工程专家，特别是作出了杰出贡献的水利专家，他们在治理淮河当中的重要科技创新、组织管理创新和治水思想都鲜有提及。这就很难全面还原和再现治理淮河波澜壮阔的历史。鉴于汪胡桢是国内外知名的治淮专家、原水利电力部顾问和中国科学院技术科学部委员，一生都致力于淮河的治理与规划工作，在新中国成立初期的淮河治理上立下了卓著的功勋，因此研究汪胡桢与新中国成立初期的淮河治理这一论题，不仅可以丰富水利史的内容，特别是淮河治理史的内容，还对今后治淮工作进一步开展有着积极的现实借鉴作用。

二、学术史回顾

1989 年汪胡桢去世后，为缅怀其为中国水利事业作出的卓越贡献，纪念汪胡桢的书籍、文章相继面世。1997 年，在汪胡桢诞辰 100 周年之际，嘉兴市政协文史资料委员会编辑的《一代水工汪胡桢》❹ 出版。此书汇集了具有"三亲"（亲历、亲见、亲闻）特色、充满感情的回忆录和怀念文章以及汪胡桢的部分遗著，详实地介绍了他一生从

---

❶ 1128 年，由于杜充在河南滑县挖堤放水以阻止金兵，黄河开始改向南流，溃决洪水经淮河下游入海，此后 30 余年，黄河向南向东放任漫流。约 1160 年，东流一支断竭，全流南行，由古汴入泗或由其南入淮。1194 年，黄河又在阳武决口，黄河下游全部南徙，夺淮河下游入黄海成为定局。

❷ 李伯星、唐涌源：《新中国治淮纪略》，黄山书社，1995 年，序言，第 1 页。

❸ 汪胡桢参与新中国成立初期的淮河治理事业，时间集中在 1949—1954 年。

❹ 嘉兴市政协文史资料委员会：《一代水工汪胡桢》，当代中国出版社，1997 年。

事水利事业的曲折经历和辉煌成就。2009年中国水利水电出版社出版了《中国科学技术专家传略·工程技术编·水利卷1》❶ 一书，其中有一篇专门介绍汪胡桢的学行。作者用生动的笔触，以汪胡桢一生的经历为线索，展示了汪胡桢与水利同呼吸共命运的人生，但该文篇幅较短。

其他关于汪胡桢生平和学行的文章还有：淮松的《功垂千秋——记汪胡桢与佛子岭水库的兴建》（《治淮》1990年第6期），陈国才的《汪胡桢先生对治淮的卓越贡献》（《中国水利》1989年第12期），祝浩的《忆汪胡桢先生二三事》（《水利史志专刊》1990年第1期），金乃的《学部委员、前院长汪胡桢》（《华北水利水电学院学报（社会科学版）》1996年第4期），郭志芬、李明霞的《中国现代水利事业开拓者——汪胡桢先生的水利人生》（《华北水利水电学院学报·社会科学版》2003年第2期）等。

汪胡桢曾于1982年在《中国科技史料》杂志上发表了《水工六十年》❷。该文属于回忆性文章，是他对自己一生的水利生涯所做的回顾和总结。其中有两部分特别提到了治理淮河和京杭大运河的计划以及建设佛子岭水库的历程，这些都是他治理淮河的重要经历。

综上所述，至今为止，学术界尚没有一部完全从史学角度描写汪胡桢治淮贡献的专著。而已发表的有关汪胡桢的文章存在三个方面的不足：首先，大多属于纪念性质的文献，是对汪胡桢的缅怀之作。其次，这些文章没有揭示出在淮河治理方略的制定过程中汪胡桢等水利工程专家所发挥的重要作用，也没有详实记述汪胡桢及其他水利建设者们艰苦奋斗、顽强拼搏的史实，更没有体现出在水利工程科技含量极高的佛子岭水库建设中以汪胡桢为首的水利工程专家所发挥的决定性作用。最后，这些文章篇幅较短，浅尝辄止，缺乏系统深入的研究。总之，目前学术界对汪胡桢与新中国成立初期淮河治理论题的研究十分欠缺，有待加强。

三、研究的内容与方法

（1）研究内容。拟通过系统地搜集整理有关汪胡桢治理淮河、主持修建佛子岭大坝的文献资料，勾画出汪胡桢在新中国成立初期参与淮河治理的全景图案，着重分析汪胡桢的治淮理论，总结出汪胡桢取得治淮事业成就的因由。

（2）研究方法。本论题以马克思主义唯物史观为指导，主要采用历史学研究的文献研究法和田野调查法，客观地搜集、考证史料，做到立论准确，论从史出；同时采用实地调查的方法，对佛子岭水库大坝、河海大学以及汪胡桢故居进行实地考察，❸ 力求在行文中真实地还原汪胡桢于新中国成立初期的治淮生涯和学行。

---

❶ 中国科学技术协会：《中国科学技术专家传略·工程技术编·水利卷1》，中国水利水电出版社，2009年。
❷ 汪胡桢：《水工六十年》，《中国科技史料》1982年第1期。
❸ 文中标明来自汪胡桢故居的资料，均来源于2015年5月浙江嘉兴汪胡桢故居照片、资料展览，特此说明。

第一章　汪胡桢一生治水实践概况

汪胡桢是中国科学院首届学部委员❶，著名的水利工程专家，是我国现代水利工程技术的开拓者。他自幼刻苦学习，接受过良好的水利工程专业教育并留学美国，学成归国之后长期奋战在我国治水事业的第一线，具有深厚的理论基础和丰富的实践经验。这位跨时代的杰出水利专家一生历经沧桑，在旧中国目睹了大江大河洪水泛滥给两岸人民带来的深重灾难，更见证了新中国兴修水利、治理大江大河、解救万民于水患的时代。汪胡桢在我国的水利建设领域辛勤耕耘，建成了新中国第一座为治理淮河所建的连拱大坝——佛子岭水库大坝，开创了我国坝工技术的新纪元。因此，汪胡桢这个名字早已载入我国治水史册。

第一节　汪胡桢水利事业的开端期
（1915—1948 年）

汪胡桢自 1915 年考入河海工程专门学校以来，就与水利结下不解之缘。他在学校里接受了系统的水利工程基础教育，毕业之后供职于北洋政府水利局。1922 年汪胡桢赴美国留学深造，学习水利发电工程。1924 年汪胡桢学成归国便积极投身于淮河、京杭大运河等河流的治理工作中。

一、考入河海工程专门学校

汪胡桢出生于 1897 年 7 月（清光绪二十三年），家乡在浙江省嘉兴秀水县。在其十五岁那年，父亲因患肺结核病去世，母亲仅靠微薄的收入抚育他和弟弟。艰苦的环境使年少的汪胡桢养成了勤劳简朴、刻苦读书的好习惯。后得姑姑接济，才得以继续求学升学之路。1915 年，年仅十八岁的汪胡桢在中学毕业之后考虑到家境和就业因素放弃了心仪已久的铁路学校❷，以第一名的成绩考入由近代实业家张謇创立的河海工程专门学校❸。这所学校是

---

❶　郭志芬、李明霞：《中国现代水利事业开拓者——汪胡桢先生的水利人生》，《华北水利水电学院学报（社会科学版）》2003 年第 2 期。

❷　铁路学校指当时位于上海的私立中华铁路学校。

❸　河海工程专门学校：1915 年由张謇创办，是我国历史上第一所培养水利工程技术人才的高等学府，学校隶属于北洋政府国务院全国水利局。1924 年国立东南大学工科并入河海工程专门学校，校名改为河海工科大学。1927 年河海工科大学与国立东南大学等校合组为国立第四中山大学（后更名为国立中央大学、南京大学）。1952 年由南京大学、交通大学、同济大学、浙江大学以及华东水利专科学校的水利系科合并成立华东水利学院。1985 年华东水利学院更名为河海大学。

为了疏导淮河、消除水灾、培养专门的水利技术人员而创办的。

汪胡桢在校学习期间，师从我国现代著名的水利学家李仪祉❶，并在李仪祉的教导下第一次接触到水利工程这门学科。学校成立初期，授课很有局限性，讲授钢结构时需要带领学生到火车站参观才可以看到铆钉和型钢的形式，讲授钢筋混凝土时需要到南京下关参观正在兴建的工厂。❷ 以上这些问题都容易解决。但是由于国内没有新式的水利工程，为了使学生们能够直观地了解水利工程设施，李仪祉只能依靠图纸请木匠就地取材制造模具。哪怕是在这样困难的条件下，汪胡桢在读期间成绩依然优异，其中《水工学》和《水力学》成绩更是高达 86.6 分和 89.1 分❸。在一次上课过程中，李仪祉指着模型对同学们说：这个建筑是从国外引进的，叫"Reservoir"，意思是储蓄所，我国古书上叫它是陂或者是塘，叫起来不顺嘴，你们可以思考一下，为它取一个双音节的名字。这天晚上，汪胡桢躺在床上辗转反侧，难以成眠，忽然思索到"水库"两字，❹ 他认为此二字最为贴切并向老师报告。"水库"这个翻译被沿用至今。这足以体现他在水利方面的天才造诣。

二、供职于全国水利局

1917 年 4 月以优异的成绩毕业后，由于北洋政府资金短缺，张謇❺所负责的导淮工程也杳无音讯，汪胡桢只能闲赋在家。不久，因在河海工程专门学校的毕业生里成绩名列前茅，他被学校选定前往北京，供职于北洋政府国务院直辖的全国水利局，担任练习员。一年后，汪胡桢升任主事。但这一机关徒有虚名，其实并无任何一处在建的水利工程，因此汪胡桢把大部分精力都放在原来河海工程专门学校为毕业生开办的《河海月刊》的"毕业生通讯"专栏上。在该刊物上汪胡桢发表了多篇关于水利方面的论文，如《海河之祸源》《津埠积水宣泄计划意见书节要》❻ 等。在此期间，他还将全国水利局聘请的顾问方维因❼提出的治理海河流域五大河的计划翻译成中文。其中汪胡

---

❶ 李仪祉（1882—1938），陕西蒲城人，著名水利学家和教育家，我国近现代水利建设的开拓者之一。早年留学德国，1915 年回国后参与创办我国第一所高等水利专门学府——河海工程专门学校。1922 年由宁回陕，历任陕西省水利分局局长、建设厅厅长等职，率先引进西方现代水利科学技术，结合中国古代水利建设的优良传统，主持设计或指导建设了泾惠渠、渭惠渠等"关中八惠"，树立起我国现代灌溉工程的样板。他还担任过华北水利委员会委员长、导淮委员会总工程师、黄河水利委员会委员长兼总工程师、扬子江水利委员会顾问工程师等职。他主张治理黄河要上中下游并重，防洪、航运、灌溉和水电兼顾，将我国治黄理论与方略向前推进了一大步。他也是中国水利工程学会的主要创始人，提倡模型试验，1930 年在天津倡办我国第一个水工试验所。著有《黄河治本的探讨》《对于治理扬子江之意见》等论著。

❷ 汪胡桢：《水工六十年》，《中国科技史料》1982 年第 1 期。

❸ 资料来源于汪胡桢故居。

❹ 汪胡桢：《回忆我从事水利事业的一生》，载嘉兴市政协文史资料委员会编《一代水工汪胡桢》，当代中国出版社，1997 年，第 272 页。

❺ 张謇（1853—1926），江苏常熟人，清末状元，中国近代实业家、政治家、教育家，近代导淮的主要倡导者。

❻ 资料来源于汪胡桢故居。

❼ 方维因：荷兰水利工程师，受全国水利局之邀，制订治理海河流域五大河的水利计划。

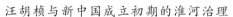

桢提出了自己的观点：如遇洪灾，除去排水之外，还应该在燕山、太行山脉水源地中修建水库，把山区洪水蓄积起来。❶ 这样，既能达到减河的目的，又可以利用洪水解决灌溉之需。该理念也被方维因所采纳。汪胡桢在毕业后不久的工作实践中，就能对治河提出自己的理念，并被权威人士所接受，这一点实属难得。

1917 年 7 月下旬，华北地区暴发特大洪水，由于此前该地区各河流沿线防洪大堤年久失修，致使华北地区遍地汪洋，灾民遍野。导致大洪水的降雨主要集中在正定以上的滹沱河山区，故汪胡桢与方维因打算在此地修建水库，以达到拦截洪水的目的。在到达正定以上的滹沱河山区后，汪胡桢先后亲手完成了勘测坝址、绘画地形图、计算水库容量、规划流域面积等一系列工作。此外他还与方维因一起在滹沱河流域的平山县勘定了一个均质土坝❷坝址，具体计划完成后便上报给北洋政府。此后碍于资金问题，且由于方维因合同期满回国，滹沱河水库不了了之。这是汪胡桢首次参与治水实践，遗憾的是，他的努力并未转化为成果。

当时全国水利局薪资较少又恰逢通货膨胀货币贬值，汪胡桢和其他同事一样，希望在外做些兼职增加工资以贴补家用。汪胡桢的表哥在詹天佑❸所创立的中华工程师学会❹会刊担任编辑，在表哥的引荐之下，汪胡桢开始为会刊翻译一些外来文章，意外的是詹天佑对汪胡桢翻译的文章很是欣赏。在詹天佑的介绍下，汪胡桢到北洋政府交通部下属的铁路委员会兼职做绘图员。在这期间，他翻译英文资料，绘制插图，这些都对其以后从事水利建设事业大有裨益。

1920 年，汪胡桢不满北洋政府官僚主义作风和无所事事的状态，回到河海工程专门学校，担任李仪祉教授领导下的学校出版部总编辑一职。❺ 后被校长许肇南破格聘为数学教授，教授高等代数和解析几何等数学基础课程。

三、赴美留学深造

在河海工程专门学校，汪胡桢过了两年波澜不惊的日子，虽然在教学方面很有造诣，但是还是被一些人妄议从未出国留学。他也感到自身的学识和经验的差距。恰逢当时全国正在兴起学习西方先进技术的浪潮，汪胡桢希望出国留学，用西方先进的思想和技术改变中国积贫积弱的面貌，开发水利，拯救被水患所折磨的人民。恰逢大实

---

❶ 仲维畅：《汪胡桢先生与母校河海》，载嘉兴市政协文史资料委员会编《一代水工汪胡桢》，当代中国出版社，1997 年，第 12 页。

❷ 均质土坝：用一种筑坝材料筑成的土坝。一般用黏性土料，也有全部用透水料筑成的。

❸ 詹天佑（1861—1919），广东南海人。1878 年考入美国耶鲁大学土木工程系，主修铁路工程。他是中国第一位铁路工程专家，负责修建了京张铁路等工程，有"中国铁路之父""中国近代工程之父"之称。

❹ 中华工程师学会：由詹天佑于 1911 年在广州约集工程界同志所创，定名为中华工程学会，1912 年改名为中华工程师学会，迁总会于北京。

❺ 仲维畅：《汪胡桢先生与母校河海》，载嘉兴市政协文史资料委员会编《一代水工汪胡桢》，当代中国出版社，1997 年，第 13 页。

业家简照南❶出资选送中国优秀学生赴美深造，汪胡桢得到了其资助。

1922 年 7 月，汪胡桢在杨孝述❷先生的推荐下远赴美国康奈尔大学❸研究院学习土木工程。仅一年之后，汪胡桢便完成毕业论文的撰写并获得土木工程硕士学位。由于当时中国贫穷落后，政府黑暗腐败，而且在大陆也并无可称得上现代化的水利水电工程，所以毕业之后汪胡桢为积累经验，夯实所学之基础，并未立即回国，而是经同学介绍在美国佐治亚州正在兴建的摩根瀑布水电站实习。在这里，汪胡桢展现了他为钻研而不惧艰辛的精神毅力。他克服了设备落后的困境，仅用手摇计算机就计算出水电站大坝、厂房、隧洞以及其他规划设计的数据，而且还帮助完成与摩根瀑布水电站共属同一公司的另一座钢筋混凝土大坝——锯凿山水电站大坝的设计工作，并对大坝进行了应力运算。❹ 工程圆满完工之后，他又沿密西西比河而上，参观被誉为近代最初水电工程代表的尼亚加拉瀑布水电站❺。之后前往欧洲参观已经建成的一些水电工程。在西方留学的经历，不仅使他认识到西方先进国家充分利用水发电、灌溉的优点，还掌握了修建拦河大坝的实际知识。

1924 年，汪胡桢经地中海、红海、亚丁湾、印度洋、香港转道上海，回到了祖国，并从美国带回了一部讲述水利发电基本知识的纪录片——*story of water*，这部纪录片后来也成为他的中国同仁学习水利水电知识最直观的教材。学成归来的汪胡桢梦想利用所学知识，在自己心爱的水利事业上大展宏图，兴修水利工程，根治我国水患，造福人民。但他回国之时正值军阀混战，政局动荡，个人生存都难以保证，何况利水兴国，所以汪胡桢的梦想再次破灭。1924 年 9 月，他再次回到河海工程专门学校担任教师，讲授水工结构课。由于拥有海外留学的经历，视野变得更加开阔，汪胡桢讲课内容丰富多彩，授课方式更加生动活泼。除此之外，他还利用教学空余时间担任《河海月刊》❻、《河海周报》❼ 的主编。

四、积极投身治水事业

1927 年底，汪胡桢受太湖流域水利工程处之邀，前往苏州担任太湖流域水利工程

---

❶　简照南（1870—1922），广东佛山人。中国近代著名实业家，南洋兄弟烟草公司的主要创办者，爱国华侨。

❷　杨孝述（1889—1974），上海松江人。1914 年毕业于美国康奈尔大学电工系，为河海工程专门学校创办时期的教师，1925 年任河海工程大学校长。

❸　康奈尔大学创办于 1865 年，位于美国纽约州，是世界著名的研究型综合大学，也是美国常春藤名校联盟成员。

❹　汪胡桢：《回忆我从事水利事业的一生》，载嘉兴市政协文史资料委员会编《一代水工汪胡桢》，当代中国出版社，1997 年，第 282 页。

❺　尼亚加拉瀑布水电站：1881 年，在美国侧的尼亚加拉大瀑布渠道上建成了被称为弗里德里希·雅各布·舍尔科普夫水电厂一号厂房，装有 3 台直流发电机，总功率 1800 马力，所发电力为当地磨粉厂的机器供电以及供给城镇街道的照明。它被广泛认定为可考的世界上第一座水电站。

❻　《河海月刊》：河海工程专门学校于 1917 年 11 月创办，是中国创办最早的水利科技期刊。

❼　《河海周报》：河海工程专门学校于 1917 年创办。

处总工程师，❶ 主要工作是疏浚苏州河。他和同事首先在太湖流域设立水文站和雨量站，其次借助当地地质部门搜集太湖流域的地形图，进行汇总整合，绘制太湖地形图总图。他利用接收来的挖泥机船疏浚了苏州河的浅段，使得苏州与上海间的航运畅通。❷

结束苏州的工作后，汪胡桢于1929年1月受聘成为浙江省水利局的副总工程师，❸ 开展钱塘江海塘整治工作。钱塘江流域属于江南富庶之地，产粮颇丰，钱塘江海潮更是举世闻名，其气势雄伟壮观，磅礴宏大，因此海潮破坏力也极大，故修整海塘历来被当政者所重视。但是近代以来，海塘久失整治，透水事故频发。遇上涨潮时，河水能透过石缝把附着在石块后面的泥土冲刷出来，导致石块缺乏泥土的粘连，极易坍塌。面对这种疑难杂症，汪胡桢总是能找到突破点对症下药。他引进风行欧美的喷射砂浆用的"水泥枪"，在闻家堰石塘塘面开始试用。❹ 这种"水泥枪"虽说不是专业修筑堤坝的用具，但是汪胡桢活学活用，成功解决了海塘石块倾倒问题。经过修葺的海塘不仅塘缝封闭，而且也不需要年年附土，因此节省下一大笔整修费用，汪胡桢此法可谓一举多得。

1929年7月，国民政府成立导淮委员会。次年，汪胡桢担任导淮委员会下属的工务处设计组主任工程师，❺ 协助担任导淮委员会委员兼总工程师的李仪祉完成导淮工程计划。经过努力，工务处为治理淮河制定了《导淮工程计划》。但受时局动荡及资金短缺等一系列问题的影响，计划实施受到阻碍。后来英国政府退还了一部分庚子赔款❻，国民政府利用其中一小部分建成计划中所提及的位于大运河之上的邵伯、刘老涧、淮阴三个小型船闸。三个船闸无一例外都是由汪胡桢亲自设计。

1931年夏，在汪胡桢忙于制定《导淮工程计划》之季，长江和淮河发生全流域性的特大洪水，沿江堤坝和沿淮堤坝处处溃决。其中淮河流域的灾情甚为严重，全流域淹没农田7700余万亩，受灾人口达2100余万人，死亡75000多人，经济损失5.64亿银元，❼ 饿殍遍野，农田颗粒无收。国民政府遂在上海成立救济水灾委员会，并在江淮设立工赈局。汪胡桢独挑大梁，成为十二工赈局局长，在淮河岸边的蚌埠，利用美国小麦以工代赈，修复淮河堤防工程。❽ 面对日益繁多的救灾事务，他总能从容不迫地把许多繁杂的问题处理得井井有条。工赈局有数十万灾工，分属于十个工务段。工作中

---

❶❷　汪胡桢：《回忆我从事水利事业的一生》，载嘉兴市政协文史资料委员会编《一代水工汪胡桢》，当代中国出版社，1997年，第285页。

❸　汪胡桢：《水工六十年》，《中国科技史料》1982年第1期。

❹　中国科学技术协会：《中国科学技术专家传略·工程技术编·水利卷1》，中国水利水电出版社，2009年，第48页。

❺　嘉兴市政协文史资料委员会：《一代水工汪胡桢》，当代中国出版社，1997年，第329页。

❻　庚子赔款：1901年清政府与11个国家签订《辛丑条约》，条约规定中国从海关银等关税中拿出4亿5千万两白银赔偿给各国，并以各国货币汇率结算，按4%的年息，分39年还清。1926年初，英国国会通过退还部分庚子赔款的议案，即派斯科赛尔来华制定该款使用细则。

❼　淮河水利委员会：《中国江河防洪丛书·淮河卷》，中国水利水电出版社，1996年，第42页。

❽　郭志芬、李明霞：《中国现代水利事业开拓者——汪胡桢先生的水利人生》，《华北水利水电学院学报（社会科学版）》2003年第2期。

的难题，小到草拟文件，核算报表，大到指挥灾工，协调部门，他都能气定神闲、有条不紊地处理妥当。是时，国民政府向美国借得大批剩余小麦以工代赈，而皖北土匪却三番五次登门向工赈局讨要这批小麦，欲从中抽成，大发不义之财。汪胡桢当然不会屈服于地方黑恶势力，他按规矩办事，到受灾农村和乡镇张贴布告，并按粮食数量计算出灾民每挖一立方米土堆应得的粮食，并且在一天工作结束之后，由工地技术员按工作成绩将粮食分配给受灾群众。这一举措使灾工们积极性大增，不到一年时间，他所负责工务段溃决的大堤全部修葺完成。

在此期间还有一件事情传为美谈，据说工务段一位沈姓会计盗走出纳领取的上百元。事件发生后，人们听说这位沈会计与汪胡局长是亲戚关系，以为会大事化小。不料汪胡局长毫不徇情，立即将沈会计撤职，并追回赃款。❶ 从此事可以看出，从小接受正确伦理道德教育的汪胡桢为人正派，从不拖沓，行事干练，办事清廉，不会贪污任何钱粮银款，更不会徇私枉法。这在时局动荡的社会实属难得。这一时期汪胡桢了解到淮河沿岸民生疾苦，对河流灾害的印象更加深刻，这也是他之后重点从事淮河治理的原因。

1933 年为打通年久失修的京杭大运河，汪胡桢又受聘成为整理运河讨论会的总工程师。❷ 该会以整治运河、疏通河道为目的。他从杭州出发，沿着运河河岸进行实地考察，所从事的主要工作为：征集资料、搜集著作、考察水源和排水情况、调查航运状况。他在实地考察过程中，受尽磨难，历经一年半时间到达北平，编制完成了《整理运河工程计划》，❸ 圆满完成了任务。该计划经修订后，上报国民政府。怎奈当时国民党忙于内战，无暇顾及民间疾苦，凝结着汪胡桢辛劳与汗水的计划最终又遭受到不了了之的命运。

1937 年 7 月，日本发动全面侵华战争，不愿看到家国沦丧的汪胡桢坚定了工程科技救国的信念，潜心写作。在此期间他主编出版了巨制《中国工程师手册》，还翻译了奥地利工程师旭克列许的《水利工程学》一书，❹ 以及国外土木工程和治水工程等的著作。尤其是《中国工程师手册》这部篇幅宏大的工程著作，对以后工程技术方面的人员有很大的参考价值。抗日战争胜利之后，汪胡桢于 1946 年任钱塘江海塘工程局副局长兼总工程师，❺ 主持修复抗日战争时期遭破坏而坍塌的海塘缺口。后因国民政府官员听信小人谗言，终止修复海塘的资金支持，汪胡桢愤然辞职。此后，他便闲赋在家，偶有机会赴台参观了日本在占领台湾期间所修建的若干处水电工程。

---

❶ 顾学方：《汪胡桢与治淮》，载嘉兴市政协文史资料委员会编《一代水工汪胡桢》，当代中国出版社，1997 年，第 48 页。

❷ 郭志芬、李明霞：《中国现代水利事业开拓者——汪胡桢先生的水利人生》，《华北水利水电学院学报（社会科学版）》2003 年第 2 期。

❸ 中国科学技术协会：《中国科学技术专家传略·工程技术编·水利卷 1》，中国水利水电出版社，2009 年，第 48 页。

❹ 金乃：《矢志为水利事业奋斗终生的老专家——汪胡桢》，《中国水利》1986 年第 7 期。

❺ 同❸注。

　　纵观这一时期，不管在求学之时，或是从事淮河、运河、钱塘江的治理，亦或是在河海工程专门学校授课，无一不体现着汪胡桢对中国水利事业的热爱，而且这段时间是他的知识理论框架初步形成期。汪胡桢自河海工程专门学校求学并以第二名的学业成绩毕业，至被选派到全国水利局工作，再到远赴美国深造，他每一步都走得踏实，毫不虚度年华，珍惜每一次学术进步的机会，心中始终秉持以水利救中国、以水利造福民众的信念。虽然时局混乱，胸怀大志却始终报国无门，但是他也绝不气馁，不懈地充实自己的学识，在自己所处的位置上发光发热。这些都为他以后继续从事治水事业打下了实践和理论的基础。

第二节　汪胡桢水利事业的发展期
（1949—1976 年）

　　时至 1949 年，52 岁的汪胡桢已在治淮治水事业中耗费了半生心血，在民国时期壮志未酬的他在新中国成立之后迎来了新的曙光。

一、新中国成立初期参与淮河的治理

　　1949 年 10 月中华人民共和国刚成立，周恩来总理就亲自写信给到浙江大学任教不久的汪胡桢，希望他出山治水，为新中国水利事业贡献力量。不仅如此，华东军政委员会水利部副部长刘宠光❶还三次登门拜访。起先汪胡桢对新政府是否能认真对待治理淮河这种大事还心存疑虑。刘宠光代表党和政府以真诚的态度和饱满的热情深深地感动了他，打消了他的疑虑，也点燃起汪胡桢为国治水的热情，从此他下定决心跟着共产党治理大江大河，干出一番事业。于是汪胡桢离开浙江大学，赴南京淮河水利工程总局❷参加治淮工作。从此，他的名字就与新中国治淮史紧紧联系在一起。

　　1950 年 4 月，担任淮河水利工程总局副局长的汪胡桢主持编制了《淮河水利建设五年计划大纲草案（1951—1955）》。该计划提出防洪、灌溉、航运和其他工程共计 24 项，共需要 36.7 亿斤大米作为经费。❸《淮河水利建设五年计划大纲草案（1951—1955）》兼顾淮河防治洪涝和民生等一系列问题，不仅是汪胡桢治理淮河思想的体现，更是其多年来导淮、治淮的心血结晶。1950 年淮河发生特大洪水以后，中央决定要根治淮河。是年 10 月，中央人民政府政务院发布了《关于治理淮河的决定》，并于 11 月

---

　　❶　刘宠光（1905—1977），安徽阜阳人。1923 年入北京朝阳大学政治经济系学习，后参加北伐军，"四一二"反革命政变后加入中国共产党。1949 年 10 月任淮河水利工程总局局长，1950 年任华东军政委员会水利部副部长、治淮委员会委员兼华东水利专科学校校长。

　　❷　淮河水利工程总局成立于 1947 年。1947 年 7 月国民政府行政院决议将导淮委员会改名为淮河水利工程总局，属水利部管辖。1949 年 4 月南京解放后，淮河水利工程总局被解放军南京军事管制委员会接管。1949 年 10 月中央人民政府政务院任命刘宠光为淮河水利工程总局局长。

　　❸　李伯星、唐涌源：《新中国治淮纪略》，黄山书社，1995 年，第 35 页。

在蚌埠成立治淮委员会，以加强治淮工作。❶ 汪胡桢被任命为治淮委员会委员兼工程部部长，同工程部副部长钱正英一起共同制定了《关于治淮方略的初步报告》。❷ 而后他参与了坐落在淮河支流淠河上的佛子岭水库工程的建设。佛子岭水库建设科技含量高，对淮河防洪起着重要作用。在取得佛子岭水库建设这场硬仗的全面胜利之后，汪胡桢又被调任三门峡工程局担任总工程师。❸

二、参与修建三门峡水利枢纽

在黄河干流修建三门峡水利枢纽，是新中国成立初期治理黄河的重要举措。1955年7月，国务院委托苏联电站部水电设计院列宁格勒分院进行三门峡工程的初步设计。❹ 三门峡水电站虽由苏联设计，但是具体勘测、收集资料和施工，都是由中国工程技术人员和建设者完成的。汪胡桢此时已年近花甲，虽资历深，水利方面学识渊博，但他并没有掉以轻心，反而经常深入施工现场，监督每一个施工步骤。他对于水库的重大数据，都要亲自过问，甚至利用办公室里的手摇计算机自行演算。汪胡桢办事讲究效率，如遇苏联方面送来的水利资料，他都要第一时间完成校对，并交代专业人员进行翻译。

在三门峡大坝的修建期，汪胡桢与苏联专家在施工方面产生了分歧。对于苏联专家的意见，汪胡桢没有偏听偏信，更没有盲目跟风，而是站在科学的角度，从实际出发，阐述己见，据理力争。据当时三门峡工程局组织部部长李亚力回忆：施工期间开挖人门岛，爆破的时间选在枯水季节。这个季节很宝贵，过了这个时间，就要到下个枯水期才能施工，如果不能很好掌握的话，一拖就是一年时间。苏联专家提出的开挖规划是三分之二的设计开挖线，深度是每次开挖要去掉三分之二，保留三分之一，以避免设计开挖线的震动、破裂，就这样一次一次地开挖。但是，这个方案进度慢，不能保证施工在一个枯水季节完成。汪胡桢经过试验，提出实施深孔爆破，一次开挖就可达到设计开挖线的保护层，即1.5米，并且不影响下面的岩层。但苏联专家不同意，说你怎么能保证设计线下面的岩层不受破坏呢。汪胡桢说，可以通过试验证明。试验下来，果然没有问题，苏联专家才同意。开挖进度因此而大大加快，提前完成了任务。❺

黄河上修建三门峡工程，解决库区的泥沙淤积问题是至关重要的，汪胡桢身为三门峡工程局的总工程师，自然不会忽略。对此他专门在1957年6月召开的三门峡水利枢纽讨论会上提出：应该通过上游水土保持来治理黄河；关于黄河的泥沙能否排出，

---

❶　王祖烈：《淮河流域治理综述》，水利电力部治淮委员会《淮河志》编纂办公室内部印行，1987年，第135页。

❷　戈平、本琪：《当代治水名人汪胡桢》，《水利天地》1988年第4期。

❸　资料来源于汪胡桢故居。

❹　高峻：《新中国治水事业的起步（1949—1957）》，福建教育出版社，2003年，第173页。

❺　李亚力：《汪胡桢在三门峡三年》，载嘉兴市政协文史资料委员会编《一代水工汪胡桢》，当代中国出版社，1997年，第73页。

应进行研究，以期在坝身未修成前得出结果。汪胡桢的观点是在三门峡大坝修建之前，在泥沙来源地通过防止水土流失来减少泥沙入库量。此外他还建议：作为三门峡工程设计选用数据的依据，则要有两手准备，留有余地。应在坝体内多设排沙底孔，并降低孔口高程。❶ 在 1958 年 4 月周恩来总理主持的三门峡水库现场会议上，面对同样的问题，有人提出了不同的观点，认为：由于水土保持能达到减沙的效果，应该缩小三门峡水库的拦沙库容，原设计入库沙量会减少 20％，50 年后将减少 50％。❷ 对于这种说法，汪胡桢基本上是持否定态度的。三门峡大坝开工后，汪胡桢还特地前往苏联向泥沙权威专家列维教授请教黄河泥沙问题，而列维教授却坚称通过他的模型试验泥沙淤积不会超过库区范围。❸ 尽管如此，汪胡桢还是认为应该重视黄河泥沙淤积所产生的危害。由于大坝的施工决策权并不在汪胡桢手中，因此他提出的多设排沙底孔的合理化方案并未被采纳。

虽然如此，但汪胡桢实事求是、不盲从的精神，以及站在科学角度解决黄河泥沙问题的态度是值得肯定的。由于三门峡大坝的修建是在"大跃进"时期，因此大部分参建人员为了加快工程进度，不切实际地要求浇筑混凝土的数量一天比一天多，曾导致大坝施工所用的设备还未移出，就被混凝土淹埋。汪胡桢对这种急于求成、"放卫星"的情况曾提出整改，要求参建人员加强对工程质量的监督。

1960 年三门峡水库开始蓄水，汪胡桢担心的水库泥沙大量淤积问题不可避免地出现了。不仅如此，水库泥沙淤积还不断蔓延，入库段水位升高，导致渭河泥沙淤积，严重威胁到库区沿岸百姓生产、生活安全。而渭河泥沙淤积的影响，已发展到距西安 30 多千米的耿镇附近。❹ 虽然当时汪胡桢已经调任北京水利水电学院院长，但是他仍然关心三门峡水库，心系沿库群众的安危。对于三门峡水库严重淤积问题，有人将其归结到苏联专家的设计缺陷上，但是汪胡桢却明确表示：苏联电站部水电设计院列宁格勒分院是以我们提供的资料作为设计依据的，该院的专家毕竟是外国人。❺ 这一见解体现了汪胡桢在问题出现之后，能首先客观地在自身方面找原因，不强调其他因素，不透过他人。这是老一辈学者身上难能可贵的自省精神的闪光。

为了更好地解决三门峡水库的泥沙淤积问题，1964 年汪胡桢提出修建碛口水库的构想，并于 1965 年 3 月精神饱满地带着北京水利水电学院学生，前往由北京勘测设计院在晋陕峡谷中选定的黄河碛口拦沙水库❻坝址，进行勘测设计工作。此时的汪胡桢已

❶ 张德旺：《中国工程师的楷模》，载嘉兴市政协文史资料委员会编《一代水工汪胡桢》，当代中国出版社，1997 年，第 80 页。

❷ 杨庆安、龙毓骞、缪凤举：《黄河三门峡水利枢纽运用与研究》，河南人民出版社，1995 年，第 17 页。

❸ 汪胡桢：《回忆我在不同社会水利建设中的经历》，《中国水利》1982 年第 1 期。

❹ 景敏：《黄河呼天录》，花城出版社，1999 年，第 360 页。

❺ 李亚力：《汪胡桢在三门峡三年》，载嘉兴市政协文史资料委员会编《一代水工汪胡桢》，当代中国出版社，1997 年，第 71 页。

❻ 规划中的碛口水库，位于黄河北干流中部，上距河口镇和天桥水电站分别为 422 千米和 222 千米，下距军渡黄河公路桥和禹门口分别为 30 千米和 310 千米。

年近古稀，经过四个月的紧张工作，汪胡桢完成了《碛口拦沙水库设计方案》。汪胡桢回到北京后以个人名义将方案上报给周恩来总理、水利电力部及黄河水利委员会。不久"文化大革命"爆发，碛口水库的计划也只能搁置。但汪胡桢以老骥伏枥之心，为我国的治黄事业不懈探索和奉献的精神，一直被水利界所称颂。

三、"文化大革命"时期的坚持不懈

1966 年"文化大革命"爆发，至 1967 年，国内的生产与建设秩序遭到了极大的干扰和破坏，各项在建的水利工程也受到不同程度的影响，许多水利工程技术人员、专家受到不公正的对待，汪胡桢也被剥夺了北京水利水电学院院长的职务。之后，他每日就是参加各种批斗会或是观看大字报。虽然汪胡桢此时不能正常履行院长的职责，但是他在水利工程方面的学术造诣仍然对学生们产生着重要影响。学院的应届毕业生邀请汪胡桢为他们讲授水工建筑课程，于是他坚持站在三尺讲台，在教室中集中授课，并编写讲义。后来"文化大革命"进一步发展，1969 年底汪胡桢被迫随学院一起迁往河北省磁县，被下放至岳城水库参加劳动。❶ 他在劳动期间仍然没有停下治学的脚步，编著了《水工隧洞的设计理论和计算》一书。直到 1972 年，汪胡桢才从岳城水库回到北京。

纵观这一时期，汪胡桢作为我国著名的水利工程专家，积极投身于新中国治理大江大河的水利建设事业，参与建造了佛子岭水库、三门峡水库等著名水利工程，奉献出了自己的心血才智，为新中国治水事业的起步和发展作出了重要贡献。

第三节　汪胡桢水利事业的丰收期
(1977—1989 年)

老骥伏枥，志在千里；烈士暮年，壮心不已。在 1976 年"文化大革命"结束后，汪胡桢已步入耄耋之年，但他仍继续为我国水利事业辛勤耕耘。

1979 年，汪胡桢受聘为水利部顾问。随着国民经济的发展，人民生活水平的日益提高，对水利发电也提出了更多的需求。为此，三峡水利水电工程被提到国民经济建设的日程上来。汪胡桢曾于 1958 年 2 月随周恩来总理前往长江三峡进行考察，他对三峡丰富的水利资源有着全面的了解和深刻的认识。1983 年，汪胡桢参加三峡水利枢纽工程的可行性探讨，他情不自禁地发出"只要国家一声令下，我还想背上行李去三峡工地大干一场"的坚强心声。❷ 无奈他年事已高，从事水利工程的建设实在有些力不从心，于是他把全部精力都放在为三峡大坝建设出谋划策上，在三峡工程的筹备阶段写

---

❶ 汪胡桢：《回忆我从事水利事业的一生》，载嘉兴市政协文史资料委员会编《一代水工汪胡桢》，当代中国出版社，1997 年，第 309 页。

❷ 金乃：《矢志为水利事业奋斗终生的老专家——汪胡桢》，《中国水利》1986 年第 7 期。

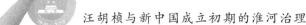

出了《论治江大计和三峡蓝图》一文，描绘出三峡大坝建成之后将给上中下游带来的连锁效益。

与巨大效益相对应，三峡水利枢纽工程的建设面临着诸多困难。

首先，坝体裂缝问题。大坝坝体出现裂缝依然是萦绕在建设者们心中的最难解决的问题。因为当今水库大坝的坝体多是利用混凝土整体浇筑的。在气温的变化之下，由于混凝土热胀冷缩，坝体就会出现裂缝，轻微的会导致渗水，严重的将破坏大坝的整体性。过去各国水利工程专家一直在寻找解决坝体出现裂缝的方法，但是都没有最优的方案。此时，汪胡桢创新性地在《关于改革现行混凝土坝施工方法和创造新型格箱坝的设想》一文中提出隔箱坝体，即利用立方型的隔箱叠置构成大坝的框架结构，再在隔箱内部填充材料。这样不仅可以节省混凝土的用量，还可以利用水化热造成的混凝土中的预压应力，抵消坝体冷却时因收缩而产生的拉应力。❶ 这一方案比较理想地解决了坝体在浇筑过后存在裂缝的问题。

其次，大坝通航问题。三峡大坝建成后如何使货轮顺利通过落差甚大的江面，这个难题也是汪胡桢十分重视的。为此他在《长江三峡节水船闸的初步探讨》等文章中，阐述了他为三峡大坝量身定做的落差达 137 米、能过万吨货轮的节水船闸。通过节水型船闸，能有效解决大坝修建之后船舶的通航问题。

再次，三峡水库淹没大量的土地，产生庞大的水库移民群体的问题。移民工作不仅是三峡水利枢纽建成的关键，更关系到水库移民地区的长治久安。借鉴以往水利建设移民问题的弊端，汪胡桢提出在三峡大坝的建设过程中实施开发性的移民。为此他写出《关于改革三峡工程移民制度的建议》《怎样实施长江三峡水库经济开发性的移民政策》《发展水利必须改革移民制度》等一系列文章，认为应改变只给移民迁移费的传统，另立为移民谋划出路的新规。汪胡桢提出，在水利工程得到审批之后，政府应该派员前往待移民地区进行可行性调查，从而制定具体的移民计划。这将大大提高移民成功的几率，促进移民地区的可持续发展。

可以说，改革开放使晚年的汪胡桢如沐春风，他不肯浪费一分一秒的时光，为国家水利建设不遗余力地出谋划策。很难想象，到 1978 年，他已年逾八旬，普通人在此时早就开始颐养天年，与绕膝儿孙共享天伦之乐，而汪胡桢仍以坚强的意志，拖着病躯❷为中国水利建设事业的大厦添砖加瓦。汪胡桢一生都在为中国描绘水利事业的蓝图，很多条江河❸都留下了他治水的足迹。他是中国老一辈水利科技工作者群体的缩影。

---

❶ 阎柏泉：《为开发我国水力资源而奋斗》，载嘉兴市政协文史资料委员会编《一代水工汪胡桢》，当代中国出版社，1997 年，第 103 页。

❷ 晚年的汪胡桢患有糖尿病、白内障。一目失明，一目视力为 0.1，且双耳失聪。

❸ 汪胡桢 1917 年完成滹沱河一水库设计，1927 年参与太湖治理工作，1929 年参与钱塘江治理工作，1930 年开始参与淮河、京杭大运河治理工作，1946 年再次参与钱塘江治理工作，1949 年开始再次参与淮河治理工作，1956 年开始参与修建黄河三门峡水利枢纽，1983 年参与长江三峡工程的可行性研究工作。

第二章　汪胡桢治淮的理论成果

自古以来，淮河流域自然生态优越，物产丰富。但宋元明清以来700多年的黄河夺淮，给淮河水系带来灾难性的变化，淮河上游洪涝灾害日益频繁，中游排水不畅，下游甚至淤废。治国先治水，治水先治淮，治淮方能保漕运。在历代治理淮河水患的进程中，均重视治理方略的探讨。汪胡桢作为我国第一批从美国学成归来的水利水电专家，理论基础扎实。在长期与淮河及中国各大江大河"打交道"的过程中，他综合利用数学、水利学、水工学等一系列学科学理，总结治水经验，得出了丰富的理论成果，尤其是在治理淮河方面颇有建树。他分别在民国时期和新中国成立初期参与并编写了两大治淮综合计划——《导淮工程计划》《关于治淮方略的初步报告》，开辟出淮河治理的理论新天地。

第一节　淮河水患的成因及其治理的紧迫性

淮河的水灾一直困扰着两岸人民，其灾害不断主要由以下三方面因素造成。

一、流域地理气候因素的影响

第一，受地形因素影响。淮河流域的支流成羽状分布，总体趋势和中国地形一样西高东低。淮河干流右侧的支流，部分源于大别山，所以处于这种陡坡地区的河道落差非常大，水流异常湍急。而左侧的支流受黄河旧道和鲁中南山地影响，由西北向东南倾斜，导致源于此地区的支流——颍河、洪汝河含沙量巨大，形成淤积，极易出现内涝。淮河干流至正阳关以下，左右两侧支流较为密集地汇入，故有"七十二水归正阳（今正阳关）"一说[1]。这种羽状排列的支流虽然有利于两侧水流的汇集，但是每当汛期暴雨来袭，水流则会叠加汇入干流，使得淮河干流水量猛增，出现干支流洪峰同时到来的情况，中游排水不畅，极易超过警戒水位。淮河中游水道弯曲狭窄，有"九里十三弯"之称，泄洪能力小，水流速度缓慢，下游尾闾不畅，甚至出现倒排现象，形成洪灾的几率则大大增加。

第二，受所处流域气候影响。从大气候条件来说，在1847年到1910年的63年中，淮河发生8次较大的洪涝灾害，最为严重的是1848年、1849年、1889年、1910

---

[1]　胡阿祥、张文华：《淮河》，江苏教育出版社，2010年，第2页。

年❶，平均每 10 年发生 1.1 次；而在之后的 1911 年到 1948 年的 37 年中，淮河则发生较大洪灾 7 次，1912 年、1914 年、1916 年、1921 年、1926 年、1931 年与 1937 年❷，平均每 10 年发生 3.7 次。在这两个时期当中，前者是处于小冰期中的第三冷期，而后者则相反为暖期。从数据统计方面来看，洪涝灾害发生频率暖期明显高于冷期。而进入 20 世纪以后，随着工业化进程的加快，全球气候变暖加剧，导致淮河流域洪涝灾害发生频率处于明显的上升态势。不仅如此，据统计，从 1911 年到 1948 年的 37 年当中，旱灾的发生频率与水灾一样呈现上升趋势。除此之外，从小气候条件来说，淮河流域基本位于我国气候南北过渡地段，降水空间分布不均，南部略大于北部，山丘略大于平原，东部略大于西部。由于降水情况复杂，常常年内涝旱交替共存。

二、黄河长期夺淮的影响

总的来说，淮河是一条被黄河"带坏"的河流。早在秦汉时期，淮河的水还是至清至净，淮河流域发生洪涝灾害的年份只有 12 年。从三国至南北朝的 368 年时间内，淮河流域共发生水灾 37 次，平均 10 年一次。隋唐两代淮河流域发生水灾的年份共有 46 年，而北宋时期淮河流域共发生洪涝灾害 20 多次。❸据史籍记载，从秦汉至北宋共 1348 年的历史，淮河较大洪水灾害平均 11 年发生一次。这一时期淮河是一条直接入海的河流，河床深广，尾闾排泄通畅。南宋初年的 1128 年，为了阻止金兵南下，黄河堤坝被人为地掘开，黄河干流向东南侵蚀淮河，夺淮入海，淮河被迫流入长江，黄河夺淮的序幕就此展开，持续 700 多年。至 1855 年，黄河虽然改道入大清河，注入渤海，但是黄河 700 多年夺淮所带来的泥沙却淤积在淮河干流的下游河床，导致淮河下游河床升高，排水不畅，极易发生洪水灾害。据统计：从南宋初年到 1855 年历经 727 年，发生水灾凡 268 次（其中黄河决溢灾害共 149 次），平均 2.7 年一次；自 1856 年到 1949 年短短的 94 年之间，发生洪涝灾害 48 次，平均 1.9 年一次。❹可见在黄河夺淮后，洪涝灾害频率大大增加。不仅如此，黄河携带来的泥沙导致处于黄淮之间的一批河流、湖泊大都淤积废弃，甚至消失，如汴河、沙水、泗水、菏泽、大野泽、沛泽等。❺这些被泥沙填埋的湖泊原本是调节河水的重要工具，现在一旦洪水涌至，湖泊调节功能消失，河流干流满溢，洪涝灾害便时有发生，导致原本富庶的淮河流域经常沦为人间泽国，水系日趋恶化，经济受损，民生困苦。可以说历史上淮河与黄河相伴相生，黄河的安澜直接影响到淮河的稳定。

❶ 田红、高超、谢志清等：《淮河流域气候变化影响评估报告》，气象出版社，2012 年，第 67 页。
❷ 王祖烈：《淮河流域治理综述》，水利电力部治淮委员会《淮河志》编纂办公室内部印行，1987 年，第 32 页。
❸ 水利部淮河水利委员会、《淮河志》编纂委员会：《〈淮河志〉第二卷·淮河综述志》，科学出版社，2000 年，第 281～282 页。
❹ 胡阿祥、张文华：《淮河》，江苏教育出版社，2010 年，第 149 页。
❺ 陈广忠：《淮河传》，河北大学出版社，2001 年，第 184 页。

三、淮河治理的废弛

据史书❶记载，淮河兴修的水利工程多为航运、灌溉所用，如芍陂、邗沟，真正用来防洪的水利措施却寥寥无几。在明清年间，淮河防洪治水工程又多以保护漕运为主要目的，并没有做到防治洪水。从1855年黄河回归故道之后到民国成立之前，也没有制定过全面的治淮计划，所以未能实现系统治理淮河的目标，多是在河堤两岸修修补补。换言之，在1912年之前，淮河堤防仍为断壁残垣，防洪能力甚微。民国时期淮河两岸人口数量剧增，人类经济活动加大，人地矛盾也日益激化，治理淮河显得愈发重要和急迫。

第二节　参加制定民国《导淮工程计划》

1921年，淮河流域发生有史以来的最大洪水，全流域上中下游普遍成灾，洪水满溢，沿淮尽成泽国，灾害遍及河南、安徽、江苏以及山东四省。全流域受灾面积近5000万亩，受灾人口达766万人，灾情十分惨重。❷ 治理淮河已经刻不容缓。

一、《导淮工程计划》的制定过程

面对如此严峻的灾情，汪胡桢和其他中国水利专家为了淮河两岸人民的福祉，开始实地考察淮河状况，搜集淮河水文资料，勘测淮河沿途水道，为治理淮河顽疾开具药方。1929年7月，为疏导淮河，国民政府在南京成立导淮委员会，并在淮阴设立导淮委员会工务处，工务处下设设计与测绘两组，汪胡桢任设计组的主任工程师。❸ 首先他随担任导淮委员会委员兼总工程师的李仪祉先后勘测了淮河、京杭大运河、沂河、泗河、沭河等河流的河道，重点查看了淮河沿岸的湖泊以及入江入海口地形与地貌。汪胡桢还带领一批年轻的测量队成员进行实地规划，在雨量聚集的淮河沿岸山谷地区设计了水库和洪水进入长江的入江水道，使洪水在洪泽湖超警戒水位后由排洪道汇入长江，以缓解淮河下游排泄的压力。其次，在汪胡桢的统一领导下，测量队还集中搜集了历史上淮河的水利、水灾、干旱等文本资料。随后汪胡桢又对各个测量小分队呈报上来的数据加以汇总、分析，常常通宵达旦地研究。再次，汪胡桢还在需要重点勘测的地区设立水文站和雨量站，以期对今后淮河洪涝灾害有预测之用。汪胡桢和其他

---

❶　史书指《史记·河渠书》《汉书·沟洫志》《宋史·河渠志》《明史·河渠志》《清史稿·河渠志》等。

❷　水利部淮河水利委员会、《淮河志》编纂委员会：《〈淮河志〉第四卷·淮河规划志》，科学出版社，2005年，第7页。

❸　汪胡桢：《回忆我从事水利事业的一生》，载嘉兴市政协文史资料委员会编《一代水工汪胡桢》，当代中国出版社，1997年；第286页。

导淮委员会成员在总结前人治淮经验❶的基础上，结合实地调研的成果，写出了《导淮工程计划》，并于1931年春上报给国民政府备案。

二、《导淮工程计划》的主要目的及内容

《导淮工程计划》以防治洪涝灾害为主，发展灌溉和航运计划为辅。编纂的宗旨在于使淮河治理达到事半功倍的效果。该计划强调在河流防洪方面需加强河道整治工作，必要时对淮河河道进行截弯取直，以利于通航和灌溉。在河流沿岸需修筑堤坝以防止洪水满溢。淮河全局以洪泽湖为枢纽，运河以微山湖为枢纽。❷ 从总体上来看，治理淮河应该统筹全局，综合考虑。此外，《导淮工程计划》还对导淮施工总程序进行了集中论述，说明导淮应从淮河下游的排洪工程着手，首先保证下游的排水顺畅，若下游畅通，上中游的洪水问题也就迎刃而解了。

《导淮工程计划》在内容上则分为以下几个方面：第一，导淮计划总纲要。第二，淮河排洪工程计划，洪水量以及洪水周期，淮河下游的疏导，淮河中上游及其支流的治导，沂、沭、泗河的治导。第三，淮河航运工程计划书和入海口航运工程。第四，沿岸灌溉工程计划书。第五，后续进行的测量工作。在《导淮工程计划》中，每个部分都附上图例直观地表述问题。总体上来说，该计划是汪胡桢和其他水利专家商讨后合作制定的，依据较为详实，内容也十分全面细致，是我国当时第一部淮河总体治理规划书。

三、《导淮工程计划》的实施与搁置

1931年淮河又发生全流域的大洪水，这次洪水共造成淹地7774万亩，受灾人口2002万人，死亡75000多人。❸ 这时《导淮工程计划》中所列的工程利用英国退回的部分庚子赔款才得以全面开工。直到1937年夏，第一期导淮工程计划❹仅完成大半。❺在这个过程中，汪胡桢参与主持了一些工程的修建。

第一，防洪方面，汪胡桢领导修复西起正阳关、东到安徽蚌埠五河县，长达200公里的淮河干流大堤。第二，排涝方面，他领导疏通安徽省境内的淮河支流北淝河，

---

❶ 前人的治淮经验是指此前中外有关机构和有识之士提出的治理淮河的计划、方案，如：1912—1914年美国红十字会的导淮方案，1919年张謇与安徽省水利局的导淮计划，1920年美国水利工程师费礼门的导淮计划，1921年孙中山的导淮计划，1925年北洋政府国务院全国水利局的治淮计划等。见水利部淮河水利委员会、《淮河志》编纂委员会：《〈淮河志〉第一卷·淮河大事记》，科学出版社，1997年，第85～91页。

❷ 导淮委员会：《导淮工程计划》，1933年，第3页。

❸ 王祖烈：《淮河流域治理综述》，水利电力部治淮委员会《淮河志》编纂办公室内部印行，1987年，第33页。关于1931年淮河流域大洪水淹地面积和受灾人口数量，此处与前文征引的淮河水利委员会编《中国江河防洪丛书·淮河卷》（中国水利水电出版社，1996年，第42页）数据有出入，待考。

❹ 导淮委员会：《导淮工程计划》，1933年，第8页。《导淮工程计划》将导淮工程分为三期进行，第一期时间是1931—1936年。

❺ 水利部淮河水利委员会、《淮河水利简史》编写组：《淮河水利简史》，水利电力出版社，1990年，第302页。

疏通工程于 1932 年 4 月开工，同年 7 月竣工，开挖土方共计 193.4 万立方米，疏通河道长达 26 千米。第三，航运方面，汪胡桢设计了"导淮工程"的配套设施，包括位于京杭大运河的刘老涧、淮阴以及邵伯三个现代新式船闸❶。修建船闸主要考虑到为最大限度地发挥区域的航运资源优势，开展水运交通事业，延长航运时间，平衡水深。因为淮河与大运河水系交错纵横，每年丰水期间，运载货物的船只来回穿梭，十分繁忙。但遇上枯水期，河道干涸，航运受阻。三个船闸汪胡桢都采用了双肩对开式的闸门结构。其中，刘老涧船闸于 1934 年 3 月开工，1936 年 6 月完工，总耗时 27 个月，建成之后即开始使用；淮阴船闸于 1934 年 3 月开工，1936 年 6 月完工，总耗时与刘老涧船闸相同，建成之后船闸上下游最大水位差高达 9.2 米；邵伯船闸净宽 10 米，净长 100 米，于 1934 年 3 月开工，1935 年 6 月竣工，总耗时 15 个月，建成之后船闸上下游最大水位差高达 7.7 米，可供 6 艘宽 3 米、长 20 米的 60 吨货船一次性通过。❷ 船闸建成后，刘老涧闸至淮阴闸的河段，船只可由张福河、洪泽湖直达淮河上游。而淮阴闸和邵伯闸的使用，可保证轮船全年都在淮阴、镇江间河段内通行。总之，这些船闸的修建都为当时淮河和大运河航运的发展贡献了巨大的力量。

纵观这一时期，中华民国虽在 1912 年成立，政权在形式上统一，但实际上并不统一，各地势力割据，军阀混战。南京国民政府建立后亦忙于内战，国家财政收入无法用于经济社会建设和民生改善，导致治理淮河的事业长期难以顺利进行，面临废弛和搁置的结局。在这种艰难的时局下，汪胡桢对治理淮河竭尽所能，还是取得了若干突破和成绩：第一，开始利用西方先进的水工技术治理淮河。第二，治理淮河不再是以保证漕运通畅为目标，更重要的是把水利工程与民生以及发展工业联系起来。这在民国时期是具有开拓性的。第三，吸引到国外资金助力淮河的治理工作。第四，参与制定《导淮工程计划》，并努力完成了一些防洪、排涝、航运设施的修建。然而，由于社会动荡，财力不支，特别是日本帝国主义发动全面侵华战争，致使计划中的第二、三期导淮工程均未能实施。

第三节　参与制定新中国第一个治淮方略

一、新中国成立之初的淮河水患

1949 年的 7 月，淮河流域正值盛夏，安徽、江苏连降暴雨，河流水位暴涨，造成沿岸多处村庄农田被淹。进入 8 月之后，暴雨并没有停止的趋势，加之长江流域也暴发洪水，受长江洪水顶托，淮河造成了更严重的洪涝灾害。此次洪灾导致淮河流域被

---

❶　所谓新式船闸，主要区别于古代木制或石质船闸，是用钢筋混凝土修成的整体建筑。

❷　水利部淮河水利委员会、《淮河水利简史》编写组：《淮河水利简史》，水利电力出版社，1990 年，第 304 页。

淹农田 3000 余万亩，受灾人口 800 多万人。[1] 汛后，皖北行署[2]成立淮河水利工程处，疏通淮河河道，修复两岸堤防。虽然苏北淮河沿岸地区已经开展修堤治水工程，但都是各自为政，没有团结一致，难以彻底解决淮河水患问题。

　　新中国成立的第二年，即 1950 年，淮河流域的灾情雪上加霜，日趋严峻。从 6 月中旬开始，淮河流域久旱不雨，人民群众大力抗旱。6 月 26 日以后，受西南暖湿气流加强、西南低气压东移的交替影响，淮河流域出现了第一场连下 4 天的暴雨。暴雨过后，淮河上游一些河段就相继出现小范围洪峰，但是降水并未停止。7 月中旬又出现了第二场强降雨。两次降雨过后，淮河下游水位迅速上涨。三河尖站、阜阳站水位高达 24.91 米、30.29 米，一度超过两站的警戒水位。虽然并没有达到历史上同期的降水量最高水平，但是降水持续时间长，加之黄泛期间黄河输送的大量泥沙导致淮河河道淤积不畅，无法泄洪。所以此次大洪水比以往的都要凶猛，出现的灾情也更加严重。淮河水位之高已经远远超过两岸堤坝的承受能力，干流支流都相继溃堤。沿淮各地之间汪洋一片，分不清哪里是河道，哪里是堤坝。此次洪水致使皖北 4 个专区 30 个县受灾，受灾人口达到 998 万人，河南受灾人口 340 万人。豫皖两省总受灾人数多达 1340 万人，淹没良田 4350 万亩。[3]

　　淮河两岸人民连续遭受水旱灾害的侵袭，生产生活受到极大的影响。新生的人民政府刚刚成立，面对如此紧急的情况，如何高效有序地组织力量救助灾民，成为当时工作的重中之重。

二、根治淮河的战略决策

　　面对如此严重的灾情，党中央、国务院高度重视，迅速推动治淮工作，由此，新中国拉开了治淮的序幕。

　　由于洪水影响的范围日益扩大，受灾人数不断增长，毛泽东主席先后四次亲自做出批示，下定决心根治淮河水患，还老百姓安宁的生活。1950 年 7 月 20 日，毛泽东在审阅华东军政委员会关于 1950 年淮河大水受灾情况的电报后，首次批示："除日前防救外，须考虑根治办法。现在开始准备，秋期即组织大规模的导淮工程，期以一年完成导淮，免去明年水患。"[4] 而后看到中共皖北区委书记曾希圣[5]报告的灾情情况后，又于 1950 年 8 月 15 日做出第二次批示："请水利部限日做出导淮计划送我一阅，此计

　　[1] 李伯星、唐涌源：《新中国治淮纪略》，黄山书社，1995 年，第 16 页。
　　[2] 皖北行署：全称皖北人民行政公署。1949 年 4 月 21 日，皖北全境解放，皖北人民行政公署在合肥设立，管辖范围为安徽省长江以北地区。1950 年 2 月隶属华东军政委员会领导。1951 年 12 月 9 日皖南人民行政公署驻地从芜湖迁往合肥，与皖北行署合署办公。1952 年 8 月 7 日，皖北人民行政公署与皖南人民行政公署合并成立新的安徽省，省会仍驻合肥。
　　[3] 李伯星、唐涌源：《新中国治淮纪略》，黄山书社，1995 年，第 20 页。
　　[4] 《建国以来毛泽东文稿》第一册，中央文献出版社，1987 年，第 440 页。
　　[5] 曾希圣（1904—1968），湖南兴宁（今资兴）人。1924 年考入黄埔军校，参加过北伐战争。1927 年加入中国共产党，曾参加过中央苏区反围剿战争和长征。新中国成立后，曾任中共皖北区委书记，中共安徽省委书记、第一书记，安徽省人民政府主席等。

划八月份务必做好，由政务院通过，秋后即开始动工。"❶ 根据毛泽东的两次重要批示，同年 8 月中央人民政府政务院在周恩来总理的主持下，在北京召开治淮会议，商讨治理淮河的措施。水利部、淮河水利工程总局和淮河沿岸省区水利部门主要负责人都参加了此次会议。会议期间，毛泽东主席为了避免民国时期导淮出现过的淮河上中下游只顾自身利益，没有相互配合、共同治理的问题，于 1950 年 8 月 31 日对治淮工作做出第三次批示："导淮工作必须苏、皖、豫三省同时动手，三省党委工作计划均需以此为中心，并早日告诉他们。"❷

1950 年 9 月 21 日，毛泽东在曾希圣再次报告灾情的电报上做出第四次批示："现已九月底，治淮开工期，不宜久延，请督促早日勘测，并做好计划开工。"❸ 从 7 月水患开始到 9 月中下旬，短短的三个月内，日理万机的毛泽东主席为治淮工作先后做出四次批示，推动治淮工作从中央到地方、自上而下迅速展开。

不仅如此，在历时十九天的治淮会议中，为了贯彻毛泽东主席的治淮决策，周恩来总理决定以"蓄泄兼筹"四字作为治淮的总方针，即在上游蓄拦洪水，兴修水利工程；中游蓄积洪水，发展灌溉；下游排泄洪水，发展航运，巩固堤防，开辟入海水道。在此基础上，还决定应为治淮工作充分准备并制定治淮计划，将在安徽、江苏、河南三省重新勘测淮河水道和入海线路。面对三省在治淮工作上的分歧，周恩来总理提出三省应统一进行协商，并强调毛泽东主席对治淮的政策：需考虑全局利益，保证淮河两岸人民生命财产安全。并且告诫各级政府：不能只顾眼前利益，不顾长远利益，不可以实行地方保护主义。会议结束后，周恩来总理审阅并修订了水利部综合各地方水利专家编写的《关于治淮工作的决定》，政务院于 10 月 14 日颁布。

1950 年 11 月初，周恩来总理在政务院第 57 次会议上进一步阐述了关于治淮的一系列原则。第一，统筹兼顾，标本兼施。指出淮河各流域既要积极蓄水又要注重排泄。要兼顾上中下游不同省份的不同利益。淮河根治不要急功近利，但也不要懒散懈怠。第二，有福同享，有难同当。治理淮河应多省配合，不应为了一己之利，只保得自身省份的安全，却牺牲兄弟省份的利益。第三，分期完成，加紧进行。由于灾情不等人，治淮工作带有很大的时间紧迫性，等到各部门都准备好了再进行施工是不现实的。所以，治淮工作要有重点、有步骤、有规划地分批进行。同时，在淮河汛期过后，加紧工程建设以达到灾害从有到少、从少到无。第四，集中领导，分工合作。治淮工作应联防联动，要以中部为主，东部为辅。在工作进行时，应该配备专人进行监督检查工作。第五，以工代赈，重点治淮。在受灾地区实行以工代赈，以治淮工作为总体工作的重心。❹ 周恩来总理阐述的治淮原则，是对毛泽东主席高瞻远瞩治淮号召的具体落实。

---

❶❷　中共中央文献研究室：《建国以来重要文献选编》第一册，中央文献出版社，1992 年，第 356 页。

❸　中共中央文献研究室：《建国以来重要文献选编》第一册，中央文献出版社，1992 年，第 357 页。

❹　中共中央文献研究室：《周恩来经济文选》，中央文献出版社，1993 年，第 24 页。

三、参与制定《关于治淮方略的初步报告》

根据"根治淮河"的指示，中央人民政府批准成立治淮委员会统一领导治淮工作，汪胡桢任治淮委员会委员兼工程部部长。面对千里淮河，滔滔河水，依据政府的治淮方略，从 1951 年 1 月 19 日开始，汪胡桢与曾希圣、钱正英❶等人一起勘察正阳关以上的淮河河道以及庙台集蓄洪工程。4 月上旬，汪胡桢又与苏联专家布可夫❷一起查看淮河中下游河道。经过将近 4 个月的辛苦调研，1951 年 4 月 28 日淮河治理总体规划最终完成。治淮委员会工程部在治淮委员会第二次全体扩大会议上提交了《关于治淮方略的初步报告》（以下简称《治淮方略》）。《治淮方略》是自 1951 年 1 月起，治淮委员会工程部在苏联专家布可夫的帮助下探讨研究而形成的。它是新中国成立后第一个淮河整体治理方略，地位极其重要。

该方略共分 11 个部分：第一，治淮问题的由来。千里淮河为何屡治屡坏，为何年年治理年年泛滥？在此部分，《治淮方略》对此做出了归纳和介绍。第二，淮河流域的特征及其演变。这一部分集中说明淮河有史以来的具体流向，重点说明花园口决堤后（1938—1947）长达九年的"黄泛"对淮河河道的影响。第三，洪水流量的分配与控制。主要依据 1931 年和 1950 年最近两次特大洪水所搜集的资料，但是，以往其他年份特别是 1900 年以后的 1901 年、1911 年、1921 年、1935 年等数据都未在此次记录当中。第四，山谷水库。此方略中，在淮河干流及颍河、浉河、竹竿河、沙河、洪河、澧河、史河等主要支流需修建 16 座水库，以支流为主，干流上规划 1 座。第五，润河集蓄洪工程。在受灾严重的安徽省，重点整治润河。该工程主要规划坐落在润河入淮口，通过人工河道联通润河流域的 7 座天然湖泊，使其形成一体的水网，经过闸口调节上游洪水的速度和排量。工程竣工后，可以有效控制中上游洪水流量，保证江苏淮河沿岸的安澜。第六，中游河道整理。由于黄河与淮河有数不清的纠葛和矛盾，所以淮河的河道中充满了黄河的泥沙。故而以正阳关为起点，洪泽湖入淮口为终点，重点整治该段河道。通过淮地行洪、疏通河道、截弯取直、开辟辅道四种方法达到排洪泄水的目的。第七，洪泽湖泄洪工程。处在淮河下游的洪泽湖是淮河减少下游洪水危害的重要屏障。希望通过修建湖闸和河闸调节洪水入湖量和排泄量，变害为利，用洪水为沿岸农田提供灌溉之需。第八，入江水道。开挖进入长江的水道，使上游经过调节的洪水畅通无阻地排入长江。第九，水资源利用。洪水来袭，通过以上八个渠道，蓄积排泄的洪水可以被综合利用，可用于发电灌溉及航运。第十，管理制度。就具体的规章制度及分工有明确的标识，确保方略实施的完整性和计划的可行性。第十一，次年的施工计划。对上述工程的进度有总体的计划，说明 1952 年将要完成的工作。

1951 年 7 月，治淮委员会第三次全体会议在蚌埠召开。经过讨论，认为《治淮方

---

❶ 钱正英时任华东军政委员会水利部副部长、治淮委员会委员兼工程部副部长。

❷ 布可夫：苏联水利专家，曾任中央人民政府水利部顾问，协助治淮委员会工作。

略》系统全面地阐述了治理淮河的重要性及具体方案方法，所定工程总计需要公粮100亿斤左右❶。

四、《治淮方略》与《导淮工程计划》之比较

对比《治淮方略》与民国时期的《导淮工程计划》，两者有若干相同之处。首先，两者均认识到淮灾带来的不利影响以及消除灾害的必要性。《导淮工程计划》记述淮河灾害影响极其广大，造成"吾国腹地之广，淮域居民之繁，工商之不振，民生之憔悴，匪盗繁兴，交通不便，为其大原也"。《治淮方略》同样是以根除淮灾为目的而制定的。其次，两个计划都是站在客观的角度研究得出的，不仅总结了前人治淮的经验，而且对河流不同时期的水量都有归纳和整理，进而得出科学的治理措施。《导淮工程计划》中独辟一节为"淮河之洪水量及其周期"，分析淮河洪水的变化周期。《治淮方略》中也有一节专门介绍洪水流量的分配与控制。再次，两者都把疏导洪水作为重点，同时兼顾河道航运以及灌溉等目标，驱害而兴利。最后，两个计划都十分注重经费问题，毕竟治理淮河无论在哪一个时期都属于庞大的工程计划。

相比之下，《治淮方略》有五方面的特点。第一，首次说明了千里淮河治理困境的背景，剖析了淮河的历史变迁和近代的变化。《治淮方略》以时间为轴，而《导淮工程计划》未能进行历史变迁的分析。第二，是一项注重人民群众利益的总体规划，生动体现出党和政府一切为人民服务的根本宗旨。淮河是中国人口最密集的地区之一，淮河的安宁影响着百姓的安居乐业，正是基于对百姓生产生活需要的考虑，《治淮方略》多个部分都重点围绕着减少灾害、改善民生来制定。第三，对待淮河的策略由疏导变为治理。导淮处理的是洪水泛滥，如何让水有地方可去，而治淮更加注重河水的综合利用。第四，提出了蓄泄兼筹的治淮原则。统筹治淮，较好地把握治淮整体与局部的关系，上中下游综合治理、协同治理的关系。治理淮河不仅是治理下游，对上中游蓄洪、泄洪也提出了要求。这不同于民国时期只注重下游，认为淮水之困主要在于淮河尾闾不畅。第五，在党和政府及广大人民群众的努力下得以付诸实施，取得了治理实效。经过多次讨论和论证，《治淮方略》中所制定的工程计划绝大部分落到了实处，由计划变为了现实。除因耗费资金太多、工程量太大的中游工程以及开辟入海道工程暂时搁置外，其他例如在山谷修建水库、建成润河集蓄洪工程和苏北灌溉总渠都得到具体的实施。而《导淮工程计划》则完成了第一期工程的小部分。

经过治淮委员会同意，汪胡桢在治淮委员会主任曾山的率领下与钱正英一起前往北京，向政务院总理周恩来汇报《治淮方略》。❷汪胡桢在其回忆录中这样写道："周总理注意聆听，又频频点首。我在谈到工程位置时，就在图上指出，周总理也俯身细看

---

❶ 李伯星、唐涌源：《新中国治淮纪略》，黄山书社，1995年，第37页。

❷ 汪胡桢：《回忆我从事水利事业的一生》，载嘉兴市政协文史资料委员会编《一代水工汪胡桢》，当代中国出版社，1997年，第302页。

图上的注字，钱正英和我一一做了回答。"❶ 听完汇报，周恩来总理认为方案可行，但是为了谨慎起见，要求水利部进行再次审核，后与汪胡桢热情话别。在汪胡桢回到治淮委员会不久，水利部传来消息，《治淮方略》基本通过，具体细节还应再次商讨。佛子岭水库也在此次获批的项目当中，这是令汪胡桢最欣喜的礼物，五十载治淮梦想在新中国终将实现。

---

❶　汪胡桢：《沸腾的佛子岭——佛子岭水库建设的回忆》，载嘉兴市政协文史资料委员会编《一代水工汪胡桢》，当代中国出版社，1997年，第205页。

第三章　汪胡桢治淮的实践成果
——佛子岭水库

佛子岭水库于 1952 年 1 月动工，1954 年 11 月竣工，是新中国第一座连拱坝水库，总库容 4.83 亿立方米。[1] 它所控制的流域面积占淠河[2]总流域面积的三分之一，是一座以防洪为主，农田灌溉、改善航运为辅，兼有水力发电的多目标水利工程。佛子岭水库大坝是一座以连拱坝为主，平板和重力坝为辅的钢筋混凝土结构建筑。连拱坝段全长 413.5 米，坝顶高程为 120.96 米，防浪墙顶高程 131.06 米，最大坝高 75.9 米。[3]坝体由垛、拱交错组成，两端重力坝和平板坝总长 100 多米，在最西端还有一处供船舶通过大坝的设施，以供货物进出。水库配备水力发电设施，前期规划为拱内式发电，后期计划为坝后式发电。

第一节　汪胡桢与佛子岭水库建设的筹备

佛子岭水库是《治淮方略》中山谷水库的重要组成部分，也是汪胡桢治理淮河历程中的一座丰碑。在大别山的千山万壑中修建新中国第一座混凝土大坝，难度是可想而知的。汪胡桢却主动请缨，自请建设动工时间较早、难度最大的佛子岭大坝。

一、勘测与选址

大坝的勘测规划工作是修建工作的先导。早在 1950 年 11 月治淮委员会成立之初，汪胡桢就开始着手佛子岭水库的地质勘测工作。他前往杭州与浙江省地质调查所所长朱庭祜[4]签订协议，由地质调查所派专业人员前往大别山区进行水库的初步地质勘察。为稳妥起见，治淮委员会邀请以谷德振[5]、戴广秀[6]工程师为首的中国科学院地质研究所工作人员，对水库岩层地貌进行复勘，写成《淮河中游淠河东源山谷水库地质》和

---

❶ 高峻：《新中国治水事业的起步（1949—1957）》，福建教育出版社，2003 年，第 135 页。

❷ 淠河是淮河南岸重要的支流之一，河道总长 253 千米，流域面积 6000 平方千米，分为东西两源。

❸ 《中国河湖大典》编纂委员会：《中国河湖大典·淮河卷》，中国水利水电出版社，2010 年，第 57 页。

❹ 朱庭祜（1895—1984），上海川沙县人。我国著名地质学家、地质教育家。1948—1952 年任浙江大学地理系教授，兼浙江省地质调查所所长。

❺ 谷德振（1914—1982），河南省密县人。我国著名工程地质学、地质力学家，中国科学院学部委员。

❻ 戴广秀（1924—1988），江苏省苏州人。我国著名工程地质学家。新中国成立后在中国科学院地质研究所从事岩矿研究工作。曾任地矿部水文地质工程地质司副总工程师。

《淮河中游淠河西源山谷水库地质》报告两份。❶

与此同时，汪胡桢所在的治淮委员会工程部联合燃料工业部水力发电工程局及其他多个中央有关部委单位，于1950年11月组成联合勘测组，对淠河东西两源进行流域勘测。此次勘测使中央有关部委肯定佛子岭地区可建蓄洪之用的水库。不久，以汪胡桢为首的治淮委员会工程部对淠河流域再次进行查勘，完成了《淠河水库工程规划书》。❷ 在汪胡桢等专家的努力下进行的这些考察活动，对淠河河道发育情况、坝址选定、水库面积都有了全方位的了解。1951年10月，在治淮委员会成立佛子岭水库工程指挥部后，作为总指挥的汪胡桢在水库筹备后期召集水利专家，听取他们对坝址选定的意见。综合考虑山势走向、地质构造、河流发育情况、泥沙沉积和岩石分布，最终把坝址确定在霍山县城以南17千米的佛子岭打鱼冲口以上的位置。❸

二、选择坝型

在佛子岭水库勘测工作告一段落时，汪胡桢编著了《佛子岭水库计划书》，❹ 将测量结果、水库地质、水库面积、淹没范围和淹没损失做出汇总，并结合原来他和同事在淮河沿岸设立水文站所得的数据，详细地说明了坝址、建设目标、经济效益等诸多方面的问题。汪胡桢在其中极力推荐连拱坝作为佛子岭大坝的主体坝型。

所谓连拱坝，是指具有多个支撑于支墩的拱形面板组成的支墩坝。一般来说，连拱坝由拱与垛两部分构成。拱的作用是承受最大跨度内的重量，佛子岭大坝的拱面则是用来承受水的重力和张力，使重力与张力相互垂直。为了更好利用两种力，化解两种力，拱的形状最好采用半圆形弧形拱面。将拱面连接起来的是垛，主要是由迎水面板、下游面板和坝底组成一个三角体，而三角形是最稳定的图形结构，可确保坝身牢固。为了减少水体给坝体带来的压力，垛一般都是下部宽于上部。经计算，根据淠河的宽度，如果建造连拱坝，坝体将有22拱和21垛交错而成（建成后改为21拱20垛），在两端根据具体情况使用重力坝相连，设计坝高130米，计划洪水位为128.7米，坝顶路面宽6.5米。❺ 每个垛面间距按应力计算分析应大于拱设计半径。汪胡桢还利用以前在美国留学的经验，学习西方坝体在灌溉管的进口配备半圆形拦污栅栏，这样可以防止上游垃圾与杂物堵塞灌溉管或是进入阀门，造成阀门磨损。在东岸重力坝

❶ 佛子岭水库工程指挥部：《佛子岭水库工程技术总结·第一分册 水库计划》，治淮委员会办公室内部印行，1954年，第2页。

❷ 佛子岭水库工程指挥部：《佛子岭水库工程技术总结·第一分册 水库计划》，治淮委员会办公室内部印行，1954年，第1页。

❸ 佛子岭水库工程指挥部：《佛子岭水库工程技术总结·第一分册 水库计划》，治淮委员会办公室内部印行，1954年，第3页。

❹ 李德亭、孙君健等：《闪光的淮河》，安徽人民出版社，1990年，第113页。

❺ 佛子岭水库工程指挥部：《佛子岭水库工程技术总结·第一分册 水库计划》，治淮委员会办公室内部印行，1954年，第81页。

东边有一道宽 12.5 米的溢洪道，以便排泄非常洪水，保证坝身安全。[1] 配套设施还有两个闸门，用来控制排洪的速度以及排洪流量。

除连拱坝外，当时汪胡桢还为佛子岭水库设计出了其他四种不同的坝型。

第一种：平板坝。平板坝是利用钢筋混凝土构成平板作为应对水的张力的一种支撑坝体。在当时世界上的坝体之中，平板坝已经较为普遍。但是根据淠河的宽度，修建平板坝大约需要 76 个挡水板和 75 个垛紧密联系在一起。垛体个数比连拱坝多了 3 倍还多，所以从用料方面来说，钢筋、混凝土也应大幅增加。平板坝与连拱坝相同之处在于两端都要根据实际情况依附于重力坝，而且大坝长度、坝顶高程、设计洪水位都与连拱坝一样。

第二种：重力坝。重力坝是当今世界大坝采用最多的坝体。它由钢筋混凝土堆砌而成，主要是利用自身重力来维持大坝稳定。这种坝体难度小，但是耗费多，而且为了防止水泥的热胀冷缩产生裂缝，需要在坝体中心部位做若干条不透水的收缩缝，以防渗水。大坝设计全长 516.2 米，坝顶高程 130 米，计划洪水位 128.7 米。[2] 坝体长度、高度与连拱坝一样。

第三种：堆石坝。堆石坝是用石料填充坝身，配以防渗体而建造的一种坝型。这种坝型历史悠久，由于堆石坝的特性，它对岩石的基础要求较低，所以坝轴线相比其他钢筋混凝土大坝来说长度较短，全长仅约 500 米。但是堆石坝因溢洪道出口离坝身较近，故需另设立净水池，以免坝址附近河床被洪水冲刷。而且坝心底部中心需设混凝土止水墙一道，高出岩石面 4 米，嵌入岩石不小于 1 米。[3] 所以从整个大坝的总施工量上来说工程量是巨大的。

第四种：土坝。这是就地取材利用土石料为主体的一种坝型。设计洪水位与其他大坝一样，但是坝高和坝体长度都略短于其他坝型。

以现在中国经济发展的情况来说，重力坝是最理想的选择，它完全符合我国现有的技术水平和机械化施工能力。现今世界上最大的水利枢纽——三峡大坝就是典型的重力坝体。但是根据新中国成立初期的实际情况，经过对比后，汪胡桢决定采用连拱坝作为佛子岭水库的主体坝型。主要原因有以下几个方面。

第一，从经济发展水平上来说，当时新中国刚刚成立，建设资金严重缺乏。不仅如此，以美国为首的西方资本主义国家对我国实行经济封锁，像建造大坝的钢筋、混凝土等材料处于短缺状态。如果建造连拱坝，混凝土总体积不到 20 万立方米，如果采用重力坝型，浇筑混凝土就需要 100 万立方米。[4] 连拱坝的体积仅为重力坝的五分之

---

[1] 佛子岭水库工程指挥部：《佛子岭水库工程技术总结·第一分册 水库计划》，治淮委员会办公室内部印行，1954 年，第 82 页。

[2][3] 佛子岭水库工程指挥部：《佛子岭水库工程技术总结·第一分册 水库计划》，治淮委员会办公室内部印行，1954 年，第 84 页。

[4] 中国科学技术协会：《中国科学技术专家传略·工程技术编·水利卷 1》，中国水利水电出版社，2009 年，第 51 页。

一，可以大量减少混凝土的用量。1949 年，我国当时只有 35 家水泥厂，年产水泥 66 万吨。❶ 建造重力坝的 100 万立方米水泥比 1949 年全国一年的水泥总产量还多，所以建造重力坝可以说是一个不可能完成的任务。如要建造土坝或者堆石坝，从佛子岭的地质条件来看缺乏建坝所用土石料，必须从 10 千米以外采运，加之施工区比较狭窄，增加了交通运输的困难。而且后期利用水力进行发电时，连拱坝水力发电机可以安放在拱内，而其他坝型都需要另外修建厂房。总体来说，连拱坝工程量少，可以减少大坝的经费支出。

第二，从技术人员水平来说，参加佛子岭水库工程建设的人民群众知识水平普遍偏低，技术力量薄弱，毫无经验可言。如果采取其他坝型会遇见许多困难，甚至是不可克服的困难。连拱坝虽然设计具有较高的技术性，施工复杂，但是掌握标准低。

第三，从工程所需时间上来说，当时淮河灾情较为严重，它要求溮河东源的佛子岭水库尽早建成，尽快发挥作用，蓄洪减灾，而连拱坝的施工时间是最短的。

第四，从溮河的实际情况来说，根据溮河沿岸水文站测定的最大暴雨记录，如果修建土坝，为控制洪水就需要增大库容，这样难免导致没坝，甚至彻底垮塌。而连拱坝虽然是新型坝体，但是它很好地利用了坝体的顶托力，托住水体，且压在大坝表面的重量反过来有利于坝体的稳定，坝体与溮河地形又十分贴和，可以说是"量体裁衣"。连拱坝就算没坝，根据应力计算也没有坍塌之险。

第五，其他方面的原因。如：连拱坝施工场地小，坝身散热快，导流目标较低，需要工人数量少，季节性对施工影响少等，所以连拱坝具有其他坝型不可比拟的优势。

因此，不论是从经济水平、技术人员知识水平以及建造时间还是溮河的实际情况和其他方面综合考虑，连拱坝都是最优选择。所以汪胡桢提出佛子岭水库应该采用连拱坝的方案是符合客观实际需要的。

但是这个方案一经推出就遭到其他专家的质疑：连拱坝在当时仅有美国的亚利桑那州以及法属殖民地阿尔及利亚各有一处成功的例子，而且都处在西方的资本主义国家和属地。新中国刚刚成立，工程建设资料缺乏，留在国内的连拱坝资料仅有一张照片，没有样本怎么能建造这样高难度的大坝？连苏联派来的专家布可夫都持怀疑态度，指出修建连拱坝设计与施工艰难，主张在佛子岭地区改建土坝。❷ 对连拱坝产生疑虑不足为奇，因为当时中国的水利工程师、专家均对河流治理比较熟悉，而对拦河大坝、大坝的种类却不熟知。汪胡桢不仅在美国康奈尔大学取得土木工程硕士学位，还参与过美国摩根瀑布水电站的建设，参观过许多美国、欧洲国家成熟的拦河大坝，熟知连拱坝的构造原理。海外留学的经历和国外成功的案例都让他底气十足。

为了打消当时治淮委员会众多专家的顾虑，汪胡桢采取了两步走方略。第一，委托原中央大学土木工程系毕业的一位技术员利用美国的《水利手册》为模版，结合佛

---

❶ 《新中国水泥工业 65 周年大事件》，《广东建材》2014 年第 10 期。

❷ 汪胡桢：《沸腾的佛子岭——佛子岭水库建设的回忆》，载嘉兴市政协文史资料委员会编《一代水工汪胡桢》，当代中国出版社，1997 年，第 209 页。

子岭的独特地形画成图纸，按比例缩小大坝坝体，形成佛子岭连拱坝构思图。第二，委派木匠雷宗保用石膏、铁皮、油漆等材料把连拱坝、堆石坝、重力坝、平板坝和土坝做成相同比例尺寸的缩小模型和横截面模型，这样可以直观地展示连拱坝的优越性。

经过汇报，治淮委员会及华东军政委员会水利部技术人员对使用连拱坝的方案都不敢发表意见，只有何家濂❶同意汪胡桢的想法，因为他在美国曾见到过连拱坝。后来治淮委员会秘书长吴觉建议，应该由治淮委员会在佛子岭召开一次专家会议，听听国内专家的意见。❷ 随后便邀请了著名工程专家茅以升，南京大学教授黄文熙，大连工学院教授钱令希，清华大学教授黄万里、张光斗，水利部技术委员会主任须恺等审查讨论坝型方案，他们都是中国著名的水利工程专家。因为汪胡桢之前准备充分，备有水库图纸、大坝模型、优缺点比较表以及工程估算表，专家们都表示赞同连拱坝坝型。在专家会议上，仅有个别人提出这样一个意见：如遇横向地震，坝体稳定必须有完全保证。❸ 对此，汪胡桢是这样解释的：大坝坝基摩擦力能够抵抗水库盈满时的水推力，横向地震时每一个垛都能抵抗地震力而有余，证明应力能够为结构强度所抵抗住。❹ 经过钱令希、黄文熙教授对连拱坝的稳定问题进行详细运算以及分析，得出汪胡桢的想法是完全正确的。即在横向地震时，只要每一个垛都能单独稳定，再依靠拱连接起来，稳定是完全没有问题的。❺

清华大学教授张光斗发现在苏联教授葛里兴编著的《水工建筑物》书中提到：连拱坝设计中的面板必须加厚，以免渗水。张光斗希望汪胡桢在设计连拱坝时对此进行参考，但是汪胡桢在查看美国及法属阿尔及利亚两个连拱坝的资料后，发觉这种情况发生的概率都比较小，大坝完成之后都不渗水。❻ 故汪胡桢认为葛里兴的规定偏于安全。❼经过专家论证，证明了佛子岭水库应建连拱坝为拦河坝。会后，治淮委员会主任曾山经过深思熟虑，反复考量，请汪胡桢就佛子岭水库的坝型选择作一个汇报。曾山主任听完汇报后决定佛子岭水库大坝采用连拱坝，并说："我像支持钱正英同志搞润河集工程一样，支持你搞佛子岭工程。"❽ 他信任支持中国水利工程专家勇敢探索、大胆创新，使水库建设的决定既符合科学的决策程序，又在较短的时间内得以确定，这体现了在治淮事业上管理干部和科技英才精诚合作、相互配合的工作风范。曾山的决定

❶ 何家濂（1919—?），福建省福州市人。1942 年毕业于中央大学水利工程系，1945—1946 年在美国田纳西河流域管理局等处实习，新中国成立后任河南省治淮指挥部工程部公务处副处长、河南省水利科学研究所主任工程师。

❷ 李德亭、孙君健等：《闪光的淮河》，安徽人民出版社，1990 年，第 113 页。

❸ 汪胡桢：《沸腾的佛子岭——佛子岭水库建设的回忆》，载嘉兴市政协文史资料委员会编《一代水工汪胡桢》，当代中国出版社，1997 年，第 208 页。

❹❺ 曹楚生：《难忘的佛子岭》，载嘉兴市政协文史资料委员会编《一代水工汪胡桢》，当代中国出版社，1997 年，第 63 页。

❻❼ 同❸注。

❽ 朱起凤：《峡谷书声 桃李芬芳》，载嘉兴市政协文史资料委员会编《一代水工汪胡桢》，当代中国出版社，1997 年，第 51 页。

也标志着佛子岭水库工程的正式上马。

经过多方论证，佛子岭水库的建设终于提上了日程，这离不开党和政府的正确领导，同时也离不开汪胡桢等水利工程专家的努力。新中国成立初期，百废待兴，汪胡桢设身处地结合当时科技条件薄弱、建筑材料稀缺的国情，殚精竭虑地将佛子岭大坝设计成连拱坝的坝型。建坝之前的多方仔细论证，坝型的最终定型，无一不体现出汪胡桢深厚的水利工程学功底、踏实的工作作风，以及为祖国奉献的水工精神。

第二节　汪胡桢在佛子岭水库的建设中统筹全局

1951 年 10 月 10 日，佛子岭水库工程指挥部在工地上正式宣告成立。❶ 治淮委员会任命汪胡桢为佛子岭水库工程指挥部总指挥，张云峰、张允贵、周华青分别任政治委员、政治部主任和总务处长。这个领导班子学历最高、水利工程建设经验最丰富的就是汪胡桢。修筑大坝的主力是原要赶赴朝鲜战场的经过改编的第一水利工程师❷，他们在师长马长炎、副政委徐速之的率领下进驻佛子岭水库工地。❸ 还有部分当地的农民群众，他们在农闲时参加水库劳动，可以多挣一些工钱贴补家用。当地农民群众多年来被淮河水患所困扰，听说共产党派大知识分子来治水，纷纷奔走相告，积极参与到建设中来。1952 年 1 月 9 日，佛子岭水库破土动工。自开工以来，面临重重困难。当时抗美援朝战争正在如火如荼地进行，以美国为首的西方资本主义国家对我国实行封锁政策。没有先进的技术、设备和水利工程经验传入，甚至在海外留学的水利人才也被禁止回国。汪胡桢凭借超人的智慧，团结群众，亲力亲为，解决了施工过程中一系列从未面对过的难题。

一、交通先行

在佛子岭修建水库需先修通公路。有了连通城镇和水库建设工地的公路，才能满足佛子岭水库建设的需要。汪胡桢提出修建一条高质量的公路连通霍山县城和建设工地，这样可使汽车轮胎等零部件的损耗降到最低，汽车载重的用途也能得到最大限度的发挥，减少耗油量，增加车辆使用年限。原有一条民国时期修的连接六安市和佛子岭的道路，但是年久失修，已不能用做运输道路。为修通公路"大动脉"，汪胡桢不顾匪患，率队冒险勘察公路线路。到达霍山县城的第二天，在道路已不允许汽车通行后，他带着警卫员骑马翻山越岭探路前进，到战马也不能通行后，便步行探路到达佛子岭

---

❶　李伯星、唐涌源：《新中国治淮纪略》，黄山书社，1995 年，第 43 页。

❷　1952 年，为支援国家建设，中央军委做出决定，从待命赴朝参战的部队中抽调两个师参加治淮工程。参加佛子岭大坝建设的为第一水利工程师。

❸　同❶注。

水库工地。❶

公路的修通为大型机械和施工人员进出提供了方便。佛子岭也一下子热闹起来，建设大军从四面八方聚集到这个以往寂静无声的小山谷。由于处在山区，按照规划，大坝兴建最长也就三到四年。为节约住宿等建设成本，在不破坏环境的前提下，汪胡桢指导前来修筑大坝的军民用毛竹搭盖房屋、设备贮放室等。因早年学过土木工程，汪胡桢还用毛竹为群众搭建礼堂，❷ 成为以后汇报工作、集体娱乐之地。就地取材，不浪费一丝一毫，这也是汪胡桢在佛子岭水库工地上奉行的精神。

二、解决设备短缺问题

由于其时新中国刚成立，帝国主义国家企图把我国新生政权扼杀在摇篮里，对我国实行封锁和禁运。大坝混凝土浇筑所需要的双筒灌浆机、拌和机、振捣器等机械设备都没有办法从国外进口。汪胡桢不惧艰险，刻苦钻研，与技术人员一起改造了国产的拌和机，将其运用到混凝土的浇筑中。他亲自手绘在国外见过的双筒灌浆机图纸，帮助有关工厂制造出双筒灌浆机。

为夯实连拱坝混凝土，需要在施工阶段使用振捣器。现在振捣器在普通的施工队中也随处可见，但是当时在工地上无人知晓此类机械，更别说见过了。就连当时从上海抽调过来的最有经验的技术工人都没见过。在这关键的时刻，汪胡桢丰富的水工经验有了用武之地。新中国成立前他在日本参观时曾见过振捣器，还留心从工厂带出样本图纸，但是无奈样本图纸之中没有机器的内部结构，工厂无法制造。汪胡桢只能派专人前往香港购买，后通过海上运回国内，请上海国华机器制造厂进行模仿制造，从此国华机器制造厂就成了我国第一个制造出振捣器的工厂，佛子岭大坝也成为新中国成立以后第一个使用振捣器的工程。❸

三、精心组织，科学施工

想要连拱坝形成整体大坝，坝身就需要浇筑混凝土。而要使新浇筑的混凝土一次成型，就需要借助定型模板和支承模板。一般来说，模板种类多为木质，也有混凝土质和钢质模板。由于连拱坝坝型特殊且坝身较高，所以需要模板的数量巨大，这就导致模板除了满足工程的进度要求和质量要求之外，还要特别注意到铺设模板工人的安全和模板使用的经济价值问题。由于建造大坝经验不足，佛子岭水库使用的模板浸湿

---

❶ 汪胡桢：《沸腾的佛子岭——佛子岭水库建设的回忆》，载嘉兴市政协文史资料委员会编《一代水工汪胡桢》，当代中国出版社，1997年，第215~216页。

❷ 汪胡桢：《沸腾的佛子岭——佛子岭水库建设的回忆》，载嘉兴市政协文史资料委员会编《一代水工汪胡桢》，当代中国出版社，1997年，第213页。

❸ 水利部治淮委员会：《汪胡桢先生对治淮的卓越贡献》，载嘉兴市政协文史资料委员会编《一代水工汪胡桢》，当代中国出版社，1997年，第45页。

后每块重量都在 300～350 公斤，搬运时需要 10 个人抬一块，在垛上升后，安装工人深感不便。❶ 不仅如此，拆装时模板工作人员要悬空，这不仅使施工人员存在安全隐患，还会由于工程量大、施工难度大而浪费大量固定模板的螺丝。因此，安放模板成为建设大坝初期的一大障碍。怎样解决好这个问题呢？以汪胡桢为首的佛子岭水库工程指挥部反复研究讨论之后，决定将模板的面积适当缩小，重量也随之减轻，并提出模板可以使用旧有的木料改制，下层模板在混凝土成型之后可以拆卸下来继续用在上层，以便节约材料。但是，这并未解决安全施工的问题。后来，工地上一个工人提出可以使用预制竹筋混凝土模板代替木质模板。❷ 它的优点在于不需要反复拆装，还增加了安装工人的安全系数，加快了工程的进度，节省了大量施工用料，降低了施工技术难度。汪胡桢领导的佛子岭水库工程指挥部听取了这一宝贵意见，经讨论、实验和一次次的改进，终于取得了良好的效果。这也开启了创造新型模板的大门。❸

在浇筑混凝土的模板使用中又遇到了新的问题，主要是怎样倒悬 45 度的拱圈模板。曾参加过建造上海国际饭店的一位工程师提出用"满堂脚手，一直到顶"的方案。❹ 但是该办法会消耗大量钢材，造成浪费，所以没有被采纳。后来汪胡桢对模板的特性详加研究，提出活动模板的方案，即用垛墙作为支撑点，分多次将模板拖拽到顶。经过数次反复实践操作比较，最后采用砂箱支承、侧翼升降和活动轨道的方案获得成功。❺ 模板工程的成功与汪胡桢重视生产安全、鼓励和支持群众合理化建议以及孜孜不倦的科学实践精神是分不开的。新模板的创造，施工方法的创新，促进了模板标准化和工程步骤简单化。再与其他新式施工方法统一配合，大大提高了施工效率和工程进度，而且节省了木料 300 余立方米，螺丝 90 多吨，❻ 为国家节约了一笔巨大的资源和财富。

施工过程中的技术问题解决了，组织管理问题又接踵而至。修建佛子岭大坝不比一般建造房屋，庞大的工程，较长的工期，施工高峰时 18900 人的参建员工，自然就需要与之相配套的施工组织和管理。工程开始之时，主要是清理岩石、修筑大坝围堰等较为简单的土石工程，只设有一个工程大队统一承担大坝施工。因工作相对简单，职责明确，又以肩挑手扛为主要施工手段，所以考核标准明晰，工人们都有十足的干劲，每日的工程计划至少都能按时完成，甚至超前完成。

但大坝很快进入到最繁复的混凝土浇筑施工阶段，施工队伍大队人马进入工地，原先的管理体制已经不再适应复杂的施工需要。为解决管理问题，遂把原来的工程大队改为工程总队，总队下设大队，大队之下又分中队、分队、组等层次。管理机构则

❶❷❸　佛子岭水库工程指挥部：《佛子岭水库工程技术总结·第六分册　钢筋混凝土工程》，治淮委员会办公室内部印行，1954 年，第 33 页。

❹❺　朱起凤：《峡谷书声 桃李芬芳》，载嘉兴市政协文史资料委员会编《一代水工汪胡桢》，当代中国出版社，1997 年，第 53 页。

❻　佛子岭水库工程指挥部：《佛子岭水库工程技术总结·第六分册　钢筋混凝土工程》，治淮委员会办公室内部印行，1954 年，第 34 页。

有指挥部、处、科、股、组等五层组织。❶ 当时本以为施工单位根据工种的细化、职责的分明能加快施工的进度，但是现实则是复杂的组织形式导致工期一拖再拖，计划的工程都没有办法按期完成。1953 年 3 月只完成了月计划的 71％，4 月较好，也只完成了 92％，5 月又大落，只完成了 67％，6 月只完成了 79％。❷ 施工中遇到问题，需要经过组、股、科、处逐层上报，寻求到解决之法又要经过处、科、股、组进行传达，过程繁琐又复杂，工作效率大大下降。而且工种的细化还导致基层的施工单位时常缺乏主动性。如以调工来说，按工种不同，有的直接联系就行，有的则要通过分队、中队、大队来调，明天工作需要的劳动力，哪个单位都无把握一定能够全部调到。❸ 这样形成互相牵制，最后导致工程进度延误，矛盾层出不穷。

汪胡桢发现这些问题后，当即与政治委员张云峰商量寻求解决办法，并向治淮委员会报告请求帮助解决效率低下的问题。1953 年 7 月，中共中央华东局❹即派工作组前往工地，发现指挥部和工程总队的组织层次过多，上下呼应不灵；工程总队下属的各级工程队又都是单一工种，相互制约，缺乏工作的主动性、灵活性和相互配合，是问题的症结所在。汪胡桢听取工作组的意见之后，经与政治委员张云峰研究，决定取消工程总队，废除单一工种的工程队，建立六个联合多个工种的综合工程区队，实行分区流水作业，❺ 即由固定的工人在不同片区从事单一的、连续性的施工。综合工程区队实行“一长负责制”，这样不仅可以明确职责，还能密切领导与工人的联系，做到出现问题马上解决，得出方法马上落实。各个改革后的工程区队都配备固定的施工设备、干部和工人，并直属于水库工程指挥部领导。

施工管理体系改革，调动了工人们的积极性，让每个人的生产潜力都得到了充分发挥，工作效率显著提高，工地上下焕然一新。混凝土施工效率提高了 50％～100％，木模提高了 66％，扎铁提高了 21％。工程进度也加快了，垛由每个月升高 8 米，提高到 15 米，拱由每月升高两次共 9.36 米，提高到四次共 18.72 米。❻ 改革成果显著，确保了在规定时间内完成大坝建设任务。

四、解决人才短缺问题

在新中国成立初期就进行如此大的混凝土大坝建筑工程，在当时可谓是开天辟地

---

❶　佛子岭水库工程指挥部：《佛子岭水库工程技术总结·第三分册　施工管理》，治淮委员会办公室内部印行，1954 年，第 119 页。

❷　汪胡桢：《沸腾的佛子岭——佛子岭水库建设的回忆》，载嘉兴市政协文史资料委员会编《一代水工汪胡桢》，当代中国出版社，1997 年，第 241 页。

❸　佛子岭水库工程指挥部：《佛子岭水库工程技术总结·第三分册　施工管理》，治淮委员会办公室内部印行，1954 年，第 120 页。

❹　中共中央华东局：成立于 1945 年 12 月，是中共中央在华东区的代表机关。1954 年 4 月 27 日根据中共中央政治局扩大会议关于撤销大区一级党政机构的决定而取消。

❺　蔡敬荀：《回忆汪胡老主持佛子岭水库工程建设》，载嘉兴市政协文史资料委员会编《一代水工汪胡桢》，当代中国出版社，1997 年，第 58 页。

❻　佛子岭水库工程指挥部：《佛子岭水库工程技术总结·第三分册　施工管理》，治淮委员会办公室内部印行，1954 年，第 124 页。

之举。虽然当时为支援项目建设，从同济大学、复旦大学、上海交通大学、浙江大学、南京工学院都选取大批有志参与水库建设的土木工程专业应届毕业生来工地，但是他们都只从书本上了解过水库的知识，不仅缺乏修建水库的实践经验，而且也没有亲眼看到过先进国家的水电站与拦河坝是怎样施工的。参加水库建设的广大工人、农民、解放军指战员，他们不仅缺乏修建水库的实践技能，甚至连水库建设的基本理论知识都不曾涉及。而且当时我国正处在抗美援朝战争的国际大环境下，美国及其西方盟国对我国进行封锁和禁运，科学技术方面的留学生也无法回国，只有苏联专家做过多次学术报告。❶ 佛子岭水库就是在科学技术人员匮乏的大背景下破土施工的。

面对这样的困局，以汪胡桢为首的佛子岭水库建设者们充分发挥主观能动性。汪胡桢亲自指挥解决难题，边干边学边教。用他自己的话来说就是：没有学过就开始学，没有经验就闯。❷ 参建人员为了弥补知识匮乏的缺陷，不怕吃苦，自发组织了学习班，在毛竹搭建的会议室中学习理论知识，没有假期，没有休息日，在墙上挂一块小黑板席地而坐，顶着星光就开始学习。他们学会了就开始干，干的过程中不懂再学。后来这个学习班就成了大家口口相传的"佛子岭大学"，汪胡桢自然而然就成为这所"大学"的校长。在这所学校中，大家教学相长，互教互学，学生既可以是老师，老师也可以是学生，但是所讲所学课程都与佛子岭大坝建设密切相关（见表1）。

表1   "佛子岭大学"部分授课课表

授课教师	授课名称	内 容 概 要
汪胡桢	坝型设计通则	先讲各种坝型，然后把主要设计原则归纳为三种：一要有足够的阻力或反抗力抵抗水库中水的推力；二要能阻止压力水的渗透；三要有足够的强度来抵抗应力
汪胡桢	佛子岭连拱坝的初步设计	主要指出连拱坝的坝面上有很大水重量的存在，是节约坝体混凝土的主因
俞漱芳	建筑事务所的技术管理制度	
吴溢	建设润河集水闸时的民工管理	
戴祁	佛子岭水库的水文计算	
谷德振	佛子岭的地质钻探和评价	
刘国钧	弧形闸门和金属结构	
盛楚杰	钢管的设计	
陈善铭	溢洪道的设计	
朱起凤	拱垛模板的设计	
陈鲁、童慧生	水工混凝土	

注   本表根据汪胡桢《"佛子岭大学"》（《治淮》1984年第6期）第5～6页资料整理制作。

---

❶ 汪胡桢：《沸腾的佛子岭——佛子岭水库建设的回忆》，载嘉兴市政协文史资料委员会编《一代水工汪胡桢》，当代中国出版社，1997年，第222页。

❷ 汪胡桢：《沸腾的佛子岭——佛子岭水库建设的回忆》，载嘉兴市政协文史资料委员会编《一代水工汪胡桢》，当代中国出版社，1997年，第213页。

汪胡桢还把原来在美国留学、参观的资料都贡献出来，供大家学习和使用，如他保存的美国田纳西河流域管理局和美国内政部垦务局的有关水工建筑文献材料等。❶ 其他人也把自己带来的有关工地技术的书❷都集中起来，编号入册，称为共享资源。在"佛子岭大学"中，所有的知识基本都是共享的，所有水工们的心都因大坝而紧紧联系在一起。直到大坝竣工，"佛子岭大学"才停课，而这里培养出的一大批水库水工技术人员，很多都成为水利工程专业英才，分散到全国各地，成为各流域各地区水利事业的领军人物。例如，曹楚生在此后担任了水利部天津勘测设计研究院总工程师、技术委员会主任、天津大学兼职教授；蔡敬荀担任了水利部治淮委员会主任、水利部技术委员会委员；朱起凤担任了水利部治淮委员会设计院副院长、总工程师；曹宏勋担任了葛洲坝水利枢纽工程总工程师；陈善铭担任了安徽省水电勘测设计院总工程师。

此外，在大坝浇筑之初，几乎没有人直接参与过浇筑混凝土的施工。大多数参建者甚至不知道科学的水灰比，配比时都是用 1∶2∶4 或 1∶3∶6 体积比的方式使用水泥、石料和砂。更不知在混凝土浇筑中如何掌握坍落度、使用加气机或外加剂。❸ 而且在大坝灌浆工作开始后，由于许多员工对水泥的掌握没有经验，使用的水灰比较小，水泥浆时常存放过久，且不能进行循环灌浆，经常把皮管堵住。为了解决这个问题，汪胡桢特地派了一批专业人才去南京工学院混凝土实验室学习先进技术。这批学成归来的技术人员，不仅解决了灌浆工程水灰比的问题，更为日后大坝浇筑工程的水泥选用作出了重大贡献，由此可见汪胡桢的远见卓识。

五、对工程质量一丝不苟

质量是任何一项工程都需要关注的首要问题，更是水利枢纽的生命。汪胡桢作为一位长期奋战在水利工程一线的科技专家，深知工程质量的重要性，所以他对佛子岭水库工程质量问题丝毫没有懈怠，从一点一滴抓起。

据当时参与建设佛子岭水库工程的朱起凤回忆：在混凝土的浇筑过程中，在垛墙外墙的边缘上，有一条大概 5 厘米宽的麻袋片镶嵌在上面。为了这 5 厘米宽的麻袋片，整个工地停工整顿了一天。汪胡桢把发生问题的日子定为"工程质量日"。就是这 5 厘米宽的麻袋片，汪胡桢也毫不马虎。从此之后，整个浇筑过程中再也没有出现过工程质量的问题。

1953 年底，大坝施工的主要工程将要竣工时，工程指挥部当即成立以汪胡桢为主任的工程验收委员会。它联合多方代表组成竣工检查组，负责检查大坝施工的主要部

❶ 汪胡桢：《沸腾的佛子岭——佛子岭水库建设的回忆》，载嘉兴市政协文史资料委员会编《一代水工汪胡桢》，当代中国出版社，1997 年，第 219 页。

❷ 其他的书有：阿尔及利亚连拱坝照片及法文说明书、美国佐治亚州摩根水电站图纸、法文版《灌浆技术》等。

❸ 蔡敬荀：《回忆汪胡老主持佛子岭水库工程建设》，载嘉兴市政协文史资料委员会编《一代水工汪胡桢》，当代中国出版社，1997 年，第 59 页。

分，即坝基、坝身、管道工程和其他工程。检查结束后完成《佛子岭水库竣工报告》，以备治淮委员会、中央水利部进行验收。❶

佛子岭水库大坝作为新中国第一座连拱大坝，从 1952 年 1 月 9 日破土动工，到 1954 年 6 月最后一立方米混凝土浇筑完成，所耗时间只有 880 天。❷ 同年 11 月第一台发电机组安装完毕，发出电力，标志着佛子岭水库的顺利完工。短短两年多的时间，让这座新型连拱坝矗立在淠河之上，原来许多对大坝产生质疑的专家都心悦诚服。就连苏联电站部水电设计院列宁格勒分院院长也说：连拱坝好，中国工程师了不起。❸

雄伟的佛子岭大坝倾注了汪胡桢等建设大军的劳动和智慧。可以毫不夸张地说，汪胡桢作为水库建设的领军者，当佛子岭大坝建设面临诸多急难险重的问题时，他总是能够依据丰富的水利知识和经验，同大坝建设技术人员、工人紧密联系，沉着应对，良好地处理和解决问题。面对国家困难、施工设备和材料紧缺的情况，他就地取材，用毛竹搭建厂房和脚手架，充分发挥人民群众的力量，把耗资降到最低，甚至最艰巨的开挖、运输和拆除工作都是依靠人力完成。如今，距离大坝建成已经过去六十多年，仰望着这座佛子岭大坝，感觉它每一个拱、每一个垛无一不是汪胡桢辛劳与智慧的再现。

第三节　佛子岭水库建成在治淮事业中的作用

1954 年夏，淮河各支流又暴发洪灾。7 月，佛子岭水库上游连降 5 次暴雨，出现淠河有水文记录以来的最大洪水。7 月 22 日最大入库流量为 6050 立方米每秒，而下泄流量只有 430 立方米每秒，佛子岭水库共蓄拦洪水 4.10 亿立方米，使六安的洪峰流量由 6000 立方米每秒减为 2320 立方米每秒，保障了淠河两岸 70 万亩农田的安全。❹ 据统计：1954—2005 年间，佛子岭水库大坝共拦截大小洪水 212 次。1969 年，淮河遭遇百年不遇的特大洪水，7 月 14 日降水量 480 毫米以上（相当于常年年降水量的三分之一），佛子岭水库最大入库洪峰流量 12254 立方米每秒，经水库调蓄下泄最大流量 5510 立方米每秒，❺ 削减了一半以上的洪峰，保住了下游霍山县城。由此可以看出，佛子岭水库作为淮河治理工程的重要组成部分，不仅拦蓄了淠河大量的洪水，还起到了辅助淮河干流蓄洪的作用，成为淮河防洪工程体系的重要一环。

佛子岭水库不仅在蓄水拦洪方面发挥了重要功效，而且在灌溉、发电、航运方面

❶　仇一丁、孙玉华：《佛子岭水电站志》，佛子岭水电站志编纂委员会内部印行，1994 年，第 76 页。

❷　汪胡桢：《沸腾的佛子岭——佛子岭水库建设的回忆》，载嘉兴市政协文史资料委员会编《一代水工汪胡桢》，当代中国出版社，1997 年，第 235 页。

❸　朱来常：《解放后淮河中游的治理》，《安徽史学》1995 年第 1 期。

❹　李伯星、唐涌源：《新中国治淮纪略》，黄山书社，1995 年，第 62 页。

❺　《中国河湖大典》编纂委员会：《中国河湖大典·淮河卷》，中国水利水电出版社，2010 年，第 57 页。

均产生了一定的效益。第一，佛子岭水库与响洪甸水库❶共同为淠河灌区❷提供水源。建库迄今，年均为灌区提供灌溉用水 11 亿立方米。1978 年发生淠河流域特大旱灾，水库全年来水量骤减，在水库水位极低的情况下，仍为下游提供灌溉用水 2.21 亿立方米（含 1976 年、1979 年），使下游 2600 公顷农田得到灌溉。❸ 第二，发电方面，水库累计发电 62.3 亿千瓦时（含磨子潭水库❹）。第三，航运方面，水库建成后，开通两条总长 51 公里的航道，1954—2004 年间，累计航运货物 850 万吨。❺ 除以上具体的综合效益之外，更应该看到通过修建佛子岭水库，可以对淮河之水进行综合利用，除害兴利。此外，佛子岭水库的修建也为后期在淮河流域修建山谷水库提供了宝贵的实践经验，推动了新中国成立初期（1949—1956 年）治理淮河事业的跨越式发展。

---

❶　响洪甸水库：位于安徽省西淠河之上，是以防洪、灌溉为主，结合发电、城市供水、航运、水产养殖等综合利用的大型水利水电工程。于 1958 年 7 月开工建设，1961 年 4 月竣工。

❷　淠河灌区：安徽省境内主要灌区之一，是淠史杭灌区的组成部分。灌区工程由淠河总干渠、淠东干渠、淠杭干渠等渠道设施组成。灌区跨长江、淮河两大流域，设计灌溉面积 660 万亩，于 1958 年动工建设，1972 年骨干工程建成。

❸　《中国河湖大典》编纂委员会：《中国河湖大典·淮河卷》，中国水利水电出版社，2010 年，第 57 页。

❹　磨子潭水库：位于安徽省霍山县境内黄尾河上，是为提高佛子岭水库防洪能力、充分利用东淠河水资源而兴建的大型水利水电枢纽工程，具有防洪、灌溉、供水、发电等综合效益。1956 年开工，1968 年全部工程完成。

❺　《中国河湖大典》编纂委员会：《中国河湖大典·淮河卷》，中国水利水电出版社，2010 年，第 57 页。

第四章 汪胡桢参与治淮的成功之道

在汪胡桢等水利工程专家的推动下，新中国成立之初治淮事业进入了快速发展的轨道。汪胡桢把自己的毕生精力都投入到治水治淮事业上，创造了许多辉煌的业绩。民国时期他参与制定了《导淮工程计划》。在新中国成立之后响应党和政府的号召出山治淮，参与制定新中国第一个淮河综合治理方略——《治淮方略》，主持修建佛子岭水库。从民国到新中国成立，他不仅经历了民国时期淮河的苦难，更是通过参与治淮，修建佛子岭水库，为改变淮河长期水患为灾的局面，使淮河两岸民众过上从未有过的安定生活作出了贡献。汪胡桢为何能在新中国成立之初治理淮河的事业上取得如此卓著的成就、发挥如此重大的作用？这与他所处的时代背景和自身的禀赋有着密不可分的联系。

一、党和政府的正确领导是治淮成功的首要因素

淮河是新中国成立后最早开始治理的一条大河，汪胡桢治淮的成功离不开党和政府的正确领导。虽然当时历史交到中国共产党和中央人民政府手上的是一条残破不堪的"灾河"，但是从新中国成立伊始，治理淮河就成为党和政府的工作重心之一。淮河流域一亿人民在中国共产党的领导下，发扬艰苦奋斗的精神，发奋根治淮河，从而为汪胡桢发挥个人才华提供了用武之地。

首先，1951年毛泽东主席发出"一定要把淮河治好"的号召。在他的英明领导下，政务院高度重视，做出了根治淮河的决定，为治理淮河先后成立了华东军政委员会水利部、淮河水利工程总局、治淮委员会、佛子岭水库工程指挥部。这些统一的、强有力的治淮机构，从政治上组织上保证了治淮事业的顺利展开和取得成效。

其次，治淮初期，国内外环境错综复杂。以美国为首的西方资本主义国家对新兴的人民政权虎视眈眈，中国人民的抗美援朝战争也在如火如荼的进行之中，但是人民政府为了治淮的千秋大业，调集了正要赶赴抗美援朝前线的中国人民解放军第九十师改编成立"第一水利工程师"，参与淮河的治理工作，从人员上保证了治淮工作的成功。

再次，新中国刚成立，百废待兴，百业待举，国家的各项事业建设都需要投资，但是党和政府还是为治淮事业多方筹措大量资金，1950年11月在治淮委员会召开的第一次全体会议上核定了1951年将要举办的工程的具体经费。总经费由中央核定为97880万斤大米，其中河南23000万斤，皖北53967万斤，苏北8380万斤，其他特种事业费3433万斤，防汛费2000万斤，内调运费7100万斤。❶ 正是因为党和国家对治

---

❶ 李伯星、唐涌源：《新中国治淮纪略》，黄山书社，1995年，第28页。

淮工作的重视，将治淮工作作为重中之重，为治淮投入巨大财力、物力，设备机械、建材等的需求才会迎刃而解。故而，党和政府的巨大投入从经济上保证了治淮工作的成功。

最后，也是最重要的一点，在中国共产党的英明领导下，新中国破除了各自为政、群龙无首的治淮弊病，团结一切可以团结的力量来根治淮河。即毛泽东主席在 1950 年提出的"河南、皖北、苏北三省共保，三省一齐动手"的团结治水原则❶。"团结就是力量"，团结淮河流域各省份优势资源，取长补短，对淮河出现的问题各个击破。这体现出新中国从制度到政策上的优越性。可以说团结一致的社会主义制度属性从体制上保证了治淮工作的成功。

对比之下，民国时期的淮河治理就要逊色得多。虽然北洋政府、南京国民政府有统一的导淮机构，但发挥的治淮功效却十分有限。民国时期国家内乱、内战、外侮不已，动荡的政局使淮河的治理寸步难行。

事物的运动和变化，皆是由内外因共同作用的结果。探寻汪胡桢治淮的成功之道，不仅要看到党和政府的正确领导，更要注重分析汪胡桢自身所具备的优秀品质的内因。

二、自身有强烈的报国志愿及非凡的科学人文素养

汪胡桢早在 1915 年便考取为治水导淮培养人才创立的河海工程专门学校，成为该校培养的第一届优秀水利技术人才。1922 年又远赴美国留学，在康奈尔大学学习水利发电工程专业，次年便获得了土木工程硕士学位。在这样的教育背景下，汪胡桢可谓是学贯中西。河海工程专门学校是现今河海大学的前身，水利工程专业在全国首屈一指，而康奈尔大学土木工程专业在全美更是位居前列。如果汪胡桢想要以他的学历、学识在美国工作发展下去，定能在当时美国的水利工程界开辟一方天地。但是，汪胡桢立志要做中国的水利工程专家，怀着拳拳赤子之心，立志拯救人民于淮灾当中。所以在他学有所成时并没有贪恋美国优越的工作条件和优厚的生活待遇，毅然决然地回到了祖国的怀抱。

汪胡桢 1924 年回国之时正值地方割据，军阀混战，因此他治理淮河的愿望并没有得到实现。只能转战讲坛，重执教鞭，继续在河海工程专门学校任教。后来他虽然不遗余力地为国民政府做了若干水利计划，但是由于政府腐败无能终未实现。1949 年新中国成立之后，经历过两个不同社会环境的汪胡桢，对社会主义中国感慨万分，对人民激情满怀，把他毕生所学的水利水电工程技术充分运用到了淮河治理工作中。他克服重重困难，为佛子岭水库精心设计了在当时国际上具有先进水平的超薄轻型连拱坝，并获得了成功。

汪胡桢虽然在民国时期治理淮河屡受挫折，但是他对祖国治水事业的满腔热忱不曾消退，强烈的爱国热情和为国奉献的愿望推动着他在新中国成立之后，在党的正确

❶ 淮河水利委员会：《中国江河防洪丛书·淮河卷》，中国水利水电出版社，1996 年，第 77～78 页。

领导下，全身心地投入新中国的淮河治理工作中。正是他对治水事业炽热的爱和热情与他自身非凡的科技人文素养相互作用，成就了他在治淮事业上的伟绩，使其能够在新中国治淮事业中名垂青史，留下浓墨重彩的一笔。

三、治淮一切从实际出发

1950年9月25日至11月3日，汪胡桢率领由水利部、华东军政委员会水利部和计划局、淮河水利工程总局、南京水利实验处、南京大学农经系及河南、皖北、苏北三省等9个单位派员组成的19人勘察队，对淮河入海水道线路进行了勘测。❶为了获取治淮的第一手资料，得到准确详实的数据，汪胡桢甚至赤脚下河，考察淮河入海水道的含沙量和具体水速。1951年1月19日，汪胡桢与曾希圣、钱正英、布可夫等勘察了淮河正阳关以上的河道与庙台集蓄洪工程。❷同年4月，汪胡桢还同布可夫、王祖烈❸等去五河、盱眙、蒋坝等地查看淮河中下游河道。❹汪胡桢在此期间对淮河上、中、下游水道的系统勘测，对后来编写《治淮方略》起到重要作用。

《治淮方略》订立后，即被治淮委员会一致通过，但是为了郑重起见，汪胡桢专程去北京向政务院总理周恩来作汇报。周总理认真听取报告后，建议报告给水利部部长傅作义并找专家们详细审核，可见其时政府的领导人和专家对于治理淮河的认真程度。只有秉承一切从实际出发的科学态度，才会迈出走向成功的第一步。在确定佛子岭水坝是否使用连拱坝型时，汪胡桢也是连续举办了多次研讨会，并同苏联专家商讨，最后根据佛子岭的实际情况确定采用连拱坝型。因为汪胡桢深知科学容不得半点马虎，只有反复调查、测量，才能得到最确切的数据，制定出正确的方案计划，确保佛子岭水库的修建成功。

汪胡桢一切从实际出发的科学态度不仅体现在治淮初期的规划中，他还在具体施工过程中非常注重计划与实际结合，广泛采纳群众观点。佛子岭水库坝体在最初上报的方案中是主体采用连拱坝，两端则用重力坝相连。但是在后来的实际操作中，汪胡桢发现在连拱坝西端，由于山体坡度限制，全部采用重力坝是不现实的，更是不经济的。所以他转变思路，在西岸重力坝的坝身上加盖平板坝，这样可以减少施工量，更能保障整体坝型的稳定。为了及时解决技术上的难题和克服施工中所遇到的困难，汪胡桢还在指挥部专门设立了合理化建议委员会，❺广泛地征求群众在施工环节的好意见好方法，博采众长，在确保工程进度的同时保证施工质量。

---

❶ 李伯星、唐涌源：《新中国治淮纪略》，黄山书社，1995年，第26页。

❷ 李伯星、唐涌源：《新中国治淮纪略》，黄山书社，1995年，第36页。

❸ 王祖烈（1909—1991），浙江东阳人。1933年毕业于之江大学土木工程系。1945年赴美国密西西比河委员会等部门实习。新中国成立后，历任安徽省水利厅副厅长、水利部规划局副局长、水利电力部治淮委员会总工程师等职，领导建成了淮河全流域比较完整的水文观测站网。

❹ 同❷注。

❺ 朱起凤：《峡谷书声 桃李芬芳》，载嘉兴市政协文史资料委员会编《一代水工汪胡桢》，当代中国出版社，1997年，第53页。

四、勇于探索和创新

作为一名水利工程科技工作者，汪胡桢在科学领域始终敢于突破，勇于探索。佛子岭大坝创造性地将连拱坝与重力坝相结合，就是汪胡桢最明显的创新之处。在佛子岭水库建设之前，就有人对政治委员张云峰说："汪某不要头颅了，这样大的工程怎能在解放战争刚完成不久时进行。"❶ 可见，在常人的认识范围内，新中国成立初期是不具备建设像佛子岭大坝那样重要工程的条件的。但是汪胡桢本身具备扎实的理论知识基础，加之其对新中国建设的热忱及党和政府的重视，他在佛子岭大坝的建设上不仅发挥出了自身所长，更是投入了巨大的热情和十足的勇气。他能够承担这一重任，足以说明其身上所具有的不怕苦、不怕难、勇于探索的优秀品质。

如前文所述，佛子岭大坝的建设中还面临着机器设备人才严重匮乏的问题。在困难面前，汪胡桢总能经过反复思索，使问题迎刃而解。他在没有图纸资料和施工器材的情况下，耐心钻研，探索发明，用自己改造的机器设备使佛子岭大坝在淠河巍然崛起。类似的事例不胜枚举，足以说明汪胡桢不仅是一名优秀的水利工程专家，还是一名具有坚韧不拔品质、勇于探索创新的科技大家。

---

❶　汪胡桢：《沸腾的佛子岭——佛子岭水库建设的回忆》，载嘉兴市政协文史资料委员会编《一代水工汪胡桢》，当代中国出版社，1997年，第203页。

张含英的治黄理论

绪论

第一章

张含英投身黄河治理事业的缘起

第一节　山东省境内黄河水患概况

第二节　张含英少小立志治黄的缘由

第二章

张含英治黄理论的形成

第一节　水利科学理论知识体系的学成

第二节　在实践中探索治黄理论

第三节　张含英治黄理论的形成

第四节　民国时期张含英治黄理论未能付诸实践

第三章

张含英治黄理论及其在新中国的实践

第一节　张含英的治黄理论内涵

第二节　张含英治黄理论的承前启后作用

第三节　张含英治黄理论在新中国的实践

第四章

张含英治黄理论及其实践评析

第一节　张含英治黄理论及其实践的特点

第二节　张含英治黄理论及其实践的影响

结语

张含英的治黄理论

张含英是我国久负盛名的水利专家，也是 20 世纪黄河治理事业的重要开拓者和见证人之一。他一生都在孜孜以求地探寻治黄的真理，研究治黄方略和理论，既注重对古代治黄历史经验的借鉴，又努力借鉴西方近现代水利科学技术，积累了丰富的治黄基本资料，并开展系列水文调查和实验研究，为利用先进的科学技术治理黄河作出了重要的探索和贡献。本篇通过论述张含英治黄的缘由、治理黄河理论的形成、治黄理论内涵及其在新中国的实践，来分析张含英治黄理论对新中国成立后水利建设的影响及对当代水利专家的影响，指出张含英的治黄理论是李仪祉治黄思想的继承和发展，对王化云的治黄思想有启示作用。张含英的治黄理论具有科学性、实践性、发展性、综合性和传承性等特征，他第一次系统地提出把黄河看成一个整体来认识和治理，提出上中下游统筹，干支流兼顾，除害与兴利结合，多目标开发，有关部门协作配合，以促进全流域经济、社会和文化发展作为治河目标的规划理论。新中国成立后，张含英积极参与水利建设，并将其治黄理论付诸实践，为新中国水利事业尤其是治黄事业作出了重要贡献。

绪　　论

一、论题的缘由及意义

黄河是我国的第二大河，是中华民族的发源地，它孕育了中华文明。但"黄河又是一条桀骜不驯、洪水泥沙灾害严重的河流，历史上曾多次给中华民族带来深重灾难，治理黄河成为历代治国安邦的大事"[1]。黄河流经黄土高原，携带了大量泥沙，至下游流域地势平坦，泥沙淤积，形成"地上悬河"。下游地区为我国典型季风区，降水集中且多暴雨，洪水泛滥，河道善徙，故下游为水患最多之区，亦是河患最为严重地区，导致人民、国家经济损失沉重。因为黄河下游平原为重要粮食产区，故历代统治者都将治水重点集中于黄河下游的治理。历代水利专家对黄河进行了积极治理，提出了一系列治河方略，但由于受时代政治、经济、社会条件落后及对黄河水沙规律认识有限等原因的制约，人们只是想办法在黄河下游送走水、送走泥沙，并未从根本上改变黄

---

[1]　陈小江：《全面实施黄河流域综合规划，谋求黄河长治久安和流域可持续发展》，《人民黄河》2013 年第10 期。

河泛滥成灾的被动局面。再者，河南、河北、山东三省在治河上各自为政，互不相谋，治河多侧重孟津以下，认为迁徙漫决的原因都在下游。考察黄河为患的主要原因，实际上来自上中游。上中游各支流水系都以扇形冲刷泥沙，顺流而下，流至下游，才形成淤垫漫决之患，因此，专治下游，不是正本清源的办法。自古以来，治理黄河多在于防灾，"兴利为旁支之事，力余则可附带为之，力绌则俟患除以后，再事兴办"❶。治理黄河水患需要源源不断的资金支持，若不兴利，则不易抵偿其投资；而兴修水利，利益明显，投资易于取得回报。因此，防患与兴利不能分割。

自 1946 年以来，人民治黄已达 70 余年之久，期间黄河虽有泛滥，但从未决口。70 余年黄河能有如此成就，固然在于中国共产党的正确领导，但也与一批优秀水利专家辛勤的探索与工作是分不开的。

张含英是 20 世纪中国水利事业与黄河治理事业的重要开拓者和见证人之一，是我国水利界的一位世纪老人，他推动了治黄事业从传统经验向近现代科技的转变，将毕生献给了治黄事业和中国水利事业。张含英从小就立志学习水利，献身水利，治理黄河，造福人民。他一生都在孜孜以求地探寻治黄的真理，查探黄河，研究治黄方略和理论，既注重对古代治黄经验的借鉴，同时也积极学习西方先进水利科学技术，将二者结合起来，并形成自己独到的认知，创写多部论著，提出了一系列科学治河的理论并部分付诸实践，为利用近现代科学技术治理黄河作出了重要贡献。他在新中国成立前写的治黄代表作《黄河治理纲要》中，首次系统地阐述了其治河主张，提出了上中下游统筹规划、综合利用和综合治理的治黄理论。时至今日，这一远见卓识对于黄河治理仍具有重要的现实意义。

纵观几千年的治黄历史，由于受到封建社会历史局限性的制约，治黄技术未能突破传统方法，治黄目标长期以下游防洪为主，虽长期治理，但河患并未减轻。20 世纪30 年代，著名水利专家李仪祉先生以近现代的水利工程科技治河，主张治河尚需注重上游，突破传统认识，在治黄认识上有很大进步。"但把黄河流域看成一个整体，提出上中下游统筹、干、支流兼顾，除害与兴利结合，多目标开发，有关部门协作配合，以促进全流域经济、社会和文化发展为治河目标的规划思想，当推张含英的《黄河治理纲要》为首创。"❷ 张含英指出，由于水利事业的地区性、河流的差异较大，而且各项工程规模的大小、开发的缓急也不同，因而对于不同河流全面规划的要求也各有不同，应当因地制宜，灵活处理。尽管在一个流域内，河流的治理也有其整体性，不可分割。过去上下游的矛盾、左右岸的矛盾皆因从局部着眼而生，所以，必须有个流域的整体治理计划，在不违背这一计划的原则下，再作局部的或支流的治理计划，这才能收到兼顾各方利益并提高治水、用水的综合效益。这些理论对新中国治水乃至当今治水仍具有借鉴意义。

---

❶ 张含英：《治河论丛续篇》，黄河水利出版社，2013 年，第 1 页。

❷ 梅昌华：《黄河赤子的奉献》，《中国水利》1990 年第 5 期。

现今，我国已进入了建成小康社会的全面发展时期，"而社会经济的发展对黄河的治理、开发与管理提出了更高的要求，治黄事业依然任重而道远"❶。通过探究历史，方能把握当下。故此研究张含英的治黄理论是极具学术价值的，可为今后的治黄工作提供科学的理论依据。笔者希望通过"辨章学术，考镜源流"的研究方法，系统地认识和评析张含英的治黄理念，为当代中国治黄史的探讨与发展做一些有现实价值的探索性研究。本论题在充分占有史料的基础上，通过对张含英治黄缘起、治黄理论的形成过程、治黄理论内涵的论述，再现他在民国时期治黄的概况，分析其治黄理论在民国时期得不到实践的原因。通过记述张含英在新中国成立后积极参与治黄的实践来分析其治黄理论的特征及对新中国治黄事业和当代水利专家的影响等，以此彰显张含英对新中国水利事业尤其是黄河治理事业作出的重要贡献。研究张含英的治黄理论，不仅能从一个水利科技大家的视角，以小见大，再现新中国波澜壮阔的治理黄河的历史，还能为当代治黄事业的发展增添有益的借鉴。

张含英孜孜以求的治黄主张，如今大部分已得到实现。他对中国水利事业和治黄工作的热情，执着的钻研精神，深思熟虑的见解，与时俱进、开拓创新的观念，勤恳、任劳任怨的工作作风，仍值得我们学习、继承和发扬。张含英的治黄理论对现当代黄河治理开发仍具有重要的指导作用。

二、学术史回顾

作为 20 世纪最年长的水利专家，张含英毕生都在研究治理黄河的理论方略，提出了一系列科学治黄理论，并在新中国成立初期大多付诸实践，为我国黄河的治理和水利事业的发展作出重要贡献。由于近年来水资源短缺、水污染日益严重及生态环境遭到破坏，水旱灾害频繁发生，给我国造成了严重的经济损失，治水仍成为我国经济发展所需解决的重点问题之一。为深入了解我国治水的历史和治黄的历史，应从前人的治黄实践中总结经验、汲取教训。因此研究 20 世纪治黄科技大家张含英的治黄理论，就显得有特殊的学术价值。

对于张含英治黄理论的研究，目前尚未见到国内外学者有关此论题的任何专著。自 20 世纪 90 年代逐渐有一些追忆悼念性质的文集出版。如为纪念张含英逝世一周年，由中国水利学会主编的《张含英纪念集》❷ 于 2003 年出版。全书共包括纪念文章 33篇，领导题词、讲话等 17 篇，新闻媒体专访 25 篇，以及张含英的自传、未曾发表的文章和诗词等。本书以多种视角反映了张含英在工作、学术、生活、待人接物等各方面的史实，为各界人士缅怀张含英，了解和学习张含英的治黄理论及其精神风貌提供了重要资料。

---

❶ 季平：《一生探索治本之策的河官王化云》，福建师范大学硕士学位论文，2011 年 3 月，第 4 页。
❷ 中国水利学会：《张含英纪念集》，中国水利水电出版社，2003 年。

此外，还有一些未收入纪念文集的文章，如《张含英：我国近代水利事业的开拓者》❶、《张含英》❷、《水利老前辈张含英重视水利经济》❸、《热烈祝贺热情关心水利经济的张含老 99 华诞》❹、《我国德高望重的著名水利和水土保持专家张含英教授》❺、《我的忘年之交——与跨世纪老水利专家张含英的难忘友情记实》❻、《"治河奇人"张含英》❼ 等文章，是水利界治水专家为纪念张含英在水利工作中作出的重要贡献所写的。这些文章都在一定程度上记述了张含英的一些相关治理黄河的理论和实践，以及他对水利事业所作重要贡献的史实。

上述有关张含英学行的文章大多属于宣传纪念性文章，是对张含英的缅怀之作，主观情感较为浓厚，文章的学术性不强，具体地看存在着以下的不足：一是文章的篇幅较小，属于浅尝辄止式的探讨，只是对张含英治黄理论某一个方面的探讨，缺乏系统性和深入性的研究。二是文章没有明确的引文出处注释，不易进行征引文献查阅。三是对张含英治黄理论在民国时期得不到实践的原因缺少分析研究。

综上所述，迄今水利界和史学界鲜有以史学的视角对张含英治黄理论及其在新中国的实践进行综合研究，分析其治黄理论的内涵、特点及对新中国治黄事业影响的文章。

三、研究的方法

史学论著的写作，最重要的就是史料的搜集。虽然学术界有关张含英治黄理论及实践的研究成果不多，但张含英的论著及相关史料则比较丰富。笔者拟主要采用历史学研究的文献分析法，通过查阅国家图书馆、黄河水利委员会黄河档案馆的相关信息，搜集张含英生平以及治黄方面的各种资料，对这些资料加以整理并进行分析总结，归纳出张含英的治黄理论的历史发展过程、理论内涵及特点，以及在新中国的运用实践和影响。结合运用历史唯物主义的观点和方法，并综合水利工程学、历史地理学等多个学科的相关理论，实事求是地论述张含英的治黄理论，还原张含英的治黄史实，再现张含英在治理黄河历史进程中所发挥的作用和作出的贡献。

❶ 梅昌华：《张含英：我国近代水利事业的开拓者》，《决策与信息》2011 年第 5 期。

❷ 焦立学、孙谦：《张含英》，《水利天地》1988 年第 1 期。

❸ 李文治：《水利老前辈张含英重视水利经济》，《水利科技与经济》1996 年第 1 期。

❹ 李文治：《热烈祝贺热情关心水利经济的张含老 99 华诞》，《水利科技与经济》1999 年第 3 期。

❺ 高博文：《我国德高望重的著名水利和水土保持专家张含英教授》，《水土保持通报》1992 年第 4 期。

❻ 刘仲桂：《我的忘年之交——与跨世纪老水利专家张含英的难忘友情记实》，《水利经济与科技》2001 年第 3 期。

❼ 蔡铁山：《"治河奇人"张含英》，《黄河黄土黄种人（水与中国）》2012 年第 1 期。

第一章　张含英投身黄河治理事业的缘起

20 世纪是黄河治理史上的重要历史时期。20 世纪前半叶中国社会动荡，战乱不已，是黄河泛滥的时期，也是黄河沿岸人民的灾难时期。张含英作为一个喝着黄河水长大的少年，眼看着黄河的肆意泛滥，听着黄河洪水的咆哮，心里不由燃起治黄之心，立志将黄河由一条害河变为一条利河。

第一节　山东省境内黄河水患概况

黄河是我国第二大河，历史上黄河以"善淤、善决、善徙"而著称于世。"根据黄河水利委员会所编的《人民黄河》的统计，在 1946 年以前的三四千年中，黄河决口泛滥达一千五百九十三次，较大改道有二十六次。"❶ 侵入地区，北到海河，出大沽口，南达淮河，有时甚至逾过淮河而波及苏北地区，最后汇入长江。黄河水灾所波及的地区约为其下游地区 25 万平方千米的冲积平原。黄河下游的冲积大平原，基本上是黄河从上、中游携带大量泥沙长年累月淤积而成的。❷

山东省因位于太行山以东而得"山东"之名，省会为济南市。因先秦时期隶属齐、鲁两国，故又称齐鲁，简称"鲁"。山东省地处中国东部沿海、黄河下游、京杭大运河的中北段。全境"南北最长 420 多公里，东西最宽 700 多公里，总面积 15.67 万平方公里。境域东临海洋，西接大陆。水平地形分为半岛和内陆两部分，东部的山东半岛突出于渤海、黄海中间，隔渤海海峡与辽东半岛遥遥相对，为渤海与黄海的分界处；西部内陆部分自北而南依次与河北、河南、安徽、江苏 4 省接壤"❸。

山东的名称，最早出现在战国时期，金代以前泛指崤山、华山或太行山以东的黄河流域广大地区。其时，"山东"是一个地域性的泛称，还不是一个准确的地理概念。唐、北宋时期，太行山以东的广大黄河流域地区被称为山东。唐代末年，山东专指齐鲁之地。"金代大定八年（1168 年）设置山东东、西路统军司，自此山东成为正式行政区划名称。明代山东承宣布政司（又称行省）管辖 6 府、104 县，大致奠定了今山东省行政区域范围。清朝初年，基本沿袭明代山东的版图，设置山东省。"❹ 山东的地形，

---

❶ 张含英：《明清治河概论》，水利电力出版社，1986 年，第 11 页。
❷ 张含英：《明清治河概论》，水利电力出版社，1986 年，第 13 页。
❸ 《山东年鉴》编辑部：《山东年鉴 2000》，山东年鉴社，2000 年，第 23 页。
❹ 《山东年鉴》编辑部：《山东年鉴 2000》，山东年鉴社，2000 年，第 27 页。

中部突起，为鲁中南山地丘陵区；东部半岛大都是起伏和缓的波状丘陵区；西部、北部是黄河冲积而成的鲁西北平原区，是华北大平原的一部分。"境内山地约占全省总面积的 15.5％，丘陵占 13.2％，洼地占 4.1％，湖沼占 4.4％，平原占 55％，其他占7.8％。山东的河流分属黄河、海河、淮河流域或独流入海。"❶ 山东省大致位于北纬34°～38°之间，位于"北温带，气候属暖温带季风气候类型。降水集中、雨热同期，春秋短暂、冬夏较长。年平均降水量一般在 550～950 毫米之间，由东南向西北递减"❷。"鲁南鲁东，一般在 800～900 毫米以上；鲁西北和黄河三角洲则在 600 毫米以下。降水季节分布很不均衡，全年降水量有 60％～70％集中于 6、7、8 三个月，易形成涝灾。"❸

菏泽，古称陶、济阴、曹州，位于山东省西南部，鲁苏豫皖四省交界地带。地处黄河下游，境内除巨野县有 10 平方千米的低山残丘外，其余均为黄河冲积平原，地势平坦，土层深厚，属华北平原新沉降盆地的一部分。"黄河自河南省兰考县入境，流经辖区内的东明、牡丹、鄄城、郓城四县区，境内全长 157 公里。"❹ 南境沿曹县、单县边界有黄河故道。菏泽属温带季风型大陆性气候，夏热冬冷，四季分明。"全年光照充足，热量丰富，雨热同期，适宜多种农作物的生长，但是降水分配极为不均，再加常受北方大陆气团的影响，不少年份出现灾害性的天气。"❺

"黄河下游河道上宽下窄，山东高村以上，两岸堤距五至十公里，最宽处达二十公里。河道宽展，沙洲密布，串沟众多，主泓（河流的主河道）摆动频繁，河床经常移动位置，属于游荡性河段。"❻ 因而极易发生决溢改道。"黄河流域东西跨越 23 个经度，南北相隔 10 个纬度，地形和地貌相差悬殊，径流量变幅也较大。冬春季受西伯利亚和蒙古一带冷空气的影响，偏北风较多，气候干燥寒冷，雨雪稀少。流域内冬季气温的分布是：西部低于东部，北部低于南部，高山低于平原，元月平均气温都在 0℃ 以下。"❼ 黄河 "年极端最低气温：上游零下 25℃ 至零下 53℃，中游零下 20℃ 至零下40℃，下游零下 15℃ 至零下 23℃"❽。因此，黄河干流和支流冬季都有程度不同的冰情现象出现，即凌汛❾。新中国成立前，因凌汛决堤而导致泛滥成灾，可以说年年可见。每次决堤，都会给黄河两岸百姓的生命财产带来不计其数的损失。黄河产生凌汛主要有以下几个河段：黄河源至兰州河段、宁夏河段、内蒙古河段、下游河段。黄河 "下

❶ 《山东年鉴》编辑部：《山东年鉴 2000》，山东年鉴社，2000 年，第 23 页。
❷ 《山东年鉴》编辑部：《山东年鉴 2000》，山东年鉴社，2000 年，第 24 页。
❸ 《山东各地概况》编纂委员会：《山东各地概况》，中华书局，1999 年，第 9 页。
❹ 蒋伟萍、宝青娜：《浅谈菏泽市的污水资源化利用》，《中国科技投资》2013 年第 20 期。
❺ 山东省菏泽地区地方史志编纂委员会：《菏泽地区志》，齐鲁书社，1998 年，第 72 页。
❻ 邹逸麟：《千古黄河》，上海远东出版社，2012 年，第 7 页。
❼ 陈先德：《黄河水文》，黄河水利出版社，1996 年，第 89 页。
❽ 黄勇：《天然河道冰冻期的数值模拟与应用研究》，中国海洋大学硕士学位论文，2005 年 6 月，第 10 页。
❾ 凌汛：大量流冰下泄遇障碍而形成的一种河流水位陡涨现象。其是否形成威胁或威胁的程度如何，决定于涨水幅度的大小。

游河道上宽下窄，河道走向呈西南、东北方向，冬季经常受寒潮侵袭，日平均气温上下河段相差 3～4℃，并且是正负交替出现，河道流量一般在每秒 200～400 立方米。由于河道、气象、水文等自然条件作用，下游每年都有凌汛，经常发生插凌、封河，形成冰塞[1]"。自 1949 年新中国成立以来封河 30 多次，大多先由河口开始封河，而后逐段向上插封。而开河则由上而下，冰水沿程积集，造成明显凌峰，并易在浅滩、急弯或狭窄河段受阻卡塞，形成冰坝。"随着气温上升，冰质变酥，冰块间有流水起滑润作用，槽蓄水增量的释放，较高的水头压力加剧了冰坝溃败"，[2] 迅速抬高河段水位，堤防安全遭到威胁，从而造成凌灾。"黄河下游是一个不稳定的封冻河段，凌情变化复杂，在历史上曾以决口频繁难以防治而著称。该河段两侧是黄淮海大平原，是我国重要的工农业基地，城镇密集，人口众多，公路铁路交通发达，是沟通全国连接内陆与海洋的经济大动脉。因此，凌汛决口必将给国民经济和人民生命财产造成重大损失。"[3]

清咸丰五年（1855 年），黄河在河南省兰阳铜瓦厢决口。此时正值太平天国运动高涨时期，清政府忙于镇压，无暇顾及治河。黄河在豫东、鲁西南三角地带到处泛滥，洪水波及四省、十府（州）、四十余县，受灾面积达三万多平方千米。直到光绪初年（1875 年）河堤复堤才全部完成，全河均入大清河，北流归海之势始定，今黄河河道完全固定下来，前后达二十年之久。民国以来军阀盘踞，政局动荡，河务废弛，堤防残破。在北洋军阀和南京国民政府统治的三十八年间，就有十七年发生溃决。其中 1938 年 6 月国民党军队炸开黄河花园口大堤，造成黄河在豫东、鲁西南洪水泛滥，死亡人数达 90 万。[4] 每当河患发生后，洪水给人民带来的灾难，自不待言。洪水去后，水退沙留，给广大平原又留下严重的后患。泥沙吞噬了大片良田、湮没了城镇、阻塞了交通；泥沙随风飘扬，形成了许多沙丘和沙垄，与废旧河床和残堤相间，使平原地面布满了沙岗和洼地，由此因排水不畅而引起土地盐渍化；泥沙扰乱了自然水系，淤浅了天然河流，填塞了湖泊沼泽，破坏了原有的生态环境。这些都使原来农业发达、商业繁荣、城市经济兴旺发达的华北大平原，在近现代沦为长期受到洪涝沙碱威胁的常灾区，严重制约了社会经济的发展，人民生活处于水深火热之中。

第二节　张含英少小立志治黄的缘由

张含英于 1900 年 5 月 10 日（清光绪二十六年，庚子年四月十二日）出生在山东菏泽县城里。是年 5 月，八国联军以镇压义和团为借口对中国进行疯狂的侵略和瓜分，民族危机空前加深，中国彻底沦为半殖民地半封建社会，人民生活困苦不堪。

---

[1]　冰塞：凌汛期冰花、冰屑和碎冰潜入水中，并在冰盖下积聚，导致冰盖下过水断面阻塞的现象。因为冰塞多产生于初封河段冰盖的上缘，黄河下游在封冰期出现的壅水漫滩现象主要是封河过程中产生冰塞引起的。

[2]　程义吉等：《黄河南展宽工程兴建与废弃利用研究》，黄河水利出版社，2010 年，第 92 页。

[3]　黄河流域及西北片水旱灾害编委会：《黄河流域水旱灾害》，黄河水利出版社，1996 年，第 196 页。

[4]　魏宏运：《中国现代史》，高等教育出版社，2001 年，第 335 页。

张含英作为家里的独孙，深受祖母疼爱，从小就照顾他的生活，因此祖母对他童年有很大的影响。祖母经常会给他讲述劳动人民勤劳、爱国的故事，使他形成了对劳动人民的尊重之情，认识到人民力量的伟大，这对他在新中国成立初期参与和领导人民治黄有重要的影响。张含英的父亲曾经是个私塾先生，后来受到从日本留学回国的爱国人士、中国同盟会会员王鸿一的影响，思想比较开明，从张含英六岁起就让他上刚成立的菏泽第一初等小学，张含英的两个妹妹和未婚妻也都先后上了女塾。在当时的社会条件下，全家人都入学接受教育，是一件新鲜事。❶ 全家人接受新型教育对张含英的成长产生了较大的影响。童年还有三件事使他触发心灵，终生难忘。亦可以说，这是撒在他胸中的三颗远大志向的种子。

第一件是看"修洋楼"。在中日甲午战争后，帝国主义掀起了瓜分中国的狂潮，以大量输出资本进行经济掠夺，强占"租借地"和划分"势力范围"，作为其进一步侵略中国的基地。通过派遣传教士深入中国城市和乡村地区进行文化侵略活动，企图从思想上奴役中国民众。中华民族危机愈益严重，大有亡国灭种的危险。1897年11月，德国以"巨野教案"为借口，出兵侵占胶州湾。1898年3月6日德国迫使清廷签订《胶澳租界条约》，强行将山东全省划为其势力范围，租期99年。为进一步扩展在山东的势力，外国教会亦大势传教，并纵容、包庇不法"教民"（即中国教徒），出面干涉民教诉讼事件，威逼利诱地方官吏祖教抑民，所做判决无言公正。山东民众对教会的痛恨日积成仇，反教斗争在各地接踵而起。1898年10月义和团（拳）首先在山东省冠县发起反帝运动。义和团领导起义，反抗压迫，"掀洋楼"成为他们反抗的主要形式之一。菏泽城里的德国天主教堂被义和团所摧毁，事后需要赔修。祖母带着张含英去看了"修洋楼"。是什么原因让他对此念念不忘，印象如此之深、历久难忘呢？因为这与后来的"庚子之变"密切相关。由于义和团的反侵略斗争，严重损害了列强在华利益，这也为他们进一步侵华提供了借口，引发1900年八国联军攻破天津、北京，慈禧太后携清帝仓慌逃亡到西安。这就是所谓的"庚子之变"。后来清政府与列强签订丧权辱国的《辛丑条约》，才得以平息。所以每次看到洋楼，张含英就会想到祖母带他去看洋楼，就会联想到庚子之变，联想到亡国灭种的威胁，联想到他的出生时间和地点，这些都激发了张含英强烈的爱国情怀。

第二件是家乡"土匪"频出的现象。菏泽土地贫瘠，经常发生水旱灾害，同时又受到清政府官员和地主豪强的剥削奴役，人民生活贫苦不堪。曹县位于山东省西南平原，与苏、豫、皖三省交界，农民暴动经常出现。"每年'青纱帐'起，也就是高粱长到一人多高时，边境贫苦农民就常结对而起，抢劫人民粮食和地主财产，进行害人行动，因之被称为杀人放火的'土匪'。他们经常采用'绑票'的手段，绑架地主，要求以财物赎回。每到傍晚，他们就出来活动，经常能听到攻打村寨的声音，使每户人家

---

❶ 中国水利学会：《张含英自传》，内部印行，1990年，第2页。

都胆战心惊。甚至还会威胁攻打重兵防守的府城。所以城里经常戒严。"❶ 王鸿一办过"土匪自新学堂"，进行感化教育，还研究过村制改良，创办实业，但成效甚微。目睹了社会的贫困和动荡不安，并受先进人士改良思想的影响，促使张含英在幼年时期就萌生出促进农民生产生活改善和维护社会安宁的念头。

第三件是黄河洪水的威胁。在 1855 年（清咸丰五年）以前，黄河是由河南开封经商丘到徐州夺泗水汇淮河流入洪泽湖，再南流注入长江的，其中流经菏泽的南边。是年"6 月黄河在兰阳铜瓦厢（今兰考县西北东坝口）决口后，河水'全行夺溜，刷宽口门至七八十丈，迤下正河业已断流'。洪水先向西北淹及封丘、祥符各县村庄，又东漫流于兰仪、考城、长垣等县后，分成两股：一股出东赵王府至张秋穿运；一股经长垣县流至东明县雷家庄又分两支，皆东北流至张秋镇，三支汇合穿张秋运河，经小盐河流入大清河，由利津牡蛎口入海。黄河下游结束了 700 多年由淮入海的历史。"❷ 从此黄河便流经菏泽的北边。菏泽接近新旧河道分歧点的顶点，改道后 20 年间，听其自然漫流。后来虽在新道南岸修了堤，但并不巩固。因之菏泽一带便长期成为水灾严重的地区。黄河改道和以后的水灾，张含英祖母亲身经历，所以会经常给他讲一些黄河为患的可怕情景，而且张含英小时候经常听到黄河洪水暴发的报警锣声，在上小学时又听到老师讲解大禹治水的传说。这些引发他产生了改造黄河的愿望。

20 世纪初期中华民族面临着内忧外患。山东省地处华北沿海地区，"靠近中国的权力中心，其北面是京畿之地，南面是中国经济的中心，处于链接中国北方与南方的枢纽位置，战略位置极其重要，成为各派军阀及帝国主义势力相互争夺的重要地区。尤其是在进入 1920 年后，山东地区更是频繁地爆发了多次大战，较大规模的有浙奉、晋豫、中原等大战，给山东的人民带来了深重的灾难，人们的生产和生活受到毁灭性的打击"❸。如 1920 年直皖大战，山东德州一带"战线以内，几尽焦土，即兵车所至，亦鸡犬一空，延袤数百里，村舍荡然，流离载道"❹。再者，民国时期局势动荡不安，滋生官场腐败现象，腐朽吏治对人民的剥削更加严重，人民生活贫困不堪。山东省位于黄河下游，水患不断，"除了水灾外还有旱灾、风灾、冰雹、潮灾等。近代山东省的蝗虫灾害亦为严重，1927 年鲁西南曹兖两属 16 县，发生 70 年未有之蝗灾，致使颗粒无收，10 余县灾民即达 900 万之众。鲁南、鲁中、鲁西北及直鲁交界地区，均遭旱、蝗之灾"❺。这些都使得山东省的灾害雪上加霜。张含英作为一名少年学子看到列强和军阀在山东的残酷剥削统治，看到家乡黄河水患的深重和父老乡亲的悲苦生活，救国、救民、报国之心越来越强烈，治黄之心亦越来越坚定。

---

❶ 张含英：《我有三个生日》，水利电力出版社，1993 年，第 2 页。
❷ 邹逸麟、张修桂：《中国历史自然地理》，科学出版社，2013 年，第 239 页。
❸ 杜仕辉：《民国时期山东匪患严重的原因探析》，《聊城大学学报（社会科学版）》2009 年第 2 期。
❹ 李文海等：《近代中国灾荒纪年续编（1919—1949）》，湖南教育出版社，1993 年，第 10 页。
❺ 李文海等：《近代中国灾荒纪年续编（1919—1949）》，湖南教育出版社，1993 年，第 170 页。

第二章　张含英治黄理论的形成

在亲身经历家乡黄河水患灾害和军阀、列强的残酷剥削统治后，张含英救国、救民、报国之心愈益坚定，从小就立志治黄。张含英凭着勤奋刻苦、自强不息的精神，以优异的成绩考入北洋大学，选择了土木工程学专业。大学期间张含英养成了严谨治学的学习态度，获取了扎实的基础知识，为他此后留学美国乃至投身治理黄河事业奠定了良好的基础。张含英受"科学救国"理念的影响，毕业后于 1921 年远赴美国深造。在伊利诺伊大学❶，张含英三年内就完成了所有课程，1925 年又在康奈尔大学❷获得了土木工程学硕士学位。通过在伊利诺伊大学和康奈尔大学的学习，张含英系统学习了有关水利工程理论知识，学习了当时美国先进的水利工程科学技术，同时他在哈德·柯罗斯教授的帮助下，第一次接触到黄河的现代资料，这对他回国后从事黄河治理工作有很大的帮助。毕业后，张含英放弃美国优越的工作和生活条件，毅然决然地回到祖国。张含英回国后，直接从事治理黄河的实践机遇较少，这为他大量研读中国古代治黄文献和西方近现代水利论著提供了充足的时间。随着水利知识的不断丰富，张含英应邀参与黄河河段及水患频发地的视察工作，加强了对黄河河情的进一步认识，同时也为他日后从事黄河治理工作提供了实践经验。张含英通过总结古代治黄理论和经验，结合西方近现代水利科学知识和对黄河的实际考察，提出其对治理黄河的新认识，形成了自己的治黄理论。

第一节　水利科学理论知识体系的学成

一、求学获知，专攻水利

（一）立志学习水利

黄河改道促使菏泽长期成为山东省水患重灾区。在祖母讲述黄河水灾故事的耳濡下，张含英幼小心灵燃起了克服黄灾的火苗。张含英于 1914 年从高等小学升入山东胜

---

❶ 伊利诺伊大学：创建于 1867 年，是美国伊利诺伊州的一个公立大学系统，也是美国最具影响力的公立大学系统之一。在全世界享有盛誉，其三所分校分别位于厄巴纳—香槟地区（为该大学旗舰校区）、芝加哥（全美第三大城市，著名国际金融中心）以及斯普林菲尔德（又称春田市，伊利诺伊州的首府）。

❷ 康奈尔大学：是一所位于美国纽约州伊萨卡的世界著名私立研究型大学（另有两所分校位于纽约市和卡塔尔教育城），是著名的常春藤联盟成员。康奈尔大学是常春藤盟校中第一所实行性别平等的男女合校大学，在招生录取上最早实行不计贵族身份，不分信仰和种族，并且以创建学科齐全、包罗万象的新型综合性大学为建校宗旨。

利第六中学，这在当时是一所有名望的学校，是由王鸿一创办的曹州中学和普通中学合并而成的。这里德智体教育并重，四年教育学习对他今后甚至一生都有很大的影响。❶ 他认真学习校长丛禾生在《中庸》和《大学》中讲授的"克己复礼""修身养性"，"以求辨明善恶是非，择善而从，求是以立"❷。不仅学习，他还身体力行，做到严于律己、洁身自好，明白了"治国平天下"的道理。这为他今后致力于国家水利建设奠定了思想基础。学校还举行所谓"寒稽古"❸的锻炼，组织"学生自治团"活动，这些课外活动都旨在培养学生吃苦耐劳、自强不息的精神，增强学生体魄。这段经历使张含英获益匪浅，不仅为他今后从事水利、外出考察的艰辛工作提供了强有力的体魄支撑，而且使他在进入暮年的时候仍坚持锻炼，获得了"世纪老人"的美称。

中学毕业后，由于家里并不富裕，张含英父亲原打算为他谋职，但县里有关人士商议，认为他的学习成绩较好，应以升学深造为宜，以公款每年补助八十元作为升学之用。升学首先要考虑的是选择终身事业的问题。张含英根据他个人的性格、所学课程的兴趣以及童年所受社会的影响，便选择了治理黄河的行业，也就是属于后来所称的水利事业范畴。从当时的社会状况来看，这并不是一个好的选择，是一门冷门专业，基本上没有什么就业前景。但张含英却怀有很高的情趣和志向，把它当作自己一生的事业追求。治黄所学知识属于土木工程学专业，在当时国立北洋大学❹最出名。最后经过考试，张含英于1918年秋季进入北洋大学预科。北洋大学办学严谨，预科二年，本科四年。尤其对预科一年级的学生要求严格，有两门功课不及格即须降级，而且课本除国语外，都是英文原版书，教员上课亦用英语上课，因此学生们都勤学英语。❺ 学习期间，张含英养成了治学严谨的学习态度，获取了扎实的基础知识和优异的外语水平，为他以后留学美国甚至在后来的治水事业中取得成就奠定了良好的基础。

1919年"五四运动"中，北洋大学的学生也不例外，张含英亦积极参加。秋季开学之际，当局恐引起大乱，便决定对全体学生给予停止学籍处分，但递悔过书者经过批准后即可恢复学籍。张含英认为这是爱国的行为，未提交悔过书，于是转入北京大学理科物理系。当时正值新文化运动，受民主与科学思潮的影响，他接受了"科学救国"的理念。由于他始终心怀治理黄河的理想，而治理黄河属于应用科学的范畴，因而又引发他转学的念头。1921年张含英申请了山东省留美学生补助费，得到批准。但此款满足不了留学所需，于是就计划以半工半读的方式前往美国深造。又幸得几位老

---

❶　中国水利学会：《张含英自传》，内部印行，1990年，第6页。

❷　张含英：《我有三个生日》，水利电力出版社，1993年，第3页。

❸　寒稽古：日本名词，在每年冬季，黎明早起，围绕操场跑步一小时。张含英从中学开始，一直坚持这一习惯，使其得益匪浅，直到期颐之年身体还很健朗，获得"世纪老人"的称号。

❹　北洋大学：中国近代第一所现代大学，创建于1895年10月2日，曾用名包括北洋西学学堂、北洋大学堂、北洋大学、国立北洋大学、国立北洋工学院，1951年正式更名为天津大学。张含英于1948年8月至1949年4月担任北洋大学校长。

❺　张含英：《我有三个生日》，水利电力出版社，1993年，第4页。

同学略事补贴，遂决定远赴美国留学。❶

（二）远赴美国深造

经过调查，美国伊利诺伊大学的工学院办得很出色，学费又比较低，位于伊利诺伊州厄巴纳—香槟地区，生活开支比较小，于是张含英就选定这所大学的工学院土木工程系为其所学专业。由于办理出国手续等准备工作，到校报到时，开学已达二十天。经学校有关部门审阅文件，准予张含英插入土木工程系二年级。但因到校迟了快一个月，本学期少选几个"学分"。❷ 伊利诺伊大学采用的是学分制教学。初到校，面对开学迟到，担心学分修不够，不能按期毕业，张含英颇怀惧心。但实际上，张含英在三年内就读完了所有课程，于 1924 年夏天以"毕业荣誉证"获得土木工程科学学士学位而毕业。获得毕业荣誉证的属极少数，因为获此荣誉者成绩必须特别优异。为什么张含英能在要求如此严格的学校三年内就读完所有课程呢？一方面要归功于学校教学严谨有方，学生得以深入掌握；另一方面最重要的还是归功于张含英孜孜不倦的学习和良好的学习方法。他在上课之前都会预习一二遍，特别标出重点和不懂的地方，这样在课堂上的听课效率就有很大提升。在上课时则记录教授口授内容，并标出其要点；没听懂或不了解的地方及时请教教授，直到全部理解为止。这就是张含英学习的成功之道。这也为他今后研读水利文献养成了良好的学习习惯。

1923 年他在伊利诺伊大学教授哈德·柯罗斯的帮助下，第一次接触到黄河的近现代资料。哈德·柯罗斯教授知道他对黄河感兴趣，就将其为费礼门教授❸视察黄河所准备的四册资料底稿借给张含英阅读。❹ 由于张含英当时知识水平有限，他还不能全部理会，但给了他很多启示。要了解黄河必先准备有关资料，而且他知道已有的近现代资料，这为了解黄河提供了更为准确的学识。这次对黄河资料的见闻，给张含英留下的印象是深刻的，亦是难忘的。

在伊利诺伊大学毕业后，张含英想就有关水利课程再多学点，故又去了著名的康奈尔大学深造。康奈尔大学是著名的常春藤盟校❺成员，是美国工程科技界的学术领袖，属于国际名牌大学。但到学校后，主管教授看了张含英在伊利诺伊大学的学习资料后，告诉他：本校有关水利工程课程他都已学过，无须增加。这让张含英感到很失望，于是就土木工程系的一般性课程进行了研究，只是最后论文还是有关水利的。❻ 张

---

❶ 张含英：《我有三个生日》，水利电力出版社，1993 年，第 5 页。

❷ 中国水利学会：《张含英自传》，内部印行，1990 年 4 月，第 10～11 页。

❸ 费礼门（1885—1932），美国工程师，受北洋政府聘请来华从事运河改善工作，研究运河、黄河问题。费礼门考察黄河后，主张在黄河下游宽河道内修筑直线型新堤，并以丁坝护之，以束窄河槽，逐渐刷深。著有《中国洪水问题》，1922 年出版。

❹ 张含英：《我有三个生日》，水利电力出版社，1993 年，第 10 页。

❺ 常春藤盟校：初指由美国东北部地区的八所高校组成的体育赛事联盟，后指由它们组成的一个高校联盟。八所学校建校时间长，其中的七所是在英国殖民时期建立的。这八所院校包括：哈佛大学、宾夕法尼亚大学、耶鲁大学、普林斯顿大学、哥伦比亚大学、达特茅斯学院、布朗大学及康奈尔大学。八所院校都是私立大学，和公立大学一样，它们同时接受联邦政府资助和私人捐赠，用于学术研究。

❻ 张含英：《我有三个生日》，水利电力出版社，1993 年，第 6 页。

含英于 1925 年夏获得土木工程学硕士学位。

在伊利诺伊大学、康奈尔大学相继毕业后，张含英本来可以在美国从事工作，因怀念祖国，想要为当时满目疮痍的中国贡献一份微薄之力，想实现参与治理黄河的愿望，他放弃美国优越的条件，毅然决然地立即离美回国。

二、对治河方略的考证

我国治理黄河有悠久的历史，治河文献可谓是汗牛充栋，是古籍中最丰富的一部分。自古以来，黄河不仅是养育中华儿女的母亲河，对中华文化的发展和繁荣有重大贡献，同时它也给两岸人民甚至更大范围的人民带来深重的灾难。因此从远古时期开始，人们就注重对黄河的防御和治理，提出许多治河方略，有成功的也有失败的。如尧舜之际，鲧采用"障"的办法而失败；禹采用"疏川导滞"的方法得以成功。大约进入战国时期，黄河下游两岸便出现了长堤防护。长堤的出现，是主动治河的措施，较之听其自由泛滥前进了一步。但是黄河流经黄土高原，携带大量泥沙，流经下游地区的河道，致使河床逐渐淤积抬高，河口三角洲因泥沙淤积也日益延伸扩大。因之，黄河堤防决口之后常会改道迁徙。历代虽曾设河吏组织防守，但决口依然十分频繁，出现了"三年两决口"的悲惨局面。黄河也因此蒙受"害河"的恶名。在长期治河实践中，历代治理方法也在不断发展，宋、明均有显著的改进。黄河沿河广大人民，经过千百年的治河实践，逐渐形成、掌握了一套有关黄河水流的认识理论和治黄技术。水利尤其是治黄在古代是农业生产和发展的重要组成部分，受到历代统治者的重视。因此，治河文献大量涌现，记载了历代治河实践、理论方略及治河成果，对后人研究治黄有重要的参考价值。

张含英 1925 年获得硕士学位后就立即回到祖国，从事治理黄河的调查研究工作。回国后的这段时间，他大都从事水利有关工作，但直接从事治理黄河实践的时间并不长。1925—1949 年的 24 年里，张含英换了 17 个工作岗位，其中有关水利的 11 个（含黄河的 2 个）、教育的 6 个，他真正从事治理黄河工作的时间并不多。但在志向和兴趣的驱动下，张含英利用从事各项工作的业余时间，仔细阅读了历代治水文献，并结合近现代水利科学技术，总结古人的治黄经验，提出了新的治黄建议。他与李仪祉先生都提倡科学治河，开创了一条传统治黄经验与近现代水利科学技术相结合的新道路。❶

1925 年夏，张含英有幸随山东河务局调查员赴山东省李升屯调查民埝决口情况。是年 11 月，他于曹州撰写了第一篇黄河调查记——《李升屯黄河决口调查记》。该文记录了李升屯黄河决口灾情发生情况，分析了决口原因，就当时黄河危情与同行人提

---

❶ 中国水利学会：《张含英自传》，内部印行，1990 年，第 13 页。

出了一些急救措施，如引河法、截流❶坝、挑水坝❷等进行了简略的分析。张含英一共分析了六种方法，这些办法都是利害参半，最终也没决定采取哪一种。于是决定在工程上、经济上、认识上经过详细勘估、计算后，再进一步研究。

其时，河北、山东、河南三省治水各自为政，互不相谋，张含英等"欲加通盘筹算"，是无法完成的。由于古代治水技术落后，再加上当时时局动荡，有关水文记载和测量详图的资料都非常缺乏。20世纪三四十年代是近现代科学技术的萌芽时期，也是新技术、新理论与旧观念、旧习惯斗争的时代。在治河方面，有国外学者提供的理论和意见，有我国学者研究的成果，也有从事河务工作多年根据经验成论的学说。这些意见，或相合，或相反，或对旧者怀疑，或对新者蔑视，议论纷纷，莫衷一是。如张含英在考察李升屯黄河决口时提出将埽工改为石工的建议，却遭到旧河工的抵制和嘲讽，最终未被接受。"1928—1930年，张含英在山东省建设厅工作时，曾先后提出引黄灌溉和发展省内水电等建议，同样遭到反对。在他一再坚持下，只修成一座小型虹吸管和一座小水电站。"❸

张含英的治黄实践虽遭到挫折，但他的治黄志向未曾改变，并积极从事治黄历史与理论的研究。张含英在伊利诺伊大学学习期间，有幸阅览到现代黄河资料，对他回国后从事治黄研究工作发挥了重要作用。1925年回国后，张含英认真研读了中国历代治河的文献资料，得出两点新的认识：其一，若需制订切实可行的治河计划，必须要有充分的科学依据。如年内流量的变化及年际变化的比较，河床的淤垫变化情况，降坡和切面的变化情况，各地堤距及河槽宽度比较研究等等。其二，历代治河策略，专讲"河防"，重在下游，即多侧重于孟津以下，认为迁移漫决都是下游之故。而黄河为患的根本原因，实际来自上中游。上中游各支流水系都以扇形冲刷泥沙，顺流而下，流至下游，才形成淤垫漫决之患。所以专治下游，不是正本清源的办法。❹

1928年8月至1930年8月，张含英任山东省建设厅技正❺兼科长，主管水利。该厅初建，水利工作主要从事基本资料搜集和一般查勘计划，黄河业务属山东河务局，与该厅无关。张含英凭个人关系常往山东河务局，借以熟悉黄河事务，收益良多。他阅览了万恭的《治水筌蹄》等古代黄河文献，了解到许多黄河情况及治理措施，逐渐丰富了对黄河的认识。

1931年2月24日，"在华北水利委员会第九次委员会上，李仪祉提议'导治黄河

---

❶ 截流：堵截河道水流迫使其流向预定通道的工程措施。

❷ 挑水坝：河防工程中用以分水势的堤坝。

❸ 梅昌华：《张含英：我国近代水利事业的开拓者》，《决策与信息》2011年第5期。

❹ 张含英：《我有三个生日》，水利电力出版社，1993年，第182页。

❺ 技正：民国时期技术人员的官称。其时政府的交通、铁道、实业、内政部（会）及省（市）政府的相应厅（局）大多置此官，以办理技术事务。其在部（会）中，职位次于"技监"，在厅（局）中为最高官职。其下有"技士""技佐"等。目前台湾省沿用"技正"这个职务，相当于大陆总工程师的职务，一般从事工程、科技、实验研究等类别的专业项目。

宜注重上游'一案，首先提出治河宜注重上游的主张"❶。张含英随后发表了《论治黄》一文，对李仪祉的主张表示支持，并做了进一步的阐述和商榷。他提出李仪祉所论"治理黄河，宜注重上游"就当时来说，是一个治黄新法，与旧日"专治下游"相对而言，能够引起人们的特别注意。但就治黄整体而言，只注重上游，也是不合理的。他分析了黄河得不到有效治理的原因，除当时有关水利工程知识不完备外，还存在严重的社会阻力。要想弃除过去的积弊，开治黄之新纪元，张含英提出三方面的建议。第一，工程方面：加强对黄河上游的详细勘测；设立水工试验；训练河工，使其治水经验在新技术的实施配合下发挥最大效果；新旧之法兼用，治本、治标之法相互配合，扩大收益；聘请专家详细研究治本方案等等。第二，行政方面：取消各省黄河河务局，建立一个统一机构，以"统筹全河"，明定其与相关各机关的权限；以分段改组各段营防；招收有相关专业学识经验者，职员要专心于职务。第三，经济方面：以兴办实业提供治河资金，并建立一套保险方案，以免受时局的影响；进行必要的建设贷款等。这是张含英在对历代治河文献考证和亲身考察的基础上提出的，对之后治黄工作的有效进行具有重要的指导意义。

　　1932年2月至1933年7月，张含英任华北水利委员会科长，主管文书，得以阅读大量的古代治河文献，对历代治河方略进行了详细研究。同时他又兼任北洋大学教授，主讲《水力学》。1933年8月至1936年8月，张含英任黄河水利委员会委员兼秘书长，李仪祉任委员长。期间李仪祉先生写了大量有关黄河的文章，每篇张含英都有幸阅览，成为他学习的重要资料。对于张含英提出的不同见解，李仪祉先生总是给予耐心指导并虚心容纳。

　　1934年9月，张含英著《治河策略之历史观》一文，记述了夏禹、两汉、两宋、元、明、清治河概况，略述了近代治河之趋势，提出四个方面的治黄认识。第一，搜集治河资料。我国古代虽有大量治河理论，较为完备，但缺乏科学研究，多偏于空洞，实践性差，不合时用，如潘季驯主张"以堤束水，以水攻沙"，而又谓"堤欲远，远则有容，而水不能溢"。❷ 他之所以对堤距不能够确定，是由于缺乏堤坝资料，无法确定。在古代治河文献中，如河流年内流量变化、年际变化，各地堤距、河槽宽度等，都无确切的答案。因此，应多致力于资料的搜集，为解决治河过程中遇到的各种问题提供科学依据。第二，致力于实验与研究。水工实验，是世界各国在近代治河方面的创新。一方面，可免千百万的工程因贸然实施而徒劳无功，使钱财虚掷；另一方面，实验可以检验理论的不足，如美国费礼门以实验来检测研究治导河道方策的成效。第三，上下游应兼顾。我国治理黄河多侧重孟津以下，河道变迁漫决，皆因下游之故。实则上中游流经高山峡谷，于出山口形成扇形，冲刷之泥沙，顺流而下，到下游，水流平缓，泥沙沉积，出现淤垫漫决。因此仅治下游，只能缓解一时水患，并不是正本清源之计。李仪祉首创"治河宜注重上游"之说，张含英在此基础上提出应上下游兼顾，上游减

---

❶　张含英：《我有三个生日》，水利电力出版社，1993年，第182页。

❷　张含英：《治河论丛》，黄河水利出版社，2013年，第16页。

少泥沙冲刷，则下游无泥沙淤垫之患；上游阻拦洪水，下游增固堤防，漫溢冲决之患可解决。❶ 第四，固定河槽。河槽不固定，致使河流遇大水而频繁改道，终不可治。堤距、护岸（包括护堤和护滩）与河槽也有关系。直到近代，我国只有堤防，无护滩工作，故此，张含英提出今后研究者应加强对护岸方法、河槽切面大小及形状与河身曲直路线等问题的研究。❷ 这些主张提出了治黄新见，较之李仪祉的治黄理论有新的发展，对之后的治黄方向及开展工作都起到了重要的指导作用。

1934 年 12 月，张含英应北洋大学工学院院长李耕砚先生函嘱，撰《黄河改道之原因》一文，通过分析利津下游八十年改道情况，结合千年来黄河改道概况，考证历次改道的原因，依据改道的原因来制定治河方案。张含英着重分析了黄河在下游为患和黄河难治的原因。他提出由华北平原形成的原因来探析黄河下游水患的原因，从地质特征、地形变化和黄土特征简要介绍了平原形成与变化以及黄河的变迁，以此来分析黄河水患之缘由。❸ 关于黄河难治的原因，历史上议论纷呈。张含英通过亲身考察与阅览各家学说，认为黄河改道的原因在于河道本身，主要为：一是洪流来去过骤；一是河流携带泥沙过多。由于黄河下游降雨年际、年内变化大，河槽淤刷不一，当洪水来势迅猛，则河槽无刷深时间，防护工作猝不及防，难免于患。黄河流经黄土高原，黄土土质结构疏松，黏性不强，涵蓄水分能力不足，易被雨水冲刷。黄土区域的排水系统在风积时期终止以前已经广泛形成，没有全为风积所湮没，所以不需要多长时间，就能发育成广泛且较密的水系，这就使得土壤侵蚀更加广泛。再者，黄土高原在风积地貌的影响下，多为塬❹、梁、峁❺等特有地貌，相对高度较大，土壤侵蚀严重。黄土高原地区夏季降水集中且多暴雨，地面物质组织大都松软，再加上开垦陡坡、耕作方法不良，天然植被几乎遭到摧毁，因此黄河流经黄土高原时，携带大量泥沙流入下游平原地区。由此可见所含泥沙过多是黄河难治之根本，故欲治黄必先控制泥沙之冲击。

本着一颗救人民于水深火热之中的爱国之心，张含英治黄之心甚为急切，但对资料的收集却一丝不苟。1933 年黄河发生大水以前，有关黄河水文记载极为简单，因此对黄河的认识比较肤浅，只是对一些残缺张本加以整理归纳，对黄河治导帮助甚微。1933 年秋，黄河水利委员会成立后，立即致力于水文及河道的测量，设立水文站。结合以前的研究资料，张含英于 1935 年撰《民国二十三年黄河水文之研究》一文，从流

---

❶ 张含英：《治河论丛》，黄河水利出版社，2013 年，第 16～17 页。

❷ 张含英：《治河论丛》，黄河水利出版社，2013 年，第 15～17 页。

❸ 张含英：《治河论丛》，黄河水利出版社，2013 年，第 46～50 页。

❹ 塬：中国西北部黄土高原地区因冲刷形成的高地，呈台状，四边陡，顶上平。黄土塬代表黄土的最高堆积面，是黄土高原地区的主要农耕地所在。

❺ 峁：意思是小山顶，指顶部浑圆、斜坡较陡的黄土丘陵。在地貌分类上属黄土丘陵类，是黄土高原地区特有的一种地貌形态，状如馒头。

量、输沙量及含沙量、糙率❶三方面分析了 1934 年黄河水文概况，为以后黄河拦蓄工程的修建提供了重要的资料。

除了对中国古代治河文献的研究以及对近现代水利论著的学习外，张含英还特别注重外国专家对中国水患的研究。在美国伊利诺伊大学学习时，他接触的第一批黄河现代资料就是由哈得·柯罗斯教授提供的。此外，张含英还研究了恩格斯❷的《制驭黄河论》❸、费礼门的《中国水患论》、方修斯❹的《黄河治导计划书》等，于 1933 年 3 月撰《黄河之糙率》❺ 一文，通过与三位专家对黄河糙率研究的比较和参考以及他对黄河沿岸的测量，由此得出黄河糙率，以此作为设计河道的张本。

在黄河的治理与开发上，始终存在着两种声音，一种是主张用我国历史悠久的传统治黄经验从事治黄；另一种是主张在总结传统治黄经验的基础上，结合近现代科学技术治黄。张含英持第二种主张。随着西方先进的科学技术以及治河思想的传入，与传统治黄方法发生冲突，一些守旧思想阻碍新技术的应用，对治黄产生了不利影响，不仅浪费人力物力等资源，而且进一步加重了灾情。张含英自小目睹了山东乡亲父老们因饱受黄河水灾之苦而流离失所，促使他少时就立志于黄河的治理。张含英不仅大量阅读了古代治河典籍，而且远赴美国学习先进治河理论方法，他以科学的观点对历代治河方略进行认真研究，对守旧观念进行批评。他认为治河方略是变动的，是随经济、技术的发展而发展的，是随着时代的变迁向前推进的。❻ 张含英主张在总结传统治黄经验的基础上结合西方先进科学技术治河。

---

❶　糙率：又称粗糙系数，一般用 n 表示。糙率是河床边界对水流阻力大小的量度，反映对水流阻力影响的一个综合性无量纲数。边界表面越粗糙，糙率越大；边界表面越光滑，则糙率越小。

❷　恩格斯（1854—1945），德国教授。1890—1924 年任教于德累斯顿工业大学，首创河工模拟实验，为近代河工界权威之一。恩氏研究黄河三十余年，可分三个阶段。最初与费礼门讨论治黄方略，为恩氏研究黄河的第一阶段。他反对费礼门提出的整治、缩窄下游河道的治黄主张，认为宽堤有储蓄洪水的作用，强调黄河之害不在堤距之过宽，而在缺乏固定的中水河床。为此，他发表《与费礼门论治河书》《制驭黄河论》等文详加说明。恩氏为研究黄河，想来中国实地考察黄河，两次应聘，均未成行。第一次是 1923 年，因内战，未成行。第二次是 1928 年，因年老病重，遂举荐他的学生方修斯来华。方修斯来中国研究导淮涉及黄河，由于黄河之复杂，双方治河意见大相径庭。恩氏著有《与方修斯论治水书》之一至之三。此为恩氏研究黄河的第二阶段。在李仪祉以实验方法解决双方争论的建议下，恩氏进入第三研究阶段。先后于 1931 年、1932 年、1934 年在德国奥贝那赫实验场进行三次河工试验，多次与李仪祉函商治黄意见（见《致李协书》之一至之五），提出了著名的"固定中水河床"论，主张缔造一个稳定的中水位河槽，在两岸大堤之内构成复式河床，中常水时期把河流限制在河槽之内，大涨时两岸滩地浸水落淤，慢慢淤高，河槽也随之淤高，最终达到使河床稳定的目的。恩氏一生执教，他为中国培养的水利专家有郑肇经、沈怡、谭葆泰等人。1936 年 1 月，国民政府授予其"一等宝光水利奖章"。

❸　[德] 恩格斯著，郑肇经译述：《制驭黄河论》，载《工程》1929 年第 4 期。

❹　方修斯（1878—1936），德国汉诺佛大学教授，是德国著名水利科学家恩格斯教授的高徒，创办了汉诺佛水工及土工试验所，曾经两次以黄河为模型做试验。经恩格斯举荐，1929 年任导淮委员会顾问工程师，起草"导淮计划"之余研究黄河，返德后发表《黄河及其治理》一文，认为"黄河之所以为患，在于洪水河床之过宽"，与美国费礼门的见解相近。

❺　张含英：《治河论丛》，黄河水利出版社，2013 年，第 58 页。

❻　本书编辑组：《张含英治河论著拾遗》，黄河水利出版社，2012 年，前言第 2 页。

第二节　在实践中探索治黄理论

一、初涉黄河治理

1925 年夏，菏泽城北五十余里，黄河下游临濮镇附近李升屯民埝决口，致水流逼近大堤，顺民埝与大堤之间下流。到下游二百余里的寿张县黄华寺一带，又冲决大堤十余处，淹没数县田地，波及临濮、郓城、范县诸县，灾情甚巨，人民生命财产损失惨重。因为水灾在山东省境内，直隶省漠不关心，乃由山东省河务局派专员查勘并筹备堵塞李升屯决口。当时张含英居于曹州（今菏泽），距黄河仅五十余里。查勘员途经时邀请他一起去查勘，他欣然接受。这是张含英第一次接触黄河。

黄河的堤坝分为官、民两种。官堤是由政府修理，用以保护堤外的土地财产，其建造护养均归政府。官堤相距较远，经河水泥沙多年的冲刷淤积，其间多肥沃土壤，因而人民为了便于种植，用以抵御河水，又筑民埝于官堤之内。"官堤与民堤之间宽自数里至四五十里不等，其间住户，极其稠密，乡村集镇一如他处。"❶ 李升屯之决口，开自民埝，水流泛滥，祸及多县，灾情严重。在这次查勘中，张含英提出一些如改埽工为石护岸等治黄意见，却被以埽工为"黄河治理经验，是几千年流传下来的，不能动，不能变"而拒用。他认识到黄河为患除自然原因外，社会原因也占很大的比重。

1932 年 10 月，在国民政府黄河视察专员王应榆先生❷的邀请下，张含英视察了由利津到孟津这一段的黄河水情。这是张含英第一次视察黄河下游。这次视察历经半个月，相随人员还有冀鲁豫三省工程负责人和其他相关人员。10 月 6 日早晨由济南葛家沟乘大木船下行，于 18 日中午到利津大马庄，沿河视察较为详细，勘察了沿途黄河水文情况、沿河工程，访问了老河工，向他们询问了近几年黄河泛滥情况及治理概况。21 日乘车自济南西上，28 日中午到孟津，在洛阳整理资料，30 日到巩县视察洛河，11 月 1 日回济南。张含英于 12 月 5 日在天津撰《视察黄河杂记》一文，文中详细记录了沿途考察所见所闻，探析了一些地区河道较易发生冲决的原因。如在河溜两弧之间由于河底高低不平导致泥沙沉积，河溜常变，极易发生大洪水，因此他提出护岸工程也应随之变更。张含英还就一些问题提出相关解决方法：其一，他在文中分析了秸埽作护岸之劣势，如每年必须补镶秫秸等材料，太不经济；秸埽比重太小，易于浮动；以土压埽，易被来水冲刷而失去其效果。因此秸埽确有改良的必要。张含英力主秸埽换为石埽。❸ 其二，在距黄河出海口处，约有四百万亩海滩新淤之地，然而这片富裕之

------

❶ 张含英：《治河论丛》，黄河水利出版社，2013 年，第 113 页。

❷ 王应榆（1892—1982），广东东莞人，保定陆军军官学校毕业后，历任北伐军第七军参谋长。1932 年，国民政府以黄河多患，派王应榆视察黄河，以备组织治河机构。1933 年成立黄河水利委员会，以李仪祉为委员长，王应榆为副委员长，张含英为秘书长。

❸ 张含英：《治河论丛》，黄河水利出版社，2013 年，第 118 页。

地却成为百万亩荒地。张含英从五个方面分析了此成因：一是匪患猖獗，治安不能维持；二是黄河漫溢；三是无淡水供饮用；四是交通不便；五是地方土地垦殖法不完善，为地方豪强把持。张含英认为淤积土地如每亩以一元计，则有上百万的收入，这不仅可以解决当地人民生活及治安问题，而且可以为黄河下游的治理提供资金。因此，河口的治理一则关系工程，一则关系经济。❶这次视察对张含英有重要意义，使他对黄河下游有了全面的、进一步的认识，对黄河的决口、改道、修防等问题形成了新看法。之后张含英又视察了河北省黄河堤防，查勘了河北省河务局所辖南北堤段及南北岸险工。张含英就这次视察，作《视察河北省黄河堤防工程》一文，详细记录了南北岸各堤段情况，其中南岸险工四段之刘庄，北岸险工三段之老大坝，这两处是近20年来的巨险。通过分析各堤段险情，为以后河北黄河防洪工作的开展提供了重要资料。

　　1938年6月初，"日本侵略军逼近开封，郑县岌岌可危。国民党军为了阻止日寇西进，最高军事当局密令第一战区司令长官程潜部在中牟县、郑县一带扒决黄河大堤，放水阻断东西交通。4日晨，国民党军第五十三军一团，在中牟县赵口开始挖掘，5日晚8时扒开口门放水。因口门坡面太陡，以致倾塌堵塞，不能过水。6日复在此口以东30米处另扒开一口，7日晚7时放水。因临背差小，主流北移，过水甚少，难夺主流，不得不另选扒口地点"❷。6月6日晚，国民党军新八师扒决郑州黄河花园口。"9日晨复用炸药爆破，上午9时决口过水，因临背差大，口门迅即冲大，主流穿堤而出，奔腾直泄。"❸泛水折而南流，同时中牟的赵口也被掘开，两股洪水奔腾而下，在中牟白沙一带汇合，沿贾鲁河、涡河及颍河而下，于淮北注入淮河，并泛滥于安徽北部、江苏北部一带，最后汇入长江，造成了面积约一万五千平方千米的黄泛区，总共受灾为豫皖苏三省四十四县市。"尤以鄢陵、扶沟、西华、尉氏、太康、淮阳等县受灾最为严重。时因对日作战来不及堵口，使水灾延续了九年半之久。"❹张含英曾视察过黄泛区以西的堤防，认为是一道军事防线。堤防组织全由军队领导，黄河水利委员会难以插手；军政领导人都驻守郑州，很难与之经常联系，而日军又有越河入陕的企图，招聘人员来会工作十分困难，机构不能扩充；张含英欲从事黄河上、中游调查，却因交通不便，难以成行，因而工作难以开展。❺这些原因都导致未能及时堵口，导致水灾延续数年，灾祸不断。"1939年3月，日伪临时政府决定筹堵花园口口门，于次年1月提出堵口意见书，成立筹堵黄河中牟决口委员会，但因意见分歧，终未动工。"❻"日本侵略军为防止黄河水回归故道，保护汴新铁路，决定扩大花园口口门。7月，乘进犯花园口之际，日军在口门以东另挖一口门，当地人称为'东口门'。该口门旋即被冲宽扩

---

❶　张含英：《治河论丛》，黄河水利出版社，2013年，第120～121页。
❷　黄河水利委员会：《民国黄河大事记》，黄河水利出版社，2004年，第130～131页。
❸　黄河水利委员会：《民国黄河大事记》，黄河水利出版社，2004年，第131页。
❹　邹逸麟：《千古黄河》，上海远东出版社，2012年，第102～103页。
❺　张含英：《我有三个生日》，水利电力出版社，1993年，第6页。
❻　黄河水利委员会：《民国黄河大事记》，黄河水利出版社，2004年，第137页。

大，东、西两口门之间相距百余米，中间留一段残堤。"❶ 1942 年 8 月大水，才将残堤冲去，两口门合二为一。

原黄河水利委员会委员长孔祥榕❷于 1941 年 7 月 23 日逝世。不久后，国民政府于 8 月 26 日特任张含英为黄河水利委员会委员长，10 月 24 日于西安就职。1943 年 1 月 27 日河南省尉氏县黄河堤防因受积凌水侵袭，先后出现漏洞，虽大力抢堵，后又决口。5 月，"因水涨遇大风浪袭击，黄河梁半庄至道陵岗堤段漫溢决口，大堤多不成堤形，同时中牟、尉氏两县堤防各决口 1 处。扶沟、西华两县受灾较重"❸。5 月 24 日张含英亲自前往西华县视察河防。6 月 20 日，"河南省政府主席李培基❹与张含英等会商修堵尉氏、扶沟、西华等县黄河决口"❺事宜。"为预防黄泛区扩大灾害，1 月、6 月、7 月根据黄泛区视察团视察结果召开了三次整修黄泛工程会议。鲁豫苏皖边区总司令汤恩伯❻、第十五集团军总司令何柱国❼、黄河水利委员会委员长张含英、沿河各县县长、黄河各修防段段长参加了会议，成立黄泛区临时工程委员会，进行堵口复堤和防汛工作。"❽ 后因治黄工作难以开展，张含英于 1943 年 10 月离职。

1946 年 5 月，国民政府水利委员会组织黄河治本团，聘请张含英兼任团长。由于对青海、甘肃、宁夏山区黄河情况了解很少，张含英便从实地调查着手，组织 7 人前往视察，其中有一位地质专家、五位水利专家和一位事务员。黄河治本团 7 月初出发，路经河南，顺便视察了新安的八里胡同及其下游的小浪底、陕县的三门峡。这些地区都是修建水库的天然坝址。之后又北上视察了韩城的龙门及其上的石门，然后西上视察了宁夏的青铜峡至青海贵德以上的龙羊峡一段黄河。张含英一行查勘了这一地区的地形和地质特点，考察了许多著名峡谷，研究了大量水文资料。这是张含英第一次对黄河上游地区进行视察。黄河"上游地区多为山区间丘陵地带，地势高峻，水系发育程度较高，河流切割较深"❾，水能资源丰富，既可为水力发电基地，又可为调节水流、

❶ 黄河水利委员会：《民国黄河大事记》，黄河水利出版社，2004 年，第 139 页。

❷ 孔祥榕（1890—1941），山东曲阜人，孔子七十五代孙。1911 年毕业于京师译学馆。从 1925 年任永定河河务局局长开始，一直到 1941 年去世，期间一直担任中国水利机关要职。他曾担任扬子江水道整理委员会委员兼总务处处长以及技术委员会委员，黄河水灾救济委员会委员兼工赈组主任，黄河水利委员会副委员长、委员长等职务。著作有《扬子江的疏浚方法》。

❸ 王武：《民国时期河南黄河的治理新措与水灾特点》，《农业考古》2016 年第 1 期。

❹ 李培基（1886—1969），河北献县人。1929 年任绥远省政府主席，1938 年任国民政府监察院监察委员。1942 年任河南省政府主席。新中国成立后，曾任全国政协文史资料研究委员会委员等职。

❺ 王武：《民国时期河南黄河的治理新措与水灾特点》，《农业考古》2016 年第 1 期。

❻ 汤恩伯（1898—1954），浙江金华人，黄埔系骨干将领。1937 年"七七事变"爆发后，指挥所部在南口地区抗击日军进攻。1938 年 3 月率部参加台儿庄战役。1942 年任第一战区副司令长官兼鲁豫苏皖边区总司令。1944 年所部在豫湘桂战役中溃败。国共内战失败后退守台湾，任台北"总统府"战略顾问。

❼ 何柱国（1897—1985），广西容县人，东北军将领。1933 年任第五十七军军长，参加长城抗战。"西安事变"后，何柱国支持张学良，拥护共产党关于和平解决"西安事变"的主张。抗日战争期间任第十五集团军总司令，在晋西北、陕甘宁、豫东、皖北等地与贺龙、彭雪枫等领导的八路军、新四军密切配合，协同作战，有力地打击了日寇。新中国成立后，曾先后当选为政协全国委员会委员、常务委员，民革中央委员、常务委员。

❽ 黄河水利委员会：《民国黄河大事记》，黄河水利出版社，2004 年，第 168 页。

❾ 高志学、宋昭升：《黄河上游地区的水文地理概况》，《水文》1984 年第 3 期。

综合开发之用。自青铜峡以上到龙羊峡，共有 12 个峡谷，主要为青铜峡、刘家峡、李家峡、龙羊峡等。张含英等查勘了其中峡谷较长的几段地势，并详尽研究了兴修水利工程的可能性。11 月底视察工作基本完成。这次视察，使张含英收获颇丰，他对黄河上游有了进一步的了解，为他之后提出治河新理论提供了实践指导，也为新中国成立后三门峡工程和龙羊峡水电站的兴建做了前期调查准备工作。

二、赴美考察，探索治黄新思路

1921 年秋张含英赴美留学，在伊利诺伊大学工学院土木工程系学习水利课程，于 1924 年夏毕业。毕业后，他又去康奈尔大学深造，于 1925 年夏获得土木工程科学硕士学位，毕业后即回国。

抗战后期，国民政府开始酝酿战后经济复兴计划。1944 年 11 月，国防最高委员会❶通过的《第一期经济建设原则》确定了战后重建的方针、重点。1945 年第二次世界大战一结束，美国政府就公开声明，愿意帮助国民政府恢复和发展经济。蒋介石曾就经济恢复和重建如何有步骤展开问计于美国专家。美国陆军工程部工程师肯纳逊系布朗大学教授，战时来中国，任国民政府军事委员会工程顾问，他特别指出，战后初期中国应制定五年或十年计划，以国家力量从事于六项工程建设，即铁路、公路、机场、海港、水利工程、电气动力工程。"蒋介石将这一意见转批行政院院长宋子文，并特备表明此项建议可作为关于经济建设意见之重要参考。"❷ 由于水利工程为六大工程之一，在第二次世界大战结束后，国民政府水利委员会组织了由八位水利高级技术人员组成的赴美水利考察团，参加联合国救济善后总署考察研究美国水利事业，聘张含英为团长。此时，"二战"虽已结束，但太平洋还不能通航，必须绕印度洋经大西洋去美国，因而历时很久才到达。到美国后，承美国陆军工程部和美国垦务局接待，"参观考察内容可分为河工（包括防洪和利航）、灌溉、水力、港埠以及水土之保持、工程之管理等"❸，具体"考察了密西西比河流域和田纳西河流域的治理工程和管理方法，还参观学习了一些大灌区和大水库的施工和管理等，历时两个多月"❹，共访 33 个州。张含英在考察过程中对美国水利科学技术的发展水平有了进一步的了解，将美国治河方法与中国黄河的治理与开发相联系，收获颇丰。在这次考察途中，对张含英来说，有两个意外之喜：一是经过芝加哥时，南行到母校伊利诺伊大学回访半天；二是加入美国土木工程师学会，成为终身会员，只是后因抗美援朝战争中断了联系。❺

---

❶ 国防最高委员会事实上成为当时国民政府最高立法机关，一切立法均需其通过。

❷ 中国第二历史档案馆：《蒋介石关于肯纳逊对中国战后经济建设之意见致宋子文电》，载《中华民国史档案资料汇编·第五辑　第三编　财政经济（一）》，凤凰出版社，2010 年，第 10～11 页。

❸ 本书编辑组：《张含英治河论著拾遗》，黄河水利出版社，2012 年，第 88 页。

❹ 中国人民政治协商会议天津市委员会文史资料委员会：《近代天津十二大自然科学家》，天津人民出版社，2011 年，第 217 页。

❺ 张含英：《我有三个生日》，水利电力出版社，1993 年，第 9 页。

考察结束后，经太平洋乘船回国，但须绕澳大利亚以南再到上海。可以说这次考察绕地球一周，路上所用时间，约相当于在美国考察的两倍。回国后，为总结考察成果，从国外水利发展的经验教训来指导黄河治理方略的制定，张含英做了系列报告与文章，通过对美国水利工程、水利技术以及治水方略的考评，结合自己的思考，提出了黄河治理的建议与规划。1945 年 11 月张含英在水利委员会作了《美国治水之精神及其方法》❶ 的演讲，他简要介绍此次赴美视察概况及美国土木事业发展历程。美国土木事业约分为三大时期："19 世纪 90 年代至 20 世纪初即所谓铁路时期，这时期全国都致力于铁路网的兴建；20 世纪初至 30 年代即所谓公路时期，此时期举国上下都在对州道乡道进行改良重建，加铺柏油或水泥路面；20 世纪 40 年代进入水利时期，全国兴办河工水电之大工程大计划层出不穷。"❷ 他们在考察时适逢其盛，恰可观之。张含英在《考察美国水利报告》一文中着重介绍了美国在防洪、灌溉、航运、水利等方面的发展概况，并结合黄河的特性和美国河流进行对比，提出黄河河患解决之法。张含英通过介绍美国西部科罗拉多河及其防洪大坝——博尔德大坝，提出参照科罗拉多河的防洪措施，于黄河建设泄洪坝，分段治理，可减轻水患。他将美国西北部和中国西北地区干旱、半干旱地区进行比较，指出美国兴修大古力坝，建设水电厂，开创高田灌溉之法，为哥伦比亚河沿岸人民提供了极大的便利，这为我国黄河流经的甘肃地区实行高地灌溉提供了借鉴。

民国时期由于战乱和经济技术条件的限制，除长江外，内河航运仅有短途轮船航行，其他极多纵横河道，皆为荒溪❸，仅有木筏或小木船可以航行。张含英提出应学习美国人工"渠化"之法，依据有利地形建拦河坝，以达到控制水流作用，每坝旁建有船闸，以便船的升降。张含英的建议为我国内河航运的发展提供了借鉴。张含英还提出美国在密西西比河中游修建的透水坝，我国黄河亦可采用此法，用以固定河身，拓展河槽。

20 世纪 40 年代美国水利事业发展迅速，已能利用整个河流，包括水流和落差。田纳西河实现了渠化工程，建立高坝，不仅利于航运，而且可蓄水发电，截水防洪，发展水利事业，这都为美国现代化的发展提供了新的动力。张含英以此反思中国之现状，认为中国亟待兴办水利工程，发展水利事业。他以美国多目标政策规划兴办水利工程的经验，得出"水利之目标为多元，而设计、实施、管理为一元"❹。张含英提出美国水利事业的开发是"以整个河流之整个问题为单位，因一河道之水流，需统筹控制，

---

❶ 本文是 1945 年 11 月 14 日张含英在水利委员会的演讲词，他时任国民政府行政院水利委员会委员。
❷ 本书编辑组：《张含英治河论著拾遗》，黄河水利出版社，2012 年，第 43 页。
❸ 荒溪：流域面积在 20～50 平方千米以下具有经常流水或季节性流水的山区小流域。荒溪中的非水平农用地、放牧地、割草地、荒山坡及裸露地上广泛存在着土壤侵蚀作用，沟道中的径流在时间上分布不合理，需要经过调节才能满足人们的需要。
❹ 本书编辑组：《张含英治黄论著拾遗》，黄河水利出版社，2012 年，第 51 页。

不能分割，方无弊端"❶。以前某支流可蓄水发电，或突遇大水泛滥，便兴工建设或急于堵口，于是各自为政，影响主河之水流，无法做到整体控制，就不能得到根本的治理，亦不能发挥水利之功效。如我国黄河流域每遇洪水灾害，下游冀鲁豫三省各堵其口，各自为政，以致洪灾进一步加重。而美国兴办水利，是全流域统筹规划，综合利用。美国的治水经验对张含英后来系统地提出上中下游统筹规划、综合利用和综合治理的治黄理论提供了重要的参考和借鉴。张含英还在中国水利工程学会年会上以《治水方略之新动向》为题，就美国治水方略的改进作了进一步的阐述，他提出方略的性质在于"随时代之前进而前进，是日新月异，无固定值标准"❷。美国治水方略之最大改进主要为：第一，改各自为政为"一个流域一个计划"之策略；第二，纠正一项工程一种功用为发展多目标工程；第三，对大众利益趋于重视；第四，与各部门专家协力合作。有鉴于此，张含英提出近现代治水方略的创立，必先立足于对本流域水情地势的勘测，以及社会经济的详彻了解，以学术知识进步为依据，培育现代治水之人才，发展现代水利事业。此次赴美水利考察团在美国的水利考察活动作用显著，为张含英探索治黄新思路提供了有益借鉴。

第三节　张含英治黄理论的形成

张含英对治黄理论的探索，是想从传统的治黄方略和经验中开辟出一条适合新河情的道路，即针对黄河河情的变化和我国社会经济发展的要求，提出一个新的治理目标，进而制定实现这一目标的计划和方略。这"不仅需要熟知自古迄今的治黄发展概况和近现代新提出的各项治黄建议，而且需要了解黄河全流域的自然状况和社会经济状况，尤其是干支流的水文、地貌、地质等实测资料，有的还需要长期的数据记录，有的需要进行大量的测绘和勘探"❸。但当时仅有 1933 年前的两个水文站和之后所增设的十几个水文站所测量的数据资料和若干个水土保持试验区积累的资料可供研究，这对于研究一个 75 万平方千米流域面积、5464 千米长的大河的资料需求来讲，可以说是沧海一粟。张含英一方面做一些初步的调查走访和努力收集一些有关治河的零星资料；另一方面向水利界前辈学习有关治黄理论和询问一些老河工近年的黄河水情及治理经验。此外，还有外国学者对黄河的考察资料和国内人士对黄河的研究著作，这些都成为张含英增长见识的学习资料，也是其探索治黄理论的基础。在此基础上，要想提出使治黄走上现代化道路的治河之策，困难仍是巨大的。不过在坚定将黄河变害为利、为人民谋福祉的决心和志向下，在长期的探索和研究下，张含英对于黄河的认识还是逐步有所前进，并不断深入，有关黄河治理的方略也日臻成熟，形成了自己的一套治

---

❶　本书编辑组：《张含英治黄论著拾遗》，黄河水利出版社，2012 年，第 51 页。

❷　本书编辑组：《张含英治黄论著拾遗》，黄河水利出版社，2012 年，第 53 页。

❸　张含英：《治理黄河的探索》，《中国科技史料》1980 年第 3 期。

黄理论，只是前进的步伐较为迟缓。❶

张含英对治理黄河理论的探索历经 20 多年，可分为三个阶段。前两个阶段以防范下游洪灾为主，但第二阶段比第一阶段更为深入，已认识到泥沙为水患之主要原因并已涉及中游的治理。随着学识的增长，他认识到要根治黄河，上中下游必须统筹，干支流兼顾，以全流域为治理开发对象，即为探索的第三阶段。❷

一、治理黄河下游的理论

"第一阶段主要是对黄河下游防护工作的了解，并提出了改善的意见。"❸ 这是有客观原因的：其一由于张含英的故乡临近黄河下游河道；其二是他早年工作多在下游地区。❹ 1925 年秋在一次偶然机会中，张含英陪同山东河务局专员赴李升屯调查民埝决口，这是他第一次接触黄河。这次亲身勘查使他初步认识到黄河决口及其危害的严重性，并略得堵口常识。在这次堵口中张含英还向久事河务的职员提出改埽工为石护岸、拆除山东境内民埝（大堤以里河滩上的内堤）、在下游适当地点修建有控制的溢洪道等建议，但未获采纳。通过观察到的一些旧河工人员的作风，使他初步认识到，黄河为患不仅有自然原因，也有社会的原因。❺ 1928 年张含英在山东省建设厅工作时，了解了一些黄河情况及其治理措施，逐渐丰富了对黄河的认识，意识到有关下游的防治问题必须进行改善。如有人提出的治黄建议着重下游的防治，并未涉及上中游的治理，他以"昔日虽注意于下游，实与未注意等耳"❻ 予以反驳。张含英当时虽提出反对只注重下游的意见，但也未主动提出在注重下游的同时注重上游的主张，说明张含英对黄河的治理认识还比较肤浅。

下游存在的问题，在当时社会条件下没有解决的希望，张含英便致力于研读治黄历史文献，另寻求知的门径。❼ 此时他已认识到"治河之道，首贵辨别水性，次当明察河势"。1932 年张含英陪同王应榆视察由利津至孟津段的黄河，这是他第一次视察黄河下游。此次视察较为详细，使他对黄河下游有了全面的、进一步的认识。1932 年张含英在华北水利委员会工作时，他收集并仔细研究了一些相关资料。当时"黄河只有两个水文站，一在山东济南，一在山东泺口，而流量和含沙量的观测资料只有四年的"❽，通过这仅有的宝贵的水文资料和若干书籍、论文的学习，张含英撰《黄河最大流量之试估》一文，对黄河最大流量做了试估，为三万立方米每秒（之后的研究结果证明这并不是最大的流量）。同时又撰《黄河流域之土壤及其冲积》一文，对黄河泥沙

❶ 张含英：《治河论丛续编》，黄河水利出版社，2013 年，第 233 页。
❷ 张含英：《治理黄河的探索》，《中国科技史料》1980 年第 3 期。
❸ 同❷注。
❹ 同❶注。
❺ 同❷注。
❻ 张含英：《治河论丛》，黄河水利出版社，2013 年，第 38 页。
❼ 张含英：《治河论丛续编》，黄河水利出版社，2013 年，第 234 页。
❽ 同❷注。

及其冲积之原因进行了分析。依据对黄河惊人的含沙量和下游河槽逐年淤高的河情以及黄土高原冲蚀的严重程度进行综合分析，他得出"黄河难治之特性，即为所含泥沙过多。是故欲根本治黄，必先控制泥沙之冲积"❶的结论。通过多方研究，张含英认识到泥沙为黄河下游为患的自然原因，也是主要原因，他认为欲根治下游水患，中游和下游都要进行相关的治理。这就自然过渡到治黄理论的第二阶段，即黄河中下游治理并重理论。

二、黄河中下游治理并重理论

从 1933 年 8 月起，张含英在黄河水利委员会工作。当时李仪祉为该会委员长，他任委员兼秘书长，有机会阅读李仪祉有关黄河的论著，其中有《关于治导黄河之意见》《黄河上游视察报告》《黄河流域之水库问题》等，许多文章张含英都是第一读者。这些均成为他学习黄河的重要资料，使他对黄河有了更深入的认识，同时也引发了他对黄河新问题的思考。在李仪祉的影响下，张含英也陆续发表了一些文章，如《治河策略之历史观》《黄河改道之原因》《黄河河口之整理及其在工程上、经济上之重要》等。此时，张含英提出要防止下游的决口改道，需"上游（实际上是中游）则为洪水流量之节制，泥沙冲刷之减少；在下游则为河槽之固定，堤岸之防护"❷。张含英以地理及黄河水文的性质为依据，曾提出托克托至河南孟津为中游。黄河中段流经黄土高原地区。黄土高原是世界上最大的黄土堆积区，也是世界上黄土覆盖面积最大的高原，"海拔一般在 800～3000 米，地貌起伏不平，坡陡沟深，沟壑地面坡度 15°～20°，沟谷面积占 40%～50%，沟道密度 3～5 千米每平方千米，切割深度 100 米以上"❸。经流水长期强烈侵蚀，再加上人类长期不合理的经济活动，黄河高原形成了千沟万壑、支离破碎的特殊地形地貌。黄河中游地区为大陆性温带季风气候区，降水历时短、强度大，形成的洪水径流峰高量小、陡涨陡落，为暴雨洪水，因此挟带了大量的泥沙。针对此特点，张含英提出黄河中游治理具体为：首先研究下游河槽所能容纳的安全流量，超过此数者则拦蓄在陕县孟津间所修的水库中；黄土高原地区则应积极开展水土保持工作。对于下游河道的整治与河槽的固定，张含英也提出了相应意见。❹ 孟津以上地区，张含英最初只是考虑单纯拦洪而未蓄水利用，"一则因为当时的技术条件所限，再则由于对水力资源的开发利用认识不足"❺。

关于黄河水资源的开发利用，当时张含英已认识到兴利是治河的目标。随着水利工程技术的发展、沿河水情了解的深入以及治河视野的扩大，他对黄河治理理论的认

❶　张含英：《治河论丛》，黄河水利出版社，2013 年，第 51 页。
❷　张含英：《治河论丛》，黄河水利出版社，2013 年，第 50 页。
❸　杨成有、刘进琪：《甘肃江河地理名录》，甘肃人民出版社，2014 年，第 2 页。
❹　见张含英于 1946 年 6 月出版的《历代治河方略述要》第八章第五节《计划安全而节约之方案》。
❺　张含英：《治理黄河的探索》，《中国科技史料》1980 年第 3 期。

识不断提高，由单纯的为防止下游灾害着想逐渐走向治河设想第三阶段。❶

三、黄河三游并重的综合治理理论

1945年张含英率团赴美考察水利，探索现代水利科学技术的发展状况。视察期间，他特意注重对美国政府在兴办水利事业中发挥的作用、水利方法、科技的应用以及管理制度的考察。张含英将黄河水情及其治理与美国水利事业进行对比研究，回国后在《考察美国水利报告》中，以美国水利为借鉴，提出十余条有关中国水利建设的建议。这次考察，使他收获颇丰。张含英通过结合早年见闻，学习美国先进水利技术，对黄河水患的治理有了新的方向。1946年5月国民政府水利委员会组织黄河治本团，聘张含英为团长，对青海、甘肃、宁夏山区黄河进行调查研究。这是他第一次视察黄河上游。通过查勘地形和地质特征，研究水文资料，他对黄河上游有了更为深入的了解。上游地区多峡谷，可筑高坝大库；水量丰沛，河势陡峻，水能资源丰富，因此既可作为水力发电基地，也可供调节水流、综合开发之用。此外，依靠有利地理条件，修建水利工程亦可节约财力、人力。张含英通过对黄河上中下游的勘察，使他对黄河整个流域有了初步而较为全面的了解。经过长期的探究分析，他认为治理黄河的目标应是："防治灾害与开发资源并举，以促进各经济部门的发展，改善人民的生活。"❷ 据此，张含英提出治理黄河应上中下三游统筹，干流与支流兼顾，将整个流域作为治理对象。各项水利工程，均可发挥综合效用的，应根据河情和地区经济发展的具体情况，多方兼顾。❸

张含英于1947年8月将其过去20余年对黄河的研究进行全面总结，撰《黄河治理纲要》一文。该文是一篇系统全面论述黄河治理与开发的文章。张含英在文中系统地阐述了其治黄主张，提出了上中下游统筹规划、综合利用和综合治理的治黄指导理论。

第四节　民国时期张含英治黄理论未能付诸实践

张含英的治理黄河理论，是他把中国传统的治理黄河的经验教训与西方近现代先进的水利科学技术结合起来，并经过其多方查勘和综合创新而形成的科学理论。但是，自张含英参与水利工作以来，即使是在他任黄河水利委员会委员兼秘书长期间，黄河多次泛滥，给两岸人民的生活生产造成了巨大的损失，张含英的治黄主张仍难以付诸实践。张含英曾在《论治黄》一文中简要分析了他的治黄理论在民国时期得不到有效实施的原因。

首先，最主要的是受到了旧制度的制约。黄河水利委员会正式成立于1933年9月

❶ 张含英：《治河论丛》，黄河水利出版社，2013年，第235页。

❷ 张含英：《治理黄河的探索》，《中国科技史料》1980年第3期。

❸ 张含英：《治河论丛》，黄河水利出版社，2013年，第236页。

1 日，李仪祉任委员长兼总工程师，张含英任委员兼秘书长。黄河水利委员会成立的第一件事，就是调查黄河水灾情况，主持兴办 1933 年 8 月黄河下游南北两岸 50 多处决口事宜。在组织条例上，冀鲁豫三省河务局的工作受黄河水利委员会的指导监督。黄河水利委员会正在查勘黄河决口情况时，国民政府又成立了黄河水灾救济委员会，初由财政部部长宋子文担任委员长，他本着"我们的钱岂能让别人花"❶ 的原则，设立工赈组，派人主持黄河堵口事宜。不久后宋子文辞职。1933 年 11 月改由行政院院长孔祥熙❷ 为黄河水灾救济委员会委员长，孔祥榕被任命为工赈组主任。随后国民政府命令黄河堵口的相关事宜全部由工赈组负责，并要求黄河水利委员会不得插手。且此后冀鲁豫三省主席坚决表示三省河务局依然由三省直接管理，黄河水利委员会无权过问。就这样，黄河水利委员会的职权被逐渐削减。1935 年 2 月 2 日，国民政府任命孔祥榕为黄河水利委员会副委员长。孔祥榕不相信科学，又在人事任命等事宜上处处插手，张含英、李仪祉的工作更是事事被其牵制，无法开展。故 1936 年终因人事不合，李仪祉辞去了委员长的职务，张含英随后也辞去了其职务。因此，由于受旧势力的限制，黄河水利委员会只得从事一些如建立水文站、测量队、下游河道模型试验所等前期基本工作，以及进行河道和有关地区的查勘、收集和整理有关文献资料等调查研究工作，无法真正完成治河的任务。

其次，新技术得不到河工的采用和民众的支持。1925 年夏山东李升屯民埝决口时，张含英受邀勘察决口处，他提出将埽工改为石护岸，拆除山东省境内民埝，在下游适当地点修建有控制的溢洪道。但当时政府"治河人员囿于旧习，不能采用新技术"❸，以"现在所实行的河防办法，是几代经验的积累，是老辈传下来的，变不得"❹ 为由拒绝实施。因此新技术鲜能试用。1928—1929 年，张含英提出用虹吸管抽黄河水浇地和利用水力发电的创议，并做了小型试验，但这些成果均未能实行推广。此外，张含英提出的引黄灌溉和利用跌水❺发电等建议，都被束之高阁。

第三，经费不足的制约。"宋子文和孔祥熙在担任黄河水灾救济委员会委员长之前，都是国民党政府的高官要员，而且都曾担任国民政府财政部部长，因此黄河水灾救济委员会的资金十分充足。"❻ "自从 1933 年 9 月 4 日黄河水灾救济委员会成立起到 1934 年底奉令撤销为止，在短短一年多的时间内，国民政府共计拨款 295 万元给黄河

---

❶　张含英：《中国水利史的重大转变阶段》，《中国水利》1992 年第 5 期。

❷　孔祥熙（1880—1967），祖籍山东曲阜，生于山西省太谷县一个亦商亦儒的家庭，孔子的第 75 代世孙。曾任南京国民政府行政院长兼财政部长，亦是一名银行家及富商。孔祥熙长期主理国民政府财政，主要政绩有改革中国币制，建设中国银行体系，加大国家对资本市场的控制等。但也有贪腐行为。

❸❹　张含英：《治河论丛续编》，黄河水利出版社，2013 年，第 234 页。

❺　跌水：使上游渠道（河、沟、水库、塘、排水区等）水流自由跌落到下游渠道（河、沟、水库、塘、排水区等）的落差建筑物。跌水多用于落差集中处，也常与水闸、溢流堰连接作为渠道上的退水及泄水建筑物。根据落差大小，跌水可做成单级或多级。跌水主要用砖、石或混凝土等材料建筑，必要时，某些部位的混凝土可配置少量钢筋或使用钢筋混凝土结构。

❻　王美艳：《李仪祉治理黄河理论及实践述评》，河北师范大学硕士学位论文，2012 年 3 月，第 46 页。

水灾救济委员会，加上国内外人士的捐款，黄灾会共计收入近 319 万元。"❶ 黄河水利委员会就远不及此，虽早在 1929 年就开始筹划，却因经费无法筹集而延期，最终于 1933 年才正式成立。国民政府"财政部曾决议拨给黄河水利委员会开办费 10 万元，每月经费 6 万元，但是由于财政困难，实际领到的开办费仅 4 万元，每月经费 3 万元"❷，尽管黄河水利委员会多次请求拨款，但都未得到回复。此外，黄河水利委员会还要将其开办费中的 3 万元用于创办水工试验所，这就导致黄河水利委员会的开办费严重不足，使其"雪上加霜"。黄河水利委员会自 1933 年 10 月起，还要向水工试验所每月提供 350 元的经费。由此可知，民国时期治黄所需经费的不足严重阻碍了张含英的治黄理论付诸实施。

❶ 黄河水利委员会：《民国黄河大事记》，黄河水利出版社，2004 年，第 77 页。
❷ 黄河水利委员会黄河志总编辑室：《〈黄河志〉卷十·黄河河政志》，河南人民出版社，1996 年，第 281 页。

第三章　张含英治黄理论
及其在新中国的实践

经过 1932 年对黄河下游的查勘，1933 年在黄河水利委员会工作期间的实践，以及 1946 年对上中游的实地考察，针对黄河的自然形势和当时国情，张含英就黄河灾害的防治和水资源的开发，从旧的治河方略和经验中开辟出一条新的道路，于 1947 年 8 月提出一个综合治理的方案——《黄河治理纲要》❶。张含英的《黄河治理纲要》及其治黄理论影响到 1946 年 2 月在山东菏泽成立的中国共产党领导的冀鲁豫解放区黄河水利委员会主任王化云。"新中国成立之初，百废待兴，水利基础十分薄弱，水利科学技术也很落后"❷，恢复国民经济对水利事业的发展提出了迫切的要求。张含英随即参加到中国共产党领导的治黄事业中来，并"长期担任中华人民共和国水利部和水利电力部副部长并兼任技术委员会主任等领导职务"❸。张含英将其治黄理论运用到新中国水利建设当中，为新中国治黄事业作出了重要的贡献，同时也实现了他在民国时期认为不可能实现的理想。

第一节　张含英的治黄理论内涵

一、关于治理黄河的目标

张含英在《黄河治理纲要》中首先论述了治理与开发、除害与兴利并重的治理黄河的新目标。他认为"治理黄河应防治其祸患，并开发其资源，借以安定社会，增加农产，便利交通，促进工业，由是而改善人民生活，并提高其知识（文化）水准"❹。黄河治理的目的，自古以来论及者多注重防灾。在古代经济技术水平落后的条件下，面对犹如猛兽的水患灾害，只顾当下所在地的水灾，又因呈报政府水情信息准确度不高，对水患之原因认识不足，故此只针对某一决口处或某一地区，注意力都集中于一

---

❶ 《黄河治理纲要》：张含英于 1947 年 8 月 7 日所著，内容有总则、基本资料、泥沙之控制、水之利用、水之防范和其他，共六部分、80 条，每条都有说明，约 14000 字。在《黄河治理纲要》中，张含英系统阐述了其治黄主张，提出了上中下游统筹规划、综合利用、综合治理的治黄指导思想。除 1947 年 8 月的油印本外，还由南京《和平日报》于 1947 年 9 月 29 日、30 日、10 月 1 日、2 日全文转载。又载于《黄河史志资料》1983 年第 1 期（黄河水利委员会黄河志总编辑室编），并选入《历代治黄文选》下册（河南人民出版社 1989 年出版）和《治河论丛续编》（黄河水利出版社 2013 年出版）。

❷❸ 刘渭康：《百年河魂映丹心——写在水利专家张含英诞辰 110 周年之际》，《黄河报》2010 年 5 月 13 日。

❹ 张含英：《治河论丛续编》，黄河水利出版社，2013 年，第 1 页。

隅，对全局及周边地区并无详察，修防利弊亦未熟加权衡。虽然，防患对于当时最为紧急，但正值国力渐趋衰微，且修筑工程需大量资金，故筹集资金成为一大问题。临时性的一两次拨款，政府或许可以勉强支撑，但黄河几乎年年决口泛滥；再者，治黄没有数十年持之以恒无法取得有效成就，故需长期源源不断提供资金。"有明显之生利者易，无明显生利者难；能取偿者易，不能取偿者难"❶，治黄亦是如此。防患一事，无明显的收益，投资不易取得补偿。兴利一事，所产生的效益较为明显，投资易于取得补偿。因此，张含英主张防患与兴利并办。

数千年来我国农业发展，都是靠天吃饭，"如遇干旱天气，则赤地千里，寸草不生；如遇阴雨天涝，则庄稼淹没，颗粒无收。交通则来往不便，行旅维艰，南北贸易往来，盈虚调剂，困难重重。一地粮缺成灾，另一地谷贱伤农的情形，数见不鲜"❷。而且，就当时工业而言，多停留在手工工场阶段，"欲提倡机械工业，以谋求促进改善，但受限于动力建设落后，进程极为缓慢。农业、交通、工业等皆使人民限于贫困泥潭而无法自拔，因此唯有振兴水利可有所补救。如兴办灌溉，则可缓解干旱之困；建设排水系统，则遇涝不灾；整理航道，则交通便利；开发水电，则动力不缺。此凡种种，可改善人民生活、生产状况。"❸ 故而对于人民来说，与仅防灾相比，渴望振兴水利之心更为急切。但在民众的无节制利用下，黄河流域资源向贫匮发展，不能听之任之，必须加紧改善。张含英认为黄河蕴藏有巨大资源，可利用其作为改善黄河流域的基础资源。此外，他认为防患与兴利，在设施上与效用上不能分割。原用于兴利之设施，可能在防患上产生很大的作用；原用于防患之设施，可能在兴利方面发生显著的影响。"因利之兴而害即减，因患之除而利亦见。"❹ 因此，二者并驾齐驱，双管齐下，所需之经费必将大为节省，取得事半功倍的效果。

二、统筹兼顾，全面治理，综合利用

张含英提出"治理黄河之方策与计划，应上中下三游统筹，本流与支流兼顾，以整个流域为对象"❺。这是在李仪祉先生治黄思想基础上提出的。民国时期对黄河上中下游分界尚无确切定论，张含英以地理及水文的性质为依据，提出以河源至绥远托克托为上游，托克托至河南孟津为中游，孟津至海口为下游。他指出，这种分界之法仅为方便说明，而制定治理计划，不能局限于河流的分段与当前的局势，却忽略未来河流的发展。治河本就是息息相通的，牵一发而动全身，不能将三游分割开来，忌"头痛医头，脚痛医脚"，每段河流之利害联系紧密。张含英提出拦沙蓄水之工程，其范围不只限于下游，亦不应限于上中游，应"必及与各支，更必及与整个流域"。我国自古以来，治理黄河多重下游，且都以行政区划而划分河道。随着治黄思想的不断更新，

---

❶❷　张含英：《治河论丛续编》，黄河水利出版社，2013 年，第 1 页。
❸　张含英：《治河论丛续编》，黄河水利出版社，2013 年，第 2 页。
❹　张含英：《治河论丛续编》，黄河水利出版社，2013 年，第 2～3 页。
❺　张含英：《治河论丛续编》，黄河水利出版社，2013 年，第 4 页。

虽然已有所改进，但旧习未能全除。加之因下游水患频发且又是重要经济区，致使一般舆论多偏重于下游。治河以整个流域为对象，在 20 世纪三四十年代已为西方国家所公认。张含英在考察美国水利后，更加肯定从全流域出发，统筹上中下游，干支流兼顾，从而制定有效计划。

张含英提出"治理黄河之各项工事，凡能作多目标计划者，应尽量兼顾，治河之各项工事，彼此相互影响，应善为配合之"❶，以便发挥最大效用。黄河的治理是一项浩大的错综复杂的工程，不是一项简单工程或局部的修整就能完成，必须采取多种方法，建筑多种工事，依据黄河干支流水文特征设置适宜工程，集合多重力量，以实现黄河治理与多目标开发。

张含英还进一步指出："黄河之治理应与农业、工矿、交通及其他物资建设联系配合。"❷经济的全面发展，必须基于物资建设的全面推进。治理黄河，是对自然物质资料的重新配置，亦可说黄河的治理是一项物资建设。❸治理黄河需要大量物资资源，且需要各个部门的协力配合，全部物资建设，"合之如同一链，分之各位一环"❹，互相关联，互有影响，甚至有相辅并进的作用。因此治理黄河，必须要兼顾其与各方的关系，相互联系，相互配合。同时，其他相关物资建设亦可随黄河的治理因利乘便，而相应推进各行业的发展。治黄之事，规模巨大，形势复杂，实行之时，如能辅之以各物资的最大利用，并相应开发利用沿河资源，则可带动沿河流域经济建设，转而为治理黄河提供新的资源。正如张含英所说，"治黄不宜视为单纯之水利问题，尤不能存为治黄而治黄之狭隘心理，必抱有开发整个流域全部经济之宏大志愿，正以是也。盖以非如此，不能做经济之运用；非如此，不易有至高无上之成就也"❺。

三、洪水之防范，重在泥沙

黄河下游是水患最多的地区，亦是河患最为严重之地。因此张含英将防洪作为黄河治理的首要目标。他认为黄河为患的主要原因在于河水含沙量过多，故提出治河首先要治沙。黄河下游 25 万平方千米的大平原是由黄河冲刷而携带巨量泥沙淤积而成，为下游提供了肥沃的土壤，成为重要的粮棉基地，这是黄河一大功绩。然而随着社会的发展，黄河纵横泛流，泥沙淤积，水患频发，成为下游一大威胁。为防御洪水，两岸人民沿河筑堤，而河槽逐渐淤高，形成"地上河"，又常有决口改道的危害。所以，要根治下游水患，必须控制对黄土高原的冲蚀，并减轻下游河道泥沙的淤积。❻

泥沙大多是从黄土高原冲蚀而来，主要来源于晋陕区、泾渭区及晋豫区。张含英认为控制泥沙之事，应先以以上区域为重心，其他地区影响下游较小，暂列为次要。

---

❶❷❸❹　张含英：《治河论丛续编》，黄河水利出版社，2013 年，第 5 页。

❺　张含英：《治河论丛续编》，黄河水利出版社，2013 年，第 6 页。

❻　张含英：《我有三个生日》，水利电力出版社，1993 年，第 18 页。

欲控制泥沙，必先知黄土之性质。黄土组织疏松，黏性不强，垂直地理发育，涵养水分能力不足，表土易被冲刷。晋陕地区为我国典型的季风气候区，降雨主要集中于夏秋季节，且多暴雨，黄土极易被冲刷。陕甘黄土区域的排水系统在风积时期终止以前就已形成，没有全为风积所淹没，故不久后就发育成广泛且较密的水系，这就加重了对土壤的侵蚀❶。在水流侵蚀作用下，黄土高原地形支离破碎，千沟万壑，逐渐形成"峁""塬""梁""川"等地貌。而"塬、峁、梁与附近已发育有川地的河流的高差很大，换言之，河流多低于附近的塬、峁、梁二百至三百公尺"❷。在其他因素相同的情况下，相对高度愈大，土壤侵蚀愈严重，而黄土高原这一特点非常突出。再者由于人类的不合理行为，如滥垦滥伐、耕作方法不良等，导致水土流失加剧。为此，张含英提出"为求彻底明了泥沙之来源及河槽冲积之现象，应于流域以内布设观测站，河道之上择设观测段，并根据实地情形做控制研究"❸；应注意减少其泥沙来源。他提出水土保持为减少泥沙的核心思想，应改善土壤的利用方式、改良耕作方法、种植防护林等，以涵养水源，减少泥沙的流失。张含英还提出在山东省民埝和大堤间制定蓄水和落淤计划，沿河修造重堤或复堤，一则可巩固河岸，泥沙淤积可使土地增肥；一则可容蓄洪水，减轻水灾。❹ 即"两堤之间作节蓄洪水之所，以之蓄洪兼供落淤"❺，两得其利。

四、综合利用黄河水资源

张含英主张应加强对黄河水资源的利用。黄河作为我国第二大河，水量丰富，流跨我国地势三大阶梯，水能资源丰富。故黄河资源具有很大的利用潜能。张含英认为，首先应"依据基本资料统计水落涨落，地势高下，推算水之总量与潜能"，"计算可能应用之水量与能力，进而支配全域灌溉之用水，航运最低之接济，以及电力之开发"❻。

黄河流域最大资源为肥美土地，自古以来这里就是重要的农业中心，但其最大的制约因素就是河水的缺乏。因此水的利用，应以农业发展为中心，水力航运等均应配合农业。张含英提出所发电力应以抽水上升灌溉高田为优先，其他次之。❼上游枯水期和洪水期相差较小，水资源丰富，且黄河所经多天然峡谷，利于建水库或大型发电站，宜开发水电，且两岸多高地，可利于灌溉。但因此段降雨少，所需灌溉之地较多，可用之水较少，需设法储蓄，以作补救。高地灌溉，又须借力抽水。❽因而张含英认为设计治理必于水力、灌溉、蓄水数者同时兼顾，提出应先于大峡之西霞口、红山峡之弯

---

❶❷ 张含英：《治河论丛续编》，黄河水利委员会，2013 年，第 97 页。

❸ 张含英：《治河论丛续编》，黄河水利委员会，2013 年，第 8 页。

❹ 张含英：《治河论丛续编》，黄河水利委员会，2013 年，第 17 页。

❺ 张含英：《治河论丛续编》，黄河水利委员会，2013 年，第 18 页。

❻ 张含英：《我有三个生日》，水利电力出版社，1993 年，第 18 页。

❼ 张含英：《治河论丛续编》，黄河水利委员会，2013 年，第 10 页。

❽ 张含英：《治河论丛续编》，黄河水利委员会，2013 年，第 11 页。

鸾坡及黑山峡之下口研究筑坝。

陕县至孟津段为山谷地形，且接近下游，是建筑拦洪水库的优良区域。张含英提出筑坝地址为陕县之三门峡及新安之八里胡同最佳。张含英指出欲发挥本段最大的水利效能，"可于八里胡同筑坝，使回水仅及潼关，即能控制下游水量一万立方公尺每秒以下（此数量后修正）"❶。若目前注重河防，且资金无法兼顾，可于八里胡同修以低坝，专门节制洪流而不发电，或于三门峡修一坝，使回水不越潼关，亦可达防洪之目的。❷

民国时期华北地区自然灾害发生频繁，尤其是水旱灾害，可谓无年不灾。1942—1943年河南大旱，致使秋粮颗粒无收，大旱又引发蝗灾，人民生活在水深火热中。当时国民政府地方官员贪污腐败，借战争、天灾中饱私囊，加重灾情。在天灾人祸下，中原大地赤地千里，哀鸿遍地，灾民嗷嗷待哺，河南全省饿殍遍野。这是由1938年花园口决堤而引发水灾后的又一次大灾难。对此，张含英提出在黄河下游可进行施灌计划，在雨量缺乏年份，因河水大多高于平地，可开闸引水灌溉。这样既可缓解旱情，又使黄河水发挥其利用价值。黄河下游两岸，多盐碱地，荒废不毛。张含英提出应利用河水灌淤，并配合排水系统，引水洗碱，防止次生盐碱化。灌淤于洪水时实施，因此不必担心水量不足。此法既可防洪，又可改良土壤。

《黄河治理纲要》是张含英20余年研究黄河问题的总结，"这篇力作系统地、全面地阐述了张含英的治黄思想与主张，摆脱了历代旧的治理黄河的模式，提出了以近现代科学技术治理黄河的新思路"❸，他"独树一帜地明确提出，治理黄河应'防治其祸患'，'开发其资源'，'治理黄河之方策与计划，应上中下三游统筹，本流和支流兼顾，以整个流域为对象'"❹，改变了过去治理黄河大都注重防灾、集中治理下游的观点和做法。张含英在完成这篇论著后，却感到有点悲观，因为他认为在国民政府统治下，在有生之年难以见其治黄理论付诸实践。然而在两年后，中华人民共和国成立，百废待兴，随着经济建设和治水安邦的迫切需求，治理黄河迅速被提上议事日程，《黄河治理纲要》则成为制定新中国治黄方略的重要参考文献，对新中国成立后人民治黄事业起到重要的指导作用。

第二节　张含英治黄理论的承前启后作用

张含英治黄理论是在借鉴李仪祉治黄思想的基础上形成的，是对李仪祉治黄思想的继承与发展；同时，张含英治黄理论对王化云治黄思想又有重要的影响。换言之，张含英的治黄理论起到了承前启后的作用。

❶❷　张含英：《治河论丛续编》，黄河水利委员会，2013年，第14页。

❸　刘仲桂：《跨世纪的水利老人——贺张含英老人九十七岁高寿》，《水利天地》1997年第4期。

❹　中国水利学会：《张含英纪念集》，中国水利水电出版社，2003年，第40页。

一、张含英治黄理论对李仪祉治黄思想的继承和发展

李仪祉是中国近现代著名的水利专家，是运用中国古代传统治黄技术和西方近现代水利科学技术治黄的开路人，是"近代水利科学技术的先驱者"❶。李仪祉首次提出，"治理黄河要上中下游并重，防洪和灌溉、航运、水电兼顾"❷，较全面地探讨了黄河的治本方策及其具体治理措施，"改变了几千年来单纯着眼于黄河下游的治河思想，把我国的治黄理论和方略向前推进了一大步"❸。他的治黄思想对张含英治黄理论的形成起到了重要启示作用。张含英初步听闻李仪祉是由河海工程专门学校的学生转述的，真正结交是在 1931 年的一次笔战中。1931 年，天津《大公报》载李仪祉《治黄研究意见》一文，提议"导治黄河宜重上游"。张含英阅后，认为文章"指破数千年治河之弱点，详示筹款之根本办法，意至善也"，但是文中并未提及上下游应统筹兼顾，疑似忽略下游之治理。于是张含英撰《论治黄》一文，详述了黄河下游洪水肆虐所造成的严重情形，分析了洪灾频繁的原因，认为"若就治黄全体而论，只注重上游，又似未尽治黄之事"。李仪祉事后对此表示赞同。1933 年秋，黄河水利委员会成立，李仪祉为委员长兼总工程师，张含英为委员兼秘书长。在一起工作的两年多时间里，张含英以李仪祉为师长相尊，彼此推心置腹。期间，李仪祉发表了大量治河论文，如《关于变迁河床河流治导之模型试验》❹、《治黄意见》❺、《黄河治本的探讨》❻、《巩固堤防策》❼等文都是张含英学习的教材，均有助于张含英对黄河认识的进一步深入。

张含英与李仪祉都提倡科学治黄，注重学习西方近现代水利科学技术，并结合我国古代传统治黄经验。"中国几千年治理黄河靠的是官僚治河，不管懂不懂得水利，官吏们都可参与治河"❽。官吏们真正懂得治河科学技术的甚少，故黄河长期治理成效甚微。依据黄河独特的地理、水文特点和近现代水利科技的发展，李仪祉提出"治理黄河要上中下游并重，防洪和航运、灌溉、水电兼顾"❾。张含英在此基础上进一步完善，系统地提出"把黄河流域看作一个整体，上中下游统筹，干、支流兼顾，除害与兴利结合，多目标开发，有关部门协作配合，以促进全流域经济、社会和文化发展作为治黄目标的规划理论"❿。李仪祉认为治黄之目的以防洪为第一，第二为整理航道，其他如引水灌溉、放淤、水电等可作旁支之事。张含英认为治河之目的为防洪和兴利并重，

❶ 李赋都：《我国近代水利科学技术的先驱者李仪祉先生》，《中国水利》1982 年第 1 期。

❷ 刘祖典：《怀念我国科学治水先驱李仪祉先生》，《陕西水利发电》1997 年第 2 期。

❸ 钱正英：《纪念我国著名水利科学家李仪祉先生诞辰 100 周年》，《中国科技史料》1982 年第 4 期。

❹ 李仪祉：《关于变迁河床河流治导之模型试验》，《陕西水利季报》1933 年第 7 期。

❺ 李仪祉：《治黄意见》，《陕西水利月刊》1934 年第 3 期。

❻ 李仪祉：《黄河治本的探讨》，《黄河水利月刊》1934 年第 7 期。

❼ 李仪祉：《巩固堤防策》，《黄河水利月刊》1935 年第 6 期。

❽ 陈陆：《李仪祉：中国近代水利事业的奠基人》，《中国三峡》2013 年第 8 期。

❾ 同❷注。

❿ 梅昌华：《黄河赤子的奉献》，《中国水利》1990 年第 5 期。

以促进全流域经济、社会和文化发展。他指出防患与兴利，在设施上与效用上，往往不能分割。原用于兴利之设施，可能在防患上产生很大的作用；原用于防患之设施，可能在兴利方面发生显著的影响。防洪不应以决口能堵为最终目的，而是应以预防免决为主要职责。

李仪祉认为"黄河之弊，莫不知其由于善决、善淤、善徙，而徙由于决，决因于淤，其病源一而已"❶。他认为黄河为患下游的根本原因是泥沙淤积，认为其对策是："去河之患，在防洪，更须防沙"❷。泥沙主要来源于上中游，因此他主张黄河的根本治法，应把重点放在黄土高原的治理上。他提出"上游要植树造林，防止泥土冲刷；还要在山谷设置谷坊、横堰，平缓水势；平治阶田，开辟沟洫，减少泥沙下泄。中游在干支流上修建水库，控制洪水，避免沙淤"❸。"下游的防洪，主要是为洪水'筹划出路，务使平流顺轨，安全泄泻入海'。具体做法为整治河槽，开辟减河，疏浚河口。"❹大力植树造林，防止泥土冲刷是治理黄河的根本措施，它开创了我国水土保持理论之先河，为我国水土保持研究奠定了基础。张含英认为黄河难治的原因除携带泥沙过多外，流量变化过大也是重要原因之一。他认为首先应注意减少泥沙来源，其方法为黄土高原土地之善用，农作法之改良，地形之改变，沟壑之控制，并与农业合作处理。张含英建议，上游水利开发，应畜牧、工业与航运并重；中游为山谷地形，且接近下游，是建筑拦洪水库的优良区域，陕县之三门峡及新安之八里胡同最佳；下游开辟泄洪道，可削减洪峰。至于下游河槽问题，张含英主张实施"复式河槽"，即准备一平时河槽及一洪水河槽。张含英主张除涝应当以排为主，排滞结合，自排为主，自排与抽排并举。黄河下游两岸降水少，因河水大多高于平地，可开闸引水灌溉。下游盐碱地多，应利用河水淤灌，并配合排水系统，引黄洗碱。

二、张含英治黄理论对王化云的启发

张含英治黄理论真正得到实践是在新中国成立后，他的治黄理论不仅对新中国水利建设和黄河治理发挥了重要作用，且对新中国水利专家也有很大的影响。王化云是新中国人民治黄历史上最为重要的人物之一，是人民治黄机构——黄河水利委员会的第一位主任，是中国共产党的首任河官。在新中国的治理黄河进程中，王化云领导人民治黄40余年，他通过向水利界前辈虚心请教，加上自身勤奋学习和刻苦钻研，最终由治理黄河的"门外汉"迅速成长为一位治黄专家。"从反蒋治黄开始，王化云在借鉴前人治河经验的基础上，又通过人民治黄的实践，及时总结治河的新经验，吸收最新的研究成果，先后提出了宽河固堤、蓄水拦沙、上拦下排、调水调沙等一系列方略，最后归结为通过'拦排用调'等多种途径和综合措施实现治黄的目标。"❺

---

❶　中国水利学会、黄河研究会：《李仪祉纪念文集》，黄河水利出版社，2002 年，第 27 页。

❷　王化云：《我的治河实践》，河南科学技术出版社，1989 年，第 426 页。

❸❹　陈陆：《李仪祉：中国近代水利事业的奠基人》，《中国三峡》2013 年第 8 期。

❺　蔡铁山：《略论王化云治河方略的发展轨迹》，《人民黄河》1998 年第 2 期。

1949 年 4 月，南京刚解放，冀鲁豫解放区黄河水利委员会主任王化云就到南京走访张含英，并热情邀请他到该会工作，张含英欣然接受，于 6 月下旬前往开封，任解放区黄河水利委员会顾问。1949 年初秋，张含英向王化云建议，黄河下游河水高出两岸地面，可建闸引水灌溉。王化云当即表示赞同。这就是 1951 年兴建的引黄济卫工程——人民胜利渠，这是黄河下游第一座引黄灌溉工程，是变下游害水为利水的创举，也体现出两位治黄专家将黄河变害水为利水的思想。

王化云经长期的实践，发展了前人的治黄方略。他提出黄河的症结不仅在于泥沙太多，更在于水沙不平衡，且水和泥沙中水是主要的。从 20 世纪 50 年代中期至 60 年代初，王化云认识到历代均将治河重心放于黄河下游，致力于把水沙泄入大海，但并未解决黄河洪水泛滥问题，反而使河患愈演愈烈。为此，王化云希望通过干支流水库、河道拦截等工程措施和植树种草等生物措施，将泥沙留在上中游地区，即蓄水拦沙的方略，从而彻底解决下游河患，以达根治黄河之目的。这是王化云针对黄河危害根源为泥沙所提出的，是对张含英提出的治黄症结在于泥沙论断的承继。但在解决办法上，王化云则将过去单纯的排沙改为拦沙。"在 60 年代中期至 80 年代初，王化云提出了上拦下排、调水调沙的方略，实现了由上中游治本到上中下游治本的转变。"❶ 王化云认为，黄河为患不止在于泥沙太多，其根源在于水沙不平衡。他认为"水沙相对平衡论是治河的理论基础，调水调沙是实现相对平衡的重要手段"❷，应通过干流水库调整水沙关系。张含英主张修建水库主要在于控制泥沙，减少对下游泥沙的输送。而王化云提出上拦下排、调水调沙为治黄开拓了新视野，也提出了新方法，是对张含英治黄理论的继承和发展。王化云认为"要把黄河看成一个大系统，运用系统工程的方法，通过拦水拦沙、用洪用沙、调水调沙、排洪排沙等多种途径和综合措施，主要依靠黄河自身的力量来治理黄河"❸，这一创新思想是对张含英所提出的"上中下游统筹，干流与支流兼顾，以整个流域为对象"的治理黄河理论的发展和具体化。

1922 年李仪祉先生创造性地提出了上中下游并治的治黄思想，改变了"历代治河皆注重下游，而中上游曾无过问者"的局面。1935 年李仪祉先生主持治黄工作以后，又拟定了八项治黄任务和加强治黄基本工作计划，"进一步提出了做好水文、气象和防沙、造林工作，列举了干支流水利、水力开发计划，进一步发展了综合治理黄河的思想"❹。张含英是继李仪祉之后我国著名的水利专家。1947 年 8 月张含英拟定的《治理黄河纲要》80 条，是对他 20 余年研究治理黄河的思想理论的概况和总结，提出"把黄河流域看作一个整体，上中下游统筹，干、支流兼顾，除害与兴利结合，多目标开发，有关部门协作配合，以促进全流域经济、社会和文化发展作为治黄目标的规划理论"❺。由于社会历史条件的制约和基本资料的缺乏，李仪祉、张含英所提出的治黄方略并非

❶❷　蔡铁山：《略论王化云治河方略的发展轨迹》，《人民黄河》1998 年第 2 期。
❸　张纯成：《现代黄河文明及其生态补偿》，人民出版社，2014 年，第 143 页。
❹　王质彬：《李仪祉的治黄思想及其对陕西水利的贡献》，《人民黄河》1982 年第 3 期。
❺　梅昌华：《黄河赤子的奉献》，《中国水利》1990 年第 5 期。

尽善尽美。但是，他们打破传统的治黄观念，主张上中下游全面治理、全面开发、除害与兴利结合等治黄理论，对后人治黄均有重要的指导意义。"王化云晚年根据长期的实践，提出'要把黄河看成一个大系统，运用系统工程的方法，通过拦水拦沙、用洪用沙、调水调沙、排洪排沙等多种途径和综合措施，主要依靠黄河自身的力量来治理黄河'"❶，兴利与除害相结合的治黄思想是对李仪祉、张含英治黄理论的继承与发展。

第三节　张含英治黄理论在新中国的实践

一、人民胜利渠的成功修建和黄河治理与开发规划的制定

1949 年 10 月中华人民共和国成立，张含英多年的治黄宿愿，得到了实践的机会，他以满腔热情投入治黄的事业中。早在新中国成立前的 1949 年 6 月下旬，张含英受聘为解放区黄河水利委员会顾问，"王化云主任向他征求治河意见时，张含英即以《黄河治理纲要》作答。同时张含英还建议在郑州铁路桥以西的黄河北岸建闸引水灌溉。这个建议很快被人民政府采纳，于 1951 年动工，1953 年建成"❷。这就是开黄河下游引黄灌溉之先声的人民胜利渠。

"人民胜利渠灌区位于黄河、沁河冲积平原，灌区土壤类型为潮土❸，质地以轻壤、中壤为主，含盐量约 0.1%，灌区西部盐碱地含盐量高达 0.3%～0.5%。灌区地势低平，地下水位较高，多年平均埋深大部为 2～3 米，地下水矿化度一般为 1～2 克每升。多年平均降雨量为 617 毫米，但季节分配不均，夏秋约占 83%。因此，灌区历来就是旱、涝、碱灾害并存的地区。黄河水含沙量高，引黄灌溉存在泥沙淤积问题，所以灌区从工程规划设计之初就注意综合治理旱、涝、碱和解决泥沙淤积问题。"❹ 人民胜利渠被称作引黄灌溉济卫工程，引黄河的水灌溉河南省黄河北岸新乡、获嘉、汲县、延津等县约六十万亩农田，并且接济卫河枯水时期的流量，以改善新乡到天津九百千米的航运。❺ 总干渠长五十多千米，再加上干支渠，总长五千多千米，采用分区轮换存水沉沙的办法，既可沉淀泥沙、改良土壤，又可防止渠道淤塞。经过存水沉沙的土地，变成肥沃的良田。人民胜利渠放水后，农业生产和交通运输都发生了很大的变化。人民胜利渠浇灌着河南省新乡地区数县近六十万亩农田，使过去受旱、涝、盐碱灾害的

---

❶　黄河水利委员会黄河志总编辑室：《〈黄河志〉卷十一·黄河人文志》，河南人民出版社，1994 年，第191 页。

❷　刘湍康：《百年河魂映丹心——写在水利专家张含英诞辰 110 周年之际》，《黄河报》2010 年 5 月 13 日。

❸　潮土：河流沉积物受地下水运动和耕作活动影响而形成的土壤因有夜潮现象而得名。属半水成土。潮土是我国主要旱作土壤之一，在黄淮海平原分布面积最大，华北山区的河谷平原、长江中下游平原，以及南方山区的河谷平原也有一定面积的分布。

❹　张晓玲、曹克军、朱绪国、李士伟：《人民胜利渠渠堤决口成功堵复启示》，《河南水利与南水北调》2013 年第 1 期。

❺　张含英：《治河论丛续编》，黄河水利出版社，2013 年，第 108 页。

土地变成高产、稳产的粮棉基地。"1952年灌田二十八万亩，棉花产量一般地当未灌水田地的百分之二百，谷子产量一般地当未灌水田地的百分之二百九十。1953年小麦产量一般地当未灌水田地的百分之一百六十。"❶ 卫河在引水之前水量不定，特别是新乡到临清间，水浅河窄，枯水季节航运停顿。从黄河引水接济后，保障了卫河航运的通畅。"1952年完成的货运总吨数是1951年全年的百分之一百四十六，1953年为1951年的百分之一百九十三"❷，由此可推出货运速度大幅提高。人民胜利渠的完成，不仅对农业生产和交通运输发挥了很大作用，而且将这一地区的自然条件变害为利。几千年来，这一地区受旱、涝、碱并害，建设人民胜利渠后，并配合分洪、滞洪设施，不但可以防御异常洪水，还可进行灌溉、发电，以水洗盐，改善农田条件，提高产量。"人民胜利渠是河南水利的骄傲。它不只是揭开了新中国开发利用黄河中下游水资源的序幕，也给豫北广大地区带来了翻天覆地的新变化。"❸ 人民胜利渠的成功说明黄河在自然方面的困难是可以克服的，代表着变害河为利河的开端，展示了黄河开发美好的远景。

黄河蕴藏着丰富的水资源，利用其自然条件，可以开发大量的电力，可以灌溉几千万亩的农田，可以便利几千里的航运，可以免除洪水的灾害；黄河流域有着丰富的矿产资源和肥沃广阔的平原，有着农业发展的气候，即有着发展农业和工业的优越条件。❹ 这两种情况的结合为黄河的开发创造了条件，使其具有远大的发展前景。人民胜利渠是新中国成立后在黄河下游兴建的第一个大型引黄自流灌溉工程，揭开了开发利用黄河水资源的序幕，同时也带动了一连串的、范围更广的、有利于工农业发展的水利工程的建设，不断满足人民对黄河"害必根除，利必尽兴"的要求。

1954年，中央人民政府组成"黄河查勘团"，时任水利部副部长的李葆华❺为团长，时任燃料工业部副部长的刘澜波❻为副团长。黄河查勘团包括苏联专家和若干名中国工程师、科学家。张含英作为当时资深水利专家，也加入了此次考察活动。"从2月至6月，查勘河道3300公里，干流坝址21处，支流坝址8处，灌区8处，水土保持点4处，下游堤防1400公里。"❼ 此次查勘为制定黄河规划提供了重要的第一手资料。张含英以前已多次考察过黄河，对治黄已形成比较系统的理论，故而为这次考察提供了详细的资料，并帮助深入调查决策。

---

❶❷　张含英：《治河论丛续编》，黄河水利出版社，2013年，第109页。

❸　范留明：《走进人民胜利渠》，《河南水利与南水北调》2016年第6期。

❹　张含英：《治河论丛续编》，黄河水利出版社，2013年，第110页。

❺　李葆华（1909—2005），河北乐亭人，中国共产党早期的卓越领导人李大钊之子。1931年加入中国共产党。1936年任中共北平市委书记。全面抗日战争爆发后，任中共晋察冀省委书记。1949年10月至1958年2月任水利部副部长、党组书记。1958年3月至1961年2月任水利电力部副部长、党组书记。1962年后任安徽省委第一书记、贵州省委第二书记、中国人民银行行长等职。

❻　刘澜波（1904—1982），生于辽宁凤城。1928年加入中国共产党。1931年"九一八"事变后，在辽宁参加东北义勇军抵抗日军侵略。抗日战争胜利后，任中共辽东省委副书记。1950年任燃料工业部副部长。1958年任水利电力部副部长。1979年任电力工业部部长兼党组书记。刘澜波是新中国电力工业的主要领导者之一，他提出"水火并举、因地制宜"的方针，正确处理了火电与水电的关系，为新中国电力工业的发展作出了重要贡献。

❼　中国水利学会：《张含英自传》，内部印行，1990年，第74页。

"同年，国家成立'黄河规划委员会'，张含英为委员，直接参与黄河流域规划的编制和审定工作。1955 年 2 月，该委员会提出了《黄河综合利用规划技术经济报告》报送国家审批，7 月 30 日第一届全国人民代表大会第二次会议上，通过了《关于根治黄河水害和开发黄河水利的综合规划的决议》，并予以批准，成为此后开发治理黄河的法律依据。"❶ "《黄河综合利用规划技术经济报告》所依据的资料，更为翔实，所包括的内容更为详尽。但就其规划思想而言，如把黄河流域看作一个整体，提出上中下游统筹，干支流兼顾，除害与兴利结合，多目标开发，有关部门互相协作，以促进全流域社会经济发展作为治河总目标等等，与张含英于 1947 年所写的《黄河治理纲要》中所阐发的观点，则是相互吻合的。"张含英认为《黄河综合利用规划技术经济报告》有六个特点："从最高的综合效益出发；以全流域为对象；运用辩证的思维方法；掌握了足够的资料；当前措施与远景相结合；符合社会主义建设的要求。"❷ 新中国 60 余年的治黄实践，也证明《黄河治理纲要》中的许多建议是合理的，对指导水利建设发挥了重要作用，"如龙羊峡、刘家峡、盐锅峡、三门峡均已建坝。张含英所推荐的其他坝址，有的正在修建，有的正在作建坝的前期工作。因此，有理由说，《黄河治理纲要》中提出的规划理论及许多建议，代表了当代的治河水平，是张含英对治理黄河的突出贡献"❸。

二、在黄河三门峡工程决策与改建中的建议

1934 年张含英在黄河水利委员会工作期间，曾对黄河潼关至孟津间的三个筑坝建库地址进行了初步研究，即陕县的三门峡、新安的八里胡同和孟津的小浪底。三门峡是李仪祉先生口头提出的，其他两处是测绘组主任挪威人安立森查勘时发现的。❹ 由于不久后，张含英辞离黄河水利委员会，因此未能深入调查研究。1946 年 5 月张含英对上述三坝址又做了一次查勘，并于 1947 年 8 月所撰的《黄河治理纲要》中论及三门峡和八里胡同筑坝的比较。他首先提出两坝修建高度的极限，即"库之回水影响，不宜使潼关水位增高"，也就是说建坝后的水库不能淹没关中平原这个重要粮食产区。❺《黄河治理纲要》还论及建坝的"最严重之问题，当为水库之寿命"。

为了从根本上解除黄河水患，1949—1953 年，黄河水利委员会曾多次查勘、研究黄河潼关至孟津段修建拦洪水库的不同方案。"当时对三门峡水库和支流水库以及邙山滞洪水库做过比较，但鉴于支流水库和邙山水库控制性差，花钱多，又无综合利用效益，最终被否定。"❻ 1954 年 2 月 8 日由苏联专家和我国水利专家、科学家组成"黄河查勘团"，

❶ 刘湍康：《百年河魂映丹心——写在水利专家张含英诞辰 110 周年之际》，《黄河报》2010 年 5 月 13 日。
❷ 中国水利学会：《张含英自传》，内部印行，1990 年，第 76 页。
❸ 中国水利学会：《张含英自传》，内部印行，1990 年，第 74 页。
❹ 张含英：《我有三个生日》，水利电力出版社，1993 年，第 74 页。
❺ 张含英：《我有三个生日》，水利电力出版社，1993 年，第 75 页。
❻ 魏永晖：《三门峡水利枢纽建设的经验与教训》，《水利水电工程设计》1998 年第 1 期。

对黄河进行了查勘。3 月 27 日在西安召开的技术座谈会上，由于当时需要迅速解决下游防洪问题，故多数中苏专家竭力推荐三门峡建库方案。但三门峡修建高坝大库淹没损失大，因此我国少数专家不予支持，张含英居其一。1955 年第一届全国人民代表大会第二次会议批准了邓子恢副总理所做的《关于根治黄河水害和开发黄河水利的综合规划的报告》，修建三门峡工程的决策最终形成。报告中所提出的巨大淹没是兴建三门峡水利枢纽的困难问题，以及三门峡水库内泥沙淤积和寿命问题，与张含英所提出的两个核心问题即大坝修建高度的极限和水库泥沙淤积问题在本质上一致。张含英认为修建关系重大而又存在严重问题的三门峡工程，应当在设计以前进行专题规划，作深入的讨论。但有些工作人员可能错误地认为全国人民代表大会对于邓子恢副总理所做报告的批准，就意味着对三门峡工程修建的批准，因而直接进入了设计阶段。❶

在审查三门峡水利枢纽初步计划时，出现了几种不同意见，激起专家们的讨论。"绝大多数主张用高坝大库拦沙，并充分考虑综合利用；少数主张三门峡水库汛期应以滞洪排沙为主，汛后蓄水，发挥综合效益，大坝底孔应尽量放低，加大泄量，少淹地，少移民。"❷ 张含英为少数中的一员。但由于当时知识水平的限制，对于泥沙冲积运行的规律认识不足，水土保持的发展和效益不明，少数专家的正确意见未能在决策中起主导作用。这主要是由于新中国治理黄河处于刚刚起步的发展阶段，缺乏经验，再加上当时急于求成的迫切心理，忽略自然规律，对苏联专家的意见片面听从而导致的。

张含英在讨论中提出三门峡水库库区尾部"回水"影响还将使淹没区更为扩大的问题，当时的设计负责人十分肯定地回答绝无回水问题。但张含英认为含沙量极高的黄河在注入库区时没有回水现象，是难以令人信服的。❸ 针对各种不同意见，周恩来总理要求水利部邀请水利界各专家开展专题讨论。水利部组织的"三门峡水利枢纽讨论会"于 1957 年 6 月 10 日至 24 日在北京召开，由张含英主持。11 月，国务院批准了初步设计。事实上，在批准初步设计之前，三门峡工程已于 1957 年 4 月 13 日开工，且进程很快，当时设计已赶不上施工的要求。如再改变设计要求，工地势必停工，损失更大。1958 年 6 月，周恩来总理邀请各省负责人就三门峡水库正常高水位问题进一步交换意见。"水利电力部根据研究意见，做了《关于黄河规划和三门峡工程问题的报告》，确定大坝按正常高水位 360 米设计，350 米施工，1967 年前运用水位不超过 340 米，死水位降至 325 米，泄水孔底槛高程降至 300 米。"❹ 因为大坝工程是分期兴建的，水位也是分期升高，可以在实践中根据不同水位的运用情况，求得比较合理的正常高水位和正当的运用方式，并与黄河的全面治理相配合，使其发挥一定的效益。张含英基于这种考虑而服从了这一决定。

黄河三门峡水利枢纽工程于 1957 年 4 月 13 日开工，1960 年 9 月至 1962 年 3 月首次

❶ 张含英：《我有三个生日》，水利电力出版社，1993 年，第 77 页。
❷ 魏永晖：《三门峡水利枢纽建设的经验与教训》，《水利水电工程设计》1998 年第 1 期。
❸ 张含英：《我有三个生日》，水利电力出版社，1993 年，第 78 页。
❹ 张含英：《我有三个生日》，水利电力出版社，1993 年，第 81 页。

蓄水，按"蓄水拦沙"方式运用。但库区发生极为严重的泥沙淤积，且影响到潼关上游的广大地区。由于潼关水位的抬高，使渭河形成拦门沙❶，阻滞渭水下泄，"淹没耕地 25万亩"❷。为了减轻库区移民工作的困难，于 1962 年 3 月变水库运用方式为"滞洪排沙"，水库淤积有所减缓，但库区回水仍向上游发展。1962 年 8 月 20 日至 9 月 1 日，召开了第一次"三门峡水利枢纽问题座谈会"，由张含英主持。会议讨论了三门峡水库运用、三门峡库区治理以及是否增加泄流排沙设施等问题。❸周恩来总理在决定改建计划时，曾经问及张含英的意见，张含英给予肯定回答。张含英曾在《黄河治理纲要》中主张三门峡修坝工程，批评日本人所拟修建高坝大库的建议，故对此次设计的高坝大库提出异议。但支持建设高坝的人数较多，而他当时也没有低坝设计的具体方案，难以做深入的探讨。加上在 1957 年工程设计的决定中，规定水库蓄水为分期升高的运用方式，他认为可以在实践中检验库区水位的适当高程。再者，当时正处于经济建设高潮时期，对黄河求治心切，所以张含英未突出表达个人见解。事后，张含英认为他应对三门峡工程的不幸结果负一定的责任。1965 年三门峡水库改建工程加大了泄流作用，然而库区淤积仍然很严重，渭水下游威胁未解除。于是 1969 年进行了第二次改建。1973 年 11 月，三门峡水库改为"蓄清泄浑"的运用方式，成为以防洪为主的综合利用枢纽。

三门峡水利枢纽通过改建和运用方式的改变，泄流排沙能力有了较大的提高，起着调水调沙的作用，使库区和下游河道的淤积情况有所改善。但水库发挥的防洪、防凌、发电、灌溉等综合效益，远低于原设计的要求。❹ 实践表明，对于黄河的河情还有待于进一步的探索认识，对于黄河治理与开发的方案还有待于进一步的实验研究，三门峡枢纽的教训值得汲取。

---

❶　拦门沙：河口地区河床主要处于一个堆积的环境，如河流来沙不能全部输送至深海或水库坝前，则在河口地区发生沉积。从纵剖面上看，一般都存在着突出于上下游河段河底连线之上的成型堆积体，其中淤积部位处于河口段与口外滨海段或与水库库区的交接地区，亦即口门附近，称之为拦门沙。拦门沙形成之后，对河口泄水排沙不利，导致水位壅高，泥沙沉积，产生溯源淤积，对尾闾河道具有负面影响。

❷❸　张含英：《我有三个生日》，水利电力出版社，1993 年，第 83 页。

❹　张含英：《我有三个生日》，水利电力出版社，1993 年，第 91 页。

第四章 张含英治黄理论
及其实践评析

张含英从小立志治黄，一生都在孜孜不倦地探寻治黄真理，查勘黄河，研究治黄方略与理论，既注重对中国古代治黄经验的借鉴，又注重学习西方先进水利科学技术。他的治理黄河理论，具有科学性、实践性、发展性、综合性和传承性等特点，在实践中产生了很大影响。

第一节 张含英治黄理论及其实践的特点

从上述张含英治理黄河理论的形成、理论内涵及其付诸实践的历程可看出其理论实践有鲜明的特点。主要体现为以下几点：

一、科学性

科学性是张含英"治理黄河理论的最重要的基石，也是他制定治理黄河策略的首要出发点"[1]。张含英是我国近现代水利科学技术的开拓者之一，他终其一生都在研究水利，为我国的科学治理黄河事业作出了重要的贡献。他提倡科学治黄。民国时期，由于我国科学技术发展以及人们认识自然能力有限，治黄工作尤其是在防洪方面仍然存在迷信现象，"所谓能助人防河或堵筑决口的河'大王''将军'的传说流传很广，认为不管洪水多大，只要'大王''将军'出现，就不会决口。倘若黄河决了口，只要他们出现，则必能很快堵上"[2]。黄河沿岸的民众当时对此深信不疑，治河官员亦有用之，致使洪水暴发时不是尽力抗洪，反而转拜神灵，错失防洪良机，使河患日趋严重而致决口。此种情形屡见不鲜。故此，张含英撰《黄河之迷信》一文，分析了产生这种迷信思想的社会和历史根源，批评了统治阶级的愚民政策，呼吁普及教育，铲除迷信，科学治河。此外，张含英认为"欲以科学方法治河，而无科学之依据，非所能也"[3]，"测量为科学方法治河之初步工作"。在他担任黄河水利委员会秘书长期间，积极协助李仪祉先生在黄河上开展水文测验、测绘、测量与水工模型实验工作，为科学治河积累了大量资料。

---

[1] 王美艳：《李仪祉治理黄河理论及实践述评》，河北师范大学硕士学位论文，2012年3月，第42页。

[2][3] 蔡铁山、柴建国：《二十世纪中国水利的见证人——张含英散佚文章研究》，《水利发展研究》2004年第2期。

二、实践性

这是张含英治理黄河理论的第二大特色。首先，他的治黄理论是在长期实践中总结得出的。张含英研究治黄之策，为求得第一手资料，都要亲身前往黄河流域各地进行勘察调查。他爬高山，渡激流，每遇黄河决口，必要仔细了解记录当地的降雨量、气候条件以及周边水情等资料，"在 20 世纪 40 年代就走遍了黄河从龙羊峡以下的各处峡谷"❶。如 1932 年 10 月，在国民政府黄河视察专员王应榆的邀请下，张含英视察了由利津到孟津这一段的黄河水情。这是他第一次视察黄河下游，撰《视察黄河杂记》一文，详细记录沿途所见所闻，探析了一些地区较易发生冲决的原因。此次视察对张含英有重要意义，使他对黄河下游有了全面的、进一步的认识，对黄河的决口、改道、修防等问题提出了新看法。其次，张含英注重理论运用于实践的原则。新中国成立伊始，在担任黄河水利委员会顾问期间，他建议在郑州铁路桥以西的黄河北岸建闸引水灌溉，很快被中央政府采纳，于 1953 年建成，命名为人民胜利渠。这是他将自己的治黄主张运用到治黄实践中的成果，人民胜利渠的修建开了黄河下游引黄灌溉之先声。

三、发展性

张含英认为治水方略是变动的、发展的，且随着社会经济、水利技术的发展而不断前进，所以对于历代方略应随河势的变化和社会的需要继承其合理部分，推陈出新，而不能因循守旧。他认为治水方略是"处理水利事业之基本方法或策略"❷，类似于"军事上之战术与战略"❸。治水方略并不是一成不变的，"方略之性质乃随时代之前进而前进，是日新而月异，无固定之标准，及可认为圆满之止境"❹。此观点表明张含英主张运用近现代水利科学技术，并结合当时黄河水情开展黄河治理工作。治黄理论的发展性开拓了治理黄河的新思路，对近现代黄河的治理乃至当代治黄事业的发展均具有积极的推动作用。张含英在其《黄河治理纲要》中提出的对洪水的防范和治理方法就充分体现了发展性这一特点。他认为防洪本身就含有减灾的性质，但不能单纯地视为慈善或赈济问题，应与经济发展相互联系、相互配合。防洪不应以决口能堵为最终目的，而是应以预防免决为主要职责。因此不应仅仅从事救济等善后工作，必须设置相应水工设施，以保其安全。工程的设置又必须以当下及未来经济的发展为依据。

四、综合性

张含英的治黄理论是系统的、综合的，这一特征在其《黄河治理纲要》中充分体现出来。从远古开始，中国的先人对黄河的治理就投入了巨大的人力物力，历代统治

---

❶　中国水利学会：《张含英纪念集》，中国水利水电出版社，2003 年，第 4 页。

❷❸❹　蔡铁山、柴建国：《二十世纪中国水利的见证人——张含英散佚文章研究》，《水利发展研究》2004 年第 2 期。

者都派官员对黄河水患进行大力整治，但都未使黄河得到根治，黄河仍频繁泛滥成灾。导致黄河水患频发最主要原因在于没有打破单一治黄的局限。历代治理黄河几乎都将重点放在对洪水尤其是黄河下游洪水的防范上，却未注意对中上游地区的水情、泥沙进行分析以及兼顾各支流的治理。张含英的治黄理论打破了这一局限，不仅包含着对黄河下游洪水的防治，且囊括了对黄河上中游的治理，还涉及水资源的开发等其他方面。他主张"把黄河流域看作一个整体，上中下游统筹，干、支流兼顾，除害与兴利结合，多目标开发，各部门协作配合，以促进全流域经济、社会和文化发展"[1] 作为治黄目标。张含英的这些主张摆脱了旧的治理黄河模式，迈出了综合治黄的新步伐。张含英治理黄河理论中还包含水土保持思想，"水土保持"一词是张含英构想出的。[2] 他提出的"水土保持工作必须结合农业生产，改造自然必须与改造社会结构相结合"[3] 的原则，为黄土高原开展水土保持工作指明了正确方向，对实现人类与自然和谐相处有重要的指导意义。

五、传承性

张含英的治理黄河理论，是他将中国古代的传统治黄经验与西方先进水利科学技术相结合，经自身的探索思考而得出的科学理论，亦可谓张含英的治理黄河理论是对中国古代治黄经验的传承。一方面，张含英提出的整治下游河槽、修筑堤防就是对汉代王景治河经验的借鉴，张含英的治黄理论也是对李仪祉综合治黄思想的继承与发展。另一方面，新中国治理黄河及水利事业的发展也在一定程度上借鉴和发展了张含英的治黄理论，如 1998 年"党的十五届三中全会提出了'水利建设要坚持全面规划，统筹兼顾，标本兼治，综合治理的原则，实行兴利除害结合，开源节流并重，防洪抗旱并举'的水利工作方针"[4]。我国政府多次主张在黄河中上游水土流失严重的地区尤其是黄土高原地区实施退耕还林还草，改善耕作方式，防止水土流失，这也是对张含英关于黄土高原地区实施水土保持思想的继承和发展。

第二节　张含英治黄理论及其实践的影响

张含英生平"为探索、传播和实践治黄、治水的真理，为中国水利事业作出了重大贡献"[5]。他在《黄河治理纲要》中系统阐述其治黄理论，即提出"把黄河流域看成一个整体，上中下游统筹，干支流兼顾，除害与兴利结合，多目标开发，各部门协作

---

❶ 梅昌华：《黄河赤子的奉献》，《中国水利》1990 年第 5 期。

❷ 中国水利学会：《张含英纪念集》，中国水利水电出版社，2003 年，第 212 页。

❸ 张含英：《治河论丛续编》，黄河水利出版社，2012 年，第 100 页。

❹ 易棉阳、贺伟：《论第三代领导集体的水利思想》，《华北水利水电学院学报（社科版）》2013 年第 5 期。

❺ 钱正英：《真善美的追求者——祝贺张含英同志九十大寿》，《中国水利》1990 年第 5 期。

配合，以促进全流域经济、社会和文化发展作为治黄目标的规划理论"❶，这在当时我国治黄史上是一大创举，使治黄理论达到一个新的高度和境界。张含英阐明的治黄理论，对新中国治黄规划及其他治黄治水专家都有很大的影响。

1955年国务院成立"黄河规划委员会"，张含英任委员，直接参与黄河流域规划的编制和审定工作。2月，该委员会提出了《黄河综合利用规划技术经济报告》报送国家审批，7月30日第一届全国人民代表大会第二次会议通过了《关于根治黄河水害和开发黄河水利的综合规划的决议》。《黄河综合利用规划技术经济报告》"对黄河下游的防治以及解决流域内灌溉、工业用水、水土保持等问题，提出了解决方案，并提出了第一期工程的开发目标，其重要工程项目中包括三门峡和刘家峡水利枢纽"❷。其中所体现的规划思想，与张含英的治黄理论一致。❸ 以此治黄理论为基准，水利部作了《关于根治黄河水害和开发黄河水利的综合规划的报告》，对新中国成立初期的治黄事业具有重要的指导意义。"1998年党的十五届三中全会提出了'水利建设要坚持全面规划，统筹兼顾，标本兼治，综合治理的原则，实行兴利除害结合，开源节流并重，防洪抗旱并举'的水利工作方针"❹，这既是对1955年《关于根治黄河水害和开发黄河水利的综合规划的报告》的修正与发展，也是对张含英治黄理论的继承与发展。

张光斗❺是我国著名水利专家。1934年他到开封拜见导师李仪祉先生时，见到当时任黄河水利委员会委员兼秘书长的张含英。张含英给他讲述了黄河治理的情况，谈到黄河难治在于多泥沙，给张光斗留下了深刻的印象，对张光斗在后来治黄实践中注重泥沙治理并提出其治黄理论产生了重要影响。严恺❻也是我国著名的水利专家。1943年9月，他应黄河水利委员会副委员长李书田❼之邀，到当时因抗战迁徙西安的黄河水利委员会，担任技正兼设计组主任。此时张含英任黄河水利委员会委员长。在此期间，严恺向张含英学习了有关黄河治理的理论知识，加深了对黄河的认识，为其以后从事水利科研工作打下了基础。此后，张含英和严恺曾共同从事中国水利学会的学术活动，期间严恺就中国水利学会工作问题曾向张含英讨教。

---

❶　梅昌华：《黄河赤子的奉献》，《中国水利》1990年第5期。

❷　张含英：《我有三个生日》，水利电力出版社，1993年，第62页。

❸　中国水利学会：《张含英纪念集》，中国水利水电出版社，2003年，第9页。

❹　易棉阳、贺伟：《论第三代领导集体的水利思想》，《华北水利水电学院学报（社科版）》2013年第5期。

❺　张光斗（1912—2013），江苏常熟人，我国水利水电工程专家和教育家，新中国水利水电事业的主要开拓者之一，清华大学原副校长，中国科学院和中国工程院资深院士。1934年毕业于上海交通大学，后赴美留学，获得美国加州大学伯克利分校和哈佛大学硕士学位。1949年10月起在清华大学任教。他主持和参与了密云水库、丹江口水库、三峡工程等多座大型水利水电工程的设计和建设。

❻　严恺（1912—2006），福建闽侯人，中国科学院和中国工程院资深院士，世界著名的海岸工程学家。曾任河海大学校长，水利部、交通部南京水利科学研究院名誉院长。1933年毕业于交通大学唐山工学院。他主持的"天津新港回淤研究"，为解决天津港的严重回淤、将天津新港建成深水大港作出了贡献。他在风浪与海堤的相互作用机理、海岸工程泥沙运动研究等领域均取得重要成果。

❼　李书田（1900—1988），生于河北昌黎。1923年毕业于北洋大学土木系，随后赴美国康奈尔大学继续攻读土木工程，1926年获得博士学位。曾任国立交通大学唐山土木工程学院院长、国立北洋工学院院长。1949年前往台湾，次年赴美国定居。

张含英于 1936 年在北洋大学任教，1948 年 1—12 月出任校长。此间他在土木系讲授"水力学"，其学生可谓桃李满天下。梅昌华❶不仅是张含英的学生，他还担任张含英的秘书长达 8 年之久，因此长期深受张含英的影响，向张含英学习了很多水利知识。1956 年 3 月梅昌华和张含英在《中国水利》联合发表了《黄河综合利用规划中的水量平衡问题》一文，提出"水量平衡就是从国民经济利用的综合利益出发，通过自然、经济、政治等各种条件的考虑和各种技术、经济指标的计算使流域内的水利资源最恰当地服务于各个水利部门，促进国民经济有计划地发展，并达到水利资源最大的综合效益"❷。论述水量平衡问题体现了张含英综合利用的治黄理论。此外，梅昌华跟随张含英多次奔赴黄河流域各地考察，参与治河实践，详细考察各类工程建设，为他此后的工程设计积累了丰富的经验。张含英在讲授"防洪与排水"课程时，注重结合我国国情和他自己的切身经历、工作实践，以黄河实例进行讲解，生动且实际，深入浅出，引人入胜，受到学生们的热烈欢迎。陈川❸就是获益良多的一位学生，张含英讲授的课程使他了解到水利工作在国计民生中的重要作用，对他"在毕业后由原来学土木（专业是给水排水）改为从事水利工作有一定的影响"❹。此外，还有梁鉴❺、吴以鳌❻等。作为张含英的学生，他们不仅被张含英严谨的治学态度、孜孜不倦的敬业精神所折服，而且也在一定程度上受到张含英治黄理论的影响。

张含英作为一名水利工作者，将其毕生精力倾注于水利事业，长期从事治理黄河等相关事宜，为新中国水利事业特别是治黄事业的发展作出了重要的贡献。同时，他亦是一位令人敬重的良师益友，他的教育思想独具特色，注重理论与实践相结合，为新中国水利建设尤其是黄河的治理事业培育了许多优秀人才。

---

❶　梅昌华（1926—1999），陕西彬县人。1950 年毕业于北洋大学水利系。历任水利部秘书、清镇电厂隧洞工程处主任工程师、猫跳河百花电站工程质量检查科副科长、水利电力部西北勘测设计院技术组副组长、中国水利学会副秘书长。

❷　张含英、梅昌华：《黄河综合利用规划中的水量平衡问题》，《中国水利》1956 年第 4 期。

❸　陈川（1924—　　），浙江温州人。1948 年毕业于北洋大学土木系，历任农业部蓟运河灌溉工程处、农业部农田水利局技术员，水利部灌溉总局工程师、水利电力部科学技术司水利处副处长。

❹　中国水利学会：《张含英纪念集》，中国水利水电出版社，2003 年，第 110 页。

❺　梁鉴（1925—　　），陕西铜川人。1948 年北洋大学肄业，1962 年毕业于清华大学水系。曾任水利电力部外事司副司长、中国水利电力对外公司副总经理等职。长期从事水利水电建设的技术和外事工作。负责领导中国援助突尼斯麦崩水渠等国外水利水电工程的施工。

❻　吴以鳌（1923—　　），江苏盐城人。1949 年毕业于北洋大学水利系。曾任水利部水利水电规划设计院副院长、中国水利学会第一、二届规划研究会副主任。长期从事水利水电规划设计管理工作。

结　　语

鸦片战争后，中国沦为半殖民地半封建社会，西方列强相继来中国开矿办厂修路、考察河流水道和航运，其目的是为了掠夺中国财富，但也有少数科学工作者是以学术目的来做考察的，带来了西方的科学技术。清朝政府以"自强"和"求富"为标榜，兴起洋务运动，提出"中学为体，西学为用"的原则，把引用西方技术作为"富国强兵"的工具，开始派遣留学生到西方国家学习实用工程技术。"20世纪初，这批学者相继学成回国，成为中国现代科学的播种人和奠基者。特别是以李仪祉、张含英等为代表的中国现代水利科学先驱，把西方水利科学技术与中国传统治黄经验相结合，提出了综合治理黄河的新见解，推动了传统经验治黄向现代科学技术的转变。"❶

张含英是20世纪中国水利事业与黄河治理事业的重要开拓者和见证人之一，他"对黄河的研究，有其独到的见解，是国内研究黄河及治河史的著名专家"❷。张含英从少小就立志治黄，直到逝世前都在钻研黄河治理方略，治黄伴随他的一生。张含英自北洋大学毕业后，赴美国伊利诺伊大学、康奈尔大学学习近现代水利工程科学技术。归国后，他积极参与黄河视察工作并结合其学识提出若干治黄建议，由于时代的局限，如民国官僚体制的腐败、河工盲目信服传统经验等因素的制约，他的治黄建议未得到实施。治黄实践虽遭到挫折，但张含英的治黄志向未曾改变，亦未气馁。他积极从事中国古代治河文献与西方近现代水利科学理论的研究，并身体力行，利用一切机遇对黄河上中下游进行认真勘查，对三游有了全面深入的了解。张含英在借鉴李仪祉先生治黄思想即"治理黄河要上中下游并重，防洪和灌溉、航运、水电兼顾"的基础上，结合自己对治黄的新思考，撰成《黄河治理纲要》。《黄河治理纲要》是张含英二十余年研究治黄理论的集中体现，文中提出"把黄河流域看成一个整体，上中下游统筹，干、支流兼顾，除害与兴利结合，多目标开发，各部门协作配合，以促进全流域经济、社会和文化发展作为治黄目标的规划理论"❸。张含英的治黄理论具有科学性、实践性、发展性、综合性和传承性等特点，不仅对新中国成立初期的治黄事业发挥出重要的作用，时至今日仍具有现实意义。

在中华人民共和国成立前夕，张含英应王化云之邀，出任冀鲁豫解放区黄河水利委员会顾问，从此踏上了真正治黄实践之路。张含英向王化云提出在黄河下游建闸引

---

❶　黄河水利委员会、水利科学研究院：《〈黄河志〉卷五·黄河科学研究志》，河南人民出版社，1998年，第8页。

❷　中国水利学会：《张含英纪念集》，中国水利水电出版社，2003年，第8页。

❸　梅昌华：《黄河赤子的奉献》，《中国水利》1990年第5期。

水灌溉的建议，得到王化云的大力支持，1951 年兴修了黄河下游第一座引黄灌溉工程——人民胜利渠，这是变下游害水为利水的创举❶。张含英提出的全面规划、综合利用和综合治理的治黄理论对黄河治理与开发规划的制定起到了重要的参考作用。在黄河三门峡工程的建设和改建中，张含英也提出了自己的见解，发挥出一定作用，同时他也对三门峡工程的失误做了反思。张含英的治黄理论不仅在新中国的治黄事业中得以实践，而且对其他水利界同仁也产生了重要影响。王化云借鉴并进一步发展了张含英的治黄理论，对黄河水沙问题有了比较全面的新认识，进而提出"宽河固堤""蓄水拦沙""上拦下排""调水调沙"等一系列治黄方略，对我国治黄事业发挥了重要的指导作用。

张含英在积极参与治黄实践过程中，长期致力于治黄理论研究著述。20 世纪 80 年代先后出版了《历代治河方略探讨》《明清治河概论》《治河论丛续篇》等著作，其中《明清治河概论》一书获 1989 年首届中国科技史优秀图书荣誉奖。"老骥伏枥，志在千里。烈士暮年，壮心不已"，活到老学到老，是对张含英的真实写照。耄耋之年的他仍坚持学习，关心治黄和水利科学的发展，是一位不知疲倦、永远进取的长者。

在张含英漫长的治黄生涯中，已形成了"张含英精神"，即"热爱祖国、热爱人民、热爱学生、热爱水利事业、无私奉献的伟大献身精神，热爱科学、尊重科学、实事求是、走科教兴水之路的求实精神，任劳任怨、百折不挠、不达目的不罢休的负责精神"❷。张含英崇高的思想品德和不懈探索的科学精神，深受广大科技人员和群众的尊重和爱戴。今天，我们应继承和发扬"张含英精神"，将治理和开发黄河的事业继续向前推进，为实现中华民族的伟大复兴续写辉煌。

❶ 张含英：《我有三个生日》，水利电力出版社，1993 年，第 39 页。

❷ 中国水利学会：《张含英纪念集》，中国水利水电出版社，2003 年，第 167 页。

王化云与黄河治本
之策的探索

绪论

第一章

黄河治本之策的探索酝酿

第一节 应对大洪水威胁，采取"宽河固堤"的举措

第二节 探索黄河治本之策的准备

第二章

黄河治本之策的初步实施及受挫

第一节 提出"蓄水拦沙"方略，编制黄河综合规划

第二节 根治黄河的一次重大失误——三门峡水利枢纽的兴建

第三章

黄河治本之策的再认识

第一节 "上拦下排"方略的提出及具体措施

第二节 "上拦下排"方略的发展

第四章

黄河治本之策的成熟

第一节 黄河上中下游要统筹兼治

第二节 "调水调沙"方略的实施

结语

王化云与黄河治本之策的探索

　　王化云是新中国成立以来的第一任黄河水利委员会主任，是人民治黄事业的先驱者和探索者。在王化云 40 多年的治黄生涯中，他勤于学习和总结，勇于探索和实践，由一名非专业工程技术人员成长为一名当之无愧的治黄专家，形成了一套自己的治黄理念。本篇在借鉴前人研究的基础上，运用历史唯物主义的理论和方法，通过论述王化云在黄河治本之策上的艰辛探索，分析其取得成就的原因，进而从王化云的治河历程来展现新中国半个多世纪来治理黄河波澜壮阔的历史。

绪　　论

一、论题的缘由及意义

　　不论是河道长度、流域面积，还是流域的耕地面积，黄河在中国七大江河❶中都占第二位，因此，黄河被誉为中国第二大河，被尊为"四渎之宗"❷、"百泉之首"。因为水浑色黄而得名为黄河。黄河发源于青海省巴颜喀拉山脉北麓海拔 4500 米的约古列宗盆地，❸流经青海、四川、甘肃、宁夏、内蒙古、陕西、山西、河南、山东 9 个省（自治区），沿途有 40 多条主要支流和千万条沟涧溪川汇入，最后在山东省垦利县注入渤海。黄河干流全长 5464 千米，流域面积 752443 平方千米。❹黄河流域位于北纬 32°～42°，东经 96°～119°之间，西起巴颜喀拉山，东临渤海，南自秦岭，北抵阴山。❺根据地理位置及河流特征将黄河划分为上、中、下游：从河源到内蒙古托克托县的河口镇，这一段是黄河的上游；从河口镇到河南郑州的桃花峪，是黄河的中游；从桃花峪到黄

---

　　❶　中国七大江河是指长江、黄河、珠江、淮河、海河、松花江和辽河。

　　❷　古称江、河、淮、济为四渎。《汉书·沟洫志》记载："中国川原以百数，莫著于四渎，而河为宗。"见（汉）班固撰《汉书》（简体字本），中华书局，2005 年，第 1349 页。

　　❸　关于黄河河源有三种看法：①黄河应为多源，即玛曲、卡日曲和多曲均为河源，分别称为西源、中源和东源；②卡日曲为河源，主要的依据为"河源唯远"原则；③约古宗列曲即玛曲为正源，迄今已 200 多年，而且当地藏民一直把玛曲看作是黄河的河源。按照历史传统，国家水利部和黄河水利委员会仍以玛曲为黄河正源。1985 年 6 月，黄河水利委员会勘察河源时在此树立了由王化云题写的"黄河源"碑，作为河源标志。

　　❹　中国科学院《中国自然地理》编辑委员会：《中国自然地理：历史自然地理》，科学出版社，1982 年，第 38 页。

　　❺　熊怡等：《中国的河流》，人民教育出版社，1991 年，第 123 页。

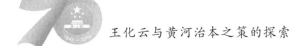

河入海口，则为黄河的下游。❶

黄河是中华民族的母亲河。在历史上一个相当长的时期内，黄河流域一直是中国政治、经济和文化的中心地区，她哺育了勤劳勇敢的中华民族，孕育了光辉灿烂的中华文化。中华民族的5000年历史，是一部防灾抗灾史，也是一部民族灾难史和奋斗史，它渗透着民族的苦难和智慧，也记录着人们认识自然、改造自然、顺应自然的脚步。❷ 在中国漫长的历史时期内，出现过大禹、贾让、王景、贾鲁、潘季驯、靳辅、陈潢、李仪祉等治黄名家，治河方略也得到不断地创新和发展，但由于时代局限性和生产力发展水平低下等原因，并没有在根本上改变黄河决溢泛滥甚至改道的局面，生活在两岸的劳动人民遭受了深重的灾难。黄河中游流经世界最大的黄土高原，由于黄土本身的自然特性，一遇暴雨，水土便大量流失，大量的泥沙进入黄河。以干流三门峡水文站、伊洛河黑石峡水文站和沁河小董水文站多年平均测沙资料计算，年平均输沙量为16.3亿吨，多年平均含沙量为34.7千克每立方米，❸ 成为世界上含沙量最大的河流❹。在流经下游平原地区后落淤，使河床不断升高，大堤也逐年加高，在下游便形成了地上"悬河"，黄河下游堤防一旦出险决口，将造成毁灭性的严重后果。在1946年以前的三四千年中，黄河决口泛滥达1593次，较大的改道有26次，平均三年两决口，百年一改道。改道最北的经海河，出大沽口；最南的经淮河，入长江。黄河水灾波及的广大地区，约为其下游25万平方千米的冲积平原。❺ 黄河得不到有效的治理与开发，上中游水土流失严重，下游洪水泛滥，肆意改道，加之遍及全流域的旱灾，它成了一条制造灾难的河流、难治的河流，被称为"中国之忧患"。

1946年，在中国共产党的领导下，开始了人民治理黄河的新纪元！❻

王化云是在中国共产党领导下成长起来的杰出治黄专家，是人民治理黄河事业的先驱者和探索者。1908年1月，王化云出生于河北省馆陶县的一个书香门第，自幼就接受了孔孟教育，1926年开始接触新学。1935年毕业于北平大学法学院，之后创办北平精业中学并担任校长，因支持学生爱国救亡运动受到当局的胁迫而返回故乡。1936年在故乡参加革命工作，1938年6月加入中国共产党。先后担任国民革命军第三集团

---

❶ 关于黄河上、中、下游的分界有多种说法。黄河水利委员会以河口镇与桃花峪划分上、中、下游；目前的中学地理教科书中以河口镇与孟津划分上、中、下游；学者杨联康经考察，提出以青铜峡、孟津为界的划分方案；学者许韶立主张以河南省武陟县的嘉应观作为黄河中下游的分界。本文采用的是黄河水利委员会的划分方案。

❷ 陈昌本：《水患中国》，作家出版社，2002年，第317页。

❸ 张宗祜：《九曲黄河万里沙——黄河与黄土高原》，清华大学出版社，暨南大学出版社，2000年，第142页。

❹ 与世界多泥沙河流相比，印度恒河年输沙量为14.5亿吨，与黄河相近，但其水量较多，含沙量每立方米仅3.9千克，远小于黄河。美国科罗拉多河含沙量为每立方米27.5千克，略低于黄河，但年输沙量只有1.35亿吨。由此可见，黄河输沙量之多，含沙量之高，在世界大江大河中是绝无仅有的。参见景敏著《黄河吁天录》，花城出版社，1999年，第27页。

❺ 张含英：《明清治河概论》，水利电力出版社，1986年，第11页。

❻ 为了粉碎国民党政府堵复1938年扒开的花园口口门、企图淹没和分割地处黄河故道的冀鲁豫及渤海解放区的阴谋，1946年2月，晋冀鲁豫边区政府在山东菏泽成立了冀鲁豫黄河水利委员会，一面同国民党就黄河归故问题展开谈判斗争，一面组织解放区军民一手拿枪，一手拿锹，修复黄河旧堤，完成了黄河回归故道不决口的艰巨任务。从此开始了中国共产党领导下的人民治理黄河的新纪元。

军总政训处少校政训干事，山东省邱县、冠县抗日政府县长、鲁西地区行署民政处长、冀鲁豫区行署司法处长等职。在这一段时间，王化云在中国共产党的直接领导下，旗帜鲜明，立场坚定，为积极组建抗日政权、发展人民武装和推动抗日根据地建设作出了重大贡献。1946年，中国近代史上一个特殊的重大事件——黄河归故❶，使王化云的人生征途发生了具有决定性意义的重大改变，被冀鲁豫区行署任命为冀鲁豫黄河水利委员会主任，开始了他为之奋斗终身的治黄生涯。王化云多次参加同国民党的黄河归故谈判斗争，动员和组织解放区军民一手拿枪，一手拿锹，修复黄河两岸堤防，取得了"反蒋治黄"斗争的伟大胜利！新中国成立后，黄河水利委员会转为流域性机构，实行统一管理。1950年2月，王化云被中央人民政府任命为流域机构黄河水利委员会主任。1952年5月，他在向中央起草的《关于黄河治理方略的意见》中第一次提出了"兴利除害，蓄水拦沙"的治黄方略。1955年7月，第一届全国人民代表大会第二次会议审议通过了由王化云起草的《关于根治黄河水害和开发黄河水利的综合规划的决议》，这是中国治黄历史上第一部全面的、完整的、科学的综合规划，也是中国大江大河中第一部经过全国人民代表大会审议通过的流域规划，人民治黄事业进入了一个全面治理、综合开发的历史新阶段。❷ 1955年12月，王化云担任三门峡工程局副局长兼党委第三书记，负责三门峡水利枢纽工程的施工建设。"文化大革命"期间，他受到不公正对待，却始终心系黄河。1979年4月，王化云被国务院任命为水利部副部长，仍兼任黄河水利委员会主任，针对国民经济建设新形势和黄河河情新变化，他提出了尽快修建小浪底水利枢纽工程的建议，受到了党和国家的高度重视。1982年5月，王化云退居二线，担任黄河水利委员会顾问，仍继续为治黄事业操劳，为小浪底工程的上马做了最后的努力。1989年，出版《我的治河实践》，总结了自己一生治河的经验教训，给后人留下了一份宝贵的遗产。1992年2月18日，王化云病逝于北京，享年84岁。

王化云曾当选为第一、二、三、四、五、六届全国人民代表大会代表，中国共产党第十二次全国代表大会代表，河南省第一、二、三、五届人民代表大会代表，第三届人民委员会委员，第四届政治协商会议副主席，第五届政治协商会议主席，为社会主义经济建设奉献了他毕生的精力。

新中国成立初期，王化云注意总结历代治黄经验，虚心向专家和群众学习，走遍大河上下，深入调查研究，谋划和提出了许多重要的治黄建议。为探索开发黄河水利资源，王化云提出了在河南新乡兴建黄河下游第一个引黄灌溉济卫工程——人民胜利渠的建议，1952年建成使用并发挥了重大作用，开创了黄河兴利除害的先例。王化云十分重视黄河上中游水土保持工作，50年代初期就多次深入黄土高原考察水土流失情

---

❶ 1946年，国民党政府突然提出要堵复1938年由他们扒开的郑州花园口黄河大堤口门，使黄河回归故道，经山东入渤海。这样做，一是为了解除黄泛区广大民众的苦难，二是为了淹没和分割地处黄河故道的冀鲁豫、渤海解放区，以水代兵，达到其军事目的。

❷ 王化云：《我的治河实践》，河南科学技术出版社，1989年，第164页。

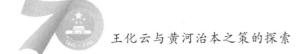

况，总结群众自己创造的治山治水经验，树立了大泉山、贾家塬、韭园沟等一批水土保持先进典型，积极组织筹建了绥德、天水、西峰等水土保持机构，推动了黄土高原水土保持工作的开展。王化云还是我国"南水北调"的积极倡导者之一，早在 1952 年，他就向视察黄河的毛泽东主席提出了"南水北调"的建议，后来他多次组织队伍并亲自参加了调水路线的查勘工作，推动了"南水北调"工作的开展。❶ 现在"南水北调"则成为缓解我国北方淡水资源严重短缺局面、实现国家经济社会可持续发展的重大战略性工程，"是中国现代化的重要保证"❷。

在他 40 多年的治黄生涯中，对党和人民利益高度负责的历史使命感和革命事业心，使他不断总结历史经验，勤于学习和研究，勇于实践和探索，从一个"门外汉"成长为一名公认的治黄专家，并形成了一套自己的治黄理念。王化云自 1946 年担任冀鲁豫区黄河水利委员会主任开始，经历了解放战争时期、社会主义建设时期、"文化大革命"时期和建设有中国特色社会主义时期。随着各个时期社会政治经济因素的变化和对黄河基本规律认识的深化，黄河的治理策略也呈现出循序渐进的发展变化，王化云❸先后提出了"宽河固堤，确保安全""除害兴利，蓄水拦沙""上拦下排"等一系列治黄方略，为保证黄河岁岁安澜入海和推进黄河治理开发与管理事业的不断向前发展作出了重大的贡献。

当前，我国已进入了一个新的历史发展时期，而社会经济的发展对黄河的治理、开发与管理提出了更高的要求，治黄事业依然任重而道远，只有追寻历史的足迹，才能掌握探索未来的方向。❹ 因此研究王化云的治河思想是很有必要的，对于指导今后的治河工作，能提供科学的决策依据。

进入 21 世纪，水利部黄河水利委员会根据黄河的新形势、新情况，提出了"维持黄河健康生命"的治河新理念。王化云是新中国成立以来的第一任河官，总结出了一套自己的治河理念，研究他的治河思想，对于进一步总结治黄的经验、教训和实现治河新理念的目标是很有现实意义的。历史上的黄河被称为"中国之忧患"，王化云早在 1949 年 8 月起草的《治理黄河的初步意见》一文中就提出了"变害河为利河"的治黄设想。治理好黄河有利于沿黄各省经济的发展，对民族团结和社会稳定也有着积极作用，也对实施西部大开发有着重大的战略意义。笔者希望通过"辨章学术，考镜源流"的传统途径，全面地认识和评价王化云的治河理念，为当代中国治水史做出一些有价值的探索性研究。

二、学术史回顾

王化云是人民治理黄河事业的开拓者之一，是中国共产党领导下的黄河水利委员

❶ 佚名：《王化云同志生平》，《人民黄河》1992 年第 4 期。
❷ 李善同、许新宜：《南水北调与中国发展》，经济科学出版社，2004 年，序言第 1 页。
❸ 蔡铁山、王美栓：《王化云的治河观》，《水利天地》1997 年第 3 期。
❹ 王宇：《天朝旭日：中国二十王朝崛起与兴盛》，中国三峡出版社，2007 年，前言第 1 页。

会第一位主任，并在领导治理黄河的岗位上工作长达四十年之久，见证了人民治黄事业从无到有、从初创到辉煌的曲折历程，在长期的治黄实践中总结出了一套自己的治河理念，从一个"门外汉"成长为一位著名的治黄专家。王化云生前和逝世后，黄河水利委员会与水利工程界的同仁、学者陆续发表了一些宣传、回忆、纪念和研究王化云治河实践、思想的文章与著作。

（一）已发表和出版的有关王化云治河实践与思想的论著

最早撰文讲述王化云的是叶其扬所作的《当代治水名人：王化云》（《水利天地》1989 年第 5 期）。作者在文章中阐述了王化云《我的治河实践》一书的观点，对王化云的一生做了一个简短而高度的评价。在王化云逝世之后，出于对他的缅怀，1992 年第 4 期《人民黄河》刊载了《王化云同志生平》和亢崇仁的《深切怀念王化云同志》，1992 年第 4 期《中国水利》刊载了黄河水利委员会所作的《黄河永远铭记他的业绩——深切悼念王化云同志》，这三篇文章高度赞扬了王化云的革命精神和治黄业绩，认为他的逝世对中国的水利事业，尤其是治黄事业，是一个重大损失。袁仲翔的《黄河之子回报黄河》（《中州古今》2001 年第 5 期）、马月起的《古今两个馆陶籍的治水名人》（《水利天地》2003 年第 9 期）、任润刚的《"一代河官"王化云》（《档案天地》2004 年第 1 期），从不同角度追忆了王化云在治理黄河道路上奋斗探索的一生。王志雄的《王化云主任与"南小河沟第一树"》（《黄河报》2006 年 5 月 30 日）、成健的《忆陪同王化云西行考察》（《河南文史资料》2008 年第 3 期），这两篇是从不同的视角来回忆王化云的文章，前者表达了王化云对于水土保持重要性的认识，后者则是作者回忆王化云在 78 岁高龄时对黄河西线"南水北调"线路进行的考察。倪良端的《王化云：心系黄河，梦圆小浪底》（《党史文汇》2008 年第 12 期）一文讲述了王化云在去世之前一直关注小浪底工程的上马问题，说明了他对小浪底水利枢纽的特殊感情。

由黄河水利委员会组织编写的《黄河的儿子——回忆王化云》一书于 1999 年在郑州出版。该书主要约请曾与王化云一起共事的老干部、老专家、老工人及其亲属回忆撰稿，共收录了钱正英、段君毅、袁隆等同志的回忆性文章 70 余篇。全书分"心系黄河""风范长存""群众情结""亲情难忘"等四个篇章，展现了王化云几十年对待事业、生活、群众和亲情的风采。❶

自 1997 年和王美栓合著发表《王化云的治河观》（《水利天地》1997 年第 3 期）一文后，蔡铁山又相继发表了《略论王化云治河方略的发展轨迹》（《人民黄河》1998 年第 2 期）、《试论王化云治河思想的科学性》（《人民黄河》1998 年第 7 期）、《浅谈王化云同志的治河方略》（《中国水利》1998 年第 12 期）等文章。张雁和罗建全发表了《从古今治河方略的发展历程看王化云治黄方略的地位》（《治黄科技信息》1999 年第 5 期）一文。这几篇论文虽然篇幅较小，但都有较高的学术价值，对王化云的治河思想做出了客观的评价。进入 21 世纪，包锡成的《评述王化云的治河思想》（《人民黄河》2001

---

❶ 黄河水利委员会：《黄河的儿子——回忆王化云》，黄河水利出版社，1999 年。

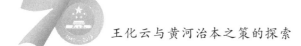
年第 2 期）一文，是作者在重读《我的治河实践》一书后，指出王化云的很多治河观点依然对今后的人民治黄事业有着重要的参考价值。侯全亮的未刊稿《王化云先生治河思想之研究》❶，全文 13000 余字，笔者有幸得以拜读。文章总结了王化云的主要治河业绩，从全新角度诠释了王化云的治河思想，阐述了王化云治河思想是如何发展演变的，并指出了王化云宝贵精神遗产的内涵。为纪念"中国水利 60 年"，赵炜发表的《王化云在黄河治理方略上的探索与实践》（《中国水利》2009 年第 15 期）一文，通过对历史文献资料的分析研究，揭示了王化云治河方略的演变与发展，重点阐述了他为确保黄河岁岁安澜作出的卓越贡献。

为了继承和发扬王化云的治河思想，进一步总结治黄的经验和教训，制定黄河在新时期长治久安的战略和措施，实现"堤防不决口，河道不断流，水质不超标，河床不抬高"的目标，黄河水利委员会、黄河研究会于 2002 年 1 月 7 日王化云诞辰 95 周年之际，❷ 组织召开了王化云治河思想研讨会，并且出版了《王化云纪念文集》。与会的专家、代表从不同的专业领域研讨了王化云的治河思想，表达了对王化云的怀念之情。时任黄河水利委员会主任李国英的《在王化云塑像揭幕仪式上的讲话》、黄河水利委员会原主任袁隆的《怀念治黄功臣王化云——在王化云治河思想研讨会上的发言》、侯全亮的《追思先贤励后生——回忆在王化云身边工作的日子》等文，主要是有关黄委会领导人员，特别是曾经在王化云的领导下进行治黄工作的人员撰写的，是对王化云的缅怀之作。吴柏煊的《从三门峡工程的实践领会王化云治黄思想——运用三门峡工程成功经验探索治黄新思路》，牟玉玮、牟彦艳的《黄河下游应防洪、防淤并重——用三级河槽及分洪、挖泥的办法防止河道淤积抬高》，张永昌的《分沙入渠淤沙筑堤，确保黄河下游防洪安全和工农业用水》等文，是对王化云"调水调沙"思想的进一步运用和探索。

《中共党史研究》2008 年第 2 期发表了高峻写的《一九五八年抗御黄河大洪水的决策和组织机制探略》一文，从防汛的决策是如何产生的和组织机制是如何建立的这一具有现实意义的问题出发，运用大量史实讲述 1958 年黄河发生的新中国成立以来罕见的特大洪水，依赖于逐渐形成的防汛机制和科学决策，王化云作出了"战胜洪水不分洪"的正确决策，避免了人民生命财产的重大损失。但因为论题的关系，对王化云治河思想的研究没有放在首位，只是把王化云放到了某一特定的历史事件当中。

曾经在王化云身边工作过、与这位治河先贤有近距离接触的侯全亮先生，经过多年的积累与艰苦创作而完成的纪传体《一代河官王化云》一书，以辩证唯物史观为指导思想，以大量的历史史实，系统记述了王化云投身革命战争和组织推动黄河治理开发的风雨历程，全方位地反映了他百折不挠、矢志不渝的革命进取精神，赞颂了在中国共产党领导下的人民治理黄河事业取得的巨大成就和基本经验。诚如作者在该书的

<hr />

❶ 这是作者于 2009 年 9 月赴台湾逢甲大学讲学时的一篇文章，未刊稿。

❷ 黄河水利委员会：《王化云纪念文集》，黄河水利出版社，2002 年，前言第 1 页。

后记中所言，"在揭示传主精神世界与反映个人生活的内容似乎还显得有些单薄"，但这是"一次尝试，但愿今后更多的专著、文章问世，进一步发掘这笔特定历史条件下积淀下来的宝贵财富，为促进人民治黄事业承前启后，继往开来发挥应有的作用"❶。可以看出作者对后学研究王化云治河思想的热切期盼之情。

（二）对王化云治河思想研究已取得成就与存在不足的分析

第一，王化云治河思想研究成果中值得肯定之处。

上述研究王化云治河思想的成果，系统地反映出王化云一生的重要治河活动以及取得的治黄成就，反映了他在不同时期对黄河自然规律的认识和他的治河思想的演变，对人们认识治黄历史和总结治黄经验教训起到了积极的作用。

第二，王化云治河思想研究成果中存在的不足之处。

（1）有关王化云及其治河思想的文章、口述史料多属于宣传纪念性文章，是对王化云的缅怀之作，学术性不强。

（2）对王化云治河思想研究的专题论文也存在着不足的方面：一是文章的篇幅较小，属于浅尝辄止式的探讨，只是对王化云治河思想某一个方面的探讨，缺乏系统性和深入性的研究；二是文章没有明确的引文注释，只是在文章的后面罗列出几篇具有象征意义的参考文献。

（3）对王化云在研究治理黄河过程中产生的失误阐述较少，没有深入地探讨其失误的原因。这是目前水利界和史学界对王化云治河思想研究中存在的一个缺陷。

（4）对王化云治河思想的研究只限于表面，对王化云之所以孜孜不倦地探索黄河治本之策这一核心问题并没有进一步地深入研究。

目前水利界和史学界对王化云治河思想的研究，大都处于初步介绍的层面，研究的系统性、深入性表现不足，并且难免带有溢美之词，较难做到有深度的学术思想层面的总结。对王化云的治河思想，尤其是治本思想做一个深入性、系统性、完整性的个案研究尚未出现，因此，本论题对于王化云治河思想的研究既有原创的学术意义，又有深入研究的学术空间。

三、研究方法

以水利工程学和历史学的角度去研究王化云的黄河治本思想，是一次很有意义的尝试。研究中还会涉及经济学、政治学、管理学等相关学科，进行的是跨学科的综合研究，其研究方法呈现出多学科相互交叉的特点。通过研究王化云在不同时期提出的黄河治本方略，真实地还原一生探索治本之策的河官王化云，能为进一步总结治黄经验教训和实现治河新理念的目标提供借鉴。

此外，还需要说明的是：本文为史学论文，为尊重历史和保持所引文献资料的原始性，未对所引资料中的某些称谓和计量单位作改换，仍沿用旧称。

---

❶ 侯全亮：《一代河官王化云》，黄河水利出版社，1997年，第287页。

第一章　黄河治本之策的探索酝酿

在经过1946—1949年黄河防洪斗争的实践后，王化云逐步加深了对黄河下游河道形势和堤防工程情况的了解。在1950年的治黄工作会议上，王化云提出了该年的黄河治理方针："以防比1949年更大的洪水为目标，加强堤坝工程，大力组织防汛，确保大堤，不准溃决；同时观测工作、水土保持工作及灌溉工作亦应认真地迅速地进行，搜集基本资料，加以研究分析，为根本治理黄河创造足够的条件。"[1]同时，王化云也开始了对黄河治本之策的探索准备，多次前往黄河进行实地考察，对根治黄河进行了积极研究和探索，还争取到中央对黄河进行更大规模的综合调查研究。

第一节　应对大洪水威胁，采取"宽河固堤"的举措

"黄河安危，事关大局"，黄河防洪历来是治国安邦的大事。[2]历代治河占主导地位且一直被采纳的是在黄河下游排洪排沙入海，采用过"疏导""分流""筑堤束水，以水攻沙"等方法。这些办法虽然都曾收到过一些效果，但由于泥沙太多，"疏导无效"，"束水"则堤防溃决，决口改道的悲剧不断重演，[3]给黄河两岸人民的生命财产造成了惨重的损失。1938年6月，国民党军为阻止日军西侵，扒开郑州以北的花园口黄河大堤[4]，黄河被迫改道而向东南泛滥，致使豫、苏、皖3省44县的广大地区变成了灾难深重的黄泛区。据国民政府行政院在抗日战争胜利后的统计，在8年多的泛滥中，共淹耕地844259公顷，逃离3911354人，死亡893303人，[5]造成了一次惨绝人寰的大水患。为了防止洪水灾害，中国古代劳动人民同黄河洪水进行了长期的艰苦斗争，在实践中有许多重要的创造。而堤防的发明，就是治水斗争的一大进步。

黄河下游的现行河道是清咸丰五年（1855年）黄河在铜瓦厢决口改道后夺大清河

---

[1]　黄河水利委员会：《王化云治河文集》，黄河水利出版社，1997年，第38页。

[2]　刘善建：《治水、治沙、治黄河》，中国水利水电出版社，2003年，第55页。

[3]　邓修身：《黄河万古流》，海燕出版社，1989年，第93页。

[4]　国民党军队扒开花园口黄河大堤：花园口黄河大堤扒口后很长一段时间，外界一直未能了解事情的真相。为掩盖事实，蒋介石曾密令第一战区司令长官程潜拟定"敌机轰炸黄河堤，决口泛滥成灾"的对外宣传电文，由国民党中央通讯社发表，以蒙骗世界舆论。花园口扒口，也使日本侵略军受到一定损失。日军精锐的第十四、十六师团各有一部陷入黄泛区，日军西取郑州、进而南犯武汉的企图落空。尔后，国民党军和日军即在黄泛区两侧长期对峙。参见黄河水利委员会编《民国黄河大事记》，黄河水利出版社，2004年，第135页。

[5]　王传忠、丁龙嘉：《黄河归故斗争资料选》，山东大学出版社，1987年，第2页。

入渤海形成的河道。由于历史的缘故，黄河下游河道呈现出上宽下窄的特点，[1] 这又决定了在黄河下游要采取一定的滞洪分流措施。王化云对历史上的堤防进行了考证和研究，认为"上宽下窄的河道基本上符合黄河下游水沙的特点，[2] 宽有宽的作用，窄有窄的好处"[3]。而当时堤防存在的突出问题是高度强度都很薄弱，河道内民埝众多，行洪蓄洪能力大大降低。针对这种情况，王化云提出在原有堤防的基础上进行加培加固。

一、"宽河固堤"方略的提出及实施

新中国成立初期，国家百废待举，迫切需要安定团结的社会局面进行社会主义建设。"水利建设是经济建设中主要的一环"，"水利建设的基本方针，是防止水患，兴修水利，以达到大量发展生产的目的"，[4] 这就对有"中国之忧患"之称的黄河的治理提出了更高的要求。鉴于此，王化云开始考虑如何使黄河走出一条区别以往、长治久安的新路子。他认为最重要的是让黄河保持现在的流路，不再让它决口改道，提出"要把黄河粘在这里予以治理，决不许它再决口改道危害人民"[5]，并明确指出"战胜洪水，确保河防，不准决口，保卫生产，这是我们治黄工作者在中国人民革命事业中的政治任务"，"是我们在建设新中国的艰巨事业中光荣的岗位"[6]。1946—1949 年人民治黄的斗争实践给了王化云重要的启示，当务之急是需要改善河道形势，加强堤防工程，提高防洪能力，为战胜洪水创造物质条件。[7] 在这一思想的指导下，王化云提出了新中国成立初期实施的第一个治黄方略——宽河固堤，主要内容包括废除民埝、兴建分滞洪工程、培修加固堤防、建立堤防管理和人防体系等。

在黄河下游的宽河段，两岸大堤之间共有滩地 2800 多平方千米，其中有耕地 200 多万亩，人口 100 多万。[8] 1938 年国民党军扒开花园口前，滩区群众就在接近河床主槽的滩唇附近修筑了大量的民埝[9]。1947 年黄河归故后，为保护滩区生产又增修了部分民埝。大量民埝的修筑使河道大为缩窄，使得河槽过水断面大大缩小。一方面，一般洪水不能漫滩落淤，泥沙只能沉积在两岸民埝之间的主槽中，迫使主槽迅速淤高，出现了主槽河床高于滩面的情况，造成"悬河中的悬河"的情况。另一方面，大堤因

---

[1]　河南段堤距 5～10 千米，最宽处可达 20 千米，河槽宽度为 1～3.5 千米；山东段堤距 0.4～5 千米，最窄处只有 0.3 千米，河槽宽度为 0.4～1.2 千米；河南段与山东段之间还存在一处过渡性河段。

[2]　黄河含沙量很大，到下游平原地区时淤积严重，宽河道可以容纳更多的泥沙，从而延长河道的行河年限。黄河洪水主要来自河口镇至龙门区间、龙门至三门峡区间和三门峡到花园口区间的干支流，且大多数是由暴雨造成的，其特点是峰高量小，涨落很快，历时不长，宽阔的河道可以有效地滞洪削峰，减轻下游的防洪压力。因此黄河下游上宽下窄的河道格局是同黄河水少沙多、峰高量小的特性相适应的。

[3]　王化云：《我的治河实践》，河南科学技术出版社，1989 年，第 88 页。

[4]　王化云：《我的治河实践》，河南科学技术出版社，1989 年，第 83 页。

[5]　袁隆：《治水六十年》，黄河水利出版社，2006 年，第 405 页。

[6]　黄河水利委员会：《王化云治河文集》，黄河水利出版社，1997 年，第 39 页。

[7]　侯全亮：《王化云先生治河思想之研究》，未刊稿。

[8]　景敏：《黄河吁天录》，花城出版社，1999 年，第 96 页。

[9]　民埝：又称夹堤、民堤，是沿黄滩地上的居民为保护房屋和庄稼而修筑的防水小堤。此种堤防逼近河岸，影响防洪。黄河下游的滩区生产堤即属此类。

为不能经常靠河，受到的洪水考验很少，一旦遇较大洪水，民埝溃决，洪水直冲大堤，十分危险。1933 年兰考四明堂决口和 1935 年鄄城董庄决口都是由于民埝溃决而引起的。根据历史教训和 1949 年的黄河抢险经验，王化云认为"新修民埝必须禁止，旧有民埝必须废除"❶。但由于民埝存在的历史很长，堤内居民众多，立即废除存在很大的困难，王化云提出了采取逐步废除的方式，对危害最大的民埝要配合政府对民众做好说服工作先行废除，其他的陆续废除。

为防御异常洪水，黄河水利委员会反复研究后，向水利部报告要求兴建分滞洪工程。因事关重大，1951 年 4 月，王化云和时任水利部部长助理的郝致斋向当时中央财政经济委员会主任陈云作了当面汇报。陈云经过十多分钟的慎重考虑后，做出肯定的指示并要求工程在一年内完工。陈云还提议用窄轨小铁路用于工地运输，修了兰考至东坝头的专用铁路线，对工程物料的运输起了重要作用。1951 年 4 月 30 日，中央财政经济委员会召集水利部、铁道部、华北事务部、平原省❷和黄河水利委员会就此进一步研究，做出了《关于预防黄河异常洪水的决定》，确定在黄河北岸的平原省长垣县（今属河南省）修建石头庄溢洪堰工程，开辟北金堤滞洪区。

北金堤滞洪区，位于黄河北岸濮阳地区临黄堤与北金堤之间，区内涉及长垣、滑县、濮阳、濮县、范县、寿张 6 县、50 个区、2294 个自然村，耕地 302 万余亩，143 万余人，总面积 2918 平方千米，❸可分洪量 20 亿立方米。但由于区内人口众多，经济发达，一旦滞洪，不仅财产损失很大，且群众迁移安置救济工作也很艰巨，故建成后一直避免使用。北金堤滞洪区的兴建是一种牺牲局部保全大局的临时性措施，"一个为减轻黄河水灾，变大灾为小灾的方案，即在必要时主动淹掉平原省三五百万亩地，以避免在华北其他各省淹掉四五千万亩；……如能以小淹避大淹，则属好事"❹，虽提高了防洪的主动性，但不是长治久安之策。

按照"宽河固堤"方略的要求，从 1950 年起在黄河下游开始了新中国成立以来的第一次大修堤工程。由于沿黄各地认真贯彻执行了"包工包做，按方给资""工完账结，粮款兑现"、以工代赈等政策，基本实现了按劳付酬，极大地调动了群众修堤的积极性。在修堤中坚持数量和质量并重，对基础清理、坯土厚度、夯实标准、工段接头等都有明确要求，实行严格检查、逐坯验收，保证了加修堤防的质量。❺经过施工，堤防的防洪能力逐年提高。

黄河下游大堤是在老堤基础上加筑起来的，大堤内部存在很多洞穴、裂缝等隐患。

❶ 王化云：《我的治河实践》，河南科学技术出版社，1989 年，第 91 页。

❷ 平原省：旧省名。1949 年 8 月，在冀鲁豫边区的基础上建立了平原省，省政府驻新乡市。1952 年 11 月 15 日中央人民政府委员会第 19 次会议通过《关于调整省区建制的决议》，决定撤销平原省，其所辖地区分别划归山东、河南两省。

❸ 肖文昌：《北金堤滞洪区工程沿革》，《黄河史志资料》1999 年第 2 期。

❹ 中共中央文献研究室：《陈云年谱（1905—1995）》中卷，中央文献出版社，2000 年，第 91～92 页。

❺ 王渭泾：《历览长河——黄河治理及其方略演变》，黄河水利出版社，2009 年，第 173 页。

1951年封丘黄河修防段工人靳钊发明了用钢锥探摸堤身隐患的锥探灌浆方法❶，立即在全河推广，并在实践中不断创新与改进，成为消灭堤身隐患的重要方法。到1954年，共计锥探5800万眼，发现与挖填隐患8万多处，同时捕捉狐、獾、地鼠等害堤动物22850多只，堤身内部的隐患大大减少，对巩固堤防起了非常重要的作用。

为防止水流直接淘刷堤身，在经常靠水的堤段，一般都依附大堤建有丁坝、垛（即短丁坝）和护岸工程，称为"险工"（又称埽工），不经常靠水的堤段称为"平工"。❷ 关于埽的制作，在《宋史·河渠志》中有详细记载。❸ 但由于埽的自身缺陷，❹经常出现吊蛰、跑埽等险情，甚至造成决口。早在1925年8月，黄河南岸李升屯民埝决口后，水利专家张含英应邀查勘黄河下游，提出下游险工堤段的埽工应改筑为石坝护岸。❺ 根据历史教训和专家意见，在新中国成立后，黄河水利委员会就决定把秸料埽坝全部改为石坝。到1952年，石化险工的工作已基本完成，1954年汛前已全部改造完毕，从而初步固定了险工，保护了大堤的安全，并经受了1954年黄河大洪水的考验。

在培修和加固堤防的基础上，还加强了对堤防的管理工作，如绿化大堤和护堤。黄河水利委员会根据明代刘天和提出的"植柳六法"❻，提出了"临河防浪，背河取材"❼的原则，在大堤两岸的柳荫地大量种植柳树。同时在堤坡上普遍种植了适应性和繁殖力都很强的圪扒草——在群众中有"堤坡种上圪扒草，不怕风吹浪来扫"的说法，可见它对堤坡有很强的保护作用。

人防是保证防洪安全的重要因素，在明清时期就有明确的认识。❽ 晚清及民国时期依靠汛兵制来守堤抢险。自1946年人民治黄以来，建立了依靠广大人民群众的具有新

---

❶　锥探灌浆方法：用细长的钢锥插进大堤体内，根据进土的速度，寻找堤身内部的隐患；发现隐患后，用漏斗把泥浆灌进钻孔，陆续将洞穴或裂缝填实。

❷　水利电力部黄河水利委员会治黄研究组：《黄河的治理与开发》，上海教育出版社，1984年，第72页。

❸　《宋史·河渠志》："先择宽平之所为埽场。埽之制，密布芟索，铺梢，梢芟相重，压之以土，杂以碎石，以巨竹索横贯其中，谓之'心索'。卷而束之，复以大芟系其两端，别以竹索自内旁出，其高至数丈，其长倍之。凡用丁夫数百或千人，杂唱齐挽，积置于卑薄之处，谓之'埽岸'。"（元）脱脱等撰《宋史》（简体字本），中华书局，2000年，第1524页。

❹　埽就是用梢芟、薪柴、竹木等软料夹以土石、卷制捆扎而成的水工建筑构件。每一个构件叫埽捆，简称埽。小的又叫埽由或由。将若干个埽捆连接起来，修筑成护岸、堵口等工程，就叫埽工。埽工就地取材，制作较快，便于急用；秸草等料有弹性，容易缓流、留淤，可用于护岸、堵口等多种用途，特别是在临时性的抢险及堵口截流中很有效。但是，埽工体轻易浮，容易腐烂，需要经常修理更换，常年费用多。而且一段险工往往连续厢埽十数段，一经大水淘刷，会导致相连数段埽工同时蛰塌，造成巨险。参见顾浩主编《中国治水史鉴》第二版，中国水利水电出版社，2006年，第193页。

❺　黄河水利委员会：《民国黄河大事记》，黄河水利出版社，2004年，第37页。

❻　植柳六法即卧柳、低柳、编柳、深柳、漫柳和高柳。

❼　临河防浪，背河取材：即在临河一岸的柳荫地和坝挡植丛柳，以缓解落淤，防止风浪袭击堤坡，有保护堤岸的作用；在背河一岸柳荫地植高柳，来解决河防用材的问题。

❽　（明）万恭说："有堤无夫与无堤同，有夫无堤与无夫同。"（明）潘季驯指出："河防在堤，而守堤在人。有堤不守、守堤无人，与无堤同矣。"（清）嵇曾筠也说："河工要务全在坚筑堤防，尤贵专人修守。有堤而无人则与无堤同，有人而不能使其常川在堤，尽修堤之力，则又与无人同。"参见国风编著《大河春秋》，中国农业出版社，2006年，第298页。

时代特色的防汛体系。成立黄河防汛总指挥部，以黄河水利委员会为日常办事机构，统筹黄河的防汛工作。沿黄各地也相应成立了防汛指挥机构，党政军主要负责人为领导人员，遇大汛或重大险情亲临一线指挥防守，以民兵为基础，普遍组织起了群众防汛队伍，实行防汛责任制。另外，中国人民解放军也是防洪抢险的一支重要力量，每年都要担任防汛工作，在出现重大险情时则要承担起艰巨的任务。

"宽河"就是要最大限度地发挥下游河道的滞洪能力，"固堤"就是要减少和避免堤防决口带来的危害。"宽河固堤"的思想就是黄河要宽，堤防要巩固，即在干流没有控制性工程之前，仍有可靠的排洪排沙手段。❶ 黄河下游防洪，是历代治河的首要任务，加强黄河下游河道整治，是改善河势、稳定主槽、确保堤防安全的重要措施。❷ 通过实施的一系列宽河固堤措施，黄河下游河道的滞洪能力和堤防的防洪能力得到了明显改进，为战胜历次大洪水奠定了牢固的基础，特别是战胜了 1958 年发生的历史上有实测记录以来的最大洪水，说明在新中国成立初期王化云提出的这个方略是正确的。

二、"宽河固堤"实施的绩效——战胜 1958 年大洪水

20 世纪 50 年代是黄河的丰水期。新中国成立以来的 60 年中，花园口站实测流量大于 10000 立方米每秒的洪水共有 11 次，其中发生在 50 年代的就多达 9 次。❸ 而 1958 年 7 月 17 日花园口站出现的 22300 立方米每秒的洪峰流量，是黄河历史上有实测记录以来的最大洪水。王化云以对人民高度负责的精神，对雨情、水情、堤防、人防和河道情况进行了科学的分析后，毅然提出了不分洪战胜洪水的意见。

自进入 1958 年汛期后，黄河流域就持续降雨，使黄河下游接连出现洪峰，计出现 5000 立方米每秒以上的洪峰 13 次，10000 立方米每秒以上洪峰 5 次。❹ 花园口站持续在 10000 立方米每秒以上的流量历时达 81 小时，黄河下游东坝头以下约有 400 千米长的堤段超过保证水位❺0.3～1.0 米左右，有个别堤段甚至达 5～6 米，且历时在 35～80 小时之间；东平湖最高水位 44.81 米，有 44 千米长的湖堤洪水位高出堤顶 0.01～0.4 米，超出设防水位 1.31 米。❻ 这次洪峰水量大、来势迅猛、持续时间长的特点使黄河两岸堤防和东平湖围堤呈现出十分危急的局面。

洪水发生后，黄河防汛总指挥部面临着一项重大的抉择，即是否动用北金堤滞洪

---

❶ 黄河水利委员会：《王化云治河文集》，黄河水利出版社，1997 年，第 475 页。

❷ 岳德军、宋晖：《人民治理黄河 50 年的黄河泥沙研究》，载中国水利水电科学研究院水利史研究室编《历史的探索与研究——水利史研究文集》，黄河水利出版社，2006 年，第 145 页。

❸ 赵炜：《王化云在黄河治理方略上的探索与实践》，《中国水利》2009 年第 15 期。

❹ 张俊峰、刘云杰：《惊心动魄的十天——军民战胜 1958 年黄河花园口特大洪水追忆》，《中州今古》1999 年第 4 期。

❺ 保证水位又称防汛保证水位，是汛期堤防及其附属工程能保证安全运行的上限洪水位。保证水位是制定保护对象度汛方案的重要依据，也是体现防洪标准的具体指标。见崔宗培主编《中国水利百科全书》第一卷，水利电力出版社，1991 年，第 51 页。

❻ 胡一三：《黄河防洪》，黄河水利出版社，1996 年，第 440 页。

区分洪。按照防洪预案，"当花园口上游秦厂发生 20000 立方米每秒以上的洪水时，即应相机在长垣石头庄溢洪堰分洪，以控制孙口水位不超过 48.79 米，相应流量 12000 立方米每秒❶"。当时，北金堤滞洪区内有人口 122 万，耕地 200 多万亩，分洪一次将损失约 4 亿元财产。若不分洪，大堤万一失事，将会给国家带来不可估量的巨大损失。因此，分洪与不分洪事关重大，作为黄河防汛总指挥部办事机构的黄河水利委员会，有责任作出准确而迅速的判断，向中央防汛总指挥部提出科学的建议。面对这场洪水，作为黄河水利委员会主任的王化云，背负着非常大的压力。

7 月 17 日清晨 5 时左右，王化云接到电话得知：三门峡到花园口干流区间及伊洛沁河流域普降大暴雨，且降雨量都超过 100 毫米。王化云感到情况比较严重，当即决定召开紧急会议，虽然当时的水情还不完全明朗，但据降雨量推算，花园口站洪峰流量可能超过 20000 立方米每秒。这是一个非常敏感的数字，是原定分洪与否的界线，有的与会同志提出按照防洪预案、利用石头庄溢洪堰分洪。王化云分析认为，根据已经出现的雨情和水情看，与 1933 年洪水很相似，是新中国成立以来最大的洪水，形势很严峻。但是，经过多年的培修加固，大堤的抗洪能力有了很大提高，而且治黄职工和群众防洪队伍经过多年防洪斗争的锻炼，政治和技术素质都比较好，能打硬仗，如果水情不再发展，全力以赴加强防守，战胜洪水是可能的。❷ 王化云当即表示现在还不是考虑分洪的时候，要继续注意水情变化情况，作好预报工作；同时要加强防守，做好石头庄分洪的准备。

17 日傍晚，伊洛沁河流域和三门峡以下干流区间雨势已经减弱，但花园口站洪水开始上涨，17 日 24 时水位达到 94.42 米，超过了预报水位。18 日清晨 5 时多，花园口站水位开始回落。花园口以上降雨大部已转为小雨或中雨，说明这次洪水虽然峰高，来势猛，但后续水量不大；下游天气转好，为防守创造了有利条件，依靠坚固的两岸堤防工程和人防体系，那么，战胜洪水是可能的。据此，王化云果断提出了不分洪，加强防守，战胜洪水的意见。

正在上海开会的周恩来总理，接到黄河发生大洪水的报告后立即停止会议，于 18 日下午乘专机飞临黄河，仔细察看了洪水情况。到达郑州后，立即听取了王化云等关于黄河防汛问题的汇报。王化云向其汇报了水情和防守部署，建议不使用北金堤滞洪区，依靠堤防工程和人力防守战胜洪水。周恩来总理又详细询问了降雨情况和洪峰到达下游的沿程水位，批准了不分洪战胜洪水的意见。❸ 另外他说："各方面的情况你们都考虑了，两省省委要全力加强防守，党政军齐动员，战胜洪水，确保安全。"❹ 之后，周恩来总理不顾劳累又详细察看了被洪水冲毁的黄河铁路大桥，对如何尽快恢复南北交通作了指示。

❶ 黄河水利委员会水文局：《〈黄河志〉卷三·黄河水文志》，河南人民出版社，1996，第 546 页。

❷ 黄河水利委员会：《王化云治河文集》，黄河水利出版社，1997 年，第 156 页。

❸ 中共中央文献研究室：《周恩来年谱（1949—1976）》中卷，中央文献出版社，1997 年，第 153 页。

❹ 曹应旺：《周恩来与治水》，中央文献出版社，1991 年，第 97 页。

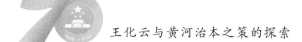

刘少奇副主席在山东省委第一书记舒同的陪下，于 7 月 16 日至 18 日到黄河下游的聊城地区视察工作。但是，在刘少奇到达聊城的第一天的后半夜，聊城地委接到黄河防汛总指挥部和上级的紧急指示：预计黄河将出现特大洪峰，聊城地区应立即做好范县、寿张北金堤以南滞洪区分洪的准备。鉴于此，刘少奇调整了原来的考察计划和日程安排，一切活动为黄河抗洪让路，把黄河抗洪和准备滞洪放到了第一位，还对黄河抗洪作过多次重要讲话和指示："要抢时间，要和洪水赛跑""你们不要掉以轻心，要立足于抗大洪，要把各种可能遇到的险情和困难都想到""防汛办公室的工作一定要讲质量，讲效率，讲准确"。❶

周恩来总理和刘少奇副主席亲临黄河，指挥抗洪，作出决策，说明党中央和国务院对黄河防洪和广大人民生命财产安全的关怀和重视。20 多年后，张含英在回忆这段往事时仍万分激动地说："究竟开不开分洪区，谁下这个决心啊！""最后总理果断地说：'不开分洪区'。这句话分量很重，它使一百万人民的生命财产免受水患。"❷ 党和政府的关怀极大地鼓舞了河南和山东两省的抗洪大军，200 万军民日夜坚守在大堤上，各级领导干部身先士卒，奋战在第一线，形成了一种全党全民齐心协力抓防汛的宏伟局面。此外，这次黄河大抢险还得到了中国人民解放军和来自全国各地的人力、技术和抢险物资支援。

黄河自 1919 年有实测记录以来的一次特大洪水，在经过沿黄地区党政军民数十昼夜的艰苦搏斗后，没有分洪，没有决口，于 7 月 27 日安澜入海了，这是黄河抗汛斗争史上史无前例的伟大胜利。在不分洪的条件下，战胜了花园口 22300 立方米每秒的大洪峰，是对新中国成立后宽河固堤和人民防洪力量的严峻考验，称得上治黄史上的一个里程碑。❸

第二节　探索黄河治本之策的准备

新中国成立后，为实现"变害河为利河"的治黄目的，在保证下游防洪安全的同时，王化云和黄河水利委员会又积极开展了治本的各项准备工作，寻找根治黄河的道路。

从 50 年代初期开始，王化云就对黄河流域进行了比较全面的、系统的考察，每年除了汛期外，都有几个月的时间在外面跑，几乎走遍大河上下。为了解泥沙的来源和水土保持情况，王化云于 1950 年和 1951 年两次考察陕北的无定河流域，比较分析了各条支流的特点。为综合利用黄河水资源，开发黄河干流的发电效益，王化云同燃料工业部水力发电工程局副局长张铁铮查勘和参与选定了龙羊峡、刘家峡等坝址，1952

❶ 朱永顺：《刘少奇与 1958 年聊城地区黄河抗洪》，《春秋》2007 年第 4 期。

❷ 曹应旺：《周恩来与治水》，中央文献出版社，1991 年，第 97 页。

❸ 高峻：《新中国治水事业的起步（1949—1957）》，福建教育出版社，2003 年，第 162 页。

年陪同苏联专家对三门峡、王家滩、八里胡同等坝址进行了查勘。王化云和黄河水利委员会工作人员还对龙门、芝川、小浪底和邙山等干支流的重要坝址进行了考察。通过自己的亲身实践，王化云对黄河的感性认识大大丰富，为以后长期从事治黄的领导工作奠定了良好的基础。

为了开展规划工作，黄河水利委员会从 1950 年开始先后组织了 32 个查勘队，开展了全面的查勘工作，对干流河道进行了比较全面的查勘。❶1952 年对河源进行了一次具有历史意义的查勘工作，为研究黄河源区的开发和西线南水北调工程提供了宝贵的资料。1953 年，由水利部、农业部、林业部、中国科学院等组成水土保持考察团，对黄土高原进行了全面查勘。另外还进行了水文、测绘等资料整编和防洪、灌溉等专项研究工作。50 年代初期开展的大规模基本工作，为编制黄河规划提供了大量的第一手资料。

为给苏联专家准备基本资料，根据黄河水利委员会技术力量有限的现实，周恩来总理指示国家计委，从燃料工业部、水利部、地质部、农业部、林业部、铁道部和中国科学院等单位抽调人员成立黄河研究组❷，负责收集、调查、整理、分析有关黄河规划所需的各种资料。黄河研究组共集中技术干部 39 人，在有关部、院的协助下，已整编并翻译出黄河概况报告 17 篇，干支流查勘、各主要坝址地质调查、几个大水库的经济调查及水土保持调查等报告 30 余篇，各种统计图表 168 张，水文统计资料 4 本，地质图 921 张。❸ 1954 年 1 月 2 日，以阿·阿·柯洛略夫副总工程师为组长的苏联专家组来华，在研究了上述各项基本资料后，认为黄河研究组过去的准备工作方向是对的，现有资料已够编制《黄河综合利用规划技术经济报告》的条件，提出可以在进行黄河重点查勘的同时开始编制报告。

为深入实地进一步了解黄河的实际情况，收集补充相关资料，对第一期工程的选定进行现场考察，1954 年 2 月决定组成黄河查勘团❹。查勘从黄河下游开始，沿河考察了黄河入海口、重要险工和水文控制站，然后沿黄河溯流而上，直到甘肃刘家峡，沿途详细查勘了干流上可能筑坝的坝址，两岸的水土流失和治理效果，还看了古老的黄河河套灌区以及主要支流情况。❺苏联专家否定了邙山水库坝址，对三门峡坝址发表了肯定意见，柯洛略夫明确指出："从龙门到邙山，我们看过的全部坝址中，必须承认三门峡坝址是最好的一个坝址。任何其他坝址都不能代替三门峡为下游获得那样大的

❶ 王化云：《我的治河实践》，河南科学技术出版社，1989 年，第 150 页。

❷ 1953 年 7 月 16 日，为研究黄河流域的综合开发问题，决定成立黄河研究组，以李葆华为组长，刘澜波、王新三、顾大川、王化云为副组长。参见黄河水利委员会勘测规划设计院编《〈黄河志〉卷六·黄河规划志》，河南人民出版社，1991 年，第 117 页。

❸ 曹应旺：《周恩来与治水》，中央文献出版社，1991 年，第 77 页。

❹ 黄河查勘团由水利部副部长李葆华、燃料工业部副部长刘澜波任正副团长，9 位苏联专家及中国水利专家张含英、王化云等 120 余人参加。

❺ 高峻：《新中国治水事业的起步（1949—1957）》，福建教育出版社，2003 年，第 169 页。

效益，都不能像三门峡那样能综合地解决防洪、灌溉、发电等各方面的问题。"❶ 这次查勘历时 110 多天，在查勘中曲折往复行程 12000 多千米，先后共查勘堤防、险工1400 多千米，干支流坝址 29 处，新老灌区 8 处，水土保持类型区 4 个。❷ 这是一次关键且有重要意义的黄河现场大查勘，听取并讨论研究了有关地方对治黄的意见和要求，对黄河流域综合规划的关键问题，尤其是对选择第一期工程等重点基本统一了认识，为编制黄河综合规划奠定了良好的基础。

---

❶ 黄河水利委员会勘测规划设计研究院：《〈黄河志〉卷九·黄河水利水电工程志》，河南人民出版社，1996年，第 184 页。

❷ 袁隆：《忆 50 年代初的治黄调查研究工作》，《黄河史志资料》1990 年第 3 期。

第二章　黄河治本之策的
初步实施及受挫

在认真总结历代治黄经验、听取专家意见和实地考察后，王化云提出了"蓄水拦沙"的方略，要"节节蓄水，分段拦泥"，达到"综合开发，除害兴利"的目的。1955年7月第一届全国人民代表大会第二次会议审议通过《关于根治黄河水害和开发黄河水利的综合规划的决议》，把治黄工作推进到一个全面发展的历史新阶段。❶ 规划决定在黄河中游水土流失严重的地区开展大规模的水土保持工作，修建三门峡水利枢纽进行"蓄水拦沙"。王化云认为，通过对黄土高原水土流失的治理，利用三门峡水库的大库容，就可以减轻黄河下游的洪水威胁，泥沙的问题也可以消除。但通过实践发现，三门峡水库的建设存在着严重的失误，"蓄水拦沙"的方略存在片面性，过分强调了"拦"，忽视了必要的"排"，这进一步使王化云认识到黄河治理的复杂性与长期性，对黄河客观规律的认识也有了新的飞跃。

第一节　提出"蓄水拦沙"方略，
编制黄河综合规划

一、"蓄水拦沙"方略的提出

在中国漫长的历史时期内，涌现出大禹、贾让、王景、贾鲁、潘季驯、靳辅、陈潢、李仪祉等一批治黄代表人物，他们提出并实践过多种治理黄河的方策，但由于时代局限性和生产力发展水平低下等原因，都没有在根本上改变黄河决溢泛滥甚至改道的局面，给黄河两岸人民生命财产造成了惨重损失。到了近代，西方资本主义国家的学者如费礼门、恩格斯、方修斯、萨凡奇等也非常关注黄河问题，在治黄方策的研究和探索方面提出过一些有益的见解，但基本没有脱离明代潘季驯"以水攻沙"理论❷的轨迹。通过对历代治河方略的研究，王化云开始考虑如何走出一条符合黄河客观规律

---

❶　王化云：《我的治河实践》，河南科学技术出版社，1989年，第126页。

❷　潘季驯（1521—1595），明代水利专家。嘉靖末至万历年间，曾四次出任总理河道都御史，先后长达二十七年，提出了"筑堤束水，以水攻沙"的治黄方略，旨在把泥沙输送到海里，从而解决因河床升高而引起的泛滥灾害，为中国古代的治黄事业作出了重大贡献，同时也为近现代水利专家们所提出的"束水冲沙"以及"收紧河道"等理论提供了有益的借鉴。著有《两河管见》《河防一览》等书。

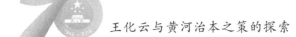

的新路子来，对黄河的治本之策进行了初步思考。在 1952 年 5 月写成的《关于黄河治理方略的意见》一文中，王化云第一次明确提出了"除害兴利，蓄水拦沙"的治黄主张，明确指出"我们治理黄河的目的就是害要根除，利必尽兴，一句话就是兴利除害"，"我们治理黄河的总方略应该是用'蓄水拦沙'的方法，达到综合性开发的目的"❶。鉴于此，我们不应该采取再把泥沙和水送到海里的治黄老路，而是要把泥沙和水拦蓄在上边。拦蓄的办法是修筑干支流水库，同时在黄土高原上进行大规模的水土保持植树种草工作，把泥沙和水拦蓄在高原上、沟壑里以及干支流水库里，最终实现黄河"兴利除害"的目的。

1953 年 5 月 31 日，王化云以个人名义向邓子恢副总理同时呈报了《关于黄河的基本情况与根治意见》和《关于黄河情况与目前防洪措施》两个报告。❷ 在《根治意见》的报告中，王化云提出"一条方针，四套办法"为今后根治黄河的方略。"一条方针"即"蓄水拦沙"，"四套办法"即"在黄河的干流从邙山到贵德，修筑二三十个大水库、大电站；在较大的支流上，修筑五六百个中型水库；在小支流及大沟壑里修筑 3 万个小水库；同时用农、林、牧、水结合的政策进行水土保持"。"通过以上四套办法，把大小河流和沟壑变为衔接的阶梯的蓄水和拦沙库。同时利用水发展林草，利用林草和水库调节气候，分散水流，这样就可以把泥沙拦在西北，使黄河由浊流变清流，使水害变为水利。"❸ 在《目前防洪措施》的报告中，王化云分析了下游的防洪形势，指出"我们现在堤防的状况，虽然比国民党时期有大大的加强，但因黄河河床迅速升高，溜势❹变化不定，我们依靠堤防防御 1933 年的洪水已不是完全安全，对道光二十三年的洪水❺来说，就更加危险"，"认为在治本工程没有举办以前，即在近五年内首先举办临时防洪工程，以防止异常洪水对我们的袭击是十分必要的"❻。王化云提出修建芝川、邙山两座水库，总库容达 82 亿立方米，当时认为："如果我们举办了这一工程，黄河在 20 年内可以保证不闹水灾，这样就可以腾出时间进行治本工作。"❼ 但后来认为水库修建后的淹没范围较大，且三门峡的地理位置更加优越，因而放弃修建芝川、邙山两座水库，改为先修建三门峡水库。

❶ 黄河水利委员会：《王化云治河文集》，黄河水利出版社，1997 年，第 50 页。

❷ 王化云：《建国初期治理黄河工作的回忆》，《河南文史资料》2009 年第 3 期。

❸ 黄河水利委员会：《王化云治河文集》，黄河水利出版社，1997 年，第 80 页。

❹ 溜势是指大河主流的趋势。

❺ 1952 年 10 月，根据洪水调查和历史文献的记载，黄河水利委员会规划设计院又发现了比 1933 年 8 月更大的洪水，即 1843 年 8 月（道光二十三年七月）的特大洪水。根据推算，其洪峰流量达 36000 立方米每秒，给黄河流域的人民制造了严重的灾难。时间虽已经过去了 100 多年，但是潼关至小浪底河段的两岸居民对 1843 年的洪水灾害记忆深刻，至今仍流传着"道光二十三，黄河涨上天，冲了太阳渡，捎走万锦滩"的民谣。参见高峻著《新中国治水事业的起步（1949—1957）》，福建教育出版社，2003 年，第 167 页。

❻ 黄河水利委员会：《王化云治河文集》，黄河水利出版社，1997 年，第 81～82 页。

❼ 王化云：《我的治河实践》，河南科学技术出版社，1989 年，第 144 页。

二、第一部综合治理开发黄河规划

1955 年 7 月 5 日，第一届全国人民代表大会第二次会议在北京召开。7 月 18 日，邓子恢副总理代表国务院在会议上作了以"除害兴利，蓄水拦沙"为主要内容的《关于根治黄河水害和开发黄河水利的综合规划的报告》，并请大会审议通过。邓子恢在会上说："黄河干流梯级开发计划选定在陕县三门峡地方修建一座最大和最重要的防洪、发电、灌溉的综合性工程。""三门峡工程对于防止黄河下游洪水灾害有决定性的作用。"❶ 7 月 30 日大会通过了《关于根治黄河水害和开发黄河水利的综合规划的决议》，批准了规划的原则和基本内容；同意了邓子恢副总理的报告；要求国务院迅速建立三门峡水库和水电站建筑工程机构。❷ 这是中国历史上第一部全面的、完整的、科学的黄河综合规划，也是中国大江大河中第一部经全国人民代表大会审议通过的流域规划，❸人民治黄事业从此进入了一个全面治理、综合开发的历史新时期。

以"除害兴利，蓄水拦沙"为指导思想的黄河规划是几千年来治河思想的新发展，揭开了全面治理黄河的新阶段。规划中明确指出："对于黄河所应当采取的方针就不是把水和泥沙送走，而是要对水和泥沙加以控制，加以利用。"指出控制黄河的水和泥沙、根治黄河水害、开发黄河水利的基本方法是"从高原到山沟，从支流到干流，节节蓄水，分段拦泥，尽一切可能把河水用在工业、农业和运输业上，把黄土和雨水留在农田上"❹。根据黄河河段的特点，规划还明确提出了各河段的开发任务和分期实施计划，三门峡水利枢纽作为第一期计划的重点工程项目。这个黄河规划以整个黄河流域为研究对象，突破了历史上治河仅限于下游，仅限于防洪的范围，根据"除害兴利"的要求，对黄河上中下游进行统筹规划，全面治理，综合开发；它强调了除害与兴利的一致性，克服了以往治河主要是除害的片面观点，把黄河水看成是一种宝贵的资源，变害河为利河，在治黄的指导思想上，这是一次重要的突破与转折；它突出了综合利用的原则，防洪、灌溉、航运、发电和城市供水兼具，最大限度地利用黄河水资源。

"只要六年，在三门峡水库完成后，就可以看到黄河下游的河水基本上变清，不要多久就可以在黄河下游看到几千年来人民所梦想的这一天——看到'黄河清'!"❺然而，由于对黄河泥沙的认识不足，导致在泥沙的处理上存在片面性，王化云提出的"蓄水拦沙"方略单纯强调对泥沙的控制和利用，忽视了对泥沙必要的排放。因此，这个以蓄水拦沙为指导思想的规划是注定要失败的，而失败的阴影首先笼罩在被选为第

❶ 中共中央文献研究室：《建国以来重要文献选编》第 7 册，中央文献出版社，1993 年，第 19、26 页。
❷ 卢旭、袁仲翔：《中央领导与黄河》，黄河水利出版社，1996 年，第 34 页。
❸ 侯全亮：《一代河官王化云》，黄河水利出版社，1997 年，第 190 页。
❹ 中共中央文献研究室：《建国以来重要文献选编》第 7 册，中央文献出版社，1993 年，第 16～17 页。
❺ 中共中央文献研究室：《建国以来重要文献选编》第 7 册，中央文献出版社，1993 年，第 31 页。

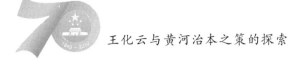

一期工程的三门峡枢纽上。❶

第二节　根治黄河的一次重大失误
——三门峡水利枢纽的兴建

一、围绕三门峡工程设计的争论

在提出"除害兴利，蓄水拦沙"指导思想之后，王化云就开始了对各个坝址的实地调查。在综合分析之后，认为在芝川和邙山两地修建水库后的淹没范围较大，而三门峡的地理位置更加优越，再考虑国家的财政经济条件，王化云遂积极主张上马三门峡水库，并主张水库的蓄水位应为 350 米，以防洪为主，结合发电和灌溉。

修建三门峡枢纽，是新中国成立初期在治水方面的一项重大举措。❷ 1955 年 7 月，第一届全国人民代表大会第二次会议后，国务院委托苏联电站部水电设计院列宁格勒分院进行三门峡工程初步设计。❸ 1956 年 4 月苏方提出《三门峡工程初步设计要点》，拟定正常高水位❹绝不能低于 350 米，设计最大泄水量为 6000 立方米每秒。❺ 经国家建设委员会审查后，将水库的规模初步设计为：正常高水位为 360 米，库容为 647 亿立方米，可使千年一遇洪水由 35000 立方米每秒削减为 6000 立方米每秒，1967 年前（初期）运用水位为 350 米。水库采取"蓄水拦沙"的运用方式。

初步设计提出后，围绕这项工程就展开了一场百家争鸣式的大争论，而争论的焦点集中在如何选择正常高水位这个问题上。正常高水位由黄河规划时的 350 米抬高至 360 米，将多淹耕地 126 万亩，多迁移 31 万人，这对陕西省影响最大，该省的反映也最强烈。❻ 清华大学教授黄万里于 1956 年 5 月向黄河流域规划委员会提出《对于黄河三门峡水库现行规划方法的意见》，认为经济坝高的确定应通过全面经济核算，三门峡水库正常高水位应比 360～370 米低，并建议坝底留有相当大规模的泄水洞，把施工排水洞（导流底孔）留下，切勿堵死，以备他年冲沙出库，以免将来觉悟到需要冲沙时重新在坝里开洞。❼《意见》最后反复强调：三门峡筑坝后，下游的洪水危害将移到上游，出库清水将危害下游堤防。❽ 电力工业部水力发电建设总局青年技术员温善章，于 1956 年 12 月和 1957 年 3 月先后向水利部和国务院呈述《对三门峡水电站的意见》，主张用低水位、少淹没、多排沙的思想进行设计。他认为正常高水位不需要 360 米，只

❶ 潘家铮：《千秋功罪话水坝》，清华大学出版社、暨南大学出版社，2000 年，第 118 页。
❷ 冯国斌、张立中：《黄河三门峡水利枢纽后评价》，《人民黄河》2001 年第 12 期。
❸ 高峻：《新中国治水事业的起步（1949—1957）》，福建教育出版社，2003 年，第 173 页。
❹ 正常高水位又称蓄水位，指海拔高程，以大沽高程为标高。
❺ 张含英：《我有三个生日》，水利电力出版社，1993 年，第 77 页。
❻ 景敏：《黄河吁天录》，花城出版社，1999 年，第 358 页。
❼ 朱军：《中国水力发电史（1904—2000）第一册》（第一稿），中国电力出版社，2005 年，第 112 页。
❽ 赵诚：《长河孤旅：黄万里九十年人生沧桑》，长江文艺出版社，2004 年，第 87 页。

需 335 米，汛期不蓄水，排泄泥沙，迁移人口估计不会超过 10 万～15 万人，投资也将大大降低。❶ 并且主张刷沙出库，保持库容，水库的运用方式应以"拦洪排沙"为主，而非"蓄洪拦沙"。黄河规划委员会工程师叶永毅也提出，高坝拦洪回水影响潼关渭河泄洪，建议分期筑坝，认为清水出库对下游堤防不利，主张刷沙出库，希望在 280 米河床处留孔排沙，以放慢水库淤积，延长水库使用寿命。❷

1957 年 6 月 10 日至 24 日，水利部邀请有关方面的专家、教授及工程技术人员共 70 人，在北京召开了三门峡水利枢纽讨论会，讨论水库的正常高水位及运用方式问题。会上绝大多数人同意高坝大库拦沙、充分综合利用的方案。认为三门峡是解决黄河下游防洪问题的最合适地点，应选为第一期工程；可采取分期抬高水位的方法来减少移民的困难。对于"滞洪排沙"方案，认为不能满足消除下游水害要求，也不能充分发挥水库综合利用要求（主要指发电），不宜采用。❸ 而黄万里教授提出了不同的见解：三门峡水利枢纽工程违背了"水流必须按趋向挟带一定泥沙"的原理，是一个建立在错误设计思想基础上的工程，在三门峡修建拦河高坝，泥沙在水库上游淤积，会使黄河上游的水位逐年增高，把黄河在河南的灾难搬到上游陕西。❹ 即使若一定要修此坝，则建议勿堵塞六个排水洞，以便将来可以设闸排沙。虽然全体人员都同意此点，但在施工时，却因为苏联专家的坚持而按原设计把六个底孔全部堵死了。❺ 此前上书水利部和国务院的温善章则要求保留修改低坝水库和"滞洪排沙"的意见。可惜的是，少数人正确的合理的意见没有得到采纳，会议最后一致同意水库分期施工和逐步抬高水位的原则。

1957 年 11 月国务院批准了初步设计，并对设计提出了以下意见：大坝按正常高水位 360 米设计，350 米施工，350 米水位是一个较长期的运用水位；在技术允许的条件下，应适当增加泄洪量和排沙量，泄水孔底槛高程应尽量降低。❻ 但陕西省认为中上游的水土保持速度可能加快，可以有效地减少三门峡水库的淤积库容，提议大坝按正常高水位 350 米设计，340 米建成。因此，周恩来总理于 1958 年 4 月 21 日至 24 日在三门峡工地主持召开了现场会议，亲自听取各方面意见，尤其是反面意见。王化云在会上发表了自己的意见：认为大坝按正常高水位 360 米设计，350 米建成是正确的，也是稳妥的，综合利用效益才能充分发挥。大坝按正常高水位 340 米建成是不合算的。❼ 周恩来在总结发言中指出："三门峡水库淤积问题引起了一系列的争论，有各种设想，其

❶　段子印、白玉松：《三门峡工程建设述略》，载中国人民政治协商会议三门峡市委员会、中国水利水电第十一工程局编《万里黄河第一坝》，河南人民出版社，1992 年，第 10 页。

❷　赵诚：《长河孤旅：黄万里九十年人生沧桑》，长江文艺出版社，2004 年，第 89 页。

❸　潘家铮：《千秋功罪话水坝》，清华大学出版社、暨南大学出版社，2000 年，第 121 页。

❹　朱军：《中国水力发电史（1904—2000）第一册》（第一稿），中国电力出版社，2005 年，第 112 页。

❺　赵诚：《长河孤旅：黄万里九十年人生沧桑》，长江文艺出版社，2004 年，第 93 页。

❻　黄河水利委员会勘测规划设计院：《〈黄河志〉卷六·黄河规划志》，河南人民出版社，1991 年，第 157 页。

❼　王化云：《我的治河实践》，河南科学技术出版社，1989 年，第 181 页。

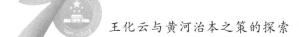
原因就是因为规划的时候，对一条最难治的河，各方面的研究不够所造成的。"❶ 明确指出修建三门峡水库的目标应以"防洪为主，其他为辅""先防洪，后综合利用""确保西安，确保下游"为原则。❷

水利电力部❸根据这一时期研究的意见，于 6 月 29 日向中央提出了《关于黄河规划和三门峡工程问题的报告》，确定大坝按正常高水位 360 米设计，350 米施工，1967 年前最高运用水位不超过 340 米，死水位降至 325 米（原设计 335 米），泄水孔底槛高程降至 300 米（原设计 320 米），坝顶高程 353 米。❹ 水库的运用方式仍为"蓄水拦沙"。

二、三门峡水库修建后出现的问题及改建

一届人大二次会议后，周恩来具体负责了三门峡水电防洪工程的施工组织工作，决定成立三门峡工程局来统一领导工程的施工任务。1955 年 12 月 6 日，经国务院常务会议批准，刘子厚任黄河三门峡工程局局长，王化云、张铁铮、齐文川任副局长。

1957 年 4 月 13 日，三门峡水利枢纽工程正式开工。1958 年 11 月 17 日开始截流，至 12 月 13 日完成全部截流任务。1960 年 7 月大坝浇筑到 340 米高程，并拦蓄了当年洪峰，到年底基本建成。三门峡水利枢纽位于黄河中游下段，水库控制黄河流域面积的 92%，控制近 90% 的全河水量，全河来沙几乎都被控制。黄河的三个主要洪水来源❺中，北洛河中上游及下游的两个洪水源都被控制。❻ 三门峡水利枢纽工程，是当时中国修建的规模最大、技术最复杂、机械化水平最高的水利水电工程。❼ 因此工程建设受到中央和国务院的高度重视，在施工过程中严格执行各项规范制度，工程质量好、速度快，较设计工期提前一年多完成。1962 年 2 月第一台 15 万千瓦机组投入试运行。

1960 年 9 月 15 日三门峡水库开始蓄水使用，但很快就出现了严重的问题。仅经过一年多的"蓄水拦沙"运用，到 1962 年 2 月，水库就淤积泥沙 15.34 亿吨，造成潼关以上也淤积严重，在渭河河口处形成拦门沙❽，且有上延的趋势，严重威胁关中平原的工农业生产。为缓解库容损失和确保渭河下游安全，1962 年 3 月，将水库运用方式由"蓄水拦沙"改为"滞洪排沙"，3 月中旬提前开闸放水，已安装的第一台 15 万千瓦机组也被迫拆移。但淤积仍在继续发展，到 1964 年 11 月，总计淤积泥沙 50 亿吨。而渭河的淤积影响，已发展到距西安 30 多千米的耿镇附近。❾ 发生的一切都让黄万里给说

❶ 张含英：《我有三个生日》，水利电力出版社，1993 年，第 81 页。

❷ 曹应旺：《周恩来与治水》，中央文献出版社，1991 年，第 82 页。

❸ 水利电力部：1958 年 2 月 11 日，水利部和电力工业部合并组成水利电力部。

❹ 黄河水利委员会勘测规划设计院：《〈黄河志〉卷六·黄河规划志》，河南人民出版社，1991 年，第 158 页。

❺ 黄河洪水主要来自三个地区：河口镇至龙门区间、龙门至三门峡区间（主要是泾、洛、渭、汾河流域）、三门峡至花园口区间（主要是伊、洛、沁河等流域）。

❻ 尹学良：《黄河下游的河性》，中国水利水电出版社，1995 年，第 58～59 页。

❼ 王化云：《我的治河实践》，河南科学技术出版社，1989 年，第 170～171 页。

❽ 拦门沙：在河口口门附近的河床上由于泥沙淤积而形成隆起的浅滩，会阻碍河水排泄。

❾ 景敏：《黄河呼天录》，花城出版社，1999 年，第 360 页。

中了，严酷的现实惊动了各方，引起了社会各界的极大关注。

陕西数千人受洪水包围，25 万亩农田被淹，同时，浸没、沼泽化和盐碱化面积不断扩大。❶ 故陕西省反映最为强烈。1962 年 4 月，在第二届全国人民代表大会第三次会议上，陕西省代表提出第 148 号提案，要求三门峡工程增建泄洪排沙设施，以减轻库区淤积。❷ 国务院和水利电力部多次召开技术讨论会来研究水库的补救措施，但众议纷纭，莫衷一是。1964 年 4 月，邓小平、彭真等中央领导同志视察黄河三门峡工程，并对治黄工作作了指示。❸ 毛泽东主席听到陕西省的反映，焦虑不安，又没见到解决的确定方案，便对周恩来总理说："三门峡不行就把它炸掉！"❹

面对这种复杂局面，为了统一思想，尽快作出治黄决策，解决三门峡的淤积问题，研究今后的治黄方针，1964 年 12 月 5—18 日，周恩来总理亲自主持召开了治黄会议。这一时期，王化云也对根治黄河和三门峡水库进行了认真的思考，认为现阶段治黄的任务是上、中游要拦泥蓄水，下游则要防洪排沙。他在会上作了《关于近期治黄意见的报告》，意识到"拦"不能解决黄河的问题，必须要辅以适当的"排"，实行"上拦下排"的方针，同时加快水土保持工作，在中游干支流兴建拦泥库及拦泥坝工程，同意在三门峡枢纽增建两条隧洞，以减轻库区淤积。周恩来总理首先在会上指出："治理黄河规划和三门峡枢纽工程，做得是全对还是全不对，是对的多还是对的少，这个问题有争论，还得经过一段时间的试验、观察才能看清楚，不宜过早下结论。"❺ 又指出："当前的关键问题在泥沙。这是燃眉之急，不能等。""对三门峡水利枢纽工程改建问题，要下决心，要开始动工，不然泥沙问题更不好解决。"❻ 会议决定对三门峡工程进行第一次改建，批准了"两洞四管"的改建方案，即在左岸增建两条直径 11 米、洞底高程 290 米的泄洪排沙隧洞；改建 5～8 号发电引水钢管，以加大泄流排沙能力。❼ 改建工程于 1965 年 1 月开工，1968 年 8 月完成。改建后的水库泄量增大一倍，库区淤积有所减缓，潼关以下库区由淤积转为冲刷，但潼关以上库区及渭河下游仍继续淤积。❽

1969 年 6 月 13—18 日，根据周恩来总理指示，由河南省革命委员会主任刘建勋主持，在三门峡市召开了陕、晋、豫、鲁四省和水利电力部参加的会议，研究三门峡枢纽工程进一步改建问题。❾ 确定的改建原则是："在确保西安、确保下游的前提下，实现合理防洪、排沙放淤、径流发电。改建规模是当坝前水位 315 米时下泄流量 10000

❶ 崔宗培：《实践是检验真理的唯一标准——回顾黄河三门峡水利枢纽的争论》，《中国水利》1994 年第 8 期。

❷ 曹应旺：《周恩来与治水》，中央文献出版社，1991 年，第 85 页。

❸ 袁仲翔：《黄河下游治理方针和重要措施》，《黄河史志资料》1985 年第 1 期。

❹ 尹家民：《共和国风云中的毛泽东与周恩来》，百花洲文艺出版社，2004 年，第 270 页。

❺ 中共中央文献编辑委员会：《周恩来选集》下卷，人民出版社，1984 年，第 433 页。

❻ 中共中央文献编辑委员会：《周恩来选集》下卷，人民出版社，1984 年，第 436、433 页。

❼ 同❶注。

❽ 黄河水利委员会勘测规划设计院：《〈黄河志〉卷六·黄河规划志》，河南人民出版社，1991 年，第 166 页。

❾ 黄河水利委员会勘测规划设计研究院：《〈黄河志〉卷九·黄河水利水电工程志》，河南人民出版社，1996 年，第 201 页。

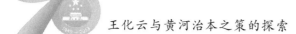

立方米每秒。"❶ 第二次改建工程于 1969 年 12 月开工，至 1971 年 10 月，先后打开 8 个施工导流底孔，投入运用。❷

三门峡水库的两次改建都是依靠中国自己的力量完成的，基本上达到了改建的预期目标。经过两次改建后，水库的运用方式由"蓄水拦沙"改为"滞洪排沙"，其泄流排沙能力有了很大提高，基本上解决了库区的泥沙淤积问题。虽然三门峡工程在防洪、防凌、灌溉和发电等方面仍然发挥一定的作用，但比之当初规划设计时的效应则差之甚远。❸

三、三门峡水利枢纽的评价

号称"万里黄河第一坝"的三门峡水利枢纽，是根据"除害兴利，蓄水拦沙"的指导思想在黄河干流上修建的第一座大型控制性水利工程。它的兴建是治理与开发黄河的一次重大实践，国际上也没有成功的经验可以借鉴，著名的水利专家钱正英院士曾有过这样的评价："三门峡是新中国大坝建设的摇篮。"经过从兴建到两次改建的实践过程，历史已经证明，三门峡水利枢纽存在着严重的失误，但也取得了一些宝贵的经验。

三门峡水利枢纽作为黄河规划的第一期重点工程，其主要失误表现在以下几个方面：

第一，在坝址的选择上只考虑建坝有利的一面，没有考虑不利的一面。三门峡坝址在地形和地质上得天独厚的自然条件以及便利的施工条件，使考察团的专家们忽视了对坝址的全面分析。只管要有大库容，而不管大水库的形态对泥沙淤积的位置和形态的影响。❹ 库区在潼关上下分属两类地形，潼关以下为峡谷地形，可保留较大的槽库容；潼关以上为平原地带，泥沙淤积大，淤积在滩地上的泥沙不易被冲走。潼关是上游库区的门坎，它的升高或降低，直接影响着潼关以上库区的冲淤变化。❺ 因此三门峡库区的地形不适宜修建高坝大库，水库宜采用低水位运用。第二，水库的设计不符合黄河的河情。黄河是多泥沙河流，其中上游流过的黄土高原，有 43 万平方千米的水土侵蚀面积，从这里每年冲沙输入黄河的泥沙达 16 亿吨。而水库设计规划采用的是一般清水河流的经验，采用窄口大肚的坝库，进行蓄水调节，势必造成库区淤积，❻ 不留排沙设施造成排沙十分困难，水库有效库容减小很快，严重影响水库的使用寿命和综合效益的发挥。第三，规划指导思想是以大淹没来求大库容，以大库容来获取大效益，这忽视了中国人多地少、可耕地更少的基本国情。中国是一个人多地少的农业大国，

---

❶ 卢旭、袁仲翔：《中央领导与黄河》，黄河水利出版社，1996 年，第 70 页。

❷ 黄河水利委员会勘测规划设计院：《〈黄河志〉卷六·黄河规划志》，河南人民出版社，1991 年，第 167 页。

❸ 朱军：《中国水力发电史（1904—2000）第一册》（第一稿），中国电力出版社，2005 年，第 10 页。

❹ 吴柏煊：《从三门峡工程的实践领会王化云治黄思想——运用三门峡工程成功经验，探索治黄新思路》，载黄河水利委员会编《王化云纪念文集》，黄河水利出版社，2002 年，第 77 页。

❺ 崔宗培：《实践是检验真理的唯一标准——回顾黄河三门峡水利枢纽的争论》，《中国水利》1994 年第 8 期。

❻ 高峻：《新中国治水事业的起步（1949—1957）》，福建教育出版社，2003 年，第 177 页。

河川平原多是农业基地，而三门峡水库淹没地区正是人口集中的"八百里秦川"，是陕西省的粮棉基地。[1] 陕西耕地的 85% 是山地，平原只有 1000 多万亩，水库淹没多为平原高产区，其人口密度每平方千米 200 人（全省为 82 人）。[2] 水库蓄水后泥沙淤积上延，造成地下水位升高，浸没范围扩大。第四，对水土保持的治理速度和减沙效益估计过于乐观。规划认为大规模开展水土保持工作，预计将减少入库沙量的 25%，并配合支流拟修建的 10 座拦泥水库，15 年内就可减少入库泥沙的 50%。而以后的实践表明，水土保持年治理速度一般只有 1% 左右，而且由于人类不合理地利用自然资源，还造成新的水土流失，因此治理面积并不直接等于其减沙效益。专家指出，减沙效益的百分比往往比治理面积的百分比要小得多。[3] 至于拟建的拦泥库问题更多，一般是淹没大、寿命短、投资多、效益小，以致当时规划的拦泥库迄今未能实现。[4] 同时在对泥沙的处理上也存在片面性。原规划认为黄河的根本问题是泥沙太多，历史上曾采用"疏导分流""束水攻沙"等治理方法，但都不能在根本上解决下游河道的淤积和改道问题。基于这种情况，王化云提出了"蓄水拦沙"的治河方略，目的是把泥沙拦在中上游。当时解决泥沙问题主要有四条措施：一是依靠水土保持减沙；二是靠修建支流拦泥库保三门峡水库；三是靠异重流排沙；四是靠大库容拦沙。实践结果表明，原来对这几条措施的估计都过分乐观了。[5] 黄河的泥沙是拦不完的，在泥沙的处理上过分强调"拦"，忽视了必要的"排"。第五，对移民的困难估计不足。在水库原建期间，由于移民补偿和安置标准过低，造成了较为严重的移民遗留问题。1984 年 11 月，中央调查组进入陕西省调查，调查组组长、国务院秘书长助理孙岳在走访之后面对移民的生活状况不能不承认："政府对不起你们……国家确实没有把移民安排好……"[6] 另外，三门峡工程的直接结果，是对黄河流域生态环境、特别是中下游流域生态环境的严重破坏。[7] 国务院在审批规划设计时，分别定出不同的设计、施工和运用水位，并提出降低泄水孔高程，已是考虑了这些矛盾，使不良后果减小了，但限于对黄河客观规律的认识，未能彻底扭转局面。[8] 这主要是由于当时治黄心切，对泥沙规律研究分析不够，对解决黄河泥沙问题的复杂性、艰巨性和长期性认识不足造成的。

造成王化云及 20 世纪 50 年代黄河水利工程技术人员在三门峡水利枢纽建设中失误的原因，笔者认为，应从以下两个方面来分析：

第一，王化云等对黄河河情的认识仍停留在较肤浅的层面。在经济建设大干快上的时代背景下，他们在探索黄河的治本之策上也急于求成，认为黄土高原水土流失能

❶ 水利电力部黄河水利委员会治黄研究组：《黄河的治理与开发》，上海教育出版社，1984 年，第 164 页。
❷ 赵之蔺：《三门峡工程决策的探索历程》，《黄河史志资料》1989 年第 4 期。
❸ 景敏：《黄河吁天录》，花城出版社，1999 年，第 364 页。
❹ 崔宗培：《实践是检验真理的唯一标准——回顾黄河三门峡水利枢纽的争论》，《中国水利》1994 年第 8 期。
❺ 王化云：《我的治河实践》，河南科学技术出版社，1989 年，第 194 页。
❻ 冷梦：《黄河大移民》，陕西旅游出版社，1998 年，第 76 页。
❼ 张伟、沈四：《三门峡工程决策失败之教训》，《决策与信息》2009 年第 7 期。
❽ 黄依仁：《简述三门峡水利枢纽工程》，《黄河史志资料》1989 年第 4 期。

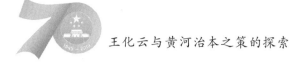
在短时期内治理成功，认为建大坝修大库容水库能够达到"蓄水拦沙"的目的，能迅速解决黄河的泥沙与洪水问题。虽然决定权在上层领导，但是作为治理黄河的直接领导机构，王化云及黄河水利委员会理应做出科学的、全面的分析，这样才能对领导的决策提供科学的依据。

第二，在治本之策上，王化云等对苏联专家偏听偏信，忽视少数人提出的合理意见。在经过1954年黄河大调查后，苏联专家对黄河有了一定的认识，但认识不够深刻，难免会根据苏联的江河治理经验来治理黄河。在当时"一边倒"外交方针的影响下，中国学习苏联，苏联专家的意见起决定性作用，王化云等对他们偏听偏信，而对黄万里、温善章等少数人提出的合理意见没有认真地听取。

三门峡水利枢纽在经过两次改建后，仍然发挥出了一定的综合效益：第一，水利枢纽的运用方式虽有所改变，但防洪作用依然可靠，可有效控制黄河洪水，成为黄河下游防洪工程体系的重要一环，同时基本解除了下游凌汛的威胁。第二，灌溉农田3000多万亩，下游引黄灌溉事业得到较快发展，成为国家重要的粮棉生产基地。还为下游沿河城市及中原、胜利两大油田提供了大量的生活和工业用水，取得了显著的经济效益。第三，在发电上，5台机组每年约可提供10亿千瓦时的电量，为豫西地区工农业生产的发展起到积极的推动作用。❶ 除上述可计算的效益外，更重要的是通过三门峡水利枢纽的实践，为认识和开发黄河及其他多泥沙河流的治理积累了丰富的经验。葛洲坝、小浪底、三峡等著名大型水利枢纽的设计和建设，都吸收和借鉴了三门峡水利枢纽的经验与教训。❷ 三门峡水库提供了实践依据，说明黄河丰富的水利资源能够为人民综合利用，害河可以变为利河。在黄河上修水库，只要选择峡谷地形，有足够的坝高和泄流排沙设施，实行"蓄清排浑"、调水调沙运用方式，水库就不会淤废，并可长期保持一定的有效库容进行综合利用。❸ 三门峡工程建设，培养了一批水利水电建设管理人才，对中国水利水电建设事业产生了深远影响。❹

三门峡水库建成投入防洪运用，标志着黄河下游防洪已从单纯依靠堤防，发展到依靠水库、堤防、河道整治、分滞洪工程等组成的防洪工程体系确保防洪安全的新阶段。❺ 但是，三门峡工程的教训是深刻的，在英雄辈出的年代，顺其自然的治水之道受到忽视，人定胜天，征服自然，不尊重自然规律，三门峡工程的问题带有鲜明的时代性。❻ 通过三门峡水利枢纽的实践，一些争论多年的问题得到了印证，治黄工作大大地向前推进了一步。

---

❶ 魏永晖：《三门峡水利枢纽建设的经验与教训》，《水利水电工程设计》1998年第1期。

❷ 岳德军、宋晖：《人民治理黄河50年的黄河泥沙研究》，载中国水利水电科学研究院水利史研究室编《历史的探索与研究——水利史研究文集》，黄河水利出版社，2006年，第145页。

❸ 王化云：《我的治河实践》，河南科学技术出版社，1989年，第192页。

❹ 冯国斌、张立中：《黄河三门峡水利枢纽后评价》，《人民黄河》2001年第12期。

❺ 胡一三：《中国江河防洪丛书·黄河卷》，中国水利水电出版社，1996年，第213页。

❻ 朱军：《中国水力发电史（1904—2000）第一册》（第一稿），中国电力出版社，2005年，第10页。

第三章　黄河治本之策的再认识

三门峡水库的实践，为治黄工作提供了十分宝贵的经验和教训，使王化云对黄河治理的长期性和复杂性有了更深刻的认识。在总结人民治黄工作经验教训的基础上，从失误和挫折中，王化云认识到"黄河治本不再只是上中游的事，而是上中下游整体的一项长期艰巨的任务"，"下游也有治本任务"。❶ 他明确提出："在上中游拦泥蓄水，在下游防洪排沙，即上拦下排，是今后治黄工作的总方向。"❷ 从"蓄水拦沙"到"上拦下排"是治黄指导思想上一次重要的发展。一方面在黄河上中游进行调查研究，总结经验，进行"上拦"工程的探索；另一方面在下游加强"下排"措施，大力恢复下游河道的防洪能力。1975 年 8 月淮河流域发生罕见大洪水，为防御黄河再次发生特大洪水，提高黄河下游防洪能力，水利电力部及河南、山东两省提出把"上拦下排，两岸分滞"作为黄河下游防洪的方针。

第一节　"上拦下排"方略的提出及具体措施

一、总结经验教训，提出"上拦下排"的治理方略

王化云作为首席河官，三门峡工程建设的力主者和具体组织者，从"蓄水拦沙"方略的构想，三门峡工程的提出、决策和兴建，蕴含了他多年的心血。在此前的中国历史上，似乎还没有哪个名字能像王化云那样与一座工程的成败联系得如此紧密。❸ 面对工程建成运用后始料不及的严重局面，王化云思想上承受着巨大压力，也为下一步黄河治理该怎么走陷入了深沉的思考。❹

1963 年 3 月，王化云在黄河水利委员会治黄工作会议上作了《治黄工作基本总结和今后的方针任务》的报告，总结了人民治黄工作 17 年来的经验教训，提出了"在上中游拦泥蓄水，在下游防洪排沙，即上拦下排，是今后治黄工作的总方向。只有如此才能实现根治黄河的目的"❺。王化云认识到，黄河是一条复杂而又难治理的多泥沙河

---

❶　王化云：《我的治河实践》，河南科学技术出版社，1989 年，第 200 页。

❷　黄河水利委员会：《王化云治河文集》，黄河水利出版社，1997 年，第 257 页。

❸　《化云为雨，风范长存——一代河官王化云的治黄岁月》，见黄河电视台制作《薪火传承——治黄人物系列专题》。

❹　侯全亮：《王化云先生治河思想之研究》，未刊稿。

❺　同❷注。

流，其洪水与泥沙问题是紧密联系在一起的。解决下游的水患问题，要与防止下游河床淤积抬高联系在一起，要统筹考虑处理泥沙问题。历代治黄单纯在下游排洪排沙，不能解决下游的洪水问题，三门峡水库的运用和多年治黄实践说明，单纯在中、上游蓄水拦沙也是不全面、不能解决黄河洪水问题的。❶ 因此，必须把"上拦"与"下排"相结合来处理泥沙问题，上下游兼顾，综合治理。

1964 年 12 月，周恩来总理主持召开了治理黄河会议，这是中国治黄史上一次具有重大意义的集会。会议虽为三门峡工程改建而召开，但形成了各种治黄思想的一场大争论，各种治河思想和治理方略进行了充分的讨论和交流，虽然没有取得一致意见，但对此后治河方略的完善和发展有着推进作用。❷ 王化云在会上作了《关于近期治黄意见的报告》，认为"蓄水拦沙这个方针是不全面的"，"对黄河泥沙的严重性认识不足，因此在处理泥沙的规划指导思想上有片面性，过分强调了'拦'，忽视了适当的'排'。对排沙没有留有余地是不恰当的"❸。同时认为其他方面的有些具体措施也是安排不当的，比如对三门峡水库的淤积速度和淤积位置、对库区上游的影响缺乏详细的研究以及对黄河水少沙多的特点认识不足等。因此，王化云提出"今后治好黄河必须大力加强水土保持工作，必须修建拦泥工程，必须充分利用下游河道的排沙能力，全河统筹，各方兼顾，有拦有排，全面有效地解决泥沙问题，为除害兴利打下基础"。王化云认为黄河下游的洪水威胁依然存在，因此"必须首先采取巩固堤防、整治河道、稳定主流河槽的方法，保持河道防洪排沙能力；同时兴建洛、沁河水库，防洪蓄清，以清刷黄；在有排水条件的地区，适当举办一些放淤工程，以增加生产，巩固堤防"，努力达到"结合上中游水土保持和干支流拦泥工程的逐步兴建，使下游河道少淤、不淤或向地下河发展，以保持河道的防洪排沙能力，使黄河永不决口改道"❹ 的目标。

要解决黄河下游的防洪问题，除了在中上游干支流修建水库集中拦洪做好"上拦"工程外，还要采取"下排"措施来整治河道，巩固下游堤防，充分利用下游河道的排洪排沙能力。"上拦下排"体现了"蓄泄兼治"、综合治理的思想，对于多泥沙的黄河更有其特殊的内涵，治理洪水必须与处理泥沙紧密地联系在一起。❺

二、"上拦"的探索

"上拦"的广义内涵就是通过"防"与"治"各种途径，在上中游尽可能地把洪水泥沙控制利用起来。❻ 因此，为了减少三门峡的入库泥沙，王化云及黄河水利委员会对"上拦"措施进行了探索和研究，主要有三个方面的措施：一是开展水土保持工作，减

❶ 胡一三：《中国江河防洪丛书·黄河卷》，中国水利水电出版社，1996 年，第 213 页。
❷ 王渭泾：《历览长河——黄河治理及其方略演变》，黄河水利出版社，2009 年，第 188 页。
❸ 黄河水利委员会：《王化云治河文集》，黄河水利出版社，1997 年，第 279、280 页。
❹ 黄河水利委员会：《王化云治河文集》，黄河水利出版社，1997 年，第 284、286～287 页。
❺ 胡一三：《中国江河防洪丛书·黄河卷》，中国水利水电出版社，1996 年，第 215 页。
❻ 水利电力部黄河水利委员会治黄研究组：《黄河的治理与开发》，上海教育出版社，1984 年，第 165 页。

少水土流失；二是修淤地坝，在千沟万壑中拦截泥沙；三是在干支流修建大中型拦泥水库，减少进入下游的泥沙。❶

黄河泥沙主要来源于黄土高原。加强这个地区的水土保持，不仅是改变生产面貌所必需，而且也是解决黄河泥沙问题的一个重要方面。❷ 经过科学实验和试点推广相结合的办法，新中国成立以来该区的水土保持工作在防治水土流失、改善当地生产条件和减少入黄泥沙等方面都取得了一定的成绩，但在水土治理速度和减沙效果等方面与原规划有着较大的差距。经过实践，王化云对水土保持也有了新的认识。首先，水土保持是有效的也是长期的，是根治黄河的基础。水土保持的减沙效益是肯定的，减沙和发展生产是一致的。经过长期努力，减沙效益终将显示出来。❸ 但是水土保持从治理到显著生效需要一个较长的过程，减沙效益是缓慢渐进的，加上还存在一些边治理边破坏的现象，还有人类难以完全有效治理的自然力破坏因素，因此水土保持是一项长期且艰巨的工作。其次，应加强水土流失严重地区的治理工作，重点是河口镇至潼关区间的 10 万～11 万平方千米地区。此区间的年输沙量约 9 亿吨，占黄河总输沙量的56％以上，而来沙中粒径大于 0.05 毫米的粗沙就有 5.9 亿吨，约占全河粗沙总量的80％，❹ 而这部分泥沙是黄河下游淤积的主要成分，对下游的危害最大。集中控制粗沙来源区的水土流失，不仅可以有效减少黄河下游河道的淤积，而且也是当地经济建设发展的需要，有着重要的社会和经济意义。再次，应继续抓紧对多沙支流的治理。黄河有 20 多条主要的多沙支流，它们不仅是向黄河输送泥沙的通道，还是当地的重要水源。因此对于多沙支流的治理，对黄河减沙和发展当地经济都是十分必要的。总之，王化云认为水土保持工作是黄土高原地区改善生态环境和生产条件的必然途径，也是黄河治理与开发的重要组成部分。❺ 同时，他又明确指出解决黄河泥沙问题，不能单纯依靠水土保持，必须通过多种途径，采取综合措施。❻ 对黄河泥沙规律认识上的深化，对水土保持工作有着重要的指导意义。

当淤地坝或拦泥库泥沙淤满后能否达到一个相对的平衡是当时一个亟待解决的问题，而在解决这个问题的探索实践中，黄河中游沟壑中的天然坝❼使王化云受到了很大的启发。因此，在黄土高原的沟壑中打坝淤地成了王化云"上拦"探索的一个重点。通过对一些典型天然坝的调查和分析，王化云发现这些天然坝之所以能够经久不衰，主要是由于泥沙淤积达到了"相对平衡"，即当库区淤积面积与天然坝控制的流域面积达到一定比例后，库区和河道的淤积速度就会减缓，泥沙就不会再明显为害。天然坝

---

❶　王渭泾：《历览长河——黄河治理及其方略演变》，黄河水利出版社，2009 年，第 189 页。

❷　水利电力部黄河水利委员会治黄研究组：《黄河的治理与开发》，上海教育出版社，1984 年，第 165 页。

❸　王化云：《我的治河实践》，河南科学技术出版社，1989 年，第 332 页。

❹　王化云：《我的治河实践》，河南科学技术出版社，1989 年，第 335 页。

❺　王化云：《我的治河实践》，河南科学技术出版社，1989 年，第 338 页。

❻　黄河水利委员会：《黄河永远铭记他的业绩——深切悼念王化云同志》，《中国水利》1992 年第 4 期。

❼　天然坝：在黄土陡崖深沟地带，因地震、滑坡或重力侵蚀等原因出现巨量塌方，截断河流，拦住泥水，形成天然拦泥坝，有些天然坝并没有随着泥沙淤积、库容减小而垮塌，而长期处于稳定状态。当地群众称之为"聚湫"。

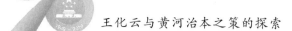

这种由"滞洪期"到"干涸期",再到"相对稳定期"的规律,为解决拦泥问题提供了重要的依据。"聚湫"内的坝地还可以逐步开发利用,种植庄稼,发展生产,被群众所接受和利用。"冲淤平衡论"的产生,可以基本消除拦泥库淤满了怎么办的疑虑,也初步回答了拦泥能否结合生产的问题,为人们在黄土丘陵沟壑区、黄河支流乃至干流修建拦泥工程的设想,开辟了广阔的前景。❶

在干支流修建大、中型拦泥水库是"上拦"工程的重要措施。❷ 三门峡水库出现问题后,为了探索减缓三门峡水库淤积的途径,60 年代初期,王化云带领黄河水利委员会科技人员多次到甘、陕、晋等省和泾、洛、渭等多沙支流进行调查研究,分析认为:1954 年黄河规划选定的拦泥水库存在"小、散、远"问题(控制面积小、库容小、工程分散、离三门峡远),现在应该改为"大、集、近"(控制面积大、库容大、集中拦沙、离三门峡近)。1964 年 7 月,王化云在《关于近期治黄意见的报告》中提出1964—1975 年治黄规划初步意见,建议在近期尽快修建泾河东庄、北洛河南城里、干流碛口三座拦泥水库,并要求在 1972 年以前陆续拦泥生效。❸ 三座水库建成后,可控制流域面积 50 万平方千米,总来沙量约 9.2 亿吨,占三门峡入库沙量的 57.4%,约可减少入库泥沙的 50%,利用三门峡水库现有的 12 个深孔排洪排沙,库区内淤积将大大减轻,渭、洛河下游的淹没也将大为缓和。为了继续发挥拦泥作用,建议在 1980 年以前继续兴建第二批四座拦泥工程,即泾河巩家川、洛河永宁山、渭河宝鸡峡、无定河王家河等拦泥库坝,并在 1977 年以前相继生效拦泥。❹ 这次规划设计因为受到"文化大革命"的影响而未能按计划进行。

为解决拦泥坝淤满后怎么办的问题,取得修建拦泥坝的经验,王化云提出把巴家咀水库改为拦泥实验坝,在 1964 年 12 月治黄会议上作了汇报,周恩来总理表示同意。在黄河水利委员会的指导下,对巴家咀拦泥坝分期加高,进行改建和测验研究,于1975 年底完工,取得了淤土上加高的成功并获取了相关资料。但对于因淤土变形使加高坝体出现裂缝的问题及其处理方法,仍需进行深入研究。❺

三、重新关注下游的防洪安全

1958 年以后,在当时急于求成的"大跃进"形势下,对治黄进程作出了错误的估量和安排,认为随着水土保持工作大规模的开展,三门峡水库也将投入运用,可以大量减少入黄泥沙,下游的洪水威胁也将解除。因此,削弱了黄河下游的修防工作,停止了滞洪区的建设,沿河群众在滩地上大量修筑生产堤,护滩护地。随着三门峡水库

---

❶ 王化云:《我的治河实践》,河南科学技术出版社,1989 年,第 219 页。

❷ 王渭泾:《历览长河——黄河治理及其方略演变》,黄河水利出版社,2009 年,第 190 页。

❸ 黄河水利委员会勘测规划设计院:《〈黄河志〉卷六·黄河规划志》,河南人民出版社,1991 年,第 170～171 页。

❹ 黄河水利委员会:《王化云治河文集》,黄河水利出版社,1997 年,第 293 页。

❺ 王化云:《我的治河实践》,河南科学技术出版社,1989 年,第 221 页。

改变运用方式并进行工程改建，恢复排洪排沙，下游防洪面临被动局面。王化云和黄河水利委员会从实际情况出发，又及时调整了治黄部署，重新加强了下游修防工作。❶

为了恢复河道的排泄能力，确保黄河下游的防洪安全，黄河水利委员会确定从1962年开始对黄河大堤进行第二次全面的加高培厚。到1965年，历时四年的第二次大修堤共计完成土石方5396万立方米，对一些比较薄弱的堤段进行了重点加固，消除了险点隐患，河道整治工作也重新展开，下游河道的排洪排沙能力逐步得到了恢复。

在1958年"大跃进"形势下，全国掀起了"水利化运动"，黄河下游两岸大搞引黄灌溉，兴建了一批大型引黄闸，而这些引黄闸都必须有枢纽壅水才能保证引足水量。❷ 在此形势下，位于黄河下游的花园口及位山两座枢纽工程仓促开工兴建，并分别在1960年6月和7月投入运用。

但是，在花园口枢纽运用后，由于管理不善，超标准使用，加上设计方面的原因，枢纽的泄洪闸受到严重损坏，以致工程不能正常运用。位山枢纽运用后，壅高了水位，在水沙不丰的情况下仍造成回水区河段大量淤积，使河道排洪能力减小，增加了位山以上堤段的防洪负担。两座枢纽均未发挥其应有的效益，反而危及了下游的防洪安全。特别是在三门峡水库改变运用方式以后，两座枢纽都因壅水而造成库区淤积，加重了上游河段的防洪负担，降低了河道排洪排沙能力，而且在周边地区造成次生盐碱化等问题。❸ 因此，为适应三门峡水库运用方式的改变，尽快恢复下游河道的排洪排沙能力，在水利电力部的指示下，破除了两座枢纽的拦水坝。花园口枢纽工程于1963年7月破除拦河坝，整个枢纽工程废除。位山枢纽工程于1963年12月破除拦河坝，恢复原河道过水，除东平湖水库工程和北岸引黄闸以及灌溉渠道、分水闸、沉沙池等，其中部分经改建能继续使用外，其他工程全部废除。❹

实践证明，破除花园口和位山拦河坝，对当时下游河道排洪能力的恢复起了很大作用，对防洪是有利的。为此却付出了很大的代价，对王化云的思想震动不小。❺ 虽然认识到治黄是一件非常艰巨的任务，对一年一度的黄河汛期防洪也非常重视，但总的说，王化云对当时黄河形势的估计是偏于乐观的。治黄的"下排"方针就是从黄河下游河道具有大水排沙的特点和河道有相当大的排洪排沙能力等实际条件出发的。❻ 恢复黄河下游河道的排洪排沙能力，是王化云在思想认识上的提高，也是实现"上拦下排"治黄方略的重要组成部分。

❶　袁仲翔：《黄河下游治理方针和重要措施》，《黄河史志资料》1985年第1期。

❷　黄河水利委员会勘测规划设计研究院：《〈黄河志〉卷九·黄河水利水电工程志》，河南人民出版社，1996年，第286页。

❸　王渭泾：《历览长河——黄河治理及其方略演变》，黄河水利出版社，2009年，第191页。

❹　黄河水利委员会勘测规划设计研究院：《〈黄河志〉卷九·黄河水利水电工程志》，河南人民出版社，1996年，第287页。

❺　王化云：《我的治河实践》，河南科学技术出版社，1989年，第229页。

❻　水利电力部黄河水利委员会治黄研究组：《黄河的治理与开发》，上海教育出版社，1984年，第166页。

第二节 "上拦下排"方略的发展

一、"上拦下排，两岸分滞"

1963 年 8 月 2—8 日，海河流域南部地区发生了一场历史上罕见的特大暴雨，部分中小型水库垮坝，豫北、冀南、冀中广大平原一片汪洋。[1] 1975 年 8 月 4—8 日，河南省的驻马店、许昌、南阳等地区发生了罕见的特大暴雨，造成了淮河上游洪汝河、沙颍河以及长江流域唐白河水系特大洪水，导致两座大型水库垮坝，下游 7 个县城遭到毁灭性灾害。[2] 这两场特大暴雨都给国民经济和人民生命财产造成了重大损失。

黄河位于海河与淮河两大水系中间，这样的暴雨完全有可能在三门峡以下的黄河流域发生。这一严重的现实引起了人们对黄河洪水的重新认识。依据实测洪水、历史洪水和海河"63·8"、淮河"75·8"特大暴雨资料，经过综合分析，采用多种方法推算，确认三门峡至花园口区间有发生特大洪水的可能，花园口洪峰流量将达 55000 立方米每秒。[3] 黄河的防洪问题再一次引起了党中央、国务院的高度重视。遵照国务院领导关于严肃对待特大洪水的批示，1975 年 12 月中旬，水利电力部在郑州召开了黄河下游防洪座谈会。[4] 会议认为，黄河下游花园口站有可能发生 46000 立方米每秒洪水，建议采取重大工程措施，逐步提高下游防洪能力，努力保障黄、淮、海大平原的安全。[5]

会后，水利电力部和河南、山东两省联名向国务院报送了《关于防御黄河下游特大洪水的报告》，指出：当前黄河下游的防洪标准偏低，河道还逐年淤高，不能达到防御特大洪水的需要，今后黄河下游应以花园口站 46000 立方米每秒洪水为防御标准。"拟采取'上拦下排，两岸分滞'的方针，即在三门峡以下兴建干支流工程，拦蓄洪水；改建现有滞洪设施，提高分滞能力；加大下游河道泄量，排洪入海。"[6] 其中，"上拦"措施包括在三门峡至花园口区间干流有小浪底和桃花峪两座水库，必须修建其中一处；在支流除复核加固伊河陆浑水库外，拟再兴建洛河故县水库和沁河河口村水库。"下拦"措施，主要是除继续完成第三次大修堤工程、加高加固现有堤防外，还提出在山东陶城铺以下开辟分洪道、实行"三堤两河"的建议。[7] "分滞"措施主要是改建北金堤滞洪区和加固东平湖水库，以增大两岸分滞能力，加大下游河道泄量，排洪入海。在北金堤滞洪区修建分洪闸，保证分洪措施的可靠性，加高加固北金堤，保证分洪安

---

[1] 骆承政、乐嘉祥：《中国大洪水——灾害性洪水述要》，中国书店，1996 年，第 131 页。
[2] 骆承政、乐嘉祥：《中国大洪水——灾害性洪水述要》，中国书店，1996 年，第 225 页。
[3] 王化云：《我的治河实践》，河南科学技术出版社，1989 年，第 244 页。
[4] 赵炜：《王化云在黄河治理方略上的探索与实践》，《中国水利》2009 年第 15 期。
[5][6] 王化云：《我的治河实践》，河南科学技术出版社，1989 年，第 245 页。
[7] 王渭泾：《历览长河——黄河治理及其方略演变》，黄河水利出版社，2009 年，第 193 页。

全，东平湖水库按照蓄水位 46 米的标准对围堤进行加固，解决围堤存在的渗水、管涌等问题。❶ "分滞"措施是在遇超标准洪水的紧急情况下，以牺牲局部保全大局的一种应急措施。为保证郑州、开封等重要城市和陇海铁路的安全，拟在北岸原阳、延津、封邱等县抓紧研究修筑二道防线和临时分洪的可能，为防止黄沁并溢，建议沁河下游在武陟县境内改道。❷ 1976 年 5 月，报告获国务院批复。自此，"上拦下排，两岸分滞"正式成为指导黄河治理、特别是黄河下游防洪工程建设的重要方针，❸ 成为此后很长时期内建设黄河下游防洪工程体系的指导原则。

需要指出的是，此次报告中所提出的"上拦下排"措施主要是针对下游的防洪问题，与王化云在 60 年代初期提出的"上拦下排"治河指导方针，它们的基本思想是一致的。这说明经过 10 多年的争论，对于这个问题的认识已经基本一致，并得到国务院的确认，这对于治黄事业是一个有力的推动。❹

二、第三次大修堤，战胜 1982 年大洪水

三门峡水库改建并改变运用方式后，下游河道出现了更加严重的淤积现象。孙口以上河段 1969 年至 1973 年河道淤积 22.19 亿吨，平均每年淤积 4.44 亿吨，河道排泄能力大为降低。❺ 河道内的淤积分布也发生了变化，河道主槽淤积抬升速度大于滩地淤积抬升速度，部分河段出现主槽高于滩地的现象。1973 年黄河汛期，山东省东明县滩区生产堤决口，河水直冲黄河大堤，顺堤行洪，黄河大堤多处出险。❻ 这一险情引起了国务院的高度关注，召集有关部门共同商讨如何解决黄河下游出现的新情况、新问题，成立黄河治理领导小组，并于 1973 年 11 月在郑州召开了黄河下游治理工作会议。重新进入黄河水利委员会领导班子的王化云参加了此次会议。

通过对近年治黄工作的反思和对黄河出现的新情况的分析，王化云的治河思路已从偏重于"拦"逐渐转向"拦排"并重。认为随着三门峡工程的改建运用，大量泥沙下泄，下游堤防的防洪负担将会加重，早在 1969 年在三门峡召开的第二次改建四省会议上，王化云就向水利电力部钱正英提出了第三次大修堤的意见，但未受到重视。在此次会议上，黄河治理领导小组对修堤问题达成了一致，根据下游严重淤积的新情况，提出了下游治理意见。首先大力加高加固堤防，改建北金堤滞洪区，完成南北展宽工程，确保防洪防凌安全。❼ 并向国务院提交了《关于黄河下游治理工作会议的报告》，

---

❶ 王渭泾：《历览长河——黄河治理及其方略演变》，黄河水利出版社，2009 年，第 193 页。

❷ 王化云：《我的治河实践》，河南科学技术出版社，1989 年，第 246 页。

❸ 赵炜：《王化云在黄河治理方略上的探索与实践》，《中国水利》2009 年第 15 期。

❹ 王化云：《我的治河实践》，河南科学技术出版社，1989 年，第 245 页。

❺ 黄河防洪志编纂委员会、黄河水利委员会黄河志总编辑室：《〈黄河志〉卷七·黄河防洪志》，河南人民出版社，1991 年，第 72 页。

❻ 王化云：《我的治河实践》，河南科学技术出版社，1989 年，第 241 页。

❼ 黄河防洪志编纂委员会、黄河水利委员会黄河志总编辑室：《〈黄河志〉卷七·黄河防洪志》，河南人民出版社，1991 年，第 73 页。

提出要大力加高培厚大堤的意见。1974 年 3 月国务院批准进行第三次大修堤，同时决定废除滩区生产堤，修筑避水台，对滩区实行"一水一麦"、一季留足全年口粮的政策。❶ 第三次大修堤全面展开。这次修堤的提出和实施，对适应黄河下游发生的新情况，增强黄河下游堤防抗洪能力，建立和完善下游防洪工程体系产生了很大的作用。❷

由于受"文化大革命"的影响，国民经济中一些重大比例关系失调状况没有完全改变过来，生产、建设、流通、分配中的一些混乱现象没有完全消除，城乡人民生活中多年积累下来的一系列问题必须妥善解决。❸ 1980 年 12 月，中央召开工作会议，总结历史经验教训，比较彻底地清算了长期以来影响经济工作的急于求成的指导思想，统一了全党对经济调整决策的认识，决定在经济上实行进一步调整、在政治上实现进一步安定的重大方针。在对经济形势作了全面估量后，决定从 1981 年起对国民经济进一步调整，以争取经济工作全局的稳定和主动，使整个国民经济转上健康发展的轨道。❹ 其中，把压缩基本建设规模作为进一步调整国民经济的中心环节。在这种情况下，国家对黄河治理的基本建设投资也受到了影响，尤其是对正在进行中的黄河下游堤防工程建设的影响最大。1981 年水利部仅安排黄河下游防洪基建投资 5000 万元，相比原计划，黄河大堤将要拖后 20 年才能完成，这样就不能保证黄河下游的防洪安全。80 年代初期，王化云先后向到河南视察的赵紫阳总理、邓小平副主席及谷牧副总理汇报了黄河防洪的情况、存在的问题及黄河水利委员会的意见。邓小平在得知后当即表示："黄河防御 22000 立方米每秒洪水问题，每年 5000 万元可不行，还要增加经费。你们写个报告，我们可以研究。"❺

之后，豫鲁两省省委与水利部、黄河水利委员会联名向国务院写了报告：考虑到国家调整方针的大局，黄河第三次大修堤，可以按基本达到防御花园口 22000 立方米每秒的标准，先做急需工程，每年一亿元，三年安排三亿元。❻ 1981 年 4 月得到国务院批准。国家即使在特殊的情况下，也千方百计保证治黄的需要，还动用了国家预备费，专项批准三年三亿元的治黄投资。❼ 这充分说明国家对黄河防洪问题是非常重视的。

如何尊重调整的精神，安排现有防洪基建项目？怎样才能使有限的投资保证急需的重点工程？❽ 针对这些问题，在 1981 年 5 月召开的黄河下游修防工作会议上，王化云根据轻重缓急的原则，将防洪工程进行了区分排队，确定了大堤险工、堤防淤背加固、防洪附属工程、滞洪区建设的排序原则，将有限的投资进行了合理的分配。并明

❶ 王渭泾：《历览长河——黄河治理及其方略演变》，黄河水利出版社，2009 年，第 192 页。

❷ 王化云：《我的治河实践》，河南科学技术出版社，1989 年，第 242 页。

❸ 曾璧钧、林木西：《新中国经济史 1949—1989》，经济日报出版社，1990 年，第 307 页。

❹ 徐棣华、王亚平：《中国社会主义建设新时期经济简史（1976—1991）》，中国物资出版社，1993 年，第 65 页。

❺ 卢旭、袁仲翔：《中央领导与黄河》，黄河水利出版社，1996 年，第 80 页。

❻ 王化云：《我的治河实践》，河南科学技术出版社，1989 年，第 261 页。

❼ 黄河志总编辑室：《四十年治理黄河成就述略》，《黄河史志资料》1989 年第 4 期。

❽ 侯全亮：《一代河官王化云》，黄河水利出版社，1997 年，第 262 页。

确要求，当年完不成的和不可能做的，坚决不安排；要精打细算，搞好规划设计，把钱用到最需要的地方去。❶ 王化云在会上着重强调了修堤的重要性，特别指出，大堤一定要按标准修够，大堤、险工是第一位的，是急需完成的主体工程，务必要保证完成。❷

在中央的高度重视、大力支持和"保证重点"方针指导下，第三次大修堤工程进展十分顺利，从 1974 年起延续到 1985 年，历时 10 年，是几次堤防工程建设中历时最长、工程量最大的一次，黄河大堤普遍加高 2.15 米，达到防御花园口站 22000 立方米每秒的标准。❸ 大堤的加高培厚工程全部完成，加高和改建了险工坝岸和引黄涵闸，大力发展了引黄淤背，黄河下游的机械化施工队伍也得到了很大的提高，进一步巩固和发展了宽河段的河道整治工程，使 200 多千米河道的河势基本得到控制，稳定了滩区群众的生产生活。

以大修堤为主的第三期黄河下游防洪工程建设，进一步完善了"上拦下排，两岸分滞"的防洪工程体系，使黄河下游防洪能力得到增强。❹ 特别是当时修建的沁河杨庄改道工程，1982 年主体工程刚刚完工，当年汛期沁河就发生了超标准洪水，改道工程及时投入排洪运用，为保证沁河防洪安全、避免洪水灾害发挥了重要作用。❺

1982 年 7 月 29 日至 8 月 2 日，黄河三门峡至花园口区间干支流普降暴雨到大暴雨，局部降特大暴雨，花园口站 8 月 2 日 19 时出现流量为 15300 立方米每秒的洪峰，为新中国成立以来仅次于 1958 年的第二大洪水。❻ 这次洪水主要来自三门峡以下的各干支流，沁、伊、洛河与黄河三门峡至花园口区间干流河水并涨，汇流快，来势猛，水量大，历时长，对堤防威胁很大。洪水普遍漫滩偎堤，堤根水深一般 2～4 米，深处达到 6 米，部分控导护滩工程洪水漫顶，沁河洪水水位甚至超过了南岸大堤部分堤顶 0.21 米。❼ 因此，河南、山东两省的防洪形势非常紧张。

这次洪水发生在中国共产党第十二次全国代表大会召开前夕，因此，党中央、国务院对这场洪水非常重视，要求加强防守，保证黄河不出问题。国家防总分别向河南、山东发了电报，要求河南立即彻底破除长垣生产堤，建议山东启用东平湖水库。❽ 根据中央指示，黄河防总依据降雨和来水情况作了有针对性的部署。沿黄各地、市、县主要负责同志均亲临黄河第一线，指挥抗洪斗争，两省迅速组织了 31 万军民上堤防守。为保证黄河安全，顾全大局，河南按要求废除了长垣生产堤，从花园口至孙口的滩区

---

❶　侯全亮：《一代河官王化云》，黄河水利出版社，1997 年，第 262 页。

❷　王化云：《我的治河实践》，河南科学技术出版社，1989 年，第 259 页。

❸　黄河志总编辑室：《四十年治理黄河成就述略》，《黄河史志资料》1989 年第 4 期。

❹　王化云：《我的治河实践》，河南科学技术出版社，1989 年，第 261 页。

❺　侯全亮：《一代河官王化云》，黄河水利出版社，1997 年，第 263 页。

❻　胡一三：《黄河防洪》，黄河水利出版社，1996 年，第 448 页。

❼　同❹注。

❽　黄河防洪志编纂委员会、黄河水利委员会黄河志总编辑室：《〈黄河志〉卷七·黄河防洪志》，河南人民出版社，1991 年，第 323 页。

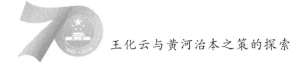

滞蓄洪水 17.5 亿立方米，有效地削减了洪峰。当花园口出现洪峰 15300 立方米每秒时，为减轻艾山以下防洪负担，8 月 6 日东平湖分洪，最大分洪流量 2400 立方米每秒，分洪总量 4 亿立方米，使艾山洪峰由上游孙口的 10100 立方米每秒削减到 7430 立方米每秒。❶ 洪水最后安全汇入渤海。

1982 年 5 月，王化云辞去水利部副部长和黄河水利委员会主任职务，退居二线，担任黄河水利委员会顾问。黄河发生洪水时，王化云正在青岛疗养，之后他对"82·8"黄河大洪水及抢险工作作了一些分析：这次洪水，是对黄河防洪工程体系和防汛组织的一次大考验，战胜这次大洪水，是人民治黄史上的又一个里程碑，它证明了"上拦下排，两岸分滞"的治黄方略是符合黄河下游情况的。同时也说明王化云在新中国成立初期提出的"宽河固堤"治黄方略，依然是黄河下游治理与防洪的基本方略之一，在战胜此次洪水中也发挥了巨大作用。伊河陆浑水库显示了"上拦"工程的重要作用，最大入库流量 4400 立方米每秒，出库仅 820 立方米每秒，削峰 3000 多立方米每秒。❷利用东平湖进行分洪证明了黄河下游无坝侧向分洪是可行的，有效地削减了进入黄河下游窄河道的洪峰流量，保证了下游的防洪安全。但"两岸分滞"的措施是在特大洪水情况下，牺牲局部保全大局的一种应急措施，如果能充分利用河道进行排洪，则不可轻易分洪运用。

❶ 骆承政、乐嘉祥：《中国大洪水——灾害性洪水述要》，中国书店，1996 年，第 181 页。
❷ 王化云：《我的治河实践》，河南科学技术出版社，1989 年，第 262 页。

第四章　黄河治本之策的成熟

通过实践和研究，王化云进一步认识到黄河的问题不仅是洪水的威胁很大，而且水少沙多、水沙不平衡是造成黄河下游河道淤积的重要原因。黄河的症结是水少沙多，水沙不平衡。水和泥沙，水是主要的。[1] 如果在黄河干流上修建一系列大型水库，实行统一调度，对水沙进行有效的控制和调节，使水沙由不平衡变为相适应，就有可能减轻下游河道淤积，甚至达到不淤或微淤。[2] 按照这一设想，王化云提出了依靠系统工程上中下游统筹兼治，实行"拦、用、调、排"的治黄指导方略。王化云认为，小浪底水利枢纽是黄河干流三门峡以下唯一能够取得较大库容的控制性工程，既可较好地控制黄河洪水，又可利用其淤沙库容拦截泥沙，进行调水调沙运用，减缓下游河床的淤积抬高。[3] 因此，他积极主张尽快修建小浪底水库，以便充分利用黄河水资源，为四化建设的总目标作出贡献。

第一节　黄河上中下游要统筹兼治

通过三门峡水库的实践，王化云进一步认识到，水少沙多、水沙不平衡是造成黄河下游河道严重淤积的主要原因，光治沙不治水是行不通的。有关科研人员在研究下游河道输沙特性中发现，在一定的河床边界条件下，水流挟沙能力近似与流量的平方成正比，同时还与来水的含沙量有关。[4] 如果在黄河干流上修建大水库，对水沙进行有效的控制和调节，变水沙不平衡为水沙相适应，以更有利于排洪、排沙，这样就可能会减轻黄河下游的河道淤积。据此，王化云提出了依靠系统工程上中下游统筹兼治，实行"拦、用、调、排"的治黄指导方略，主要的方法是实施"调水调沙"。王化云设想在黄河干流上修建龙羊峡、刘家峡、大柳树、碛口、龙门、三门峡、小浪底7座大型水库，加上三门峡以下伊、洛、沁河上的陆浑、故县、河口村3座支流水库，形成一个工程体系，总库容近900亿立方米，经过泥沙淤积，长期有效库容仍有约450亿

---

[1] 黄河水利委员会：《王化云治河文集》，黄河水利出版社，1997年，第621页。

[2] 王化云：《我的治河实践》，河南科学技术出版社，1989年，第249页。

[3] 黄河水利委员会勘测规划设计研究院：《〈黄河志〉卷九·黄河水利水电工程志》，河南人民出版社，1996年，第258页。

[4] 王化云：《我的治河实践》，河南科学技术出版社，1989年，第430页。

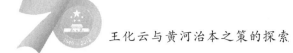

立方米，可使黄河的径流、泥沙得到较好的调节利用。❶

针对黄河水少沙多、水沙严重不平衡的特点，当时有关"调水调沙"的试验和研究，主要有人造洪峰、拦粗排细、滞洪调沙、蓄清排浑、高浓度调沙等几种形式，对于调节洪水泥沙、冲刷下游河道取得了初步的研究成果。❷ 由于黄河流域自然地理条件的差异，水沙来源地区的不平衡性十分明显，王化云总结了黄河水资源"两清两浑"的特点。含沙量较小的清水，主要来自河口镇以上和三门峡至桃花峪两个河段，这是黄河自身的优势。河口镇至龙门和龙门至潼关两个河段，是含沙量很多的浑水，水量占全河水量的 32%，沙量却占全河的 92%，这是黄河自身的劣势。如果洪水来自浑水来源区，下游河道将产生严重的淤积，反之，如果洪水来自清水来源区，下游将淤积很少，甚至会产生冲刷。王化云指出，要根据这"两清两浑"的特点，在全河范围内统一进行调水调沙，充分利用黄河的优势，努力克服黄河的劣势，依靠黄河自身的力量来治理黄河，力求做到水沙平衡。❸ 这就是通常所说的"以黄治黄"的方法，变水沙不平衡为水沙相适应，更有利于排水排沙，再配合其他综合减淤措施，使下游达到微淤或不淤是有可能的，同时，还可以发挥综合效益。❹ 为了实现上述目标，王化云从治黄全局出发，认为首先修建小浪底水利枢纽是十分紧迫的任务。而当时小浪底工程正在进行可行性论证和有关的技术试验，尚未确定开工上马建设。王化云指出，在黄河诸多的干流控制性工程之中，小浪底工程极为重要，不仅防洪、防凌、减淤显著，同时还将为开展有效的"调水调沙"、探索新的治理黄河途径，提供实践基地，必将进一步推动治理黄河事业的进程。❺

1986 年 5 月，为纪念人民治黄 40 周年，王化云写了《辉煌的成就，灿烂的前景》一文。王化云在文中指出，根据 40 年人民治黄的经验，确信黄河是能够治好的，概括提出了"拦""用""调""排"的治黄方略："拦"就是在黄河上中游拦水、拦沙，"用"就是用洪用沙，"调"就是调水调沙以及南水北调，"排"就是排洪排沙。概括起来说，就是要把黄河看成一个整体，当成一个大系统，根据"拦""用""调""排"四种措施，采用系统工程的办法，统筹规划，综合治理，统一调度，黄河就能够实现长治久安，逐步由害河变成为利河。❻ 也就是上中游拦、调、用，下游排、放、滞，利用这样一个立体的工程体系和科学管理调度，实现黄河水沙平衡的目标。❼ 在干流修建大水库是实现上述治黄设想的一个最基本要求，而位于黄河流域的"龙尾"工程——小浪底水利枢纽，被认为是治理黄河的关键。它的修建，意味着"根治黄河水害，开发黄河水利"将登上一个新的台阶。

---

❶ 黄河水利委员会：《黄河永远铭记他的业绩——深切悼念王化云同志》，《中国水利》1992 年第 4 期。
❷ 侯全亮：《王化云先生治河思想之研究》，未刊稿。
❸ 黄河水利委员会：《王化云治河文集》，黄河水利出版社，1997 年，第 559 页。
❹ 同❶注。
❺ 同❷注。
❻ 黄河水利委员会：《王化云治河文集》，黄河水利出版社，1997 年，第 560 页。
❼ 蔡铁山：《试论王化云治河思想的科学性》，《人民黄河》1998 年第 7 期。

第二节　"调水调沙"方略的实施

一、小浪底水库与桃花峪工程的比较

自 1976 年 5 月国务院批准了"上拦下排，两岸分滞"的方针后，黄河水利委员会就进行了防御下游特大洪水的规划和重大工程的可行性研究。在对三门峡以下干流"上拦"工程的坝址选择上，中国水利工程界存在着较大的争议，争论的焦点集中在小浪底水库和桃花峪滞洪工程上，因为就当时国家的实际情况，只能考虑修建其中的一处。

小浪底水库位于黄河干流最后一段峡谷的下口，能控制流域面积 69.4 万平方千米，占流域面积的 92％，是三门峡以下黄河干流唯一能取得大库容的坝址，也是唯一能够全面担负防洪、防凌、减淤、供水、灌溉、发电等任务的综合性枢纽工程。❶ 但是，小浪底的地质条件比较复杂，同时存在着高流速、高含沙量带来的气蚀、磨损等一系列技术问题。

相比较小浪底水库，桃花峪工程的坝址地理位置优越，除了沁河、汶河等较大支流外，能基本控制黄河下游的洪水来源区；与其他干流水库相比，在拦洪库容相同的条件下，桃花峪工程能更有效的削减下游洪峰，而且筑坝投资小，工期短。因此，从50 年代初期起就成为黄河防洪水库选点研究的主要目标之一。但是由于水库属平原河道型水库，除了拦蓄洪水之外，别的什么用场也派不上，有人戏称它为"晒太阳"工程。另外，桃花峪附近是黄河泥沙极易淤积的一段河道，一旦被淤塞，回水很有可能倒灌洛阳盆地，重演三门峡水库的悲剧。❷

对于两座工程，王化云一开始就积极主张先修建小浪底水库。他认为，虽然小浪底水库的控制性能相比桃花峪工程差一点，但它与三门峡、陆浑、故县等干支流水库联合运用后，防洪效果仍然十分显著，并且对中常洪水也能进行灵活控制。特别是小浪底水库能够保持 50 亿立方米的有效库容，长期发挥防洪、防凌效益，这是桃花峪工程所不能相比的。❸ 小浪底水库除了防洪、减淤效益显著外，还能发挥灌溉、供水、发电等其他效益，这也是桃花峪工程做不到的。

除了这些自身优势之外，王化云还认为从治黄的宏观角度来看，修建小浪底水库更有其重要的战略意义。1955 年党中央提出了"根治黄河水害，开发黄河水利"的治黄总目标，小浪底水库能够发挥巨大的综合效益，完全符合治黄总目标的要求，能为

---

❶　王化云：《我的治河实践》，河南科学技术出版社，1989 年，第 250 页。

❷　李肖强等：《大河铸丰碑，当惊世界殊——世纪工程小浪底水利枢纽巡礼》，载郭国顺主编《黄河：1946—2006——纪念人民治理黄河 60 年专稿》，黄河水利出版社，2006 年，第 89 页。

❸　王化云：《我的治河实践》，河南科学技术出版社，1989 年，第 252 页。

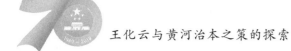
社会主义现代化建设作出极大的贡献。在春末夏初的枯水期，黄河下游多次出现断流现象，水的供需矛盾日益突出，关键的原因是缺少大的水库对水资源进行调节控制。因此，从充分利用黄河水资源，满足工农业和人民生活用水，促进国民经济发展这个大局出发，也迫切需要修建小浪底水库。❶ 黄河是一条复杂多变的河流，以"善淤、善决、善徙"闻名于世，通过小浪底水库的修建，一定会创造出更多的实践经验，对于丰富和发展人民治黄思想有着重要的意义。

1979 年 10 月 18 日，黄河中下游治理规划学术讨论会在郑州召开，共有 220 余人参加会议，这是由中国水利学会组织讨论治黄方略的一次学术盛会，是继 1964 年北京治黄会议以后又一次治黄方略的百家争鸣。❷ 在这次会议上，代表们提出了各种各样的治黄设想、方略和建议，并对小浪底水库和桃花峪工程两者哪个先上马进行了热烈的争论。主张先上马桃花峪工程的专家认为当前黄河下游的防洪问题已是当务之急，桃花峪工程距下游最近，控制洪水性最好，不需要过分依靠洪水预报，调度灵活，若修了桃花峪工程，可使下游稳定三四十年。主张先上马小浪底水库的代表则是从水库的综合效益来考虑的，小浪底水库要远远优于桃花峪工程。另外，小浪底水库可以帮助三门峡水库拦蓄上中游的洪水，它与陆浑、故县水库联合运用后的防洪效益也是十分显著的。也有一些持稳健态度的专家认为：如果情况不很清楚，把握不是很大，宁可稍等一等，花力量做好基本工作，以免将来被动。对于这样重大的工程项目，必须持慎重态度。❸ 这些意见对后来进一步做好小浪底水库的可行性论证工作有着重要的参考价值。

此外，河南省的态度也很明确，坚持反对修建桃花峪工程，要求尽快上马小浪底水库，这在一定程度上也推动了小浪底水库的决策过程。

二、小浪底水库的决策

1982 年 9 月，作为河南省代表的王化云参加了中共第十二次代表大会，并就黄河问题作了专题发言，特别强调了黄河防洪和小浪底水库上马的重要性和迫切性，大会为此还发了快报。会议闭幕后，王化云接到通知要暂留北京，向赵紫阳总理汇报黄河问题。9 月 15 日，赵紫阳总理在办公室接见了王化云，并说："快报我看了，是很有见解的，已经给万里同志说了，今天要找你谈一谈。"❹ 王化云总共汇报了三个问题：第一，防洪问题，包括当前防洪问题、防洪修堤问题和防御大洪水问题。第二，泥沙问题。第三，关于水资源的开发利用、南水北调和修建小浪底工程等问题。❺

之后，王化云按照赵紫阳总理的指示写了《开发黄河水资源为实现四化作出贡献》

❶ 王化云：《我的治河实践》，河南科学技术出版社，1989 年，第 253 页。

❷ 王化云：《我的治河实践》，河南科学技术出版社，1989 年，第 254 页。

❸ 王化云：《我的治河实践》，河南科学技术出版社，1989 年，第 255 页。

❹ 卢旭、袁仲翔：《中央领导与黄河》，黄河水利出版社，1996 年，第 81 页。

❺ 王化云：《我的治河实践》，河南科学技术出版社，1989 年，第 265～268 页。

一文，集中论述了修建小浪底水库的必要性：兴建小浪底水利枢纽是防洪所必需，是给京、津和沿河城市供水的一项切实可行的重大措施，能提供再生的廉价能源，能提高沿河广大地区农业用水的保证率，对利用黄河泥沙也有好处。[1] 王化云满怀信心地认为，如果小浪底水库很快建成，必将能使治黄工作开创一个新局面，必将为四化建设作出更大的贡献，必将为向北供水提供可靠的保证。[2] 10 月 7 日王化云将文章寄到国务院审阅，11 月 1 日，赵紫阳总理便作了批示。这为小浪底水库正式提到国家有关部门的议事日程上去研究，起了决定性作用。

1983 年 5 月 28 日，国家计委和中国农村发展研究中心遵照赵紫阳总理的批示，在北京召开了小浪底水库论证会，有关部门领导、知名专家和水利工作者近百人参加了会议。国家计委主任宋平首先在会议上指出小浪底工程是国家拟定的 279 个重大勘测设计项目之一，开这次会就是汲取以往的教训，作好项目的前期工作，把小浪底水库建设放在整个黄河的治理和开发中去考虑，作全面切实地分析，把不利因素和有利因素分析透，为领导决策提供实际的科学依据。[3] 黄河水利委员会副主任龚时旸对王化云《开发黄河水资源为实现四化作出贡献》的文章作了补充和说明，这对解除许多同志思想上的疑虑起了很大的作用。会议根据五项论证内容，分小组进行了各有侧重的讨论。大多数同志赞成修建小浪底水库，认为小浪底水库对于解决下游防洪问题是完全必要的，但在何时兴建意见却不一致。王化云在最后作了综合发言，他从黄河下游防洪体系的组成，洪水与泥沙的因果关系，历史上洪水灾害的特性与危害等，进一步申述了修建小浪底水库的必要性、迫切性和可行性，因此再次呼吁尽快兴建这一具有重大战略意义的枢纽工程。[4]

会后，宋平和杜润生在给国务院的《关于小浪底论证会的报告》中指出："解决下游水患确有紧迫之感。""小浪底水库处在控制黄河下游水沙的关键部位，是黄河干流在三门峡以下唯一能够取得较大库容的重大控制性工程，在治黄中具有重要的战略地位。兴建小浪底水库，在整体规划上是非常必要的，黄河水利委员会要求尽快修建是有道理的。与会同志提出以下一些值得重视的问题（如重新修订黄河全面治理开发规划，小浪底水库何时兴建、开发目标、工期、投资等）目前尚未得到满意的解决，难以满足立即作出决策的要求。"[5]

1984 年 2 月黄河水利委员会设计院根据钱正英部长的指示，按照国家基本建设程序要求完成《黄河小浪底水利枢纽可行性研究报告》，黄河水利委员会于 1984 年 5 月

[1] 黄河水利委员会：《王化云治河文集》，黄河水利出版社，1997 年，第 437～440 页。

[2] 黄河水利委员会：《王化云治河文集》，黄河水利出版社，1997 年，第 442 页。

[3] 王化云：《我的治河实践》，河南科学技术出版社，1989 年，第 271 页。

[4] 侯全亮：《一代河官王化云》，黄河水利出版社，1997 年，第 266 页。

[5] 黄河水利委员会黄河志总编辑室：《〈黄河志〉卷一·黄河大事记》，河南人民出版社，1991 年，第 420 页。

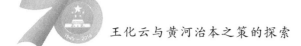

上报水利电力部。❶ 报告着重对小浪底工程在治黄规划中的作用，与龙门、桃花峪等工程的比较，以及小浪底工程的规模、效益、工程设计与施工概算等作了进一步的研究论证。❷

1984 年 4 月，在胡耀邦总书记和赵紫阳总理视察河南工作期间，王化云分别向他们汇报了黄河防洪的形势以及修建小浪底水库的必要性和紧迫性，还重点向赵紫阳总理汇报了与美国柏柯德公司合作的有关事宜。赵紫阳同意与美国公司合作设计，并表示：鉴于当前黄河下游防洪的迫切要求，赞成尽快修建小浪底水库，并列入国家"七五"建设项目。❸ 国家领导人对治黄工作的重视，对小浪底工程的决策起了很大的推动作用。1984 年 8 月，水利电力部对黄河水利委员会提出的小浪底工程可行性研究报告及分期施工的补充报告进行了审查，并提出了重要的审查意见，原则同意《黄河小浪底水利枢纽可行性研究报告》。

1984 年 11 月，由黄河水利委员会主任龚时旸率领的 28 人项目组飞赴美国旧金山，与美国柏柯德公司进行小浪底工程联合轮廓设计，❹ 并于 1985 年 10 月完成了轮廓的设计方案。1985 年 12 月，黄河水利委员会在小浪底水利枢纽可行性研究报告和轮廓设计方案的基础上，正式向国家计委报出了设计任务书。1986 年 3 月，国家计委委托中国国际工程咨询公司对小浪底水利枢纽进行评估，并聘请中国科学院、清华大学等 14 个单位的 50 多位专家成立评估专家组，经过 3 个多月的调查研究，认为小浪底水库是其他方案难以代替的关键性工程，其工程和社会经济效益显著，尽早修建是有利的。12 月 30 日，中国国际工程咨询公司向国家计委正式提出黄河小浪底水利枢纽工程设计任务书评估报告。国家计委对其进行了审查，同意进行小浪底工程建设，并于 1987 年 1 月向国务院正式呈交了《关于审批黄河小浪底水利枢纽工程设计的任务请示》。国务院很快就批准了该请示报告。经过多年的大量工作，这一关键性的治黄工程终于确定下来了，治黄工作从此又向前推进了一步。❺

由上可知，所谓"调水调沙"，就是在充分考虑黄河下游河道输沙能力的前提下，利用水库的调节库容，人为制造"洪水"，适时蓄存、泄放，把淤积在黄河河道和水库中的泥沙尽量多地送入大海，改变黄河不平衡的水沙关系，从根本上遏制河床抬高。❻ "调水调沙"方略是王化云在晚年不断总结三门峡水库运用经验和深入研究泥沙特性的基础上逐步发展起来的，把减轻黄河下游河道淤积作为水库综合利用的目标之一，与灌溉、供水、发电等其他效益统筹考虑，使水库运用更加符合黄河的特点。通过干流水利枢纽调节水沙，治理措施将更加主动可靠，更加符合黄河泥沙的自然规律，具有

---

❶ 黄河水利委员会勘测规划设计研究院：《〈黄河志〉卷九·黄河水利水电工程志》，河南人民出版社，1996 年，第 273 页。

❷ 王化云：《我的治河实践》，河南科学技术出版社，1989 年，第 276~277 页。

❸ 卢旭、袁仲翔：《中央领导与黄河》，黄河水利出版社，1996 年，第 88 页。

❹ 侯全亮：《一代河官王化云》，黄河水利出版社，1997 年，第 267 页。

❺ 王化云：《我的治河实践》，河南科学技术出版社，1989 年，第 283 页。

❻ 侯全亮：《王化云先生治河思想之研究》，未刊稿。

高度的科学性。

王化云认为，调水调沙是一种新的治河思想，还处于发展过程之中，实践经验也不足，利用水库调水调沙，因水量不足，与兴利矛盾，问题比较复杂，但是这种治河思想更科学，更符合黄河的实际情况，仍是一种有广阔发展前景的治河思想，未来黄河的治理和开发，很可能由此而有所突破。[1]

在号称"龙尾"工程的小浪底水利枢纽未建成前，"调水调沙"只是一种设想，小浪底工程因此也是王化云晚年的牵挂所在。但可以告慰王化云的是，他所牵挂的小浪底水利枢纽 1997 年大坝成功截流，2001 年工程全面告竣，开始发挥综合效益。近年来，小浪底水利枢纽在黄河防洪防凌减淤运用、水量统一调度、实现黄河连续十年不断流、黄河九次调水调沙等黄河治理开发的重大实践中，已经发挥重大的作用。[2]

---

[1]　王化云：《我的治河实践》，河南科学技术出版社，1989 年，第 8～9 页；包锡成：《评述王化云的治河思想》，《人民黄河》2001 年第 2 期。

[2]　侯全亮：《王化云先生治河思想之研究》，未刊稿。

结　语

王化云是在中国共产党领导下成长起来的杰出治黄专家，是人民治理黄河事业的先驱者和探索者。他勤于学习，勇于实践，善于总结，不懈求索，在40多年的治黄生涯中逐步形成和发展了自己的治河思想，在治黄历史上留下了光辉的篇章。❶ 王化云对黄河的认识经历了实践—认识—再实践—再认识的反复过程，先后提出了"宽河固堤，确保安全""除害兴利，蓄水拦沙""上拦下排"等一系列治黄方略，从一个一窍不通的外行逐渐成为一个学识精深的内行。

一、王化云领导治黄的历史贡献

王化云黄河治本思想的形成和发展是中国治黄史上的一个重要发展阶段，标志着中国治黄事业的新飞跃，是继王景、潘季驯、李仪祉之后又一次划时代的探索。没有一个人能够像王化云一样一生与黄河结缘，并领导治理黄河工作40余年，40余年的治黄实践使王化云对黄河的认识有了很大的提高，同时也转变了许多观念，而这些观念的改变正是王化云治理黄河所作出的最突出贡献。这主要体现在以下两个方面：

第一，对黄河泥沙症结认识的转变。自古以来，人们总是希望黄河能够变清，但是通过实践，王化云发现水土保持减沙效益是缓慢的，也是有一定限度的，由于自然因素而进入黄河的泥沙也是人类难以控制的，因此，黄河不可能变清。此外，历史上的黄河经常决口和改道，造成的危害很大，因此人们就认为黄河是一条害河，一条难治理的河流。对于洪水和泥沙，人们过多地看重它们为害的一面。很少注意到其可以利用的一面。经过探索和实践，王化云认识到洪水和泥沙也是一种宝贵的资源，如果对它们加以有效地控制和利用，它们就会转害为利。人民治黄以来，黄河岁岁安澜，引黄灌溉、引黄淤背及水力开发等的巨大效益，就雄辩地证明了这一点。❷ 洪水和泥沙也是一种资源，用得好可以变害为利，从处理和利用泥沙的角度来说，黄河也不需要变清。所以，未来黄河的治理与开发，应该是建立在黄河不清的基础之上。❸

第二，向黄河全流域综合治理的转变。在新中国成立初期，王化云主要着眼于黄河下游，通过宽河固堤的方法来确保黄河不决口；在加深了对黄河规律的认识后，王化云认为黄河治本是上中游的事，做好水土保持工作就能够根治黄河，把泥沙拦蓄在

---

❶　任德存：《学习王化云治河思想的几点认识——再读王化云〈我的治河实践〉》，载黄河水利委员会编《王化云纪念文集》，黄河水利出版社，2002年，第44页。

❷　蔡铁山、王美栓：《王化云的治河观》，《水利天地》1997年第3期。

❸　王化云：《我的治河实践》，河南科学技术出版社，1989年，第9页。

140

上中游，下游的防洪问题就可以解决，并积极主张修建三门峡水库；三门峡水库修建后出现的问题及两次改建，使王化云认识到黄河治本不只是上中游的事，而是上中下游整体的一项长期任务。特别是在晚年，在不断总结三门峡水库的运用经验和深入研究泥沙特性的基础上，王化云设想在黄河的干流及支流上修建一系列水库，从而形成一个全流域的工程体系，提出依靠系统工程上中下游统筹兼治，实行"拦、用、调、排"的治黄指导方略，主要的方法是实施"调水调沙"。治理黄河是一项复杂的系统工程，应该运用系统工程的方法，通过多种途径和综合措施来解决问题，这是治黄指导思想上的重要发展。❶

但是，王化云的黄河治本方略尚未解决黄河在治理与开发过程中出现的一切问题，比如水沙不平衡的临界值是多少，也就是说，在现状条件下，黄河增多少水、减多少沙才能实现平衡；如何解决迫切的黄河断流问题；怎样才能以各方面都接受的方式实现黄河水资源的科学统一管理等等。因此，王化云的治河思想需要继承，更需要发展。❷ 这正如王化云自己所说："不是治理黄河的终点，而是认识黄河、改造黄河的新起点。"❸ 他在1983年提出建立一门专门研究黄河的学问——"黄学"的建议，用科学的理论方法及多学科知识来指导治黄，这得到了许多专家及学者们的赞同。

王化云在治理黄河的道路上，在成功和失误中深化了对黄河基本情况和客观规律的认识，实践—认识—再实践—再认识的反复过程使他对今后黄河的治理也提出了一些意见：黄河的治理应该继续执行"根治黄河水害，开发黄河水利"的方针；黄河的症结是水沙不平衡，这是今后治黄工作需要十分注意的一个重要方面；黄河下游不需要改道，下游的防洪是一项长期的任务；要使黄河水沙资源在上中下游都有利于生产；要长期坚持不懈地搞好水土保持工作；治理与开发黄河主要依靠干流；要统一调度黄河全流域的水资源，以发挥其最大的综合效益；要搞好治黄战略研究。❹ 王化云提出的这些治黄见解，对现在及将来的黄河治理都是一笔宝贵的财富。

二、王化云领导治黄取得重大成就的原因

黄河在新中国成立后能岁岁安澜入海，这与中国共产党首席河官王化云的领导与黄河水利委员会水利工程技术人员的治理是密不可分的。而王化云领导治理黄河能取得如此重大成就的原因，主要有以下两点：

第一，王化云非常注重总结历代治黄经验，虚心向专家和群众学习，深入实地调查、探索和研究，不断完善和升华治黄方略，由一名非专业工程技术人员成为一名当之无愧的治黄专家。

王化云初任河官时，对治黄方策知之甚少，因此就非常重视对有关黄河和治黄专

❶ 王化云：《我的治河实践》，河南科学技术出版社，1989年，第9页。
❷ 蔡铁山：《试论王化云治河思想的科学性》，《人民黄河》1998年第7期。
❸ 王化云：《我的治河实践》，河南科学技术出版社，1989年，第12页。
❹ 王化云：《我的治河实践》，河南科学技术出版社，1989年，第437～455页。

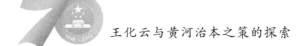

著的收集。到北京汇报工作的间歇，王化云最常去的地方便是书店和琉璃厂，购买一些与治河有关的书籍。在当时战地环境很差的情况下，王化云就日夜苦读和研究历代的治黄专著。王化云还特别注意向专家和老河工请教、学习，并尊重信任他们。南京解放不久，他就派人请著名水利专家张含英到开封当黄河水利委员会顾问，还聘请了张光斗、冯景兰、张伯声等著名专家当黄河水利委员会的顾问。[1] 当王化云听说有个名叫贺伴藻的老先生对黄河的堵口工程和埽工特别有经验时，就想方设法把他请到自己的身边，同自己一起吃小灶，在他身上学到了许多关于黄河堵口工程和埽工的知识。为了增加对黄河的感性认识，掌握第一手资料，从新中国成立初期开始，王化云就对黄河流域的山川河流、主要坝址、社会经济等进行全面、系统的考察，每年除汛期以外，大部分时间都蹲在下面搞调查研究，足迹遍及大河上下。[2] 在50年代初期，王化云就开始对黄河流域进行比较系统和全面的考察：1950年和1951年两次对陕北无定河考察；1952年陪同苏联专家对三门峡、王家滩和八里胡同坝址进行查勘；1953年对陕北榆林、陇南天水及渭河沿线等水土流失严重地区考察。正是掌握了大量有关黄河的第一手资料，并且能适时掌握黄河不同时期的河情，王化云在根治黄河的道路上先后提出了"宽河固堤""除害兴利，蓄水拦沙""上拦下排"等一系列治黄方略，由一个门外汉逐渐成为一名公认的专家型水利领导干部。

第二，对在决策中出现的失误，王化云能及时总结经验教训，并取得新的认识。对党和人民利益高度负责的革命事业心、历史使命感和责任感，促使王化云将自己的全部精力奉献在黄河治本之策的探索上。

黄河是中华民族的母亲河，但由于在历朝历代中没有得到有效的治理，它成为一条制造灾难的河流，被称为"中国之忧患"。要实现黄河的长治久安和人民的安居乐业，就必须要重视和治理好黄河。毛泽东主席在新中国成立后的第一次外出视察就选择了黄河，发出了"要把黄河的事情办好"的号召，可见黄河在领导人心中处于非常重要地位。组织的信任，人民的委托，个人的胆识以及历史的契机，把王化云推向了中国共产党首席河官的特定历史空间。王化云不断总结历史经验教训，勤于学习和探索，逐步提高了对黄河规律的认识，并在此基础上，根据黄河的新河情在不同时期提出了不同的治理方略。在探索实践的过程中，出现了一些失误，尤其是在三门峡水利枢纽的决策上出现了重大的失误。针对暴露出来的问题，王化云勇于承认错误，并及时总结经验教训，取得了对黄河洪水和泥沙问题的新的认识，在晚年提出了调水调沙、全流域综合治理的科学方略。正是心存强烈的使命感和责任感，使王化云对治黄事业充满了坚定的信念，为党和人民利益及黄河事业奉献了自己的毕生精力。

黄河的治理与开发是一项长期而艰巨的伟大事业，需要一代又一代人为之努力奋斗，具有很强的连续性。当前，人民治黄事业面临着历史上少有的发展机遇，同时也

---

[1] 鲁枢元、陈先德：《黄河史》，河南人民出版社，2001年，第572～573页。

[2] 鲁枢元、陈先德：《黄河史》，河南人民出版社，2001年，第573页。

出现了许多新情况和新问题。在新的形势下，学习和研究王化云的治河思想，对于从传统治黄向现代治黄转变，建设"数字黄河"，实现"堤防不决口，河道不断流，水质不超标，河床不抬高"的伟大目标，具有重要的现实意义。❶ 要维持黄河的健康生命，实现黄河的长治久安，就要认真研究和解决黄河出现的新情况及新问题，同时也要科学地总结黄河治理的历史经验和教训，而研究王化云的治河思想，其目的也正在于此。

---

❶ 任德存：《学习王化云治河思想的几点认识——再读王化云〈我的治河实践〉》，载黄河水利委员会编《王化云纪念文集》，黄河水利出版社，2002年，第44页。

林一山的辩证治江思想

林一山的辩证治江思想

林一山（1911—2007）是新中国成立以来的第一任长江水利委员会主任，新中国治江事业的先驱者和探索者。在林一山40多年的治江生涯中，他勤于学习和总结，勇于探索和实践，由一名行政干部成长为一位治江专家，并形成了一套自己的治江理念。本篇在借鉴前人研究成果的基础上，运用历史唯物主义的理论和方法，通过论述林一山的治江实践，探寻其治江思想，特别是林一山如何运用辩证法的思想解决治江过程中遇到的难题，分析林一山在治江事业中取得成功的原因及相关的经验和教训，以期对当今的水利建设提供有益的借鉴。

绪　　论

一、论题的缘由及意义

长江是中国第一大河，也是世界著名大河之一。长江发源于青藏高原唐古拉山主峰各拉丹冬雪山西南侧的沱沱河。[1] 干流自青藏高原蜿蜒向东流去，经青海、西藏、四川、云南、重庆、湖北、湖南、江西、安徽、江苏和上海11个省（自治区、直辖市），沿途会纳百川，最终在上海市注入东海。长江干流全长6300多千米，[2] 横贯我国西南、华中、华东三大经济区，流域面积180.85万平方千米[3]，约占我国总面积的五分之一，和黄河并称为"母亲河"。长江流域位于北纬24°27′～35°54′，东经90°33′～122°19′之间。[4] 北以

---

[1]　关于长江的源头，自古以来有各种各样的说法：战国时期（公元前475—前221年）我国第一部地理著作《禹贡》中有"岷山导江，东别为沱"的说法，认为岷江是长江的源头；明代地理学家徐霞客经过实地考察，认为岷江只是长江的一条支流，并在其著作《江源考》一书中提出金沙江是长江的正源，从而纠正了之前的错误说法；清代地理学家齐召南在《水道提纲》一书中认为布曲、尕尔曲、当曲和楚玛尔河都是江源。清代以后，对江源的提法更是众说纷纭。近代一些地理著作中关于长江河源大致有两种说法：一种是"江河同源于一山"，认为长江和黄河都发源于巴颜喀拉山，其中长江发源于南麓，黄河发源于北麓；另一种认为长江发源于可可西里山，有南北两支源流，其中南支为木鲁乌苏河，北支为楚玛尔河。1976年和1978年，长江流域规划办公室先后两次组织队伍深入江源地区进行考察，根据"河源唯远"的原则，最终确定了沱沱河为长江的正源。

[2]　仅次于非洲的尼罗河（6671千米）和南美洲的亚马逊河（6500千米），居世界第三位。

[3]　骆承政、乐嘉祥：《中国大洪水——灾害性洪水述要》，中国书店，1996年，第237页。

[4]　长江流域规划办公室：《今日长江》，水利电力出版社，1985年，第8页。

巴颜喀拉山、果洛山、岷山及秦岭与黄河流域❶为界，东北以伏牛山、桐柏山、大别山及皖山与淮河流域❷为界，东南以天目山、黄山及武夷山与闽浙沿海各河流域为界，南以南岭、苗岭与珠江流域为界，西以唐古拉山、宁静山、云岭与怒江、澜沧江流域为界。❸ 长江由江源到河口跨越我国大陆地貌上的三级阶梯❹，具有落差大的特点。按水文、地貌特征可把长江干流划分为上、中、下游三段：从河源到宜昌为上游；宜昌到鄱阳湖湖口为中游；湖口至入海口为下游。❺ 此外，长江在不同河段有不同的名称。❻

长江流域支流众多，水量丰沛，平均每年入海的总水量约 10000 亿立方米，相当于黄河的 20 倍。❼ 长江具有水深江阔、终年不冻的特点，自古以来就是我国东西水上交通的大动脉，素有"黄金水道"之称。

长江流域气候温和，土地肥沃，水热充足，她同黄河一样，是中华民族的摇篮，古代文明的发祥地之一。自古以来，长江流域就是我国重要的政治、经济、军事和文化区。在漫长的历史长河中，长江哺育了勤劳勇敢的中华民族，孕育了光辉灿烂的中华文化。提起长江，人们就会想到它的沿岸是"天府之国""鱼米之乡""人间天堂"。然而，她也给沿岸人民带来了无数灾难，在中华民族的史册上，有关长江流域苦难的记载比比皆是。据历史记载，从公元前 206 年（西汉）至公元 1911 年（清末）的 2117 年间，长江共发生洪灾 214 次，平均约 10 年一次。其中，唐代平均 18 年一次，宋、元时期平均 5 年一次，明、清时期平均 4 年一次。❽ 到国民党统治时期，几乎每年都要闹灾。虽然长江的水利兴起较早，如历史上有都江堰、灵渠、南北大运河等著称于世的工程，但由于诸多因素，直到 1949 年新中国成立前夕，长江水利失修，洪灾、涝灾、旱灾和血吸虫病等灾害频繁发生（尤其以洪水灾害最为突出，损失也最大，影响最为深远），严重威胁两岸人民生命财产安全，使流域内亿万人民长期陷于苦难的深渊之中，制约了两岸社会经济的发展。

---

❶ 黄河流域位于北纬 32°～42°，东经 96°～119°之间，西起巴颜喀拉山，东临渤海，南自秦岭，北抵阴山。见熊怡等编著《中国的河流》，人民教育出版社，1991 年，第 123 页。

❷ 淮河流域介于长江、黄河流域之间，位于东经 111°～122°，北纬 30°～38°之间，面积 32.9 万平方千米。西起桐柏山、伏牛山，东临黄海，南以大别山、江淮丘陵、通扬运河及如泰运河南堤与长江流域分界，北以黄河南堤和沂蒙山与黄河流域及山东半岛一些直接入海的河道毗邻。见胡明思、骆承政主编《中国历史大洪水》下卷，中国书店，1989 年，第 1 页。

❸ 熊怡等：《中国的河流》，人民教育出版社，1991 年，第 162 页。

❹ 我国地形复杂多样，呈现西高东低的地势特点，按海拔的差别可以分为三大阶梯：第一阶梯为号称"世界屋脊"的青藏高原，主要由青海、川西高原和横断山脉高山峡谷组成，海拔高程在 3500～5000 米之间；第二阶梯介于青藏高原与大兴安岭—太行山—巫山—雪峰山之间，包括内蒙古高原、黄土高原、云贵高原和塔里木盆地、准噶尔盆地、四川盆地等地区，海拔高程在 1000～2000 米之间；第三阶梯在大兴安岭—太行山—巫山—雪峰山以东，由东北平原、华北平原、淮阳山地、江南丘陵和长江中下游平原组成，一般高程在 500 米以下。

❺ 熊怡等：《中国的河流》，人民教育出版社，1991 年，第 167 页。

❻ 长江从源头到当曲河口称沱沱河；从当曲河口至青海省玉树县境的巴塘河口称通天河；从巴塘河口到四川省宜宾岷江口称金沙江；宜宾以下至宜昌南津关称川江；从湖北枝城到湖南城陵矶称荆江；江西九江附近一段称浔阳江；江苏镇江、扬州一带称扬子江。

❼ 长江流域规划办公室《长江水利史略》编写组：《长江水利史略》，水利电力出版社，1979 年，第 1 页。

❽ 长江水利委员会洪庆余：《中国江河防洪丛书·长江卷》，中国水利水电出版社，1998 年，前言。

从明清时期到近代，为了治理长江，造福于民，许多仁人志士从不同角度提出过诸多治江方略和主张。但由于历史条件的限制，很多较好的主张都未能实施。1949年新中国成立后，党和政府高度重视大江大河的治理工作，开始了亿万人民治理长江的新纪元！

林一山是在中国共产党领导下成长起来的杰出治水专家，是新中国治江事业的先驱者和探索者。林一山早年参加革命，1949年改行从事治理长江工作，并在治江的岗位上工作长达近半个世纪之久。在总结前人治江实践和理论的基础上，林一山提出了"治江三阶段"的治江战略方针，完成了长江流域的综合利用规划工作，并在治江工程技术上有一系列超越前人的创举，在我国除水害兴水利的伟大事业中作出了突出的贡献，为我国水利史增添了光辉的业绩。在长期的治江实践中，林一山注意将辩证唯物主义的思想方法广泛运用于水利工程实践，不仅治水经验丰富，而且还总结出了一套自己独特的治江思想理念，先后提出"水库长期使用""河势规划""水库移民工程"、西部调水、河流水沙利用等重要理论。其治水方略是我国水利工程界的宝贵财富。

当前，我国已进入一个新的历史发展时期，社会经济发展对长江的治理、开发与管理提出了更高的要求，治江事业依然任重而道远。追寻历史的足迹，有利于掌握探索未来的方向，因此对林一山的治江思想进行研究是很有必要的。水利部长江水利委员会根据长江的新形势、新情况，继承发扬以林一山为代表的治江前辈的优秀品质和优良传统，深入贯彻党的十九大精神和可持续发展的治水思路，提出努力践行"维护健康长江、促进人水和谐"的治江新理念。研究林一山的治江思想，对于进一步总结治江的经验、教训和实现治江新理念的目标是很有现实意义的。

二、学术史回顾

（一）学界研究林一山及其治江思想的论著概述

为追思林一山治江思想的博大精深、治江事业的丰功伟绩和朴实的人格魅力，并将林一山治江思想的学习、研究、实践推向深入，在纪念林一山逝世一周年之际，长江水利委员会长江志总编室于2008年12月编印了《林一山治江思想研究会会刊》。该刊为内部出版的不定期辑刊，每辑约12万字，主要刊载水利工程界人士对林一山的怀念、对林一山及其治江思想和实践认识等方面的文章。《会刊》已出版11辑，内容极为丰富，对林一山治江思想的研究作出了积极的贡献。但不足的是，《会刊》中多是对林一山的缅怀之作，对于很多治理长江的水工专业问题只是一笔带过或是稍微提及，并没有进行深入系统的分析。

曾经在林一山身边工作过的黄宣伟对林一山治江思想与实践做了一定的研究。黄宣伟曾在长江水利委员会工作了30年，在林一山的领导下从事规划设计工作。从1972年到1982年，作为葛洲坝工程技术委员会的技术秘书，黄宣伟亲历了林一山策划葛洲坝工程建设的全过程，并参与了葛洲坝工程的一系列规划工作，对林一山的品德和思想方法有深刻的认识。基于此，他编著了《葛洲坝工程的总设计师林一山》❶ 一书。该书以翔实丰富的史实，客观反映了葛洲坝工程建设始末，尤其是 1972 年开工才两年的葛洲坝工程因质量问题主体工程停工，党中央决定成立葛洲坝工程技术委员会，委托林一山为负责人主持重新设计工作。该书记述了林一山临危受命主持了 13 次工程技术委员会会议的始末及如何运用辩证法的思想解决了葛洲坝的关键技术问题，从而使工程转危为安。

迄今关于林一山治水、治江方面的文章较多，但大多数属于回忆性质或是对林一山的纪念和缅怀，学术研究性质的文章还比较少。成缓台的《当代治水名人林一山》❷ 一文以精炼的手笔高度概括了林一山一生治水的业绩和高贵的品质。田宗伟的《"长江王"林一山传奇》❸、曲力秋的《林一山，不该被三峡淡忘》❹、张玉强的《林一山改写长江历史》❺、庾晋和白杉的《新中国水利事业一代功臣——林一山》❻ 等文章分别从不同角度论述了林一山对长江治理开发的贡献。李民权的《林一山谈长江综合治理》❼ 就林一山对 1998 年大水后长江如何实现大治的问题进行了论述。季昌化的《60 年科技发展创新之路——纪念长江水利委员会成立 60 周年》❽ 概略回顾了长江水利委员会成立 60 年以来在林一山的带领下科技发展创新的历程，对林一山在治江事业中所表现出来的突出才能进行了分析论述。穆弓的《"林李之争" 40 年》❾ 一文论述了新中国成立之后围绕三峡工程上与不上的问题，林一山和李锐❿之间的长期争论，从侧面展现出林一山的治江思想。黎汝静等的《林一山治黄思想值得重视》⓫、邓英淘整理的《治黄大方略——林一山同志访谈》⓬ 等文章则是对林一山的治黄思想作专门论述。李国英的《治水辩证法》⓭ 一文虽然不是论述林一山治江思想的，但他把辩证法和治水相结合起来，这为研究林一山的辩证治江思想提供了有益的借鉴。

（二）林一山治江思想研究已取得的成就与存在的不足

第一，林一山治江思想研究成果中值得肯定之处。上述文章从不同视角反映了林

---

❶　黄宣伟：《葛洲坝工程的总设计师林一山》，长江出版社，2009 年。

❷　成缓台：《当代治水名人林一山》，《水利天地》1988 年第 3 期。

❸　田宗伟：《"长江王"林一山传奇》，《中国三峡建设》2006 年第 4 期。

❹　曲力秋：《林一山，不该被三峡淡忘》，《新民周刊》2003 年第 24 期。

❺　张玉强：《林一山改写长江历史》，《春秋》1998 年第 1 期。

❻　庾晋、白杉：《新中国水利事业一代功臣——林一山》，《党史天地》2002 年第 6 期。

❼　李民权：《林一山谈长江综合治理》，《江苏水利》1998 年第 11 期。

❽　季昌化：《60 年科技发展创新之路——纪念长江水利委员会成立 60 周年》，《人民长江》2010 年第 4 期。

❾　穆弓：《"林李之争" 40 年》，《新西部》2003 年第 6 期。

❿　李锐（1917—2019），湖南平江人。早年参加革命。1951 年任湖南省委宣传部长，1952 年任燃料工业部水电建设总局局长，1958 年任水利电力部副部长，1979 年复任水利电力部副部长、国家能源委员会副主任，1982 年任中组部副部长。李锐对长江的治理和开发比较关心，他反对林一山修建三峡工程的方案，而主张在长江流域开发建设一系列替代性的水利工程。

⓫　黎汝静等：《林一山治黄思想值得重视》，《科技导报》1995 年第 2 期。

⓬　邓英淘：《治黄大方略——林一山同志访谈》，《中国税务》2004 年第 3 期。

⓭　李国英：《治水辩证法》，《中国水利》2001 年第 4 期。

一山一生的重要治江活动以及取得的成就，反映了他在不同时期对长江自然规律的认识和他治江思想的发展演变历程，对人们认识治江历史和总结治江经验具有一定的借鉴作用。

第二，林一山治江思想研究成果中存在的不足之处。学术界有关林一山及其治江思想的文章，大部分属于宣传纪念性的，是对林一山的缅怀之作。不仅文章的篇幅较小，对林一山治江思想某一个方面的探讨浅尝辄止，缺乏系统性和深入性的研究，而且大部分文章没有明确的引文注释，只是在文章的后面简单罗列出几篇具有代表性的参考文献，不符合史学论著的规范。尤其是将林一山运用辩证法治江的思想作为一个论题进行深入系统地研究，还是一块未开垦的处女地。

三、研究方法与思路

本篇以辩证唯物主义和历史唯物主义的观点，主要运用历史学、水利工程学、哲学、经济学等相关学科的理论，通过对林一山本人的论著、回忆录和访谈录等史料的梳理，考察林一山的治江实践，总结其治江思想，并把它们上升到理论层面。拟解决的主要问题有三个方面：一是林一山辩证治江思想的形成及其发展历程；二是林一山辩证治江思想的主要内容；三是林一山辩证治江思想的特点及作用。

第一章　林一山与长江的不解之缘

长江，中华民族的发祥地之一，在相当长的历史时期内为中华文明的延续和发展作出了重大的贡献。然而，由于自然条件的时空差异、江河的变迁，以及人口迅速增长对水土资源的不断开发，长江流域的水旱灾害也日益加剧，给沿岸人民带来了深重的灾难。随着历史的不断发展，灾害发生的频率越来越高，造成的破坏也越来越大。历代封建王朝都重视对长江的治理，也提出了一些治江的意见和方案，但由于受时代条件的限制，它们都不能从根本上解除长江的水患，更不可能对长江流域丰富的水土资源做到全面开发和综合利用。1949 年新中国成立后，党和政府十分重视江河的治理工作，长江的治理与流域的开发揭开了崭新的一页。林一山就是在新生的人民政权领导之下成长起来的一代治江伟人，在近半个世纪的治江生涯中，他对长江的治理开发作出了重大的贡献。可以说，林一山改变了长江，长江也成就了林一山，林一山的名字和长江是永远连在一起的。

第一节　林一山与长江结缘

一、新中国成立前长江的防洪形势

水与人类的生存和发展息息相关，人类的生产生活既不能远离水，同时又必须防备洪水的侵袭。古往今来，江河防洪都是关系到人民安危和国家盛衰的大事，大江大河的洪水灾害更是备受关注。

长江流域是洪灾频发区，特别是中下游平原地区受洪水威胁最为严重，历来是长江防洪的重点。据历史记载，长江流域在春秋时期（公元前 600 年左右）就已经筑堤拦洪进行垦殖。隋唐以前，长江上已建了不少堤防，但由于长江流域人口尚少，开发利用洪泛区的土地不多，即便是发生了洪水，损失也不大。唐宋以后经济重心南移，北方人口大量南迁，人地矛盾突出，人与水争地的活动加剧，围地垦殖的速度加快，江堤、海塘❶有了较大发展。另外，由于洪泛区的大量开垦利用，洪水的宣泄滞蓄场所受到限制，长江洪水位有所抬高，洪水灾害日益频繁。特别是荆江❷地区，由于一些重

---

❶　海塘是抵御海潮侵袭、保护沿海城乡安全的堤防工程。

❷　长江自湖北枝城到湖南城陵矶一段的别称，因流经古荆州而得名，长 423 千米。以藕池口为界，荆江又可分为上荆江和下荆江两段，下荆江河道蜿蜒曲折，素有"九曲回肠"之称。荆江是长江的险段，历来就有"万里长江，险在荆江"的说法。

要穴口被堵塞，导致水位上升，严重威胁两岸平原❶地区的安全。荆江地区是历代争论的焦点，历史上的几次江河整治及防洪工程设施都集中于此。1860 年和 1870 年，长江在相隔仅 10 年时间里接连发生 2 次超过 100 年一遇的特大洪水。❷ 两次洪水先后冲开荆江河段的藕池口和松滋口。1870 年大水更是造成荆江南岸溃口，最终形成荆江河段松滋、太平、藕池、调弦四口分流的局面。随着入湖水量的增加，大量泥沙进入洞庭湖，荆江和洞庭湖的关系发生了重大变化。据水文资料推算，每年经四口和四水入湖的泥沙一般可达 1.6 亿立方米，其中绝大部分来自长江，致使湖区洲滩丛生，湖面越来越小。❸ 在围垦的影响下，洞庭湖调蓄洪水的能力不断下降。清代前期洞庭湖约为 6000 平方千米，光绪二十年（1894 年）缩小到 5400 平方千米，到新中国成立前夕只剩下 4300 多平方千米。❹ 自四口分流以后，长江中下游平原地区洪水灾害愈加频繁，成为影响社会安定和制约经济发展的重要因素。

明清以后，随着水灾和地方水事纠纷的日益严重和增多，治理长江、解决长江水患威胁的呼声越来越高，一些官员和社会有志之士也提出过许多治江议论和主张，民国时期还进行了局部规划。但由于长期战乱，政治腐败，经济处于崩溃的边缘，国民政府有心无力，绝大多数计划都未予实施，防洪建设无法进行。长江堤防的防洪标准普遍较低，洪涝灾害有增无减，防洪设施在屡次洪水的破坏下长期处于支离破碎的状态。

据调查，新中国成立前长江上游干支流的堤防较少，而中下游干流北岸上自江陵县枣林岗、南岸上自宜都县枝城，下至长江口一带都有堤防，全长约 3100 千米，主要有荆江大堤❺、武汉市堤❻、无为大堤❼等重点堤段。这些重点堤段大部分都有相应的护岸工程。主要支流的下游、干流入江入湖尾间也有堤防体系。沿江的湖泊洼地地区，随着历代不断的围垦，堤线逐渐连成整体。至 1949 年，长江中下游平原地区堤垸多达

---

❶　荆江北岸为江汉平原，南岸为洞庭湖平原。

❷　骆承政、乐嘉祥：《中国大洪水——灾害性洪水述要》，中国书店，1996 年，第 245 页。

❸❹　长江流域规划办公室《长江水利史略》编写组：《长江水利史略》，水利电力出版社，1979 年，第 140 页。

❺　荆江大堤始建于东晋永和元年（公元 345 年），位于荆江北岸，自江陵县枣林岗至监利县城南，全长 182.35 千米，是江汉平原防洪屏障。1918 年以前称万城堤。据 1946 年扬子江水利委员会编写的《荆江水位特高原因及整理办法》载，当时大堤所面临的情况是："堤面宽度，最宽者仅万城、李家埠两段，共 2 千米达到 12 米；最狭者位郝穴段，有一段竟不到 3 米。"堤顶高程，据实地查勘，沿江各地之堤顶在洪水位以上者，最高不过 0.9 米，最小者仅 0.5 米。堤上杂草丛生，堤街房屋栉比，堤身隐患严重，堤外滩岸崩坍，堤基严重渗漏。新中国成立初期，大堤土体约 1 亿立方米，堤身断面较小，仍"遍体疮痍"。（见长江水利委员会长江勘测规划设计研究院、江务局编《长江志·防洪》，中国大百科全书出版社，2003 年，第 216 页）

❻　武汉市堤：武汉市堤分布于武昌、汉口、汉阳三区，1949 年以前，总长为 108 千米，堤身低矮单薄，险工隐患多，抗洪标准低，主要堤防是按汉口武汉关水位 28.28 米的标准修建。（见长江水利委员会长江勘测规划设计研究院、江务局编《长江志·防洪》，中国大百科全书出版社，2003 年，第 223 页）

❼　无为大堤位于长江下游北岸安徽省境内，总长近 124 千米，是巢湖平原的防洪屏障，保障着大堤北部部分城镇及 427 万亩农田、400 多万人口的安全。无为大堤历史上曾称皇堤、官坝、江堤、江坝，20 世纪初统称江提，1954 年大水以后始称无为大堤。民国时期，无为大堤标准按 1931 年洪水位，堤顶超高不足 1 米，堤面宽不足 5 米，内外坡不足 1∶3，险工隐患较多，抗洪能力很低。（见长江水利委员会长江勘测规划设计研究院、江务局编《长江志·防洪》，中国大百科全书出版社，2003 年，第 237 页）

2000 处以上，其中湖南省洞庭湖区圩垸 993 处，堤线长 6400 千米，保护农田近 33.3 万亩。❶ 新中国成立前，长江中下游平原地区堤防共保护农田约 6000 万亩，防洪堤线 总计 3 万多千米。❷ 尽管这些堤防很长，防洪能力却十分薄弱，长江干流一般仅能抵御 3～5 年一遇的洪水，支流堤防和圩垸的防洪能力更低。除堤防外，当时全流域既没有 防洪水库，也没有进行人工分洪的分蓄洪区。新中国成立前，长江中下游平均约 5 年 发生一次较大洪灾，有的地区还曾遭受致大量人口死亡的毁灭性洪灾。据统计，仅 1931—1949 年的 18 年间，荆江地区被淹 5 次，汉江中下游被淹 11 次，各大湖区的圩 垸几乎每年都有决堤溃垸的事情发生。❸

二、林一山受命主持长江水利委员会

1949 年 6 月，正当解放战争进入全面胜利、新中国即将诞生的关键时刻，长江流 域发生了大水，江河圩垸堤防普遍溃决，万亩良田尽成泽国，荆江大堤险象环生，郝 穴附近祁家渊段出现崩坍，江堤岌岌可危，长江防洪形势危急。此次洪水给长江中下 游平原地区造成较大损失，受灾农田 2721 万亩，受灾人口 810 万人，死亡 0.57 万 人。❹ 虽然不如 1931 年和 1935 年那样严重，❺ 但受灾面积之广、灾情之严重也是少见 的。特别是在新中国即将成立，国家经济困难，百废待兴之时，对社会稳定和生产的 恢复产生了巨大的影响。因此，1949 年新中国成立之后，党和政府就把治理江河、控 制水灾作为稳定社会和恢复发展生产的重大措施。林一山就是在新生的人民政权领导 之下成长起来的一代治江伟人。

1949 年 8 月，时任中国人民解放军第四野战军南下工作团秘书长的林一山随工作 团南下。途经武汉，恰逢长江大水。此时，原已被任命为广西省人民政府第一副主席 兼秘书长的林一山接到中共中央中南局❻的通知，让他去中原临时人民政府农林水利部 当部长，随后又改任中南军政委员会水利部党组书记兼副部长。中南局的这一决定在 当时来说等于是对林一山的降级使用，但作为一名共产党员，在目睹了当年长江大水 造成的险象后，林一山深深体悟到水利是立国的根本，长江的事情也一定要有人来管， 因此他毅然决定服从中央的决定，脱下戎装，积极投身于长江的复堤救灾工作。武汉 成了林一山一生的重要转折点。1949 年 12 月 16 日，在周恩来总理主持的政务院❼第

---

❶❷ 富曾慈：《中国水利百科全书·防洪分册》，中国水利水电出版社，2004 年，第 162 页。

❸ 徐乾清：《三峡工程小丛书·防洪》，水利电力出版社，1992 年，第 36～37 页。

❹ 陈慕平：《长江洪水特性及几次大水述要》，《长江志通讯》1987 年第 3 期。

❺ 1931 年洪水，长江流域受灾人口 2887 万余人，死亡 14.54 万人，受灾农田 5669.5 万亩，损毁房屋约 178 万间，估计直接经济损失 13.84 亿银元。1935 年洪水致使长江中下游淹没耕地 1588.5 万亩，受灾人口 1000 余万 人，死亡人口达 14.2 万人，损坏房屋 40.6 万间。（见骆承政、乐嘉祥主编《中国大洪水——灾害性洪水述要》，中 国书店，1996 年，第 262、264 页。）

❻ 中共中央中南局：1949 年形成了西北、华北、东北、华东、中南和西南六大中央局。中南局管辖河南、湖 北、湖南、江西、广东、广西 6 省（自治区），驻地在武汉市。1954 年六大中央局撤销。

❼ 即中央人民政府政务院，1949 年 10 月成立。1954 年 9 月，根据第一届全国人民代表大会第一次会议通过 的《中华人民共和国宪法》，政务院改名为中华人民共和国国务院。

11次政务会议上，宣布批准成立长江水利委员会，林一山任主任。1950年2月，长江水利委员会❶在武汉成立。从此，林一山便与长江结下了不解之缘，而有关长江治理开发的工作成了他终身的职业。林一山说："只要我一息尚存，就不会停止我对于长江问题的思考。"❷ 实践证明，林一山把自己的后半生都奉献给了长江，用实际行动兑现了这个承诺。

林一山深知水利事业的艰巨性、复杂性。走上治江岗位之后，他便抓紧时间学习各方面的业务知识，向群众学习，向工程师学习，大量阅读长江的水文资料，还认真研究历代治江经验。通过实地调查研究，广泛搜集基础资料，很快他就掌握了长江的基本特性，并萌生了治江的初步计划。

1953年2月19日，林一山接到中南局的通知，让他随毛泽东主席外出并汇报工作。在"长江"舰上，毛泽东首先向林一山了解了长江洪水的成因、长江流域气象特点及暴雨分布等情况，林一山对于这些问题早已了如指掌，于是他从容不迫，一一回答了毛泽东的问题。在了解了长江洪水主要来源于长江上游的川江及林一山关于长江防洪的规划和计划后，毛泽东心里萌发了修建三峡工程的设想。随后，毛泽东又与林一山谈起了南水北调的问题。当听说汉江丹江口一带有兴建引水工程的可能时，毛泽东兴奋不已，对林一山说："你回去以后立即派人查勘，一有资料就即刻给我写信。"❸ 临了毛泽东还特别叮嘱林一山，三峡问题暂时还不考虑开工，但南水北调工作要抓紧。

在"长江"舰上随毛泽东主席经过三天三夜的航行，林一山深切体会到共和国最高领导人对长江水利事业的关心和重视，也正是这次召见，使林一山更加坚定了自己要在长江水利事业这条道路上继续走下去的信心。林一山曾深情地回忆说："真正使我下决心把后半辈子交给长江，是1953年那次永生难忘的航行。那一次，我陪毛主席视察长江，面对面畅谈了几十个小时。毛主席把他开发长江的理想交由我来负责，这是对我委以重任。"❹ 在此后的工作中，毛泽东又多次召见他，共商治水大计。周恩来总理也十分重视长江水利事业，多次和林一山面谈，询问有关长江治理开发的大计，并对他表现出高度的信任。党和国家领导人的深切关怀和大力支持，使林一山备受鼓励和鞭策，深感自身责任之重大，在治江的道路上只有不断努力才能对得起党和人民的嘱托。

第二节　林一山对长江治理开发的主要贡献

林一山自从走上长江水利事业这条道路以后，就十分重视学习与调查研究，很快

---

❶　长江水利委员会：简称"长委会"，1950年2月成立，隶属于中央人民政府水利部，由水利部直接领导。1956年，长江水利委员会改名为长江流域规划办公室，简称"长办"，直属国务院，业务上接受水利部指导；1988年复改称长江水利委员会，隶属于水利部。

❷　林一山：《林一山回忆录》，方志出版社，2004年，第130页。

❸　林一山：《林一山回忆录》，方志出版社，2004年，第161页。

❹　甘勇等：《"长江王"林一山半生治水造福荆楚》，《湖北日报》，2008年1月7日。

由外行转变成内行，并先后六次被毛泽东特别召见。❶ 在半个多世纪的治水生涯中，他负责并领导了长江流域规划工作，为长江水利事业擘画了宏伟的蓝图，兴建了一批重要的水利工程。他善于把辩证唯物主义的思想方法运用到实际工作中，解决了一系列重大难题，为长江的治理开发和新中国的水利事业作出了巨大的贡献。

一、确定治江方略，为治江事业擘画宏伟蓝图

新中国成立初期，长江水利工作千头万绪。经历了1949年的堵口复堤和堤防整修加固工作之后，林一山通过广泛的实地调查和对历代治江经验的研究，充分意识到防洪是长江治理开发的首要任务。

根据新中国成立初期长江堤防薄弱和新生人民政权的国力状况，考虑到治江事业的艰巨性、复杂性，林一山萌发了循序渐进、分阶段治江的战略思想。1951—1953年林一山提出了长江防洪的"治江三阶段"总体战略，即："第一步以加强堤线防御能力的办法，挡住1949年或1931年的实有水位。再到第二步以中游为重点的蓄洪垦殖为主的办法蓄纳1949年或1931年的决口水量，达到一个可能防护的紧张水位为目的。最后第三步则以山谷拦洪的办法从根治个别支流开始，达到最后降低长江水位为安全水位的目的。"❷ 这一长江防洪治理的总方向，成为多年来长江防洪工作的指导方针。尽管以后各个阶段的内容有所交叉，具体提法有些变化，但是大的方向并没有变。从新中国成立初期的堤防加高加固到荆江分洪等一系列分洪工程的规划实施，从1958年丹江口水利枢纽❸开始兴建到1994年三峡水利枢纽❹正式开工，无一不是按照"治江三阶段"这一战略总安排进行的。

林一山不仅考虑长江防洪的问题，还从全流域出发积极进行流域规划工作。他认为，治理开发长江还必须制订出一部全面科学的流域规划方案。因此他十分重视基本资料的搜集整理，在各地建立水文站网，搜集整理水文、气象资料。在党中央的领导和关怀下，在有关部门、单位和地方政府的大力支持下，以及苏联专家的帮助下，从1955年起，以林一山为首的长江水利委员会、长江流域规划办公室开始编制长江流域综合利用规划，全体职工经过四年半时间的辛勤努力，克服了诸多困难，于1959年7

---

❶ 第一次接见是在1953年2月19日到21日，林一山陪同毛泽东视察长江，在"长江"舰上毛泽东提出了三峡工程的构想和南水北调的计划。第二次接见是1954年11月（关于毛泽东第二次接见林一山的时间，不同的书有不同的说法，据林一山写的《林一山回忆录》记载，时间大约是在1954年11月，而在一些相关文章和林一山主编的《高峡出平湖：长江三峡工程》一书中，时间为1954年12月中旬。此处采用《林一山回忆录》记载的时间），在京汉铁路的专列上，毛泽东询问林一山有关兴建三峡工程的可能性问题。1956年夏毛泽东到武汉视察工作，第三次接见林一山，毛泽东表达了中央决定修建三峡工程的想法。1958年夏，毛泽东在武昌东湖主持政治局扩大会议，会后第四次接见林一山，主要询问三峡水库的寿命问题。1958年9月11日，毛泽东一天中两次接见林一山，询问了三峡水库的泥沙问题，当天晚上毛泽东又请林一山和王任重到汉口"老通城"吃饭，未谈及工作问题。

❷ 长江水利委员会洪庆余：《中国江河防洪丛书·长江卷》，中国水利水电出版社，1998年，第108页。

❸ 丹江口水利枢纽位于湖北省丹江口市，是汉水干流最大的水利枢纽。

❹ 三峡水利枢纽位于长江干流的西陵峡，坝址在湖北省宜昌市三斗坪，是当今世界上最大的水利枢纽工程，简称"三峡工程"。

月正式提出 66 万余字的《长江流域综合利用规划要点报告》，并得到毛泽东和周恩来的肯定。《长江流域综合利用规划要点报告》共分 3 册、14 篇、62 章、160 节，附图 1 册，内容广泛，包括以防洪发电为主的水利枢纽开发计划，以灌溉、水土保持为主的水利化计划，以防洪、除涝为主的平原湖泊综合利用计划，以航运为主的干流航道整治与南北运河计划，同相邻流域有关的引水计划等五大部分。这一规划对长江流域的江河治理、水资源开发及综合利用都做出了全面综合安排。实践证明，这个规划方针是正确的，它为此后几十年的长江水利建设起到了指导性的作用，有效地促进了长江水利建设和长江流域经济社会的发展。

二、参与和领导兴建了一批重要的水利工程

在以防洪为重点的治江思想的指导下，林一山直接参与和领导兴建了一大批水利工程，铸就了一座座水利丰碑，奠定了他作为水利事业家的崇高地位。

从 1950 年开始，林一山就着力加强长江堤防建设。面对荆江河段严峻的防洪形势，他提出了荆江分洪工程❶的计划。这一工程于 1952 年 4 月开始动工，主体工程仅用 75 天时间即迅速建成，创造了新中国水利工程建设史上的奇迹。1954 年长江发生百年难遇的特大洪水，荆江分洪工程 3 次进洪分流，累计进洪量 122.6 亿立方米，降低沙市最高水位约 1 米，为保护荆江大堤和武汉市的安全起了重要作用。❷

为治理汉江的水灾，林一山从 20 世纪 50 年代初期就开始积极寻找解决的途径。在实地考察和勘测的基础上，他提出了以丹江口工程作为汉江流域规划的主体。1958 年春在成都会议上中共中央做出兴建丹江口工程的决议，9 月丹江口工程正式开工。在工程建设过程中虽然历经波折，但最终还是如期建成，并做到了防洪、发电、灌溉、航运、养殖五利俱全，几十年来发挥了巨大的综合效益。丹江口水利枢纽不仅是汉江的重要防洪工程，也是今天南水北调中线工程的水源工程。

在长江流域综合利用规划中，林一山把建设长江三峡水利枢纽作为治理开发长江的关键工程。为有效推动三峡工程的兴建，1958 年 10 月林一山又组织建设陆水蒲圻工程，作为三峡工程的试验坝。

1972 年，作为三峡工程重要组成部分的葛洲坝水利枢纽工程在"边勘测、边设计、边施工"的"三边"政策指导下开工建设，却面临重大困难，以致无法继续进行下去。当时林一山正患眼癌住院治疗，为顾全大局，他受命于危难之中，遵照周恩来总理的指示，担任葛洲坝工程技术委员会❸负责人，重新组织力量修改设计。在他的精心组织领导下，广大技术人员扎扎实实搞科研、做方案，终于把这项濒临失败的工程

---

❶　荆江分洪工程位于荆江南岸（右岸）的湖北省公安县境内，主要用于分蓄大水年时超过荆江河道安全泄洪量的洪水，以保障荆江大堤的安全，以小部分的淹没来降低整个洪灾损失。

❷　长江水利委员会洪庆余：《中国江河防洪丛书·长江卷》，中国水利水电出版社，1998 年，第 358 页。

❸　葛洲坝工程技术委员会成立于 1972 年 11 月，周恩来提名由袁宝华、谢北一、张体学、钱正英、王英先、马耀骥、沈鸿、林一山、廉荣禄九人组成，林一山为委员会主任，全面负责修改设计工作。该委员会隶属于国务院。

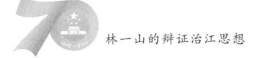

建设成为誉满全球的优质工程，完成了周恩来的嘱托。

此外，林一山为三峡工程和南水北调工程的科研、规划、设计工作也作出了巨大的贡献。几十年来，在林一山的精心指导下，长江水利委员会负责规划设计的一大批水利工程都取得了预期的良好效果，赢得国内外水利工程界的高度赞扬。

三、组建长江水利委员会，重视培养和保护科技人才，为新中国治江事业的顺利开展提供了人才保障

林一山深知建立一支强有力的治江队伍对于治江工作的重要性，上任伊始，他就着重解决长江水利委员会人员不足、技术力量薄弱的问题。在接收民国时期治江烂摊子和吸收原有流散人员的基础上，1951年初他制定了"提高与扩大并重"的人事工作方针，大量吸收社会人员，提高人员质量，并取得了良好的效果。到1951年底，长江水利委员会的队伍接近4700人，一年就增加了大约2000人。❶ 在此基础上，长江水利委员会成立了一批查勘、测量、钻探、回声测探和水文研究方面的机构，技术力量得以加强。20世纪50年代，随着长江水利建设的发展，科技人才的需求量大量增加。林一山遵照周恩来总理的指示创办了长江工程大学。在生源问题上，林一山打破当时高考制度下的"唯成分论"和"唯分数论"，坚持以学生的个人表现为原则，把很多成绩优秀而家庭出身不好的青年招收进来。后来周恩来听了林一山关于长江工程大学办学情况的汇报后，对他说："我在党内工作多年，就遇到一个王震，一个你，两个人真能抓人。"❷ 这既是周恩来对林一山的鼓励，也从侧面反映了林一山对人才的重视。尽管长江工程大学只办了几年，仅有一届毕业生，但也为长江水利事业培养了技术人才，充实了治江队伍。

为治江事业的需要，林一山不仅积极组建和壮大队伍，而且善于保护自己的队伍。1957—1958年的"反右"时期，一批知识分子被错误地划为右派，需要下放劳动改造。为了缓解当时专业技术人员紧缺的状况，林一山并没有让他们去种地、进牛棚，而是让他们去陆水枢纽工地继续从事技术工作。"三年困难"时期，长江流域规划办公室和其他单位一样也面临着缩编裁并和人员分散的严峻局面。为了保住这支好不容易才形成的队伍，林一山向周恩来总理提出实行自保的方针，带领长江流域规划办公室技术人员和长江工程大学的学生自办农场，度过难关。"文化大革命"时期，有人要把上万人的长江流域规划办公室裁减为几百人，林一山顶住压力，向周恩来反映情况，最终保住了这支治江队伍。

正是在林一山的组织领导下，这支历经波折的队伍先后完成了新中国水利史上的一大批水利工程，为共和国的水利事业增添了一道道耀眼的光环。

---

❶ 林一山：《林一山回忆录》，方志出版社，2004年，第135页。

❷ 林一山：《林一山回忆录》，方志出版社，2004年，第220页。

四、坚持以辩证法思想指导治水实践，形成了一套独特的治江理论体系

林一山在治江过程中，坚持把长江的实际情况与毛泽东思想结合起来，善于抓主要矛盾，善于总结和创新，善于从现象看到本质，特别是善于运用"两论"来解决实际问题。20 世纪 50 年代初他就号召和组织广大职工干部深入学习《矛盾论》和《实践论》，倡导大家要学好辩证法，用以指导和总结工作，提高工作业务水平。几十年来，大到治江方略的制定，小到具体工程技术问题的处理，无不闪烁着他辩证思维的光辉。荆江分洪工程完成后，他及时用唯物辩证法的思想方法总结实践经验，写了《学习〈实践论〉，总结荆江分洪工程的施工与设计》和《学习〈矛盾论〉，总结荆江分洪工程的设计思想》两篇总结性的论文。在《荆江分洪工程规划设计的主要思想》一文中，林一山运用《矛盾论》的观点具体分析了水利事业与国家计划的矛盾统一、区域规划与流域规划的矛盾统一、局部要求与整体要求的矛盾统一、当前要求与长远要求的矛盾统一、设计任务与技术力量的矛盾统一、规划设计工作的进度与所需资料的搜集工作之间的矛盾统一等问题，令人敬佩。❶ 在唯物辩证法思想的指导下，林一山通过水利工程的理论与实践先后提出：优化水库调度和运用，延长水库的有效利用；水文与气象相结合，做好防汛预报和水库预报调度；加强河势❷研究，为水利枢纽工程总体布置方案提供良好基础等水工理论。在工程建设中他还提出了"挖掉葛洲坝""水库长期使用""西部调水""水库移民工程"等蕴含着辩证思想的建议和意见。他还对各种河流现象进行剖析，抓住河流内部水流和泥沙这一主要矛盾，深入研究河流运动的基本规律，思考长江中下游冲积平原河道治理问题。这些思想和理论是指导我们今天治江实践的宝贵财富。

---

❶ 杨世华：《林一山治水文选》，新华出版社，1992 年，第 207～220 页。
❷ 河势指河道水流在河床中的运动总态势，一般以主流的走向及其形态为代表。

第二章　林一山辩证治江思想形成的历程

长江流域面积广阔，流域内地形、地貌、水文、地质条件以及各地的经济文化发展水平都存在差异，要治理和开发好长江就需要综合分析，通盘考虑，针对不同地区的具体情况做出正确合理的安排。此外，治理开发一条河流，特别是像长江这样的大河，少不了要在河流上建一些水利工程，而水利工程的兴建又面临着一系列复杂的问题。如兴建水库与土地淹没之间的矛盾，兴建水库与库区移民之间的矛盾，防洪与航运、发电、灌溉之间的矛盾，水库蓄水拦洪与泥沙淤积之间的矛盾，近期与远期之间的矛盾，治标与治本之间的矛盾等。所有这些问题的解决，都需要有科学的思想思维方法。林一山是新中国成立以来治理长江的第一人，在长达近半个世纪的治水生涯中，他善于把辩证唯物主义的思想方法运用到实际工作中去，真正做到理论和实践相一致。在唯物辩证法的指导下，林一山不仅成功地解决了上述一系列难题，还善于总结经验，并把它们上升到理论层面，从而形成了一整套自己的独特的治江思想体系。

第一节　运用辩证法治江的基本要求

一、唯物辩证法的几个重要原理和规律

唯物辩证法是建立在唯物主义基础上的科学形态的辩证法，是在肯定和承认矛盾的基础上发展的学说，是科学的世界观和方法论。

联系、发展和矛盾的观点是唯物辩证法的三个重要内容。联系是事物之间以及事物内部各要素之间相互影响、相互制约的关系。联系具有普遍性、客观性和多样性。这一原理要求人们用联系的观点看问题，反对用孤立的观点看问题。

发展是事物的一种状态。发展具有普遍性，发展的实质是新事物的产生和旧事物的灭亡。发展的趋势是前进性与曲折性的统一。发展的状态是量变和质变的统一。发展观的一系列原理要求我们用发展的观点看问题，要对未来充满信心，要有创新精神；要注意量的积累，从事物本身出发，注重内因。

矛盾观是唯物辩证法的实质与核心。矛盾即对立统一，矛盾具有普遍性和特殊性，时时有矛盾，事事有矛盾。矛盾观要求人们坚持矛盾的分析方法，既要承认、分析、揭露矛盾，又要学会用一分为二的观点看问题，坚持具体问题具体分析。

对立统一、质量互变和否定之否定是唯物辩证法的三大基本规律。对立统一，即相互对立或矛盾的各方统一在一个事物内。矛盾双方相互排斥，又相互依存，并在一

定条件下可以相互转化。对立统一的法则揭露了各种运动的或变化的一切事物最根本的内在关系。

质量互变，即事物的运动或发展首先是由数量的变化开始的，当量变积累到一定程度就会发生质的突变，成为另一事物。量变到质变是一种高级的运动思维，既看到事物的现状，也能预测到未来。质量互变是一切进步发展的根本原则，为人的主观能动性提供思维空间，促进事物的发展和转化。

否定之否定，即事物的发展不会一成不变，在适宜的时机会向反方向转化。好事能变坏，坏事也能变为好事。否定之否定是一种逆向思维，是人的思维摆脱成见和习惯的一种新思维。

二、运用辩证法治江的几个要求

世界上的一切事物以及反映这些事物的命题中都包含着辩证法的因素。可以说，辩证法的因素无时不在，无处不在。江河治理作为人类社会一项大规模的实践活动，它不仅是与水打交道，也是与人打交道，面临的矛盾复杂多样，这就更需要用辩证的思维方式来解决。中国历史上很早就开始了水利开发和化水害为水利的江河治理工作，从传说中的大禹治水到战国时李冰父子主持修建都江堰，再到东汉时王景❶推行"宽河行洪"❷，从明代潘季驯的"束水攻沙"到近代李仪祉比较全面的治水方略，但凡成功的事例无一不是凝结着辩证法思想。历史的经验告诉我们，无论何时，凡是与水、与江河打交道就必须要遵循唯物主义辩证法。

首先，治理长江要树立唯物主义系统观，要从全局着眼，善于运用联系的观点，不能单打一。唯物辩证法认为，事物都是作为系统而存在的，任何事物都是由其内部相互联系、相互作用着的要素按照一定的方式所组成，并同周围环境互相联系、互相作用着的统一体。治江工作者只有树立起唯物辩证法的系统观，才能正确认识和处理治江这个艰巨任务中各个要素之间的关系、不同层次之间的关系、治江与外部环境的关系。

如在长江的防洪问题上，不仅需要采取修水库、筑堤防、建分蓄洪区等工程措施，还需要采取必要的非工程措施，如进行预报和管理。只有把水库、堤防、分蓄洪区工程联合起来运用，才能保证长江在遇到特大洪水时的行洪安全；只有进行科学的天气形势分析才能准确地做出雨情、汛情预报，并通过法律、行政和经济等手段进行必要的管理，才能减少洪灾造成的损失。

当然，治江不是仅限于防洪这一个方面，而是要搞综合治理开发，变水害为水利，综合利用长江的水资源。因此，治理开发长江更需要树立起系统观，善于运用普遍联

---

❶ 王景（约公元30—85年），乐浪郡（今朝鲜）人，东汉时期著名的水利工程专家。

❷ "宽河行洪"是西汉贾让"治河三策"（上策主张不与水争地，滞洪改河；中策提出筑渠分流；下策为缮完故堤）的核心思想，限于当时的社会经济条件，三策均没能认真推行。王景治河时，"宽河行洪"之策得到了大规模实施，并取得了较大的成绩，此后几百年间黄河未发生改道。

系的观点，要从全流域着眼，兼顾上下游、左右岸的不同要求和利益，权衡利弊得失，统筹规划，做出科学合理的决策。此外，建水利工程要和生态、环境、通航、旅游、文物等各部门协调，特别要重视污染问题。❶ 不能只顾一个方面，而忽视其他方面，不能搞单打一。

其次，治理长江要以唯物辩证法的发展观为指导，要随着条件的变化而不断调整战略方针。世界上的一切事物都在不断的运动变化发展中，治江事业也是如此。"我们所建立的每一个治水系统，都是在一定的具体条件下进行的，即在一定的具体条件下，治水系统处于一种'平衡'状态。当这些条件发生变化时，治水系统的那种'平衡'状态就会被打破。在这种情况下，就必须在变化了的条件下去重新构建新的治水系统，找到新的'平衡'点。"❷ 治江是一项长期的工程，不同历史时代，对治江的要求不同，甚至在同一时代背景下，其要求也不尽相同。因此，治江就必须用发展的眼光看问题，要善于从变化了的实际出发，针对不同的情况灵活应对，适时调整战略方针，必要时还要有一定的创新精神。此外，一定历史时期人们的认识水平也是有限的，加之治江工作的长期性和复杂性，人们不可能在短期内就取得理想的成绩，只有在实践的基础上不断总结经验并再次指导实践，才能不断促进治江工作的向前发展。这既是由治江工作的特殊性决定的，也是由人的认识过程的复杂性决定的。

再次，要善于运用唯物辩证法的矛盾观，妥善处理治江过程中的若干重大关系。治理长江是一项十分庞杂的工作，经济社会发展和各部门对治江的要求不尽相同，甚至上下游、干支流、左右岸之间也存在纷争，各种交织在一起的矛盾使治江工作更显艰难。只有灵活运用矛盾的观点，善于抓主要矛盾，统筹兼顾，恰当地处理次要矛盾，才能妥善处理治江过程中的一些重大关系。一是整体与局部的关系。治理长江免不了要在长江上兴建水库、开辟分蓄洪区，而水利工程的兴建就必然会造成一定的淹没，迫使一部分人口迁移，使淹没区的经济发展受到影响。但从整体上看，只要安排好移民的生产和生活，这些牺牲是必要的，也是值得的。二是近期与长远的关系。制定治江方案或是兴建水利工程，不能只顾眼前而不顾长远，一定要从发展的角度出发，做到既能满足当前的需求，又不会对今后产生危害，要走可持续发展的道路。因为从根本上讲，眼前利益和长远利益是一致的，忽视了任何一方，另一方都难以为继。三是治标与治本的关系。治江是一项长期而艰巨的工程，不可能一蹴而就。在特定的历史时期，治江工作还要受某些社会因素的限制，如社会稳定、经济和技术力量等。在治本之策暂时无法实施或尚未完成的情况下，采取一定的治标政策是十分必要的。但在处理治标和治本的关系问题上，应该坚持标本兼治、以本为重的方针，要始终明确治标是为治本服务的，治标工程不能损害或有碍于今后治本之策的实施。

此外，治理长江是一项改造自然的活动，这必然会涉及人与自然的关系问题。自

---

❶ 潘家铮：《水利建设中的哲学思考》，《中国水利水电科学研究院学报》2003 年第 1 期。
❷ 李国英：《治水辩证法》，《中国水利》2001 年第 4 期。

然界的存在蕴含着不可逆转的自然规律，人类改造自然的活动要建立在尊重自然规律的基础上，不可无限度地向自然界索取，任何违背自然规律或只顾眼前和局部利益的行为都将遭到大自然的惩罚。治理长江必须要在尊重自然规律的基础上进行，要体现经济社会与自然生态的相互协调，要做到既符合自然规律，又有利于经济社会的发展，努力实现经济效益、社会效益和生态效益的统一，争取人与自然的和谐共处。

以上这些要求，不仅是治理长江需要注意的，对任何一项治水活动也是适用的，这也是构建和谐社会的必然要求。

第二节　林一山辩证治江思想的形成和发展

林一山的辩证治江思想是以林一山为首的长江水利委员会水利科技工作者在实践的基础上，通过实践—认识—再实践—再认识的反复过程而逐步总结和升华出来的，是老一代人治江思想的结晶。它的形成是有一定条件的：主观上，与林一山本人的努力及科学的思维和工作方法有关；客观上，与长江的现实需要紧密相连；党和国家领导人对长江水利事业的高度重视是这一思想形成的极为有利的政治条件；广大水利科技工作者的辛勤努力工作也是这一思想形成的重要条件。可以说，这一思想是在多方面因素的共同作用下催生、成长起来的。笔者按照林一山在不同时期工作重点的差异，将林一山辩证治江思想的发展历程分为初步形成、丰富发展和成熟三个时期。

一、林一山辩证治江思想形成的原因

1. 主观因素

林一山辩证治江思想的形成首先跟林一山本人的好学和科学的处事方法有着密不可分的联系。林一山接受的是马克思主义的教育，早在青年时期，他就学习并善于运用辩证法的思想。据林一山回忆，1935 年上半年他在山东省长山县❶当高小教员的时候，在讲课中他就宣传唯物辩证法。后来在考取北平师范大学❷的时候，他运用历史唯物主义的观点答卷。据他推测，主考人或许正是出于这一原因而将他录取的。❸ 大学期间林一山学的是历史学，学科的思维特性使得他原有的辩证法思想更为根深蒂固。因此，此后无论是革命工作还是水利工作，都打上了辩证思维的烙印。

投身于水利事业后，作为一个外行，林一山深知只有不断学习专业知识，不断充实自己，才能在长江水利工作中有所作为。为了学习水利知识，他有意识地深入基层，了解基层水利工作，经常与工程技术人员在一起，边工作边学习；讨论问题时，他注意学习和吸收别人的思想精华；听取汇报时，凡是不清楚或不能理解的，他一定要弄

---

❶ 1956 年 3 月撤销，原县城现为邹平市长山镇。

❷ 今北京师范大学。1931 年北平师范大学与北平女子师范大学合并，称国立北平师范大学。50 年代初高校院系大调整时期，又把辅仁大学纳入其中，逐渐形成今天的北京师范大学。

❸ 林一山：《林一山回忆录》，方志出版社，2004 年，第 16 页。

明白，弄清事物的症结所在，并细心琢磨还有没有比前辈用过的更好的办法。❶ 这样，工程师成了他的老师，汇报会和实地考察成了他的课堂，亲自动手总结、写文章，再经同志们讨论和修改补充成了他的作业。❷ 通过大量阅读基本资料，认真钻研和总结历代治江经验，很快他便抓住长江防洪这一主要矛盾，并紧紧围绕防洪进行周密的思考和战略部署，提出了从以堤防、分蓄洪工程为主的平原防洪迅速过渡到兴建山谷拦洪工程的"治江三阶段"计划，为治江事业制定了初步的战略计划。

在水利工程的规划设计上，他总是坚持实践第一的原则。他曾多次到祖国大江南北进行实地考察，重视基本资料的搜集，重视科研试验，实事求是，以认真负责的作风和态度对待长江上的每一项工程。在工作中，他善于把毛泽东思想与长江的具体实际相结合，特别是运用《实践论》和《矛盾论》的基本原理指导治江工作，并善于总结经验。对于工作中出现的难题，他总是从多角度去思考，抓住问题的关键，通过认真的比较分析，最终找到解决问题的最佳方案。林一山思想开放、从不保守，对新见解、与众不同的见解总是认真对待，予以琢磨，能集众智之大成，提出自己的见解。❸对于错误的观点和犯错误的同志，他及时进行纠正并给予适当的鼓励，保障不伤害他们工作的积极性。

正是因为林一山的好学和科学的工作思维方法，使得他对待每一件事情都有自己的见解，这为辩证治江理论体系的形成创造了极为重要的条件。

2. 客观环境

长江治理的现实需求是林一山辩证治江思想形成的客观条件。长江流域面积广阔，自然灾害频繁发生，治江工作千头万绪，矛盾重重。欲治理长江，就必须从长江的实际出发，制定出一个全面合理的战略计划，有重点，分清主次，不能胡子眉毛一把抓。要分析治江的各种矛盾及其内部的复杂关系，就必然要用唯物辩证法去分析和解决问题，特别是要善于运用对立统一规律，抓住主要矛盾，一段时期内集中主要力量去解决主要矛盾，同时还要兼顾次要矛盾，尽量做到协调发展。

新中国成立初期，百废待兴，要治理开发长江，首先就要控制长江肆意横行的洪水，还两岸人民一个安稳的家园。因此，防洪成为治江工作的中心，即主要矛盾。然而，在防洪这个主要矛盾的内部又夹杂着很多其他矛盾，如怎样防洪、采取什么办法、治标还是治本、先干流还是先支流、上中下游如何统筹等，就成为摆在眼前的难题。此外还涉及防洪与土地淹没、移民、地区经济发展的关系问题，防洪与航运、发电、灌溉的关系协调问题，特别是长江作为天然的黄金水道，要在长江上做工程，首先要保证长江不断航、不碍航。在长江的险段荆江河段还存在左右岸之间的矛盾纠纷。要解决和处理好上述所有问题，只有运用辩证的思维方法，抓住主要矛盾，运用对立统一规律进行分析，使矛盾相互协调和转化，化不利为有利，才能最终实现全面综合治

---

❶ 林一山：《林一山回忆录》，方志出版社，2004 年，第 373 页。
❷ 林一山：《林一山回忆录》，方志出版社，2004 年，第 139 页。
❸ 黄宣伟：《葛洲坝工程的总设计师林一山》，长江出版社，2009 年，第 46 页。

理的目标。

治江战略计划的制定需要用辩证的思维统筹协调各种矛盾，实际工作也离不开辩证思维的指导。世间一切事物都处在不停的运动变化发展之中，在实践中可能会出现一些我们无法预料的新情况、新问题，只有善于在实践的基础上不断总结经验，提高认识水平，并随着形势的发展适时不断调整策略，才能顺利解决问题。

长江的现实需要及治江工作的长期性和复杂性，必然要求用辩证的思维方法来思考和解决问题。这是林一山辩证治江思想形成的客观条件。此外，我国治理江河的历史悠久，经验丰富，前人的探索与实践为后来者留下了宝贵的财富。林一山的辩证治江思想正是在吸收前人经验与教训的基础上形成的。

3. 政治条件

欲兴国安民，必先治水，是华夏民族的古训。新中国成立以来，党和政府高度重视江河的治理工作，对于祖国的第一大河——长江，倾注的精力更大。毛泽东、周恩来等党和国家领导人不仅密切关注治江工作，而且针对具体问题还作出了一系列重要的指示。这是林一山的辩证治江思想形成的政治条件。

新中国成立初期，水旱灾害频繁发生，为了根除水患，毛泽东发出"一定要把淮河修好""要把黄河的事情办好""一定要根治海河"等号召，还要求各流域各地区要进行水利规划。对于长江的水患问题，在了解了历史上每一次大水造成的惨重损失和1949年大水时荆江河段险象丛生的景象之后，毛泽东下定决心要根治长江，并于1950年10月批准兴建荆江分洪工程。1952年这一工程开工时，毛泽东又题词："为广大人民的利益，争取荆江分洪工程的胜利！"❶为了解治江情况，从1953年到1958年的6年当中，毛泽东6次召见林一山，共商治水大计，并作出一系列重要的指示，从而引发了林一山的思考。

毛泽东善于运用辩证法，对治江问题，他总是以辩证的思维去考虑。他十分重视基本水利资料的作用，并亲自进行实地考察，多次听取汇报，掌握第一手资料。在调查研究之间，他注意学习与该河流有关的水文资料，阅读水利方面的相关书籍，以便进行有的放矢的调查研究。毛泽东深知水利工程技术的复杂性，因此十分尊重科学，为了增强决策的科学性，他善于听取和吸收不同的意见，特别是注意听取相反的意见。如1958年1月南宁会议期间，当听说有人反对兴建三峡工程时，他专程派人把主建派的林一山和反对派的李锐接到会场，让两种不同意见在会上充分发表。在葛洲坝工程的决策上，面对两种不同的意见，毛泽东一方面保护广大干部群众的积极性，❷另一方面又考虑到工程的艰巨性，作出了批示："赞成兴建此坝。现在文件设想是一回事，兴建过程中将要遇到一些现在预想不到的困难问题，那又是一回事。那时，要准备修改

---

❶ 《建国以来毛泽东文稿》第3册，中央文献出版社，1989年，第456页。
❷ 在毛泽东主席批示葛洲坝工程问题的时候，工地上早已是"千军万马"，翘首以待，广大群众的热情极高。

设计。"❶ 这种主观与客观、理论与实践相统一的辩证思维方法，给了林一山极大的启示。

周恩来也十分重视长江水利工作。修建荆江分洪工程时，两岸意见不统一，湖北支持，湖南反对，为协调两湖的矛盾纠纷，周恩来亲自召集两湖有关人员开会，强调要团结治水，顾全大局，反对本位主义。工程开工时，周恩来又题词："要使江湖都对人民有利。"❷ 在三峡工程论证和长江流域规划中，周恩来始终以积极谨慎的态度来对待。1958 年 3 月成都会议前夕，周恩来率领有关省市领导人和水利工程科技专家溯江而上，视察荆江大堤，考察三峡坝址，沿途听取汇报。成都会议上，周恩来作了《关于三峡水利枢纽和长江流域规划》的报告。报告指出：在防洪问题上，要防止等待三峡工程和有了三峡工程就万事大吉的思想；长江流域规划工作的基本原则应当是统一规划，全面开展，适当分工，分期进行；要正确处理远景与近景，干流与支流，上、中、下游，大、中、小型，防洪、发电、灌溉与航运，水电与火电，发电与用电七种关系。❸ 同年 8 月，周恩来在北戴河主持长江三峡会议，在听取了汇报和各方面的意见之后，他再次强调：长江流域规划应该是联系全面、综合利用的整体规划；三峡是长江主体工程，应有主有从，全面进行论证，防止只集中一点不及其他的思想。❹ 丹江口工程兴建过程中，周恩来多次主持会议，听取汇报。在工程出现质量问题时，周恩来严肃指出："丹江口破碎带一定要处理好，混凝土施工要有质量控制。这个工程还关系到长江规划实施的第一步，一定要保证工程的质量"。❺ 葛洲坝工程兴建过程中出现重大质量问题，周恩来抱病主持工作。他曾语重心长地说："二十年来，水利工程多次犯急躁情绪，屡犯屡改，屡改屡犯。""我非常欣赏力求避免二十年来修水坝的错误这句话。""二十年来我最关心两件事，一个上天，一个水利，这是关系人民生命的大事，我虽是外行，也要抓。"❻ 他还强调搞水利工程要重视质量，要汲取教训，总结经验。他说："新中国成立 22 年，走了许多弯路，不愿总结经验是要吃大亏的。"❼ 他曾嘱咐林一山，修改葛洲坝工程设计一定要立足于整个流域，联系好各个方面，不能顾此失彼。❽ 在工作中，周恩来坚持以毛泽东思想为指导，实事求是，重视基本资料和科学实验，广泛听取不同意见。每当回忆起周恩来的谆谆教诲和对水利事业认真负责的精神，林一山都感慨万千，深感长江水利事业任务之艰巨，自己责任之重大。

党和国家领导人对治江事业的高度重视、对林一山的充分信任与关怀、对治江工

---

❶ 杨世华：《林一山治水文选》，新华出版社，1992 年，第 30 页。

❷ 曹应旺：《周恩来与治水》，中央文献出版社，1991 年，第 34 页。

❸ 中国科学院成都图书馆、中国科学院三峡工程科研领导小组办公室：《长江三峡工程争鸣集·总论》，成都科技大学出版社，1987 年，第 34 页。

❹ 曹应旺：《周恩来与治水》，中央文献出版社，1991 年，第 42 页。

❺ 曹应旺：《周恩来与治水》，中央文献出版社，1991 年，第 47 页。

❻ 曹应旺：《周恩来与治水》，中央文献出版社，1991 年，第 59 页。

❼ 黄宣伟：《葛洲坝工程的总设计师——林一山》，长江出版社，2009 年，第 32 页。

❽ 同❻注。

作发出的一系列指示以及他们科学的工作和思维方法，时刻激励着、指导着林一山，他深知只有不断努力才能不辜负党和人民对他的信任。

4. 集体的智慧

林一山辩证治江思想的形成与广大治江工作者的努力工作是密不可分的。治江事业的开展，除了要有强有力的领导者之外，还需要一支强大精锐队伍的共同协作。长江水利委员会成立伊始，林一山就注重队伍建设，招揽和培养各类人才。他不但重视水利工程科学技术知识的学习，而且还很重视思想政治教育，为此他经常号召工程师和技术人员学习辩证法，特别是要学习《实践论》和《矛盾论》，以科学的思维武装自己，提高业务水平。在工作中他主张发扬技术民主，鼓励发表不同看法。在技术民主的带动下，广大职工关心治江大事的积极性被充分调动起来，大家不分上下各抒己见，从而克服了个人单干的思想并形成了一个团结有力的整体。在林一山的带领和熏陶下，广大职工养成了良好的思维方式和工作作风，长江水利委员会也逐渐成长起一批优秀的工程师和技术人员，他们兢兢业业，努力工作，发挥集体智慧，共同为治江事业出谋划策。在林一山的带领下，长江水利委员会独立解决了许多问题，完成了一项又一项的水利工程，并在科技理论上取得了多方面的突破。如陆水试验坝中的新老混凝土胶结理论，水库长期使用理论，河势规划理论，高坝分期开发、围堰发电成果，以及运用辩证法分析河流调查资料和模型试验成果等而总结出来的河流辩证法理论。林一山曾谦虚地说："这些理论和经验都是长办科技人员共同努力的结果，我只是作为主要领导人在这些工作中做我应该做的，即使有个人的见解也是我向同事们学习的结果。""也正是在长办全体同志的努力下有些成绩，我才有幸获得毛主席多次垂询工作的殊荣和周总理的信任"❶。

可以说，林一山治江思想的形成是集体智慧的结晶，它是以林一山为代表的老一代治江工作者共同努力的结果，而并非林一山一个人的功劳，很多重大问题都是在听取了水利专家、工程师们的建议后，通过进一步的思考和研究，最后由他拍板定案的。最为典型的就是在葛洲坝工程重新修改设计过程中，林一山听取了张瑞瑾❷"坝线不动，船闸下移"的意见，最终解决了长期以来关于该工程坝线与航道之间矛盾关系的困扰，为枢纽布置方案的确定起了重要作用。

在林一山的带领下，长江水利委员会广大职工的业务水平和思想素质都得到了提升，他们努力工作，为辩证治江思想体系的形成提供了必要的群众基础。

二、林一山辩证治江思想的发展历程

1. 初步形成时期

林一山辩证治江思想的初步形成大约是从 1949 年林一山开始接触水利工作到 1959

---

❶　林一山：《林一山回忆录》，方志出版社，2004 年，第 376 页。

❷　详见后文专篇介绍。

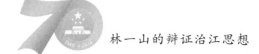

年长江流域规划办公室完成《长江流域综合利用规划要点报告》编制这十年。这一阶段是林一山学习水利知识、掌握基本资料、制定治江方略的阶段。"治江三阶段"计划的提出和《长江流域综合利用规划要点报告》的完成是林一山辩证治江思想初步形成的标志。这一阶段又可以1954年为界分为前后两个部分。

（1）1949—1954年。1949年大水之后，长江中下游地区干支流堤防多处溃口，灾民居无定所、食不果腹。1950年初长江水利委员会成立后，林一山一边组织进行堵口复堤和堤防的修整加固工作，一边大力搜集整理治江的基本资料。通过大量阅读资料，他很快就掌握了长江洪水的规律、特点和成灾原因，并抓住了长江中下游防洪这一治江的重点。围绕防洪问题，林一山做了大量的研究。1950年他提出了荆江分洪工程计划，并得到中央的批准。1952年随着中央水利建设总方向的转变❶，长江水利委员会开始积极组织收集长江干支流基本资料，广泛调查分析，研究长江干流及主要支流的治理开发方案。经过大量研究，林一山意识到长江防洪的关键在于控制上游的洪水，而控制上游洪水的关键在于修建三峡工程。但依据当时的国情，彻底解决防洪问题在需要与可能之间还存在很大的矛盾，于是1953年他初步提出了"治江三阶段"的长江防洪总体战略。

（2）1955—1959年。1954年长江流域发生了特大洪水，经过广大军民的共同努力，虽然取得了抗洪的胜利，但损失仍然巨大。大水后，中央决定要彻底根治长江，遂责成长江水利委员会组织编制长江流域综合利用规划。因此，从1955年起林一山开始集中力量进行长江流域规划的编制工作。由于长江流域面积大，流域系统复杂，要解决的问题很多，不可能对每一条河流都做出具体的规划，而只能是抓住全局性的问题、关键性的问题，有重点地进行规划。根据这一要求，林一山把长江中下游的防洪问题作为首要任务优先考虑，提出以三峡枢纽作为长江防洪的关键工程，并在苏联专家的协助下在全流域进行了广泛的查勘和调查。在占有大量水文、地形、地质资料的基础上，长江水利委员会对各种开发方案进行了反复的比较论证。到1957年，《长江流域综合利用规划要点报告》初稿草成。❷经过不断修改和完善，长江流域规划办公室最终于1959年7月正式完成了《长江流域综合利用规划要点报告》。

通过这一时期的学习与思考，林一山抓住了治江的主要矛盾，并且能够抓住主要矛盾的主要方面，分轻重缓急，在防洪的总体要求下，首先考虑解除荆江地区的洪水威胁。在治本之策无法实施前，采取一定的治标方案以解燃眉之急。在治江战略的制定上，他从长江的实际出发，考虑到治江的长期性和艰巨性，逐步完善了从加固堤防到兴建分蓄洪工程再到兴建山谷水库的"治江三阶段"计划，以逐步解决长江中下游的洪患。在长江流域的规划中，他抓住防洪这一主要矛盾不放，坚持防洪与排涝并重、

---

❶ 1952年政务院提出水利建设总的方向：由局部转向流域规划，由临时性的工程转向永久性的工程，由消极的除害转向积极的兴利。

❷ 林一山：《林一山回忆录》，方志出版社，2004年，第197页。

治标与治本相结合的治水方针❶，提出了以三峡枢纽工程作为长江流域规划的主体工程，同时妥善地处理各种复杂的矛盾关系，最终完成了《长江流域综合利用规划要点报告》。在长期实践和反复认识的基础上，林一山关于长江以防洪为重点的流域规划思想基本形成。

2. 丰富发展时期

林一山辩证治江思想的丰富发展时期大约是在 20 世纪 60 年代到 80 年代初，即从《长江流域综合利用规划要点报告》编制完成之后到 1982 年退居二线之前这一段时间。这一时期是林一山实现其治江方略，大展拳脚，大显身手的时期。在反复实践的基础上，他提出了一系列具有创新性的理论。"移民工程""水库长期使用""河势规划"❷等理论的形成是林一山辩证治江思想丰富发展时期的主要成果。

（1）1959 年至"文化大革命"前。这一阶段林一山主要围绕先前制定的长江流域规划展开工作，积极为三峡工程做科研和技术准备。实际上，在长江流域规划完成之前林一山就已经开始积极为三峡工程做实战准备了。1958 年成都会议后，为研究如何加快三峡大坝施工速度，改变工程施工周期长的状况，林一山向国务院提出在清江长滩和陆水蒲圻两地作混凝土预制块坝进行实地试验的设想。1958 年 8 月周恩来总理批准了陆水蒲圻工程，10 月正式开工。在工程建设中，林一山以严谨的态度和百折不挠的创新精神，带领广大科研和施工人员进行了大胆的探索和反复的实践，不仅成功地解决了预制块安装坝的相关问题，而且还意外地获得了接缝胶结新技术，解决了新老混凝土之间的接缝问题，对水利工程技术的发展起到了催化和推动作用。

同时，为展开汉江的治理开发和南水北调引汉工作，根据成都会议中有关丹江口工程的决定，丹江口水利枢纽工程于 1958 年 9 月正式开工。由于执行"以土为主""速度第一"的施工方针，施工违反设计要求，不搞温度控制，初期浇筑的 100 万立方米的混凝土出现大量裂缝。林一山通过运用在陆水工程中取得的新老混凝土接缝处理技术对裂缝进行补强，在他的周旋下，丹江口工程于 1964 年 12 月复工。在这一工程的兴建中，针对移民问题林一山还创造性地提出了"移民工程"❸这一新概念。林一山用辩证的思维思考水库移民问题，提出要把移民工作作为一个系统工程，以改变过去对移民进行一次性赔偿的做法，要求从移民搬迁到安置区的选址、建房、发展生产及一切与之相关的公共设施，先由设计部门规划，再由地方政府组织实施，直到移民安居乐业。在安置区的选择上，主张就地后靠，以适应我国农民安土重迁的习俗，而且

---

❶ 1954 年 9 月周恩来总理在第一届全国人民代表大会上所作的政府工作报告中提出：今后的水利工作必须从流域规划着手，采取治标与治本结合、防洪与排涝并重的方针。

❷ 林一山认为水流和泥沙或者说水流与河床是河流内部的主要矛盾，河床约束水流，水流冲刷河床，两者相互作用，这就是河流内部水流与泥沙的辩证关系。从河流内部水流与泥沙的辩证关系出发，研究工程所涉河段的河床演变及其规律，特别是主流的轨迹及其形态，制定出因势利导的方案，就是河势规划。

❸ 把水库移民工作从方向到政策等的原则问题落到实处，这种落实的具体措施就叫作水库移民工程。见杨世华主编《林一山治水文选》，新华出版社，1992 年，第 381 页。

要超过移民原地的生活水平，从而根本上杜绝移民返迁的问题。[1] 虽然丹江口水库在移民的实践中并不如意，但作为一种全新的理论，"移民工程"为以后兴建水利工程的移民工作提供了有益的指导。

从 60 年代初到"文化大革命"前，林一山的主要工作就是围绕三峡工程做科研和规划设计，并取得了很大的成绩。尤其值得指出的是，林一山运用辩证的思维，经过研究和实地考察，得出了"水库长期使用"的理论，成功解决了中外水利史上水库泥沙淤积难题。水库排沙与水库兴利，在一般情况下有很大的矛盾。一般认为，既然是水库，就会淤积，只是时间长短的问题。从理论上讲，这似乎也是不可逆转的趋势。但林一山认为，水库淤死从理论上讲也应当是有条件的，如果能改变水库淤积的条件，也就能够改变水库淤积的状况。在翻阅资料、总结中外水库淤积的经验和实地考察的基础上，林一山从河流泥沙运动理论、水库规划设计和水库运行调度等三个方面进行了深入的分析研究，提出采取在汛期降低水库水位排沙、汛后少沙季节提高水位运行的措施，系统地策解了水库长期使用问题。

（2）70 年代初至 80 年代初。1966 年"文化大革命"爆发，不久林一山受到不公正对待，治江工作也无法正常进行，基本处于停滞状态。1970 年初，在周恩来总理的关心下，林一山得到解放，重新投入到长江水利事业中。此时，正值中共中央决定上马葛洲坝工程时期。林一山当时坚决反对葛洲坝工程上马，但自 1970 年底毛泽东主席批准该工程之后，他就不再坚持，而是积极思考如何建设葛洲坝。由于仓促上马，两年后工程出现重大质量问题，1972 年底，周恩来总理决定主体工程停工，成立葛洲坝工程技术委员会，由林一山牵头负责组织修改设计。此后直到 80 年代初，林一山主要致力于葛洲坝工程建设。在修改设计中，林一山从河流内部水流与泥沙的辩证关系[2]出发，通过大量的水工、泥沙模型试验，对大坝上游河段、大坝水工建筑物和大坝下游河段共几十公里范围内的河势变化做了整体考虑，最终找到了合理的枢纽布置方案，并提出了"河势规划"的理论，成功地解决了工程建设中出现的各种复杂的矛盾关系，完成了周恩来总理的嘱托。河势规划理论的形成，为林一山辩证治江思想增添了新的内容。

3. 成熟时期

林一山辩证治江思想的成熟时期是在他 80 年代初退居二线以后，这一时期也是他工作的第四个阶段。思考前半生的治江实践，总结经验，并对之前的一些看法进行补充和升华，著书立说，是这一时期的特点。

1982 年林一山退居二线，但他仍然心系长江，对于自己奉献了大半生的长江水利事业始终念念不忘。这一时期他对汉口长江的边滩利用、荆江主泓南移、长江口的边

---

❶ 林一山：《林一山回忆录》，方志出版社，2004 年，第 271 页。

❷ 水流携带泥沙，当水流中泥沙含量过高时，泥沙就会沉积；当水流够大时，就冲刷泥沙。在水流与泥沙的关系中，水流起主导作用。关于水流与泥沙的辩证关系，可详见林一山著《河流辩证法与冲积平原河流治理》，长江出版社，2007 年。

滩运河、西部南水北调都进行了研究，并提出很多具有指导意义的观点和想法。

林一山说："我最早主持进行的重要工程是在荆江，到晚年仍难忘怀的还是荆江。"❶ 晚年的林一山，在早年对荆江整治研究的基础上，从河流学的角度出发，运用辩证的思维方法对不同河床形态作具体分析，揭示河流变化发展过程中的内在矛盾，提出了"河流辩证法"理论，并把它运用于长江中下游平原河道的治理之中，以期把长江建设成为河势合理、河床窄深、安全稳定的黄金水道。有关这一问题，林一山在其专著《河流辩证法与冲积平原河流治理》❷ 中进行了详细的阐述。在西部调水问题上，林一山通过多次深入的实地考察，取得了突破性进展。根据中国西部西高东低、北高南低的地形地势特点，他用辩证的思维方法，提出用西高东低来克服北高南低这一劣势，从而找到了更为合理的引水线路，并发表了《根治西部缺水的构想》一文。后来经过完善，他又找到了新的引水方案，写出《西部引水工程的再认识》，引起了专家们的兴趣。

为了总结经验，将自己的水利思想奉献给下一代，林一山晚年在双目失明的艰难情况下，以口述笔录的方式完成了《林一山治水文选》《功盖大禹》《葛洲坝工程的决策》《高峡出平湖——长江三峡工程》《中国西部南水北调工程》《林一山纵论治水兴国》《河流辩证法与冲积平原河流治理》等一批水利专著。这些水利专著凝结了以林一山为首的老一代治江人的心血，构成了林一山辩证治江思想成熟时期的主要成果。可以说，这一时期是林一山辩证治江思想的升华结晶时期。

---

❶ 林一山：《林一山回忆录》，方志出版社，2004 年，第 315 页。
❷ 林一山：《河流辩证法与冲积平原河流治理》，长江出版社，2007 年。

第三章　林一山辩证治江思想的内容

第一节　以防洪为重点，循序渐进的治理方略

防洪历来是治江的首要任务，但是如何防洪，这就是个思想方法的问题，不同的人有不同的看法，可谓仁者见仁，智者见智。新中国成立初期，针对当时长江防洪迫切的现实，林一山在对长江的基本情况和洪水特性有了较全面而深入的了解后，抓住长江防洪这一主要矛盾，同时考虑到治江事业的艰巨性和当时国家财力物力以及科技发展情况，制定了以防洪为重点、循序渐进的"治江三阶段"计划，对长江的防洪规划作了严密的部署。

一、"治江三阶段"战略方针的提出

1949 年长江发生较大洪水，长江中下游平原区干支流垸堤多处溃口，造成较大损失。在水利部的直接领导下，正在筹建中的长江水利委员会一边大力进行堵口复堤和堤防的修整加固工作，一边搜集整理基本资料，对长江干支流的洪水特性和演变规律进行分析研究。通过深入调研，林一山发现长江中下游干流洪水具有峰高量大、历时长的特点，长江河槽虽然具有强大的泄洪能力，但在遭遇特大洪水时，河槽的安全泄洪量远不能与洪水来量相适应。一旦长江发生决口或是改道，长江中下游平原地区将尽成泽国。因此，长江中下游平原地区是长江防洪的重点，长江防洪问题的解决也必然是长期的。

根据长江洪水特点和当时的防洪形势，林一山提出当时防洪的最高目标："保证在 1949 年同等水位的情况下不生溃决，争取 1931 年水位不生溃决"。[1] 而 1949 年或 1931 年的最高洪水位是在干堤溃口后，沿岸平原地带蓄纳了三四百亿立方米的超额洪水后的水位。因此要实现上述目标，就必须想办法处理超过河槽不能安全宣泄的全部洪水。要解决这些洪水的出路问题，就必须从全流域出发，制定一个防洪的战略规划。

鉴于新中国成立初期我国的国民经济情况和技术条件，要想一次性彻底根治长江水患是不可能的，但是久拖不决也不是办法，于是分阶段治江的思想就油然而生。林一山在《关于治江基本方案的报告》中指出："根据长江水量大这一突出特点，我们必须作长期的（决不是短期的）全盘计划，并兴建一系列的（决不是少数个别的）巨大工程之后，才能达到根治目的。因此，拟定治江方针的原则，仅就防洪阶段而论，也

---

[1] 杨世华：《林一山治水文选》，新华出版社，1992 年，第 195 页。

应该是以最为经济简单迅速有效的、以逐步的、分期的并以中下游为重点的作法去完成全盘任务，而不能是像其他一般较小河流或某些地方关系国民经济较为简单的河流那样，一次就可以定出一个一气呵成的治理计划。"❶

为了不让超额洪水自然溃决，林一山研究了历代治江经验。从历史的经验教训中林一山认识到，堤防是长江中下游防洪的基础，应首先予以加高加固，要拟定符合实际情况的防洪标准，以加大泄洪量，提高其防洪能力。但是长江洪水峰高量大，单纯依靠堤防的加高加固来排泄超额洪水是极不现实的，而且堤防越高，保护地区受洪水的威胁也越大。因此，就需要为超额洪水另寻出路。长江中下游湖泊星罗棋布，是天然的蓄水池，早在民国时期就有人提出蓄洪垦殖的方案，但由于种种原因，最终都没能实施。林一山认为，将超额洪水按照"江湖两利"、左右岸兼顾、上中下游协调的防洪规划原则，通过协调、平衡，对这些天然的蓄水池只要稍加整理就可以形成分蓄洪区，对洪水进行临时调蓄。这既能大大提高通江湖泊洼地的调蓄洪效能，削减洪峰，减少洪灾损失，又有利于发展农业生产，是一项较为简易而有效的措施。但是通江湖泊地区人口密集、经济比较发达，分蓄洪区只能是在迫不得已的情况下，以牺牲小部分的利益来减少更大的损失，只能作为应急之用，经常使用代价太大。要想彻底根治长江水患，就必须结合兴利的要求，在长江干流上修建若干山谷水库调蓄洪水，这是长江防洪的发展方向。

基于这种认识，林一山在 1951 年提出了以防洪为主的长江防洪的"治江三阶段"总体战略计划："第一步以加强堤线防御能力的办法，挡住 1949 年或 1931 年的实有水位。再到第二步以中游为重点的蓄洪垦殖为主的办法，蓄纳 1949 年或 1931 年的决口水量，达到一个可能防护的紧张水位为目的。最后第三步则以山谷拦洪的办法从根治个别支流开始，达到最后降低长江水位为安全水位的目的。"❷ 这是林一山关于"治江三阶段"的首次具体描述。这一战略思想把堤防、分蓄洪区、山谷水库三者统一起来，坚持蓄泄兼筹、以泄为主的方针，从而有效地控制长江洪水。在三者的关系上，堤防立足于泄洪，分蓄洪区、水库则立足于蓄洪，它们相互促进，相互补充，构成一个不可分割的整体。

这一计划的提出有着深刻的意义。首先它从全流域着眼，视长江上中下游为一个和谐的有机整体，摆脱了以往治江规划中存在的单纯就事论事、头痛医头脚痛医脚、相互掣肘的思维方式。这既体现了林一山的全局思想，也符合长江流域的实际。其次，它把长江的治理分为三个阶段，每一个阶段确定一个重点，制定一个目标，循序渐进，从而将复杂的问题逐步分解，各个击破，最终达到治江的总体目的。这既适应新中国成立初期国家财力物力水平和水利工程科学技术实力不断增强的现实，也符合事物变化发展从量变到质变飞跃的规律。

---

❶ 杨世华：《林一山治水文选》，新华出版社，1992 年，第 223 页。

❷ 长江水利委员会长江勘测规划设计研究院：《长江志·规划》，中国大百科全书出版社，2007 年，第 5 页。

"治江三阶段"计划指明了治江的方向和主要内容，避免了在治江问题上的摆动性，为长江流域规划的编制奠定了基础。这一战略思想也符合林一山所提出的"在还没有合理解决长江河槽所不能安全承泄的三四百亿立方米洪水以前，必须按照中央'重点防，险工加强'及'临时紧急措施'等原则去减少灾情"❶的原则。在这一原则的指导下，林一山首先就荆江河段这一长江防洪的重点区作了深入的研究，提出了荆江分洪的计划。在中央人民政府的支持下，荆江分洪工程于1952年4月5日全面开工，并以75天时间高速建成。该工程位于荆江南岸，主体工程包括进洪闸、节制闸和分洪区围堤工程等项目。分洪区总面积921平方千米，有效蓄洪容量54亿立方米。1954年长江大水时，该工程三次开闸分洪，成效显著，不光降低了荆江及以下河段的水位，保证了荆江大堤的安全，也推迟了武汉河段洪峰水位的出现，为武汉市赢得了临时堤防加高的时间。荆江分洪工程的兴建，为长江防洪治本之策的酝酿及实施赢得了时间，是长江防洪治本工程实施前必不可少的治标之举，并通过了1954年大洪水的考验，这充分证明林一山"治江三阶段"思想的正确性。

但是，早期的"治江三阶段"思想也存在着不足。它容易让人产生歧义，简单以为第一阶段只是单纯依靠堤防，第二阶段单纯依靠分蓄洪工程，第三阶段单纯依靠山谷水库，从而割裂堤防、分蓄洪和山谷水库三者之间的关系。实际上，这三者只有逻辑上的先后关系，而在具体时间上是可以并行的，在防洪作用上是相互补充的。❷关于这一点，早期的治江思想并没有明确阐述，因此，早期的"治江三阶段"思想作为理论还不成熟。

二、"治江三阶段"思想的发展

任何事物都处在不断变化和发展的过程中，"治江三阶段"计划是针对长江的防洪问题而提出的，当然也要随着防洪形势的变化而变化。这也是林一山辩证治江思想的一个特点。1954年虽然三次运用荆江分洪工程进行分洪，但也造成了严重的损失，长江中下游湖北、湖南、江西、安徽、江苏等5省有123个县市受灾，受灾农田面积4755万亩，受灾人口达1888余万人，京汉、粤汉铁路100天不能正常运行，灾后疾病流行，仅洞庭湖区死亡达30000余人。❸此次大水充分证明，仅凭堤防和分蓄洪区是不足以抵御特大洪水的。此时，林一山意识到修建部分防洪效果显著的水库的工作必须提前，而不能按部就班，依照预订的计划行事，搞好了分蓄洪工程再建水库。

针对长江的防洪情况，林一山在1954年9月对"治江三阶段"理论进行了修改。修改后的表述为："由一定限度地提高堤防防御能力的办法，到结合扩大农业耕种面积排除农田渍水灾害的平原蓄洪方案，最后则以配合工业交通农田灌溉的山谷拦洪计划

❶ 杨世华：《林一山治水文选》，新华出版社，1992年，第196页。
❷ 李卫星：《试论林一山的"治江三阶段"思想》，《长江职工大学学报》2001年第4期。
❸ 骆承政、乐嘉祥：《中国大洪水——灾害性洪水述要》，中国书店，1996年，第270页。

达到基本解决问题的目的。至于将来彻底消灭一切大小灾害的要求，就必须另拟方案，以根据国家工业化的需要为主，在完成河流多目标开发计划中附带解决问题。"❶ 不久林一山又完善了这一理论，即："第一阶段以加培堤防为主，整顿平原水系，有条件的地方陆续兴建分蓄洪工程；第二阶段继续兴建分蓄洪工程，并加培堤防，在条件成熟的干支流上修建水库，承担部分防洪任务；第三阶段结合兴利大力修建山谷水库，逐步代替分蓄洪工程的防洪任务，并减轻修堤防汛的工作量。"❷ 而对于修建水库，林一山认为可以分两个步骤进行：第一步修建一个或数个控制性水库，并充分利用平原蓄洪措施；第二步则以综合利用的山谷水库逐步代替平原防洪排涝的办法，达到防洪排涝的最后目的。❸ 这一提法与最初的定义相比显然进步了很多，首先是加快了治江的步伐，在有条件的情况下，把原来第二、三阶段的任务相应提前；其次是表明了堤防、分蓄洪工程和山谷水库三者在防洪规划中不同阶段的纵向发展与同一阶段的相互作用，在提法上更为合理；再次是提高了水库在防洪中的作用，指出水库最终要取代分蓄洪区和减轻堤防压力的趋势，同时也预测到实现这一目标的长期性。❹ 这一构想是林一山在实事求是的基础上对早期理论的修改，显然是既有远见又脚踏实地的。

50 年代末期，随着丹江口、陆水等一批山谷水库的兴建和三峡工程的筹措，在流域综合利用规划思想的指导下，"治江三阶段"计划作为长江防洪规划的总体战略又有了新的表述。长江流域规划办公室在 1959 年提出的《长江流域综合利用规划要点报告》将长江中下游平原区防洪治理大体划分为三个阶段：第一阶段主要依靠堤防的适当加高加固及充分利用分蓄洪工程，以基本消灭普通洪灾，提高重点地区的防洪标准，少数支流兴建大型水库防止毁灭性洪灾；第二阶段继续兴建干支流水库，并充分利用平原区已有的防洪措施，进一步提高防洪标准，逐步达到重点地区防御 1954 年洪水的标准；第三阶段兴建更多的综合利用水库，逐步减少分蓄洪工程运用数量和机会。❺ 这一定义将前两个阶段进行了压缩，同时将第三阶段进行扩充，并将水库纳入到第一阶段，从而使兴建水库这一计划贯穿于防洪规划的始终。

"治江三阶段"计划是特定历史条件下的产物，它从最初的防洪水利向工程水利的转变也是以林一山为首的长江水利委员会治江思想的重大转变，即从以往的单纯防洪避害转变为通过兴建水利枢纽实现水资源的综合利用。但是，作为早期的一种防洪理论，"治江三阶段"计划始终存在着过分依赖工程、对非工程措施估计不足的缺点。尽管它不是解决长江防洪问题的根本方法，后来也没有继续发展下去，但它为治江工作指明了方向，长江水利委员会此后几十年的治江实践也没有从根本上脱离"治江三阶段"计划的范畴。

❶ 杨世华：《林一山治水文选》，新华出版社，1992 年，第 223 页。

❷ 长江水利委员会洪庆余：《中国江河防洪丛书·长江卷》，中国水利水电出版社，1998 年，第 108 页。

❸ 杨世华：《林一山治水文选》，新华出版社，1992 年，第 258 页。

❹ 李卫星：《试论林一山的"治江三阶段"思想》，《长江职工大学学报》2001 年第 4 期。

❺ 长江水利委员会洪庆余：《中国江河防洪丛书·长江卷》，中国水利水电出版社，1998 年，第 162 页。

长江水利委员会在 1990 年修订的《长江流域综合利用规划简要报告》对"治江三阶段"计划进行了公正的评价：通过多年实践及进一步研究认为，堤防依然是长江中下游防洪依赖的基本手段，应当尽最大努力，加快实现 1980 年防洪座谈会规定的防洪水位标准，但再大量加高无现实可能性；分蓄洪区在相当长时间内也是必要的，但运用损失很大，这是在没有足够水库拦洪情况下为缩小洪灾损失的一种不得已的措施，故应当随着上游干支流水库的兴建逐步减小其使用的范围与机遇；结合兴利在上游干支流兴建水库是一项根本性防洪措施。❶

"治江三阶段"计划虽然已成为一个历史范畴，但它所论述的精神在今天的治江实践中依然有着指导意义。这种循序渐进式的治江方略，启示后人在治江中要从实际出发，抓住关键，先做最重要最急迫的事，再做稳定全局的事，最后做长远解决问题的事，一步一个脚印，从而实现从量变到质变的飞跃，最终达到预期目的。

第二节　统筹兼顾，综合利用的规划方略

水利规划是水利建设中的一项重要工作，是开发水资源和防治水害的基本依据。水利规划是通过人类长期治水实践而逐步认识和发展起来的。自民国时期起，我国开始了具有现代意义的水利规划，运用现代水利技术开展了对黄河、长江、淮河等江河的勘测和水文工作，拟订出初步的治理规划，但限于当时的人力物力等条件限制，大多未能实施。新中国成立后，党和政府非常重视水利事业的发展，治理长江迫切需要较全面的水利规划来指导建设的实施。在党中央的领导下，根据水资源综合利用的原则，以林一山为首的治江科技队伍经过长期的艰辛努力，完成了以防洪为重点，涵盖经济、社会、环境等各个方面内容的流域规划工作，编制了《长江流域综合利用规划要点报告》，有效地协调了防洪、灌溉、发电、航运、水土保持等各种重大关系。根据水资源优化配置的要求，还拟订了跨流域调水的"南水北调"规划。这些规划工作为长江流域水利建设打下了基础，提供了基本依据。

一、以三峡工程为主体的流域规划思想

1. 流域规划的酝酿及准备

流域规划的思想，早在长江水利委员会成立之时，根据这个机构的流域性而非地方性的特点和职责，林一山在工作安排上，就不是头疼医头脚疼医脚，或者是坐等中央的布置，而是在完成眼前紧急的事务外，尽可能地制定一个具有前瞻性的计划。❷为了给长江流域规划做准备，长江水利委员会成立后，在重点抓防洪、防汛方案研究和

---

❶ 长江水利委员会：《长江流域综合利用规划简要报告》，1990 年修订。见长江水利委员会长江勘测规划设计研究院编《长江志·规划》，中国大百科全书出版社，2007 年，第 495 页。

❷ 林一山：《林一山回忆录》，方志出版社，2004 年，第 193 页。

防洪建设的同时，林一山在全流域开展了大规模的基础资料搜集和整理工作。增设水文站，加强水文测验，将全江历年的水文资料整编成册；组建地质勘察队伍，对一些重点坝址和较大支流进行勘探和查勘；成立土壤调查总队，对拟重点发展灌溉的地区进行土壤调查。这些工作为开展长江流域规划作了充分的基础资料准备。

1953 年初，长江水利委员会成立"长江汉江流域轮廓规划委员会"，开展长江中下游防洪排渍规划和以防洪为主的汉江流域规划工作。根据"治江三阶段"计划中兴建山谷水库的设想，林一山指示长江水利委员会上游工程局和西南军政委员会水利部开展上游山谷水库蓄洪调洪的规划研究工作。当时就控制长江上游金沙江、岷江、嘉陵江、乌江四大河流能否解决中下游的防洪问题做了研究，初拟了干流三峡水库方案、四江控制性水库方案（即金沙江向家坝、岷江偏窗子、嘉陵江温塘峡、乌江武隆）、支流分散蓄洪方案等三个比较方案。研究结果表明：如果只是在上游四大河流上修建控制性水库，还不能有效地控制川江下泄洪水、防止中游水灾，因为这四个水库以下至宜昌之间还有很大的范围是暴雨区，暴雨洪水依然峰高量大，宜昌最大洪峰流量仍然可达 10 万立方米每秒左右，最好的办法是在三峡建坝进行总控制。[1] 干流三峡水库是长江治理方案中不可缺少的一环，在防洪方面三峡水库具有其他水库替代不了的作用。1953 年 2 月，在"长江"舰上毛泽东听取了林一山关于长江防洪方案的汇报，当说到在上游支流建库还不能完全控制长江洪水时，毛泽东当即指出："那为什么不把这个总口子卡起来，毕其功于一役？就先修这个三峡水库如何？"[2] 从此，三峡工程的研究工作被提上了日程。

1954 年夏，长江流域气候反常，发生了近百年来最大的全流域型特大洪水，经过广大军民的大力防汛抢险和荆江分洪工程的三次开闸分洪，虽然保住了荆江大堤和武汉市等重点堤防和城市的安全，初步取得了抗洪斗争的胜利，但由于此次洪水太大，长江中下游平原区分洪、溃口水量多达 1023 亿立方米，洪灾损失巨大。1954 年的防汛实践进一步证明：长江上下游洪水恶劣遭遇、中下游河道泄洪能力远不能与上游洪水来量相适应是长江中下游洪灾频繁且严重的主要原因。根据此次洪水的水情、灾情分析，林一山更加明确要较好地解决长江中下游的洪灾问题，就必须依照"治江三阶段"的战略，即采取堤防、分蓄洪工程、干支流山谷水库等综合措施，特别是要结合兴利修建山谷水库。而利用山谷水库防洪涉及长江水资源综合利用的问题，这必定就要编制一个全局性的综合规划。

1954 年的长江大水也引起了党中央的高度重视，大水过后党中央决定加速长江的防洪建设。1954 年 12 月，毛泽东、周恩来等中央领导人在京汉铁路上召见林一山，听取了林一山关于长江流域规划和三峡工程建设的汇报。毛泽东特别询问了三峡工程建设的可行性问题。林一山认为，依靠我们自己的技术力量，在苏联专家的帮助下是可

---

[1] 林一山：《高峡出平湖：长江三峡工程》，中国青年出版社，1995 年，第 27 页。

[2] 林一山：《高峡出平湖：长江三峡工程》，中国青年出版社，1995 年，第 35 页。

以完成三峡工程的。❶ 随后，中央决定以自己的力量为主，聘请苏联专家援助我国进行长江流域规划编制和三峡工程的研究。周恩来总理随即向苏联政府发出邀请专家来华援助的照会。1955 年夏，第一批苏联专家来华。1955 年 6 月，水利部转发国务院关于长江水利委员会撤销其上、中、下游工程局的批示。❷ 长江水利委员会撤销位于重庆、汉口、南京三地的上、中、下游工程局和洞庭湖工程处、荆江工程处，把主要力量集中到武汉本部，投入到长江流域规划的编制和三峡工程的科研工作中。同时长江水利委员会撤销原下辖的勘测设计院，按编制流域规划的专业需要，成立 11 个专业室，逐步形成了专业基本齐全的编制流域规划的勘测、科研、规划、设计的骨干队伍。❸ 1956 年 10 月，经国务院批准，长江水利委员会更名为长江流域规划办公室，专门负责长江流域规划的编制工作。同时，根据规划工作的进展及需要，请燃料工业部、交通部、地质部、水产部、文化部、中国科学院等单位派员参加规划工作。

2. 流域规划中三峡工程的考量

关于三峡工程的设想，孙中山 1919 年就在其《建国方略之二：实业计划》一文中多处提出开发长江上游水利资源、发展水电和改善航道的问题。他写道："此宜昌以上迄于江源一部分河流，两岸岩石束江，使窄且深，平均深有 6 寻（36 英尺），最深有至 30 寻者。急流与滩石，沿流皆是。""改良此上游一段，当以水闸堰其水，使舟得溯流以行，而又可资其水力。"❹ 但当时对于在什么河段建坝还不明确。1924 年 8 月在《民生主义》一文中，孙中山进一步强调了开发长江三峡水力资源的重要性。他指出："像扬子江上游夔峡的水力，更是很大。有人考察由宜昌到万县一带的水力，可以发生三千余万匹马力的电力；像这样大的电力，比现在各国所发生的电力都要大得多，不但是可以供给全国火车、电车和各种工厂之用，并且可以用来制造大宗的肥料。"❺

30 年代初，国民政府开始研究长江三峡水力开发。1932 年，国民政府建设委员会成立长江上游水力发电勘测队，在三峡地区进行了实地勘测，编写了《扬子江上游水力发电勘测报告》。1933 年扬子江水道整理委员会又请有关部门施测了宜昌至重庆河段的三峡地区地形图，提出了《长江上游水利发电计划》。1944 年美国人潘绥提出由美国贷款并提供设备给中国，在三峡地区修建水力发电厂和化肥厂，中国用向美国出口化肥的办法还债的建议。这一建议得到两国的重视，并组织进行勘测设计工作。1944 年 5 月，美国垦务局设计总工程师萨凡奇应国民政府资源委员会之邀，来华协助中国勘测西南地区的水力资源。在资源委员会技术人员的陪同下，萨凡奇对三峡地区进行了多次查勘，并依据基本资料作了初步计算，编写了《扬子江三峡计划初步报告》。随后中美两国签订协议，共同对三峡水库进行了勘探、测量、经济调查和设计工

---

❶ 杨世华：《林一山治水文选》，新华出版社，1992 年，第 7 页。
❷ 林一山：《高峡出平湖：长江三峡工程》，中国青年出版社，1995 年，第 57 页。
❸ 文伏波：《长江流域规划编制概要》，《人民长江》1988 年第 10 期。另见《水利史志专刊》1989 年第 1 期。
❹ 《孙中山全集》第 6 卷，中华书局，2006 年，第 300 页。
❺ 《孙中山全集》第 9 卷，中华书局，2006 年，第 402 页。

作。后因国民党发动内战，1947 年 5 月三峡工程的设计工作被迫中途停止。

不论是孙中山还是萨凡奇，他们开发三峡水力资源的出发点和侧重点都是发电，而新中国对三峡工程研究的出发点却在于防洪。根据长江防洪"治江三阶段"计划中第三阶段大力发展山谷水库的要求，在国家决定全面开展流域规划之前，林一山就对长江干支流计划中的众多水库进行了综合比较。结果表明，三峡工程不光是一个巨大的水电站，还是一项对长江中下游防洪起决定性作用的综合利用工程。

苏联专家了解到长江的基本资料后认为，由于长江流域面积广阔，且各地经济发展不平衡，进行长江综合开发和利用的规划工作难度大，因此，他们建议分阶段进行流域规划工作。首先编制出流域规划要点，以适应紧迫的需要；对于资料不足地区的规划和一些一时难以弄清楚的问题暂时搁置。这一建议得到中央的认同。1955 年冬，中苏科技人员组成 140 多人的长江查勘团，对长江上游干支流重要河段及一批坝址进行了大规模的综合考察。查勘期间，中苏双方因出发点不同，对治江战略重点提出了不同方案。苏联专家组由于对中国人多地少的基本国情不够了解，对长江防洪的重要性、紧迫性以及对水库淹没损失问题的严重性重视不够，他们从调节径流、以利发电的角度出发，主张兴建一批淹没巨大的高坝工程方案，以重庆长江上游的猫儿峡水库为治江的主体工程，再以岷江下游的偏窗子水库、嘉陵江下游的温塘峡水库配合。同时，他们认为三峡工程规模太大，投资较多，不太现实。而以林一山为首的长江水利委员会坚持把防洪作为长江流域治理开发的首要任务，提出以三峡工程作为长江流域规划的主体。1955 年 12 月周恩来总理听取上述两个方案的比较汇报，认为苏联专家组的方案淹没太大，初步明确了三峡枢纽是长江流域规划的主体。周恩来指出，三峡水利枢纽有着"对上可以调蓄，对下可以补偿"的独特作用。三峡应是长江流域规划的主体。❶

1956 年 2 月林一山发表《关于长江流域规划若干问题的商讨》一文，重点论述了三峡工程在长江治理开发中的地位和作用，重申三峡工程在流域规划中的主体地位。尽管当时有人对林一山持反对意见，怀疑三峡方案技术的可能性和现实性，认为三峡工程淹没大，投资大，并提出了替代方案。但林一山认为，在流域规划中，应该抓主要矛盾，在考虑以防洪为首要任务的同时，还要从综合利用角度出发，对灌溉、航运、发电等综合效益进行比较，要统筹兼顾，权衡考虑。而三峡工程的综合效益是各种替代方案所不具备的。林一山说："世界上，要办任何事情往往是有利有弊，利弊互见，只能取其大端和主流以定取舍。长江中下游平原上，几千万人需要安居乐业，大量的农田和工厂必须保护；国家急需用电，以满足人民生活和国家建设日益增长迫在眉睫的需求；几千里长江航道需要畅通，需要现代化——三峡工程能够满足这些要求，这就是大端和主流。"❷

---

❶　曹应旺：《周恩来与治水》，中央文献出版社，1991 年，第 37 页。

❷　林一山：《高峡出平湖：长江三峡工程》，中国青年出版社，1995 年，第 9～10 页。

首先，在防洪上三峡水利枢纽对长江洪水有特殊的控制作用。由于长江洪水的最高峰来自宜昌三峡以上的川江，每年汛期它至少占干流主要水量的50%，只有兴建三峡枢纽，再配合中下游的堤防、分蓄洪工程，才能有效地控制强大的川江洪水，解除长江中下游荆江河段和洞庭湖平原地区的洪灾威胁。三峡水库不仅具有巨大的防洪库容，而且它还可以对全江一切较大水库发挥有效的调蓄和补偿作用。其次，三峡水库控制了大量稳定的水源，又有较高的水头可以利用，具有装机容量大、电量多、指标优越等良好的条件。在地域上，三峡水电站处于我国的心脏地区，它的有力输电范围，可以北越陇海铁路，南接五岭，东到上海，西通重庆，并可以与全国电力系统相通联。[1] 再次，在航运上，三峡工程兴建后不仅可以消灭三峡天险，使重庆以下河道变成平湖，而且可以调节下游水量，稳定汛期河槽，刷深河床，增加下游河段的枯水水深，大大改善长江干流的通航条件。兴建三峡工程，可以创造条件，基本完善自川西至长江口约3000千米长的东西水运大动脉，其运输能力相当于40条标准单轨铁路。[2] 第四，在灌溉除涝上，三峡枢纽对全江平原除涝计划也有重要的作用，特别是荆南洞庭湖广大地区，整体除涝与减少湖区淤塞计划的实现，将以兴建三峡枢纽与控制四口为唯一前提；而灌溉任务较大的一些支流，则更需要与三峡开发计划相结合才能作出更全面的综合利用规划。[3]

由于三峡枢纽在防洪、发电、灌溉和航运等综合效益方面具有显著的优越性，特别在防洪上，具有"对上可以调蓄，对下可以补偿"的独特作用，可以控制宜昌以上的洪水，根本解决荆江区域的洪水威胁，并且是其他方案不可替代的，这就决定了它必然要成为长江流域规划的主体工程。通过不断完善，1959年7月长江流域规划办公室正式提出以三峡水利枢纽为主体的《长江流域综合利用规划要点报告》，为此后的长江水利建设指明了方向。以三峡工程为主体的流域规划思想，充分体现出林一山从全局着眼，抓住主要矛盾、抓关键的既全面又重点的治江思想。

二、流域规划中几种矛盾关系的统筹处理

长江流域规划的任务是根除洪水灾害，保障人民和工农业生产的安全；消除旱涝灾害，保证农业生产的迅速发展；充分开发水力，提供廉价电力，促进工业的迅速发展，促进国民经济的技术革新；发展水运，降低运输成本，提高运输能力，便于物资交流。[4] 显然，流域规划不是局限于某一个方面，它是要综合利用水资源。这就必须要树立全局观，处理好干流与支流，上中下游，近景与远景，大中小型，防洪与发电、灌溉、航运等方面党中央明确指出要处理好的关系，此外还涉及诸如农林水关系、山

---

[1] 杨世华：《林一山治水文选》，新华出版社，1992年，第170页。
[2] 中国科学院成都图书馆、中国科学院三峡工程科研领导小组办公室：《长江三峡工程争鸣集·总论》，成都科技大学出版社，1987年，第5页。
[3] 杨世华：《林一山治水文选》，新华出版社，1992年，第171页。
[4] 长江流域规划办公室：《长江流域综合利用规划要点报告草案》，1958年，内部印行，第13页。

地与洼地、江湖关系、水利工程与淹没等各种复杂问题。这是矛盾的普遍性问题。如果说如何处理这些关系是一门艺术，那么林一山完全可以称得上是一位艺术家，他以睿智的眼光辩证地看问题，对各种矛盾作出了正确的分析。

由于防洪始终是长江治理开发的首要任务，因此，根据"迅速消除普通洪水灾害，尽早尽最大可能防止巨大的毁灭性灾害，以及保证工业基地和沿江重要城市的安全；同时逐步减除大面积农田的淹没，并有利于渍涝灾害的消除"[1] 这一长江防洪规划的原则，林一山对长江的干支流都作出了相应的规划。对于长江干流，林一山提出以上游三峡工程为长江防洪的主体，从整体上控制全江洪水。同时对较大的支流也进行了研究和规划。按照长江流域的自然形势、土地利用、资源开发等条件，他把长江的支流划分为三种类型：第一类是峡谷地带的河流，第二类是丘陵平原地区的河流，第三类是荆江河段以下直接汇入长江干流的中小河流。在干支流关系上，他明确指出，支流的开发治理有本支流流域的要求，也有配合干流和其他支流的任务，因此规划中必须根据不同支流的具体情况进行具体分析。[2] 在《长江流域综合利用规划要点报告》中，他指出：第一类河流的开发，宜修建高坝控制性枢纽，一方面充分开发利用其本身的资源，同时还应配合干流的防洪等要求；第二类河流流域内耕地和人口较多，修建大型控制性枢纽的条件较差，分担干流防洪等能力也较小，一般宜以解决本支流的水利任务为主进行开发；第三类河流一般也以开发本支流满足局部地区需要为主。[3] 林一山认为，第二和第三类河流是长江流域的主要经济地区，应作为先期开发计划中的主要对象。这充分体现了林一山从实际出发、具体问题具体分析的辩证思想。

在上下游关系上，林一山认为要统一安排，尽可能使治理方案具有最大综合效益，并对各有关方面有利，不能只从某一地区利益出发而对另一地区带来严重不利影响。规划方案的实施，也无所谓"先上后下，先支后干"的问题，要以任务的紧迫性和准备情况，根据国家和地区的需要为准。[4] 关于这一点，在"治江三阶段"计划中就有所体现。在河流治理开发程序上，要结合各河流的具体情况，根据水资源的开发条件、流域经济社会发展要求来决定其程序。想用固定不变的模式来统一不同河流的开发程序，从思想方法上讲是形而上学的思维在作祟。[5] 在流域规划中，林一山提出上游主要是兴建山谷水库，以三峡枢纽为主作为长江流域规划的主体，三峡工程及其组成部分承担全江的防洪任务，中下游主要是进行河道整治。但在防洪上，由于长江洪水量十分巨大，在上游一系列大型的调洪水库建成前，中下游地区除运用分洪工程和蓄洪垦殖工程外，遇到特大洪水时，要根据小利益服从大利益的原则，必要时要牺牲一部分次要地区，以保全重点地区的安全。根据中下游各地区的具体情况和在经济、政治上

---

[1]　长江水利委员会长江勘测规划设计研究院、江务局：《长江志·防洪》，中国大百科全书出版社，2003 年，第 83 页。

[2][3][4]　长江水利委员会长江勘测规划设计研究院：《长江志·规划》，中国大百科全书出版社，2007 年，第 22 页。

[5]　长江水利委员会技术委员会：《长江流域综合利用规划研究》，中国水利水电出版社，2003 年，第 180 页。

的差异，林一山将全区划分为重点区、重要区和一般区三等❶，他指出："在大洪水年份中，一般区将首先被淹没而起调蓄作用，以利于重要区的防守；待水位抬高，部分重要区被淹没又有利于重点区的防守。这种有重点的分等保护措施，在大洪水年有准备有步骤地逐步撤退，对防洪是有利的。"❷ 这充分体现了林一山局部利益服从整体利益、以大局为重的治江思想。

在近景与远景的关系上，林一山坚持把眼前利益和长远利益统一起来。在制定规划方案时，他认为应该把远景规划与近期计划相结合，以近期工程为重点，尽最大可能地作到不排斥远景计划。既要考虑到近期的紧迫要求，又尽可能把近期工程措施与远景需要相结合，作到既符合现阶段社会经济发展水平的要求，又利于适应远景的需要。如在汉江流域的规划中，在制定丹江口工程方案时，就考虑到近期要满足防洪的要求，远景要适应南水北调的需要。这充分体现出林一山善于从长远着眼，善于运用发展的眼光看问题。

大中小型关系上，林一山坚持因地制宜、地尽其用的原则，大中小型互相配合，充分发挥各自的优势，以取得较大的综合效益。在流域规划中，他对长江干流和一些主要支流都进行了研究，在提出干流以兴建三峡大坝作为长江流域规划主体的同时，也提出在一些重要支流修建一些中小型水库，作为三峡大坝的组成部分，形成水库群，共同承担长江防洪这一主要任务。在大中小型的选择上，要视各地兴建水库的条件和水库自身所承担的任务而定。

防洪与发电、灌溉、航运的关系上，林一山坚持把防洪放在首位，同时兼顾发电、灌溉与航运的要求，使河流开发方案能充分地发挥综合效益，防止只满足于某一项任务而忽视其他效益。如在三峡工程的规划中，为了调节因三峡下泄流量忽大忽小的大幅度变化，改善坝址以下河段的航运条件，同时也为了利用三峡损失的水头，林一山提出在三峡坝址以下40多千米处的葛洲坝修建一个反调节航运阶梯，即后来的葛洲坝工程。葛洲坝工程和三峡工程的联合，既满足了长江防洪、发电的需要，也满足了航运的要求。同样，在汉江丹江口工程的规划中，林一山首先从汉江防洪的需求出发，同时也兼顾了发电、灌溉与航运的要求，最终做到了"五利俱全"。

山地与洼地关系上，由于我国耕地面积有限，且旱涝灾害不断，林一山在治江规划中十分重视土地的开发利用。在山地的利用上，对于适宜发展农业生产的地区，林一山针对各地的具体情况提出了不同的灌溉方案；对于不适宜发展农业的地区，他提出结合水土保持、发展林业的要求。1959年编制的《长江流域综合利用规划要点报

❶ 凡可能因溃决而招致严重人命损失或重要河流改道的堤段，或在广大面积中必须保有的安全区及重要工业城市与基地、重要交通枢纽等列为重点区；凡堤防保护区有大片农田及较大城市、重要铁路等，经济价值高，而现有堤防抗御能力较强者，划为重要区；凡保护农田比较零散的圩区，田亩不多，不少堤垸抗洪能力较弱者划为一般区。见长江水利委员会长江勘测规划设计研究院、江务局编《长江志·防洪》，中国大百科全书出版社，2003年，第83页。

❷ 长江水利委员会长江勘测规划设计研究院、江务局：《长江志·防洪》，中国大百科全书出版社，2003年，第83页。

告》中指出，山区占全流域面积 65％，发展山区的主要方向是扩大林木业基地，绿化宜林宜木荒山荒坡，并以发展松杉竹林等用材林为主，在气候、地理条件适合的地区，适当发展经济林和牧地。❶ 对于湖泊洼地，他主张进行蓄洪垦殖，以获得防洪、增加耕地、排灌、航运、养殖及消灭血吸虫病等综合效益。

在除涝与灌溉上，林一山提出："长江流域除涝与灌溉规划的方向是以减免大面积的旱涝灾害为重点，因地制宜，结合区域综合开发，首先以中小型为主的措施充分利用地区径流，改善和扩大现有灌区，逐步兴建大型灌溉工程，提高灌水保证率。涝渍地区，采取蓄泄兼顾、排灌相结合的措施，改善现有排水系统。目前以蓄渍为主，抽水为辅，远景时期利用廉价电力逐步扩大抽水措施，使抽水与蓄渍相结合。"❷ 特别是在灌溉问题上，林一山针对各地的不同情况，提出了不同的应对策略：中下游沿江湖泊平原或是水源充分的地区，采用低水头提水的方法满足灌溉要求；山谷丘陵或坡降较大的大小河流沿岸，可以依靠山水和上游河流引水；对于高山地带，可以通过小型水库或塘堰蓄水灌溉的方式来解决问题；丘陵地区由于受地形的限制，无法进行大规模引水灌溉，因此解决各丘陵地区灌溉水源的主要措施就是普遍修建山区中小型水库。❸

水利工程与淹没的关系上，林一山既重视水利枢纽的综合效益，也很重视淹没问题。50 年代在三峡工程的水位高程规划中，从长江的防洪要求和发挥水电与航运的综合效益这一角度出发，当时曾研究过 220 米、235 米甚至 260 米的高坝方案，经综合比较后，选定了经济技术指标最为优越的 220 米梯级方案。但考虑到这一方案的死水位较高，对重庆市和整个库区的淹没损失十分严重，因而被否定，重新选择淹没损失相对较小的 200 米梯级方案。尽管 200 米方案后来也被否定了，但说明在流域规划中，林一山对待淹没问题也是有所考虑的。总之，流域规划中对淹没问题要十分慎重，在满足基本要求的前提下，应尽可能减少淹没。但也不是一定选淹没最少的方案，特别对流域综合治理开发的关键工程，其规模不能过小，造成一定的淹没应尽可能设法妥善处理。❹ 即根据工程的需要，允许一定的淹没，但一定要处理好因淹没而造成的移民等善后事物。

江湖关系上，即长江与洞庭湖、鄱阳湖的关系，这是长江防洪处理的难点。长江洪水水量大，洪峰持续时间长，充分利用长江中下游的天然湖泊，发挥湖泊的调蓄洪作用，有利于减轻洪灾危害。江湖矛盾的焦点在于，一方面由于四口分流，大量洪水进入洞庭湖，从而使得洞庭湖在长江防洪中占有极为重要的地位；另一方面，湖区本身也有防洪保安、发展自身经济的要求。针对这一尖锐的矛盾，林一山通过研究历史

❶ 长江水利委员会长江勘测规划设计研究院：《长江志·规划》，中国大百科全书出版社，2007 年，第512 页。

❷ 长江流域规划办公室：《长江流域综合利用规划要点报告草案》，1958 年，内部印行，第 17 页。

❸ 杨世华：《林一山治水文选》，新华出版社，1992 年，第 284～286 页。

❹ 长江水利委员会长江勘测规划设计研究院：《长江志·规划》，中国大百科全书出版社，2007 年，第 24 页。

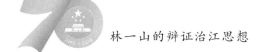

和现实的情况，提出在荆江问题没解决前（即三峡工程没建成前），洞庭湖"不能动"，即指在当时长江防洪的整体需要下，江湖蓄泄关系的总格局不能随便动。但并不是说湖区内部不要进行治理，合理的蓄洪垦殖、联圩并垸、加高加固堤防、安排分蓄洪区都是应当支持的。

总体规划与局部规划的关系上，林一山运用对立统一规律进行解析，把流域规划和局部规划看作是对立的统一体，反对把流域规划绝对化。他指出：对一条河流如果没有全貌的正确认识，就不能作出局部的正确规划方案；对于长江这样一条复杂的河流的认识，需要一个实践过程，不通过局部的规划设计工作或没有无数次的局部工程的实践，就不能达到全面认识的目的。❶ 他认为，在一定条件下，局部规划和流域规划可以相互促进，在一定限度内的流域规划的认识水平上，可以进行局部的规划工作。汉江流域规划编制先于长江流域规划编制就是这一思想的体现。

可以说，在长江流域规划工作中，林一山把辩证法发挥到了极致，妥善恰当地处理了各种错综复杂的矛盾。尽管在某些方面认识不够深刻，但作为新中国治江事业的主要领军人，林一山的功绩是值得肯定的。尽管《长江流域综合利用规划要点报告》在某些方面还不够完善，但它却是有史以来人类对长江流域进行的首次综合利用规划，它为新中国治江事业的展开擘画了宏伟的蓝图，指明了前进的方向。

三、南水北调，综合利用水土资源

在长期的治江实践中，林一山不仅考虑如何除害兴利的问题，而且对水资源的综合利用也作了规划和研究。南水北调工作便是林一山对水土资源综合利用的一个典范，也是他对长江水利事业的又一重大贡献。

我国水资源地区分布不均，南多北少，南方水患成灾，北方却干旱缺水。早在新中国成立初期，毛泽东主席就针对北方干旱缺水的状况提出了南水北调的设想。1952年10月，毛泽东视察黄河，在听取黄河水利委员会主任王化云引汉济黄的治黄规划设想汇报后，提出"南方水多，北方水少，如有可能，借点水来也是可以的"❷战略构想。1953年2月，毛泽东视察长江，再次表达了南水北调的想法。在"长江"舰上，毛泽东问林一山："南方水多，北方水少，能不能把南方的水借给北方一些？"❸之后毛泽东又询问了南水北调的引水线路、引水的可能性等问题。在得知汉江丹江口一带有可能成为南水北调的引水点时，毛泽东高兴地对林一山说："你回去以后立即派人查勘，一有资料就即刻给我写信。"❹这就是新中国历史上"南水北调"的由来。

自从在"长江"舰上与毛泽东的一席长谈之后，林一山心中便不停地思索着南水

---

❶ 杨世华：《林一山治水文选》，新华出版社，1992年，第210页。
❷ 王化云：《我的治河实践》，河南科学技术出版社，1989年，第390页。
❸ 林一山：《林一山回忆录》，方志出版社，2004年，第160页。
❹ 林一山：《林一山回忆录》，方志出版社，2004年，第161页。

北调的问题。一想起毛泽东的"你回去以后立即派人查勘，一有资料就给我写信"这句嘱咐，他就恨不得立刻见到查勘成果，以便尽早向毛泽东提出具体可行的引水方案。回到机关后，林一山就迅速行动起来，立即组织引汉济黄线路的查勘。在研究过程中，当发现嘉陵江干流上游的西汉水曾是汉江的河源时，他又开始了引嘉济汉的研究。多年来，为实现南水北调宏图，林一山呕心沥血，多次组织指导长江水利委员会科技工作者进行勘测规划。经综合研究，最终确定了分别从长江上、中、下游引水的南水北调总格局：上游从金沙江引水；中游近期从丹江口引水，远景从长江干流三峡水库引水；下游沿京杭大运河从长江调水和巢湖线引江济淮。

随着水利工程技术的发展和治水经验、认识的积累，为解决西北地区干旱缺水的问题，林一山从 1972 年起又开始思考西部调水的问题。为研究引水线路，林一山认真搜集和整理基本资料，做了大量的分析工作，他还四次亲自上巴颜喀拉山进行实地考察，并结合十万分之一的大比例尺军用地图进行对照。他从我国地形地势特点出发，提出用西高东低来克服北高南低的劣势，最终找到了西部调水方案的引水点。林一山的西部调水方案主要是运用筑坝、打洞、开挖明渠、修建提水泵站等方法，把怒江、澜沧江、金沙江、雅砻江、大渡河等青藏高原南流的五大水系的水汇为一体，然后穿过巴颜喀拉山分水岭，调水进入黄河，再从黄河开运河将水引向内蒙古西部，直至新疆等地，以满足引水沿线及相邻地区的用水需求。沿途还可以发挥灌溉、发电等效益。经过不断补充和完善，林一山于 1996 年 9 月在中国科学院举行的第 61 次学术讨论会上提出这一研究成果，受到科学家和水利界的高度重视。

林一山的这一西部调水方案，不仅对于综合利用水土资源具有重大作用，而且对于民族团结和边疆巩固具有重大战略意义。中国西部地区地广人稀，经济不发达，但自然资源十分丰富。西部地区土地资源也很丰富，且日照时间长，平原面积广阔，达 100 万～200 万平方千米。但是这么大的平原几乎都是沙漠，由于缺乏水资源，一直没有开发。这些荒凉的土地，一旦有了水利灌溉，就可以充分利用，沙漠将会变成稳产高产的农林区，从而改善西部恶劣的生态环境。西部调水对于发展当地农业和开发地下资源具有很大的价值。林一山说："此项工程年调水量约 800 亿立方米，一旦实现，将使那里沙漠变绿洲，可开发那里东部地区稀少甚至没有的矿产及其他资源，且可利用引水渠道 2000 余米落差发电，年发电量约 3150 亿千瓦，具有巨大的综合效益。"[1]西部地区是少数民族聚居区，民族关系复杂，历史上就曾多次出现过帝国主义利用民族关系干涉我国内政的事情，因此，从西部地区的稳定发展来看，少数民族地区一定要开发。林一山说："西部引水是实现西部大开发战略的关键举措。特别是民族团结问题，决不是用金钱可以买到的。"[2]西部地区一旦有了充足的水源，经济也就跟

---

[1] 林一山：《中国西部南水北调工程》，中国水利水电出版社，2001 年，导言。
[2] 中国社会科学院经济文化研究中心：《林一山纵论治水兴国》，长江出版社，2007 年，第 21 页。

上去了，人民生活水平将大大提高，东西部差距也就会逐渐缩小，这就对民族团结有利。

西部南水北调的设想，不仅体现了林一山对水资源综合利用的思想，更重要的是这一方案对于西部地区国土的开发和民族的团结具有重大意义。这充分体现出林一山治水兴国思想的战略观。

第四章 林一山辩证治江思想的
特点和作用

第一节 林一山辩证治江思想的特点和作用

林一山在长达近半个世纪的治水生涯中，善于运用唯物辩证法的相关理论和方法来分析和解决问题，重视实践，重视调查研究和基本资料的搜集，重视科学试验和总结工作，成功解决了治江中的一系列重大问题，先后完成了一大批水利工程枢纽的科研、规划和设计工作，取得了巨大的成就。

一、重视基本资料，善于运用普遍联系的规律，积极准备，稳步推进

治江工作涉及的内容众多，关系复杂，只有善于运用普遍联系的规律，才能找出并理清各个要素之间的关系。在实践中，林一山正是从普遍联系的要求出发。他非常重视基本资料的收集、整理、分析工作，为治江工作的顺利展开做了积极准备。长江水利委员会刚成立，他就组织对长江干支流河道的历史水文资料进行整编，成立地质勘测队伍，调查长江干流历史洪水情况，同时对长江流域的自然灾害和社会经济状况进行调查研究。50年代他还组织建立了河道观测体系，并把河道观测与干支流水文站的水文泥沙观测工作结合起来。通过以上工作，长江水利委员会积累了丰富的水文、水流、泥沙资料，掌握了长江流域的基本情况和长江河道时空变迁的规律，为后期流域规划工作的全面展开和骨干工程的研究设计奠定了牢固的基础。1955年全面开展长江流域规划编制工作时，国务院聘请了苏联专家来华帮助工作。苏联专家来华后，本打算帮我国搜集基本资料，但在听取林一山的介绍后，发现长江水利委员会搜集的资料已经非常丰富，并认为长江水利委员会完全具备开展流域规划的条件。❶ 正是在占有大量翔实可靠基本资料的基础上，流域规划工作才能够顺利进行。

在治江战略的制定上，林一山认真总结历代治江的经验，从中汲取教训，采取积极准备、稳步推进的方针，联系长江的实际，提出并逐步完善了防洪的"治江三阶段"计划，认为堤防、分蓄洪区、山谷水库三者之间是相互补充、密不可分的。只有把三者结合起来，才能有效地控制长江的洪水。在流域规划上，林一山确定以三峡工程为治江的主体。但他深知三峡工程浩大艰难，需要解决的技术问题非常多，想要在短期内开工上马是不大现实的。因此他便想出了一个"天梯"战略，决心由低到高，由易

---

❶ 长江水利委员会长江勘测规划设计研究院：《长江志·规划》，中国大百科全书出版社，2007年，第7页。

到难，一步一步地爬上去。他把荆江分洪工程作为这个梯子的第一步，一方面它可以解除荆江河段防洪的燃眉之急，另一方面还可以为三峡工程的研究设计工作赢得时间；接着又在湖北修建陆水蒲圻工程作为三峡工程的试验坝，既为缩短三峡工程建设的周期积累经验，也进行了一场技术练兵；第三步是修建丹江口枢纽工程，通过枢纽设计工作，逐步把科研设计队伍锻造成为既有高深理论知识、又具有设计高坝大库实践经验的人才群体；第四步是修建葛洲坝工程，为三峡工程的兴建做实战准备；最后一举拿下三峡工程。

任何事物的发展都要经历一个量变到质变、由可能向现实转化的过程。这种转变在自然领域是自发实现的，而在社会历史领域则需要经过人的努力，创造一定的条件来实现。林一山正是把握住了三峡工程与其他工程之间这种密不可分的联系，积极准备，不断为三峡工程上马创造条件，一步一步向前进，逐步把治江事业推向既定的目标。

二、重视科研和实践，提倡理论联系实际

林一山在治江中非常重视科研工作。他认为设计与试验之间是辩证地相互促进、推移前进的关系，科研工作是规划设计工作的保证，是规划设计成果的质量和水平的重要基础，设计方案是否完善可行，可以通过试验进行补充和优化；另外，通过规划设计的实践，科研工作的水平也能不断提高。规划设计方案与实验成果之间也是一个实践、认识、再实践、再认识的过程。因此，在工作过程中，他强调规划设计要与试验研究互相配合、验证、补充，通过试验研究深化对设计方案的认识，从而使设计方案发展成为一个正确的或更为优越的方案。不能采取"你出方案，我做试验，我提成果供你采用"的简单方式，因为这是人为地割裂实践与认识的关系，违背了认识的一般规律。同时，他反对把试验成果绝对化，反对把试验成果看成是设计研究的最终结论。在试验成果的评价鉴定方面，他认为不能一概地、盲目地相信试验成果。因为试验研究工作是在原始资料、理论分析的基础上，用相似的规律来展开的，它的精准度还与仪器设备、操作方式和技术等有关。试验中任何一个环节出现差错，都将导致试验成果与实际不符。因此，他强调对待科研成果要慎重，要分析它是否符合一般规律，否则即使这项工作做得再细也是无济于事、毫无价值的。

林一山重视科研试验体现在多个方面。在50年代末期的陆水试验坝建设中，为研究混凝土预制坝安装技术，林一山把室内试验、现场试验和坝体安装实践三者结合起来，从室内、室外到现场，先后做了数百组小型、千余个中型和百余个大型混凝土预制块的接缝胶结性能和安装胶结工艺的试验。❶ 通过反复的试验，他提高了对混凝土胶结技术的认识，预制安装筑坝试验不但获得了成功，而且在1978年获得湖北省科学大会奖。60年代丹江口工程建设中出现浇筑质量问题，混凝土坝体大面积裂缝。林一山

❶ 《三峡试验坝——陆水蒲圻水利枢纽志》，湖北人民出版社，1999年，第32页。

强调通过科研试验进行补强。在他的领导下，长江流域规划办公室与有关单位密切配合，成立了一个现场科研实验组，完成了大坝质量事故全面调查和补强处理实验研究工作，提出了大坝补强设计，同时对控制混凝土质量和机械化施工组织提出了专题设计报告文件，完成了大坝补强任务和施工准备任务。❶ 70 年代，葛洲坝工程建设中出现问题，林一山临危受命，担任葛洲坝工程技术委员会的负责人，主持重新修改设计的工作。在工作中，他非常重视科研和模型试验的作用。在葛洲坝工程技术委员会第一次会议报告中，林一山就指出要组织各有关单位参加科研、设计会战，要充分发挥现有宜宾西南水利科学研究所、宜昌工地试验室、武汉长江水利科学研究院、武汉水利电力学院、南京水利科学研究所等五个试验基地的作用，加强设计与试验之间的协作配合，对一些关键性的问题要分专题进行试验研究。❷ 正是通过这些试验，葛洲坝工程技术委员会解决了工程建设中遇到的各种难题，并提前完成修改设计的任务。在林一山的带领下，长江流域规划办公室坚持进行科学试验研究，攻克了一道又一道难关，由其负责设计的工程建设都取得了成功。

在长江水利事业中，林一山始终坚持实践第一的原则。林一山曾清楚地指出："从设计到施工完毕的全部过程，是设计者不断学习、不断考虑随时发现新问题、不断吸收群众创造、不断修正与补充原设计的全过程。设计工作者是在全部实践过程中逐渐地提高与深化自己的认识的。也就是说设计和施工的全过程，正是设计工作者全部思想认识的发展过程。设计工作者是在实践中证实了、也认识了他们所设计、所预想的目的，而不是事先就真正认识了他们所预想的、所要设计的东西。"❸ 因此，在每一次施工过程中所发现的新经验及深化了的认识水平，都将丰富与提高我们的设计理论水平，并将继续指导我们的设计与施工，经过实践而继续提高。❹ 鉴于此，他强调科技工作者要通过实践来提高自身的专业水平，设计人员要参加工程建设的全过程。因为设计工作只是整个工程建设实践中的一个阶段，只有参与工程建设的全过程，才能获得真正的实践经验。他说："一个工程师或技术工作者，只有当他具有丰富的实践经验时，他才够得上称为一个工程师。如果一个具有某些专门的书本知识而缺乏实践经验的人，就以为自己是了不起的技术干部，那么他就像毛主席所说的那种可笑的知识里手一样的人。"❺ 林一山还强调工程技术人员要在实践中丰富与提高自己的工作经验，要悉心体察情况与善于总结经验。他认为这是任何一个工程师，特别是称得上优秀工程师者所必须具备的不可缺少的条件。❻

基于上述认识，林一山在实际工作中十分重视调查研究。1953 年毛泽东提出南水

❶ 中国人民政治协商会议湖北省丹江口市委员会文史资料委员会：《丹江口文史资料》第四辑，1997 年 10 月，第 28 页。

❷ 杨世华：《葛洲坝工程的决策》，湖北科学技术出版社，1995 年，第 92 页。

❸ 林一山：《有关荆江分洪工程的若干设计思想问题》，湖北人民出版社，1954 年，第 15～16 页。

❹ 林一山：《有关荆江分洪工程的若干设计思想问题》，湖北人民出版社，1954 年，第 18 页。

❺❻ 林一山：《有关荆江分洪工程的若干设计思想问题》，湖北人民出版社，1954 年，第 19 页。

北调的设想后，林一山便迅速组织人员对引汉济黄线路进行实地查勘，最终找到了一条经丹江口水库跨越丹江与唐白河分水岭及伏牛山方城缺口❶的线路，为南水北调中线方案奠定了基础。在三峡工程的规划设计中，为解决水库泥沙淤积问题，消除毛泽东心中的疑虑，他亲自带领技术人员到华北、东北、西北和内蒙古等地区 10 多座多沙河流上的水库进行实地考察，广泛收集有关水库运行调度和泥沙淤积的第一手资料。经过分析研究，他突破了当时有关水库淤积及其寿命的一般认识和传统的计算方法，提出了水库长期使用的理论。根据这一理论，林一山在 1964 年 12 月周恩来主持的治黄会议上提出了黄河三门峡水库的改建建议。晚年时期，为了研究西部调水和进藏铁路路线问题，他曾多次深入西部无人区进行实地考察。

林一山辩证的治江思想正是在这种实践、认识、再实践、再认识的过程中不断丰富和发展起来的，他这种重视科研和实践、提倡理论联系实际的工作方法既符合唯物主义认识论的要求，也是治江工作所必须坚持的科学方法。

三、抓主要矛盾，在对立中求统一

水利工作涉及范围广泛，既要考虑水利工程的综合效益，协调好不同部门和地区的利益，更要考虑到工程建设过程中将要遇到的各种难题以及工程内部各个要素之间的关系。这就必须要灵活运用矛盾的观点，善于从各种复杂的矛盾关系中抓住主要矛盾，辩证地分析和解决问题，从而使矛盾各个击破。正如毛泽东指出的："捉住了主要矛盾，一切问题就迎刃而解了"。❷

在长江水利建设中，林一山就是按照上述要求来实践的。走上治江岗位后，他就紧紧抓住长江防洪这一主要矛盾，一切工作都以防洪为重心。面对荆江河段险峻的防洪形势，林一山首先提出了兴建荆江分洪工程的计划，以解燃眉之急。50 年代在三峡枢纽的规划中，中苏专家在坝址的选择上出现分歧，苏联专家坚持萨凡奇的南津关方案，中方则坚持在距南津关上游约 40 千米处的三斗坪方案。两个方案各有利弊：南津关方案河谷狭窄，在施工中具有节省主体建筑物混凝土方量的优越性，在航运上可以解决三峡全部碍航问题，但此处地质岩层松软，断层较发育，狭窄的河谷也不利于施工围堰和导流；三斗坪方案河谷开阔，地形低缓，岩层完整且坚硬，地质、地形、枢纽布置及施工条件都比南津关方案优越，但这一方案无法解决坝址以下 40 多千米河道的碍航问题，还将损失一些发电水头。这样一来双方就出现了对立。林一山认为，三峡工程作为一个超巨型的庞大建筑物，其基础好坏是矛盾的主要方面，局部水头损失和部分航道的改善属于次要矛盾。❸ 根据抓主要矛盾的观点，林一山认为选择三斗坪的

---

❶　方城缺口又称方城垭口，位于河南省方城县，是南阳盆地北边最低沿。据林一山研究，北宋时期为把湖南湘潭的粮食运到首府汴京，有一个叫程能的转运使计划修建一条人工运河，把唐河的水从方城附引到淮河。后来由于洪灾和国库空虚，这项工程没能完成，只留下了一个挖开的山口，即所谓的方城缺口。

❷　毛泽东：《矛盾论》，人民出版社，1975 年，第 33 页。

❸　杨世华：《葛洲坝工程的决策》，湖北科学技术出版社，1995 年，第 12 页。

主张不能改变。而针对苏联专家提出的碍航和水头损失问题，林一山提出了修母子坝的建议，即在三斗坪修一个三峡大坝，在其下游的宜昌附近再修一个葛洲坝工程。经过研究比较，无论在水工还是造价方面，修两个坝比在南津关修一个坝更为合理有利。这样就把矛盾对立的双方统一了起来，化不利为有利。

丹江口工程在初期规划中，中央批准的设计方案是正常蓄水位 170 米，死水位 145 米，一次建成，不搞分期。1958 年 9 月正式开工，1962 年 3 月因混凝土质量事故而停工。在工程停工处理期间，林一山就预见到将来工程复工续建所需资金与当时国家经济状况之间的矛盾。于是，他就要求设计人员研究分期建设方案，先利用已浇筑的工程完成一个较小的初期工程，以减少复工后所需的资金，同时为实现原定设计规模创造条件。后来当工程准备复工时，考虑到建设资金问题，有关领导认为丹江口工程是个无底洞，提出了停建或缓建的意见。由于林一山提前就预见到了这一问题，并通过比较研究提出了投资较小的初期工程方案，所以在有关领导提出停建或缓建意见时，林一山就将自己的方案报请周恩来总理批准。在周恩来的支持下，丹江口工程最后按坝顶高程 162 米、初期蓄水位 145 米的方案于 1964 年底复工，1968 年 10 月第一台机组发电，1974 年 2 月初期工程全面竣工，并被认为是"五利俱全"的工程。工程自建成以来，发挥了巨大的综合效益。试想当初林一山如果没有抓住建设资金这一主要矛盾，没有进行分期建设方案的研究，不去据理力争，那么丹江口工程的后果就很难预料了。

1970 年底仓促上马的葛洲坝工程，因勘测、设计等前期准备工作做得不到位，开工两年后便陷入了困境。在周恩来总理的主持下，指定林一山为葛洲坝工程技术委员会主任，负责重新修改设计的工作。根据两年来的观察和思考[1]，林一山指出，葛洲坝工程初步设计的主要任务是确定坝线和枢纽布置。[2] 但由于坝址处河段水流流态复杂，两岸河床犬牙交错，要在这一特殊的河段上做工程，难度相当大。同时在坝线确定和枢纽布置上，林一山还要求要充分利用初期已经做好的工程，尽最大可能减少浪费。这种既要顺应河势变化，符合河流自身规律，又要满足工程建设需要的要求，加大了规划设计工作的难度。他通过认真分析，在错综复杂的矛盾关系中，紧紧抓住工程枢纽布置与河势变化这一主要矛盾，提出了"挖除葛洲坝""静水通航，动水冲沙"的建议，确定了"一体两翼"的枢纽布置总格局[3]，采取"坝线不动、船闸下

---

[1]　葛洲坝开工的前两年，林一山虽然同为工程的负责人之一，但他的意见不被重视。所以从 1970 年到 1972 年的两年中，他四处考察，并对葛洲坝工程的建设问题进行了缜密的思考。

[2]　杨世华：《葛洲坝工程的决策》，湖北科学技术出版社，1995 年，第 227 页。

[3]　"一体两翼"是葛洲坝工程枢纽布置的一种特殊形态。在葛洲坝工程坝址处，长江中有葛洲坝和西坝两个小岛，自右至左把长江分隔为大江、二江和三江三条水道。在天然状态下，大江是长江的主槽，在建坝以后，二江成为长江的主槽。"一体两翼"中的"一体"指的是二江泄洪道这个主体，"两翼"指大江与三江两条人工航道。这一枢纽布置方案的特点在于，它顺应了建坝后长江主流的趋向，因势利导，主流居中泄洪，两侧布置电厂和航道，使得主流和分流各得其所。

移"的办法，❶ 既满足充分利用已有工程、减少浪费的要求，又妥善解决了导流、截流、泄洪、发电、航运之间的矛盾，为葛洲坝工程建设的顺利进行奠定了基础。

1974 年 4 月葛洲坝工程决定复工时，林一山抓住设计与施工总进度这一主要矛盾，把设计程序从通常的初步设计—技术设计—施工详图，修改为不同要求的分阶段设计。❷ 他提出：只要有关重大技术问题基本研究成熟，就可以把修改设计定下来，有些问题可以在技术设计阶段进一步加以解决；❸ 可以先做出技术设计的"结构总图设计"，待审定后一边进行施工设计，一边进行技术设计；在不影响工程全局的前提下，有些设计还可以晚一点再做。因为如果按照正常程序，完成了全部技术设计工作之后再进行施工设计，那就无法按时完成周恩来总理交给的任务了。而林一山提出的建议，不仅妥善处理了设计工作和施工总进度之间的矛盾，同时也加快了工程复工和建设的步伐。

林一山从事长江水利事业长达四十多年，之所以取得如此巨大的成就，是与他坚持正确的工作方法密不可分的。在林一山的带领下，长江水利委员会逐步形成了重视实践、重视调查研究和基本资料搜集、重视科学试验和总结工作经验教训的科学工作作风，从而为治江事业作出了重要的贡献。

第二节　林一山治江思想的局限

林一山作为新中国成立后治江事业的主要领军人，尽管他在治江实践中已将辩证法运用得娴熟，并对新中国的长江水利事业作出了重大贡献，但凡事都有两面性，其治江思想也存在欠缺的一面。"什么时代演什么戏。"林一山的治江理念与实践主要产生和运用于 20 世纪 50—70 年代，受当时特殊的社会历史条件的影响和限制，其治江思想也有时代的局限性。

第一，对治江的长期性、艰巨性、复杂性认识不足。林一山曾说他的一生就做了两件事，一个是三峡工程，另一个是南水北调。但也恰恰是在三峡工程这件令他引以为傲的事情上，表现出了他的急躁性。从 50 年代初"治江三阶段"战略思想的酝酿开始，到"长江"舰上毛泽东提出兴建三峡的想法，再到 90 年代初三峡工程建设的最终确定，历经半个世纪之久，林一山始终没有放弃过推动三峡工程上马的努力，可以说他为三峡工程奔走了大半生。但受 50 年代末期"大跃进"思想的影响，林一山只注意到了兴建高坝大库的有利之处，却对长江水利建设的复杂性、长期性和艰巨性估计不足。作为一位水利专家，林一山对三峡工程的技术和效益问题做了充分的论证和准备，

---

❶　这是一种辩证处理事务、求同存异的方法。在确定坝线时，为了满足建设需要，同时也为了减少浪费，充分利用初期已建成的工程，设计人员提出采用双折坝线的方案，在西坝处把坝线切开，西坝以西的二江和大江原有坝线可以不动，西坝以东的三江航道坝线相应下移，使二江大江施工与三江脱钩，最终各得其所。

❷　杨世华：《葛洲坝工程的决策》，湖北科学技术出版社，1995 年，第 141 页。

❸　杨世华：《葛洲坝工程的决策》，湖北科学技术出版社，1995 年，第 142 页。

但他一心追求高坝，以至于将三峡工程的防洪能力绝对化，忽视了这一工程也将会给自然生态带来损失；他曾力荐在五六十年代上马三峡工程，对当时我国所处的内外部环境没有足够的认识；同时，由于受当时经济社会发展状况和认识水平的限制，他过分强调对水能资源的充分利用，却在相当程度上忽视了高坝方案造成的淹没问题将给移民工作带来巨大的压力，对移民问题的重要性和困难程度认识不足。尽管林一山在治江实践中非常重视移民工作，还提出了"移民工程"的理论，但三峡工程作为一个超级大坝，其移民问题及由移民而产生的其他社会问题是相当复杂的，工作的难度远不是想象中那么简单。在 50—70 年代的国家建设中，由于过分强调国家利益高于一切、个人利益服从国家和集体利益，数十万人民让出了他们世代居住的家园，移往他乡，为了国家建设做出了巨大的牺牲。但是由于移民拿到的补贴十分有限，加之居住、生产等条件大不如前，造成移民生活水平下降，出现大批移民返迁回原籍地的现象，给社会造成一定的负面影响。这就违背了修建水利工程兴利除害、方便人民生产和生活这一初衷。因此，在考虑像三峡这样的巨大工程时，一定要慎重，要结合国家的内外部环境，不能急躁冒进，在注重工程综合效益的同时，也要兼顾因此而产生的其他问题，特别是要重视移民问题，不能厚此薄彼。要正确处理好综合利用与水库淹没移民的关系，既要防止过多地强调综合利用效益而忽视水库淹没移民问题，又要避免因过于强调减少水库淹没损失而导致综合利用效益不能充分发挥。[1]

第二，在长江治理上，高度重视防洪问题，虽然提出了综合治理的思想，但更多的是注重工程形态上的治理，如巩固堤防、修建分蓄洪区、建库筑坝等，而对长江中上游的水土保持和水土流失治理的重要性认识不足。长江虽不像黄河那样多泥沙，但由于上游有些地区盲目毁林开荒，破坏植被，水土流失也是非常严重的。据中国科学院西北水土保持研究所 1961 年完成的《长江流域土壤侵蚀区划报告》统计，当时全流域水土流失面积共 36 万平方千米，占流域总面积的 20.2%。[2]尽管林一山在 20 世纪 50 年代就已经意识到长江上中游水土流失的严重性，但当时所面临的是首先要解决防洪问题，对于水土流失的治理因无暇顾及而没有引起足够的重视。在长江流域规划中，尽管当时对流域水土保持、环境保护与生态建设等方面的内容进行了初步规划，提出了规划的目标、方案、措施等。如在规划中对山区提出扩大林牧业基地，绿化一切宜林宜牧荒坡，增加地面覆盖率，以改善水土流失情况的要求；对丘陵区提出把坡耕地改为梯田，广泛兴修沟渠塘坎和小型水库，蓄水保土，防止水旱灾害的要求。但限于当时的历史条件、所掌握的资料及认识水平等因素，规划的广度和深度都不够，对生态环境和水土保持方面的问题研究较少。即便是上述明确提出了的要求，在当时也未能实现，80 年代水土流失面积仍不断增大。历史表明，生态平衡、水土保持、水土流失的治理与江河安澜息息相关，治理长江也应该从调整长江流域的生态平衡出发，在

---

[1] 长江水利委员会长江勘测规划设计研究院：《长江志·规划》，中国大百科全书出版社，2007 年，第 129 页。
[2] 长江水利委员会长江勘测规划设计研究院：《长江志·规划》，中国大百科全书出版社，2007 年，第 516 页。

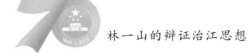

做好中下游防洪的同时，也要兼顾中上游植被保护、封山绿化，以减少泥沙流失。这是历史以巨大的代价所换来的认识，也是今后的治江工作应该重点注意的问题。

此外，由于一定历史时期人类认识水平的有限性，林一山没有预见到因为人为因素特别是工业污染、生活污染而造成的水体污染的治理，更没有预见到曾经洪灾不断的长江近年来随着气候的变化和国民经济各部门用水量的增加会出现水资源短缺的状况。当然，这不能完全归咎于林一山。因为，林一山当时所处的时代是洪灾泛滥期，治江工作的首要任务只能是防洪，使江河安澜、人民安居乐业，而水体污染和水资源短缺还不明显，也没有提到治理的日程上来。

长江流域地域广阔，治江工作涉及国民经济众多部门的利益，各种关系相互交织，治江工作者不可能在短期内对长江流域的自然特点和经济规律认识得十分透彻，做到面面俱到、符合各方面的要求也是十分困难的。因此，我们对前人的要求也不能过于苛刻，林一山的治江思想虽然存在不足之处，但是瑕不掩瑜，与其欠缺之处相比较，其贡献是主要方面。作为新中国成立后治江事业的主要领军人，林一山的治江思想和实践对今后长江水利事业的发展仍具有重要的指导和借鉴意义。

结　语

　　林一山是在中国共产党领导下成长起来的杰出水利专家，是新中国长江水利事业的先驱者和探索者。新中国成立后，林一山由党政干部转行水利工作，担任长江水利委员会主任一职。在40多年的治江生涯中，他勤于学习和思考，勇于探索和实践，由一个外行成长为一位学识精深的内行专家，逐渐形成和发展了自己的治江理念，在治江科学技术和理论上有一系列超越前人的创举，在治江历史上留下了光辉的篇章。

　　林一山在吸收前人治江理论和实践的基础上，突破前人认识上的局限，采用"蓄泄并重"的方针，创造性地提出了以堤防、分蓄洪区、山谷水库三者相结合的长江防洪的"治江三阶段"战略计划；他主持流域规划工作，编制了《长江流域综合利用规划要点报告》，在综合治理开发的总原则下，他辩证地处理了防洪与航运、灌溉、发电，干流与支流，上中下游，山地与洼地，江湖关系等一系列的矛盾，提出了长江防洪的治本之策，为新中国长江水利事业勾画了蓝图，指明了前进的方向。

　　实践证明，林一山的辩证治江思想在他40多年的治江实践中发挥了重要的作用，他所制定的治江战略计划是正确的。特别是林一山提出的以堤防、分蓄洪区、山谷水库为主要内容的"治江三阶段"战略方针，对治江工作产生了重大的影响。首先，"治江三阶段"的战略方针是在新中国成立初期洪灾泛滥、国家人力物力有限的特定情况下提出的，体现了一切从实际出发、实事求是的思想认识路线。这也启示后人在治江工作中要善于抓住主要矛盾，解决首要问题。其次，"治江三阶段"战略计划综合吸收了前人治江理论及经验的精华，并在此基础上做出了超越前人的创举，有效地克服了先前治江理论中把堤防、分蓄洪区、山谷水库割裂开来的弊端，把长江视为一个整体，把治江工作视为一项长期的工程，这既符合长江的实际，也符合治江工作的实际。从而启示后人在江河治理过程中要有整体观和全局观，要充分运用联系的思想方法观察和思考问题，既要从当前考虑，更要满足长远发展的需求。随着"治江三阶段"计划的逐步实施和流域综合治理开发工作的展开，曾经桀骜不驯的长江逐渐被驯服，安澜东去，大洪水基本消除，两岸人民安居乐业，治江工作取得了积极的成效。

　　林一山的辩证治江思想还表现出极强的科学性、创新性。首先，林一山善于从我国的具体国情和长江的实际情况出发，首先考虑防洪问题，以减小水灾造成的影响，这与同时期西方国家以满足工业化需求的江河治理重点有所不同。其次，在围绕以防洪为重点的治江实际工作中，林一山善于运用唯物辩证法的理论和方法，坚持从全局着眼，善于抓住主要矛盾，统筹兼顾，合理地处理各种错综复杂的矛盾关系，解决了众多难题，成功领导和参与兴建了一大批重要的水利工程，为新中国的治江事业作出

了开创性的贡献。尽管林一山的辩证治江思想在某些方面也存在着不足，未能完全解决长江在治理开发过程中出现的所有问题，但他所制定的治江战略在今天看来是正确的、科学的，其治江思想是值得肯定的，也是需要继承和发展的。特别是林一山在晚年时期，更加注重对人与自然和谐关系的考虑，对治江工作与生态、自然环境保护的思考更为深刻，这也是符合社会发展趋势的。

长江的治理与开发是一项长期而艰巨的伟大事业，具有很强的连续性，需要一代又一代人坚持不懈的努力。今人要善于从前人艰辛的探索与努力中学习和汲取经验，不断推陈布新，将治江事业向前推进。当前，随着经济社会的迅速发展，党和国家更加重视江河的治理工作，长江水利事业面临着新的发展机遇，但也出现了许多新情况和新问题，存在着一些弊端。长江源远流长，水量巨大，本来是天然的"黄金水道"，人们向往的"鱼米之乡"，但随着人类社会的不断发展，人们对水资源的需求量不断增大，水资源短缺已经成为长江流域一个普遍的问题，有的地方在一些季节甚至出现了河道断航。同时，由于工业污水和生活废水处理不当，有的地方还出现了严重的水污染，给人民的生产生活造成了极大的不便。在新的形势下，学习和研究林一山的治江思想，对于从传统治江向现代治江的转变，践行"维护健康长江、促进人水和谐"的治江新理念，具有重要的现实意义。新时期的治江工作者必须提高对长江治理的重视程度，以史为鉴，居安思危，不断发现新问题，解决新问题。在治理长江中，一定要遵循自然界的客观规律，从河流本身所具有的特征出发，提出相应的应对措施，反对逆河之性、违背客观规律的行为。长江是中华民族的母亲河之一，历经历史的沧桑巨变，见证了中华民族成长壮大的过程，在新时代，今人也一定要治理开发好长江，使其继续为人类造福。

张光斗的高等水利
工程教育思想

绪论

余论

张光斗的高等水利工程教育思想

      张光斗是我国著名的水利水电工程专家、教育家,清华大学教授,中国科学院和中国工程院资深院士。张光斗自1949年开始在高等水利工程教育领域从事教书育人的工作,积极探索适合中国国情的高等水利工程教育发展道路。他是中华人民共和国高等水利工程教育的开拓者之一,为我国水利水电工程建设事业和工程技术人才的培养做出了杰出的贡献。本篇在借鉴前人研究成果的基础上,依据翔实的史料,运用历史唯物主义的理论和方法,通过论述张光斗从事高等水利工程教育的历程,阐述张光斗在高等水利工程教育领域的理论成就和实践成就,以期总结历史经验,从一个杰出教育家学行的维度展现我国高等水利工程教育半个多世纪的发展历程。

绪　　论

一、论题的缘由及意义

      高等水利工程教育是一门学科,是以培养能将水利科学技术转化为生产力的水利工程科技人才为主要任务的专门教育,也是培养高级水利工程科技人才的。[1] 张光斗是我国著名的水利水电工程专家、水利水电工程教育专家,中国科学院和中国工程院资深院士。他是中华人民共和国高等水利工程教育的主要开拓者之一,为我国水利水电事业和工程技术人才的培养作出了杰出的贡献。张光斗一生情系山河,自1937年投身祖国的水利水电建设事业以来,创造性地解决了大量工程技术问题,丰富了我国开展水利水电建设工作的经验;自1949年中华人民共和国成立后又长期在高等水利工程教育领域从事教书育人的工作,积极探索适合中国国情的高等水利工程教育发展路径,为国家培养了大批优秀的水利水电建设人才。2007年4月,胡锦涛总书记在致张光斗95岁华诞的贺信中说:"从1937年归国至今,70年来,先生一直胸怀祖国,热爱人民,情系山河,为我国的江河治理和水资源开发利用栉风沐雨、殚精竭虑,建立了卓越功绩。先生钟爱教育事业,在长期的教学生涯中,默默耕耘,传道授业、诲人不倦,为祖国的水利水电事业培养了众多优秀人才,令人景仰!"胡锦涛总书记的贺信是对张

---

❶　张光斗、王冀生:《中国高等工程教育》,清华大学出版社,1995年,第1页。

光斗为高等水利工程教育事业所作贡献的高度评价。❶

张光斗一生情系山河，参与了大江大河的治理，又长期投身水利教育事业，不仅为祖国的水利水电建设事业作出了卓著的贡献，且在水利人才教育培养方面更是桃李满天下。2013年6月21日，张光斗带着爱国奉献的精神和对水利教育事业的不舍情怀离去，让人追思和怀念。在收集、整理和学习张光斗生平文献和史料的过程中，我们深感张光斗自中华人民共和国成立以来50多年执教于清华大学，却鲜有系统全面论述张光斗高等水利工程教育思想与实践的论著问世，实在是一遗憾。因而这项研究具有显著的理论价值和现实意义，是应当着手开展的一项研究工作。

二、学术史回顾

作为我国著名的水利水电专家、高等水利工程教育学家，中国科学院和中国工程院的资深院士，张光斗长期从事水资源开发利用、大江大河治理、水利水电工程设计、科研和高等学校的教学工作，为我国水利水电事业的发展和水利水电专业技术人才的培养做出了卓越的贡献。张光斗学识渊博，基础理论坚实，并具有丰富的工程实践经验，创造性地解决了我国大江大河治理过程中的一系列工程技术问题，丰富了我国开展水利水电建设工作的经验。目前国内学术界对张光斗生平事迹的介绍、回忆和纪念性文章和著作有若干发表，但是鲜有对于他的高等水利工程教育思想和实践的研究。

迄今，国内尚无关于张光斗高等水利工程教育思想与实践研究的著作问世，但是有关回忆与记述他生平的文章和著作已有若干发表和出版，概述如下：

（一）已出版的张光斗生平的相关论著

张光斗的女儿张美怡编撰了《中国工程院院士传记　张光斗传》（上、下册）一书❷。该书将我国水电事业发展各重要历史时期中的重大历史事件与张光斗的经历紧密结合起来，反映出我国水电事业发展的艰辛历程，展现了张光斗科学求实、爱国奉献的高尚情怀以及杰出的贡献，具有较高的史料价值。《老科学家学术成长资料采集工程、中国科学院院士传记、中国工程院院士传记丛书　情系山河：张光斗传》❸一书由跟随张光斗50多年的学术助手、清华大学水利水电工程系教授王光纶编著，此书详细论述了张光斗的学术成长经历和奋斗一生所取得的重要学术成就。《水利泰斗——张光斗传》❹一书由郭梅、周樟钰编著，该书以简洁精炼的文笔叙述了张光斗在从事水利水电工程建设和教育事业的生涯中，为发展祖国的水利水电事业、造福人民做出的卓越贡献。以上相关论著中虽有涉及张光斗高等水利工程教育的史实，却

❶ 王光纶：《老科学家学术成长资料采集工程、中国科学院院士传记、中国工程院院士传记丛书　情系山河：张光斗传》，中国科学技术出版社、上海交通大学出版社，2014年，第6～7页。

❷ 张美怡：《中国工程院院士传记　张光斗传》（上、下册），航空工业出版社，2016年。

❸ 王光纶：《老科学家学术成长资料采集工程、中国科学院院士传记、中国工程院院士传记丛书　情系山河：张光斗传》，中国科学技术出版社、上海交通大学出版社，2014年。

❹ 郭梅、周樟钰：《水利泰斗——张光斗传》，江苏人民出版社，2011年。

没有深入系统地专题研究。

（二）对张光斗生平的回忆及纪念文献

《江河颂——张光斗先生 90 华诞纪念文集》[1] 是为了表达对张光斗 90 华诞的祝贺和敬意而编辑的庆贺文集，文集中收录了《张光斗先生传略》一文和张光斗先生四篇有代表性的学术论文，这些论文是他数十年辛勤治学经验的总结。文集还收录了四篇张光斗的同事和学生回忆他参与密云水库、二滩水电站、治理黄河和参与小浪底工程、葛洲坝工程和三峡工程建设的历史事迹，从不同侧面反映出张光斗致力于中国水利水电工程建设的文章。《教育之光 水利泰斗——张光斗纪念文集》[2] 是为了缅怀张光斗"奋斗一生，奉献一生"的风范，传承他胸怀祖国、热爱人民、情系山河、治理江河、无私奉献的品德，由清华大学发起，中国工程院和清华大学共同组织编写的。全书分为追思、纪念、学习、见证、传承五个专题，以表达对张光斗的景仰和缅怀之情。如在"纪念"部分，有张光斗的学生刘宁为回忆恩师所写的《江河其工 星斗其魂——忆张光斗先生二三事》[3]，学生陈厚群所写的《高山仰止 师恩难忘——缅怀张光斗先生》，学生胡和平[4]所写的《他深情地凝望着祖国的江河——纪念张光斗先生》，学生张楚汉[5]所写的《深切悼念张光斗先生》等多篇回忆和悼念张光斗的文章。在清华大学水利水电工程系出版的内部资料《辛勤耕耘五十载 清华大学水利水电工程系》中，也有多篇张光斗的学生对他的回忆文章。如 1958 届学生邱应燕的《清华水利系给了我享用不尽的财富》一文，提到恩师张光斗在"真刀真枪毕业设计"中对她的指导和帮助；同样是 1958 届学生的塔拉，在《清华水利系和水 86 班》一文中回忆了听恩师张光斗第一堂课《水工建筑物》时的情景。

这些文章虽然有涉及张光斗在高等水利工程教育领域教育教学的史实，但并没有系统深入地分析和论述张光斗在高等水利工程教育上的成就，挖掘其学术思想的深刻内涵。这成为研究上的一个空白。

（三）张光斗本人的论著

《我的人生之路》[6] 是张光斗自 1998 年开始写的纪传体回忆自传，目的是"把自己过去的经历，包括生活、学习、工作、思想做一个交待"。本书记述了张光斗从出

---

[1] 《江河颂——张光斗先生 90 华诞纪念文集》，清华大学出版社，2002 年。

[2] 中国工程院、清华大学：《教育之光 水利泰斗——张光斗纪念文集》，中国水利水电出版社，2014 年。

[3] 原载于《光明日报》2013 年 6 月 22 日。作者时任水利部副部长。

[4] 胡和平（1962— ），山东临沂人。清华大学水利工程系水利学及河流动力学专业硕士研究生毕业后，赴日留学，取得日本东京大学土木工程系河川与流域环境专业博士学位。历任清华大学土木水利学院党委书记，清华大学党委组织部部长、教务处处长、人事处处长，清华大学副校长、党委书记，浙江省委常委、组织部部长等职。现任陕西省委常委、书记、省人大常委会主任。

[5] 张楚汉（1933— ），广东梅州人。水利水电工程专家，中国科学院院士，清华大学水利水电工程系教授。1965 年清华大学水利工程系研究生毕业，先后参加国家"七五""八五""九五"等科技攻关项目研究，并参与或主持了如南水北调、西南大水电站群开发等国家重大水利水电工程项目咨询活动。

[6] 张光斗：《我的人生之路》，清华大学出版社，2002 年。

生至 2000 年底这 88 年所经历的桩桩件件事情,这些都是凭老先生回想追忆写就的,近百座水利工程的数据也都是从自己的"大脑储存器"里取出来的,生动展现了张光斗"学到老,改造到老,工作到老"、勤勤恳恳为人民工作的一生。由中国工程院和清华大学编写的《中国工程院院士文集 张光斗院士文集》❶是院士文集系列丛书之一。全书整理并选录了张光斗一生所撰写的自传、论文、讲话稿和信件等,包括奋斗历程、水利工程论文选录、高等教育论文选录、部分著作选录、其他文章选录以及附录等内容,充分显示了张光斗科学创新、严谨治水、爱国奉献的优秀品质和大师风范。《中国高等工程教育》❷一书是张光斗和王冀生主编的,将高等工程教育的一般规律同我国的具体国情结合起来,以高等工程本科教育为重点,从理论和实践的结合上对我国高等工程教育的基本问题进行了比较深入的探讨和阐述。在耄耋之年,张光斗不断发表文章阐述自己对中国高等教育的看法和主张,如 1998 年撰文《加强高等教育与经济建设的结合是发展经济的关键》❸,阐述了对当时中国高等教育的看法,并提出发展建议;2001 年撰文《发展高等工程教育 培养更多合格的工程师》❹,发表自己对培养高等工程教育人才的看法,提出要在吸收欧美教育经验的基础上多培养工程师。

上述张光斗的论著,较多涉及高等水利工程教育方面的内容,史料性强,为研究和撰写本专题提供了真实、准确、丰富的第一手资料,也说明本专题的研究具备可能性。

三、研究方法及创新之处

本专题运用历史唯物主义的理论和方法,通过认真整理与本专题有关的文献资料,梳理张光斗的生平事迹和从事高等水利工程教育教学的历史。运用历史学、水利工程学、高等教育学等学科的综合理论方法,对张光斗高等水利工程教育的实践和理论进行创新性的分析和论述,从而揭示张光斗对我国高等水利工程教育事业做出的重要贡献。

本专题的创新之处,首先体现在论题上。张光斗作为水利水电工程界的一代泰斗,有若干学人为他立传,却鲜有对其高等水利工程教育思想和实践进行专门的研究,因此本论题具有研究的创新性。其次体现在理论上。本专题在实践和理论方面对张光斗在高等水利工程教育事业上的业绩进行充分论证,揭示出张光斗为探索适合我国国情的高等水利工程教育之路所做的贡献。最后,本专题在研究方法上注重论从史出,尽力收集系统全面的史料。不仅系统搜集整理了有关张光斗高等水利工程教育方面的文献资料,还努力进行口述资料的收集。笔者赴张光斗执教 50 多年的清华大学水利水电

❶ 中国工程院、清华大学:《中国工程院院士文集 张光斗院士文集》,中国水利水电出版社,2014 年。

❷ 张光斗、王冀生:《中国高等工程教育》,清华大学出版社,1995 年。

❸ 张光斗:《加强高等教育与经济建设的结合是发展经济的关键》,《高等工程教育研究》1998 年第 4 期。

❹ 张光斗:《发展高等工程教育 培养更多合格的工程师》,《学位与研究生教育》2001 年第 6 期。

工程系调研，取得系内珍藏的第一手原始资料，并采访了张光斗生前的学术秘书即清华大学土木水利工程学院水利水电工程系教授王光纶先生，他深情地回忆了张光斗授课时的情景，对其理论与实践相结合的教育风格赞不绝口，并为笔者提供了诸多珍贵的口述史料。王光纶表示，张光斗的高等水利工程教育思想和实践能被后学研究和弘扬，他感到很欣慰，非常支持这一课题研究，张光斗对祖国水利建设事业和高等水利工程教育事业的贡献值得后人学习和宣传。❶

---

❶ 王光纶教授口述资料，笔者 2017 年 9 月 20 日上午 9：50 采访于清华大学水利水电工程系王光纶办公室。

第一章 张光斗从事高等水利工程
教育的历程

张光斗自幼读书刻苦，成绩优异。自 1924 年到交通大学附小❶上学，一路以优异的成绩经附中和预科的学习，在 1930 年自动升入交通大学❷本科。虽然交大 4 年时光课业繁重，但张光斗成绩依旧名列前茅，尤其是著名物理学教授裘维裕❸要求严格，这些都为张光斗的成长打下了坚实基础。交大毕业后，张光斗考取了清华大学留美公费生，先后取得了加州大学伯克利分校和哈佛大学的硕士学位。在他即将攻读博士学位之际，1937 年全面抗日战争爆发，他毅然放弃攻读博士的机会选择回国，投身祖国的水利建设。1949 年中华人民共和国成立后，张光斗进入清华大学任教，开启了他 50 多年的高等水利工程教育之路。

第一节 青年时期奠定学术基础（1924—1937 年）

张光斗，1912 年 5 月 1 日出生于江苏省常熟县鹿苑镇的一个职员家庭。尽管家境不富裕，父亲还是让家里的孩子们都上了学。1918 年，6 岁的张光斗进入晋安小学，虽然年龄小，他却知读书机会来之不易，学习分外努力。在此期间，全国爆发了因巴黎和会中国外交失败而引发的"五四"运动，晋安小学也掀起了民主与科学的热潮，很多青年教师启发学生化愤怒为力量、最好走工业救国的道路，将来当工程师建设国家。这是张光斗最早听到"工程师"一词，从此在他幼小的心灵中扎下了根。❹ 1924年，张光斗初小毕业，他考取了乙商职业学校和交通大学附小，面临选择，张光斗为了将来可以上大学当工程师而选择了交大附小。

一、十年交大时光的学术奠基（1924—1934 年）

1924 年 10 月，12 岁的张光斗到上海的交通大学附小上学。交大附小校规甚严，

---

❶ 交通大学附属小学始创于 1897 年，是中国人自己兴办的最早的新式学堂之一。

❷ 交通大学创建于 1896 年，原名南洋公学，1911 年更名为"南洋大学堂"，1921 年改称"交通大学"，1922 年称交通部南洋大学，1929 年更名为"国立交通大学"，1949 年更名为"交通大学"；1955 年，学校迁往西安，分为交通大学上海部分和西安部分；1959 年两部分独立建制，上海部分启用"上海交通大学"校名。

❸ 裘维裕（1891—1950），江苏无锡人。1916 年毕业于交通大学电机系，后赴美留学，取得麻省理工学院电机科硕士学位。1923 年回国后任交通大学电机系教授。

❹ 王光纶：《老科学家学术成长资料采集工程、中国科学院院士传记、中国工程院院士传记丛书 情系山河：张光斗传》，中国科学技术出版社、上海交通大学出版社，2014 年，第 9 页。

每天必须按时起床、早操、上课、上晚自习、睡觉，不许出校门❶。交大附小的课业也是繁重而严格的，不仅有中文、数学、英文课，还要学习历史、地理等学科。张光斗最擅长数学，善解难题，且对英文文法感兴趣，这些都为他以后出国深造和从事高等水利工程教育事业打下了基础。因为家境不富裕，深知读书机会甚是不易，所以张光斗学习分外努力，毕业时，顾德欢是班上学习成绩第一名，张光斗是第二名❷。附小毕业后，张光斗又升入交大附属初中和预科学习。1930 年 9 月，预科毕业时，他因成绩优异，自动升入交通大学本科学习，还获得了奖学金。

当时的交通大学是国内著名的高等学府，师资力量雄厚、教学水平领先，为张光斗的学习深造提供了优越的条件。交大一、二年级功课繁重且要求严格，尤其是物理老师裴维裕教授讲课进度快，课外作业多，做起实验来也是认真、严格，从而培养了张光斗认真严谨和努力工作的习惯。在交大张光斗的学习成绩依旧名列前茅。虽然取得了高分，但是张光斗觉得自己一直以来都是死读书，似乎缺乏创新能力。他后来回忆道："过去的教学方法，特别是我的学习方法是不适合的，值得讨论。我认为课程的面要宽，内容要少而精，工科低年级要重视数理化，也要重视人文课和经济课程，要求要严，但不要压。要培养自学能力和创新精神，知识面要宽。"❸ 大学二年级时要分学院了，裴维裕教授力促他进理学院学习，但张光斗想当工程师，于是选择了土木工程学院，进入土木工程学院结构组学习。交大三、四年级学习技术基础课和专业课，功课依旧繁重，设计和作业多，虽然到高年级后学校管得不是很严了，但是张光斗还是每次都高质量地完成了作业。交大不仅课堂学习要求严格，而且十分注重暑假的实习和调研，这样可以让学生将学到的理论充分运用到实践中去，既可训练专业技能，还可深入了解社会。1931 年暑假，张光斗到杭州进行为期三周的测量实习。1932 年暑假，张光斗到陕西潼关进行铁路定线测量实习。他看到贫困的山区，浑浊的黄河水，复杂的地形，陇海铁路要穿过山高坡陡的潼关，深感中国内地的土木水利工程建设任务繁重，更加坚定了他要学好这门专业的决心。

1924 年到 1934 年，是张光斗在交通大学从小学到大学学习的十年时光，在这里他从一个懵懂无知的少年成长为一位心怀壮志的青年。

二、考取留美公费生，开始结缘水利（1934—1937 年）

1934 年上半年，张光斗准备报考清华大学留美公费生，专业是水利工程，主要考水力学、结构力学和水利工程等课程。7 月，张光斗和同班同学俞调梅❹同赴南京。清

---

❶ 张光斗：《我的人生之路》，清华大学出版社，2002 年，第 3 页。

❷ 张光斗资料。上海交通大学档案馆，档案编号：LS2—038a。

❸ 张光斗：《我的人生之路》，清华大学出版社，2002 年，第 6 页。

❹ 俞调梅（1926—1999），浙江湖州人。1934 年毕业于交通大学土木系，1938 年获英国伦敦大学工学硕士学位，回国后，曾任中正大学、江苏学院教授。1946 年后，历任交通大学、同济大学教授。

华大学留美公费生招考考场设在中央大学❶。考试共分四天，计八门课，有中文、英文、数学、物理、化学、水力学、结构力学、水利工程等，主考人是张子高教授❷。如此紧张而高强度的考试，既是对人生理上的考验，也是对人心理上的考验。不久，报纸刊登了他考取清华大学留美公费生的消息。和他同时考取的还有交通大学机械系毕业的钱学森❸，清华大学物理系毕业的赵九章❹、王竹溪等 20 人。录取通知书来了，张光斗才确信自己真的考上了，这是又一次命运转折的机会。从此他与水利工程建设、与清华大学水利工程教育结下了不解之缘。❺

按照当时清华大学的规定，水利工程专业的留美公费生出国前要到国内各个水利单位实习，了解国内水利建设状况，当年 10 月开始实习，次年 7 月出国，实习期要七八个月。清华大学为张光斗请了三位导师，分别是李仪祉、汪胡桢和高镜莹❻，这三位都是当时国内举足轻重的水利专家。1934 年 10 月，张光斗到南京国民政府经济委员会水利处实习，汪胡桢是水利处工程科科长，指导他读了很多灌溉工程设计书、大运河资料和全国水利建设方面的资料。通过阅读这些资料，张光斗第一次将水利工程的理论与中国的具体水利实际结合起来，感受到祖国水利建设的任重道远。11 月，张光斗到实习第二站——导淮委员会实习，设计科长林平一❼指导他设计水闸和船闸。12 月份，跟随须恺❽去淮河工地参观，看到了淮安船闸和淮阴船闸工地，这是他生平第一次看到水利工程施工，看到工人们劳动生活艰苦，深感兴修水利不易。1935 年 1 月，张光斗到河南省开封黄河水利委员会实习，拜见了李仪祉委员长。在李仪祉的督促下，

---

❶ 中央大学：即国立中央大学，是中华民国南京国民政府时期最高学府，也是中华民国国立大学中系科设置最齐全、规模最大的大学。国立中央大学，1928 年 5 月由国立江苏大学改称而来，1937 年迁至重庆、成都等地办学，史称"重庆中央大学"，抗战胜利后迁回南京。1949 年 8 月，接中国人民解放军南京军管会的通知，"国立中央大学"正式更名为国立南京大学，翌年定名为南京大学。

❷ 张子高（1886—1976），湖北枝江人。化学家和化学教育家，获得美国麻省理工学院学士学位，中国化学史研究的开拓者之一。历任南京高等师范学校、国立东南大学、金陵大学和浙江大学等校教授。

❸ 钱学森（1911—2009），浙江杭州人。著名空气动力学家，中国载人航天奠基人，中国科学院及中国工程院资深院士，中国两弹一星功勋奖章获得者，被誉为"中国航天之父""中国导弹之父""中国自动化控制之父"。1934 年毕业于国立交通大学机械与动力工程学院，后赴美深造，曾任美国麻省理工学院和加州理工学院教授。1955 年回国。

❹ 赵九章（1907—1968），浙江吴兴人。著名大气科学家、地球物理学家和空间物理学家，中国动力气象学的创始人，东方红 1 号卫星总设计师，中国人造卫星事业的倡导者和奠基人之一，中国现代地球物理科学的开拓者。1933 年毕业于清华大学物理系，1938 年获得德国柏林大学气象学博士学位。

❺ 张光斗：《我的人生之路》，清华大学出版社，2002 年，第 9 页。

❻ 高镜莹（1901—1995），天津人，我国著名水利专家。1921 年毕业于清华大学，1925 年获美国密歇根大学工程硕士学位。回国后曾任东北大学教授、整理海河委员会总工程师、天津工学院土木系主任。新中国成立后，历任官厅水库工程局局长兼总工程师、水利部技术委员会主任、水利电力部技术委员会副主任等职，为推动我国水利技术水平的提高作出了重要贡献。

❼ 林平一（1897—1979），浙江奉化人。著名水利专家、水文专家，1923 年毕业于北洋大学，后赴美国爱荷华大学攻读水利，1925 年获得水利学硕士学位，1928 年回国，历任中央大学教授、四川綦江水道工程局局长、导淮委员会总工程师、淮河工程局局长等职。

❽ 须恺（1900—1970），江苏无锡人。水利工程学家和教育家，我国现代水利科技事业的先驱，毕生致力于流域水利开发、兴利除害和水资源综合利用。

张光斗到各处察看水利建设和社会状况，越来越真切地感受到黄河岸边人民受黄泛影响生活的艰苦和黄河治理之艰巨，颇感身上担子之重。接着他来到了陕西，在陕西省水利局孙宗五局长指导下，到泾阳县参观了泾惠渠，从张家山大坝，经干渠、支渠到灌区。张光斗看到复杂的工程，经灌溉后肥沃的土地，以及人民生活得到改善的状况。随后，张光斗来到大荔县洛惠渠工程局，在李兴五总工程师的指导下，参加了状头大坝和曲里渡槽的设计和施工，学到了很多工程技术知识。期间，刚好遇到张任❶教授带领清华大学土木系水利组毕业班同学来参观洛惠渠工程，这是张光斗初步接触到清华大学师生，后来他和张任教授一起执教于清华大学水利系。❷

　　这次实习，一方面张光斗参观了各地水利工程建设，并对这些工程进行了实地考察，有了初步的认知；另一方面，中国各地水利建设的落后，人民受水旱灾害影响生活的困苦，水利建设的艰巨也让张光斗深感震撼，更加坚定了他要从事水利建设、为中国水利做贡献的决心。同时，那时清华大学土木系水利组的教学就已经将理论和实践结合在一起，这一教学方式对张光斗的成长也起了启迪的作用，对以后他从事高等水利工程教育工作也有启发意义。实习结束后，回到清华大学，张光斗见到了梅贻琦❸校长，校长鼓励他到美国后好好学习，将来为国家做贡献。张光斗还见到了清华大学工学院的施嘉炀❹院长和土木系的蔡芳荫、张任教授等人，大家都鼓励他好好学习。❺带着家人的期望、学校的信任和爱国救民的梦想，张光斗踏上了赴美求学的征途。

　　1935年，张光斗乘船赴美。早在实习时，导师汪胡桢就建议张光斗就读加州大学伯克利分校土木系，学灌溉工程和大坝设计，后来事实证明汪胡桢的建议是正确的。1935年7月，张光斗到加州大学注册，成为土木系研究生，导师是欧欠佛雷教授❻，选了他的灌溉工程课，还选了系主任特克斯脱教授的结构力学课、哈定教授的灌溉管理课、奥佰兰教授的水力学课。❼ 这些课程的学习，使张光斗的专业理论知识更上一层楼。在课程学习之外，他充分利用校图书馆资源，如饥似渴地阅读美国、印度、埃及等国家的灌溉工程书籍。同时，张光斗并不满足于理论学习，寒假期间，经导师欧欠

　　❶ 张任（1905—1993），山东安丘人。1917年考入清华大学，后赴美留学，1928年获美国康奈尔大学土木工程师学位，1929年获美国麻省理工学院研究院科学硕士学位。1930年回国，历任扬子江水利委员会技正兼总工程师，华北水利委员会专门委员，永定河官厅水库工程局局长，水利水电科学研究院副院长，清华大学水利工程系教授、系主任、校务委员会委员。

　　❷ 王光纶：《老科学家学术成长资料采集工程、中国科学院院士传记、中国工程院院士传记丛书　情系山河：张光斗传》，中国科学技术出版社、上海交通大学出版社，2014年，第24～29页。

　　❸ 梅贻琦（1889—1962），天津人。第一批庚子赔款留美学生，1914年由美国伍斯特理工学院学成归国。1931—1948年任清华大学校长，1955年在台湾新竹创建台湾省的清华大学并任校长。

　　❹ 施嘉炀（1902—2001），福建福州人。我国著名的水利水电工程专家和工程教育家，毕生致力于祖国的水利事业和教育事业，培育了我国数代科学技术人才，曾任清华大学土木系第一届系主任、工学院院长等职。

　　❺ 张光斗：《我的人生之路》，清华大学出版社，2002年，第10页。

　　❻ 欧欠佛雷：美国加州大学伯克利分校灌溉和排水系主任，曾任内务部垦务局、国家水资源委员会等多个国家机构的委员会成员。

　　❼ 张光斗：《我的人生之路》，清华大学出版社，2002年，第12页。

佛雷教授介绍，他到美国各地参观工程，学习水利建设。这次水利参观之行让张光斗收获颇多，他看到了在系统的水利工程建设下受益的美国百姓生活幸福，想到祖国尚还落后的水利建设，久久不能平静，更加坚定了要学好技术、回报祖国的决心。

1936 年 6 月，经过一年的学习后，张光斗获得了水利工程学硕士学位。张光斗还想学习大坝设计，于是请导师介绍到垦务局实习，欧欠佛雷教授给时任垦务局总设计工程师的国际大坝权威专家萨凡奇写了一封介绍信。不久张光斗到了科罗拉多州丹佛城美国国家垦务局见了萨凡奇，萨凡奇亲自给张光斗设计了三个月的学习计划，安排他到混凝土坝、土石坝、泄水建筑物、渠道、技术等部门工作，任命他为初级工程师，请各部门领导指导张光斗做正式设计。与张光斗一起在垦务局实习的还有清华大学留美生张昌龄❶，他对张光斗的学业选择提出过很多宝贵的意见。后来张昌龄回国，与张光斗共事多年，也为中国的水利水电事业做出了重要贡献。❷ 实习期间，张光斗在技术上收获很大，这种理论加实践的学习方法让他的学习获得极大进步。

一天，张光斗收到汪胡桢来信，要他代表中国水利工程学会去位于马萨诸塞州剑桥城的哈佛大学参加国际土力学和基础工程学会成立大会。张光斗因为不懂土力学不想去，张昌龄鼓励他去，认为还可以多学一点东西，于是张光斗去了。这是他第一次参加国际学术会议，在会上听了许多高水平的学术报告，还见到了诸多学术界的权威，如哈佛大学工学院院长威斯脱伽特教授❸、土力学权威卡萨格兰地教授❹等。通过参加这次大会，张光斗深刻认识到自己所学不足，尤其在力学和土力学理论领域。他决定转学到哈佛大学读研究生，学习力学和土力学。经过清华大学驻美办事处的批准和国内汪胡桢、高镜莹两位导师的同意，1936 年下半年，张光斗正式到哈佛大学工学院当研究生，攻读硕士学位，导师就是赫赫有名的威斯脱伽特教授和卡萨格兰地教授。他还是一如既往地认真上课、记笔记，威斯脱伽特教授对他的刻苦努力和取得的优异成绩赞不绝口，建议他多做一些研究性工作，还带他出席一些重要的国际会议，如带他到纽约州伊萨卡城康奈尔大学参加力学会议，寒假里带他到密歇根州安阿伯城密州大学参加力学会议。通过参加这些会议，张光斗增长了知识，获益匪浅。

1937 年 6 月，张光斗的两年留学期满。为了继续学习和实习，他申请延长半年，得到了清华大学驻美办事处和国内导师的同意。而威斯脱伽特教授希望他在取得硕士

❶ 张昌龄（1906—1993），江苏南京人，我国著名的水力发电专家。1933 年毕业于清华大学土木系，1935 年获得美国马萨诸塞理工学院土木工程硕士学位。回国后曾担任国民政府资源委员会水力发电工程总处所辖三峡工程勘测处主任。新中国成立后，历任燃料工业部水力发电工程局南京办事处主任、水力发电工程总局副总工程师等职，参与了刘家峡、葛洲坝等水电工程项目的设计和建设工作。

❷ 王光纶：《老科学家学术成长资料采集工程、中国科学院院士传记、中国工程院院士传记丛书　情系山河：张光斗传》，中国科学技术出版社、上海交通大学出版社，2014 年，第 36 页。

❸ 威斯脱伽特（1888—1950），美国应用力学和钢筋混凝土工程专家，曾担任哈佛大学工学院院长及多个美国联邦政府建设项目的技术顾问。

❹ 卡萨格兰地（1902—1981），著名的美国土木工程师，在工程地质与岩土工程领域作出了重要贡献，是美国土木工程师协会 Terzaghi 奖的首位获奖者。

学位后能留在哈佛大学继续攻读博士学位，还答应提供他丰厚的奖学金。张光斗一直梦想着当工程师，有这样一个攻读博士学位的机会当然很好，可是他的留学期只剩下半年时间，还有，他的第二外语——法语很差，怕通过不了考试。威斯脱伽特教授说这些问题都可以解决，保证一年后就可以取得博士学位，还给他提供一等奖学金，他是真心喜爱这位来自中国的优秀学生。考虑再三，张光斗同意继续留在美国深造。经过两个月的刻苦准备，他最担心的法语考试一下子通过了。1937 年 6 月，张光斗取得了哈佛大学的工程力学硕士学位。暑假中他再次到垦务局实习，萨凡奇见到他很高兴❶。张光斗继续去年的实习，不过这次他做的是校核设计的工作，比去年高一个层次了。

张光斗本该在垦务局实习结束后去哈佛大学继续攻读博士学位，可是这一切却戛然而止。1937 年 7 月 7 日，日寇发动全面侵华战争。国共两党相继发表声明，宣布联合抗日，这一消息让留美的中国学生兴奋不已，热血沸腾。他们争着看报纸，听广播，关注祖国的每一个消息，讨论着在这场战争中他们可以为祖国做些什么。虽然他们可以继续在美国留学，学成后归国参加建设，但是"国家兴亡，匹夫有责"，他们留在美国学习，于心不安。张光斗写信给清华大学驻美办事处孟治申请提前回国，还写信告诉威斯脱伽特教授说他要回国参加抗战，不能继续上学了。孟治劝他不要回国，回国后他可以做的抗战工作并不多。威斯脱伽特教授也劝他继续在美国学习，将来学成归国报效。可这些话未能劝阻住张光斗，他婉拒了孟治和威斯脱伽特教授的建议，毅然买了回国的船票。临别前威斯脱伽特教授特意写了一封热情洋溢的信，表示敬重张光斗的爱国心，理解他回国心切，承诺哈佛大学工学院的门永远对他开着，什么时候来哈佛都热烈欢迎。❷ 张光斗读罢导师的信，感动不已。就这样，他中断了学业，回国参加抗战了。

第二节　全面抗战时毅然回国投身水利建设
（1937—1949 年）

回国后，一心想当工程师的张光斗拒绝了大学的任教工作，找到国防委员会副主任委员钱昌照❸，他安排张光斗去四川省长寿县龙溪河水力发电工程处工作。经过几个月的辗转行程，1937 年 11 月，张光斗终于到达龙溪河工程处，开始了他的抗战水利建设之路。张光斗带领工程处技术人员修建了桃花溪水电站、下清渊硐水电站的大坝和引水道、仙女硐水电站、下清渊硐水电站厂房等工程。1942 年，国民政府资源委员会准备从本部和所属企业中选派一些人到美国工矿企业考察实习，为抗战胜利和战后国

---

❶　郭梅、周樟钰：《水利泰斗——张光斗传》，江苏人民出版社，2011 年，第 30 页。

❷　张光斗：《我的人生之路》，清华大学出版社，2002 年，第 16 页。

❸　钱昌照（1899—1988），江苏张家港鹿苑（原属常熟）人。第七届全国政协副主席、中国国民党革命委员会中央副主席、著名爱国民主人士。

家的重建培养急需的专业技术人才，张光斗名列其中❶。1943 年张光斗前往美国田纳西河流域管理局和国家垦务局实习。直到 1945 年，国民政府计划和美国合作修建三峡工程，张光斗被召回国。1949 年中华人民共和国成立后，张光斗踏上了高等水利工程教育之路。

一、回国赴川进行水利建设（1937—1942 年）

1937 年 7 月，张光斗乘船到香港后即前往长沙。那时刚好清华大学从北平迁校到长沙，张光斗去见了清华大学工学院院长施嘉炀教授，请他介绍工作。施嘉炀建议他去云南大学任教，一心想当工程师的张光斗婉拒了这个建议。施嘉炀再向他引荐了江西省公路局局长萧庆云，萧庆云邀他担任江西省公路养路总队长职务，由于没有这方面的经验，张光斗也放弃了这个职务。几经周折，他找到了时任国防委员会副主任委员的钱昌照，张光斗很快被派到四川省长寿县龙溪河水力发电工程处工作。

龙溪河梯级开发，包括狮子滩、上清渊硐、回龙寨、下清渊硐四座水电站的建设，由龙溪河水力发电工程处统管，主任是黄育贤❷。当时张昌龄是负责狮子滩水电站设计的工程师。张昌龄负责引水道和厂房设计，张光斗则负责大坝设计。做其他具体设计的是一批清华大学和上海交通大学毕业生。虽然办公和生活条件很艰苦，可是一想到这是为抗战作贡献，大家就热血沸腾，仅用半年时间就完成了狮子滩水电站的设计任务。可是国民政府因经费紧张，无力修建 4 万千瓦的狮子滩水电站，改修 1500 千瓦的桃花溪水电站。桃花溪水电站 1938 年下半年开始设计，由张光斗负责。在当时物资奇缺的年代，张光斗甚至亲自跑到重庆找人铸造铁管。功夫不负有心人，1939 年初，桃花溪水电站建成发电。不料，刚建成就发生了事故，引水道隧洞漏水直冲发电厂房，幸好及时关闭进口闸门，未造成很大损失。面对这次事故，张光斗在分析原因后进行了深刻反思：一是设计输水建筑物必须注意一定不能造成山坡内产生很大的承压水；二是设计者必须到现场亲自了解地形地质条件，不能光看图纸、听汇报，要掌握第一手资料❸。此后，只要是张光斗负责的工程设计，他均亲自到现场勘查地形地质条件，掌握第一手资料，即使 90 岁的高龄，他在检查三峡工程施工质量时，让人搀扶也要亲自上到百米高的工地查看。事故排查后，桃花溪水电站正式投入运营，其发电量可以供给 26 个兵工厂等国防工业单位使用，为抗战作出了巨大贡献❹。桃花溪水电站是我国第一个自己设计施工的 1000 千瓦以上的水电站，是我国自行建设水电站的开始，张光斗的贡献功不可没，这也是他从事水利事业的里程碑。当时张光斗还承担了 3000 千瓦的下清渊硐水电站的大坝和引水道设计，在工作中他的工程经验越来越丰富，后来

---

❶ 郭梅、周樟钰：《水利泰斗——张光斗传》，江苏人民出版社，2011 年，第 40 页。

❷ 黄育贤（1902—1990），江西崇仁人。水力发电专家，我国水力发电事业的创始人之一。曾任电力工业部水力发电建设总局总工程师、水利电力部水利水电建设总局总工程师。

❸ 张光斗：《我的人生之路》，清华大学出版社，2002 年，第 19 页。

❹ 郭梅、周樟钰：《水利泰斗——张光斗传》，江苏人民出版社，2011 年，第 37 页。

他又负责设计建设了仙女硐水电站、下清渊硐水电站厂房等工程。

二、再次赴美实习深造（1942—1945 年）

1941 年 12 月，太平洋战争爆发。为了战后的国家重建事业，1942 年国民政府资源委员会决定甄选 31 位有才干的青年派去美国学习大型工程建设，张光斗在众多候选人中脱颖而出。1943 年 3 月，张光斗赴美国田纳西河流域管理局报到，被任命为土木工程设计部实习工程师。他一如攻读硕士研究生时勤奋，白天做设计工作，提升经验技能，晚上阅读资料文献，充实理论基础。为了学习施工技术，张光斗还主动请缨去方坦那工地实习。白天他深入到工人中，向他们学习实际操作施工机械，晚上阅读技术文件资料。这种理论设计与实践相结合的方法，让张光斗的技能得到显著提升。1944 年初，张光斗从方坦那工地回到流域管理局工作，分别在金属结构设计部、水利规划部、电力规划部、水文部和施工组织设计部实习。在田纳西河流域管理局实习期间，张光斗认识到水利规划工作的重要性和困难性，它既要求设计人员有很宽的知识面和丰富的实践经验，还要懂得工程经济。他感觉到自己所学中的欠缺——如知识面狭窄、实践经验匮乏等，这些都要在以后工作中慢慢积累。❶

张光斗在方坦那工地实习时恰好遇见曾经的好友萨凡奇，两人进行别后的交流，得知萨凡奇次年将要去印度做巴黑拉大坝的顾问工作，张光斗很激动，便询问既然到了印度，离中国很近，能否去中国对一些中型水电站做顾问工作。❷ 萨凡奇毫不犹豫地答应了，但指出这不能是私人邀请，需要由中国政府邀请。张光斗即给资源委员会副主任委员钱昌照写信，说明萨凡奇明年要到中国做顾问工作，但要中国政府邀请。❸ 钱昌照立即报请了政府办理邀请手续，美国国务院也同意萨凡奇来中国。1944 年秋，张光斗收到萨凡奇的来信，告知他去了正在勘测设计中的几个中型水电站，写了顾问报告。萨凡奇还去了三峡查勘，认为三峡山高谷窄，水流湍急，是异常优良的水力发电地址，他向国民政府资源委员会汇报，由美国垦务局帮助设计三峡工程，将来由美国政府贷款给中国帮助修建三峡工程。这个意向书得到中美两国政府的批准。正因为这个决定，张光斗不得不回国参与三峡工程的设计。

三、在三峡工程浮沉中迎接全国解放（1945—1949 年）

1945 年春，张光斗突然接到钱昌照的信，告知他中美两国政府协议准备合作修建三峡工程，且时间紧迫，下半年就要开始动工，要求张光斗陪同美国工程师柯登回国，进行三峡工程的设计工作。张光斗读罢此信，内心焦虑万分，他是不同意此时修建三峡工程的，他当即写信给钱昌照，建议不要搞三峡工程，并阐述了四个方面的理由。

---

❶　王光纶：《老科学家学术成长资料采集工程、中国科学院院士传记、中国工程院院士传记丛书　情系山河：张光斗传》，中国科学技术出版社、上海交通大学出版社，2014 年，第 62 页。

❷❸　张光斗：《我的人生之路》，清华大学出版社，2002 年，第 29 页。

张光斗先后三次写信劝阻皆无效。❶ 1945 年 5 月，张光斗到纽约与柯登会合坐飞机回国，行李和书籍托清华大学驻美办事处交轮船公司运回国内。这些行李和书籍包括张光斗在田纳西河流域管理局和美国国家垦务局的实习报告、美国一些大型水利水电工程关键技术问题解决方案的文件资料，此外还有在萨凡奇帮助下美国国家垦务局送给张光斗的全套技术备忘录和各种工程的技术规范❷。这些宝贵的资料在中华人民共和国成立后张光斗全都赠给了清华大学图书馆，它们为我国的水利水电建设事业发挥了巨大作用。

张光斗和柯登到国民政府资源委员会报到，资源委员会决定成立全国水力发电工程总处，由黄育贤任主任，柯登任总工程师，张光斗任总工程师助理兼任设计组主任工程师，地址暂定在四川省长寿县下清渊硐。总处成立后，将三峡工程的勘测和规划定为首要工作。但张光斗还是认为三峡工程建设在当时是不可能实现的，他建议先进行中型水电站的勘测设计工作，这一建议得到资源委员会和电业处的同意。1946 年 5 月，全国水力发电工程总处迁至南京三元巷办公。此时，美国莫里森克努特逊公司的钻机和设备已运到宜昌，20 位钻工和美国国家垦务局地质工程师及其他工程人员也到达南京。张光斗负责对新进的大学生进行绘图、计算、设计方法等工作训练。正当准备工作进行得如火如荼之际，由于国民党军队在战场上节节败退，国民政府经费困难，资源委员会也难以为继，不得已把三峡工程停了下来。张光斗得知这个消息如释重负，他纠结的心情终于解脱。

全国水力发电工程总处成立后，张光斗还先后考察了杭州钱塘江、台湾日月潭水电站、福建古田溪、广州瀯江等地的水电工程情况，并进行勘测和技术指导。❸ 1948 年 11 月，淮海战役打响，很多好友、同学纷纷来电劝他去美国、香港或台湾，张光斗丝毫不为所动。1948 年秋，全国水力发电工程总处接到资源委员会将迁往台湾的通知，还要求他们将所有文件档案和资料图纸装箱送往资源委员会电业处，以便装运台湾。❹ 张光斗在同事王宝基❺的帮助下，冒着生命危险将真的资料图纸悄悄藏起来，把假的送出去。就这样，他在中共地下党组织帮助下，把包括三峡工程在内的许多珍贵资料保存了下来，上缴国家，这些资料成为新中国"一五"计划期间水电建设的重要参考资料。1949 年 4 月 24 日，南京解放。随后，解放军南京军管会派人来接管全国水力发电工程总处，并成立了水电总处保管处，由张光斗担任工程组长。可是保管处并无实际业务，每天只是劳动锻炼，张光斗想到了去教书，去发挥自己的专业优势。于是，张光斗致函清华大学工学院施嘉炀院长，表明自己的教书意愿。那时的清华大学

---

❶ 张光斗：《我的人生之路》，清华大学出版社，2002 年，第 31～32 页。

❷ 王光纶：《老科学家学术成长资料采集工程、中国科学院院士传记、中国工程院院士传记丛书　情系山河：张光斗传》，中国科学技术出版社、上海交通大学出版社，2014 年，第 66 页。

❸ 郭梅、周樟钰：《水利泰斗——张光斗传》，江苏人民出版社，2011 年，第 48 页。

❹ 张光斗：《我的人生之路》，清华大学出版社，2002 年，第 45 页。

❺ 王宝基（1920—2007），上海人。教授级高级工程师，毕业于西南联合大学。历任全国水力发电工程总处副总工程师，燃料工业部水电总局副处长，电力工业部、水利电力部处长、副司长。

经过战争的波折，百废待兴，亟需人才。施院长很快回复张光斗，表示清华大学愿意聘请他。经过多次协商谈判，华东军政委员会工业处孙冶方处长同意张光斗以请假一年的形式去清华大学任教。这一去，张光斗便踏上了 50 多年的高等水利工程教育之路。

第三节　投身新中国高等水利工程教育事业
（1949—1978 年）

1949 年 10 月，张光斗离开工作了 12 年之久的水电工程战线，来到北京的清华大学任教，从那时起他就暗下决心："今后我将从事教学科研工作，还要继续做工程工作，努力培养人才，为建设国家、为人民服务。"❶

一、初入清华踏上高等水利工程教育之路（1949—1966 年）

到清华大学后，张光斗被聘为教授。他按照清华大学工学院土木工程系系主任张泽熙❷的安排，1950 年上半年给清华大学土木工程系本科学生讲授"高等结构力学"课，给水利组本科生讲授"水力发电工程"课。与此同时，还兼教北京大学土木工程系的"水力发电"课。1950 年下半年，又给清华大学土木工程系水利组本科生开设了"水工结构"课，给农田水利高专班开设了"农田水利"课，给电机系电力组本科四年级开设了"水力发电工程"课。张光斗作为一名高等水利工程教育者，能够为学生开设基础课、主干课程，可见他的基础理论功底深厚，掌握的专业技术知识宽广❸。尤其是他开的"水工结构"课是国内新开的课程，当时没有教材，张光斗尝试编写配合教学的讲义教材，这也成了他后来的专著《水工建筑物》的雏形。

在忙于教学的同时，1949 年下半年张任教授介绍张光斗担任官厅水库❹的技术顾问。这是张光斗在中华人民共和国成立后第一次参加设计的大水库，他意识到只有在中国共产党的领导下，才可能修建这样的大型工程。他参加了官厅水库枢纽布置、土坝、溢洪道以及泄洪洞的设计，尤其是泄洪洞高压闸门的设计。❺ 从 1951 年官厅水库

---

❶　张光斗：《我的人生之路》，清华大学出版社，2002 年，第 51 页。

❷　张泽熙（1895—1988），土木工程学家。北京大学 1919 届毕业生，曾赴美留学，获康奈尔大学土木工程硕士学位。1931 年起到清华大学土木系（包括其后西南联合大学土木系）任教。1952 年院系调整时被调到唐山铁道学院铁道建筑系任教。

❸　王光纶：《老科学家学术成长资料采集工程、中国科学院院士传记、中国工程院院士传记丛书　情系山河：张光斗传》，中国科学技术出版社、上海交通大学出版社，2014 年，第 89 页。

❹　官厅水库：位于河北省张家口市怀来县和北京市延庆县境内，1951 年 10 月动工兴建，1954 年 5 月竣工，是中华人民共和国成立后建设的第一座大型水库。主要水流为河北怀来永定河，水库建成后，在防洪、发电、灌溉等方面发挥了重大作用。

❺　王光纶：《老科学家学术成长资料采集工程、中国科学院院士传记、中国工程院院士传记丛书　情系山河：张光斗传》，中国科学技术出版社、上海交通大学出版社，2014 年，第 94 页。

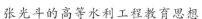

张光斗的高等水利工程教育思想

开始兴修到 1954 年建成，每逢寒暑假张光斗都要去官厅水库工地查勘，与冯寅❶等人一起解决了许多工程技术问题。

1950 年暑假，张光斗请假教书一年的时间到了，此时燃料工业部在北京成立了水力发电工程建设总局（以下简称水电总局），部长陈郁❷和张光斗商谈希望他回部任水电总局总工程师。可是，张光斗编写教科书的工作刚刚开始，而水电总局的实际业务很少。经多方交涉，张光斗终于得到了续假一年留在清华大学的机会。这一时期，张光斗不仅担任清华大学教学任务，而且水利工程建设工作也没放下。1950 年暑假，应水利部之邀，他带领学生参加黄河引黄济卫灌溉工程设计，研究开发方案，张光斗亲自主持进水闸的设计。❸进水闸投入运行后，当地百姓喝上了清澈的黄河水，高兴得欢呼雀跃，黄河水利委员会因此将引水渠定名为"人民胜利渠"。1950 年寒假，他与施嘉炀到吉林丰满水电站以及沈阳东北水利总局建设的申窝水库工地参观并给予技术上的指导与帮助；与吕应三奔赴安徽省的佛子岭水库❹工地、四川省长寿县龙溪河工程处参观和指导，为祖国的水利建设尽心尽力。

1951 年上半年，张光斗继续教授清华大学土木工程系水利组本科生"水工结构"课，又给土木工程系本科生开设了"水利施工"课和"水力机械"课。这两门是新课，他每天伏于案前，废寝忘食地研究新课程，编写新讲义。1951 年 10 月，清华大学工学院院长施嘉炀决定成立水力发电工程系，经报教育部批准，任命张光斗为系主任。虽然 1952 年院系调整取消水力发电工程系，将其并入水利工程系，但是张光斗还是对办系的方针和本科课程的设置等都做了构想和准备，可见其做事的认真。

1951 年暑假，张光斗在燃料工业部请假又期满，因为教学繁忙拖延了半年。1952 年蒋南翔❺来清华大学当校长，他不同意张光斗离校，从此张光斗便在清华大学留下来了。在张光斗自己看来，这就是人生的机遇，让他有机会为清华大学的发展、为我国高等水利工程教育作贡献。

1952 年下半年，全国进行教育改革，主要是学习借鉴苏联的教育模式进行高等院校调整和院系调整。清华大学土木工程系分为土木工程系和水利工程系，水力发电工程系并入水利工程系。水利工程系由张任当系主任，张光斗和夏震寰当副系主任，下设水力学教研组、土力学教研组、水工结构教研组、水能教研组、水利施工教研组，张光斗兼任水工结构教研组主任。年底，水利工程系邀请到两位苏联专家高尔竞柯和

---

❶ 冯寅（1914—1998），浙江嵊县人。1936 年毕业于唐山交通大学土木系，1948 年获美国爱荷华州立大学研究院理科硕士学位。曾任钱塘江工程处工务员，复旦大学副教授，官厅水库工程局工程师，水利部副部长。

❷ 陈郁（1901—1974），广东宝安人。1950 年任燃料工业部部长，后任广东省委书记、省长。

❸ 黄河水利委员会黄河志总编辑室：《黄河大事记（增订本）》，黄河水利出版社，2001 年，第 243 页。

❹ 佛子岭水库：位于淮河支流淠河东源上游，是中华人民共和国自行设计的具有当时国际先进水平的大型连拱坝水库。佛子岭水电站是淮河流域第一座水电站。工程 1952 年 1 月动工，1954 年 11 月建成，在防洪、灌溉、发电、航运等方面发挥了巨大作用。

❺ 蒋南翔（1913—1988），江苏宜兴人。马克思主义教育家、中国青年运动的著名领导者。1932 年 9 月入国立清华大学中文系学习，1952 年 12 月任清华大学校长、党委书记，1955 年 10 月任北京市委常委，1959 年底任教育部副部长、党组副书记，高教部部长、党委书记。

倪克金教授协助进行改革。这段时间张光斗一边要听课、校对苏联专家的讲义翻译稿，一边给学生上课和辅导课程设计，每天工作十几个小时。1953 年暑假期间，张光斗陪同苏联专家到水利工地指导学生们的生产实习；寒假期间，他整理实习大纲和计划，为学生们的毕业设计收集资料，做准备工作。在张光斗等教授的积极带领下，水利工程系的教学改革工作走在清华大学的前列。从 1953 年初到 1954 年，张光斗代表水利工程系在全校教学研究交流会上作了三次发言报告，为其他院系的教学改革提供了经验。❶

1955 年，张光斗被清华大学授予"先进生产者"称号。1955 年上半年，清华大学水利工程系学习苏联水利高等院校的教学经验，在露天试验场做了丰满水电站水工模型试验。张光斗还学习苏联经验在清华大学建立了全国第一个水工结构试验室，开展我国首个 100 米高的薄拱坝模型试验——流溪河拱坝结构模型试验。❷ 此后这个结构试验室做了很多水坝的结构模型试验。在清华大学的带动下，国内很多高校和研究院也都成立了水工结构试验室。

1955 年 6 月，中国科学院成立学部，张光斗和刘仙洲、梁思成、钱伟长等清华大学教授被选举为学部委员。张光斗被分在科学技术部。能够跻身于这个科技界的最高荣誉殿堂，他深感自己肩负的重大责任。1955 年下半年，张光斗在水工结构教研组继续进行教学和科研工作。1956 年初，在清华大学水利工程系的支持下，中国科学院成立了水工研究室。该研究室主要从事促进水利基础性研究的科研工作，下设泥沙组、水利组和水工结构组，张光斗被任命为主任，兼任水工结构组组长。水工研究室开展了水利基础性科学研究，如泥沙研究，着重在泥沙冲淤规律方面；水力学研究，着重在高速水流方面；水工结构研究，着重在结构理论方面；水文研究，着重在陆地水文理论方面。其研究成果在国家的水利建设事业中发挥了巨大作用。

1957 年暑假，张光斗随水利工程系党总支书记李恩元去广东省参观流溪河水电站，做了顾问工作。通过这次参观，张光斗也学到了很多工程技术，体会到必须学习，学习理论和实践。这年 11 月，张光斗作为中国科学院访苏代表团的成员前往苏联考察学习。代表团的任务是听取苏联科学院对我国《一九五六——一九六七年科学技术发展远景规划纲要》的意见，并商讨与苏联科研机构的合作事宜。在听取了苏联科学院院士有关水利项目的意见之后，张光斗、张子林❸、张昌龄作为水利组成员参观了苏联国家水文局、国立地质研究院、国立水工设计院、莫斯科土建学院、全苏海洋工程局以及高加索地区的水利研究机构等。❹ 张光斗还得到中国科学院的批准留苏学习三个月，

---

❶　王光纶：《老科学家学术成长资料采集工程、中国科学院院士传记、中国工程院院士传记丛书　情系山河：张光斗传》，中国科学技术出版社、上海交通大学出版社，2014 年，第 91 页。

❷　张光斗：《我的人生之路》，清华大学出版社，2002 年，第 66 页 。

❸　张子林（1914—1998），河北阳原人。1936 年北洋大学（今天津大学）土木工程系毕业。中华人民共和国成立后历任农业部和水利部农田水利局局长，水利水电科学研究院院长、党委书记。

❹　郭梅、周樟钰：《水利泰斗——张光斗传》，江苏人民出版社，2011 年，第 57 页。

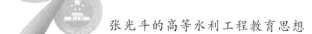

在全苏水工研究院学习偏光弹性试验和塑性材料模型试验方面的技术和经验。这次访苏，张光斗收获颇多，他看到苏联在科技上的进步和经济上的发达，还聆听了毛泽东主席在莫斯科大学鼓励学生的演讲："你们青年人朝气蓬勃，正在兴旺时期，好像早上八九点钟的太阳，希望寄托在你们身上。"❶ 这些话深深刻在张光斗心里，他决心努力工作，为祖国培养更多人才。

中国科学院水工研究室成立后，张光斗积极邀请留学回国人员担任专业骨干，留美学者钱宁、林秉南、肖天铎、杨秀英、冯启德、朱可善等多位博士陆续回国受聘，留苏学者丁联臻、张有实、黄俊、朱忠德也相继加入，水工研究室形成了一支实力雄厚的科研队伍。❷ 水工研究室设立了泥沙试验厅、变坡泥沙试验水槽、高速水流活动实验室等开展科研工作。还积极培训科技人员，送青年英才去苏联深造和参加清华大学工程力学研究班、学习班等。此外还开始招收研究生，翻译大批美苏等国先进研究成果的文献。1957 年底，研究室大学本科以上学历的研究人员达到 285 人。水工研究室成立后，可谓成就斐然，这与张光斗的努力分不开。不料，水利部❸水利科学研究院有意见认为，在北京有中国科学院水工研究室、水利部水利科学研究院、电力工业部水电科学研究院，太多了，提出把这三个研究机构合并。水利部冯仲云副部长和中国科学院武衡副院长也同意这个意见。张光斗向这两位领导再三说明水工研究室是进行基础性水利科学研究的，与生产部门科研机构结合生产任务进行技术开发和生产性试验不同❹，基础性研究很重要，所以应保持水工研究室，不要与生产部门研究机构合并。当时水工研究室的钱宁、林秉南等人也不同意，再三反映意见无果。1957 年 12 月至1958 年 6 月国务院将上述三个研究机构合并成立了中国科学院、水利电力部水利水电科学研究院，张子林任院长，黄文熙、覃修典、张光斗任副院长。但后来因清华大学校务繁忙，张光斗就很少去水利水电科学研究院了。

1958 年 2 月，从苏联访问结束回到清华大学后，张光斗着手准备本科生的毕业设计工作。当时水利工程系领导问他是否同意承接密云水库、三家店水库和昌平八个小水库的设计任务。张光斗认为，水利工程系学生毕业设计应结合实际生产任务做设计，也就是"真刀真枪做毕业设计"，对学生和老师的学识、能力提高都有好处，但是以清华大学师生的设计能力和工程经验，一次接许多设计任务恐怕难以胜任，不妨择一而为，全力以赴，既为首都水利建设作贡献，也可以让学生得到锻炼。在与各方商讨沟通后，清华大学水利工程系决定承接密云水库的设计任务。1958 年 6 月，"真刀真枪毕

❶ 张光斗：《我的人生之路》，清华大学出版社，2002 年，第 74 页。

❷ 张志会：《中科院水工研究室历史点滴》，《中国科学报》2015 年 5 月 29 日。

❸ 水利部：成立于 1949 年 10 月；1958 年 2 月 11 日第一届全国人大第五次会议决定撤销电力工业部和水利部，设水利电力部；1979 年，水利电力部被撤销，分别设水利部和电力工业部；1982 年机构改革将水利部和电力工业部合并为水利电力部；1988 年 4 月，第七届全国人大第一次会议确定成立水利部，水利部于 1988 年 7 月 22 日重新组建。

❹ 张光斗：《我的人生之路》，清华大学出版社，2002 年，第 73 页。

业设计"开始了。在国务院领导下，由水利电力部、北京市委和天津市政府直接领导，成立三人领导小组总负责的"建设密云水库总指挥部"❶。水利电力部和清华大学合作成立水利水电勘测设计院，由张光斗任院长和总工程师，领导清华大学水利工程系的师生们赶做水库初步设计图。1958 年 9 月 1 日，密云水库举行开工典礼。张光斗一边负责设计工作，解决工程技术上的问题，一边指导和审核设计，夜以继日，非常忙碌。密云水库开工后，清华大学各系总计有 100 多名师生参加了设计，参加其他工作的同学先后逾 200 人。周恩来总理先后七次来到密云水库视察，听取水库施工计划，并做出指示：既要保证进度，更要保证质量，要把工程质量永远看作是对人民负责的头等大事。❷ 1960 年，密云水库基本建成，设计组大队人马返回清华大学，教学秩序逐渐恢复正常。1960 年 7 月，毛泽东主席视察密云水库。王宪、张光斗和冯寅三人陪同毛主席观看水库模型，汇报水库情况。坐在船上视察水库时，毛主席还即兴讲起了很多历史典故和古代诗词，张光斗惊奇地问毛主席：平时日理万机怎么能记住那么多历史和诗词。毛主席笑着说，这是中国的历史和文化，作为中国人应该知道；你是工程的脑瓜，应该学点历史和文化。❸ 毛主席的这席话深深地刻进了张光斗的心里，对他日后的高等水利工程教育文理并重观念的产生具有极大的影响。

修建密云水库期间，张光斗还为青石岭水电站、三家店水库、张坊水库、王家园水库做勘测规划设计工作。1959 年暑假，张光斗应黄河水利委员会王化云主任邀请去黄河八里胡同和王家滩坝址查勘。到了秋天，他又跟随三峡工程科研团查勘三斗坪坝址。张光斗就这样夜以继日地为我国的水利事业奔波在各个水利工地。

1959 年下半年，清华大学进行反右倾运动，校内一些教授受到牵连，教学秩序受到影响。直到 1961 年上半年，蒋南翔校长提出"三阶段，两点论"❹，对清华大学进行调整，恢复正常教学秩序。学校批准成立高坝和高速水流研究室，张光斗任主任。同时，他开始着手写《水工建筑物》❺。暑假期间，张光斗应水利电力部邀请参加永定河上马岭水电站高压隧洞事故的检查；应长江流域规划办公室（以下简称"长办"）的邀请去丹江口进行工程检查，并向长办主任林一山汇报自己的意见，提出工程建议。1962 年上半年，水利电力部正式命张光斗主编《水工建筑物》教材，并由清华大学水利工程系、天津大学水利工程系、华东水利学院、武汉水利电力学院四所学校合作编写。编写组每人负责写几章，每章成稿后都由张光斗进行逐字逐句审读，提出意见进行修改。1965 年，历时三年反复修改讨论的《水工建筑物》一书完稿，最后交由科学出版社出版。"文化大革命"前，出版社已排出初样，"文化大革命"开始后，书稿没

---

❶ 郭梅、周樟钰：《水利泰斗——张光斗传》，江苏人民出版社，2011 年，第 64 页。

❷ 陈扬勇：《走出西花厅——周恩来视察全国纪实》，中央文献出版社，2009 年，第 152 页。

❸ 张光斗：《我的人生之路》，清华大学出版社，2002 年，第 90 页。

❹ 三阶段，两点论：即新中国成立前、学苏、大跃进三个阶段都有成绩和缺点，一分为二。

❺ 张光斗：《我的人生之路》，清华大学出版社，2002 年，第 92 页。

有出版并被毁❶。

1963 年春，张光斗和水利电力部工程师沈沍卿前往英国南安普登大学参加国际拱坝计算会议。张光斗在会上读了关于拱坝计算和拱坝结构试验的两篇论文，受到各国学者的称赞与欢迎，而他也在会上学到了用有限元法来计算拱坝等知识，受益匪浅。暑假期间，教育部和水利电力部派高坝考察团去法国、瑞士两国考察高坝建设，张光斗为团长，团员有李鹏、顾兆勋等人。张光斗一行参观了法国和瑞士很多新型大坝工程，深感大坝既要重视施工质量又要努力进行创新设计。1965 年春，张光斗陪同水利电力部水电总局局长朱国华前往四川省岷江支流渔子溪查勘。由于成都勘测设计院映秀湾水电站设计任务繁忙，水电总局决定把渔子溪一级水电站设计任务交给水利电力部、清华大学水利水电勘测设计院做。张光斗回校后与水利工程系党总支商量承担了这项设计任务，并且成立了现场设计组，马善定任组长，虞世民任支部书记，水利工程系 20 余位教师参加。❷ 1966 年，张光斗亲自去了渔子溪水电站工地查勘地质地形，和清华大学水利工程系教师们在工地紧张地修改完善工程初步设计报告。6 月中旬，张光斗忽然接到水利电力部西南办事处电话，要他速回北京。回去后，张光斗便受到了批判。

二、动乱时期不忘初心（1966—1978 年）

1966 年 5 月，历时十年的"文化大革命"开始。清华大学也未能幸免，正常的教学科研秩序被打乱，进而成为"文化大革命"的"重灾区"，清华大学师生被迫停课参加运动，一批教授学者被打成"黑帮"挨斗。6 月，张光斗一回清华，就被群众揪了出来，挂上"反革命"的牌子，在台上罚站，接受批判。批斗过后，张光斗被派去打扫卫生，每天从事掏粪坑、洗马桶等体力劳动。在那段混乱的日子里，令张光斗最为痛心的是科学研究的停滞。由他一手设计的密云水库白河电站因政治原因无法使用外国设备，生产效率大为下滑。他在"文化大革命"前花费数年时间编写完成的专著《水工建筑物》已送交科学出版社准备正式出版，不料"文化大革命"不准再出版反动权威的书了，出版社只好把全部书稿送回清华大学，结果被工宣队付之一炬。到了1968 年冬天，开始清理阶级队伍，张光斗在中华人民共和国成立前的一切行动都遭到了歪曲性的清算，更有共事多年的同侪迫于无奈相互攻击。张光斗却恪守信义，决不为了自身安危而胡言乱语，攻讦同仁，他能做到的就是咬紧牙关，缄默以对。工宣队和造反派在对他束手无策的情况下，1969 年把他丢到三门峡工程工地开门办学基地❸。在初到三门峡的这段时间里，张光斗每天承受无休止的审讯和批斗，还要参加繁重的

❶ 王光纶：《老科学家学术成长资料采集工程、中国科学院院士传记、中国工程院院士传记丛书 情系山河：张光斗传》，中国科学技术出版社、上海交通大学出版社，2014 年，第 140 页。

❷ 张光斗：《我的人生之路》，清华大学出版社，2002 年，第 100 页。

❸ 1969 年为了适应"教育革命"形势，清华大学广大师生走出校门，参加一线生产劳动。清华大学水利工程系 100 多名教职工和 180 多名学生陆续来到三门峡，当时恰逢三门峡大坝改建工程启动，水利工程系师生参与其中，做了大量设计、科研和施工工作。

体力劳动，尤其是精神上受到很大刺激。1970 年初，张光斗身体终于支持不住，患上了肺结核，一病就是半年多，在留医治疗期间仍旧是不断地被逼问和诬陷。1971 年，陕县张卞公社修建水利工程，缺乏指导工程师，就把大病初愈的张光斗叫去了。张光斗不计前嫌，和当地农民一起上高山下土坑，勘测坝址，检查隧洞，为当地水利建设贡献自己的智慧。经过几个月的工作，不但水利工程建成，张光斗和农民兄弟也结下了深厚友谊。❶

1972 年初，张光斗从三门峡回到北京，继续被批斗、审讯、劳改。在此期间，张光斗还曾临危受命代替病中的林一山主持葛洲坝修复工程，其顾全大局、任劳任怨的精神正是老一辈水利科技专家高尚品格的体现。1973 年，张光斗被暂时"解放"以后，他感到科技学习荒废了七年之久，必须抓紧时间学习。于是他开始复习线性代数，学习有限元法理论，他还编了讲义，为水利工程系教师讲课，成为水利工程系有限元法的先行者。❷ 这年，水利电力部科技司为参加第 11 届国际大坝会议选送论文。张光斗担任评委，并负责修改《中国的大坝建设》一文。亲眼见证中华人民共和国大坝崛起的张光斗，希望能够向国际社会宣传我国大坝事业取得的成绩。同时，这次出行还有一个重要的任务，那就是为中国争取国际大坝成员国的资格。1973 年秋，水利电力部任命张光斗出任中国代表团团长，赴西班牙马德里参加第 11 届国际大坝会议。中国代表团受到了会议主席托伦的热情接待，并将张光斗介绍给各国代表团团长认识，安排他在大会上作了两次论文报告。面对成员国席位问题，国际大坝会议召开理事会时，张光斗立场鲜明地表明我国完全符合国际大坝委员会章程对成员国的要求，台湾只是中国的一部分，要求台湾当局必须退出国际大坝委员会。经过理事会讨论，大会主席托伦宣布最后决定：台湾当局退席。就这样，张光斗出色完成了宣传我国大坝建设及科技成果和让台湾当局退出国际大坝委员会、中华人民共和国成为成员国两个任务。❸ 这次会议不但提高了中国的国际声誉，还促进了国际交流合作，张光斗在其中功不可没。

从 1973 年下半年到 1975 年，张光斗被辗转送到郑州黄河水利委员会、黄龙滩工程、滦河大黑汀水库、山东东平湖等全国各大水利水电工地开门办学点进行思想清理。1976 年上半年，全国"批邓反击右倾翻案风"运动继续深入，清华大学水利工程系工宣队加紧了对张光斗的批判，同时还要他帮助工农兵学员❹做设计。6 月，水利电力部要张光斗参加黄河小浪底工程勘察，同时军宣队在那里开设办学点。张光斗每天和水

---

❶　郭梅、周樟钰：《水利泰斗——张光斗传》，江苏人民出版社，2011 年，第 72 页。

❷　张光斗：《我的人生之路》，清华大学出版社，2002 年，第 108 页。

❸　郭梅、周樟钰：《水利泰斗——张光斗传》，江苏人民出版社，2011 年，第 75 页。

❹　工农兵学员：全国高考在 1966 年"文化大革命"一开始就被取消了，直到 1970 年 6 月中共中央批转《关于北京大学清华大学招生（试点）的请示报告》。报告指出：经过三年来的"文化大革命"，北京大学、清华大学已经具备了招生条件，计划于下半年开始招生，招生办法实行群众推荐、领导批准和学校复审相结合。后来人们把这些从工农兵中选拔的学生称为"工农兵大学生"。

利电力部的同志一起勘察工程、选择坝线，这时他已是一位年过六旬的老人了。7月28日夜里，唐山发生里氏7.8级大地震，震中距离密云水库非常近，引起水库6级地震，密云水库告急！张光斗二话不说，打起行李就赶往密云水库检查大坝情况，所幸没有什么大的隐患。即使身陷困境，张光斗心里想的依然是国家的利益，人民的安危。1976年秋，白河大坝导流隧洞钢筋混凝土衬砌由工农兵学员赶工设计，向国庆献礼。❶由于学员不会做，老师也没有指导，图纸出来全是错的。于是张光斗只好自己日夜赶工连续五天完成了计算，让学生重新修改图纸，还把隧洞衬砌的计算方法教给学员。因为过度劳累和营养不良，张光斗患了急性肝炎。在他生病的一个多月里，没有人来探望他，他无法了解白河大坝的情况，心急如焚。终于，负责密云水库白河大坝的清华大学年轻工程师张楚汉来看张光斗，并把大坝导流隧洞钢筋混凝土衬砌图纸完成的消息告诉他，让他放心好好养病。可是张光斗得知图纸还未校对后，更加寝食难安，事关千万百姓的事情马虎不得。于是他一出院就赶往密云水库工地，请人复核设计。张光斗一直密切关注密云水库，几乎每年都要去转转看看，密云水库就像他的孩子，是他看着长大的，他不容许出一点差错。❷

第四节　改革开放后迎来事业的春天
（1978—2013 年）

1978年3月，中共中央、国务院在北京召开了改变中国科学事业和知识分子命运的全国科学大会，从此包括张光斗在内的知识分子沐浴着改革开放的春风，投入到更加繁重的教育科学研究事业中。

一、在清华园重展宏图（1978—1988 年）

全国科学大会不但重申了科学技术和教育的重要性，而且还鼓励科学工作者奋发图强，为国家建设和教育事业多作贡献，这极大地振奋了广大科技和教育工作者的精神。张光斗被推选参加了这次大会。会后不久，张光斗被任命为清华大学水利工程系主任，他积极为水利工程系招纳贤才。中国科学院学部委员钱宁原来在水利水电科学研究院工作，1969年水利水电科学研究院解散，钱宁又在"文化大革命"中受到冲击，张光斗便邀请钱宁来清华大学当教授并担任泥沙研究室主任，建设新泥沙试验馆。黄文熙原来也在水利水电科学研究院工作，在"文化大革命"中受到冲击还被开除了党籍，张光斗便请黄文熙来水利工程系当土力学教研组主任❸。后来通过张健和张光斗的联系及水利电力部钱正英部长的帮助，水利电力部党组恢复了黄文熙的党籍。就这

❶ 王光纶：《老科学家学术成长资料采集工程、中国科学院院士传记、中国工程院院士传记丛书　情系山河：张光斗传》，中国科学技术出版社、上海交通大学出版社，2014年，第152页。

❷ 郭梅、周樟钰：《水利泰斗——张光斗传》，江苏人民出版社，2011年，第79页。

❸ 张光斗：《我的人生之路》，清华大学出版社，2002年，第123页。

样，清华大学水利工程系在张光斗的人才延揽下渐渐壮大完善起来。

1957年12月至1958年6月国务院将中国科学院水工研究室、水利部水利科学研究院与电力工业部水电科学研究院三个研究机构合并为中国科学院、水利电力部水利水电科学研究院，1969年受到"文化大革命"冲击该院被解散，一大批学者被下放。1978年4月，水利电力部发文给清华大学，请张光斗担任水利水电科学研究院院长，主持复建该院工作。张光斗到水利水电科学研究院后与水利电力部党组派到水利水电科学研究院的党组书记鲁平先成立了水利水电科学研究院党组，鲁平任党组书记，张光斗和于忠任副书记。随后张光斗和鲁平、于忠商量，邀请覃修典、谢家泽、陈春庭、沈崇刚、李维伟为副院长❶。水利水电科学研究院下设8个研究所，另设计算中心和机械工厂。由于科研人员尚待招聘，所以研究所和科室都是逐步设立起来的。

1979年中美恢复大使级外交关系，两国的科学技术交流在此前后也得到了恢复，学术访问交流颇受重视。1978年暑假，应美国明尼苏达大学斯蒂芬教授的邀请，张光斗和清华大学教授刘光廷❷参加美国土木工程学会在旧金山召开的水力学会议。张光斗在会上宣读了《中国高坝水力学》的论文，引起美国专家的重视，他们知道了中国高坝建设的发展。会议刚结束，张光斗接到通知，他被清华大学选为"中国访美友好代表团"的团员，他不得不中止了旧金山之旅，随清华大学"中国访美友好代表团"访问美国的夏威夷、洛杉矶、华盛顿等地，都受到了热烈欢迎。访问结束后张光斗回到旧金山与刘光廷会合，两人相继访问了加州大学伯克利分校、科罗拉多州丹佛城美国国家垦务局、密西西比河委员会等大学和工程机构，学习了他们的先进教育观念和工程经验。张光斗等此次访美促进了中美工程技术界的交流活动。随后，美国麻省理工学院、加州大学伯克利分校、加州理工学院三所美国最负盛名的理工科研究型大学由校院长率领代表团来清华大学访问，商谈教授互访、科技交流、科研合作等，对清华大学改革开放后的发展起到了良好的促进作用。❸

1978年6月27日，中共中央组织部〔78〕干通字547号文批准任命张光斗为清华大学副校长。❹ 这一时期，张光斗的教育思想逐渐完善。他认为，大学工科教育要以培养适合中国国情的工程师为目标，高等水利工程教育亦是如此。在工业不发达的中国，学校教育必须理论联系实际，既要重视基础科学和技术科学理论的学习，又要重视基础专业的学习，同时进行设计和生产实习。对于刚刚开始的研究生教育，他认为工科硕士大多数应该是工程型的而不应该是学术型的。

---

❶ 王光纶：《老科学家学术成长资料采集工程、中国科学院院士传记、中国工程院院士传记丛书　情系山河：张光斗传》，中国科学技术出版社、上海交通大学出版社，2014年，第163页。

❷ 刘光廷（1930—　），清华大学水利工程系教授，清华大学校务委员会委员。1951年毕业于北京大学工学院土木系，1952年至今一直在清华大学水利工程系任教。

❸ 王光纶：《老科学家学术成长资料采集工程、中国科学院院士传记、中国工程院院士传记丛书　情系山河：张光斗传》，中国科学技术出版社、上海交通大学出版社，2014年，第158页。

❹ 教育部下发的该任命书原件，现保存在清华大学档案馆。档案编号：2-271-007。

1979 年 4 月，清华大学决定派访美代表团，作为对来华访问大学的回访。这次访美，刘达❶任团长，张光斗为副团长。代表团访问了加州大学伯克利分校、加州理工学院、麻省理工学院等美国一流高校，进行了学术上的交流与合作。回校后，代表团进行了总结，对美国工科教育重视理工结合和科研工作等经验，认为值得清华大学学习。张光斗认为教学要理论联系实际，高等工科教学包括水利工程教学的科学理论基础要扎实，还要有最基础的工程教学，有设计和生产实习，科研工作要有科学理论研究，也要有技术开发。要培养学生的自学和动手能力以及创新精神。十年废弛后的两次访美，让张光斗意识到发展有中国特色的工科教育的紧迫性。

早在 1972 年，张光斗就曾随林一山考察过葛洲坝工程并提出设计建议。一晃到了 1979 年暑假，张光斗应水利部邀请参加葛洲坝工程现场设计审查，这次主要帮助解决泄洪冲沙闸设计中的问题，他对工程的大多数意见均被采纳。1980 年暑假，张光斗再次到葛洲坝工程现场参加一期工程验收的准备会议。他提出因为有两三个闸孔不安全而要进一步挖深基础齿墙进行加固，把横缝不是放在闸孔中间而应放在闸墩内的建议，得到了大家的同意。会议期间秘书王光纶告诉他学校来电话说有急事，让他立即回校。回家后才得知儿子张元正于 8 月 1 日因脑溢血医治无效去世了。丧子之痛，无法言之，但张光斗忍着悲痛在儿子追悼会后短短几天里手书了一份上万言的葛洲坝工程现场设计审查意见书，可见他对国家、对人民的责任感。1980 年 12 月，葛洲坝一期工程全部完成。技术委员会开会最后讨论大江截流的具体时间问题，张光斗作为特邀专家列席会议。会上大家就要不要立即截流问题产生分歧，大多数人同意立即截流，也有一些人担心工程还有问题没处理好，不赞成截流，张光斗力主大江可以年内截流并且还写了一份书面意见送交会议，表示愿意对截流负责。❷ 会议最后决定 1981 年 1 月 3 日大江截流。后来证明张光斗等的主张是正确的，大江截流非常成功，二江泄水闸正常过水，提前发电。截流后，1981 年 7 月 19 日葛洲坝工程经受了长江百年罕见的特大洪水考验，工程安然无恙。即使这样，张光斗还是不放心，于 1982 年 1 月 10 日来到工地现场检查工程质量情况。张光斗对葛洲坝工程从 1972 年到 1982 年长达十年的牵挂，对水利工程质量的执拗，充分体现了一位水利专家的责任感和使命感。

1980 年秋，应日本学士院的邀请，中国科学院派代表团访日，卢嘉锡❸为团长，张光斗为副团长。代表团在东京受到日本学士院的热烈欢迎，随后访问了文部省，参观了东京大学、京都大学、名古屋大学、大阪大学等，还有一些国家实验室，互相交

❶ 刘达（1911—1994），黑龙江肇庆人。著名教育家。北平辅仁大学毕业，1952—1963 年任东北林学院院长，1963—1975 年任中国科学技术大学党委书记，1977—1983 年任清华大学校长兼党委书记。

❷ 王光纶：《老科学家学术成长资料采集工程、中国科学院院士传记、中国工程院院士传记丛书　情系山河：张光斗传》，中国科学技术出版社、上海交通大学出版社，2014 年，第 184～187 页。

❸ 卢嘉锡（1915—2001），福建厦门人。物理化学家、教育家、社会活动家和科技组织领导者。1934 年毕业于厦门大学化学系，1939 年获英国伦敦大学哲学博士学位。1955 年当选中国科学院学部委员；1981 年 5 月，当选中国科学院院长；1993 年 3 月，当选第八届全国人大常委会副委员长。

流教育经验。回北京后，张光斗被中国科协告知让他率团出发去阿根廷参加世界工程师联合会会议。中国科协有意参加这个世界性的工程师组织，把台湾当局赶出这个组织。一周后张光斗率团出发辗转来到阿根廷首都布宜诺斯艾利斯。在会上，张光斗作了《中国的水利水电建设》的报告，受到各国代表的欢迎，让各国了解到中华人民共和国水利水电的发展和成就。张光斗和代表团秘书长吴甘美女士与阿根廷工程协会主席商谈，表示我们愿意参加世界工程师联合会，而台湾只是中国的一个省，所以必须把台湾当局逐出联合会，但台湾省可以派代表作为专家参加会议。❶ 联合会开会，主席宣布中国科协成为世界工程师联合会的新成员，台湾代表团退场，中国代表团成功地完成任务。这是张光斗第二次作为代表团团长代表中国参加国际学术组织会议并把台湾当局驱逐出国际组织。

在担任清华大学副校长期间，张光斗一直坚持在教学第一线，亲自实践教学改革，提高教学质量。从 1980 年起，张光斗指导硕士和博士研究生学习，要求他们加强基础理论的钻研，同时要重视工程技术，做与工程实际相结合的研究论文。❷ 张光斗亲自为研究生开设"高等水工结构"选修课。他原设想将这门课办成讨论班的形式，由他自己先做开题的引论，提出可开展研究的问题，介绍参考文献，然后请学生们阅读文献，进行探索研究，在班上讨论，并由他做引导和总结。为此，他还专门编写了讲义。他开设这样课程的目的是想增强研究生的自学能力和创新精神。但实践效果并不理想，学生们习惯于听老师讲课，很少展开研究，讨论发言的人也很少。由此可见，进行教学改革是艰难的，学习习惯和思维定势影响很深，长期的"灌输式教育"阻碍了学生们进行独立思考和参与讨论的积极性。

张光斗在担任清华大学副校长后，尽管要完成大量的行政和教学工作，但他仍没有忘记自己身为一名工程师，为祖国水电建设应承担的那份责任，在重大工程设计咨询和审查把关方面继续燃烧释放自己的能量。20 世纪 80 年代，他先后为五强溪水电站、二滩水电站、小浪底水利枢纽、隔河岩水电站、引黄济青工程、东江水电站、拉西瓦水电站、李家峡水电站、东风水电站、大亚湾核电站等工程提出咨询建议。

1983 年中，张光斗任期届满，从清华大学副校长的职务上退了下来。他有了自己的时间，便开始专注于重新撰写《水工建筑物》一书。该书在"文化大革命"中被毁后，重新撰写成为他的夙愿。他拟定此书主要供设计工程师使用，也可作为教学参考书，主要内容是科研开发亟待解决的问题和研究方法。❸ 年过古稀的张光斗每日埋头书案，撰写书稿。同时他还以自己从事多年高等水利工程教育的经验撰写了一系列高等工程教育研究的论文，发表在学报和报纸上。1985 年，张光斗被任命为国务院学位委员会副主任，他勤奋撰文阐述自己的教育观点，力图把自己的高等工程教育思想加以

❶ 张光斗：《我的人生之路》，清华大学出版社，2002 年，第 140 页。

❷ 王光纶：《老科学家学术成长资料采集工程、中国科学院院士传记、中国工程院院士传记丛书　情系山河：张光斗传》，中国科学技术出版社、上海交通大学出版社，2014 年，第 162 页。

❸ 郭梅、周樟钰：《水利泰斗——张光斗传》，江苏人民出版社，2011 年，第 86 页。

宣传推广和实现。1986 年暑假，合肥工业大学水利工程系孙肇初教授邀请张光斗前去讲学。张光斗在合肥工业大学水利工程系讲了"我国水利建设和科技""高等工程教育""碾压混凝土坝""面板堆石坝"等内容，进一步普及了他的高等水利工程教育思想和最新水利工程科技学识。❶

改革开放后，张光斗不仅致力于教育改革，在高等水利工程教育教学岗位上锐意进取，为我国高等教育事业的发展殚精竭虑，还不辞辛劳地奔波于全国各个水利建设工地，出谋划策，解决疑难工程技术问题，更是在国际上为国家利益无私奉献。

二、耄耋之年为治水事业鞠躬尽瘁（1989—2013 年）

晚年的张光斗学术视域不仅局限于水利工程技术和教育，开始将眼光放到中国水资源可持续利用的问题上去，决心要让水资源利用和水利事业走出具体学科的限制，走向国家战略的高度。1989 年下半年，中国科学院召开学部大会，会议讨论水资源问题和钢铁问题，这都是事关国计民生的重要议题。张光斗负责主持关于水资源问题的会议报告，他十分重视这次为国家水资源战略定位进言献策的机会。当时，陈志恺❷担任中国水利水电科学研究院水资源研究所所长，正致力于全国水资源的评价研究，并通过第一次全国水资源的调查评价掌握了一些新资料。❸ 张光斗找到陈志恺，详细了解我国水资源的评价状况，并对他起草的报告初稿进行了认真的修改。这份报告就是后来在我国水资源发展建设中发挥了里程碑式作用的《我国水资源的问题及其解决途径》❹。张光斗通过这件事看到了陈志恺严谨细致、踏实肯干的品质，希望他能在水资源领域发挥更大的作用，于是向中国科学院申请委托当时还不是学部委员的陈志恺到学部大会上就水资源报告的情况进行讲解。陈志恺因张光斗的推荐得到了首次在学部大会上报告的机会，而且这次报告发挥了重大的作用，引起了学部委员们的高度重视，也为提升水资源问题地位赢得了宝贵的机会。1989 年 11 月 21 日，张光斗以《我国水资源的问题及其解决途径》报告为基础，怀着对国计民生的忧虑之心给江泽民总书记写了一封言辞恳切的信，在信中指出水利在我国国民经济建设中的重要性以及我国水利现状的严重性，提出应"宁未雨而绸缪，毋临渴而掘井"。❺ 江泽民办公室接到来信

---

❶ 张光斗：《我的人生之路》，清华大学出版社，2002 年，第 169 页。

❷ 陈志恺（1926—2013），上海人。水文水资源、水利规划专家。1950 年毕业于上海交通大学，曾任中国水利水电科学研究院水资源研究所所长，水利部科学技术委员会委员。2001 年当选为中国工程院院士。在小流域暴雨洪水、水资源评价、水资源规划等方面均有开创性研究。

❸ 王光纶：《老科学家学术成长资料采集工程、中国科学院院士传记、中国工程院院士传记丛书 情系山河：张光斗传》，中国科学技术出版社、上海交通大学出版社，2014 年，第 207 页。

❹ 张光斗、陈志恺：《中国水资源问题及其解决途径》，《水利学报》1991 年第 4 期。发表时名称有改动。

❺ 王光纶：《老科学家学术成长资料采集工程、中国科学院院士传记、中国工程院院士传记丛书 情系山河：张光斗传》，中国科学技术出版社、上海交通大学出版社，2014 年，第 211 页。

后很快给予批复意见，并将此信及附送的论文报告转水利部杨振怀❶部长阅。1989 年 12 月 16 日，杨振怀批阅了该信件，并给予了高度关注。❷ 张光斗得知中共中央顾问委员会主任陈云对水资源开发利用问题十分关注，于是在 1990 年 6 月 4 日又满怀激情地给陈云主任写信，希望能够得到陈云主任的关注和指导。这封信及随附的报告得到了陈云的高度重视，1990 年 6 月 6 日陈云作出批示并将信件送江泽民总书记和李鹏总理，请他们批阅。江泽民总书记 6 月 10 日在此信上作出批示，并提出在制定"八五"计划时要对水利建设做好安排，将信和报告转给了国家计委。❸ 李鹏总理 6 月 18 日也作出批示："可专题听一下汇报。"❹ 张光斗的屡次上书得到了中央领导人的高度重视。此后，党和政府的文件中，水利被列入了经济建设的战略重点，与能源、交通、信息等并列。在张光斗及众多水利工作者的共同努力下，水资源的可持续利用问题取得了在国民经济建设中应有的战略性地位。在水资源战略问题上，张光斗就是这样以不畏艰难的精神到处奔走呼号，他将为国家水资源战略定位进言献策作为自己的一项责任，直至最终实现。

早在 1982 年，张光斗就与吴仲华、师昌绪、罗沛霖四人在中国科学院学部年会上提出，为了提高工程科技和工程师的地位，促进工程科技的发展，当成立中国工程院。随后张光斗写文章、作报告，宣传工程科技的重要性，促进成立中国工程院事宜。1992 年 4 月 21 日，张光斗又联合王大珩、师昌绪、张维、侯祥麟、罗沛霖六人联合起草了《关于早日建立中国工程与技术科学院的建议》❺（以下简称《建议》）上书中共中央。《建议》指出，成立这样的工程与技术科学院，不仅可以为国家在技术、经济方面决定重大方针政策，审议重大工程技术项目的计划时提供一个强有力的参谋和助手，而且中国可以成为国际工程与技术科学理事会的正式成员从而加强国际间科技和经验交流，防止台湾捷足先登。《建议》呈送党中央后，受到了各级领导的高度重视，纷纷做出批示。1993 年，中共中央和国务院经过一系列筹备工作后，审时度势，批示成立中国工程院筹备组。筹备组于 1994 年 3 月召开会议决定：院名为"中国工程院"，成员为院士。在推选会议上，张光斗反复提议，推选的院士必须在工程科技上有专长，同时在工程建设中应有杰出贡献，而不是部门领导。第一批选出的院士共 57 人。1994 年 6 月，召开了首批院士会议，中国工程院正式成立，选举朱光亚为院长，成立了六个学部，并成立了主席团，张光斗当选为主席团成员。至此，中国工程院正式开始运转工作。张光斗为成立中国工程院所付出十多年的心血和努力终于有了结果，这是中国工程界的幸事。中国工程院的成立，大大提高了国内工程界的地位，对促进国家工

---

❶　杨振怀（1928—　），安徽合肥人。教授级高级工程师、著名水利专家。1950 年毕业于上海交通大学土木工程系，1988 年任水利部部长、党组书记。

❷　江泽民办公室和杨振怀部长批复张光斗该信的原件现存水利部档案处。档案编号：振怀 89 年 1875 号收文。

❸　王光纶：《老科学家学术成长资料采集工程、中国科学院院士传记、中国工程院院士传记丛书　情系山河：张光斗传》，中国科学技术出版社、上海交通大学出版社，2014 年，第 212 页。

❹　中央领导批复张光斗此信的复印件现存水利部档案处。档案编号：张光斗就水资源问题给陈云主任的信。

❺　这份《建议》呈送前的打印原件保存在清华大学档案馆。档案编号：252 - 92025，第 32～37 页。

程科技的发展起到了重要的作用，同时也为中国参与工程与技术方面的国际会议、加强国际间的技术交流与合作提供了一条重要通道。

20 世纪 40 年代国民政府计划修建三峡工程，张光斗结合当时的国情力阻修建三峡工程，但他心里还是有一个三峡梦。中华人民共和国成立后，长江水利委员会、长江流域规划办公室开始勘测三峡工程，张光斗被聘为技术顾问，多次前往三斗坪坝址查勘。1992 年初，国务院批准了三峡工程可行性报告并向全国人民代表大会提出兴建三峡工程的议案。❶ 1992 年 4 月 3 日，第七届全国人大第五次会议审议通过了《关于兴建长江三峡工程的决议》。国务院随后成立了"三峡工程建设委员会"，三峡工程开始启动。三峡工程施工期间，张光斗多次前往三峡工地查看施工进展情况，检查工程质量并提出意见。1997 年 9 月，三峡一期工程如期完成。经过以张光斗为组长的大江截流前验收小组的考察后，最后决定在 1997 年 11 月上旬进行大江截流。三峡工程进入二期工程后，1999 年专家们在检查时发现多处工程质量问题，决定由陈赓仪起草质量检查报告，张光斗定稿。报告呈送后，三峡工程建设委员会批准报告中成立"三峡枢纽工程质量检查专家组"的建议，由钱正英为组长，张光斗为副组长，组员有潘家铮、谭靖夷等人。此后，尽管年近九旬，张光斗每年要两次前往三峡工程施工现场检查施工质量。

2007 年 4 月，胡锦涛总书记在张光斗 95 岁寿辰之际发来贺信，盛赞张光斗"品德风范山高水长，令人景仰"。2009 年，张光斗因病长期住院治疗。2013 年 6 月 21 日，为祖国水利建设奉献一生的张光斗逝世。

---

❶　1992 年 3 月 16 日，国务院总理李鹏向第七届全国人大第五次会议提交了《国务院关于提请审议兴建长江三峡工程的议案》。3 月 21 日，国务院副总理邹家华受国务院委托，向第七届全国人大第五次会议就该议案作了说明。

第二章　张光斗高等水利工程
教育的实践成就

张光斗在清华大学执教 50 多年，他在高等水利工程教育实践方面的成就主要体现在：对清华大学水利工程系的奠基与发展作出重要贡献，指导学生"真刀真枪毕业设计"——参与修建密云水库，满腔热忱地培育水利水电事业的栋梁之材。

第一节　对清华大学水利工程系的奠基
与发展之功

土木工程系是清华大学历史最为悠久的系科之一。早在 1916 年清华学校就开始招收土木工程学科的留美专科生。1925 年清华学校建立大学部，次年成立土木工程系，其中水利组就是水利系的前身。1928 年，清华学校更名为"国立清华大学"后，设立文、理、法、工四个学院，16 个系，其中就有土木工程系。1937 年全面抗日战争爆发后，土木工程系随学校南迁长沙、昆明，以该系为主成立西南联合大学土木工程系，设结构、铁路道路、水利、市政卫生四科。1946 年土木工程系迁回北京清华园。

一、初创阶段，筚路蓝缕

张光斗早在 1934 年就与清华大学结下不解之缘。1934 年张光斗考取了清华大学留美公费生，经过一年的实习后，回到清华大学见到了校长梅贻琦、工学院院长施嘉炀、土木工程系主任张任等。1937 年张光斗从美国回国参加抗战，他先去见了清华大学工学院院长施嘉炀，请他介绍工作，那时清华大学从北平迁校，经过长沙，准备去昆明城，与北京大学、南开大学一同建立西南联合大学。10 多年之后张光斗也到了清华大学，两人一起建设清华大学水利工程系。1949 年 4 月 24 日，南京解放，解放军南京军管会派人接管全国水力发电工程总处，成立水电总处保管处❶。张光斗留在水电总处保管处工作并任工程组组长，但是当时的保管处并没有业务工作，每天除了政治学习就是劳动锻炼。张光斗为了发挥自己所学的专业，产生了离开水电总处保管处去教书的想法。于是，他给清华大学工学院施嘉炀院长写信，希望到清华教书。此时的清华大学经过战争的摧残，百废待兴，施嘉炀对张光斗的到来表示热烈欢迎，请他来清华大

---

❶ 张光斗：《我的人生之路》，清华大学出版社，2002 年，第 50 页。

学当教授。清华大学校务委员会于 1949 年 9 月 23 日召开第二十四次会议。❶ 周培源教授❷代替校务委员会主任叶企孙教授主持会议，刘仙洲、张子高等 16 位知名教授出席会议，会议决定聘任张光斗为土木工程专业教授。❸ 1949 年 10 月，张光斗辞别水电总处保管处，来到清华大学土木工程系开始了他高等水利工程教育人生之路。

张光斗开始在土木工程系教学。1950 年上半年他给土木工程系水利组本科生讲授"水力发电工程"课，他深知学习水利工程建设不但要懂得水力知识，施工、机械方面的知识更是不可缺少。于是，1950 年下半年，他又给水利组新开设"水工结构"课，1951 年上半年增加了"水利施工"课和"水力机械"课。水利组本科生的课程体系在张光斗的努力下渐渐健全起来，学生们受到了更加全面系统的水利工程学知识教育。由于是新开设的课程，没有讲义，张光斗就自己动手编写讲义。可是这是他初次任教，教学经验不丰富，加上是新课，并没有多少可以参考的资料，所以编写讲义任务非常艰巨。1950—1952 年间，张光斗白天认真授课，晚上则通宵达旦地编写讲义，最终他编写成了我国第一本《水工结构》教材。张光斗在讲课过程中还穿插他从美国带回来的工程施工实况幻灯片，讲起来生动形象，学生更加容易理解和掌握。而且他有丰富的实际工程经验，水利工程建设的例子信手拈来，理论与工程实际相结合，这是学生们在书本上学不到的。

1951 年 10 月，清华大学工学院院长施嘉炀决定成立水力发电工程系，并报请中央人民政府教育部批准，任命张光斗为系主任❹。张光斗得知后，特意为建水力发电工程系请教清华大学教务长周培源教授，对办系的方针和本科课程设置都做了构想和准备，并打算留学生张思敬和谷兆祺为助教，这些工作都为后来水利工程系的建系打下基础。❺ 1952 年夏，北京各高校进行院系调整，清华大学正式成立水利工程系，系下成立三个教研组。初创阶段人少但心齐，各教研组全力以赴，投入到教学、科研中，经常开会讨论研究教学、科研等各方面的问题。❻

二、学习苏联，改革院系

中华人民共和国成立后，清华大学也进入了一个新的历史发展时期。为了满足我国工业化建设的巨大人才需求，清华大学校长蒋南翔考察过苏联高等教育后，决定学

❶ 会议记录存档于清华大学档案馆。档案编号：2-271-007。

❷ 周培源（1902—1993），江苏宜兴人。著名流体力学家、理论物理学家、教育家和社会活动家，中国科学院学部委员，中国近代力学奠基人和理论物理奠基人之一。曾任清华大学教务长、校务委员会副主任，北京大学教务长、副校长和校长，中国科学院副院长。

❸ 王光纶：《老科学家学术成长资料采集工程、中国科学院院士传记、中国工程院院士传记丛书　情系山河：张光斗传》，中国科学技术出版社、上海交通大学出版社，2014 年，第 85 页。

❹ 任命书现存清华大学档案馆。档案编号：2-271-007。

❺ 王光纶：《老科学家学术成长资料采集工程、中国科学院院士传记、中国工程院院士传记丛书　情系山河：张光斗传》，中国科学技术出版社、上海交通大学出版社，2014 年，第 90 页。

❻ 谷兆祺：《回忆水利系建系前后》，《辛勤耕耘五十载 清华大学水利水电工程系》，内部印行，2002 年，第 12 页。

习苏联的高等教育经验，并高瞻远瞩地提出在清华大学创建和充实新兴科学技术的系和专业。据清华大学校史资料记载，从 1952 年开始到 1960 年，清华大学先后聘请苏联、民主德国和捷克等国专家 60 多名来校指导和帮助教研工作，主要分布在建筑、水利、机械、电机、土木等工程系所。❶ 1952 年，清华大学首先学习苏联的教育体制，进行院系调整。清华大学成为多科性工科大学，把文理科调到北京大学，农学、法学、石油、航空等学科都调出，分别成立专门学科的大学和学院。清华大学土木系分为土木工程系和水利工程系，1951 年成立的水力发电工程系并入水利工程系，张光斗被任命为系副主任。水利工程系下设水工结构、水能利用、水力学三个教研组，张光斗兼任水工结构教研组主任。

苏联专家协助清华大学教学改革，他们制定了教学计划和大纲。新教学计划首先加强基础课，课程体系明确划分为基础理论课、技术基础课和专业课；其次增加实践教学环节，在教学计划中确定了讲课、辅导（习题课）、实验、考试考察、课程设计、生产实习、毕业设计等一系列教学环节；最后增加马克思主义政治理论课程。❷ 教学计划明确了在整个教学过程中应贯彻政治与技术相结合，理论与实践相结合，在德智体全面发展的基础上进行专门的技术训练，以便加强培养学生的独立工作能力。❸ 虽然教学大纲是根据苏联经验制定的，但是清华大学严重缺乏教学参考资料，教师经验也不足，于是苏联专家和学校共同商讨了解决措施：苏联专家一般只给进修的教师、研究生和高年级学生上课，授课采取"大班讲课、小班上习题课和实验课"的形式，且苏联专家提前写出讲义，直接授课，由翻译在课堂上把讲义的内容口译成汉语。课后专家编写教材，由翻译笔译成汉语作为正式教材出版。❹

张光斗带领水利工程系积极走在学习苏联高等教育的前列。他认为苏联的教学经验系统完整，比较注重理论联系实际，工程专业既有理论又有布置和构造，还有设计和生产实习，因此他非常积极地投入到教学改革工作中去。❺ 当时分配到水利工程系的苏联专家有高尔竞柯、倪克勤等六人（见表 1）。

1953 年上半年，高尔竞柯给清华大学教师和外校进修教师讲水工建筑课，张宪宏负责翻译成中文，张光斗进行校对。他在听苏联专家授课的同时，还要辅导学生做课程设计。课程设计是苏联教学计划中对学生进行实际锻炼的环节，要求学生从真正的设计中提升设计能力。清华大学在教学过程中学习苏联加强了生产实习环节，制订实习计划和大纲，让学生既做工程师助手参与设计，又参加生产劳动，所以水利工程系学生在暑假期间前往各个水库工地实习。张光斗陪同高尔竞柯到大伙房水库工地指导生产实习，并参观工程，提出的建议受到当地工程局的欢迎。

---

❶ 殷琦、丛东明、汪晖、史歌：《苏联专家在清华》，《国际人才交流》2011 年第 4 期。

❷❸❹ 鲍鸥：《苏联专家与新清华的建设——中苏交流史微观透视》，载关贵海、栾景河主编《中俄关系的历史与现实（第二辑）》，社会科学文献出版社，2009 年。

❺ 张光斗：《我的人生之路》，清华大学出版社，2002 年，第 62 页

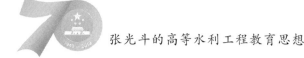

表1　　　　　　　　在清华大学水利工程系工作的苏联专家简况

专家姓名	来自院校	职称、学位	所在系	主要工作	来校时间—离校时间	在校时间合计/月
高尔竞柯	莫斯科土建学院	副教授、副博士	水利工程系	建新专业，授课，建立水力枢纽	1952.12—1954.7.25	19
萨达维奇①	列宁格勒土建学院	副教授、副博士	土木工程系	土木工程系建新专业，授课，任系及校顾问	1952.12—1955.7	31
倪克勤	莫斯科动力学院	副教授、副博士	水利工程系	建新专业，授课，任系顾问	1952.12—1954.7	19
卓洛塔廖夫	莫斯科动力学院	教授、博士	水利工程系	授课，编写讲义，建实验室	1954.11—1955.6	7
霍比耶夫	全苏建筑工程函授学院	副教授、副博士	水利工程系	指导建立新专业，指导科研	1959.2—1959.6	4
古宾	莫斯科建筑工程学院	教授、博士	水利工程系	指导教学，建实验室	1959.11.6—1960.1	2

注　根据《清华大学志（上、下）》（清华大学出版社，2001年）等资料综合整理。
①　萨达维奇在土木工程系，但兼管水利工程系的水利施工。

1952年以后，清华大学按照苏联专家制订的教学计划，把原来的英美教育模式中的"毕业论文"改为"毕业设计"环节❶。1954年底，水工结构教研组在苏联专家和张光斗的指导帮助下，开始组织和带领一批年轻教师试行，用了半年时间，让教师们自己先试做和体验整个毕业设计的过程❷。最终，1955届毕业生每个人都有了自己的毕业设计。水利工程系最先完成了学习苏联教学经验的全过程，这与张光斗辛苦努力分不开。因此，1955年，张光斗被清华大学授予学习苏联教育改革的"先进生产者"称号。1956年，在全国劳动模范和先进生产者大会上，张光斗不仅被推举进入大会主席团，还被全国总工会授予"先进生产者"称号。通过学习苏联，张光斗认为"这个经验学习对当时国家需要水利建设人才是合适的，但是有不足之处，主要是专业过窄，知识面也窄，理论基础较弱，不重视创新和能力培养，特别缺少自学能力，也不重视科研，这对学生成长、水利科技的发展都是不利的"❸。

1955年上半年，张光斗在清华大学水利工程系建立了水工结构试验室，开展了结构模型试验研究。这是我国第一个水工结构试验室。清华大学水工结构试验室做了国内水工界首次结构模型试验——我国第一座百米级的高薄拱坝流溪河拱坝结构模型试

❶　鲍鸥：《苏联专家与新清华的建设——中苏交流史微观透视》，载关贵海、栾景河主编《中俄关系的历史与现实（第二辑）》，社会科学文献出版社，2009年。

❷　王光纶：《老科学家学术成长资料采集工程、中国科学院院士传记、中国工程院院士传记丛书　情系山河：张光斗传》，中国科学技术出版社、上海交通大学出版社，2014年，第93页。

❸　张光斗：《我的人生之路》，清华大学出版社，2002年，第63页。

验，根据模型试验结果，他们对拱坝体形设计提出了修改建议。[1] 此后这个结构试验室做了很多坝的结构模型试验，很多科研单位的技术人员都到这里来学习。后来，国内许多高校和研究院都成立了水工结构试验室。

清华大学学习苏联进行教育改革后，将原来英美模式的"毕业论文"改为苏联模式的"毕业设计"，这一模式渐渐走上了轨道。1958 年 2 月，刚刚从苏联学习考察归来的张光斗赶上了水利工程系"真刀真枪毕业设计"——设计密云水库的任务。自学习苏联进行高校院系调整以来，张光斗就非常赞同苏联理论联系实际的教育理念，对于这次"真刀真枪毕业设计"他也是非常赞同的，认为水利工程系学生毕业设计结合实际生产任务，既有利于丰富教师的工程经验，又有利于学生将理论应用于实践，毕业后可以更好地服务社会。张光斗作为毕业设计的总负责人亲手制订了毕业设计的计划、进度分工，既要完成设计任务，又要满足教学要求。密云水库开工后，张光斗一边负责设计工作，一边要勘测，监督施工，夜以继日地忙碌着。张光斗带领清华大学水利工程系师生，参与完成了密云水库一年拦洪、两年建成的任务。这期间张光斗经常通宵达旦地做设计，审查工程。密云水库的成功修建是清华大学水利工程系教育改革、创新的卓著成就，证明了真刀真枪毕业设计的可行性。

然而，也正是自 1958 年起，中苏两国关系出现了疏离、冷漠的趋势。苏联逐步减少了向中国派遣专家和顾问的规模和人数，至 1960 年中，苏联专家全部撤离中国。其结果导致清华大学水利工程系学习苏联教育经验的尝试在相当大程度上未能深入下去。

三、改革开放新时期重振水利工程系

1978 年 3 月，张光斗参加了中共中央、国务院召开的全国科学大会，聆听了邓小平的报告，张光斗感到科技和教育工作者的春天要来了。不久，张光斗被任命为清华大学水利工程系系主任，面对十年"文化大革命"后百废待兴的水利工程系，他深感肩上的责任重大。首先是人才问题。"文化大革命"期间，教授们要么被打倒，要么被下放，当务之急是延揽人才。原来在水利水电科学研究院[2]工作的研究员钱宁在"文化大革命"中受到冲击，张光斗把钱宁招到清华大学水利工程系当泥沙研究室主任和教授，并建设新的泥沙试验馆。钱宁于 1980 年当选为中国科学院学部委员。张光斗还找到原先同样在水利水电科学研究院工作、"文化大革命"中受到冲击并被开除党籍的中国科学院学部委员黄文熙，邀请他来到清华大学水利工程系当土力学教研组主任和教授，并帮他恢复了党籍。张光斗为清华大学水利工程系引进这两位水利界执牛耳者对"文化大革命"后清华大学水利工程系的发展壮大起到了重要作用。不久，张光斗被任

❶ 王光纶：《老科学家学术成长资料采集工程、中国科学院院士传记、中国工程院院士传记丛书 情系山河：张光斗传》，中国科学技术出版社、上海交通大学出版社，2014 年，第 111～112 页。

❷ 1958 年，电力工业部水电科学研究院与中国科学院水工研究室、水利部水利科学研究院合并为中国科学院、水利电力部水利水电科学研究院；1969 年被解散，众多科研工作者被下放劳动；1978 年 4 月，水利水电科学研究院恢复重建；1994 年 9 月，水利水电科学研究院更名为中国水利水电科学研究院。

命为水利水电科学研究院院长和清华大学副校长，不再担任水利工程系系主任。但他依然心系水利工程系，一直坚持在教学第一线。自 1980 年起，张光斗在水利工程系指导硕士和博士研究生，要求他们加强基础理论学习，同时要重视工程技术，做结合工程实际的研究论文。❶ 张光斗还尝试在水利工程系进行教学改革，为研究生开设"高等水工结构"选修课并编写了讲义，想将这门课办成讨论班形式，由他先作开题的讨论和提出可研究的问题，介绍参考文献，然后请同学们阅读文献，进行研究，在班上讨论，张光斗作引导和总结，以这样的方式培养学生的独立思考能力和创新意识。但是实践效果并不理想，学生们阅读文献少，研究也少，还是习惯于听老师讲课，不善于思考和讨论。由此可见，在传统的教育惯性力量下，进行教育教学改革是举步维艰的。但张光斗这种锐意改革的精神则是值得肯定的。

1983 年，张光斗卸任清华大学副校长职位后，决心重新编写《水工建筑物》一书。该书 1962 年受水利电力部之命，由张光斗主编，并由清华大学水利工程系、天津大学水利工程系、华东水利学院、武汉水利电力学院等四所院校合作编写，书稿写出后在"文化大革命"中被付之一炬。重新编写时，张光斗首先重新确定该书的框架，确定这是水工建筑物的专著，不仅可以供设计工程师使用，还可以作为水利教育教学参考书。书中要讲清楚设计的指导思想，由于水工建筑物的复杂性决定了它不能全靠理论来设计，还需要判断和经验，所以水工建筑物设计是半理论半经验性的。该书要讲清楚包括大坝、泄洪泄水建筑物、进水建筑物、输水建筑物、治河发电建筑物、施工导流建筑物等在内的河川水工建筑物，任务重大。由于张光斗经常出国参观访问或奔赴祖国各地为水利工程建设作顾问，直到 1992 年《水工建筑物》上卷才出版，成为清华大学水利工程系教学的重要参考书。很快，1994 年《水工建筑物》下卷也出版了。1999 年，《专门水工建筑物》一书也出版。耄耋之年的张光斗依然活跃在清华大学水利水电工程系的讲台，1999 年 7 月 5 日，他亲自为水利水电工程系二年级本科生讲"水工概论"第一课，讨论我国水利水电建设的可持续发展问题。❷ 2000 年 8 月 10 日，谷兆祺送来《清华大学水电系与新中国科技发展》一文请张光斗审查。张光斗回忆了系的发展历史史实，写了 24 条教学、科研、生产中的科技发展和创新，并建议要实事求是写这篇文章。他还写了《水利水电系的教学科研方向》一文呈送系领导，提出要加强水力学、土力学、水文学等课程；专业课中，要有规划和水资源利用内容，水工结构要水力学与结构结合，布置、构造和应力计算结合，不能侧重于应力计算；在科研工作中，要注意水利水电规划和水资源利用，不能只做应力分析，而且要结合实际，不能粗略假定，要复杂理论计算。❸

在张光斗的指导下，"水工建筑物"课 1988 年起被评为清华大学一类课，高坝大

❶ 张光斗：《我的人生之路》，清华大学出版社，2002 年，第 141 页。
❷ 张光斗：《我的人生之路》，清华大学出版社，2002 年，第 387 页。
❸ 张光斗：《我的人生之路》，清华大学出版社，2002 年，第 483 页。

型结构实验室"八五"期间被确定为国家专业实验室，水工结构工程学科在 1988 年被评定为该专业的全国唯一重点学科，2001 年再度取得该荣誉，使水工结构这一学科继续保持在国内的优势地位。张光斗晚年的学术研究密切结合我国重大水利水电工程实践，把理论研究与工程实践密切结合，为水利水电建设培养了一流的高层次研究人才。[1] 2001 年，以张光斗为第一申报人的"紧密结合重大水利水电工程建设，培养具有创新能力的高层次人才"的教学成果，被评为全国高等学校优秀教学成果一等奖。在张光斗等老一辈水利教育工作者的长期努力下，清华大学水利水电工程系逐渐形成了理论与实践相结合的良好系风和学风，形成了自己的办学特色，也奠定了在我国水利水电工程界的地位。

第二节　指导学生"真刀真枪毕业设计"
——参与修建密云水库

一、带领学生设计密云水库

潮河，源出河北省丰宁县北部草碾沟南山南麓，南流经丰宁、滦平等县至密云县河槽村汇合白河后称潮白河。白河，源出河北省沽源县大马群山西南麓，南流经赤城县折向东流，经北京市延庆、怀柔等县，至密云县河槽村汇合潮河后称潮白河。[2] 潮白河是北京河流水系中仅次于永定河的一条重要河流，也是海河北系[3]四大河流之一。自古以来，潮白河丰枯悬殊，如 1939 年苏庄水文站曾发生洪峰流量达 11000 立方米每秒，而 1999 年曾断流，洪水和干旱都给两岸地区人民带来严重灾害（见表 2）[4]。

表 2　　　　　　　　　　　　**潮 白 河 流 量 表**

河流	全长/千米	流域面积/平方千米	北京市内全长/千米	北京市内流域面积/平方千米
潮河	200	6870	55	450
白河	250	9100	150	5200

注　资料来源：刘延恺主编《北京水务知识词典》，中国水利水电出版社，2008 年。

1958 年 5 月，"大跃进"运动兴起，全国大兴水利建设，先后建成了北京十三陵水库和怀柔水库。潮白河水旱不定直接威胁北京市、天津市和河北省北部地区安全，于是，在当时形势下，修建密云水库被提上日程。修建密云水库尚可为北京市提供稳定的淡水供给。1958 年 2 月，张光斗从苏联考察学习回来，清华大学水利工程系主任张

❶ 张楚汉：《半个世纪的感怀》，《辛勤耕耘五十载 清华大学水利水电工程系》，内部印行，2002 年，第 26 页。

❷ 朱道清：《中国水系词典》（修订版），青岛出版社，2007 年，第 92 页。

❸ 海河水系由北三河、永定河、大清河、子牙河、漳卫南运河五大河组成。北三河包括蓟运河、潮白河、北运河。北三河与永定河合称海河北系；大清河、子牙河、漳卫南运河合称海河南系。

❹ 刘延恺：《北京水务知识词典》，中国水利水电出版社，2008 年，第 29 页。

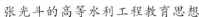

任告知他系党总支李恩元书记要接密云水库、三家店水库和昌平县 8 个小水库的设计任务，问张光斗的意见如何。清华大学在经过学习苏联进行院系调整和教学改革后，本科生毕业设计也走上了轨道。在时代氛围影响下，"真刀真枪做毕业设计"的口号喊起来了，恰好这些水库设计任务可以作为实验基地。❶ 张光斗到清华大学水利工程系任教已接近九年，他一直倡导学生学习要理论联系实际，这也成为他的高等水利工程教育思想的一部分，所以对于这次"真刀真枪毕业设计"他是赞同的。他认为水利工程系学生结合实际生产任务做毕业设计，既有助于学生将学习到的理论应用于工程实际，又可以弥补教师工程经验不足的缺点。但是，他本着实事求是的态度认为，以清华大学师生的设计能力和工程经验，不宜接太多设计任务，毕竟教师缺少工程经验，学生也还在学习阶段。权衡利弊后，他认为可以接密云水库任务，全力以赴来完成设计任务。经过与系领导的协商沟通后，清华大学水利工程系决定承接密云水库的设计任务。

张光斗和李恩元书记到水利部北京设计总院见到须恺院长，须恺院长对于清华大学要接密云水库任务表示欢迎，还说密云水库有白河和潮河二库，由清华大学和北京设计总院分别来做，清华大学可选做其中一个。张光斗经过考虑后认为，潮河水库坝址覆盖层浅，大坝工程较容易，且有溢洪道和泄洪隧洞设计，可以更好地锻炼师生，建议清华大学选潮河水库。白河水库坝址覆盖层深，大坝工程较难，北京设计总院经验多，由他们做比较好。于是双方签订了协议，清华大学水利工程系负责潮河水库设计。随后，清华大学水利工程系教师和相关部门专家学者一行 30 多人前去潮河水库现场查勘，张光斗深感潮河水库远比想象中要复杂，这对清华大学水利工程系师生来说是个挑战。❷

"真刀真枪毕业设计"开始了，由张光斗总负责，张仁是系秘书兼任助手，1958 年的本科生毕业班为骨干力量，一起负责密云水库潮河部分的初步设计工作。张光斗和张仁制订了毕业设计的计划、进度、分工、每个学生应满足的要求等，要求技术上可行，经济上合理，并力求既要完成设计任务，又要锻炼学生，满足教学要求。❸ 为了设计密云水库，清华大学水利工程系师生们通宵达旦，不辞辛苦忙碌了几个月。终于，1958 年 6 月，"真刀真枪毕业设计"出炉了！

1958 年 6 月中旬，张光斗代表清华大学水利工程系向北京市委和市政府报告密云水库的潮河水库设计。张光斗报告潮河水库在技术上的可行性，可将潮白河下游防洪标准提高到 300 年一遇，还能为北京市供水和灌溉 400 万亩农田，发电装机 9 万千瓦，做到拦洪、蓄水、供水、发电、灌溉于一体。❹ 这次汇报后，潮河水库设计得到了北京

---

❶ 王光纶：《老科学家学术成长资料采集工程、中国科学院院士传记、中国工程院院士传记丛书　情系山河：张光斗传》，中国科学技术出版社、上海交通大学出版社，2014 年，第 119 页。

❷ 张光斗：《我的人生之路》，清华大学出版社，2002 年，第 77 页。

❸ 张光斗：《我的人生之路》，清华大学出版社，2002 年，第 78 页。

❹ 张光斗：《我的人生之路》，清华大学出版社，2002 年，第 79 页。

市委领导的肯定和赞赏。

1958 年 6 月 26 日，张光斗接到北京市委通知让他赶到工地现场，有接待任务。毫不知情的张光斗赶到工地，只见一辆面包车驶来，车里居然走出了周恩来总理，周总理亲自来到密云水库坝址进行考察。张光斗向总理报告了密云水库的概况、能产生的效益以及潮河水库的工程设计，认真回答总理提出的疑问，并陪同总理到白河水库坝址查看。周总理询问白河水库是不是应该和潮河水库同时修。张光斗回答是的，北京市委把白河水库设计交给北京设计总院，潮河水库设计交给清华大学水利工程系。周总理提出把白河水库设计也交给清华大学，而且赞赏清华大学水利工程系设计密云水库，贯彻了党的教育与生产劳动相结合方针，既可为水利建设作出贡献，又使得清华大学水利工程系师生得到锻炼，意义很大。❶ 北京市委于是就把白河水库设计也交给了清华大学水利工程系，这样清华大学水利工程系又承担了白河水库设计。为了更好地处理水库移民问题，7 月周总理第二次来密云库区视察。周总理时时刻刻牵挂人民事业的作风让张光斗深受感动和教育。1958 年 8 月，清华大学举办学生毕业设计成果展览会，周总理亲临指导，观看水利工程系师生完成的密云水库等水利工程的毕业设计，鼓励学生们将来一定能成为祖国优秀的水利建设者，同学们听了深受鼓舞。❷ 清华大学水利工程系师生们在赶做出白河水库的初步设计后，立即向北京市委和市政府汇报，得到批准。于是密云水库正式动工了。在国务院领导下，由水利电力部、北京市委和天津市政府直接领导，成立了三人领导小组❸总负责的"建设密云水库总指挥部"。水利电力部和清华大学合作成立水利水电勘测设计院，由张光斗任院长和总工程师。❹

二、注重工程质量，解决疑难问题

1958 年 9 月 1 日，密云水库举行开工典礼。此后，张光斗更加忙碌，他一边负责设计工作，解决工程技术上的问题，一边还要指导和审核设计。为了工程顺利进行，张光斗和清华大学师生、设计人员常驻工地，吃粗粮睡工棚，每天工作十几个小时。10 月初，周总理第三次到密云水库工地视察，听取设计和施工汇报，提出指导意见。周总理尤其关心移民问题，再一次指示要做好移民工作，把老百姓的利益放在首位。周总理心系百姓的精神再一次激励了奋战在水利建设第一线的清华学子们。水利工程

---

❶ 王光纶：《老科学家学术成长资料采集工程、中国科学院院士传记、中国工程院院士传记丛书　情系山河：张光斗传》，中国科学技术出版社、上海交通大学出版社，2014 年，第 122 页。

❷ 王光纶：《老科学家学术成长资料采集工程、中国科学院院士传记、中国工程院院士传记丛书　情系山河：张光斗传》，中国科学技术出版社、上海交通大学出版社，2014 年，第 123 页。

❸ 三人分别是水利电力部副部长钱正英，河北省副省长阮泊生，中共北京市委农村工作部部长赵凡。之所以天津市政府方面由河北省领导同志出任，缘于 1958 年 2 月中共中央决定将天津市由中央直辖市改为河北省省辖市，河北省省会由保定改为天津。1967 年 1 月，中共中央决定将天津市由河北省省辖市仍改为中央直辖市。

❹ 张光斗：《我的人生之路》，清华大学出版社，2002 年，第 80 页。

系教授梅祖彦❶回忆起这段经历时，仍然记得密云水库在当时的条件下建设是名副其实的"三边"工程，即边勘测，边设计，边施工。1959 年春，清华大学师生进入工地没多久，施工单位就来要开挖图，而机电设备的布置尚未确定，无法给出尺寸，水工组出不了开挖图，只好参考相近的电站设计，估计出一个开挖尺寸，暂时应付。不仅如此，到后来的水工钢筋图和水机管道图也是三边设计，幸好那个时代对工程都是要"打破框框"的，只要施工单位还没有做完的地方，拿一张修改后的白图去，把老图换回来也是可以的。❷ 清华大学水利工程系师生就是在那样紧迫、复杂和艰苦的条件下，开展轰轰烈烈的密云水库建设设计的。

修建密云水库面临的第一大难题就是白河大坝如何导流。白河大坝要求一年拦洪，两年建成。张光斗仔细研究过当地的地形地质条件后提出用坝下导流廊道代替隧洞导流，他认为廊道建在基岩上，用钢筋混凝土修建，与黏土斜墙连接好，只要有足够钢筋，前面做进水塔以便水库关门蓄水，这个方案在水力学和结构学上都是安全的。❸ 不料在施工中，有学生要"节约闹革命"，自作主张不仅把廊道内钢筋抽掉了，而且把水塔也去掉了，这样虽然可以节约成本，却大大增加了防洪防汛的危险性。张光斗为此焦虑不安，在河边来回走了两天，助手唯恐他想不开一直跟着他。张光斗哪会想不开，他是为人民利益和安危担心，偷工减料的工程后患无穷，他必须想办法找到补救措施。后来总指挥王宪知道了，认识到此事的严重性，请来几位苏联专家帮助也想不出办法。最后，还是张光斗设法补建了进水塔，并在流量小时请工人在水中锚固❹门槽混凝土。明年度汛时让廊道泄洪，要使水库水位不超过 130 米高程。1959 年 1 月，周总理第四次来到密云水库工地视察。当得知白河大坝未经张光斗同意擅自抽掉钢筋事件时，立即召集工地党政指挥机构领导人，当着张光斗的面约法三章："第一，施工期间，请张光斗先生常驻工地，随时解决各种疑难问题；第二，技术上要尊重张先生的意见，不得勉强他做他不同意的事情；第三，密云水库的重要设计图纸必须经由张光斗审查签字后才能生效，否则一律无效。"❺ 周总理的信任让张光斗更加坚定了要带领清华大学水利工程系师生修好密云水库的决心和信心。张光斗借此机会向周总理汇报了白河大坝地基处理措施的想法，对于深 40 多米的砂砾石覆盖，漏水严重，准备做混凝土防渗墙和灌浆帷幕，这一技术在国外已有先例，但我国缺少经验。周总理鼓励张光斗大胆试验，勇于创新。

---

❶ 梅祖彦（1924—2003），天津人。清华大学校长、西南联大三校委常委之一梅贻琦之子，教授。1949 年由美国伍斯特理工学院机械系毕业，1949—1950 年在美国伊利诺伊理工学院作研究员，1950—1954 年任美国沃兴顿公司技术员。1954 年回国到清华大学水利工程系任教，历任讲师、副教授、教授，水力机械实验室主任，水力机械教研组副主任，中国机械工程学会流体工程分会副理事长。

❷ 梅祖彦：《我与清华水利系》，《辛勤耕耘五十载 清华大学水利水电工程系》，内部印行，2002 年，第 10 页。

❸ 张光斗：《我的人生之路》，清华大学出版社，2002 年，第 81 页。

❹ 锚固：工程建设中的一种固定方法，就是在岩石或混凝土上钻孔或挖井后插入钢筋并灌入混凝土，或者在底部用高压灌浆的固定方法使建筑物更牢固，承受来自各种荷载的压力、拉力及弯矩、扭矩等。

❺ 谷兆祺：《张光斗先生与密云水库》，《江河颂——张光斗先生 90 华诞纪念文集》，清华大学出版社，2002 年，第 75 页。

　　白河大坝地基处理问题是设计过程中面临的第二大难题。白河大坝基础中砂卵石覆盖层又深又宽，按常规开挖防渗槽回填黏土是行不通的。当时国外有地下混凝土防渗墙技术，但他们对中国技术封锁，国内水利工程界接触不到核心内容。张光斗带领设计组的师生大胆地采用地下混凝土防渗墙这种先进技术。他们和工人一起研究、实践、改进，既克服了泥浆循环所用材料和方法的难题，又将单独打孔改成一次打宽6米以上的槽形孔，这些都超过了当时的国外水平，大大加快施工进程，也改善了防渗墙的效果，同时实现了上万平方米的地下混凝土防渗墙在一年内完工，质量优良，保证了密云水库安全顺利地拦洪蓄水。这一支张光斗在密云水库工地带过的做混凝土防渗墙的施工队伍，后来发展成为我国水利水电工程、地基处理工程的一支非常有名的专业施工队伍，承担和出色地完成了国内外许多重要工程的基础处理工程任务。❶ 1959年5月19日，周总理第五次来到密云水库工地视察。总理听到张光斗汇报混凝土防渗墙和灌浆帷幕施工试验获得成功时，十分高兴。当得知1959年汛后进行混凝土防渗墙和灌浆帷幕施工必须在1960年汛前完成，但还需要203台冲击钻和岩芯钻以及技工和配套器材，而总指挥部无力筹措时，周总理立即指示国务院秘书长齐燕铭向有关部门调集所需器材送到密云水库工地。❷ 正是周总理的英明领导和指示，白河大坝地基处理才得以在1960年汛前高质量地完成。

　　密云水库设计的第三大困难是大坝坝型和施工问题。按常规，对于较高的土坝一般选择做心墙坝，但迫于当时环境做心墙坝短时间内无法完成。张光斗经过深思熟虑之后，认为改用斜墙坝型比较好，雨季冬季可以先填筑坝体的砂壳，不受气候条件的限制。张光斗还定出壤土斜墙允许的穿透渗径的长度和接触渗径的长度，决定了斜墙的厚度和地基之间的接触长度，还提出斜墙与坝头连接的方式视地形情况采用外铺盖或内铺盖。❸ 张光斗的这些重要决策不仅解决了当时的难题，使大坝如期顺利建成，保证大坝安全运行，而且从此以后国内许多土坝也都敢采用薄斜墙这种坝型并且都取得了良好结果。就这样，密云水库在张光斗的带领下完成了坝下导流廊道、白河大坝地下混凝土防渗墙以及薄黏土斜墙坝等一系列技术创新设计。

　　1959年汛期马上就要来临，潮白河来水量很大，为了使白河水库水位不超过130米，张光斗建议在金沟修临时坝，以使潮河水不进白河水库，并且为了泄洪，建议把4号副坝挖掉。事后证明张光斗的建议是对的。❹ 汛期一个月，张光斗通宵达旦守在工程现场，晚上忙着开会，白天在工地解决技术问题，审查设计，每天只能和衣睡两三个小时。密云水库平安度过汛期，张光斗却病倒了，被送到了北医三院，幸好只是过度

　　❶ 王光纶：《老科学家学术成长资料采集工程、中国科学院院士传记、中国工程院院士传记丛书　情系山河：张光斗传》，中国科学技术出版社、上海交通大学出版社，2014年，第129页。

　　❷ 张光斗：《我的人生之路》，清华大学出版社，2002年，第83页。

　　❸ 谷兆祺：《张光斗先生与密云水库》，《江河颂——张光斗先生90华诞纪念文集》，清华大学出版社，2002年，第77页。

　　❹ 张光斗：《我的人生之路》，清华大学出版社，2002年，第84页。

劳累而引起的昏厥，休息几天就能恢复。修建密云水库，张光斗既要指导清华大学水利工程系师生们的设计工作，还要到工地现场指导工人施工，解决各种技术难题，可谓是呕心沥血。

密云水库一年拦洪，安全度汛。清华大学水利工程系党总支李恩元书记称赞密云水库拦洪成功是清华大学水利工程系教育革命的胜利，也是水利建设的胜利，"真刀真枪毕业设计"达到了政治、教学、生产、科研、劳动五个目的。[1] 1959 年 9 月 7 日，周总理第六次来到密云水库工地，他为密云水库顺利拦洪感到高兴，并且指示余下的工程要在 1960 年全部完成。1960 年 7 月，毛泽东主席视察密云水库，听取了王宪总指挥、冯寅总工和张光斗的简要工程汇报。随后，毛主席视察了白河大坝、发电隧洞进水闸等，还乘船视察了水库。

1960 年 9 月，密云水库全部建成。密云水库建成从根本上消除了潮河、白河的水害，使其下游 600 多万亩良田免遭水灾，400 多万亩旱地变成水浇田，并新辟河滩荒地 100 万亩。密云水库还成为北京市、天津市的重要水源地。总之，密云水库成为华北地区第一大水库，具有防洪、灌溉、供水、发电、养殖、旅游、生态等综合效益，它的建成是社会主义建设的伟大胜利，也是张光斗等清华大学水利工程系参与设计的师生和 20 多万工程技术人员、民工辛勤努力的伟大成果。

三、善始善终，一生心系密云水库

1960 年水库建成后，清华大学水利工程系师生大部分回学校继续上课。张光斗却知道这么短的时间建成如此大的工程难免会留下隐患之处。因此，他让谷兆祺等几位骨干教师留下来常驻工地，嘱咐他们全面仔细核查从图纸到实际施工结果的全部设计，确保不留隐患。[2] 这几位年轻教师也没有辜负张光斗的期望，大约用了三年时间查出来工程设计中存在的十项重要问题。张光斗都一一仔细听取汇报，进行妥善处理，及时消除了隐患，从而确保密云水库能够长期安全运行，成为奉献给首都人民的一盆宝贵清水。

1976 年 7 月 28 日 3 时 42 分，唐山发生里氏 7.8 级地震，引起密云水库坝址 6 级地震，导致白河大坝上游坝坡保护沙层大面积滑坡。正在黄河小浪底工地开门办学点接受教育、参加设计工作的张光斗深夜被人叫醒，告知清华大学来急电，密云水库告急，命其速回北京。[3] 张光斗连夜坐汽车转火车赶往北京，到了北京已是隔天夜里 11 点，清华大学却无人来接。这位年过六旬的老人只好自己拿着行李一步一步朝清华大学走去，幸好遇到一位好心的卡车司机将他送到了海淀区，当他拖着行李几经周折回到家时已经是凌晨三点多了，此时的张光斗早已筋疲力尽，可是到了清晨 7 点，他又

❶ 张光斗：《我的人生之路》，清华大学出版社，2002 年，第 85 页。

❷ 王光纶：《老科学家学术成长资料采集工程、中国科学院院士传记、中国工程院院士传记丛书 情系山河：张光斗传》，中国科学技术出版社、上海交通大学出版社，2014 年，第 135 页。

❸ 郭梅、周樟钰：《水利泰斗——张光斗传》，江苏人民出版社，2011 年，第 77 页。

坐车赶往密云水库察看。经过勘探查验，张光斗发现，白河大坝只是保护层滑坡，黏土斜墙和砂砾石坝体并无损伤，大坝是安全的。这一决断把人心安稳了下来。接下来就是和水利电力部、北京市领导及专家们讨论如何对白河大坝抗震加固。张光斗认为大坝黏土斜墙和砂砾坝体能抗 8 级地震，是安全的，保护层只起防水库波浪冲击黏土斜墙的作用，所以建议不要放空白河水库，在水中抛填砂砾石来修复保护层就可以了。❶ 这样既不浪费白河水库约十亿立方米的蓄水量，又可以节省工程费用。但是多数人并不赞同他的意见，认为必须放空水库。最后，水利电力部领导还是决定听取多数人的意见放空水库。关于如何放空水库，多数人主张打开导流廊道，在廊道混凝土塞左侧挖旁通隧洞，以绕过混凝土塞。但是这一方案施工困难，高速水流绕过旁通隧洞流入廊道，还会引起廊道破坏，所以是不可行的。张光斗建议挖开廊道内混凝土塞，用人工挖而不用炸药爆破，这样廊道内水流条件好，但必须同时挖左岸导流隧洞，在明年汛前较早挖成，可及早关闭廊道进口闸门，导流隧洞修好进水闸，可安全运行。这一方案虽然多花些工程费用，但安全可靠，得到大家的赞成。

在这次抗震加固工程中，张光斗即使"不准在工程图纸上签字，又要对工程负责"，他依然秉持"我是为人民工作的，不是为军宣队负责人工作的，让我签字也好，不让我签字也好，反正我要对老百姓负责"的信念，每天奔波在施工现场，在大坝爬上爬下，察看挖混凝土塞、挖隧洞，还去潮河看第三溢洪道、放空隧洞及潮河大坝导流隧洞施工，一边还要审查设计图纸。❷ 密云水库就像他的"孩子"，他不辞辛劳，呕心沥血也要建好修好密云水库。1976 年秋，白河大坝导流隧洞钢筋混凝土衬砌设计由清华大学工农兵学员赶工作为国庆献礼。张光斗发现设计书和图纸全是错的，原来衬砌计算很复杂，学生不会做，教师也未指导。张光斗于是日夜赶工，每天工作 14 小时，足足做了 5 天，把计算改出来，然后教学员改图纸，并把隧洞衬砌的计算方法教给他们。由于过度劳累和长期营养不良，张光斗患了严重的急性肝炎。住院期间他还心系密云水库，他的学生张楚汉前去看望并告诉他白河大坝导流隧洞的钢筋混凝土衬砌图已经交出去了，让他放心。可是当张光斗得知图纸未经校核后，刚出医院就赶往密云水库工地，将图纸认真审核并改正错误的地方。❸

改革开放后，随着国家经济飞速发展，密云水库在防洪、发电、航运上发挥的作用也越来越大。即使到了耄耋之年，张光斗也不忘关心密云水库的情况，关心库区人民的利益和安危，所以他几乎每年都要去密云水库转转看看。张光斗多次带领清华大学水利工程系师生前往工地，参加密云水库的安全检查，听取汇报，指出问题和处理方法。

在张光斗的指导下，1958 届本科生践行"真刀真枪毕业设计"这一理念，在老师

---

❶ 张光斗：《我的人生之路》，清华大学出版社，2002 年，第 151 页。

❷ 王光纶：《老科学家学术成长资料采集工程、中国科学院院士传记、中国工程院院士传记丛书　情系山河：张光斗传》，中国科学技术出版社、上海交通大学出版社，2014 年，第 152 页。

❸ 郭梅、周樟钰：《水利泰斗——张光斗传》，江苏人民出版社，2011 年，第 79 页。

的带领下齐心协力修建密云水库，既为国家水利建设事业作出了贡献，又锻炼了自己理论联系实际的能力，成为高等水利工程教育的一个典范，可谓一举多得。1958届毕业生邱应燕❶印象最深刻就是这段做毕业设计的时光了。当时她积极响应"真刀真枪做毕业设计"的口号，通过实实在在做设计，她对"水文学""水能利用""水工结构""水力学""钢筋混凝土结构学""土力学"等技术及技术基础课都有了深刻的理解，掌握了其原理并使用在工程设计的计算上。❷ 1959年春，59届毕业生王世夏也参与密云水库建设，来到密云水库白河工地清华大学设计代表组，直接参与了坝工和厂房的部分现场技术设计和施工详图设计。张光斗以水库总设计师的身份坐镇在由水利工程系专业课老师和部分应届毕业生组成的设计代表组内，组织师生对各个困难问题进行探讨、研究和解决，还要指导学生做具体设计。王世夏对此印象深刻，他记得当时他分担的设计任务之一是坝下施工导流廊道在导流末期拦洪蓄水之前的封堵以及水库运用期作大坝放水建筑物的改建，这一埋于土坝底部卵形断面的钢筋混凝土输水道处于要害部分，对白河主坝挡水抗渗的安全性影响至关重要，故受到张光斗的高度重视。❸ 张光斗对他认真耐心地指导，探讨封堵、改建方案，力求做到万无一失，这些都对他以后从事水利工程建设和教学事业起到了重要影响。

在"真刀真枪做毕业设计"中受益的远不止邱应燕、王世夏等人。此后，清华大学水利工程系便承袭了这一传统，切实做到理论与实际相结合。以密云水库设计为标志的"真刀真枪毕业设计"成为清华大学水利工程系，也成为全国各校水利专业借鉴的成功经验。"真刀真枪毕业设计"这一理念在张光斗带领下得以彻底实现，是清华大学水利工程系的一大创举，也是张光斗高等水利工程教育理论与实践相结合的完美体现。

第三节　培养水利人才，为国铸造栋梁

张光斗在清华大学水利工程系执教50多年，教过的学生逾5000人，为祖国培养了大批水利水电工程科技人才，可谓桃李满天下。目前他们之中有许多人已在我国水利水电事业中作出了突出贡献，成为国家现代化建设的栋梁之才。

一、清华执教50载，桃李天下育英才

张光斗1949年10月来到清华大学水利工程系，踏上高等水利工程教育之路，即

---

❶　邱应燕（1935—　），浙江德清人。毕业于清华大学水工结构专业，任职于水利电力部第六工程局，四川达州达竹矿务局。曾参加长江三峡工程坝址及坝型选择工作。

❷　邱应燕：《清华水利系给了我享用不尽的财富》，《辛勤耕耘五十载 清华大学水利水电工程系》，内部印行，2002年，第27页。

❸　王世夏：《清华五载 泽惠终身 纪念母校水利系建系50周年》，《辛勤耕耘五十载 清华大学水利水电工程系》，内部印行，2002年，第33页。

使到了耄耋之年仍亲自走上讲台给学生讲"水工概论"和"水资源可持续发展"课，张光斗对教学工作的敬业精神和深入浅出的透彻讲解，让他的学生深受感动和教育。执教 50 余载，学生逾 5000 人，其中有 16 位成为中国科学院、中国工程院院士，还有众多的教授级高级工程师、教授等，许多人已在我国水利水电建设事业中作出了突出贡献，成为国家水利水电事业的栋梁之材。

张光斗于 1951 年开始指导水利工程系的研究生，带出的第一位研究生就是陈兴华，随后又陆续带出靳慧慈、张楚汉、吴媚玲等人❶，改革开放后他又带出吴仲谋、陈重华等研究生（见表 3）。后来张光斗担任了清华大学副校长，虽然事务繁忙但依然坚持指导水利工程系研究生，并从 1981 年起开始指导博士生（见表 4），为祖国的水利事业培养更多高等水利人才。

表 3　　　　　　　　　　张光斗指导的部分研究生信息

档　　号	学号	姓名	学历、学位	院系	专业	入学时间	毕业时间
X116885 – 01	51 研 14	陈兴华	研究生	土木工程系	土木	1951.7	1954.1
61 教研 002 – 01	61 研 002	张楚汉	研究生	水利工程系	水工结构	1961.10.1	1965
61 教研 014 – 01	61 研 014	吴媚玲	研究生	水利工程系	水工结构	1961.10	在职，毕业时间不详
61 研 101 – 01	61 研 101	靳慧慈	研究生	水利工程系	水利建筑	1962.4.7	1965.3.10
78 研 – 281 – 01	78 研 281	吴仲谋	硕士	水利工程系	水工建筑	1978.9	1981.6
78 研 – 278 – 01	78 研 278	陈重华	硕士	水利工程系	水工建筑	1978.9	1981.6
83 研 063 – 01	83 研 063	赵崇斌	硕士	水利工程系	水工结构	1983.8.29	1985.8
844123 – 01	844123	宋崇民	硕士	水利工程系	水工结构	1984.9.4	1986.12
854154 – 01	854154	李志强	硕士	水利工程系	水工结构	1985.9	1989.6.5
864136 – 01	864136	易觉	硕士	水利工程系	水工结构	1986.8	1988.12

注　表中信息为笔者 2017 年 9 月 20 日搜集于清华大学档案馆。

表 4　　　　　　　　　　张光斗指导的博士研究生信息

姓名	导师	入学时间	学位授予时间	论文题目
张振西	张光斗	1980.9①	1986.4	混凝土在应变空间的三维特性及拱坝的应力重分析
闫承大	张光斗	1985.1	1989.6	水下淤泥对流体压力波的反射特性与混凝土坝动水压问题的研究
魏群	张光斗	1985.2	1991.4	岩土工程中散体元的基本原理数值方法及实验研究
赵崇斌	张光斗、张楚汉	1985.2	1987	拱坝地基无限域模拟与地震波输入研究

---

❶　来自王光纶教授口述资料，笔者于 2017 年 9 月 20 日上午 9：50 时采访于清华大学水利水电工程系王光纶办公室。

姓名	导师	入学时间	学位授予时间	论文题目
孙卫军	张光斗	1986.2	1989.6	裂隙岩体弹塑性——损伤本构模型及其在岩体工程中的应用
杨延毅	张光斗、周维垣	1987.9	1990.7	节理裂隙岩土体损伤——断裂力学模型及其在岩体工程中的应用
刾公瑞	张光斗、周维垣	1991.9	1994.6	岩石混凝土类材料的断裂机理模型研究及其工程应用

注　资料来源：翟大潜、张建民主编《辛勤耕耘五十载 清华大学水利水电工程系》，内部印行，2002年4月，第155～157页。

① 1981年，国务院学位委员会发布了首批博士生指导教师名单，共计1196人。根据笔者在清华大学档案馆对原始资料的考证，此表可能是误填，将1981年写成1980年，张振西入学时间为1981年10月，详见清华大学档案馆，档案号：X117245-01。

　　张光斗指导的1965届研究生之一——张楚汉，现在已是中国著名水利水电工程专家、清华大学水利工程系教授、中国科学院院士。继承师志，张楚汉在水利工程建设、科研和水利高等教育上硕果累累。张楚汉长期从事水工结构工程与抗震研究，紧密结合我国水利水电高坝工程实践，完成了三峡、二滩、溪洛渡等30多项高坝结构与抗震等关键技术研究。❶ 在高等教育事业上他已培养工学博士30余名，发表论文200余篇，SCI收录30余篇，合作撰写专著3部；此外还获得国家自然科学奖三等奖，国家科学大会奖，国家优秀教学成果一等奖，国家教委科技进步一等奖（2次）、二等奖（3次），电力工业部科技进步奖（2次）等10项奖励。❷

　　著名水文水资源专家、教授级高级工程师、中国工程院院士王浩自"文化大革命"后恢复高考即考入清华大学水利工程系，1982年2月本科毕业后继续在水利工程系深造，1985年获得了水利工程学的硕士学位。王浩作为张光斗的得意门生之一，曾任中国自然资源学会副理事长、中国水利水电科学研究院水资源研究所所长，长期从事水文水资源研究，主持完成了多项国家重大研究项目，并参与和主持了多项国家和地方的重大规划。❸ 如作为主要专家参与了南水北调工程论证和总体规划，作为主要专家参与了全国水资源综合规划，并负责水资源合理配置专项研究。在完成相关科研工作的同时，教育教学方面也是成果显著，培养了大批研究生和博士后，现已发表学术论文100余篇，出版专著16部，其中《西北地区水资源合理配置与承载能力研究》一书分别获得"国家优秀图书奖"和"河南省优秀图书荣誉奖"。王浩院士曾获国家科技进步二等奖4次，省部级科技进步奖二等奖3次。❹

---

❶ 中国科学院院士工作局：《中国科学院院士画册·技术科学部分册》（下册），山东教育出版社，2006年，第504页。

❷ 梅县地方志办公室、梅县地方志学会：《梅县客家杰出人物》，内部印行，2007年，第167页。

❸ 史宗恺：《从清华起航：千名校友访谈录》（第三辑），清华大学出版社，2012年，第99页。

❹ 中国国际科技促进会：《迈向世界的中国科技》（上册），中国科学技术出版社，2010年，第102页。

二、大禹精神代代传

张光斗在清华大学执教 50 多年，在水利战线耕耘了 80 多年，被誉为"当代大禹"、水利泰斗。他科学严谨的工作作风和无私奉献的水利精神令学生们敬仰，他的学生无不铭记其谆谆教导。中国科学院院士、清华大学水利水电工程系张楚汉教授 1957 年在清华大学水利工程系毕业后被留校，分配在水工教研室当助教，当时张光斗是教研室主任，张楚汉就在张光斗的直接指导下工作。1961 年，清华大学抽调一批年轻教师当研究生，张楚汉就当了张光斗的研究生，同时兼任水工教研室党支部书记，一边负责协助张光斗工作，一边在张光斗的指导下写研究论文。据张楚汉回忆："记得当张光斗先生研究生的第一天，他就对我说一定要打好数学、力学基础，他认为当时的年轻教师经过 1958 年密云水库设计的实际锻炼，工程经验尚可，但理论基础不行，他让我多学几门数学、力学课程。我按他的教导，选外系的数理方程、复变函数、代数、结构动力学、弹性力学课程，参加听课、做题、考试各个环节，这为完成研究生论文和日后的学术研究打下了坚实的基础，包括后来留学美国学习研究生课程时也不感到困难。"[1] 可以看出，张光斗对高等水利工程人才的培养要求理论和实践相结合，两者并重，是具有远见卓识的。

华北水利水电大学张镜剑教授对恩师张光斗的教导也是终生铭记。新中国成立初期，教育部为提高水利水电专业教师水平，1953 年至 1956 年在清华大学水利工程系举办了水利水电专业研究生班。张镜剑 1949 年毕业于武汉大学水利系，被分配到哈尔滨工业大学土木系水利工程教研室工作。1954 年 9 月张镜剑被组织上派到清华大学水利工程系研究生班进修。张镜剑在研究生班学习时，张光斗主讲"水工结构"课。学期末考试时，张镜剑虽正确答完考题，但在张光斗提出补充问题时，他却未能很好地回答出来。张镜剑仍记得当时恩师的话："你水工结构学习得很好，成绩优等。额外问题未答好，不影响你的成绩。只说明百尺竿头，还有更进一尺，不要自满。"[2] 张光斗的教导使张镜剑受益终身。1956 年张镜剑于研究生班毕业后回到哈尔滨工业大学土木系继续任教。1959 年，哈尔滨工业大学的土木系独立为哈尔滨建筑工程学院[3]。1958 年，北京水利水电学院成立，为了加强北京水利水电学院专业师资力量，经水利电力部与建工部协商，哈尔滨建筑工程学院水利工程专业师生于 1964 年合并到北京水利水电学院，张镜剑也被调入北京水利水电学院。"文化大革命"开始后，北京水利水电学院被下放到河北岳城水库，随后在河北邯郸建校，但是大批教师流失，师资力量严重缺乏。1978 年北京水利水电学院改名为华北水利水电学院，张镜剑于 1984 年至 1993 年任院

---

[1]　张楚汉：《深切悼念张光斗先生》，《教育之光 水利泰斗——张光斗纪念文集》，中国水利水电出版社，2014 年，第 45 页。

[2]　张镜剑：《最难忘的教导》，《教育之光 水利泰斗——张光斗纪念文集》，中国水利水电出版社，2014 年，第 58 页。

[3]　1994 年更名为哈尔滨建筑大学，2000 年哈尔滨建筑大学与哈尔滨工业大学合并，称为哈尔滨工业大学。

长。面对严重缺乏的师资力量，张镜剑在出差到北京时特意向张光斗汇报学院经过屡次搬迁、大批教师流失、留不住水利电力部补充的研究生等情况。张光斗听后想了想，坚定地建议学院要采取自力更生培养新生力量的措施。张镜剑回去后听取老师张光斗的建议，选派青年教师出国深造，同时推荐部分教师报考国内水利高校的研究生，加快对青年教师队伍的培养。这些措施多管齐下，后来华北水利水电学院得到飞速发展，成长为国内知名的水利高等学校。张光斗的远见卓识可见一斑。

中国工程院院士王浩1978年❶进入清华大学的第一堂课，是听张光斗为全体新生讲课。张光斗给新生们全面讲述了我国的水资源情况、水利的发展前景、水利工程的现状以及时代对水利工程科技工作者的要求和希望。通过这堂课，张光斗引导1977级新生步入了水利工程科技的世界，成为新生人生中重要的一课。在以后学习过程中，王浩不断向恩师请教和学习，不仅时时感受到恩师严谨认真、求真务实的学术作风，抽丝剥茧、切入问题实际的科学智慧，也让他深深感受到恩师平易近人、循循善诱、诲人不倦的师德师风，以及一位宽厚长者对后辈深切的关心与爱护。❷

清华大学原党委书记胡和平1980年9月进入清华大学水利工程系农田水利专业、水资源工程专业学习，曾多次聆听张光斗关于学生思想教育和学术方面的教诲。胡和平还记得张光斗给同学们介绍葛洲坝工程情况，由于都是大一新生，水利工程专业知识有限，张光斗就用特有的口音生动形象地描述葛洲坝枢纽在设计时针对不同流量采取不同的泄洪方式是"大狗钻大洞，小狗钻小洞"，这样讲解同学们一下子就明白了。❸张光斗还为学生作思想教育报告，谈论什么是幸福。他教育学生们，一个人幸福不幸福，不在于财富、权力、名誉、地位，而在于为人民做了多少事情，在于为老百姓造福。后来胡和平担任学校领导工作后，张光斗经常提些学校建设的观点，建议学校要做好人才培养工作就要教会学生选择走正确的人生道路，要教育学生成长为真正为国家、为人民做事的人。张光斗用丰富的人生阅历将问题看得透彻独到，让与他接触的人受到启发、得到教育。

水利部前副部长、教授级高级工程师刘宁在清华大学求学时经常陪同张光斗去工地，恩师给予他的指导和教诲，时刻提醒着他：要经受住锻炼和考验，要用无愧于工程的实践，努力去践行一名工程师的诺言。❹还有清华大学水利工程系王清友教授曾在张光斗的带领下参与修建密云水库。即使面对工程中的小问题，张光斗也是认真负责地解决，保证工程质量和安全。王清友深深感受到恩师心里永远装着的是国家和人民

---

❶ 1977级大学生于1978年2—3月入学，1982年1月毕业；1978级大学生于1978年9—10月入学，1982年7月毕业。

❷ 王浩：《人生中最重要的一课》，《教育之光 水利泰斗——张光斗纪念文集》，中国水利水电出版社，2014年，第111页。

❸ 胡和平：《他深情地凝望着祖国的江河——纪念张光斗先生》，《教育之光 水利泰斗——张光斗纪念文集》，中国水利水电出版社，2014年，第40～41页。

❹ 刘宁：《江河其工 星斗其魂——忆张光斗先生二三事》，《教育之光 水利泰斗——张光斗纪念文集》，中国水利水电出版社，2014年，第36页。

的利益。受恩师的教育，王清友此后在工程安全事情上也总是一丝不苟。

三、成立科技教育基金，激励水利水电科技人才成长

改革开放后，张光斗做了一件对中国高等教育事业具有全局性意义的事情：在世界银行向中国大学发展项目贷款中担任中方审议委员会主任，他殚精竭虑，多方协调，最终使项目顺利完成，为我国高等教育的发展创造了良好的条件。❶

1980 年 7 月，在中国恢复世界银行合法席位后，世界银行有意向中国提供一笔贷款。经过讨论，他们最终选定中国内地的大学作为中国的第一个贷款项目。改革开放后，我国高等教育事业的发展正急需大量资金支持，如果能够得到世界银行的贷款，无异于雪中送炭。1981 年上半年，教育部党组成员张健和清华大学副校长张光斗、大连工学院（现大连理工大学）院长钱令希❷赴美国华盛顿世界银行总部进行商谈。经过多方协调和商谈，世界银行最终决定贷款 2 亿美元用来资助中国 28 所教育部直属大学，以加强师资力量、改善教学科研条件、扩大教学规模。1981 年 12 月 2 日教育部正式发文给清华大学，聘请张光斗担任该项目中方审议委员会主席❸。1982 年上半年，张光斗与张健、钱令希等人到国外考察高等教育和实验室设备仪器的装备情况。1983 年下半年，世界银行贷款大学发展项目外国专家咨询组成员来到中国各大学考察，然后到日本东京开会。会议由张光斗和美国考尔森教授主持，主要审议一年来项目的执行情况。1986 年春，张光斗和考尔森到美国华盛顿世界银行总部，向贷款负责人汇报了中国大学发展项目的执行情况。张光斗作为世界银行贷款支持中国大学发展项目的中方审议委员会主任，在该项目的实施过程中付出了极大的心血，不仅要与世界银行进行谈判，竭力维护国家的利益，还要做好中国 28 所项目院校执行情况的审查工作，同时又要保持与外国专家咨询组的沟通与交流，接受他们的意见和建议，还要到世界各国先进院校进行访问和学习。张光斗为此项目殚精竭虑，最终使项目顺利完成，为我国高等工程教育的发展作出了开拓性和历史性的贡献。

为了宣传、弘扬张光斗的卓著业绩和爱国、奉献、敬业精神，支持、鼓励在水利水电事业中取得突出成绩的科技工作者、教育工作者和优秀学生，清华大学联合水利水电行业有关单位共同发起设立张光斗科技教育基金，基金主要依靠清华大学、中国水利水电科学研究院、中国长江三峡集团公司等张光斗曾工作过的单位及社会力量捐资。❹ 2006 年 10 月 18 日，张光斗科技教育基金成立仪式在中国科技会堂举行，两院

---

❶ 王光纶：《老科学家学术成长资料采集工程、中国科学院院士传记、中国工程院院士传记丛书 情系山河：张光斗传》，中国科学技术出版社、上海交通大学出版社，2014 年，第 188 页。

❷ 钱令希（1916—2009），江苏无锡人。工程力学家，中国计算力学工程结构优化设计的开拓者。1936 年毕业于上海国立中法工学院（现上海理工大学），后赴比利时留学；1938 年获比利时布鲁塞尔自由大学"最优等工程师"学位；1955 年当选中国科学院学部委员；曾任浙江大学土木工程系主任，大连工学院副院长、院长。

❸ 聘书上写的是主席，但后来的文件和报告中均称之主任。

❹ 中国工程院、清华大学：《教育之光 水利泰斗——张光斗纪念文集》，中国水利水电出版社，2014 年，第 221 页。

院士张光斗、潘家铮，全国政协副主席钱正英，水利部部长汪恕诚都参加了这次会议。❶ 张光斗科技教育基金设立的宗旨就是为了弘扬张光斗为水利水电工程建设和科技教育事业不懈奋斗的精神，促进国家水利水电科技人才的成长；基金也将重点支持人才培养、学术交流、成果奖励及重大项目研究，从而促进我国水利水电行业的繁荣和发展。❷ 奖励项目有："张光斗优秀学生奖学金"，奖励在全国水利水电院校学习的优秀学生，每学年评选一次；"张光斗优秀青年科技奖"，每两年评选一次，奖励在水利水电行业从事科研、设计、施工和管理方面作出突出成绩的未满 45 周岁的优秀科技工作者。❸

2007 年 9 月初，华北水利水电学院正式与张光斗科技教育基金管理委员会签订了"张光斗科技教育基金——优秀学生奖学金"协议，成为首批"张光斗优秀学生奖学金"获得单位。❹ 此外还有清华大学、天津大学、四川大学、河海大学、武汉大学、郑州大学、大连理工大学、西安理工大学、中国水利水电科学研究院、南京水利科学研究院等院校。2009 年又增加了三峡大学、新疆农业大学、西藏农牧学院、内蒙古农业大学、宁夏大学、广西大学等六所院校。2015 年增加了青海大学。

张光斗科技教育基金自设立以来，从 2007 年到 2015 年共资助了全国多所水利水电院校的 414 位品学兼优的学子，并且获奖院校和人数也在逐渐递增（见表 5），从而不断激励学生们努力学习，今后为祖国的水利水电事业作贡献。

表 5　　　　　　2007—2015 年"张光斗优秀学生奖学金"获奖院校及人数

年　份	获奖院校数量/所	获奖人数/人	年　份	获奖院校数量/所	获奖人数/人
2007	11	38	2012	17	48
2008	11	38	2013	17	48
2009	17	48	2014	17	48
2010	17	48	2015	18	50
2011	17	48			

注　数据来源：根据《教育之光 水利泰斗——张光斗纪念文集》相关资料编制，中国水利水电出版社，2014 年，第 231～236 页。

为了宣传张光斗献身祖国水利事业的精神和弘扬中国水利文化，鼓励青年科技工作者科研创新，奖励从事水利水电工作的优秀青年科技人才，张光斗科技教育基金还对在水利水电建设一线作出贡献和成就的青年才俊授予优秀青年科技奖（见表 6），以勉励他们学习张光斗等老一辈水利人的无私奉献精神，继续努力工作。

❶　张光斗科技教育基金管理委员会：《张光斗科技教育基金简报》2006 年 第 1 期，转引自《教育之光 水利泰斗——张光斗纪念文集》，中国水利水电出版社，2014 年，第 226～227 页。

❷　《张光斗科技教育基金管理办法》，转引自《教育之光 水利泰斗——张光斗纪念文集》，中国水利水电出版社，2014 年，第 224 页。

❸　河海大学《水利大辞典》编辑修订委员会：《水利大辞典》，上海辞书出版社，2015 年，第 513 页。

❹　严大考：《华北水利水电学院校史（2001—2011）》，黄河水利出版社，2011 年，第 309 页。

表 6 "张光斗优秀青年科技奖"获奖人数统计表

届别	年份	获奖人数/人	届别	年份	获奖人数/人
第一届	2010	7	第三届	2014	6
第二届	2012	6			

注 数据来源：根据《教育之光 水利泰斗——张光斗纪念文集》相关资料编制，中国水利水电出版社，2014 年，第 236～243 页。

2016 年 1 月 15 日，张光斗科技教育基金管理委员会在中国水利水电科学研究院召开第十次全体会议。会议决定，为了彰显张光斗一生耕耘水利教育战线培养出大批水利行业优秀人才的功绩，体现张光斗科技教育基金鼓励水利教育园地优秀人才的宗旨，委员会一致建议除"张光斗优秀学生奖学金"及"张光斗优秀青年科技奖"之外，增设一项"张光斗优秀水利育人奖"，以奖励为培养水利人才作出突出贡献的教学工作者。❶

张光斗科技教育基金不仅仅是一种物质上的奖励，更是张光斗等水利先辈的精神鼓励和传承。张光斗作为水利界的泰斗，把自己的一生毫无保留地奉献给了祖国的水利水电建设和水利教育事业，后学不仅要学习他胸怀祖国、无私奉献的崇高理想和人生追求，还要学习他情系山河、创新创造、献身水利的敬业精神和优秀品质。

---

❶ 张光斗科技教育基金管理委员会：《张光斗科技教育基金简报》2016 年第 15 期。

第三章 张光斗高等水利工程
教育的理论成就

张光斗自中华人民共和国成立伊始来到清华大学执教，踏上高等水利工程教育之路后，就一直颇为重视基础理论课和专业课教材的编写，以建立水利工程学科系统完整的教学教材体系。张光斗刚入清华大学时就编写了《水工结构》教材，后来又相继编写出版了《水工建筑物》（上、下册）和《专门水工建筑物》等教材。在 50 多年的高等水利工程教育教学实践中，张光斗始终不懈地探索适合我国国情的学科教育理念，并使之系统化、理论化，形成了独特的高等水利工程教育理论。张光斗的理论成就对我国高等水利水电教育事业有重要影响。

第一节 不断完善高等水利工程教育的
基础理论教材体系

1949 年 10 月，张光斗来到清华大学水利工程系执教，不仅讲授"高等结构力学"课、"水力发电工程"课，还新开设"水工结构"课、"水利施工"课和"水力机械"课。他创建了新中国水工结构学科，开设"水工结构"专业课，编写了国内第一本《水工结构》教材，指导本科生从事课程设计、生产实习、毕业设计，并建立了国内最早的水工结构实验室，培养出国内首批水工结构专业研究生。教材问题是张光斗在教学工作中遇到的第一道难关。在当时，清华大学水利工程学科各门课程使用的教材普遍比较陈旧，且大多使用英文版本。张光斗开设的"水工结构"课、"水利施工"课和"水力机械"课都是新开的课程，没有足够的可参考的资料，于是他就自己编写讲义和教材。在当时一无经验二缺资料的情况下，张光斗编写了我国第一本《水工结构》中文教材。由于年代久远，如今清华大学水利工程系早已不用这部教材，原稿也已不在，但是这本教材却影响了许多学子的水利人生。

"水工建筑物"课是张光斗给本科生讲授的一门专业课。1959 届水利工程系学生王世夏[1]对张光斗的"水工建筑物"课印象极深。他记得在介绍水工建筑物组成河川枢纽的有关概念时，张光斗对他们说："世界上没有任何别的建筑物能像水工建筑物这样改变地球面貌。"张光斗的这句话不但在学科概念上十分精辟，对已经从事或准备从事

---

[1] 王世夏（1931— ），江苏东台人。华东水利学院（现河海大学）教授，1959 年毕业于清华大学水利工程系，长期从事水工、水力学及河流动力学领域的教学与科研工作，著有《水工设计的理论和方法》。

水工建设的人们，起到了鼓舞斗志和增强职业自豪感的作用，远远胜过千言万语的专业思想教育工作。"水工建筑物"在学科体系方面既基于固体力学、流体力学和松散介质力学等有关理论，又涉及结构、材料、施工技术和地基处理等工程实践经验，知识内涵极具综合性、边缘性和复杂性，授课难度很大。而张光斗却运用他深厚的理论基础和广博的工程知识，尤其是他对世界坝工建设经验的不断关注与总结，对中国大江大河上几乎每一座重要枢纽水工问题的审查、研究、解决，乃至直接参与或主持设计实践，讲起课来得心应手。❶

为了将"水工建筑物"课更加发扬光大，帮助更多的水利工作者，张光斗决定撰写《水工建筑物》一书。1961 年张光斗就开始着手领衔撰写《水工建筑物》专著，历时四年完成，却在"文化大革命"中毁于一旦。1983 年张光斗卸任清华大学副校长职务后，开始重新编写《水工建筑物》一书。张光斗首先确定该书的使用对象和框架。这本书是关于水工建筑物的专著，写出来既可作为高等水利工程教育教学用书和水利水电工程专业本科生、研究生的参考书，说明科研开发工作需要解决的问题和要求，又可供从事水利水电工程设计施工人员使用，提供很多工程实例图。张光斗认为设计水工建筑物是科学，需要科学理论，由于水工建筑物的复杂性，还不能全靠理论来设计，还需要判断和经验，而且随着理论的发展，经验对理论的验证，科学性将加强，经验性将减弱，这是科研发展的方向。在水工建筑物设计计算中，计算方法、采用参数和安全系数是配套的，但用更精确的计算方法和更精确的参数可减小安全系数，但减小多少，要用实践来验证，这也是科研的方向。❷ 1992 年，《水工建筑物》上册出版，接着，1994 年下册也出版。

《水工建筑物》一书是张光斗在学习借鉴国内外水利工程建设先进经验的基础上，结合个人从事水利水电建设工程实践和教学工作的理论总结，书中力求理论联系实际，重视水工建筑物的布置和构造，加以理论分析，尽可能说明其机理。《水工建筑物》上册主要内容包括绪论、重力坝、水闸、支墩坝、拱坝五章内容。绪论中详细介绍了水利建设和水工建筑物的涵义及设计，水利工程的基本建设程序、分等、分级和水工建筑物设计的科学技术等内容。如此抛砖引玉的绪论，即使刚进入水利水电工程专业的学生也能清楚地了解自己所要学习的知识。重力坝部分主要讲述了重力坝的枢纽布置、荷载、荷载组合、基本断面，非溢流实体重力坝和溢流重力坝，重力坝的材料、坝体构造、基岩处理、分缝分块等。水闸部分有水闸的材料和构造、枢纽布置、荷载及其组合，水闸的地基处理、水力设计、防渗设计、抗滑稳定分析和沉降计算等。支墩坝部分则详细介绍了支墩坝的荷载、设计基本要求及枢纽布置，大头坝、平板坝和连拱坝的断面设计和定型尺寸，以及构造和地基处理、应力计算、抗滑稳定计算，大头坝

---

❶　王世夏：《清华五载 泽惠终身 纪念母校水利系建系 50 周年》，《辛勤耕耘五十载 清华大学水利水电工程系》，内部印行，2002 年，第 33 页。

❷　张光斗：《我的人生之路》，清华大学出版社，2002 年，第 157 页。

的溢洪、泄水孔和发电输水管等。拱坝部分描述了拱坝的材料、体形和尺寸选择、枢纽布置、荷载、温度控制、基岩处理、分缝分块，以及拱坝应力分析的结构力学法和有限元法，拱坝的抗震分析、水力设计等方面。《水工建筑物》下册主要介绍土坝、堆石坝、河岸泄洪及泄水建筑物、取水建筑物、明流输水建筑物、压力输水建筑物等内容。全书由易到难，由浅入深，详细而明晰地介绍水工建筑物设计中要面对的问题及其解决方法，是中国广大水利水电科技人员几十年实践经验的理论概括，比较真实地反映了中国在水工建筑物设计方面的水平和成就。[1] 书中对各种水工建筑物设计和施工中的关键问题作了较为详尽的论述，可帮助工程技术人员提高分析和解决实际问题的能力，并从中受到启迪。

继 1992 年和 1994 年张光斗撰写的《水工建筑物》（上、下册）出版后，他再接再厉，又于 1999 年出版了《专门水工建筑物》一书。张光斗看到改革开放后我国水利水电工程建设的飞跃发展，国际间合作和交流的加强为我国水利水电工程建设的发展开辟了更加广阔的前景，形势的发展要求我们一方面要认真总结我国水利水电工程建设的经验，另一方面也要虚心学习世界各国的先进经验，不断创新，促进中国水利水电建设的发展。这种认识成为张光斗编写此书的宗旨。《专门水工建筑物》更加全面总结了国内外专门水工建筑物领域的先进理论和经验，反映了当时的最新成果，指出了今后的发展方向，并对需要重点解决的问题提出了独到的见解，是《中国工程技术专著丛书》之一。水工建筑物按照功能划分，大体可分为两大类：①一般水工建筑物，包括挡水建筑物、泄水建筑物、取水建筑物、输水建筑物等；②专门水工建筑物，包括发电建筑物、通航建筑物、过木建筑物、过鱼建筑物、河道整治建筑物、灌溉排水建筑物等。[2]《专门水工建筑物》是张光斗所著的《水工建筑物》（上、下册）的续篇，论述的内容限于开发利用河川径流所需要的专门水工建筑物。水工建筑物的设计，既需要科学理论，又需要工程经验，既要综合有关的水利学科知识，结合工程经验，理论联系实际，还要懂得水利规划、水利施工、管理和水利经济等，因此，这本书是张光斗综合水利科学研究和工程经验的结晶。[3]

《专门水工建筑物》一书共四章，第一章主要讲述水电站厂房概况，包括水电站厂房类型、荷载、枢纽布置，以设计水电站厂房需要的资料、主厂房和副厂房内部和结构布置，以及河床式厂房、溢流式厂房、地下厂房、坝内式厂房和腹拱坝坝内厂房的介绍，最后给出改进水电站厂房的设计方法和降低造价的途径。第二章是关于河道整治建筑物的概述，包括河道特性与河床演变，河道整治规划，河道整治措施，整治建

────────────────

❶ 中国工程院、清华大学：《中国工程院院士文集　张光斗院士文集》，中国水利水电出版社，2014 年，第 473 页。

❷ 中国工程院、清华大学：《中国工程院院士文集　张光斗院士文集》，中国水利水电出版社，2014 年，第 479 页。

❸ 中国工程院、清华大学：《中国工程院院士文集　张光斗院士文集》，中国水利水电出版社，2014 年，第 480 页。

筑物的材料和构件，护坡护底结构形式，建筑物结构，河道防洪整治综论，最后介绍改善河道、整治建筑物的途径。第三章是关于过坝通航建筑物的概述，包括船闸的总体设计、总体布置，船闸通过能力和耗水量的计算，船闸输水系统设计、结构设计、结构验算，闸门和阀门设计，船闸闸门、阀门的启闭机和升船机等，最后给出过坝通航建筑物需要研究的课题。第四章主要是闸坝过木和过鱼建筑物的概述，包括木材浮运和过木建筑概说，木材浮运方式和浮运建筑物，闸坝过木建筑物的类型及其选择，木材水力过坝和机械过坝建筑物，闸坝过鱼和保护鱼类建筑物的概说，过鱼建筑物和保护鱼类建筑物的类型和布置，鱼道设计，保护鱼类建筑物设计，洄游鱼的人工繁殖，最后给出闸坝过鱼、过木建筑物的研究课题。

第二节　颇具特色的高等水利工程教育思想

张光斗从事高等水利工程教育事业 50 多年，对水利教育有其独到见解。理论联系实际是其重要的水利教育思想。在这一理念指导下，他不仅带领清华大学水利工程系师生完成了密云水库的设计，更是在寻常的言传身教中影响了众多学生的水利人生。此外，他注重汲取中外高等水利工程教育的先进理念、融会贯通和面向经济建设、培养创新精神等高等水利工程教育思想颇具特色，产生过积极影响，对今天的水利教育事业仍然有重要的借鉴意义。

一、强调夯实基础理论的重要性

人的认识，正确的理性认知从实践始，经过实践得到了理论的认识，还须再回到实践中去检验和升华。这一辩证唯物主义的认识路线、方法之概括无疑是正确的、科学的。认识从实践开始，但学生学习知识不可能都从实践开始，从实践中学，主要还是在学校中学习。张光斗认为，在学校里就可以学会大量解决各种水利工程问题的具体方法，主要是掌握理论，学习基础理论和解决工程问题的方法论。[1] 工科大学要注意学习理论，这是先辈们通过不断的实践得出来的科学总结，要用科学的理论指导实践。大学主要是为学生打好基础，培养能力。学生要解决复杂工程问题，能创造革新，就需要有较宽厚的学科理论基础。学科是系统的理论，如水力学和流体力学是研究水及流体的理论，土力学是研究土的力学理论，电工学是研究电工的基础理论。高等水利工程人才的成长需要有更宽厚的学科理论基础。[2] 任何门类工程建设所需要的科学技术都是综合性的，都要包含几个学科和几种工程技术。所以，高等工程教育培养的工程师掌握的科学技术知识和技能也应该是综合性的。张光斗认为，水利工程专业需要的

---

❶　张光斗：《贯彻党的教育方针　办好工科大学》，《教育研究通讯》1982 年第 3 期，转引自中国工程院、清华大学编《中国工程院院士文集　张光斗院士文集》，中国水利水电出版社，2014 年，第 357 页。

❷　张光斗：《在高等工程教育专题研究会上关于层次、规格和学制的发言》，《高等工程教育研究》1983 年第 2 期。

基础科学课程有数、理、化、生物等，需要的技术科学课程有水文学、水力学和流体力学、结构力学、固体力学、岩土力学、建筑材料学、工程地质学等，此外，还需要有相应的工程技术专业课程。❶ 作为一个水利工程师，应该具有这些学科和专业的基本知识。虽然对专科、本科、研究生和博士研究生等不同层次人才的培养方法不同，但是，张光斗强调无论哪个层次，都应该注重基础理论的教育。在教学计划中，应该使学生学好基础理论，包括基础科学课程和应用基础科学课程，即技术基础课。课程内容要少而精，讲最先进的、最基本的理论和技术，教学应采用启发式，培养学生的自学能力，以及分析问题和解决问题能力。❷ 只有具备了扎实的理论基础，才能独立进行工程技术工作，才能在此基础上进行创新。

近现代技术革命正在兴起，特别是高新技术迅猛发展。由于高新技术与科学相结合，为了迎接新技术革命的挑战，在教育中必须重视技术科学和基础理论科学相结合的人才培养，尤其在技术和工程复杂的水利工程领域。❸ 归根结底，现代水利工程技术的进步要依靠科学创新，而科学创新是在拥有雄厚扎实的基础理论之后才能进行的。只有知道了"为什么"，才能发展和改进"怎样做"。九尺高台，起于垒土；千里之行，始于足下。只有学好了最基本的工程技术和基础理论，才能科学运用理论解决工程实际问题。让学生学习本专业的技术科学和工程技术等基础理论，其实就是学习用科学理论解决实际工程问题的方法论，打下扎实的基础，提高适应能力。当然，张光斗提倡的并不是一味死读书，埋头于学习基础理论而不去实践，他倡导的是学习与实际相结合的基础理论。

二、理论联系实际，重视实践

张光斗执教50多年，一直坚持理论教学和工程实际相结合的教学思想和方法，他认为学习水利建设既要打好理论基础，又要增强实践能力。水利技术科学课程的理论联系实际，除了做实验和作业的训练外，还要联系工程实际，教导学生如何将理论应用于工程实际。而水利工程技术课更需要做到理论联系实际，为此要做实验，做课程设计，尤其是生产实习，更是水利工程教育中不可替代的环节，它包括在校办工厂内学习工艺操作技能，以及去工地实习。❹ 张光斗认为，学生的毕业设计是综合应用理论解决工程实际问题的教学过程，也是重要的理论联系实际的教学环节，尤其重要。为此他主张毕业设计题目应尽可能是实际工程项目，即所谓"真刀真枪毕业设计"。正是在这一水利工程教育思想指导下，张光斗带领水利工程系学生在密云水库接受实践教育，总结出"真刀真枪做毕业设计"的体会，并成为清华大学的一条非常重要的办学

---

❶ 张光斗：《关于高等工程教育的若干认识》，《高等工程教育研究》1992年第2期。
❷ 张光斗：《中国高等工程教育的发展方向》，《高等工程教育研究》1990年第3期。
❸ 张光斗、高景德：《技术科学与高等工程教育》，《科学学研究》1987年第1期，转引自中国工程院、清华大学编《中国工程院院士文集 张光斗院士文集》，中国水利水电出版社，2014年，第388页。
❹ 同❶注。

经验。

　　曾任华北水利水电学院党委书记、黄河水利委员会纪检组长的冯国斌作为张光斗的学生，经常回忆起老师："在清华大学 6 年的学习生涯中，我有一年半的时间都在密云水库。张先生经常是在上课之前就先带我们去密云水库实地调查，进行若干次的实习勘测。理论联系实际一直是张先生的教育主张。"❶ 学生们交论文时，张光斗也总要先看一看有没有经过实验论证或工程实践检验，如果没有就立即退回。他经常告诉学生，水利工程决不能单纯地看课本上的公式和依赖计算机算出来的结果，因为水是流动而变化的，所以要亲自去实地勘测，到实验室去做实验，得出第一手的资料。水利部前副部长刘宁记得恩师曾告诫自己："工程师要运用综合知识建设工程，需要有理论，也要有经验，仅在课堂上学的知识是不够的！"❷ 张光斗曾一再教导学生陈厚群："作为一个工程科技人员，一定要密切结合工程实际，重视工程实践中的经验教训，既要刻苦钻研理论、跟踪前沿，更要加强工程概念，注意通过试验和在工程实践中检验和改进理论，以求能指导实践。"❸ 张光斗的理论联系实际的理论思想深入到教学的每一个环节，传达给每一个学生。

　　1962 年 3 月 19 日新丰江水库发生强水库地震，大坝出现 82 米长的裂缝。张光斗指导的研究生张楚汉结合研究生论文到新丰江水库现场去做试验。张楚汉和张训时等到现场进行了一年半的现场试验，用大爆破模拟地震波，做了 4.5 米高的大坝模型，现场测量反应。那时每天余震不断，他们又去收集了大坝原型的余震反应，两者对比，结果发现大坝坝顶放大系数高达 6～7 倍之巨，远比设计规范（苏联规范）的 2.5 倍高得多。裂缝原因找到了合理解释后，才对加固措施提出了设计，最后确定了预应力锚筋加坝后贴坡等处理措施，彻底解决了新丰江水库的抗震安全问题。张楚汉也顺利完成了研究生论文，于 1965 年毕业。这件事说明张光斗重视理论结合实践，善于从工程问题中抓住关键，培养学生的创新能力。这对张楚汉后来的学术生涯起到了重要的影响。❹

　　张光斗经常对清华大学原党委书记胡和平说，水利工程系培养人才关键在于德育教育和实践教育，德育教育是教育学生怎么做人，让其成长为真正为国家、为人民做事的人，而实践教育则要求学生理论与实际相结合，水利工程系的学生就一定要到工

　　❶ 樊弋滋：《江河之恋——怀念著名水利水电工程专家和工程教育学家张光斗》，《教育之光 水利泰斗——张光斗纪念文集》，中国水利水电出版社，2014 年，第 217～218 页。

　　❷ 刘宁：《江河其工 星斗其魂——忆张光斗先生二三事》，《教育之光 水利泰斗——张光斗纪念文集》，中国水利水电出版社，2014 年，第 36 页。

　　❸ 陈厚群：《高山仰止 师恩难忘——缅怀张光斗先生》，《教育之光 水利泰斗——张光斗纪念文集》，中国水利水电出版社，2014 年，第 39 页。

　　❹ 张楚汉：《深切悼念张光斗先生》，《教育之光 水利泰斗——张光斗纪念文集》，中国水利水电出版社，2014 年，第 46 页。

程现场、到工地学习。❶ 按照张光斗的要求，清华大学水利工程系学生的生产实习直到今天都坚持到工程建设一线去。到了晚年，张光斗还经常让自己指导过的学生带水利工程系的青年学子到家里座谈，了解大家的学习、科研情况，并结合自身经历解释水利工程实践性强的特点，叮嘱大家在学习和工作中不能仅仅依靠课本和计算机，应更多地和实验、生产实践相结合，这样学习工作才有根基。辩证唯物主义认为，实践是检验真理的唯一标准，无论是做学问还是做工程，张光斗一直秉持理论联系实际、重视实践检验的原则，并切实体现在自己的水利人才教育和教学工作中。

1981 年冬季，教育部成立了直属高等工业学校教育研究协作组，包括清华大学等在内的 12 所教育部直属工科大学加入，虽然这是一个学术组织，但得到了教育部高教二司的支持和指导。成立会议在清华大学召开，协作组的主要作用是探讨高等工程教育的改革和发展，交流经验，讨论和咨询教育部将出台的高等工科教育的规定和办法，目的是通过教育科学研究为教育部制定政策提供咨询意见。张光斗被推选为协作组的第一任组长，任期 3 年。1983 年冬季，协作组在四川成都工学院开会。会议主题是"高等工程教育的层次和规格"，张光斗主持。会议就高专、本科、硕士、博士等教育层次展开讨论，有人认为高专、本科、硕士都是工程型，只有博士是科学型；也有人认为本科、硕士、博士是科学型，只有高专是工程型。关于学制意见也不统一。经会议讨论，与会学校的专家取得了如下共识：高等工程教育要多层次、多规格，适应时代发展和国家需要。教育部直属高等工业学校教育研究协作组的创建对我国高等工程教育的发展作出了重要贡献，协作组在张光斗带领下形成了一支专兼职结合的研究队伍，在为国家教育科学重大课题研究、国家教育有关决策提供咨询意见等方面发挥了重大作用。❷

三、博采众长，融会贯通

张光斗的高等水利工程教育思想是在兼收并蓄、融会贯通的基础上形成自己的思想体系的。早在 1935 年 8 月张光斗就作为清华大学留美公费生前往美国学习，接受美国的水利高等工程教育。他在美国学习中不仅在校听课学习，还利用假期走访工地，这种理论与实践相结合的学习过程又让他受益匪浅，对他以后从事高等水利工程教育事业有很大的启发。1943 年 3 月，张光斗被国民政府资源委员会再次选派到美国学习大型工程建设，在美国田纳西河流域管理局和方坦那工地实习。这段时间他白天到工地，晚上阅读文件资料，主动向工人学习工艺，更加深切地感到做设计必须与实践相结合，做工程必须与工人相结合，这是十分重要的。❸ 这一时期他还收集了很多高压闸

❶ 胡和平：《他深情地凝望着祖国的江河——纪念张光斗先生》，《教育之光 水利泰斗——张光斗纪念文集》，中国水利水电出版社，2014 年，第 41 页。

❷ 王光纶：《老科学家学术成长资料采集工程、中国科学院院士传记、中国工程院院士传记丛书 情系山河：张光斗传》，中国科学技术出版社、上海交通大学出版社，2014 年，第 199 页。

❸ 张光斗：《我的人生之路》，清华大学出版社，2002 年，第 28 页。

门图纸和施工组织技术资料，包括很重要的施工流程和施工机械资料，这些资料日后对新中国水利工程建设发挥了很大作用。这是新中国成立之前，张光斗两次前往美国学习，接触到美国高等水利工程教育和水利建设，充分汲取他们的经验，同时意识到自身的不足，学无止境，这对他以后从事水利工程建设和水利教育事业都有很大的影响。

中华人民共和国成立后，中国学习苏联进行高等教育改革。张光斗认为苏联的高等教育系统比较完整，水利工程专业课既有理论，又有布置和构造，还有设计和生产实习，可以适当弥补从前的不足，于是开始努力学习苏联教学经验。首先，与美国四年学制相比，张光斗更赞同苏联的五年制，他认为这样的学制设置相对更完整，对培养学生成为工程师所具备的能力有很大作用。其次，张光斗诚心学习苏联课程设计方面的内容，英美的教学中没有这一环节，而这是对学生进行实际锻炼很重要的教学环节。苏联的教学在课程内容中，要求学生练习真正的设计和生产，以便学生能够具备基础的设计能力。张光斗任主任的水利工程系水工结构教研组的课程设计启动较早，取得成效。❶ 最后，对张光斗产生最大影响的就是苏联的毕业设计经验了，以往我国大学都是学习西方，学生毕业实行毕业论文形式，而水利、建筑这一类工程专业更偏重于实践经验。张光斗吸收苏联毕业设计经验，先带领水利工程系教师们试做和体验整个毕业设计过程，然后再带领学生做，最终使每个学生都有自己的毕业设计。中华人民共和国成立后学习苏联经验，对清华大学产生了很大影响，对张光斗高等水利工程教育思想的形成和发展也有了很大的启发和改变。同时他也认识到苏联的高等水利工程教育也不是完美的，如不重视创新能力培养、知识面过窄这些缺点都不利于学生的成长和水利科技的发展。总之，张光斗面对美国和苏联的教育经验善于博采众长，融会贯通，进而积极探索适合我国国情的高等水利工程教育路径。

20世纪六七十年代，张光斗多次到欧洲各国参加国际学术会议和参观水利工程，对其高等水利教育思想又产生了极大影响。1963年，张光斗前往英国南安普顿大学参加国际拱坝计算会议。在会上，他第一次听到用有限元法来计算拱坝，从前他认为用严格数学理论来计算拱坝是不合适的，因为必须有许多简化假定，可是这次会议上的收获让他意识到有限元法较为灵活，可适应各项变数，用来计算拱坝最好不过。❷ 回国后他不但大力宣传这一方法，在1973年他暂时被"解放"回到清华大学后潜心学习有限元法理论，并且编写了讲义教给水利工程系其他教师，成为清华大学水利工程系学习有限元法的先行者。1973年6月，张光斗再次率团赶赴西班牙马德里参加第11届国际大坝会议。在这次会议上，张光斗不但率团宣传了我国水利建设和科技成果，并且将台湾当局从国际大坝委员会驱逐出去，中国作为成员国加入国际大坝委员会，还学

---

❶ 王光纶：《老科学家学术成长资料采集工程、中国科学院院士传记、中国工程院院士传记丛书　情系山河：张光斗传》，中国科学技术出版社、上海交通大学出版社，2014年，第91页。

❷ 张光斗：《我的人生之路》，清华大学出版社，2002年，第96页。

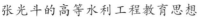

习其他国家高坝建设的经验，尤其是会后安排参观西班牙的高坝建设，见识到了他们的双曲薄拱坝、高拱坝、地基排水系统、拱坝高速水流消能设计等创新设计，这些对张光斗来说既是教授水利课程的鲜活案例，又是水利建设时可供参考的经验。

改革开放后，中美恢复邦交，两国之间开始科学技术交流。1978 年暑假，张光斗应邀参加美国土木工程学会在旧金山召开的美国水力学会议，并作中国高坝水力学专题报告。在会上张光斗不仅宣读了《中国高坝水力学》论文，宣传了我国的高坝建设成就，还学习到了美国水力学研究用数学模型在计算机上的应用代替物理模型试验的方法，计算机数学模型的计算和分析速度快，既节省时间又节省钱，但是张光斗还是认为数学模型必须建立在原型观测和物理模型得到的规律的基础上，所以不能全靠数学模型的推理。会议结束后，张光斗随即加入清华大学"中国访美友好代表团"，随团参观访问了夏威夷大学、加州大学伯克利分校、美国国家垦务局、哈扎工程顾问公司等大学和机构。这次访美之行，张光斗参观了美国多处大学的水利系建设和各个结构试验室、水力学实验室、水文实验室等机构，见识到了美国水利建设和水利教育的发展，了解到美国水利当前在教育上推广计算机应用、重视理论基础学习、加强科研工作等动向，这些对他以后主持清华大学水利工程系的科研和教学都有重大的启示。同时美国拒绝我国选派学生去企业实习这一行为也使张光斗感到科技是有国界的，我们必须自力更生，对他们的科技和经验要充分进行消化、吸收和创新。1979 年 4 月，清华大学派访美代表团，张光斗作为副团长跟随前往，这次主要是了解美国一流大学的教学科技发展。代表团第一站是访问加州大学伯克利分校，张光斗看到该大学为适应美国工业企业需要，实行通才教育，教学知识面宽广，注重基础课和技术课，培养学生实践能力和创新精神，重视研究生教育，鼓励教授进行科研工作，而且实验室仪器设备精良，校、院有大型计算机中心，连系也有计算机室，如此重视计算机应用，深感这是大学教育发展的方向，我们需要根据我国国情向他们学习。❶ 代表团第二站去了加州工学院和麻省理工学院，和加州大学伯克利分校一样，他们都重视实验室和计算机中心的建设，减少物理模型试验而转向数学模型，大学培养的人才都是根据美国工业企业的需求来培养。1980 年，应日本学士院的邀请，中国科学院派代表团访日，张光斗作为中国科学院技术科学部副主任担任副团长一职前往。这次访日让张光斗看到日本的教育体制和美国类似，重视应用研究和技术开发，实验仪器精良，大学和科技单位负责科研出成果，而工业企业进行中间试验和生产试验，把科技成果转化为生产力。日本同样拒绝接收我国实习生前来学习的态度让张光斗意识到"科技既无国界，又有国界"，要学习国外科学和技术是困难的，我国要自力更生。1981 年暑假，教育部派代表组去法国巴黎参加国际工程教育会议，张光斗为组长。此次会议各国之间相互交流教育经验，张光斗看到无论是法国、德国的六年学制，英国的三年学制，还是美国的四年学制，都是适应各国国情和工业企业的需求，他们的目标都是培养工程师；

---

❶　张光斗：《我的人生之路》，清华大学出版社，2002 年，第 133 页。

同时，理论联系实际，重视工程师的继续教育，这也是未来教育的发展方向。

20 世纪 80 年代，张光斗多次出国访问，让张光斗学习到了美国等国家高等水利工程教育方面的长处，他们现代化的实验室仪器设备，重视理工结合、理论教育和科研工作结合，发展计算机中心等都值得我们学习。同时他也意识到，外国的教育是适应他们国情发展的，我国情况不同，不能照搬美国、日本经验，要合理吸收。张光斗认为，我国包括水利水电、土木等高等工程教育教学要学习美国，科学理论基础要扎实。但要注重理论联系实际，不能完全抛弃原来苏联的做法，还是要有最基础的工程教学，有设计和生产实习，重视科研工作和技术开发工作，培养学生的实践能力和创新精神，这样才能做到对其他国家的教育经验吸收、消化并创新。

四、面向经济建设，培养创新精神

张光斗认为高等工程科技教育是培养高层次人才和出科技成果的，经济建设需要用人才，在把科技成果转化为生产力方面，企业是技术、生产力研究开发的主体，为此，高等教育要面向经济建设，经济建设要依靠高等教育。[1] 张光斗多次写文阐述高等工程教育要面向经济建设，而高等水利工程教育作为高等工程教育中的一环尤其如此，一方面高等水利工程教育的培养目标、教学内容必须满足我国国民经济建设的需要，另一方面高等水利工程教育培养的人才在质量和数量上必须满足国家建设的需要，为我国水利建设服务。而面向经济建设的高等水利工程教育，创新精神是必需的，无论是研究开发成果，还是将科研成果转化为生产力，没有创新精神就是无源之水。现代科学技术知识日新月异，为此培养学生的分析解决问题能力和创新精神是非常必要的。对于高等水利工程教育，张光斗认为，在教学过程中，在学生学习了实验、测量、制图、计算、工艺劳动等技能和科学技术知识后，进一步要求学生对它们能理解、掌握、应用和加以创新发展。为此水利教材必须少而精，内容要反映新的科学技术，具有系统性和时代性；教学方法应该是启发式的，引导学生独立思考、学会独立创作，注重培养学生的自学能力、分析问题和解决问题能力、独立工作能力、组织能力和创新精神。[2]

科学技术是不断发展的，发展过程中会不断出现新的问题等待解决，所以作为一名水利水电工作者，不能墨守成规，要勇于创新，实事求是。张光斗深知创新精神在水利工程建设过程中的重要性。早在 20 世纪 50 年代末修建密云水库时，为了解决工程难题，他创造性地用廊道代替隧洞导流、用地下混凝土防渗墙处理白河大坝地基问题、采用薄斜墙坝型等创造，使密云水库得以保质保量按期完成。为了培养学生的创新精神，他曾开设"高等水工结构"课。由张光斗先作开题的引论和提出可研究的问题，介绍参考文献，然后请学生阅读文献，进行研究，在班上进行讨论，最后他做引

---

❶ 张光斗：《加强高等教育与经济建设的结合是发展经济的关键》，《高等工程教育研究》1998 年第 4 期。

❷ 张光斗：《关于高等工程教育的若干认识》，《高等工程教育研究》1992 年第 2 期。

导和总结，以此培养学生自学能力和创新精神。可惜受传统学习模式习惯的影响，课上很少有学生发言讨论，学生还是习惯于听老师讲，不善于思考和讨论。这是张光斗为培养学生创新精神的一次大胆试验和改革。他在指导本科生和研究生时，不但要求他们加强理论学习和工程实践，还要在学习和实践过程中注意培养创新能力和意识。张光斗认为科学技术是不断发展的，尤其是水利、土木这类工程专业，为此要培养学生创新精神，不能墨守成规，要勇于创新，并实事求是，百折不挠，而在教学中更要鼓励学生的创新思维，还可以成立课外研究小组，以锻炼学生的创造力和发扬创新精神。❶

张光斗在教育上还力倡推行继续教育，水利工作者在工作中要不断提高自己的理论水平，学习新的科学技术，提高理论联系实际的能力。同时，还要不断提高自己的思想道德水平，成为一名又红又专的水利建设者。张光斗的高等水利工程教育思想是他毕生从事水利工程建设和水利教育事业经验的总结和升华，在今天依然值得借鉴。

---

❶ 张光斗：《关于高等工程教育的若干认识》，《高等工程教育研究》1992 年第 2 期。

余　论

　　张光斗是成长于 20 世纪上半叶的老一代科学家，一生不仅与水利结缘，参与修建三峡大坝，设计密云水库，指导葛洲坝工程建设，参加黄河治理，还与教育为伴，参与创建和发展清华大学水利工程系，在讲台上挥洒汗水，循循善诱，带领清华大学师生真刀真枪做毕业设计，含辛茹苦撰写水利工程学教材，辛勤培育水利人才，在水利水电工程建设和高等水利工程教育事业上取得累累硕果。张光斗作为一位从江苏小镇走出来的青年学子，为何一生会有如此大的成就？他的身上有哪些值得我们学习之处？一个人的成功离不开外界条件和自身的努力，张光斗也不例外。显而易见，张光斗在高等水利工程教育领域取得卓著成就，离不开中华人民共和国的成立提供了一个和平安定的建设环境，给予张光斗发挥才干的用武之地。但一个人事业的成功仅靠客观条件是远不够的，张光斗事业的成功主要与自身的优良学风和优秀品质密切相关。

　　首先，心怀对祖国的热爱、奉献之情和吃苦耐劳精神。1937 年 6 月，张光斗获得了人生的第二个硕士学位——哈佛大学工程力学硕士，并打算暑期实习过后继续攻读博士学位。不料爆发了"七七事变"，日寇发起了全面侵华战争。在美国丹佛城垦务局实习的张光斗闻此消息坐立不安，爱国心切的他愤然发出呼声："如果国都亡了，我念书还有什么用。"❶ 婉拒了导师威斯脱伽特教授的挽留，毅然回国参加抗战，投身水利建设事业。放弃即将开始的博士研究生生涯和美国优越的生活环境，回到炮火连天、满目疮痍的祖国。这是怎样的一颗赤诚的爱国之心。正是这颗拳拳爱国之心支撑着张光斗在抗战中取得一个又一个水利建设成就，为他日后踏上高等水利工程教育之路打下了基础。1948 年，身为水电总处总工程师的张光斗接到国民政府资源委员会通知，要求总处把全部文件档案和水电资料图纸装箱，送往台湾。张光斗既不想把资料交出去，又担心不交出去无法交待，正左右为难之时，中共地下党组织派王宝基找到他，并协助他将 20 箱假的资料图纸送出去，真的资料图纸藏起来。中华人民共和国成立后，这些资料图纸在后来的水利水电事业的恢复和建设中发挥了重要的作用。正是对国民党腐败黑暗统治的失望，对中国共产党的信任才让张光斗敢于鼓起勇气"偷梁换柱"，保住这批珍贵的资料，并拒绝了来自台湾同学的邀请。张光斗坚定地认为自己是学工程技术的，立志建设水利水电工程，建设祖国，为人民造福。共产党要建设国家，

　　❶　王光纶：《老科学家学术成长资料采集工程、中国科学院院士传记、中国工程院院士传记丛书　情系山河：张光斗传》，中国科学技术出版社、上海交通大学出版社，2014 年，第 45 页。

正是需要人才之际，所以决心留待解放❶。因为对祖国的无比热爱和对共产党的信任，让张光斗日后有机会来到清华大学踏上了高等水利工程教育之路，成为一颗冉冉升起的水利界教育之星，为百废待兴的祖国培育了大批水利人才。

仅有一颗炽热的爱国之心是不够的，张光斗身上还有中华民族另一传统美德——吃苦耐劳精神。修建北京密云水库时，作为总工程师的张光斗，与清华大学师生、设计人员常驻工地，日夜忙碌，吃的是窝头和咸菜，睡的是简陋的席棚，在零下十几摄氏度的冬天，泥里来，水里去，每天工作十几个小时。尤其在1959年汛期，由于导流廊道内流速极大，出口冲刷严重，民工日夜抢险，张光斗和其他技术干部也寸步不离地守着。汛期一个月，张光斗白天四处奔走查看，晚上通宵开会，一天只能和衣而眠两三个小时。在各方努力下，密云水库终于平安度汛，张光斗高兴极了，不料在长期高度紧张后一放松下来就大病了一场，被指挥部从工地送回家中。年幼的女儿看到多日未回家的父亲两眼紧闭，神志不清，嘴角冒着白沫，手脚抽搐地被抬回家，吓得嚎啕大哭❷。就是凭着这股吃苦耐劳、甘于奉献的精神，张光斗完成了这场带领学生轰轰烈烈的真刀真枪毕业设计任务，既解决了北京人民用水和水库安全的问题，又完成了他高等水利工程教育生涯中的一大创举。

其次，在工作和教学中注重实践，理论联系实际，科学严谨。注重实践，强调理论联系实际这一原则，贯彻在张光斗的整个学习和教学生涯中。早在美国求学时，张光斗就利用寒暑假时间前往美国各个大坝参观学习，并且在美国国家垦务局实习。1943年，张光斗被国民政府资源委员会选中再次前往美国学习大型工程建设，并被安排在田纳西河流域管理局实习。这段时间，张光斗白天做设计，去工地向有经验的工人请教学习，晚上读文件、查资料、学理论，运用理论把白天看到的知识搞清楚。为了更好地参与实践，张光斗主动到方坦那大坝工地实习。这种做设计与实践相结合、做工程与工人相结合的方法获得的知识和经验，对张光斗日后从事水利水电建设和教育事业意义重大。成为清华大学水利工程系教师后，张光斗一再叮嘱自己的学生，不要死学教材上的知识，要到工地上去实践，将学到的理论知识运用到真正的水利建设中去。也是在理论联系实际这一理念指导下，他带领清华大学水利工程系师生真刀真枪做毕业设计，参与修建密云水库，既解决了潮白河水害问题，又使师生得到锻炼。从1980年张光斗指导硕士和博士研究生起，就要求他们不仅要加强基础理论学习，同时要重视工程技术，做结合工程实际的研究论文。

科学严谨也是张光斗的珍贵品质之一。早在1939年张光斗主持修建桃花溪水电站时，由于地质工程师提交的工程地质图把接缝位置画错，造成工程事故后，张光斗深感工程师要亲自现场勘查地质条件，工程建设容不得马虎大意，做事必须科学严谨，一旦疏忽，造成的后果不堪设想。所以，即使到了耄耋之年，张光斗也要亲自爬上正

---

❶ 张光斗：《我的人生之路》，清华大学出版社，2002年，第48页。

❷ 王光纶：《老科学家学术成长资料采集工程、中国科学院院士传记、中国工程院院士传记丛书 情系山河：张光斗传》，中国科学技术出版社、上海交通大学出版社，2014年，第131～132页。

在建设中的一百多米高的三峡大坝，经脚手架检查大坝底孔混凝土浇筑质量，不放过工程中的任何瑕疵。张光斗也将这种科学严谨的品质叮嘱传授给每一位学生。他经常用中外水电史上一些失败的例子告诫学生：一根残留的钢筋头会毁掉整条泄水隧洞；一定要"如临深渊，如履薄冰"，对国家和人民高度负责❶。正是这种注重实践的教学方式和严谨科学的做事精神，让张光斗在水利水电工程建设事业和高等水利工程教育事业上取得累累硕果。

最后，善于博采众长，不断创新创造，呕心沥血地培育新人。张光斗自 1949 年从事高等水利工程教育事业以来，为了培育水利水电人才，50 多年来兢兢业业，呕心沥血。初入清华大学从教的张光斗，面对的是战后百废待兴、师资和教材严重缺乏的土木工程系。他要亲自编写讲义，开设新课，为了教好学生甚至主动请教其他老师，每天工作到深夜。1952 年全国高等院校进行教育改革，学习苏联。张光斗被任命为清华大学水利工程系水工结构教研组主任后，积极学习苏联教学经验。他既要向苏联专家学习讲课，校对讲义，还要给学生上课，辅导学生做课程设计，每天工作约 14 小时❷。张光斗努力学习苏联理论联系实际、既有理论又有布置构造和设计生产实习等的教学经验，并将它们巧妙融入自己的教学过程中。张光斗在教学过程中，并不是一味埋头教书，而是注意了解世界水利工程学界的前沿知识。他数次参加国际会议和到欧美各国参观，见识国外先进教学经验和方法，尤其注意学习和吸收。例如利用有限元法计算拱坝就是他在参加英国南安普登大学国际拱坝计算会议中听到，深受启发，回国后主动学习并教给水利工程系其他老师的。张光斗就是这样为祖国的高等水利工程教育事业发展呕心沥血、默默奉献的。面对水利水电专业教材缺乏现象，他曾花费四年时间主编《水工建筑物》（上、下册），不料在"文化大革命"中被毁之一炬。改革开放后，他在百忙之中依然抽出时间重新编写此专著，"十年磨一剑"，才将这两本书重新写出并出版。耄耋之年的张光斗依然精神矍铄地站在讲台上为学生讲"水工概论"课，教导学生刻苦学习，厚植学术根基，为我国水利水电建设事业作贡献。凡此种种，足见他对教育事业的热爱与不舍，对青年人才给予的厚望与期待。张光斗作为一名杰出的高等水利人才的培育者、一代宗师，他的精神和品质值得今天的水利教育工作者学习和借鉴。

---

❶ 周文斌：《江河作证——记两院院士、清华大学教授张光斗》，《光明日报》2002 年 6 月 3 日。

❷ 张光斗：《我的人生之路》，清华大学出版社，2002 年，第 62 页。

张光斗与三峡
工程建设

绪论

张光斗与三峡工程建设

三峡工程是中国也是世界上目前建成的最大规模的水电工程项目，从1918年孙中山先生首次提出开发长江三峡水力资源的设想到2009年三峡工程建成，其经历了近一个世纪的历程。张光斗是我国著名的水电工程专家，被誉为"当代李冰"。他从20世纪40年代就开始涉足三峡工程，在工程的勘测、设计、论证和建设过程中发挥了巨大的、不可替代的作用。本篇运用历史唯物主义的理论和方法，分别以民国时期和中华人民共和国成立后这两大历史时期为时代背景，对张光斗参与三峡工程的全过程作一较为详细的介绍和总结。尤其对他与"萨凡奇方案"的出台和实施，以及中华人民共和国成立后他对兴建三峡工程必要性与可行性的分析等内容进行较为详细的论述，并对张光斗在此过程中发挥出巨大作用的原因进行分析，缅怀先贤，以期对当今的水电建设提供一些有益的借鉴。

绪　　论

一、论题的缘由及意义

三峡工程是中国在长江上游段建设的大型水电工程项目。1918年，民主革命的先行者孙中山在上海用英文撰写了《国际共同发展中国实业计划书——补助世界战后整顿实业之方法》一文。文中孙中山首次在世人面前提出了开发长江水力资源和改善上游航运条件的设想。到了20世纪30年代，国民政府开始对长江三峡展开勘测工作。1944年5月，美国垦务局总设计工程师萨凡奇博士在张光斗的建议下来中国考察水电。同年9月，萨凡奇查勘长江三峡并编写了开发三峡水力资源的具体报告——《扬子江三峡计划初步报告》，即著名的"萨凡奇方案"。之后，国民政府在美国的帮助下开始实施建设三峡工程的计划，直至1947年停止。

中华人民共和国成立后，党和国家领导人高度重视长江防洪问题。1953年2月，毛泽东主席乘"长江"舰视察长江，在听取长江水利委员会[1]主任林一山关于长江防洪的规划时，明确提出利用三峡水库解决长江中下游防洪问题的战略构想。20世纪60年代，由于经济困难等原因，三峡工程的勘测和论证工作被迫搁置起来。到了70年代，

---

[1]　长江水利委员会于1950年2月成立，简称"长江委"。1956—1988年改称长江流域规划办公室，简称"长办"。1988年以后复称。

随着国家经济形势的好转，三峡工程被重新提上议事日程。80 年代后期，三峡工程进入重新论证阶段；在党和政府的领导下，有关三峡工程的勘测、论证和设计工作取得了较大进展，1992 年全国人大通过了修建三峡工程的决议。经过两年的准备期后，工程于 1994 年正式开工建设，于 2009 年竣工。

作为我国著名的水利水电工程专家、水利工程教育学家和中国科学院、中国工程院资深院士，张光斗将自己的一生都献给了我国的水利水电事业，作出了突出的贡献，对三峡工程更是倾注一生的心血。2013 年 6 月 21 日，张光斗在北京逝世。作为三峡工程的支持者、建设者，张光斗在这项工程的论证和建设过程中发挥了哪些具体的作用，是非常值得研究的。此外，水利史在中国拥有特殊的文化和历史地位。自古以来，治水与治国一样，都是当政者必须面对的重大问题。由于水利科学是一门工程科学，是人类利用自然、改造自然、造福人类的科学，科技领军人物的带头作用在治水活动中十分突出。张光斗是我国水利水电建设领域的标杆人物，在中华人民共和国六十余年的水电建设事业中发挥了巨大的作用。梳理和再现这样一位泰斗级学人的毕生学行与贡献，对当今的水利水电建设者们当有一定的借鉴和激励作用。

进入 21 世纪新的发展阶段，我国的水利水电建设面临着一些新的挑战。随着我国经济的快速发展，国家各项事业对清洁能源和对水电的需求急剧增加；如何保持水电事业的稳步发展，调整能源结构，对我国今后经济的发展至关重要。此外，开发水电的理论及手段正在向着可持续发展的方向转型，这也对传统的防洪治水工作提出了新的挑战。因而，研究三峡工程这一重大水电项目的建设历程，对于未来我国水电事业的发展具有较强的借鉴意义。

二、学术史回顾

（一）有关长江及三峡工程的论著

《1949—1957 年历次全国水利会议报告文件》❶、《历次全国水利会议报告文件 1958—1978》❷ 和《历次全国水利会议报告文件 1979—1987》❸ 较为详细地记录了几十年间历次全国水利会议的情况，为了解和研究新中国水利事业的发展历程提供了大量的档案文献。

《长江三峡工程争鸣集·总论》❹ 和《长江三峡工程争鸣集·专论》❺ 是一套系统、全面介绍三峡工程争论的资料汇编集。这两本资料汇编由中国科学院成都图书馆、中

---

❶ 水利部办公厅：《1949—1957 年历次全国水利会议报告文件》，内部印行，1957 年。
❷ 《当代中国的水利事业》编辑部：《历次全国水利会议报告文件 1958—1978》，内部印行，1987 年。
❸ 《当代中国的水利事业》编辑部：《历次全国水利会议报告文件 1979—1987》，内部印行，1987 年。
❹ 中国科学院成都图书馆、中国科学院三峡工程科研领导小组办公室：《长江三峡工程争鸣集·总论》，成都科技大学出版社，1987 年。
❺ 中国科学院成都图书馆、中国科学院三峡工程科研领导小组办公室：《长江三峡工程争鸣集·专论》，成都科技大学出版社，1987 年。

国科学院三峡工程科研领导小组办公室编纂，书中较为客观地收录了反映各方面专家、学者、团体的各种具有代表性的观点和意见的文章。对了解三峡工程问题的全貌及有关三峡工程的争论有很大帮助。

20 世纪 80 年代后期，国务院开始组织有关专家学者对三峡工程进行重新论证。此次论证历时近 3 年，分为 14 个专家组，400 多名专家参与其中。为了便于社会各界了解三峡工程重新论证的成果，三峡工程论证领导小组办公室于 1988 年 12 月将 14 个专题论证报告文件汇编成书，即《三峡工程专题论证报告汇编》❶。这 14 个专题论证报告是重新编制三峡工程可行性研究报告的基础，是了解和研究有关三峡工程重新论证基本情况和论证结论的重要参考资料。

此外，还有前能源部水力发电总局局长李锐编写的《论三峡工程》❷。李锐是三峡工程的"反对派"，曾与林一山进行过有关三峡工程修建与否的"御前辩论"。作者在书中以辩论的形式表达了他对三峡工程的基本看法，以及对长江流域规划的若干意见等。作者在书中表达的某些观点也基本代表了当时许多反对三峡工程的专家学者的看法，有助于我们很好地了解有关三峡工程争论的全貌。

进入 90 年代后，随着三峡工程的开工建设，有关三峡工程的各种论著如雨后春笋般出现。《三峡工程水位论证集》❸ 汇编了三峡工程水位方案论证的重要文章，比较了诸多方案的利弊，着重论证了 175 米方案的优越性，从多方面、多视角论证了三峡工程 175 米方案的可行性。

《高峡出平湖：长江三峡工程》❹ 一书，由林一山编写完成。林一山长期担任长江水利委员会主任一职，对长江流域各方面的情况都有很深的了解，因此他是积极主张早日兴建三峡工程的。他在书中比较全面地介绍了有关三峡工程的勘测和论证过程，并阐述了他对建设三峡工程的必要性和可行性的分析。

《百年三峡——三峡工程 1919—1992 年新闻选集》❺、《百年三峡——三峡工程 1993—2003 年新闻选集》❻，汇集了民国时期、新中国成立初期和改革开放以后等不同时代有关三峡工程的具有代表性的新闻报道，比较全面地记录和反映了三峡工程由设想逐步变为现实的曲折历程，具有较强的研究和参考价值。

由长江水利委员会编纂的《长江志》❼ 于 2003 年及以后的几年内陆续出版，全志分为 23 卷，共计 1000 余万字。该志详细记述和收录了从远古至 20 世纪 90 年代有关长江的方方面面，是一套有关长江的"百科全书"，为研究长江流域的历史文化、长江

---

❶ 三峡工程论证领导小组办公室：《三峡工程专题论证报告汇编》，内部印行，1988 年。
❷ 李锐：《论三峡工程》，湖南科学技术出版社，1985 年。
❸ 杨彪：《三峡工程水位论证集》，重庆出版社，1994 年。
❹ 林一山：《高峡出平湖：长江三峡工程》，中国青年出版社，1995 年。
❺ 国务院三峡工程建设委员会：《百年三峡——三峡工程 1919—1992 年新闻选集》，长江出版社，2005 年。
❻ 国务院三峡工程建设委员会：《百年三峡——三峡工程 1993—2003 年新闻选集》，中国三峡出版社，2005 年。
❼ 长江水利委员会：《长江志》，中国大百科全书出版社，2003—2007 年。

流域的开发与建设等内容提供了非常有价值的文献参考。

《中国长江三峡工程历史文献汇编（1918—1949）》❶ 于 2010 年由中国三峡出版社出版。该书收集了许多民国时期有关三峡工程的原始文献和史料，为研究这一时期三峡工程的勘测和设计之概况提供了大量的真实史料和文献参考。

关于三峡工程的论证性文章甚多，如白康斌的《关于三峡工程的宏观可行性评价》❷。作者从宏观可行性评价的方法论原则、评价准则、宏观可行性分析等三个方面论证了三峡工程在宏观上是切实可行的。同时，作者在文中客观地指出三峡工程也并非尽善尽美。

王儒述于 2009 年在《三峡大学学报》上发表了《三峡工程论证回顾》❸ 一文。作者在文章中对 1949 年前有关三峡工程的概况作了简要的回顾，并对 1949 年后三峡工程的论证等情况做了详细地介绍和回顾。他的另一篇文章《三峡工程与可持续发展》❹分别从三峡工程的综合效益、带来的市场机遇以及推动长江流域经济发展等几个方面阐述了三峡工程的修建作用。作者还论证了长江三峡工程的修建对于我国推进西部大开发战略和可持续发展战略的积极作用。

洪庆余的《关于三峡工程论争的历史回忆》❺ 一文，以回忆的形式详细介绍了在三个历史时期即 20 世纪 50 年代、70 年代和 80 年代里有关三峡工程论争的基本情况。

其他还有《林一山谈长江综合治理》❻《论证中的论争——三峡工程论证侧记》❼、《三峡工程论证观点述要》❽、《向三峡工程论证过程中的"反对派"致敬》❾、《中央三代领导人与"三峡工程"决策》❿、《三门峡对三峡工程建设的警示》⓫、《三峡工程的误解与正读》⓬、《三峡工程技术设计中的若干问题与决策》⓭、《三峡工程施工质量控制的主要难点与对策》⓮，等等。

（二）有关张光斗学行的论著

张光斗在三峡工程的论证、建设过程中发挥过卓著的、不可替代的作用，但至

❶ 《中国长江三峡工程历史文献汇编》编委会：《中国长江三峡工程历史文献汇编（1918—1949）》，中国三峡出版社，2010 年。

❷ 白康斌：《关于三峡工程的宏观可行性评价》，《江汉论坛》1991 年第 2 期。

❸ 王儒述：《三峡工程论证回顾》，《三峡大学学报（自然科学版）》2009 年第 6 期。

❹ 王儒述：《三峡工程与可持续发展》，《三峡大学学报（自然科学版）》2012 年第 5 期。

❺ 洪庆余：《关于三峡工程论争的历史回忆》，《湖北文史资料》1997 年第 S1 期。

❻ 李民权：《林一山谈长江综合治理》，《江苏水利》1998 年第 11 期。

❼ 林晨：《论证中的论争——三峡工程论证侧记》，《瞭望》1989 年第 12 期。

❽ 齐亦农：《三峡工程论证观点述要》，《党校科研信息》1991 年第 12 期。

❾ 岳建国：《向三峡工程论证过程中的"反对派"致敬》，《领导文萃》2003 年第 11 期。

❿ 吴光祥：《中央三代领导人与"三峡工程"决策》，《党史纵横》2009 年第 11 期。

⓫ 陆钦侃：《三门峡对三峡工程建设的警示》，《发展研究》2004 年第 10 期。

⓬ 陈静：《三峡工程的误解与正读》，《中国三峡》2010 年第 7 期。

⓭ 潘家铮：《三峡工程技术设计中的若干问题与决策》，《水力发电》1996 年第 3 期。

⓮ 王家柱、傅振邦：《三峡工程施工质量控制的主要难点与对策》，《科技导报》1999 年第 10 期。

今还没有一部专著记录这一切。尽管如此，先前业已出版的张光斗本人的论文、专著以及有关纪念他的文集，为研究"张光斗与三峡工程建设"的论题打下了一定的基础。

张光斗的人生轨迹，在他的自传《我的人生之路》❶中得以再现。在这本自传里，张光斗以年代为序，记述了自己从出生至2000年底这88年的经历。书中用较大篇幅记录了他在参加各项水利工程尤其是三峡水利枢纽工程的论证及施工时所发表的意见和建议，以及一些弥足珍贵的资料，为本文的研究提供了重要的参考依据。

2002年，为了庆祝张光斗先生90华诞，清华大学成立了以汪恕诚为主任委员的编委会，出版《江河颂——张光斗先生90华诞纪念文集》❷。文集收录了张光斗具有代表性的学术论文。另外，文集还收录了20余篇张光斗的学生所发表的学术论文，这些论文都是他们在长期的水资源开发利用、大江大河治理或水利水电工程建设、科研、设计工作中的经验积累，对研究水利水电工程学等颇具参考和借鉴价值。

由郭梅、周樟钰撰写的《水利泰斗——张光斗传》于2011年由江苏人民出版社出版，全书以旁人的视角并结合当时的社会背景记述了张光斗的一生。但必须指出的是，这部著作文学性较强，史料性稍差。

此外，由王光纶编著的《情系山河：张光斗传》❸于2014年出版。王光纶是张光斗在清华大学的学生和助手，无论是在工作和还是在生活中都与张光斗有密切的接触。书中搜集了有关张光斗的一些重要的史料，比较真实、全面地反映了张光斗的一生。

1985年5月，张光斗在国务院三峡工程筹备领导小组第三次（扩大）会议上作了题为《早日修建长江三峡工程》的发言。发言中，张光斗从各个方面论证了三峡工程是可以建成的，并主张三峡工程早日开工建设，体现了张光斗在三峡工程问题上的基本看法及意见。

此外，对张光斗的采访、宣传、纪念性文章发表较多，如《张光斗的山河之恋》❹。这篇文章是张光斗接受北京电视台一个栏目采访的实录。当谈及三门峡工程、三峡工程质量等敏感话题时，张光斗都给出了自己的看法。除此之外，还谈到了"萨凡奇方案"、密云水库等诸多问题，为了解张光斗其人提供了必要的参考。

石彬的《为张光斗老的"不合时宜"叫好》❺一文，从1997年三峡工程大江截流时张光斗的一番话谈起，批评工程建设过程中一些"假大空""报喜不报忧"的现象，提倡像张光斗那样扎扎实实、实事求是的工作态度。

---

❶ 张光斗：《我的人生之路》，清华大学出版社，2002年。

❷ 《江河颂——张光斗先生90华诞纪念文集》，清华大学出版社，2002年版。

❸ 王光纶：《老科学家学术成长资料采集工程、中国科学院院士传记、中国工程院院士传记丛书　情系山河：张光斗传》，中国科学技术出版社、上海交通大学出版社，2014年。

❹ 曾涛：《张光斗的山河之恋》，《中国三峡建设》2004年第1期。

❺ 石彬：《为张光斗老的"不合时宜"叫好》，《特区与港澳经济》1998年第1期。

此外，还有《江河作证——记我国著名水利水电工程专家张光斗院士》❶、《殷殷三峡情——写在张光斗先生诞辰九十周年》❷、《中国水利水电事业的开拓者——记两院院士、水利水电泰斗张光斗》❸、《水利经济体制改革任重道远——访清华大学教授、水利水电专家张光斗》❹、《张光斗的世纪三峡情》❺、《"当代李冰"——记我国著名水利水电工程专家张光斗》❻等。

（三）对张光斗与三峡工程建设论题研究现状的简要概括

总结水利界和学术界对张光斗的研究论著，大多尚处于初步介绍的层面。有关张光斗生平的文献资料及回忆录较多，且大多属于宣传纪念性的文章，是对张光斗的缅怀之作，文章的学术性不强，研究的系统性、深入性不足。此外，以史学的视角将张光斗与三峡工程建设结合起来，探讨其学行、进行综合研究的成果更是"凤毛麟角"。因此，从这一层面来说，关于张光斗与三峡工程建设的研究尚处于起步阶段，亟待深入。

三、研究内容与方法

（一）研究内容

本文拟在充分搜集和挖掘史料的基础上，能够较为真实地还原张光斗在民国时期参与三峡工程勘测的经历；记述新中国成立后张光斗在三峡工程规划、设计、论证、争论和开工建设过程中所发挥的具体作用；同时对他在这一过程中所起的作用给予客观的评价。同时试图通过对三峡工程论证和建设过程的还原与分析，说明在一项重大工程项目论证和建设的过程中，政府、学者（科学家、工程师）在其中应扮演什么样的角色，发挥怎样的作用，将工程项目的不利影响降到最低，使其效益发挥到最佳。

（二）研究方法

科学的研究方法对于历史研究极其重要，它是史学研究者解读历史现象不可或缺的工具。在辩证唯物主义和历史唯物主义的指导下，本篇拟采用以下研究方法：

首先，史料在历史研究中是不可或缺的，本篇将采用历史文献学的相关研究手段，着力搜集相关文献和史料并对其进行整理，在拥有丰富史料支撑的情况下开展研究。

其次，"以人系事"是新中国水利科技大家学行研究中不可或缺的研究方法。"以人系事"就是以某一人物的生平为线索，联系他在某一或一系列事件中的经历和作为，

---

❶ 横山：《江河作证——记我国著名水利水电工程专家张光斗院士》，《中国科技月报》2000年第4期。

❷ 杨慎勤：《殷殷三峡情——写在张光斗先生诞辰九十周年》，《中国三峡建设》2002年第4期。

❸ 王光纶：《中国水利水电事业的开拓者——记两院院士、水利水电泰斗张光斗》，《职业》2003年第3期。

❹ 韩梅荣、王厚军：《水利经济体制改革任重道远——访清华大学教授、水利水电专家张光斗》，《中国水利》1994年第9期。

❺ 吴志菲：《张光斗的世纪三峡情》，《中国建设信息》2003年第12期。

❻ 李江涛：《"当代李冰"——记我国著名水利水电工程专家张光斗》，《中国三峡工程报》2013年6月24日。

探讨人物与事件引发的诸多问题等。本篇将以张光斗为"经"，三峡工程建设为"纬"，将人与事结合起来进行综合研究。

最后，以历史学的研究方法为基础，同时结合水利工程学、地理学、政治学、经济学等学科的理论方法，进行跨学科、多维度的综合研究，通过对史料、数据的分析及实地调查等手段，还原史实，总结规律，得出结论。

第一章 民国时期张光斗初涉
长江三峡工程

早在 20 世纪初，民主革命的先行者孙中山就提出了开发长江水力资源的设想。20 世纪 30 年代，国民政府资源委员会开始组织力量对长江三峡进行勘测，并取得了初步的成果。1944 年 6 月，美国著名的坝工专家萨凡奇❶博士在张光斗的建议下来中国考察水电并提出了著名的"萨凡奇方案"。该方案的提出，坚定了国民政府开发三峡的决心。张光斗也正是在这一时期开始接触三峡工程的。作为一名年轻有为的水利水电工作者，张光斗对当时国情有清醒的认识。他曾多次表达反对修建三峡工程的想法，但都没有得到当政者的重视。在"萨凡奇方案"的实施过程中，张光斗也扮演了重要的角色。

第一节 长江三峡工程的提出

迄今为止，在已知的文献资料中最早提出开发三峡水力资源设想的是中国民主革命的先行者孙中山。1918 年，孙中山在上海撰写了《国际共同发展中国实业计划书——补助世界战后整顿实业之方法》一文。在文中，孙中山除表达了希望抓住第一次世界大战结束后的国际机遇，引进西方的生产技术、设备并利用外国资本来发展中国实业的愿望外，还首次提出了开发利用长江三峡水力资源的设想。但遗憾的是，文章在当时并没有能够引起中国水利界的重视。1919 年 2 月，孙中山又撰写了《实业计划》❷等文章，他在文章中讲道："自宜昌而上，入峡行，约一百英里而达四川之低地……改良此上游一段，当以水闸堰其水，使舟得溯流以行，而又可资其水力……于是水深十尺之航路，下起汉口，上达重庆，可得而致。"❸ 正式提出了改善长江航运、利用三峡水力进行发电的设想。

1924 年 8 月，孙中山在广州国立高等师范学校发表演说："扬子江上游夔峡的水力，

---

❶ 萨凡奇（1879—1967），世界著名的坝工专家，生于美国威斯康星州，毕业于威斯康星大学工程系，曾担任美国内务部垦务局总设计工程师，先后参与设计建造六十余座大中型水坝，其中包括著名的胡佛大坝、大古力水电站等，被誉为"河神"。

❷ 孙中山将自己在《建设》杂志上陆续发表的文章汇编成《建国方略之二——实业计划（物质建设）》一书并出版。

❸ 《孙中山全集》第六卷，中华书局，2006 年，第 300 页。

更是很大。有人考察由宜昌到万县一带的水力，可以发生三千余万匹马力的电力。"❶ 与在《实业计划》中提出的设想相比，这时他不仅意识到改善川江可以使整个长江成为我国的水上交通要道，还意识到三峡蕴藏着巨大的水能资源。虽然孙中山对于开发长江三峡的设想是美好的，具有开创性，但当时的国际国内条件注定了他的这一设想不可能成为现实。

20 世纪 30 年代，世界水电和高坝技术的发展均已较为成熟，但中国在这方面仍然十分落后。鉴于孙中山先生提出开发长江三峡水力资源的设想，1932 年 10 月，由国民政府建设委员会等单位共同合作，组成了一支勘测队❷对三峡地区进行了第一次较为详细的勘测调查。后由恽震❸、曹瑞芝❹、宋希尚❺等人编写完成了《扬子江上游水力发电勘测报告》。报告计划在黄陵庙和葛洲坝两个坝段修建两座装机容量分别为 32 万千瓦和 50 万千瓦的低水头水电站。值得注意的是，报告中所提出的葛洲坝、黄陵庙二坝段与现在的葛洲坝、三峡工程在坝段上不谋而合。

1936 年，时任国民政府扬子江水利委员会顾问的奥地利工程师白朗都（Brandtl）也曾提出了开发三峡水力的想法，但是因为当时"社会经济状况凋敝，是项工程巨大，殊难举办"❻ 等原因而被搁置了起来。1944 年，国民政府经济顾问潘绥❼撰写了《利用美贷款筹建中国水力发电厂与清偿贷款办法》报告。在报告中，潘绥建议在三峡修建水力发电厂，同时兴办化肥厂，由美国贷款并提供器材和设备。"潘绥计划"虽然具有一定的可行性，但是它只考虑了经济因素而未将防洪、移民、航运等不可回避的因素考虑在内。潘绥提出该计划后，引起国民政府内部一定的重视。

1944 年，国民政府资源委员会根据张光斗的建议，邀请世界著名的坝工专家、美国垦务局总设计工程师萨凡奇博士来中国考察水电。萨凡奇来华后亲自到三峡进行实地考察。之后，他用一个多月的时间完成了 3 万余字的《扬子江三峡计划初步报告》。

抗战胜利后，有关三峡水力资源开发的各项工作也陆续展开。国民政府资源委

---

❶　1919 年 8、9 月间，英国工程师波来尔到宜昌至重庆河段进行考察，提出"便利航运兼筹利用水力"的开发长江上游计划。《孙中山全集》第九卷，中华书局，2006 年，第 402 页。

❷　根据恽震先生的《关于三峡水力第一次勘测报告的经过说明》，此次勘测实际上是由恽震发起，钱昌照赞助，以国防设计委员会名义进行。

❸　恽震（1901—1994），江苏省武进（今常州）人，中国工程师学会的创办人之一。早年毕业于上海交通大学电机工程系，并在美国威斯康星大学和美国的电机制造厂、电站建设公司学习和工作。30 年代，任国民政府建设委员会电气事业指导委员会主任委员。新中国成立后先后担任华东工业部电器工业处处长、第一机械工业部技术司及机械科学研究院一级工程师等职，兼任中国电机工程学会理事会顾问、中国电工技术学会理事会顾问等职。

❹　曹瑞芝（1890—1953），我国著名水利学家，近代山西水利科技的奠基人。从 20 世纪 20 年代起，先后在山西、河南、山东、四川等省从事水利科技工作，他积极倡导制定专门的水法，参与拟订早期长江三峡开发计划，为我国近代水利水电事业作出了重要贡献。

❺　宋希尚（1896—1982），浙江省绍兴市嵊县人，我国著名水利工程专家。1921 年赴美留学，并到德、荷、比、英、法等国考察水利。回国后任国民政府交通部扬子江水道整理委员会委员。

❻　黄山佐：《民国时期开发长江水利资源的计划和经过》，载《长江志季刊》1984 年第 1 期。

❼　潘绥（又译柏斯克）：美国经济学家。全面抗日战争时期，为美国政府派往中国的战时经济顾问。

员会分别与美国政府和美国垦务局签订了合约。根据合约，由美国公司派人到中国进行地质勘探并由美方派专机对三峡地区的地形地貌进行航空拍摄；另外由中方派工程技术人员到美国垦务局，在美方专家的指导下进行三峡工程的设计工作。然而由于国民政府发动反共反人民的内战，到了1947年以后，国内爆发严重的金融危机，国民政府财政入不敷出，无法正常支付三峡工程的设计费用，因此工程的设计工作基本陷入停顿状态。到了1947年5月，中央新闻社不得不宣布暂停三峡水力发电计划工作。

从孙中山首次提出开发三峡的设想到20世纪40年代末三峡工程各项工作的全面停止，经历了近30年的时间。在这30年的时间里，国民政府对开发三峡水力资源做了有益的尝试，虽然结果不尽如人意，但其过程却是有益的，为后人建设三峡工程奠定了一定的基础。

第二节 "萨凡奇方案"的出台及张光斗的态度

自1937年日本帝国主义发动全面侵华战争以来，中国的工业受到了严重破坏，国民经济遭受到了巨大的打击。为继续坚持抗战，国家工业亟须振兴。为应对国内建设对各方面人才的需求，1942年国民政府资源委员会决定从化工、电力、冶炼、电工、机械等部门选取一批学历高、经验丰富、技术精湛的人员到美国学习大型工程建设，期望他们能够在美国学习各项新的技术，为抗战及抗战胜利后国家的经济建设效力。张光斗被选为电力部门派出的人员。

张光斗于1912年5月1日出生于江苏省常熟县鹿苑镇，父亲张荔洲是一位海关职员，母亲浦氏则是一位典型的家庭妇女，长兄张光煊、二哥张光燮、三哥张光霁。虽然家庭条件并不富裕，但是由于父亲在海关任职，也算是见过世面，他知道知识对于孩子成长、发展的重要性。生活虽然拮据，但他还是坚持让四个孩子读书。1918年，张光斗进入当地的晋安小学读书。深知父母良苦用心的他特别珍惜来之不易的读书机会，学习很刻苦。1924年张光斗考取上海交通大学附属小学并先后在这里完成了高小、初中、预科的学习。1930年，张光斗迎来了人生新的转折。预科毕业后他以优异的成绩升入上海交大，并在那里度过了充实的四年大学生活。

张光斗在上海交通大学毕业后，于1934年7月考取了清华大学留美公费生，并选择了自己心仪已久的水利工程专业。按照清华大学的规定，张光斗须从当年10月份开始到全国各个水利单位实习，了解我国的水利建设情况，直至第二年7月份。清华大学请李仪祉、汪胡桢、高镜莹三位国内著名的水利专家作张光斗的实习导师。在三位导师的指导下，他先后到南京国民政府经济委员会水利处、开封黄河水利委员会、陕西大荔洛惠渠工程局等地实习与考察，学到了许多书本上没有的知识，增强了实践能力，同时也认识到我国水利建设的落后现状。这次实习更加坚定了他学好水利技术为广大贫苦大众服务的决心。

在美国求学期间，张光斗不仅学习成绩优异，他还多次到美国垦务局实习，以增强自己的实践能力。也正是在垦务局实习期间，他与萨凡奇博士相识，"我们结成深厚友谊"❶。经过一年的刻苦学习，1936 年 6 月张光斗获得加州大学伯克利分校水利工程学硕士学位，次年又获得哈佛大学工程力学硕士学位。为了能够学到更多的知识和技能，张光斗向导师表达了希望攻读博士的愿望并得到导师的支持，"我原有计划攻读博士学位"❷。但此时日本帝国主义发动了全面侵华战争，张光斗则毅然选择回国参加抗战，他说："'国家兴亡，匹夫有责'。我们留在美国，心有不安。我们应该回国，参加抗战。"❸ 回国后，他被安排到四川省长寿县龙溪河水力发电工程处工作。1938 年张光斗开始负责桃花溪水电站、下清渊硐水电站和鲸鱼口水电站的设计和修建工作，为抗战作出了重要的贡献。

1942 年，在国民政府资源委员会选拔赴美学习的技术人员时，张光斗凭借优异的表现，在众多的参选对象中脱颖而出，被选为电力方面派出的六人之一。❹ 1943 年 3 月张光斗从重庆出发，历经数月到达美国，并被安排到田纳西河流域管理局❺实习。在实习期间，张光斗不仅注重理论知识的学习，他还广泛搜集工程施工组织设计的技术资料，学习了许多有关施工机械和施工流程方面的知识。为了学习大型工程施工技术，他主动要求到方坦那大坝❻工地实习，也正是在这里，他再次遇到了自己视为师长的萨凡奇。

在方坦那大坝工地相遇后，二人促膝长谈，萨凡奇告诉张光斗他将会在 1944 年到印度为几个水电站的规划设计做顾问工作。张光斗听后则表示印度离中国很近，希望他能够到中国为那里的一些中型水电站做顾问工作。萨凡奇是一位对中国很友好的人，因此他毫不犹豫地就答应了。

张光斗立即给国民政府资源委员会副主任钱昌照先生写信，谈道："萨凡奇先生明年（1944 年）去印度当顾问，愿意来中国对几个中型水电站做顾问工作，但要中国政府邀请。萨凡奇是国际大坝和水电站权威，对中国十分友好，他做顾问对我们肯定有益。我建议资委会转请政府邀请萨凡奇先生来华做顾问"。❼ 钱昌照回信表示同意张光斗的提议，并立即报请国民政府办理了手续。美国政府也很同意这一要求，应允聘期为半年。张光斗为促成此事而感到非常高兴。

萨凡奇来华后，先后去岷江、大渡河、都江堰等地进行查勘，并到几个正在勘测设计的中型水电站调查，为这些工程项目写了顾问报告。在重庆，萨凡奇听到了有关长江

---

❶　张光斗:《我的人生之路》，清华大学出版社，2002 年，第 13 页。

❷❸　张光斗:《我的人生之路》，清华大学出版社，2002 年，第 16 页。

❹　其他五人分别是谢佩和、施洪熙、王平洋、孙运璇、蒋贵元。

❺　田纳西河流域管理局:成立于 1933 年 5 月，是美国大萧条时期罗斯福总统为解决田纳西河谷问题及就业问题而专门成立的机构。

❻　美国田纳西河流域管理局在 1942 年修建的一座重力坝，位于北卡罗来纳州。

❼　张光斗:《我的人生之路》，清华大学出版社，2002 年，第 29 页。

情况的介绍，特别是得知"潘绥计划"后，执意要去三峡考察。1944年9月，萨凡奇在吴奇伟将军❶和黄育贤等人的陪同下乘坐"民康轮"出发，到达石牌下游3公里左右的平善坝，并由此步行前往三斗坪，对峡江两岸进行详细勘测。之后，萨凡奇根据考察的内容和成果及原有的资料，最终编写出了三万余字的《扬子江三峡计划初步报告》。

萨凡奇回国后即写信给还在美国的张光斗，告知他此次去中国的经历，尤其提到了长江三峡以及国民政府对《扬子江三峡计划初步报告》的积极态度。三峡地区的水能资源张光斗是见识过的，他也相信中国一定会开发这一资源，但并不是在这个时候。因为在当时国际国内环境都异常复杂的情况下修建三峡工程，几乎是不可想象的，"我读信后，感到惊奇，出乎意外，认为那时三峡工程是不可能实现的"❷。首先，张光斗认为三峡工程的规模实在太大，在当时的情况下，如果仅仅依靠中国自己的力量，无论是建设资金还是施工技术，都无法满足工程建设的需要。其次，即使是美国政府贷款给中国来建设三峡工程，那么这些贷款也难以满足所有工程建设的需要。张光斗以美国田纳西河流域开发为例：美国在开发田纳西河流域的十年间共投资了近十亿美元，美国国会对此进行了激烈的争论，而三峡工程建设所需的投资肯定比田纳西河流域开发所需的投资还要大，因此美国的贷款并不能保证一定能够完全落实。如果这样，"工程将在半途挂起，造成极大浪费"❸。再次，中国自清王朝覆灭以后，经历了北洋政府的腐败统治，各军阀为了争夺地盘几乎年年发动战争。此后，以蒋介石为首的国民政府虽在名义上完成了国家的统一，但又经历了国共十年内战和几年的抗日战争，工业和农业都遭受了巨大的摧残，国家经济几乎陷入崩溃的境地。在当时的条件下，即使三峡工程建成了，中国的工业和农业也根本无法消受三峡工程发出的巨大电力："三峡工程发出的电能无法充分利用"❹。最后，张光斗认为，三峡工程位于湖北宜昌，是中国经济发达的中心地带，修建三峡工程势必会导致美国势力的介入，美国掌握了三峡工程，也就控制了我国的经济，有损中国的国家主权。这将是所有中国人都不愿看到的，因此他极力反对在有美国政府参与的情况下修建三峡工程。

鉴于以上的考虑和担忧，张光斗在美国实习期间多次给资源委员会钱昌照副主任写信，表达自己的忧虑，并建议暂时不要修建三峡工程。而钱昌照则回信说建设三峡工程是蒋介石委员长的最高指示，是国家建设的大事，修建的理由并不是张光斗能够理解的。张光斗的多次"苦谏"并没有受到当局的重视。"后来我频频反对，没用⋯⋯"❺

1945年，张光斗收到资源委员会寄来的信，告知他国民政府决定在美国的帮助下修建三峡工程并已经签订了合作协议，由美国垦务局代做工程设计，中方派人参加，

❶　吴奇伟（1891—1953），广东省大埔县人，时任第六战区副司令长官，陆军中将。先后担任国民革命军第九集团军总司令、第四战区副司令长官、第六战区副司令长官兼长江上游江防军总司令。新中国成立后，历任中南军政委员会委员、广东省人民政府委员。

❷　张光斗：《我的人生之路》，清华大学出版社，2002年，第30页。

❸❹　张光斗：《我的人生之路》，清华大学出版社，2002年，第31页。

❺　曾涛：《张光斗的山河之恋》，《中国三峡建设》2004年第1期。

并在三峡现场进行勘测和规划工作，向垦务局提供数据和资料。信中还要求他陪同美国工程师柯登❶尽快回国参加三峡工程的勘测和设计工作。张光斗虽然十分不赞成在那个时候建设三峡工程，但作为一名爱国的工程师，他只能服从国家："我爱国，决心建设国家，不能留在美国，而且家属都在国内，所以只能回国。"❷ 1945 年 5 月，张光斗到纽约与柯登会合，在资源委员会驻美国办事处办理了回国手续，乘飞机回国。回到中国后，张光斗虽依然不赞成修建三峡工程，但无奈木已成舟，仅仅依靠他自己的力量是不足以改变整个事件进程的。

张光斗之所以反对国民政府修建三峡工程，正是源于他对当时中国的国情有清醒的认识。他深知：在半殖民地半封建的中国，国家处于内忧外患的境地，根本没有能力修建这项水电工程项目，即便是在美国的帮助下修建完成，积贫积弱的中国也无力消受它产生的巨大电能。更让他担心的是，一旦工程建成，美国难免会以其功劳自居，对中国主权肆意践踏。作为一名知识分子，张光斗深深地爱着自己的祖国以及生活在这片土地上的人民，当初他选择水利作为自己的终身事业，就是想改变祖国水利建设落后的面貌，使劳苦大众不再遭受洪涝灾害的威胁。也正是由于他对祖国、对人民深深地爱，他才会在当时的历史条件下极力反对三峡工程的修建。

第三节　张光斗与"萨凡奇方案"的初步实施

1945 年，张光斗回国后虽然仍旧反对开发三峡水电资源，但他知道：不管政府做出此项决策的目的是基于政治利益上的考虑还是真心为人民、为国家谋福祉，作为一名水电工程师，完成国家交给自己的任务是他报效国家的唯一方式，所以他还是很快投入到这项工作中来。

萨凡奇所编写完成的《扬子江三峡计划初步报告》分为 16 个章节，鉴于当时中国所面临的境况，萨凡奇在报告的第四节便提出了开发三峡的前提，即国防、地震、大坝安全、工程造价及国民政府的承担能力、施工器械等方方面面的问题。萨凡奇虽然对三峡地区查勘的时间不长，考察的内容不够深入和详细，他编写《扬子江三峡计划初步报告》也仅用了一个多月的时间，但是从他的报告中可以看出，萨凡奇先生是一位非常严谨的人，他所提出的开发三峡的计划也是经过慎重考虑和计量的。

"萨凡奇方案"是一个综合性的开发方案，整个工程将由蓄水库、拦河大坝、泄洪道、厂房、船闸等建筑物构成。坝址选择在宜昌上游的南津关和石牌之间，坝身为混凝土重力坝，两岸分设电厂，安装容量 11 万千瓦的主要电力设备 48 座，"两岸合计九

---

❶ 柯登：美国联邦动力委员会高级工程师，1945 年由萨凡奇向国民政府资源委员会推荐，前来帮助中国设计三峡工程。见张维缜著《国民政府资源委员会与美国的经济技术合作（1945—1949）》，人民出版社，2009 年，第140 页。

❷ 张光斗：《我的人生之路》，清华大学出版社，2002 年，第 32 页。

十六座，容量总计 1056 万千瓦（后经详细计算修正为 1500 万千瓦）"❶。整个计划估计发电量为 800 亿千瓦时左右，可以向东至安庆、西至重庆、南至衡阳、北至郑州的范围供电，工程造价总计约为 13 亿美元。该方案的提出具有开拓性的意义，这是有关开发三峡水力资源的第一个具体的、详尽的、可行的方案。"萨凡奇方案"的提出引起了国民政府的高度重视，遂决定与美国合作开发三峡水力资源。

1945 年 5 月，张光斗按照资源委员会的要求陪同柯登返回国内后，很快投入到开发三峡的工作中。其时，为了推动三峡工程的建设，资源委员会有意成立一个专门的机构。电业处陈中熙处长就此事征求张光斗的意见，张光斗认为在当时的社会和经济环境下，三峡工程建设计划很难完成，因此要成立一个专门的机构并不妥当，且三峡工程所涉及的面很广，工程的建设需要多方通力协作，所以他建议成立一个水力发电机构比较好。最后，经过多方协商决定成立全国水力发电工程总处，简称"水电总处"。1945 年 9 月，全国水力发电工程总处在四川长寿下清渊硐正式成立（1946 年迁至南京三元巷办公），总处处长由黄育贤担任，黄则辉任副处长，柯登任总工程师，张光斗则担任总工程师助理兼设计组主任工程师，后来因为黄则辉到台湾电力公司任副总经理，张光斗改任总处副总工程师兼设计组主任工程师。参照美国田纳西河流域管理局的组织形式，水电总处设立总务、材料、会计三个科室，并将龙溪河水力发电工程处并入水电总处。与此同时，资源委员会成立了三峡工程委员会，钱昌照任主任，张光斗任委员会秘书。三峡工程委员会的工作均由资源委员会领导，具体的工作由水电总处开展。

水电总处成立后，首要的任务是对三峡工程进行前期的勘测和规划。总处决定派人前往三峡南津关进行地质和水文测量工作，同时要求中央地质研究所❷派人前往三峡坝区进行地质勘探工作，又派人到水利委员会和扬子江水利委员会搜集水文资料，资源委员会经济研究所也派队前往三峡地区调查经济情况。

1945 年冬，张光斗与黄育贤处长陪同柯登总工程师到三峡南津关进行查勘，由于缺少地质资料，仅从地形判断将坝址选在南津关是合适的。之后，张光斗与萨凡奇、柯登等人讨论研究，"认为三峡工程水库正常挡水位以 200 米高程为宜，可以多发电"❸。由于坝址的选择对于工程施工至关重要，因此张光斗建议要对坝址进行认真的地质钻探，以确保万无一失。经过萨凡奇的介绍，资源委员会决定将坝址地质勘探工

❶ 《扬子江三峡计划初步报告》，见《中国长江三峡工程历史文献汇编》编委会编《中国长江三峡工程历史文献汇编（1918—1949）》，中国三峡出版社，2010 年，第 49 页。

❷ 张光斗在所著《我的人生之路》一书第 33 页提到的"中央地质研究所"，这一机构名称表述可能不准确。中国第一个国家级地质机构是 1913 年在北京成立的工商部地质调查所，所长为丁文江。1935 年地质调查所从北平迁到南京，1941 年正式定名为中央地质调查所。而此前我国还出现了另一国家级的地质机构，即 1928 年在上海成立的中央研究院地质研究所，所长为李四光，该所 1933 年迁入南京。1950 年，中央地质调查所和中央研究院地质研究所同时宣告撤销，在两者基础上，1951 年 5 月成立中国科学院地质研究所，所长为侯德封。张光斗在书中所提的"中央地质研究所"究竟为何？待考。

❸ 王光纶：《老科学家学术成长资料采集工程、中国科学院院士传记、中国工程院院士传记丛书　情系山河：张光斗传》，中国科学技术出版社、上海交通大学出版社，2014 年，第 70 页。

作承包给美国莫里森克努特逊公司，由张光斗与该公司谈判并最终达成协议：该公司由美国提供八台钻机并派二十名工作人员来华，其他辅助工人在当地招募，现场房屋及其他由中方提供等。

为了加快三峡工程的勘测和设计工作，国民政府资源委员会于 1946 年 9 月开始选派相关技术人员携带有关资料赴美国垦务局参加工程设计工作，这些人当中有一些是在美国实习的，"全部水力工程实习人员已饬本会（资委会）驻美代表调派垦务局参加三峡工作。"❶ "垦务局按专业分设若干个专业组……我们便分组参加设计工作。"❷ 张光斗则代表水电总处与他们进行沟通、联系。

1946 年 5 月，水电总处由四川长寿迁往南京办公，张光斗奉命在长寿做收尾工作。之后他乘船到达宜昌，看望了生活和工作都十分艰苦的三峡勘测队。经过三峡时，看到这里丰富的水电资源，张光斗的心情十分复杂：他相信自强不息的中国人民一定会靠自己的力量开发三峡资源，但他却不希望是在这个时候，因为国家还很贫困，应该把更多的精力放在开发更适合我国国情的中小型水电站上面，而非"空中楼阁"般的三峡工程。但是作为一名为国家服务的水电工程师，他又不得不接受政府给予自己的工作。

为了加强三峡勘测工作，水电总处于 1946 年 5 月在宜昌专门成立了三峡工程勘测处，张昌龄任主任。后来，美国莫里森克努特逊公司的设备和人员先后到达中国，开始坝基钻探工作，由张光斗负责与该公司人员进行沟通、协商，安排钻探任务。

从 1944 年萨凡奇提出《扬子江三峡计划初步报告》和中美合作开发三峡以来，该项工作进展可以说是比较顺利的，然而随着国内战争的爆发和国民政府内部人员的调动，工程的进展情况也发生了一些变化。全面负责三峡工程规划、设计、建设的国民政府资源委员会出现了较大的人事变动，副主任钱昌照离职，"1947 年 4 月，宋子文辞行政院长职，内阁改组，我连带去职"❸，"我怀着失望和愤懑的复杂心情离开了国民政府"❹。资源委员会是钱昌照一手经营起来的，扬子江三峡水力工程计划也是由他促成和推动的，"资委会在三峡水力发电计划技术研究委员会中居于主导地位"❺。钱昌照的离职使得该项计划的前途更加未卜。❻ 然而，最重要的是由于国民党政府在抗战胜利后发动反共反人民的内战，使得原本就混乱的经济更是雪上加霜，战争极大地消耗着国库，造成了严重的财政危机，资金短缺，而外汇更是十分紧张，"经济上的窘迫是造成

❶　《调在美实习人员到垦务局参加设计》，见《中国长江三峡工程历史文献汇编》编委会编《中国长江三峡工程历史文献汇编（1918—1949）》，中国三峡出版社，2010 年，第 94 页。

❷　杨贤溢：《解放前三峡工程勘测设计回忆》，《湖北文史资料》1997 年第 S1 期。

❸　钱昌照：《钱昌照回忆录》，东方出版社，2011 年，第 97 页。

❹　钱昌照：《钱昌照回忆录》，东方出版社，2011 年，第 79 页。

❺　张维缜：《国民政府资源委员会与美国的经济技术合作（1945—1949）》，人民出版社，2009 年，第 129～130 页。

❻　张维缜：《国民政府资源委员会与美国的经济技术合作（1945—1949）》，人民出版社，2009 年，第 167 页。

三峡计划停止的主要原因"❶。此时，三峡工程是否还能继续进行也成为国民政府不得不考虑的问题，这从覃修典致张昌龄的信中似可看出一些端倪："关于三峡消息，目前正在微妙阶段，所谓可为知者道不可为俗人之言……"❷、"处中经济仍紧，现盼下周内或可领到国库款再汇上若干济急。M－K❸去年度外汇账仍未结汇……故再拖下去实无法维持也"❹。鉴于困难的经济状况，国民政府不得不重新考虑三峡计划的实施情况："窃查本处（全国水电总处）三峡勘测处本年因经费困难及在美设计资料供应不足，关系其工作计划……惟查三峡工程早为国人所瞩目，为使不过于影响政府威信计，似宜仍采用乙项计划勉力维持……"❺ 1947 年 5 月 7 日，徐怀云在给张光斗的信函中也谈到了有关三峡工程可能要终止的情况："光斗吾兄如晤：四月五日手示奉悉。当遵嘱将国内工作进行之情形与经济之困难先作一详细之说明，报告于萨翁……萨翁意：倘中国政府停办扬子江三峡之一切工作，垦务局与 M－K 之合约自然解除……扬子江工作继续与否，不知消息如何？"❻ 然而很快国民政府中央通讯社即发布公告："……故三峡水力发电计划实地工作，资委会已奉国府令暂时结束。"❼ 至此，民国时期开发三峡水电资源的计划宣告结束。

按照资源委员会的指示，张光斗撰写了《扬子江三峡水力发电计划筹备经过》一文，对扬子江三峡水力发电工程计划前期工作所取得的成就作了总结，并对该项计划的经过做了简要的回顾。他在文中说到："扬子江三峡水力发电工程计划，自开始迄今，业经二载又半，最近因经费困难，无法进行，奉令暂缓进行"❽。他还对计划的缘起、筹备工作、各部门工作进展等情况做了简要的说明；在谈到工程暂停时他说："因工作之艰巨，困难之滋多……乃近一二年来，国家经济困难，物价飞腾……最近政府决定暂缓办理，俟经济情形好转时再行继续。"❾ 之后，张光斗以水电总处的名义告知有关各单位停止三峡工作，办理结束手续。

自得知国民政府决定与美国合作开发三峡水电资源的那一刻起，张光斗就表示反对，然而由于"人微言轻"，他不得不服从命令参与到"萨凡奇方案"的实施中去。此

❶　张维缜：《国民政府资源委员会与美国的经济技术合作（1945—1949）》，人民出版社，2009 年，第 168 页。

❷　《覃修典致张昌龄函》，见《中国长江三峡工程历史文献汇编》编委会编《中国长江三峡工程历史文献汇编（1918—1949）》，中国三峡出版社，2010 年，第 101 页。

❸　即美国莫里森克努特逊公司（Morrison Knudsen Co.）的简写。

❹　《覃修典致张昌龄函》，见《中国长江三峡工程历史文献汇编》编委会编《中国长江三峡工程历史文献汇编（1918—1949）》，中国三峡出版社，2010 年，第 102 页。

❺　《经费困难，暂停设计，继续钻探·全国水电总处签呈》，见《中国长江三峡工程历史文献汇编》编委会编《中国长江三峡工程历史文献汇编（1918—1949）》，中国三峡出版社，2010 年，第 104 页。

❻　《徐怀云致张光斗函》，见《中国长江三峡工程历史文献汇编》编委会编《中国长江三峡工程历史文献汇编（1918—1949）》，中国三峡出版社，2010 年，第 104～105 页。

❼　《中国三峡建设年鉴》编纂委员会：《中国三峡建设年鉴 1995》，中国三峡出版社，1996 年，第 384 页。

❽　《扬子江三峡水力发电计划筹备经过》，见《中国长江三峡工程历史文献汇编》编委会编《中国长江三峡工程历史文献汇编（1918—1949）》，中国三峡出版社，2010 年，第 79 页。

❾　《扬子江三峡水力发电计划筹备经过》，见《中国长江三峡工程历史文献汇编》编委会编《中国长江三峡工程历史文献汇编（1918—1949）》，中国三峡出版社，2010 年，第 83 页。

时，三峡计划宣告终止，也正是张光斗所期望的。但同时他也深信在未来的某一天，中国人民依靠自己的力量一定能够建成三峡工程。正如他所说"三峡工程之理想天国，终有实施之一日也"❶。

从 1918 年孙中山先生首次提出设想，到 1947 年国民政府宣告中止三峡工程，其勘测、设计等各项工作经历了近 30 年的时间，在中华民族几千年的历史长河中，这 30 年只是一个短暂的时间节点，但就是在这短短的 30 年间，国人却对开发三峡丰富的水电资源做了最初的尝试，并对有关工程发电、防洪、灌溉、地质、移民等工作做了初步的研究。这个时期的勘测、设计和研究虽然是初步的、不充分的，但毕竟为新中国成立后三峡工程的论证和建设提供了大量有价值的资料。更重要的是，这一时期培养的大批水电工程技术人才，随着解放战争取得节节胜利，他们中的大多数选择留在大陆。新中国成立后，他们有的选择从事水电技术教育工作，为新中国培养了大批的水电技术人才；有的选择继续奋战在水电建设一线，成为我国水电建设事业的中坚力量，他们都为我国的水电事业作出了重要的贡献。在这期间，张光斗也从一个稚嫩的青年磨炼成长为一个实践经验丰富且能够独当一面的水电工程师。新中国成立后，人民政府开始重新论证三峡工程，张光斗在其中发挥了积极的作用，成为新中国成立前和成立后均参与三峡工程建设的为数不多的水电专家。

---

❶ 《扬子江三峡水力发电计划筹备经过》，见《中国长江三峡工程历史文献汇编》编委会编《中国长江三峡工程历史文献汇编（1918—1949）》，中国三峡出版社，2010 年，第 84 页。

第二章　新中国成立后张光斗与三峡工程的论证

新中国成立后，党和国家领导人决定修建三峡工程并很快开始组织力量对三峡工程进行论证。作为一名在 20 世纪 40 年代就已开始接触三峡工程的水利工作者，张光斗深知三峡工程的修建绝非易事，需要等待成熟的时机。民国时期他极力反对开发三峡就是认为当时国家处于内忧外患的境地，并不具备开发三峡的基本条件。而此时，新中国已经建立，修建三峡工程的时机也逐步成熟，因此他主张早日修建，尽早发挥其巨大的效益。在论证的过程中，面对一些反对修建三峡工程的声音，张光斗从不同的角度对修建三峡工程的必要性和可行性进行分析与研究，为党和国家做出是否建设三峡工程的决断提供了重要的依据。

第一节　张光斗力荐兴建三峡工程

20 世纪 40 年代，国民政府曾在美国的帮助下计划建设三峡工程，张光斗从当时的国情考虑，力阻开发三峡，但是国民政府并不重视张光斗的劝阻，强力推动工程进展，最终还是因为内战的爆发和财政困难而不得不宣告中止。

1949 年 5 月南京解放以后，张光斗写信给时任清华大学工学院院长施嘉炀，希望能够到清华大学任教并立即得到了施嘉炀院长的同意。在清华大学他除了给土木系本科四年级的学生讲授"高等结构力学"和"水力发电工程"两门课程外，还在北京大学土木系兼授"水力发电"课程。在此期间他通过教学和再学习，不断充实自己的理论知识；同时他还参与或主持了官厅水库（1949 年底）、黄河人民胜利渠（1951 年）、密云水库（1958 年）等水利工程的设计和建设工作，使自己的实践经验更加丰富。新中国成立后，长江水利委员会根据国家社会经济发展的需要，开始勘测、设计三峡工程，1953 年张光斗被长江水利委员会聘请为技术顾问，参与三峡工程前期的规划和研究工作。此时，张光斗是三峡工程的积极支持者，"新中国成立后，我参加三峡工程工作，认为目前条件成熟了，所以赞成修建，而且主张及早修建"[1]。然而在三峡工程的问题上，国内外的意见并不完全一致，正如钱正英所说："三峡工程在中国以至世界，都是有争议的工程。"[2]

---

[1] 张光斗：《我的人生之路》，清华大学出版社，2002 年，第 209 页。
[2] 钱正英：《三峡工程的决策》，《水利学报》2006 年第 12 期。

从 1953 年毛泽东主席首次明确提出修建三峡大坝以解决长江中下游防洪问题开始，到 1992 年全国人民代表大会通过兴建长江三峡工程的决议，其经历了长达 40 年的规划与论证。在这 40 年的论证中，有关于建与不建的争论，也有关于早建与晚建的争论，有枢纽坝址是选在南津关还是三斗坪的争论，也有 150 米方案还是 175 米方案抑或 200 米方案❶的争论。

在争论的过程中，张光斗积极参与国务院、水利部以及长江水利委员会组织的关于三峡工程设计和研究工作的讨论会，并多次到三斗坪坝址进行实地查勘。1978 年，水利电力部邀请美国咨询组专家来华咨询川江水利开发，美国咨询组专家表示很不赞成三峡工程，而是主张像美国的密西西比河和田纳西河等流域一样进行梯级开发。张光斗对此表示不同意，他在与美国专家讨论时反驳道："20 世纪 40 年代，萨凡奇先生以及美国政府曾力主修建三峡工程，并愿意贷款给中国……密西西比河干流上确实是梯级开发，是为了改善航运，各级枢纽没有防洪库容，不起防洪作用，因为沿干流没有高山峡谷，不可能修建防洪水库；第二个，田纳西河是梯级开发了，也是为了改善航运，由于沿干流没有山谷，故在支流上修建了防洪水库……因此，是否梯级开发要因地制宜。而中国的三峡有高山峡谷，修三峡工程有巨大的防洪效益，又能发大量的电能，还可大为改善川江航运，是中国宝贵的水利水电资源，不能梯级开发。"❷

论证中，也有一些专家提出是否可以用其他方案来代替三峡工程。他们认为如果有合适的替代方案，则可以不用修建三峡工程，毕竟三峡工程投资规模太大，技术难度太高，建设周期太长。对此，张光斗表示：三峡工程是否应该上马，应该从技术和经济等方面进行综合考量，如果在施工技术上是可行的，而且在经济上也是合理的，同时各项社会条件也都能满足工程建设的需要，那么三峡工程就应该兴建。有专家指出，三峡工程的确有巨大的防洪、发电、航运等综合效益，但就目前来看可否晚几年再建，不是不建三峡工程，而是缓建，等各项条件完全成熟的时候再建。针对这些提议，张光斗从国家财政、库区移民等方面明确地表达了自己的观点："我认为如果决定建三峡工程，则早建比缓建为好……如果晚建五年、十年，库区要建设，那时移民更困难了。"❸ 到了 20 世纪 80 年代，三峡工程的论证进入实质性的研讨和勘测设计阶段，张光斗认为修建三峡工程的时机已经成熟：新中国成立后，相关单位已经做了 30 余年的勘测和科研工作，再加上民国时期的一些研究成果，基本能够满足工程的设计要求。此外，改革开放以后，国家经济发展速度不断加快，相应的电力需求也在急剧地增加，鉴于国家目前的电力供应情况并不容乐观，他认为三峡水电可以弥

---

❶　即以吴淞口为零点，海拔高程为 150 米、175 米、200 米的正常蓄水位方案。

❷　王光纶：《老科学家学术成长资料采集工程、中国科学院院士传记、中国工程院院士传记丛书　情系山河：张光斗传》，中国科学技术出版社、上海交通大学出版社，2014 年，第 244 页。

❸　《张光斗在三峡工程论证领导小组第十次（扩大）会议上的发言》，见中国水利学会主编《三峡工程论证文集》，水利电力出版社，1991 年，第 220 页。

补这种情况。最重要的是，国民经济的快速发展为修建三峡工程提供了雄厚的经济基础。

虽然三峡工程的论证工作已经取得了相当大的成绩，但张光斗也指出"三峡工程是世界上最大的工程，有许多复杂问题，虽经过长期研究并提出了解决办法，但在实施过程中还会出现新的问题。必须'如临深渊，如履薄冰'，兢兢业业地加以解决"[1]。由此可见对于三峡工程的修建，张光斗的态度是严谨的、慎重的。

1992年4月3日，第七届全国人民代表大会第五次会议最终以三分之二的多数票通过了《关于兴建长江三峡工程的决议》。张光斗看到三峡工程通过人大审议的时候非常激动，"现在国家决定修建三峡工程了，我感到很高兴"[2]。而这一年，他已是80岁高龄了。

从孙中山先生首次提出开发长江三峡水力资源到兴建三峡工程的决议获得全国人大通过，其走过了70多个春秋，这70多个春秋凝聚了几代人的努力，如今设想终于将要变为现实。

第二节　张光斗对兴建三峡工程必要性与可行性的认知

三峡工程是一个集多种效益为一体的巨大的综合性水利工程，它的修建将极大地减轻长江中下游流域的防洪压力；三峡水电站强大的发电效能可有效缓解我国中东部地区电力供应紧张的局面；同时，兴建三峡工程还可实现万吨级船队渝汉直达，使长江在航运方面的潜能得到充分发挥。

张光斗经过多年的调查研究认为，三峡工程是一个效益较高、条件比较优越的建设项目。在三峡工程几十年的论证过程中，张光斗分别从防洪、航运、发电、施工技术、移民、环境等方面论证了修建三峡工程的必要性和可行性，为党和国家考量是否上马三峡工程提供了重要的参考。

一、张光斗对修建三峡工程必要性的认识

（一）防洪问题

长江流域地域辽阔，流域内多属亚热带季风气候，夏季雨量充沛。在正常年份，流域内各条河流洪水出现的时间不同，不易发生较大的洪水灾害。一旦遇到特殊年份，就有可能形成历时长、范围广的特大洪水。以1954年为例，长江上中下游来水量比较集中，且来水量较大（见表1），是造成这次大洪水的主要原因。

---

❶　《张光斗在三峡工程论证领导小组第十次（扩大）会议上的发言》，见中国水利学会主编《三峡工程论证文集》水利电力出版社，1991年，第220页。

❷　张光斗：《我的人生之路》，清华大学出版社，2002年，第209页。

表 1　　　　　　　　　长江 1954 年洪水上中下游来水量组成表

地　　区	流域面积/平方千米	来水量/亿立方米					
		5 月	6 月	7 月	8 月	5—8 月共计	占八里江总量的百分比/%
宜昌以上	1005501	391	476	1171	1326	3364	41.9
清江、沮漳河	22027	41	31	85	51	208	2.6
洞庭湖水系	266860	495	712	592	259	2058	25.6
陆水、汉江	193648	52	56	164	197	469	5.8
汉口以上	1488036	979	1278	2012	1833	6102	76.0
倒举巴浠诸水	31734	58	85	180	25	348	4.3
鄱阳湖水系	162225	425	620	408	129	1582	19.7
八里江以上共计	1681995	1462	1983	2600	1987	8032	100.0

注　本表转引自田方等主编《论三峡工程的宏观决策》，湖南科学技术出版社，1987 年，第 444 页。

长江中下游平原地区人口众多，工农业发达，是我国的主要经济区之一，这一地区的安全与否对全流域乃至全国经济都会产生重大影响。长期以来，长江流域洪水犹如一把"达摩克利斯之剑"悬挂在两岸人民的头顶，给流域内人民带来了无尽的灾难。据统计，从汉代到清朝末年的约两千年间，长江中下游共发生过两百余次洪水灾害，平均每十年就要发生一次。以近代为例，1860 年和 1870 年，长江接连发生两次特大洪水，两湖平原 3 万平方公里遭受淹没。近代以来长江中下游洪灾情况见表 2。

表 2　　　　　　　　　　　长江中下游洪灾情况表

防洪工程条件	项　　目	单位	大洪水年份			
			1870	1931	1935	1954
当年防洪工程	分洪溃口洪水量	亿立方米				1023
	淹没耕地	万亩		5090	2264	4755
	受灾人口	万人		2855	1003	1888
	死亡人数	万人		14.55	14.2	3.3
目前防洪工程	需分蓄的超额洪量	亿立方米		207.6	295.5	700
	淹没耕地	万亩		490	690	1400
	受灾人口	万人		270	370	700
1980 年规划方案实施后	需分蓄的超额洪量	亿立方米		153.9	260.8	500
	淹没耕地	万亩	1000～1800	443	647	1000
	受灾人口	万人	700～1100	232	344	500

注　本表转引自三峡工程论证领导小组办公室编《三峡工程专题论证报告汇编》，内部印行，1988 年，第 52 页。

新中国成立以来，为了解除这把"达摩克利斯之剑"的威胁，党和政府领导广大人民进行了大规模的防洪工程建设并取得了较大的成就。在当时，也有人认为修建三

峡工程来解决长江防洪并无必要。曾任水利电力部副部长的李锐认为："不论从当前和长远看，都不可能依靠一个三峡水库来解决长江防洪问题……已经加固的长江堤防，以及分蓄洪区等措施，已可防御五四年型洪水，不致酿成大灾。"❶ 众所周知，长江中下游是我国的重要经济区，这里一旦遭受洪水灾害，其后果是极其严重的。1953 年 2 月，毛泽东主席听取了长江水利委员会主任林一山有关长江水患治理等问题的汇报，当得知所有的防洪措施加起来都不能从根本上解决长江水患时，他当即指示："那为什么不在这个总口子上卡起来，毕其功于一役？"国家领导人的高瞻远瞩更加坚定了长江水利委员会的水利建设者们修建三峡工程的信心和决心。

和其他水电工作者一样，张光斗认为修建三峡工程的首要目的就是为了防洪，减少甚至避免长江洪水对中下游两岸人民生命财产安全的威胁。民国时期，国民政府主张修建三峡工程，其首要目的是为了发电而非防洪，这也是张光斗反对其时上马三峡工程的主要原因之一。

1985 年上半年，国务院召开三峡工程可行性报告审查会议，审议长江水利委员会提出的正常蓄水位为 150 米高程的三峡工程方案。张光斗是该审查小组的成员之一，在审议该方案时张光斗认为 150 米方案虽然"可提高下游荆江河段的防洪标准到百年一遇洪水，但防御高标准洪水仍需要更多的分洪行洪区"❷，因此他认为该方案并不能完全满足长江中下游的防洪要求。但是当时为了减轻移民的压力，不得不勉强通过该方案的可行性报告。1990 年水利电力部论证委员会向国务院汇报三峡工程可行性报告。在会议上，张光斗发言指出："已论证过可行性的三峡工程（指 175 米方案），有巨大防洪效益。"❸ 总之，三峡工程的修建对于未来长江流域的防洪形势是大有裨益的，是其他方案都无法替代的。单从防洪的角度考虑，三峡工程的修建是非常有必要的。

（二）发电问题

张光斗第一次见到长江三峡的时候就被它蕴藏着的巨大水能资源所折服："早在 1937 年他第一次乘船经过长江三峡，看到山高谷狭，水流湍急，气势雄伟，就曾感叹这是一个优越的水利水电地址！"❹ 只是当时的中国并不具备开发和使用如此巨大资源的条件。新中国成立后，党和政府开始考虑修建三峡工程，在论证过程中张光斗始终认为，修建三峡工程除了要将防洪作为首要目标之外，工程也必须充分发挥其发电效益，不能让如此巨大的清洁能源白白浪费。面对我国电力紧张的局面，他曾多次指出："应该考虑华中、华东地区的电力需要问题。"❺

---

❶ 李锐：《论三峡工程》，湖南科学技术出版社，1985 年，第 9 页。

❷ 张光斗：《我的人生之路》，清华大学出版社，2002 年，第 164 页。

❸ 张光斗：《我的人生之路》，清华大学出版社，2002 年，第 190 页。

❹ 王光纶：《老科学家学术成长资料采集工程、中国科学院院士传记、中国工程院院士传记丛书　情系山河：张光斗传》，中国科学技术出版社、上海交通大学出版社，2014 年，第 244 页。

❺ 《张光斗在三峡工程论证领导小组第十次（扩大）会议上的发言》，见中国水利学会主编《三峡工程论证文集》，水利电力出版社，1991 年，第 221 页。

新中国成立前，由于连年战争的破坏，我国的电力工业基本处于停滞状态。新中国成立初期，中国的电力工业得到了一定的发展，但是水力发电事业的发展依然比较滞后。随着国家经济形势的不断发展，国家各项事业对电力的需求越来越大，党和国家开始领导广大工程技术人员及民众进行大规模的电力工程建设，并取得了相当大的成就。改革开放以来，我国虽然不断加强电力工程建设，装机容量也在不断增加，"但是人均电力占有量只有 0.34 千瓦左右，远低于发达国家的水平"❶。

值得注意的是，我国的电力工业长期以火电为主，发电量的绝大部分要靠煤炭的保证供给来维持。然而煤炭是不可再生资源，而且它要经过转换才能变成电能。更为重要的是，我国的煤炭资源主要分布在山西、陕西、内蒙古、宁夏等省（自治区），而全国其他地区煤炭资源则比较匮乏，特别是东部和南部地区。如果仍然大力发展火电，则需要向其他地区运送煤炭。众所周知，我国铁路运输连年超负荷运行，运输压力的不断加大，最终将导致发电成本不断增加。

据统计，2000 年全国煤炭需求量为 20 亿吨，但开采能力只有 14 亿吨左右，还有 6 亿吨的缺口。今后我国的煤炭需求缺口将日益扩大，煤炭运输压力会不断加大。同时长期使用火力发电造成的环境污染也日趋严重。面对如此严峻的形势，张光斗认为发展水电等清洁能源已经成为亟待解决的问题。他曾表示：水电是再生能源，又是清洁能源，不需要燃料，运行费较低，又是廉价能源，所以应该优先开发，发达国家都是如此，为此要给水电建设优惠政策。❷

三峡工程在论证和设计的过程中，首先充分考虑了未来我国电力的需求情况。三峡水电站计划安装 32 台水轮发电机组，装机总容量将达到 2240 万千瓦。❸ 工程建成投入使用后，将会极大地缓解华中、华东等地区的用电紧张问题。它还将利用地处我国腹地的有利位置，在以 1000 千米左右为半径的范围内，把全国七大电网（东北、华北、西北、华东、华中、华南、西南）联接。同时，利用全国及流域内雨季前后的不同，使各地水电站在枯水期少发电，多存水，保持高水位发电，以充分利用水能。据估算，全国各水电站因此而增加的发电量约相当于 300 万～500 万千瓦发电能力。❹

其次，鉴于火力发电会产生大量的二氧化碳、二氧化硫等有害气体，造成严重的环境污染。近年来北方大气环境持续恶化、雾霾不断加重等状况与此不无关联。而水电是清洁能源，三峡水电站建成后每年可提供近一千亿千瓦时的清洁电能，清洁、低廉、强劲、可再生的水电替代火电后，每年可减少排放 1.3 亿吨二氧化碳、1.5 亿吨一氧化碳以及氮氧化合物等。❺ 从这个层面来说，三峡工程又可以称得上是一项改善环境的生态工程。

---

❶ 李鹏：《电力要先行：李鹏电力日记》，中国电力出版社，2005 年，第 1 页。
❷ 张光斗：《对加快我国水电建设的意见》，《学会》1997 年第 5 期。
❸ 黄健民：《长江三峡地理》，重庆出版社，1999 年，第 24 页。
❹ 陈精求：《三峡梦成真——三峡工程历史回顾与展望》，新华出版社，1992 年，第 43～44 页。
❺ 黄健民：《长江三峡地理》，重庆出版社，1999 年，第 26 页。

经过长期的研究和论证，张光斗认为，要适应我国经济快速发展的势头，电力建设必须走在各项建设事业的前面，而且要着重发展水电。开发长江水能资源要进行全流域的开发，仅靠开发长江上游干支流是远不能适应国家经济建设发展需要的，三峡电站强大的发电效能将对我国经济的发展产生巨大的推动作用。因此从国民经济发展的角度来看，他认为三峡工程是非建不可的。

（三）航运问题

长江干支流流经中国11个省（自治区、直辖市），一直以来都是沟通中国东南沿海与西南腹地的交通要道，在国民经济中具有十分重要的地位。但是由于长江三峡上游江段水流急、险滩多，导致该江段的通航能力较低，限制了长江航运的发展。而三峡大坝建成后，尤其是双线五级船闸建成投入使用后，长江中上游的航运条件将会得到极大的改善，万吨级船队可以直达重庆。

1983年，长江流域规划办公室提出三峡工程正常挡水位150米方案，国务院召开讨论会对该方案进行论证。作为讨论会的核心成员，在论证该方案时，张光斗认为正常挡水位150米偏低，没有充分利用三峡工程的潜在资源，不仅不能满足长江中下游防洪的需求，而且也没有充分发挥长江的航运优势。但是为了减少淹没损失，国务院批准了该设计方案。对此，张光斗表示："我感到三峡资源没有充分利用，希望抬高蓄水位，但水库移民困难，要早日修建，也只能如此"。❶

随着我国经济的快速发展，交通运输压力不断增大。待三峡工程建成后，由于水库蓄水，河道水位抬高，使得三峡江段原来的险滩被淹没，河道拓宽，水势减缓，航运条件将会得到大为改善。因此，长江上游航运条件的改善，对于全流域乃至全国的经济发展都将起到推动的作用。

总之，在张光斗看来，三峡工程是一个地理位置得天独厚且拥有巨大综合效益的水电工程项目，它在防洪、发电、航运等方面的作用是其他方案不可代替的，因此修建三峡工程是必要的，而且也是急迫的。

二、张光斗对兴建三峡工程可行性的分析与研究

三峡工程是一个巨大的水利水电工程项目，它包括枢纽工程、移民工程和输变电工程三部分，其中枢纽工程包括挡水泄洪建筑物、通航建筑物和发电建筑物等；移民工程则需要搬迁安置城乡移民共计约130万人；此外还有复杂的输变电工程等。三峡工程如此庞大，国家财力是否允许、技术上是否可行、经济上是否合理等因素都影响到三峡工程的成败。针对这些疑问，张光斗根据多年的分析与研究给出了肯定的回答：三峡工程是可行的。

（一）地质问题

地质问题是三峡工程的重大问题之一，坝区地质的好坏直接关系到工程的安全。

---

❶ 张光斗：《我的人生之路》，清华大学出版社，2002年，第164页。

三峡水库库容总量为 390 亿立方米，反对三峡工程的人很大程度上是担心如此巨大的库容会诱发地质灾害，尤其是诱发地震。其实，从 20 世纪 50 年代开始在有关部门的组织下就已经开始有计划地对三峡工程的地质和地震问题进行研究。几十年来先后有水利电力部、中国科学院、国家地震局、地质矿产部等单位的数百名地质工作者参与到研究中来并取得了丰硕的成果。总的来说，"坝址工程地质条件优越，适宜修建混凝土高坝，是一个难得的好坝址"❶。

针对水库诱发地震的问题，张光斗认为，就三峡水库而言，虽然其总库容将会达到 390 亿立方米，但并不足以诱发地震。此外，由于地质构造极其复杂，就目前的科学技术水平来看，要想将深层的地质构造完全搞清楚、精确地估计出可能诱发地震的级别也是很困难的。

对于这个问题，张光斗认为不仅要从科研的角度去考虑，还要从实践经验的角度去看待，"经验还是很重要的"❷。他列举了新丰江大坝和印度的柯伊那大坝对该问题进行说明：印度柯伊那重力坝和我国新丰江大头坝，因水库诱发地震在坝顶附近发生裂缝，但不影响安全。经过加固，两座大坝至今仍安全运行。而三峡工程在论证过程中就非常重视这个问题，在工程设计和施工阶段会针对这一问题采取必要防御措施，以减少甚至避免灾害的发生。有了以上的研究和经验，张光斗在向国务院汇报发言时自信地说："水库诱发地震不会影响大坝安全。"❸

（二）泥沙问题

谈到三峡，人们不由得就会想起三门峡。20 世纪 50 年代，为了防御黄河下游的河道决堤，治理黄河泥沙，党和国家做出了修建三门峡水库的决定，并委托苏联对工程进行设计。苏联水电工程专家虽然拥有丰富的理论和实践经验，但由于苏联境内并没有泥沙量很大的大江大河，他们缺少多泥沙河流治理的实践和经验，所以他们的设计思路和方案并不符合治理黄河的实际情况。而由于受到时代条件的限制，对于修建三门峡工程，中国的一些水电专家不敢充分表达自己的不同意见，敢于说真话的人，如黄万里❹反对修建三门峡工程的意见又未被采纳。结果三门峡工程在建成运行一年多后就由于设计等方面的缺陷，出现水库内淤积大量泥沙的严重问题。同时由于渭河泥沙淤积向上游延伸，渭河亦呈悬河态势，严重威胁着关中平原的安全。针对如此严重的情况，三门峡工程不得不连续进行两次改建。

张光斗作为三门峡工程的直接参与者，他对自己在工程设计和施工时未坚持自己

---

❶　三峡工程论证领导小组办公室：《三峡工程专题论证报告汇编》，内部印行，1988 年，第 3 页。

❷　《张光斗在三峡工程论证领导小组第十次（扩大）会议上的发言》，见中国水利学会主编《三峡工程论证文集》，水利电力出版社，1991 年，第 217 页。

❸　张光斗：《我的人生之路》，清华大学出版社，2002 年，第 191 页。

❹　黄万里（1911—2001），上海人。著名水利工程学专家、清华大学教授。近代著名教育家、政治家黄炎培第三子，1932 年毕业于交通大学唐山工学院。1934 年留学美国学习水利，1935 年获得美国康奈尔大学硕士学位，1937 年获得美国伊利诺伊大学香槟分校工程博士学位。20 世纪 50 年代因反对黄河三门峡水利工程建设而被错划为右派。黄万里一生主要反对过两项水利工程，一个是三门峡工程，另一个是三峡工程。

的意见而倍感自责。他曾多次反对苏联专家的设计，但迫于当时盲从苏联专家的氛围，不得不妥协："现在我后悔没有上书周总理，反映意见，总感到自己没尽到责任。"[1] 1960年，水利电力部要求张光斗做出封堵三门峡大坝导流底孔的图纸，张光斗虽然不赞成封堵导流底孔，但他不得不服从水利电力部的命令。当有记者问及张光斗所设计和参与的大坝当中有没有失败的工程时，他毫不犹豫地回答："三门峡，三门峡就是错误的大坝。"[2]

如今，人们对当初三门峡工程建设失误的恐惧会自然地转移到三峡工程上。很多人担心三峡工程将会是又一个更大的三门峡工程，如果真是这样，就不是改建能解决问题的了，由它所引发的损失和灾难将是无法弥补的。

张光斗深知三门峡工程的失误给人们带来的影响是巨大的，因此对三峡工程的泥沙问题格外地关注。在三峡工程论证期间，他不断向泥沙专家学习，并多次与泥沙专家钱宁[3]讨论。经过认真地研究并结合泥沙组的研究成果，张光斗指出，长江在三斗坪年输沙量为5.3亿吨，三峡工程采用"蓄清排浑"运行方式，汛限水位145米，汛后10月份开始蓄水，留一段时间冲刷航道淤沙，然后蓄水到175米，次年汛前降到消落水位156米，用蓄水库容调节，增加水电保证出力，并能保持通航。到汛期，库水位降到145米，由于流量大，能保持通航，运行100年后，水库达到冲淤平衡，仍能满足上述综合利用要求。[4]

针对社会上有关对三峡工程泥沙研究成果的质疑，张光斗呼吁要相信我们自己的专家，泥沙专家们经过多年的研究，做了大量的理论和试验研究工作，他们的研究成果是科学的、可信的。综合泥沙专家组的研究成果，张光斗认为长江三峡"泥沙问题能够解决"[5]，"库尾水位变动区航道基本上不被淤堵，局部淤积可以整治"[6]。

（三）水工建筑物、工程施工及技术问题

三峡工程的建筑物部分包括混凝土大坝、电站厂房和通航设施，工程需开挖的土石方量和混凝土浇筑量巨大，而且由于导流和季节性的限制，工期安排非常紧凑，因此工程施工具有工程量巨大、施工强度高、施工难度大等特点。

张光斗是长江三峡工程论证枢纽建筑物专家组的首席顾问[7]，他认为新中国成立后，经过几十年的建设，中国已经兴建了许多大坝，如五六十年代的三门峡工程，70年代的葛洲坝工程，80年代的龙羊峡工程等，这些大型水利工程的兴建为三峡大坝积累了比较丰富的理论和实践经验，而且随着时代的发展，施工理念、施工技术及施工

---

❶ 张光斗：《我的人生之路》，清华大学出版社，2002年，第88页。

❷ 曾涛：《张光斗的山河之恋》，《中国三峡建设》2004年第1期。

❸ 详见下文专篇介绍。

❹❺ 张光斗：《我的人生之路》，清华大学出版社，2002年，第190页。

❻ 《张光斗在三峡工程论证领导小组第十次（扩大）会议上的发言》，见中国水利学会主编《三峡工程论证文集》，水利电力出版社，1991年，第218页。

❼ 其他三位顾问分别是：水利电力部咨询张昌龄；中国科学院学部委员、清华大学教授、中国水力发电工程学会副理事长黄文熙；中国科学院学部委员、中国科学院地球物理研究所所长陈宗基。

设备都在不断进步，因此混凝土重力坝和坝后式厂房的建设不存在太大的困难。

双线五级船闸和垂直升船机是三峡工程通航建筑物的重要组成部分，它的修建与长江能否发挥巨大的航运效益直接相关。在论证过程中，张光斗对通航建筑物的可行性方案表现出了很大的关切，他在 1989 年召开的三峡工程论证领导小组第十次（扩大）会议上发言指出："无论是五级船闸或分散式三级船闸……大部分技术问题已经解决。"❶ 他认为"五级船闸和 170 米高边坡是世界最大的，我们做了大量的试验研究，还有葛洲坝船闸的经验，有把握修好。"❷ 与此同时，张光斗表示虽然经过了长时间的试验和研究且有葛洲坝船闸经验做借鉴，但仍有许多关键问题没有得到很好地解决，如航道泥沙淤积问题、水力学问题及冲击波问题等等，必须要抓紧科研，加以落实解决。

关于工程的施工，张光斗认为，虽然三峡工程规模巨大，施工难度高且施工周期长，但新中国成立后我国已积累了丰富的建设经验；除此之外还可以借鉴国外的先进技术和经验来帮助我国三峡工程建设，因此关于工程施工没有不可以克服的技术难题。同时他也指出：由于三峡工程混凝土浇筑量很大，浇筑难度高，结构复杂，要引起特别的重视，必须要"如临深渊，如履薄冰"，精心施工，保证质量，用现代化大型施工机械和熟练施工工艺，做成一流工程。❸

（四）移民问题

按照设计，三峡工程正常蓄水位为 175 米，总库容 390 多亿立方米，工程建成后共需搬迁安置城乡移民约 130 万人。如何解决好这 130 万人的安置问题，成为三峡工程成败的关键问题。由于受到时代条件的限制，新中国成立初期进行大型水电工程建设时，在面对工程建设和移民的问题上往往是"重工程，轻移民"。在移民的过程中仅仅是一次性给予一定的补偿费，并没有考虑移民迁出后的长远发展，以至于许多问题没有得到妥善地处理，不仅影响了移民的生活，更出现了导致社会不稳定的因素。

作为一名水电工作者，张光斗深知移民工作的重要性和艰巨性。对于三峡工程移民，他更是有清醒的认识。他强调：必须要摒弃以往采取的那种以行政命令强迫移民搬迁的做法，而要采取一种更切实有效的移民办法。

张光斗曾多次到三峡库区考察，他看到，从提出修建三峡工程以来，国家就不再往库区投资，几十年来，库区经济得不到发展，人民生活非常困难。他在接受采访时说："（库区）50 年不投资建设……老百姓苦啊。"❹ 他认为，无论三峡工程是否要修建，国家都有必要帮助库区人民发展经济，改善人民生活条件。正是张光斗对库区人民的生活境况有这样清醒的认识，才使他更加坚定地支持兴建三峡工程。最后，经过长期的论证和进行移民试点，国家确定了"开发性移民"的移民方针。因此他认为三

---

❶　《张光斗在三峡工程论证领导小组第十次（扩大）会议上的发言》，见中国水利学会主编《三峡工程论证文集》，水利电力出版社，1991 年，第 218 页。

❷❸　张光斗：《我的人生之路》，清华大学出版社，2002 年，第 191 页。

❹　曾涛：《张光斗的山河之恋》，《中国三峡建设》2004 年第 1 期。

峡工程移民工作虽然难度大，但仍是可以顺利解决的。

此外，张光斗还针对三峡工程建设所产生的生态环境影响问题进行了分析。他认为，三峡工程由于库区人口众多，且生态环境已经在恶化，如果在工程建设及移民过程中不重视生态保护，将会造成很大的问题。另外，由于三峡工程的防洪作用，可保证长江防洪安全，将使得湖北、湖南的生态环境得到大为改善。更重要的是，三峡电站建成发电后，每年可节省 4000 多万吨燃煤，将有效改善空气质量。综合专家组的意见和自己的分析研究，他认为生态环境问题"不会成为不能修建三峡工程的卡关问题"❶。

综上所述，经过多年的实地调查与研究，张光斗认为三峡工程对于我国意义重大，它的修建是必要的，也是迫切的。三峡工程建成后将使长江中下游流域的防洪形势得到极大的改善，可基本解除这把"达摩克利斯之剑"对两岸人民生命财产安全的威胁；三峡电站强劲的发电效能将为我国经济发展提供强大的动力，有助于我国国民经济快速稳步增长；同时在航运方面能使长江真正成为沟通我国东南沿海与西南腹地的纽带，有助于我国"西部大开发"战略的实施。关于三峡工程建设的可行性，他认为无论是施工技术还是施工手段均已比较成熟，泥沙问题、地质问题、移民问题等都能够得到很好的解决，并不存在卡关的问题。三峡工程经过长时间的从宏观到微观的反复论证，论证结论是科学的、民主的、可信的。同时，他也指出，无论三峡工程修建与否，国家都要想办法解决库区人民生活贫困的问题，同时必须注重长江流域的总体开发问题。张光斗的这些意见和建言，为党和国家领导人做出是否兴建三峡工程的决定提供了有益的参考。

---

❶ 《张光斗在三峡工程论证领导小组第十次（扩大）会议上的发言》，见中国水利学会主编《三峡工程论证文集》，水利电力出版社，1991 年，第 219 页。

第三章　张光斗与三峡工程的质量监督及宣传

质量是工程的生命，三峡工程的质量不仅关系到工程防洪、发电、航运等各项效益的发挥，更直接关系到长江中下游两岸人民的生命财产安全。基于此，工程的质量问题也就自然而然地引起了国内外及社会各界的特别关注。为了保证工程质量，需要建立一套完善的监督体系。这样，"4+1"质量监督体系也就应运而生。张光斗作为一名水电工程师，对工程质量的重要性有着清醒的认识，因此在三峡工程的建设过程中他始终提醒建设者们要将工程质量放在第一位。他几乎每年都要亲自到三峡工地进行现场检查。同时，针对一些媒体有关三峡工程不实的报道，张光斗也总是第一时间作出回应，以消除不利影响。

第一节　张光斗对三峡工程施工质量的监督

三峡工程虽已于1992年获得全国人大的通过，但张光斗这位全程参与三峡工程论证工作的八旬老人并未就此停下脚步，而是选择继续为三峡工程保驾护航。1993年，国务院三峡工程建设委员会对《长江三峡水利枢纽初步设计报告》进行审查，张光斗任审查专家组组长。在审查时，张光斗对总字数达300万字的三峡工程初步设计报告认真研究，不断提出问题。他认为三峡工程重要、巨大、复杂，所以需要由业主分项进行技术设计审查。经过张光斗和审查组各位专家的认真审查，初步设计报告最终获得通过。

1994年12月14日，经过了两年的施工准备期，三峡工程正式开工建设。三峡工程主体将由2000多万立方米的混凝土浇筑而成，建成后，其总重约4000万吨；当三峡水库正常蓄水位达到175米时，水库库容将达到惊人的390亿立方米，此时三峡大坝将要承受约2000万吨的水压。如此巨大的工程，如果在质量上出现任何闪失，其后果将是灾难性的。

张光斗作为一名拥有几十年水电工程建设经验的专家，深知工程质量的重要性。早在新中国成立之初，他负责设计修建密云水库时，有人为了节约钢材、节省投资，竟全然不顾工程的质量和安全，将进水塔连同廊道混凝土里的钢筋全部抽掉。张光斗得知后非常着急，不顾自己当时正受到不公正批判的处境，极力要求采取补救措施。他说："廊道抽掉钢筋，泄洪是很危险的，下游有千百万人民，如何对得起

党和人民。"❶ 最终正是由于张光斗的极力争取，采取了补救措施，密云水库才能够顺利建成并安全使用至今。关于工程质量问题，张光斗在自传中还提到新中国成立初期他去安徽省佛子岭水库考察一事，他说："到了工地，看到连拱坝的钢筋混凝土浇筑由部队负责，解放军战士十分认真，按工艺规范施工，工程质量优良。"❷ 而相比现在的工程施工质量，他则表达了自己的担忧："现在的工程质量远不如前，都是施工不认真按规范进行的缘故。"❸

面对庞大的三峡工程，张光斗对工程质量尤其重视。1995 年春，他去三峡工地考察，重点查勘了一期工程的施工质量，但情况并不容乐观："看到碾压混凝土纵向围堰施工质量很差，水平工作缝高低不平，很不平整，凿毛清洗质量不好。"❹ 他非常严厉地批评施工单位对工程质量不够重视的态度，表示这样的施工质量，只能勉强满足设计要求，但不能用于永久性大坝上。他再三要求施工单位必须引起足够的重视，提高施工质量。1996 年 5 月，张光斗再次来到三峡工程工地参观并多次提到了工程质量问题，他强调："目前三峡工程有很大进展，工程质量也在提高，但要完成的工作量还很多，工程质量需进一步提高。""三峡工程要做成一流的，目前质量控制还不够严格。"❺

1997 年 9 月，三峡工程一期工程完成，国务院三峡工程建设委员会召开大江截流前验收领导小组会议，张光斗担任验收领导小组组长。验收领导小组成员经过听取汇报和现场考察，对工程质量评价、是否同意验收等问题进行了认真讨论。张光斗认为工程开挖质量是好的，碾压混凝土质量不好，但主要是临时工程，可满足设计要求，所以一期工程是合格的，可以验收。❻ 但对于工程施工中存在的某些质量问题，施工单位必须要引起足够的重视，并且在以后的施工中避免再出现类似的质量问题。

同年 12 月，全国政协副主席钱正英受李鹏总理的委托，召开"三峡工程混凝土耐久性问题座谈会"，对三峡大坝混凝土技术问题进行讨论研究。在会上，张光斗强调：施工质量是影响三峡大坝混凝土质量和耐久性最重要的问题，必须提高施工质量，加强混凝土温控防裂措施，建立质量保证体系。❼ 三峡工程大江截流后，发生了两起质量事故，一是临时船闸左非溢流坝 11 坝段混凝土施工出现架空事故；二是左非溢流坝1~11 坝段混凝土发生 31 条裂缝。针对这两起事故，张光斗在给钱正英的信中表示：这两起事故的严重性在于这些坝段都是永久性建筑物，对强度和防渗要求很高。发生质量事故，主要是由于不重视质量，施工单位粗枝大叶，不负责任，监理单位控制不严，而施工单位自我感觉良好，到处宣传其施工质量优良。❽ 他还表示，对于三峡工程

❶ 张光斗：《我的人生之路》，清华大学出版社，2002 年，第 82 页。

❷❸ 张光斗：《我的人生之路》，清华大学出版社，2002 年，第 57 页。

❹ 张光斗：《我的人生之路》，清华大学出版社，2002 年，第 235 页。

❺ 张光斗：《我的人生之路》，清华大学出版社，2002 年，第 250 页。

❻ 王光纶：《老科学家学术成长资料采集工程、中国科学院院士传记、中国工程院院士传记丛书　情系山河：张光斗传》，中国科学技术出版社、上海交通大学出版社，2014 年，第 254 页。

❼ 张光斗：《我的人生之路》，清华大学出版社，2002 年，第 257 页。

❽ 张光斗：《我的人生之路》，清华大学出版社，2002 年，第 285 页。

必须要"如临深渊，如履薄冰"，重视质量，兢兢业业进行施工。

　　为了加强三峡工程建设者们对工程质量的认识，1998 年 6 月 10 日，张光斗专门在三峡工地对施工现场的工程技术人员作了"如何当好中国工程师"的讲话。他指出：中国工程师应该德才兼备，要有职业道德，要和工人相互结合，同甘共苦，在任何情况下都要说真话；中国工程师要多快好省地建设社会主义工程和工业，多与快是进度，好是质量，并且要省，即经济，而质量是首位的。他还希望三峡建设者们要艰苦奋斗，勇于克服困难，有创新精神。他深信中国建设者们一定能把三峡工程做成世界一流的工程。❶

　　好的工程质量需要一套完善的质量监督机制作为保证。在三峡工程的筹备和建设过程中，经过建设者们不断地完善和创新，最后形成了一套完备的质量监督体系，即"4＋1"质量监督机制。三峡工程在建设的过程中，施工企业首先要对自己承建的工程项目质量进行自我检查。如果三峡工程出现质量问题，他们将是第一责任人；施工企业自检之后将由三峡工程开发总公司项目部对工程质量再次进行统一、全面的检查，如有工程质量不合格的情况发生，将直接勒令施工单位整改；工程监理是三峡工程质量监督体系中一个非常重要的环节。监理单位不隶属于施工单位和三峡工程开发总公司，而是独立的第三方。他们将独立地对三峡工程进行监理，及时发现问题，及时要求施工单位整改。早在三峡工程开工之初，张光斗就对工程的监理工作提出了具体的要求：监理单位不能全靠施工单位的质检员，也不能听命于项目负责人；要实行"旁站监理"，及时处理质量事故，保证工程质量；要有监理单位的实验室，进行独立的质量试验等；❷ 最后，再由三峡工程开发总公司质量总监办公室对工程质量进行总把关。由此便形成了施工企业、三峡工程开发总公司项目部、监理单位和质量总监办公室组成的四级质量监督体系。

　　为了更好地对三峡工程施工质量进行监督和把关，1999 年 6 月，国务院三峡工程建设委员会决定成立"三峡枢纽工程质量检查专家组"，任命钱正英为专家组组长，张光斗为副组长，成员有潘家铮、陈赓仪、谭靖夷、梁应辰和梁维燕共七人，他们都是全国最优秀、最权威、最顶级的水电工程专家。张光斗还按照钱正英的要求起草了专家组的工作任务书。任务书规定专家组的主要任务是：检查工程质量保证体制是否建立；检查工程质量保证体制落实情况；检查工程质量；检查工程质量事故的原因及处理情况；检查工程进度。专家组每年到工地检查两次，11 月检查后上报检查工作简报，次年 4 月检查后报上一年度的质量检查工作年报，呈送国务院三峡工程建设委员会。必要时可增加检查次数。任务书得到了国务院三峡工程建设委员会的批准，专家组正式开始工作，由国务院三峡工程建设委员会直接领导。质量检查专家组的成立，也标志着三峡工程质量控制的"4＋1"监督机制最终形成（见图 1）。该机制对保证三

---

❶　张光斗：《我的人生之路》，清华大学出版社，2002 年，第 305 页。

❷　张光斗：《我的人生之路》，清华大学出版社，2002 年，第 347 页。

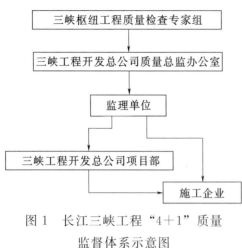

图 1　长江三峡工程"4+1"质量
监督体系示意图

峡工程质量发挥了巨大作用。

质量检查专家组成立后，年近九旬的张光斗每年至少两次到三峡工地检查。每次到工地，他都绝不先听任何人的汇报，而是先要到施工现场亲自查看。他在施工现场兢兢业业、忘我工作的精神给工作人员留下了深刻的印象并激励着现场的施工人员。2000 年 6 月，国务院三峡工程建设委员会开会讨论三峡工程建设情况。在会上，张光斗发言指出：三峡工程规模巨大，世界第一，一年来施工取得很大成绩，来之不易。这样大而复杂的工程，质量问题是不可避免的，要处理好，满足设计要求。今后要加强管理，落实质量保证体制。要质量和进度并重，不能兼顾时，进度要服从质量，可迟一年发电。❶ 朱镕基总理也在会上再次强调三峡工程是千年大计，必须保证，要对得起国家和人民。❷

在党和国家的领导下，在以张光斗为代表的各位专家的监督和关心下，三峡工程的建设者们在工程建设的过程中攻克一个又一个技术难题，在运用市场机制组织工程建设和控制建设成本方面取得了巨大成就；同时，不断提高工程施工质量，努力将三峡工程建成世界一流质量水平的工程。

三峡工程正式开工建设时，张光斗已是八十岁高龄，在工程建设的过程中，他不顾自己年老体衰，坚持每年亲自到施工现场做质监工作（见表 3）。2002 年 11 月，专家组再次到三峡工地检查。但是在这次检查中，张光斗因病不得不提前返回北京住院治疗。这之后，国务院三峡工程建设委员会的领导和他的家人为了他的身体考虑，坚持不再让他去工地，但他心里始终牵挂着三峡工程。

表 3　　　张光斗到三峡工程施工现场检查工程质量情况一览表（部分）

时间	检查内容	处理意见	备注
1995 年春	导流明渠纵向围堰碾压混凝土施工质量；凿毛清洗质量；平仓铺料质量，碾压质量，混凝土养护等	要求葛洲坝工程局重视施工质量；增加施工人力和机械设备，改进爆破技术，对岩坡及时喷锚加固；加强监理力量等	
1996 年 5 月	右岸纵向围堰碾压混凝土质量；左岸 1～6 号机组坝段厂坝间岩岸开挖质量等	建议大坝下部不用碾压混凝土；建议取消纵向围堰和大坝的温度横缝铺设泡沫塑料板；加强预裂爆破，修凿岩面等	

---

❶ 张光斗：《我的人生之路》，清华大学出版社，2002 年，第 468 页。

❷ 张光斗：《我的人生之路》，清华大学出版社，2002 年，第 469 页。

时间	检查内容	处理意见	备注
1997年6月	下游坝面背管安全系数；混凝土配合比；永久船闸岩槽开挖质量等	建议使用安全系数高的钢管；提高混凝土耐久性等；增加工作人员和施工设备；建议请挪威专家来指导等	
1997年11月	导流明渠开挖质量；纵向围堰地基开挖质量；临时船闸岩基开挖质量；上游闸首顶吊车梁质量等	上游闸首顶吊车梁制造有质量问题，要求制造厂商及时修正；永久船闸进度稍有滞后，开挖质量有待进一步提高；沥青混凝土心墙要重视工艺和质量等	参加大江截流大会
1998年6月	二期工程大江上下游围堰；永久船闸开挖；1～6号机组厂房混凝土浇筑等	提高施工质量，加强质量监理；质量与进度如有矛盾，应坚持质量第一	
1998年10月	大江基坑、上下游围堰、临时船闸和永久船闸的开挖情况；左岸总堆砂石料场和输送皮带、左岸两座混凝土拌和楼、右岸拌和楼系统等	永久船闸高边坡锚固要跟上，以策安全等	
1999年3月	二期围堰质量；混凝土配合比和温控防裂；永久船闸等	要重视混凝土浇筑质量；严格执行温控规定；做好混凝土浇筑进度计划；混凝土浇筑后要持续长期喷水养护等	
1999年12月	厂坝混凝土浇筑、钢管安装、永久船闸开挖和输水隧洞混凝土浇筑、98米高程混凝土拌合楼等	施工单位和监理单位要加强责任心，要明确分层负责，重视协调；要重视工人安全等	
2000年4月	大坝主体、永久船闸、厂房、钢管厂、蜗壳厂、茅坪溪保护坝、砂石厂、导流底孔和浇筑仓面等	船闸在运行中故障多，主要由于金属结构和控制设备制造和安装不良引起，要总结经验，做好五级永久船闸金属结构的制造和安装；要提高混凝土温控、保温、养护水平和质量等	
2000年12月	大坝导流底孔侧墙修补和底板灌浆加固、大坝混凝土料斗下料平仓浇筑、永久船闸闸室侧墙混凝土浇筑、厂房混凝土浇筑和机组座环、蜗壳的焊接与安装等	导流底孔两边侧墙不平，须作处理；深孔墙坝段中间有垂直裂缝，要查明原因；深孔需保证质量，满足平整度要求；启闭机房裂缝问题较为严重，须给予高度重视等	
2001年春	检查导流底孔施工质量	不详	
2002年4月	检查工程质量	不详	
2002年11月	检查工程质量	不详	因病提前返京

注　资料摘编自张光斗著《我的人生之路》、王光纶编著《情系山河：张光斗传》等。

2004年，张光斗接受采访，当记者问到三峡工程质量的时候，他毫不避讳地说："三峡工程质量……不是顶好的，总体上还是可以的。我们的评价叫总体上良好……三

峡工程总体上还是可以的。"❶ 他认为像三峡工程这样的特大型工程，在整个建设过程中不出一点质量问题几乎是不可想象的，只要能够以严肃认真的态度来对待，这些质量问题一定能够得到克服和解决。

据统计，从开工到 2003 年，三峡工程质量评定合格率 100％，优良率达到了 81.06％❷，施工质量总体良好。在 17 年的工程建设过程中，三峡建设者们坚持自主和引进相结合，不断创新，不仅解决了一系列重大技术问题，而且建立了 100 多项工程质量和技术方面的标准。通过这些措施，大批国内企业提高了自主创新能力，达到了国际先进水平。❸

百年大计，质量第一。广大三峡工程建设者始终瞄准优质工程、一流工程的标准，认真施工，仔细检查，在确保工程质量过硬的同时保证施工进度和施工工艺到位。也正因为有张光斗和质量检查专家组的指导和帮助，制定出一整套完备的质量控制体系，从而确保了三峡工程的质量。如今，三峡工程已经建成并发挥效益，不仅工程质量达到了一流工程目标，其各个领域的质量也都是优良的。可以说，三峡工程是不留隐患的工程，是让全国人民放心的工程。

第二节　注重宣传，消除不利影响

作为世界上规模最大的水电工程项目，三峡工程在规划、设计、论证的几十年间引发了有关泥沙、地震、移民、生态环境等诸多问题的讨论。即便是到了今天，三峡工程已经竣工并投入使用，关于它的争论依然还在继续。这些争论本无可厚非，但有些心怀叵测的媒体和国家歪曲事实，故意将三峡工程妖魔化，来误导公众舆论。

张光斗作为三峡工程的坚定支持者，在几十年的争论中，他根据自己丰富的理论和实践经验，从实际情况出发，积极向国内和国外宣传我国修建三峡工程的必要性和可行性，以消除外界对三峡工程的误读，保证三峡工程论证高效有序地进行。在国内，他多次公开发表文章和谈话，向公众阐明我国修建三峡工程是非常必要的，同时也是可行的；他多次表示党和政府做出修建三峡工程的决策是慎重的，是科学的，希望公众给予三峡工程更多的理解和支持。

在国际上，他利用各种机会向外界宣传中国修建三峡工程的目的，并表示中国能很好地解决修建过程中遇到的各种问题。1990 年 11 月，中国科学院应邀参加工程和技术科学理事会在墨西哥召开的第八届大会，中国科学院派张光斗等人参加。张光斗利用这个机会，就与会代表关心的关于三峡工程的各种问题给予详细的讲解。会后，他还在中国驻墨西哥大使馆做了有关三峡工程的报告："我在大使馆做了'三峡工程'的

---

❶　曾涛：《张光斗的山河之恋》，《中国三峡建设》2004 年第 1 期。

❷　遥远：《"四位老师"和"一位校长"：三峡质量保证体系揭秘》，《中国质量万里行》2003 年第 8 期。

❸　《百问三峡》，科学普及出版社，2012 年，第 67 页。

报告，回答了大家感兴趣的问题。"❶

1993 年，中美水科学和工程会议在美国首都华盛顿召开，中国水利学会要求张光斗前往参加。由于美国是最反对中国修建三峡工程的国家，为了向美国各界宣传三峡工程，消除他们对三峡工程的误解，中国驻美大使馆工作人员邀请张光斗在大使馆讲有关三峡工程的概况，邀请美国国务院、国家科技机构的一些高级官员及美国各界人士来参加。张光斗向与会者讲了三峡工程的基本情况。他表示：现在中国经济建设需要三峡工程，工程技术问题都能解决，生态环境问题也可以解决……所以全国人民代表大会决定兴建三峡工程。他还说："过去美国政府是支持三峡工程的，现在因对三峡工程情况不很了解，所以有怀疑，希望经过我的介绍，美国政府对三峡工程有进一步的了解，能支持三峡工程。"❷ 张光斗的讲解得到了与会代表的好评，有的听众表示听了张光斗的讲解后，能够理解中国政府为什么决定修建三峡工程。但同时他也很清楚："这是个政治问题，绝不是听一次报告就能解决的，但可使他们了解三峡工程的真实情况。"❸

台湾是中国不可分割的一部分，进入新时期，大陆与台湾的交流进入了一个全新的发展阶段。此时，张光斗觉得三峡工程不仅是大陆人民的事业，同时也是台湾同胞的事业，因此向台湾同胞宣传三峡工程是很有必要的。1994 年 7 月，应台湾成功大学、新竹清华大学等单位的邀请，张光斗与夫人钱玫荫到台湾访问。他就利用此次机会在台湾大学和成功大学做了有关三峡工程的学术报告。在作报告的过程中，张光斗发现台湾各界之所以反对大陆修建三峡工程，大多是受到了美国方面歪曲宣传的影响。张光斗解释说："解放前，美国支持三峡工程，答应贷款，帮助设计，并表示帮助施工建设。现在资料更详实，科技问题研究解决得更深入，社会经济问题认识更合理，而美国政府反而不赞成，不好理解。"❹ 希望台湾同胞能够认清事实。

1998 年 6 月以来长江流域普降暴雨，长江中下游暴发特大洪水。流域内广大军民在党和政府的领导下全力抗洪，最终取得了抗洪抢险的胜利，却付出了巨大的代价。有很多人将这次特大洪水暴发的原因归咎于三峡工程的修建。对此，张光斗多次在公开场合予以澄清：1998 年长江洪水与三峡工程没有直接关系。

自从三峡工程进入施工阶段以来，工程的质量问题就一直为社会各界所关注。在党中央、国务院的直接关心下，三峡工程建设取得了巨大的成就，工程质量也得到了很好的保障。三峡枢纽工程质量检查专家组成立以来，张光斗不顾自己年老体衰，每年都不辞辛苦，坚持到三峡工程施工现场查看工程质量。张光斗的这种精神深深地感动和激励着现场施工的工作人员。对于三峡工程的质量问题，张光斗多次在公开场合表示，三峡工程质量虽然在某些方面存在一些问题，但总体上是优良的，是一个全国人民可以放心的工程。同时，面对这样一个规模巨大的工程，有关它的舆论和宣传工作也依然任重而道远。

---

❶　张光斗：《我的人生之路》，清华大学出版社，2002 年，第 195 页。

❷❸　张光斗：《我的人生之路》，清华大学出版社，2002 年，第 218 页。

❹　张光斗：《我的人生之路》，清华大学出版社，2002 年，第 227 页。

第四章　张光斗在三峡工程论证和建设过程中发挥巨大作用的原因探析

新中国成立后，我国的水电事业进入了快速发展的轨道，在这个过程中，许多水电专家为我国的水电建设作出了巨大的贡献。作为我国著名的水电工程专家，和其他水电工作者一样，张光斗将自己的一生献给了我国的水电事业。新中国成立后他积极响应国家号召，先后参与了众多水电工程项目的设计和建设工作。而三峡工程更是倾注了他毕生的心血。在三峡工程论证期间，张光斗根据自己多年的理论和实践经验认真研究和分析了兴建三峡工程的必要性和可行性，给党和政府最后做出兴建三峡工程的决策提供了重要的参考意见。作为一名经验丰富的水电工程专家，他还为工程的设计和施工等工作提供了必要的技术支持。张光斗为何能在三峡工程的论证和建设过程中发挥如此重要的作用？同时，三峡工程是一个拥有巨大争议的工程项目，在巨大的争议中，他又为何能力排众议，坚定地支持修建三峡工程呢？其中原因，除了与他所处的时代背景息息相关外，也是他钟情水利、孜孜以求的结果。但更重要的还是因为他自身的学识和品行。

首先，看淡个人得失，对祖国、对人民负责。1976 年 7 月，唐山发生大地震，北京密云水库受到地震的波及。张光斗奉命连夜到北京参加抢险。当时他正受到不公正的对待，到工地后军宣队指示，密云水库加固工程的安全由张光斗负责，但图纸却不准他签字。对此，张光斗表示，来此工作，是为党和人民工作和服务的，要对老百姓负责，而不是为军宣队，所以他很快就投入到密云水库震后加固的工作中。1986 年，国务院对葛洲坝工程颁发科技进步特等奖，长江水利委员会因张光斗对葛洲坝工程的建设做出了突出的贡献，因此建议把他列在第二名，"但争者众，都是代表单位的，我排名就挤在后面，我为人民工作，无所谓"❶。

由于对祖国、对人民深深的爱，张光斗才在民国时期极力反对三峡工程；也正是因为他对祖国和人民深深的爱，新中国成立后他又极力主张兴建三峡工程。当有记者问到他做人做事的原则时，他说："对得起老百姓……这是主要的原则。"❷ 在三峡工程的论证和建设过程中，他始终把国家和人民的利益放在最重要的位置。他也始终认为，修建三峡工程，最主要的目的是为了使老百姓免受洪水之害，使广大人民能够用上清洁、廉价的水电，使国家经济能够迅速发展。

---

❶ 张光斗：《我的人生之路》，清华大学出版社，2002 年，第 171 页。
❷ 曾涛：《张光斗的山河之恋》，《中国三峡建设》2004 年第 1 期。

其次，勤奋好学，注重实践。勤奋是成功者的必由之路，张光斗能够成为我国水利界的"泰斗"，同样也离不开勤奋这个关键因素。张光斗出生的年代是我国最为动乱的年代，父母的开明才使得张光斗有书可读，同时他也对来之不易的读书机会倍加珍惜。无论是在家乡读小学还是在上海读交大附小、附中、预科或是考入交大水利工程系，他都刻苦学习，成绩也总是名列前茅。为了能够继续深造，张光斗于1934年考取了清华大学留美公费生。"读万卷书，行万里路"，实践对于学习工程技术的人来说至关重要。为了丰富自己的实践经验，出国前张光斗拜访了三位当时国内著名的水利工程专家李仪祉、汪胡桢、高镜莹，并接受他们的建议，到全国各地的水利工程现场实地考察。这次实习，一方面使他看到了全国各地不少的水利工程，丰富了自己的实践经验；另一方面也使他了解到我国当时水利建设事业落后的现状，更加坚定了他学习水利工程技术的决心。

在美国留学期间，他更是努力学习，博览群书。张光斗的努力，得到了各位老师的欣赏和同学的赞誉。在美国求学的几年时间里，他先后获得了加州大学伯克利分校水利工程学硕士学位和哈佛大学工程力学硕士学位。求学期间他还多次到美国波尔多大坝和垦务局等地参观实习，获得了丰富的工程实践经验，这些都为他以后的工作奠定了坚实的理论和实践基础。

不断学习在张光斗的整个人生旅途中占据着重要的地位，即便是后来他当选为两院院士，站到了学术舞台的最顶端，他依然不断学习新的知识。他总是说，工程技术在进步，知识在更新，自己也需要不停地学习才能跟得上时代。即使过了古稀之年，他仍如此渴望学习，因而才能始终站在学科技术的前沿。同时，这也是他在三峡工程论证、设计以及施工过程中始终能够高屋建瓴、正确把握各种关键问题的原因所在。在三峡工程的论证过程中，张光斗根据自己多年的知识和经验积累，给决策者提供了重要的参考意见，为三峡工程的顺利修建做出了重要的贡献。

再次，善于汲取经验教训。在人的一生当中，有成功就会有失败。成功的经验固然重要，但失败的教训更是可贵，善于从失败中学习是一个人成长过程中不可缺少的因素。张光斗能够成为一名水利工程师，能够成为"当代李冰"，与他善于从失败中汲取经验教训并取得新认识是分不开的。早在1938年，张光斗负责桃花溪水电站的设计工作，第二年工程完工并发电时，发生了工程事故：因为引水道隧洞段钢筋混凝土衬砌断裂，漏水顺山而下，直冲厂房。事故发生后，经过检查发现造成事故的原因是工程师将山坡上一个砂岩和页岩的垂直接缝画错了位置，而张光斗在设计高压铁管和隧洞钢筋混凝土衬砌接头时，把接头放在了两种岩石的垂直接缝之间，导致衬砌漏水，水进入接缝造成巨大压力，最终导致了事故的发生。事故的责任虽然不在张光斗，但这件事还是给他留下了深刻的教训，在以后的工作中他始终坚持两点："一是必须注意山坡内不能造成很大承压水，二是设计者必须到现场了解地形地质资料。"❶ 正是由于

---

❶ 张光斗：《我的人生之路》，清华大学出版社，2002年，第19页。

汲取了这次教训，在以后的工程设计和施工中，无论条件多么艰苦，他都坚持到工程现场亲自检查，以获取第一手资料。"几十年来，无论负责哪一个工程，他一定要去工地，到了工地，一定要去施工现场。"❶ 在三峡工程的论证、设计过程中，他多次到现场考察，亲自查看坝址的地形地貌以及地质情况，以使工程的设计不出差错。

20 世纪五六十年代，为了治理黄河水患，国家开始修建三门峡工程。由于当时盲目崇信苏联专家以及受到技术条件的限制，没有科学地对待黄河的泥沙问题，导致工程在建成后的第二年就发生了严重的泥沙淤积问题，危及西安和关中平原，最终不得不先后两次对工程进行改建，使工程的防洪、发电等各项效益大打折扣。张光斗作为三门峡工程的直接参与者，对此一直自责于心。正是由于黄河三门峡工程的惨痛教训，在长江三峡工程的论证中，张光斗特别关注泥沙淤积问题。1985 年上半年，国务院召开三峡工程可行性报告审查会议，在审议 150 米方案时，有的专家认为泥沙淤积没有问题，但张光斗却认为"泥沙淤积问题比较复杂，模型试验很难精确，将来运行后可能需要局部调整，要有准备"❷。后来又经过不断地研究、论证、试验，泥沙专家组提出了切实可行的可行性报告后，张光斗才放心，并在论证会上表示三峡工程不会出现像三门峡那样严重的泥沙淤积问题。

正是由于张光斗善于从以往失败的教训中吸取经验，不断学习、不断获取新的认识，他才能在三峡工程的论证和施工过程中敏锐地发现问题并提出解决问题的方案。

最后，尊重科学，坚持原则。作为一名科技工作者，张光斗始终能够做到坚持原则，尊重科学，坚持真理，实事求是。1970 年底，葛洲坝工程开工建设，由于准备不充分，在施工中采取严重违反建设程序的"三边"政策❸，导致工程在建设过程中出现很大的问题。1972 年冬，长江流域规划办公室主任林一山受周恩来总理的嘱托到葛洲坝工地检查，林一山邀请张光斗同去。经过检查，张光斗发现工程无论是在设计还是施工方面都存在很大的问题。通过研究，他建议挖掉葛洲坝岛，加大二江泄洪闸。这在当时受到了工程局和工作人员的强烈反对，工程局领导想尽各种办法劝说张光斗放弃挖岛的建议。"葛洲坝工程局局长不同意挖葛洲坝岛，连续三个晚上带一瓶酒来同我辩论。"❹ "张光斗的态度也很有趣，酒可以一起喝，话可以推心置腹地谈，但建议是绝不能改。"❺ 张光斗认为，如果不挖掉葛洲坝岛、加大二江泄洪闸，大江就不能截流，工程也不能完成，将来运行泄流流态不好，会产生很大的危害。最后局长也觉得张光斗的建议是正确的，只好表示照办。葛洲坝工程建成后的运行实践表明，正是张光斗坚持原则、实事求是，才使得葛洲坝工程完成重新设计和施工。

---

❶ 张严平、李江涛、卫敏丽、吴晶：《张光斗："一个给老百姓干活的工程师"》，《瞭望》2007 年第 38 期。

❷ 张光斗：《我的人生之路》，清华大学出版社，2002 年，第 164 页。

❸ "三边"，即边施工，边设计，边勘测。

❹ 张光斗：《我的人生之路》，清华大学出版社，2002 年，第 107 页。

❺ 王光纶：《老科学家学术成长资料采集工程、中国科学院院士传记、中国工程院院士传记丛书　情系山河：张光斗传》，中国科学技术出版社、上海交通大学出版社，2014 年，第 183 页。

在三峡工程的设计和施工过程中，张光斗同样始终做到尊重科学，坚持原则。质量是三峡工程的生命，每次到三峡工地他总是不忘谈及质量问题。他特别重视监理工作，认为要保证工程一流质量，必须要有一流的质量监控，监理单位要全权负责，对设计、施工进行监理，要全时旁站。监理单位要独立监理，不能受到人情、权力等各方面的干涉。

三峡工程规模巨大，技术复杂，张光斗以他渊博的学识和丰富的工程实践经验，帮助解决了许多关键的技术问题，如他所说："中国长江三峡工程开发总公司技术委员会的大坝、厂房、通航建筑物、泥沙等专业组召开审查技术设计会议，我都参加了，帮助解决关键技术问题，如大坝断面和分缝分块、大坝混凝土施工温控设计、混凝土配合比设计、泄洪深孔设计、电厂进口设计、高压输水钢管设计、1～6号机组电厂厂房设计和'高跟鞋'岩基大坝坝段与厂房抗滑稳定设计、五级永久船闸设计等。"[1] 同时他也提出了许多宝贵的意见，为三峡工程论证、设计和施工的顺利进行做出了重要贡献。正是由于张光斗所具有的这些品质，才使他在长期的水电建设工作中特别是在三峡工程的论证和建设过程中始终能够高屋建瓴，为工程的顺利建成保驾护航。

---

[1]　张光斗：《我的人生之路》，清华大学出版社，2002年，第235页。

严恺治理天津新港和
培育治水英才

严恺治理天津新港和培育治水英才

严恺是新中国杰出的水利工程专家、水利教育家。作为新中国水利事业的探索者和开拓者，他的一生都与中国的水利事业紧密相连。严恺在 20 世纪 50 年代至 80 年代主持解决了天津新港的泥沙回淤问题，不仅证明了淤泥质海岸能够建立深水港口，而且对之后我国水利学科的发展影响深远。与此同时，他创建了新中国第一所专门的水利工程院校——华东水利学院。严恺经历的新中国四十多年的治水时期是我国社会主义建设在艰难曲折中前进的时期，严恺的治水和培育人才实践同样艰难曲折。面对重重困难，严恺以赤子之心、报国之志，长期艰苦奋斗、勇于创新。本篇在借鉴前人研究的基础上，主要从严恺主持解决天津新港泥沙回淤问题及创建华东水利学院这两方面史实进行分析论述，从一个侧面来丰富和加深我们对新中国成立几十年来水利事业发展的认识，并为今后水利工程事业和水利高等教育事业进一步发展提供有益的借鉴。

绪 论

一、论题的缘由及意义

如果说在 20 世纪诸多国际争端的焦点是能源问题争夺的话，那么 21 世纪水资源将可能成为国际争端的矛盾所在。我们现在所处的 21 世纪是人类开发利用水资源的一个崭新时期，如何有效地开发利用水资源，使水资源能够长期为人类生产生活提供保障，已成为世界各个国家共同面对的重要问题。中国是世界上兴修水利历史最悠久的国家之一，中国历史上的各个朝代但凡有所作为的统治者，都将发展水利事业作为安定国家、发展生产、统治人民的重要措施。因此，统治者常常采取各种方式，防治水旱灾害，开发利用水资源，进行人工措施的水利建设。近代中国内忧外患，饱受列强的侵略和压迫，国家没有足够的人力、物力和财力来兴修水利工程、发展水利事业，致使多条江河的堤防得不到有效地修缮，失去了防洪抗旱能力；各主要灌区设备落后，灌溉能力低下；水利科技落后于世界其他国家，整个国家的水利事业处于一个衰落的时代。因此，整治江河、兴修水利，已成为广大人民的迫切要求。新中国成立后，我国在幅员辽阔的广大地区进行了大规模的水利建设，修建了九万多座大中小型水利工程，成就极其显著，抵抗水旱灾害的能力得到了空前的提高。

新中国成立后一大批水利专家和学者长期奋斗在治水战线上，为新中国水利事业的发展提供了技术支持和科学指导。严恺作为其中的杰出代表者之一，参与了新中国治理海河、黄河、长江、钱塘江等多个大型水利工程的设计及修建，并主持创办了专门的水利高等学校——华东水利学院（今河海大学），培养了大批水利技术人才。作为现代中国水利建设事业上的中坚力量，这所学校的学生几乎遍布于中国水利工程的各个领域。严恺的一生都在为寻求祖国富强、民族复兴而不懈奋斗，是新中国水利事业的奠基人之一，他见证了新中国水利事业发展不平凡历程。通过对严恺的学行研究，可以再现严恺为新中国治水事业作出的开创性的重要贡献，能够以小见大，从一个侧面反映新中国水利事业半个多世纪以来的艰难发展历程和所取得的巨大成就，同时能够汲取相关的经验和教训。此外，作为水利泰斗的严恺院士，他所具有的爱国奉献的人格魅力和勇于创新的奋斗精神，对当今各个领域的科技工作者来说也具有借鉴和学习作用。

新中国成立 70 年来，治水事业取得了举世公认的成就，中国水利工程科学技术攀上了世界水利工程科技的巅峰。在这个伟大的历史进程中，作出了突出贡献的优秀水利工程专家，他们的科学技术实践和成就引起了学术界、史学界愈来愈多的关注，笔者也深为这些水利方面的科技工作者为国为民无私奉献的高尚情怀所感染。2006 年 5 月 7 日，严恺院士因病去世，2012 年在他诞辰 100 周年之际，水利界人士在河海大学举行了隆重的纪念活动，关于他的传记和纪念文章陆续发表了若干，但是对他的生平和思想的研究却只停留在简单的介绍宣传层面。上述各种原因促成了该论题的产生，笔者认为这一论题有着重要的学术价值和现实意义。

二、学术史回顾

严恺作为新中国知名的水利工程专家和教育家，1955 年担任中国科学院学部委员，1995 年担任中国工程院院士，是新中国水利高等教育事业的开拓者，中国现代海岸科学研究的开拓者，他参与了新中国多个大型水利工程的设计及修建。随着严恺参加天津新港、钱塘江、长江口治理及创建华东水利学院等的广为宣传报道，新闻界和学术界逐步开展了对严恺的宣传和研究。严恺去世后，严恺的同事、水利战线的战友，严恺的学生都加大了对严恺追忆、研究的力度。

关于严恺生平思想和实践的记述，目前已出版的著作主要以郑大俊主编的《水利泰斗 教育楷模——祝贺严恺院士九十寿辰文集》❶，刘小湄、吴新华所著的《严恺传——献给严恺教授八十寿辰》❷，孙见著的《严恺院士》❸，以及由严恺院士诞辰 100 周年纪念文集编委会主编的《一代宗师——严恺院士诞辰 100 周年纪念文集》❹ 这四部

❶ 郑大俊：《水利泰斗 教育楷模——祝贺严恺院士九十寿辰文集》，河海大学出版社，2002 年。
❷ 刘小湄、吴新华：《严恺传——献给严恺教授八十寿辰》，河海大学出版社，1991 年。
❸ 孙见：《严恺院士》，河海大学出版社，2001 年。
❹ 严恺院士诞辰 100 周年纪念文集编委会：《一代宗师——严恺院士诞辰 100 周年纪念文集》，河海大学出版社，2014 年。

书史料价值较高。这四本纪念文集和传记主要是在严恺院士寿辰时，为了纪念他对水利事业所作的重要贡献而编写的，书中汇集了关于严恺生平的很多第一手资料，主要包括一些机构部门，如中国工程院、中国科学院、水利部、交通部、中国三峡工程开发总公司、荷兰德尔夫特科技大学的众多知名专家学者，以及严恺曾经的学生对他的回忆、发来的贺信等。这些文献从不同的侧面展示了严恺在水利工程领域和相关单位作出的贡献，体现出严恺院士为国为民的事业心、责任感和教书育人的奉献精神。尤其是《严恺传——献给严恺教授八十寿辰》这本传记，不仅对严恺的一生作了较为生动客观地记述，而且从一个侧面展示了新中国成立前后两个时期中国社会的面貌、知识分子的境遇以及水利事业的发展。从这本传记当中能清楚地看到新中国成立后水利事业从荒漠走向绿原，18000 千米的海岸线由名存实亡到得到整治并发挥愈来愈大的作用。这部传记，不仅从一个侧面反映了几十年来新中国的建设成就，也形象、真实地再现了严恺院士致力于祖国水利、海港事业的奋斗史，反映出老一辈水利专家的赤诚和奉献精神。因此，这本传记对于研究严恺院士和新中国的水利事业都具有重要的参考价值。

关于严恺生平思想和实践目前已发表的文章有若干。如：1978 年 12 月 27 日《新华日报》的记者对严恺进行了专访，发表了题为《壮心不减》❶ 的专题报道，在采访中严恺不仅回顾了民国时期水利事业发展的举步维艰，也阐述了新中国成立后水利事业所取得的巨大成就。这篇报道对于研究严恺的生平事迹以及中国水利事业的发展历程有参考价值。1991 年 6 月 26 日《中国水利报》以连载的形式，隆重推出了《河海缘》❷ 这篇一万六千字的报告文学。其编者说："在纪念中国共产党诞生 70 周年之际，我们特地连载刊出报告文学《河海缘》。它介绍的是位获得国际'科学成就奖''海岸工程杰出成就奖'殊荣，为中国的河海事业，为新中国水利建设作出重要贡献的科学家。历史不会忘记今天，今天将汇入历史。"此文从事实出发，围绕严恺一生的主要事迹进行阐述，事迹详尽，内容丰富，展现了严恺院士的人生风采。2006 年 5 月 10 日《新华日报》刊登了题为《严恺：长与河海共魂魄》❸ 的文章，这篇文章是在严恺逝世几天后刊登出来的，其中除了叙述严恺的生平和主要事迹之外，还对其进行了高度地赞扬，称赞他"带着对祖国水利事业的无比挚爱辞别了人世，他的魂魄融入了浩瀚的河流海涛"。2006 年 5 月 7 日严恺逝世，水利界相关人士及各机构纷纷撰写文章悼念这位水利界泰斗。《新华日报》等媒体相继刊发缅怀严恺院士的文章，充分表达了水利界、工程界、河海大学师生等各界人士对严恺的深切怀念和敬爱之情。这些文章虽然简洁，但披露了较多的史实，使人们对严恺院士的事迹和贡献有了一些基本的了解。

总之，对严恺生平与学行的记述和研究现在已取得了一定的成果，但也存在着不

❶ 《壮心不减》，《新华日报》，1978 年 12 月 27 日。

❷ 刘小湄、吴新华：《河海缘》，《中国水利报》，1991 年 6 月 26 日。

❸ 钱熊：《严恺：长与河海共魂魄》，《新华日报》，2006 年 5 月 10 日。

完善之处，主要表现在以下三个方面：第一，纪念文章或传记对严恺作了回忆和评述，但对严恺在天津新港治理过程中的主要贡献在史料的挖掘和分析上缺乏深度，使人们对天津新港泥沙淤积成功治理的来龙去脉缺乏整体性的认识，而这恰恰是本专题力求通过深入挖掘史料、多层次分析严恺与天津新港建设之间关系的一个学术突破口。他在天津新港治理中提出的科学见解和主张，在世界海港淤积治理史上也处于领先的水平，但以往学界未进行国与国之间的比较研究。第二，前人的研究由于是从某一侧面回忆严恺创建华东水利学院的史迹，因此缺乏对新中国成立初期治水事业缺乏高级治水人才这一历史背景的描述，也缺乏对严恺创校治校、建章立制、延揽人才，主导教学、设计、实验、实践教育思想的全方位地记述和分析。第三，严恺经历的新中国四十多年的治水时期是我国社会主义建设在艰难曲折中前进的四十多年，严恺的治水和培育人才活动同样艰难曲折，面对重重困难，严恺以赤子之心、报国之志，长期艰苦奋斗。他的这种坚忍不拔、不断创新的科学精神是驱使他能够做出科技创新新成就和培养水利英才的强大精神动力，他的科学大家的精神、追求、人生执着的理念等，这是以往的回忆和研究文章中未涉及的。因此，本专题在这些方面进行了进一步的史料挖掘、分析及论述。

三、研究内容与方法

（一）研究内容

严恺院士一生与水结缘，所做出的治水成就不胜枚举，本篇拟在搜集、整理严恺院士的论著、相关文献，以及媒体报道等史料的基础上展开深入探讨。主要从以下两个方面深入研究。第一，通过对天津新港泥沙淤积问题的历史形成及治理艰巨性的回溯，深入、细致地展现严恺在解决天津新港回淤问题上独创性的贡献。第二，通过严恺在创办华东水利学院时，建章、立制，延揽人才，主导教学、设计、实验、实践等史实的全面深入论述，展现出严恺在资金缺乏、对外交流困难，而且时常受到政治运动影响，办学艰难的情况下，通过自己不断地摸索，并依靠党的领导，广大老师的辛勤努力，逐步将华东水利学院创建成我国专门培养治水人才的一流高等学府的历史画卷。

（二）研究方法

由于本篇在研究过程中会涉及多门学科的学术理论，特别是理工科方面的学术理论，文理工学科知识紧密结合，研究面非常广泛，因此，科学的、行之有效的研究方法对于本论题的研究极其重要。本篇采用以下几种研究方法进行研究论证：首先，以历史唯物主义史观为指导，通过广泛深入搜集档案、文献、口述资料等史料，为论文提供充足可靠的史料来源。其次，运用实地考察法，实地搜集一些田野调查资料。水利史研究是一门实践性极强的学科，在研究当中如果能够将理论研究与实地考察相结合，将对提高认知水平产生极大的促进作用。第三，运用历史学、水利工程学、海岸动力地貌学、高等教育学等多学科相结合的研究方法。

第一章　严恺从事治水事业的历史进程概述

1912年8月10日严恺出生于天津，父亲严文炳作为一名知识分子，曾执教于京师大学堂，所学专业为海军，这在客观上决定了严恺的一生与水结下了不解之缘。严恺的本家伯父严复是中国近代著名的资产阶级启蒙思想家，在书香世家的影响下，严恺自幼聪颖勤奋，热爱学习。但是由于其父在1920年因病早逝，因此严恺在困苦的环境中接受了小学、初中、高中的教育，并最终通过刻苦努力以优异的成绩考取了交通大学唐山工学院土木系。1933年7月严恺大学毕业，在从事了两年的基层工作后，为了学得更多的本领报效祖国，他于1935年7月只身远赴荷兰，进入荷兰德尔夫特科技大学学习，成为在该校学习水利知识的第一位中国留学生。

第一节　民国时期奠定学术基础

1911年辛亥革命摧毁了处在风雨飘摇之中的清王朝，就在时局动荡的1912年，一位名为严恺的小男孩在8月10日出生于与北京毗邻的天津市，后跟随父母移居北京。严恺虽生于北国，但其祖籍却是福建闽侯，而且家境殷实，其本家伯父是中国近代著名的资产阶级启蒙思想家、翻译家严复。严恺的父亲严文炳，字彬亭，在当时李鸿章所创办的天津北洋水师学堂❶完成海军专业学习后，顺利留校担任了相关专业的教师，在此之后又被聘为京师大学堂（北京大学的前身）的教授，同时任职于北洋政府海军部。严恺的父辈一生所执着追求的就是国家的强盛，父辈的追求和思想对严恺影响至深。由于生活在中国从传统农业社会向现代社会转变的这一特殊时期，水利事业很自然地成为当时像严恺父辈这样的知识分子最为关心的一项既古老同时又年轻的事业之一，这也在客观上使得严恺的一生与中国的江河湖海密切地联系起来。

一、考入唐山工学院，复入荷兰德尔夫特科技大学

严恺出生时家境殷实，生活富足，在书香世家的家风影响下，严恺自幼热爱学习，

---

❶　北洋水师学堂：1880年8月19日经直隶总督兼北洋大臣李鸿章奏请设立，1881年8月正式落成，校址在天津。它是中国北方第一所海军学校，近代著名启蒙思想家严复曾任学堂总教习，此校毕业的学生很多都成为北洋水师的骨干。

聪慧勤奋，童年时受到了良好的教育。但是由于他的父亲在 1920 年因病早逝于北京，严恺原本幸福的生活瞬间失去了光彩，此时严恺只有 8 岁。在其父去世后的第三年，他的母亲陈氏也因病离开了人世，严恺成了父母双亡的孤儿，只能去宁波投奔二哥严铁生。❶ 严铁生毕业于交通大学唐山工学院，在教育问题上很有远见，将严恺送入了当时宁波城里很好的小学——宁波崇敬小学。1925 年严恺小学毕业后考入了宁波四明中学，此后转入上虞春晖中学初中部学习。❷ 此时严恺表现出了极强的学习能力和适应能力，不仅各门成绩优异，而且能适应各科教师不同的教学风格，因此虽然处在动荡不安的环境里，但他仅仅用四年的时间就完成了中学六年的全部课程。1927 年严恺在初中未读完的情况下即考入了浙江省第四中学（现宁波中学）。❸ 在这所高中学习时，严恺遇到了对其一生产生深远影响的几位恩师，如外语老师张治中先生，体育老师金兆钧先生，以及曾留学于英国格拉斯哥大学的王珪荪先生，这几位老师都以严格著称。❹ 这使严恺在日后的科研、教学工作中能一直做到严格要求，同样以"严"字著称。

1929 年 11 月，严恺在高中尚未毕业的情况下考入了当时的交通大学唐山工学院❺这所高等学府，学习土木工程专业。在校的四年学习中，严恺孜孜不倦，刻苦用功，扎实的学业功底和务实的求学态度为他日后的水利事业发展奠定了良好的基础。在当时学校所开设的桥梁工程与设计、铁路建筑、野外水文测验等二十多门课程中，严恺各科成绩均是优秀。严恺在唐山工学院四年级成绩单见表 1。

表 1　　严恺在唐山工学院四年级的学习成绩单（1934 年唐山工学院补发）

城市规划	92	钢铁房屋设计	99
高等力学	100	钢筋混凝土拱桥设计	99
河工及港工	95	建筑估价及管理	97
铁路计算及制图	95	钢筋混凝土房屋设计	100
工程法则	95	下水道及污水处理	91
桥梁工程	100	野外铁路测量	95
桥梁设计	100	野外水文测验	90
铁路设计、建筑及养护	97	论文	90

院长：孙鸿哲（签字）

时间：1934 年 7 月 14 日

注　资料来源：孙见著《严恺院士》，河海大学出版社，2001 年，第 8～9 页。

---

❶ 董克信：《当代大禹——记中国科学院与中国工程院院士严恺》，《南京史志》1999 年第 2 期。
❷ 孙见：《严恺院士》，河海大学出版社，2001 年，第 4 页。
❸ 张建民：《浩瀚大海识英雄——记严恺院士》，《科教文汇》2005 年第 6 期。
❹ 孙见：《严恺院士》，河海大学出版社，2001 年，第 6 页。
❺ 交通大学唐山工学院：即唐山交通大学，1896 年创立，是中国屈指可数的几所历史悠久的工科院校之一，校名经几次变更，1972 年 3 月正式更名为西南交通大学。该校在民国时期被誉为"东方康奈尔"，先后培养出 73 名国内外著名院士，涌现出茅以升、竺可桢、林同炎、黄万里、张维等一大批优秀毕业生。

1933 年 7 月，学习成绩突出的严恺以整个班级第一名的好成绩从交通大学唐山工学院顺利毕业，得到了工学学士学位。[1] 其后，他先以实习生的身份在沪宁及沪杭铁路局工作，实习结束后，他被调派到了湖北省工程处担任工程技术员。在这两年里，虽然严恺从事的都是基层工作，但他多次参加了当地的市政建设、防汛工程和实地勘测。这期间他创新地利用了江堤存在的斜坡为张学良将军设计了一个汽车轮渡码头，获得了众人的一致肯定；之后又在武汉设计了一座不仅结构科学而且造型极其新颖别致的钢筋混凝土结构的钢架桥，这座桥的结构在中国当时是首次出现。

20 世纪 20 年代之后，英、法等西方国家纷纷效仿美国把庚子赔款的一部分资金用于教育事业中，他们在中国建立学校或者选拔优秀的中国学生到其国家留学。此时一批优秀的知识分子纷纷前往英、美、法等国学习西方先进的科学技术知识，仅从水利工程领域来说，就涌现出了曾留学于美国伊利诺伊大学的黄万里，留学于美国加州大学及哈佛大学的张光斗，留学于美国康奈尔大学的汪胡桢等一批杰出的水利专家。但是相比之下，当时远赴在水利工程领域占有重要地位的荷兰的中国学生却少之又少。"荷兰"一词在日耳曼语里的意思是"低地之国"。作为"低地之国"的荷兰，整个国家的最高点仅为海拔 321 米，全国的国土面积仅为 4.15 万平方千米，五分之一的土地都位于海平面之下，[2] 土地资源十分紧张。国土狭小、地面低洼的国情迫使当地人采取围湖造田和围海造地的方式获得了大量的土地。因此，在与水进行斗争的漫长岁月中，使得荷兰人在围海造田、抵御洪水、修筑堤坝等水利工程方面一直处在世界领先的地位。由于荷兰在庚子赔款当中所得到的银两总数仅占总额的 0.17%，数额与英、法、美等其他各大国相比极少[3]，所以其在各国利用庚子赔款的退款在中国建立学校、设立公费留学生等方面并不积极。在这样的情况之下，时任国民政府中央研究院院长的蔡元培先生，决定于 1935 年举行一次考试，通过这次的公开考试选拔出一名优秀的土木工程领域的人才，然后公费资助其到荷兰德尔夫特科技大学留学，学习荷兰先进的海岸、海港工程以及水利工程方面的知识和经验。

同年，严恺通过严格的考试取得了到荷兰留学的公费名额。是年 7 月，严恺从上海出发，沿着大连、满洲里、莫斯科、柏林这条线路[4]，最后辗转到达了距离荷兰首都阿姆斯特丹 7 千米的德尔夫特科技大学，成为该校第一位学习土木工程专业的中国人。作为世界最顶尖的理工大学之一，德尔夫特科技大学也是荷兰历史最悠久、规模最大的理工大学，也正因为如此，它被时人赞誉为"欧洲的麻省理工"。它与瑞士的苏黎世

---

[1]　薛鸿超：《海岸工程的泰斗——怀念严恺院士》，《海洋工程》2006 年第 2 期。

[2]　张健雄：《荷兰》，社会科学文献出版社，2003 年，第 1 页。

[3]　根据袁希涛编《近代中国教育史料》（上海书店，1984 年）记载，在庚子赔款当中，俄国占 28.97%，德国占 20.15%，法国占 15.75%，英国占 11.24%，日本占 7.73%，美国占 7.31%，意大利占 5.91%，比利时占 1.88%，奥地利占 0.83%、荷兰占 0.17%，西班牙占 0.03%，葡萄牙占 0.02%，挪威与瑞典各占 0.01%。

[4]　周雷鸣、张恒：《严恺院士的留荷生涯》，《档案与建设》2007 年第 8 期。

联邦理工学院、德国的亚琛工业大学、瑞典的查尔斯大学共同构成了 IDEA 联盟❶，特别是其中的水利工程、土木建筑工程等专业在世界上一直都处于领先地位，享有很高的声望。

在进入德尔夫特科技大学之后，严恺凭借扎实的基础，迅速通过了预备考试和候选考试，在后面的博士（工程师）入学资格考试中顺利通过，正式开始了他在荷兰的学习生活。在荷兰学习期间，严恺除了跟随当时学校著名的 Van Mourik Broekman 等以博学、严格闻名的教授学习多门水利工程专业课之外，他更加重视实际运用能力的培养，在学习期间严恺曾对荷兰 1075 千米的海岸线进行了实地考察❷。在考察中他对荷兰的海岸类型、海岸环境、沿海气象、海况影响、海岸带开发利用等都做了详细地调查。此外，在观察海港和水利基础设施时，严恺对这些工程的设计思路、施工难度、技术要求、工程造价以及建成后的实际效益等方面都进行了记录，这些数据在他以后进行工程设计时均发挥了极大的作用。在考察之余，严恺还与当时的德尔夫特水力试验所❸建立了联系，参与当时所里的防洪工程、港口及海港的泥沙淤积、防波堤等一系列模型实验。这些实验使严恺得到了最直接的宝贵经验，同时这种通过直接实地考察研究后再下结论的科研方法在日后严恺的科研活动中一直延续了下去。如 1987 年严恺在陕西、甘肃、青海、宁夏这四个省（自治区）的邀请下，考察黄河上游的通航问题。在这次考察中，严恺在山西和陕西交界地区进行了实地的勘测，他针对陕北府谷、神大一带蕴藏着丰富的煤炭资源，但是交通运输困难却成为制约这一地区发展的主要因素这一问题，制订出了一个题为《黄河北干流通航基本方案》的计划，使得当地的交通运输问题得以顺利地解决。

严恺留学荷兰这段时间，他学习到了当时世界上最先进的水利技术，他在初级班结业考试中取得了第二名，中级班考试中取得了第一名的优异成绩，顺利获得了荷兰土木工程师学位。"中国人得了第一名"，欧美学生对此惊讶不已。❹ 这些优异成绩的取得充分说明严恺在荷兰掌握了先进的水利工程技术，为他在回国后取得的一系列成就打下了坚实的基础，在理论上达到了一个更高的水准。

二、初涉黄河下游泥沙淤积的治理

1938 年 11 月，学有所成的严恺准备从荷兰回上海，但由于此时正处于全面抗日战争时期，上海已经不幸沦陷，在不得已的情况下他进入了云南省农田水利贷款委员会任职。任职期间，严恺主要负责调查云南当地的农田水利状况，根据调查的情况为将

---

❶ IDEA 联盟：是欧洲顶尖理工类大学的战略联盟，旨在重建欧洲在科学与技术领域的领袖地位。

❷ 周雷鸣、张恒：《严恺院士的留荷生涯》，《档案与建设》2007 年第 8 期。

❸ 德尔夫特水力试验所：荷兰王国的水利科学研究和开发咨询机构，在 1927 年正式成立，作为荷兰五大国立研究机构之一，其业务领域包括海岸系统、海洋与河口、疏浚与泥浆处理技术等多个方面。1989 年，该所的试验设备被确认为欧盟自主的"研究与发展框架项目"中的"跨国大型设备"之一。国际水力学研究协会的秘书处也设在该所。

❹ 刘小湄、吴新华：《严恺传——献给严恺教授八十寿辰》，河海大学出版社，1991 年，第 15 页。

要进行的水利工程贷款。这一工作不只是仅仅需要调查，还要对所调查的项目和实施的设计方案进行大幅度地修改甚至另起炉灶重新设计。在一年多的时间里，严恺对云南的大部分地区进行了实地考察，对云南的农田水利建设作了规划，并且自己独立设计了几项水利工程，如在 1939 年初，严恺设计出了云南省弥勒县的竹园坝工程，在当时被视为杰作❶，成为当地著名的引水灌溉工程，至今仍造福于当地。

1940 年严恺收到了位于重庆市沙坪坝地区的中央大学的邀请，出任中央大学水利工程系教授，主要讲授"水工设计""河工学""港口工程""农田水利工程"等科目，同时被行政院水利委员会聘为水利讲座❷。1943 年，蒋介石兼任中央大学校长，严恺非但不去听蒋介石训示，而且对此现象十分不满，认为其附庸风雅，由于被人告发，他立刻上了黑名单。在这样的政治环境下，严恺一怒之下舍弃了中央大学教授之职，离开了重庆。离开重庆后，1943 年严恺应当时的黄河水利委员会副委员长李书田❸（曾任唐山工学院院长，对严恺十分赏识）的邀请，前往西安，被聘为黄河水利委员会❹简任技正兼设计组主任，开始与黄河打交道。

严恺用两年的时间对黄河的泥沙淤积问题进行了实地的野外勘测，通过无数次的测量、计算、分析、综合之后，他成功地发表了关于黄河下游治理问题的几项规划设计，主要包括《黄河下游治理》《河槽过渡曲线之规划》《黄河下游各站洪水流量计算方法之研究》等具有价值的规划设计。❺ 1944 年，黄河水利委员会根据严恺撰写的《黄河下游治理》这篇文章，再由严恺执笔，编制出了《黄河下游治理计划》，其中所提出的："治河目的在于使河归一槽；尽快实施水土保持；在上中游干流及主要支流选择适宜地点建筑拦洪水库"❻ 等一系列观点在新中国成立后的黄河治理工作中得到了充分的体现，影响深远。特别是《黄河下游各站洪水流量计算方法之研究》以及《河槽过渡曲线之规划》这两篇文章影响最为深远。前者针对黄河下游泥沙淤积、河床逐年升高而形成"地上河"的现象，提出了适用于这种特殊情况的计算方法，并通过实测资料验证后证明了他的计算结果与事实基本相符。这样准确的计算结论，为防洪堤的建筑修建提供了科学依据。后者主要论述了天然河流直段→弯道→直段三者之间的过渡状态，以及这样的过渡对河床演变产生的影响，这为河道整治和整治后的河道怎样

---

❶　孙见：《严恺院士》，河海大学出版社，2001 年，第 22 页。

❷　讲座：在当时即相当于聘任单位所属业务范围内的学科带头人。荣任"讲座"者，必是专业领域内的权威学者，其地位远在一般教授之上。

❸　李书田（1900—1988），河北昌黎人，北洋大学毕业，后到美国留学，获得康奈尔大学博士学位，是我国著名的高等教育专家、水利学家、中国近代水利科学的开拓者之一。著有《农田水利出版物之搜集》《华北水利建设之概况》等多部著作。

❹　黄河水利委员会：简称"黄委会"，1933 年成立，掌管黄河干支流兴利防患事务。1949 年新中国成立后经机构调整重新组建，下设山东和河南黄河河务局，以后又陆续增设了三门峡水利枢纽工程局、引黄灌溉试验站等单位。黄委会代表水利部行使所在流域内的水行政主管职责，为水利部直属的事业单位。

❺　孙见：《严恺院士》，河海大学出版社，2001 年，第 25 页。

❻　黄河水利委员会：《民国黄河大事记》，黄河水利出版社，2004 年，第 183 页。

满足航运要求提供了科学的理论依据❶。以上这些规划设计在新中国成立后对黄河流域，特别是对黄河下游地区泥沙淤积问题的治理有着极大的借鉴作用，成为研究黄河水利的重要文献和数据资料。

1945 年 3 月，国民政府行政院水利委员会决定派遣一名水利技术人员赶赴西北地区，对位于西北地区的黄河宁夏灌区进行实地勘测，依据地形测量和相应的水文测验结果，提出抗战胜利后士兵复员屯垦规划，因此在银川成立了宁夏工程总队，负责勘测、发展宁夏引黄灌溉工程。整个总队下设设计组、测绘组和三个分队，黄河水利委员会斟酌再三后，决定任命严恺为工程总队的总队长，负责整个地形测量和水文实验工作❷。宁夏原来有一个测量队，但是工作效率低，平均一个月只能测量几平方千米的面积。严恺为了提高工作效率，将测量队的一百多人分成 5 个工程队，每一个工程队都根据已经划定好的特定的区域进行分头测量，这极大地加快了测量速度，仅仅用三个月的时间就完成了整个测量任务。在严恺的领导下，该队在 1945 年至 1946 年的两年时间内，在实地测量之后绘制出了灌区 1：1 万地形图共 83 幅，总测量面积达到了6631 平方千米。除此之外，整个工程总队还对黄河大断面以及渠道横断面进行了测量，并获得了准确的数据❸。这次测量任务的顺利完成彻底地改变了此前宁夏灌区缺乏精确地形图的状况。在完成测量任务的同时，严恺也完成了重要著作《宁夏河东河西两区灌溉工程计划纲要》。这份纲要对整个宁夏地区的地形、水文都做了详尽的论述，为新中国成立后这一地区水利建设提供了重要参考文献。

严恺留学荷兰及民国时期的这段学习和工作经历，开阔了其视野，使他对祖国的西南、西北的地形、水文、河流都有了全面的了解，而在荷兰时期的实践调查又进一步提高了他自身的实践能力，同时也培养了他严谨的治学精神和吃苦耐劳的品质。这些都使他在新中国成立后的一系列水利科研及教学工作中具备了独当一面的能力，奠定了他在新中国成立后为国家的水利事业作出重要贡献的基础。

第二节　新中国成立后严恺成就卓著的水利人生

1949 年新中国成立后，百废待兴，党和政府多方设法恢复和发展国民经济，因此极其重视水利事业的发展，水利建设事业很快被提上了日程。严恺作为水利方面的专业人才，受到了党和国家的重用，他开始陆续地参与到新中国一些重大的水利建设事业当中，并在此后 50 多年的实践中逐渐成长为中国水利工程领域的著名专家。

一、新中国成立初期严恺在治水和育才两方面齐头并进（1949—1966 年）

由于留学荷兰时的知识积累和民国时期的实践工作经验，尤其是新中国成立后所进行的水利建设较多，因此新中国成立伊始严恺即受到党和政府的重用，参与大型水

---

❶　刘小湄、吴新华：《严恺传——献给严恺教授八十寿辰》，河海大学出版社，1991 年，第 30 页。

❷❸　黄河水利委员会：《民国黄河大事记》，黄河水利出版社，2004 年，第 186 页。

利工程的设计、施工及水利高等院校的创建工作。

首先，参与和主持对天津新港泥沙回淤问题的研究。天津新港即塘沽新港，位于渤海湾西部的淤泥质潮滩地区，在多种因素的共同作用下导致其泥沙淤积严重，同时这一港口位于京津的出海口地区，经济价值极大，因此国家决定解决天津新港泥沙淤积问题。1951 年 8 月，政务院成立天津塘沽建港委员会，任命严恺为建港委员会委员。❶ 这是严恺首次接触天津新港泥沙淤积的治理。苏联专家和部分中国水利工作者认为，为了新港能够迅速通航，需要增加水深，主要采取的措施是浚深港池和航道。严恺对此并不十分赞同，他主张深入地进行科学研究，找到泥沙淤积的主要来源，彻底解决问题。但在当时的环境下，只能以苏联专家的观点为主流。实践证明，单纯地浚深港池和航道虽然能暂时地保证万吨级轮船的顺利通航，但是泥沙淤积问题仍然存在，每年挖泥需要的费用极大。为了彻底解决新港泥沙淤积问题，1957 年新港回淤问题被纳入了中苏技术协作 122 项之内。❷ 当中苏专家、学者都对此束手无策之际，严恺提出了解决此问题的方案，使这一项目的实施成为可能。在担任天津新港回淤研究组组长期间，严恺根据天津新港泥沙淤积的具体情况，创新地提出了"理论指导、科学实验、现场勘测三结合"的学术指导原则。❸ 依据此原则，严恺开展了具体的工作，在几年的实验、勘测、研究之后，严恺不仅澄清了以前关于细颗粒泥沙运动的模糊认识，而且找出了新港淤积的泥沙来源，即解决新港回淤问题的关键。1960 年，严恺将几年的研究成果系统地进行了总结，写出《关于天津新港回淤问题的研究》一文❹，对解决新港回淤问题提出了具体的指导方案。此方案提出之后的几十年间，无论怎样对天津新港泥沙问题进行治理研究，其解决方案都是以严恺的方案作为蓝本。目前天津新港正在逐步发展成为一个具有综合性、多功能性的国际大港口。❺

其次，这一时期严恺的另一项重要贡献是创立了新中国第一所水利高等院校——华东水利学院。1952 年全国高等院校进行了院系大调整，鉴于新中国对水利人才的特别需求，国家决定成立一所专门的高等水利学校，由严恺负责建校的全部事宜。严恺从无到有，白手起家，择定校址，兴建校舍，主抓师资，严肃校风，将教学、科研、实验及实践全面展开。学院建成后严恺长期担任副院长、院长之职，他狠抓教学质量不放松，在教学中注重理论联系实际，以为新中国水利事业的发展培养水利人才为宗旨，为华东水利学院的发展奠定了坚实的基础，树立了良好的校风、学风。现在这所学校已从一个单一的以水资源开发利用为主的工科性大学，逐步发展为以水资源开发利用为重点的综合性大学。严恺对于学校的创立和发展起到了重要作用。

---

❶ 《政务院关于成立塘沽建港委员会的决定》，载中国社会科学院、中央档案馆编《1949—1952 中华人民共和国经济档案资料选编·交通通讯卷》，中国物资出版社，1996 年，第 920 页。

❷ 孙见：《严恺院士》，河海大学出版社，2001 年，第 58 页。

❸ 郑大俊：《水利泰斗 教育楷模——祝贺严恺院士九十寿辰文集》，河海大学出版社，2002 年，第 188 页。

❹ 刘小湄、吴新华：《严恺传——献给严恺教授八十寿辰》，河海大学出版社，1991 年，第 72 页。

❺ 天津社会科学院、天津交通运输协会港口课题组：《天津港研究》，内部印行，1987 年，第 247 页。

第三，1958—1959 年，严恺将华东水利学院、南京水利科学研究所、华东师范大学河口海岸研究室等多个相关科研单位的专家学者组织起来，组成了一支 1000 余人的测量队。整个测量队由黄浦江出发，历时两年对长江口进行了三次大规模的水下地形与水文测验，并召开了长江口综合开发座谈会，探讨治理方案。第一次是 1958 年 3 月，水下地形的测量从江阴以下地区开始，到长江口外的绿华山地区为止，主要包括南支和北支两个部分。1958 年 9 月，严恺再次组织测量队对南北支、南北港和口外海滨地区进行实地测量。这次测量是 30 条垂线的大规模同步水文测验，在我国属于史无前例的特大规模的水文测验活动，积累了进行大规模同步水文测验的经验。❶ 为了进一步取得更精准的长江口水文数据，严恺选择在 1959 年的 3 月和 8 月，即长江口地区的枯水期和洪水期再一次进行了较 1958 年更大规模的水文测验，其测量范围与 1958 年相同，但此次是由 37 条垂线同步进行测验的，而且此次测验的手段更加科学，准确度也更高。❷ 这三次大规模的测验，使严恺和同仁获得了关于长江口的大量宝贵资料。1960 年初，交通部成立了长江口整治研究领导小组，任命严恺为该小组的负责人，正式负责长江口整治计划。❸ 在严恺的指导下，长江口的整治科研工作取得了进展，但由于受"文化大革命"爆发的影响，长江口整治科研工作遭受挫折，被迫搁置下来。

从新中国成立到 1966 年"文化大革命"爆发的这段时期，严恺除了以上三项为人称道的贡献外，还曾在 1955 年担任了江苏省水利厅厅长。任职期间，他能理论联系实际，脚踏实地地做好每件事，不仅否定了苏联专家主张的用沉排法解决长江北岸浦口段的塌岸问题，还亲自带人对苏南的太湖地区、苏北的沂水、沭水和淮河等入海水道进行了实地考察，为江苏省的水利建设事业作出了重要贡献。❹ 从 1956 年起，严恺还担任了南京水利科学研究所所长，根据国家水利建设的需要，严恺扩大和创建了河道港口、土工、材料结构等研究室，带领南京水利科学研究所的全体科研人员承担、完成了国家、部门和地方许多重要的科研任务。

二、"文化大革命"时期严恺在水利事业中的艰难探索（1966—1976 年）

1966 年 5 月"文化大革命"爆发后，被看成是"反动学术权威"的严恺被迫停止工作，"接受群众审查"，受到多次批判。这一时期严恺曾一度被打成华东水利学院"修正主义教育路线的总头目"，被关进"牛棚"，进行"劳动改造"，并被公开批斗。❺ 为了使华东水利学院的教学工作能够进行下去，同时为了保护全校的干部和教师，严恺在多次的被批斗中坚决不屈服，他仍然狠抓教学质量不放松，确保整个学校的教学工作不被打断。

❶ 刘小湄、吴新华：《严恺传——献给严恺教授八十寿辰》，河海大学出版社，1991 年，第 95 页。
❷ 马建华：《长江口》，长江出版社，2007 年，第 43 页。
❸ 同❶注。
❹ 刘小湄、吴新华：《严恺传——献给严恺教授八十寿辰》，河海大学出版社，1991 年，第 58 页。
❺ 郑大俊：《水利泰斗 教育楷模——祝贺严恺院士九十寿辰文集》，河海大学出版社，2002 年，第 149 页。

"文化大革命"后期，严恺恢复了人身自由，他全身心地投入到工作当中。严恺于1973年4月20日至6月19日以中国水利学会副理事长和华东水利学院院长的名义率领"中国水利技术考察组"访问美国，并实地考察了田纳西河等6条河流上的27座水坝、13座船闸、17座水电站以及其他防洪、灌溉等水利设施。❶ 此次考察对于后来的葛洲坝水利枢纽工程和我国水电建设引进国外先进科技及开展中美水电科技交流作出了开创性的努力。1975年，广东省水利厅和水利电力部诚邀严恺前往广东帮助治理珠江三角洲地区，严恺率领专家组欣然前往，在两个多月的时间里，他不辞辛苦地跋山涉水，对整个珠江三角洲地区进行了全面地考察，并据此写出《关于珠江三角洲整治规划问题的报告》。在这份给水利电力部的报告中，严恺明确指出："要重视对虎门附近深水航槽的保护，将原有的泥沙向西部地区和南部地区进行引导，从而达到减少伶仃水道和矾石水道淤积的最终目的。"❷ 这份报告的提出，不仅对解决珠江三角洲地区的泥沙淤积问题具有极大的指导作用，而且也深刻地体现出严恺一生所执着追求的治水理念，即在进行水利工程建设时都应与当地所处的自然环境相适应，达到人与自然的和谐统一。

严恺虽然在"文化大革命"期间受到冲击，工作也曾一度中断，但他仍然在困境中不断坚持，尽最大的努力确保各项工作能够进行下去。因此，在"文化大革命"的十年中，严恺从事的各项水利工作虽然遭遇曲折，但仍取得了一定的成绩。

三、改革开放后严恺在水利事业上再写辉煌（1976—2006 年）

"文化大革命"结束后，严恺的工作也回归了正轨，此后的三十年间他的水利事业进入了辉煌时期，所参与的各项水利项目研究几乎涉及了改革开放后的各个大型水利工程建设。

首先，对华东水利学院进行整顿。由于"文化大革命"的破坏，虽然学校的教学工作没有中断，但是整个学校的发展仍然受到了阻碍。因此，严恺对学校进行了大刀阔斧的整顿，确定了学校在新时期应该树立的新理念。主要包括：要求学校从上到下的人员都把注意力转移到教学和科研上来；改变管理方法，调整机构，健全制度，充分发扬民主，实行科学管理；加强同国外的学术交流，从国外聘请教授来校进行讲学。❸ 同时为了使学校拥有积极向上的校风和学风，1982年严恺在建校30周年庆典上进一步提出了"艰苦朴素、实事求是、严格要求、勇于探索"的十六字校训。❹ 通过严恺的努力，华东水利学院迅速走出了阴霾，在新时期逐步迈入以水利水电工程学科为特色的，文、理、工学科相结合的综合性大学的行列。

其次，参与长江口治理。1979年底，国务院正式下发文件，要求建立"长江口航

---

❶ 刘小湄、吴新华：《严恺传——献给严恺教授八十寿辰》，河海大学出版社，1991年，第55页。

❷ 孙见：《严恺院士》，河海大学出版社，2001年，第102页。

❸ 刘晓群：《河海大学校史 1915—1985》，河海大学出版社，2005年，第223～226页。

❹ 钱自立：《"河海精神"的内涵与弘扬》，《河海大学学报（哲学社会科学版）》2006年第2期。

道治理工程领导小组",负责长江口整治工作,严恺被任命为科研技术组组长,再次投入到了长江口的整治工作中。❶ 在此后的二十多年里,直到1998年长江口深水航道治理工程开工,由于政府政策的变化,长江口的治理工作断断续续。严恺对此忧心忡忡,多次发表重要意见及看法,再三建议政府相关部门重视长江口治理问题,组织科研人员大力开展研究工作,他同时倡导长江口深水航道治理的二、三期工程应该继续加速进行。

第三,支持三峡工程尽快上马。从20世纪80年代开始,严恺为了三峡工程能够尽早上马,多次发表言论。1988年8月,严恺主持了长江三峡工程"对中原湖区影响"的座谈会。通过讨论,他力促三峡工程尽快上马,并在1989年2月三峡工程论证领导小组第十次扩大会议上全面分析了兴建三峡工程的必要性,以及技术上的可行性和经济上的合理性。❷ 1990年7月,国务院召集全国的水利专家对三峡工程进行论证和汇报,严恺再次发表了对三峡工程将带来的防洪效益、发电效益,以及生态问题的相关看法。此后的数次会议当中,严恺一直强调说:"修建三峡工程宜早不宜迟。"❸ 1994年2月25日,严恺不顾82岁高龄的病弱之身,亲临三峡工程施工现场,并接受相关单位的委托,担任了长江三峡工程开发总公司技术委员会顾问之职。❹

第四,领导水利工作者对全国海岸带和海涂资源进行综合调查。1979年国务院批准组织沿海各省市区开展全国海岸带和海涂资源调查,作为技术指导组组长的严恺正式负责这项规模浩大的调查任务。从1980年开始,这项调查工作前后历时八年,调查范围涉及沿海十个省(自治区、直辖市)。❺ 为了及时指导调查工作,严恺逐省勘察,亲临指导,并亲自抓全国海岸带和海涂资源综合调查报告的编写工作。

除了以上所述的参与大型水利工程建设以外,严恺作为卓越的学术活动家,他的足迹遍及数十个国家和地区。他发挥自己在水利事业上的影响力,先后促成和召开了多次颇具影响力的学术会议。如:1984年10月,严恺在南京主持召开了第二次河流泥沙国际学术讨论会;1987年9月,他在北京主持召开了第二届发展中国家海岸与港口工程国际会议,并作了《中国海岸与港口工程》的主题报告,全面阐述了我国在这方面取得的成就。❻ 综上所述,在改革开放后的几十年当中,严恺积极投身于国家各项重大水利设施建设当中,在水利建设、科研及教学方面都取得了重大成就,他从事的水利事业在此阶段获得了全面发展。

---

❶ 马建华:《长江口》,长江出版社,2007年,第66页。

❷ 刘小湄、吴新华:《严恺传——献给严恺教授八十寿辰》,河海大学出版社,1991年,第117页。

❸❹ 孙见:《严恺院士》,河海大学出版社,2001年,第99页。

❺ 新梅:《河海魂——记中国科学院、中国工程院院士严恺》,《国际人才交流》2002年第8期。

❻ 刘小湄、吴新华:《严恺传——献给严恺教授八十寿辰》,河海大学出版社,1991年,第146页。

第二章　严恺对天津新港泥沙
回淤问题的研究

　　天津新港即新中国成立前的塘沽新港，坐落于海河口渤海湾顶端的西部海岸上。这一地区属于非常典型的淤泥质潮滩地区，淤泥质潮滩主要是由江河携带大量的细小颗粒泥沙入海，在海浪和潮流共同作用下发生沉积形成的。[1] 天津新港是北京和天津地区的出海口，其地理位置和经济效益十分重要、显著。但由于这一港口位于海河口，因此受到海河下泄泥沙和海潮托顶作用的双重影响，造成了港内泥沙大量淤积，泥沙回淤问题成为制约港口存在与发展的严重阻碍。新中国成立之初，由于泥沙淤积问题严重，当时港口航道水深已经低于 3 米，基本上处于废弃状态之中。[2] 新中国成立后，百废待兴，对于天津新港的建设迫在眉睫，但是由于当时新中国正处在被西方资本主义国家孤立和封锁的状况下，虽然有苏联等社会主义国家给予的一些援助，但是类似于天津新港这样的港口问题的解决方案，在国际上还没有先例可借鉴，新港建设面临着严峻的形势。

　　1951 年严恺作为塘沽新港（后更名为天津新港）建港委员会委员，开始对天津新港回淤问题进行深入研究。此后数年间在严恺所提出的解决天津新港泥沙回淤问题"三原则"的学术思想指导下，严恺所率领的工作组对港口进行了规模浩大的现场调查和实地勘测，并进行了相关的专题研究。通过对天津新港的实地勘测和科学实验，严恺取得了大量的研究成果，这些研究成果不仅找到了引起天津新港泥沙回淤的泥沙来源，而且据此制订出了相应的解决方案，天津新港泥沙回淤问题最终得到有效治理。在淤泥质海滩上能够建造深水港，这一发现对于国内外的港口建设事业来说是具有重大指导意义的，同时也促进了我国海岸动力地貌学和海岸动力学等交叉学科的建立和发展。

第一节　天津港泥沙回淤的加重及久治无效

　　天津新港是现在天津港的主体部分，其货物吞吐任务占整个天津港的 90％以上。由于拥有得天独厚的地理位置优势和经济优势，天津港从形成之日起就一直发挥着非常重要的作用。但是港区泥沙淤积从港口形成时起也一直在影响着港口的发展，在漫

---

[1]　严恺：《海岸工程》，海洋出版社，2002 年，第 6 页。
[2]　董克信：《当代大禹——记中国科学院与中国工程院院士严恺》，《南京史志》1999 年第 2 期。

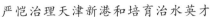

长的历史时期，泥沙淤积曾致使港区迁徙。

一、天津港泥沙淤积曾致使港区迁徙

作为水上运输和陆上运输枢纽的港口，也是人们从事社会活动和经济文化活动的重要基础设施，天津港不仅具备作为普通港口的一般特征，而且又因为地理位置优越，在整个国民经济当中拥有重要的地位及作用。天津港位于渤海湾西端，地处北纬38°56′20″，东经117°58′47″，是一个海港兼河港的人工港。目前全港包括两部分：①海港，建于海河入海口北岸，在塘沽以东，距离原海岸线5千米，通称"天津新港"，是天津港的主体部分，承担全港吞吐任务的90%以上；②河港，建于海河下游塘沽区，距海河口8.7千米。❶ 天津港是一个人工港口，港池和航道均为浚挖而成，挖出来的泥方则用以吹填造陆，对大面积扩大港区陆域有着得天独厚的良好条件。同时，因渤海湾为内海，故天津港基本上属于大陆性气候，受海洋气候影响不大，年平均气温为12℃。受风、雨、雾、冰等影响较小，可全年通航。天津港港区现在总面积近200平方千米，其中陆域面积17平方千米。新港由南北两条防波堤环抱，南堤长8千米，北堤长5千米，防波堤均由石块与混凝土填筑而成。新港航道长27.3千米，原为单向航道，底宽仅60米，水深8米。之后为了适应国内外贸易发展的需要，经多次开拓，截至2009年，新港有效宽度已达到315米，水深最深处已达到19.5米，25万吨级船舶可随时进港，30万吨级海轮可乘潮进港。目前整个港区主要分为北疆、南疆、东疆、海河四个部分，拥有各类泊位140余个。❷

天津港的发展经历了漫长的历史进程。早在公元3世纪之前，我国人民就已经开始利用天津一带的天然河流来进行水运活动。东汉时由于军事上的需要，统治者先后在华北平原上开凿了泉州渠、平虏渠、新河渠、白沟渠，连接今天的南运河、海河、永定河、滦河、潮白河等河流，使许多大河相互连通，形成了一个巨大的水陆航运网❸。这个航运网以今天的海河为中心，连接了幽州、洛阳、辽西、太行山地区，覆盖了整个华北地区。到了隋朝，隋炀帝开凿了以洛阳为中心，北达涿郡，南到余杭，贯通南北的京杭大运河，京杭大运河的通航进一步扩大了华北地区的航运规模，使整个华北地区的航运由之前的区域性转变为后来的全国性，同时海河水系也获得了更大的发展，天津港随后逐渐成为华北地区最大的一个内河外贸港口。根据记载："武德年间，范阳节度使，理幽州，兵九万一千四百人，再加上营州四万驻军皆由河、海两路运至三会港口（今天津新港）"。❹到明朝时，由于天津港航路畅通以及转运量的增大，政府为了鼓励贸易，免除这一地区的商业税，一时间商贾云集，大量商船日夜停泊在港口，使这一地区成为了繁华的商业区，傍河驻港、兴城的局面正式形成。在元朝、

❶ 天津社会科学院、天津交通运输协会港口课题组：《天津港研究》，内部印行，1987年，第30页。
❷ 孙连成、张娜、陈纯：《淤泥质海岸：天津港泥沙研究》，海洋出版社，2010年，第7页。
❸❹ 杨德英主编，天津市地方志编修委员会编著：《天津通志·港口志》，天津社会科学院出版社，1999年，第65页。

明朝以及清朝，天津港地区一直都处在水陆通衢、畿辅门户的重要地位。天津港不仅紧靠华北最大的经济中心——天津，而且还邻近着作为首都的北京，在它的后面则是资源极端丰富的华北、西北等各省市。这些省市的辽阔平原和山区的丰富资源，不但对于国内经济生活起着重要作用，对于国外的贸易往来也历来占据着特别重要地位。故天津港对中国南北东西物资的转运、经济的发展、文化的交流，以及天津市的发展等方面都起到了极其重要的作用，这种重要作用一直持续到今天。

　　伴随着港口的发展，另一个问题也日益严重，即港区泥沙淤积问题。港区泥沙淤积从港口出现时起一直都在影响港口的发展。今天的天津新港港区在历史上的具体位置共经过了四次迁徙。唐朝时，中央政府在今卫运河、南运河和潮白河三条河流汇流入海的地方整治河岸，修建港口，配置官员管理漕运和仓储。这一港口由于处在三条河流交汇处，因此被称为"三汇海口"。此时的"三汇海口"已经初步具有了港口的条件，是天津最早的海港。宋朝时，黄河泛滥引起改道，河渠被河水毁坏，致使泥沙淤积河道，"三汇海口"的漕运作用也因此日益减弱。1125 年，金朝鉴于军事上的需要，在当时的潞水、御河与海河的交汇处又建立了一个港口，当时称其为"三岔口"，天津港的港区也由"三汇海口"迁徙到了"三岔口"。此为天津港港区的第一次迁徙。[1] 此后它一直作为元明清三代河运和海运的枢纽，成为天津的内河港口。1860 年，清政府和帝国主义国家签订了不平等条约，天津被迫作为通商口岸开埠后，帝国主义国家为了在中国倾销商品，通过获得的特权在海河西岸的紫竹林地区修筑码头，并不断进行扩建，形成了近代天津港的基本轮廓。天津港区由原来的"三岔口"迁徙到了紫竹林。[2] 此为天津港港区的第二次迁徙。由于帝国主义在中国修建港口只是以掠夺为目的，因此对于港口并没有进行深度的维护，从 1880 年开始海河被洪水大规模的冲刷，又缺乏维修，导致了大规模的泥沙淤塞航道，有的河段水深已经不足一米，很多海船不能直接驶入天津。因此英、法、美等国家又在距离市区 50 多千米的塘沽地区修建了新的码头，货物吞吐量与原来的紫竹林码头相同，成为海河河段又一个深水港区。此为天津港港区的第三次迁徙。直到 1939 年，日本在原来塘沽港区以东，距离海岸线 5000 米处修建新港，天津港完成了从河港向海港的重大转移。[3]

　　在引起港区四次迁徙的过程中，泥沙淤积港口导致通航困难，成为港区迁徙的重要原因。当时的封建统治者和近代的外国侵略者，对于治理天津港泥沙淤积问题一直没有根本的解决方法。泥沙淤积问题长期以来一直成为限制港口发展的重要因素。

---

[1]　孙连成、张娜、陈纯：《淤泥质海岸：天津港泥沙研究》，海洋出版社，2010 年，第 30 页。

[2]　杨德英主编，天津市地方志编修委员会编著：《天津志·港口志》，天津社会科学院出版社，1999 年，第 70 页。

[3]　天津社会科学院、天津交通运输协会港口课题组：《天津港研究》，内部印行，1987 年，第 16 页。

二、天津港泥沙淤积的成因分析

天津港的泥沙淤积与海河的泥沙问题是密不可分的。

首先，海河作为我国华北地区最大的一个水系，流域面积达到了 26.5 万平方千米。北运河、南运河、大清河、子牙河以及永定河这几条主要的河流共同注入海河当中，形成了整个海河水系。这几条河流多发源于太行山、五台山、恒山、燕山等山脉，且山地的海拔多在 500～1000 米，其干流则完全在河北省境内。❶ 山区很多地方都被黄土覆盖着，因此很多河流在这里流过时都会携带着大量的泥沙。据统计，构成海河水系的这几条河流中，除了大清河的年平均含沙量较少，在每立方米含沙 2 千克外，其余各条河流的含沙量都达到每立方米 10 千克以上。其中以永定河的含沙量最高，每立方米含沙 44 千克，每年的平均输沙量能够达到 6000 万吨以上。永定河亦名浑河，源出山西朔县，全长 700 多千米，流域面积达到 6.2 万平方千米，流至天津入海河归海，其水浑浊，多挟泥沙，故元史称为"小黄河"。永定河在金元之前，有灌溉交通之力，不闻有大患。❷ 明朝和清朝之后，由于人为原因使堤防降低，水患日益严重。永定河是海河各支流当中灾难最多的一条河流，最大的问题就是泥沙含量过高，它的输沙量要占海河全部输沙量的七分之四。由于泥沙含量过高，经常导致下游河道淤积，河床抬高，发生洪水。根据历史记载，永定河发生的特大洪水已有 80 多次，从 1912 年起到新中国成立的 30 多年间，卢沟桥以下的堤防曾经发生过七次大决口，受灾面积最多达 2000 平方千米，最严重的 1917 年和 1939 年两次水灾，永定河水和大清河、子牙河洪水汇合，侵入天津市，使得北京和天津两地的交通被隔断，造成了不可估计的损失。❸

其次，海河的支流众多，且上游河道宽、下游河道窄是海河水系最突出的一个特点。由于下游河道较窄，河流流入平原地区之后，地势又极其平缓，流速骤缓，泥沙沿途淤积严重，一直淤积到入海口及港口。同时由于海河流域处于东亚季风区，属于典型的暖温带季风气候，蒙古—西伯利亚高气压作用显著，导致冬季气温较低，降水量少，而夏季在副热带高气压控制下，炎热多暴雨。海河流域年降水量平均 600 毫米左右，夏季降水就占了全年降水量的 60% 左右，且集中在 7、8 两个月，❹ 汛期与汛前雨量之比常在 200 以上，一遇暴雨山地上的泥沙会被迅速冲下加重淤积，造成洪水泛滥。同时海河的平均年径流量只有 226 亿立方米，仅为钱塘江的 50%，闽江的 36%。❺

再次，海河泥沙问题严重也与人类活动密切相关。由于人类在生产生活中破坏了大面积的森林植被，导致黄土裸露在地表之上，黄土本身土质疏松，每逢汛期暴雨如

❶ 王葵等：《全国人民与洪水的斗争》，《人民水利》1950 年第 2 期。

❷❸ 郑肇经：《中国水利史》，商务印书馆，1939 年，第 50 页。

❹ 河北师范大学地理系：《海河》，河北人民出版社，1974 年，第 17 页。

❺ 河北师范大学地理系：《海河》，河北人民出版社，1974 年，第 7 页。

注，又加大了河流的泥沙含量，因此整个海河的含沙量甚至可以与黄河相比拟。据记载：海河的年平均含沙量能达到 1.6 亿吨❶。巨大的含沙量经常导致下游泥沙沉积，使得航道水深不断变浅，阻碍港口通航。因此海河流域多泥沙的自然条件成为限制日后港口发展的最重要的先天因素。鉴于天津港得天独厚的地理位置、四通八达的水陆交通和丰富的海陆资源，因此封建时期的统治者和近代的外国侵略者也对港口的泥沙淤积问题进行了处理，但长期以来并未找到根本的解决方法。

三、历史上对天津港的若干次治理

根据史书记载：元朝时，由于海河航运功能的日渐完善，以及指南针和航海技术的日益提高，对天津港的水深提出了更高的要求。元朝政府针对当时港口的泥沙淤积使航道变浅、阻碍航行的问题，曾对港口的航道实施人工治理，以保持航运河道的畅通。元朝至元三十年（1293 年），潞河自李二寺至通州段计 30 余里，河道浅涩，春夏旱时，有水深仅二尺，粮船不通，改用小船搬载。至 1321 年，直沽航道之三叉河口，因潮汐往来，淤泥淤积达 70 余处，元王朝招民夫 3000 人，清淤一个月。❷ 至正十一年（1351 年），港口再次发生淤积，"中书省委崔敬浚治之，给钞数万锭，募两万人，不到三月告成"。❸ 整个元朝时期，曾先后几次招募民工万人，对河道进行浚挖处理，但是成效并不显著，只是暂时确保了航运的畅通。"1662 年之后，当时北运河泥沙淤积严重，河、海漕船均在直沽卸船装仓"❹，因此康熙年间和雍正年间分别在直沽地区修建了聚粟仓、日字仓以及最大的北仓等仓库，来暂时装卸无法迅速运走的粮食和商品。自 1880 年至 1917 年，海河流域因为洪水冲刷，又缺少维护，港口淤浅致使许多海船不能直驶天津，为此，英法美德俄日等国纷纷在远离市区 50 多千米的塘沽地区抢占地盘，❺ 形成了塘沽港区。

综上，在中国封建社会时期，政府对于天津港泥沙淤积问题的解决方案主要是以浚挖河道来保持港口畅通为主，但当泥沙淤积严重至无法通航时，即将港区从一个地区转移到另一个地区，重新修建新的港区。从古到今泥沙问题都是制约天津港发展的重要因素，从港口出现被人们利用之日起，就面临着泥沙淤积阻碍航道的问题。这一问题由来已久，成为限制港口发展的一个重要的制约条件，这种情况一直延续到 20 世纪 30 年代日本发动侵华战争时。

1937 年日本发动全面侵华战争，先后侵占了华北地区的大同、阳泉、开滦等大煤矿以及其他地区的铁矿和钒土矿等资源，这些物资一部分被用来满足战争需要，其余部分全部运回日本国内，达到"以战养战"的目的。因为原来天津的内河港口已经不

---

❶ 河北师范大学地理系：《海河》，河北人民出版社，1974 年，第 7 页。
❷ 陈健：《解放前天津港的形成与发展》，《天津文史资料选辑》2004 年第 3 期。
❸ 《崔敬传》，《元史》卷一八四，中华书局，1976 年。
❹ 孙连成、张娜、陈纯：《淤泥质海岸：天津港泥沙研究》，海洋出版社，2010 年，第 40 页。
❺ 孙连成、张娜、陈纯：《淤泥质海岸：天津港泥沙研究》，海洋出版社，2010 年，第 2 页。

能满足日本的运输需求，为了改变这种不利局面，1939 年 5 月，日本"兴亚院"❶ 经研究制订出了一个解决方案，即重新修建一个新的港口，"北支那新港计划案"应运而生。❷ 1940 年 10 月 25 日，塘沽新港正式开始修建。日本最初确定的建港规模为：南北的防波堤要有 39 千米，航道长要达到 13.4 千米，宽 200 米，煤码头是 5000 吨级，杂货码头是 3000 吨级，港口总规模为年吞吐量达到 2700 万吨❸。计划在 1947 年整个港口的建设要全部完成。由于急于使用以及在此后的侵华战争中不断受挫，导致日本原计划的规模不断地缩减，南北防波堤各长 8 千米，港口仅完成一码头四个 3000 吨级杂货泊位（吃水只有 6 米），一个 5000 吨出口煤泊位（吃水 7 米），以及未建完的 3000 吨级船闸一座。❹ 兴修时由于草率，大部分工程没有按照规划进行，工程质量也根本得不到保障，致使花费了大量建筑器材的码头，不能保持其永久性。1945 年 8 月日本投降时整个工程还没有完成原计划的一半，属于一个典型的半拉子工程。日本为了从中国掠夺大量资源，在港口没有建成的过程中就迅速地投入使用，这使原本就存在的泥沙淤积问题更加严重。

日本投降后，国民政府为了加强对港口的利用，在接收期间仅是继续建完了 3000 吨级的船闸，浚挖航道至深 3.5 米，第一、二码头前沿深 4～6 米，修整了库场，使津青、津秦等部分航线得到暂时性的恢复，但是同时将已挖出的部分港池航道全部淤塞。❺ 到 1947 年时，新港才勉强能够靠岸进行装卸。之后国民政府制订了驻港三年计划（1946—1948 年），但由于此时内战正在进行中，经济面临极大困难，驻港的进度十分缓慢。在整个驻港过程中，新建项目非常少，国民政府只是进行了一些简单工程的整修。到 1948 年底，航道、港池的淤积问题已经十分严重，水深只有 3 米，轮船已经不能够通航，甚至木船也不能靠岸。而且由于国民党军队在逃跑时恶意进行破坏，新港此时已成为一个"死港"。

天津港不仅以北京、天津等重要的城市为依托，而且有广阔的经济腹地，包括河北、北京、内蒙古、山西、陕西等广大地域，面积达 250 多万平方千米，涉及 13 个省（自治区、直辖市），全国四分之一的土地，几亿人口的经济利益。如将其与其他港口的交叉腹地除外，直接腹地也接近 100 万平方千米。也就是说，占全国面积十分之一土地上的进出口货物主要依靠天津港转运。❻ 早在历史上，天津港就是京、冀、蒙、晋、豫、陕、甘、宁、青等腹地的煤、棉、麻、粮、油、矿产及土特产品的传统转运

❶ "兴亚院"：1938 年 12 月，日本政府近卫内阁专设办理有关对华政治、经济、文化等事务的部门，实际上是专门负责处理侵华事宜的机构。1942 年 11 月废止。

❷ "北支那新港计划案"：1938 年日本内务省派人在河北沿海地区进行实地勘察，制订了"北支那新港计划案"，以塘沽位置居中、背靠津城、交通方便之优势，力主在海河口北岸，距离海岸线 5 千米的海岸处修筑新港。

❸ 中道峰夫、比田正、濑尾五一、杨运泽：《塘沽新港》，《港口工程》1990 年第 5 期。

❹ 杨德英主编，天津市地方志编修委员会编著：《天津通志·港口志》，天津社会科学院出版社，1999 年，第 74 页。

❺ 天津社会科学院、天津交通运输协会港口课题组：《天津港研究》，内部印行，1987 年，第 25 页。

❻ 天津社会科学院、天津交通运输协会港口课题组：《天津港研究》，内部印行，1987 年，第 39 页。

地。过去华北地区的出入口贸易，主要靠天津港口，但是新中国成立前这个港口只能容纳千吨左右的小轮船，三千吨以上的大船必须停泊于海面，货物的装卸主要靠驳船进行长距离的驳运。这样一方面造成了财力物力的严重损失，提高了商品的成本；另一方面则大大影响了船舶的运转率，因此进口货物不得不常常绕道广州、上海或大连卸载，然后再将华北地区所需要的物资由铁路转运，对经济造成了巨大的损失。❶

新中国成立后，在治理淮河的同时，政务院于 1949 年 11 月正式提出了治理海河的工程计划。这个工程计划主要包括三项具体措施：首先是在海河上游推行水土保持的措施，来减少水土流失；其次是在海河中游利用原有的山峡修建水库（即官厅水库），防洪蓄水；最后是在海河下游对河道进行疏浚整理。❷ 由于新中国成立后立即着手对海河流域进行了大规模的治理，这就为天津港的治理提供了一个有利的条件。因此，为了重新发挥天津港的枢纽作用，1951 年 8 月 24 日，政务院决定重新修建天津港，此时新港的回淤问题研究被列为国家重点科研项目、中苏科技合作的一个重大研究课题。❸

第二节　严恺对天津新港的实地勘测和治理规划

1951 年 8 月 24 日，中央人民政府政务院发布重建天津港的命令后，严恺被正式任命为建港委员会委员，开始正式参与天津新港泥沙回淤问题的治理。1951 年至 1958 年，严恺先后两次参与了此科研项目。从首次的参与治理到第二次的独立领导科研小组对港口进行勘测和拟定治理规划，严恺逐步认识和总结出引起天津港回淤的泥沙来源及其规律，为此后的泥沙回淤治理提供了科学依据。

一、首次参与天津新港治理

1951 年 8 月 24 日，中央人民政府政务院第九十九次政务会议发布了重建天津塘沽新港的命令，指出："天津港口由于自然条件（航道狭窄、水浅等）的限制和年久失修，已致使满载三千吨以上货物的船只，均须经过驳运倒载，而不能直达天津装卸。这不仅增大了货运费用，而最主要的是不能应付日益增加的出入口贸易。因此，完成塘沽新港建设工程，已是刻不容缓的任务。"❹ 在当时来说，修建塘沽新港是一件艰巨的工程，机械工具、船只、干部、技术等均非当时的塘沽新港工程局所能胜任，所以政务院决定组织人员成立塘沽建港委员会，直属中央人民政府交通部领导。其职责为

---

❶ 章伯钧：《庆贺塘沽新港胜利开港》，《天津日报》，1952 年 10 月 17 日。

❷ 《根治永定河的一个伟大工程——官厅水库工程介绍》，《人民日报》，1952 年 2 月 15 日。

❸ 严恺院士诞辰 100 周年纪念文集编委会：《一代宗师——严恺院士诞辰 100 周年纪念文集》，河海大学出版社，2014 年，第 79 页。

❹ 《政务院关于成立塘沽建港委员会的决定》，载中国社会科学院、中央档案馆编《1949—1952 中华人民共和国经济档案资料选编·交通通讯卷》，中国物资出版社，1996 年，第 920 页。

疏浚和建设港口，确定修建方针，指导重大技术，调集干部和船只，解决材料、工具等困难，并争取于 1952 年冬季使万吨级轮船能够驶入新港停泊装卸。塘沽建港委员会决定由交通部部长章伯钧❶、交通部副部长谭真❷、天津市委书记兼市长黄敬❸、技术人员严恺等人作为建港委员会委员，来统筹组织整个重建任务。这成为严恺参与天津新港的开始。

从 1949 年天津解放到 1951 年 7 月底，天津港虽然经过两年多的接管、治理和重点建设工作，但基础仍然是薄弱的。首先是施工机械的极端缺乏，原有的挖泥船及其他重要的机械，解放前夕绝大部分都被国民党抢走、破坏。其次是缺乏大量的熟练工人和技术人员。更少的是建港经验。1945 年 8 月日本投降后将改建时的工程图纸全部盗走或销毁，致使许多技术问题无从入手，无法解决，为重建天津港带来了巨大的工程技术困难。鉴于天津新港需要迅速通航，故最重要的目标就是要得到一定的水深，将此前淤积的航道疏通，使船舶能够入港。因此，最迅捷也是最简单有效的方法就是直接疏浚港池和航道。❹ 经过五千余名工人一年多来的辛勤劳动，以及严恺、谭真等技术工作者的努力，1952 年 10 月 17 日，中央人民政府交通部部长兼塘沽建港委员会主任委员章伯钧宣布天津新港首期工程提前竣工，万吨级轮船可驶入港内。❺ 同时，改建了一、二号码头，把原来已经残破的仅可容纳四五千吨级轮船、七艘三千吨级轮船停泊的码头，修建成可以同时容纳四艘万吨级轮船、七艘三千吨级轮船停泊装卸的码头。此外，整修了防波堤及船闸。一年之内的挖泥量，等于国民党统治时期三年挖泥总量的一倍半以上，相当于从天津到北京挖一条底宽 35 米、深 4 米的运河的土方工程。❻这一成绩在当时来说是令人称赞的。天津新港首期治理工程的完成和开港为华北地区丰饶的物产打开了广阔的出路，促进了全国特别是华北地区的经济和对外贸易的发展。

天津新港首期工程的成功，使严恺大受鼓舞，坚定了他日后进一步治理新港泥沙回淤的信心，在实际工作中也更直接地对新港有了进一步的了解。但同时严恺认识到，新港泥沙淤积的问题如果没有更完善的治理措施，那么回淤问题可能还会成为新港日

❶ 章伯钧（1895—1969），安徽桐城人。政治活动家，爱国民主人士，中国农工民主党创始人和领导人之一，曾任中央人民政府委员，中国民主同盟副主席，农工民主党主席，中华人民共和国交通部部长等职。1957 年被划为右派，1969 年卒于北京。

❷ 谭真（1899—1976），广东珠海人。筑港工程和航道专家、教育家。1917 年毕业于交通大学唐山工学院土木系，后赴美国麻省理工学院深造。回国后曾任交通部副部长，组织领导了湛江港、裕溪口港的建设，参加天津塘沽新港、上海港和青岛港的扩建技术改造及航道治理研究等工作，解决了许多重大工程技术难题，为我国的港口建设和航道治理作出了重大贡献。

❸ 黄敬（1912—1958），原籍浙江绍兴，本名俞启威。1931 年考入国立青岛大学（今山东大学），1932 年加入中国共产党，全面抗日战争爆发后任中共晋察冀区委员会书记等职，1949 年天津解放后任中共天津市委副书记、天津市委书记兼市长等职，1958 年病逝于广州。

❹ 孙见：《严恺院士》，河海大学出版社，2001 年，第 58 页。

❺ 刘小湄、吴新华：《严恺传——献给严恺教授八十寿辰》，河海大学出版社，1991 年，第 72 页。

❻《祖国伟大建设事业又一新胜利——塘沽新港首期工程提前竣工，今日开港万吨轮船可驶入港内》，《天津日报》，1952 年 10 月 17 日。

后发展的巨大障碍。新港首期工程竣工之后，严恺由于国家的安排，迅速地投入到了华东水利学院的创建工作中，但是对于天津新港回淤问题他仍然时刻关注着。事实正如严恺所预料，港口的回淤问题又迅速严重起来，泥沙淤积并未得到真正的解决。

二、第二次参与并主持天津新港治理

天津新港从 1952 年 10 月正式对外宣布开港之后，万吨级轮船可乘潮入港。但是在此之后，每年都需要挖除大量的泥沙，平均每年回淤挖泥量为 548 万立方米，每年挖除泥沙的费用要达到 350 万元以上。❶ 这已经超出了港口经济的承受能力。另外，由于万吨轮船入港之后码头、港池和航道的不断浚深，除了挖除泥沙并没有采取任何其他的防淤措施，所以泥沙在港池和航道内的淤积越来越严重，万吨轮船出入港口经常拖泥带水，船舶靠码头作业有时竟然是在搁浅的状况下进行的。针对这样的情况，一些外国的轮船经常向外交部提出抗议。国家考虑到新港回淤问题的严重情况，给予高度重视，在此背景下，严恺第二次参与到了天津新港的治理工作中。

（一）提出天津新港泥沙回淤科研工作的正确指导思想

1956 年，国家在制定十二年科研远景规划❷时将天津新港泥沙回淤问题的解决提上了议事日程。1957 年，天津新港泥沙回淤问题的解决被纳入了中苏技术协作 122 项❸之内。这一重要任务交给了交通部。此前参加过天津港泥沙淤积治理工作的交通部副部长谭真考虑再三后，找到南京水利科学研究所❹所长严恺、陈子霞等科技人员共同商议，希望南京水利科学研究所来接受这一艰巨任务。但是当时中国水利界对天津新港的泥沙回淤问题束手无策。据陈子霞回忆，当时在场的科技工作者听到这一任务后，一致认为中国当时并没有能够开展这项研究所需要的先进条件和设备。一些科技人员提出：如果通过模型实验进行研究，那么如何在模型中模拟是个关键问题，如果将泥沙颗粒按比例进行缩小，那么泥沙运动将不再受到重力控制，所以这条路行不通。也有人认为：在海区，这样的泥沙颗粒，只要有一点风浪，海水就会变成浑泥浆，人又

---

❶　孙见：《严恺院士》，河海大学出版社，2001 年，第 58 页。

❷　十二年科研远景规划：新中国成立之初，全国仅有 30 多个科研机构，科研人员不足 5 万人，其中从事自然科学研究的更少。为了尽快解决这一问题，1955 年周恩来、陈毅等组织召开科学技术工作人员会议，1956 年国务院开始编制《十二年科学技术发展规划》。这是新中国成立以来的第一个科技规划，提出了多项重大科学技术任务，并对科研工作的体制、人才的使用方针、科学研究机构的设置原则等做了规定。

❸　中苏技术协作 122 项：1958 年 1 月 18 日，中国和苏联在莫斯科签署了《中苏关于共同进行和苏联帮助中国进行重大科学技术研究的议定书》，双方同意在 1958—1962 年间共同进行和苏联帮助中国进行 122 项重大科学技术研究项目的研究。

❹　南京水利科学研究所：始建于 1935 年，原名中央水工试验所，是我国最早成立的水利科学研究机构。1942 年更名为中央水利实验处。1950 年更名为水利部南京水利实验所，1956 年更名为水利部南京水利科学研究所，1984 年更名为水利电力部、交通部南京水利科学研究院。1994 年更名为水利部、交通部、电力工业部南京水利科学研究院，2009 年更名为水利部、交通运输部、国家能源局南京水利科学研究院。目前已发展成为拥有 50 多个具有鲜明特色和优势的专业研究方向、在国内外具有重要影响的综合型水利科研机构。

不能控制广大海区的风浪。❶ 况且当时水利电力部的苏联专家早已断言："新港的问题很复杂，苏联也没有解决。"❷ 严恺却对此不以为然，他力排众议，满怀信心地接受了这项艰巨的任务。

1958年严恺担任天津新港回淤研究工作组组长，正式负责新港回淤研究工作。工作初期，严恺即创立了"理论指导、科学实验、现场勘测三结合"❸ 的学术指导原则，严恺认为这三个方面缺一不可。这是天津新港回淤研究日后取得成功的学术原则，也是指导思想。这一原则确立后，严恺即围绕着这一原则组织安排工作。

首先，在理论指导方面，为了使参与天津新港回淤研究工作的科技人员有一个正确的理论认识，作为华东水利学院院长、南京水利科学研究所所长、中苏专家组组长的严恺，于1958年初在天津举行了新港泥沙回淤工作会议，由当时著名的国际海岸科学权威、苏联科学院院士曾柯维奇、任目丘仁、奥尔洛夫等三人来讲解关于海岸科学的相关知识，使工作组的成员对海岸科学有更深刻的认识。❹ 嗣后，又在北京大学举行了系统的海岸科学讲座。通过这次的讲座，工作组的科技人员了解到海岸带具有水陆交互作用的两栖特性，以及应从海洋动力、泥沙运动与海岸地貌变化三方面研究海岸的形成与发展；❺ 全面认识海岸的现代过程，有助于分析新港的泥沙来源与确定减轻回淤的工程措施。这次的学术交流活动对日后中国的海岸科学研究产生了重要作用。

有了科学的理论指导之后，严恺立即组织了大规模的现场勘测，来解决新港回淤的关键问题，即找出淤积新港的泥沙的来源。为了弄清楚这一问题，他组织了包括北京大学、北京师范大学、华南师范学院、华东师范大学、山东师范学院、中国科学院海洋研究所、华东水利学院、南京水利科学研究所等十九个科研单位和大专院校共同开展了一次规模浩大的气象、水文、地貌相结合的现场调查研究。❻ 北京大学、北京师范大学、华南师范学院地理系的师生，负责开展北部从滦河河口向南经大清河、南堡、蓟运河至新港的海岸动力地貌调查，由陈吉余讲师任队长❼；华东师范大学与山东师范学院地理系师生负责从新港向南至黄河三角洲沿岸的调查，由中国科学院海洋研究所尤芳湖❽秘书长任总队长，并负责海上动力调查与沉积取样。整个勘测范围北起高尚堡，南至黄河口，范围广，规模大，调查全面。❾ 到1959年，经过一年多的实地勘测

---

❶ 郑大俊：《水利泰斗 教育楷模——祝贺严恺院士九十寿辰文集》，河海大学出版社，2002年，第188页。

❷ 孙见：《严恺院士》，河海大学出版社，2001年，第58页。

❸ 谢昭光：《巍巍河海"图腾"——追记水利学泰斗、共和国两院院士严恺》，《科学24小时》2007年第10期。

❹ 郑大俊：《水利泰斗 教育楷模——祝贺严恺院士九十寿辰文集》，河海大学出版社，2002年，第116页。

❺ 郑大俊：《水利泰斗 教育楷模——祝贺严恺院士九十寿辰文集》，河海大学出版社，2002年，第117页。

❻ 严恺院士诞辰100周年纪念文集编委会：《一代宗师——严恺院士诞辰100周年纪念文集》，河海大学出版社，2014年，第45页。

❼ 同❺注。

❽ 尤芳湖（1928—2005），福建泉州人。1950年毕业于厦门大学海洋系海洋学专业，曾任中国科学院青岛海洋研究所研究员、山东省科学院院长兼党委书记、中国海岸河口学会副理事长等。

❾ 严恺院士诞辰100周年纪念文集编委会：《一代宗师——严恺院士诞辰100周年纪念文集》，河海大学出版社，2014年，第45页。

之后，严恺完成了渤海湾海岸动力地貌与天津新港泥沙回淤研究报告。这是我国首次集各单位与多学科力量大协作的研究成果，论证了北部与南部海岸冲蚀或淤积对于新港泥沙回淤并没有直接的影响。由南京大学与当时的天津新港回淤研究站进行的海河口大沽坝、新港以南海岸至黄河三角洲的动力地貌调查，进一步明确了大沽坝及海河口沿岸浅滩的泥沙再悬浮与向港区输运对港口回淤有直接的影响。[1] 由南京水利科学研究所、华东水利学院进行的水文、泥沙、波浪等海洋动力学研究，开辟了中国海岸研究的先河。综合水文泥沙、地质地貌、港口航道等多门学科的各项调查研究结果，为新港泥沙来源与减轻回淤工程提供了可靠的科学依据。

　　在现场勘测得出结论之后，严恺为了确认结论的准确性，又组织了南京大学海洋研究中心进行科学实验。据南京大学海洋研究中心教授、博士生导师朱大奎回忆，当时严恺交给南京大学的主要任务是在通行十分困难的岸滩上测验悬沙、底沙的运动、沉积结构等，再从黄河口到天津这一段在海上进行大量的取样，然后再利用样品进行实验，明确泥沙的类型，了解泥沙的特性。严恺围绕当时现场观测的结论和现象，多次开展了物理模型实验。针对当时对海岸细颗粒泥沙运动缺乏认识的状况，提出了波浪作用下浮泥运动特性实验；新港浮泥在水流作用下的起动实验；新港细颗粒泥沙在海水中的絮凝沉降实验以及为探明新港泥沙来源的海岸动力地貌调查等专题实验。[2] 这样的科学实验进行了多次之后，不仅澄清了以前某些关于细颗粒泥沙运动的模糊认识，同时找出了引起新港淤积的泥沙来源，这也成为解决新港回淤问题的关键。

（二）对天津新港泥沙来源问题的科学论证

　　1958 年和 1959 年这两年的现场勘测和科学实验，使严恺得出"海河口沿岸的泥沙对新港回淤有重要影响"[3] 这一重要结论。此结论在 1958 年海河的治理过程中得到了充分的证明。

　　新中国成立后，党和政府逐年加强了对海河的治理，在海河的上游新挖了一条直接入海的独流减河，重修了运河。同时在海河上游的河道修建了十三陵水库、官厅水库、怀柔水库等多个水库，汛期拦洪，减轻了海河的水患。但是由于工农业的发展使得淡水的需求量和污水的排泄都迅速地增加，在枯水季节，海河水变得又咸又臭又少。为了彻底改造海河，保护海河水源，1958 年 7 月 1 日，水利电力部决定在海河下游河口处修建防潮闸拦河坝，挡住海潮，不使咸水进河，并把海河的淡水储存起来，以保证海河水"清浊分流""咸淡分家"。[4] 当时政府采取的彻底整治海河的措施，原本只是想使海河变成一条清水河和淡水河，不再用河水冲污和压咸，节约水量，以灌溉农田，使天津市居民生产生活用水得到保证。但是这一措施却在另一方面恰好证明了严恺的"海河口沿岸的泥沙对新港回淤有重要影响"这一结论。由于 1958 年海河防潮闸拦河

❶　郑大俊：《水利泰斗　教育楷模——祝贺严恺院士九十寿辰文集》，河海大学出版社，2002 年，第 117 页。
❷　郑大俊：《水利泰斗　教育楷模——祝贺严恺院士九十寿辰文集》，河海大学出版社，2002 年，第 189 页。
❸　严恺：《关于天津新港回淤问题的研究》，《新港回淤研究》1963 年第 1 期。
❹　《在庆祝海河建闸工程胜利竣工典礼大会上林铁同志的讲话》，《天津日报》，1958 年 12 月 29 日。

坝的修建，以及海河上游之前修筑的蓄水库对河水进行了拦蓄，使得河水很少经海河下泄入海，相应减少了海河的泥沙下泄，从而使得新港回淤泥沙迅速减少，海河建闸前和海河建闸后新港的挖泥量形成了鲜明的对比。全港 1958—1960 年的三年平均回淤挖泥量减少到 400 万立方米，和建闸前相比减少了近 150 万立方米（见表 2）。

表 2　　　　　　　　1953—1960 年天津新港港池航道回淤挖泥工程量表

年份	闸东航道/万立方米	主航道/万立方米	一、二码头/万立方米	一港池/万立方米	二港池/万立方米	工程阶段	年平均挖泥量/万立方米	全年挖泥量/万立方米	全年吞吐量/万吨	平均每吞吐吨担负的挖泥量/吨
1953	13.2	193.4	174.6			建闸前	548.3	381.2	136	2.61
1954	6.0	182.3	271.3					459.6	186	
1955	6.4	232.7	354.2					593.3	162	
1956	8.9	224.6	389.3					622.8	276	
1957	18.7	234.1	431.7					684.5	289	
1958	8.4	208.5	226.2			建闸后	400.0	443.1	370	0.80
1959	6.4	145.8	207.9					360.1	455	
1960	13.8	142.2	155.4		83.9			395.3	522	

注　转引自天津社会科学院、天津交通运输协会港口课题组主编《天津港研究》，内部印行，1987 年 10 月，第 154 页。

从表 2 中可以明显发现，海河建闸前和建闸后新港挖泥量发生了巨大的变化，充分证明了严恺提出的"引起新港淤积的泥沙主要是来自于海河口渤海外海浅滩"这一重要结论。

1960 年 8 月，严恺率四名回淤研究小组的成员飞抵莫斯科，与苏联专家进一步研讨天津新港回淤问题的初步研究成果，在苏联得到了验证，通过了鉴定。[1] 同时，严恺将这几年的研究成果系统地进行了总结，写成《关于天津新港回淤问题的研究》这篇在国内外都具有重要影响力的文章。严恺在文章中提出：我国的海岸线长达 18000 余千米，有很大一部分是淤泥质海岸。天津新港就位于典型的淤泥质海岸带上，海滩坡度平坦，泥沙颗粒较细是其典型的特点。引起新港淤积的泥沙类型属于细颗粒泥沙，这些泥沙的粒径极小，只有 0.005 毫米，加之我国沿海各地区普遍受潮汐和风浪作用的双重影响，二者相结合对港口的建设极其不利。坡度平坦，水深就很难取得，航道就要挖得很长，挖泥和外堤等工程的维持费用也会相应地增长，提高了成本。同时，泥沙粒径较小，潮汐和风浪作用强烈就容易将泥沙带入港池和航道，造成淤积。天津新港的回淤问题就是这样造成的。[2] 通过实地勘测和大量的实验研究，严恺发现造成新

---

❶ 刘小湄、吴新华：《严恺传——献给严恺教授八十寿辰》，河海大学出版社，1991 年，第 72 页。
❷ 严恺：《关于天津新港回淤问题的研究》，《新港回淤研究》1963 年第 1 期。

港回淤的泥沙来源主要有三：一是大沽浅滩泥沙在 5 级以上大风掀拨作用下，经航道推移入港。这是新港回淤的主要原因。二是海河下泄泥沙的一部分，在风浪潮流的作用下，经新港南堤头随潮进港形成淤积。这是新港回淤的重要原因。三是新港受潮汐影响明显，外海泥沙以悬移形式随涨潮进入海河口，落潮时转运入港内及港北。这对新港回淤也有较大影响。❶ 严恺对于天津新港泥沙来源的科学分析与前人的研究相比，更加全面系统、科学准确，超越了前人对引起天津新港淤积的泥沙来源问题的认识，不仅肯定了天津新港的泥沙淤积与海河泥沙下泄密切相关，而且认识到大沽浅滩的泥沙以及风浪潮流对天津新港泥沙淤积的严重影响。严恺对于天津新港泥沙来源问题的科学分析，对于日后解决天津新港泥沙淤积问题起到了开创性作用。

第三节　天津新港泥沙回淤问题解决方案的提出及影响

严恺找出了新港回淤的泥沙来源之后，他进一步思考，既然新港的泥沙主要是来自于港外广阔的淤泥质浅滩上，浅滩上的细沙颗粒被风浪掀起之后，经潮流的挟带，通过横堤口、北堤口以及防波堤的破碎部位进入到港内，引起港内的泥沙淤积。那么浅滩上的泥沙为什么会被风浪掀起？又是以哪种途径和形态进港？港内的水流和泥沙运动之间存在着怎样的规律？严恺对此进行了更深的探索，这些问题在严恺组织研究后得到了解答。

一、天津新港泥沙回淤问题治理方案的提出

严恺经过研究指出，新港泥沙淤积的一个最主要的动力因素就是风浪。风浪不仅会把泥沙掀动起来，使海水所含的泥沙量迅速增加，而且在风后还可能会出现浮泥，一旦浮泥出现，港外的海域含沙时间又会被延长。由此可见，风会通过风浪、风吹流以及潮流来使泥沙运动，发生运移。在涨潮时，最强的涨潮流流速能达到 0.8 米每秒以上，而落潮流流速最大只能达到 0.5 米每秒。❷ 这样悬浮的泥沙就会通过涨潮流从新港的南堤东端由横堤口进入到港池和航道中，导致回淤现象的出现。至此，严恺对于新港回淤的一系列问题都得出了科学的分析。

1960 年初，严恺结合新港的回淤问题，提出了具体解决新港回淤问题的切实可行的方案。主要包括以下几个方面：第一，为了减少进沙量和港内的回淤量，必须要缩小港内的水域面积。针对这一问题，具体的解决方法是，将新港内南疆圈筑围埝吹填，并修建大量围埝，围埝的修建使挖出的回淤泥方吹填在围埝内，避免泥方再回淤进港（过去是回淤土方挖出后吹到码头北侧浅滩，部分沉积，其余流入大海，沉积的部分又

---

❶　严恺：《关于天津新港回淤问题的研究》，《新港回淤研究》1963 年第 1 期。
❷　严恺：《潮汐问题》，《华东水利》1951 年第 1 期。

随潮入港），这样会减少 6.4 平方公里的港内水域面积（占港内水域面积的三分之一），同时能够减少泥沙进港的数量，也可以增加港口的陆域面积，为港口的发展提供更大的空间。第二，堵塞北防波堤的缺口（过去北港浅滩浑水在缺口处流入到港池中），这样也可以减少泥沙入港。第三，整修横堤口以内的南北外堤，这样不但可以减少回淤（因为通过外堤的残缺部分也能使泥沙入港），又可以使现在的外堤不致继续遭到破坏。第四，改进当时的疏浚技术，避免自航式挖泥船向港外抛泥。第五，延长南北防波堤。❶ 综合整个计划，可以看出，严恺对新港回淤问题的解决方法综合考虑了各个方面的因素，整个方案科学、严谨而又详实。如果当时能按照以上方案实行，那么新港泥沙淤积问题能很快得到解决，但当时并没有采取具体的减淤措施。

虽然 1960 年严恺主持的减轻新港回淤措施的研究有了结论性的成果，但是受自然灾害的影响，国家没有物质条件实行严恺提出的相应减淤措施。由于生产发展的需要，新港于 1960 年扩建了二港池（三码头），水域面积只减少了 5 万平方米（全港水域面积 18 平方千米），但深水水域由原来的 71 万平方米（6.5 米至 8.5 米水深）增加了 35 万平方米（10 米水深），深水面积增加了 50%，相应的全港年平均回淤挖泥量增加到了 596 万立方米（1960—1971 年平均数），回淤挖泥量增加 50%。❷ 严恺的理论成果在此时并没有被实施，而且有人提出新港回淤量与深水水域面积增加成正比的观点，对严恺的理论表示质疑。

二、天津新港治理方案的实施及深远影响

1972 年，国务院发布了要改变港口面貌的指示，新港开始了第三次扩建。这次扩建完全根据 1960 年严恺提出的方案来进行，堵塞了北防波堤的缺口；修建了大量围埝，缩小港内水域面积。扩建后立即收到了良好的效果，年平均挖泥量减少了 150 万立方米，占总回淤量的 25%。1975 年后新港扩建了一、三、四港池，主航道也由原来的负 6.5 米深、60 米宽增加到负 11 米深、150 米宽，港池航道深水面积增加 250 万平方米（为原深水面积的两倍半），回淤挖泥量增长 300 余万立方米，总的年平均回淤挖泥量为 762 万立方米，回淤量增长了 69%。虽然回淤总量在增加，但同时新港年平均吞吐量也由新中国成立初期的 236 万吨（1953—1958 年 6 年吞吐量的平均数）增加到 1233 万吨（1975—1985 年 11 年吞吐量的平均数）。❸ 通过以上的回淤量和吞吐量可以计算出，在 1975 年之后，新港每吨吞吐所承担的挖泥量由 2.61 立方米减少到 0.62 立方米，回淤挖泥量虽然绝对数字在增加，但是相对的每吞吐吨所承担的回淤数量减少了四分之三多。一直到目前，天津新港的港区内有大中小泊位近百个，2001 年天津新

---

❶ 严恺：《关于天津新港回淤问题的研究》，《新港回淤研究》，1963 年第 1 期。

❷ 天津社会科学院、天津交通运输协会港口课题组：《天津港研究》，内部印行，1987 年，第 150 页。

❸ 杨德英主编，天津市地方志编修委员会编著：《天津通志·港口志》，天津社会科学院出版社，1999 年，第 146 页。

港的吞吐量已经成功地突破了 1 亿吨，成为仅次于上海港的全国第二大港，[1] 目前它正在逐步发展成为一个具有综合性、多功能性的国际大港口，对我国国民经济和对外贸易的发展发挥着巨大的促进作用。现今全国有越来越多的科研机构对天津新港开展进一步的研究，也取得了新的更丰硕的研究成果，但是有关解决天津新港泥沙问题的研究都是以严恺所取得的成果作为蓝本，在此基础上进行更进一步的研究；在具体改进措施上，也是仍然继续实施着严恺在 60 年代所提出的解决新港回淤的方案，只是在此基础上进行更进一步地完善。

严恺所主持的新港回淤研究，无论是在研究规模还是在研究内容上，在当时国际上来说都是非常少见的。例如，在研究内容方面，他当时进行的细颗粒泥沙絮凝沉降特性实验、波浪作用下的浮泥运动特性实验，直到 1968 年法国的 Migniot 才在《白煤》杂志上发表了类似的文章，文章中许多实验结果与严恺在 1958 年提出的成果非常一致。[2] 严恺对新港回淤问题的研究所取得的巨大成果，在国内更是产生了深远影响。一方面，自新港以后，在交通部规划设计部门的选港建港工程中，如秦皇岛油港、上海关船厂、黄岛油港、龙口海洋石油基地、海南岛三亚港、铁炉港、北海港及湛江 652 码头建设中，均采取了新港回淤的经验与模式。[3] 由天津新港风浪掀沙研究发展起来的淤泥质海岸港口、航道回淤预报方法，已被载入我国海港水文规范；细颗粒泥沙在海水中的絮凝沉降特性，已经在海洋水文泥沙计算中广泛应用；由于细颗粒泥沙的絮凝沉降比分散体单颗粒沉降大得多，因此对海岸工程泥沙模型实验的模型沙选择提供了新途径。另一方面，严恺的研究成果也充分证明了在淤泥质岸滩建立深水港口的可能性，这在国内外的港口建设上都产生了深远影响。此外，通过对新港泥沙来源的海岸动力地貌进行调查，开展淤泥质海岸的研究，包括在各种海岸动力和地貌形态条件下细颗粒泥沙运动、沉积和淤泥质岸滩发育、演变规律的研究，促进了我国独具特色的新型海洋动力与海岸地貌交叉的新学科——海岸动力地貌学这一独立学科的发展，为我国海岸工程泥沙问题的研究打下了坚实的基础，对新学科的开辟发展作出了重大贡献。

综上所述，严恺在解决天津新港问题时，在其所独创的"理论指导、科学实验、现场观测三结合"学术原则指导下，大力开展现场调查和水文试验，成功地解决了天津新港从建港开始就一直存在的泥沙回淤问题。这一问题的解决对国内外的港口建设事业，以及海岸动力地貌学和海岸动力学等交叉学科、新兴学科的创建和发展，都起到了巨大的促进作用，作出了重要贡献。

---

[1]　蒹葭：《一代水利宗师严恺》，《少儿科技》2007 年第 2 期。

[2]　郑大俊：《水利泰斗　教育楷模——祝贺严恺院士九十寿辰文集》，河海大学出版社，2002 年，第 190 页。

[3]　郑大俊：《水利泰斗　教育楷模——祝贺严恺院士九十寿辰文集》，河海大学出版社，2002 年，第 118 页。

第三章　严恺为创建中国最优秀的水利工程大学奠基

华东水利学院即现今的河海大学，位于江苏省南京市的扬子江畔、清凉山下，是世界上规模最大的一所专门的水利高等学府。新中国成立后，随着水利事业的蓬勃开展，国家急需水利高等人才，在全国范围内对各高等院校的原有院系进行大规模地调整过程中，国家决定成立一所专门的水利高等学校。中央人民政府和当时的华东局一致认为上海交通大学水利工程系的严恺教授能够胜任筹建这所学校的重任。严恺接受了这一艰巨的任务，从无到有，白手起家，择定校址，修建校舍，主抓师资，严肃校风，在他的主持下，建成了新中国第一所水利高等院校，标志着我国水利高等教育事业发展到了一个新的阶段。

华东水利学院建成后，严恺长期担任副院长、院长之职，始终坚持实事求是的原则，重视教育教学人才的培养，狠抓教学质量不放松，在教学中注重理论联系实际，以为新中国水利事业的发展培养优秀水利人才为宗旨，树立了良好的校风、学风，为华东水利学院的发展奠定了坚实的基础。昔日的华东水利学院，今日的河海大学，已经从一个单一的以水资源开发利用为主的工科性大学，逐步发展为以水资源开发利用作为重点，理、工、管、文各门类学科齐全的综合性大学。严恺对于学校的创立以及发展起到了重要作用。他是在党和政府领导下的华东水利学院的主要创建者，经历了华东水利学院建立、发展、改革开放和走向国际的辉煌过程，是华东水利学院教育事业发展的第一代领路人。

第一节　新中国第一所水利大学：华东水利学院创办的缘由

中国自古以来就是一个水旱灾害出现较多的国家，注重水利建设成为各朝各代有为统治者的共同选择，因此水利教育也受到了统治者的广泛重视。但是，我国近代水利高等教育的发展历史却非常短暂，只有短短百年，转变速度较快。虽然在这一转变发展过程中存在着巨大的动荡以及曲折，但是中国五千年辉煌的治水史为我国近代水利高等教育的出现提供了丰厚的土壤。❶ 自鸦片战争起，直到 1949 年 10 月新中国成立，我国长期处于内忧外患的困境中，客观上也导致了水旱灾害交相危害，民穷财尽，

---

❶ 宋孝忠：《中国水利高等教育百年发展史初探》，《华北水利水电学院学报（社科版）》2013 年第 4 期。

江河失修，严重阻碍了社会经济的发展。新中国成立之初，党和政府在多方设法恢复与发展国民经济过程中，十分重视发展水利事业，在此进程中，水利科技人才的匮乏也日益显现，并成为制约水利事业发展的重要因素。

一、近代以来中国水利高等教育事业的初步发展

在中国五千年的漫长历史上，对水利专业技术人才的培养在很多朝代都有明确的记载。如《管子·度地》中记载了这样一段话："除五海之说，以水为始。请为置水官，令习水者为吏。"也就是建议统治者任命学习了水利专业技术知识的人员来作为水官。❶ 由此可见，中国的水利教育在战国时期可能已经出现。先秦到清朝一些史书的记载可以明确地表明中国水利教育一直都存在，虽然可能不具有大的、系统的规模，但一直处于萌芽和发展的状态中。

我国有组织地实施水利教育开始于 20 世纪初。1900 年在北京的京师大学堂工科中设立了土木学门，这标志着我国近代水利高等人才培养的开始。1910 年，孙宝琦❷在山东成立了"河工研究所"，对河工及河务人员进行培训。此机构只是具有职业教育的性质，并没有形成规模，也不能解决当时水利人才缺乏的严重问题。面对列强的侵略和国家民族的危亡，许多救国救民心切的志士仁人大力倡导学习西方先进的科学技术，他们纷纷兴办学校，大力发展教育，启迪民智，培养各类实用型专业人才的实业教育迅速开展起来。水利事业作为一项基本的实业，也越来越受重视。我国近代著名实业家、教育家张謇❸在他出任北洋政府实业总长兼全国水利局总裁期间，进行多方呼吁，大力筹集经费，选聘教师，在与著名教育家黄炎培❹、沈恩孚❺等人的共同努力下，于1915 年春季在南京正式创办了河海工程专门学校。至此，中国近代历史上第一座以水利为宗旨的高等学府正式出现。河海工程专门学校的创立，开启了我国近代水利高等教育的新起点，对我国现代水利科学的建立与发展都起了开拓和推动作用。

此后，全国各地相继出现了若干水利学校。其中以 1928 年在河南省开封市成立的河南水利专科学校和 1932 年在近代水利学家李仪祉的倡议下在陕西省西安市成立的陕西省水利专科学校为代表。这种类型的水利学校经历了多次调整、变迁及发展。与此同时，全国一些著名的工科及综合性大学也开设了水利专业，但规模较小，培养人数较少。截止到 1949 年 10 月新中国成立时，全国有 22 所高等学校设立了水利系。❻ 随

---

❶ 宋孝忠：《中国水利高等教育百年发展史初探》，《华北水利水电学院学报（社科版）》2013 年第 4 期。

❷ 孙宝琦（1867—1931），浙江杭州人。晚清外交家，北洋政府第四任代理国务总理。

❸ 张謇（1853—1926），江苏常州人。清末状元，中国近代实业家、教育家，主张"实业救国"。他一生创办了 20 多个企业、370 多所学校，为中国近代民族工业的兴起、教育事业的发展作出了重要的贡献。

❹ 黄炎培（1878—1965），江苏川沙县人（今属上海市）。1905 年参加中国同盟会，辛亥革命后任江苏省教育司长，全力以赴改革地方教育。新中国成立后，历任中央人民政府委员、全国人大常委会副委员长等职。

❺ 沈恩孚（1864—1949），江苏吴县人。中国近现代教育家，早年就读于上海龙门书院，后东渡日本考察教育。民国时期，曾任同济大学第四任校长。

❻ 同❶注。

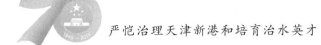

着新中国的成立，我国原有的那些零散的、小规模的水利院系，对于水利人才培养的模式、规模已经不能与新中国的经济发展相适应，发展现代水利高等教育已经成为历史发展的必然选择。

二、新中国成立后治水事业对高级水利人才的迫切需求

近代以来列强屡次入侵中国，发动了多次不同规模的侵略战争，人民生活在动荡不安的环境中，水利工程设施也因此遭到了严重地破坏。1949 年新中国成立时，水利工程领域即面临着水利失修、河流水系紊乱、水旱灾害频发、水利基础设施极其薄弱的严重局面。

首先，新中国成立初期我国的江河湖泊抵御自然灾害能力低，面临着严峻的防洪局面。由于近代中国的国力衰微和科学技术落后等诸多原因的影响，致使晚清民国政府不仅没有能力进行大规模地防洪建设，连原有某些防洪工程的经常性地维护整修也难以维持，甚至为了战争的需要，国民党政府曾在 1938 年将黄河花园口大堤炸毁。❶这些行为共同导致了新中国成立时我国防洪工程的大部分设施不仅在规模上很小，在数量上很少，而且残缺不全，抵御洪水的能力非常低下，致使江河经常发生水灾。据统计，1949 年全国共有堤防 4.2 万千米，❷ 除了黄河下游堤防、荆江大堤、淮河洪泽湖大堤、海河永定河堤防、钱塘江海塘等工程相对比较完整以外，其余大部分的江河堤防都矮小单薄，千疮百孔，基本失去了防洪的能力。在对洪水的监测和预报上，其技术也是严重落后于世界其他国家。当时全国仅有水文站 148 个、水位站 203 个、雨量站 2 处。❸ 与此同时，在 1949 年前后，全国很多大江大河均发生了规模不同的洪水。如：1949 年夏季，长江流域发生了严重的洪灾，受灾农田达 2721 万亩，受灾人口约810 万人。❹ 1950 年夏季，淮河流域连续降雨 20 多天，由于堤防标准过低造成水灾，受灾面积达到 4687 万亩，灾民约 1300 万人。❺ 1949 年前后，珠江流域的西江、海河和滦河等流域也发生了规模较大的洪水。因为这些河流的防洪工程残破不全，对洪水的抵御能力低，造成流域内农田土地被淹没，人民流离失所，苦不堪言。这是新中国成立初期我国所面临的严峻防洪局面。

其次，新中国成立初期我国的江河湖泊兴利程度低，开发利用程度低下。截至1949 年新中国成立，全国仅有 10 余座大中型水库，全国总供水量少于 1000 亿立方米。❻ 各条江河水资源的开发和利用基本仍然停留在自然状态之下。全国的灌溉面积仅

---

❶ 刘小湄、吴新华：《严恺传——献给严恺教授八十寿辰》，河海大学出版社，1991 年，第 29 页。
❷ 王瑞芳：《当代中国水利史（1949—2011）》，中国社会科学出版社，2014 年，第 11 页。
❸ 《水利辉煌 50 年》编纂委员会：《水利辉煌 50 年》，中国水利水电出版社，1999 年，第 18 页。
❹ 长江水利委员会洪庆余：《中国江河防洪丛书·长江卷》，中国水利水电出版社，1998 年，第 479 页。
❺ 淮河水利委员会：《中国江河防洪丛书·淮河卷》，中国水利水电出版社，1996 年，第 46 页。
❻ 《水利辉煌 50 年》编纂委员会：《水利辉煌 50 年》，中国水利水电出版社，1999 年，第 51 页。

为 2.4 亿亩。❶ 其中通过现代先进的水利科学技术进行引水灌溉的土地面积很少，主要利用的仍是古代和近代所建设的都江堰、泾惠渠、渭惠渠、洛惠渠等水利工程，绝大部分灌区还是主要以小型的堰塘及人力、畜力、风力、水车等为主要动力。这些设施已经远远落后于西方先进国家的水利技术，与我国的经济发展也相矛盾。同时，当时的水力发电装机容量仅有 36 万千瓦，❷ 我国储量巨大的江河水能资源尚未得到有效的开发利用。

再次，缺乏水利基础资料和全面系统的规划。民国时期，虽然已在长江、黄河、珠江、钱塘江等流域建立了相应的流域管理机构，也有了少量的水文观测点，并对各流域进行过一些勘测设计。但是这些勘测设计一般只是局限于小范围或者针对某一单个的水利工程，基本未对某条江河进行全面系统的勘测规划，而且由于近代中国贫穷落后，这些局部的勘测规划也常常由于战争的阻碍和资金的匮乏基本未能实施。

新中国成立之初，面对水利领域的一系列问题，党和政府将治理水旱灾害、发展水利事业放在了重要位置，对水利事业高度重视，并制定了相应的治水方略，我国大规模的治水事业迅速开展起来。1949 年 11 月 14 日，在全国各解放区水利联席会议上，水利部副部长李葆华作了报告，明确指出："当前水利建设的基本方针是防止水患，兴修水利。"❸ 1950 年春，中共中央华东局也发出了《关于紧急开展生产救灾工作的指示》，其中明确提出："今年华东灾情最强烈者为水灾。故应以工代赈，兴修水利为救灾的主要环节。"❹ 于是大规模的兴修水利工作在全国各地陆续展开。从 1950 年到 1952 年冬天，经过全国人民的努力治水，极大地缓解了我国几千年来遭受洪水灾害的严重威胁。

在我国治水事业迅速开展起来并取得显著成就的同时，也暴露出我国水利建设中许多亟待解决的问题，其中尤其突出的问题之一即是水利工程科技人才的严重匮乏。单就治淮工程而言，仅按 1950—1951 年的治淮第一期工程来说，就需要工程员以上的经常工作的技术干部 1400 人，而在工程实施过程中来自全国各地参加工作的工程技术人员在 1 万人以上。❺ 但当时淮河水利工程总局所有的技术干部仅有 270 余人。❻ 为了解决这一问题，除了华东各大专院校及高职院校土木、水利系应届毕业生提前一年毕业参加治淮工作外，又在华东人民革命大学进行动员活动，并委托交通大学、同济大学、复旦大学、淮河水利专科学校等大专院校赶办培训班，一共培养了 400 余人。❼ 当

---

❶　须恺：《中国的灌溉事业》，载中国社会科学院、中央档案馆编《1953—1957 中华人民共和国经济档案资料选编·农业卷》，中国物价出版社，1998 年，第 664 页。

❷　《水利辉煌 50 年》编纂委员会：《水利辉煌 50 年》，中国水利水电出版社，1999 年，第 52 页。

❸　李葆华：《当前水利建设的方针和任务》，载水利部办公厅编《1949—1957 年历次全国水利会议报告文件》，内部印行，1987 年，第 10 页。

❹　王葵等：《全国人民与洪水的斗争》，《人民水利》1950 年第 2 期。

❺　《中国水利建设史上空前辉煌的成就，根治淮河第一期工程胜利完成》，《人民日报》，1951 年 8 月 9 日。

❻　刘晓群：《河海大学校史 1915—1985》，河海大学出版社，2005 年，第 37 页。

❼　刘晓群：《河海大学校史 1915—1985》，河海大学出版社，2005 年，第 38 页。

时国家采取的所有这些举措均属局部应急的办法，而作为文化教育事业比较发达的华东地区，除了要为华东地区培养技术干部外，还必须面向全国，为全国的水利建设服务。当时华东地区培养水利科技人员的力量既薄弱又分散，各大学水利系教师一般不过十数人，学生不过百余人。如 1952 年南京大学（原中央大学）水利系仅有教师 10 人，学生 72 人；交通大学水利系教师 13 人，学生 101 人；同济大学土木系水利组教师 6 人，学生 28 人；浙江大学土木系水利组教师 7 人，学生 57 人。❶ 随着新中国社会主义建设事业的大规模展开，党和政府认识到水利建设人才的需求量必将急剧增加，加强水利工程高等教育已成为当务之急。因此，在华东地区建立一所专门的水利高等院校已经成为历史发展的必然选择。

与此同时，新中国成立后，为了使刚刚回到人民手中的学校教育事业适应国家建设的需要，党和政府提出了"有步骤地谨慎地进行旧有学校教育事业和旧有文化事业的改革工作，争取一切爱国的知识分子为人民服务的方针"，确定了争取、团结、改造知识分子的政策。1950 年 6 月 23 日，毛泽东主席在第一届全国政协二次会议上，也号召广大知识分子开展自我教育和改造运动。❷ 自此之后，一个全国性的知识分子思想改造学习运动在全国范围内逐渐开展起来。1950 年底，广大师生通过学习、座谈、演讲、参观，支援抗美援朝斗争，肃清了亲美、恐美、崇美的思想，提高了政治觉悟。1952 年上半年，全国高等院校全面开展了思想改造学习运动，华东地区高等院校是同"三反"（即反对贪污、反对浪费、反对官僚主义）运动结合进行的，清理了学校内的封建、买办、法西斯主义思想，批判了腐朽的资产阶级思想。这也为华东水利学院的创建提供了一个正确的办学思想文化方向。

1952 年，中央人民政府为了使高等学校的院系分布更加合理，人力物力的使用更加集中，各类专业人才的培养目标更为明确，以更好地为我国工业化建设和各条战线的建设事业服务，在全国进行了高等学校的院系调整工作，重点是建设工科大学，培养工业建设人才。中央人民政府鉴于当时全国没有一所专门的水利高等院校，水利工程科技人才严重缺乏，以及民国时期南京曾成立过河海工程专门学校，有着优良的办学传统，为我国培养过众多优秀的水利技术人才，因此决定在南京创建华东水利学院。

第二节　严恺主办华东水利学院及开创育才新路径

1952 年华东军政委员会水利部第一副部长兼党组书记刘宠光，在提出创建华东水利学院的倡议后，华东区高等学校院系调整委员会最后确定成立华东水利学院。在刘宠光的力邀下，严恺积极地投入到了华东水利学院的创建中，并不断地探索培育治水人才的有效方式。

---

❶❷　刘晓群：《河海大学校史 1915—1985》，河海大学出版社，2005 年，第 37 页。

一、严恺投身于华东水利学院的创建

1952 年全国高等院校进行院系调整，华东军政委员会水利部第一副部长兼党组书记刘宠光正式提出创建华东水利学院的倡议。同年上半年，华东军政委员会教育部秉承教育部及华东军政委员会指示，并经与政务院及华东有关部门反复研究，拟出了华东区高等学校院系调整设置方案（草案）。❶ 8 月初，经华东区高等学校院系调整工作的最高权力机构——华东区高等学校院系调整委员会最后确定，成立华东水利学院。由交通大学、南京大学两校的水利工程系与同济大学、浙江大学两校的土木工程系水利组及华东水利专科学校的水利工程专修科相结合，形成一个新的院校，归华东军政委员会教育部直接管理。❷此时刘宠光还兼任着治淮委员会第二副主任、华东水利专科学校（校址即在南京西康路）校长等职，是华东区水利方面的最高领导。由于严恺在新中国成立前长时期担任河南大学水利工程系教授、系主任，之后又被聘请为上海交通大学水利工程系教授，曾在交通大学开设水利专业的相关课程，教学经验丰富，并在该校从事行政工作，因此他对学校教学工作以及校务管理有着丰富的经验。刘宠光得知后，大力邀请严恺来南京，负责华东水利学院的筹建工作。但是，严恺由于在国内外接受过全面的教育，深知专业、课程单一并不利于以后的科研和人才培养，因此他对建立单科性的水利院校持否定态度。他指出："单科性的院校开设的课程太过单一，时间一长会造成学生知识面太窄的弊端。这对将来工作和学术研究都是不利的。水利建设需要多学科综合的知识，是多部门综合的事业，不只是水利部门的事，它涉及交通、国防、对外贸易部门；涉及工、农、商、渔各领域的经济起飞问题，要多学科齐头并进，重点突破。"❸ 由于刘宠光的热情邀请劝说，以及社会主义建设对水利人才的迫切需求，严恺只能从当时的经济建设大局和现实要求出发，认真负责地参加到华东水利学院的筹建工作当中。

1952 年 8 月 8 日，华东水利学院建校筹备委员会在华东军政委员会水利部会议室举行第一次会议，严恺作为会议主席宣布：华东水利学院建校筹备委员会成立。之后他又报告了筹备委员会成立的经过。❹ 因为严恺是知名的进步教授、水利专家、交通大学校务委员会常委，还曾代理过交通大学的教务长和理学院、工学院的院长，所以被任命为建校筹备委员会的副主任委员，主任委员为刘宠光。然而，正当建校筹备工作积极进行之时，刘宠光在 1952 年开展的整党运动中受到时任安徽省委书记、治淮委员会第一副主任曾希圣的指控，说他有历史问题，受到了不公正的对待，被《人民日报》点了名，开除了党籍，调整到上海水产学院当副院长。❺ 这种突如其来的变故，迫使作为建校筹备委员会副主任委员的严恺不得不独自挑起主持和领导整个筹建工作的重担。

❶❷　刘晓群：《河海大学校史 1915—1985》，河海大学出版社，2005 年，第 39 页。

❸　郑大俊：《水利泰斗　教育楷模——祝贺严恺院士九十寿辰文集》，河海大学出版社，2002 年，第 146 页。

❹　同❶注。

❺　郑大俊：《水利泰斗　教育楷模——祝贺严恺院士九十寿辰文集》，河海大学出版社，2002 年，第 147 页。

据当时参与建校的詹道江❶（时任交通大学水利工程系讲师）回忆："刘宠光原来很有实力，南京解放时国民党的中央水利机关都是他派人接收的，安排起来自然容易，现在他下台了。严院长当时还不是党员，要他来顶整个摊子，几乎是白手起家，又要造房子，又要购设备，又要做大量的课桌椅……千头万绪，十分繁杂，光跟各方面打交道就很吃力了。"❷ 严恺当时面对的就是这样一个创业维艰的局面，但是他在做好初步规划之后，立刻行动，从最基础的学校基本建设工作着手。

出于工作环境的考虑，为了更好地开展工作，协调各方面的关系，严恺找到当时的水利部副部长钱正英，再三坚持让钱正英担任院长，自己只做副院长。钱正英此时未满 30 岁，而严恺已是执教数十年的名教授，钱正英百般推辞，但严恺向钱正英具体分析了工作上的需要。因此此后数年间钱正英和冯仲云虽曾分别兼任华东水利学院的第一任和第二任院长，严恺名义上是副院长，但是在学院的工作中他都是实际的院长。有了钱正英副部长的这层关系，严恺首先处理好了学院创建当中的领导问题，这也为日后工作的开展打下了一定的基础。在解决了领导上的问题后，严恺又面临着学院建设当中的最基础性的问题：清凉山新校园的校舍建设和师资匮乏问题。

（一）创建一流校园

华东水利学院建立之初，并无校舍，只能将办公地点临时设在南京工学院❸，一部分学生由学校在附近租民房暂作宿舍，另一部分学生和学校教职工一起暂住在南京工学院宿舍。学校基础课、公共课及部分基础技术课的讲授、实验等教学活动，都与南京工学院相近专业的学生同堂进行。❹ 学院"四分五裂"，师生东奔西走，给学校的管理和授课带来了诸多的不便。于是，严恺开始大刀阔斧地抓学校的校舍建设。

1952 年，以严恺为首的建校筹备委员会对校址问题进行了比较研究，在对南京市清凉山、南京市北郊、上海市、杭州市四个方案对比后，发现南京市清凉山地区环境安静幽美，更适合开展教育教学，且交通便利，有更大的发展余地，于是严恺决定在南京市清凉山地区大力建筑校舍。严恺为此作了多方努力，后经华东军政委员会水利部和南京市政府批准，以华东水利专科学校的 10 公顷（150 亩）校址为基础，扩大到约 27 公顷（400 亩），作为学校的校址，并保留西至石头城城墙根、北至华东军区招待所和草场门十字路口为学校的发展备用土地。❺ 校址确定下来之后，严恺为了加快新校舍的建筑，在 9 月份成立了校舍建筑委员会，由严恺、徐芝纶、刘晓群等 7 人组成，严恺为主任委员，❻ 大力进行学生宿舍、饭厅、试验室、教职工员工宿舍、全院道路、水电设施等的设计、施工与监督。在建设过程中出现了建筑器材缺乏的情况，严恺为此三番五次与相关单位联系，后来听闻长江下游工程局有一批东北红松，其长度适合

---

❶ 詹道江（1917—2011），湖北红安人。毕业于中央大学，1952 年参与创建华东水利学院，在水文学及水资源学科领域有很深的造诣，参与了三峡工程、五强溪水电站等工程可能最大降水与洪水计算研究。

❷ 郑大俊：《水利泰斗 教育楷模——祝贺严恺院士九十寿辰文集》，河海大学出版社，2002 年，第 147 页。

❸ 南京工学院：即现在的东南大学，1988 年更名。

❹ 刘晓群：《河海大学校史 1915—1985》，河海大学出版社，2005 年，第 45 页。

❺❻ 刘晓群：《河海大学校史 1915—1985》，河海大学出版社，2005 年，第 46 页。

学校基础设施建设，严恺立刻将这批木材买下。因为此事，华东军政委员会教育部对严恺进行了通报批评，严恺对此却不以为意，一笑置之。❶同时为了对整个学校进行整体规划及设计，他又专门请同济大学按照学生3600人的规模对学校进行了整体规划设计；请南京农学院为学校进行了校园绿化美化的规划设计。❷1952年10月27日，距离第一次建校会议尚不足三个月的时间，华东水利学院的师生第一次在自己的校舍里上课了。❸也就是说，严恺在不到三个月的时间内，领导着众人完成了学校最基本的校舍建设任务。校舍的建设，为学生和教师提供了一个良好的学习和工作环境，为之后学校教学和科研工作的开展奠定了坚实的基础。

（二）延揽一流师资

严恺在处理完校舍问题后，另一个更为重要的问题也被提上日程，即衡量一个学校优劣的重要标准之一的师资情况。对于有多年教学经验的严恺来说，他深知影响一个学校院系实力及发展情况的最重要的因素还是师资力量。

由于华东水利学院是由交通大学、同济大学等多个高校的水利工程系共同合并而成的，建校之后，交通大学有十几名教师、一百多名学生，还有同济大学的几十名师生都要从上海搬离到南京，浙江大学的几十名师生也要从杭州搬到南京。❹当时上海和杭州的条件都要比南京优越，动员他们搬迁难度很大，教师调配搬迁工作被认为是建校各项工作中最重要的工作。为了帮助教师们从上海和杭州愉快地迁到南京，并使从各校来的教师们能更好地开展教学，严恺做了大量细致的工作。1952年8月20日，在交通大学召开了在上海的人员座谈会，严恺动员教师们到南京建立华东水利学院，并请教师家属担任各部门的职员。❺这样既可以解决建校初期干部奇缺的问题，又能解决一部分教师搬迁的困难。会后，严恺还到杭州，与浙江大学水利工程系的教师谈心，进行思想动员。其中宿舍分配是很多教师普遍关注的问题，为了使教师宿舍分配合理，有利于教师搬迁，严恺在与建校筹备委员会讨论后决定，先将宿舍实际情况向教师详细说明，由每人填写志愿表，然后根据房屋质量、教师级别、家庭情况，结合教师个人志愿，初步予以分配，再由教师推派代表来到南京参观提出意见，最后实事求是地按照每个人的实际需要加以修正确定。在教师来到南京时又组织了迎接工作，清扫修理房屋，准备急需家具。教师到达后，严恺组织师生派代表欢迎，将眷属和行李用汽车送到宿舍并告知各家附近有哪些商店等场所，还帮助教师解决儿童入学、家属就业问题，最后又结合国庆举行了联欢会，并安排参观、郊游，加深了解。❻通过上述措施的实行，大部分教师愉快地搬到了华东水利学院，初步构成了学校的师资队伍。

初步构成教师队伍后，严恺为了得到更好的师资，再次邀请一些知名专家、教授

❶　刘小湄、吴新华：《严恺传——献给严恺教授八十寿辰》，河海大学出版社，1991年，第44页。
❷　刘晓群：《河海大学校史1915—1985》，河海大学出版社，2005年，第46页。
❸　刘小湄、吴新华：《严恺传——献给严恺教授八十寿辰》，河海大学出版社，1991年，第45页。
❹　郑大俊：《水利泰斗　教育楷模——祝贺严恺院士九十寿辰文集》，河海大学出版社，2002年，第147页。
❺❻　刘晓群：《河海大学校史1915—1985》，河海大学出版社，2005年，第40页。

来华东水利学院任教。一些老教师、名教授并不好邀请,严恺为此四处奔波,利用自己在水利界的影响,拜托熟人和朋友,四处拜访知名教授。严恺为了打消教授们的后顾之忧,他力排众议,买下了20栋民国时期的花园洋房,❶ 并且满足教授们提出的各种合理要求,这一举措吸引了更多的名师来到华东水利学院任教。在严恺的努力下,徐芝纶❷、郑肇经❸等都先后来到了华东水利学院任教,成为学院各专业的学科带头人。20世纪50年代初,全国共有一级教授58位,华东水利学院就有4位,即严恺、徐芝纶、刘光文❹、黄文熙❺;二级教授3位;三级教授近10位。严恺的这一做法甚至在后来的"文化大革命"中竟落下了一个现成的罪状,即"不遗余力网罗牛鬼蛇神。"❻ 虽然这是明显的诬陷,但这也从侧面反映了严恺在学校师资建设中所付出的辛劳。至9月下旬,沪、杭两地教师先后到达南京,搬迁工作即告完成,总计有:交通大学水利工程系教师14人,学生106人;同济大学土木工程系水利组教师6人,学生28人;浙江大学土木工程系水利组教师7人,学生57人;南京大学水利工程系教师10人,学生71人;华东水利专科学校教师10人,学生41人。总计教授16人,副教授5人,讲师和助教26人,学生303人。❼ 在这几个月当中,严恺日夜奔忙于沪、宁、杭各地,劳累过度引发了肺结核病。由于严恺的努力,学校在极短的时间内解决了对一个学校来说最重要的师资问题,构成了学校的师资队伍。

(三)严肃校风校纪

与此同时,为了保证学校能有一个有序良好的学习和教学秩序,严恺狠抓了学校的校风校纪建设。虽然此时学校尚处于初建阶段,教师队伍建设尚待加强,师资匮乏,但是严恺也没有放松对教师职工队伍的管理。如当时调派一名教师去负责学校基础设施建设工作,这名教师却对学校下达的任务充耳不闻,影响了学校建设工作的开展,严恺听闻此事后,立即对其严肃处理;另一名身为预备党员的校医对待工作极不认真,常常旷职,严恺立刻向该校医所在的党支部提出建议,给予严重警告。❽ 在严恺的努力

---

❶ 严恺院士诞辰100周年纪念文集编委会:《一代宗师——严恺院士诞辰100周年纪念文集》,河海大学出版社,2014年,第79页。

❷ 徐芝纶(1911—1999),江苏扬州人。1934年毕业于清华大学,后获得美国麻省理工学院硕士学位和哈佛大学硕士学位,著名力学家、教育家,他编著的《弹性力学》教材在国内被广泛采用,对工科基础理论教育起了非常大的作用。

❸ 郑肇经(1894—1989),江苏泰兴人。早年毕业于同济大学土木工程科,后留学于德国萨克森工业大学,专攻水利工程与市政工程。学成归国后,曾任南京河海工科大学教授、上海市工务局主任工程师、全国经济委员会水利处处长、中央水工试验所所长等职,创建了中国第一个水工研究所和水利文献编纂委员会。

❹ 刘光文(1910—1998),浙江杭州人。毕业于北洋大学和清华大学,后留学于美国爱荷华大学水利工程专业。新中国成立后任教于华东水利学院,创办了新中国第一个水文本科专业、水文系。

❺ 黄文熙(1909—2001),江苏吴江人。1929年毕业于中央大学土木工程系,1933年考取清华大学第一届留美公费生,进入美国爱荷华大学学习,后转入密歇根大学学习力学和水工建筑,归国后致力于水利水电工程教育和研究事业半个多世纪。1955年当选中国科学院学部委员,是著名水工结构和岩土工程专家。

❻ 刘小湄、吴新华:《严恺传——献给严恺教授八十寿辰》,河海大学出版社,1991年,第44页。

❼ 刘晓群:《河海大学校史1915—1985》,河海大学出版社,2005年,第41页。

❽ 刘小湄、吴新华:《严恺传——献给严恺教授八十寿辰》,河海大学出版社,1991年,第45页。

下，华东水利学院从建立时起就有了一支业务能力强、纪律严明的教师职工队伍，为学校教学科研管理工作的开展奠定了坚实的基础。

严恺在解决师资问题的同时，丝毫没有放松对学生的教育管理。一方面，由于整个学校是由五所院校相关系科合并而成的，为了加强学生间的团结，严恺组织五校原有学生推举代表，成立临时学生会，临时学生会确定了工作的方针，会后各校代表分别做了学生的思想工作，加强了学生的团结，为学生更好地学习创造了一个和睦、愉快的氛围。另一方面，学生集中到华东水利学院之后，普遍关心个人所学专业问题，解决这一问题的关键就是教学计划的制订。在严恺的倡议下，学院成立了教学计划研究组，由严恺、张书农❶、黄文熙、钱家欢❷等五位正副教授组成。❸ 研究组根据学生人数较少，生产单位迫切需要水工结构人才，以及学习时间、教师条件等情况，确定三四年级学生课程偏重于水工结构方面，二年级学生课程偏重于农田水利的水工结构。为了做好专业分配，对学生重发电轻农水的思想进行了教育。❹同时，由于从事水利工作是一项非常艰苦的事业，一辈子与泥水沙滩、风霜雨雪为伴，尤其是学校正处于刚建立的特殊时期，基础设施比较落后，因此部分学生情绪低落，无法融入到学习中，为此严恺曾将三名闹情绪而影响教学秩序的学生开除学籍，作为警示，全校为之肃然。❺ 在对学生的管理上，严恺"严"字当头，但也注重满足学生合理的要求，从学生的实际、社会的需要出发，做正确的思想引导，合理安排课程。这样不仅提高了学生的学习兴趣，创造了优良的学风，营造了和睦的学习环境，又使学生所学的知识与当时的社会需求相吻合，用最快的速度为国家水利建设培养急缺的人才。

1953 年 8 月，距离华东水利学院第一次建校会议一周年时，整个学校已经形成了教师骨干队伍，近千名学生也已经全部进入新校舍学习，建成了三栋学生宿舍，三栋教职员工宿舍，教室、饭厅、图书馆等最基础的设施全部建成。❻在严恺的领导下，华东水利学院建校首战告捷，学校初具规模，为以后各方面工作的开展奠定了重要的基础。

二、探索和建立中国特色的水利高等人才培养路径

从 1953 年起，新中国开始了大规模的经济建设，教育工作也需与时俱进，与之紧密配合，迅速地开展起来。因此，在学校初具规模、正常运行之后，严恺作为学院的

---

❶ 张书农（1933—　），江苏宝应人。1933 年毕业于中央大学土木工程系，后留学德国柏林科技大学。回国后曾任导淮委员会技正、中央大学教授、华东水利学院教授，著有《治河工程学》《河道整治》等著作。

❷ 钱家欢（1923—1995），浙江湖州人。1945 年毕业于浙江大学土木工程系，1949 年获美国伊利诺伊大学研究院土木工程硕士学位后回国，历任浙江大学副教授、华东水利学院教授等职，毕生从事岩土力学和地基工程的教学和科学研究工作，并在这一领域作出了卓越的贡献。

❸ 刘晓群：《河海大学校史 1915—1985》，河海大学出版社，2005 年，第 44 页。

❹ 刘晓群：《河海大学校史 1915—1985》，河海大学出版社，2005 年，第 45 页。

❺❻ 刘小湄、吴新华：《严恺传——献给严恺教授八十寿辰》，河海大学出版社，1991 年，第 45 页。

领导者，又将工作重心转移到提高教学质量上。为此，他大力推进教学改革，并在此后的工作中长期坚持以提高教学质量、大力进行教学改革作为工作的中心。他号召"广泛地开展科学研究工作，为进一步提高教学质量提供坚实的后盾"。[1] 他不断地总结教学工作中的各项经验，加以改进和提高，努力探索中国特色的水利高等人才培养路径。

（一）借鉴苏联经验，摸索适合国情的水利教学方法

为了提高教学质量，适应国家经济建设对人才的需求，在全国都向苏联学习的时代大背景下，严恺也积极响应，借鉴苏联的高等教育发展经验。一方面，聘请苏联专家来校讲学和担任院长顾问。最早受聘到华东水利学院讲学的是清华大学顾问、水工结构专家高尔竞柯，他向学校教师做了专题讲座，介绍了苏联高等学校中课程的讲授方法、水利各专业的培养目标及教学计划等。1955 年苏联列宁格勒水文气象学院副教授伊·弗·郭洛什柯夫也到了学校，并担任院长顾问长达两年的时间，他和水文系教师共同修订了陆地水文专业教学设计和教学大纲。在他离校回国时，严恺代表中央高教部在欢送会上给他颁发了奖状和奖章。[2] 另一方面，为了培养具有先进科学技术理论的专业课教师，在严恺的主持下，学校 1953—1958 年先后选派了 16 位青年教师去苏联留学，这些教师回国后逐步成长为骨干教师，成为教学、科研的主力。[3] 通过向苏联学习，严恺很好地汲取了苏联的教学经验，在教学中更加重视培养学生独立思考和独立工作的能力，注意培养出来的毕业生能与当时的经济建设相适应。这些经验对学校的发展无疑起了积极的推动作用。

在向苏联学习的过程中，严恺还借鉴苏联的经验积极修订了学校的教学计划。为了使学生在德育、智育、体育等各方面都得到发展，成为合格的高级建设人才，严恺从国家需要出发，并结合实际条件，通过召开教研组主任以上干部会议，经过多次讨论，于 1954 年制订了教育改革三年教学任务计划，并向全校教师做了《关于进一步修订教学计划》的报告，指出了过去修订教学计划存在培养目标不明确、教学内容和方法没有很好地密切配合等缺点。[4] 之后对这些缺点提出了改进办法，于 1954 年开始实行统一的修改后的教学计划，整个教学计划课程齐全，计划严密，目标明确，教学的计划性得到了进一步的加强。

（二）注重教学理论与工程实验、实践相结合

长期的水利工程实践和科研工作使严恺深切认识到水利人才的培养需要理论与实验、实践相结合，只有这三者紧密结合起来，才能提高教学质量，培养出优秀的水利人才。

在 1957 年 1 月《华东水利学院学报》发刊词中，严恺强调："今后的主要任务仍

---

❶ 刘小湄、吴新华：《严恺传——献给严恺教授八十寿辰》，河海大学出版社，1991 年，第 49 页。

❷❸ 刘晓群：《河海大学校史 1915—1985》，河海大学出版社，2005 年，第 53 页。

❹ 刘晓群：《河海大学校史 1915—1985》，河海大学出版社，2005 年，第 57 页。

将是如何进一步提高教学质量，使培养出来的干部质量能更符合国家建设的需要。"❶
对此他特别注重学生实践能力的培养，要求学生直接参与到科学研究机构和生产部门
的实践工作中，解决科学研究和生产技术上的各种问题。在 1956 年召开的华东水利学
院首届科学讨论会上，严恺做了《水利科学研究工作的几个方向》的报告。这份报告
不仅作为华东水利学院科学研究的战略性文件，而且对全国水利科研实践工作也产生
了重大的影响。❷ 为了给广大师生提供良好的实验场所，严恺主持兴建了水工、水能、
水港、河流动力学、水力学等实验室，这些实验室在日后的教学和科研中发挥了重要
作用。由于此时严恺不仅是华东水利学院院长，同时还兼任着南京水利科学研究所所
长，因此他将南京水利科学研究所和华东水利学院的科研实验资源相结合，将南京水
利科学研究所的一些实验项目争取到华东水利学院开展，并组织华东水利学院的学生
到南京水利科学研究所进行现场实践。如在 1956 年，严恺参加了钱塘江下游河口治理
工作，他首先选派南京水利科学研究所的技术人员建立钱塘江河口整体模型，对河口
进行试验研究，然后要求华东水利学院的教师带领毕业班的学生参与其中，进行了钱
塘江河口规划江道的潮汐水利计算。这是钱塘江河口率先在国内运用比例尺模型和数
学模型进行河口治理的研究和规划。❸ 此后，华东水利学院有计划地开展了一系列科研
实践工作，平均全年科研项目达到 30 项，1958 年列入计划的科研项目增加到 80 多项，
连同计划外项目达 140 多项。❹ 这些计划主要是一些国家重点科研项目，如：三峡科研
项目，塘沽新港科研项目，江苏省科委和上海市科委重点项目，国家 12 年科学远景规
划课题 29 项等一系列重大科研项目。一段时期内，科研实践在学校内形成了广大师生
都参加的群众性活动。这些项目的开展使学校的教学理论与科研实验、实践相结合的
工作形式逐步形成特色，提高了广大教师和学生的科研能力和实践能力，使教学、实
验、实践三方面有效地结合起来，进一步提高了教学质量。除此之外，严恺自己也一
直坚持授课，培养本科生、研究生。他在教学中注重理论与实验、实践相结合，将亲
身经历、亲自参加的设计作为实际例子对学生进行引导。❺ 同时，华东水利学院的每届
毕业生都会被安排到野外实习、毕业设计，从而大大提高了学生的动手能力以及参与
实际工程的才能。从华东水利学院创建到"文化大革命"之前，整个学院的建设已经
完成，师资队伍雄厚，科研能力在全国高等水利院校及水利工程界名列前茅，为国家
培养了 7000 多名水利技术人员。❻

"文化大革命"爆发后，整个华东水利学院也进入了混乱时期。这场运动给广大师
生带来了负面影响，但是在严恺等人的坚持下，华东水利学院教学、科研、实践工作
并未停止。"文化大革命"期间，严恺受到了非常严重的冲击，曾被打成"修正主义教

---

❶　严恺：《华东水利学院学报》发刊词，《华东水利学院学报》1957 年第 1 期。

❷　刘晓群：《河海大学校史 1915—1985》，河海大学出版社，2005 年，第 119 页。

❸❹　郑大俊：《水利泰斗　教育楷模——祝贺严恺院士九十寿辰文集》，河海大学出版社，2002 年，第 226 页。

❺　刘小湄、吴新华：《严恺传——献给严恺教授八十寿辰》，河海大学出版社，1991 年，第 51 页。

❻　《壮心不减》，《新华日报》，1978 年 12 月 27 日。

育路线的总头目"，被关进"牛棚"进行"劳动改造"，公开被批斗。然而，他仍然一如既往，无所畏惧，与极"左"思潮进行抗争，确保整个学校的教学科研活动能正常运行。当时"四人帮"积极鼓吹"上大学、管大学、改造大学"，反对"满堂灌"（教师课堂讲授）、反对考试成为时髦。但是在严恺的领导下，华东水利学院却仍在想方设法地加强基础课和基础技术课的课堂教学，在"开门办学"中也安排了尽可能多的理论教学（被人称为课堂搬家），同时严格考试制度，加强考试监督。为此，严恺又遭到了批判，说他搞"管、卡、压"，是"修正主义教育路线回潮"。❶ 但是，严恺顶着压力，仍然狠抓教学不放松。

严恺不只是在教学上狠抓教学理论、教学质量不放松，确保学校教学任务能继续下去，在科研活动上，严恺也坚持带领学校广大教职员工进行科研实验，为社会主义建设服务。1969 年 7 月中旬，江苏省革命委员会委托华东水利学院进行东坝规划，成立了由左东启❷等参加领导的东坝规划小分队。第一期工作有 150 多位师生参加，后期由 11 位教师承担。规划小分队全面勘察了东坝上下游的大片地区，写出了东坝规划报告，不仅对东坝水电开发，而且对整个东坝上下游地区的水利建设也提出了切实可行的全面规划。❸ 1973 年 4 月 20 日至 6 月 19 日，严恺以中国水利学会副理事长、华东水利学院院长的名义率"中国水利技术考察组"赴美考察，为我国长江葛洲坝水利枢纽工程和水电建设引进国外先进科技，以及开展中美水电科技交流作出了开创性的努力。❹ 在严恺的带领下，全院师生坚持走教学、实验和实践相结合的道路，在"文化大革命"的特殊时期，克服重重困难，仍然将教学和科研工作继续下去，为"文化大革命"结束后教学和科研工作的更大发展奠定了基础。

"文化大革命"结束后，为了进一步坚持理论与实验、实践相结合的人才培养方式，增强学校的科研能力，充分发挥学校的特色和优势，适应水利工程事业的不断发展，从 1979 年起，严恺主持在学校扩大和兴建了研究所和研究室，包括单科性的海岸及海洋工程研究所、环境水利工程研究所、工程力学研究所和水利经济研究所等，并代管了设在华东水利学院的水利电力部南京水文研究所。❺ 南京水文研究所由严恺担任所长，主持一些重大水文课题的研究。❻ 南京水文研究所在学校的设立，使得学校教学、科研、生产三者更好地得到了结合，作为水利电力部直属的研究所，它拥有充足的经费和设备，能使学校专职的科研队伍和先进的设备相结合，取长补短，统筹安排，这也为学校开展全国性水文科研关键性课题的科学研究活动提供了更好的条件。

（三）改革开放后在教学中加强中西方水利工程科技的交流

"文化大革命"结束后，严恺领导华东水利学院从实际情况出发，大刀阔斧地进行

---

❶ 郑大俊：《水利泰斗 教育楷模——祝贺严恺院士九十寿辰文集》，河海大学出版社，2002 年，第 150 页。

❷ 左东启（1925—2014），江苏省镇江市人。1947 年上海交通大学土木工程系毕业，1955 年苏联莫斯科水利工程学院水工建筑物研究所毕业，获技术科学副博士学位。历任华东水利学院副教授、教授、院长等职。

❸❹ 刘晓群：《河海大学校史 1915—1985》，河海大学出版社，2005 年，第 164 页。

❺ 刘晓群：《河海大学校史 1915—1985》，河海大学出版社，2005 年，第 205 页。

❻ 刘晓群：《河海大学校史 1915—1985》，河海大学出版社，2005 年，第 206 页。

了整顿，使学校在最短的时间内重新走上了正轨，教学和科研活动都得到了迅速的恢复和发展。

改革开放后，华东水利学院也获得了进一步发展的有利环境，为了加强与西方国家的学术交流，获得广阔的学术视野和资源，严恺先后派出一大批教师出国进修，或者参加国际学术交流、出国讲学、出访考察等。同时也邀请了一批国际知名学者、专家来校讲学和参观访问，广泛开展了国际学术交流和合作，并与美国、德国、爱尔兰等国的多所高等学府建立了合作关系，互相开展讲学、互访和科研协作。

与此同时，严恺本人也多次出国讲学、考察。如在 1980 年 10 月，严恺率领的中国水利科学教育考察团在美国访问考察期间，与美国的四所大学签订了科学教育合作协议；1981 年 5 月，美国德列威大学的学者应邀来华东水利学院讲学、参观，积极促进了校际间的学术合作，并向学校提供了科研仪器及奖学金；1982 年 11 月，严恺乘出席第五届国际水文计划政府间理事会之便顺道访问了爱尔兰，在爱尔兰所办的国际水文班上做了学术报告，随后爱尔兰外交部合作发展司为华东水利学院提供了奖学金和一些合作项目的科研经费。❶ 严恺所倡导的华东水利学院教师、专家们的出国讲学和考察等国际间的交流活动，有助于了解国外研究新动向，扩大了教学和科研的视野，更好地更新、充实学科内容。通过讲学活动，促进了学术交流，也获得了一批有实用价值的教材及教学科研资料，很大程度上提高了学校的科研创新能力。

第三节　严恺与华东水利学院十六字校训的提出

1982 年华东水利学院迎来了建院 30 周年庆典。通过 30 年的发展，这所学院已发展成为一所底蕴深厚、师资力量强大的水利高等学府。严恺抓住这一契机，进一步把学院的办学思想和他本人的教育理念汇聚成为"艰苦朴素、实事求是、严格要求、勇于探索"十六字校训。❷ 十六字校训一经提出，立刻获得当时学院其他领导的一致赞同，也成为今天河海大学的校风、学风、校训。这是华东水利学院建院 30 年来办学经验的总结，也是严恺多年来在教育教学实践当中所孕育而成的教育思想精华。全国政协副主席、中国工程院院士、水利工程专家钱正英曾赞扬严恺一生都在身体力行地实践这十六个字。1982 年之后，作为华东水利学院名誉院长的严恺仍大力倡导这十六字校训，并身体力行，常抓不懈。特别是在他生命的最后 20 年内，他在不同场合的讲话、题字，甚至他的遗嘱都涉及了这十六字校训。如在 1985 年河海大学 70 周年校庆大会上，严恺进一步阐明十六字校训，使其成为学校立业、守业、创业之本。1987年、1988 年严恺分别为河海大学福州校友会、厦门校友会、西安校友会的成立而题

---

❶ 刘晓群：《河海大学校史 1915—1985》，河海大学出版社，2005 年，第 228 页。
❷ 刘晓群：《河海大学校史 1915—1985》，河海大学出版社，2005 年，第 240 页。

字，都倡导"发扬我校艰苦朴素、实事求是、严格要求、勇于探索的优良传统，为我国社会主义现代化建设事业作出新的贡献"。在港航74届毕业生毕业15周年返校时，严恺为他们题字："弘扬河海精神，光大港航事业。"❶ 此后他在接受《中国科学报》和江苏电视台等多家媒体采访时，一再申述十六字校训的含义。严恺不仅是这十六字校训的提出者和倡导者，更是继承者、发展者以及积极的实践者。

一、发扬艰苦朴素的作风

十六字校训的第一个方面就是发扬艰苦朴素的作风。艰苦朴素是十六字校训的重要内容，也是严恺一生的真实写照。艰苦朴素的主要含义是：具有吃苦耐劳、认真踏实的品质。新中国成立早期，全国处于建设发展时期，艰苦朴素是当时时代发展所必需的精神品质，也是现代社会需要提倡的优良风气。严恺本身就很注意艰苦朴素，几十年来他艰苦奋斗、自强不息、勤奋拼搏。在水利人才的培养上，严恺针对水利事业十分艰苦的特点，在校训当中就明确地提出，希望培养出来的水利人才能够具有艰苦朴素的品质。他在多种场合都阐述过："水利是艰苦的事业，所以，在生活上一定要艰苦朴素。"❷ 教育学生磨炼艰苦朴素的精神、坚强不屈的意志力和强健的体魄才能站到水利工作的前线上去。在对学校的管理上，他强调学校的教职员工要以国家利益和集体利益为重，发扬艰苦朴素的精神，做事情要想着怎样为国家节约资源费用。在严恺自己的生活中，也积极发扬艰苦朴素的作风，将勤俭节约下来的钱用作发展教育，捐款设立了"严恺教育科技基金"，用来奖励华东水利学院的优秀师生和全国水利领域的人才。❸ 严恺对学生进行的艰苦朴素精神教育，有助于学生形成正确的人生观、价值观、消费观，为学生的成长成材奠定了重要的基础。

二、树立实事求是的态度

十六字校训的第二个方面就是树立实事求是的态度。实事求是是中国共产党的思想路线，也是马克思主义的精髓和灵魂。严恺将此作为校训的重要内容是有深刻含义的。他在主持华东水利学院工作时，非常注重实事求是，坚持从实际出发，从实效出发，对形式主义、阿谀奉承极为反感。即使是在"大跃进"的特殊年代里，他也很少说违心话、过头话。坚持真理、实事求是是严恺做事一直坚持的态度，也是他治理学校、培养学生的一项重要原则。他认为一切从实际出发、尊重规律的客观性是办学的基础。他要求学校的领导者能够从实效出发，不搞形式主义，将此作为水利工作者和学校领导者所必须具备的素质和基础条件。他倡导全校师生坚持实事求是这一原则，使得华东水利学院在发展中能依据实际情况，做出正确的选择，

❶ 郑大俊：《水利泰斗　教育楷模——祝贺严恺院士九十寿辰文集》，河海大学出版社，2002年，第106页。

❷ 中国科学技术协会：《中国科学技术专家传略·工程技术编·水利卷1》，中国水利水电出版社，2009年，第267页。

❸ 钱熊：《严恺：长与河海共魂魄》，《新华日报》，2006年5月10日。

得到稳步的发展。

三、坚持严格要求的原则

十六字校训的第三个方面就是要坚持严格要求的原则。严格要求是严恺所提出的十六字校训的精华和重要内容。它包括严肃的负责精神，严格的教学要求，严谨的治学和治校态度，严于律己的为人师表的师德。[1] 严格的教学是高等水利工程教育的特殊性质之一，能够确保学校所培养的人才在以后所从事的水利事业和建设当中细心谨慎，严谨的治校方略是将学校治理好的重要保障。严恺提出的严格要求主要表现在严谨治学、严格育人和严肃治校这几个方面。在严谨治学方面，他强调在进行科学研究上必须细致精确，一丝不苟，更不能弄虚作假。在严格育人方面，他主张在教学、科研上必须严格要求，遵循党的教育方针，严格执行教育计划，不能随心所欲。在严肃治校方面，要重视各级领导班子的配备和提高，严格设置机构和调配干部。[2] 严恺所提出的严格要求原则，不仅培养了教师严格处事的态度，也为华东水利学院培养合格的学生提供了保证。

四、倡导勇于探索的精神

十六字校训的第四个方面就是倡导勇于探索的精神。勇于探索是指在困难面前不退缩，核心是不断创新。创新精神是取得独特成就的重要因素，培养有创新能力的人才是水利高等教育的一个重要任务。在工作上，严恺认为水利工作要勇于探索，突破创新才能获得良好的收益。在学校治理上，他主张调整、完善和改革同客观现实不相符的机制以及思想等。在人才培养上，他倡导重视科学研究，创新教育，号召"广泛地开展科学研究工作，为进一步提高教学质量，提供坚实的后盾"。[3] 他认为科学研究是提高教学质量的重要动力，只有勇于探索和创新，才能使水利教育获得发展。

由此可知，艰苦朴素、实事求是、严格要求、勇于探索这四个方面是学院几十年来办学思想的概括和总结。在华东水利学院将校名改为河海大学时，它继续作为校风校训发挥着巨大作用。同时，这四个方面也是严恺教育思想体系的重要内涵，推动了华东水利学院水利教育事业的发展。

1985 年，华东水利学院正式将校名改为河海大学，开始建设以水利工程学科为特色，理、工、文、管兼有的多门类多学科性的综合大学，严恺在建校最初所倡导的非单科性水利高校的愿望得以实现。严恺从新中国成立初期的华东水利学院建校筹备委员会副主任委员做起，后被任命为副院长、院长、名誉院长和河海大学名誉校长，他

---

❶ 郑大俊：《水利泰斗 教育楷模——祝贺严恺院士九十寿辰文集》，河海大学出版社，2002 年，第 105 页。

❷ 严恺院士诞辰 100 周年纪念文集编委会：《一代宗师——严恺院士诞辰 100 周年纪念文集》，河海大学出版社，2014 年第 47 页。

❸ 郑大俊：《水利泰斗 教育楷模——祝贺严恺院士九十寿辰文集》，河海大学出版社，2002 年，第 127 页。

在创业的艰难时期，筚路蓝缕，平地起家，历经数十年的努力，把学校办成了一所在国内外都具有较大影响力的水利特色鲜明的全国重点大学，为国家的水利海港事业培养了 10 万名以上的科学技术人才。直到 2006 年离世，严恺从未离开过华东水利学院。截至 2014 年 8 月，河海大学的水利工程学科已成为国家重点学科，此外土木工程、港口航道与海岸工程等学科的综合实力也处于全国领先水平。

第四章　严恺对新中国水利事业作出重大贡献的原因分析

严恺自青年时代始，就积极投身于我国的水利工程事业、水利科学研究事业及水利教育事业，数十年来取得了丰硕的学术成就及教育成就，成为我国水利界的杰出科学家和教育家，其学行促进了新中国水利和教育事业的发展。在对严恺的学行研究过程中，如不对其作出贡献的原因给予深刻剖析，则不能全面深刻地揭示其成功之道。因此，必须结合其自身的动因和外部原因给予分析。

第一，新中国的成立使国家获得了新生，严恺等水利科技工作者有了可以施展才华的广阔空间。严恺出生于民国时期，为了建设国家，他历尽艰辛远赴国外深造，全面抗日战争爆发后，他辗转万里，赶回祖国，期望为国效力。但是在战争年代，水利工程技术人员发挥才能的空间有限。他曾到宁夏地区参加黄河水利勘察工作，可是到了宁夏，政府既不给钱，又没有人协助，什么事也干不成，甚至连吃饭都成问题。[1] 他只能转入教育行业，但民国时期的教育事业同样举步维艰。严恺教了数年的书，每年培养的学生只有十几个，但是这些学生毕业后仍然无处发挥作用。面对这样的教育和工作局面，空有一腔报国热忱和满腹学问的严恺只能寄希望于来日。新中国成立后，国家百废待兴，迫切需要水利方面的人才，正如严恺自己所言："1949年5月上海解放了，党对于像我这样的从旧中国走过来的知识分子也十分重视。党和政府经常让我参加一些重大的水利建设。相比之下，过去是有劲无处使，而这时是使出全副力气还不够。"[2] 严恺认为，如果不能尽到自己的责任，将对不起国家，对不起人民。因此新中国的成立和中国共产党的正确领导，给予严恺一个发挥才能、作出贡献的良好社会环境。这成为严恺能够在新中国水利事业上作出重大贡献的外部因素。

第二，一心为国为民，看淡个人得失，不计报酬。严恺从不计较个人得失，极其重视清正廉洁的修养，即使是工作中名正言顺的补助或津贴，他也分文不取。1956年严恺在华东水利学院担任院长，同时兼任南京水利科学研究所所长，以及其他许许多多共三十余个职务头衔。在南京水利科学研究所的工作极其繁忙，投入的时间和精力远比当华东水利学院院长多，特别是对南京水利科学研究所河港研究室波浪泥沙研究组、河口研究组、长江口研究组的业务指导，所花费的时间和精力都是极大的，所有

---

❶ 《为祖国培养水利建设人才——访省第一届人民代表大会代表、华东水利学院副院长严恺》，《新华日报》，1954年8月11日。

❷ 严恺：《党使我的夙愿得以实现》，《福建日报》，1981年7月11日。

的项目严恺无不亲自修改、审定，还检查各个研究计划的大纲和各个阶段的工作进度。❶ 虽然工作如此繁重，但是严恺从未领取过南京水利科学研究所的工资，有人劝他应该领取，他则表示："我已有了一份工资，额外的不能再取，如一定要我领取时，请将此作为党费交给组织。"❷ 严恺本人生活极其节俭，十分艰苦朴素，不尚奢华。他写文章所得的稿费、审稿所得的评审费等等，都捐给了自己设立的奖学金、奖教金。1998 年长江发生特大洪水，严恺极其关注这场洪水的起因和防治决策，不顾八十多岁的高龄，亲自到防洪第一线考察，提出自己的分析和对策，为中央的决策提出自己的建议，他还带头拿出 1.2 万元作为抗洪救灾的捐款。正是严恺这种为国为民无私奉献的精神，促使他在几十年的水利建设事业中一直兢兢业业，任劳任怨。

第三，重视科研和实践，坚持理论联系实际的原则。严恺从接触水利工程时就明确了水利作为一门特殊的专业，实践性极强，所有的结论都要经过科研来取得，最后通过实践的检验才能最终确定下来。留学荷兰时，为了增加自己的实际经验，严恺就对荷兰所有的海岸线进行了调查。1956 年，严恺在对天津新港回淤问题进行研究时，通过科学实验、现场观测相结合的方式，最终成功地解决了天津新港的泥沙回淤问题，现场观测和实验成为解决问题的关键。1962 年，我国东南沿海不断遭受台风浪、风暴潮、天文潮相挟的严重灾害，它们可在数十分钟内把沿海城镇村庄变成汪洋泽国，或水深数丈，或夷为平地。水利电力部委托严恺带领技术人员赴东南沿海，重点考察福建、浙江沿海、沿江海塘海堤的实际情况和破坏原因等问题。严恺到福建后，在闽、浙两省水利厅的支持下，建立了两个现场测验基地并亲自参加选址，即福建莆田海堤试验站和浙江慈溪潮滩观测站。在对福建的海堤进行实地考察后，严恺发现当地采用的多为直立式海堤，这种海堤结构在波浪、涌潮冲击下受力较大，塘前反射波也大，容易引起塘脚冲刷，导致海塘被破坏。严恺总结了他在 1948 年为钱塘江北岸设计的斜坡式海塘的成功经验，结合当地的情况，建议修复时采用当地并不熟悉的斜坡式海堤。虽然有人对此表示反对，但是改建后经实践考验效果良好，并逐步得到了推广。除了建立这两个试验站、观测站外，严恺又组织了包括华东水利学院、南京水利科学研究所以及江苏省水利厅共同组成的联合课题组，通过数年的现场测验和研究，获得了大量珍贵第一手原始资料和研究成果，为水利电力部、交通部有关工程技术规范提供了科学依据。1980 年严恺带领全国 500 多家科研单位，进行了一次"全国海岸带和海涂资源综合调查"研究，在整个调查过程中，严恺亲自审定规划、制定章程。在长达 8 年的时间里，他跋山涉水，北上黑龙江，南下海南岛，足迹到达了祖国每一处海疆，逐省勘察，亲临指导，对于各省区的成果逐一审查，肯定成绩，评点不足，使得各省市区海岸带调查成果都能符合规程要求，基本上分别取得了省市区科技进步一等奖，有的还取得了特等奖。在这样扎实工作的基础上，严恺又亲自将获得的这些实际情况

---

❶ 郑大俊：《水利泰斗　教育楷模——祝贺严恺院士九十寿辰文集》，河海大学出版社，2002 年，第 195 页。

❷ 严恺院士诞辰 100 周年纪念文集编委会：《一代宗师——严恺院士诞辰 100 周年纪念文集》，河海大学出版社，2014 年，第 40 页。

与理论相联系，确定编写大纲，并写了《中国海岸带与海涂资源调查综合报告》的序言。1990年，严恺主持的《中国海岸带与海涂资源调查综合报告》成功出版发行。1992年11月，这部著作获得了国家科技进步一等奖。正是严恺多年来，在每一项水利科研项目中都能做到从实践中获得正确认识，理论联系实际，才使他主持的每一项水利工程都获得了成功，不仅最大限度地减少了工程费用，而且发挥了最大的效益。

第四，实事求是，严格要求。严恺认为，没有规矩不成方圆，因此他在多年的工作当中一直坚持实事求是，严格要求。自认为是严恺未入门弟子的钱正英同志曾经评价严恺，认为他最大的特点在于"严"："严字当头，严于律己""一丝不苟地求学问，一丝不苟地工作，一丝不苟地做人，几十年如一日"。❶ 在担任华东水利学院院长期间，他始终坚持原则，决不搞假、大、空，不搞形式主义。"文化大革命"中，他受到不公正对待，造反派提出："只要严恺承认执行了修正主义教育路线，就可以解放他、使用他、结合进领导班子。"严恺说："他宁可不要解放，不要结合，也不能违心地承认莫须有的罪名。有就是有，没有就是没有，自己没做过的事，怎么能违心的承认？"❷ 正是这种坚持原则的精神，使得华东水利学院的教学、科研工作在"文化大革命"当中能够艰难地坚持了下来，"文化大革命"一结束，立刻得到了恢复发展。20世纪80年代中期，古稀之年的严恺招收了一位硕士研究生。当时，他认为这个学生的基本情况还是比较好的，带着对弟子未来成材的期望，他给这个学生制定了一个系统的学习、进修和从事科研的计划。但是，这个学生想借导师的名声到处联系出国，学习上勉强应付，不积极参与科研，硕士学位毕业论文的观点得不到数据材料的有力支持，答辩时，严恺没有让其通过。1986年严恺担任了长江三峡工程论证泥沙专家组顾问和生态与环境专家组副组长，参加了三峡工程的论证工作。他主持了关于长江三峡工程的几项重大讨论会，之后他力主三峡工程尽快上马。他指出："三峡工程一旦建成，投入运行会对我国经济发展产生巨大效益和极大的促进，任何延迟开工都会导致重大的损失。"❸ 还与荷兰三角洲工程❹进行对比，说明其重要性和紧迫性。严恺此时已经预见到了三峡工程的效益，积极倡导三峡工程的修建。作为三峡工程上马的积极主战派，严恺并没有只是宣扬三峡的效益，也提出了三峡工程建成后可能带来的一系列问题。他认为三峡工程对生态环境将产生不利影响，这种影响将主要反映在长江中下游地区以及库区。❺ 此时的严恺依旧坚持了他所倡导的实事求是原则，从国家大局出发，客观

---

❶　严恺院士诞辰100周年纪念文集编委会：《一代宗师——严恺院士诞辰100周年纪念文集》，河海大学出版社，2014年，第37页。

❷　刘小湄、吴新华：《严恺传——献给严恺教授八十寿辰》，河海大学出版社，1991年，第48页。

❸　雪君：《无悔河海人生——记著名水利专家、两院院士严恺》，《中国三峡建设》2006年第6期。

❹　荷兰三角洲工程：1954年开始设计，1956年动工，1986年宣布竣工并正式启用。荷兰在实施这一工程时，运用了其在水利建设方面取得的新的科研技术成果，一些海湾的入口被大坝封闭，使得海岸线缩短了700千米。该项工程不但技术复杂，而且施工难度大，有人将其比作"登月行动"。三角洲工程使荷兰西南部地区摆脱了水患的困扰，改善了鹿特丹至比利时的交通，促进了该地区乃至全荷兰的经济发展。

❺　严恺：《从生态与环境角度看三峡工程》，《人民日报》，1992年1月15日。

地提出自己的观点。严恺的严格要求以及实事求是的原则，主要是源于对国家、对教育事业的认真负责，最终的目标就是为国效力、为国家培养合格的建设人才。古人云："政者，正也。其身正，不令而行；其身不正，虽令不从。"严恺首先自己坚持实事求是、严格要求的原则，并身体力行，常抓不懈，才在几十年的工作中取得了广泛的信誉，产生了巨大的社会效益。这也成为严恺能为新中国水利事业作出重要贡献的一个成因。

以上所述的社会历史条件与严恺本身所具有的可贵品质的紧密结合，共同影响着严恺的水利人生，使他在新中国水利事业上取得了巨大的成就，发挥了不可替代的作用。他的品质、思想和言行对今天的水利工作者和高等水利教育工作者仍然具有启迪作用。

姚汉源与黄河
水利史研究

绪论

第一章

姚汉源研究中国水利史的学术历程

第二章

黄河下游河道变迁与治理新说

第三章

黄河泥沙化害为利的古今借鉴

第四章

黄河重大水利事件的再认识

第五章

姚汉源黄河水利史研究中的主要治学思想

结语

姚汉源与黄河水利史研究

姚汉源是中国水利史研究的领军人物，也是中国水利史学科的奠基者。他终其一生致力于中国水利史的研究，研究范围涉及中国水利史的众多领域。在黄河水利史研究中，他对历史时期黄河下游河道变迁与治理、古代黄河泥沙利用、黄河水利事件的研究都取得了超越前人的成就。他提出黄河河道变迁四期说，揭示出明清黄运关系的历史演变，深化了对黄河变迁的认知。他强调黄河泥沙的积极作用，系统全面地梳理出古代泥沙利用的史实。他还质疑郑国为间的说法，从史实出发对王景治河与黄河安澜进行重新诠释。在治学过程中，姚汉源形成了许多值得借鉴的治学思想，包括论从史出、严谨治学，经世致用、开放治学，甘于奉献、以仁治学。他积极倡导将水利学科与历史学科相结合的研究方法，在中国水利史研究中占有重要地位。

绪　　论

一、研究的缘起

水利史是指人类治水兴利的历史，包括兴水利、除水害的一切活动。自司马迁著《史记·河渠书》首次给予"水利"一词以兴利除害的完整概念以来，中国有关水利的历史记载已有两千年之久。20 世纪以来，水利史以科学技术史分支的面貌出现，这让水利史研究在水利建设实践中发挥出不可替代的作用。伴随人类社会的发展，水利的内涵在不断扩展，水利史的研究范围也因此扩大。进入 21 世纪以来，全球水生态环境呈恶化的趋势，全球水治理和水资源保护与开发成为人们关注的重点，人们渴望从历史的借鉴中获取智慧，使得水利史研究的作用更加凸显，出现了一股水利史研究热潮。

黄河是中华民族的母亲河，黄河流域长期以来是中国政治、经济和文化的繁盛之地。然黄河又以"善淤、善决、善徙"著称，有记录的黄河决溢达一二千次，黄河泛滥给下游地区的自然环境、社会经济等带来严重威胁。人们在长达两千多年的历史长河中，与黄河斗智斗勇，兴利除害，谱写出内容无比丰富的黄河水利史，成为我国水利发展史中最为重要的组成部分之一。

姚汉源是中国水利史研究领域的权威学者，他一生情系水利，矢志不渝，于中国水利史多个方面都颇有建树。在黄河水利史研究方面，他致力于基础研究与应用研究，既有宏观的历史叙述，又有微观的具体分析。他将黄河水利史置于时间与空间维度下，利用精审严实的考证方法，赋予古代水利事业以现代内涵，填补了该研究领域内的许

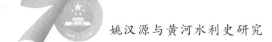

多空白。

2013 年逢姚汉源诞辰 100 周年，而与之相关的研究却凤毛麟角，这一切都促成了该论题的产生。由于姚汉源是水利工程专业出身的水利史学者，他在中国水利史的重要组成部分——黄河水利史的研究中所涉及的又都是该领域的重大问题。因此，通过研究这一论题，一方面可以进一步拓展中国水利史学史研究的内容；另一方面还能加深对黄河水利史的认知。

二、学术史回顾

姚汉源是国内外学界公认的中国水利史研究泰斗。对于这样一位水利史大家的学行，水利界、史学界涉猎较少，有关探讨姚汉源与黄河水利史研究的论文很少，仅有的一篇是 2014 年 8 月发表于《华北水利水电大学学报（社会科学版）》第 4 期的《姚汉源水利治学精神探析》。该文将姚汉源的水利治学思想归纳为情系水利、孜孜以学，探微解密、严谨治学，成立学会、聚力治学，古为今用、创新治学，笔耕不辍、开放治学五个方面。目前，其他涉及姚汉源水利史研究学术历程和学术成果的文章，大致情况如下。

第一，专门介绍姚汉源著《黄河水利史研究》❶ 的文章。2004 年 3 月 13 日，《中国水利报》借《黄河水利史研究》一书出版之际，登载了多篇有关该书的介绍性文章。其中，林观海的《一部别开生面的巨著——〈黄河水利史研究〉》，不仅指出该书结构上的特色，还强调将该书与《中国水利史纲要》❷ 中关于黄河的论述结合起来阅读，有相得益彰的效果。郑连第的《解读〈黄河水利史研究〉》一文认为，黄河水利史是姚汉源几十年倾力最多的部分，也是中国水利史最重要的部分；同时较详细地介绍了该书各部分的内容。该文后来增加了分析姚汉源学术成果受到学术界关注的四点原因，以《新见迭出的〈黄河水利史研究〉》为题登载在同年 3 月 24 日的《中华读书报》上。周魁一、谭徐明的《水利史研究的力作——读姚汉源〈黄河水利史研究〉》一文，对姚汉源在黄河水利史基础研究与应用研究方面所取得的成果进行了介绍，认为该书在推动黄河水利史研究、丰富对黄河的认识和探讨黄河治理思路等方面能够发挥积极作用。

第二，学生等回忆或纪念姚汉源学行的文章。姚汉源是中国水利史学科的开创者，招收了我国第一届水利史专业的研究生，桃李遍天下。他的学生们折服于他的学术造诣及人格魅力，十分感激他的培育之恩。2006 年 1 月 5 日，《中国水利报》登载了周魁一《问学之初》、郑连第《为人为学的楷模》、姚树楦《麦田里的父亲》三篇文章。周魁一深情回忆了姚汉源的谆谆教诲，归纳了目前水利史在应用研究中所取得的进展。郑连第从治学和育人两个方面，分别举例说明了姚汉源严谨求实、严格负责的精神。姚树楦则叙述了"文化大革命"中与父亲姚汉源的一件小事，真实再现了两人浓浓的

---

❶　姚汉源：《黄河水利史研究》，黄河水利出版社，2003 年。
❷　姚汉源：《中国水利史纲要》，水利电力出版社，1987 年。

父子之情和姚汉源豁达乐观的生活态度，还从侧面反映出姚汉源即使处境艰难，仍然没有放弃水利史研究。

2013 年是姚汉源诞辰 100 周年。这一年《中国水利报》和中国水利水电科学研究院水利史研究所网页上登载了多篇纪念文章。其中《治黄史的重要基础研究——读〈黄河水利史研究〉》和《笔底春秋与运河学问——姚汉源先生与〈京杭运河史〉》两篇文章对姚汉源的两本主要著作都有详尽的介绍和评价，参考价值较高。

第三，姚汉源本人的回忆文章。姚汉源无论是人生经历还是学识都十分丰富，其曾打算撰写回忆录。遗憾的是，这一计划最终没能实现。他仅有的一篇回忆文章是发表在 1987 年《贵州水利志通讯》第 4 期上的《1938 年贵州桐梓县蟠龙洞工程纪略》，详细介绍了他于全面抗战爆发初期在桐梓县进行水利工程建设的情况。

第四，报刊网站发表的介绍性文章。这类文章包括两部分：一部分是对姚汉源的访谈；另一部分是记述姚汉源生平的文章。口述史是史学研究中正在发展的一个学科。姚汉源生前多次接受报刊网站的专访，再由记者、编辑整理成文发表。这类文章往往更具有深度，史料性强。1986 年发表于《中国水利》第 4 期的《水利史研究的开拓者——访姚汉源教授》一文，回顾了姚汉源在水利史研究上所走过的学术道路，总结了他对水利史研究所作的贡献。2006 年 1 月 5 日，《中国水利报》登载了题为《姚汉源：情系水利，秉笔春秋》的访谈，重点关注了姚汉源在水利史研究上的心路历程。中国水利网的嘉宾访谈栏目将姚汉源的访谈记录整理为《笔志水是，情衷汗青》，按照时间顺序将姚汉源整个水利史研究历程分为若干个阶段，凸显了他一生的水利情怀。

姚汉源在水利史研究中所做出的成绩也引起了社会的关注。1985 年，《中国水利史研究与姚汉源先生》一文发表在《读书》第 4 期上。这是最早见诸报刊的有关姚汉源水利史研究的文章，它对水利史理论研究和姚汉源的贡献做了初步归纳。此外，还有诸如《水利天地》1990 年第 1 期上发表的《当代治水名人——姚汉源》，以及《在水利史领域奋斗不已的姚汉源》等文，与上面文章内容都大同小异，属于介绍性质的文献。

综上所述，目前学术界对姚汉源与黄河水利史研究的探讨还十分薄弱，相关资料整理和学术研究都有待加强。所以，以此为出发点，最终确定了本篇的论题。

三、研究方法、思路与创新之处

本篇拟运用历史唯物主义的理论和方法，全面系统地收集、整理文献史料，结合历史学、水利工程学的知识和研究方法，对姚汉源与黄河水利史研究的学术成就作出多维度的分析和评述。

除了上述文献外，本篇主要的史料来源还包括：①姚汉源已经发表、出版的有关黄河水利史的论著；②姚汉源发表、出版的水利史论著中有关黄河水利史的论述；③国内外有关黄河水利史的论著；④国内外水利史论著中关于黄河水利史的论述。

　　本篇研究的创新之处有两点。第一，较完整地梳理了姚汉源从事中国水利史研究的学术历程，将其分为三个时期加以叙述。经过史料搜集、分析和反复比较，订正了以往某些记载的失实。第二，剖析了姚汉源关于黄河水利史研究的主要理论和观点，并做出客观评价，有益于加深人们对姚汉源学术成就的全面认知。

第一章　姚汉源研究中国水利史
的学术历程

姚汉源是中国水利史学科的奠基人，他自幼与水结缘，青少年时期接受过良好的传统与现代教育，此后长期从事教学研究工作，具有深厚的学术功底和高深的学术造诣。他一生历经国民革命、土地革命战争、抗日战争、解放战争、新中国社会主义建设、"文化大革命"和改革开放等多个历史时期，目睹天灾人祸给国家民族带来的巨大灾祸，青年时期就立志献身于中国水利事业。他在学术研究领域辛勤耕耘、探索，对中国水利史的许多重大问题都有深入研究，出版了《中国水利史纲要》、《京杭运河史》❶、《黄河水利史研究》等著作，在黄河水利史、京杭运河史研究方面有诸多填补空白之作。他在教学研究工作中不忘提携后学，先后培养了十多位水利史专业研究生，领导创建中国水利学会水利史研究会，指导推动各地水利史研究工作的开展，为中国水利史研究的进一步发展作出了重要贡献。

第一节　水利史研究的发轫期（1913—1937 年）

1913 年，姚汉源出生在山东省巨野县巨野镇姚楼村一个农民家庭。巨野之名，古已有之。远古时期，在黄淮海大平原上存在数量众多的薮泽泊淀，它们在调节气候、分洪泄流、灌溉农田等方面发挥了重要作用。据记载，先秦时期有薮泽 46 处，其中著名的有大陆泽、圃田泽、孟诸泽、大野泽等。大野泽又名巨野泽，它地处山东丘陵西部，湖面广大，古时为济、濮二水所汇。由于处于黄河冲积扇边缘地带的低洼地区，巨野泽经常成为黄河决口后的流经地和蓄水池，汉武帝时期瓠子决口，河水便东南注入泽区。河水流入虽能暂时扩大湖区，但由此带来的泥沙也逐渐淤积湖底，湖区面积不断缩小；加上人类在此繁衍生息，围湖造田，筑城建制，巨野县名，由此而来。10 世纪以来，黄河多次从滑州决入鲁西南地区，巨野泽被梁山泊所取代，到清朝康熙年间，梁山泊也被淤为平陆。宋末金初黄河夺淮入海，黄淮运合为一体，为保漕通运，在黄河北岸、运河西岸筑堤防洪，洪水无处可泄，遂在鲁西南地区泛滥成灾。姚汉源从小便对黄河灾害印象深刻，他说："小时候记忆最深刻的就是黄河发大水，两岸的百姓深受水患之害，都痛恨洪水，这也是我为什么后来学习水利的原因，就是想治水。"❷

---

❶　姚汉源：《京杭运河史》，中国水利水电出版社，1998 年。
❷　吕娜、肖丹：《姚汉源：情系水利 秉笔春秋》，《中国水利报》，2006 年 1 月 5 日。

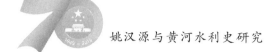
在他第一篇有关水利史的论文《黄河旧账的翻检》中，形象地描述了家乡水灾的情况。❶

山东巨野姚氏为唐朝名相姚崇之后，自来人文荟萃，被称为"巨野第一名门望族"。姚氏家族重耕读、倡忠孝，姚汉源自幼就接触到了我国浩瀚的历史典籍。他酷爱历史，对祖国悠久灿烂的古代文化抱有浓厚兴趣。1921年，8岁的姚汉源进入私塾读书，11岁那年前往滕县的二伯母家上小学，15岁时就读于天津南开中学。南开中学创办于1904年，虽然创办时间较短，但在时人眼中，俨然已是一所名校，在20世纪二三十年代，胡适等人就经常指其为全国首屈一指的中学。学校的创办者为我国近现代史上三大教育家之一的张伯苓，且培养了其中的另一位——梅贻琦。创校伊始，学校就注重培养学生德、智、体、群的全面发展，在国难日益深重的近代中国，南开中学更是有意识地培养学生的爱国精神，何炳棣便指出其"可能是近现代世界史上最值得钦佩的爱国学校"❷。得益于南开中学自由的学风和优良的教师及图书资源，姚汉源不仅培养了崇高的爱国情怀，还有机会在繁忙的功课之余熟读先秦诸子、《资治通鉴》、《九朝纪事本末》等大量史籍，为此后从事中国水利史研究打下了坚实的史学和文献基础。

进入南开中学就读，也就意味着有较大机会入读清华大学等名校。❸ 1933年，姚汉源如愿考入清华大学土木工程系。当年清华大学共录取本科新生285人，姚汉源成绩名列第44位，与他同期入学的有林家翘、丁则良、杨联升等人。❹ 清华大学由留美预备学堂发展而来，成立之初便按照美国大学的样式来进行建设，实行自由教育即通才教育，采取学分制，学制四年。此外，清华大学教员也以留美人士为主，甚至连课程及教材也直接采用自美国大学。如土木工程系讲河港工程，对象却是密西西比河等美国河流的流域规划；铁路工程介绍的是美国机车、美国钢轨和美国枕木的型号。

清华大学土木工程系原附属于理学院，1932年秋工学院正式成立后，被划归为工学院下属的三系之一。姚汉源是1932年清华大学工学院成立后土木工程系的第二批新生，当时的系主任为施嘉炀，另有教授5人，兼课教授4人，助教6人，师资力量充足。土木工程系为培养学生，采取通专结合的教育方针，学生第一年课程多为纯粹科学，第二、三年多系工程学的基本训练，最后一年则将其分为铁路及道路工程、水利及卫生工程两组进行专门教育。当时中国除河海工科大学（现河海大学）外，其他大学一般不设水利组。鉴于水利建设急需专门人才，且施嘉炀在这方面学有专长，因此清华大学土木工程系水利组受到格外重视。1934年春建成水利实验室，被称为"中国第一水工试验所"，按照德国大学类似实验室建造，采用德国进口设备，比美国一般大

---

❶　君华：《黄河旧账翻检》，《清华月刊》1937年第5期。

❷　何炳棣：《读史阅世六十年》，广西师范大学出版社，2005年，第38页。

❸　以清华大学1934年度录取新生为例，南开中学毕业生为22人，与扬州中学同居首位。

❹　清华大学校史研究室：《清华大学史料选编·第二卷（下）》，清华大学出版社，1991年，第851页。

学还要强。它能进行诸如精确流量测算方法的研究、各式水轮机特性试验并改进设计、河工港工及灌溉工程问题研究、模拟试验等，在教学和科研方面发挥了重要作用。工学院的成立是在国难日深、提倡理工的大背景下实现的。清华大学对它格外重视，秉持了一贯严格认真的教学传统，工学院学生由此得到严格的训练。与其他学院相比，工学院的课程较多，文、理、法学院的四年总学分为 136，而工学院为 155 左右，工学院学生的淘汰率超过一半以上。如果不努力学习的话，是很难顺利毕业的。姚汉源在校期间专心学习，尽力排除学习之外的干扰，钻研现代水利科技，同时进一步阅读大量的史籍文献。1937 年 6 月，姚汉源毕业后争取到宝贵的留校机会，成为清华大学土木工程系的一位助教。❶

毕业前夕，姚汉源在《清华月刊》上发表了署名为君华的中国水利史研究处女作——《黄河旧账的翻检》一文。文章共有三个部分，分别为：漫谈、黄河踪迹的检查、前人治河的检讨，主要探讨了历史上黄河河道变迁及治黄人物。通观《黄河旧账的翻检》一文，许多内容、观点都已为前人所阐述，如历史时期黄河大改道，便取材于清朝胡渭的《禹贡锥指》。但是，《黄河旧账的翻检》作为姚汉源第一篇水利史研究论文，其意义首先在于说明他立志研究水利史的态度没有改变；其次，《黄河旧账的翻检》中涉及史事众多，时间跨度大，说明姚汉源具有扎实的水利史功底，尤其是在第三部分中，对于前人的成果已有取舍，形成了自己的观点，已是难能可贵。姚汉源在文中提出只有认真研究黄河的变迁和治黄史，才能办好黄河的事。

第二节　水利史研究的探索期（1938—1979 年）

1937 年全面抗战爆发前，清华大学教师职称分别为教授、专任讲师、教员、助教四级，教授或专任讲师负责给学生授课，而助教只作为教授的助手，负责组织学生、管实验、改习题。当时有亲戚表示要资助姚汉源出洋留学，他却拒绝了这在许多人看来是"早已替代科举成为晋身最重要的一步阶梯"❷。他认为与历史悠久、疆域广阔、自然条件复杂、河流湖泊众多、水利史料丰富的中国相比，西方各国存在历史较短、水利问题简单、历史资料积累较少等问题。自己研究中国水利史，志在从中发现水利发展的规律性，以解决中国特有的水利问题。

"七七事变"爆发时正值暑假，此时清华大学一、二、三年级学生正全部在北平市西郊参加夏令营举行的军事演习，四年级有二百余人留校找工作，有的准备研究生与留美公费生考试。姚汉源被派往离老家不远的山东省济宁县华北农村建设协进会工作，大部分土木工程系学生也在此地进行地形测量，作为暑期实习项目。该会由美国洛克

---

❶　当时留校担任助教的名额非常少，挑选也十分严格，可谓优中选优，没有扎实的专业知识和一贯的良好表现不可能被选中。

❷　何炳棣：《读史阅世六十年》，广西师范大学出版社，2005，第 13 页。

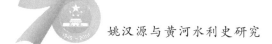

菲勒基金会资助，用于在济宁等地进行乡村教育运动实验。20世纪前半期，许多有识之士鉴于中国农村日益衰败、土地高度集中、农民生活困苦、农业生产落后，呼吁在农村开展乡村建设，改造农村社会。他们没有将这种呼吁停留在口头上，而是选取了若干县乡进行实验，由此形成了风靡一时的乡村建设运动。当时参与这一运动的个人及团体目的不尽相同，工作内容也各有侧重，但仍以教育为枢纽，所以后来总括为乡村教育运动。

华北农村建设协进会由当时的燕京大学、清华大学、金陵大学、南开大学、协和医学院及中华平民教育促进会等机构联合组成。它们各有分工，其中清华大学为工程组，组长为工学院院长施嘉炀，副组长为尚在美国未归的张有龄。北平陷落后，清华大学、北京大学、南开大学奉国民政府命令在湖南长沙组建临时大学，清华大学土木工程系于是径直从济宁县奔赴长沙，留姚汉源等三人在协进会继续工作。1937年10月，日军进至山东省济南黄河南岸，韩复榘的军队撤离山东省，于是华北农村建设协进会决定撤往贵州省定番县（今惠水县）。10月18日，包括姚汉源在内的最后一批协进会人员离开济宁，经河南遂平县、武汉、宜昌、重庆等地，于1938年2月1日至贵阳，住飞山街。❶随后，协进会决定工程组四人赴桐梓勘查蟠龙洞工程，其余各组前往定番县。

云贵高原多为喀斯特地貌，往往形成地下暗河，暗河流经溶洞时有坍塌，致使排水不畅，形成洪灾。全面抗战爆发后，西南作为大后方，战略位置十分重要，当时陪都重庆陆路主要依靠川黔公路接滇黔公路至昆明，再由昆明经滇越铁路运送物资。1941年12月太平洋战争爆发后，日军占领越南，滇越铁路被切断，国民政府只好开辟连接昆明的滇缅公路来获取外援，再经滇黔、川黔路转运。蟠龙洞工程位于蒙（山）娄（山）地区桐梓县城南不到二里处的溱溪上，溱溪自东向西横穿川黔公路，每当发生洪灾，川黔公路必受殃及，因此如何解决蟠龙洞等天然洞穴的防洪排水，是确保后方稳定、持久抗战的大事。姚汉源等四人在到达桐梓后，与当地政府取得联系，对工程进行了初步的勘察。不久，其中两人返回省城贵阳汇报及申请经费，姚汉源等人则继续留在当地进行考察。在此及稍后一段时期内，姚汉源一行通过民国桐梓县志及口头访问，对溱溪水灾及修洞历史进行了了解。❷通过反复实地勘测和对蟠龙洞水利史的了解，工程组拟定出了一套工程方案，很快省府拨款一万元作为经费，并成立工程处，整个工程顺利开展起来。

蟠龙洞工程处有处长一人、副处长两人、工程师一人。其中，处长及副处长为当地的地方官员，并不实际参与工程；张有龄任副处长兼工程师，是实际的负责人，姚汉源负责监工。整个工程计划三个月完成，即从1938年3月末到6月末，但实际上直到11月才得以结束。工程延误的原因有很多，有规划初的急于求成，但更多的是社会原因。比如，民工征集困难，导致工程进展缓慢；民工纪律性差，且多吸食鸦片，难以管理；当地医疗条件落后，缺乏医院等设施，工作环境恶劣；工程危险性高，事故

<hr />

❶❷　姚汉源：《一九三八年贵州桐梓县蟠龙洞工程纪略》，《贵州水利志通讯》1987年第4期。

频发，延误施工；6月开始正逢汛期，施工困难等。在8月汛期结束后，工程进展顺利。这时华北农村建设协进会进行改组，清华大学决定不再参与协进会工作，张有龄遂回贵阳转昆明，以后便在刚成立的西南联合大学工学院任教。工程组另一人王世威在9月也前往贵阳任职，剩下姚汉源与张连荣二人留在桐梓，直到11月初工程全部结束并顺利通过验收。姚汉源二人返回贵阳后，便前往协进会所在地定番县办理相关手续，取回清华大学所属的仪器等物，再经贵阳转往当时西南联大所在地昆明。

1938年5月4日，迁往昆明的长沙临时大学正式开学，更名为国立西南联合大学，简称西南联大。姚汉源于该年12月至昆明，次年1月辞职赴重庆大学任教。在重庆期间，姚汉源得了疟疾，在医生的建议下，他前往成都调养。为了生计，他在已迁至成都的齐鲁大学国学研究所谋得助理一职，由此拜研究所主任钱穆先生为师。钱穆为我国近代著名学者、国学大师，其对中国历史及思想文化有着深刻的理解。他学识渊博，对历史地理也有相当研究，曾经在当时著名的杂志《禹贡》《清华周刊》上发表多篇论文，也曾研究过中国水利史●。1943年秋，国学研究所停办，姚汉源随钱穆一起转入华西大学●（今四川大学）任教。不久，就因为患肺病不得不修养三个多月，后任职于中央水利实验处成都水工实验室。抗战胜利后，姚汉源想回内地探亲，但因出川交通拥挤，迟迟没有成行。

1946年初，姚汉源经同学介绍至重庆公路总局设计课任技士，不久便得以随局前往南京。在重庆与钱穆问学的这一时期，他们居则同屋、食则同席、学则同室，利用丰富的藏书和恬静的乡村环境，自由讨论，专心治学。● 由钱穆口述、姚汉源撰写完成《黄帝》一书，力图从文化上来考察古人的基本精神。● 钱穆的治学思想与治学方法对姚汉源的学术研究产生了深远影响，这从他居住南京期间，与友人创办《历史与文化》● 杂志，并在金陵大学兼职讲授中国思想史课程的学行可见一斑，更在日后中国水利史考证研究方面表现明显。《历史与文化》杂志只发行了三期，便因经费无着而停刊。1949年国民政府濒临总崩溃，姚汉源与所在单位迁往杭州，不久被政府遣散。为了生计，他又前往江西信江农业专科学校任副教授，主教农田水利。

江西信江农业专科学校1945年成立于著名的沿山鹅湖书院，1948年迁至上饶沙溪，新中国成立后迁往南昌，并更名为南昌农业专科学校，是今江西农业大学的前身之一。在校工作期间，姚汉源晋升为教授，同时任农田水利科主任。迁南昌后又兼任南昌农业专科学校校务委员会主任，负责学校行政，还主持了校内的"三反"运动。

---

❶ 杜瑜、朱玲玲：《中国历史地理学论著索引（1900—1980）》，书目文献出版社，1986年，第252、254页。

❷ 胡厚宣：《齐鲁大学国学研究所回忆点滴》，《中国文化》1996年2期。

❸ 严耕望：《治史三书》，上海人民出版社，2011年，第239~248页。

❹ 钱穆、姚汉源：《黄帝》，胜利出版社，1944年，前言、第1页及第165页。

❺ 《历史与文化》杂志于1946年至1947年印行了三期，办刊宗旨是宣传"新儒家主义"，强调中国固有文化的优越性，带有反马克思主义与自由主义的倾向，但同时也带有强烈的民族主义及济世安民的情怀，正如其发刊词所说："我们这几个师友目睹眼前的现状，看看民族生命所遭遇的艰难，常是挥泪自苦，无可诉处。遂发愿从自己祖宗中找根底，从文化大统上找命脉。"主要撰稿人有牟宗三、唐君毅等人。

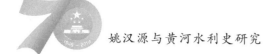

1953 年，全国继续进行高等院校的院系调整，姚汉源与学校农田水利科师生调入武汉水利学院，任教授兼武汉水利学院副教务长，主讲"水力学""农田水利系统管理""水能利用"等课程。1956 年，党中央号召"向科学进军"，姚汉源在当时高等教育部下发的有关制定个人教学、科研十二年规划中，将其研究发展方向定为水利史专业，并制定了三个具体目标：一是运用现代科技知识，系统、全面地研究总结中国水利的发展历史，以为今鉴；二是在已有资料积累的基础之上，花十年左右的时间整理出一部《中国水利科技史讲义》；三是培养一批研究中国水利史的骨干力量，逐步形成并不断健全和发展中国水利史研究这一学科。姚汉源的辛勤工作得到了党和政府的认可，同年他被批准加入中国共产党。

1963 年冬，姚汉源被调往北京水利水电学院，担任教务长，主管教学和科研工作，时任院长为我国著名的水利专家、中国科学院学部委员、黄河三门峡工程局总工程师汪胡桢。1965 年姚汉源又担任了副院长，凭借着此前积累的丰富教学和科研组织工作经验，积极提升学院的教学水平及科研能力。姚汉源十分重视师资队伍建设，为了推动科研发展和提高教师的科研能力，曾多次组织学术报告会，邀请院外专家和本院教师介绍国内外水利科技的最新成就，活跃了学院的学术气氛。[1] 早在 1963 年，姚汉源就招收了第一位水利史研究生。1965 年以姚汉源为导师的水利史专业设立，又招收一名研究生，成为学院第一位研究生导师。这时，姚汉源已招收研究生 3 人，成为我国最早招收水利史专业研究生的专家。这一时期，每当夜深人静，完成繁重行政教学工作的姚汉源还抓紧时间撰写《中国水利科技史讲义》，"文化大革命"发生前，大纲已完成，"仅仅是精选的水利史料和洗练的分析评述，就密密麻麻地记录了六大簿"[2]，稍加整理便能成书。

在 1952 年开始的高等院校院系调整中，组建了一批仿照苏联模式、以培养现代工业科技人才为目标的理工科大专院校。当时大家的想法都是求新、学习苏联，而姚汉源从事的中国水利史研究却反其道而行，这让许多人难以理解。有人质疑现代水利科学与历史研究的关系以及能否跨越学科之间的畛域？面对此类质疑，姚汉源并没有气馁，并一再强调自己的主张：从几千年中国水利的兴衰中可以看出成功的经验和失败的教训，可以获得规律性的启示，可以使今后少走弯路。[3] 姚汉源的这一先见之明，不久就得到印证。1962 年初，被誉为"万里黄河第一坝"的三门峡水利枢纽工程因规划设计不当，忽视了黄河泥沙的严重性，片面地视泥沙为有害的东西，导致水库出现重大安全隐患。针对这一问题，姚汉源向 1963 年在北京召开的中国水利学会第二次全国会员代表大会及综合讨论会提交了题为《中国古代的农田淤灌及放淤问题——古代泥沙利用问题之一》的论文。文章认为，我国古代早已认识到泥沙的有利一面，北方多

---

❶　严大考：《华北水利水电学院院史（1951—2001）》，陕西人民出版社，2001 年，第 16 页。

❷　莘子：《中国水利史研究与姚汉源先生》，《读书》1985 年第 4 期。

❸　同❶注。

沙河流的灌溉多是水沙并用的淤灌，并指出："泥沙有可以利用和应当利用的一面"❶，利用控制泥沙有助于解决水库淤积问题。周恩来总理也认为："这个事情，本来我们的老祖宗有一套经验，但是我们对祖宗的经验也不注意了。"❷ 姚汉源的这篇文章引起了较大反响，后来发表在《武汉水利电力学院学报》上。时任长江流域规划办公室主任的林一山特意将此篇文章推荐给周恩来总理，并成为当时在有关三门峡工程改建方案中以林一山为代表的"放淤派"的重要论据之一。

1966 年，"文化大革命"在全国轰轰烈烈地展开，姚汉源有关泥沙利用的后续文章只能被束之高阁，直到 80 年代才重见天日。1966 年 4 月，周恩来总理在视察河北地震灾区时，鉴于灾区用水困难、水利技术人才缺乏，决定将"水利学院搬下来，一部分搬到岳城水库，一部分搬到黄泛区"❸。按照这一指示，北京水利水电学院决定部分搬迁，但迟至 1969 年初，经过再次考察后才开始搬迁工作。在此期间，受"文化大革命"影响，整个学院陷入一片混乱之中，姚汉源也受到了冲击，被造反派夺权。1969年 10 月 17 日，林彪发表"一号命令"❹，北京水利水电学院 64、65 级学生被疏散到河南省林县，教职工和家属则分批乘火车分散到河北省磁县岳城公社的几个地点进行安置。姚汉源因生性耿直，坚持真理，对于"文化大革命"中种种是非颠倒自然而然不敢苟同，后因从家中抄出"反诗"被打成"反革命"，一阵批斗后连带被"开除党籍"，下放劳动三年多。下放劳动时期，知天命之年的姚汉源需要参加高强度的体力劳动，管理 40 多亩的麦地，平时则利用乡村清静的环境继续研读水利史。

1973 年，姚汉源解除劳动改造，这使他有更多时间进行学术研究。虽然"文化大革命"还没有结束，但他不仅没有停止研究的脚步，还在此基础上进一步拓展研究的深度与广度。因研究水利史的需要，他对历史地理学、文字学、音韵学、文献学也十分关注，并写成约 70 万字的《〈左传〉·地名释》一书，惜至今未刊。他用三年时间，与人合作翻译了美国人 C. H. 佩尔主编的《喷灌》一书，书中介绍了当时世界先进的喷灌系统，是美国最新相关经验的总结，该书于 1980 年出版。1975 年，他还参与武汉水利电力学院和水利水电科学研究院共同编写的《中国水利史稿》上册，负责统稿工作，对第四章等做了全面修改。❺ "文化大革命"结束后，受"左"倾思想的影响，国家处于徘徊时期，姚汉源迟迟没有得到平反。1978 年，他退休，回到北京后居住在西山八大处。

---

❶　姚汉源：《中国古代的农田淤灌及放淤问题——古代泥沙利用问题之一》，《武汉水利电力学院学报》1964年第 2 期。

❷　周恩来：《认清形势，掌握主动》，载《周恩来选集》下卷，人民出版社，1984 年，第 405～406 页。

❸　严大考：《华北水利水电学院院史（1951—2001）》，陕西人民出版社，2001 年，第 35 页。

❹　"一号命令"：1969 年 10 月 17 日，林彪在苏州发布《关于加强战备，防止敌人突然袭击的紧急指示》，第二天黄永胜将"指示"以"林副主席第一号令"（简称"一号命令"）正式下达。林彪的"一号命令"引起了全国极大的震动，各地开始进入战备高潮，各大中城市的党政干部、高等院校及科研院所都被紧急疏散到中小城市、偏僻农村。

❺　水利水电科学研究院《中国水利史稿》编写组：《中国水利史稿》下册，水利电力出版社，1989 年，编者的话。

第三节　水利史研究的丰收期（1979—2009 年）

1979 年，姚汉源在多方努力及中共中央组织部直接干预下获得平反，得以恢复党籍和工作。因年事已高，他选择调往中国科学院、水利部水利水电科学研究院水利史研究室继续从事他钟爱的水利史研究。这一年，《中国水利史稿》上册出版，标志着中国水利史研究的恢复。[1] 在水利史研究室工作期间，是姚汉源水利史研究的丰收期。这一时期，他领导创立了中国水利学会水利史研究会；主持编写了《中国大百科全书·水利卷》[2]、《中国农业百科全书·水利卷》[3] 水利史部分，撰写了六万余字的《中国水利百科全书》条目；对《黄河水利史述要》[4]、《长江水利史略》[5] 等书进行校审；培养了研究生近十人；在国内外刊物发表论文 23 篇，联名发表 4 篇[6]；1987 年退休时还出版了其代表作——《中国水利史纲要》一书。

水利史专业是一个交叉性学科，需要运用多种学科知识加以协同研究。为了更好地发挥各自专长，扩大水利史研究的国内外影响力，在姚汉源的主导推动下，联合起水利工程各学科及水运交通史、历史地理、农史、经济史、地理、考古、文博、地方史志研究编纂单位的代表，成立了中国水利学会水利史研究会这一全国性学术团体。1980 年 12 月中旬，水利史研究会在北京召开第一次筹备会议，会议就水利史研究会的性质、宗旨、主要任务和会员条件达成共识，并向社会公开征集会员。成立大会原本计划于 1981 年在举世闻名的水利工程——都江堰所在地四川灌县召开，因四川大水推迟到 1982 年 4 月 20 日举行。这次会议与会代表共有 103 人，其中有著名专家学者郑肇经、谭其骧等人，姚汉源当选为会长。中国水利学会水利史研究会成立后，每年至少组织一次有关中国水利史研究的全国性学术讨论会，与会者包括各级各部门的领导、国内外的相关学者等。截止到 1989 年，全国已有 11 个省区成立了水利史研究会，它们积极支持中国水利学会水利史研究会的工作，开展了许多有益的学术活动，促进了水利史研究的普及和提高。同时，中国水利学会水利史研究会积极加强国际学术交流，尤其与日本"中国水利史研究会"[7] 往来频繁，双方以学术访问、实地考察等形式取长补短，互有助益。

---

[1]　王培华：《元明清华北西北水利三论》，商务印书馆，2009 年，绪论、第 7 页。

[2]　《中国大百科全书·水利卷》，中国大百科全书出版社，1992 年。

[3]　《中国农业百科全书·水利卷（上、下）》，农业出版社，1986 年。

[4]　《黄河水利史述要》，黄河水利出版社，2003 年。

[5]　《长江水利史略》，水利电力出版社，1979 年。

[6]　水利水电科学研究院水利史研究室：《中国科学院、水利电力部水利水电科学研究院水利史研究室五十周年学术论文集》，水利电力出版社，1986 年，第 341～346 页。

[7]　日本"中国水利史研究会"成立于 1965 年，成员有佐藤武敏等 4 人，每年召开一次研讨会，并出版名为《中国水利史研究》的学术杂志。佐藤武敏继承其老师冈崎文夫、池田静夫研究中国水利史之余绪，主要从历史的角度来考察中国水利建设、灌溉、水运、都市水利、社会经济史、环境与水利的关系，并与日本、印度等国家的水利进行比较研究。出版的专著影响较大的有《中国灾害史年表》（佐藤武敏，1993 年）、《清代水利史研究》（森田明，1974 年）、《宋元水利史研究》（长濑守，1983 年）等。

早在 1961 年，姚汉源便担任水利水电科学研究院水利史研究室的学术组副组长，1978 年水利水电科学研究院水利史研究室恢复后，姚汉源担任学术组组长、硕士研究生指导教师组组长。这既是对他教学经验的充分信任，也是对他科研能力的高度肯定。他与自己最早招收的研究生周魁一、郑连第等人一道，相继培养了十余位硕士研究生，其中有郭涛、谭徐明、蔡藩等人，他们毕业后分别在水利相关部门工作，形成了一支重要的研究力量。

1987 年，刚退休的姚汉源被返聘继续从事水利史研究，同年出版了他研究中国水利史的重要著作——《中国水利史纲要》。该书是以姚汉源教授研究生的讲义稿为底本，经过多次修改、编排而成，内容全面、简明扼要、自成体系，被称为继郑肇经著《中国水利史》后的中国第二部水利通史性的个人专著。❶ 全书共 50 余万字，分为七章，对 1949 年以前中国水利发展中的治河防洪、农田水利、航运工程、工程技术、典章制度、人物文献等内容按历史发展的进程分时期进行了纵向的全面系统地介绍，提纲挈领地概括了中国水利各个历史发展时期的特点，主要线索清晰。不同于郑肇经著《中国水利史》按大江大河治理的内容逐章叙述。

我国传统史书的编纂体例有编年、纪传之分，具体到水利史编撰为分期、分类问题。古代有关水利史的内容大多附于正史河渠志、地理志中，也有按流域、地区等加以撰写，但建立在近现代的史学和科学基础上的中国水利通史直到 20 世纪才出现。❷ 张念祖所编《中国历代水利述要》按王朝更替将水利史分为八章来分别叙述。同时期郑肇经著《中国水利史》则是侧重分类的典型，从我国几大江河治理及灌溉、海塘、水利职官等方面分时或分地进行撰写。沈百先等编著的《中华水利史》对郑肇经著分类加以拓展，加入了许多现代水利科技的内容。《中国水利史稿》在姚汉源的倡导下试图将分期、分类的方法二者有机融合起来阐述，并开始按照水利史自身发展规律进行分期。❸ 姚汉源在《中国水利史纲要》中非常明确地提出了中国水利史的分期问题，而且认为有必要总结水利的发展规律。他在参考大量历史文献的基础上，经过独立考证、借鉴他人等方式，创造性地梳理出中国古代水利史自身发展脉络。不仅如此，在《中国水利史纲要》一书中，姚汉源对防洪治河、农田水利、航运工程三个主要水利门类的发展规律也提出了自己的理论认识，❹ 充分揭示出中国水利发展进程中由被动到主动、再到和谐发展的总趋势。遗憾的是，正如姚汉源所说，该书"只能提纲挈领地指出大线索，详细论证多不搀入"❺。因此，该书许多有价值的内容易被人们所忽略。2005 年，上海人民出版社将该书重新出版，并更名为《中国水利发展史》。

在姚汉源行将退休的那几年，水利史研究遇到科技体制变动带来的经费削减、机

---

❶　王培华：《元明清华北西北水利三论》，商务印书馆，2009 年，绪论、第 7 页。

❷　王志刚、张伟兵：《从〈史记·河渠书〉说到当代中国水利通史的编纂》，《史学史研究》2009 年第 1 期。

❸　《中国水利史稿》分上、中、下三册，其出版年份分别为 1979、1987、1989 年。

❹　姚汉源：《中国水利史纲要》，水利电力出版社，1987 年，第 9～14 页。

❺　姚汉源：《中国水利史纲要》，水利电力出版社，1987 年，自序。

构和人员裁减等发展瓶颈。❶ 但他并没有因此而沮丧，反倒老而弥坚。他除了积极参与到水利江河史志编写的热潮之中，对《四明它山水利备览》❷ 进行了详细地研究和注释，在新的研究领域——城市水利史研究中辛勤开拓，更在晚年写出了 120 万字的《京杭运河史》。《京杭运河史》以他在 20 世纪 80—90 年代撰写的关于运、黄、淮、海河流域的研究论文为基础加以深入、系统和拓展，按照历史分期全面叙述了京杭运河从开凿、兴盛到衰落的历史变迁。尤其着重研究了元明清时期运河的开挖疏浚治理，对河道、工程进行了详细考证，于工程技术方面着力颇多。书中还有许多关于运漕管理、人物文献等内容，共列举元明清三代水利人物 43 人，水利文献 50 种，几乎涵盖了全部与京杭运河相关的人物和文献，是中国水利史基础研究的重要成果，极大地丰富了后人的认知。《京杭运河史》的写作是在改革开放后，尤其是在国家着手论证南水北调东线工程背景下进行的，并为我国大运河申报世界文化遗产的工作提供了参考，是水利史研究具有重要文化价值和现实意义的又一成功例证。

2003 年，黄河水利出版社将姚汉源各个时期有关黄河水利史研究的重要文章共 24 篇结集出版，命名为《黄河水利史研究》，了却了他一生的黄河情、家国情。全书包括概论、黄河下游的变迁及治理、黄河与水运史、黄河农田水利及泥沙利用、附录五部分。在概论中，姚汉源将毕生研究中国水利史所思所得的文稿加以概括，一方面让人更加深刻地了解我国古代水利的发展历程和中国水利史研究所走过的路；另一方面也为其他内容的阅读作了背景知识的铺陈。黄河水利史是中国水利史研究中的重大问题，也是姚汉源用功最多、取得价值最大的研究成果之一。《黄河水利史研究》一书各专题研究内容层次分明、环环相扣，体现了黄河水利发展的内在联系。

姚汉源一生钟情水利，对中国水利史研究的发展作出了卓著的贡献，但由于时代的原因，其生命晚年成为学术"壮年"，不得不让人唏嘘。他时常感到时间紧迫，以至原本打算整理旧稿、出版回忆录的计划也没能实现，如果天若假年，预计仅腹稿就不下三四百万字。时人评论说："研究现代水利工程的姚汉源教授，以大半生的精力在中国水利史这个领域里探索，从而对现代水利建设和研究提出了许多有科学价值的创造性见解。"❸ 这或许可以作为他一生的写照。

❶ 改革开放所带来的市场化和科技体制变动，使基础理论研究性质的中国水利史研究面临经费紧张、机构萎缩、人员流失等严峻的问题。为了解决这些问题，1993 年设立了为支持中国水利史研究的中国水利史研究基金会，所筹资金主要用于保护、整理水利文献和文物，资助出版水利史志专著，开展学术交流等方面。
❷ 它山堰始建于唐代，位于浙江省鄞县鄞江镇西首，它与郑国渠、灵渠、都江堰合称为中国古代四大水利工程。《四明它山水利备览》，（宋）魏岘撰，分上下两卷，共 2 万余字，详细记载了它山堰及浙东水利情况。该书是中国最早详细介绍一方水利情况的书籍，所以备受水利史界重视，但其中错讹甚多。
❸ 瞿林东：《历史与认识》，《红旗》1985 年第 11 期。

第二章 黄河下游河道变迁
与治理新说

黄河水利史是中国水利史的重要组成部分,研究黄河水利史,首先应该研究黄河,研究黄河史。从古至今,黄河频繁改道,在塑造区域自然、社会环境方面发挥了重要作用。在有记录的两千七百多年历史长河中,黄河下游河道变迁虽纷繁复杂,但并不是毫无规律可循。姚汉源认为,长期来看黄河河道变迁根据流域、流向变化大致可分为四个时期,即北流期、东流期、南流期、回东期,并指出传统的六次大改道说的错误。黄河频繁的迁徙改道不仅使其自身呈现复杂变化,也同样影响着与之相关的江河湖泊的命运。尤其在黄淮运三位一体格局存续的明清时期,由于黄河的淤、决、徙,一方面阻碍了南北交通大动脉——京杭运河的正常通行,另一方面破坏了鱼米之乡——淮河流域的自然环境,致使黄河治理难度空前加剧。姚汉源在前人研究的基础上,通过广泛搜集、阅读历史文献,运用严谨的考证方法,从探索黄运关系的角度揭示出明清黄运关系由借黄行运到避黄行运的嬗变。姚汉源的研究是今人从历史上重新认识黄河的起点,也是黄河水利史研究新的出发点,能为当今水利规划和黄河治理提供有益借鉴。

第一节 归纳出黄河河道变迁四期说

黄河全长 5464 千米,流经青、川、甘、宁、蒙、陕、晋、豫、鲁 9 省(自治区),被视为中国的母亲河。黄河流域产生了我国最早的史前文明,与尼罗河流域、两河流域、印度河流域并称为世界四大古文明的发源地。与此同时,它也以"善淤、善决、善徙"著称,给人民群众带来深重的灾难。从历史上来看,在黄河上游的银川平原、河套平原,中游的禹门口至潼关的汾渭平原,河道都曾有过摆动;更为突出的是,在下游的冲积平原上,黄河河道有过十分频繁的决、溢、徙、改,其次数之多、幅度之大,是世界上任何一条河流所不能相比的。[1] 有人统计过,两千多年来黄河决溢达一千五六百次。这只能是一个十分粗略的统计,因为不仅在浩如烟海的历史文献中难以得出一个精准的数字,而且存在文献记载缺略的情况。姚汉源估计可能到两千多次,也就是平均每年一次。[2]

如此之多的决溢,是由黄河整个流域的自然环境和社会因素,以及下游河道具体

---

❶ 邹逸麟:《千古黄河》,上海远东出版社,2012 年,第 48 页。
❷ 姚汉源:《中国水利发展史》,上海人民出版社,2005 年,第 55 页。

条件决定的。一般认为，黄河下游的堤防系统形成于战国时期，改变了过去河身不定、漫流游荡的状态。黄河含沙量高，泥沙逐渐淤积在河槽中，"西汉时下游成为地上河，决溢成灾的记载逐渐多起来"❶。有研究者指出，当河床高出两侧平地 2～5 米，最高 6～8 米时，黄河就会决口改道。❷ 但不是每次决溢都会形成改道，姚汉源就指出："每一次决溢可以认为是一次改道或分流，但改道一般都指时间较长的变迁。"❸

历史时期黄河下游的决溢改道，根本原因在于"洪流之来去过速、携带之泥沙过多"❹；战争中的以水代兵，防治中的人工挽堵、人事不修则是主要的社会因素。决溢改道导致河床、河道、水系（湖泊）等不同程度的变化，进而影响到历史上及今后的黄河治理，因此对于这个问题不能不重视。事实也确实如此，自古及今，有关黄河下游变迁的论著汗牛充栋，其中有关改道问题看法不尽相同，主要集中在对于改道次数及具体改道上的分歧。早在康熙三十六年（1697 年），胡渭《禹贡锥指》一书中就指出自大禹治河后黄河有五大变，后人多从其说。咸丰五年（1855 年），黄河在铜瓦厢决口，夺大清河改道入海，由此产生了六次大改道的说法。六次大改道的说法指：①周定王五年（前 602 年），河决宿胥口，北由天津入海；②王莽始建国三年（11 年），河决魏郡，由山东入海；③北宋庆历八年（1048 年），河决商胡，复由天津入海；④金明昌五年（1194 年），河决阳武，经南、北清河入海；⑤明弘治七年（1494 年），黄河主流全由淮入海；⑥清咸丰五年（1855 年），河决铜瓦厢，东由山东利津入海。郑肇经著《中国水利史》、张含英著《治河论丛》等书中都采此说。1959 年出版的《人民黄河》一书则认为，黄河历史上的大改道为二十六次，并对改道提出了自己的标准，指出时间长、变化大二者缺一不可。❺ 徐福龄在此基础进一步指出"既是大改道，其影响范围就一定较大，最后要形成一个固定的河道，并具有完备的堤防工程"，并列举了三种不能算大改道的情况，认为第一种情况属于决口泛滥，第二、三种情况则属于两河分流或局部改道，黄河历史上的大改道应该为五次。❻

对于以上种种说法，姚汉源认为只是统计标准不同而已，并指出胡渭的第四、五次改道不甚可信。其实不仅是这两次不可信，周定王五年即第一次河徙也曾遭到质疑。岑仲勉先生就认为存在着两个定王五年，分别是前定王五年（前 602 年）和后定王五年（前 463 年），而前 463 年有"河绝于扈"的记载，加上其他旁证，认定为真正的河徙时间。❼ 史念海先生则又有新说，否认春秋战国时期黄河下游曾经改道。❽ 谭其骧先生认为史念海的看法

❶ 姚汉源：《中国水利发展史》，上海人民出版社，2005 年，第 56 页。

❷ 许清海等：《黄河下游河道变迁与河道治理》，《地理与地理信息科学》2004 年第 5 期。

❸ 姚汉源：《中国水利发展史》，上海人民出版社，2005 年，第 176 页。

❹ 张含英：《黄河改道之原因》，载《治河论丛》，国立编译馆出版，1937 年，第 92 页。

❺ 水力电力部黄河水利委员会：《人民黄河》，水利电力出版社，1959 年，第 34 页。

❻ 徐福龄：《对黄河二十六次大改道的看法》，《人民黄河》1987 年第 6 期。

❼ 岑仲勉：《黄河变迁史》，中华书局，2004 年，第 132、133 页；谭其骧：《西汉以前的黄河下游河道》，载《黄河史论丛》，复旦大学出版社，1986 年，第 18 页。

❽ 史念海：《论〈禹贡〉的导河和春秋战国时期的黄河》，《陕西师范大学学报（哲学社会科学版）》1978 年第 1 期。

只能否周定王五年在宿胥口决口，并不能断言黄河在这年没有改道。他还进一步指出，春秋战国时期黄河决溢改道屡见不鲜，其行经河道也时常分合不定，存在着《禹贡》河、《山经》河、《汉志》河及笃马河、商河等多种流路。❶ 这样的争论还有许多，虽然解决了一些问题，但是随之引起的新问题也不少。

姚汉源通过自身的研究，按照黄河下游河道变迁的流域及流向，将其划分为四个时期、三个流区。北流期从先秦（约公元前 2000 年）至始建国三年（11 年），共二千多年，经海河流域注入渤海；东流期从东汉永平十三年（70 年）至北宋庆历八年（1048 年），在近一千年的时间里由大清河流域注入渤海；南流期从南宋建炎二年（1128 年）至清咸丰五年（1855 年），自淮河流域流入淮河干流、长江，共七百余年；回东期从咸丰五年至今，与东流期流路接近，已经一百多年。此外，在相邻两时期内，会因黄河没有固定河道，而出现一段时间的漫流期。姚汉源的四期说直观地反映了黄河下游河道变迁的历史过程，采取分期的方法乃是将河道变迁视为一个面而不是几条线，这种从宏观上把握、以长时序考察黄河河道变迁的方法，有助于更深入了解黄河历史及其规律性特点，可以作为从历史上认识黄河的起点。❷ 正是基于这种认知，有学者总结出黄河下游区域变化具有变迁范围不出漳河、海河、大清河、颍河、淮河，变迁顺序以桃花峪一带为顶点南北扇形摆动的特点。❸

姚汉源的河道变迁四期说与流行的六次大改道说除了归纳方法不同外，在具体的黄河改道上也存在分歧，姚汉源认为金明昌五年（1194 年）、明弘治七年（1494 年）两次大改道不太可信。正确把握黄河变迁改道，需要具备两个重要的前提条件。一是史实的认定，一是标准的设定；其中认定史实是基础，设定标准是关键。那么，姚汉源是如何从这两个条件出发来阐述他的观点呢？

相信金明昌五年（1194 年）黄河大改道观点的人认为，这一年黄河在阳武决口，流至梁山泊，一支走北清河（济水故道）入海，一支走南清河（泗水故道）入淮，是"全河南徙入淮之始，亦即河之一大变局"；而且与以往"皆决而复塞，其视为固然"不同，是"任其通行不塞"❹，持续三百年左右。可见，主张该说的理由是从这一年开始黄河长期夺淮泗入海。那么，金明昌五年河徙的情况是否真如以上所言呢？

历史上黄河多次流入淮泗。姚汉源认为汉文帝十七年（前 163 年）是黄河入淮泗的最早记载，❺ 此后这类记载屡见不鲜。郑肇经就指出金明昌河决"如宋熙宁河决形势"，1128 年杜充决河，河水同样夺泗入淮。既然黄河时常夺泗入淮，那么首先需要

❶ 谭其骧：《西汉以前的黄河下游河道》，载《黄河史论丛》，复旦大学出版社，1986 年，第 18、44、45 页。

❷ 姚汉源：《二千七百年来黄河下游真相的概略分析》，载《黄河水利史研究》，黄河水利出版社，2003 年，第 139 页。

❸ 吴祥定、钮仲勋、王守春等：《历史时期黄河流域环境变迁与水沙变化》，气象出版社，1994 年，第 127 页。

❹ 郑肇经：《中国水利史》，上海书店，1984 年，第 29 页。

❺ 姚汉源：《中国水利发展史》，上海人民出版社，2005 年，第 61 页。邹逸麟认为黄河夺淮之始为公元前 168 年，郑肇经则认为是公元前 132 年瓠子决口。

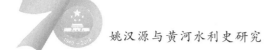

考证的是金明昌五年黄河是否存在夺淮泗入海的情况。岑仲勉指出，金明昌五年"全河入淮是真"[1]，邹逸麟不认为黄河在这一年从南、北清河入海，河决后干流仍保持在河南、徐州一线入淮，与之前无异，只是相对之前河道在阳武至曹县一段向南摆动。[2]这里需要指出的是，夺淮与入淮稍有不同，夺淮一定是有改道，而入淮则需考察前后情况才能断定是否发生改道。

姚汉源认为金明昌五年河决虽使黄河河道改变，但不能算一次大改道。黄河在经过一段所谓长期安流局面后，于唐宋之际灾害加剧，到北宋而一发不可收拾。从北宋初年（960年）到庆历八年（1048年），黄河决溢八十三次，下游决溢七十八次，平均一年一次。决溢地点集中在滑澶、濮郓等河道狭窄及转折处即险工段，而且往往形成大决大灾。[3]庆历八年（1048年），河决商胡埽，黄河北流经永济渠从天津以东入海，王景河断绝不复，东流期至此结束。商胡决口后，北宋内部出现东流、北流之争，"大趋势向北而人力强使之东"[4]，黄河也在这两个方向频繁改道，属于河道变迁过渡期，直至北宋灭亡。

南宋建炎二年（1128年）十一月，东京留守杜充在卫州至滑州间决河阻金兵，致使黄河东流至梁山泊南，再分流南北支，主流南支大致沿古荷水入泗，北支过梁山泊由古济水入海，类似1077年的情况。当时将南支称为新河，北支称为旧河，此后河道虽有摆动，但大体维持在单州、济州、兴仁、广济以北一线。[5]经过一个时期的发展，黄河下游梁山泊以上河段堤防逐步完善，泊内泥沙沉积导致泊面面积减少、地势升高、淤塞北支，引发上游河段及附近地区决溢增加。当时金朝修防采取重北轻南的政策，南向决口往往放而不堵，从而使得河道分为三支，北支走开州、济州入泗，与走曹州、单州的中支汇于徐州，南支走开封、归德，在砀山西北汇中支至徐州。[6]金明昌时（1190—1196年），北支逐渐淤塞，于是明昌四年遂有分河之议，次年阳武决口，但很快就成功堵绝。此后曹州以下黄河段向东北流入梁山泊南北分流入海，不几年又被人为堵塞，黄河仍由徐、邳入淮。[7]通过以上史实的认定，很容易得出在金明昌五年前后，黄河河道没有太大的改变，仅有的一些改变持续时间也不长，属于"黄河中段逐渐南移之一个过程"[8]，而早在1128年黄河便已夺泗入淮，比其早了六十多年，一直到清朝黄河在铜瓦厢决口改道。针对金明昌黄河大改道说的理由，姚汉源进一步指出，是胡渭没有对其所使用的论据进行深入分析，从而导致了误读。

[1] 岑仲勉：《黄河变迁史》，中华书局，2004年，第415页。
[2] 邹逸麟：《金明昌五年河决算不上一次大改道》，载《黄河史论丛》，复旦大学出版社，1986年，第148页。
[3] 姚汉源：《中国水利发展史》，上海人民出版社，2005年，第187～188页。
[4] 姚汉源：《中国水利发展史》，上海人民出版社，2005年，第205页。
[5] 姚汉源：《中国水利发展史》，上海人民出版社，2005年，第291页；姚汉源：《金代黄河的下游》，载《黄河水利史研究》，黄河水利出版社，2003年，第177、179页。
[6] 姚汉源：《中国水利发展史》，上海人民出版社，2005年，第298、300页。
[7] 姚汉源：《金代黄河的下游》，载《黄河水利史研究》，黄河水利出版社，2003年，第197～198页。
[8] 岑仲勉：《黄河变迁史》，中华书局，2004年，第415页。

明弘治五年（1492 年）黄河在黄陵岗、荆隆口决口，于张秋冲决运堤。明弘治七年（1494 年）筑塞张秋决口，并在黄河北岸修太行堤三百六十里。主张这年黄河大改道的人认为，"自黄陵岗筑断而北流绝，大河正流乃夺汴入泗合淮，遂以一淮而受莽莽全黄之水"❶，是为一次大改道。对此，与胡渭同时的学者阎若璩认为，以一淮受全河之水是在洪武二十四年（1391 年），到正统十三年（1448 年）最终合并。岑仲勉则指出胡渭的全河入淮说一在元至元二十六年（1289 年）、一在明弘治七年（1494 年）的矛盾之处，并提出全河入淮最早在金大定十九年（1179 年）。❷邹逸麟又有新意，指出河势大变在嘉靖二十五年（1546 年），全河从徐、邳夺泗入淮，南道几乎都已淤塞。❸以上可以看出，邹逸麟和胡渭一个明显的区别在于二者考察黄河河道变迁的立足点不同，邹逸麟从黄河主流的改变来看待黄河河道的变化，胡渭则以河道的地理变化来立论。岑仲勉也指出，明弘治河徙是"呆守着前人不正确的观点——即南北地域性"❹，以为北流断绝后，"便算一大变"，其实黄河正流已经南流数百年了。姚汉源同样是从河水自身的变化来看待河道变迁，他以明弘治八年（1495 年）为界，将河道变迁分为明建文元年（1399 年）至明弘治八年（1495 年）南流入颍，及明弘治九年（1496 年）至明嘉靖四十五年（1566 年）北流入涡、入运两个时期。这两个时期内河道也曾南北游荡，但黄河大趋势没有改变。因此，明弘治河徙只能算是黄河河道一个比较重要的变化，如果将它放到时间更长、程度更高、范围更广的角度来观察，则不足以称之为大改道。

近人有根据河道主要流向，同样将黄河下游河道变迁分为四个历史时期❺，还有人将东流与回东二期视为东流的前后两期。虽然这些分期与姚汉源的不尽相同，但都是建立在对黄河河道历史变迁考察基础之上，并力图探寻其变化的内在规律。姚汉源的河道变迁四期说，是按照其内在发展逻辑从宏观上对黄河河道变迁历史的整体概括，是建立在考证史实基础上的再认识。历史时期黄河河道变迁的原因错综复杂，其下游河道变迁从空间上看可以分成若干段，从时间上看又可以分为若干期。黄河下游河道变迁既是黄河上中下游整体运动的结果，也受下游不同河段的相互影响；既有自然、社会因素的长期影响，也带有区域地理与文化的鲜明特点；既受上下河段的波动影响，也受河段自身运动规律支配。但是无论如何，这些原因最终要通过河道变迁来加以表现。我们要想对黄河进行根本治理，就必须对包括河道变迁在内的黄河史进行深入研究，运用科学方法反映其变化规律，从而指导我们正确地治理黄河。

---

❶　郑肇经：《中国水利史》，上海书店，1984 年，第 42 页。

❷　岑仲勉：《黄河变迁史》，中华书局，2004 年，第 15～16 页。

❸　邹逸麟：《黄河下游河道变迁及其影响概述》，载《黄河史论丛》，复旦大学出版社，1986 年，第 228 页。

❹　岑仲勉：《黄河变迁史》，中华书局，2004 年，第 17 页。

❺　四个历史时期为：一、春秋战国时代至北宋末年，由渤海湾入海；二、金元至明嘉靖后期，分数股由淮入海；三、明嘉靖后期至清咸丰四年，单股汇淮入海；四、清咸丰五年至今，由山东利津入海。见邹逸麟《黄河下游河道变迁及其影响概述》，载《黄河史论丛》，复旦大学出版社，1986 年，第 222 页。

第二节　揭示出借黄行运到避黄行运的嬗变

黄河、淮河、运河的治理都是我国古代重大的水利问题，在三者各行其是之时，这些问题独立存在，相互较少干扰。黄淮运三位一体格局形成后，三者关系相互作用、相互影响，大有牵一发而动全身之势。处理好三者之间的关系，既是国家水利建设职能的题中之义，更是关系到政权能否稳固的重大政治经济问题。有关这一问题的研究，在诸多相关的论著中都有阐述，但以概论为主。[1] 黄淮运关系中以黄运关系最重要，也最复杂，这是由运河特殊性决定的。

我国利用水运的历史非常悠久，通常借助天然河道或人工渠道来进行运输。姚汉源很早就关注到我国古代水利中的运河问题，1966 年他自山东张秋沿运河考察了沿线七处地点，对这些地方的水利遗迹进行仔细查勘。[2] 此外，他对京杭运河以前的水运史也颇有研究，如考证了古代鸿沟水道的发展变化概况以及古代巢肥运道中肥、施二水相通的三条水道。[3] 再比如考证了唐朝幽州到营州之间黄、海、滦水系运道，指出在京津、辽东一带水运也很发达。[4] 元朝未全线开通京杭运河前，南方物资运往大都的路线主要有三条，[5] 但都存在诸多不便。三条路线可归为两种运输方式，即海运与水（海）陆联运。海运相对而言具有方便快捷、运输量大的优势。然而，海上风浪所带来的巨大安全隐患，以及航行自然条件的不确定性都是难以克服的困难，而且南方物资上船、海船下岸时仍需转运，弊端更加明显。水（海）陆联运安全性较高，但是迂回曲折，运输能力弱，不能满足元政府的需求。为此，元朝开会通河与通惠河[6]，使京杭运河全线贯通，成为纵贯南北的经济大动脉。时值元朝中后期，国内政局不稳，各种社会矛盾尖锐，穿州过省的长距离运输安全性得不到保障，加上黄河决口后屡次冲入运河、淤断运道，会通河又水源不足。故终元之世，漕运仍以海运为主。

明清时期，海运不兴，京杭运河遂成为国家大计，明清将维持运河通畅作为其最高目标。为了确保这一目标的实现，黄运关系由借黄行运演变为避黄行运。姚汉源所

---

[1] 相关研究可参见：史念海《中国的运河》，陕西人民出版社，1988 年，第七章；陈桥驿《中国运河开发史》，中华书局，2008 年，第二章；邹宝山等《京杭运河治理与开发》，水利电力出版社，1990 年，第四章；《黄河水利史述要》，水利电力出版社，1984 年，第八章第三节；《中国水利史稿》下册，水利电力出版社，1989 年，第九章第一、二、三节，第十章第二节，第十一章第三节等。

[2] 姚汉源：《京杭运河南段见闻》，载《黄河水利史研究》，黄河水利出版社，2003 年。

[3] 姚汉源：《〈水经注〉中的鸿沟水道》，载《黄河水利史研究》，黄河水利出版社，2003 年。

[4] 姚汉源：《唐代幽州至营州的漕运——黄、海、滦水系之沟通》，载《黄河水利史研究》，黄河水利出版社，2003 年。

[5] 姚汉源：《中国水利发展史》，上海人民出版社，2005 年，第 400 页。

[6] 广义的会通河指山东临清至济宁段运道，包括会通、济州两河（今亦包括鲁桥、徐州间的泗水），于 1276 年动工，1288 年全部完成；通惠河开凿于 1291 年，自昌平东南至北京东南接白河，元代河名亦可指北运河段。见姚汉源《京杭运河史》，中国水利水电出版社，1998 年，第 144 页；郭涛《中国古代水利科学技术史》，中国建筑工业出版社，2013 年，第 153 页。

认为的借黄行运包括两层内涵：①借黄河干支流河道行运（借河行运）；②引黄河水接济运道（引河济运）。二者都借助黄河的积极作用，来改善运河存在的不足。明朝前期治河意见以"分流说"为主导，主张修建引河分水，加大河流的下泄量。由于这些引河既可作为运道，所分之水还能接济运道，集防洪、济运、行运作用于一体，所以，当黄运关系发生改变时，治黄方略也必然受到影响。

一、借黄行运

1368 年明太祖定都南京，漕运尚不成为问题，此时天下初平，人心思安，也没有大兴土木整治运河的条件。但北方战争仍在继续，为转运军队和粮饷，漕运又势在必行。1368 年，大将徐达趁黄河涨溢，临时开耐牢坡堤防入黄河，后在坡南塌场口处引河济运。[1] 不久，黄河水退，塌场口淤塞，再度开耐牢坡，并建闸门控制，同时具有济运与行运的功能。洪武二十四年（1391 年）黄河在原武决口，主流向南进入颍水，另一支至东平安山，淤断会通河。此后，永乐元年（1403 年）至九年（1411 年）黄河有八年为灾。1411 年宋礼主持重开会通河，并为分杀水势，减少决溢，重开塌场口故道济运。此外，明前期还曾利用黄河南流故道行运，即沙颍运道。该运道由淮河西行，由颍河、沙（蔡）河经开封附近入黄河，朱元璋曾经此到河南等地巡视。[2] 原武决口后，沙颍运道日渐重要，不仅供应豫陕，更转运卫河至北京。当时运道沿线共有闸 18 座，后因黄河经常南泛，运道淤塞，加上会通河恢复漕运，便常废置不用。

会通河再开后，"漕运直达通州，而海陆运俱废"，但黄运关系仍然存在两个突出问题。黄河虽然正河南流，但并不稳定，主流经常因决溢而变动，这使得徐州至清口借河行运段（即河漕）常苦水源不足。同时，若黄河北决，又有很大可能冲淤张秋等地运道；若引河济运，又会淤塞运道。但在没有找到更好方法之前，只能继续借黄行运。当时，在会通河以西地区，多黄河、济水、北清河及其分支故道，明朝利用这些河道引河济运，并在运河西堤上修建闸门进行控制。正统十三年（1448 年）黄河大决，北流至张秋，冲决沙湾运堤。漕运受阻，朝廷极为重视，多次派人修治都没有成功。不久，徐有贞堵沙湾决口，开广济渠[3]，分黄济运，并在运河东堤建减水闸。得益于此时黄河主流南移，他取得了成功。

黄河主流南徙带来的另一个问题是徐州以下河漕水源不足，尤其是徐、吕二洪[4]。于是，天顺七年（1463 年），开渠引黄济二洪。第二年又有人建议济会通河，并可从

---

[1]　有人认为真正的引河济运工程开始于洪武二十四年后。见邹宝山等《京杭运河治理与开发》，水利电力出版社，1990 年，第 77 页。

[2]　姚汉源：《明代山东、河南的借黄行运——济宁西河及沙颍运道》，载《黄河水利史研究》，黄河水利出版社，2003 年。

[3]　据姚汉源考证，广济渠（河）东起张秋金堤，西南至濮阳泊，又至博陵坡，经寿张沙河至东西影塘，过范县、濮城，西经开州，接黄河、沁河。为保证安全，在渠上建闸，并多开分引水口。

[4]　二洪为徐州附近泗水上的两大险滩。徐州洪也叫百步洪，中有巨石盘踞，水少时乱石易损坏船只；吕梁洪在徐州洪南，较其更险恶。东晋开始，就有整治二洪，明朝时多次开凿二洪，并建闸门控制。

徐州借黄行运至临清。成化年间，除继续此前的引河济运外，还多次大规模整治二洪。同期，疏浚塌场口与耐牢坡之间旧河，称永通河。黄河与运河并行济运。

二、避黄行运

明朝片面的"治黄保运"政策，使明政府疲于应对，借黄行运也是利弊兼有。天顺后黄河又逐渐北徙，会通河受河患的干扰也愈发频繁。由此，黄运关系开始了从借黄行运到避黄行运的过渡，这一阶段姚汉源也称之为御黄行运。弘治二年、五年，黄河在开封、金龙口等地连续决口，白昂[1]、刘大夏[2]在北岸修建阳武长堤和北起胙城至虞城的太行堤，并于南岸分水入颍、涡，是为"北堤南分"。弘治十八年（1505 年），北岸堤成，引黄济运此后不再运用于会通河段上，转而集中于徐州附近的徐、吕二洪。明朝在会通河段上之所以能够不再引黄济运，与此时南旺分水枢纽的逐步完善有很大关系。实行"北堤南分"的政策后，黄河决溢下移至曹、单等地。每当黄河在此地决口，徐州以北运道经常被淤塞，徐、吕二洪也因水浅不能通航。[3]

御黄行运虽然减少了会通河遭受冲淤的频率，但靠近曹、单、丰、沛的昭阳湖运道却又因此而受灾。于是，嘉靖初出现了避黄行运的意见，[4] 并加以实施。隆庆元年（1567 年），北连南阳闸、南接留城的新河完工，取名南阳新河。新河完成后，漕运大畅，揭开了避黄行运的序幕。此时，黄河固定由徐、邳入淮，徐州以下运道仍为河漕。徐、吕二洪水源不足的问题虽然消失，但生性不安的黄河仍严重干扰河漕。万历二十年（1592 年），黄河大水决入昭阳湖，徐、吕二洪问题再次凸显。于是，在微山湖口建闸开泇河。[5] 此前，虽有人多次建议开泇河，但都没有实施。这次之后，至万历三十三年（1605 年），泇河全部开凿成功。河道自夏镇旧河到邳州直河口入黄河，避开徐州至邳州段的徐、吕二洪，减少了河漕的长度。明清之际，泇河以下至宿迁段经常淤塞，于是开皂河行运，宿迁以下仍为河漕。这一段河漕溯流而上，费时危险，康熙二十五年（1686 年），靳辅计划在遥缕之间开河两道，加筑遥堤，最后只开通中河。至此，黄运只交汇于清口，船出清口七里即可入中河，真正实现了由借黄行运到避黄行

❶　白昂（1435—1503），江苏武进人，明代天顺元年进士，历任礼科给事中、兵部侍郎、户部侍郎、刑部尚书等职，曾平定刘通叛乱。任户部侍郎期间，负责治理黄河，他一改以往所奉行的"分流"治黄方略，开始在徐州以上黄河北岸筑堤，防止冲塞会通河。经过治理，黄河在河南、山东的泛滥得到遏制。

❷　刘大夏（1436—1516），湖南华容人，明代天顺八年进士。刘大夏继承白昂的治河方针，堵张秋决口，加强北岸堤防，疏通南岸支流。此后河道较固定，决口开始集中在曹、单等地。

❸　有人认为导致二洪浅涩的原因是南岸分流，还有人认为是分流后黄河北徙造成的。见：邹逸麟《黄河下游河道变迁及其影响概述》，载《黄河史论丛》，复旦大学出版社，1986 年；吴萍《略论明代黄河治理的复杂性》，载《黄河水利史论丛》，陕西科学技术出版社，1987 年，第 73 页。

❹　姚汉源认为，嘉靖七年（1528 年）盛应期首先提出避黄意见，在昭阳湖东另开新河。新河地势较高，可以有效避免冲淤，还可借湖水滞洪。另有人认为，前一年即嘉靖六年胡世宁就已经有此意见。目前后一种观点被广为接受。见：姚汉源《中国水利发展史》，上海人民出版社，2005 年，第 411 页；邹宝山等《京杭运河治理与开发》，水利电力出版社，1990 年，第 80 页。

❺　姚汉源：《中国水利发展史》，上海人民出版社，2005 年，第 532 页。

运的转变。

明清黄运关系的演变十分复杂，没有清晰的界限。运河河漕段直到清朝才最终分离，明朝正德至崇祯年间还需引黄济运，姚汉源将其分成三个时期[1]，清朝也曾引黄济微山湖。但是没有界限不代表没有主线，这条主线就是从借黄行运到避黄行运。虽然黄河灾害频发，但借黄行运侧重从黄河的积极作用来看待黄运关系。实际上，黄运关系中黄河处于主动地位，黄河一"感冒"，运河就"发抖"。但在当时的人眼中，视运河为黄运关系的主导。当治黄与保漕利益一致时，明清统治者也乐于做一些治黄的工作。可当二者发生矛盾时，治黄又要服从、服务于保漕。姚汉源所认为的这条主线，是将黄运关系置于黄河水利发展变迁基础之上得出的，也就是将黄河放在更突出的位置，至少是将黄河与运河摆在同等地位，这是他与其他人对此问题看法不同的原因之一。

这种社会的黄运关系与自然的黄运关系互相冲突，促发了潘季驯"治黄保运"思想的产生与实践。主要是由于时代的原因，潘季驯的实践最后失败。但同时代的人也逐渐认识到在黄河不能得到有效治理的情况下，借黄行运只是权宜之计，御黄行运也只能是镜花水月，最现实且有效可行的方法唯有避黄行运，实际上是屈服于黄运的自然关系。明清黄运关系的演变，对于当今处理河流之间，尤其是处理人与河流、人与自然之间的关系，还有值得思考的地方。姚汉源就指出，研究以河治河、综合治理类似黄淮运关系的历史，能使当时正在实施中的"南水北调"工程获得新启示。[2]

黄淮运治理过程中，潘季驯是一个需要提及的人物。他四任总河之职，反对开南阳新河，强调黄淮运全盘治理，提出"治黄保运、治淮辅黄，束水攻沙、蓄清敌黄"的主张，并得到采纳和实践。不同于以往对潘季驯的批评，姚汉源认为潘季驯的治理意见在战略上高瞻远瞩，只是在特定条件下战术上难以实现。[3]他将潘季驯的主张总结为"以黄治黄、以水治水"理论。其中，以水治水是在通盘考虑黄淮运三者关系的基础上，利用其特征兴利除害。潘季驯治理的出发点在保运，而着眼于治黄，淮河又与二者关系密切。潘季驯不仅理顺了黄淮运关系，还恰到好处地调整了三者的关系，这一计划不失为一个十分理想的策略。但由于黄河泥沙淤积超出想象，反而在清口淤高倒灌入湖，并形成拦门沙，致使淮水排泄不畅，洪泽湖不断扩大。面对黄强淮弱的局面，潘季驯只好一面继续加强高家堰，一面建坝开河排湖水入运入江。由于洪泽湖西靠近明朝祖陵，淮水无出路则流而向西，威胁祖陵，他最终因此而被罢官。及至清朝，祖陵问题才得以消失。

---

[1]　三个时期为：正德元年至嘉靖四十五年（1506—1566 年），徐州以北需济运；隆庆元年至万历三十二年（1567—1604 年），引水济洪；万历三十二年至崇祯十七年（1604—1644 年），不再需要引黄济运。

[2]　姚汉源：《明潘季驯"以黄治黄，以水治水"的理论》，载《黄河水利史研究》，黄河水利出版社，2003 年，第 272 页。

[3]　姚汉源：《明潘季驯"以黄治黄，以水治水"的理论》，载《黄河水利史研究》，黄河水利出版社，2003 年，第 266 页。

第三章　黄河泥沙化害为利的
古今借鉴

黄河泥沙是黄河为害的症结所在，历史时期黄河治理历经治水、治沙到水沙并治的演变过程。20世纪60年代，三门峡水利枢纽因泥沙淤积而出现重大隐患，一时间人们视黄河泥沙为洪水猛兽，设计出多种方案来清除淤积泥沙，减少泥沙淤积。姚汉源通过对黄河水利的历史研究，指出泥沙有可以利用和应当利用的一面，泥沙治理应积极利用黄河泥沙进行兴利除害，而不仅局限于水土保持措施。姚汉源全面总结了我国古代人民发挥泥沙积极作用的历史，将其归纳为农田放淤与河工放淤。通过梳理姚汉源对古代黄河泥沙利用的认知与当代黄河泥沙利用的进展，我们可以看到随着科学技术的进步，人类在因地制宜创造性地利用黄河泥沙方面已经走出了一条新路。这对我国黄河的治理与开发具有重要意义。

第一节　黄河泥沙利用问题的重新提出

自古以来，黄河号称"千年难治"，出现这种现象的原因在于黄河具有水少沙多、输送不平衡的水文泥沙特点。[1] 黄河治理的首要任务是下游防洪，而主要任务是治沙。黄河泥沙的主要来源地为晋陕峡谷流域和泾渭北洛上游地区，这些黄土丘陵沟壑和黄土高原沟壑地貌区面积占黄河流域面积不足30%，[2] 却带来了90%左右的泥沙。有研究表明，黄河泥沙的危害以粗泥沙为主。在黄河16亿吨多年平均输沙量中，有1/4淤积在河道内，3/4进入河口地区，淤积在河道内的大约4亿吨的泥沙中，粒径大于0.05毫米的粗泥沙占69%，其主要来源区与全沙产区基本一致。[3] 黄河泥沙淤积在河道中，使河床抬高，降低泄洪能力，引发漫滩、偎堤、溃决等灾害，加剧洪涝灾害的发生。近现代以来，治黄方略已变为注重全面规划、综合治理，取得了一定的成果，然而泥沙问题仍然没有解决，甚至引起了一些新的问题，比如水库寿命问题、"翘尾巴"问题、磨损问题等。[4] 正是由于对黄河泥沙的危害性与严重性估计不足，才导致了

[1]　水利部黄河水利委员会《黄河水利史述要》编写组：《黄河水利史述要》，水利电力出版社，1984年，第9~10页。

[2]　姚文艺、王卫东：《黄河泥沙来源研究评述》，《人民黄河》1997年6期；谭其骧：《黄河史论丛》，复旦大学出版社，1986年，第79页。

[3]　龚时旸、熊贵枢：《黄河泥沙来源和地区分布》，《人民黄河》1979年第1期。

[4]　方宗岱：《黄河泥沙利害观的演变与发展》，《人民黄河》1988年第6期。

三门峡水利枢纽工程的困局。然而，黄河泥沙本身无所谓利害，对人类而言，泥沙堆积位置和沉积时间决定了其为害与否，黄河泥沙之害是在人与河争地、与河争水后才发生的。[1] 不应忽略的是，黄河泥沙还有可以为人类利用的一面。

新中国成立前夕，中国共产党就开始筹划水利事业。1946 年初，为应对国民政府准备堵塞花园口决堤的计划，冀鲁豫解放区设立黄河水利委员会，积极准备在黄河故道上进行大规模的复堤工作。1949 年 6 月，华北、中原、华东三大解放区的治黄机构统一组建新的黄河水利委员会，并制定了以下游防洪为重点、同时积极研究治本之策的工作方针。同年，在淮河流域成立淮河防汛委员会，明确提出"全面防汛，重点修治"方针，有力推动了淮河的防汛工作。此外，华北解放后，当地政府就提出要对永定河进行根本治理。中央人民政府成立后，面对国家满目疮痍、百废待兴的景况，将水利事业列为国民经济恢复工作的重点，但由于力量有限，难以大规模地展开。1949年 11 月，各解放区水利联席会议确定"防止水患，兴修水利"的水利建设基本方针，对于江河的治理，则"首先研究各重要水系原有的治本计划，以此为基础制订新的计划。"[2] 在此方针的指导下，50 年代各级政府一方面大力开展治黄工作，加固黄河下游大堤，修建引黄济卫、石头庄滞洪等水利工程，确保黄河下游人民生命财产安全；另一方面，以黄河水利委员会为代表的治黄各有关单位及人员，与苏联专家一道，开始了黄河治本之策的艰辛探索。

三门峡位于河南省陕县与山西省平陆县之间，是黄河流入下游前的峡谷段。黄河上游来水在这里被河中两座石岛分隔，形成三流奔腾的壮观景象，三门峡因此而得名。三门峡地形地质条件优越，岩床为坚固不透水的闪长玢岩，河道较窄，如果在此处建坝，可以控制黄河流域 90％以上的面积。早在民国时期，挪威人安立森就认为三门峡是一个优良库址，并建议在此修建拦洪水库。1949 年 8 月，时任黄河水利委员会主任的王化云等人提出在陕县至孟津之间筑坝，并将三门峡列为三个候选地址之一。[3] 此后经过国内外专家反复勘查论证，1955 年 5 月，中共中央通过了黄河水利委员会编制的《黄河综合利用规划技术经济报告》。7 月，第一届全国人民代表大会第二次会议通过了国务院副总理邓子恢所作的《关于根治黄河水害和开发黄河水利的综合规划的报告》，标志着中国历史上第一部全面、完整、科学的黄河综合规划诞生了。在这两个报告中，对治理黄河提出了系统规划，其长远目标是在黄河干支流上修建数量众多的拦河坝，将黄河改造成一条"梯河"，以达到控制利用黄河水沙的目的，根治水害，开发水利。改造成梯河的第一步，是将黄河中游分成四段，分别选择合适地点建造四个大型水利枢纽，同时在重要支流上修建一批水库，用于拦蓄支流泥沙。三门峡水利枢纽作为第一个上马的重点工程，设计正常高水位为 350 米，库容 360 亿立方米，建成后

---

[1]　韦直林、王嘉仪、王增辉、王二朋：《论黄河泥沙的"两极"治理》，《人民黄河》2012 年第 2 期。

[2]　李葆华：《当前水利建设的方针和任务》，载水利部办公厅编《1949—1957 年历次全国水利会议报告文件》，内部印行，1987 年，第 11 页。

[3]　王化云：《治理黄河的初步意见》，载《王化云治河文集》，黄河水利出版社，1997 年，第 16 页。

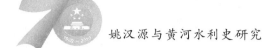
按照"蓄水拦沙"的方式运行，可以起到防洪、灌溉、发电、航运等综合效益。

三门峡工程的主体设计是由苏联专家完成的，工程从 1957 年 4 月开工，至 1960 年 6 月竣工，共耗时三年左右的时间。三门峡工程建成后的第二年，渭河口就出现"拦门沙"现象，到 1962 年三门峡水库泥沙淤积多达 15 亿吨，远远不能达到原先设计规划的水库 50～70 年使用寿命。更为严重的是，泥沙淤积抬高了渭河水位，致使关中地区大量农田房屋被淹没，地下水位不断抬高，土地盐碱化现象加剧，库岸严重坍塌，还威胁到西安市及周边地区的安全，一时间人们谈沙色变。

三门峡工程出现失误的主要原因在于轻信和迷信苏联专家，低估了泥沙淤积速度和由此带来的危害，同时又对黄河中游的水土保持盲目乐观。当时认为，以三门峡水库的巨大库容量，完全能够容纳上游全部来沙，但事实证明并非如此。1962 年 3 月，为解决泥沙淤积问题，水库运行方式由蓄水拦沙改为滞洪排沙，想方设法排沙入海。但这样一来，黄河下游又回到之前的状态，三门峡工程的作用大打折扣。同时，黄河水利委员会在改、增建排沙底孔的基础上，又提出"上拦下排"的补救措施。

针对三门峡工程失误的原因以及改建过程中出现的争论，姚汉源借鉴古人智慧，提出了自己的观点。对于失误的原因，姚汉源进一步指出，之所以忽略了黄河泥沙淤积的严重性与危害性，是由于没有重视对黄河历史的研究，没有分清多沙河流与清水河流的性质差异。河流中多少都含有泥沙，含沙量增减到一定程度，会引起河流性质的变化，河流的水利特征也将随之改变。苏联的水利建设以清水河为主，水利工程的对象与中国不同，因此不能盲目引进应用其水利科技。

实际上，我国古代劳动人民在长期生产实践及与黄河搏斗的过程中，很早就认识到黄河的泥沙特性，且有针对性地加以改造利用。《左传》中有"俟河之清，人寿几何"的说法，张戎在《汉书·沟洫志》中指出："河水重浊，号为一石水而六斗泥。"❶古人对黄河泥沙运动的认识主要表现在黄河水流含沙量，泥沙淤积规律，泥沙冲刷规律，"束水攻沙""蓄清刷黄"理论，河道变化与泥沙冲淤关系等方面，并在泥沙清浚、束水攻沙，王景、贾鲁治河，河口治理，泥沙利用等方面加以实践。❷姚汉源认为"我国古代北方特别重视泥沙问题"，"治水思想不单从水着眼，有时还从泥沙着眼，以沙为主"，并进一步指出"不但要兴水利，除水害，而且要兴沙利，除沙害"。❸翻开古代治黄史，仔细考察一番便不难发现，从大禹到潘季驯、靳辅等诸多治黄名家，其治河有绩在于重视泥沙，其治效长久在于利用泥沙。

传说中，禹利用与其父鲧堵塞不同的治河方法——疏导，解决了水患，赢得了人民的拥戴。但禹从泥沙着手，给水和泥沙以出路来治理黄河，利用泥沙淤垫大片土地，即所谓"地平天成"，更能说明问题的实质。❹西汉贾让提出著名的"治河三策"，上策

❶ 许嘉璐：《二十四史全译·汉书》第二册，汉语大词典出版社，2004 年，第 768 页。

❷ 李可可、黎沛虹：《简论我国古代黄河泥沙运动理论及其实践》，《人民黄河》2002 年第 4 期。

❸ 姚汉源：《从历史上看多沙河流的水利特征——放淤与排沙》，《中国水利》1981 年第 1 期。

❹ 方宗岱：《黄河泥沙利害观的演变与发展》，《人民黄河》1988 年第 6 期。

为改河，强调不与水争地，客观上起到放淤的效果；中策为分流，近似于"散水匀沙"❶，其"三利三害"说中还表达了充分利用黄河水沙资源来发展农业生产的意见。东汉王景治河的功绩历来为人们所推崇，虽然历史的真相如何我们不得而知，但有一点可以肯定，即重视泥沙。由于记载的缺简，人们对王景治河的具体活动众说纷纭，其中一般都认为"十里立一水门，令更相洄注"是调节黄河水沙的工程措施。❷ 元末贾鲁治河，堵塞白茅口，重点放在便利行流冲淤的河道整治及与泥沙密切相关的清浚、裁弯取直等工程上。潘季驯则明确提出了"束水攻沙"的方针，筑高家堰蓄清敌黄，使以往的单纯治水发展为注重治沙、沙水并治，并进一步提出引洪淤注、淤滩代缕的泥沙利用思想。❸ 但从根本上说潘季驯仍然将黄河泥沙认为是一种危害，试图挟沙归海，最终没有达到预期效果，反而因河槽缩小而加剧决堤，不几年黄河就再次决口，因此有人称"明代河务一团糟，是有史以来最坏的一个时期"❹。靳辅、陈潢继承了潘季驯的理论，同时更加注重泥沙问题，提出"源流并治"，综合治理上中下游；❺ 对下游泥沙辅以人工挑浚；重视河口泥沙淤积问题，主张以挑浚、筑堤相结合加强入海口治理，指出"（云梯）关外之底既垫，则关内之底必淤"。

对于如何解决三门峡水库的泥沙危机，姚汉源认为首要的是转变认识，不能因为出现严重淤积就片面地视沙为害。通过研究历史，他发现古代在利用泥沙方面的经验有助于解决泥沙淤积。他认为应该将古代的放淤和淤灌作为控制利用泥沙的措施来看待。泥沙的兴利除害与水一样，能够通过一系列的技术措施来完成，对泥沙问题只着眼于拦、排是不够的。在水土保持工作不能很快见效的情况下，今后应加强对泥沙利用技术的研究。

1964 年 12 月，国务院召开水利相关单位负责人及专家学者参加的治理黄河会议。这次会议主要是讨论三门峡工程改建问题，但围绕改建问题，形成了关于如何治理黄河的大讨论。当时的讨论意见主要有四种，分别是汪胡桢主张的维持现状派，杜省吾提出的"炸坝"派，王化云代表的"拦泥"派，林一山的"大放淤"派，其中以放淤与拦泥两派的意见为主。❻ 林一山主张在黄河流域大搞引洪放淤，将黄河水沙"分光吃净"，既可以节省修建拦泥水库的大量资金，还可以利用黄河水沙发展工农业生产。在向周恩来总理说明其观点时，林一山将姚汉源的研究作为其主要论据。❼ 这一建议受到周恩来总理的重视，并得到水利电力部和张含英等人的支持。❽ 此后，林一山等人在黄

---

❶　姚汉源：《从历史上看多沙河流的水利特征——放淤与排沙》，《中国水利》1981 年第 1 期。

❷　武汉水利电力学院、水利水电科学研究院《中国水利史稿》编写组：《中国水利史稿》上册，水利电力出版社，1979 年，第 181～183 页。

❸　姚汉源：《中国水利发展史》，上海人民出版社，2005 年，第 455 页。

❹　岑仲勉：《黄河变迁史》，中华书局，2004 年，第 545 页。

❺　涂海洲：《历代治河方略与河流中的三对矛盾》，《人民黄河》1986 年第 3 期。

❻　王化云：《我的治河实践》，河南科学技术出版社，1989 年，第 207～209、211 页。

❼　林一山：《林一山回忆录》，方志出版社，2004 年，第 238 页。

❽　王化云：《我的治河实践》，河南科学技术出版社，1989 年，第 211、213 页。

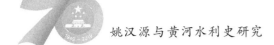

河上进行放淤稻改试验，收效明显，并得以广泛推广，说明"从发展农业中找出治黄的新出路，是完全有理论根据的"❶。

姚汉源除了在农田水利方面提出利用泥沙的意见外，还进一步写出了数篇文章研究古代在河滩放淤固堤方面利用泥沙的历史，拓展了对发挥泥沙积极作用治理黄河的认识。这些文章当时由于时代原因并没有公之于世，直到 20 世纪 80 年代才得以发表。在这十几年间，有关黄河泥沙利用的理论和实践迅速发展，以往存在的一些问题已经得到解决，充分表明姚汉源意见的正确性与可行性。

第二节　对历史时期黄河泥沙利用的概括与总结

姚汉源有关利用以黄河为代表的北方多沙河流中的泥沙、发挥其积极作用的思想认识，来源于他对历史经验的总结和现实问题的思考，而他之所以能够取得这种认识，又与他深厚的史学功底与专业的水利知识密切相关。现如今，这些认识有的已成为水利史的基本常识，有的还有继续深化的必要。在此之前，有关泥沙利用问题的专门研究不多，在冀朝鼎❷的研究论文中，对我国古代在农业生产中利用泥沙河流灌溉的情况进行了分析。❸ 李仪祉有关黄河固堤护滩的意见，与古代的方法十分类似，相信是取材前人的结果。❹ 以下就姚汉源有关古代黄河泥沙利用问题的认识加以概括分析，以期更加全面系统地了解他对这些问题的看法，同时也能够使今人以史为鉴，在今后解决黄河泥沙问题、综合利用黄河水沙资源方面有所启发。

一、古代对黄河泥沙利用的认识

古代对黄河泥沙的利用主要表现在农田水利和防洪治河方面，所以对其认识也比较集中于此。我国北方因河流含沙量普遍较高，在引水灌溉中实际上也不可避免地带来了大量泥沙，这种灌溉条件与清水河流不同，姚汉源称之为淤灌。❺ 古代认识到泥沙带来的好处，姚汉源认为最早可上溯至春秋战国，秦朝时也认识到用含沙量高的河水即浑水灌溉可以增加产量。西汉时期更进一步，不仅明确了浑水灌溉的益处，还区分出水沙的不同作用，即水流灌溉，泥沙肥田。泥沙除肥田外，还有改良盐碱、沼泽地，平整土地等作用。用含沙量高的河水进行农业生产是由黄河流域特殊的自然环境决定的，当人们认识到河水中的泥沙能够肥田后，于是产生了利用人工措施有目的地控制

❶　林一山：《林一山回忆录》，方志出版社，2004 年，第 240 页。

❷　冀朝鼎（1903—1963），山西汾阳人。我国著名的经济学家、国际活动家。1924 年留学美国，获哥伦比亚大学博士学位，他的博士论文《中国历史上的基本经济区与水利事业的发展》，通过对我国古代水利事业发展过程的阐述，提出了我国历史上基本经济区这一重要概念。

❸　冀朝鼎：《中国历史上的基本经济区与水利事业的发展》，中国社会科学出版社，1981 年，第 16～23 页。

❹　《李仪祉水利论著选集》，水利电力出版社，1988 年，第 189～197 页。

❺　姚汉源：《中国古代的农田淤灌及放淤问题——古代泥沙利用问题之一》，《武汉水利电力学院学报》1964 年第 2 期。

引导河水中的泥沙，用以淤平盐碱、沼泽、洼地等来增加生产生活用地的想法，古代称之为放淤。农民对放淤持赞同态度，称淤地为铺金地，甚至不惜盗决堤防来放淤肥田。政府官员的态度则较为谨慎，他们更多考虑放淤的安全性及与其他水利目标的矛盾，❶也有部分官员支持有条件的放淤，有的甚至因此反对筑堤。

在防洪治河方面，先秦时期出现了利用泥沙"束水攻沙""落淤固堤"的最早认识，即《周礼·考工记》中"善沟者水漱之，善防者水淫之"的记载。❷也有很多人认为东汉王景治河的成功之处，就在于采取了放淤固堤的措施。古代防洪治河主要采取在河道两岸修建大堤的方法，但在一些河道曲折、大溜顶冲河段仍然容易发生冲决堤防的事故。另外，大量泥沙长时间淤积在两堤河槽内，导致河床不断抬升，洪水时河水时常溢出河槽或堤岸。当洪水退却时，水中的泥沙便停留在岸上，如此长年累月后，河岸淤高，形成天然堤防，这是一种自然落淤。明清时期，人们对河工放（落）淤已有较高认识。明代刘天和的植柳六法中有一种"漫柳"，即是通过在河岸栽柳树来落淤。潘季驯的想法最具代表性。潘季驯虽主张束水攻沙，排沙入海，但也认识到放淤固堤的重要性。他创遥、缕堤之制，同时在它们之间修建格堤❸，目的是截停决溢洪水的泥沙。后来，他又提出了"淤滩代缕"的思想。黄河长期以来是个复式河槽❹，缕堤为了束水需逼近河岸，容易溃决，修守成本高。采用淤高河滩来代替缕堤的办法，能有效降低成本，继续发挥束水攻沙的作用。❺以后，清代有人提出利用放淤来代替埽工❻，整治险工段。陈宏谋❼对放淤规划、组织、技术等有较完整的论述。

总之，古代对于黄河泥沙的益处早已充分了解，同时在农田水利、防洪治河方面利用黄河泥沙也有丰富的经验。反对以放淤方式利用泥沙的意见也很多，但姚汉源认为反对的原因表面上看是考虑到放淤风险及放淤效果，根本上还是所处立场尤其是阶级立场不同造成的。

二、古代对黄河泥沙利用的实践

古代利用黄河泥沙的实践，因地域、地点、目的、手段等不同，名称也不尽相同。汉代在关中地区、唐朝在汴渠上都实行过农田放淤，北宋是农田放淤的高峰期。王安

---

❶　姚汉源：《历史上中国多沙河流的泥沙问题与治沙措施》，《中国水利》1981年第1期。

❷　姚汉源：《中国古代的河滩放淤及其他落淤措施——古代泥沙利用问题之二》，《华北水利水电学院学报》1980年第1期。

❸　格堤也叫横堤，其主要作用在于防止溢过缕堤的洪水沿遥堤顺流成河，冲刷堤根。

❹　所谓复式河槽，是指两堤之间除了河槽外，还有比较宽广的堤岸。

❺　徐福龄：《黄河下游河道滩区治理的历史演变》，载中国水利学会水利史研究会编《黄河水利史论丛》，陕西科技出版社，1987年，第18～19页。

❻　埽工是中国特有的一种用于护岸、堵口、筑堤等工程的水工建筑物。埽就是用梢芟、薪柴、竹木等软料，夹以土石，卷制捆扎而成的水工建筑构件，又称埽捆。将若干个埽捆连接修筑成护岸、堵口等工程就叫埽工。

❼　陈宏谋（1696—1771），广西桂林人，雍正元年进士。他为官四十余年，任职十二省，颇有政绩。外任期间，大兴水利，尤其在任直隶天津道期间，在永定河、南运河等河流上进行放淤，肥田固堤。

石变法期间，政府大力推行农田放淤，整个黄河中下游地区放淤规模巨大，效果也很明显。以后农田放淤大多是地方或民间自发行为，相关记载虽少，但实践的不会少，似乎成为一种常态。姚汉源将黄河流域的农田放淤实践按照河段、水源、方式分为四种类型。第一种是利用山溪雨洪淤地灌田。这种方式历史悠久，以山西为典型。它利用春夏雨季的山洪浊水（天河水）和泉水所挟泥沙淤灌，依靠工程手段开渠分引，起到灌溉肥田、改良盐碱地或压盖风沙等作用。❶第二种为上中游河滩地引洪水淤漫造田。具体做法为，首先选择河道稳定的滩地，使用物理化学方法凿石平整滩地，再引水入滩落淤成田，进行水旱作物轮种；同时为防范涨水而修建石堰捍御。❷第三种为上中游开渠引浑水淤灌造田。北方灌溉本为淤灌，但当时官府更重视浸润而忽视肥田。许多渠道都有除沙的措施，使得两种灌溉方式界限模糊。但是，山西等地民间仍然在春灌时引洪漫淤，进行淤灌。第四种为下游放淤肥田。这种类型的放淤方式与河工放淤中的某些技术相类似，经北宋的发展高潮后鲜有记载。

河工放淤是在明清时期得到发展完善的。防洪治河上的放淤主要在河滩上进行，故也统称为河滩放淤，一般采取简易措施来自然落淤。刘天和的"漫柳"是总结劳动人民实践经验所得，清代在黄淮交汇下游利用木龙❸等建筑物落淤生滩等都属于此类。河滩放淤除了巩固堤防外，被淤的河滩地还是上好的农业生产用地。固堤放淤是指以巩固堤防为目的的放淤。万恭是有记载的固堤放淤最早使用者，他的方法是修建过水矮堤，利用河水涨落落淤，并在黄河徐州段实际使用。潘季驯的格堤放淤后来有所发展，清末在山东蒲台、利津黄河段曾试行。河工放淤在清代中期达到顶峰，道光后由于河政腐败等原因，有记载的放淤大幅减少。靳辅曾在江苏黄河的埽工段引洪淤注。在大堤决口处容易留下决口时的深潭等洼地，决口漫流之水还会导致遥堤前出现深沟，这些对于大堤安全都是极大的隐患。靳辅利用涵洞、闸门等手段，引水入两堤之间淤注以固堤。陈宏谋两年时间内在南运河上放淤固堤达几十处，这些经验以后也在黄河上试行。

三、古代黄河泥沙利用的方式方法

古代黄河泥沙利用技术是一个不断发展完善的过程，由于具体条件不同而采取不同的技术手段。农田放淤与河工放淤所采用的方式方法基本相同，其差别在于排水部分，河工放淤所引之水一般在下游再排入江河，而农田放淤则需根据具体情况决定。此外，农田放淤的质量要求相对放淤固堤要高。下面以月堤❹放淤来说明古代一套完整的放淤固堤的大致流程。

---

❶❷　姚汉源：《中国古代放淤和淤灌的技术问题——古代泥沙利用问题之三》，《华北水利水电学院学报》1981年第 1 期。

❸　木龙名称出现较早，主要用以治水，如护岸、堵口等，清朝时用来落淤。木龙是用竹缆绑扎九层木材而成。

❹　月堤也叫越堤，修筑在遥堤或缕堤的危险地段，形似半月，两头弯接大堤，对大堤起保护作用。放淤固堤中，利用月堤大小划定放淤范围，同时发挥安全保障作用。

首先是引水。引河水流入内塘的水道叫进水沟或进黄沟，进黄沟的设置和进水口的选择因情况不同而有所不同。黄河上进黄沟为倒钩式❶，进水口既可以在顺溜处，也可以位于背溜处。若位于顺溜处，则进水速度和泥沙含量相对更快、更高，但风险系数更大。进黄沟一般较浅，沟身上宽下窄，要进行镶砌。

其次是输水。输水根据放淤方式不同分几种情况。如果是静水放淤，则按照顺序先开引水口引黄，等一段时间河水澄清后，再开排水沟排水入正河。如果是流水放淤，内塘中首先应积有清水。若无清水，可先开排水口引溜倒灌塘内，然后再引黄入内，以黄排清，保证放淤质量。

最后是排水。排水沟也称顺清沟，一般位于河流顺溜处。为了降低沟水面，沟身要求较深，保持与月洼底平行。进出水口都可以通过修建涵洞、闸坝进行控制，同时可以根据情况临时增减。进出水口还可以通过改变水口上下唇的方式来转换溜向，如进水口不在迎溜处可将其上唇缩进若干寸、下唇增加若干寸的方法迎溜，排水口反之亦然。

以上为古代固堤放淤方式的一般情况，但实践过程中，会根据放淤目的、当地情况、突发事件等做出相应的补充和调整，尽力发挥放淤效果，避免可能由此带来的不良后果。

四、古代黄河泥沙利用的经验教训

放淤实际上是一种人为决堤，它在带来莫大好处时，也存在巨大的风险，所谓"工险而效大"。古代在利用黄河泥沙积极作用的过程中，有成功的经验，也有失败的教训❷，这些都值得今人引以为鉴。

首先是放淤时机的选择。放淤一般在春、秋汛期进行。虽然汛期引水增加了决堤风险，但在采取一系列的防护措施后风险已大大减少。汛期水量大，泥沙含量高，而且泥的比例较高。水量大有利于顺利引水，含沙量高则能提高放淤效果，尤其能提高土地肥力，防止沙化。

其次是放淤前后的准备。安全是放淤中的首要问题，在放淤前都要对原有的堤防系统进行严格检查与加固。对于放淤时需新建的月堤等工程要格外重视，一般情况下可加戗堤保护。在进行规模较大的放淤时，内塘风浪太大可能引发决溢，这时需提前准备一些防风浪的措施，如植柳，镶砌防风埽等。放淤后，继续对堤防进行修守，否则容易因大水冲刷生成险工。

---

❶　所谓倒钩式是指临河进水口位于内塘进水口的下游，河水逆流而上进入内塘。目的是防止大溜进入内塘，造成决口等危险。

❷　姚汉源总结清朝乾隆至道光年间黄河上固堤放淤成功的经验主要有：①埽后放淤；②决口坑塘放淤；③御溜救险放淤；④涨水刷堤决缕，内塘成为水戗，澄淤；⑤决口堵筑之大坝、二坝、三坝间放淤。失败的教训主要是：①内塘大，不敢流水放淤；②内塘水面风浪太大生险；③新淤成后不再修守，为大水淘刷又生险工；④内塘太大，引黄不能淤满，清水无退路。（参见姚汉源：《河工史上的固堤放淤》，《水利学报》1984年第12期。）

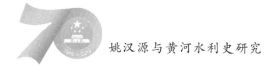

最后是思想观念的转变。古代对于放淤的反对声浪从来不曾平息，他们反对的理由很多，有的也是十分中肯。但是在既有成功经验的示范下，不能因为存在某种困难，尤其是技术上的困难，就反对甚至禁止。

五、从古代黄河泥沙利用看黄河治理与泥沙利用

姚汉源认为，黄河水利"是水沙混合体的兴利除害"[1]，治水有蓄、引、调、配、排等一系列措施，治沙也应当有一系列相应的措施。他立足于历史经验，将我国古代多沙河流的泥沙问题概括为古鸿沟水系的缓流沉沙、汴渠的急流挟沙、海河水系的散水匀沙、明清治河的束流刷沙、黄淮合流的清流释沙、人工放淤的疏流囊沙六种类型。[2] 这些类型实际上也可以作为处理泥沙的规划性意见和战略性措施，而最终目标是综合利用水和泥沙，兴其利，除其害。虽然古代水利技术远远落后于现代水利科技，但这不应该成为轻视古代经验的理由。古代泥沙利用的思想认知应该被重视。

在这一认识的基础上，20世纪六七十年代，我国提出了"拦、排、放"相结合的泥沙处理原则，并规划在黄河下游大规模放淤；1975年以来共引洪淤滩十多次，淤地2.0万公顷，放淤约1.7亿立方米；截止到1999年，河南、山东共淤临、淤背堤防600多公里，淤筑土方5.3亿立方米。[3] 于1997年完成并通过的《黄河治理开发规划纲要》中，提出"拦、排、调、放、挖"综合治理泥沙的措施，1999年在《黄河的重大问题和决策》中再次强调了这一措施。

进入新世纪以来，人们在泥沙利用方面又取得了新成就，突破了以往放淤中的一些瓶颈，如在小北干流放淤就是一个例子。它以"淤粗排细"为主要目标，是泥沙处理的一条新途径，其意义一方面在于其放淤地点为黄河中游的禹门口至潼关段，不仅局限在黄河下游地区；另一方面，小北干流有600平方千米的滩区，预计可放淤泥沙100亿吨，放淤规模前所未有。[4] 此外，随着社会经济的发展进步，黄河泥沙的积极作用更加凸显，除放淤固堤和肥田改土外，还能在工程用土，发展空心砖、多孔砖、装饰砖等建筑材料，生产高附加值产品等方面加以利用。利用泥沙的出发点是减少泥沙淤积给黄河带来的不利影响，在泥沙利用科技取得突飞猛进的当下，有学者主张从直接利用和转型利用两方面进行黄河泥沙资源利用，并将其上升到黄河治理开发的第四次重大变革的战略高度，按照"拦、排、调、放、挖、用"的方针综合考量。[5]

---

[1] 姚汉源：《从历史上看多沙河流的水利特征——放淤与排沙》，《中国水利》1981年第1期。

[2] 姚汉源：《历史上中国多沙河流的泥沙问题与治沙措施》，载《黄河水利史研究》，黄河水利出版社，2003年。

[3] 王开荣、李文学、郑春梅：《黄河泥沙处理对策的发展、实践与认识》，《泥沙研究》2002年第6期。

[4] 有关小北干流放淤规划，可参见李晓飞、马继锋《拦截粗泥沙 放出新天地——黄河小北干流放淤试验纪事》，载郭国顺主编《黄河：1946—2006——纪念人民治理黄河60年专稿》，黄河水利出版社，2006年。

[5] 冷元宝、宋万增、刘慧：《黄河泥沙资源利用的辩证思考》，《人民黄河》2012年第3期。

第四章　黄河重大水利事件的再认识

在黄河水利史中，曾经出现过许多耳熟能详的水利人物和水利故事，这些人物和故事构成了一个个水利事件。这些事件的发生与存在，既是水利建设的实际要求，也与政治、经济的具体运作密切相关；既可作为黄河水利发展阶段的重要表征，也成为中华文化的重要内容。研究它们，不仅可以全面认识其历史地位与历史意义，丰富中华文化的深刻内涵，还能探求水利与社会之间的互动关系，为当今水利事业提供经验借鉴。战国时期水工郑国负责在秦国关中地区修建引泾灌溉工程，这一工程规模巨大，在即将完成之时却因郑国间谍案而差点停工。东汉王景治河的功绩历来被人们所推崇，有人甚至将此后黄河长期安澜的功劳全部归功于此，但也有人认为言过其实，从其他方面寻找黄河安澜的原因。姚汉源将水利史作为社会历史的一部分来研究，指出郑国"间谍"之名乃属诬告，是秦国内部政争的结果；王景治河虽成效很大，但不足以维持黄河数百年的安澜，安澜原因受自然、社会因素的复杂影响。

第一节　被政治污名化的水工郑国

郑国渠也称郑渠，是中国古代著名的水利工程，它修建于战国末期秦国的关中地区，是历史上首次以工程主持者名字命名的工程；它还首创引泾灌溉，向东注入洛水，这一方式被后人一直沿用至今。整个工程全长 126 千米，规模巨大，耗时十余年，期间解决了众多工程技术难题，对当时的政治、经济、军事、文化等方面都产生了十分重要的影响，使原本不甚肥沃的关中地区变成富庶之地，"秦以富强，卒并诸侯"[1]。

这样一个历史悠久、影响重大的工程，历来是人们的关注对象，但与其他类似问题的研究相比，却又显得稀少和粗浅。以往对于郑国渠的研究主要集中在两方面：一是从工程技术史的角度，针对郑国渠的实际情况，就其引水口位置、引水技术、灌溉面积等进行研究；二是考察郑国渠开凿过程中的社会经济意义，就其历史背景、历史作用、文化内涵等加以探讨。我国古代正史中的历史记载通常都比较简略，水利记载也不例外，加上早期并没有较详细的水利专书，这就使研究呈现见仁见智、众说纷纭的情况。

1985 年开始，研究人员对郑国渠渠首所在的地区进行实地调查，历时三年，基本

---

[1]　司马迁：《史记》，线装书局，2006 年，第 132 页。

确定了郑国渠渠首位置及其渠系，更正了将所谓汉代"井渠"遗迹作为郑国渠渠首等错误❶。但是，调查组所认定的渠首拦河坝及与之配套的引水渠、退水槽等遗存却受到不少质疑。关于郑国渠渠首的工程措施，也就是引水方式问题，共存在三种不同的观点。第一种观点最早出现在明代，时人认为在郑国渠渠首附近置有石囷❷，每排计有一百多个，共一百二十排，用以壅水。近代著名水利专家李仪祉进一步指出渠首为筑坝蓄水，与现代水库无异，并推测出拦河坝的长、宽度。20 世纪 80 年代考古人员通过实地调查，利用多种学科知识和科技手段，发现了战国时期郑国渠渠首遗迹，进而将其作为渠首拦河坝遗存，使郑国渠拦河引水的观点广为传播。第二种观点正好与此相反，主张郑国渠渠首为无坝自流引水。叶遇春指出郑国渠渠首拦河蓄水观点的不合理性，认为建坝成库不仅很快将被淤塞，而且库容太小，难以蓄水防洪。他认为渠首应为无坝自流引水，所谓大坝遗址是自流引水系统遗迹，西面土坝断面为工程弃土，作为拦洪土堤使用。❸ 第三种观点则在以上观点的基础上加以综合，认为引水方式为导流壅水。这种方式采取在渠首以下向河中修建部分坝体，用以抬高河水水位，使水顺坝入渠。由于郑国渠建成后被认为具有淤灌效果，而当时一般采取洪水漫灌的方式来达到引浑淤灌的要求，这就使导流壅水成为可能。导流壅水说不仅符合所发现遗址的实际情况，而且与当地水文地形特征相一致，还能解释文献中的记载，❹ 具有较高的可信度。

除此以外，郑国渠的技术史研究还包括供水输水、渠系布置、灌溉面积、淤灌技术等内容。其中，孙达人利用文献记载详细考证出郑国渠的渠线布置走向，并指出始终选择较高布线高程是为了最大限度地利用沿途水源和扩大灌溉面积。❺ 孙保沭则更倾向于认为郑国渠横穿沿线天然河流是采用了修建拦河滚水坝的方式，而不是所谓的渡槽。❻ 对于郑国渠灌溉面积过大的问题，昌森认为"四万顷"（折合现在 280 万亩）是指郑国渠所能灌溉的最大面积，并不是实际受水或有效灌田面积。❼ 这类的研究还有不少。❽ 总的来说，郑国渠在开凿过程中克服了众多技术难题，达到了较高的技术水平，在当时来说是非常伟大的成就，是古代水利工程的杰出代表。

中国古代的经济基础是农业，而农业生产对于自然条件要求较高，尤其需要充足的灌溉用水。为此，古代兴建了大批水利灌溉工程，以维持农业生产，确保经济发展。众所周知，经济发展与政治稳定、军事斗争等密切相关，作为发展经济所必须的水利

---

❶ 赵荣、秦建明：《秦郑国渠大坝的发现与渠首建筑特征》，《西北大学学报（自然科学版）》1987 年第 1 期。这条渠道实际上是清代末年的一条废渠遗迹。

❷ 石囷，又称石囤、木柜、木笼，是在圆木绑扎的圆形、方形或矩形框架中装有大卵石或块石的水工构件。

❸ 叶遇春、张骅：《郑国渠渠首引水方式的争论与考证》，《文博》1989 年第 1 期。

❹ 李令福：《论秦郑国渠的引水方式》，《中国历史地理论丛》2001 年第 2 期。

❺ 孙达人：《郑国渠的布线及其变迁考》，载《周秦汉唐文化研究》第一辑，三秦出版社，2002 年。

❻ 孙保沭、宋文：《郑国渠的历史启示》，《华北水利水电学院学报（社科版）》2008 年第 3 期。

❼ 昌森：《对郑国渠淤灌"四万余顷"的新认识》，《中国历史地理论丛》1997 年第 4 期。

❽ 李昕升：《郑国渠技术成就研究评述》，《华北水利水电大学学报（社会科学版）》2014 年第 2 期。

建设，自然不能"独善其身"，郑国渠也不例外。据历史记载，郑国渠的开凿起源于韩国的"疲秦计"。战国后期，秦国经过商鞅变法后一百多年的不断发展壮大，成为东方六国的心腹大患，韩国因所属地理位置而首当其冲，不断被秦国侵扰蚕食。因此，韩国派水工郑国前往游说，希望通过修建大型水利工程来消耗秦国国力，"毋令东伐"。郑国的建议最终得以采纳，但是动用巨大的人力、物力建设这样一条灌溉渠道，在秦国内部也存在意见分歧，而且还很尖锐。"文化大革命"后期，"四人帮"为批判林彪所谓的"尊儒反法"，搞影射史学，并将矛头指向老一辈革命家。他们将郑国渠的开凿归结为以秦始皇为代表的法家路线与以吕不韦为代表的儒家路线斗争的结果，认为开渠是秦始皇的决定。虽然这类为政治服务的文章有歪曲事实之处，但他们也道出了郑国渠背后存在的复杂斗争，只不过斗争双方变成了吕不韦的客卿势力与秦国宗室势力。

要想搞清楚到底是谁决定开凿郑国渠，首先要确定其开凿年月，而这又涉及历史上著名的逐客事件。将二者联系起来源于《史记》的相关记载。《史记·李斯列传》云："会韩人郑国来间秦，以作注灌溉，已而觉"，于是秦宗室大臣"请一切逐客"，李斯乃上书，"窃以为过矣"。《史记·秦始皇本纪》中又载，秦始皇十年（前237年），"大索，逐客，李斯上书说，乃止逐客令"。这就使人产生一种错觉，以为郑国渠的开凿在始皇十年前后。唐代张守节的《史记正义》中，就直接认定修渠在始皇十年。实际上，《史记·六国年表》中明确记载有开渠的时间，"始皇帝元年，击取晋阳，作郑国渠"。有学者研究认为，《史记》中《六国年表》简略但编纂错误较少，而诸如《本纪》《世家》《列传》等更易出现错简及误抄。[1] 再加上郑国渠规模巨大，其修建不会是一朝一夕之事，所以实际情况大概是始皇元年开始修渠，并持续到始皇十年。既然开渠在始皇元年，那么决定开渠的就有很大可能是当时代替年幼嬴政执政的相国吕不韦。吕不韦在秦国当政期间，的确推行了一套有别于法家的政治路线，但这种杂家思想"在当时来说是先进的和切合实用的"[2]，更远胜于代表奴隶贵族利益的勋旧大臣们的主张。

郑国因修建郑国渠而被后人纪念，却又因逐客事件而背上"间谍"之名。姚汉源认为这是一件冤案，郑国的间谍之名实属诬陷。按照历史记载，间谍案发生后，秦国开始逐客，由此二者形成一个因果关系。不过，如果我们仔细考察一下，这一时期秦国还发生了几件大事。首先，始皇九年，嫪毐谋反下狱；十年，嬴政亲政，吕不韦坐嫪毐案免。事实上，学术界大都认同郑国间谍案只是逐客事件的借口，逐客所针对的对象是嫪毐或吕不韦等政治势力，而策划者为秦始皇或吕不韦的政治对手。钱穆认为逐客"当与吕不韦狱有关，实秦人对东方客卿擅权之一种反动也"[3]，张荫麟也认为"逐客令是和不韦有关的"[4]。

---

[1] 藤田胜久著，曹峰、广濑薰雄译：《〈史记〉战国史料研究》，上海古籍出版社，2008年，第119页。

[2] 朱绍侯：《秦相吕不韦功过简论》，《河南大学学报（社会科学版）》2000年第5期。

[3] 钱穆：《秦汉史》，九州出版社，2011年，第11页。

[4] 张荫麟：《中国史纲》，北京大学出版社，2009年，第178页。

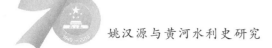

既然间谍案只是一个借口，那么就存在两种情形。一是郑国为间确有其事，有人抓住此事大做文章，不断上纲上线，捞取政治利益；二是间谍案属于人为捏造，通过诬告受吕不韦重用的郑国，最终以逐客来打击东方客卿势力。姚汉源持第二种观点。首先，姚汉源认为间谍案发后，秦欲杀郑国，这本身就十分蹊跷。因为战国时期，各路游士周旋于列国之间，通过为诸侯出谋划策，以宣扬思想学说、获取功名利禄乃稀松平常之事。当时所谓的间谍与当今意义有很大差别，郑国游说秦国开渠并不奇怪，而且是否开渠的决定权掌握在秦人手中。其次，从实际情况看，"疲秦计"也没有奏效，在开渠期间，秦国几乎每年都要东伐。不仅如此，为了获得大规模开渠所需的人力、物力，反而会刺激秦国掠夺东方各国。所以，就算郑国真的是间谍，也罪不至死。

决定开渠的是吕不韦无疑。他当政后为巩固自身地位，实现其政治抱负，在秦国实行了一系列的改革措施，"韩闻秦之好兴事"似乎就指此事。姚汉源认为，吕不韦与郑国都出身于韩国，二人关系并不单纯。吕不韦若要发展秦国经济，修建水利工程势在必行，当时三晋水工技术远胜于秦国，吕不韦又仿效"战国四公子"❶大肆招募宾客，所以郑国入秦最大可能是由吕不韦所招致。❷但这不能完全洗脱郑国间秦的嫌疑，因为不论郑国以何种方式入秦，在此之前都有可能已经接受了韩国的间谍任务。此外，吕不韦不仅决定开渠，还决定着开渠规模，并为此承受极大的政治压力。姚汉源认为，吕不韦通过"一字千金"的宣传手法来表达其政治主张。在分析《吕氏春秋·乐成》篇后，姚汉源指出这篇文章反映的正是吕不韦与反对派对开渠的争议。《乐成》篇列举了诸多事例来说明"民不可与虑化举始，而可以乐成功"，批评了不知为人民兴修水利的行为。由此看出，整个郑国渠修建过程中，吕不韦是决策者，郑国是具体执行者，二人形成一个政治联结体，修渠的结果对二人都将产生重大影响。

始皇十年，吕不韦坐罪被免，但以他为代表的客卿势力依然很大，这也是秦始皇没有杀他的一个重要原因。不久，就发生了郑国间谍案，于是便有接下来的逐客事件。前文已经谈到，间谍案只是逐客的一个借口，其目的是清除吕不韦的党羽。随着吕不韦的倒台，受到重用且失去保护的郑国自然难逃被打击的命运。史书并没有明确记载郑国间秦是如何被发觉的，❸但有郑国亲口承认为间的记载，姚汉源结合当时的历史背景，认为这是郑国在逼迫下说的违心之言。这些话被秦国官方史书所记录，之后秦始皇"焚书坑儒"，许多史籍都被销毁，《史记》的记载大多取材秦代官方史书，致使郑国的间谍身份被坐实。如果我们回过头再看的话，事情真如文献中所说，郑国肩负间秦的任务，又恰逢在秦国内部政治斗争最激烈的时候被发觉，那么只要处理郑国一人即可，何必大索逐客？又为什么继续让他负责修渠事宜，还以他的名字来命名？有一

❶ 战国四公子为魏国信陵君、齐国孟尝君、楚国春申君、赵国平原君，四人都以礼贤下士闻名，各有食客数千，门下多奇人异士。
❷ 姚汉源：《郑国修渠辩疑》，载《黄河水利史研究》，黄河水利出版社，2003年，第592页。
❸ 有人认为是搜查吕不韦的文件后发现的，吕不韦早已知道郑国的间谍身份，但并没有事实依据。参见叶良《秦代三大水利工程史考》，《中国西部》2014年第8期。

种解释认为这体现了秦人的开放意识和广阔胸襟。❶ 不过，如果按照姚汉源的看法，即郑国间秦是遭人诬陷的，是否更有说服力呢？当秦始皇接到李斯的上书后，权衡利弊取消了逐客令，此时炒作间谍案已无多大意义，但又不能马上给郑国翻案，只有通过让其继续负责开渠来曲线平反。

总的来说，姚汉源认为郑国修渠并不是受韩国指派的间谍行为，充其量只是韩国的一个说客。长期以来，在文化较落后、国家观念较重的秦国内部形成了分属东方客卿与秦国宗室的两种政治势力。吕不韦派遣郑国修建大型引泾灌溉工程，期间因耗时长、耗费大而遭受非议。吕不韦失势后，为清除吕不韦的党羽甚至彻底铲除东方客卿势力，有人故意捏造郑国间谍案，一来直接打击受重用的郑国，二来使事件升级，扩大打击面。

受限于史料的缺乏，姚汉源的看法在证据上还稍显薄弱，但是不容否认郑国间秦的记载存在诸多疑点。《辞海》中对"郑国渠"条目的表述为"采纳韩国水利家郑国建议开凿"❷，并没有提及郑国的间谍身份。姚汉源主要是在继承钱穆观点的基础上，进一步对人所熟知的看法提出了自己的新观点，充分体现了其疑古精神。开凿郑国渠不仅是水利发展史上的大事，也是历史上的重大事件，通过以上分析还能看到其背后所蕴含的政治、经济、军事、文化等多重意义，这再次说明了姚汉源始终坚持将水利史作为社会历史一部分来看待主张的合理性。

第二节　王景治河与黄河安澜的新诠释

古语云："黄河平，天下宁。"黄河治理一直是中国水利的重大问题，在数千年的黄河水利史中，无数仁人志士在防洪治河上殚精竭虑、苦心谋划，只为求得河患的一时稍息。但也存在那样一些时期，黄河河道相对稳定，决溢很少，为害不大。这些时期，一个是在大禹治河到周定王五年，约 1600 年黄河没有出现洪水泛滥的局面；另一个是从东汉王景治河到唐宋之际，近千年没有大改道。人们可以想象，如果真的存在这样两个时期，那么只要找到这两个时期黄河安澜❸的原因，就能破解黄河千年难治的困局，为黄河治理提供理论依据。

这两个时期中，第一个时期因时代久远、资料严重不足而被研究者所忽略；人们更关注王景治河后，黄河出现长期安澜局面的现象。早在北宋时期，程颐、宋敏求就已涉及这一问题。程颐以五德始终说来解释汉、宋多河患与唐安流的原因，宋敏求则以战乱导致记载缺漏来解释安流现象。此后，有关这一问题的争论相当激烈，主要集中在是否安流和安流原因两点上。多数学者赞同这一时期出现了安澜局面，并分析了

---

❶　王子今、郭诗梦：《秦"郑国渠"命名的意义》，《西安财经学院学报》2011 年第 3 期。

❷　《辞海（历史地理分册）》，上海辞书出版社，1989 年，第 170 页。

❸　文中安流与安澜意思相同，即指黄河流路稳定，决溢较少。在讨论安流与安澜的标准时，前者更强调主流平稳，后者则侧重河患较轻。

其中的原因。第一种观点认为黄河长期安流的原因是王景治河所带来的效果，代表人物有魏源、李仪祉等人。魏源在《筹河篇》中说："王景治河，塞汴河归济，筑堤修渠，自荥阳至千乘海口千余里，行之千年。阅魏、晋、南北朝，迄唐、五代，犹无河患，是禹后一大治。"❶ 李仪祉对王景治河倍加推崇，认为其"功成历晋、唐、五代千年无恙。其功之伟，神禹后所再见者"❷。他还对王景治河及其与安流的关系进行了探讨，得出"以十里水门之法巩固堤防而深河槽，以疏导之法减下游盛涨，……故能使河一大治"的结论。❸ 岑仲勉考察了王景治河的史实，认为他成功的原因在于顺应河性，利用工程技术措施分水移沙。方宗岱认为"自王景治河以来，离王景治河年代越久，黄河年均决溢总数和黄河决溢比就越大"，结合李仪祉的研究与国外的治理实践，可以证明王景治河效益长久。❹ 第二种观点则以谭其骧、邹逸麟为代表，他们不认为黄河长期安澜是由于王景的治导，而是另有原因。谭其骧将古代黄河决溢的历史分为唐以前和五代以后两期，并指出造成这种情况的原因是整个流域内森林、草原的逐渐被破坏，沟渠、支津、湖泊的逐渐被淤废。❺ 在此基础上，谭其骧对东汉至唐代长期安流的决定性因素归结为黄河泥沙主来源区的土地利用方式由农耕向畜牧的转变，即黄河中游土地利用情况的前后不同。❻ 邹逸麟回应任伯平对谭其骧的质疑，强调下游灾害发展过程与中游开垦过程相吻合，具有内在联系。❼ 史念海在概括了当时有关安流的六点质疑后，对谭其骧的观点进行发挥。史念海认为，黄河决溢的主因是河床抬高，河患的症结应从泥沙处找寻。黄河中游的植被破坏与河患的加速呈正相关，东汉至唐代因为黄河中游森林地区基本完整，发挥了阻遏侵蚀的作用，而此前后两个时期由于人类大肆开发利用，加剧了这一地区的水土流失和荒漠化现象。第三种观点认为分支湖泽的分流作用是黄河安流的重要原因，前面谭其骧已有所涉及。

但是，也有部分人对王景治河后是否出现长期安流提出质疑。王涌泉、徐福龄就认为千年无恙不符合事实。他们根据资料得出在这近千年的时间内，黄河平均约十年即有一年发生两次决溢。❽ 同时认为，王景治河虽然取得了一些成绩，但有夸大甚至失实的地方。值得注意的是，这里尚涉及另外一个问题，即黄河安流的标准。有人主张的标准有二，一是河道的基本稳定，二是决溢的频次、范围与受灾的程度；并认为前

❶ 魏源：《筹河篇》，载《历代治黄文选》上册，河南人民出版社，1988年，第369页。

❷ 李仪祉：《黄河之根本治法商榷》，载《李仪祉水利论著选辑》，水利电力出版社，1988年，第19页。

❸ 李仪祉：《后汉王景理水之探讨》，载《李仪祉水利论著选辑》，水利电力出版社，1988年，第153页。

❹ 方宗岱：《对东汉王景治河的几点看法》，《人民黄河》1982年第2期。

❺ 谭其骧：《何以黄河在东汉以后会出现一个长期安流的局面》，载《黄河史论丛》，复旦大学出版社，1986年，第72页。

❻ 谭其骧：《何以黄河在东汉以后会出现一个长期安流的局面》，载《黄河史论丛》，复旦大学出版社，1986年，第100页。

❼ 邹逸麟：《读任伯平"关于黄河在东汉以后长期安流的原因"后》，载《黄河史论丛》，复旦大学出版社，1986年，第107页。

❽ 王涌泉、徐福龄：《王景治河辨》，《人民黄河》1979年第2期。

者是衡量的主要标准，东汉以后黄河确实存在一个相对安流的时期。[1] 其实，这两个标准应该同样受到重视。首先，二者难以绝然分开，每次决溢就是一次改道；其次，在当时黄淮海平原水系混通的情况下，没有安澜保障下的安流，其意义也大大降低。另一种观点认为该时期河患少的原因在于历史记载的缺漏。此说肇始于宋敏求，清胡渭以唐中期后藩镇割据、以邻为壑，因此"河功所以罕纪"。钱穆也持同样的看法，认为"此说实在是一种极合理的推测"[2]。

姚汉源没有拘泥于前人的看法，而是回归历史研究的本原，力图通过厘清史实来对黄河安流作出解释。首先，对于王景治河，他充分肯定了其历史功绩。姚汉源说："王景治河是治黄史上少见的工程，效果也好。"[3] 王景治河的内容，普遍一致的看法是他选择了较好的河床路线，固定了最佳流路，堵截横向串沟，防护险要堤段，疏浚淤塞的河渠等。惟有"十里立一水门，令更相洄注"让人费解，而这也被认为是王景治河的关键所在。魏源等人将其解释为在黄河河堤上每隔十里建一座水门，依靠可能存在的遥、缕堤防系统，在两堤间滞洪沉沙，纳清固堤。李仪祉看法与此相反，他认为水门应是建立在汴渠上，其作用与前一说法相同，只是河水不再注入遥缕之间，而注入黄河、汴渠两堤之间。第三种看法是武同举提出的，他认为"十里立一水门"应解释为运用倒钩引水的方式，在汴渠引黄口相距十里立水门两座，以便渠道运作和管理，防止出现意外。姚汉源则通过历史文献的查检，认为荥口即西汉漕渠口，附近还有多个相同的口门。王景治河，同时将这些水门修复改造成下部为带有闸洞和闸门的溢流堰，用"堰流法"控制河水来回流动。"十里立一水门"即是于河汴分流处修建多处通汴口门。[4]

然而，即便如此，姚汉源还是质疑王景治河"何以功效能维持数百年？"[5] 为此，他再次运用史料，对这一时期黄河河患的历史记载进行了分析。在对东汉至隋初四百年的决溢记载加以梳理后，姚汉源发现只有黄河中游有正式决溢记载，下游却没有，而所有黄河涨溢都与支流同时发生。他在另外考察隋唐时期决溢记载时指出，在堤防系统未形成前，不能分别黄河洪水，只能记为大水，中游因易识别而记录较明确。姚汉源同时分阶段统计了这一时期黄河包括支流在内的决溢，发现其频率很高。这与辛德勇的研究发现有不谋而合之处。辛德勇溯本求源，考察了王景治河后黄河长期安流说产生的过程，认为安流说乃以讹传讹，从宋敏求到胡渭，不仅没有黄河长期无患的意思，还明确反对唐代河患鲜少的说法。[6] 既然如此，黄河长期安流的范围就得缩小。那么，隋唐以前又是什么情形呢？姚汉源根据《水经注》等文献，勾画出了当时黄河下游的情况。第一，分支较多。此期主要的黄河分支有鸿沟水系、济水、漯水等。其

---

[1] 闵祥鹏：《东汉至唐黄河"安流"问题研究述论》，《历史教学（下半月刊）》2010年第8期。

[2] 钱穆：《古史地理论丛》，生活·读书·新知三联书店，2004年，第243页。

[3] 姚汉源：《中国水利发展史》，上海人民出版社，2005年，第66页。

[4] 姚汉源：《〈水经注〉中之汴渠引黄水口——王景"十里立一水门"的推测》，载《黄河水利史研究》，黄河水利出版社，2003年，第162～163页。

[5] 姚汉源：《中国水利发展史》，上海人民出版社，2005年，第94页。

[6] 辛德勇：《由元光河决与所谓王景治河重论东汉以后黄河长期安流的原因》，《文史》2012年第1辑。

中，鸿沟自北而南，横截众流，沟通了黄、淮、江、济四渎；浚县西南有淇水自左岸汇入；下游有商河又分两支入海。这些分支能起分疏洪水的作用。第二，湖泽较多。这些湖泽有的在黄河沿岸，有的位于黄河分支边上。黄河北岸有李陂、白祀陂等湖泊，南岸有荥泽。渠水上有圃田泽、牧泽，济水上有菏泽、巨野泽等，沙水上有白羊陂、纡梁坡，汴水上有孟诸泽、大荠陂等。如此多的湖泽实际上都与黄河通连，可以容蓄黄河洪水。第三，故道较多。黄河下游因改道湮废，人为开挑等原因存在许多旧河道，其数量有十几条之多。这些河道在黄河出现大洪水时，也能分泄部分洪水。第四，堤防残缺。姚汉源根据第一点和当时除黄河以外其他河流上频繁的以水代兵及黄河无修防的记载，推断这个时期自王景以来的堤防已残缺失效。基于以上四点理由，他推测当黄河发生洪水时，河水因无堤防障蔽，依靠支流、湖泊、故道分疏蓄洪，四处流窜，在整个黄淮海平原上大面积平铺开来。这种状况会导致黄洪不分与洪涝不分，从而没有出现黄河决溢的明确记载，使统计数据出现偏差。❶ 在此基础上，姚汉源进一步查找《三国志》《晋书》等史书，重新统计出黄河水灾有近三十次，平均十二三年一次，并认为这种黄河为患频次并不低。

总的来说，姚汉源认为王景治河对于此后的防洪治河确实起到了一定的积极作用，但"最多不过三十几年无决溢，百来年的小康局面"❷。黄河是否安流的原因是多种因素共同作用的结果，又因具体的时空环境而呈现出不同的状态，不能笼统地加以界说。比如隋唐时期，若只考虑堤防影响的话，前期堤防系统尚未成形，只在黄河中上游存在决溢记载，下游却安然无恙。后来堤防系统形成后，按理说可以较好地发挥防洪功效，但又由于黄河泥沙的不断淤积、人们对决溢的日渐关注等因素，记载反而增多。关于对黄河安流的认识，都是来源于对历史文献的解读，但是在解读文献时，应尽量避免先入为主的观点。以往对这一问题的研究，大多就问题找原因，忽略了文献形成背景与水利自身情况演变的相互影响。姚汉源始终认为水利发展是社会发展的一个组成部分，因此他将文献记载及水利状况置于当时社会环境的大背景下来研究，从而形成了新的看法。

需要指出的是，姚汉源在具体论述这一观点时，也觉得包含许多推测的成分，有待进一步深入研究。这一方面体现了他严谨求实的态度，另一方面也不得不说是水利史研究的尴尬。水利史研究主要依靠古代资料，这些资料往往含糊不清，互相抵牾，很难实地对照；且分散在浩瀚的史籍之中，查阅使用不便；再加上缺乏水文资料佐证，只能做定性的描述，无法做定量的分析。这些都造成研究很难得出肯定的结论。❸ 实际上，关于"王景治河，千年无恙"以及无恙原因的争议，很多情况下是由于资料不足导致论证不充分产生的。姚汉源也深知此点。所以，他力图根据史料来立论，论从史出，避免过多的联想与猜测，达到构建水利史真相的目的。

❶ 姚汉源：《中国水利发展史》，上海人民出版社，2005 年，第 104 页。

❷ 姚汉源：《二千七百年来黄河下游真相的概略分析》，载《黄河水利史研究》，黄河水利出版社，2003 年，第141 页。

❸ 任伯平：《关于黄河在东汉以后长期安流的原因——兼与谭其骧先生商榷》，《学术月刊》1962 年第 9 期。

第五章 姚汉源黄河水利史研究中 的主要治学思想

姚汉源一生钟情水利，笔志水是，为我国水利史研究事业的发展作出了卓越的贡献。他在潜心研究中国水利史的过程中，皓首穷经，探微解密，不断总结升华，在基础研究和应用研究方面硕果累累，形成了独到的治学思想，其中有许多值得后人学习。黄河水利史既是中国水利史研究的重要组成部分，也是姚汉源研究的重点对象，自然不同程度地体现出他的治学思想。

一、论丛史出，严谨治学

学术研究的真实性是学术的生命。对于历史研究来说，其真实性建立在史料的可靠性上。水利史研究的史料来源于史书记录和水利遗迹，文献典籍可以传之千百代，而水土工程则随沧桑变化，不易考察。所以在以史籍为基础的水利史研究中，必须广泛阅读史书、搜集资料，才有可能做到全面观察事物的面貌，一窥历史的真相。姚汉源的文章立足于历史文献，其取材之丰、种类之多，一般人难望其项背。以泥沙利用系列论文为例，四篇文章共引不同资料51处，其中包括有《史记》《汉书》《宋史》等正史，《周礼》《吕氏春秋》等先秦百家之言，《行水金鉴》《续行水金鉴》等总集，《治水筌蹄》《居济一得》等水利专著，《梦溪笔谈》《天下郡国利病书》等名人著述，《靳文襄公奏疏》《总理河槽奏疏》等治河名家奏疏，《蒲松龄集》《魏源集》等个人文集，《山西通志》《永定河志》等志书，《关于根治黄河水害和开发黄河水利的综合规划的报告》《植树工程在永定河下游河道整治中的应用》等现代档案、资料。

中国水利史研究的一大优势是水利史料丰富。我国自古就有编写水利文献的传统，除正史中的河渠书外，还有专业水利史、河流水利史、水利工程专史、水利法规、水利施工规范，及水利总结、汇编、丛书等，另有许多资料散见于正史其他篇章与志书、文集及各类著作中，再加上近代的档案、文件，总字数数以亿计。然而，如此众多的史料也带来了一些问题。首先，水利史料常因记载语焉不详而产生歧义；其次，文献作者因种种原因错记史料，又致使史料互相矛盾。如果没有严谨的治学态度，严密的考证工夫，不仅不能求得水利史的真相，反而使水利史研究"误入歧途"。姚汉源十分借重考据的研究方法，时常运用缜密的逻辑思维，抽丝剥茧，对一些问题不厌其烦、反复进行对比研究，充实论据，提高结论的可信度。他在研究史料方面用功甚勤，行文下笔则十分谨慎，语言表述多留有余地。在《黄河三门峡以下峡谷段两岸的堆台》一文中，姚汉源立足于这些历史遗迹，通过查阅文献，指出这一段自古为航运危险地

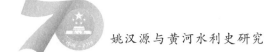

段，同时又是水运的重要通道，其利用在唐代达到顶峰。古代航运在通过河道艰险段时都会采取诸多措施，如开凿、修纤道、建造特种船只等，东汉时已有称为"河师"的领航员。因此，姚汉源根据堆台的建造形状、结构、方位、布局以及当地人的说法，推测出这批堆台的作用为指挥或导引漕船航行。不过，最后他还是强调，这些都只是初步推测，还需要进一步通过实地勘查和翻检文献来研究。诸如此类的情况还有很多。此外，姚汉源文章的许多注释中还包含大量分析说明，这都是他一贯严谨治学的表现。

二、经世致用，开放治学

学术研究的科学性是学术的灵魂。如果一种学术研究不具有科学性，不是客观规律的反应，就不能正确指导人们的生产生活实践，也就没有存在的价值。姚汉源所从事的水利史研究，从一开始就以服务于社会、服务于水利建设为己任。他一再强调水利史研究的现实意义，不认同把水利史研究作为"消遣"的行为。他提出将水利史研究置于中国历史的研究之中，助推国家的精神文明建设。他还指出水利战略规划的实施、水利技术的进步、水利规律的取得都可以从水利史研究中获益。❶ 他在黄河水利史研究中身体力行，为当时及以后的黄河治理作出了许多有益的贡献。有人云："今日之治河，纵有科学之方法，新式之利器，如无科学之张本，长期之研究，难乎其为治矣！"❷ 也就是说，如果不研究黄河的历史，仅凭先进科技来治理黄河是难以取得成功的。姚汉源的《二千七百年来黄河下游真相的概略分析》一文，是他在以往研究基础上得出的一个黄河下游变迁的梗概。他试图通过研究分析黄河下游变迁及治理真相，来重新认识黄河的历史。他有关黄河泥沙利用的文章，其初衷更在于为当时黄河三门峡工程的困局提供一种解决之道。

科学的研究方法是研究质量的重要保证。水利史是一门交叉性学科，兼有水利工程学和历史学的性质与功能，研究者至少需要具备这两个学科的学术素养才能取得一定的成绩。作为水利工程专业出身的姚汉源，一生致力于研究水利史，早已将各种水利文献融会于心。但他并没有固步自封，而是以开放的态度不断吸收新的养分，用以提升自身的研究水准。为了准确解读古代水利文献，姚汉源对古文字学、音韵学颇有研究。他还译介了当时国外最前沿的《喷灌》一书。

三、甘于奉献，以仁治学

学术研究的可持续性是学术发展的主要动力。姚汉源是现代中国水利史研究的拓荒人，他深刻地认识到水利史研究要发展壮大，离不开研究成果的积累和研究人员的培养。他将水利史研究的开展分为四个步骤：第一步是资料的收集整理和方法的探讨；第二步是弄清历史真相、升华水利认知；第三步从纵向、横向扩展这种认识；第四步

❶ 姚汉源：《中国水利发展史》，上海人民出版社，2005年，第8～10页。
❷ 张含英：《治河论丛》，国立编译馆出版，1937年，第72页。

探寻水利规律，树立学科自身的地位。按照以上规划，他把大部分精力放在基础研究方面，涉及黄河下游数千年来的变迁与治理、黄河与水运史、黄河农田水利及泥沙利用、古代水利事件与水利人物等研究，提出了许多前人所未言及的见解，澄清了以往一些错误的史实认知。他对学术成果的态度是："学而不教如收而不出，于己固无害，于人则无益。所学虽成就小，即以小与人，一砖、一瓦，也是高楼大厦所必需的。"❶由于姚汉源在水利史研究中的成就和影响，经常能收到他人审阅文稿、书稿，征询作序的请求。他在专注本职工作之余，对于这些请求都尽量给予认真帮助，决不敷衍。

　　姚汉源最大的期望是水利史研究后继有人，并能取得超越以往的成绩。❷ 为此，他处处为后学铺路，培养的学生周魁一等都在水利史研究中作出了开创性贡献。他对学生要求严格，为的是培养其独立研究的能力。他的著作如《黄河水利史研究》《京杭运河史》中包括许多附录，这些附录的许多内容已经超出了著作本身，目的在于"或有可供关心者参考处"❸。仁者，爱人。这种甘于奉献的精神，正是他仁爱之心的体现。这一态度时刻存在于他的思维活动中，也就顺理成章地影响到其治学思想。

---

❶　姚汉源：《中国水利发展史》，上海人民出版社，2005 年，自序。

❷　刘浪、丁聪：《当代治水名人——姚汉源》，《水利天地》1990 年第 1 期。

❸　姚汉源：《黄河水利史研究》，黄河水利出版社，2003 年，第 559 页，注释。

结　语

　　19 世纪末至 20 世纪初，我国的史学风潮发生重大转变，新史学应运而生。与此同时，以水库大坝为代表的现代水利工程科技正在欧美发达国家蓬勃发展。无论是新史学，还是西方现代水利科技，都因中西两种文明的碰撞，对中国社会的方方面面产生重要影响。面对欧风美雨的冲击，传统水利史的生存发展受到重大挑战。在引进学习西方先进的水利科技后，还需不需要研究中国的水利史？这个问题，由一批接受过西方现代水利科技教育的工程技术人员进行了解答。1936 年，武同举等人就在刚成立的整理水利文献委员会内进行水利史研究的基础性工作。中国现代的水利大师李仪祉、张含英等人自德国、美国留学归国后，在治水实践和理论探索中极为重视研究中国水利史，著述甚多。郑肇经写出了我国第一部个人的水利通史专著——《中国水利史》。从中能够看出，从事水利事业不能不研究水利的历史，水利科技提高后仍离不开对中国水利史的研究，甚至还应比以往更加重视。这是因为在长达数千年的中国水利发展历程中，先人形成了诸多治水的方略和措施，只是受制于社会和生产力的发展水平，完善的方略规划难以实现，高明的工程措施也难以收效。西方现代水利科技的传入，结合中国传统的水利科技，使今人兴水之利、除水之害的能力愈发增强，所取得的水利成就百倍于前人。故只要认真研究水利史，正确掌握水利发展规律，再加上科学的技术手段，是能够实现人水和谐相处的。

　　20 世纪前半叶，以江河治理为主要内容的水利史研究因战乱而停滞。新中国成立之初，科学研究的生机逐渐萌发，与水利工程学有关的中国水利史零星的研究并不乏见。20 世纪 70 年代末以来至 90 年代初，以姚汉源所在的水利水电科学研究院水利史研究室为龙头机构的我国水利工程技术史研究与农业水利、古运河、城市水利等传统水利史研究交相辉映，出现了中国水利史研究的"黄金十年"。此后，中国水利史研究因水利与社会、水利与生态环境等议题受到学界和社会各界更多关注，出现了新的学术增长点。

　　在黄河水利史研究中，姚汉源以文献考据为基本手段，最大限度地探寻历史真相，试图重新认识黄河水利史。在此基础之上，他主要运用现代水利知识对其加以解读，从而达到古为今鉴的目的。在对黄河下游河道变迁与治理的研究中，他用长时序来考察黄河下游河道的变迁，根据两千多年的历史记载，采用分期方式，从宏观上整体提出黄河河道变迁四期说，科学、直观地反映了黄河河道的历史变迁，成为科学研究的新起点。在黄河泥沙化害为利的研究中，他以详实的史料为依据，系统地总结了古代黄河泥沙利用的历史，不仅深化了人们对此问题的看法，还一定程度上推动了实践的发展，是应用研究的典范。在对黄河水利史若干重大事件的研究中，他质疑水工郑国的间谍身份，对王景治河的效果以及与黄河安流的关系进行了分析，为重新认识这些事件的真相，诠释事件中存在的疑点提供了新视角。姚汉源的中国水利史研究薪火传承，其学生周魁一等人继承姚汉源的理论并有新的拓展，在水利资料的采编和信息化、水利史和水文化基础研究、古代水利工程遗产保护与利用研究、水资源与水环境演变研究、历史水旱灾害及减灾方略研究、水利基础信息标准化研究等方面取得了丰硕的成果。❶

当然，也应该看到姚汉源在黄河水利史研究中的某些不足。首先，虽然姚汉源的论著含有极高的史料价值，但是过多使用史料带来的后果是缺乏自己的论述，不能做到史论结合。其次，姚汉源论著中的很多史料都是经过他严谨考证、综合分析取舍得来的，但是这一研究过程没有或未来得及形诸文字，写成学术自述，致使后学对其研究过程缺乏了解。最后，正是由于前面两点原因，再加上姚汉源的行文和语言风格与时下不同，增加了阅读其文章的困难。

不过，如果我们认识到这些论著都是出自一个七八十岁的老人之手，那么也就可以忽视这些不足。姚汉源在黄河水利史研究中博大精深的学术造诣当然不是笔者能够全部领悟、概括的，难免挂一漏万。此外，姚汉源尚有许多文稿亟待整理，如果能将这些文稿整理出版，相信必将有助于深化对姚汉源学行的认知。这都有待于后来者。

---

❶ 谭徐明、张伟兵：《我国水利史研究工作回顾》，《中国水利》2008 年第 21 期。

朱显谟与黄土高原水土保持

朱显谟与黄土高原水土保持

  黄土高原水土保持事业作为改善西北地区自然生态和治理黄河的重要组成部分，在中华人民共和国成立70年来取得了卓著的成就。朱显谟院士（1915—2017）是一位一生致力于黄土高原水土保持事业的杰出科学家。新中国成立初期他先是多次前往黄土高原考察水土流失治理，接着于1959年举家迁往杨凌，扎根黄土高原，由土壤学、生态学等学科领域探索黄土高原水土保持的良策，为治理黄河建言立论，成为享誉中外的黄土高原水土保持专家。本论题运用历史唯物主义的理论与方法，结合黄土高原自然生态和社会历史的变迁来论述朱显谟学术成长经历、学术研究历程和取得的一系列重要研究成就，探索他的治学精神，以再现朱显谟不断探索创新的水保人生和中华人民共和国黄土高原水土流失治理的历史，以期为21世纪黄土高原水土保持事业的继续前进提供历史借鉴。

绪   论

一、论题的缘由及意义

  黄土高原是中华民族的摇篮与古文明的发祥地之一，它西起日月山，东至太行山，南靠秦岭，北抵阴山，涉及青、甘、宁、蒙、陕、晋、豫7省（自治区）的50个市（地、州、盟），317个县（市、区、旗），总面积64万平方千米。❶ 黄土高原地区是我国水土流失最严重、生态环境最脆弱、经济发展滞后的地区，其水土流失面积之广、流失程度危害之重，不仅是制约黄土高原地区经济发展的问题，而且威胁到了黄河下游的安全，与黄河治理密切相关。中华人民共和国成立以来，党和政府一贯高度重视水土流失治理，特别是黄土高原的水土流失治理，把水土保持列为长期基本国策之一。2015年10月国务院批复同意的《全国水土保持规划（2015—2030年）》明确提出："用15年左右的时间，建成与我国经济社会发展相适应的水土流失综合防治体系，实现全面预防保护，林草植被得到全面保护与恢复，重点防治地区的水土流失得到全面治理。预计到2020年，全国新增水土流失治理面积32万平方千米，年均减少土壤流失量8亿吨；到2030年，全国新增水土流失治理面积94万平方千米，年均减少土壤

---

  ❶ 余新晓、毕华兴：《水土保持学》（第3版），中国林业出版社，2013年，第47页。

流失量 15 亿吨。"❶ 如此重大的水土流失治理任务，特别是黄土高原作为水土保持工作的重点地区，其水土保持工作任重而道远。

水土保持是一项多学科、多专业、多部门参与的综合性工作，也是治理黄土高原水土流失和治理黄河事业的重要组成部分，关系着国民经济的发展与人民群众的长远利益。在中华人民共和国成立以来的水土保持事业中，黄土高原水土保持长期是重中之重，已取得了显著成就。这些成就的取得离不开科技人员的开拓进取，而朱显谟院士又是科技人员中的杰出代表。学术界在对治黄大家的研究上历来多偏重于对杰出的水利工程专家的研究，而对以朱显谟为代表的水土保持领域杰出专家的研究甚少。朱显谟是中国科学院资深院士，中国著名的土壤学、国土整治和水土保持专家，60 多年来从事土壤地理、土壤侵蚀、水土保持和国土整治等方面的科学研究工作，从红壤研究到黄土研究，都提出了创新的见解。1959 年 7 月，他举家搬迁到陕西杨凌小镇，从此献身于黄土高原土壤科学与水土保持事业的研究，在黄土高原水土保持和黄河治理事业上取得卓著成就，同时培养了一大批黄土高原水土保持战线上的中青年科研骨干，他们已成为当今中国水土保持和生态建设事业的中坚力量。朱显谟退居二线以后仍十分关注黄土高原水土保持事业的发展，继续为治理黄土高原水土流失作出重要的贡献。2017 年 10 月 11 日朱显谟院士在西安逝世，享年 102 岁。迄今为止，史学界鲜有朱显谟与黄土高原水土保持事业研究方面的论著问世。因此进行本论题的研究理论价值和现实意义突出，也是对朱显谟一生从事黄土高原水土保持事业的纪念。

二、学术史回顾

目前国内外系统深入研究朱显谟与黄土高原水土保持事业的专题性史学论文尚无，但已有若干相关的论著发表和出版。

2004 年由田均良主编的《土壤学与水土保持：朱显谟院士论文选集》❷ 是第一部朱显谟的论文选集，收集了朱显谟的 80 篇主要论文，分为土壤资源、土壤侵蚀与水土保持、国土整治与生态环境三篇，对朱显谟学术成果进行了细致地分类，显现了朱显谟一生的理论研究成就。书中有中国科学院院士刘东生所做的序文，对朱显谟一生的学行作出了极高评价。书中还有朱显谟总结自己 60 多年来从事土壤与水土保持科学研究历史的文章。这两篇文章是研究朱显谟一生水土保持工作非常真实的参考资料，但两篇文章受篇幅限制，缺乏研究的深度。

2013 年出版的《老科学家学术成长资料采集工程、中国科学院院士传记丛书　从红壤到黄土：朱显谟传》❸ 是一本专门系统收集、回顾朱显谟学术成长经历和学术贡献，包括其求学历程、科学研究创新、研究方法、治学特点、学术传承等，深入挖掘

---

❶ 国务院批复同意《全国水土保持规划（2015—2030 年）》，《人民日报》2015 年 10 月 18 日。

❷ 田均良：《土壤学与水土保持：朱显谟院士论文选集》，陕西人民出版社，2004 年。

❸ 赵继伟、张春娟等：《老科学家学术成长资料采集工程、中国科学院院士传记丛书　从红壤到黄土：朱显谟传》，中国科学技术出版社、上海交通大学出版社，2013 年。

对其学术成长起到关键作用的人物和事件，梳理其学行的资料集。这本书采集了有关朱显谟一生较丰富的资料，是学术界出版的第一本朱显谟传，但对朱显谟从事黄土高原水土保持事业的研究不够系统深入，关于朱显谟对土与水的认知也缺乏分析，未能将朱显谟对黄土高原土壤地质的研究与水土保持事业研究之间的学理联系揭示出来。

此外，还有中国科学技术协会编的《中国科学技术专家传略·农学编·土壤卷1》❶、中国人物年鉴社编的《中国人物年鉴2001》❷、马国龙主编的《中国专家学者辞典》❸、中外名人研究中心编的《中国当代名人录》❹、钱文藻等主编的《两院院士·中国科学院院士》❺、邓伟志主编的《中国当代高级专业技术人才大辞典》❻、姜振寰主编的《世界科技人名辞典》❼、李浩鸣等主编的《院士心语》❽、成兴主编的《共和国专家成就博览》❾等知识性工具书，其中简要地介绍和概述了朱显谟的生平与成就贡献，也具有一定的学术参考价值。

尚有一些文章对朱显谟在黄土高原水土保持方面的贡献进行叙述。这些文章有张行勇等写的《水保人生　黄土魂——记著名土壤学家朱显谟院士》❿、龚子同写的《朱显谟先生是我们的良师益友——贺朱显谟先生九十华诞》⓫、杨文治写的《执著探索　壮心不已——庆贺朱显谟院士八旬华诞》⓬、田均良写的《庆贺朱显谟教授从事土壤科学研究55年暨八秩华诞》⓭、唐克丽写的《土壤侵蚀研究的奠基人和引路人——庆贺恩师朱显谟院士80寿辰》⓮、陈恒基写的《呕心黄土一世情——记资深院士、土壤学家、国土整治专家朱显谟》⓯、中国科学院、水利部西北水土保持研究所写的《我国著名土壤和国土整治学家中科院学部委员朱显谟教授》⓰、李锐写的《呕心黄土盼河清——祝贺朱显谟先生九十华诞》⓱、岳长德写的《朱显谟简历》⓲、西北农林科技大学宣传部写

❶　中国科学技术协会：《中国科学技术专家传略·农学编·土壤卷1》，中国科学技术出版社，1993年。

❷　《中国人物年鉴2001》，中国人物年鉴社，2001年。

❸　马国龙：《中国专家学者辞典》，中国大地出版社，2001年。

❹　中外名人研究中心：《中国当代名人录》，上海人民出版社，1991年。

❺　钱文藻、何仁甫：《两院院士·中国科学院院士》，人民日报出版社，2002年。

❻　邓伟志：《中国当代高级专业技术人才大辞典》，中国华侨出版社，1995年。

❼　姜振寰：《世界科技人名辞典》，广东教育出版社，2001年。

❽　李浩鸣、蒋晶丽：《院士心语》，湖南大学出版社，2012年。

❾　成兴主编，人民画报社编辑：《共和国专家成就博览》，中国画报出版社，2001年。

❿　张行勇、梁峻：《水保人生　黄土魂——记著名土壤学家朱显谟院士》，《科学新闻》2008年第6期。

⓫　龚子同：《朱显谟先生是我们的良师益友——贺朱显谟先生九十华诞》，《土壤》2005年第5期。

⓬　杨文治：《执著探索　壮心不已——庆贺朱显谟院士八旬华诞》，《水土保持研究》1995年第4期。

⓭　田均良：《庆贺朱显谟教授从事土壤科学研究55年暨八秩华诞》，《水土保持研究》1995年第4期。

⓮　唐克丽：《土壤侵蚀研究的奠基人和引路人——庆贺恩师朱显谟院士80寿辰》，《水土保持研究》1999年第4期。

⓯　陈恒基：《呕心黄土一世情——记资深院士、土壤学家、国土整治专家朱显谟》，《中国水利》1998年第8期。

⓰　中国科学院、水利部西北水土保持研究所：《我国著名土壤和国土整治学家中科院学部委员朱显谟教授》，《水土保持通报》1992年第2期。

⓱　李锐：《呕心黄土盼河清——祝贺朱显谟先生九十华诞》，《科学家》2005年第5期。

⓲　岳长德：《朱显谟简历》，《水土保持研究》1995年第4期。

的《中国科学院院士、西北农林科技大学水土保持专家朱显谟》❶、周佩华写的《朱显谟院士与中国土壤侵蚀研究工作》❷、杨雪写的《心系黄河清 胸怀黄土情——追忆我国著名土壤学与水土保持专家朱显谟》❸、钟梦哲写的《著名土壤学家与水土保持专家朱显谟院士逝世》❹、李君写的《黄河清——记中科院院士朱显谟》❺、史德明写的《朱显谟对我国土壤侵蚀和水土保持研究的杰出贡献》❻、秦史轶写的《怀念朱显谟先生》❼等。这些文章大多是朱显谟的朋友、学生、后辈们所写，主要介绍了朱显谟生平简历与学术成就，对朱显谟的学术贡献，特别是在黄土高原水土保持领域中做出的成就给予肯定。这些回忆文章均篇幅较短，但也具有史料价值。

由上可知，有关朱显谟的概述性介绍文章和资料性传记已有发表和出版。但这些论著的学理性不强，缺乏系统深入地分析，主要是史料的呈现。对"朱显谟与黄土高原水土保持事业"的研究论题，史学界尚缺乏专题性的研究。

三、研究的方法与创新之处

"朱显谟与黄土高原水土保持事业"的研究论题，拟遵循历史唯物主义的史观，运用历史学、水土保持学、水利工程学、地理学、生态学等学科的综合理论，采用文献研究法，在深入挖掘、收集相关史料的基础上，首先在历史演进的纵向视域对朱显谟60多年从事黄土高原水土保持事业的历程进行系统回溯，阐述其筚路蓝缕、艰苦开拓黄土高原水土保持事业，百折不挠、不断创新并终成大业的艰辛历程。其次，着重分析朱显谟在黄土高原水土保持学术研究上的重要理论成果，如关于开展黄土高原水土保持的理论基础研究，对黄土高原水土保持的战略研究，倡导黄土高原国土整治"28字方略"的内涵、实践与作用等，系统深入地再现朱显谟对黄土高原水土保持事业作出的独创性学术贡献。

---

❶ 西北农林科技大学宣传部：《中国科学院院士、西北农林科技大学水土保持专家朱显谟》，《科技·人才·市场》2000年第6期。

❷ 周佩华：《朱显谟院士与中国土壤侵蚀研究工作》，《水土保持研究》1995年第4期。

❸ 杨雪：《心系黄河清 胸怀黄土情——追忆我国著名土壤学与水土保持专家朱显谟》，《科技日报》2017年11月1日。

❹ 钟梦哲：《著名土壤学家与水土保持专家朱显谟院士逝世》，《华商报》2017年10月13日。

❺ 李君：《黄河清——记中科院院士朱显谟》，《青年与社会》2017年第11期。

❻ 史德明：《朱显谟对我国土壤侵蚀和水土保持研究的杰出贡献》，《水土保持学报》2017年第6期。

❼ 秦史轶：《怀念朱显谟先生》，《新民晚报》2017年11月18日。

第一章　朱显谟从事黄土高原
水土保持事业的历程

　　朱显谟是中国当代著名土壤学家，水土保持专家，治黄专家，中国科学院资深院士，曾任中国科学院、水利部水土保持研究所名誉所长。1915年12月4日，朱显谟出生于江苏省南通市崇明县❶海桥乡三光镇（现属于上海市）。1940年朱显谟自国立中央大学农业化学系毕业后，在动荡不安的时局下仍坚持当科学农民的志向，到江西省地质调查所从事红壤改良研究。中华人民共和国成立后，朱显谟多次参加黄河中游、黄土高原水土保持考察工作，深切认识到黄土高原水土流失治理与黄河治理的必要性和艰巨性。1959年他举家从中国科学院南京土壤研究所❷迁到位于陕西省小镇杨凌的中国科学院西北生物土壤研究所（今中国科学院、水利部水土保持研究所❸），之后一直扎根黄土高原直至2017年10月11日逝世。他以"盼河清，为治河建言立论"的学术与奉献精神，在黄土高原水土保持领域长期探索，不断创新，谱写出精彩的水保人生长卷。

第一节　立志当科学农民（1922—1940年）

　　1911年爆发的辛亥革命，推翻了清政府，建立了中华民国，却没有改变中国半封建半殖民地的社会性质，没有改变封建土地所有制。在政治上，袁世凯不仅窃取了辛亥革命胜利的果实，而且1915年5月与日本签订了"二十一条"，1915年12月复辟帝制，导致政局动荡，内忧外患，人民处于水深火热之中。在经济上，虽然中国民族资本主义经济短暂得到发展，但终究摆脱不了帝国主义的控制。在文化上，1915年9月陈独秀创办了《青年杂志》，从第二卷起更名为《新青年》，新文化运动兴起，高举的旗帜之一是"科学"，知识界陆续成立了一些科学团体，如朱显谟后来参加的中华农学会与当时最有影响力的中国科学社，"科学救国"论进一步盛行与传播。朱显谟就出生

---

　　❶　崇明县：原属江苏省南通市，1958年12月起改划归上海市，2016年7月22日又撤县设区，为上海市崇明区。

　　❷　中国科学院南京土壤研究所：原为国民政府经济部辖南京中央地质调查所土壤研究室，1953年更名为中国科学院南京土壤研究所。

　　❸　中国科学院、水利部水土保持研究所：1956年2月20日成立，最初叫中国科学院西北农业生物研究所。此后五次更名。1958年更名为"中国科学院西北生物土壤研究所"，1964年更名为"中国科学院西北水土保持生物土壤研究所"，进一步确定以研究黄河中游水土保持为中心任务。1979年又由中国科学院和陕西省双重领导，改名为中国科学院西北水土保持研究所。1987年更名为中国科学院、水利部西北水土保持研究所，主要以西北水土保持为中心任务开展科研。1995年更名为现中国科学院、水利部水土保持研究所。

于这样一个"科学救国"论思想盛传影响的复杂、动荡的时代。在高中同学的毕业纪念册上，他的留言是："将来当一名科学农民"❶，此志向影响其后来一生的人生道路抉择与科学研究学术活动。

祖父朱九华在世时，朱显谟的家庭当时算是一个小康之家。祖父一生勤俭节约，经营中药店且能行医，购有百亩农田。父亲朱济卿略有文化，但不善于做生意，早期做生意曾几乎破产，加上家庭负担重，朱显谟有两个哥哥，一个姐姐，一个弟弟，慢慢地家道中落。朱显谟在幼年时曾被送到邻家寄养，四岁之后才返回家中。他的求学之路能坚持读下去特别不容易，但家里人一直愿意让他读书，这在当时的战乱年代算是难得的幸运。

1922 年，7 岁的朱显谟开始了求学之路，在三光镇读初小。但当时镇里没有高等小学，读完三年初小后就失学了。在失学的近两年时间，热爱学习的朱显谟时常去私塾旁听。幸好的是 1926 年，初小的老师推荐他到邻镇的高小部去求学。为了读书，当时朱显谟每天一早起床自己做饭，上学来回 20 多里路都是步行，❷ 小小的年纪求知的毅力非常强。1929 年朱显谟考入了位于猛将庙镇的私立三乐初级中学，并开始了独立住校生活。校长是学校创始人之一的、有名的爱国人士汤颂九❸。学校校风非常严谨，提倡"五苦精神"：校董会苦创，教师苦教，学生苦学，亲友苦帮，虽苦犹甘。此精神也深深影响之后朱显谟学习的态度与治学的精神。在三乐初级中学读书期间，朱显谟比较少参加有组织的活动，节假日期间会回家参加田间劳动，在艰苦的劳动中认识到农民耕作的辛苦，耕作方法古老陈旧，虽吃苦耐劳但收获甚微，萌发了将来学习农业、利用科学知识改变农村落后状况、减少体力劳动并增加生产的思想。❹ 1933 年初中毕业后，成绩优异的朱显谟考上两所当时著名的重点中学——江苏省省立上海中学普通科和国立同济大学附属中学，可以说是当时很了不起的光宗耀祖的大事。因其大哥朱显宗在上海工作，且愿意承担朱显谟的读书费用，于是他选择了江苏省省立上海中学。上海中学 1927 年之前是原龙门书院，创立于清朝同治四年（1865 年）。在 1930 年代日本帝国主义加快侵略我国步伐与国共两党处在战争状态的紧张局势下，很多学生和学校都处在宣传与参加抵制日货运动和选择政党立场的状态中。而当时上海中学算是一个特例，学生死读书气氛很重，甚至公开宣传"三不主义"，即不谈校政，不谈国事，

❶ 赵继伟、张春娟等：《老科学家学术成长资料采集工程、中国科学院院士传记丛书　从红壤到黄土：朱显谟传》，中国科学技术出版社、上海交通大学出版社，2013 年，第 12 页。

❷ 朱显谟档案，存于西北农林科技大学档案馆。转引自赵继伟、张春娟等著《老科学家学术成长资料采集工程、中国科学院院士传记丛书　从红壤到黄土：朱显谟传》，中国科学技术出版社、上海交通大学出版社，2013 年，第 8 页。

❸ 汤颂九（1890—1985），江苏崇明人。知名爱国人士，平民教育家，是三乐高等小学和初级中学创始人之一，节操高尚，1938 年曾因为日伪干预，毅然关闭学校。

❹ 赵继伟、张春娟等：《老科学家学术成长资料采集工程、中国科学院院士传记丛书　从红壤到黄土：朱显谟传》，中国科学技术出版社、上海交通大学出版社，2013 年，第 8～9 页。

不谈别人，[1] 如此浓厚的读书风气正好符合农村出身的朱显谟一心渴求丰富提高自身知识水平的诉求与不问政治、不喜游行活动的个性，可谓是"志同道合"。当时朱显谟数学成绩比较优秀，数学名师朱凤豪[2]对他非常重视，期望很高，在报考大学之际，希望朱显谟报考理工科大学，不料朱显谟有自己独立的思想，尽管明知老师可能略有失望，仍放弃报考当时众人认为更有前途的交通大学而选择中央大学农学院，坚持自己想当一名科学农民的志向，并在同学毕业纪念册上写下"将来当一名科学农民"的留言。

1936 年，考试成绩优秀的朱显谟被国立中央大学和浙江大学农学院同时录取，朱显谟选择了国立中央大学农学院农业化学系的土地肥料专业。这次是由二哥朱显曾负责承担其大学学习费用。朱显谟刚开始的大学生活是在南京，那时大部分学生喜好党派之争，朱显谟却主张君子群而不党，认为只有读好书才能为国家为人民做一点事情，对大学内部的党派之争持淡漠的态度 。1937 年 7 月 7 日卢沟桥事变爆发，标志着日本全面侵华战争开始，随后为迫使国民政府投降，日军于 8 月 13 日大举进攻上海，以上海为主战场的淞沪会战爆发。当时朱显谟恰好因为放暑假在家，可是与承担自己学费的二哥朱显曾失去了联系，没有了经济支援，在忧国忧民的同时也为自己可能失学而忧心忡忡。1937 年 11 月淞沪会战中国军队失败已成定局，国民政府决定临时迁都重庆，国立中央大学也西迁重庆沙坪坝。幸运的是国立中央大学教授范存忠[3]与叔父朱济明是老相识又是同乡，愿意资助朱显谟一起奔赴重庆。之后三年的大学生活就在重庆，这三年对朱显谟可谓是受益匪浅。他全心投入学习，热衷实验，曾成功提取出味精的白色晶体，在同学中有"实验大王"之称。教师中让他记忆最深的是罗宗洛[4]教授的植物生理学课程，其授课方式与众不同，从不照本宣科，对于理论问题总是列举各家观点，然后进行一一评论，结合实践论证，指出深入研究的途径。大学期间的学习使朱显谟养成了反复思考的研究习惯和对科学定律一再验证的求实精神。[5] 1940 年 6 月，朱显谟在其毕业论文指导老师陈方济先生的介绍下加入 1917 年成立的中华农学会[6]，成为终身会员。由于大学三年期间，日本帝国主义侵略脚步从不停歇，日寇炮火、飞

---

[1]　赵继伟、张春娟等：《老科学家学术成长资料采集工程、中国科学院院士传记丛书　从红壤到黄土：朱显谟传》，中国科学技术出版社、上海交通大学出版社，2013 年，第 10~13 页。

[2]　朱凤豪（1899—1969），江苏宜兴人。上海中学数学名师，主要著作是畅销国内外的《新三角学讲义精解》（龙门书局，1949 年），是一位非常关心学生、热爱教育与祖国的老师。

[3]　范存忠（1903—1987），江苏崇明人（今上海市崇明区）。著名英语语言学家，民盟成员。1927 年毕业于国立东南大学（即国立中央大学），1928 年凭庚子赔款赴美国哈佛大学深造获得哲学博士学位，之后回国在国立中央大学任教授。范存忠介绍自己侄女范韫才与朱显谟结为夫妇。

[4]　罗宗洛（1898—1978），浙江黄岩人。著名植物生理学家，是我国现代植物生理学的奠基人之一，1955 年入选中国科学院学部委员，曾创办《中国实验生物学杂志》《植物学汇报》及《植物生理学报》等。

[5]　朱显谟：《60 年来从事土壤与水土保持科学研究回顾》，载田均良主编《土壤学与水土保持：朱显谟院士论文选集》，陕西人民出版社，2004 年，第 547~555 页。

[6]　中华农学会：今中国农学会，1917 年正式成立至今，由毕业于京师大学堂农科和从日本、美国等学农归来的王舜臣、陈嵘等在上海发起，是我国成立最早的重要学会团体之一。学会一直坚持推动农业科技进步、农业现代化为己任，为提高广大农民科技素质、促进农业农村经济发展作出了巨大贡献。

机的残忍轰炸，国土的沦陷，人民的受苦受难，进一步坚定了朱显谟立志当科学农民、为国家作奉献的志向。

第二节　十年红壤研究之路（1940—1949 年）

朱显谟是我国著名的土壤学家，水土保持专家，中国土壤侵蚀❶研究的开拓者和奠基人之一。1940 年朱显谟从国立中央大学毕业后参加工作就是从事红壤和东北土壤研究。国外土壤侵蚀作为一门学科进行研究始于 19 世纪后期，而中国始于 20 世纪 20 年代，最先尝试者是金陵大学森林系的部分老师在晋鲁豫进行的水土流失调查及径流观测，30 年代该校开设土壤侵蚀及其防治方法课程，之后全国各地逐步开展土壤调查、建立水土保持试验站等工作。❷1940 年 6 月底从大学毕业的朱显谟在当时全民族抗战大背景下面临着一毕业就要失业的尴尬局面，正当其准备与现实妥协转工的时候，江西地质调查所招聘土壤调查工作人员。朱显谟通过国立中央大学的推荐和考试被录取，并前往重庆的中央地质调查所接受著名土壤学家侯光炯❸的培训。侯光炯是朱显谟非常感激与尊敬的老师，朱显谟曾感慨到："此乃使我辈初出校门之徒，得益良深，兹值铭感也。"❹ 培训结束后的实习工作是朱显谟从事土壤改良、水土保持研究的开始，在跟随侯光炯从四川、贵州、广西、湖南到江西期间，侯光炯注重野外考察、不迷信课本、对待科研认真严谨等的作风对朱显谟科研思维和态度等影响巨大。在江西省地质调查所土壤研究室担任技佐❺期间，朱显谟先后与侯光炯、熊毅❻、席承藩❼一起工作。对于当时刚上岗的新手朱显谟而言，得到几位著名学者的指导并与之共同工作是倍感荣幸与获益良多的。

朱显谟从事红壤研究之路有十年的历程，从 1940 年 7 月开始至 1949 年底。期间

---

❶ 土壤侵蚀：指土壤及其母质在水力、风力、冻融或重力等外营力作用下，被破坏、剥蚀、搬运和沉积的过程。术语最初是 1911 年由 McGeeg 以英文提出，作为一门学科研究始于 19 世纪后期。土壤侵蚀有时亦指水土流失，稍有区别的是，土壤侵蚀含义广泛，水土流失多以评价土壤侵蚀后水与土的流失与损耗。《中华人民共和国水土保持法》中所指的水土流失包含水的损失和土壤侵蚀两方面的内容。

❷ 赵其国、史学正等：《土壤资源概论》，科学出版社，2007 年，第 376～377 页。

❸ 侯光炯（1905—1996），上海金山人。中国著名土壤学家，1955 年当选为中国科学院学部委员。他创建了中国农业土壤学，主编出版了我国第一本农业土壤专著《中国农业土壤学概论》，为我国土壤科学作出了巨大贡献。

❹ 朱显谟档案，存于西北农林科技大学档案馆。转引自赵继伟、张春娟等著《老科学家学术成长资料采集工程、中国科学院院士传记丛书　从红壤到黄土：朱显谟传》，中国科学技术出版社、上海交通大学出版社，2013 年，第 18 页。

❺ 技佐：民国时期技术人员的官职。国民政府的交通、铁道、实业、内政等部（会）及省（市）政府的相应厅（局）大多设有此职位，以专门知识特别技能者任之，从事技术事务。职位大小是技监、技正、技士、技佐。

❻ 熊毅（1910—1985），贵州贵阳人。著名的土壤学家，1980 年当选为中国科学院学部委员。曾任中国科学院南京土壤研究所研究员、所长，是中国土壤胶体化学和土壤矿物学的奠基人，对黄淮海平原的治理与开发工作作出了重大贡献。

❼ 席承藩（1915—2002），山西文水人。著名的土壤地理学家，1995 年当选为中国科学院院士。中国土壤基层分类与土壤详测制图的先驱者之一，对黄淮海平原综合治理、三峡工程等提出很多建设性意见。

提出一系列有关红壤研究的创新性见解，与其后来转至黄土高原水土流失治理研究有莫大关系。在开始红壤研究时，朱显谟脚踏实地完成土壤的普查、制图、分析、报告与试验等工作，致力于研究江西红土改良的方法与红壤的生成原因，提出了在当时看来颇为超前的观点，分别是：

（1）客土对江西红土改良作用是最有效的。通过多次试验红壤肥力，朱显谟发表论文《红壤施用客土后肥力之变化》❶、《江西红壤的利用和改良》❷，认为客土对江西红土的改良作用是最有效的。他是提出这一观点的第一人。可是在当时中国社会经济条件下并不能得到推广与应用。中华人民共和国成立后，朱显谟的观点由李庆逵重新提出并应用于江西省，证明了朱显谟当初所提观点的正确性与前瞻性。

（2）我国华南红壤不是现代生物气候地带性土壤。20世纪40年代，学界一致认为红壤是地带性土壤，朱显谟一开始也是深信不疑，但随着多次野外考察对各地红壤进行比较、请教专家，对岩石不同风化状态所形成的厚度上的差异的进一步认识，抱着"即使不能建立新理论，亦当纠正差错"的科学精神，大胆提出了我国华南红壤主要是古土壤、红色风化壳的残留和红色冲积洪积沉积物，而不是现代生物气候地带性土壤的见解。这一新观点无疑是对学术界传统观点的冲击，引起了很多争论，特别是当时朱显谟乃初出茅庐没多久的技士，此举被认为离经叛道，哗众取宠。但朱显谟不忘立志当科学农民的初心，坚持己见。40多年后，此观点被中国科学院南京土壤研究所赵其国院士等人在论文《我国热带、亚热带地区土壤的发生、分类及特点》❸中证明，显示了朱显谟此理论的正确性。后来朱显谟思考，认为这可能就是他后来被调出红壤地区研究工作的主要原因。❹

朱显谟1940年7月至1946年2月在江西省地质调查所工作期间，经同事介绍与第一任妻子刘瑞改于1943年结婚，可惜的是，由于日本侵华战争致使社会动荡不安，1945年妻子患病未得到较好的医治去世。朱显谟曾一度为了生计去中学代课，但他钻研学问的理念没有动摇，1944年加入中国工程师学会、中国地质学会。抗战胜利后，在熊毅的引荐下，1947年朱显谟到在南京的中央地质调查所土壤研究室任荐任技士。1948年经大学老师范存忠介绍，与其侄女范韫才结婚。1949年中华人民共和国成立后直至1959年7月，朱显谟在中国科学院南京土壤研究所工作。在中华人民共和国成立前，由于对红壤研究的新见解被人所不容，朱显谟逐渐被迫退出红壤地区的研究工作，经历了多次非红壤区域的实地考察。1947年9月被派往开封、中牟等黄泛区调查，1948年3—5月到湖南南部与江西北部一带调查，9月又配合农业部粮食增产计划项目

---

❶　朱显谟：《红壤施用客土后肥力之变化》，《土壤季刊》1943年第4期。

❷　朱显谟：《江西红壤的利用和改良》，载《全国土壤肥料会议专刊》，1950年，第68～69页。

❸　赵其国等：《我国热带、亚热带地区土壤的发生、分类及特点》，载李庆逵主编《中国红壤》，科学出版社，1983年，第1～23页。

❹　朱显谟：《60年来从事土壤与水土保持科学研究回顾》，载田均良主编《土壤学与水土保持：朱显谟院士论文选集》，陕西人民出版社，2004年，第548页。

赴镇江调查。中华人民共和国成立后，1950 年 5 月，参加中国科学院组织的东北土壤调查团调查黑土，提出黑龙江农作物单产不高的原因是土壤侵蚀剧烈、养分流失，并初次发现东北森林植被下的土壤是棕壤而不是灰壤。进入 20 世纪 50 年代，为了响应党和国家关于根治黄河水害、开发黄河水利的号召，朱显谟淡出了红壤研究，对于黑土的研究也没有进一步深入，而转入对黄土高原水土保持事业 60 多年的全面探索中。

第三节　初涉黄土高原水土保持事业
（1950—1959 年）

黄土高原地区是世界最大的黄土沉积区，位于中国中部偏北，北纬 34°～40°，东经 103°～114°，西起日月山，东至太行山，南靠秦岭，北抵阴山，总面积 64 万平方千米，涉及青海、甘肃、宁夏、内蒙古、陕西、山西、河南 7 省（自治区）50 个地市的 317 个县（区），水土流失面积达 45.4 万平方千米，占总面积的 71%，水土流失面积之广、强度之大是世界之最。❶黄河河段自青海龙羊峡至河南桃花峪呈一大"几"字形纵横切过整个黄土高原地区，使黄土高原遭受强烈的侵蚀切割，加上黄土高原自身严重的水土流失，导致大量泥沙流入黄河，使河水由清变黄，黄河一名也正是由此而来，因此黄土高原❷与黄河中游如同一对形影不能离的连体姐妹。❸黄河是中华民族的母亲河之一，是华夏文明的摇篮，在相当长的历史时期，黄河流域是我国政治、经济、文化的中心，黄河水哺育着黄河流域的百姓。但自唐代以后黄河逐渐灾害频繁，位于黄河流域的黄土高原由于自然因素与人类活动等原因水土流失趋于严重，使黄河成为一条害河，严重威胁到人民的生命安全、生产事业与国家的政治稳定、经济发展，故治理黄河成为各朝代政府与人民的重大事业。中国共产党更加重视治理黄河的事业，1946 年冀鲁豫解放区黄河水利委员会成立，开启了中国共产党领导人民治理黄河的新纪元。人民治黄事业至今已有 70 余年，取得黄河下游从未决口的卓越成就，这除了中国共产党的英明领导外，还有广大劳动人民、一大批治黄水利科技工作者孜孜不倦的奉献。作为著名水土保持专家、土壤学家的朱显谟正是这支宏大治黄队伍中的重要一员。

"水土保持"一词出现并没有多久的历史，其始见于民国时期的 1934 年，国际上通常使用的术语是"土壤保护"或者"土壤保持"。1934 年，著名水利专家李仪祉、张含英主持的黄河水利委员会把针对水土流失的治理措施定名为"水土保持"，且开始在政府文件与技术文献上正式采用。水土保持是我国特有的名词，相较于国外通用的

---

❶ 余新晓、毕华兴：《水土保持学》（第 3 版），中国林业出版社，2013 年，第 47 页。

❷ 黄土高原的分界与面积随着时间的推移、国家治黄工作与国土整治的需要会发生变化。朱显谟院士 60 多年来在论文中对于黄土高原面积变化的数据记述比较多。为避免歧义，在本文中采取最新的黄土高原面积 64 万平方千米的数据，指的是广义的黄土高原，包括明长城一线以南的真正的黄土高原（53 万平方千米）和其北的鄂尔多斯高原。

❸ 刘东生、丁梦麟：《黄土高原·农业起源·水土保持》，地震出版社，2004 年，第 2 页。

土壤保护或土壤保持增加了一个"水"字，更加突出了水土的依存关系，能准确地反映中国的水土流失客观情况。❶ 对于黄土高原水土保持工作在治理黄河中的重要性与纳入治黄方略，首先引起注意的是民国时期著名水利学家李仪祉先生。李仪祉认为"黄河之弊，莫不知其由于善决、善淤、善徙，而徙由于决，决因于淤，其病源一而已"❷，"去河之患，在防洪，更须防沙"❸。李仪祉认为泥沙淤积是黄河下游河害的根本原因，黄河的根本治法应把重点放在黄土高原治理上。这一认知为我国水土保持事业奠定了理论基础。新中国成立后，党与政府非常重视黄土高原地区的水土保持工作，把黄土高原水土保持事业作为治黄事业的重要组成部分，纳入国民经济计划。黄土高原地区水土保持工作进入重点试办始于 1952 年 12 月 27 日，政务院签发了《关于发动群众继续开展防旱、抗旱运动并大力推行水土保持工作的指示》，强调水土保持工作是群众性、长期性和综合性的工作，必须发动群众，并结合生产的实际需要，组织起来长期进行，由于各河治本和山区生产的需要，水土保持工作目前已属当务之急。❹ 根据政务院指示精神，黄河水利委员会作出《关于 1953 年治黄任务决定》，其中明确指出"黄河危害的根源，在于西北黄土高原的水土流失"❺，更加强调了黄土高原水土保持工作的重要性。由此，水利界各单位及学者们纷纷行动起来，1950—1959 年在中国科学院南京土壤研究所工作的朱显谟亦是其中一员。

朱显谟在 1950 年 9 月结束黑龙江土壤调查后转赴西北黄土区进行土壤调查，初涉对黄土的研究，从此正式结缘黄土。1952 年到 1953 年 6 月，为治理黄河做前期水土保持调查准备工作，水利部黄河水利委员会组织了水土保持勘查队调查黄土区的土壤侵蚀状况，朱显谟参加泾河流域的水土流失调查，同时在武功县杨凌筹建中国科学院南京土壤研究所黄土试验站。此黄土试验站在 1956 年并入中国科学院西北农业生物研究所，改名为土壤研究室。1953—1958 年朱显谟参加了由中国科学院联合其他科研单位组织、由中国科学院副院长竺可桢❻领导的黄河中游水土保持综合考察队❼，主要负责土壤组的工作，包括：更深一步对泾河流域的土地利用、水土流失等情况进行勘查，参加陕北绥德韭园沟水土保持的规划工作，对山西西部水土流失严重地区进行水土保持方面的各项调查，对甘肃省部分水土流失严重地区进行水土保持方面的各项调查，特别是土壤方面的研究等。1958 年 11 月朱显谟参加中苏两国专家联合进行的黄土高原

❶ 钱正英：《中国水利》，水利电力出版社，1991 年，第 381 页。

❷ 中国水利学会、黄河研究会：《李仪祉纪念文集》，黄河水利出版社，2002 年，第 27 页。

❸ 王化云：《我的治河实践》，河南科学技术出版社，1989 年，第 426 页。

❹ 中共中央文献研究室、国家林业局：《周恩来论林业》，中央文献出版社，1999 年，第 43～44 页。

❺ 黄河水利委员会：《关于 1953 年治黄任务的决定》，《新黄河》1953 年第 3 期。

❻ 竺可桢（1890—1974），浙江上虞人。当代著名的地理学家和气象学家，中国近代地理学的奠基人。1955 年当选为中国科学院学部委员，被公认为中国气象学、地理学界的"一代宗师"。

❼ 黄河中游水土保持综合考察队：1953—1958 年由中国科学院联合黄河水利委员会、南京土壤研究所等科研单位组织，由竺可桢领导，分农业经济、土壤植物等 11 个专业组，700 多人参加，主要考察黄河中游各省份地区，勘察水土流失，进行水土保持调查，为治理黄河与黄土高原提供依据。

科学考察，继续在黄土高原开展土壤调查。❶ 从 1950 年 9 月到 1959 年 7 月，根据多次实地考察黄土高原的资料，朱显谟经研究取得多项成果，如首次在论文中提出黄土剖面中的"红层"是古土壤的观点，提出了黄土区土壤侵蚀区划原则和区划系统，甚至编制了黄河中游黄土高原土壤侵蚀区划图，对黄土高原土壤进行土类重新划分，命名黑垆土与塿土等。从以上朱显谟参加的实地考察、调查可看出，中华人民共和国成立后国家重视治理黄河，使朱显谟逐渐淡出红壤地区的土壤改良研究，转向黄土高原水土流失治理研究，1950—1959 年对黄土高原各地区的科学考察使其获取了大量的科学研究资料，为之后取得更丰硕的科研成果打下了坚固的基础。

20 世纪 50 年代以来，党和政府重视开发大西北、建设大西北，认识到黄河、黄土高原治理的艰巨性，1956 年在陕西武功县杨凌筹建了中国科学院西北农业生物研究所，1958 年改名为中国科学院西北生物土壤研究所，以黄河中游水土保持科学研究为主要科研任务。为了支持国家建设大西北的事业与实践个人当科学农民的志向，满怀着治理黄土高原"盼河清，为治河建言立论"❷ 的信念，朱显谟在 1959 年 7 月毅然举家搬迁到陕西武功县杨凌小镇的中国科学院西北生物土壤研究所，放弃了优越的南京大城市生活与工作条件，其无私奉献的精神让人敬佩。

第四节 五十余年倾心于黄土高原
水土保持事业（1959—2017 年）

朱显谟自 1959 年 7 月举家搬迁陕西杨凌后，先后在中国科学院西北生物土壤研究所、中国科学院西北水土保持生物土壤研究所、中国科学院西北水土保持研究所任土壤研究室主任、第一副所长、所学术委员会主任等职，在他的精心指导下，研究所先后建立土壤地理、土壤侵蚀等研究室，还有黄土区土壤标本陈列室，取得了丰硕的研究成果。朱显谟也是 1978 年我国研究生招生制度恢复后研究所第一位硕士研究生导师、博士研究生导师，培养了新一批从事黄土高原水土流失治理工作的科技队伍，1990 年被评为中国科学院研究生优秀导师。❸ 在从事黄土高原水土保持研究的 60 多年历程中，朱显谟以厚重的土壤学学养长期致力于土壤与土壤侵蚀的研究，深入认知黄土高原的土与水，认知水土关系，为开展水土保持工作提供理论依据，并将水土保持与农业生产发展、土地利用结构、自然保护、生态环境等方面紧密结合起来，统筹认识，提出和形成国土整治"28 字方略"的水土保持学术理论体系。

朱显谟 60 多年从事黄土高原水土流失地区的水土保持工作并非是一帆风顺的，其

❶ 赵继伟、张春娟等：《老科学家学术成长资料采集工程、中国科学家院士传记丛书　从红壤到黄土：朱显谟传》，中国科学技术出版社、上海交通大学出版社，2013 年，第 30～55 页。

❷ 朱显谟：《60 年来从事土壤与水土保持科学研究回顾》，载田均良主编《土壤学与水土保持：朱显谟院士论文选集》，陕西人民出版社，2004 年，第 551 页。

❸ 岳长德：《朱显谟院士简历》，《水土保持研究》1995 年第 4 期。

中经历了"文化大革命"时期的停滞，也经受了水土保持无用论的影响等。但是朱显谟"盼河清，为治河建言立论"的理念与精神使他一直站在黄土高原水土保持工作的前线，从不放弃，在实践中执着探索前进。20 世纪 60 年代社会主义教育运动❶开始后，朱显谟被派到陕北的一个偏僻小镇蹲点一年多。期间他从未放弃水土保持工作，甚至利用这个机会深入群众，对黄土高原地区的土地类型进行了更深入地研究与划分。"文化大革命"期间，黄土高原水土保持工作几乎是停滞的，朱显谟曾一度被关进牛棚，进行劳动改造。虽然没法开展科学调查工作，但是朱显谟趁此机会对以往的研究进行了全面的总结，完成了《中国黄土地区的土壤》著作（长篇手稿），甚至还从土壤学角度来研究陕西南部地方病。❷ 中华人民共和国成立以来，虽然国家在治理黄河事业中强调治理黄土高原水土流失这一治本之策的重要性，可是仍然在治黄过程中出现水土保持无用论的声音。特别是 20 世纪 70 年代，有学者提出"水土流失是地质作用，不可能治理，也不需要治理，黄河下游断流可能与水土保持减水作用有关"❸ 等争议观点，认为水土保持工作成效不大，应该把重点放在黄河中上游兴建水利工程而不是放在治理黄土高原水土流失上。朱显谟则自始至终坚持黄土高原水土保持工作在治黄事业中至关重要的认知，且多次发表论文反驳水土保持无用论的观点，对水土保持工作战略进行反思与探讨，如《我国十年来水土保持工作的成就》❹、《走在十字路口的我国水土保持工作——在 1985 年中国土壤学会土壤侵蚀座谈会上的发言》❺、《试论我国水土保持工作中的实践与理论问题——对当前水土保持工作中一些重大问题的见解》❻ 等文。另外，为了鼓励水土保持工作者特别是年轻学者勤出科研成果，1981 年朱显谟领导创刊了《水土保持通报》❼，同期前后还领导创刊了《中国科学院西北水土保持研究所集刊》，此杂志后期演变为《水土保持研究》和《水土保持学报》，这些现在都是中国土壤学和水土保持研究学术成果交流的重要载体。❽

朱显谟一生学术研究硕果累累，撰写主要专著 5 部，论文百余篇，还有主编、参编与作为顾问身份的著作多部。其中，他主编的《中国土壤》❾ 一书获 1978 年全国科

---

❶　社会主义教育运动：20 世纪 60 年代开展的一场以"反修防修反复辟"为宗旨的政治运动，又称"四清运动"。

❷　赵继伟、张春娟等：《老科学家学术成长资料采集工程、中国科学院院士传记丛书　从红壤到黄土：朱显谟传》，中国科学技术出版社、上海交通大学出版社，2013 年，第 110 页。

❸　刘万铨：《半世一得集》，黄河水利出版社，2005 年，第 323～346 页。

❹　朱显谟：《我国十年来水土保持工作的成就》，《土壤》1959 年第 10 期。

❺　朱显谟：《走在十字路口的我国水土保持工作——在 1985 年中国土壤学会土壤侵蚀座谈会上的发言》，《水土保持通报》1986 年第 3 期。

❻　朱显谟：《试论我国水土保持工作中的实践与理论问题——对当前水土保持工作中一些重大问题的见解》，《水土保持通报》1993 年第 1 期。

❼　《水土保持通报》：1981 年创刊，是中国科学院西北水土保持研究所主办的学术性期刊，多次被评为中国科学院优秀科技期刊，主要刊登水土保持和相关各学科的学术论文与研究成果。首位主编是朱显谟。

❽　赵继伟、张春娟等：《老科学家学术成长资料采集工程、中国科学院院士传记丛书　从红壤到黄土：朱显谟传》，中国科学技术出版社、上海交通大学出版社，2013 年，第 117 页。

❾　中国科学院南京土壤研究所：《中国土壤》，科学出版社，1978 年。

学大会奖和陕西省科技成果奖，参编的《中国土壤图集》获中国科学院 1988 年十大成果之一的荣誉，主编的《中国黄土高原土地资源》❶ 获 1989 年中国科学院科技进步三等奖等。朱显谟一生全身心致力于推进水土保持科学事业，受到学术界的尊重与认可，多年来曾长期当选陕西省土壤学会理事长、中国土壤学会常务理事、中国自然资源研究会理事、中国科学院农业研究委员会委员、陕西省第五和第六届人大常委会委员、中国科学院地学部地学组成员、黄河中游水土保持委员会委员以及中国科学院、水利部水土保持研究所名誉所长。1991 年当选为中国科学院学部委员，1998 年被授予中国科学院首批资深院士，2002 年成为中国科学院研究生院终身教授等。朱显谟 60 多年如一日对黄土高原进行科学研究，探索水土保持的良策，致力于黄土高原人民脱贫致富，其学术活动在退休后也并未停止。2017 年 10 月 11 日朱显谟病逝，享年 102 岁。

---

❶ 朱显谟：《中国黄土高原土地资源》，陕西科学技术出版社，1986 年。

第二章　黄土高原土壤侵蚀和土壤抗冲性研究的贡献

朱显谟是中华人民共和国第一代土壤学家，主要从土壤学、生态学的视域深入认知土与水的关联，进而探索黄土高原水土保持的理论基础，思考水土流失治理问题并提出系统的水土保持方案。这有别于水土保持学界有的学者从水利学的视域、有的学者从地质地貌学的视域研究水土保持的理论和实践。在60多年的学术生涯中，朱显谟对我国土壤学特别是水土保持学作出了重大贡献。朱显谟一直坚持"即使不能建立新理论，亦当纠正差错"❶ 与"实践是创造奇迹的源泉"❷ 的治学原则，特别是20世纪50年代以来，他把全部精力投入到黄土高原土壤和水土保持研究中，取得了丰硕的科学研究成果。朱显谟研究黄土高原水土保持，首先非常注重研究土壤和土壤侵蚀，为黄土高原水土保持工作寻求理论依据，希冀改变人们重水轻土的错误治理观念，认识到不仅水是一切生命之源，土也是万物生长之本；只有认识到土壤侵蚀对黄土高原生态环境影响的严重性，水土保持和黄河治理事业才能顺利进行，所以必须协调水土之间的关系，防治土壤侵蚀。朱显谟是孜孜不倦研究黄土高原水土保持的科学家之一，他的黄土高原水土保持研究成果具有独创性、开拓性。

第一节　黄土高原土壤侵蚀研究的引路者

土壤侵蚀研究是开展水土保持工作的基础，是治理黄土高原水土流失和治理黄河的重要组成部分，是为水土保持工作服务的。我国系统的土壤侵蚀研究开始于20世纪20年代末，其时在四川内江、陕西长安、福建长汀河田、广西柳州等地建立了土壤侵蚀研究试验区。❸ 可在战乱的时代条件下，对于土壤侵蚀方面的系统研究无法正常开展与深入下去。中华人民共和国成立后，随着国家治理黄河工作的开始，认识到黄土高原水土保持工作对治理黄河水患与黄河流域工农业生产、生态环境的重要性，黄土区土壤侵蚀研究工作才逐渐全面展开。朱显谟是我国黄土高原土壤侵蚀研究的引路者。在开展黄土区土壤侵蚀调查研究中，由于缺乏前人的经验与系统的理论指导，特别是黄土高原土壤侵蚀的特殊性，早期研究工作碰到很多困难，致使

---

❶ 朱显谟：《60年来从事土壤与水土保持科学研究回顾》，载田均良主编《土壤学与水土保持：朱显谟院士论文选集》，陕西人民出版社，2004年，第548页。

❷ 科学时报社：《中国院士治学格言手迹》，中国科学技术出版社，2004年，第339页。

❸ 张洪江、程金花：《土壤侵蚀原理》（第三版），科学出版社，2014年，第9页。

其只能在不断摸索过程中总结经验，发现并解决问题。朱显谟认为土壤侵蚀调查工作顺利开展缺乏两个重要条件：①一个比较完整的土壤侵蚀分类制度；②有关侵蚀区划的原则。❶ 可以说，土壤侵蚀分类与区划是全面研究土壤侵蚀情况和进行水土保持工作首先亟须突破的两大问题。朱显谟从事的土壤侵蚀研究工作不仅从理论上丰富了水土保持学科的内容，而且具有重要的实际意义，为黄土高原水土保持工作提供了重要的理论依据。

一、土壤侵蚀研究是黄土高原水土保持工作的基础

在中国治水史上有重水轻土、治水不改土的缺憾，治水过程中对于土壤改良、土壤侵蚀防治的重视程度不够，对土壤侵蚀是开展水土保持工作的基础问题认识不足，致使在黄土高原水土保持与治理黄河方针上争议诸多。黄河常年平均输沙量 16 亿吨，河流年均含沙量为每立方米 36 千克，为世界河流年均含沙量每立方米 350 克的 100 倍多，每年约有 4 亿吨泥沙沉积在黄河下游河床，致使下游河床已高出地面 4～10 米，成为世界上著名的悬河。❷ 泥沙是黄河水患的症结所在，源自于黄土高原的水土流失。黄土高原是世界上最大的黄土沉积区，是黄土区的典型代表，其水土流失面积之广、强度之大、流失量之多堪称世界之最；侵蚀输沙非常强烈，一般土壤侵蚀模数为年度每平方公里 5000～20000 吨，有的甚至高达 35000 吨。❸ 虽然 20 世纪 70 年代以来，黄河的年均输沙量已经降为 13.4 亿吨（1970—1979 年）和 7.05 亿吨（1980—1989 年），但是输沙量减少的原因除了连年降水量的偏少、水土保持工作成效，主要还是黄河干支流建设的坝库工程发挥了年均拦蓄 3 亿吨泥沙的作用，而土壤侵蚀形势还是非常严重。❹ 因此土壤侵蚀的防治与治理黄河是紧密联系的，是实施水土保持工作的基础。黄土高原土壤侵蚀的控制不容忽视，形势严峻，直接影响到西北地区经济建设的发展、生态环境的改善和人民生活水平的提高。

朱显谟是中国土壤侵蚀研究的引路者之一，他早期进行红壤侵蚀研究为其后来投身黄土高原土壤侵蚀研究并取得成就奠定了实践与理论基础。世界各国都存在着不同程度的土壤侵蚀造成的水土流失，可以说土壤侵蚀研究是现当代世界各国自然资源和生态环境问题的重点研究对象。中国学界把土壤侵蚀定义为土壤或其他地面组成物质在水力、风力、冻融、重力等外营力作用下，被剥蚀、破坏、分离、搬运和沉积的过程。❺ 中国土壤侵蚀专用名词的出现源于 20 世纪 20 年代末至 30 年代初，美国的土壤

❶ 朱显谟：《黄土区土壤侵蚀的分类》，《土壤学报》1956 年第 4 期。
❷ 唐克丽等：《中国水土保持》，科学出版社，2004 年，第 18 页。
❸ 朱显谟、卢宗凡等：《综合治理水土流失，彻底改善生态环境——黄土高原丘陵地区振兴农业的战略措施》，《水土保持通报》1982 年第 6 期。
❹ 唐克丽等：《中国水土保持》，科学出版社，2004 年，第 22 页。
❺ 王礼先：《中国水利百科全书·水土保持分册》，中国水利水电出版社，2004 年，第 34 页。

学家梭颇❶在中国学者马溶之等人的陪同下一起考察中国土壤，并在著作中专门讨论了黄土高原、四川紫色土地区和华南红壤区的土壤侵蚀问题，首次提出了片蚀、沟蚀、崩塌和陷穴等侵蚀种类，❷ 著作由李连捷❸、李庆逵❹翻译成中文发表。20 世纪 40 年代，马溶之、李连捷、朱显谟三位土壤学家开始独立进行土壤侵蚀和水土保持调查研究。朱显谟刚刚大学毕业，在江西地质调查所工作期间，除了对江西境内的土壤与土地利用进行广泛调查，开展土壤改良实验工作外，还与众不同地对江西境内的土壤侵蚀进行了深入考察与研究，并提出了防治途径。❺ 朱显谟首次厘清了江西地区土壤侵蚀的种类，划分了土壤侵蚀的区域 ，甚至根据土壤侵蚀的种类和区划编制了《江西省土壤侵蚀图》，并提出了进行水土保持工作治理土壤侵蚀的建议。❻ 当时国内关于土壤侵蚀研究的成果非常少，政府对土壤侵蚀研究工作也不看重，土壤侵蚀与水土保持调查研究工作都是处于起步的阶段，朱显谟算是独树一帜，具有学术前瞻性。20 世纪 50 年代，由于国家编制治理黄河规划的需要，查明土壤侵蚀现状被作为治黄规划中编制水土保持规划的重要基础。❼ 水利部和中国科学院联合各科研单位先后数次组织了黄河上中游的水土保持综合考察，土壤侵蚀的研究开始逐步得到国家重视。朱显谟参加了其中六次考察活动，足迹踏遍了黄土高原，并在土壤、土壤侵蚀、地质地貌等各方面进行深入调研，取得了大量的第一手资料，为他以后进行黄土高原水土保持研究奠定了基础。朱显谟后来曾回忆起 20 世纪 50 年代首次参加泾河流域土壤和水土流失考察的所见，那时黄土区严重的水土流失以及恶劣的生态环境一直印在他脑海中。面对原本塬宽、川广、梁平、坡缓的千里沃野，由于严重的水土流失，沦为贫瘠的土地，作为一个土壤工作者心情特别沉重，他深感责任重大。❽ 这也是让朱显谟下定决心从此扎根黄土高原的原因。

　　在 20 世纪 50 年代的六次黄土高原土壤和土壤侵蚀调查中（见表 1），朱显谟一直非常注重分析引起土壤侵蚀的原因与影响问题，以研究黄土高原土壤侵蚀演变规律和发展情况，为水土保持工作探寻对策。

---

❶　梭颇（1896—1984），美国著名土壤学家。1933—1936 年间，任职中央地质调查所土壤研究室，著有《中国之土壤》，对中国土壤进行了系统地考察与科学分类。

❷　梭颇著，李连捷、李庆逵译：《中国之土壤》，国民政府实业部地质调查所、国立北平研究院地质学研究所印行，1936 年，第 215～230 页。

❸　李连捷（1908—1992），河北玉田人。中国著名的土壤学家、农业教育家，中国土壤学学科创始人之一，1955 年被选为中国科学院学部委员，在土壤分类学、土壤地理学、地貌学、第四纪地质学等方面的教学与研究工作成就卓著。

❹　李庆逵（1912—2001），浙江宁坡人。1955 年当选为中国科学院学部委员，是中国现代土壤学和植物营养学的奠基人之一。

❺　赵继伟、张春娟等：《老科学家学术成长资料采集工程、中国科学院院士传记丛书　从红壤到黄土：朱显谟传》，中国科学技术出版社、上海交通大学出版社，2013 年，第 36 页。

❻　朱显谟：《江西土壤之侵蚀及其防治》，《土壤季刊》1947 年第 3 期。

❼　唐克丽等：《中国水土保持》，科学出版社，2004 年，第 19 页。

❽　韩存志主编，朱显谟等著：《资深院士回忆录》（第 3 卷），上海科技教育出版社，2006 年，第 15 页。

表 1 　　　　　　　　　朱显谟六次参加黄土高原土壤与土壤侵蚀调研简况

考察、调研队伍名称	持续时间	考察、调研区域	朱显谟参加的时间	朱显谟负责的区域、工作概况
西北土壤调查队	1950 年 5 月至 1951 年 4 月	黄土高原地区	1950 年 9 月至 1951 年 4 月	对甘肃省董志塬地区的黄土相关情况进行调查与研究
黄河中游水土保持勘探队	1952—1953 年	黄河中游黄土区，重点选定泾河与无定河	1952—1953 年	对泾河流域进行水土流失调查
黄河中游水土保持综合考察队	1953—1958 年	黄河流域的山西、甘肃、青海、陕西等省	1954 年 4 月	对泾河流域的土地利用情况、水土流失情况及发展规律进行勘查
黄河中游水土保持综合考察队	1953—1958 年	黄河流域的山西、甘肃、青海、陕西等省	1954 年秋天	参加陕北绥德韭园沟水土保持规划工作，负责流域的自然情况、土壤侵蚀调查与总结工作
黄河中游水土保持综合考察队	1953—1958 年	黄河流域的山西、甘肃、青海、陕西等省	1956 年 5—10 月	参加甘肃省中部土壤与土壤侵蚀调查
中苏联合考察队	1957—1958 年	山西、陕西、甘肃、内蒙古等省区	1958 年 11 月	在黄土高原地区进行土壤、土壤侵蚀调查

注 本表根据以下史料编制：赵继伟、张春娟等著《老科学家学术成长资料采集工程、中国科学院院士传记丛书　从红壤到黄土：朱显谟传》，中国科学技术出版社、上海交通大学出版社，2013 年，第 177～180 页。田均良主编《土壤学与水土保持：朱显谟院士论文选集》，陕西人民出版社，2004 年，第 246～301 页。黄河水利委员会、黄河上中游管理局编《黄河水土保持大事记》，陕西人民出版社，1996 年，第 112、128 页。

　　水是一切生命之源，土又是万物生长之本。这句话经常出现在朱显谟的论文中，他认为水土协调才能构造良好的生态环境，土壤侵蚀问题的出现是水土不协调的表现。土壤侵蚀研究是进行水土保持工作的先决条件，想要防止黄土高原土壤侵蚀，就必须研究土壤侵蚀的原因与侵蚀发展的演变等，才能为水土保持工作提供科学、客观的指导与理论依据。引起黄土高原土壤侵蚀的原因主要是自然原因与人为原因两者的共同作用，朱显谟对成因的分析是："1. 黄土性质。黄土质地均匀，土层深厚而松散，以粉沙为主，表土含腐殖质量极低，构造不良，每到夏季暴雨来临时，表土立即分散，容易发生地面径流；2. 雨量与地形。该区雨量虽然不多，但异常集中，而且多暴雨，因此水土流失非常厉害，一般丘陵山坡陡，更易侵蚀；3. 气候因素。气候干燥，植物生长不易，因此覆被较差，土壤以物理风化为主，少黏粒，胶结力较差，容易被风水分散；4. 人为活动。包括耕作制度不良，长期掠夺式的农业经营，导致土壤肥力减退和团粒结构易破坏而分散，透水保水性也减弱。当地农民任意垦殖陡坡，森林及草地破坏。植被的严重破坏，导致多种侵蚀现象并发，尤其是天然植被的破坏是引起现代土壤侵蚀的最重要因素。"❶ 朱显谟对土壤侵蚀原因的分析与

---

❶ 朱显谟：《西北水土保持查勘中有关土壤方面的报告摘要》，《新黄河》1952 年 6 月号。

其他黄土高原水土流失研究专家的区别在于，他特别注重深入黄土高原实地考察土壤，进行调查与研究，注重汲取农民群众在长期生产中的经验，根据水土保持实际应用需要对黄土高原地区的土壤、土地类型进行重新分类与整理，对黄土的性质、分类研究非常精细通透。

朱显谟在分析土壤侵蚀的成因、影响的基础上，有针对性地提出土壤侵蚀与水土保持的措施。如1952—1953年朱显谟参加泾河流域的土壤侵蚀调查，认为黄河的除害兴利工作是不能与泾河流域的水土保持工作分割的。他提出泾河流域的土壤侵蚀现象种类繁多，并在各种因素的综合作用下会沿着一定的规律发展和演变，尤其以洞穴侵蚀、栅状沟侵蚀和黄土沟壁的滑塌侵蚀等最为突出。他指出治理泾河流域土壤侵蚀的治本之道，首在解决燃料问题，适当退耕坡地，保源固掌，提高粮食单位面积产量，因地制宜地确立农林牧土地的合理利用制度，建筑有关水土保持的水利工程等。[1] 1954年秋朱显谟参加陕北绥德韭园沟水土保持的规划工作，负责流域的土壤侵蚀调查工作，总结出流域内的土壤侵蚀和其他黄土区相似，侵蚀现象基本以细沟侵蚀、切沟侵蚀、片状侵蚀、洞穴侵蚀、崩塌侵蚀等为主。同时指出现行防止水土流失的水土保持方法，有水簸箕、打坝堰、挑水沟、梯田等，主要是工程措施，希冀之后能创造和积累生物和工程相结合、水土保持和促进生产相结合、消极防治与积极增加土壤保蓄水分抵抗侵蚀提高地力相结合的系统全面的水土保持新方法。[2] 中华人民共和国成立后，朱显谟在黄土高原地区围绕水土保持任务进行的六次全面综合考察和专业调查研究，致力于对土壤侵蚀研究的深入，推进了当时还是新兴的水土保持学科的发展和黄土高原水土保持事业的进步。

二、在黄土高原土壤侵蚀分类与区划方面取得重大突破

朱显谟是黄土高原土壤侵蚀研究的引路者，为黄土高原区的土壤侵蚀研究奠定了基础。自20世纪50年代以来至今，在国家编制大江大河治理规划或各个省区编制国土整治规划时，皆把查明水土流失、编制水土保持规划作为规划的重要组成部分，通过组织土壤侵蚀调查，展开土壤侵蚀分类和侵蚀区划等基础性、关键性问题的研究。[3]这一系列科学研究的开展与成就的取得，其中就有朱显谟的推动与贡献。我国系统的水土保持研究特别是在土壤侵蚀这一领域的研究起步较晚，50年代才正式起步，开始曾有模仿欧美国家，特别是模仿美国、苏联的土壤调查和研究方法的偏向。朱显谟作为新中国第一代土壤学家，20世纪50年代开始从事黄土高原土壤研究工作，在进行董志塬区、泾河流域、陕北绥德韭园沟、甘肃中部等土壤侵蚀与水土保持工作研究时，深感国内土壤研究工作中本本主义的严重危害与国外土壤研究方法的不适应性，美国

❶　朱显谟、张相麟、雷文进：《泾河流域土壤侵蚀现象及其演变》，《土壤学报》1954年第4期。

❷　朱显谟、张同亮、彭琳等：《陕北绥德韭园沟的土壤侵蚀和水土保持》，《土壤专报》1956年第29号。

❸　唐克丽、史德明、史学正：《土壤侵蚀与水土保持研究的回顾与展望》，《西北农业学报》1995年第4期（增刊）。

和苏联的研究方法无法适用于中国国内土壤研究工作特别是黄土高原区，从而促使朱显谟追求创新。20 世纪 50 年代在黄土高原土壤侵蚀调查中，朱显谟认为工作过程不断遇到困难、走弯路的主要制约因素在于土壤侵蚀和水土保持研究中的两大基础性问题，即土壤侵蚀分类与区划问题还无法取得突破。而土壤侵蚀分类与区划问题的解决，对黄土高原土壤侵蚀的研究、防治水土流失工作具有决定性意义。

有鉴于此，在深入研究的基础上，朱显谟提出了黄土区土壤侵蚀分类系统，拟定了我国最早的比较完整的土壤侵蚀分类制度。在早期工作中，由于黄土区土壤侵蚀的特殊性，特别是黄土高原是世界上黄土最为发育的地区，却找不到一个适合这个区域的土壤侵蚀分类现有制度，显然是研究的欠缺，朱显谟深感为了科学规范地工作，制定一个合理、可行的结合黄土区具体情况的土壤侵蚀分类制度是非常必要的，有利于形成黄土区新的分类系统。❶ 朱显谟注意与尝试土壤侵蚀分类是在 1950 年 9 月至 1951 年 4 月参加西北土壤调查队，对甘肃省董志塬地区的土壤侵蚀进行研究时，他尝试对董志塬区的土壤侵蚀类型进行分类，并试图于 1953 年发表论文，但因材料不足而未完成。直至 1955 年春，朱显谟根据自己的见闻所及提出了黄土区土壤侵蚀分类系统，根据不同侵蚀类型、演变过程及与生产结合的原则进行了分类系统的归纳。侵蚀类型归纳为水蚀、风蚀和其他侵蚀。水蚀是黄土区的最主要的侵蚀类型，按照它的表现方式，又可分为片状侵蚀和切沟侵蚀两种，介于两种侵蚀现象中的过渡形式是细沟侵蚀。对于天然草地由于放牧过度与雨后践踏而产生的侵蚀现象叫鳞片状侵蚀，故又把片状侵蚀分为片状侵蚀、细沟侵蚀和鳞片状侵蚀三种。另外，朱显谟还发现洞穴侵蚀这一黄土高原区特殊的土壤侵蚀水蚀现象。对于风蚀及其他侵蚀未一一展开，只是谈显著的现象（见表 2）。❷

表 2　　　　　　　　　1955 年朱显谟暂拟黄土区土壤侵蚀分类系统简缩表

侵蚀类型	侵蚀类型	分划标准	分　划　等　级			
			轻　度	中　度	强　度	剧　烈
水蚀	片状侵蚀	有机质层被冲失的百分率	<25% 或 <30%	25%～50% 或 30%～60%	50%～75% 或 60%～80%	75%～100% 或 80%～100%
	细沟侵蚀	每 100 米所见条数在地表所占面积百分数	<10%	10%～20%	20%～50%	50% 以上
	鳞片状侵蚀		<10%	10%～20%	20%～50%	50% 以上
	浅沟侵蚀	沟宽所占地面的面积百分数	<10%	10%～20%	20%～50%	50% 以上
	细切沟侵蚀		<10%	10%～20%	20%～50%	50% 以上
	中切沟侵蚀		<10%	10%～20%	20%～50%	50% 以上
	大切沟侵蚀		<10%	10%～20%	20%～50%	50% 以上
	洞穴侵蚀	包括陷穴、连珠陷穴、阶穴等，以出现频率分为少见、常见、很多三种				

---

❶❷　朱显谟：《暂拟黄土区土壤侵蚀分类系统》，《新黄河》1955 年 7 月号。

侵蚀类型	侵蚀类型	分划标准	分 划 等 级			
			轻　度	中　度	强　度	剧　烈
风蚀	黄风	注意黄风的性质频率等				
	沙丘	暂分活动沙丘、固定沙丘和半固定沙丘三种				
	沙洼	暂分固定沙洼和尚在沉积中的沙洼两种				
	风口风蚀面	可以地面风蚀痕迹或每年风蚀量作为划分标准				
	河滩地风沙	暂以风沙活动的时间分为长年活动、冬春活动等变异				
其他侵蚀	崩塌	以崩塌体的大小分为：大（50 立方米以上）、中（10～50 立方米）、小（10 立方米以下）等三级				
	滑塌	以滑塌体的大小分为：大（1000 立方米以上）、中（100～1000 立方米）、小（100 立方米以下）等三级				
	泻溜	以光板地面积所占百分比划分：<10%，10%～20%，20%～50%，>50%				

注　资料来源：朱显谟《暂拟黄土区土壤侵蚀分类系统》，《新黄河》1955 年 7 月号。

此黄土区土壤侵蚀分类系统是朱显谟在黄土高原考察实践的智慧结晶，是最早提出来的分类系统与制度，奠定了他的黄土高原土壤侵蚀研究引路者地位，1955 年发表之后很快得到公认并应用在实际工作中，沿用至今未有原则上的大变动，不仅促进了土壤侵蚀科学的发展，而且是开展水土保持工作的基础，有利于因地制宜地治理黄土高原水土流失与治理黄河。

朱显谟在提出黄土区土壤侵蚀系统分类制度的前后，还编制了黄土高原土壤侵蚀区划图。朱显谟认为土壤侵蚀区划问题是系统研究黄土高原土壤侵蚀情况和进行水土保持工作必须先行解决的两大问题之一。国内外大部分学者以侵蚀营力的不同和侵蚀强度等作为分区的标准，但这种区划对于我国黄土区特别是黄土高原如此复杂的区域来说不够明确与实用。[1] 我国土壤侵蚀区划研究最早开始于马溶之与侯光炯 1934 年在江西南昌地区调查时提出的土壤复区的概念，当时命名为土域。[2] 而直至 20 世纪 50 年代，在黄土高原土壤侵蚀研究方面的科研成果很少，涉及侵蚀区划问题的研究成果亦甚少。唯一涉及的是当时任中国科学院地理研究所副所长的黄秉维[3]。他在 1955 年发表的论文《编制黄河中游流域土壤侵蚀分区图的经验教训》中提出水土保持是黄河流域规划中一个关键性的课题，而土壤侵蚀分区又是其中一个重要的工作项目。黄秉维编制了土壤侵蚀分区、水力侵蚀程度和风力侵蚀程度等三种图件。在分区图中主要划分为有完密植被和缺乏完密植被两个区域，然后又划分出高山草娥地、林区、风沙、

---

[1]　朱显谟：《有关黄河中游土壤侵蚀区划问题》，《土壤通报》1958 年第 1 期。

[2]　龚子同：《缅怀马溶之教授——纪念马溶之诞辰 100 周年》，《第四纪研究》2008 年第 5 期。

[3]　黄秉维（1913—2000），广东惠阳人。1955 年被选为中国科学院学部委员。长期从事自然区划和地貌研究，先后组织了中国水土保持、中国综合自然区划、热量与水分平衡的大规模研究，开拓了热量和水分平衡、化学地理和生物地理群落等自然地理学的三个新研究方向。

黄土阶地、黄土丘陵、黄土高塬等侵蚀区。❶ 黄秉维与朱显谟两人都是最早注意到黄土区土壤侵蚀区划问题的土壤学家。朱显谟土壤侵蚀区划思想的初步尝试是 1950 年 9 月至 1951 年 4 月在董志塬地区调查期间，并于 1953 年发表论文首次在黄土高原尝试对土壤侵蚀的程度与实情制定标准进行分类，提出侵蚀区域为分类中的最大区划，其次为复区，之下还有区、亚区。❷ 随着 1953 年在泾河流域土壤侵蚀考察时的深入思考，他又进一步明确了土壤侵蚀区划原则，提出在原则的基础上进行区划划分。朱显谟清醒地认识到这时提出的这一区划原则不成熟也不明确。在此后几年不断加以改进。在综合考虑黄土区土壤侵蚀复杂性与特殊性、当时侵蚀区划工作忽视了自然条件与人为作用的缺点基础上，为了配合水土保持工作与土壤侵蚀的防治，朱显谟在 1958 年明确提出区划的原则，制定了一个比较详细系统的分级制度。朱显谟建议区划制度采用五级制，分划标准是："第一级为侵蚀地带，以主要的侵蚀类型为分划标准并同气候相结合；第二级为侵蚀区带，以决定侵蚀基础及反映古代侵蚀沉积等面貌的不同的地质过程和地貌类型单位为分划标准；第三级为侵蚀复区，以显示和侵蚀本质有关的因素为依据；第四级为侵蚀区，是本区划系统的最为主要的单位，根据土地利用和目前侵蚀强度等为分划依据；第五级为侵蚀分区，是土壤侵蚀区划图中最小的一个制图单位。"❸ 这一五级制区划制度都是土壤侵蚀图的制图单位，能为黄土高原的水土保持工作提供重要的参考与科学依据，被沿用至今。

20 世纪 50 年代，在我国治理黄河与黄土高原水土保持工作刚刚正式步入轨道的阶段，年仅 30 多岁的朱显谟就注意到黄土高原的土壤侵蚀对于水土保持工作的重要性，克服困难解决了黄土高原土壤侵蚀分类与区划两大基础性问题，使黄土高原土壤侵蚀研究取得重大突破性进展，这些研究成果具有开创性与实用性。

朱显谟除了重视田野调查研究，还积极倡导土壤侵蚀实验室建设。20 世纪 50 年代初朱显谟就开始筹备建设土壤侵蚀实验室，1953 年受命在陕西武功县杨凌张家岗筹建中国科学院南京土壤研究所黄土试验站，1964 年在中国科学院西北水土保持生物土壤研究所直接领导下建成我国第一个建筑面积约 800 平方米的土壤侵蚀实验室，再于 1991 年在中国科学院、水利部西北水土保持研究所推动建成总面积达 3100 平方米的土壤侵蚀模拟实验室，在之后土壤侵蚀与水土保持研究工作中发挥了重要作用，是如今黄土高原土壤侵蚀与旱地农业国家重点实验室的组成部分。❹ 同时朱显谟也是我国首批土壤侵蚀研究方向硕士与博士研究生的指导教师，一共培养了 6 名硕士研究生，分别是程文礼、刘宝元（原名刘元保）、王斌科、李勇、李槟和毛仁钊；9 名博士研究生，分别是李勇、刘宝元（原名刘元保）、白占国、刘志、吴普特、武春龙、刘国彬、毛仁钊和陈霁巍等。其中指导刘宝元（现任北京师范大学教授）写的硕士学位毕业论文

---

❶ 黄秉维：《编制黄河中游流域土壤侵蚀分区图的经验教训》，《科学通报》1955 年第 12 期。

❷ 朱显谟：《董志塬区土壤侵蚀及其分类的初步意见》，《新黄河》1953 年 9 月号。

❸ 朱显谟：《有关黄河中游土壤侵蚀区划问题》，《土壤通报》1958 年第 1 期。

❹ 周佩华：《朱显谟院士与中国土壤侵蚀研究工作》，《水土保持研究》1995 年第 4 期。

《黄土高原坡面沟蚀的危害及其发生发展规律》❶、博士学位毕业论文《小流域降雨侵蚀力模拟》❷，指导白占国（现任国际土壤信息中心高级研究员）写的博士学位毕业论文《黄土高原沟蚀机理研究》❸，指导陈霁巍（现任水利部国际合作与科技司调研员）写的博士学位毕业论文《黄土高原水土保持与黄河断流关系研究》❹ 等，是朱显谟在土壤侵蚀研究方面学术思想的传承与发扬。他所培养的研究生亦在土壤侵蚀研究中取得突出成就，成为推动当今水土保持事业的骨干力量。❺ 凭着满腔的热情与拓荒的胆识，朱显谟成为我国黄土高原土壤侵蚀研究当之无愧的引路者。

第二节　黄土高原土壤抗冲性研究领域的开拓者

黄土高原以严重的土壤侵蚀闻名于世，探讨并揭示黄土区土壤侵蚀规律是水土保持专家的任务与责任。20 世纪 60 年代初朱显谟就明确提出黄土高原土壤抗冲性理论，强调植被对提高土壤抗冲性、防治土壤侵蚀的重要作用。土壤抗冲性研究是揭示黄土区土壤侵蚀规律的关键环节，其理论成果标志着朱显谟成为这一领域的开拓者，对黄土高原水土保持采用生物措施影响深远。

一、首创黄土高原土壤抗冲性理论

"土壤抗冲性"与"水土保持"一词一样，是我国独有的专有名词，最早是 1958 年朱显谟等在《甘肃中部土壤侵蚀调查报告——土壤分布及土壤侵蚀的发生和发展》❻ 一文中首次提出。20 世纪 80 年代后逐渐完善，土壤抗冲性成为黄土高原地区土壤侵蚀研究中的特殊名词，且被我国土壤侵蚀研究界所认可。土壤抗侵蚀性研究源于 18 世纪中叶，俄罗斯地质学家 M. 罗蒙洛索夫❼ 于 1753 年首次提到暴雨引起溅蚀及对农业生产的影响。随后在欧洲、美国和日本等国家，都有学者相继做出了理论和应用方面的研究。换言之，国外对土壤的抗侵蚀性研究侧重于土壤抗蚀性的研究，而未能提出土壤抗冲性问题，未进行土壤抗冲性研究。在国外，土壤抗侵蚀性能主要指土壤的可蚀

---

❶　刘元保：《黄土高原坡面沟蚀的危害及其发生发展规律》，中国科学院西北水土保持研究所硕士学位论文，1985 年。

❷　刘元保：《小流域降雨侵蚀力模拟》，中国科学院、水利部西北水土保持研究所博士学位论文，1990 年。

❸　白占国：《黄土高原沟蚀机理研究》，中国科学院、水利部西北水土保持研究所博士学位论文，1993 年。

❹　陈霁巍：《黄土高原水土保持与黄河断流关系研究》，中国科学院、水利部水土保持研究所博士学位论文，1999 年。

❺　赵继伟、张春娟等：《老科学家学术成长资料采集工程、中国科学院院士传记丛书　从红壤到黄土：朱显谟传》，中国科学技术出版社、上海交通大学出版社，2013 年，第 151～158 页。

❻　朱显谟等：《甘肃中部土壤侵蚀调查报告——土壤分布及土壤侵蚀的发生和发展》，《土壤专报》1958 年第 32 号。

❼　M. 罗蒙洛索夫（1711—1765），俄国百科全书式的科学家、地质学家、语言学家、哲学家和诗人等，被誉为"俄国科学史上的彼得大帝"。他在物理、化学、天文、地质、仪器制造、哲学和文学等方面都取得了辉煌的成就，创办了俄国第一个化学实验室和第一所大学——莫斯科罗蒙洛索夫国立大学，提出了"质量守恒定律"的雏形。

性，主要侧重于侵蚀营力的作用过程。[1] 由于黄土高原土壤侵蚀的特殊性，其黄土容重较大，在被水体淹没时其抵抗分散和悬浮的抗蚀性较强，但当遇到径流冲击时，黄土的抗冲性却不一定强。[2] 这一特点朱显谟在 20 世纪 50 年代末就发现，因此国外的土壤侵蚀理论并不完全适用于中国，特别是黄土高原地区。

1960 年朱显谟针对黄土高原土壤侵蚀的实际情况，明确提出把土壤抗侵蚀性划分为土壤抗蚀性和土壤抗冲性两种特性进行研究，其中土壤抗冲性理论是朱显谟首创提出，明确指出土壤抗冲性研究是揭示黄土区土壤侵蚀规律的关键。之后朱显谟又进一步地明确此理论概念，把土壤抵抗径流破坏作用的能力分为土壤抗蚀性与土壤抗冲性两种。抗蚀性是指土壤中一些比较微小的颗粒在雨水的侵蚀下会慢慢流失，是土壤抵抗径流对土壤的分散悬浮的能力，它主要取决于土粒和水的亲和力。抗冲性是指土壤抵抗径流对土壤的机械破坏和推动下移的能力，它主要取决于土粒间、微结构间的胶结力和土壤结构体间抵抗离散的能力。它亦是相对于径流冲刷而言，指径流冲刷土壤时，土壤所表现出来的一种性质，是土壤本身为了维持固有运动状态所表现出来的一种能力。[3] 朱显谟认为土壤抗蚀性和抗冲性虽然都是黄土高原土壤侵蚀研究所必须要加强的，但是黄土高原土壤侵蚀特点与土壤抗冲性紧密相关，提高土壤抗冲性是解决黄土高原严重土壤侵蚀的关键。

大量的实验证明，在黄土高原上，通常大部分疏松黄土的土壤侵蚀现象是流失和冲刷过程同时进行，并且实际上冲刷过程进行地特别强烈，流失的强度反而被大体掩盖了，[4] 特别是暴雨超强的下渗能力产生地面径流带来的危害。从甘肃天水水土保持站 1945—1953 年逐月平均降雨量和水土流失数据比较可看出，6—8 月降水量占全年降水量的 47.8%，而其径流量竟占年总径流量的 78.5%，侵蚀量竟占到 81.7%。[5] 故朱显谟认为中国北方的土壤尤其是黄土高原地区的土壤与南方土壤不同，南方土壤颗粒细、间隙小，土壤黏度大，而黄土高原地区由于其特殊的成壤过程，土壤颗粒之间的间隙大，土壤疏松，黏度较小，因此与南方较缓慢的土壤侵蚀不同，黄土高原地区的降雨对土壤造成的破坏主要是地表径流对土壤造成的冲刷导致的水土流失。[6] 土壤抗冲就是抵抗径流冲刷动力的一个反作用过程或者说是一种阻力过程，提高土壤抗冲性，明确土壤抗冲性的强弱能够减少水土流失，为黄土高原地区水土保持规划指明方向。

朱显谟提出关于土壤抗冲性理论的创见时，水土保持学界学者觉得还有待验证，

❶ 张洪江：《土壤侵蚀原理》，中国林业出版社，2000 年，第 7 页。
❷ 张立恭：《土壤侵蚀能力研究概述》，《四川林勘设计》1996 年第 1 期。
❸ 朱显谟：《黄土高原水蚀的主要类型及其有关因素》，载田均良主编《土壤学与水土保持：朱显谟院士论文选集》，陕西人民出版社，2004 年，第 350 页。
❹ 朱显谟：《黄土高原水蚀的主要类型及其有关因素》，载田均良主编《土壤学与水土保持：朱显谟院士论文选集》，陕西人民出版社，2004 年，第 351 页。
❺ 朱显谟：《黄土高原水蚀的主要类型及其有关因素》，载田均良主编《土壤学与水土保持：朱显谟院士论文选集》，陕西人民出版社，2004 年，第 343 页。
❻ 赵继伟、张春娟等：《老科学家学术成长资料采集工程、中国科学院院士传记丛书 从红壤到黄土：朱显谟传》，中国科学技术出版社、上海交通大学出版社，2013 年，第 159 页。

未很快接受。但朱显谟一直坚持对黄土高原土壤抗冲性的实验与调查，带领学生一起开拓和丰富此研究领域。在朱显谟未明确提出土壤抗冲性理论之前，1955 年在晋西地区进行试验检测时，朱显谟曾尝试带领学生采用苏联的水冲穴方法进行测定，具体做法是取一定体积的土体，固定冲刷时间，利用一定的压力水流，期间水冲穴的深浅一定程度上可以反映出土体抵抗雨点打击和地面径流冲击等破坏作用的强弱。20 世纪 60 年代之后，朱显谟带领中国科学院西北生物土壤研究所研究人员对土壤抗冲性指标进行了大量实验，旨在确定一个能如实评价各种土壤抗冲性强弱、在水土保持工作中能方便使用的土壤抗冲性指标。我国最早的土壤抗冲性指标测验方法是静水崩解法，由朱显谟首先提出与运用，把土体在静水中的崩解情况作为土壤抗冲性的重要标志之一。因为土体吸水和水分进入土壤孔隙后，如果很快崩散破碎成很多小单元，那么就会为地面径流的推移作用创造条件，速度如果越快，那代表土壤抗冲性越弱。❶ 由于土壤的受力情况与实际侵蚀过程中土壤的受力情况相差非常大，上述两种方法尽管简单、易行，所测出的指标与土壤抗冲性在一定程度上有相关关系，但还是很难精确地反映土壤的抗冲动力实质。❷

此外，大量实验表明，土壤抗冲性与植物根系密集程度有关。不管是土壤抗冲性指标问题，还是植物根系提高土壤抗冲性的问题，朱显谟认为土壤抗冲性的深入研究会使得土壤侵蚀过程更加明朗化与具体化，他深感这一研究领域的广阔应用前景与当下研究的不足。此后他一直鼓励与引领自己的学生在博士学位论文的研究和写作中对此课题进行深入研究，如现任中国农业科学院研究员李勇写的《植物根系提高土壤抗冲性机制研究》❸、现任西北农林科技大学水土保持研究所所长刘国彬写的《黄土高原草地土壤抗冲性及其机理研究》❹、现任西北农林科技大学副校长吴普特写的《黄土坡地径流冲刷与土壤抗冲动态响应过程研究》❺ 等博士学位论文等。这也成为他们研究生毕业后工作生涯的重要研究方向，继承、发展并丰富了朱显谟土壤抗冲性理论。朱显谟提出土壤抗冲性理论至今已经 50 多年了，经过他不断地思考、探索，以及他的学生、水土保持学界后辈对此问题的深入研究，黄土高原土壤侵蚀的许多特点都与土壤抗冲性密切相关，土壤抗冲性理论是揭示高土高原侵蚀规律的关键环节。通过对土壤抗冲性因素的分析，找出提高土壤抗冲性的途径，如强固植物根系、根据地形合理利用土地等对土壤有改良的作用，这对黄土高原的水土保持工作极为有益。一系列事实

❶ 朱显谟：《黄土地区植被因素对于水土流失的影响》，《土壤学报》1960 年第 2 期。

❷ 吴普特：《黄土区土壤抗冲性研究进展及亟待解决的若干问题》，《水土保持研究》1997 年第 5 期。

❸ 李勇：《植物根系提高土壤抗冲性机制研究》，中国科学院、水利部西北水土保持研究所博士学位论文，1990 年。

❹ 刘国彬：《黄土高原草地土壤抗冲性及其机理研究》，中国科学院、水利部水土保持研究所博士学位论文，1996 年。

❺ 吴普特：《黄土坡地径流冲刷与土壤抗冲动态响应过程研究》，中国科学院、水利部水土保持研究所博士学位论文，1996 年。

证明，朱显谟关于土壤抗冲性理论的提出是正确的。❶

二、强调植被在黄土高原水土保持中的重要性

朱显谟在进行土壤抗冲性的实验中，不仅是希望证明黄土高原水土流失的主要原因是水对土壤的冲刷，需要提高土壤抗冲性，还试图寻找提高黄土高原土壤抗冲性的最佳途径。黄土高原植物根系对提高土壤抗冲性的作用是朱显谟在对黄土高原区土壤抗冲性系统研究基础上开辟的一个水土保持学科新的研究领域。❷ 人类活动对植被的破坏是黄土高原水土流失强烈的基本原因。根据历史地理学家、地质学家等的考证，黄土高原的南部在第四纪地质❸时期分布有暖温带的森林植被，还出现过亚热带的森林，一直延续到历史时期的仰韶文化时代。到西周时期，陕北的横山山脉及秃尾河的源头有森林的记载，在横山山脉的南部丘陵地区，更记载这里森林广为分布。❹ 随着进入封建文明时期，人口的增长，农林牧生产活动的不合理利用，还有战争等因素，特别是明清时期土地开垦和人口较快增长，黄土高原植被遭到了严重破坏。中华人民共和国成立后，国家认识到治理黄土高原水土流失的重要性，水土保持是治理黄河的根本。朱显谟在研究土壤抗冲性的调查和实验中，发现植被是提高土壤抗冲性、防治地面水土流失最有效的途径，生物措施结合工程措施是黄土高原水土保持中最治本的方法。

朱显谟始终强调植被是防治地面水土流失的积极因素，因为植被一方面能够保护土壤免受降水的直接打击，而且可以阻缓或消灭地面径流的发生和发展，同时又可以防治和消灭土壤侵蚀的发生和发展，增强土壤渗透性、抗蚀性和抗冲性等，并使水土流失的危害作用减小，甚至完全消失。❺ 其实早在 20 世纪 40 年代朱显谟在江西从事红壤研究时，就开始萌生植被在水土保持中有重要作用这一思想，提出了荒地、坡地最好能改植牧草与森林的改良意见，但由于朱显谟被调离江西红壤研究工作岗位，而暂缓了研究植被在水土保持中重要作用的进度。自 20 世纪 50 年代朱显谟转入治黄研究之后，由于黄土高原是我国水土流失最严重的地区，植被破坏严重与植被覆盖率很低，又是黄河泥沙的主要来源地，为了系统研究黄土高原地区植被这一因素对于水土流失的影响与寻找提高土壤抗冲性的最佳途径，了解不同植被利用情况下的水土流失状况等，以便为黄土高原地区水土流失治理生物措施合理配置提供科学的依据，1960 年朱显谟发表论文认为植被具有直接保护土壤的作用。他根据从陕北绥德水土保持试验站获取的资料，认识到被覆度愈大截留降雨的百分率也愈大，同样保护地面免受降雨直

❶ 周佩华：《朱显谟院士与中国土壤侵蚀研究工作》，《水土保持研究》1995 年第 4 期。

❷ 李勇、朱显谟、田积莹：《黄土高原植物根系提高土壤抗冲性的有效性》，《科学通报》1991 年第 12 期。

❸ 第四纪地质：是研究距今约 260 万年内第四纪的沉积物、生物、气候、地层、构造运动和地壳发展历史规律的学科。距今 260 万年到现代的地质时期是被官方认可的第四纪。在第四纪中，人类开始使用工具，而高纬度地区则出现了多次冰川时代。科学家认为第四纪地质时期是地球气候异常剧烈变动的一个时期，也是人类发生进化的时期。

❹ 唐克丽等：《中国水土保持》，科学出版社，2004 年，第 121 页。

❺ 朱显谟：《黄土地区植被因素对于水土流失的影响》，《土壤学报》1960 年第 2 期。

接打击的功效也愈大，即便幼林林冠截留防治土壤流失的作用都很明显。同时朱显谟还将 20 世纪 50 年代自身参加黄河中游水土保持勘查队收集的资料进行梳理和总结，认为只要有较好的植物被覆就有能力减缓或者防止水土流失的发生，起到水土保持的效果；植物类型对于水土保持功效的规律是，以森林最大，灌丛次之，然后草地，最差是牧草和农作物。不同植被抗冲性不一样，这就要求在水土保持工作中选择生物措施时，必须考虑到土地的植被利用情况，并结合当地的农业生产状况。❶

1962 年朱显谟在子午岭❷东坡的连家砭地区建立中国科学院西北生物土壤研究所野外试验基点，组织了 5 个学科的 30 位研究人员进行综合研究。子午岭是黄土高原地区独特的森林茂盛、山清水秀的地方。朱显谟构思出了一个完整的实验方案，试验分为农地、农地造林、农地种草、草地、草地开垦、草地开垦造林、林地、林地开垦、林地开垦种草 9 种处理，❸ 目的就在于明确植被是提高土壤抗冲性的途径，证明其在水土保持中的重要性。在朱显谟的带领下，子午岭试验点研究人员一起做了大量的相关研究。试验结果表明，土壤抗冲性随着土壤中植物根系密集程度和土壤硬度的增大而增强，印证了朱显谟认为植被对于土壤抗冲蚀性的增加主要取决于根系的缠绕、分布、固结，以及腐殖质的形成和积累作用，这些作用使得土壤团聚体形成良好的具有大量孔隙和不易破碎的结构，特别是在地面径流较大的情况下，完全依赖土体本身的抗冲性和植物根系的作用，恢复植被是黄土高原水土保持关键的想法。❹ 朱显谟由研究黄土高原土壤侵蚀的问题，进而研究土壤抗冲性问题，最终得出植被根系能够增强土壤的抗冲性，增加植物被覆是治理水土流失的有效方法，生物措施和工程措施相结合是黄土高原水土保持的根本方法。朱显谟的认知不仅时间早，且环环紧扣，彰显出独具特色的治学理路。

---

❶ 朱显谟：《黄土地区植被因素对于水土流失的影响》，《土壤学报》1960 年第 2 期。
❷ 子午岭：又称横岭，位于陕西、甘肃两省交界，处于黄土高原的腹地，因与本初子午线方向一致，故称子午岭。子午岭林区是黄土高原目前保存较好的一块天然植被区，森林大部分是屡经破坏后而形成的天然次生林，是黄土高原中部地带重要的生态公益林。
❸ 周佩华：《朱显谟院士与中国土壤侵蚀研究工作》，《水土保持研究》1995 年第 4 期。
❹ 朱显谟：《黄土地区植被因素对于水土流失的影响》，《土壤学报》1960 年第 2 期。

第三章 黄土高原水土保持战略
研究的新思路

中华人民共和国成立后，在党和政府的领导下，全国范围内逐步掀起水土保持工作的热潮，工作重心始终在治理黄河与黄土高原水土流失上。为实现黄土高原山川秀美与黄河清的愿望，自 20 世纪 50 年代起，朱显谟 60 多年来以献身水土保持事业的精神和毅力，跋山涉水对黄土高原进行实地考察研究，并举家迁至黄土高原，扎根黄土高原进行科学研究。在对黄土高原水土保持的土壤侵蚀规律、土壤抗冲性理论、土壤与土地类型整理、黄土与黄土高原成因等深厚的理论研究基础上，朱显谟高屋建瓴地开展黄土高原水土保持战略研究，从新的思路、新的视域筹划、部署和指导水土保持的战略全局。

第一节 注重黄土高原水土保持的战略思考

中华人民共和国成立伊始，党和政府就重视开发黄河水利与开展黄土高原水土保持工作。朱显谟作为新中国第一代黄土高原水土保持研究专家，在工作中十分注重对黄土高原水土保持工作进行宏观的战略思考与研究。

一、重视对我国水土保持历史经验教训的总结

治学严谨、具有批判性的科学态度，是朱显谟科学研究工作中最为突出的特点之一，其每一项水土保持研究成果都经历过从实践中获取真知，形成理论，再运用到实践中去指导实践，经受实践的检验，进而获取更加丰富、完善的学术理论，这样一个不断发展的历程。水土保持实践在我国的历史中，最早可上溯到西周、春秋时期。《诗经》中有"原隰既平，泉流既清"的诗句，其实就是平治水土的反映。[❶] 虽然在明朝之前，有很多治理黄河的专家、英才提出的对策，如西汉的贾让三策，东汉的王景治河，元代的贾鲁疏、浚、塞三法并举，但是并没有把黄土高原水土保持与治理黄河明确联系起来。首次把水土保持和治黄事业联系在一起的是明嘉靖二十二年（公元 1543 年）周用上书提出在整个流域上面修沟洫作为治河方案，随后万历年间（公元 1573—1620

---

❶ 辛树帜、蒋德麒：《中国水土保持概论》，农业出版社，1982 年，第 12 页。

年）水利专家徐贞明[1]所著《西北水利议》一书中指出"水利之法，当先于水之源；水聚之则害，而散之则利；弃之则害，而用之则利"，提出治水先治源，既说明了河害之根源，也指出就地分散拦蓄之利。[2] 朱显谟比较推崇徐贞明治水之道在于治源的理念，且一直在贯彻与实行中。但朱显谟认为历史上的防治之道始终着眼河害，尽管徐贞明当时有先进的治水理念，但未能及时发现水不下坡、泥不出田不但是治黄之本，而且是当地农业生产持续发展必要条件的科学道理。故导致这一能正确反映黄土高原水土流失治理的认知搁置了400多年，没有把水土保持与农业生产、生态环境联系起来。朱显谟认为古代还是没能冲破"水土保持治不了河害"的历史固有思维。[3] 这也是黄土高原水土保持工作直至中华人民共和国成立后才真正提上日程、成为治黄方略的重要原因之一。

我国近现代水土保持从20世纪20年代至今已有近百年历史，大概可分为四个阶段：①20世纪20年代到40年代是启动与探索阶段。这一阶段有若干大学的科研单位和个别流域机构，如金陵大学农科所、1933年成立的国民政府黄河水利委员会等，开始建立若干个水土保持试验区，尝试对全国水土流失重点地区进行调查，对一些水土流失规律进行了初步探究，为展开典型水土流失治理提供了依据，为之后水土保持事业的发展奠定了基础。[4] 这一阶段恰好是朱显谟求学与进行红壤研究时期，学习的课程与一些老师的指导让他能近距离接触并了解到水土保持这一门学科。②20世纪50年代到70年代是真正开始、示范推广、全面发展阶段。中华人民共和国成立后，由于党和政府高度重视，广大群众和科技人员积极投入治山治水事业。[5] 这期间朱显谟的科学研究成果是最为丰硕的，是他亲力亲为、奋笔耕耘、不断研究发现并解决新问题的时期，是他治理黄土高原水土流失的水土保持战略方案酝酿与试验时期。③自20世纪80年代以来是以小流域为单元进行综合治理、生态效益与经济效益紧密结合的阶段。自十一届三中全会后，我国进入了建设中国特色社会主义的新时期，工作重点转入以经济建设为中心，中央到地方都加强了对水土保持工作的领导，水土保持工作进入了快速发展，以及科学化、法制化和规范化的时期。[6] ④20世纪90年代以后进入依法防治阶段。最具代表性的是在1991年6月29日由国务院发布的《中华人民共和国水土保持法》[7]，制定的方针是预防为主，全面规划，综合治理，因地制宜，加强管理，注重效益。水土保持工作能走上依法防治阶段，可以说得益于诸多如朱显谟一样的水土保持、

---

❶　徐贞明（约1530—1590），江西贵溪人。明代万历年间著名的水利学家，进士出身，曾任工部给事中，力主发展西北农田水利建设事业，提出治水之道在于治源的治水思想。

❷　黄河水利委员会、黄河中游治理局：《〈黄河志〉卷八·黄河水土保持志》，河南人民出版社，1993年，第93页。

❸　朱显谟：《黄土高原脱贫致富之道——三论黄土高原的国土整治》，《水土保持学报》1998年第3期。

❹　郭廷辅：《水土保持的发展与展望》，中国水利水电出版社，1997年，第21页。

❺　郭廷辅：《水土保持的发展与展望》，中国水利水电出版社，1997年，第23页。

❻　郭廷辅：《水土保持的发展与展望》，中国水利水电出版社，1997年，第29页。

❼　《中华人民共和国水土保持法》：是为预防和治理水土流失，保护和合理利用水土资源，减轻水、旱、风沙灾害，改善生态环境，保障经济社会可持续发展而制定。1991年6月29日由第七届全国人民代表大会常务委员会第二十次会议通过并发布。

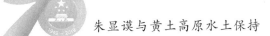

水利学者的长期推动。20 世纪 80 年代至 90 年代是朱显谟在积累了丰富的科学研究理论成果与实践经验基础上，对水土保持工作形成系统化、科学化、实用性的战略方案和措施的阶段。对于随着中华人民共和国水土保持事业历史走过来的朱显谟，在思考我国水土保持工作方面还是很有话语权的，他在 20 世纪 50、80、90 年代都有发表论文对水土保持工作中一系列重大问题进行经验教训的总结与反思。

朱显谟认为，经过在全国范围内施行各项水土保持措施，水土流失严重的态势得到基本的控制，取得一定的成就，农业生产不断发展，自然生态环境在逐步变好，人民生活水平也在不断提高。这些成就都让朱显谟深感党的正确领导的重要性，党和政府实行全面规划，因地制宜集中治理、连续治理、综合治理，坡沟兼治，治坡为主，兴修梯田是治理坡面的法宝，造林绿化是水土保持工作的重要环节。❶ 但是经过几十年实践的历练，朱显谟认识到 20 世纪 80 年代是我国水土保持工作走在十字路口上的时期，处在一个转折点，需要去思考水土保持工作真正的路线问题。问题主要有："1. 当时黄土高原水土保持工作面临着泥沙减不了、灾害威胁越来越大的现状。尽管 20 世纪 50 年代到 80 年代的 40 年来，水土保持为黄河安澜作出贡献，但黄河常年流入下游 16 亿吨泥沙的数据没有太大变化，而且黄河下游河堤已经进行了三次加高，耗资巨大；2. 山区粮食自给解决不了，存在坡耕地退不下来的问题。原因之一是长期以来的土地利用不合理成为水土流失的根源，坡耕地退耕这一水土保持重要内容不被所有人理解与支持；3. 综合规划实施不了，典型样板又难以推广。原因主要是当时某些专业部门及其领导抵制或者消极实施综合规划，没有把水土保持工作作为国土整治的重要环节对待。"❷ 更明确地说，出现上述的问题是水土保持无用论的体现。由于水土保持工作没有及时跟上，成效较慢，一些水利部门觉得等不及水土保持的成效，不如再建设水利工程，或者是偏向水土保持工程措施，轻视生物措施。朱显谟在 20 世纪 80、90 年代针对以上出现在水土保持工作中的问题，总结出了经验教训：①战略部署不统一，攻关目标不明确。人们没有深刻认识到攻关目标是全力协调水土之间的关系，没有清晰认识到水土保持工作本身是一个综合性很强的任务，不但要求地理学、历史地理学、地质学以及与水、土相关的学科大力协作和工程技术方面的配合，还需要充分考虑经济生产和社会教育方面问题。②科学研究在指导思想上未能和实际情况相一致。朱显谟认为当时社会各领域存在着一定的"外国的月亮要比中国的圆"的错误思维。我国面积广阔，地理条件、土壤侵蚀复杂多样，有丰富的水土保持历史实践经验，却没有培养出世界第一流的专家，而且宁可盲目引用与模仿外国的理论与实践经验，没有全面认识研究对象，脱离我国实际情况。这样经常导致我国水土保持和治河工作无所适从，在方针政策上摇摆不定。③总结实践经验的思想和方法的科学性有待进一步

❶ 朱显谟：《我国十年来水土保持工作的成就》，《土壤》1959 年第 10 期。

❷ 朱显谟：《走在十字路口的我国水土保持工作——在 1985 年中国土壤学会土壤侵蚀座谈会上的发言》，《水土保持通报》1986 年第 3 期。

提高。在对一切水土保持措施的总结上，既不能为政治、经济效益所限制，也不能只为社会效益和生态效益所满足，必须赋予科学性，把一切效益的获得上升到理论的高度。④当前水土保持工作迫切需要解决的问题是统一的领导。国家对水土保持工作的重视程度时高时低，影响从事具体工作的水土保持工作人员在政治、经济、生活上的稳定性，特别是助长个别科技领导在指挥工作上的"见风使舵"，严重影响水土保持工作顺利进行。❶批判性的科学态度是朱显谟治学严谨的体现。对上述问题的解决方法和途径，朱显谟结合黄土高原水土保持战略方案的规划进行了思考和论述。

二、黄土高原水土保持战略方案的规划

"成绩巨大，问题不少"，是 20 世纪 80 年代朱显谟对此前 30 多年来黄土高原水土保持工作和治理黄河事业状况的精辟概括。虽然培养了一批水土保持的样板，树立了诸多典型范例，也摸索出了一套治理小流域的经验，但是还面临着诸多问题，如样板、典型推展不开，面上水土流失拦不住，入黄泥沙减不了。❷朱显谟深究造成此问题的主要原因发现，治标不治本的黄土高原水土保持工作缺乏远大而科学的战略考虑，甚至出现差错，总结出包括上述四个方面问题的经验教训。

十一届三中全会后，水土保持工作迎来了新机遇，为朱显谟系统深入地总结与思考黄土高原水土保持战略方案提供了良好的氛围。如 1982 年 6 月 30 日国务院发布《水土保持工作条例》，在总则中强调："防治水土流失，保护和合理利用水土资源，是改变山区、丘陵区、风沙区面貌，治理江河，减少水、旱、风沙灾害，建立良好生态环境，发展农业生产的一项根本措施，是国土整治的一项重要内容。"并提出当前水土保持工作的方针是："防治并重，治管结合，因地制宜，全面规划，综合治理，除害兴利。"在 1982 年 8 月 16—22 日召开的全国第四次水土保持工作会议上，水利电力部部长钱正英❸提出要贯彻落实中共中央主席胡耀邦发表的"两个转变"的指示，分别是从单纯抓粮食生产转变到同时抓多种经营、从单纯抓农田水利建设转变到同时大力抓水土保持，改善大地植被。❹在多年探索治理黄土高原水土流失和治理黄河的理论依据与实践的基础上，20 世纪 80 年代结合当时国家水土保持的方针政策等，朱显谟提出了黄土高原水土保持战略研究的新思路：不管治理黄河还是搞黄土高原水土保持，都应该以就地拦蓄黄土高原的降水为战略目标，而为尽早实现这一目标，必须先从保护自然，

---

❶　朱显谟：《试论我国水土保持工作中的实践与理论问题——对当前水土保持工作中一些重大问题的见解》，《水土保持通报》1993 年第 1 期。

❷　朱显谟、蒋定生、周佩华、金兆森：《试论黄土地区水土保持的战略问题》，《水土保持通报》1984 年第 1 期。

❸　钱正英（1923—　），上海人。著名的水利水电专家，曾任水利电力部、水利部部长，全国政协副主席，中国工程院院士。她长期主持中国水利水电建设工作，参与黄河、长江、淮河、珠江、海河等江河流域的整治规划，负责水利水电重大工程的决策性研究。

❹　钱正英：《全面贯彻执行〈水土保持条例〉，为防治水土流失、根本改变山区面貌而奋斗——1982 年 8 月 16 日在全国第四次水土保持会议上的报告》，《水土保持通报》1982 年第 5 期。

坚决严厉禁止破坏入手，且以不断调整土地利用、迅速恢复植被为核心的全面综合治理为方略。❶

至于如何实现这一战略，朱显谟认为应该从四个方面着力：①首先必须具有一个统一而明确的战略目标，即把降水就地入渗拦蓄。这是针对黄土高原超渗径流侵蚀和土壤抗冲性能特别薄弱的特殊性，为从根本上消除水土流失，把生产措施纳入保水保土的轨道，是发展生产、充分发挥黄土高原一切资源的生产潜力所必须，同时也是黄土的土壤特性所决定的。②必须按照两个规律办事，并灵活运用一切先进科学技术解决两个规律间的矛盾。两个规律指的是科学规律与社会经济发展规律要一致进行，而三门峡水库的修建和黄土高原面上治理工作的脱节就是典型地违反了这两个规律需一致进行的不良示范。几千年来，由于人们任意掠夺自然资源，导致水土流失严重，地面支离破碎，千沟万壑，旱涝灾害频繁，生态环境恶化。只有在大力保护自然这个前提下去开发利用，善于采用多方面的先进技术，既综合又周密地加以规划治理，避免单一经营方式和技术措施，才能更好治理恶化的生态环境。③必须标本兼治，以治本为主，把水土保持工作纳入国土整治的轨道。针对黄土高原最迫切最难解决的滥砍、滥伐、滥采、滥牧等陋习积重难返，水土流失灾害严重，水利工程打坝筑堤难解长久之计等情况，水土保持工作必须首先作为国土整治❷的重要手段、重要环节和重要保证来抓，在具体治理方针政策、具体行动上必须明确以治本为主，标本兼治。④密切结合生产，发展经济，充分发挥各项资源的生产潜力。由国土整治把水土保持、土地合理利用、农林牧副渔业等统筹起来。此后再考虑何种利用方式最能发挥与稳定有关农业资源的生产潜力，同时对由于土地不合理利用造成的土地资源退化进行改造。在黄土高原水土流失严重地区的农业生产措施，必须认识到迅速恢复、增加植被既是生产措施，也是培肥地力、保土、保水措施，更是充分发挥农业生产潜力的保证措施。要优先考虑水土保持效益，再考虑生产效益，把生产措施变为水土保持措施来进行和经营管理。❸

朱显谟认为上述建言是他几十年来从事土壤侵蚀、水土保持工作亲历的经验总结和战略思考，希望起到抛砖引玉的作用，激励水土保持工作者去进一步地探寻策解之道。朱显谟认为黄土高原的国土整治，只要战略要求正确，综合措施有针对性，上下一心，把水土保持工作做好，根治黄河，不出30年就可大治，50年内能实现"黄河清"。❹

---

❶ 朱显谟、蒋定生、周佩华、金兆森：《试论黄土地区水土保持的战略问题》，《水土保持通报》1984年第1期。

❷ 国土整治：在中国，"国土整治"于20世纪80年代初明确提出，是国家工作重点转移到社会主义现代化建设上来的一个实际步骤，也是社会经济发展中一项长期的、重大的战略任务。国土整治工作集中在资源开发和环境治理两大方面，协调经济发展与人口、资源、环境的关系，是对国土开发、利用、治理、保护的总称。

❸❹ 朱显谟：《走在十字路口的我国水土保持工作——在1985年中国土壤学会土壤侵蚀座谈会上的发言》，《水土保持通报》1986年第3期。

第二节　关于黄土高原综合治理的战略措施探讨

自 1949 年中华人民共和国成立至 20 世纪 80 年代，党和政府对黄土高原的综合治理虽然给予了高度重视，投入了可观的物力、人力，但效果却不是非常理想，表现在土地利用不合理、水土流失依然严重、农业经济结构失调、自然资源浪费甚至破坏、生态环境恶化，严重影响黄土高原地区人民生活水平的提高，同时黄土高原的水土流失威胁黄河下游亿万人民生命财产的安全。朱显谟一直认为黄土高原水土保持工作必须结合到黄土高原土地合理利用与农业生产，故如何因地制宜确定黄土高原地区的土地合理利用和生产建设方针，制定切实可行的综合治理战略措施，对黄土高原地区水土保持工作乃至经济发展，对治理黄河下游水患，具有非常重要而迫切的意义。[1]

一、强调水土保持、土地合理利用和农业生产三者的协调关系

水土保持是一门综合性事业，工作范围较广泛，涉及土地分类利用、农田水利、森林畜牧以及整个农村建设等。[2] 十一届三中全会后，党和政府加强了黄土高原水土保持工作，从 1979 春到 1980 年冬，国家科学技术委员会、中国科学院、林业部、农业部和水利部等，先后 4 次在西安、郑州、兰州等地召开了有关黄土高原建设方针和水土保持的大型学术讨论会[3]，对黄土高原综合治理的方向与战略构想问题进行了深入讨论，在加强黄土高原水土保持工作上取得了一致意见。1980 年 5 月国务院批复恢复黄河中游水土保持委员会[4]，组建了黄河上中游管理局。[5] 紧接着全国各地的水土保持机构开始逐步恢复，进入正常的工作运转，包括朱显谟所在单位中国科学院西北水土保持研究所。1980 年 4 月水利部在山西省吉县召开 13 省区水土保持小流域治理座谈会，并颁发了《水土保持小流域治理方法（草案）》，明确了我国的水土保持要以小流域为单元进行综合治理。[6]《人民日报》也在 1981 年 1 月发表了水利部工程师高博文的《建议在黄河中游实行小流域综合治理》[7] 一文，核心内容是提出用小流域治理的方法来控制黄土高原水土流失的建议，受到各方面的赞同。可以说政府、有关机构、学术界和

---

[1]　朱显谟、卢宗凡、蒋定生等：《综合治理水土流失，彻底改善生态环境——黄土高原丘陵地区振兴农业的战略措施》,《水土保持通报》1982 年第 6 期。

[2]　黄河水利委员会黄河治志总编辑室：《历代治黄文选》（下册），河南人民出版社，1989 年，第 439 页。

[3]　4 次黄土高原建设方针和水土保持大型学术讨论会的时间地点分别是：1979 年 2 月在西安，1979 年 10 月 18 日至 29 日在郑州，1980 年 3 月 29 日到 4 月 6 日在西安，1980 年 12 月在兰州。

[4]　黄河中游水土保持委员会：1964 年 8 月在西安成立，1969 年 9 月 20 日因机构精简，一度撤销，1980 年 5 月 19 日重建。黄河上中游管理局是黄河中游水土保持委员会的办事机构，负责委员会的日常工作。

[5]　黄河水利委员会、黄河中游治理局：《〈黄河志〉卷八·黄河水土保持志》，河南人民出版社，1993 年，第 89～90 页。

[6]　郭廷辅：《水土保持的发展与展望》，中国水利水电出版社，1997 年，第 164～165 页。

[7]　高博文：《建议在黄河中游实行小流域综合治理》,《人民日报》1981 年 1 月 15 日。

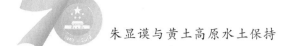

媒体为黄土高原水土保持工作的深入开展提供了良好的环境，因此20世纪80年代水土保持工作，进入以小流域为单元的综合治理，生态效益与经济效益紧密结合阶段。朱显谟作为一名长期奋斗在黄土高原水土保持前线的学者，通过30多年黄土高原水土保持科学研究的积累，结合群众新的实践经验，主张把黄土高原水土保持、土地合理利用和治理黄河事业统一起来。他在20世纪80年代初也开始致力于系统地探讨与总结黄土高原的综合治理，主要包括土地的整治问题与农业发展问题研究。换言之，朱显谟认为最主要的综合治理战略措施是合理调整土地利用结构，实现农林牧副全面发展。因为朱显谟始终强调协调水土保持、土地合理利用和农业生产三者关系，认为黄土高原的水土保持是增加生产和根治水患的基础，黄土高原的综合治理是发展生产和根治黄河的治本之道，而治理黄河的实质是黄土高原水土保持问题，是黄土高原的土地合理利用问题，又表现在农村产业结构不合理、农林牧副用地的比例和部署上的不科学。

我国黄土高原由于严重的水土流失所引发的一系列连锁问题由来已久，而且长久未得到很好的解决，使得水土保持工作面临着严峻的考验。朱显谟在20世纪80年代后再次深入探讨并总结出黄土高原水土流失的主要原因："1. 黄土高原地区地质运动活跃、地面不断上升，侵蚀基准面较高，有些地区地震的频率相对也高；2. 黄土高原属于大陆性季风气候，其气候特点是冬季干旱、风大、容易发生风蚀，而夏季降水较多多暴雨，占全年降水量的65%～67%，土壤冲刷特别强烈，对水土保持的设施威胁最大；3. 黄土的特有性质，是疏松深厚，大孔隙和土壤渗透性强，但抗冲性和抗蚀性较弱，同时湿陷性明显，遇水尤其是暴雨下容易分散等；4. 植被的作用，植被是增加土壤抗冲抗蚀性能和保护土壤免受侵蚀的唯一自然因素。但是黄土高原不合理的土地利用导致植被覆盖率低；5. 不合理的人类活动，特别是农业生产活动对黄土高原的水土流失影响巨大，可以说是罪魁祸首。"[1] 在对黄土高原水土流失主要原因进行总结时，朱显谟特别强调人类活动的破坏性是水土流失的根本原因，不能坐等黄土高原生态环境的自然恢复，要改变人类的活动，特别是改变经济生产活动，需拨乱反正去综合治理黄土高原。

1979年9月28日，党的十一届四中全会通过了《关于加快农业发展若干问题的决定》（即"农业25条"），提出要继续以治水和改良土壤为中心，实行山、水、田、路综合治理，积极逐步改善生产条件，提高抗御自然灾害的能力，建设旱涝保收高产、稳产的农田。[2] 这更加促使朱显谟在进行黄土高原水土保持研究中加强对土地的整治与农业发展问题的探索，他发现过去黄土高原地区存在的历史问题和当前人类活动问题是阻碍与影响土地合理利用，导致水土保持工作无法发挥最大功效，出现成绩巨大而问题不小局面的最大原因。黄土高原地区人类活动存在的主要问题是：①生产方针上的问题。出于经济上的需要，长期无视与违背自然规律，大力毁林开荒，搞粮食生产。

---

❶ 朱显谟：《黄土高原的综合治理》，《土壤通报》1980年第2期。

❷ 水利部农村水利司：《新中国农田水利史略（1949—1998）》，中国水利水电出版社，1999年，第594页。

比如"文化大革命"时期有的省地机关团体和社队派出"远耕队"❶，进入黄土高原林区腹地兴办农场，毁坏森林，导致原本高达 50% 以上的林灌覆盖区下降到 5%。朱显谟认为以粮为纲，以农为主，单一抓粮食，忽视林牧副渔业的路线，导致农业生产结构不合理，各业比例严重失调，比如延安地区 1977—1979 年为使粮食产量实现翻番，实现粮食自给的目标，开荒 120000 公顷，但同期修建基本农田和种草造林才 40000 公顷，整整差 3 倍。另外据陕西、甘肃、宁夏的 37 县统计，1980 年农业总产值中，种植业占 72.8%，林业占 4.8%、牧业占 15.4%，副业及渔业占 7%，而种植业产值中粮食占了 70%～80%。朱显谟认为这样盲目耕垦、滥垦土地，破坏土地资源会堵塞了合理利用土地、发挥水土保持工作最佳功效和综合治理水土流失、促使农村经济发展并富裕的门路，会走上"开荒就是造荒"的危险道路，而不是走农林牧副全面发展的正确道路。❷ 可喜的是 1979 年 2 月，国家科学技术委员会、水利电力部、农林部、国家林业总局在西安召开"黄土高原水土保持、农林牧发展科研工作讨论会"，有 80 多个有关科研单位的专家、工程技术人员、领导干部计 120 余人参加。会上交流了多年来黄土高原地区各地开展水土保持治理的经验和科研成就，着重研究了黄土高原生产建设方向，指出全面正确贯彻执行十一届三中全会提出的农林牧副渔五业并举，以粮为纲，全面发展，因地制宜，适当集中的生产建设方针，根据不同地区条件，宜农则农、宜林则林、宜牧则牧等。❸ 随后，20 世纪 80 年代黄土高原的生产建设逐步走上正轨。②水土保持工作存在问题。虽然中华人民共和国成立以来至 20 世纪 70 年代末注重"水土保持"这一治理黄土高原水土流失的治本之策，但为何治理成效不大？朱显谟认为这就必须联系到黄土高原各领导部门的思想认识层面上。当地农业生产领导部门没有协调好水土保持与土地合理利用、农业生产的关系，错误认为水土保持是水利部门的事情，是解决黄河下游水灾的问题，同自身部门无关。认识不到水土保持事业是一项综合性事业，工作范围很广泛，包括农田水利、森林、畜牧以及整个农村建设等。另外相关的水土保持机构与水利部门由于认识层面上的错误出现孤军奋战、八仙过海各显神通的现象。更多时候水土保持工作是停留在号召和突击，未能完全认真贯彻水土保持措施，未能当作基本建设长期坚持，更没有把基本农田建设与水土保持工作互相配合起来。水土保持治理方针经常不明确与前后矛盾，使得"工程措施与生物措施相结合，以生物措施为主，治沟与治坡相结合，以治坡为主，预防与治理相结合，以预防为主"的正确方针无法贯彻实行。❹ ③人口无节制增长，水土保持成绩抵消不了水土流失的破坏力。这是朱显谟深刻汲取历史经验教训的总结。众所周知，黄河流域是中华文明的发祥地，有五千多年的文明史与耕垦史，长期以来黄土高原地区人口的增

---

❶ 远耕队：针对平原地区劳动力过剩而山区地广人稀的特点，组织平原地区人民公社的劳动力远赴山区去开垦荒地，改良低产田。

❷ 朱显谟、卢宗凡、蒋定生等：《综合治理水土流失，彻底改善生态环境——黄土高原丘陵地区振兴农业的战略措施》，《水土保持通报》1982 年第 6 期。

❸ 黄河水利委员会、黄河上中游管理局：《黄河水土保持大事记》，陕西人民出版社，1996 年，第 201 页。

❹ 朱显谟：《黄土高原土地的整治问题》，《水土保持通报》1982 年第 4 期。

长是导致生态破坏的重要原因。表3所示为两千年来黄土高原地区的人口变化，可见明朝以来人口增长较快。朱显谟调查到中华人民共和国成立以来，黄土高原地区人口年自然增长率为22%，高过全国水平。比如宁夏固原县1980年人口为52.3万人，比1949年增长1.5倍，年递增30%。❶ 如此的人口无节制增长，为了解决粮食问题，毁林毁草开荒是难以避免的，很多时候不顾土地合理利用情况，一味开垦耕种粮食，破坏植被等土地资源，导致土壤侵蚀加重与黄河流域灾害次数增多。据郑肇经在《中国水利史》一书中统计，黄河下游洪水泛滥、决口迁徙的次数，唐代平均每10年1次，宋代平均每2年1次，清代每年平均2次，1911年后的25年间，每年平均4次以上。❷由这一趋势联系到黄土高原地区历史时期人口增长的态势，两者是紧密相关的，人口增长与黄河下游泛滥的次数增多成正比，决口迁徙次数增加，皆因破坏了黄土高原生态环境的平衡；人口的增长，致使农业上无节制地开垦和土地的错误利用，水土保持的成绩抵消不了破坏。

表3 黄土高原地区人口变化简表

历史时期	年　份	人口/万人
西汉	2	1128.5
东汉	140	415.3
隋	609	1195.2
唐	742	1015.17
北宋	1102	650.3
明	1457—1571	1515.7（系嘉靖年间人口平均数）
清	1820	2995.6
清	1840	4100.2
中华民国	1928	3132.9
中华人民共和国	1949	3639.5
中华人民共和国	1982	7881.28

注 资料来源：中国科学院黄土高原综合科学考察队编《黄土高原地区人口问题》，中国经济出版社，1990年，第17～19页。

20世纪80年代朱显谟对于黄土高原的水土保持、土地合理利用和农业生产深感关切，通过对造成水土流失原因与人类活动存在问题的分析，发现了环环相扣的原因之后，更加深感黄土高原综合治理必须协调三者关系的紧迫性与重要性。朱显谟认识到黄土高原的土地利用极不合理是破坏生态环境，加重水土流失，农林牧等生产上不去，造成黄河下游泥沙危害的根本原因。黄土高原综合治理应以土地合理利用为本，合理调

---

❶ 朱显谟、卢宗凡、蒋定生等：《综合治理水土流失，彻底改善生态环境——黄土高原丘陵地区振兴农业的战略措施》，《水土保持通报》1982年第6期。

❷ 郑肇经：《中国水利史》，商务印书馆，1939年，第101～104页。

整土地利用结构，实现农林牧副全面发展。❶ 1982 年 2 月 13 日，国务院发布的《村镇建房用地管理条例》第三条规定：中国人多地少，珍惜和合理利用每寸土地是我们的国策。同年 5 月 4 日第五届全国人民代表大会常务委员会第二十二次会议通过的《国家建设征用土地条例》第三条规定：节约土地是中国的国策。朱显谟认为中央提出的"十分珍惜和合理利用每寸土地"的国策应该认真贯彻到今后黄土高原水土保持、农林牧副业生产的实践中去，更要从具体方针、计划措施上完整和真实地体现这一国策。❷

二、初步拟定黄土高原综合治理的战略措施

党的十一届三中全会后，在黄土高原综合治理战略措施问题上存在着生产建设方针的争论，意见不一，各执己见。这个争论问题由来已久，20 世纪 50 年代开始出现，1980 年前后又重现争议。1978 年 11 月 26 日，《人民日报》发表了国家科学技术委员会副主任童大林和中国科学院副秘书长石山两人关于黄土高原生产建设方向应以林牧为主、主张陡坡耕地立即退耕，大量造林种树或者封山育林，对于粮食问题主张从外调进，并用林牧产品来换与人口外迁观点的文章，引起了激烈讨论。大多数科技工作者、黄土高原七省区各级地方领导和人民群众不同意整个黄土高原以林牧为主的意见。❸ 当时朱显谟赞同童大林和石山是关于黄土高原生产建设方向应以林牧为主的提议，但在粮食问题上认为从外调进不现实，因为黄土高原人口多，依靠供应难以满足，而且地形交通不便，运费高昂，不够经济。朱显谟认为，只要改良土壤，注意水土保持，合理利用土地与调整农业生产结构，是可以实现黄土高原粮食自给的。1980 年 3 月 29 日至 4 月 6 日，黄土高原水土流失综合治理科学讨论会在西安召开，会议由国家科学技术委员会副主任童大林、中国科学院副秘书长石山等主持，参加会议的有 230 多人。当时身为中国科学院西北水土保持研究所第一副所长的朱显谟在会上介绍了由他主持编制的《黄土高原综合治理规划方案（初稿）》，强调黄土高原的生产建设方向要以林牧为主，认为"以粮为纲""以农为主"的生产建设方针不符合黄土高原的情况，违背了自然情况的规律。朱显谟要求黄土高原水土流失综合治理规划中的水土保持方向是"首先要把恢复地表植被、改善农业生产的生态系统当作治本措施，放在首要地位，其他一切生产措施，都要服务这个总目标"。❹ 这也是朱显谟对黄土高原综合治理战略措施的初步设想与拟定的体现。随着汲取多方面的建议，朱显谟对黄土高原综合治理的战略措施也越来越系统化、科学化与实用化。

朱显谟构想的黄土高原综合治理的战略措施主要还是围绕着协调水土保持、土地合理利用、大农业生产三者关系为主旨。1981 年 11 月，恢复后的黄河中游水土保持委

---

❶　朱显谟：《黄河危害的根源及其治理途径的探讨》，载中国科学院西北水土保持研究所编《黄土高原水土流失综合治理科学讨论会资料汇编》，内部印行，1980 年，第 59～60 页。

❷　朱显谟：《黄土高原土地的整治问题》，《水土保持通报》1982 年第 4 期。

❸❹　黄河水利委员会、黄河中游治理局：《〈黄河志〉卷八·黄河水土保持志》，河南人民出版社，1993 年，第 106 页。

员会在西安召开第一次会议，总结 30 多年来的水土保持经验教训，会上提出水土保持总要求是"农林牧并举，因地制宜，各有侧重，决不放松粮食生产，积极发展多种经营，切实搞好林业、牧业两个基地建设，水土保持必须为生产建设方针服务"。❶ 受会议精神的影响，朱显谟认为对于整个黄土高原农业生产方面而言，以粮为纲，农林牧全面发展虽然还是有现实必要的，但是必须扭转之前单一农业经营方式与盲目建设高产粮食基地的做法。在水土流失地区要注重强调土地合理利用，同时更要注意农业对林、牧业的依赖，以更好更快解决粮食自给问题。黄土高原农业生产有"十年九不收，丰收吃三年"的潜力，必须加强三田建设❷，建议把以往十亩土地上所花的劳力、水肥等投资到一亩地，进行科学种田和林牧保护，同时大力发展水利，实现沟谷川台化、水利化和半水利化，建设高产稳产的基本农田。关于土地合理利用的原则定为：米粮川，梢林坡，梁峁顶部放牛羊，亦可是最高处为草场，斜坡上是林、果，坡麓和沟条地以下为基本农田。这是朱显谟此后提出国土整治 28 字方略的雏形。朱显谟还根据黄土高原的自然条件与社会经济现实状况，因地制宜地把黄土高原划分为五大类型区，即商品粮基地、林业基地、牧业基地、水土保持重点治理区、农林牧全面发展区，并对这些地区气候条件、存在问题、适宜植被、具体发展方向等进行详细分析，以利于开展水土流失的综合治理。❸

在 20 世纪 80 年代初，朱显谟初步形成了黄土高原综合治理的战略措施。首先，在黄土高原"全部降水就地入渗拦蓄"方略的前提下，土地整治工作上的措施建议是：①根据综合治理、分区治理的原则，坡地耕作限制在 20°～25°以下；②由国家投资，在劳动力不足与植被稀少的地区，分区分批因地制宜地进行飞播牧草、灌木等；③城镇、居民点及道路集流，必须加以引导、拦蓄和利用；④耕作用地按照水资源的有无、多少以及环境，分别修成高标准的引洪漫地、水平梯田、条田等；⑤必须按照自然规律和社会经济发展的需要，制定实际的办法和政策，加速农林牧副业生产的现代化，防止单一以粮为纲的生产；⑥植物的耕种要以保证降水就地入渗为前提，也要注重种树种草的组合，尽快增加土壤抗冲能力以发挥生产效益；⑦沟谷川台化是治坡治沟的主要措施，在进行时注意地下径流拦蓄、利用和储存；⑧黄土高原地区水利事业应该侧重地面径流的节节拦蓄和利用，妥善安排各型水利工程、水利设施的修建，必须要有相应的水土保持措施和土地整治工作的配合；⑨建议中国科学院西北水土保持研究所迅速恢复子午岭试验站，以便收集黄土高原土地合理利用以及水土流失所需要的基本资料。❹

---

❶ 水利部、中国科学院、中国工程院：《中国水土流失防治与生态安全·西北黄土高原区卷》，科学出版社，2010 年，第 89 页。

❷ 三田建设：指水平梯田、沟坝地、砂田建设，是水土保持工程体系的主要组成部分，是水土流失综合防治体系的主体工程，为科学种田创造了条件。

❸ 朱显谟：《黄土高原的综合治理》，《土壤通报》1980 年第 2 期。

❹ 朱显谟：《黄土高原土地的整治问题》，《水土保持通报》1982 年第 4 期。

其次，为实现粮食自给，建成林牧业基地的战略目标，就必须调整农业生产结构，变单一粮食经营为农林牧副全面发展。为了实现这一战略目标，朱显谟提出要狠抓四点主要措施：①草、灌先行，尽快建成牧业基地。既利于养畜又利于水土保持，但必须逐步实行三改。以山羊为主改为绵羊为主，因为山羊破坏力强而且价值低。以放牧为主改为舍饲为主，是兴牧促农的必由之路，因为黄土高原特别是丘陵地区水土流失严重，千沟万壑，没有适合的草原可以放牧。以撂荒草地为主改为人工草地为主，人工草地草质优良，产草量每公顷可达 15000～22500 千克，而天然草地是几千千克。②建设基本农田，部分农地还草还林，以保证少种、高产、多收。有计划改善现有的基本农田，在发挥高产稳产作用的基础上，积极有计划地采用统一规划与分户划片包干的办法开发新的农田，并且确保质量，可达到保水、保土、保肥、高产。同时必须因地制宜地培肥地力以提高单产，实行种植绿肥、有机肥、磷肥为主的施肥技术，亦对耕种的大量坡地实行草粮轮作以保持水土提高单产。大力提倡处于干旱半干旱地区、水资源贫乏的黄土高原搞好旱农耕作，向广大群众推广保墒、蓄墒、提墒三墒合一的旱农耕作法，推广豆类、甘薯、高粱等耐旱作物的抗旱栽培技术以及深播等多种抗旱播种技术与农业技术。③大力营造水土保持防护林，力求从根本上改善生态环境，要求以灌为主，乔灌结合。经过多年实践经验发现按乔灌混交防护效果更好，在造林时要注意与工程措施相结合辅以水平沟、鱼鳞坑、梯田等蓄水保土整地措施，促进林牧发展。林业的发展要注重多样化与实效性，以水土保持林和水源涵养林为主，同时与经济林、放牧林、四旁绿化结合起来。鼓励组建林业专业队与加强组织管理，如奖励活树等以加快造林速度。④推行农工商综合体，发展多种经营增加经济效益。在种植业与养殖业上可以多开门路，多品种。同时发展新的畜产品加工工业如毛织厂等，改变落后局面，走上农林牧副全面发展道路。❶

朱显谟可谓是黄土高原水土保持进入以小流域为单元的综合治理阶段的有力推动者与践行者之一。他在 1985 年还带领中国科学院西北水土保持研究所的同事们编写了更加详细的黄土高原综合治理分区，制订了五个地带、二十五个区域的分区综合治理方案，并不断地发展和完善。

---

❶　朱显谟、卢宗凡、蒋定生等：《综合治理水土流失，彻底改善生态环境——黄土高原丘陵地区振兴农业的战略措施》，《水土保持通报》1982 年第 6 期。

第四章　倡导黄土高原国土整治"28 字方略"

　　黄土高原的水土流失是黄河流域头号生态环境问题。中华人民共和国成立后，众多的水土保持专家、水利专家踏上黄土高原水土流失的治理之路，朱显谟便是其中的一位探索者。1982 年在河北承德召开的一次黄河中游黄土高原水土保持考察总结会上，朱显谟发出"群众生产遵规律，植树种草催河清"的呼声，引起与会者的共鸣，被敦促就黄土高原整治问题写成一个书面意见。会后，朱显谟总结自身 30 多年来对黄土高原土壤、土壤侵蚀规律、水土保持等考察研究的心得，并结合群众水土保持新经验，正式提出了把水土保持、土地资源合理利用、生态环境保护和自然保护等几个方面统一协调起来的以"迅速恢复植被"为中心的黄土高原国土整治"28 字方略"，即"全部降水就地入渗拦蓄，米粮下川上塬，林果下沟上岔，草灌上坡下坬"。❶ 此方略科学地体现出治理黄土高原水土流失的指导思想，是朱显谟关于水土保持学术思想的精辟概括，是对水土保持认识的理性发展。通过其不断地反复论述和一贯倡导，此方略逐步为黄土高原各地水土保持部门所接受，付诸实践，并为众多学者所推崇。❷

第一节　"28 字方略"的依据与内容

　　改革开放后人民群众重视自然资源、改善生态环境的意识增强，我国水土保持事业也步入了一个新的发展时期。朱显谟基于长期从事黄土高原水土保持科学研究与实践的经验，提出黄土高原国土整治"28 字方略"，其内容为：全部降水就地入渗拦蓄、米粮下川上塬（含三田和一切平地）、林果下沟上岔（含四旁绿化❸）、草灌上坡下坬（含一切侵蚀劣地）。在实施过程中要求以迅速恢复植被（含作物）为中心，并与当地自然规律和社会经济发展规律相结合。该方略提出的依据主要有四个方面：①黄土高原地区第四纪以来各期黄土——古土壤序列剖面的叠加和堆积；②弃荒百余年来的子午岭所恢复的山清水秀的景观；③广大群众将"三跑田"❹ 变成"三保田"❺ 的经验；

---

　　❶　赵继伟、张春娟等：《老科学家学术成长资料采集工程·中国科学院院士传记丛书　从红壤到黄土：朱显谟传》，中国科学技术出版社、上海交通大学出版社，2013 年，第 124～132 页。

　　❷　张方：《关于水土保持的总体思路》，《水土保持研究》1995 年第 4 期。

　　❸　四旁绿化：指的是在宅旁、村旁、路旁和水旁进行的绿化造林。

　　❹　三跑田：指的是跑水、跑土、跑肥田地。

　　❺　三保田：指保水、保土、保肥田地，也称三保地、三保梯田。

④在实际工作中发现黄土地上的侵蚀动力均为超渗产流，同时又以冲刷为主，土体一经充水极易瓦解、湿陷而被冲走，但有植物生长的土体，即使出现在陡壁集流的地方也不致发生这种情况。❶ 据不完全统计，20世纪80年代后朱显谟发表的论文有50多篇，20世纪90年代后至21世纪初发表有20多篇。换言之，为了使"28字方略"在黄土高原水土保持工作中能够更加科学地实施，朱显谟晚年不断深入对这一方略论证研究，可谓孜孜不倦、笔耕不懈。

"28字方略"是一个具有系统工程思想的方略，是协调人与自然关系的黄土高原地区水土保持科学新学说。❷ 朱显谟提出黄土高原国土整治"28字方略"，与其对黄土高原水土保持工作的重新思考有关。十一届三中全会后党和政府作出了抓好国土整治与开发的决策，全国掀起国土整治与开发的热潮。国土整治的目的是协调人与地所依存的自然环境的关系，使生态环境始终处于有利于人类生存和发展的优良状态，使自然资源得到最大限度的永续利用，建立起高效能的社会经济环境和优美的文化环境，特别是黄土高原治理工作应当开发和治理紧密结合，单纯的水土保持或者只强调开发都难以达到控制水土流失的目的。❸ 朱显谟亦认为黄土高原治理工作虽已历30余年，但有部分水土保持工作者出现了单纯水土保持的认识偏向，而未充分认识到水土保持虽然是治黄的根本，但不是全部，未更多重视结合黄土高原人民脱贫致富、综合治理、生态环境的可持续发展等进行水土保持工作。人与自然界间矛盾的急剧恶化，明显地表现在人类对自然资源的掠夺性经营，因而协调黄土高原地区人和自然关系的当务之急是黄土高原的国土整治。❹

"28字方略"的核心是前十个字"全部降水就地入渗拦蓄"，它是黄土高原水土保持与国土整治工作中的一个最为基本的要求和前提，是总目标和一切生产、开发、治理、保护等措施所共有的战略目标，朱显谟认为是完全可以做到的。朱显谟在20世纪50年代到70年代末从事黄土高原水土保持研究工作时，并未形成一个系统的关于黄土高原降水入渗治理的观点，其研究的重点是在黄土高原土壤与土壤侵蚀规律，为水土保持工作寻找理论依据，这正好为"28字方略"的提出奠定了坚实的理论基础。这30多年是朱显谟正值壮年、体力充沛的年代，他多次实地考察黄土高原，对黄土高原各地区的土壤、降水、植被、土地利用等实况进行非常细致地观察与总结。特别是对黄土高原的土壤特点的研究，黄土高原形成、黄土降尘的研究，以及植物根系提高土壤抗冲性、巩固提高土壤入渗机理等系列研究，引发了朱显谟的深入思考，考虑如何利用黄土高原土壤的高渗透性与植物作用来推进水土保持工作。❺ 朱显谟长期以来认为以

❶ 朱显谟：《再论黄土高原国土整治"28字方略"》，《水土保持学报》1995年第1期。

❷ 孙鸿烈：《20世纪中国知名科学家学术成就概览·地学卷·地理学分册》，科学出版社，2010年，第112页。

❸ 陈永宗：《黄土高原国土整治中几个问题的探讨》，《自然资源学报》1988年第1期。

❹ 同❶注。

❺ 赵继伟、张春娟等：《老科学家学术成长资料采集工程、中国科学院院士传记丛书　从红壤到黄土：朱显谟传》，中国科学技术出版社、上海交通大学出版社，2013年，第125页。

往蓄泄统筹、以泄为主的治水方针不适合当前我国黄土高原情况，他特别倡导明朝水利专家徐贞明所提"水利之法，当先于水之源"，"水聚之则害，而散之则利"，"弃之则害，而用之则利"❶。朱显谟形象地将徐贞明之说概括为"治水之道在于治源"的观点，认为这一观点不仅说明了河害的根源，也指出了就地分散拦蓄之利，是与"28 字方略"理念相一致的，以蓄为主。这些都是触发朱显谟于 20 世纪 80 年代形成系统的关于全部降水就地入渗拦蓄的战略目标的思想来源与依据。

而更深层的学理依据是，朱显谟长期认为黄土高原黄土独特的点棱接触支架式多孔结构是个大蓄水库，历史时期黄尘通过凝聚降尘、雨淋降尘和自重降尘方式降落黄土高原，使得黄土具有高渗透性、高蓄水容量、高度疏松深厚土层、旁渗性低等特点。由于植被强大的水土保持功能，以至于深积 250 万年的黄土既没有被风吹走，也没有被流水带走，更没有被降水打击而失去其透水性、蓄水容量大的特性。植被覆盖良好的情况下，黄土高原地区在一次性降水 500～1000 毫米时不发生蓄满径流，降雨强度每分钟 2 毫米左右不发生超渗径流，因此黄土高原水土保持和国土整治中最为核心的基础的工作是恢复植被，防止径流的形成。另外黄土入渗速率快，只有当降雨强度超过土壤入渗速率时候，才会有径流发生，可通过营造植被或者实施坡改梯田、农业耕作措施，将降水拦蓄起来，强化入渗。这些都是实现全部降水就地入渗拦蓄的内在理论基础与依据。"28 字方略"中的全部降水就地入渗拦蓄的目的与重要意义在于充分发挥黄土土层深厚，入渗、蓄水能力强的优势，既能把雨水聚积，拦蓄径流，又能防治土壤侵蚀和水土流失，充分利用降水资源，化害为利，为土地合理利用和农业持续发展创造良好的水文生态环境。❷

"28 字方略"余下的"米粮下川上塬，林果下沟上岔，草灌上坡下坬"18 个字是朱显谟根据农耕种植对水分、地形的要求和各类生产措施在水土保持、生态和经济效益等方面所作的安排。❸ 水、肥、光、温资源在坡面上的梯层分布规律是这 18 个字的重要依据，也是"28 字方略"中水土保持工作必须重视合理利用土地资源等自然资源的体现。朱显谟根据资料的梳理与反复考察、实验发现，降水在坡面上的再分配对不同地形的水分、养分条件影响比较大，梁塔地水分、养分条件差于坡的中下部及坡坬地，而且光、温自然资源亦是呈现此规律。在为切实贯彻以抓基本农田建设为突破口，为农民建立致富产业，为水土保持做足后劲的理念下构建的这 18 个字，❹ 其具体含义主要是：①米粮下川上塬。包括三田和所有梁、台、塔、掌、涧、坝地、坪等经过人工修建的基本农田，这是一切耕种栽培最为经济、方便和有效的生产场所。在这些场所如果善于保持传统耕作经验，注意耕作方法，调节供水性能，定期进行深浅交替耕

❶ 徐贞明：《西北水利议》，载陈子龙等选辑《明经世文编》第五册，卷三九八，中华书局，1962 年，第 4308～4320 页。

❷ 朱显谟：《黄土高原国土整治"28 字方略"的理论与实践》，《中国科学院院刊》1998 年第 3 期。

❸ 朱显谟：《黄土高原的形成与整治对策》，《水土保持通报》1991 年第 1 期。

❹ 同❷注。

作，那就可轻而易举地保证全部降水就地入渗而获得高产稳产，建设两高一优（高产，高效，优质）的农业产业基地。[1] ②林果下沟上岔。包括四旁绿化在内，必须改变以往单纯用材林思想，不仅注重经济效益，同时要在水保效益上多加斟酌。如对水分、养分要求较高的林果，要种植在水分、养分等条件较好的地方，可以避免出现以往老头树的现象。林木要以工程措施相配合，不但发挥固沟护坡的作用，也要扩大林种多样化与合理化，以改变经营方式发展果园和林木经济。另外因地制宜地采取必要的水土保持措施和灌溉措施，致力于实现生态效益与经济效益、拦泥蓄水和用材生产双赢。[2] ③草灌上坡下岃。这是最为关键的一条，包括一切侵蚀劣地、陡坡荒岃。朱显谟发现这些地段水土流失严重，在黄土高原分布面积大，是水土流失的典型产物，也是土壤继续侵蚀的根源。朱显谟还从子午岭在丢荒 100 多年后，原先耕地上由于水蚀造成的切沟与浅沟等水土流失痕迹被淤浅甚至在草灌繁生作用下消失的状况中得到启发，认为一定要把草灌培育好，不论从持久功效还是经济实惠方面来考虑，皆以恢复草灌为上策。因为草灌属于抗逆性较强的植物，能够增加土壤抗冲性，防止径流冲刷，不但能发挥水土保持作用，而且在经济效益方面也很显著，生产季节长，能结合牧业建立饲料基地等。[3] 朱显谟形象地把这 18 个字配置模式描述为"山顶草灌戴帽，山坡梯田缠腰，沟岔打坝穿靴（林）"，希望能够达到从山顶到山脚构成层层拦蓄降水、节节拦蓄水沙资源的防护体系的效果。[4]

第二节 "28 字方略"的实践与发展

朱显谟提出的"28 字方略"，其内涵丰富，有些内容是对中国传统农耕文化精华的继承。如梯田建设在我国具有悠久的历史，是利用山地、丘陵缓坡地进行农耕的梯状田类，也是山丘坡地保持水土的一项有效工程。早在《华阳国志》[5]、《水经注》[6] 等古籍中已有梯田的内容记载，但是以梯田这一术语出现最早见于南宋地理学家范成大的著作《骖鸾录》，书中记载袁州仰山"岭阪皆禾田，层层而上至顶，名梯田"[7]。可谓是劳动人民在长期的生产实践中创造出来治理水土流失和改造坡耕地的一种好方法，被广泛应用，特别是黄土高原地区。梯田是属于水土保持工程与耕作措施中的坡面治理措施，有多种形式。朱显谟认为水平梯田是降水全部就地入渗拦蓄的典范。隔坡梯田则是自 20 世纪 60 年代初期出现在黄土高原，实现坡段径流拦蓄于水平田面之内。此外将道路、屋面、场院的径流蓄存的水窖，明朝出现、已有 400 多年历史的淤地坝，

---

[1][2][3] 朱显谟、任美锷：《中国黄土高原的形成过程与整治对策》，《中国水土保持》1992 年第 2 期。

[4] 朱显谟：《黄土高原国土整治"28 字方略"的理论与实践》，《中国科学院院刊》1998 年第 3 期。

[5] 《华阳国志》：又名《华阳国记》，由东晋常璩撰写于晋穆帝永和四年至永和十年（348—354 年），是一部专门记述古代中国西南地区地方历史、地理、人物等的地方志著作。

[6] 《水经注》：作者是北魏晚期的郦道元，为古代中国地理名著，共四十卷。

[7] 陈国达等：《中国地学大事典》，山东科学技术出版社，1992 年，第 696 页。

始于战国时期的黄河流域的引洪漫地，古代已出现作为水平梯田过渡形式的区田、鱼鳞坑、水平沟、隔坡水平沟、地边埂、水簸箕等一系列的水土保持措施都强化了降水就地入渗拦蓄，是全部降水就地入渗拦蓄的模式和方法。故朱显谟认为全部降水就地入渗拦蓄实际上几千年来黄河流域治水工作中已不断实践，由拦蓄、疏导下游主、干流巨洪，不断地由下而上，再由主干沟道上溯至支、毛沟的洪水泥流，最后发展为把坡面上的径流泥沙就地拦截起来。这些具有悠久历史的适应于黄土高原水土流失治理的水土保持措施，长久以来未能在理论上系统总结，并在水土保持中综合运用。❶

"28字方略"则是朱显谟在借鉴历史实践经验的基础上，总结自己长期从事黄土高原水土保持研究的具体实践提出的。自提出后，朱显谟不断加以完善。20世纪80年代之后正是我国水土保持进入以小流域为单元综合治理的阶段，朱显谟提出的"28字方略"恰好起到进一步提高以小流域为单元综合治理科学水平，促进试验、示范、推广一体化的作用。最先明确应用"28字方略"的是陕西省无定河流域。1982年8月，全国第四次水土保持会议在北京召开，会议提出了贯彻执行《水土保持工作条例》的具体政策与措施，其中要求重点治理，以点带面。拟在全国范围首先抓8个重点，即黄河流域的无定河、皇甫川、三川河和甘肃省的定西县，辽河流域的柳河，海河流域的永定河上游，长江流域的湖北省葛洲坝库区，江西省兴国县等。无定河在1983年获得国务院批准，被列为全国水土保持重点治理区。❷无定河是黄河中游河口到龙门区间最大的、水土流失最严重的一条多沙粗沙支流，处于毛乌素沙漠南缘及黄土高原北部地区。80年代以前流域面积约30300平方千米，水土流失面积达23137平方千米，水土流失区年平均侵蚀模式在年每平方公里10000吨以上，年平均输沙量2.17亿吨，严重的水土流失与生态环境状况一直是治理的重点。❸自从1983年无定河被列为全国水土保持重点治理区后，无定河流域治理指挥部明确提出以"全部降水就地入渗，就地拦蓄"作为治理方略，这是朱显谟提出"28字方略"被明确付诸治理实践的检验。无定河流域在十年的综合治理中，加快了年平均治理速度，大力新建基本农田、小块水地，营造水土保持林，栽植经济林，建淤地坝等。1993年粮食总产达3亿千克，比1983年增加近1倍，人均年纯收入由171.8元上升到411元，贫困户也较之前12500户减少到3000户，年平均入黄泥沙减少0.64亿吨，甚至许多小流域已基本不向黄河下游输送泥沙。无定河流域的治理实践表明，在"28字方略"的明确指导下，治理速度、治理规模、治理质量都有质的飞跃，重要的是能取得比以往更大的社会效益、生态效益和水土保持效益。❹

1986年7月来自全国各地的600多名科技人员，沿甘肃至山西的黄河两岸开始进

---

❶ 朱显谟：《再论黄土高原国土整治"28字方略"》，《水土保持学报》1995年第1期。

❷ 黄河水利委员会、黄河上中游管理局：《黄河水土保持大事记》，陕西人民出版社，1996年，第224页。

❸ 水利部、中国科学院、中国工程院：《中国水土流失防治与生态安全·西北黄土高原区卷》，科学出版社，2010年，第70页。

❹ 朱显谟：《黄土高原国土整治"28字方略"的理论与实践》，《中国科学院院刊》1998年第3期。

行大规模综合考察与定位试验研究，标志着"七五"（1986—1990 年）国家重点科技攻关项目——黄土高原的综合治理工作全面展开。❶ 其中定点试验研究正是由朱显谟所在的中国科学院西北水土保持研究所组织实施。这个由中国科学院主持的有农牧渔业部❷、林业部、水利电力部、国家教育委员会和陕西、山西、甘肃、宁夏、内蒙古等省区的科学技术委员会参加的"七五"国家重点科技攻关项目，其中试验示范区工作1986 年在陕西省的淳化、安塞、长武、米脂、乾县，山西省的离石、河曲县，宁夏回族自治区的固原、西吉县，甘肃省的定西县，内蒙古自治区的准格尔旗分别选定了小流域，签订了专题试验研究合同。经充分论证，于 1986 年 8 月由国家科学技术委员会批准，列为区域综合治理试验中的子项目，"八五"期间（1991—1995 年），此项目也一直延续，差别在于山西省河曲县改为隰县。❸ 这些试验示范区均在贯彻"28 字方略"，实行以小流域为单元的综合治理模式。最为典型的是在安塞、定西县。安塞县黄土丘陵沟壑区特别是纸坊沟试区针对黄土高原水土流失严重、粮食低产和人民贫困等问题，明确提出了以强化降雨就地入渗防治水土流失为中心，以土地合理利用为前提，以恢复植被、建设基本农田、发展经济林和养殖业四大主导措施建设水土保持型生态农业体系的指导方略，十年的治理取得很好的效益。定西县试区的高泉沟流域坚持贯彻以全部降水就地入渗拦蓄为目标，以保持水土和提高土地初级生产力为主攻目标，采用自然降雨就地拦蓄利用，建立旱地农业增产技术体系，发展与饲草料资源相适应的畜禽养殖业的技术路线，"七五"期间比"六五"期间土地初级生产力提高 1.12 倍，减沙率 52.69%，人均产粮 413.86 千克，人均收入 321.8 元，林草面积达到 42.4%。❹

"28 字方略"中的后 18 个字主要是关于产业布局的问题，比较典型的实践是陕西省长武县王东沟试区。该试区的自然、经济和社会等条件是典型的黄土高原丘陵沟壑区，人地矛盾紧张。在"七五"之前有占土地面积 30% 的沟坡土地资源未很好开发。此后试区执行"28 字方略"中粮田上塬，果树下沟的结构布局，合理利用土地资源进行沟坡开发，并结合修建人畜饮水工程，开展果园节水管灌，使得沟坡土地升值，果园产值高于塬面农田，建立起生态经济系统。❺ 此外，"28 字方略"后 18 个字对黄土高原地区的农业生产和自然资源的保护开发、利用具有重要指导作用，朱显谟在 20 世纪 80 年代与 90 年代还继续对此方面展开研究。不但明确了黄土高原地区农业发展，实现粮食自给，建成牧业基地的战略目标，还提出草灌先行，植树造林恢复植被，推行农工商综合体，实现农林牧副全面发展等具体措施。❻ 同时也注重自然资源的开发保

❶ 张应吾：《中华人民共和国科学技术大事记（1949—1988）》，科学技术文献出版社，1989 年，第 619 页。

❷ 农牧渔业部：1982 年 5 月 4 日，国务院机构改革将农业部、农垦部、国家水产总局合并，设置农牧渔业部。1988 年 4 月根据国务院机构改革方案，农牧渔业部的职能需要扩大，农牧渔业部更名为农业部。

❸ 邰志峰、孙承恩：《黄土高原综合治理试区工作全面展开》，《中国水土保持》1988 年第 3 期。

❹ 国家计划委员会：《国家"七五"科技攻关项目重大成果简介选编》（上册），化学工业出版社，1993 年，第 62～64 页。

❺ 朱显谟：《黄土高原国土整治"28 字方略"的理论与实践》，《中国科学院院刊》1998 年第 3 期。

❻ 朱显谟、卢宗凡等：《黄土高原丘陵地区农业发展战略问题》，《中国农业科学》1984 年第 2 期。

护，提出了黄土高原地区要在自然保护的前提下开展水土保持，合理利用和保护水利资源，制定土地合理利用框架，把水土保持和地下能源的开发纳入到自然保护轨道等的具体措施。❶ 这一系列对农业生产和自然资源开发的具体措施都是对"28 字方略"的具体实践。"28 字方略"在无定河流域治理和国家"七五""八五"期间黄土高原综合治理攻关项目的 11 个试区广泛采用，在农业生产和自然保护的实践应用中已经证明，"28 字方略"对黄土高原综合治理具有实际的指导作用。

一生坚持"科研成就和快感原本只在创新中"❷ 信念与抱着"黄河清"夙愿的朱显谟，为使国土整治"28 字方略"在黄土高原水土保持工作中更加全面具体地实施，在已耄耋之年的 20 世纪 90 年代后期，甚至 21 世纪初还在对"28 字方略"的发展与完善而探索不息。1997 年 4 月国务院在北京主持召开全国第六次水土保持会议，朱显谟以饱满的激情写了近万言的《提出黄土高原国土整治"28 字方略"的前前后后》一文作为向大会的献礼，并受到时任中共中央政治局委员、国务院副总理姜春云专门接见，听取其汇报"28 字方略"，给予极大肯定与支持。❸ 1997 年 8 月国务院副总理姜春云带领国家计划委员会、农业部、林业部、财政部、水利部等部委的负责同志，视察陕西省榆林、延安两地的治沙造林和水土保持工作，拟成《关于陕北地区治理水土流失建设生态农业的调查报告》，江泽民总书记阅后作出"再造一个山川秀美的西北地区"的重要批示，水土保持纳入了生态环境建设的轨道。❹ 由此黄土高原水土流失综合治理与可持续发展、生态环境建设，自 1997 年出现崭新局面，开始走上以大支流为骨干，以小流域为单元，以县域为单位，集中连片，山、水、田、林、路综合治理开发的新阶段，全国的专家们纷纷积极献言献策。❺ 朱显谟认为江泽民总书记"再造一个山川秀美的西北地区"的批示有力推动了当前治理黄河方针的观念转变，特别是 20 世纪 50 年代以来所形成的治理黄河"蓄泄统筹，以泄为主"的方针必须改变，改为"以蓄为先"才是正确。

此后朱显谟在阐释"28 字方略"过程中又形成了"土壤水库"学说。朱显谟指出黄土高原地区因为得天独厚的降尘堆积环境条件和持续的成壤过程，使得降水具有直接深入地下水库的特殊功能，加上植物根系在土壤中的延伸盘绕为土壤的发展提供动力与增加土壤中的水量，其蓄水容量也不断增长，形成土壤水库。只要维护高入渗土壤水库的存在，就能确保全部降水就地入渗拦蓄的顺利实现，避免水土流失。❻ 故黄土高原生态环境综合治理与可持续发展的治本之道只有一条，即是必须动员相关科研、

❶ 朱显谟：《黄土高原区的自然保护》，《水土保持研究》1997 年第 S1 期。

❷ 杨旭：《中国人才世纪献辞》，中国社会出版社，2000 年，第 134 页。

❸ 李锐：《呕心黄土盼河清——祝贺朱显谟先生九十华诞》，《科学家》2005 年第 5 期。

❹《江泽民总书记关于"再造一个山川秀美的西北地区"的重要批示》，《陕西环境》1999 年第 3 期。

❺ 黄河上中游管理局：《黄土高原水土保持实践与研究（1997—2000）》，黄河水利出版社，2005 年，第 8 页。

❻ 朱显谟：《60 年来从事土壤与水土保持科学研究回顾》，载田均良主编《土壤学与水土保持：朱显谟院士论文选集》，陕西人民出版社，2004 年，第 553 页。

技术和工程部门协同抢救和保卫黄土高原地区"土壤水库"。❶ 维护土壤水库可确保全部降水就地入渗拦蓄，迅速恢复植被是重建土壤水库的当务之急，米粮下川上塬、林果下沟上岔和草灌上坡下坬是维护土壤水库的有效途径。❷ 另外朱显谟还发挥"治水之道在于治源"的名言，从充分合理利用水资源的角度提出重建土壤水库，要以"土壤水库"主要构成的"三库"（地表水库、土壤水库、地下水库）作为构建和谐黄土高原、再造一个山川秀美的西北地区的理论基础和指导方针，以此充分证明实现国土整治"28 字方略"是治黄之道，是为根治河害，振兴西北地区社会经济和生态改善的良策。❸ 2002 年 5 月 28 日至 6 月 1 日，中国科学院第十一次院士大会和中国工程院第六次院士大会在北京人民大会堂召开，这是 21 世纪我国科技界最高学术团体的第一次盛会。在会上，87 岁高龄的朱显谟联合刘东生、孙鸿烈、李吉均、赵其国等院士向国家有关部委提出维护加强"土壤水库"的建议，认为以维护加强"土壤水库"为本的"三库"协防，非但可以把潘家铮❹院士提出的"大水利建设"观念落到实处，而且能扩大水利的实际效益和范畴。❺ 朱显谟在晚年提出的"土壤水库"学说，是对国土整治"28 字方略"的发展和完善，进一步论证了"28 字方略"实践的可行性与紧迫性，学说得到水土保持、水利学界的广泛认可。

第三节　"28 字方略"的争论与意义

中华人民共和国成立以来对于黄土高原水土流失治理的观点，呈百家争鸣的态势，对朱显谟提出的国土整治"28 字方略"存在争议亦在所难免。争议主要有两个方面：

第一，"28 字方略"在治理原则方面的争论。2001 年 9 月水利部科学技术委员会在北京召开成立大会，朱显谟阐述了其"28 字方略"，并对水利部举办的一些工程应用"28 字方略"发表看法。有些学者则认为应该把"全部降水就地入渗拦蓄"改为"大部分降水就地入渗拦蓄"，理由是黄河当前的径流量远远达不到黄河流域经济发展的需求，如果把黄土高原全部降水拦蓄那将会导致黄河径流量的大幅度减少，造成黄河下游生产巨大损失，且全部降水拦蓄违背了水往低处流的客观规律，无法实现。❻ 持这种观点的学者是担心水土保持减水后对黄河下游的水资源利用产生不利影响。20 世纪末以来学术界一些学者存在对黄河流域水土流失治理重心是否在黄土高原地区的质

❶　朱显谟：《重建土壤水库——论黄土高原持续开发与治理对策》，《科学新闻》2000 年第 10 期。

❷　朱显谟：《抢救"土壤水库"实为黄土高原生态环境综合治理与可持续发展的关键——四论黄土高原国土整治"28 字方略"》，《水土保持学报》2000 年第 1 期。

❸　朱显谟：《60 年来从事土壤与水土保持科学研究回顾》，载田均良主编《土壤学与水土保持：朱显谟院士论文选集》，陕西人民出版社，2004 年，第 553 页。

❹　详见后文专篇介绍。

❺　韩存志主编，朱显谟等著：《资深院士回忆录》（第 3 卷），上海科技教育出版社，2006 年，第 18 页。

❻　赵继伟、张春娟等：《老科学家学术成长资料采集工程、中国科学院院士传记丛书　从红壤到黄土：朱显谟传》，中国科学技术出版社、上海交通大学出版社，2013 年，第 135～136 页。

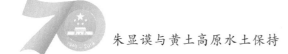

疑，水土保持的重点究竟是源头地区的保水保沙、改善黄土高原的生态，还是黄河干流的减沙减淤、服务黄河下游的防洪，争论不一。❶ 对此，朱显谟坚持己见，认为差别在于怎样去理解"就地入渗"的说法，降水入渗是以不产生径流为目的，虽然确实有难度，但全部降水就地入渗拦蓄，短期来讲能够在黄河一系列库坝工程完成之前拦蓄汛期坡、沟的暴雨径流，削减河沟的洪水径流量，从而增加黄河中游地区的有效径流，不会导致减水。从长远来看，以迅速恢复植被为中心，能利用厚层黄土层过滤拦蓄降水，黄土高原水土保持必须着眼于生态环境建设，使得整个黄土高原生态环境获得平衡，降水的入渗能有效地控制地面径流的增加，缓解土壤侵蚀和降低黄河泥沙输入量。并且降水随着植物根系渗入土壤，既能为生产生活所利用，又能渗入地下形成地下水库从而流入黄河，增加黄河径流。❷ 故朱显谟认为"28字方略"并不存在水土保持导致减水后，使黄河下游的水资源利用减少的忧虑，他主张黄河治理重点在于对源头地区的保水保沙，改善黄土高原的生态环境。

第二，关于先治沟还是先治坡问题的争论。对这个问题的争论由来已久。中华人民共和国成立以来各级水土保持部门都把坡沟兼治、综合治理作为水土保持的指导思想，但水土保持、水利主管部门与科研单位在操作上各有偏重。实质上是强调生物措施、治坡为主，全面治理，还是强调工程措施、治沟为主的两种治理措施的争论。出现过两次争论高潮，分别在20世纪50年代和80年代。水利部门认为水土保持的主干工程是必须在沟上建设水库，保证下游不能决堤，不能发大洪水，而在坡上植树种草不算大工程。1955年10月黄河水利委员会主任王化云在全国第一次水土保持会议上作了讲话，例举甘肃省庆阳市贾家塬200年的淤地坝，在20多年没有养护与进行坡面治理仍然安然无恙来说明纵然坡上不治理，沟里也能打坝。在这次会上，中国科学院副院长竺可桢在谈论水土保持方针时，认为沟是径流集中、水土流失集中，引起冲刷、陷穴的薄弱环节，故黄土高原上治理水土流失的根本问题是在于对沟的改造和利用问题，应集中较多精力治沟。但在1957年12月召开的全国第二次水土保持会议上国务院水土保持委员会主任陈正人在总结经验中提出的一条是治标治本相结合，坡沟兼治，治坡为主，并且着重指出水土流失主要来自于坡面，治沟必须首先治坡。❸ 从而形成两种观点。20世纪80年代亦有许多专家对于治沟治坡各抒己见，形成争论，观点大多与上述王化云、竺可桢及陈正人的两种观点相近。朱显谟的"28字方略"正是在20世纪80年代关于治沟治坡的争论中提出来的。朱显谟从土壤侵蚀的角度出发，认为搞好水土保持就一定要先把坡治好，坡治不好，沟就起不到效果，如果要永久地解决问题还是要从上中游做起，治沟只能解决一时的问题。朱显谟认为最典型的例子就是三门峡

❶ 刘善建：《治水、治沙、治黄河》，中国水利水电出版社，2003年，第148页。

❷ 朱显谟：《走在十字路口的我国水土保持工作——在1985年中国土壤学会土壤侵蚀座谈会上的发言》，《水土保持通报》1986年第3期。

❸ 黄河水利委员会、黄河中游治理局：《〈黄河志〉卷八·黄河水土保持志》，河南人民出版社，1993年，第104~105页。

水利枢纽工程，如果上游植被覆盖率高，注重把水土保持工作做好，拦蓄泥沙是没有问题的，三门峡水库寿命会更长。❶ 因为三门峡水库自 1960 年投入运用以来除了防洪、防凌作用外，1973 年改建前一段时间不能发挥效益，严重的泥沙淤积致使“除害兴利，蓄水拦沙”的治理黄河方针被迫改变为“滞洪拦沙”。❷ 三门峡水库的建设和黄土高原面上治理工作的脱节这一历史教训，也是朱显谟提出“28 字方略”所着重参考的。有学者担心降水就地拦蓄入渗后难以避免会加剧河源区沟头和沟壁的重力侵蚀，朱显谟认为这是短暂的现象，因为地面径流消失以后，随着降水入渗与植被的恢复，这些都可以很快得到调整。只要通过在沟谷上建设一些必要的固沟工程，工程措施与生物措施相结合、标本兼治，治本为主，而且主要依靠生物措施的降水就地入渗拦蓄与增产措施相一致，会比蓄水工程措施有更高的经济效益与长远效益。❸ 朱显谟在面对专家、学者等对“28 字方略”的全部降水就地入渗拦蓄与治坡为主的主张质疑时，能有理有据地回应与辩驳，支持学术争论以推进深入研究。

另外，“28 字方略”在具体操作问题上关于土地利用结构的调整也引起学界一些争论，即对“28 字方略”中“米粮下川上塬，林果下沟上岔，草灌上坡下坬”的 18 个字产业布局问题的争论。20 世纪 80 年代全国水土保持的方针是把水土保持纳入农村经济体系，为发展农村商品经济、加快脱贫致富服务。在小流域综合治理中，把保持水土与开发利用水土资源结合起来，开发利用与治理保护互相促进。通过修好种好基本农田，提高粮食单产、促进陡坡退耕，造林种草，发展林牧副业，调整土地利用结构与农村经济结构，把保持水土与脱贫致富结合起来。❹ 朱显谟“28 字方略”中后 18 个字对产业布局的内涵是在结合全国水土保持方针，最优化地综合生产建设方针、保持水土、改善生态环境基础上谨慎总结出的。可是有的学者认为，根据新的经济发展观念，农民以经济效益、经济收获量、经济价值为追求目标，而朱显谟的“28 字方略”主张塬上应该种粮食，但栽种果树比粮食的收益要大很多，为了收益，农民会更多选择种果树，将导致“28 字方略”的实施难以推广。❺ 还有学者提出异议的是，“28 字方略”形象化了的经验性认识尽管不乏积极意义，并且也容易为黄土高原地区群众所理解，但它们终究缺乏科学上的严谨理论阐释，因而也就带有若干根本性的局限；同时认为，黄土高原的水土流失治理有很多不确定因素与取决于很多共同因素的结合，这一过程绝不会因为米粮下了川上了塬、林果下了沟上了岔、草灌上了坡下了坬等，就

❶ 赵继伟、张春娟等：《老科学家学术成长资料采集工程、中国科学院院士传记丛书　从红壤到黄土：朱显谟传》，中国科学技术出版社、上海交通大学出版社，2013 年，第 136 页。

❷ 程有为：《黄河中下游地区水利史》，河南人民出版社，2007 年，第 342～344 页。

❸ 朱显谟：《走在十字路口的我国水土保持工作——在 1985 年中国土壤学会土壤侵蚀座谈会上的发言》，《水土保持通报》1986 年第 3 期。

❹ 程有为：《黄河中下游地区水利史》，河南人民出版社，2007 年，第 490 页。

❺ 赵继伟、张春娟等：《老科学家学术成长资料采集工程、中国科学院院士传记丛书　从红壤到黄土：朱显谟传》，中国科学技术出版社、上海交通大学出版社，2013 年，第 137 页。

能轻易实现黄土高原秀美山川。❶ 其实，这些异议的提出都有一定的道理，但主因还是没有真正了解朱显谟学术研究成果的脉络与思想理论的精髓。朱显谟曾表明"28 字方略"是一个还需要深入研究的方略，认为结合当地实际情况，根据全局整体而言在保证粮食生产的基础上发展大农业生产，实现农林牧副全面发展是完全有必要性和可能性的。至于局部、具体的某一地区降水能否实现全部拦蓄，采取何种措施拦蓄，又如何利用拦蓄的水资源，"就地"范围多大，产业布局如何调整，如何同步实现经济、社会、生态效益等一系列的问题解决是一个非常复杂的过程。❷ "28 字方略"是全面反映黄土高原地区水土保持的战略方略，是一个思想体系或者是水土流失治理的总体思路，而不是具体指明哪些地方种粮食、种果树、种草的定性安排，不能完全照搬，是当做一种方案或者目标去指导治理的方向，思想上要遵循"28 字方略"，行动上、具体问题上则需具体分析。❸

"28 字方略"的内涵是在不断发展、丰富中的。20 世纪 90 年代朱显谟就提出"28 字方略"的贯彻应用遵循实践—修订—创造—再实践—完善的过程，这一过程是需要专门经费来支持的。中华人民共和国成立以来，党和政府十分重视黄土高原的水土保持工作，截至"八五"末期，黄土高原累计治理水土流失面积 17.5 万平方千米，取得巨大效益。但是 20 世纪 90 年代以前主要由于国家投入不够，用于黄土高原水土保持的经费约 17 亿元，每平方千米平均综合治理费用仅 1 万元，距离 4 万～5 万元的正常需求相距甚远，妨碍了水土保持，导致治理速度远远满足不了区域经济开发、农业持续发展以及黄河水利建设、下游防洪等的要求。可喜的是，在 1993 年 12 月国务院批复的《全国水土保持规划纲要》中要求"九五"期间国家每年增加投入 2 亿元，地方各级政府配套 2 亿元，每平方千米投入不少于 4 万元。❹ 朱显谟认为这为"28 字方略"实施，组织科技力量深入研究全面推广，通过不断地实验、总结和解决存在的争论、异议问题创造了一个良好的条件。

国土整治"28 字方略"是朱显谟综合其对黄土高原土壤侵蚀与水土保持调查研究、黄土高原的形成理论研究、植物根系提高土壤抗冲性研究、黄土地区农业和自然资源利用问题研究等所奠定的理论基础而提出。"28 字方略"同时把水土保持、土地资源合理利用和生态环境改善等几方面统一协调起来，并强调配置的合理性、水资源的合理利用，具有重要的科学意义和实践意义。"28 字方略"的不断发展完善，不但是朱显谟个人 60 多年从事黄土高原水土保持事业学术研究成果的升华，也是对我国数千年来治理黄土高原水土流失和治理黄河实践特别是人民群众治黄经验的总结和发展。黄土高原水土保持事业是改善西北地区自然生态和治理黄河的根本性举措，而朱显谟的"28 字方略"则是黄土高原水土保持科学的新学说，需大力倡导。

❶ 黎汝静、刘思忆、徐名居：《试论当代黄土高原综合治理的新方略》，《科技导报》1997 年第 5 期。
❷ 朱显谟：《黄土高原地区农业持续发展的必由之路——三论黄土高原国土整治"28 字方略"》，《林业经济》1998 年第 1 期。
❸ 赵继伟、张春娟等：《老科学家学术成长资料采集工程、中国科学院院士传记丛书 从红壤到黄土：朱显谟传》，中国科学技术出版社、上海交通大学出版社，2013 年，第 138 页。
❹ 朱显谟：《黄土高原国土整治"28 字方略"的理论与实践》，《中国科学院院刊》1998 年第 3 期。

余 论

2017 年 10 月 11 日，著名土壤学家和水土保持专家，中国共产党优秀党员，中国科学院资深院士，中国科学院、水利部水土保持研究所研究员，西北农林科技大学水土保持研究所研究员朱显谟逝世，享年 102 岁。❶ 朱显谟是中华人民共和国水土保持学科的开拓者和奠基者之一，毕生致力于黄土高原水土保持研究与实践，为黄土高原水土保持事业作出了极为重要的贡献。

朱显谟自 20 世纪 50 年代开始从事黄土高原水土保持科学考察和科学研究工作，历经 60 余年，他对黄土高原水土保持事业的开拓性贡献和学术成就主要体现在三个方面。

第一，对黄土高原土壤侵蚀与土壤抗冲性研究作出了重要贡献。通过在野外进行长期科学考察，朱显谟系统研究了黄土高原地区土壤侵蚀类型及其演变规律，提出了黄土区土壤侵蚀分类系统，拟定了我国最早的比较完整的土壤侵蚀分类制度，还编制了黄土高原土壤侵蚀区划图，提出了黄土区土壤侵蚀区划原则。❷ 这些为黄土高原的水土保持工作提供了重要科学依据，他成为黄土高原土壤侵蚀研究的引路者。此外，朱显谟开拓了黄土高原土壤抗冲性这一新的研究领域，指出土壤抗冲性的研究是揭示黄土区土壤侵蚀规律的关键，从学理的层面明确了植被防止土壤侵蚀的重要作用，成为黄土高原土壤抗冲性研究的引路者。

第二，提出了黄土高原水土保持战略研究的新思路。朱显谟勇于冲破水土保持治不了河害的历史固有思维，主张"治水之道在于治源"，黄土高原水土保持是治理黄河的根本。由新的思路对黄土高原水土保持的战略进行了思考，规划战略方案，朱显谟形成了切实可行的以强调水土保持、土地合理利用和农业生产三者相互协调为特征的黄土高原综合治理的战略措施。

第三，形成并倡导黄土高原水土保持科学新学说，即国土整治"28 字方略"，主张"全部降水就地入渗拦蓄，米粮下川上源、林果下沟上岔、草灌上坡下坬"。朱显谟将自己关于水土保持的学术思想进行了精辟的概括，是对水土保持认识的理性发展，已广泛应用于黄土高原各省区的水土流失治理，取得了显著的水土保持效益、生态效益、经济效益和社会效益。在黄土高原水土保持事业中朱显谟发挥出奠基者、引路者、开拓者的重要作用。

---

❶ 《著名土壤学家与水土保持专家朱显谟院士逝世》，《华商报》2017 年 10 月 13 日。
❷ 《土壤学与水土保持专家朱显谟先生主要学术成果简介》，《水土保持通报》2017 年第 5 期。

　　朱显谟成就科学研究辉煌事业的原因可从客观与主观两个维度加以观照。从社会历史条件方面看，首先，中华人民共和国的成立为朱显谟投身于黄土高原水土保持事业提供了稳定的社会环境与工作岗位，使之能够发挥聪明才智。1915—1949 年的民国年间，是政局动荡、内忧外患的年代。出生于 1915 年的朱显谟的求学之路并非一帆风顺，曾在读完初小后失学约 2 年，曾因日本帝国主义的侵略与兄长失去联系中断经济支援面临失学的境地，曾在 1940 年大学毕业后由于战时找工作困难，一度产生过弃农转工的想法。1940—1949 年的十年是朱显谟从事红壤研究的时期，但多次由于战争破坏调查研究工作无法开展，为养家糊口朱显谟不得已到中学兼课，还经历了几次日军轰炸，险遭不测等。尽管立志当科学农民，但战争的环境使其无法全身心投入科学研究。❶ 中华人民共和国的成立结束了中国一百多年的四分五裂、内忧外患的政局，实现了国家的统一、社会安宁，为朱显谟投身于黄土高原水土保持事业提供了稳定的社会环境。中华人民共和国成立后，党和政府致力于国民经济的恢复和文化教育科学事业的发展，各科研机构经过调整逐渐恢复并重新开展研究工作，这为朱显谟进行黄土高原水土保持研究提供了施展才华的治学岗位。

　　其次，新中国治理黄土高原水土流失大业的召唤，使朱显谟有了不懈探索并作出重要学术贡献的奋斗目标和事业。黄土高原严重的水土流失，是导致黄河下游泥沙淤积、河患深重的主要原因，也是黄土高原人民生活贫困的成因。治理工作刻不容缓，需要大批的水土保持、水利科技精英。中华人民共和国成立以来，党和政府十分重视黄土高原的综合治理和根治黄河水患的工作，投入了大量的人力、物力，水土保持工作者成为防治黄土高原水土流失的中坚力量。从 20 世纪 40 年代开始即从事防治土壤侵蚀、治理水土流失工作，并立志当科学农民的朱显谟，既有坚实的理论与实践基础，又有盼河清、为治河建言立论的宏大抱负，正是国家治理黄土高原水土流失与治理黄河所亟需的人才。治黄事业的需要成为朱显谟在黄土高原水土保持事业中作出重大贡献的外因。

　　朱显谟成就科学研究辉煌事业的主观因由值得后人学习、借鉴。

　　第一，无私奉献的科学精神与社会责任感。20 世纪 50 年代，朱显谟原在位于繁华大都市的南京，即中国科学院南京土壤研究所工作，这也是朱显谟初涉黄土高原水土保持事业的时期。治理黄土高原水土流失是一项具有长期性与艰巨性的工作，需要长年累月的综合研究，朱显谟毅然肩负起此责任。50 年代他未停息地参加各种有关黄土高原水土保持的综合考察队伍，对黄土高原土壤、土壤侵蚀、自然情况等进行调查，取得了治理黄土高原的系统的第一手资料。1956 年中国科学院在西北地区建立了第一个研究机构——中国科学院西北农业生物研究所，由朱显谟领导的中国科学院南京土壤研究所黄土试验站也成为中国科学院西北农业生物研究所的主要组成部门之一，并

---

　　❶ 赵继伟、张春娟等：《老科学家学术成长资料采集工程、中国科学院院士传记丛书　从红壤到黄土：朱显谟传》，中国科学技术出版社、上海交通大学出版社，2013 年，第 5～20 页。

改名为土壤研究室。换言之，中国科学院西北农业生物研究所组建之初，朱显谟就在该研究所兼职工作，只是组织关系仍在中国科学院南京土壤研究所，家庭在南京。为了响应国家的召唤，支持大西北开发与建设，特别是治理黄土高原水土流失的科学事业，1959 年 7 月，朱显谟放弃了南京优越的生活条件，举家西迁到陕西省武功县工作条件简陋、生活环境艰苦的偏僻小镇杨凌，献身于黄土高原水土保持事业，一辈子扎根黄土高原。❶ 1999 年 84 岁的朱显谟给朱镕基总理上书，以一位在水土保持战线奋斗了半个世纪的"老兵"所积累并得到验证的科研成果，为黄土高原治理献新策，并以老骥伏枥、壮心不已的豪情向总理请战："我虽老矣，然治黄之志不减，愿为实现山川秀美，黄河水清，为水利水保等部门出谋划策，完成国家重任。"❷ 其无私奉献的科学精神与社会责任感让人钦佩，深深地影响了后辈学者们。

第二，专心致志，治学严谨。中国科学院院士刘东生❸在 1955 年曾和朱显谟一起参加黄河中游水土保持综合考察队。刘东生晚年高度评价当时领导土壤组的朱显谟是在水土保持工作中花的力气最大、最为专心致志于水土保持事业的一位，是用一生的专注对黄土高原水土保持进行研究，而且是抓住"科学研究和群众经验相结合"科研要领的第一人，能自如地把土壤学的知识运用于水土保持的研究工作。❹ 在从事研究的过程中，朱显谟治学严谨，认准了的课题会专心致志地一而再、再而三坚持研究论证。他的每一项科研成果的取得并不是一蹴而就的，都是经过长期地研究论证与发展。比如 20 世纪 80 年代提出的黄土高原国土整治"28 字方略"，是朱显谟在潜心 30 多年黄土高原水土保持研究基础上形成的水土保持科学新学说。

第三，注重实践，不断创新。朱显谟非常注重实实在在的考察、实验、分析和研究。他在 2004 年回忆道，在黄土高原工作的 50 多年中，除了扎根黄土高原，还实地考察了黄土高原的沟沟坎坎 20 多遍，三次跨越昆仑，两度入疆，做了大量的研究工作，提出了一些新的看法，作出了自己应有的贡献。他还认为模仿是手段，追踪创新才是目的，在研究中必须立足于实际，不能照搬国外的一套，科学家应做到即使不能建立新理论，亦当纠正老差错。❺ 典型的例子是，通过多次黄土高原土壤侵蚀调查的实践，朱显谟发现黄土高原土壤侵蚀的主要原因是水对土壤的冲刷，继而提出了黄土高原土壤抗冲性理论的创见，而不是照搬当时占主导地位的苏联的土壤抗蚀性理论。

❶ 赵继伟、张春娟等：《老科学家学术成长资料采集工程、中国科学院院士传记丛书 从红壤到黄土：朱显谟传》，中国科学技术出版社、上海交通大学出版社，2013 年，第 74 页。

❷ 《西北农林科技大学》，重庆大学出版社，2009 年，第 83～86 页。

❸ 刘东生（1917—2008），辽宁沈阳人。著名的地质学家、中国科学院院士，在第四纪地质学、环境科学和环境地质学、青藏高原与极地考察等科学研究领域，特别是黄土研究方面作出了一系列的原创性贡献，有"黄土之父"的美誉。

❹ 刘东生：《序》，载田均良主编《土壤学与水土保持：朱显谟院士论文选集》，陕西人民出版社，2004 年，第 3 页。

❺ 朱显谟：《60 年来从事土壤与水土保持科学研究回顾》，载田均良主编《土壤学与水土保持：朱显谟院士论文选集》，陕西人民出版社，2004 年，第 548～550 页。

第四，善于运用系统论的科学研究方法，强调微观与宏观研究相结合。系统论的科学研究方法是指把研究的对象放在系统的形式中，从整体上、结构的功能上、联系上，精准地考察整体与部分之间、部分与部分之间、整体与外部环境之间的关系，以求获得最优处理问题的一种方法。❶ 其最突出的特点是具有最优化、整体性、综合性等。❷ 在科学研究中，朱显谟注重运用系统论方法，不但能系统全面地根据黄土高原地区土壤侵蚀类型及其演变规律，解决黄土区土壤侵蚀分类系统与区划原则两大问题等，进行为黄土高原水土保持工作开展提供理论依据的微观研究，而且高屋建瓴地开展了黄土高原水土保持战略方案的规划，进而精辟地概括出了黄土高原国土整治"28 字方略"战略方案的宏观研究。在科学研究中做到了善于运用系统论的科学研究方法，强调微观与宏观研究相结合，实现方法的最优化，是朱显谟在黄土高原水土保持研究中取得重大成就的重要原因之一。

此外，在培养人才的研究生教育教学中，朱显谟言传身教，主张不耻下问，强调培养学生的独立思考解决问题能力与献身科学的精神、严谨的科研态度，强调野外实地考察获取第一手资料工作方法的重要性，以及腿勤、口勤、手勤、脑勤、腿到、口到、手到、笔到、心到的"四勤五到"做学问精神，成为中国科学院、水利部水土保持研究所的传统学术精神，影响着新一代。❸

朱显谟一生心系黄土、黄土高原和黄河，把科学家所具有的社会历史责任感诠释得淋漓尽致，他的学术成就、奉献精神、治学态度、创新精神值得每一位科技工作者学习，堪称楷模。人民治黄 70 余年来，将黄土高原变为秀美山川，让黄河清，不仅是朱显谟的梦想，也是中国人民的热望，相信朱显谟一生所致力耕耘的黄土高原水土保持事业将更加兴旺昌盛。

---

❶ 杜敏勇、杜焕珍：《"三论"与教育科学研究》，《聊城师范学院学报（哲学社会科学版）》1997 年第 3 期。

❷ 吴伯田：《论系统方法的理论基础、基本原则及特点作用》，《浙江师范大学学报（社会科学版）》1990 年第 1 期。

❸ 赵继伟、张春娟等：《老科学家学术成长资料采集工程、中国科学院院士传记丛书 从红壤到黄土：朱显谟传》，中国科学技术出版社、上海交通大学出版社，2013 年，第 141～151 页。

张瑞瑾治理长江泥沙和
培育水利英才

绪论

张瑞瑾治理长江泥沙和培育水利英才

张瑞瑾是新中国著名的水利学家和教育家。他出生于长江三峡之滨与水结缘，穷毕生之力学习水利、研究水利和投身于水利事业。水利工程学科涵盖广泛，张瑞瑾则是在河流泥沙研究领域成就斐然。不仅如此，他在水利电力高等教育领域也颇有建树，长期主持武汉水利电力学院的教研工作，致力于将学院建设成国内一流的水利电力高等院校。因此，系统深入地研究张瑞瑾的水利人生，能够从一个侧面反映出中华人民共和国成立几十年来的水利建设和人才培养成就。本篇在借鉴前人研究的基础上，依据翔实的史料，概述张瑞瑾的水利人生历程，论述他在长江葛洲坝工程和三峡工程建设中治理泥沙方面的贡献，以及创办、执掌武汉水利电力学院培育水利英才的业绩，总结历史的经验和教训，鉴往知今。

绪　论

一、论题的缘由及意义

中国历史悠久，五千多年的文明与水息息相关。黄河、长江流域因为水的滋养而诞生了灿烂的农业文明，即所谓"上善若水"❶。然"甚哉，水之为利害也"❷，水亦会酿成深重的灾难。因此，水利兴则国力强，水利废则国力弱。譬如，秦修郑国渠❸灌溉关中平原造就国家富庶，成为其统一六国的经济基础；元末因堵黄河决口不力而引发全国范围的农民起义，以致元朝灭亡。如何最大程度地发展水利和防治水害是中国古代社会长期探讨的问题。何为水利？在古代农业社会，水利即是指防洪、灌溉（农田水利）、航运，具体措施是筑堤坝、修沟渠、开运河。然而，古代的水利工程寿命多数不长，泥沙淤积是很重要的原因。黄河大堤❹因泥沙淤积河道而屡次决口、改道，农田

---

❶　老子：《道德经》，华文出版社，2010 年，第 36 页。

❷　司马迁：《史记·河渠书》，岳麓书社，2002 年，第 177 页。

❸　郑国渠：公元前 246 年由韩国水利专家郑国主持兴建的大型水利工程，位于今陕西省泾阳县西北 25 千米的泾河北岸。它西引泾水东注洛水，长达 300 余里。

❹　黄河大堤：包括黄河下游两岸的临黄大堤和北金堤。春秋中期就已经初步形成，到战国时期黄河下游堤防已经具有相当规模。秦汉时期黄河下游堤防逐渐完备。五代北宋时期则已经有了双重堤防，并按险要与否分为"向著""退背"两类，每类又分三等。到明代，堤防工程的施工、管理和防守技术都达到了相当高的水平，把堤防分为遥堤、缕堤、格堤、月堤四种，按照各堤的作用，因地制宜修建。

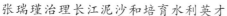

水利工程如陕西郑国渠因泥沙淤积而最终废弃，京杭大运河❶也因泥沙淤积而多次耗费巨资加以疏浚。四川都江堰❷可以立千年而发挥作用就在于其建造者李冰❸父子较好地解决了泥沙问题。毫不夸张地说，泥沙是水利工程的"头号杀手"。可是在泥沙面前，特别是对于黄河泥沙问题，中国古代的水利专家虽经长期探索仍无良策，只能留待后人解决。

晚清民国以来中国内忧外患，历届政府在兴建水利工程方面是心有余而力不足。中华人民共和国成立以后，政局迅速稳定，党和政府把治水视为治国安邦的大事，逐步开展对大江大河洪涝灾害的治理。20 世纪下半叶，我国在长江、黄河等大江大河上兴建了许多大型水利枢纽工程。如考虑到长江防洪形势的严峻、水能资源的丰富以及"黄金水道"的潜力，政府计划在长江干流上兴建葛洲坝工程和三峡工程以期发挥综合效益。在长江上筑坝、兴建大型水利枢纽工程，必须解决好泥沙问题。我国的泥沙研究专家们为尽可能地延长水库的使用寿命，殚精竭虑地寻找泥沙淤积问题的解决之道。或许很多人对黄河泥沙较为了解，可是对长江泥沙的认识却有限。进入 21 世纪，由于上游水土保持工作的大规模开展，如禁伐和退耕还林，长江的年输沙量呈递减趋势。然而在 20 世纪 80 年代，长江的年输沙量曾一度为 5.3 亿吨，在国内仅次于黄河，并且高居世界第三位。❹ 此外，黄河三门峡水库因泥沙淤积而两次改建的惨痛教训，促使上至政府决策者、专家学者，下至普通民众都高度关注泥沙问题。由此一大批水利专家敏锐地认识到，葛洲坝工程和三峡工程的泥沙问题绝不简单。在水利工程建设过程中，常见的泥沙问题有：回水变动区泥沙淤积问题、坝下游河道冲刷、船闸上下游引航道泥沙淤积等。对于现代水利处于起步阶段的中华人民共和国而言，当中任何一个问题解决起来都不容易。所幸有一批爱国的水利工程学家，他们不惧艰难迎难而上，张瑞瑾便是如此。

张瑞瑾是我国著名的泥沙研究专家，在国内外泥沙研究界享有盛名，可是水利界以外的人士对他却知之甚少。这实际上源于"以院士论英雄"的价值观。不管是在学术理论、工程建设，还是在人才培养方面，张瑞瑾均有突出贡献。他推动了我国泥沙学科的发展，处理过一系列水利枢纽的工程泥沙问题，其中就包括葛洲坝工程和三峡工程，同时为我国的水利事业培养了一批优秀的接班人。如今，中国在泥沙研究领域

❶ 京杭大运河：开掘于春秋时期，完成于隋朝，繁荣于唐宋，取直于元代，疏通于明清。运河北起北京，南至杭州，流经天津、河北、山东、江苏和浙江四省一市，沟通海河、黄河、淮河、长江和钱塘江五大水系，全长1794 千米。京杭大运河对中国南北地区之间的经济、文化发展与交流起了巨大作用。

❷ 都江堰：位于四川省成都市都江堰市城西，坐落在成都平原西部的岷江上，始建于秦昭王末年（约公元前256—前251 年），是蜀郡太守李冰父子在前人鳖灵开凿的基础上组织修建的大型水利工程，由分水鱼嘴、飞沙堰、宝瓶口等部分组成，两千多年来一直发挥着防洪灌溉的作用，使成都平原成为"天府之国"，至今仍发挥功用。

❸ 李冰（约公元前 302—前 235 年），秦国著名的水利工程专家，曾任蜀郡太守，征发民工在岷江流域兴办许多水利工程，其中以他和其子一同主持修建的都江堰水利枢纽工程最为著名。

❹ 20 世纪 80 年代世界江河年输沙量前五名依次是：黄河，雅鲁藏布江，长江，恒河，印度河。

已处于世界领先地位，国际泥沙研究培训中心❶的总部就设在北京。在短短的半个世纪内，我国能在泥沙研究领域取得如此巨大的成就，离不开张瑞瑾等老一辈泥沙研究专家孜孜不倦的探索和努力。研究张瑞瑾解决葛洲坝工程和论证三峡工程泥沙问题的历程，可以再现 20 世纪下半叶我国是如何从一个泥沙问题大国蜕变为泥沙治理大国的历史进程。葛洲坝工程兴建于"文化大革命"期间，三峡工程兴建于改革开放后，这两个工程具有一定的关联性，能反映出我国在水利建设方面的科学技术进步。从这个角度来看，研究张瑞瑾参与治理长江葛洲坝工程、三峡工程泥沙问题的历史具有一定的学术价值。

中华人民共和国成立初期百废待兴，国家对于各行各业技术人才的需求量骤然增加，水利方面的人才也不例外。然而，仅仅依靠 1949 年留在大陆的水利人才队伍显然无法适应当时大规模江河治理开发的迫切需要。诸多民国时期成长起来的水利专家承担起培养新一代水利人才的重任，较为知名的水利教育家有严恺、施嘉炀、张瑞瑾等人。20 世纪 50 年代初，全国进行了大规模地高等院校院系调整❷，相继成立了华东水利学院（河海大学的前身）、武汉水利电力学院（武汉大学水利水电学院的前身）、北京水利水电学院（华北水利水电大学的前身）等专科性水利学院。张瑞瑾就是武汉水利电力学院的主要创建者与实际负责人。自此以后，他长期坚守在武汉水利电力学院的领导岗位上直至 1983 年退居二线。任职期间，张瑞瑾不辞辛劳地兼顾教学与行政工作，同时带领学院开展科研工作。半个多世纪以来，武汉水利电力学院为国家培养了一大批水利水电人才，薪火相传。他们分布在全国各地水利水电建设战线，为推动我国水利事业迈上新的台阶作出了贡献。张瑞瑾执掌武汉水利电力学院的历史也是我国水利水电高等教育发展的一个历史缩影。

因此，研究张瑞瑾与武汉水利电力学院的历史变迁，总结历史经验，不仅能够以小见大，还能为 21 世纪的水利水电高等教育提供借鉴。现今，中国江河洪灾虽然仍有发生，但是相比于过去所造成的危害已非常有限了。中华人民共和国成立后采取了一系列大规模的治理开发措施，确保了长江、黄河等大江大河的安澜，且仍在继续。尽管如此，长江流域的特大暴雨仍会造成部分地区暴发洪灾。研究张瑞瑾的水利实践，回顾 1949 年后治理开发长江的历程，既是缅怀先辈们的治水功绩，又在告诫今人江河防洪必须警钟长鸣。故该论题具备一定的现实意义。

张瑞瑾投身中华人民共和国治水事业 50 多年，在学术理论、工程实践和教书育人

---

❶ 国际泥沙研究培训中心：中国政府与联合国教科文组织共同建立的一个国际学术组织，成立于 1984 年，总部设在北京。其宗旨是促进世界各国在土壤侵蚀与河流泥沙领域的科学研究、信息交流与技术合作，培训专门人才，为合理利用水土资源、防止土壤侵蚀、保护生态环境等提供咨询服务。

❷ 院系调整：1952 年，我国为实现工业化，积极学习苏联教育模式（一种国家计划、中央政府各部委和省级政府分别投资、举办和管理的高等教育体制），进行的高等院校院系调整。调整方针是撤去综合性大学中设立的专门学院，建立独立的专门学院，以适应当时国家经济建设急需专业人才的现实需要。这使得原来的综合性大学被拆分，若干重要组成部分或者与其他院校的系科合并成立新的学校，或者调整出本省市与外省市部分学校的系科合并成立新的学校。

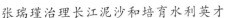
等方面均取得卓越成就。参与解决葛洲坝工程、三峡工程的泥沙问题及创建武汉水利电力学院是他水利人生中最重要的经历，贡献卓著。然而，对于这三方面的历史贡献，史学界却鲜有专题性的研究和论述，故本篇选取"张瑞瑾治理长江泥沙与培育水利英才"作为论题。

二、学术史回顾

张瑞瑾学成于民国，贡献于中华人民共和国。无论是求学于武汉大学还是留学于美国加利福尼亚大学，这些经历都培养了他在水利方面的学术素养。张瑞瑾在河流泥沙治理方面丰硕的理论成果和丰富的实践经验，都是他留给后人宝贵的学术财富。进入 21 世纪，在长江上游及其支流兴建水电站的步伐依然在继续，如正在建设的白鹤滩、乌东德水电站等。研究张瑞瑾在 20 世纪葛洲坝工程和三峡工程建设中治理泥沙问题的历史和成就可以为现今水电站泥沙问题的解决提供参考。然而，对于张瑞瑾治理长江泥沙和培育水利水电英才的历史尚无人做过系统深入地研究，只有若干文献汇编出版和零星的回忆文章发表。

（一）学术界对张瑞瑾治沙和育人事迹研究所取得的成果

1996 年张瑞瑾的部分同事、学生将他的主要科学研究论文和学术活动中的重要技术报告汇编整理，编辑成《张瑞瑾论文集》❶ 公开出版。论文集共收录了 60 篇文章，分为三部分：第一部分为理论研究篇，共 18 篇文章，按河流动力学教科书内容顺序排列；第二部分为长江开发篇，共 27 篇文章，按葛洲坝工程、三峡工程和长江武汉河段治理等三组顺序排列；第三部分为黄河治理篇，共 15 篇文章，按文章发表或完成时间排列。这 60 篇文章中，最早的发表于 1947 年，最迟的完成于 1991 年，时间跨度 44 年。这本论文集是研究张瑞瑾水利思想的第一手资料。2006 年，武汉大学启动了第一批学术名人档案的征集工作，张瑞瑾也在其中，共收集资料 239 件，编成 19 盒。此档案的收集汇总极大地充实了张瑞瑾的研究资料。2007 年，武汉大学百年经典系列丛书又重新出版了张瑞瑾早年主编的教材——《河流动力学》。这本教材凝聚了张瑞瑾在河流泥沙方面的重要理论成果，借助此教材可以系统全面地了解他在泥沙学科领域作出的贡献。

目前尚没有系统介绍张瑞瑾生平的专著出版，只有几套科学家系列的丛书中有关于他的介绍，但篇幅过短。如《20 世纪中国知名科学家学术成就概览·土木水利与建筑工程卷》❷ 一书就收录了武汉大学档案馆馆长涂上飙为张瑞瑾撰写的人物小传。这篇短文运用简洁精炼的文字概括了张瑞瑾的成长历程、科研探索和献身教育三个方面的事迹。除此书外，还有《中国科学技术专家传略·工程技术编·水利卷 1》❸、《中国现

❶ 张瑞瑾：《张瑞瑾论文集》，中国水利水电出版社，1996 年。

❷ 周干峙：《20 世纪中国知名科学家学术成就概览·土木水利与建筑工程卷》，科学出版社，2015 年。

❸ 中国科学技术协会：《中国科学技术专家传略·工程技术编·水利卷 1》，中国水利水电出版社，2009 年。

代水利人物志》❶、《中国电力人物志》❷ 等书籍均对张瑞瑾的生平有所涉及，但内容较为简略。

此外，还有一些回忆性的纪念文章。如《当代治水名人》❸、《怀念恩师张瑞瑾》❹、《深深缅怀敬爱的张瑞瑾教授》❺、《回忆张瑞瑾老师对我的关怀与赏识》❻、《忆师从张瑞瑾院长的岁月》❼、《丹心大师——怀念张瑞瑾教授》❽、《呕心沥血，治水治沙——记出席全国科学大会代表、我国水利专家张瑞瑾教授》❾ 等，是水利界同仁为纪念他在水利工程建设和武汉水利电力学院办学中所作的贡献而写的。这些文章记载了张瑞瑾治学、治沙、育人的思想和实践。

作为武汉水利电力学院的主要负责人，张瑞瑾为该校的成立和发展倾注了半生心血。因此，有关武汉水利电力学院院史的论著也是研究张瑞瑾水利高等教育思想的重要参考资料。如《武汉大学校史新编（1893—2013）》❿、《武汉大学水利水电学院院志（1952—2012）》⓫，这两本书籍详细介绍了武汉水利电力学院的发展历程和办学成就，其中有部分内容涉及张瑞瑾的办学举措。此外，《1915—2015 中国水利高等教育 100年》⓬、《中国水利教育 50 年》⓭、《中国水利高等教育百年发展史初探》⓮ 等专著和论文，较为系统地梳理了中国水利高等教育的发展历程。结合上述论著，有助于将武汉水利电力学院水利高等教育发展史的个案研究置于我国水利高等教育发展的整体研究之中加以考察。

（二）学术界对张瑞瑾治沙和育人事迹研究所存在的不足

迄今国内尚未出版有关张瑞瑾生平的专著，仅有若干小篇幅的人物传记、回忆文章的发表。《武汉大学水利水电学院院志（1952—2012）》一书中记录了张瑞瑾在担任武汉水利电力学院副院长、院长期间的一些办学举措，但深入的分析较少。因此，史学界对张瑞瑾的研究仅停留在档案文献的整理阶段。关于他在治理长江泥沙和培育水利英才方面的成就仅有若干回忆性文章有所涉及，而且系统性不足。

---

❶　中国水利百科全书编辑委员会、水利电力出版社中国水利百科全书编辑部：《中国现代水利人物志》，水利电力出版社，1994 年。

❷　沈根才：《中国电力人物志》，水利电力出版社，1992 年。

❸　朱砂：《当代治水名人》，《水利天地》1988 年第 5 期。

❹　段文忠：《怀念恩师张瑞瑾》，《武汉大学报》2011 年 11 月 4 日、11 日。

❺　唐懋官：《深深缅怀敬爱的张瑞瑾教授》，《武大校友通讯》2012 年第 2 辑，内部印行。

❻　郑邦民：《回忆张瑞瑾老师对我的关怀与赏识》，《武大校友通讯》2012 年第 2 辑，内部印行。

❼　于布：《忆师从张瑞瑾院长的岁月》，《武大校友通讯》2009 年第 1 辑，内部印行。

❽　程励：《丹心大师——怀念张瑞瑾教授》，《武汉大学报》2014 年 3 月 10 日、21 日。

❾　武汉水利电力学院通讯组：《呕心沥血，治水治沙——记出席全国科学大会代表、我国水利专家张瑞瑾教授》，《长江日报》1978 年 4 月 24 日。

❿　谢红星：《武汉大学校史新编（1893—2013）》，武汉大学出版社，2013 年。

⓫　武汉大学水利水电学院院志编纂组：《武汉大学水利水电学院院志（1952—2012）》，内部印行，2012 年。

⓬　姚纬明：《1915—2015 中国水利高等教育 100 年》，中国水利水电出版社，2015 年。

⓭　水利部人事劳动教育司：《中国水利教育 50 年》，中国水利水电出版社，2000 年。

⓮　宋孝忠：《中国水利高等教育百年发展史初探》，《华北水利水电学院学报（社科版）》2013 年第 4 期。

三、研究内容与方法

（一）主要研究内容

张瑞瑾与中华人民共和国水利事业的关系密切，他不仅参与了长江、黄河的治理开发，还培育了大批的水利英才。本篇根据收集到的相关史料及借鉴前人的研究成果，拟从以下三个方面深入研究。第一，"文化大革命"期间葛洲坝工程仓促上马导致前期建设问题频出，在困境中张瑞瑾积极探索解决泥沙问题的方法，一步一步攻坚克难，成功地解决了葛洲坝工程的泥沙问题。第二，改革开放后，党和政府重新提出建设三峡工程，张瑞瑾等水利专家随之展开了长达数年的科学论证工作。他为论证解决泥沙问题的技术可行性提出了若干建设性的意见。同时，他也积极支持兴建三峡工程。第三，张瑞瑾是武汉水利电力学院的主要创建者之一，致力于将学院打造成国内一流的水利电力高等院校。他主张立足于国情办学，努力提高教学质量，开展科学研究，培养德智体全面发展的水利人才。在张瑞瑾的领导下，武汉水利电力学院不但在河流动力学、农田水利等学科的理论领域取得突出成就，而且通过承担国家一系列大型水利枢纽工程的河工模型试验研究任务强化了实践能力。因此，学院的整体科研水平显著提高。

（二）研究方法

（1）文献研究法。通过对武汉大学所藏有关张瑞瑾生平史料的收集，以及中国国家图书馆所藏相关文献的研究分析，从中汲取与本论题有关的重要史料和史实。通过收集的史料了解张瑞瑾的生平事迹和他与中华人民共和国江河治理事业的关联，从而为研究、写作打下坚实的基础。

（2）跨学科研究法。采用历史学、水利工程学、高等教育学等学科的理论方法进行跨学科的综合研究。

第一章　张瑞瑾投身水利事业的历程概述

1917 年 1 月 15 日，张瑞瑾出生于地处长江巫峡和西陵峡交界的湖北省恩施土家族苗族自治州巴东县罗溪坝。这块濒临长江三峡的土地便成为他与水利结下不解之缘的源头。张瑞瑾的家族初为商贾之家，后转为诗书之家，这其实也折射出了中国传统社会以"士"为尊，以"商"为卑的文化风尚。虽然父亲早亡，但是良好的家庭教育以及自身的勤奋努力促使张瑞瑾在学业方面一帆风顺。1935 年，张瑞瑾顺利考上国立武汉大学土木工程系，圆了他"一心学技术，幻想守超然"[1] 的心愿。在珞珈山读书期间，武汉大学诸位老师的谆谆教诲奠定了张瑞瑾今后从事河流泥沙研究的学术基础。张瑞瑾自此踏上了水利工程学研究的学术道路。

第一节　民国时期奠定学术基础

一、为中华崛起而刻苦求学

（一）幼年的家庭教育树立起求学信念

张瑞瑾虽出生于湖北省巴东县，但祖籍并不在此。据汤耀垣[2]所述："张瑞瑾的祖籍是浙江省湖州市归安县，先辈因贫穷迁至湖北。其曾祖父张履云通过经商致富，至祖父一辈，张瑞瑾的家族开始弃商从文。其祖父张鸣铨为清末秀才，父亲张德麟在旧学方面也颇有造诣。"[3] 可见，张瑞瑾的祖父与父亲皆是巴东当地有较高文化素养的读书人。然而，恰逢时代巨变，1905 年科举制度被废除，这无疑是断绝了以四书五经为立身之本的张父入仕的唯一途径。在张瑞瑾两岁的时候，郁郁不得志的父亲去世，独留孤儿寡母。出身于巴东名门的母亲吴春耀是一位颇有远见卓识的女性，即使家境贫寒，她还是含辛茹苦地供养儿子张瑞瑾与张瑞璠[4]读书求学，希望他们能够出人头地。

---

[1]　武汉水利电力学院宣传部：《张瑞瑾传略》（修改稿），1987 年 6 月，见张瑞瑾女儿张及红的博客，http：//blog. sina. com. cn/s/blog_91ed5c1f01019pu3. html。

[2]　汤耀垣（1939—　），广东花县人。1964 年毕业于北京师范大学中国语言文学系，曾任武汉水利电力学院院报编辑部主任。

[3]　同[1]注。

[4]　张瑞璠（1919—2007），湖北巴东人。1948 年毕业于复旦大学教育系，长期从事孔子教育思想研究。曾任华东师范大学教育科学研究所教授、博士生导师。兼任国务院第二届学位委员会教育学科评议组成员，中国孔子基金会理事，《教育大辞典》副主编。曾参加《中国古代教育史资料》《中国现代教育史》等书的编纂校勘工作。

在张瑞瑾四岁时，母亲就亲自教他读书识字和学作诗赋，族兄张瑞芳也抽空辅导其数学。❶ 父祖诗书传家的优良传统及母亲与族兄的辛勤教导无不促使着张瑞瑾、张瑞璠兄弟奋发向上。事实上，兄弟二人不负众望，皆成为中华人民共和国的栋梁之材。

（二）中小学的基础教育铺垫出前进的道路

1924 年张瑞瑾 8 岁时进入巴东县立第三小学学习，期间他打下了扎实的文言文基础。虽然当时张瑞瑾只是小学生，却能以长江、淮河的流向判断安徽省地势倾向，流利地回答课堂提问，国文和数学又都有基础。❷ 因此，校长徐竹生就把他破格编入五年级。1927 年春，张瑞瑾提前从巴东县立第三小学毕业。由于年龄较小，他只得推迟两年升学。1929 年，张瑞瑾以第一名的优异成绩考上宜昌的省立四中。其弟张瑞璠回忆："哥哥学习勤奋自觉，一丝不苟，考试总是名列前茅。"❸ 初中毕业后，他考取武昌师范学校。在武昌师范学校读书期间，他与志同道合的同学创办杂志——《友声》，并且阅读了大量的中西典籍，包括《进化论》《天演论》《红楼梦》，等等。❹ 可是武昌师范学校强调学生自理、自学，管理很宽松，故严格要求自己的张瑞瑾与学校的风气格格不入。就读两年后，他决定离开武昌师范学校，赴湖南省广益中学继续学习。

广益中学是湖南省教学质量较高的几个中学之一，当时社会上流传着"要学习，进广益"❺ 的谚语。不难看出，张瑞瑾背井离乡来此读书的目的很明确，就是欲考上大学。在广益中学读书的一年内，他受益良多，不仅满足于学习成绩的提高，还感动于校长任邦柱❻对学生的关心。任邦柱校长虽然没有给予张瑞瑾水利方面的专业指导，但是他关爱学生身心发展的教育思想对张瑞瑾今后的治校、育人影响极大。1935 年，张瑞瑾凭优异的考试成绩被国立武汉大学工学院录取，并选择土木工程作为自己的专业。

（三）大学的专业教育奠定了从事水利事业的基础

国立武汉大学是民国四大名校❼之一，其实力令诸多大学望尘莫及，尤其是师资力量。1930 年 12 月至 1942 年 7 月，著名学者邵逸周❽担任国立武汉大学教授兼工学院院长。在任期间，邵逸周对国立武汉大学工学院的学科建设方面作出了巨大贡献，使工学院发展成为师资雄厚、学科齐全、规模宏大的工科人才培养基地。工学院的 15 位

---

❶　周干峙：《20 世纪中国知名科学家学术成就概览·土木水利与建筑工程卷》，科学出版社，2014 年，第 60 页。

❷　武汉水利电力学院宣传部：《张瑞瑾传略》（修改稿），1987 年 6 月，见张瑞瑾女儿张及红的博客，http：//blog. sina. com. cn/s/blog＿91ed5c1f01019pu3. html。

❸　国务院学位委员会办公室：《中国社会科学家自述》，上海教育出版社，1997 年，第 483 页。

❹　同❷注。

❺　湖南省教育史志编纂委员会：《湖南近现代名校史料（二）》，湖南教育出版社，2012 年，第 1094 页。

❻　任邦柱（1889—1936），湖南汨罗人。著名教育家。湖南高等师范学堂毕业。先后执教于长沙市各公私立中学及湖南大学预科班，深得学生爱戴，昔日公馆内常聚满前来求教的学生。

❼　民国四大名校：国立中央大学、国立西南联合大学、国立浙江大学、国立武汉大学。

❽　邵逸周（1892—1976），安徽徽州人。1909 年赴英国留学，1911 年回国参加辛亥革命。1912 年再次赴英国学习矿学，1914 年学成回国。1930—1942 年任国立武汉大学教授兼工学院院长。

教授，虽然获得国外博士学位的人数有限，但大多数人都有在国外的著名科研机构及大企业工作的经验。[1] 如此高素质的师资队伍，使得张瑞瑾在武汉大学求学问道的过程中获益良多，其中有几位老师对他今后的学术发展影响尤为深远。如地质学家李四光[2]、工学院院长邵逸周、电机系主任赵师梅[3]等人相继成为张瑞瑾学术道路上的指路明灯。尤其是李四光以其亲身经历告诫青年学生不要迷信权威，这对张瑞瑾以后从事河流泥沙研究并取得成就影响极大。除了老师的谆谆教诲，学校全面科学的课程设置也为他今后从事河流泥沙研究奠定了扎实的基础。国立武汉大学的课程设置强调基础理论与应用实际相结合。理工科的课程尤其注重将新科学、新理论、新发现等学科前沿注入课堂。这无疑拓宽了张瑞瑾等武大学生的学术视野，为以后从事教学和科学研究工作注重与世界接轨打下了基础。

其时，就土木工程学科而言，欧美国家的科研水平处于领先地位。中国若想迎头赶上，就必须努力学习世界的先进技术，学习和掌握英语则成为帮助中国人学习外国先进科学知识的必要条件。武汉大学特别注重英语教学，从 1930 年起就把"基本英文"规定为全校一年级学生的必修课。在教材使用方面，也体现出重视学生外语训练的教育理念。理、工两学院使用的教材大部分是国外原版教科书。如工学院开设的 38 门课程中，有 33 门课程使用国外原版教材。经过系统的强化训练后，理、工两学院要求学生以英文完成毕业论文写作。[4] 张瑞瑾的毕业论文题目为《永定河治本计划与美国密西密河[5]防洪计划的比较研究》，全文用英文写成，八万余字。[6] 如此严格的学术要求，在今天也难以达到。这篇论文介绍了中美两国河流和泥沙的防治解决方案，是他研究治河及泥沙问题的学术起点。

20 世纪 30—40 年代的中国战火纷飞，抗战救国是第一位的要务，国家建设处于次要地位，所以张瑞瑾等一批大学生面临着就业困难的窘境。1939 年 7 月，他从武汉大学工学院土木工程系毕业后继续在迁至重庆的中央大学航空机械研究班[7]学习。半年后该研究班停办，他就在武大校友的介绍下进入中央水利实验处[8]做研究工作。从此，张瑞瑾正式以水利研究作为自己的终身事业。

---

❶　谢红星：《武汉大学校史新编（1893—2013）》，武汉大学出版社，2013 年，第 60 页。

❷　李四光（1889—1971），湖北黄冈人。著名的科学家、地质学家、教育家和社会活动家，是中国现代地球科学和地质工作的奠基人之一。

❸　赵师梅（1894—1984），湖北巴东人。早年追随孙中山先生参加辛亥革命，1930 年任国立武汉大学电机系教授、系主任，讲授电工学、热力发动机、高等数学等课程。

❹　谢红星：《武汉大学校史新编（1893—2013）》，武汉大学出版社，2013 年，第 62 页。

❺　密西密河：即密西西比河，位于北美洲中南部，是北美最长的河流，也是世界第四长河。

❻　中国科学技术协会：《中国科学技术专家传略·工程技术编·水利卷1》，中国水利水电出版社，2009 年，第 304 页。

❼　重庆的中央大学航空机械研究班：创办于 1935 年，以机械特别研究班名义，招收机械、电机、土木等系大学毕业生，学习两年航空工程技术，相当于后来的研究生院，结束于 1940 年。

❽　详见前文"南京水利科学研究所"注解。

（四）投身水利事业的原因

选择水利作为毕生奋斗的事业是张瑞瑾慎重考虑后作出的决定。一则是地缘因素使然——生活环境具备丰饶的水利自然条件。湖北是水利大省，省内江河纵横，湖港密布，水资源比较丰富，素有"千湖之省"之称。❶ 长江、汉江横贯其中，汉江在武汉汇入长江，加之地势使然，故水力资源极其丰富。张瑞瑾的故乡——巴东县位于长江三峡❷的巫峡和西陵峡交界处南北，"巴东三峡巫峡长，猿鸣三声泪沾裳"❸ 一诗中的巴东便是此处。该地地域辽阔，山川纵横，水能资源极为丰富。可想而知，张瑞瑾家乡所处的自然环境对其选择水利事业是有一定影响的。二则是个人志向——经世致用❹的科学救国理想。既是为家，更是为国。三峡自古以来，险滩众多，诸多船工命丧此处，巴东地处巫峡和西陵峡交界，航运不畅导致交通不便，因而贫困落后。正如其弟张瑞璠所说："我的家乡在湖北巴东山区，离神农架仅一二百里，贫瘠落后。"❺ 在长江修建水利枢纽工程能够很好地改善三峡地区的航运情况，提高当地人民的生活水平。此外，不仅是巴东地区民众的生活条件艰苦，大江大河流域的百姓自古以来就饱受水患之苦，每次黄河决口或长江荆江河段溃堤所造成的洪灾无不导致人民流离失所。现代水利建设将防洪列为首要目标，并兼顾航运、灌溉、发电等效益。民国时期，水利是一个亟待开发的事业。基于上述原因，张瑞瑾决定投身水利事业。

二、在水利领域的初步探索

1940 年 2 月，张瑞瑾进入中央水利实验处工作，虽然已经被分配研究黄河，但他对于今后的研究方向仍很懵懂。正如方宗岱❻所说："我和张瑞瑾两人那时无明显的专业倾向，系初学阶段，正式工作之余，多参阅黄河的中外文献。"❼ 参加工作的第一年，张瑞瑾先后赴迁至乐山的武汉大学、四川大学以及迁至重庆的中央地质调查所等单位查阅相关文献，收集黄河的研究资料，分门别类做卡片。从文献史料上看，张瑞瑾于1940 年开始接触治理黄河问题，实际上直到 1942 年才得以去黄河进行实地勘察。为何会出现这种"闭门造车"的现象，这就要归咎于当时特殊的时代环境。1937 年日本发

❶ 湖北省地方志编纂委员会：《湖北省志·水利》，湖北人民出版社，1995 年，第 1 页。

❷ 长江三峡：西起重庆市奉节县的白帝城，东至湖北省宜昌市的南津关，全长 193 千米，由瞿塘峡、巫峡、西陵峡组成。

❸ 郦道元：《水经注》，上海古籍出版社，1990 年，第 645 页。

❹ 经世致用：由明清之际思想家顾炎武等提出，他们认为学习应以治事、救世为急务。晚清内忧外患，康有为等人重提经世致用的口号。

❺ 国务院学位委员会办公室：《中国社会科学家自述》，上海教育出版社，1997 年，第 483 页。

❻ 方宗岱（1911—1991），浙江金华人。著名泥沙研究专家，我国泥沙科学研究事业的创始人之一。1935年毕业于武汉大学土木工程系获学士学位，1937 年获硕士学位并留校任教。中华人民共和国成立后，他先后在华东军政委员会水利部、水利部水利科学研究院工作，主持筹建了河流研究所，1956 年起一直担任河流研究所的主要负责人。

❼ 中国水利水电科学研究院泥沙研究所：《方宗岱诞辰 100 周年纪念文集》，中国水利水电出版社，2011 年，第 109 页。

动全面侵华战争，以致黄河流域下游地区几为日寇所控制，中央水利实验处的水利专家若要进行实地考察必须冒很大的风险。尽管危险重重，黄河研究仍要继续。1942年中央水利实验处的技术负责人谭葆泰❶偕同张瑞瑾乘船查勘黄河花园口缺口以下新河漕。❷ 1943年1月，谭葆泰、张瑞瑾在对花园口口门形势进行查勘的基础上，完成了《黄河花园口决口查勘报告》一文。该文是中央水利实验处进行花园口堵口河工试验，以及黄河水利委员会编制战后实施的黄河花园口堵口复堤工程计划的重要参考资料。1947年3月，黄河花园口堵口成功，张瑞瑾作为参与其中的水利专家也功不可没。

　　1943年春，因为母亲身患重病，张瑞瑾请假回巴东县照顾母亲，并谋得迁至恩施的湖北省银行水利技术专员的职务。在此期间，他还接受了在恩施、巴东一带查勘水利的任务，为建设小型水电站提前做准备。然而，日寇进攻战事吃紧导致水利勘测工作无法开展，张瑞瑾无奈之下辞职在家。不久，他为了维持生计前往重庆求职，先后担任重庆乡村建设育才学院水利科讲师、重庆国民政府行政院水利委员会副工程师。此外，他还被派到水电站建筑公司工作，参与设计遂宁水电站。四川省遂宁县的水电起步较晚，1945年才开始筹组遂宁县民意水力发电公司，建石溪壕水力发电站。❸ 这些都是张瑞瑾早期的水利实践。

　　1945年5月，张瑞瑾赴美国加利福尼亚大学伯克利分校进修水利，同时在以水利工程建设而闻名全美的垦务局❹学习。留美期间，他考察了美国西部的高坝、大库和大型溉排工程。因为当时美国的水利工程建设水平处于世界领先地位，所以张瑞瑾加倍努力汲取水利方面先进的科技知识以期回国大展宏图。他利用在美国学习的机会，广泛接触有关教授、专家，如小爱因斯坦❺等知名水利专家，并且大量收集与泥沙相关的论文资料，为回国之后开展河流泥沙研究工作奠定基础。❻ 通过一年多的学习，张瑞瑾认为虽然美国在河流治理和水利工程方面有许多值得中国借鉴的地方，但是仍无法解决中国河流的泥沙问题。

　　民国时期，国内有不少水利专家对多元水利计划颇感兴趣，可又不甚了解。1946年7月张瑞瑾归国后，根据自己在美国收集到的资料写了一篇名为《进展中之美国加省中央河谷水利工程》的文章，较为详细地说明了何为多元水利计划，即"计划之第

---

❶　谭葆泰（生卒年月、籍贯不详）。1934年参与德国专家恩格斯主持的第二次黄河试验工作，发表《与恩格斯教授论治河书》。1937年，出国留学进修考察。回国后，长期担任中央水工试验所及之后的中央水利实验处主要负责人职务。主要著译有《水工试验之发展》《泥沙问题之范围》等。

❷　南京水利科学研究院：《碧水丹心：南京水利科学研究院建院八十周年纪念文集》，河海大学出版社，2015年，第27页。

❸　遂宁市志编纂委员会：《遂宁市志》上册，方志出版社，2006年，第383页。

❹　美国垦务局：创建于1902年，隶属于美国内政部，后改称水和能源服务部。其在美国西部地区17个州的大坝、水电站和渠道建设中久负盛名。

❺　小爱因斯坦（1904—1973），美籍犹太人。全名为汉斯·爱因斯坦，是著名物理学家阿尔伯特·爱因斯坦的长子。小爱因斯坦是国际泥沙权威，也是我国著名泥沙研究专家钱宁的导师。

❻　武汉水利电力学院宣传部：《张瑞瑾传略》（修改稿），1987年6月，见张瑞瑾女儿张及红的博客，http://blog.sina.com.cn/s/blog_91ed5c1f01019pu3.html。

一要点为储存春季之水以供旱月灌溉之需；计划中之第二目的为开发水电；防洪为该计划之第三主要目的；以及开发中下游之航运等"❶。这篇介绍多元水利计划的文章在国内亦属开先河之举。不仅如此，他还继续苦心孤诣地研究黄河泥沙。期间，张瑞瑾通过对流经关中的渭河、包惠渠和黄河花园口等地的实地观测，以及分析大量资料，提出了黄河每年输沙量为 15 亿多吨的科学数据。❷ 1946 年，适逢美国治黄顾问团❸来华查勘黄河，中央水利实验处受命编写参考资料，即《黄河研究资料汇编》，张瑞瑾也有幸参加编写工作，写成《黄河概论》一书（原为英文，后由南京水利实验处译成中文）。❹ 1947 年 1 月，张瑞瑾与谭葆泰、严恺等人陪同美国治黄顾问团查勘黄河。由于解放战争的战事扩大，治黄事业只能被搁置。张瑞瑾在中央水利实验处深感"英雄无用武之地"的悲凉，于是决定辞职。1947 年 11 月，张瑞瑾回到母校国立武汉大学教书，被聘为副教授。在学校教书期间，他结识并频繁接触机械工程系讲师蔡心耜❺（中共地下党员）。在蔡心耜的影响下，张瑞瑾逐步参加了一些革命活动。❻ 从中可以发现，他的思想观念发生了变化，为以后留在大陆并积极投身水利事业扫除了思想障碍。

民国时期，张瑞瑾凭借自身的努力初步具备了水利专家和教育家的学养与素质，为中华人民共和国成立后，他致力于水利工程建设和水利高等教育事业打下了基础。

第二节　中华人民共和国成立后谱写水利新篇章

自 1840 年至 1949 年，中国经历了百余年内乱和外侮，积贫积弱，民生凋敝。中华人民共和国成立后，党和政府有计划地加快国民经济的恢复和建设，尤其是恢复工农业生产已成为刻不容缓的大事。农业生产的恢复和发展需要解决大江大河的防洪和农田灌溉的问题，工业建设则需要大量电力的供应，这些客观现实要求政府重视战争期间被搁置的水利事业。在这种情况下，张瑞瑾等一批因长期战乱无法发挥所长而退居学校执教的水利专家们得以奔赴水利建设的第一线，施展才华。此后，张瑞瑾为中

❶　张瑞瑾：《进展中之美国加省中央河谷水利工程》，《水利通讯》1946 年第 5 期。

❷　中国科学技术协会：《中国科学技术专家传略·工程技术编·水利卷 1》，中国水利水电出版社，2009 年，第 306 页。

❸　美国治黄顾问团：1946 年来华，团员有美国工程兵团中将衔总工程师雷巴德、中校葛罗同和萨凡奇博士三人，欧索司为秘书。1947 年 1 月 17 日，顾问团完成《治理黄河初步报告书》。

❹　武汉水利电力学院宣传部：《张瑞瑾传略》（修改稿），1987 年 6 月，见张瑞瑾女儿张及红的博客，http://blog. sina. com. cn/s/blog _ 91ed5c1f01019pu3. html。

❺　蔡心耜（1915—2009），湖北武汉人。1939 年毕业于武汉大学机械系，曾任该校讲师。1947 年加入中国共产党，为武汉大学地下党员。中华人民共和国成立后，历任第一机械工业部第一重型机器厂总设计师、副总工程师，一机部重型机械研究所总工程师、副所长，陕西机械学院副院长。

❻　同❹注。

华人民共和国的水利事业辛勤奉献了近 50 年，一则推动了泥沙科学研究的长足发展，二则参与了治理开发黄河、长江以及一系列重大水利工程的建设，三则为国家培养了大批的水利英才。张瑞瑾不愧为杰出的水利专家和教育家。

一、新中国成立后 17 年间施展所长（1949—1966 年）

中华人民共和国成立后，黄河和长江的治理开发迅速排上了党和政府的议事日程。长期坚持水利工程科技探索的张瑞瑾意识到自己施展抱负的时机来临，随即以极大的热情投身于水利建设事业。

（一）学术理论创新的高产期

在我国，以黄河为代表的江河泥沙含量较世界一般河流偏高。因此，泥沙处理成为江河治理开发中的关键性问题。作为泥沙研究专家，张瑞瑾长期致力于探讨河流泥沙运动的基本理论。中华人民共和国成立初期，他在这一领域取得了一系列的理论成果，如泥沙起动、泥沙沉降、推移质输沙率、水流挟沙力等理论成果。因为这些理论成果中的公式皆是张瑞瑾在大量实测资料和试验研究的基础上推导得出的，所以水利学界将其统称为张瑞瑾公式。尤其是水流挟沙力公式更是被业界人士称为经典公式，该公式获得 1978 年全国科学大会奖❶，张瑞瑾本人也被授予"在科学技术工作中作出重大贡献的先进工作者"的荣誉称号。20 世纪 60 年代，他利用在黄河进行野外查勘时取得的第一手资料，开始研究高含沙水流运动，并成为我国高含沙水流运动最早的研究者和倡导者之一。❷ 这些河流泥沙理论公式面世之后就被许多科研和设计单位采纳，并且广泛应用于我国诸多江河治理及水利工程建设当中。尤其以水流挟沙力公式的影响最为深远，几十年来该公式应用于丹江口水库、葛洲坝工程、三峡工程以及长江其他干支流水利枢纽的科学研究和工程设计中，取得了一系列成果。❸

（二）为治黄事业提出真知灼见

20 世纪 60 年代，张瑞瑾开始"重操旧业"——治理黄河。1952 年 10 月，毛泽东主席视察黄河时做出"一定要把黄河的事情办好"❹ 的重要指示。在苏联专家的帮助下，我国初步确立了治黄规划并开始筹划建设三门峡水利枢纽工程。可是 1960 年三门峡枢纽蓄水后不久，就开始出现严重的泥沙淤积问题。到了 1962 年和 1963 年，三门峡水库的泥沙淤积问题越来越严重，引起了党中央的高度重视。❺ 1964 年 12 月 5—18 日，周恩来总理亲自主持召开了治黄工作会议。会议期间，张瑞瑾拟定了《治黄十问》的简要提纲，针对三门峡改建和黄河治理的综合规划提出了一系列意见，受到与会专

---

❶　全国科学大会：1978 年 3 月由中共中央、国务院在北京召开，会议打开了"文化大革命"以来长期禁锢知识分子的桎梏，迎来了科学的春天。

❷　张瑞瑾：《张瑞瑾论文集》，中国水利水电出版社，1996 年，卷首：张瑞瑾教授简介。

❸　余文畴：《长江河道演变与治理》，中国水利水电出版社，2005 年，第 47 页。

❹　蒋建农：《毛泽东全书·第三卷　立业兴邦（1949—1962 纪实）》，河北人民出版社，1998 年，第 502 页。

❺　钱正英：《解放思想，实事求是，迎接 21 世纪对水利的挑战》，《中国水利》1999 年第 10 期。

家的重视。1965 年 3 月，水利电力部❶决定成立治黄规划领导小组❷，负责领导治黄规划修订工作。张瑞瑾协助黄河水利委员会开展研究工作，总结经验，做出切合实际的治黄规划。❸ 从 1964 年开始，张瑞瑾便把工作重心转移到了治理黄河泥沙的调查研究中。1965 年 6 月 14 日至 8 月 14 日，他参加水利电力部、地质部、中国科学院联合组织的黄河中游查勘组，查勘了以陕北、陇东为主的黄河中游地区和上游一部分地区。❹ 同年 10 月，他依据考察心得写成《对黄河中游的初步认识》一文，简要说明了黄河泥沙的来源以及治黄举措。直至"文化大革命"爆发前夕，张瑞瑾还提出采取"宽滩窄槽"方针治理黄河下游河段的初步设想，对黄河下游河段的治理起到指导作用。❺

（三）主持创办武汉水利电力学院

张瑞瑾是武汉水利电力学院的主要创办者和负责人，为学校的创办与长远发展作出了重大贡献。1952 年全国高等院校院系调整，武汉大学成立水利学院，张瑞瑾成为首任院长。1954 年，高等教育部❻决定以武汉大学水利学院为基础组建武汉水利学院，1958 年学院又更名为武汉水利电力学院。湖北是水利大省，在武汉设立水利电力高等院校有利于针对性地开发该省丰富的水力资源。武汉水利电力学院的院长张如屏❼是革命老干部，对水利、电力领域不熟悉，所以学院的教学和科研工作主要由副院长张瑞瑾负责。为了将武汉水利电力学院建设成为国内一流学府，作为学院主要领导成员的张瑞瑾在专业设置、师资队伍建设、教材选择以及教学管理等方面倾注了相当多的心血，极大地促进了学院科研和教学事业的发展。在 2000 年合并到武汉大学之前，武汉水利电力大学已经是一所在国内外水利电力领域颇有名气的大学，所培养的水利电力人才分布在全国各地的水利电力部门，发挥着骨干作用。这些成就的取得与学校主要负责人之一的张瑞瑾卓有成效的管理工作有着密不可分的关系。

1959 年 6 月，张瑞瑾以武汉水利电力学院副院长的身份随中国政府代表团赴越南，帮助筹建河内水利大学和河内水利科学研究院，同时进行讲学并帮助开展科研工作。❽

---

❶ 详见前文"水利部"注解。

❷ 治黄规划领导小组：1965 年 3 月，水利电力部决定由钱正英、张含英、林一山、王化云四人组成治黄规划领导小组，具体领导治黄规划修订工作，并成立由组长王雅波（水电总局副局长）、副组长谢家泽（水利水电科学研究院副院长）、张瑞瑾（武汉水利电力学院副院长）组成的规划小组，协助黄河水利委员会总结经验，做出切合实际的治黄规划。

❸ 黄河水利科学研究院：《黄河水利科学研究院大事记（1950—2003）》，河南人民出版社，2006 年，第 94 页。

❹ 张瑞瑾：《对黄河中游的初步认识》，《武汉水利电力学院学报》1979 年第 4 期。

❺ 张瑞瑾：《关于采取"宽滩窄槽"的方针治理黄河下游河段的初步设想》，《武汉水利电力学院学报》1979 年第 4 期。另载《当代治黄论坛》，科学出版社，1990 年。

❻ 高等教育部：1952 年 11 月 15 日，政务院决定设置高等教育部；1958 年 2 月，高等教育部并入教育部；1964 年 7 月，恢复高等教育部；1966 年 7 月，高等教育部并入教育部。

❼ 张如屏（1907—1983），安徽长丰人。1924 年加入中国共产主义青年团，1925 年入黄埔军校第六期学习，同年转为中共正式党员。1954 年任武汉水利学院院长、党委书记，成为该学院的创建人之一。

❽ 武汉大学水利水电学院院志编纂组：《武汉大学水利水电学院院志（1952—2012）》，内部印行，2012 年，第 289 页。

1960 年，张瑞瑾还参与了三峡工程的初期论证，成为"三峡枢纽工程规划组"的成员。他不但积极协助其他国家进行水利建设，而且参加国际学术交流会议，在国际水利界享有盛名。1964 年夏，他又作为中国代表团团长赴罗马尼亚参加水利科学国际会议。❶

二、"文化大革命"困难时期继续探索（1966—1976 年）

"文化大革命"期间，张瑞瑾受到冲击。1969 年 12 月至 1970 年 8 月，作为武汉水利电力学院的副院长、"资产阶级反动学术权威"的典型，张瑞瑾先后被下放湖北省罗田县和长阳土家族自治县劳动改造。❷

进入 20 世纪 70 年代以来，为了满足湘西、鄂西、豫西、川东三线建设❸和工农业生产用电的迫切需要，葛洲坝工程仓促上马。❹ 泥沙问题是葛洲坝工程的重要技术难题。考虑到张瑞瑾是我国著名的泥沙研究专家，时任湖北省革命委员会副主任的张体学❺于 1970 年 6 月亲自指名要在长阳土家族自治县平洛公社劳动的张瑞瑾担任葛洲坝工程设计团的副参谋长，并主持葛洲坝工程水工及航道泥沙问题的研究、规划、设计工作。❻ 葛洲坝工地整整四年紧张、繁重的工作使张瑞瑾患上了难治的震颤麻痹症。他的右半身功能失调，病情愈来愈重，曾数次住院治疗。即使在病榻上，他也继续坚持与其他同志商量、研究葛洲坝工程泥沙问题的试验工作。❼ 在解决葛洲坝工程的泥沙问题方面，长江科学院原副总工程师唐日长❽称赞张瑞瑾作出了卓越贡献，主要体现在：根据坝区河势❾，正确规划枢纽总体布置，采取"静水过船，动水冲沙"措施解决船闸引航道的航行水流条件和泥沙淤积问题，以及回水变动区❿航道泥沙淤积预测和处理问题等。⓫ 通过张瑞瑾等一批泥沙研究工作者科学严谨的试验研究，兴建葛洲坝工程的泥

---

❶ 中国《桥》杂志社：《中华成功人才大辞典》，中国新闻出版社，2001 年，第 449 页。

❷ 谈广鸣：《我眼中的大教授——纪念张瑞瑾教授 100 周年诞辰》，《武汉大学报》2017 年 1 月 13 日。

❸ 三线建设：自 1964 年开始，中国政府在中西部地区的 13 个省、自治区进行的一场以战备为指导思想的大规模国防、科技、工业和交通基本设施建设。

❹ 许祥圣：《葛洲坝工程评价与三峡工程建设》，武汉工业大学出版社，1996 年，第 4 页。

❺ 张体学（1915—1973），河南光山人。1932 年加入中国共产党并参加红军，参加了艰苦卓绝的抗日战争和解放战争。中华人民共和国成立后，他长期负责湖北省政务，有"治水省长"之称。

❻ 段文忠：《怀念恩师张瑞瑾（上）》，《武汉大学报》2011 年 11 月 4 日。

❼ 武汉水利电力学院宣传部：《张瑞瑾传略》（修改稿），1987 年 6 月，见张瑞瑾女儿张及红的博客，http：//blog. sina. com. cn/s/blog _ 91ed5c1f01019pu3. html。

❽ 唐日长（1914—2010），湖南宁乡人。1939 年毕业于武汉大学土木工程系。我国著名泥沙研究专家，长江科学院原副总工程师。为长江中下游河道治理，以及解决葛洲坝及三峡等大型水利枢纽工程泥沙问题作出了卓越贡献，并为长江水利事业培养了一大批科技人才。

❾ 河势：河道水流的平面形式及发展趋势，包括河道水流动力轴线的位置、走向以及河弯、岸线和沙洲、心滩等分布与变化的趋势。

❿ 回水变动区：最高库水位和最低库水位相对应的两个回水末端间的区段。

⓫ 唐日长：《深切怀念张瑞瑾学长》，《武大校友通讯》1999 年第 1 辑，见张瑞瑾女儿张及红的博客，http：//blog. sina. com. cn/s/blog _ 91ed5c1f0100zljb. html。

沙问题陆续得到解决。

"文化大革命"后期,我国与国外的水利学术交流活动逐步恢复。1974年9月,张瑞瑾作为中国水文代表团团长出席了由联合国教科文组织和世界气象组织在巴黎联合召开的"国际水文十年总结及未来水文计划国际水文会议",这是我国第一次派出水文代表团参加国际水文会议。❶ 张瑞瑾在会上作了《中国水利建设中的水文工作》的报告,详细阐述了中华人民共和国成立以来的水利概况和建设成就。1975年5月,张瑞瑾又以中国国家水文委员会主席的身份赴巴黎参加国际水文计划会议。在这次会议上,中国成功当选为国际水文计划三十个理事国之一。❷ 张瑞瑾代表中国在国际舞台上很好地展示了我国水利建设方面的成就,对提升我国的国际形象起到了积极作用。

1976—1978两年间,国内的政治生态已有明显好转。中共十一届三中全会作出把党的工作重心转移到经济建设上来的重大决策,水利建设再次得到高度重视。水利专家张瑞瑾迎来了水利人生的新的春天。

三、改革开放后再攀高峰(1978—1998年)

"老骥伏枥,志在千里。烈士暮年,壮心不已。"曹操的这两句脍炙人口的诗句也正是花甲之年的张瑞瑾心境的真实写照。改革开放后,他虽然已患有帕金森氏综合症,但是仍然充满干劲,力求为新时期水利事业出谋划策,奉献心智。

(一)提出"根治黄河"的建言

"文化大革命"期间,治黄事业在艰难中前行。黄河能否安澜涉及两岸人民的安全能否保障,以及社会主义现代化建设事业能否顺利开展,因此必须加快黄河治理开发的步伐。张瑞瑾对此有着深刻的认识。20世纪70年代末至80年代初,张瑞瑾多次提出"根治黄河"的意见。1977年11月,他针对《1978—1985年全国科学技术发展规划纲要(草案)》❸ 中对黄河问题的忽视,提出"'根治黄河'应从我们做起,从现在做起"的倡议。1981年,他又与钱宁❹、谢鉴衡❺等10位水利专家联名建议中共中央书记处"重新研究治黄部署,加速根治黄河的步伐"❻。张瑞瑾认为"根治黄河"必须上、中、下游综合治理,而中游水土保持是根本途径。通过采取远景与近期结合、重点与

---

❶ 水利部水文司:《中国水文志》,中国水利水电出版社,1997年,第332页。

❷ 中国科学技术协会:《中国科学技术专家传略·工程技术编·水利卷1》,中国水利水电出版社,2009年,第306页。

❸ 《1978—1985年全国科学技术发展规划纲要(草案)》:1977年8月,在科学和教育工作座谈会上,邓小平同志提出统一规划、统一协调、统一安排、统一指导协作科学和教育工作。1977年12月,在北京召开全国科学技术规划会议,动员了1000多名专家、学者参加规划的研究制定。1978年3月全国科学大会在北京隆重举行,大会审议通过了《1978—1985年全国科学技术发展规划纲要(草案)》。

❹ 详见后文专篇介绍。

❺ 谢鉴衡(1925—2011),湖北洪湖人。著名泥沙研究专家,中国工程院院士,武汉大学土木工程系教授。在河流泥沙运动学、河床演变学、河流模拟等理论问题上卓有建树,为长江葛洲坝、三峡工程、黄河小浪底工程、黄河中下游及河口治理等重大水电工程泥沙问题的解决作出了突出贡献。

❻ 张瑞瑾:《张瑞瑾论文集》,中国水利水电出版社,1996年,第376页。

一般结合的方式，有计划、有步骤地从事黄河的综合开发与全面治理。[1] 此外，他认为新时期黄河治理的重点应从防洪转为防旱、下游转为中游、干流转为支流。[2] "总结经验，胜利前进"[3] 是张瑞瑾对"根治黄河"的殷切寄语。

（二）重新涉足三峡工程

20 世纪 80 年代，关于是否兴建三峡工程的讨论再度兴起。1983 年 5 月，国家计划委员会召开"三峡工程可行性研究报告"讨论会。会上，张瑞瑾作为泥沙研究方面的权威专家作了《兴建三峡工程有待解决的泥沙问题》的发言。从担任三峡工程泥沙问题研究协调小组组长到三峡工程研究及论证委员会泥沙专家组顾问，他不断地深入论证三峡工程的泥沙问题。经过历时五年的试验研究，张瑞瑾得出三峡工程的泥沙问题是可以解决的基本结论。[4] 出于对三峡工程防洪、发电、航运等利益的综合考虑，他在三峡工程论证领导小组会议上多次呼吁"三峡工程早上比迟上好"[5]。1991 年 2 月，张瑞瑾在三峡工程座谈会上再次表明了"放眼决策，三峡工程应该早上，也可能早上"[6] 的坚定态度。从他的屡次发言中，不难看出他是三峡工程的坚定支持者，对解决泥沙问题充满信心。

（三）重振武汉水利电力学院

"文化大革命"结束后，张瑞瑾在武汉水利电力学院的领导职务被恢复。1978 年12 月，他再次被任命为武汉水利电力学院院长。[7] 十年"文化大革命"，学院的教育工作受到破坏。张瑞瑾主持学校工作后，首先致力于恢复正常的教学秩序，然后试图推动学院向更高层次发展。在课程改革、教育理念、科学研究、学院管理等方面，他均做出了与改革开放大环境相适应的调整。学校在泥沙运动理论、数值模拟和量测技术等研究方面取得了若干新的进展。[8] 在科技进步迅速的现代社会，超前意识对于科研工作的重要性不言而喻。20 世纪 80 年代初，张瑞瑾敏锐意识到随着计算机技术的发展世界科学发展即将进入到数字化时代。他据此提出："河流泥沙研究在继续物理模型的同时必须发展数学模型的研究。"[9] 在张瑞瑾的支持以及谢鉴衡、魏良琰[10]的努力下，"河流泥沙数学模拟"研究室成立。他关于发展河流泥沙数学模型的主张顺应了时代趋势，使武汉水利电力学院成为该领域的弄潮儿。1984 年，已退居二线、担任名誉院长的张

---

[1] 张瑞瑾：《张瑞瑾论文集》，中国水利水电出版社，1996 年，第 371 页。

[2] 张瑞瑾：《张瑞瑾论文集》，中国水利水电出版社，1996 年，第 373 页。

[3] 张瑞瑾：《总结经验，胜利前进》，《小浪底水库论证会第十四期简报》，1983 年 3 月 4 日。

[4] 张瑞瑾：《三峡工程的泥沙问题是可以解决的》，《人民长江》1988 年第 5 期。

[5] 张瑞瑾：《张瑞瑾论文集》，中国水利水电出版社，1996 年，第 275 页。

[6] 张瑞瑾：《张瑞瑾论文集》，中国水利水电出版社，1996 年，第 281 页。

[7] 中国科学技术协会：《中国科学技术专家传略·工程技术编·水利卷 1》，中国水利水电出版社，2009 年，第 305 页。

[8] 张瑞瑾：《张瑞瑾论文集》，中国水利水电出版社，1996 年，卷首：张瑞瑾教授简介。

[9] 程励：《丹心大师——怀念张瑞瑾教授（下）》，《武汉大学报》2014 年 3 月 21 日。

[10] 魏良琰（1932— ），湖北宜昌人。1953 年毕业于武汉大学水利学院，1959 年毕业于清华大学工程力学研究生班流体力学专业。1978 年后，一直在武汉水利电力学院从事教学和科研工作。

瑞瑾在武汉水利电力学院建院三十周年之际写下《回顾与前瞻》一文，总结了自己多年来的办学心得，明确提出学院今后的工作重点应该是狠抓培养人才的质量和提高科学研究的质量。❶ 在张瑞瑾等院领导的不懈努力下，武汉水利电力学院的发展重新步入了快车道。

除上述三项重要工作以外，张瑞瑾在其他方面也发挥着作用。第一，时刻关注长江武汉河段的整治，提出"因势利导"的治理原则，力图解决好武汉河段的防洪问题。第二，分别于1980年与1983年参加第一次和第二次河流泥沙国际学术讨论会，并担任两次学术会议的组织委员会副主席兼论文评审委员会主席。张瑞瑾是国内泥沙研究领域的权威专家，向国外展示我国在河流泥沙研究领域取得的成就成为他自觉的责任与使命。他对泥沙科学研究、长江和黄河治理开发以及水利高等教育所作的突出贡献，为水利电力界所公认。❷

---

❶　张瑞瑾：《回顾与前瞻——纪念武汉水利电力学院建院三十周年》，《中国水利》1984年第1期。
❷　张瑞瑾：《张瑞瑾论文集》，中国水利水电出版社，1996年，卷首：序。

第二章 张瑞瑾与葛洲坝工程泥沙等问题的解决

据司马迁在《史记·河渠书》中记载的内容，秦汉时期水利设施的功能主要为防洪、航运和灌溉。秦汉以降，各代兴修的水利设施其功能也不外乎这三种。进入 20 世纪，西方工业国家利用江河水能发电的技术开始传入中国。中华人民共和国成立后，国民经济的恢复和国家工业化的展开，需要治理水患频发、危害深重的大江大河，为国家和人民提供安全的生产生活环境，同时利用长江、黄河等大江大河的水能发电，为国家经济建设提供服务。党和政府领导人民群众在我国主要的大江大河上相继修建了以综合利用为目标的大型水利枢纽工程，长江成为治理的重点之一。

长江是我国最长的河流，全长 6300 余千米，总落差 5400 余米，年入海径流总量近 10000 亿立方米，巨大的落差和丰沛而稳定的径流量使它蕴藏着丰富的水能资源。[1]此外，长江贯通中国东部、中部和西部，是我国著名的"黄金航道"，可长江三峡河段的航运却异常艰险。民国时期，南京国民政府出于防洪、发电、航运等多方面的综合考量已有在长江上兴建大型综合水利枢纽工程的打算，并付诸了行动。不过，由于战乱等原因未能实现。这一设想成为现实则是在 1949 年以后，依靠的是水利专家和劳动人民的艰苦努力。著名泥沙研究专家张瑞瑾也是其中一员，他积极参与葛洲坝工程和三峡工程的建设，并作出了卓著的贡献。

第一节 葛洲坝建设的曲折及面临的泥沙问题

葛洲坝水利枢纽是长江干流上的第一座大型水利枢纽工程，位于湖北省宜昌市境内。大坝全长 2606.5 米，坝顶高程 70 米，最大坝高 53.8 米，总库容 15.8 亿立方米，控制流域面积 100 万平方千米。[2]葛洲坝工程分两期进行，一期工程的主要建筑物是二江泄水闸、二江水电站、三江船闸、三江航道和冲沙闸等；二期工程的主要建筑物是大江水电站、大江船闸、大江航道和泄洪冲沙闸等。该工程兴建历时近 18 年，几乎与三峡工程用时相当，然而它的规模却与后者相差甚远。与三峡工程论证时间之长相比，葛洲坝工程论证时间可谓仓促。学术界普遍认为葛洲坝工程建设耗时如此之长与事前

---

[1] 长江水利委员会长江勘测规划设计研究院：《长江志·水力发电》，中国大百科全书出版社，2004 年，第 1 页。

[2] 长江葛洲坝工程局志编纂委员会办公室：《长江葛洲坝工程局大事记 1969—1991》，内部印行，1993 年 9 月，第 1 页。

准备不充分有直接关联。

一、葛洲坝工程建设的曲折经历

按照长江流域最初规划设计的工程兴建顺序，葛洲坝工程作为三峡工程的配套工程应该在其之后或者两者同时施工。那为何现实情况却完全相反呢？1969 年 6 月，毛泽东主席视察武汉期间以"目前战备时期不宜作此设想"[1] 为由否定了张体学关于兴建三峡工程的提议。1970 年 10 月，湘西、鄂西、豫西、川东三线建设和工农业生产用电的需求日益增长，武汉军区及湖北省革命委员会决定退而求其次转而向中央递交了兴建长江葛洲坝水利枢纽工程的请示。[2] 先行修建葛洲坝工程的建议被提出后，长江流域规划办公室[3]的不少同志表示反对，其中包括主任林一山。他提出了不宜先行修建葛洲坝工程的三点理由：一是不符合基本建设程序，二是事前尚未做充分的勘测研究，三是会增加将来兴建三峡工程的技术难度。然而，中央综合各方面意见后仍决定在批复中同意葛洲坝工程作为三峡工程的实战准备提前上马。[4] 出于对葛洲坝工程建设的担忧，毛泽东主席曾作批示："赞成兴建此坝。现在文献设想是一回事。兴建过程中将要遇到一些现在想不到的困难问题，那又是一回事。那时，要准备修改设计。"[5] 事实上，葛洲坝水利枢纽的修建历程的确颇为曲折。1970 年 12 月动工，1972 年 12 月停工，1974 年 10 月复工，1988 年 12 月才竣工。

1972 年 11 月，国家建设委员会、国家计划委员会、水利电力部、交通部、第一机械工业部和农林部组成联合工作组，对葛洲坝工程的设计和施工进行检查，发现设计、施工中均存在严重问题。联合工作组的检查结果显示："在设计方面，对葛洲坝工程的建设条件没有弄清楚，重大技术关键问题没有解决，如枢纽布置方案、大江截流方案存在争议。在施工方面，已浇混凝土存在严重的质量事故，初步检查发现裂缝 96 条，三江冲沙闸 6 孔中已浇 5 孔底板均产生贯穿裂缝；二江泄水闸 2 号门库部位一块 3900 立方米的混凝土出现蜂窝、麻面、狗洞、架空 29 处；二江电站装配场基础混凝土也有质量问题。"[6] 葛洲坝工程为何会出现如此严重的设计和施工问题，其原因可归纳为以下几点：

第一，水利专家的边缘化。1970—1972 年正处于"文化大革命"时期，葛洲坝水利枢纽的建设不可能脱离这一时代背景，因而必然受其影响。"文化大革命"期间知识分子遭受到不公正对待，水利工程学界自然也不可能置身事外。以张光斗、严恺、林一山、张瑞瑾为代表的一批著名水利专家均被戴上"资产阶级反动学术权威"的帽子，

❶ 长江水利委员会长江勘测规划设计研究院：《长江志·综合利用水利枢纽建设》，中国大百科全书出版社，2006 年，第 133 页。

❷ 《湖北文史资料》编辑部：《湖北文史资料·葛洲坝枢纽工程史料专辑》1993 年第 1 辑，第 2 页。

❸ 详见前文"长江水利委员会"注解。

❹ 《湖北文史资料》编辑部：《湖北文史资料·葛洲坝枢纽工程史料专辑》1993 年第 1 辑，第 1 页。

❺ 毛泽东：《对〈中共中央关于兴建葛洲坝水利枢纽工程的批复〉的批示》，《党的文献》1993 年第 1 期。

❻ 长江水利委员会长江勘测规划设计研究院：《长江志·综合利用水利枢纽建设》，中国大百科全书出版社，2006 年，第 137 页。

他们在水利建设中的中坚地位被撼动。对水利专业人才采取"大材小用"甚至是"弃之不用"的态度，是葛洲坝工程建设初期设计工作中的致命缺点。泥沙研究专家张瑞瑾在工程建设初期就曾被编入设计团试验连水工泥沙排沙班，时人戏称其为"泥沙战士"。[1] 专业学识得不到施展，张瑞瑾等专家们苦心孤诣提出的设计意见竟然还可能遭到不公正的批判。葛洲坝工程在1970—1972年间的设计工作采用"大会战"和"千人设计，万人审查"的方式，设计方案不但要向工人，还要向医生、护士、炊事员汇报，接受审查。[2] 而这"千人""万人"中究竟有几人会设计，能审查？暂且不论这些人是否具有水利方面的基本修养，毫无根据的"审查"难道不是民主的滥用吗？水利工程方面的专业人才被边缘化，致使亟待攻克的泥沙等设计难题的解决进展缓慢。

第二，领导方式的军事化。"文化大革命"时期特殊的政治环境导致水利专家在水利工程中的技术核心位置被"工宣队"和"军宣队"[3] 所取代，军队入驻工地是葛洲坝工程建设初期领导管理体制的重要特征。正是在"三支两军"[4] 的直接参与下，无论是工程的设计还是施工，军事化现象均十分明显。1971年2月，三三〇工程指挥部[5] 成立，武汉军区司令员曾思玉[6] 任第一指挥长，张体学任指挥长，武汉军区副司令员张震[7] 任政治委员，指挥部具体负责葛洲坝工程建设的统一领导。[8] 葛洲坝工地的一切组织都是按照军队建制编组的。指挥部下一律团连建制，分别为设计团、工程团、后勤团。团下是厂房连、船闸连、大坝连、试验连，团长、连长都由军队干部担任。[9] 据亲历者回忆："葛洲坝工程建设工地的各级领导是以军队干部为主，用打仗的办法搞工程建设。某些领导同志甚至公然宣称搞水利没有巧，一个石头搬三道。"[10] 正是在这种思

---

[1] 成绶台：《长江之恋》，北方文艺出版社，2004年，第37页。

[2] 长江水利委员会长江勘测规划设计研究院：《长江志·综合利用水利枢纽建设》，中国大百科全书出版社，2006年，第136页。

[3] "工宣队"和"军宣队"：全称为"工人毛泽东思想宣传队"和"解放军毛泽东思想宣传队"，是"文化大革命"时期的特殊产物。1968年7月，为整顿秩序，制止武斗，中共中央采取派遣"工宣队""军宣队"进驻学校的办法。后来此办法不仅普及教育单位，而且扩大到除军管单位以外的各级党政机关。

[4] "三支两军"：中国人民解放军支左、支农、支工，军管、军训。

[5] 三三〇工程指挥部：1958年3月30日毛泽东主席乘"江峡"轮自重庆东下视察长江三峡，"三三〇"由此命名。指挥部下设3个分指挥部，施工队伍编11个团，各团按工种主编。1974年7月，更名为三三〇工程局；1982年10月，更名为水利电力部长江葛洲坝工程局；1992年8月，更名为中国水利水电长江葛洲坝工程局；1994年12月，长江葛洲坝工程局结束。

[6] 曾思玉（1911—2012），江西信丰人。1928年参加革命，1930年参加红军，1932年加入中国共产党。参加过长征、抗日战争、解放战争、抗美援朝战争。中华人民共和国成立后，先后任沈阳军区副司令员、武汉军区司令员、湖北省委书记、湖北省革命委员会主任、济南军区司令员等职。

[7] 张震（1914—2015），湖南平江人。一生历经红军长征、抗日战争、解放战争、抗美援朝战争。1970年12月任武汉军区副司令员，兼任葛洲坝水利枢纽工程指挥部政治委员，负责工程的筹建工作。1985年受命创办了国防大学，1992年10月至1998年3月任中共中央军委副主席。

[8] 长江水利委员会长江勘测规划设计研究院：《长江志·综合利用水利枢纽建设》，中国大百科全书出版社，2006年，第135页。

[9] 陈可雄：《葛洲坝工程的决策内幕》，《中国作家》1992年第6期。

[10] 《湖北文史资料》编辑部：《湖北文史资料·葛洲坝枢纽工程史料专辑》1993年第1辑，第110页。

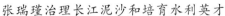
想的指导下，设计工作的严谨性和科学性受到极大冲击，随意性和盲目性成了常态。常言道"隔行如隔山"，更何况是水利工程知识基础本就薄弱的军队干部。军事化的管理还严重损害了民主集中制的领导原则，当时在葛洲坝工地盛传着"计划不如变化，变化不如电话，电话不如领导一句话"❶的流言。这说明用军事化的体制和外行领导内行的方法进行大型水利工程建设是不可取的。在 1971 年 11 月召开的葛洲坝工程汇报会上，周恩来总理就曾严厉指出："搞水利工程不能用军事体制和军事办法。"❷

第三，设计工作的不规范。1970 年 10 月 30 日，湖北省向中央呈送《关于兴建宜昌长江葛洲坝水利枢纽工程的请示报告》，12 月 27 日中共中央发出《关于兴建长江葛洲坝水利枢纽工程的批复》，12 月 30 日葛洲坝工程正式开工，前后不过历时两个月。正式施工建设之前仅有 1970 年 9 月提出的《长江葛洲坝水利枢纽设计报告》和 1970 年 12 月修订的《长江葛洲坝水利枢纽补充设计简要报告》这两份不成熟的设计报告。对于报告的可靠性，林一山提出了质疑，但鄂西指挥部的汇报提纲坚持认为"设计上几个问题，已基本弄清落实，可以边设计、边准备、边施工"❸。由于时间仓促，导致葛洲坝工程前期准备工作不足，而后期设计工作的开展方式又存在不科学、不规范的问题。葛洲坝工程的具体设计和试验工作是由长江流域规划办公室、交通部水运规划设计院、湖北省水利厅、水利电力部中南勘测设计院、武汉水利电力学院等单位人员组成的勘测设计团负责。参与设计的单位虽然很多，但未能解决葛洲坝工程建设过程中出现的问题。在葛洲坝工地上，设计人员被称为"参谋"，设计图纸也没有个人签名负责，这样如何能保证设计质量？同时在葛洲坝工程建设初期，设计采用"大会战"方式，建设采取"边勘测、边设计、边施工"的"三边"做法，违反了基本建设程序，勘测、设计、科研工作没有达到应有的深度，使拟订的设计方案存在许多未解决的重大技术问题。❹"三边"做法产生了极其恶劣的影响，不利于设计乃至施工的有序开展。

葛洲坝工程在施工和设计方面存在的严重问题引起了中央的高度重视。1972 年 11 月 21 日，周恩来总理在听取葛洲坝工程设计问题的汇报后，决定主体工程暂停施工，设计改由长江流域规划办公室负责，并成立葛洲坝工程技术委员会，对国务院全权负责。❺葛洲坝工程技术委员会的委员有九人，林一山为主任委员，并且聘请了武汉水利电力学院张瑞瑾、华东水利学院严恺和清华大学水利水电工程系张光斗等三人为技术顾问。葛洲坝工程技术委员会的主要任务是协调各部门关系，组织科研

❶ 《湖北文史资料》编辑部：《湖北文史资料·葛洲坝枢纽工程史料专辑》1993 年第 1 辑，第 109 页。

❷ 曹应旺：《周恩来与治水》，中央文献出版社，1991 年，第 55 页。

❸ 长江水利委员会长江勘测规划设计研究院：《长江志·综合利用水利枢纽建设》，中国大百科全书出版社，2006 年 2 月，第 134 页。

❹ 长江水利委员会长江勘测规划设计研究院：《长江志·综合利用水利枢纽建设》，中国大百科全书出版社，2006 年 2 月，第 131 页。

❺ 长江水利委员会长江勘测规划设计研究院：《长江志·综合利用水利枢纽建设》，中国大百科全书出版社，2006 年，第 137 页。

大协作，决定重大技术问题。[1] 为了保证葛洲坝工程技术委员会拥有完全自主的设计决定权，两项相应的举措也随之执行：第一，技术委员会的决议只报国务院备案存档，不需再经过审查；第二，军代表全部撤离葛洲坝工地。自此，葛洲坝工程的设计负责机构有了质的变化。除此之外，国务院还决定成立葛洲坝工程委员会（负责施工及质量的全面管理）、三三〇工程局（1974 年 7 月，三三〇工程指挥部正式改名为三三〇工程局，负责日常施工）。以上三个单位各司其职，一改停工前三三〇工程指挥部"眉毛胡子一把抓"的管理方式。如此安排有助于葛洲坝工程复工后顺利开展建设。

通过采取调整领导机构、加强管理等手段，施工质量差的问题能够得到有效解决。然而，解决关于工程设计方面的问题仍旧困难。事实上，葛洲坝工程的技术难题很多，例如岩石软弱、消能防冲、导流截流、大型机组的装配等问题均十分复杂。泥沙问题，尤其是船闸上下游引航道的泥沙淤积问题，无论从问题的复杂性、难度，还是就其分布之广、影响之大而言，均不亚于其他问题。[2] 由于开工前的勘测设计和试验研究工作没有做充分，通航、泥沙淤积、地质等主要技术问题都没有解决。泥沙问题能否解决关乎葛洲坝工程能否成功，所以必须在设计阶段重点研究。

二、葛洲坝工程面临的泥沙问题

由于在开发顺序上先兴建葛洲坝工程，并单独运行，从长江上游来的大量泥沙成为葛洲坝工程要解决的关键技术问题之一。[3] 长江上游输沙量大，葛洲坝河段地形、水流条件复杂等因素使得葛洲坝工程建设面临相当严峻的泥沙问题。首先，长江输沙量大。长江水量丰沛，但由于长江上游地区植被遭到长期砍伐、破坏，水土流失亦十分严重，年输沙总量有 5.3 亿吨之多，年平均含沙量超过 1 千克每立方米。长江上游的输沙中既有悬移质[4]泥沙，又有粗沙、卵石推移质[5]泥沙，粒级范围很广。[6] 其中粒径 0.1～1 毫米的河床质 5000 多万吨，砂质推移质数百万吨，卵石推移质数十万吨。其次，葛洲坝河段河势复杂。第一，坝址位于峡谷与宽谷的交界处。葛洲坝工程位于长江三峡出口南津关下游 2.3 千米，在坝上游几千米的范围内，河身转了一个接近 90 度的急弯，河宽从 300 多米扩大到 2000 多米，河床高程从负 40 多米急剧上升到正 40 多米，形成一个 1：100 的大反坡，以致河宽、水深、比降、糙率等沿程变化急剧。[7] 第

[1]　长江水利委员会长江勘测规划设计研究院：《长江志·综合利用水利枢纽建设》，中国大百科全书出版社，2006 年，第 137 页。

[2]　《湖北文史资料》编辑部：《湖北文史资料·葛洲坝枢纽工程史料专辑》1993 年第 1 辑，第 179 页。

[3]　钱正英：《中国水利》，中国水利水电出版社，2012 年，第 419 页。

[4]　悬移质：指悬浮在河道流水中，随流水向下移动的较细的泥沙及胶质物等，即在搬运介质（流体）中，由于紊流使之远离床面而在水中呈悬浮方式进行搬运的碎屑物。悬移质通常是黏土、粉沙和细沙。

[5]　推移质：指在水流中沿河底滚动、移动、跳跃或以层移方式运动的泥沙颗粒，在运动过程中与床面泥沙（简称床沙）之间经常进行交换。

[6]　水利部长江水利委员会唐日长：《泥沙研究》，水利电力出版社，1990 年，第 170 页。

[7]　张瑞瑾：《张瑞瑾论文集》，中国水利水电出版社，1996 年，第 212 页。

二，坝址处有葛洲坝和西坝两个沙洲，把水流分割成大江、二江和三江。二江、三江在枯水季断流，大江为主河槽，江面宽约 800 米。第三，在葛洲坝上游有一条在历史上曾经挟带大量卵石和巨石入汇的支流黄柏河。❶ 葛洲坝水电站是径流式电站，平均每年要承泄 5.4 亿多吨泥沙，如果这些泥沙处理不当，即使淤积十分之一，即 5000 万吨也足以使工程报废。❷ 故葛洲坝工程泥沙问题的处理难度不亚于黄河三门峡工程❸和长江三峡工程，或者说难度更大。

作为一座径流式的低水头枢纽，葛洲坝水利枢纽存在的泥沙问题主要包括：①回水变动区淤积和航道问题；②坝区河势规划与枢纽布置问题；③船闸上下游引航道泥沙淤积问题；④电站泥沙防治问题；⑤宜昌港区及下游河道冲刷问题。这五点又可归纳为三个方面来进一步认识。

第一，库区泥沙问题。葛洲坝水库处于长江三峡河段，设计总库容为 15.8 亿立方米，属峡谷型水库。库区河段上起重庆市奉节县的关刀峡下口，下至葛洲坝水利枢纽坝址。❹ 如果长江的大量泥沙进入水库，造成水库淤积严重，就会影响水库使用的寿命与效益，并威胁水库工程安全。❺ 不仅如此，枢纽建成后上游回水 190 千米，开阔河段流速减缓，库区会不会产生累积性淤积，影响航运，特别是库尾浅滩的淤积情况如何发展，会不会碍航。这些成为人们十分关注的问题。❻ 而库尾浅滩淤积的危险性在于葛洲坝水利枢纽的水库变动回水区，它处于滩险罗列的瞿塘峡和巫峡河段，在自然条件下有臭盐碛和扇子碛两个著名的峡口滩碍航，建库以后库尾河段很可能会出现航道问题。❼

第二，坝区泥沙问题。葛洲坝水利枢纽的坝区河段既有南津关上游峡谷河段，又有南津关下游至胭脂坝宽谷河段，地形相对复杂。坝区的泥沙问题主要有：坝区河势规划、船闸引航道的泥沙问题和电站引水防沙问题。坝区河势规划是确定枢纽总体布置的前提，而枢纽建筑物的布置又必须以改善泥沙问题为基本原则。引航道淤积主要指"一关"（南津关）、"二线"（大、三两条航线的上下引航道）、"四口"（二线航道上下口门）的水流流态与泥沙淤积问题，淤积的形式包括回流、缓流和异重流三种。❽ 然

------

❶ 张瑞瑾：《张瑞瑾论文集》，中国水利水电出版社，1996 年，第 212 页。

❷ 《湖北文史资料》编辑部：《湖北文史资料·葛洲坝枢纽工程史料专辑》1993 年第 1 辑，第 105 页。

❸ 三门峡工程：三门峡位于黄河中游下段的干流上，连接豫、晋两省。1957 年 4 月，工程开工兴建；1961 年 4 月，大坝主体基本竣工。从 1960 年首次使用到 1962 年 3 月一年半时间，水库中已经淤积泥沙 15.3 亿吨，远远超出预计。同时，潼关高程抬高了 4.4 米，并在渭河河口形成拦门沙，渭河下游两岸农田遭受淹没和浸没，土地盐碱化。为此，分别于 1964 年和 1969 年进行了两次改建，取得了良好效果。至今，该工程仍发挥着防洪、发电、供水等作用。

❹ 潘庆燊：《长江水利枢纽工程泥沙研究》，中国水利水电出版社，2003 年，第 66 页。

❺ 钱正英：《中国水利》，中国水利水电出版社，2012 年，第 402 页。

❻ 长江水利委员会长江勘测规划设计研究院：《长江志·综合利用水利枢纽建设》，中国大百科全书出版社，2006 年，第 214 页。

❼ 长江水利委员会长江科学院：《长江志·科学研究》，中国大百科全书出版社，2000 年，第 117 页。

❽ 钱正英：《中国水利》，中国水利水电出版社，2012 年，第 421 页。

而，具体到葛洲坝工程则需要具体问题具体分析。

第三，坝下游河道冲刷。在河流上兴建大型的水利枢纽工程，势必会引起坝下游的河道冲刷，葛洲坝工程也不例外。水库蓄水运用后，部分泥沙淤积在坝区，下泄水流的含沙量不同程度地减少，坝下游河道因来水来沙条件改变而经历较长时间的冲刷过程。[1] 由冲刷引发的河道下切和水位下降严重与否，河势又会发生怎样的变化，而这些因素会不会影响宜昌港区的建设和入川船只的航行？

以上这些泥沙难题就是我国泥沙研究专家在葛洲坝工程设计阶段需要研究的重点内容。

泥沙问题不仅涉及水库寿命、库区淹没、水库变动回水区港口和航道的维护、枢纽船闸等通航建筑物，还关乎电站的正常运行，以及枢纽下游河道冲刷等一系列重要而复杂的技术问题。[2] 在修改长江葛洲坝水利枢纽初步设计前，机械工业部和水利电力部批准葛洲坝电站为 17 万千瓦机组，共 13 台，总装机容量 221 万千瓦。[3] 然而，如果泥沙尤其是粗颗粒泥沙大量进入水轮机组后，在高速运转的过程中会对机组造成严重磨损，致使电站的发电效益大打折扣。1970 年，长江干线船舶通行 1387 艘，载客58336 位，载货 754557 吨，同时承担石油运输。[4] 如果泥沙淤积严重，就会阻碍长江航运，对国民经济造成无法估量的损失。此外，黄河三门峡水利枢纽工程因为泥沙淤积而两次改建的教训历历在目。出于上述考虑，周恩来总理包括其他中央领导同志都格外重视葛洲坝工程建设的泥沙问题，在工程开工之前就反复强调设计要可靠和安全。

第二节　解决葛洲坝工程泥沙问题的独特贡献

正所谓"术业有专攻"，张瑞瑾就是以河流泥沙治理见长的水利专家。他几乎全程参与了葛洲坝工程泥沙问题的研究，并为泥沙问题的解决提出了科学的建言。可以说，兴建葛洲坝工程的科研工作是他毕生最重要的工作之一。

一、初步研究葛洲坝工程泥沙问题

1970 年，湖北省有意兴建葛洲坝工程，同时开始积极准备。湖北省革命委员会副主任张体学考虑到张瑞瑾在泥沙研究方面的卓越成就，遂将他调至葛洲坝工地参与研究工作。7 月，张瑞瑾与武汉水利电力学院的 20 余名教师前往葛洲坝工地进行回水计算、移民计算、水能规划以及泥沙问题研究等调查工作。通过分析计算、模型试验、现场查勘与调查访问，他们对泥沙淤积问题的研究取得了初步进展。在实地调查的基

---

[1]　潘庆燊：《长江水利枢纽工程泥沙研究》，中国水利水电出版社，2003 年，第 283 页。

[2]　潘庆燊：《长江水利枢纽工程泥沙研究》，中国水利水电出版社，2003 年，第 2 页。

[3]　长江水利委员会长江勘测规划设计研究院：《长江志·综合利用水利枢纽建设》，中国大百科全书出版社，2006 年，第 154 页。

[4]　许可：《长江航运史（现代部分）》，人民交通出版社，1993 年，第 399 页。

础上，张瑞瑾、刘文健于 1970 年 9 月完成《长江葛洲坝水库泥沙淤积初步研究报告》。这是第一份向党中央汇报葛洲坝工程泥沙问题的报告。张瑞瑾在报告中简要说明了长江的水沙情况，"长江水量丰沛，沙量较大，但含沙量较小，粒径较粗，水沙量年内变幅大，大部分集中在汛期"❶。不仅如此，他还详细阐述了葛洲坝枢纽泥沙淤积的主要问题及初步解决方案。

葛洲坝枢纽泥沙淤积的主要问题是坝前淤积和库区淤积。张瑞瑾认为，解决坝前泥沙淤积的问题需要满足两点：一是引航道满足 5 米航深，船闸进水口不被淤死，保证安全通航；二是电厂进水口不被淤死，避免粗颗粒泥沙对水轮机产生严重磨损，保证电厂安全运转。❷ 为了有针对性地解决坝前淤积问题，张瑞瑾与泥沙班的其他同事对葛洲坝河段进行了反复的现场查勘，访问了当地的老船工、老渔民、老贫下中农以及地质、航运工作人员，查阅了有关单位的调查报告以及县志、府志，分析了地形、水文泥沙资料。❸他们发现，葛洲坝河段在自然情况下不属于堆积性河段而属于相对稳定河段；江水出南津关后急弯，形成主流偏右的趋势；黄柏河输送大量砾石，若不控制，必会对葛洲坝枢纽造成不良影响。张瑞瑾对坝前淤积提出的解决建议有以下六点：一是合理的总体布置；二是束流排沙；三是进行合理的水库调度；四是建筑导沙潜坝，保护电厂；五是靠近船闸与电厂装备间设排沙底孔，排泄电厂及船闸闸首前的悬移质；六是临时性的局部的疏浚。❹

关于库区泥沙淤积问题，张瑞瑾则认为葛洲坝枢纽库区不会出现严重的泥沙淤积现象。第一，葛洲坝枢纽库区河段是下切河段，库区江水的水流挟沙能力有相当的富余，水流处于次饱和状态。第二，根据河段所具有的水沙特性及径流电站的运行特点，有可能通过人为措施，特别是水库调度措施，解决泥沙淤积所带来的局部影响问题。❺

可以看出，《长江葛洲坝水库泥沙淤积初步研究报告》反映了开工之前张瑞瑾等泥沙研究专家及技术人员对葛洲坝工程泥沙问题的初步见解。他们对于泥沙问题的科学分析，奠定了后期深入研究的基础。然而，由于缺乏准确的实测资料和必要的科学论证，《长江葛洲坝水库泥沙淤积初步研究报告》中的许多措施只停留在设想阶段。

1970 年初，长江水利水电科学研究院派员去宜昌参加葛洲坝工程初步设计工作，提出了一些解决引航道泥沙问题的方案。同年 6 月，长江水利水电科学研究院在宜昌现场兴建了一座 1∶100 的大模型。试验表明，坝区大江航道、三江航道及葛洲坝江心洲上游为三个累积性淤区。❻ 10 月前后，张瑞瑾根据坝前"三个淤区"的基本结论提出"束流坝方案"。该方案是指在葛洲坝坝头向上游设一隔堤，堤头加设一圆弧形顺

❶ 张瑞瑾：《张瑞瑾论文集》，中国水利水电出版社，1996 年 6 月，第 187 页。
❷❸ 张瑞瑾：《张瑞瑾论文集》，中国水利水电出版社，1996 年 6 月，第 188 页。
❹ 张瑞瑾：《张瑞瑾论文集》，中国水利水电出版社，1996 年 6 月，第 192～193 页。
❺ 张瑞瑾：《张瑞瑾论文集》，中国水利水电出版社，1996 年，第 195 页。
❻ 长江水利委员会长江科学院：《长江志·科学研究》，中国大百科全书出版社，2000 年，第 124 页。

坝，形似铁锚，故称锚式束流坝，以期减少中部流量，从而加大左右两侧流速。❶ 研究表明，这个方案虽然能减少大江引航道的泥沙淤积，但是未能减少三江引航道的泥沙淤积。因此，船闸上下游引航道泥沙淤积问题在实际施工阶段还需要结合枢纽布置方案继续展开研究。

二、提出"静水过船，动水冲沙"的科学设想

长江是我国的运输大动脉，修建葛洲坝水利枢纽不能对通航造成影响。为保证长江航运畅通，满足航运发展的需要，根据坝址地形条件，以葛洲坝上游作为观察视角（以下方位均为此），在右侧的大江航道布置一号船闸，左侧的三江航道布置二号船闸和三号船闸，其中一号、二号船闸按通航万吨级船队设计，三号船闸按通航客轮、地方小船队设计。❷ 这种"二线三闸"的通航布置方案保证了葛洲坝河段在施工阶段的航运畅通。然而，异重流和回流会造成引航道泥沙淤积，从而影响航运。由于一期工程是在二江、三江上进行，故三三〇工程指挥部乃至其后的葛洲坝工程技术委员会首先要确定三江船闸等通航建筑物布置方案和找到解决船闸上下游引航道泥沙淤积问题的途径。

葛洲坝工程开工后，聚集了科研、设计、运行等方面的人员进行研究，在模型上进行水流泥沙试验，同时配合进行原型实船试验，广泛讨论，主要形成了两种方案。一是"常流水"方案，即在三江设 2～4 台机组的电站，经常泄放 2000～4000 立方米每秒的流量，希望借此使船闸上下游引航道不被泥沙淤塞，保证通航。❸ 二是长江流域规划办公室主任林一山提出的"静水不淤"方案，即用防淤堤将航道与主流隔开，航道上为静水，以满足航行要求，并可压缩回流区，减轻淤积。❹ 张瑞瑾对这两种方案均存有质疑："按照'常流水'的观点而采取的工程措施，势必在船闸上下游引航道中形成经常的、流速既非太大（一般低于 2 米每秒）、又非太小（一般大于 1 米每秒）的水流。这种水流，一方面完全不能满足船只及船队安全通过引航道进出船闸的要求，另一方面，不仅不可能防止引航道中的泥沙淤积，而且恰好相反，会招致引航道中大量的泥沙淤积。根据'静水不淤'设想所作的安排，在引航道中，似乎应该是'静水'，但实际上却并非静水。一方面，在上下游引航道进出口门附近，不可避免地要产生竖轴环流（'回流'）。这种竖轴环流，必然带来大量的、累积性的、足以封锁口门的局部淤积；另一方面，在不少情况下，在引航道中还将产生异重流（平轴环流）。这种异重流的底部水流，将细颗粒泥沙从上、下口门处带入引航道中；它的表层水流又将清水从引航道中带向口门，从而使引航道中产生大量的、累积性的淤积。"❺ 模型试验的资

---

❶ 《湖北文史资料》编辑部：《湖北文史资料·葛洲坝枢纽工程史料专辑》1993 年第 1 辑，第 180 页。

❷ 涂启明：《葛洲坝三江航道船闸运用期泥沙冲淤规律初析》，《水利学报》1987 年第 4 期。

❸ 张瑞瑾：《张瑞瑾论文集》，中国水利水电出版社，1996 年，第 209 页。

❹ 长江水利委员会长江科学院：《长江志·科学研究》，中国大百科全书出版社，2000 年，第 124 页。

❺ 张瑞瑾：《张瑞瑾论文集》，中国水利水电出版社，1996 年，第 234 页。

料也充分表明这两种方案不能有效解决船闸上下游引航道泥沙淤积问题。既然上述两种方案均存在缺陷，那研究工作必须继续开展。

由长江流域规划办公室、三三〇工程指挥部、武汉水利电力学院联合组成的三三〇工地泥沙试验班，当时承担着协同设计单位一同探寻解决这一重大技术问题的基本途径的任务。于是，张瑞瑾等泥沙试验班成员继续扩大研究工作的广度和深度。第一，加强现场的泥沙观测和室内的模型试验工作。第二，系统调查和分析国内已建的 20 多座船闸的通航水流条件及泥沙淤积情况。第三，分析国外某些船闸引航道的布置形式和处理泥沙淤积问题的对策。❶ 为了解决船闸上下游引航道泥沙淤积的技术难题，三三〇工程指挥部勘测设计团还组织了一个船闸淤积问题调查组。❷ 1971 年 6 月至 11 月，张瑞瑾带领调查组去广西、广东、湖南三省（自治区），对 23 个设有船闸（或筏道）的水利枢纽的泥沙淤积问题进行了调查。他总结得出："枢纽布置如何，对船闸引航道泥沙淤积、水流条件影响极大，必须十分重视。"❸

葛洲坝工地泥沙试验班的成员在设计、施工、运行等单位的积极协助和配合下，进一步加强、加深各方面的工作。在长期的努力之下，张瑞瑾和泥沙试验班的其他设计人员发现要保证船闸上下游引航道的通航条件，所必须克服和解决的主要矛盾是流速与淤积。再结合长江丰水中沙的河情，他们找到了可能解决船闸上下游引航道泥沙淤积的基本途径。1971 年 11 月，张瑞瑾受到明朝潘季驯"以堤束水，以水攻沙"治水思想的启发，精辟地将这一方案总结为"静水过船，动水冲沙"。所谓"静水过船"是指在船闸及引航道的正常运转时期，冲沙闸全部关闭，使整个上下游引航道中基本保持静水，为船只及船队通过引航道及船闸提供有利的水流条件。等到引航道上、下口门附近的回流淤积与航道中的异重流淤积达到一定程度（尚不碍航）时，采用"动水冲沙"的方式清除淤积的泥沙。那么，"动水冲沙"是如何实现清除泥沙的目的的呢？首先，在船闸上游修建防淤堤，隔断原有回流，以减少进入航道的泥沙，并形成束水冲沙的渠道。其次，在二号船闸和三号船闸之间设置六孔冲沙闸，每年在汛期、汛末、汛后进行几次冲沙，使航道下泄一定流量，以速度较大的水流冲走上下游航道内已经淤积的泥沙。再次，用挖泥船清除航道内未能冲走的泥沙。❹ 不过，张瑞瑾指出，"静水过船，动水冲沙"方案要实现清除引航道泥沙的目的必须满足以下两个条件：一是能否有效地进行冲沙；二是冲沙所需的时间是否过长。❺ 这两点便是日后泥沙模型试验研究的重点。1971 年 12 月，结合现阶段泥沙模型试验、水文观测以及国内船闸的调查情况，三三〇工程指挥部拟定了《长江葛洲坝水利枢纽初步设计报告》并上报国务院。

❶ 张瑞瑾：《静水过船，动水冲沙——学习〈矛盾论〉的一点体会》，《武汉水利电力学院学报》1975 年第 1 期。
❷ 调查组成员：张瑞瑾（组长）、陈光炬、庞午昌、吴仁初、凌万沛；报告执笔人：张瑞瑾。原报告于 1971 年 12 月完成，并曾在规模不等的会上汇报。
❸ 张瑞瑾：《张瑞瑾论文集》，中国水利水电出版社，1996 年，第 208 页。
❹ 朱良骧：《葛洲坝水利枢纽通航工程总体布置问题》，《水运工程》1981 年第 3 期。
❺ 同❶注。

该设计报告融入了引航道泥沙淤积研究的最新进展。尽管研究已取得初步成果，然而"三江技术方案还需要修改，以适应地基情况，泥沙淤积也需要再做试验"[1]。因此，葛洲坝工程在停工期间和复工之后还进行了多个相关的泥沙模型试验。

长江流域规划办公室、三三〇工程局、南京水利科学研究所、西南水工研究所、武汉水利电力学院等科研院所就"静水过船，动水冲沙"方案在三三〇工地、汉口、南京、宜宾等处的正态和变态、清水和浑水、悬沙和全沙以及大小不等的八个整体枢纽模型中进行试验，一方面验证了这一方案的有效性和可行性，另一方面落实了为实现这一方案所须采取的全部具体工程措施。[2] 如：1971年下半年，由杨贤溢[3]、窦国仁[4]主持的汉口变态悬沙模型；1972年，张瑞瑾、谢鉴衡主持的宜昌1：200正态悬沙模型，对此方案进行了初步的验证试验。在泥沙模型试验逐步开展的同时，周恩来总理等中央领导同志对葛洲坝工程设计问题的高度重视也加快了泥沙问题的解决。1972年11月葛洲坝工程技术委员会成立，并且将工程泥沙问题列为重点攻克的技术难题。与此同时，为协调葛洲坝工程泥沙科研计划，交流科研成果，解决工程设计问题，从1973年9月起，由长江流域规划办公室主持召开河势泥沙技术座谈会。[5] 1975年4月，《长江葛洲坝枢纽修改初步设计报告》正式确定采用"静水过船，动水冲沙"方案作为解决三江船闸（即二号船闸和三号船闸）引航道泥沙淤积问题的基本途径。该方案从提出到落实，融入众多水利专家的心血，张瑞瑾与谢鉴衡所作的贡献尤为突出。自张瑞瑾总结性地提出"静水过船，动水冲沙"方案后，谢鉴衡为论证其可行性及提出具体实施方案进行了长达八年的技术研究。谢鉴衡主持的宜昌工地葛洲坝坝区泥沙模型的试验工作不仅确定了最佳冲沙时间和冲沙历时，还为葛洲坝工程的整体布置提供了科学依据。[6] 1981年10月，葛洲坝三江航道首次启用冲沙闸，仅用12小时便清除了淤积在引航道上的300多万吨泥沙，冲沙的实际效果与谢鉴衡的试验结果完全吻合。[7]

"静水过船，动水冲沙"方案成功解决了三江船闸引航道泥沙淤积问题，那么能不能同样适用于大江船闸呢？大江航道上口门处于南津关弯道凸岸下端，建坝前粗沙、卵石由大江河槽输向下游，建坝后航道上口门因受到弯道环流作用，除悬沙淤积外，

---

[1]　长江水利委员会长江勘测规划设计研究院：《长江志·综合利用水利枢纽建设》，中国大百科全书出版社，2006年，第137页。

[2]　张瑞瑾：《张瑞瑾论文集》，中国水利水电出版社，1996年，第235页。

[3]　杨贤溢（1914—2006），安徽怀宁人。历任长江水利委员会工程师、副处长，长江水利水电科学研究院副院长，长江流域规划办公室总工程师。长期从事长江水利水电工程设计与科研工作，是丹江口、葛洲坝水利工程的主要负责人之一。

[4]　窦国仁（1932—2001），辽宁北镇人。泥沙及河流动力学专家，中国科学院院士。1960年获苏联列宁格勒水运学院博士学位，曾任南京水利科学研究院名誉院长、交通部技术顾问等职。长期从事river流和工程泥沙问题研究，在葛洲坝水利枢纽、长江三峡水利枢纽、小浪底水利枢纽等工程的泥沙问题研究中作出重要贡献。

[5]　长江水利委员会长江科学院：《长江志·科学研究》，中国大百科全书出版社，2000年，第55页。

[6]　骆郁廷：《流风甚美——武汉大学文化研究》，武汉大学出版社，2013年，第165页。

[7]　李生云：《敢以雄心疏泥沙——记中国工程院院士谢鉴衡》，《科学课》2004年第2期。

尚有大量沙卵石推移质淤积。❶ 张瑞瑾认为这种河势上的变化，一方面使葛洲坝上游大江船闸（即一号船闸）引航道进口附近容易发生大量淤积，而且这种淤积物的粒径较粗，冲沙所需的流速较高、水量较大；另一方面使坝下游大江船闸引航道出口附近容易形成水流折冲。❷ 南京、武汉坝区泥沙物理模型的试验结果表明，"静水过船，动水冲沙"方案解决引航道航行水流条件和泥沙淤积的基本途径对于大江航道仍是有效的。❸ 大江航道上下游左侧均以防淤堤与大江、二江主流相隔。大江的左侧布置一号船闸，右侧布置六孔冲沙闸。由于大江航道的泥沙淤积情况比较严重，"静水过船，动水冲沙"的运行方式效果有限。张瑞瑾为此又提出两条建议："一方面使一号船闸上游引航道进口附近的主流适当右移，约制狭口凸岸边滩的扩大，借以减小它的可能碍航程度，另一方面尽可能减小坝下游的水流折冲趋势，从而改善一号船闸下游引航道出口附近的流态，为上下船只谋取更好的水流条件。"❹ 葛洲坝三江船闸、大江船闸的冲沙实践表明，"静水过船，动水冲沙"的运行方式确实有利于解决船闸上下游引航道泥沙淤积的问题。

三、在河势规划上的学术贡献

河势规划决定了枢纽布置，而合理的枢纽布置是葛洲坝水利枢纽建设成功的关键性因素之一。不过，在葛洲坝工程建设初期对河势问题的重视程度不够，直至葛洲坝工程技术委员会第三次会议❺召开，林一山首次提出河势规划的概念，才为众人所重视。何为河势规划？简而言之，就是把泄洪、通航、冲沙、发电等建筑物的地位以及水流、泥沙、消能防冲、大江截流等问题都融合在一起，从整体规划上予以解决。❻ 在葛洲坝河势规划方面，林一山当居首功，而张瑞瑾的功劳也是不容忽视的。葛洲坝工程的参与者黄宣伟曾评价道："在葛洲坝工程的关键问题——河势规划上，主要依靠的是张瑞瑾。"❼ 林一山也充分肯定张瑞瑾的贡献："中国有许多泥沙专家，但治河专家不多。治河与泥沙是两方面的问题，治河是宏观的，战略性的问题，也是影响工程成败的大事。泥沙研究是微观的，是为治河服务的。中国的治河专家以张瑞瑾造诣最深。"❽ 事实上，张瑞瑾在葛洲坝工程的河势规划问题上的确作出了卓越贡献。

❶ 长江水利委员会长江勘测规划设计研究院：《长江志·综合利用水利枢纽建设》，中国大百科全书出版社，2006年，第211～212页。

❷ 水流折冲：天然河道或过水建筑物下游河渠断面上流量分布极不均匀，主流偏离原流向、左右摇摆、冲击两岸的现象。见《张瑞瑾论文集》，中国水利水电出版社，1996年，第214页。

❸ 长江水利委员会唐日长：《泥沙研究》，水利电力出版社，1990年，第136页。

❹ 张瑞瑾：《葛洲坝水利枢纽工程的泥沙问题及其解决途径》，《中国水利》1981年第4期。

❺ 葛洲坝工程技术委员会第三次会议召开地点：武汉汉口，时间：1973年3月29日至4月9日。

❻ 《湖北文史资料》编辑部：《湖北文史资料·葛洲坝枢纽工程史料专辑》1993年第1辑，第84页。

❼ 黄宣伟：《林一山治水十二策》，长江出版社，2012年，第67页。

❽ 黄宣伟：《林一山治水十二策》，长江出版社，2012年，第67～68页。

（一）研究河势对葛洲坝工程的影响

张瑞瑾一直奉行"因势利导"❶的治河原则，并将此作为河势规划的依据。"因势利导"是中国运用了数千年的治水原则，现代的大型水利枢纽工程建设也应遵循河势，否则将事倍功半。然而，在 20 世纪 50—60 年代的水利枢纽工程规划设计书中，大多不列河势规划的专门篇章，以至于一般的水工建筑工作者不甚了解河势。张瑞瑾指出："不少水利枢纽在规划设计过程中，只将考虑重点集中在坝区地质条件、建筑物布置条件和施工条件等方面，而对河势则不够重视，甚至完全忽视，所造成的恶果往往是深刻的。"❷ 顺应河势进行合理的枢纽布置有利于减轻引航道泥沙淤积，有利于电站引水防沙和减轻坝下游河道冲刷。1970 年 9 月，张瑞瑾在《长江葛洲坝水库泥沙淤积初步研究报告》一文中，对葛洲坝河段的河势进行了较为详细的分析。1971 年下半年，通过调查广东、广西、湖南三省区的 23 个设有船闸（或筏道）的水利枢纽的泥沙淤积问题，张瑞瑾再次强调枢纽布置必须着重考虑河势问题。他认为："既要弄清楚建坝前的河势，又要估计建坝后可能发生的河势变化（过大的变化，一般应力求避免），从而结合其他建筑物的安排把船闸放在适当的位置。"❸ 葛洲坝枢纽河势规划的不利因素是"所在河段既有因江面突然扩宽、河床突然上升引起的大回流及泡漩水，又有因急弯引起的强烈弯道环流，流象险恶，河形散乱，坝轴线紧靠峡谷，回旋余地甚小，预计淤至平衡后，情况也难于根本改善"❹。正是在这种不利的情况下，张瑞瑾认为更应该重视河势规划，尽可能合理布置枢纽建筑物，并配合适当的整治措施，以期形成比较有利的河势。1972 年 11 月，葛洲坝工程技术委员会决定重点研究河势规划问题。

葛洲坝水利枢纽的河势规划包括：上游主河槽规划、三江通航、发电建筑物规划，大江电厂和航道规划，以及坝下游河道规划等内容。❺ 因此，科技人员从整体到局部都分别进行了反复的理论和模型试验研究，广泛收集了国内外资料，并在宜昌、武汉、宜宾、南京、三门峡等地先后建造了八个水工和泥沙模型，应用各种工程技术，进行了大量的研究工作。❻ 张瑞瑾、谢鉴衡所在的工地泥沙模型试验组以及其他设计单位的技术人员对国内已建低水头枢纽，特别是附有通航建筑物的枢纽，先后进行了三次实地调查，得出了以下结论：①引航道口门，特别是上引航道口门布置在凸岸是十分不利的；②引航道口门不宜布置在比较稳定的大范围回流区；③引航道口门应尽可能靠近洪水期的水流动力轴线；④在紧靠引航道一侧，设置泄量足够、底坎较低的深水闸，有利于吸引主流靠近引航道，并降低上引航道口门附近的床面高程；⑤低水头枢纽修建后与修建前的坝上游河宽比一般大于 1。❼

❶　因势利导：尊重河流总的规律性、总的趋势，朝着有利于建设要求的方向、目标加以治导。

❷　张瑞瑾：《张瑞瑾论文集》，中国水利水电出版社，1996 年，第 222 页。

❸　张瑞瑾：《张瑞瑾论文集》，中国水利水电出版社，1996 年，第 208 页。

❹　张瑞瑾：《张瑞瑾论文集》，中国水利水电出版社，1996 年，第 222 页。

❺　长江水利委员会长江科学院：《长江志·科学研究》，中国大百科全书出版社，2000 年，第 122 页。

❻　长江水利委员会长江科学院：《长江志·科学研究》，中国大百科全书出版社，2000 年，第 121 页。

❼　张瑞瑾：《张瑞瑾论文集》，中国水利水电出版社，1996 年，第 222～223 页。

结合上述的调查结果，张瑞瑾总结道："作好河势规划，贵在从具体条件出发，因势利导。"❶ 具体到葛洲坝水利枢纽河势规划，则必须要满足三个要求：一是减少引航道口门附近的淤积，以保证一定的航深，同时航线应与主流线平顺衔接，以保证无碍航行的良好流态；二是减少通过水轮机的粗颗粒沙量，以降低水轮机过水部件的磨损强度，并防止电站进出口堵塞，以至影响其正常运转和降低发电水头；三是保持泄水建筑物畅通无阻，以免有碍行洪。❷ 要解决好通航、发电、泄洪三者之间的矛盾，必须将枢纽布置置于河势规划的框架中考虑。

（二）提出河势规划的建设性意见

1971 年林一山提出在进行枢纽布置设计的同时，开展葛洲坝工程坝区河势规划研究。葛洲坝枢纽河势规划的内容包括多方面，张瑞瑾则是在坝轴线❸位置、坝上游主河槽规划、三江航道规划等方面提出许多宝贵意见。坝轴线问题，是关系全局的问题，不但模型试验和地质勘探需要围绕选定的坝轴线有的放矢地进行，而且工地交通道路和房屋修建也只有在坝轴线定下后才能积极开展，因此要首先解决。❹ 1972 年 11 月，中央决定葛洲坝主体工程暂停施工后，对坝轴线和枢纽布置又进行了研究。1973 年 4 月，为满足航运要求，葛洲坝工程技术委员会第三次会议就坝轴线问题展开激烈讨论，可未能达成一致意见，严重影响了会议进度。后来，张瑞瑾提出"坝线不变，船闸下移"的方案，解决了坝线不下移而又可满足船闸通航条件的要求（后经试验研究船闸也可不下移）。❺ 他的建言得到了与会专家的认可，使河势规划问题研究工作得以顺利开展。

关于葛洲坝水利枢纽坝上游主河槽规划，水利专家提出了四种方案：双槽方案、单槽方案、混合方案、一线三闸的单槽方案。张瑞瑾认为这四种方案各有利弊，其中单槽方案是前阶段重点研究的方案。单槽方案是指："主流集中通过二江泄水闸，二江和大江电站分居两侧，前者自右侧进水，后者自左侧进水，同时用加宽引航道防淤堤宽度的办法，将河身束狭到和稳定河宽接近的 900 米左右，造成两侧电站侧向取水的态势。"❻ 水工和泥沙模型试验证明双槽方案、一线三闸方案的实施难度大，故不予考虑。单槽方案确实能提高兴利指标，但在处理泥沙方面略逊于混合方案。对于这一问题，张瑞瑾和谢鉴衡认为："电站设有排沙底孔，可解决一部分问题；另外，在大江电站右侧设置一较大的排沙底孔，也能有所补救；至于大洪水时底沙向凸岸输移并沉积的问题，可启用大江引航道冲沙闸泄洪来予以解决。"❼ 考虑到单槽方案存在的缺陷，张瑞瑾建议后期的水工模型和泥沙模型试验还要继续研究。事实上，葛洲坝水利枢纽

❶❷ 张瑞瑾：《张瑞瑾论文集》，中国水利水电出版社，1996 年，第 223 页。

❸ 坝轴线：代表坝平面位置的一根横断河谷的线。

❹ 政协西陵区委员会文史资料委员会：《世纪丰碑·葛洲坝》，内部印行，2015 年 10 月，第 37 页。

❺ 长江水利委员会长江勘测规划设计研究院：《长江志·综合利用水利枢纽建设》，中国大百科全书出版社，2006 年，第 141 页。

❻ 张瑞瑾：《张瑞瑾论文集》，中国水利水电出版社，1996 年，第 224 页。

❼ 谢鉴衡：《关于低水头水利枢纽的河势规划问题》，《水利水电技术》1985 年第 7 期。

最后选定的坝上游主河槽规划就是单槽方案。至于三江航道规划，葛洲坝工程技术委员会采用了张瑞瑾提出的"静水过船，动水冲沙"方案。张瑞瑾在这三方面的建言献策，极大地推动了河势规划研究工作的开展。

1977 年依据河势规划的要求和水工、泥沙模型试验的验证，葛洲坝工程技术委员会确定了葛洲坝工程的总体枢纽布置方案：建坝后坝区上游河势主流线左移居中，枢纽的主体工程是面迎主流且作为主要泄洪建筑物的二江泄水闸，同时为了增大泄洪、排沙效益，减少泄水闸的单宽流量并有利于施工截流，将葛洲坝江心洲挖除以扩大泄水闸宽度；二江电站和大江电站分别位于二江泄水闸的左侧和右侧；靠葛洲坝河段的左岸设三江引航道，右岸设大江引航道；在上游两条引航道临江一侧各设一道防淤堤，起破除回流、导航和束水攻沙的作用；枢纽右侧的大江布置一号船闸，枢纽左侧的三江布置二号和三号船闸。❶ 上述枢纽布置方案被葛洲坝工程技术人员形象地概括为"一体两翼"，即从主槽部分看，中间二江泄水闸为主体，两侧电站为两翼；从整个枢纽看，主槽部分泄水闸和电站为主体，两侧航道为两翼。❷

1985 年 4 月，二江、三江工程通过了国家验收委员会的验收。1991 年 11 月，大江工程也通过了竣工验收。葛洲坝工程建成后的运行实践表明：①坝上总体水流平顺，排沙顺畅，基本没有回流乱淤现象；②"静水过船，动水冲沙"方案有效解决了航道泥沙问题，保持了双线航道的畅通；③电厂布置在二江泄水闸的两侧，利用防淤堤轮廓曲线形成两电厂的侧向进水，改善了厂前流速流态；④设置导沙坎、排沙底孔对减少粗沙过机效果显著。❸ 由此可见，葛洲坝工程在河势规划方面是相当成功的。

四、为三峡工程建设积累实战经验

葛洲坝工程的兴建不仅缓解了湖北地区因三线建设所造成的用电紧张局面，而且减轻了长江汛期中下游的洪水威胁，改善了航道。除了经济效益、社会效益大以外，张瑞瑾等泥沙研究专家在参与解决葛洲坝工程泥沙问题时取得了一系列的科研成果，总结出了有关工程泥沙治理的经验。

第一，诞生了一批科研成果。张瑞瑾发现在解决葛洲坝工程泥沙问题的同时，在河道挟沙水流模型试验的技术和理论方面也取得了可喜的进展。他分别从技术和理论两个层面进行了简要阐述："在技术方面，研制了一系列的观测仪器，如电子流速仪，光电测沙仪，泥沙淤厚仪，模型深水流向仪，试验船模，等等；初步解决了细颗粒模型沙（粒径在 0.01 毫米左右）的问题，以及推移质与悬移质在模型中同时并存的问题，等等；在理论方面，不仅对河道挟沙水流比尺模型的相似率有了进一步的认识，特别是在模型的变态问题上，而且对于原型与模型水流的阻力分区以及不同的加糙形

❶ 潘庆燊：《长江水利枢纽工程泥沙问题研究进展》，《人民长江》2010 年第 4 期。

❷ 黄伯明、黄宣伟、杨国炜：《葛洲坝工程坝区河势规划问题研究》，《人民长江》1979 年第 5 期。

❸ 长江水利委员会长江科学院：《长江志·科学研究》，中国大百科全书出版社，2000 年，第 123 页。

式对于河道挟沙水流模型中的水流结构的影响等方面有了更深的理解。"❶ 这些科研成果极大地推动了以后泥沙研究工作的开展。

第二，为解决三峡工程的泥沙问题提供了借鉴。葛洲坝水利枢纽是三峡工程的"实战准备"，解决泥沙问题的成功经验对三峡工程的意义不言而喻。张瑞瑾从葛洲坝工程建设中总结出五条基本经验：一是重视与工程直接有关的第一性资料，把握住河段的基本特点；二是对具有类比价值的已建工程进行具有针对性的实地调查；三是大力开展模型试验（以物理模型为主，同时进行电算）；四是对重大问题有领导地进行不同观点间的争论，同时强调在工作中的大力协助；五是理论和实际相结合的综合分析。❷ 充分运用这些经验为解决三峡工程的泥沙问题增添了一份实践参考，其中"静水过船、动水冲沙"这一解决葛洲坝工程引航道水流泥沙淤积问题的基本途径对于三峡工程无疑具有直接借鉴意义。

❶ 张瑞瑾：《葛洲坝水利枢纽工程的泥沙问题及其解决途径》，《中国水利》1981 年第 4 期。
❷ 张瑞瑾：《张瑞瑾论文集》，中国水利水电出版社，1996 年，第 257 页。

第三章　张瑞瑾在三峡工程建设中的作用

1918 年，孙中山在《建国方略》（英文版）❶ 一书中明确提出利用长江三峡的水力资源发电的设想。经过 70 余年尤其是中华人民共和国成立后 40 余年来的反复论证和科学研究，兴建长江三峡工程的议案终于在 1992 年 4 月召开的第七届全国人民代表大会第五次会议上通过，列入国民经济和社会发展十年规划，由国务院组织实施。❷ 从提出设想、勘测论证到开工建设，三峡工程凝聚了无数水利专家的心血。

三峡工程的坝址位于长江西陵峡三斗坪，葛洲坝枢纽上游 38 千米，坝顶高程 185 米，正常蓄水位 175 米，防洪库容 221.5 亿立方米。1994 年 12 月长江三峡工程正式动工，2006 年 5 月全面竣工。它是我国目前最大的，也是迄今为止世界上最大的水利枢纽工程，兼具防洪、发电、航运等综合效益。

第一节　支持兴建三峡工程

长江三峡工程从设想到实施跨越了 70 多年之久，无论是论证的时间、规模还是研究的深度和广度，都极为罕见。民国期间，南京国民政府已组织国内外专家勘测长江上游三峡河段的水力资源，并取得初步成果，如《扬子江上游水力发电勘测报告》和"萨凡奇计划"❸。1945 年 11 月，中美签订技术合作的合约，由美国垦务局负责三峡水力发电工程的设计工作。然而 1946 年 6 月国民党发动内战，国民政府经济迅速面临崩溃，"凡属非短期内可见成效之工作，其需要经费均在停拨或缓拨之列。故三峡水力发电计划实施工作，资源委员会已奉国府令暂时结束"❹。中华人民共和国成立以后，水利、地质等部门开展了长江流域综合利用规划编制和三峡工程的勘测设计研究。1953 年 2 月，毛泽东主席乘"长江号"军舰视察长江时就三峡工程等问题同水利部长江水利委员会主任林一山进行了深谈。虽然三峡工程当时尚无实施的可能，但是却揭开了中华人民共和国成立后 40 余年勘测、设计和论证的序幕。

20 世纪 50—80 年代，三峡工程几度被提上中央的议事日程，但均因建设条件不成熟而

---

❶　《建国方略》是孙中山于 1917—1920 年间所著的三本书——《孙文学说》《实业计划》《民权初步》的合称。

❷　崔京浩：《土木工程与中国发展》，中国水利水电出版社，2015 年，第 165 页。

❸　萨凡奇计划：1944 年美国垦务局总设计工程师萨凡奇博士查勘三峡并编写了开发三峡水力资源的具体报告——《扬子江三峡计划初步报告》，即著名的"萨凡奇方案"。

❹　《中国长江三峡工程历史文献汇编》编委会：《中国长江三峡工程历史文献汇编（1918—1949）》，中国三峡出版社，2010 年，第 206 页。

未付诸实施。这既是因为当时政治环境和经济条件不允许，也有专家们对于是否有必要和有无经济、技术能力兴建三峡工程存在质疑，还包括对具体建设方案不能达成一致意见。比如"三峡工程上还是不上，早建还是晚建""坝址选在太平溪还是三斗坪"以及"正常蓄水位是 150 米、200 米还是 175 米"等问题，归结为 4 点即要不要建、能不能建、何时建、怎么建。黄万里、李锐、孙越崎❶等少数专家是三峡工程的反对者。他们多次上书中央，反复陈述"三峡工程不能建"的意见。而以林一山、张光斗、钱正英等为代表的多数专家是三峡工程的"主上派"，张瑞瑾也是坚定的"主上派"。在他看来，三峡工程是治理开发长江的关键性骨干工程，具有巨大的综合效益，且技术问题是可以解决的。

三峡工程事关重大，党和政府从 20 世纪 50 年代中期起就秉持着积极而又慎重的态度。进入改革开放的新时期，中央出于"这一工程还有一些问题和新的建议需要从经济上、技术上深入研究，整个工程的可行性研究报告尚待进一步论证和补充，以求更加细致、精确和稳妥"的考虑❷，在 1986 年 6 月发出《关于长江三峡工程论证工作有关问题的通知》，要求水利电力部组织专家重新论证。根据社会各界对三峡工程提出的问题和意见，水利电力部决定划分为 10 个专题❸，成立了 14 个专家组❹，聘请 412 位专家和 21 位顾问重新论证三峡工程的可行性。经过科学、严谨的论证，防洪专家组、电力系统专家组、航运专家组一致认为："为解决长江中下游，特别是荆江地区严峻的防洪问题，为缓解华中、华东地区能源紧张的局面，为改善长江航运条件，促进西南与华中、华东的物资交流，均需兴建三峡工程。"❺ 张瑞瑾对于三峡工程的看法是："在发电、防洪、航运、南水北调等方面的综合效益在我国高居首位，是无与伦比的，在世界也不多得。"❻ 正如《长江三峡水利枢纽可行性报告》中所下的结论："三峡工程有巨大的防洪、发电、航运效益，从治理开发长江和国民经济发展的全局考虑，兴建三峡工程是必要的。"❼

一、阐明三峡工程建设的必要性

（一）防洪效益显著

由于汛期长江上游洪水来量很大，中下游河道的泄洪能力不足，从而导致中下游

❶ 孙越崎（1893—1995），浙江绍兴人。著名的爱国实业家和社会活动家，中国共产党的诤友，我国现代能源工业的创办人和奠基人之一，被尊称为"工矿泰斗"。他一生抱着科技兴国的理念，艰苦奋斗，为我国煤炭、石油事业的开发建设作出了卓越的贡献。

❷ 陈夕：《中国共产党与三峡工程》，中共党史出版社，2014 年，第 139 页。

❸ 10 个专题：施工专题、地质地震与枢纽建筑物专题、水文与防洪专题、泥沙与航运专题、移民专题、工程电力系统与机电设备专题、投资估算专题、生态与环境专题、综合规划与水位专题、综合经济评价专题。

❹ 14 个专家组：地质地震、枢纽建筑物、水文、防洪、泥沙、航运、电力系统、机电设备、移民、生态与环境、综合规划与水位、施工、投资估算、综合经济评价等专家组。

❺ 长江水利委员会长江勘测规划设计研究院：《长江志·综合利用水利枢纽建设》，中国大百科全书出版社，2006 年，第 260 页。

❻ 张瑞瑾：《张瑞瑾论文集》，中国水利水电出版社，1996 年，第 275 页。

❼ 中国三峡总公司：《长江三峡水利枢纽可行性报告》，《三峡工程技术通讯》1992 年第 1 期。

平原地区成为长江洪灾最频发、最集中、损失与危害最严重的地区，尤其是荆江和武汉河段南北两岸的两湖部分地区。以 1931 年、1935 年、1949 年和 1954 年长江大洪水的损失情况为例，足以说明长江中下游平原地区在洪水年受灾的严重程度（见表 1）。

表 1 长江中下游平原 4 个大水年洪灾损失统计表

年份	受灾面积 /万亩	受灾人口 /万人	死亡人口 /万人	损毁房屋 /万间	损失估计
1931	5090	2855	14.5	179.6	134530 银元
1935	2264	1003	14.2	40.6	35544 银元
1949	2721	810	0.57	45.2	（缺）
1954	4755	1888	约 3.0	427.7	100 亿元人民币[①]
合计	14830	6556	32.37	690.1	

注　长江水利委员会长江勘测规划设计研究院、长江水利委员会江务局编《长江志·卷四治理开发（上）·第一篇防洪》，中国大百科全书出版社，2003 年，第 50 页。

①　王祥荣著《生态与环境：城市可持续发展与生态环境调控新论》，东南大学出版社，2000 年，第 281 页。

长江中下游地区人口众多，是我国重要的经济区，故长江的防洪问题必须解决。中华人民共和国成立后，党和政府加快了治理开发长江流域的步伐，采取了整治河道、建立分蓄洪区、加固加高堤防、修建支流水库等措施。即使上述措施均得到有效实施，也无法防御类似于 1860 年和 1870 年的特大洪水。三峡工程的地理位置优越，在此建坝能有效控制宜昌以上洪水，最大程度地实现长江流域的防洪效益。张瑞瑾结合模型试验结果和水文观测数据提出："三峡工程的防洪手段是长期保留约 200×10^8 立方米（不含其他兴利库容）的拦洪库容；受益河段在长江中游，以保证荆江河段的安全为主要目标；具体防洪效益表现在：第一，不大于 1/100 年洪水，在沙市水位小于等于 44.5 米的情况下，枝江泄量 60600 立方米每秒，荆江河段的安全得到保证；第二，若遭 1931 年、1935 年、1954 年型的洪水，可不启用荆江分洪区，保证沙市水位不大于 45.0 米，荆江河段安全得到保证；第三，1/1000 年的洪水，结合启用荆江分洪工程，使沙市水位控制在 44.5～45.0 米，枝江下泄流量为 71700～77000 立方米每秒；第四，对湖口以下，三峡水库防洪作用较小，在规划中不予考虑；第五，蓄泄兼施，以泄为主，泄表现在沙市水位 44.5～45.0 米，枝江泄量 71700～77000 立方米每秒。"[❶] 同张瑞瑾的分析一致，徐乾清[❷]等防洪论证专家组成员同样赞成三峡工程具有巨大的防洪效益，认为："对长江上游洪水进行控制调节，是解决长江中游洪水威胁，提高荆江河段防洪标准，防止在遭遇特大洪水时荆江河段发生毁灭性灾害最有效的措施。"[❸]

---

❶　张瑞瑾：《张瑞瑾论文集》，中国水利水电出版社，1996 年，第 273 页。

❷　徐乾清（1925—2010），陕西城固人。防洪工程和水利规划专家。1949 年毕业于上海交通大学，1999 年当选为中国工程院院士。长期参与大江大河防洪规划和水资源综合规划的咨询和审查工作，以及中国工程院地区水资源和环境保护项目的研究工作。

❸　中国水利学会：《三峡工程论证文集》，水利电力出版社，1991 年，第 79 页。

（二）无替代方案

三峡工程具有巨大的防洪、发电和航运等综合效益是水利工程界所公认的。数十年来，水利工程界人士的分歧在于："三峡工程虽然效益巨大，但投资也大，国家资金有限，因而要影响其他建设项目，应当先支流后干流，先上游后下游，根据所谓'开发顺序'治理开发长江，先在长江上中游一些支流上修建一批水库拦洪、发电，以替代技术复杂工程艰巨的三峡工程。"[1] 防洪替代方案：在岷江、嘉陵江、乌江等河流的上游筑坝防洪，完成长江梯级开发；发电替代方案：用 20 个水电站替代三峡水电站；航运替代方案：在长江上游一些大支流上修建一批水库，对川江航道继续采取疏浚、炸礁的老办法，再修建一条重庆至枝城转接长江航运的川汉铁路。[2] 1986 年重新论证期间，防洪专家组、航运专家组以及电力系统专家组针对这些可能的替代方案与三峡工程进行了全面比对，认为替代方案不但经济成本高，而且效益也不能与之相提并论。

张瑞瑾仔细分析了各科研单位提供的试验数据，也认为所谓的替代方案根本无法替代三峡工程。首先，他在发电问题上做了较详细的对比计算，得出的结论是三峡工程与各种替代方案相比，效益最优。其次，在航运问题上，他指出关于川江[3]河段航运的发展是不可能替代的。对于三峡工程具体的航运效益替代问题，他也设想了一些其他的方式，结果证明替代方案在经济上是不合算的。最后，在防洪问题上，张瑞瑾一方面指出防洪必须采取综合措施，另一方面对不建三峡工程的替代方案做了一些分析。结论是，有的替代方案在技术上不能成立，有的在经济上不合理。[4] 基于此种认识，他作出了"三峡工程由于具有特优的综合效益，而没有其他的工程建设方案可能在效益上全面代替"[5] 的论断。因此，张瑞瑾认为三峡工程应该建，而且要早建。

二、早建比迟建好

虽然三峡工程具有无可替代的综合效益，但究竟能不能建呢？建坝的地质条件允不允许、技术困难能不能克服和国力可不可以承受是必须要考虑的问题。三峡工程的坝址选定在三斗坪，这是根据多年勘探研究的结果决定的。三斗坪是花岗岩地段，岩石比较完整，而且坚硬，兴建高坝具有明显的优越性。[6] 自 1986 年重新论证以来，14个专家组对过去长期研究的技术成果，包括：基本资料，建筑物设计和施工组织设计，主要机电设备的选型、制造和安装，以及水库诱发地震，库岸稳定，泥沙淤积等，进

❶ 林一山：《高峡出平湖：长江三峡工程》，中国青年出版社，1995 年，第 10 页。
❷ 林一山：《高峡出平湖：长江三峡工程》，中国青年出版社，1995 年，第 10～12 页。
❸ 川江：四川省宜宾市至湖北省宜昌市的长江上游河段，全长 1040 千米。
❹ 张瑞瑾：《张瑞瑾论文集》，中国水利水电出版社，1996 年，第 273 页。
❺ 张瑞瑾：《张瑞瑾论文集》，中国水利水电出版社，1996 年，第 275 页。
❻ 长江水利委员会长江勘测规划设计研究院：《长江志·综合利用水利枢纽建设》，中国大百科全书出版社，2006 年，第 272 页。

行了全面复核，并补充了必要的科研、调查、论证等工作。[1] 对三峡工程的技术可行性，几个相关的专家组专题论证的结论一致予以肯定。除此以外，移民安置问题、对生态与环境的影响问题、防空安全问题、经济合理性问题等也是三峡工程反对者们关注的焦点。正如张瑞瑾所说："泥沙问题是兴建三峡工程很重要的技术问题，不容忽视的问题，但不是主要矛盾。主要矛盾是移民、投资与我们缺乏建设性移民工作的完整经验以及国力大小之间的矛盾。"[2] 对于这几个重点问题，泥沙专家组、移民专家组、投资估算专家组以及综合经济评价专家组也在论证报告中给予了科学答复。各论证专家组提交的报告无一例外地赞成兴建三峡工程。移民专家组认为三峡工程移民安置任务艰巨，但有解决的途径和办法；生态与环境专家组认为三峡工程对生态环境的影响有利有弊，但不存在制约三峡工程可行性的因素；枢纽建筑物专家组认为防空安全问题不致成为三峡工程可否兴建的决定性因素；综合经济评价专家组认为三峡工程经济效益好，经济指标高，对实现长远经济战略目标是有利的。[3] 据此可知，三峡工程有建的必要，国家也有建的能力。

在 1988 年 11 月召开的三峡工程论证领导小组第九次（扩大）会议上，张瑞瑾以书面发言的形式呼吁三峡工程现在"必须上马"，并且列举了"早上比迟上好"的四点理由："第一，三峡工程在发电、防洪、航运、南水北调等方面的综合效益在我国高居首位，是无与伦比的，在全世界也不多得。它早一天建成，就将早一天发挥重大作用；第二，三峡工程由于具有特优的综合效益，而没有其他的方案可能在效益上全面代替；第三，三峡工程的效益大，但工期长，应该在可能的范围内及早着手，使它生效的日期不至过迟；第四，如果让三峡工程迟上，则可能出现两种情况：使可行性研究不足的支流水电站乘机上马导致'半搭子'等一系列弊害，及加大修建火电站的压力以至于扩大本应缩小的火水比。"[4] 张瑞瑾还补充道，三峡工程上马与当前的政治、经济形势发展要求是相一致的。1980 年全国缺电 1000 万千瓦，1986 年全国缺电 1500 万千瓦，导致工业用电和生活用电无法得到保证，严重影响着我国国民经济的发展速度。[5] 如果说 20 世纪 50 年代兴建三峡工程所产生的电量远超过当时国内的用电需求，那么 90 年代兴建发电则恰恰能弥补 21 世纪国家经济建设用电不足的缺口。总而言之，张瑞瑾认为三峡工程不仅要建，还要尽早建。

1988 年 11 月，三峡工程论证领导小组根据 14 个专家组提交的论证报告得出重新论证的总结论是："三峡工程是难得的具有巨大综合效益的水利枢纽，对四个现代化建

---

[1]　长江水利委员会长江勘测规划设计研究院：《长江志·综合利用水利枢纽建设》，中国大百科全书出版社，2006 年，第 260 页。

[2]　张瑞瑾：《张瑞瑾论文集》，中国水利水电出版社，1996 年，第 266 页。

[3]　长江水利委员会长江勘测规划设计研究院：《长江志·综合利用水利枢纽建设》，中国大百科全书出版社，2006 年，第 262～263 页。

[4]　张瑞瑾：《张瑞瑾论文集》，中国水利水电出版社，1996 年，第 275 页。

[5]　林一山：《高峡出平湖：长江三峡工程》，中国青年出版社，1995 年，第 158 页。

设是有必要的，技术上是可行的，经济上是合理的，建比不建好，早建比晚建有利。"❶
1989 年 1 月，长江水利委员会又根据论证专家组提交的论证报告重新编制完成三峡工程的可行性研究报告。1991 年 8 月，国务院三峡工程审查委员会提出并通过了长江三峡水利枢纽可行性报告的审查意见："……三峡工程在技术上是可行的，经济上是合理的，国力是可以承担的……"❷ 根据《长江三峡水利枢纽初步设计报告（枢纽工程）》的最终定案，三峡工程采取"一级开发，一次建成，分期蓄水，连续移民"的建设方案。❸

第二节　长期研究和论证三峡工程泥沙问题的策解之道

长江三峡工程是一项规模宏大的工程，兴建必须满足技术可行性方面的科学要求。在众多技术难题中，泥沙问题是最令专家、学者担忧的。张瑞瑾指出："由于 20 世纪大大小小的水库被泥沙淤死而成为或间接成为废物的例子有很多，比如美国第一多沙河流科罗拉多河上的米德湖（博德尔水库）和我国的三门峡工程，以至于水利专家形成'谈沙色变'的心理状态。"❹ 事实确实如此，无论是从全局性、长期性还是复杂性来看，三峡工程的泥沙问题都是相当棘手的。❺ 长江上游来沙具有年输沙量大等特性，三峡工程建成后，大量泥沙将在水库内淤积，坝下游河道则发生清水冲刷，若不加以妥善解决，将影响水库寿命和枢纽综合效益的充分发挥。❻ 正是认识到问题的严重性，三峡工程尤其是泥沙问题的研究持续时间非常长，上至 20 世纪初，下至 20 世纪末。张瑞瑾主要参与了中华人民共和国成立初期至 1992 年批准建设期间的论证工作，其论证工作大致可分为三个阶段。

一、20 世纪 50—60 年代的初步探索

20 世纪 50 年代初，长江水利委员会就开始针对三峡工程开展勘探、规划、设计等科研工作。泥沙问题因其重要性，多年来被反复讨论和研究，积累了丰富的资料和科研成果，为之后论证工作的开展打下了坚实的基础。这一阶段的主要研究内容有：枢纽来沙研究；库区典型河段观测研究；水库长期使用研究；重庆河段卵石推移质泥沙模型试验研究；长江河流泥沙运动规律研究；丹江口水库及坝下游河道演变观测研究。❼ 长江河流泥沙运动规律是张瑞瑾研究的重点内容，关于水流挟沙力、泥沙起动、泥沙沉降等研究成果被统称为张瑞瑾公式。

❶　国务院三峡工程建设委员会：《百年三峡——三峡工程 1919—1992 年新闻选集》，长江出版社，2005 年，第 438 页。

❷　长江水利委员会长江勘测规划设计研究院：《长江志·综合利用水利枢纽建设》，中国大百科全书出版社，2006 年，第 266 页。

❸　湖北省水利志编纂委员会：《湖北水利志》，中国水利水电出版社，2000 年，第 469 页。

❹　张瑞瑾：《三峡工程的泥沙问题是可以解决的》，《人民长江》1988 年第 5 期。

❺❻　潘庆燊：《三峡工程泥沙问题研究》，中国水利水电出版社，1999 年，第 1 页。

❼　长江水利委员会：《三峡工程泥沙研究》，湖北科学技术出版社，1997 年，第 4～5 页。

20 世纪 50 年代末，张瑞瑾对于粗、细颗粒泥沙起动流速的统一公式进行理论研究，并根据长江河道实测资料、南京水利科学研究所整理的资料和武汉水利电力学院轻质卵石试验资料等得出计算公式，在生产、科研中被广泛采用。此外，"长江三峡水利枢纽修建以后，水库下游除发生局部冲刷外，还会发生沿程冲刷。这种沿程冲刷现象，可能给水电、航运、灌溉、排水、都市给水、防洪等方面带来一定影响，因此，沿程冲刷现象的分析，是规划设计中的重要工作之一"[1]，所以需要研究长江中下游水流挟沙力为分析工作提供参考。1958 年，由张瑞瑾主持，长江流域规划办公室水文处参加，进行长江水流挟沙力研究。参与研究工作的人员包括武汉水利电力学院河流动力学及河道整治教研组部分教师、治河工程系的部分学生和长江流域规划办公室的两位技术员。[2] 张瑞瑾广泛收集并分析了天然河道和渠道实测的水流挟沙力资料以及水槽试验资料，最后推导出悬移质输沙平稳情况下水位饱和水流挟沙力公式。[3] 这是他最为重要的理论创新，长期应用于长江乃至其他江河水流挟沙力的计算中。张瑞瑾对于河流泥沙运动规律的理论研究成为以后论证、设计工作开展的前提。

二、20 世纪 70 年代的继续研究

20 世纪 70 年代国家开始兴建葛洲坝工程，张瑞瑾参加并直接领导了泥沙问题的试验研究工作，进而为解决三峡工程的泥沙问题积累了丰富的实战经验。在这一时期，张瑞瑾开展的葛洲坝水利枢纽工程泥沙研究的主要内容包括：一是枢纽来沙研究；二是水库不平衡输沙观测研究及水库冲淤过程计算方法研究；三是葛洲坝枢纽坝区泥沙问题研究；四是水库变动回水区泥沙问题研究；五是水库下游河床冲刷、水位降低研究；六是泥沙模型试验技术研究。[4] 这些研究内容极大地丰富了 50—60 年代已取得的科研成果，对长江的河流泥沙运动规律也有了更进一步的认识。虽然葛洲坝工程与三峡工程的泥沙问题不尽相同，但还是有共通之处，故可以彼此参照。譬如说，葛洲坝工程泥沙问题的顺利解决不但在技术层面和水文资料方面为三峡工程提供借鉴，而且在一定程度上增强了泥沙研究工作者解决三峡工程泥沙问题的信心。

三、20 世纪 80—90 年代的深入论证

1982 年 9 月中共十二大决议提出"在本世纪末，工农业总产值翻两番"的目标，

[1]　张瑞瑾：《长江中下游水流挟沙力研究——兼论以悬移质为主的挟沙水流能量平衡的一般规律》，《泥沙研究》1959 年第 2 期。

[2]　张瑞瑾：《张瑞瑾论文集》，中国水利水电出版社，1996 年，第 71 页。

[3]　武汉水利电力学院张瑞瑾等：《河流泥沙动力学》，水利电力出版社，1989 年，第 182 页。

[4]　长江水利委员会：《三峡工程泥沙研究》，湖北科学技术出版社，1997 年，第 6 页。

因此必须建设大的骨干工程项目，于是三峡工程的兴建问题又提上中央的议事日程。❶
三峡工程进入了可行性论证和初步设计，开展泥沙问题深入研究阶段。1983 年 3 月，
长江流域规划办公室应水利电力部要求完成了正常蓄水位 150 米低坝方案的《三峡工
程可行性研究报告》，国家计划委员会随后组织了 350 余位专家对之进行审查。在三峡
水利枢纽审查会上，方宗岱预言："泥沙问题可能是三峡工程的拦路虎。"❷ 同样是泥沙
研究方面的权威，张瑞瑾则表达了截然相反的意见："三峡工程的泥沙问题，只要认真
对待，可以求得解决，不会成为'拦路虎'，但决不可掉以轻心。"❸ 张瑞瑾和方宗岱昔
日是国立武汉大学的同窗，又是南京国民政府中央水利实验处的同事，今日却在三峡
工程的泥沙问题认识上针锋相对。这次审查的结论是：除泥沙、航运和库区移民方面
的问题还需要做进一步研究，《报告》基本可行。❹ 1983 年 5 月，国家计划委员会主任
宋平❺还明确要求水利电力部委托张瑞瑾教授主持协调三峡水利枢纽工程泥沙问题的科
研工作，陈济生❻、谢鉴衡协助他完成初步设计中泥沙问题研究课题任务并进行协调分
工。❼ 此后，张瑞瑾分别于 1983 年 6 月和 1985 年 1 月在武汉主持召开了两次三峡工程
泥沙科研协调会，并取得了理想结果。在第一次会议上，他对回水变动区、坝区及坝
下游三个方面的泥沙问题研究作了全面安排，主张采用的手段包括物理模型、数学模
型、野外观测及类似工程变动回水区的考察和对比。在第二次三峡工程泥沙科研协调
会上，与会专家全面交流了前阶段科研工作的成果。此外，张瑞瑾还对回水变动区泥
沙问题的研究作了具体安排。❽

　　兴建三峡工程可能会出现的泥沙问题主要包括：一是水库的寿命；二是变动回水
区航道和港区的泥沙淤积；三是回水末端淤积引起重庆市洪水位的抬高；四是坝区泥
沙淤积；五是对下游河床演变和河口的可能影响。❾ 这些都是三峡工程泥沙科研协调会
所要讨论的重点问题。围绕这些泥沙问题，南京水利科学研究院、长江科学院等科研
单位和清华大学、华东水利学院、武汉水利电力学院等高等院校进行了为时两年的试
验研究。1985 年 5 月，张瑞瑾提交了《三峡工程前阶段泥沙科研工作汇报提纲》，总结
了各个泥沙问题的试验结果，尤其重点论述了变动回水区泥沙问题。根据已取得的研

　　❶　长江水利委员会长江勘测规划设计研究院：《长江志・综合利用水利枢纽建设》，中国大百科全书出版社，
2006 年，第 252 页。

　　❷　方宗岱：《三峡工程防洪效益弊多利少》，《科技导报》1986 年第 4 期。

　　❸　张瑞瑾：《张瑞瑾论文集》，中国水利水电出版社，1996 年，第 256 页。

　　❹　林一山：《高峡出平湖：长江三峡工程》，中国青年出版社，1995 年，第 93 页。

　　❺　宋平（1917—　），山东莒县人。1936 年参加革命，1937 年 12 月加入中国共产党，清华大学毕业。曾任中
共中央政治局常委、中共中央组织部部长。

　　❻　陈济生（1928—　），安徽铜陵人。早年留学苏联，1955 年 10 月被水利部指派与苏联专家共同参加三峡工
程的勘测工作，曾任长江水利委员会长江科学院院长。

　　❼　长江水利委员会长江勘测规划设计研究院：《长江志・综合利用水利枢纽建设》，中国大百科全书出版社，
2006 年，第 279 页。

　　❽　张瑞瑾：《张瑞瑾论文集》，中国水利水电出版社，1996 年，第 262 页。

　　❾　钱正英：《中国水利》，中国水利水电出版社，2012 年，第 412 页。

究成果，他个人同意采取正常蓄水位 150 米的方案，相信回水变动区的泥沙问题是可以解决的。比如，对于悬移质淤积，采取河道整治及推迟蓄水以造成两次走沙机会的措施，能有效解决问题；对于推移质淤积，初步进行的整治试验也表明问题可以得到解决。❶ 在变动回水区泥沙问题研究取得较大进展的同时，张瑞瑾还指明了下一阶段的研究重点："对坝区及坝下游的泥沙问题，各科研院所也应该给予足够的重视。"1985 年国家科学技术委员会将三峡工程重大技术研究列入"七五"（1986—1990 年）攻关计划，并相继成立了专家组进行专题论证。

自 1983 年长江流域规划办公室提出正常蓄水位 150 米的低坝方案后，来自社会各界的反对声音不断。1984 年 10 月 8 日，重庆市委以《对长江三峡工程的一些看法和意见》文上报中央领导和国务院；1984 年 5 月，全国政协六届二次会议对兴建三峡工程提出质疑，1985 年反对声更加强烈。❷ 1986 年 6 月，国家决定重新开始论证三峡工程。此次论证程序更为科学民主，论证范围也更加广泛。三峡工程论证领导小组为此聘请了全国最优秀、最权威的泥沙研究专家组成专门的泥沙专家组论证泥沙问题。张瑞瑾由于受到身体状况的限制只能担任泥沙专家组的顾问，指导和协助专家组组长林秉南❸开展论证工作。

尽管 1986 年的再度论证否决了之前正常蓄水位 150 米的低坝方案，可 1983—1986 年乃至更早之前所取得的研究成果和数据资料对接下来的论证工作仍具有极大的参考价值。自参加论证工作以来，张瑞瑾一直持三峡工程的泥沙问题是可以解决的观点。1986—1988 年，在三峡工程论证领导小组的会议上，张瑞瑾相继作了"在三峡工程的泥沙研究中要认真贯彻积极慎重的方针""三峡工程坝区泥沙问题的特点""三峡船闸摆在左岸是形势所迫""关于三峡工程模型试验问题""再论三峡工程的泥沙问题""对三峡工程的防洪、发电、航运问题的几点意见""三峡工程早上比迟上好""放眼决策，三峡工程应该早上，也可以早上"等主题的发言，充分反映了他对三峡工程泥沙问题能否解决的态度以及应该如何解决的建议。

综合上述发言内容，可以将张瑞瑾对于三峡工程泥沙问题的研究观点归纳为以下五点：第一，在三峡水库建设前的自然情况下，川江河段的水流挟沙力很大，水流远远处于次饱和状态。建库以后，虽然水流挟沙力大大降低，但在适当调度下，仍可以做到使水流挟沙力大于或等于入库含沙量，从而使很大部分的库容得以保留，并且得到了试验研究的证明。第二，处于回水变动区的重庆港区河段的泥沙问题较为严重，但不至于成为死港。解决这一问题关键在于拓宽视野，将重庆港区河段的整治工作与港区开发计划、嘉陵江上下游治理计划，以及将万吨级船队终点由重庆移至万县的必要性究竟如何等问题结合起来进行研究。第三，三峡水库变动回水区

❶ 张瑞瑾：《张瑞瑾论文集》，中国水利水电出版社，1996 年，第 259 页。

❷ 长江水利委员会长江勘测规划设计研究院：《长江志·综合利用水利枢纽建设》，中国大百科全书出版社，2006 年，第 256 页。

❸ 详见下文专篇介绍。

的泥沙淤积影响航运问题，虽然比较复杂，但是将调度与整治相结合，必要时辅以机械清淤措施有可能有利于这一问题的解决。第四，三峡坝区的泥沙问题不像葛洲坝那样严重，五六十年内淤积不会影响航运。第五，下游河道冲刷不如淤积严重，重点在于加强护岸工程。冲刷距离虽可能很长，冲刷强度则可能不会突出。[1] 基于以上对三峡工程泥沙问题的分析，张瑞瑾认为"以水库调度为主，结合整治工程，必要时辅以机械清淤"的方式是解决三峡工程泥沙问题的基本途径，其有效性也为后来河工模型试验、数学模拟及现场调查观测所证实，使原来对此途径持怀疑态度的同志解除了顾虑。[2] 这不仅是张瑞瑾的一家之言，还是多年来从事三峡工程泥沙问题论证的工作人员的共同意见。谢鉴衡、林秉南、唐日长等泥沙研究专家也持有相似的观点。1990年张瑞瑾主持的"七五"国家重点科技攻关课题"长江三峡工程变动回水区河床冲淤对防洪、航运影响"的研究工作完结，由于成绩显著，他获得了国家科学技术委员会、国家计划委员会、财政部颁发的有突出贡献的荣誉证书，并首批享受政府特殊津贴。[3]

三峡工程论证泥沙专家组自1986年成立以来，以长江流域规划办公室所提供的较为可靠的水文观测数据、实测数据等基本资料为基础，进行模型试验研究以配合综合规划与水位专家组确定正常蓄水位。他们重点论证了七个问题："1. 不同蓄水位方案水库变动回水区泥沙冲淤、河床演变和对航道及港区（特别是重庆港区）的影响；2. 水库引起的洪水位抬高；3. 不同蓄水方案水库淤积及排沙过程和保留库容的研究；4. 水库下游河床冲刷，水位降低和河床演变的问题；5. 三峡工程坝区泥沙问题；6. 葛洲坝枢纽一期工程运行期，泥沙冲淤和河床演变的分析；7. 三峡水库的修建对长江下游及河口地区水流和泥沙淤积的可能影响。"[4] 1987年4月，综合规划与水位专家组提出正常蓄水位175米的方案，泥沙论证专家组随即围绕这一方案展开深入研究。1988年2月，三峡工程论证泥沙专家组结合数学模型计算和物理模型试验的结果完成了论证报告，其中对上述泥沙问题能否解决的总的看法是："三峡工程可行性阶段的泥沙问题经过研究，已基本清楚，是可以解决的。"[5] 尽管泥沙专家组成员对三峡工程泥沙问题的解决方案还有不同看法，但在"可以解决的"这一基本观点上取得了一致意见。专家组的成员，包括组长、副组长、组员和顾问（见表2），均在含有上述结论的报告上签了字，张瑞瑾原则上同意这个报告中的结论性意见，因而也签了字。[6]

---

❶ 张瑞瑾：《三峡工程的泥沙问题是可以解决的》，《人民长江》1988年第5期。

❷ 张瑞瑾：《张瑞瑾论文集》，中国水利水电出版社，1996年，第281页。

❸ 涂上飙：《乐山时期的武汉大学（1938—1946）》，长江文艺出版社，2009年，第333页。

❹ 水利部科技教育司、三峡工程论证泥沙专家组工作组：《长江三峡工程泥沙研究文集》，中国科学技术出版社，1990年，第685页。

❺ 长江水利委员会：《三峡工程技术研究概论》，湖北科学技术出版社，1997年，第52页。

❻ 同❶注。

表 2　　　　　　　　　　　　三峡工程论证泥沙专家组名单

顾问	严恺	钱宁	张瑞瑾	杨贤溢	石衡
组长	林秉南				
副组长	窦国仁	谢鉴衡			
组员	丁联臻	万兆惠	王士毅	王作高	王绍成
	龙毓骞	华国祥	刘建民	杜国瀚	沈淦生
	李保如	周耀庭	荣天富	张仁	张启舜
	唐日长	鄢祥荣	惠遇甲	韩其为	黄宣伟
	王锦生	陈济生	高博文	戴定忠	

注　资料来源：中国水利学会主编《三峡工程论证文集》，水利电力出版社，1991年，第 236 页。

　　对于泥沙专家组作出的论证结论，张瑞瑾的看法是"立足于科学基础之上的，是值得信赖的"[1]，理由有以下三点：第一，专家组论证三峡工程泥沙问题采用的实测资料基本能满足分析工作所需；第二，做了九个河道、枢纽及港区物理模型和两个系统的数学模型，这些模型起到了相互配合、印证、校核、补充的作用；第三，在论证过程中广泛开展讨论，从中汲取有益经验。[2]　然而，这仅仅是可行性研究阶段的论证，只能说明泥沙问题是可以解决的，设计和施工阶段还必须提出切实可行的解决方案。因此，《泥沙论证报告》的提交不是研究工作的结束而是新一轮研究工作的开始。张瑞瑾勉励泥沙科技工作者们："我们还应充分估计三峡工程泥沙问题的复杂性，在可行性论证阶段结束以后，还须将若干重大问题的试验研究工作继续进行下去，力求做到'充分可靠'。"[3]1994 年 12 月三峡工程正式开工，泥沙问题的研究更为紧迫，其任务由以往预计的"可以解决"，转变为对每一具体问题"如何逐个解决"。虽然张瑞瑾的身体状况越发地不好，不能再继续参加工作，但他始终关心泥沙问题的研究进展。可惜的是，张瑞瑾于 1998 年 12 月不幸因病逝世，未能亲眼目睹"高峡出平湖"的三峡工程雄姿。三峡工程泥沙问题的解决是水利工程界集体智慧的结晶，不是某个著名专家仅凭一己之力能够完成的，无数不为人所知的张瑞瑾式的专家、技术人员为论证三峡工程泥沙问题耗尽了半生心血。泥沙问题的论证如此，整个三峡工程的建设亦是如此。

---

[1]　张瑞瑾：《张瑞瑾论文集》，中国水利水电出版社，1996 年，第 280 页。
[2][3]　张瑞瑾：《三峡工程的泥沙问题是可以解决的》，《人民长江》1988 年第 5 期。

第四章　张瑞瑾对武汉水利电力学院发展的贡献

武汉水利电力学院的发展史是中华人民共和国水利高等教育发展史的一个缩影。湖北是水利大省，对于水利人才的需求量极大，加快发展水利高等教育是治水事业的客观需求。1950 年 5 月，湖南大学水利系与武汉大学土木系水利组合并成立武汉大学水利系。1952 年 5 月，教育部提出全国高等院校院系调整原则和计划，其方针是"以培养工业建设人才和师资为重点，发展专门学院，整顿和加强综合性大学"，明确主要发展单科性专门学院。❶1952 年 11 月成立了武汉大学水利学院，院长由武汉大学副教务长、水利专家张瑞瑾教授兼任。1954 年 12 月，为适应国家大规模经济建设的需要，国务院批准武汉大学水利学院从武汉大学分出，成立独立的工科院校——武汉水利学院，张如屏任院长，张瑞瑾任副院长。❷ 1958 年，武汉水利学院改名为武汉水利电力学院，增设电力类专业。随着学院的教学与科研水平的不断提升，武汉水利电力学院于 1993 年更名为武汉水利电力大学。进入 21 世纪，综合类大学成为高等教育的建设重点，于是学校在 2000 年再次合并到武汉大学成为武汉大学水利水电学院。张瑞瑾的一生都奉献给了水利工程建设和水利高等教育事业，奉献给了位于武汉的这所水利高等学校。正如他的女儿张及红所言："我父亲是一位水利专家，而他首先是个教育家。"❸

第一节　依据中国国情办学

一、理性学习苏联

中华人民共和国成立后百废待兴，各行各业都缺乏专业技术人员，水利方面也是如此。如何快速培养人才，学习苏联无疑是最便捷、最有效的方法。20 世纪 50 年代，我国开始全面学习苏联进行教学改革。改革的主要内容是：明确各类高等院校的任务和培养目标；按照苏联的专业目录，根据我国国家建设需要和各校实际条件设置专业，

---

❶ 姚纬明：《1915—2015 中国水利高等教育 100 年》，中国水利水电出版社，2015 年，第 83 页。

❷ 武汉大学水利水电学院院志编纂组：《武汉大学水利水电学院院志（1952—2012）》，内部印行，2012 年，第 47 页。

❸ 张及红：《父亲张瑞瑾的一个小故事》，见张瑞瑾女儿张及红的博客，http：//blog.sina.com.cn/s/blog_91ed5c1f01018shh.html。

全国共设专业 323 种；以苏联教学文件为蓝本制定统一的教学计划和教学大纲；使用苏联教材和教学参考书；学习苏联通行的教学方法，加强实践性教学环节，如逐步推行教学工作的计划管理；延长部分高等院校学制。❶ 学习苏联的教学模式对于快速发展我国的水利高等教育是有帮助的。仅以教材为例，张瑞瑾对比了苏联与美国教材的优劣。他认为苏联水力学家伏龙科夫的《理论力学教程》❷ 一书与英国、美国一般的理论力学教科书比较起来有许多优点，而主要优点之一便是对于基本理论阐述得很完整、很明确、很严密。苏联教材十分强调基本理论的完整性与确切性，而资本主义国家的，特别是美国的教材中，则忽视了这点，浪费了许多篇幅去纠缠于枝枝节节的问题。❸ 武汉水利学院在 20 世纪 50 年代也积极地向苏联学习。首先，1955—1960 年学院先后聘请了苏联水利土壤改良专家卡尔波夫、水利工程施工专家叶菲莫夫和河道整治专家倍什金来学院担任教学工作，卡尔波夫兼任院长顾问。其次，通过采用苏联教材和自编教材相结合，学习和引用苏联教学方式方法，建立教学基层组织。最后，派学院青年教师到苏联留学进修。❹ 初期学习苏联教学模式确实推动了我国水利高等教育的发展，可后期逐渐出现了一些问题。

在学习苏联的过程中，张瑞瑾不是一味地盲从而是边学习边反思。1953 年 9 月他在全国高等工业学校行政会议上直言不讳地指出："各高等学校在思想改造学习运动的基础上，学习苏联先进经验，从事教学改革，一般地都取得了很大成绩；但是，由于对教学改革的长期性、复杂性认识不足，因而也产生了许多严重缺点。"❺ 第一，就学习苏联的精神来说，不是循序渐进，逐步体会其精神实质，而是生吞活剥，企图速成。主要表现在：将苏联五年制教学计划生搬硬套到中国的四年制本科；中国教员在不熟悉苏联教材的情况下仓促给学生上课；工科专业设置数量急剧增加，专业也划分得越来越细，很多专业设置超越实际可能。第二，学习苏联经验而不认真研究苏联经验的历史发展过程，不认真研究我国目前不断发展着的需要和主客观条件，从而求得苏联经验在我国的正确运用。❻ 在教学计划、培养目标上中苏两国存在着较大差异，不能一概而论。张瑞瑾等人对教育问题实事求是的发言促使高等教育部在会上作出决议："高等教育改革的方针，是学习苏联先进经验与中国实际相结合，一方面我们要诚心诚意，脚踏实地地学习苏联，领会苏联经验的实质；更重要的，要从中国当前实际出发，实事求是地运用苏联经验。"❼ 这些言论说明张瑞瑾较早认识到水利高等教育直接套用苏联模式是行不通的，必须经过中国化改造。

❶　姚纬明：《1915—2015 中国水利高等教育 100 年》，中国水利水电出版社，2015 年，第 84 页。

❷　伏龙科夫：《理论力学教程》，商务印书馆，1953 年 12 月。

❸　张瑞瑾：《树立独立思考深入钻研的学习风气——一九五三年三月十七日对全校同学的报告》，见张瑞瑾女儿张及红的博客，http://blog.sina.com.cn/s/blog_91ed5c1f0100ywcw.html。

❹　姚纬明：《1915—2015 中国水利高等教育 100 年》，中国水利水电出版社，2015 年，第 101 页。

❺❻　张瑞瑾：《把高等工业学校的教学改革推进一步——参加全国高等工业学校行政会议的一点体会》，《人民日报》1953 年 9 月 15 日。

❼　姚纬明：《1915—2015 中国水利高等教育 100 年》，中国水利水电出版社，2015 年，第 100 页。

二、关注中国实际

张瑞瑾一贯的办学理念是"教育要根据中国的国情来办"。无论是在 20 世纪 50 年代实行苏化、全国搞学校专门化、大学大分家、专业细分化的年代，还是在 80 年代开始劲刮西化风时期，他始终秉持这样的观点。❶ 张瑞瑾认为中国的实际主要有两方面：一方面是"大实际"，即整个国家在发展中的情况和需要，高等教育迅速适应国家经济建设需要，为工业建设的各个工作岗位培养工程师和高级技术人员；另一方面是"小实际"，包括高等教育本身的各种主观条件，如师资水平、学生知识程度、图书仪器设备，等等。❷ 只有充分结合实际，才能更好地培养人才。

如何结合中国实际学习苏联经验？张瑞瑾举了三个例子加以说明："首先，是标准问题。在教学内容、教学制度等方面，根据我国具体情况，参照苏联的标准，确定我们自己的标准。其次，是关于不平衡性的问题。在师资条件、干部配备、入学学生水平以及物质基础、工作基础等方面，全国各高等工科学校的情况，是相差很远的。最后，是关于点面结合问题。在高等工科学校中，注意培养了几个重点，通过它们传播苏联先进科学技术和先进教学经验，担负起在学习苏联结合中国实际中积累和传播一些创造性的经验的责任"。❸ 作为武汉水利电力学院主抓教研工作的副院长，张瑞瑾时刻站在合乎中国国情、中国实际的立场安排学校的教学工作，如高等工科学校专业设置数量的多寡、宽窄专业的比例怎么样分配、课程设置的要求是什么等方面。

20 世纪 50、60 年代，我国高等院校存在专业设置过多和划分过窄的问题。1954年，武汉水利学院设有水利土壤改良、河川枢纽及水电站建筑、水道及海港三个本科专业，设有水利技术建筑与水利土壤改良两个专修科；设立水利改良系、水工建筑系、河港工程系。❹ 专业和系科设置较为符合武汉水利学院的实际。然而，由于随之而来的全国高等教育领域的"大跃进"，高等院校专业数量急剧增加，专业设置基本失控，学科发展不协调，水利高等院校也是如此。❺ 仅 1960 年，武汉水利电力学院就增设了数学、物理、化学、电气、电气测量技术、数学计算仪器及装置等专业。❻ 据张瑞瑾本人回忆："1958 年'大跃进'以后，一下子上了十个新专业，到'反冒进'时有一半下

---

❶ 程励：《丹心大师——怀念恩师张瑞瑾教授（上）》，《武汉大学报》2014 年 3 月 10 日。

❷ 张瑞瑾：《把高等工业学校的教学改革推进一步——参加全国高等工业学校行政会议的一点体会》，《人民日报》1953 年 9 月 15 日。

❸ 张瑞瑾：《关于高等工科教育事业中的几个问题》，《高等教育》1957 年第 1 期。

❹ 武汉大学水利水电学院院志编纂组：《武汉大学水利水电学院院志（1952—2012）》，内部发行，2012 年，第 47 页。

❺ 姚纬明：《1915—2015 中国水利高等教育 100 年》，中国水利水电出版社，2015 年，第 103 页。

❻ 姚纬明：《1915—2015 中国水利高等教育 100 年》，中国水利水电出版社，2015 年，第 104 页。

了马。大上是错误的，大下也有错误。"❶ 1961 年 9 月，中央颁布"高校六十条"❷，其中明确提出专业设置应坚持"少而精"的原则，要求学校调整课时安排，减少生产劳动和科研任务，控制社会活动，认真执行部颁教学大纲。为贯彻这一原则，武汉水利电力学院采取了"一保（保基础、保重点）、二压（压缩次要的课程）、三减（减掉非必须的课程）"的措施。❸ 1962 年 7 月，武汉水利电力学院撤销基础科学系，将数学专业的四五年级调入水工建筑系，电厂化学专业划归电力系。❹ 事实上，张瑞瑾早在 1953 年就提出"少而精"的建议："不怕学得少，学得慢；而要学得透，学得好。……对于课程门类、作业内容的安排，就宁可少些，而不宜贪多。"❺

中华人民共和国成立初期弃用民国大学的"通才教育"模式转而学习、借鉴苏联的"专才教育"模式，使得我国的高等教育领域在专业的划分上呈现专业面过窄的现象。❻"专才教育"模式虽然培养了大批国家急需的高级专门人才，但是也造成了人才培养分科过细、学科壁垒森严、知识完整性被分割、学术视野狭窄等弊端。针对宽窄专业的比例问题，张瑞瑾提倡根据中国的国情，采取"宽窄结合，以宽为主，宽多窄少"的方针："宽的专业可以在较多的学校中设立，招生的人数可以多一些；窄的专业可在个别或少数学校中设立，招生人数少一些。这样，两者结合起来，对我们这个经济建设情况复杂的社会主义大国来说，可能会有好处，至少害处不大。"❼ 这一建议提出较早，或许尚值得斟酌，但启发了更多的人对专业宽窄问题的思考。此外，他还认为理科专业的设置以多着眼于科学发展中的新的分支趋势为宜，而工科专业的设置应多着眼于生产事业发展中对科学技术人才提出的要求。总而言之，中国国情是张瑞瑾办学的根本出发点和落脚点。

回顾自己 30 年来执掌武汉水利电力学院的办学经验，张瑞瑾提出办好一所大学必须要做到两点：一是培养人才；二是开展科研。只有两方面一起努力，学院才能办得更好。

第二节　专注提高教学水平

一、重视师资的培养

中华人民共和国成立初期，高等学校中师资缺乏是极其普遍的现象。从校外聘请

❶ 张瑞瑾：《办好一所高等工科学校的几个问题》，《高等教育研究（武汉水利电力学院）》1983 年第 1 期。

❷ "高校六十条"：全称为《教育部直属高等学校暂行工作条例（草案）》，1961 年 9 月 15 日颁布，对教育革命进行纠偏和总结。又称"高教六十条"。

❸ 《中华人民共和国电力工业史》编委会：《中华人民共和国电力工业史·教育卷》，中国电力出版社，2007 年，第 109 页。

❹ 姚纬明：《1915—2015 中国水利高等教育 100 年》，中国水利水电出版社，2015 年，第 105 页。

❺ 张瑞瑾：《把高等工业学校的教学改革推进一步——参加全国高等工业学校行政会议的一点体会》，《人民日报》1953 年 9 月 15 日。

❻ 林静、陶爱萍：《普通高校学籍管理制度建设研究》，浙江大学出版社，2012 年，第 43 页。

❼ 张瑞瑾：《办好一所高等工科学校的几个问题》，《高等教育研究（武汉水利电力学院）》1983 年第 1 期。

教授，难度较大。例如：1954 年武汉水利学院建院之初仅有教师 162 名，其中教授 17 名，副教授 10 名，讲师 16 名，助教 119 名。❶ 1955—1965 年学院每年招生规模在 400 人以上，在校生规模在 2000 人以上。❷ 随着学院招生人数逐渐增多，有限的师资力量无法满足国家对大量专业技术人才的迫切需求。因此，培养新干部和新教师成为各高等院校长远发展的当务之急。张瑞瑾主张通过采用留毕业学生任助教而后自行培植，以及引进清华大学优秀毕业生任教等方法缓解学校紧缺的师资与日益增多的学生之间的矛盾。段文忠、谭葆玲等人均系本校学生，毕业后留校任教。郑邦民等人则是从清华大学引进的人才。这两个方法的确在相当程度上缓解了武汉水利电力学院师资紧张的压力。

同时，张瑞瑾也注意到："在考虑需要的时候，不应只照顾数量上的要求，也应照顾质量上的要求。"❸ 他所领导的武汉水利电力学院十分重视教师的培养工作，既要提高教师的科研水平，又要提高教学水平。学院要求各个教研室和每一位教师定出提高、培训的规划，对每位教师实行"四定"（即定方法、定任务、定措施、定时间），确定一批重点师资名单。❹ 除了这种专门化的培养方式外，张瑞瑾还亲力亲为地指导青年教师的教学和科研工作。他让系里的年轻助教参与教材编写，又与他们一起合带研究生。他的学生段文忠和谢葆玲毕业后留校任教，分别在水力学、数学教研室。期间，张瑞瑾邀请他们分别参与其主持的与悬移质运动有关的蜿蜒型河段演变及弯道环流的研究、推移质输移运动实验研究基金项目。❺ 正是在张瑞瑾这样的悉心培养下，武汉水利电力学院的青年教师迅速成长起来。"文化大革命"之后，学院对中青年教师学养的要求更高，培养力度也更强了。

二、教材编写成就卓著

在担任主管教学、科研的武汉水利学院副院长以及后来武汉水利电力学院副院长、院长期间，张瑞瑾深知教材在教学中对于学生学习的重要性，因此十分重视教材建设。从 20 世纪 50 年代以来，张瑞瑾就长期担任全国高等院校水利水电类专业教材编审委员会副主任、主任，教育部高等工科学校基础课力学教材编审委员会副主任委员。与此同时，他率先在武汉水利电力学院内组织教师编写教材，先后主编《水力学》❻、《河流动力学》❼、《河流泥沙动力学》❽ 等教材，参编《河流泥沙工程学》

❶ 赵亮宏等：《中国高校》，中国大百科全书出版社，1993 年，第 484 页。

❷ 谢红星：《武汉大学校史新编（1893—2013）》，武汉大学出版社，第 190 页。

❸ 张瑞瑾：《高等工科教育事业中的几个问题》，《高等教育》1957 年第 1 期。

❹ 姚纬明：《1915—2015 中国水利高等教育 100 年》，中国水利水电出版社，2015 年，第 106 页。

❺ 段文忠：《怀念恩师张瑞瑾（下）》，《武汉大学报》2011 年 11 月 11 日。

❻ 武汉水利电力学院：《水力学》，水利电力出版社，1960 年。

❼ 武汉水利电力学院河流动力学及河道整治教研组：《河流动力学》，中国工业出版社，1961 年。

❽ 武汉水利电力学院张瑞瑾等：《河流泥沙动力学》，水利电力出版社，1989 年。1992 年 1 月，该教材在水利部第二届全国高等学校水利水电类专业优秀教材评选会议中获水利部优秀教材一等奖。

（上、下册）❶ 教材。1960 年前后，张瑞瑾作为河流动力学及河道整治教研组唯一的教授，组织学院教师先后编写了《水力学》和《河流动力学》两本教材。他自己利用节假日、休息时间和出外开会的空余时间承担了两本书一半的写作量以及大量的校正工作。❷

　　《水力学》在编写过程中，广泛吸收了苏联的前沿成果，采纳了其他国家最新的研究成果，内容安排上还注意体现理论与实践统一的原则。张瑞瑾还亲自执笔编写了《河流动力学》一书的第 1 章至第 5 章以及附录Ⅰ、Ⅱ、Ⅲ，其余的章节由谢鉴衡老师和陈文彪老师完成。《河流动力学》一书包含了张瑞瑾关于河流泥沙运动的诸多研究成果，如泥沙起动流速的研究、沙波运动与推移质输沙率的研究、泥沙沉降公式的研究、长江中游水流挟沙力的研究，等等。该书既是当时治河防洪工程专业、航道开发与整治工程专业、陆地水文学专业的教科书，同时也是国内第一本反映当时河流泥沙研究国际前沿学术水平的著作。该书的出版还标志着诞生了我国一个新的学科分支——河流动力学。❸ 当时国际上只有苏联出版过两本这方面的著作，所以该书不仅在我国水利学界属于拓荒之作，在世界上也颇有影响力。❹ 这两本教材于 1960 年和 1961 年先后出版，在一定程度上缓解了武汉水利电力学院水利教材严重匮乏的压力。在张瑞瑾的积极努力之下，武汉水利电力学院于 1966 年底按照教育部制订的全日制重点高等学校教学大纲，由学院主编或编写、出版社出版的全国通用教材就达 63 种，出版工具书 13 种，自编出版教材讲义 788 种。❺ 编写教材不但有助于提高本学院的教学质量和师资水平，而且满足了其他水利电力高等学校对教材的需求。

　　1987 年，张瑞瑾参编的《河流泥沙工程学》一书获国家教委全国优秀教材奖；1992 年 1 月，主编的《河流泥沙动力学》一书获水利部优秀教材一等奖，足以肯定这两本教材的学术价值。这两本教材汇集了他晚年的研究成果，是他学术理论成就的集中体现。张瑞瑾主编的《河流泥沙动力学》一书贯彻少而精和深入浅出的著述原则，注意理论和实践结合，强化了基本理论概念，重视学术研究的推陈出新和反映国内外最新研究成果，特别是对我国学者的科研成果给予了极大的关注。❻《河流泥沙工程学》教材则是谢鉴衡教授所主编，张瑞瑾在教材编写过程中给予了他许多指点。教材是学生接受知识的重要参考书，其重要性不言而喻。张瑞瑾身为院长以身作则编写教材，

---

　　❶　武汉水利电力学院河流泥沙工程学教研室：《河流泥沙工程学》（上），水利出版社，1981 年；《河流泥沙工程学》（下），水利出版社，1982 年。1987 年，该教材先后获得水利电力部优秀教材一等奖和国家教委全国优秀教材奖。

　　❷　武汉水利电力学院通讯组：《呕心沥血，治水治沙——记出席全国科学大会代表、我国水利专家张瑞瑾教授》，《长江日报》1978 年 4 月 24 日。

　　❸　张瑞瑾、谢鉴衡、陈文彪：《河流动力学》，武汉大学出版社，2007 年，第 3 页。

　　❹　程励：《丹心大师——怀念张瑞瑾教授（下）》，《武汉大学报》2014 年 3 月 21 日。

　　❺　《中华人民共和国电力工业史》编委会：《中华人民共和国电力工业史·教育卷》，中国电力出版社，2007 年，第 108 页。

　　❻　武汉水利电力学院张瑞瑾等：《河流泥沙动力学》，水利电力出版社，1989 年，前言。

为学院开了一个良好风气，"学院都对教材建设高度重视，鼓励教师结合学科发展，编写出版教材。对于新开课，无合适教材的，学院允许教师自编讲义，供学生选用"❶。重视教材编写遂成为武汉水利电力学院的一个优良传统。根据水利电力出版社统计，中华人民共和国成立以来至 1982 年底水利电力出版社公开出版的水利电力类教材有 133 种，其中武汉水利电力学院编写或主编的有 45 种，合编的有 12 种，占水利电力出版社出版教材品种的 44%。❷

三、树立德智体全面发展的人才培养目标

张瑞瑾认为高等学校在培养人才方面应该以德、智、体全面发展为目标，具备德、智、体全面发展的人才更能为国家的水利水电建设作出贡献。德育即思想政治教育，成材必先成人。对学生的思想政治教育，他反对讲空话、讲大话，而是从大处着眼小处着手，要求教师和干部以身作则，特别注意培养学生的道德品格。张瑞瑾曾举学生下课后不及时关灯的不良习惯作为例子告诫全院师生："对国家人民的一件实验材料、一个馒头都应节约爱惜，何况是电。作为武汉水利电力学院的学生，如果不懂得能源问题是当前的战略重点之一，而在日常行为中恣意地去浪费电，真使人难以想象。"❸以小见大，这虽然只是生活中一个小细节，却反映了一个关乎国家能源节约的大问题。思想政治教育不仅是理论教育，还要关注生活实践，帮助学生树立正确的人生观、世界观和价值观。

智育是学校人才培养过程中最重要的环节。在 1984 年武汉水利电力学院建院 30 周年纪念日，张瑞瑾作为名誉院长就学院今后如何开展智育工作提出了以下几点意见："第一，既要知识全面，也要狠抓科学技术的基础培养；所谓知识全面，就是学工科的学生要有理科及人文方面的知识储备。所谓基础扎实，就是在学校要学到实实在在的知识，毕业后具有广泛的适应性。第二，注意科学技术的迅速更新的趋向，使学生在掌握现代科学技术方面紧紧跟上时代的步伐。第三，应用外语能力需不断的提高。"❹武汉水利电力学院紧紧围绕这三方面开展智育工作。

身体是干事业的本钱，只有拥有强健的体魄，才能更好地学习和工作。高等院校应将学生的健康问题纳入到教学工作的体系内。在院长张瑞瑾的直接关怀下，武汉水利电力学院尤其重视健康教育，主要包括：经常的文体活动；营养价值适度的饮食；较好的卫生环境；劳逸适度的教学安排以及疾病的防治。

武汉水利电力学院自创办以来为我国培养了大批的水利电力人才，包括本科生、研究生和成教生。他们为国家的水利水电建设作出了应有的贡献，其中不乏一些相当

❶ 武汉大学水利水电学院院志编纂组：《武汉大学水利水电学院院志（1952—2012）》，内部印行，2012 年，第 73 页。

❷ 湖北省教育志编纂委员会办公室：《湖北地区高等学校简介》，内部印行，1987 年，第 25～26 页。

❸ 程励：《丹心大师——怀念张瑞瑾教授（上）》，《武汉大学报》2014 年 3 月 10 日。

❹ 张瑞瑾：《回顾与前瞻——纪念武汉水利电力学院建院三十周年》，《中国水利》1984 年第 1 期。

出色的校友。如：2009 年，学院河流工程系 1978 级校友王光谦当选为中国科学院院士[1]；2011 年，学院农田水利工程系 1978 级校友康绍忠当选为中国工程院院士[2]。他们无一例外皆是德智体兼修。

四、注重言传身教

作为学院教学工作的主要负责人，张瑞瑾依据科学原则设置合乎需要的专业课程，并编写内容合理的专业教材。然而，仅仅依靠教材还不足以确保教学质量的提高。怎样促进教学质量的提高是张瑞瑾从事水利高等教育以来一直思考的问题。教材的知识如何完全转化为学生的知识，教师的言传身教是最为关键的一环，这涉及教师的教和学生的学。

关于教师如何教和教什么的问题，张瑞瑾非常认同韩愈在《师说》中为教师提出的三点教学任务——传道、授业和解惑。关于这三点，他联系实际作了详细的解释："首先，教师的任务是要向学生传马列主义、毛泽东思想之道，传社会主义精神文明之道，传正确的治学态度和治学方法之道。其次，传授专业知识。最后，解惑即答疑。"[3] 其实，这三点归纳起来就是教书育人。育人即思想政治教育和专业知识传授。关于理论知识的传授，张瑞瑾严格要求教师做好备课、讲课和答疑三个方面工作。例如，备课一定要充分，考虑如何突出重点和关键，如何阐释难点，特别是如何调动学生的思维与教师的思维同起伏。在讲课中，放手让学生自己进一步思考和领会，从而提高智力。不仅如此，他还认为一个好老师应该具备以下条件：要当好一个老师，不能只会讲一种"学时"版本的课，要能根据不同的对象、不同的要求将教材组织成不同学时的内容，并能画龙点睛地突出课程的要点、重点、主要内容；当教师，写板书一定要工整，让学生能看得懂，不能信手乱写，图也要画得中规中矩。[4] 张瑞瑾以身作则，这些要求他全做到了。正如他的学生段文忠所说："张老师备课充分而认真，按编剧的脚本写好讲稿；他的草体板书潇洒漂亮；他画的图规圆矩方，既标准又美观。"[5] 可见，张瑞瑾的教学基本功非常扎实。

水利工程学是工科，既要掌握理论知识，又要注重实践。教师应在实践活动中指导学生灵活运用理论。在着重加强课堂教学、习题和实验的同时，学院先后组织学生去工地实习，使学生受到了较为完整的专业训练。1958 年始建丹江口教学基地，为理

---

[1] 王光谦（1962—　），河南南阳人。1978—1982 年在武汉水利电力学院学习，1985—1989 年在清华大学水利水电工程系学习，1990—1992 年在中国科学院力学研究所做博士后。主要从事泥沙科学与江河治理研究。2009 年当选为中国科学院院士。2013 年 7 月受聘为青海大学校长。

[2] 康绍忠（1962—　），湖南桃源人。1982 年 7 月武汉水利电力学院农田水利工程专业本科毕业，1985 年和 1990 年西北农业大学农业水土工程专业硕士与博士研究生毕业。2011 年当选为中国工程院院士。目前就职于中国农业大学水利与土木工程学院。

[3] 张瑞瑾：《办好一所高等工科学校的几个问题》，《高等教育研究（武汉水利电力学院）》1983 年第 1 期。

[4] 于布：《忆师从张瑞瑾院长的岁月》，《武大校友通讯》2009 年第 1 辑，内部印行。

[5] 段文忠：《怀念恩师张瑞瑾（下）》，《武汉大学报》2011 年 11 月 11 日。

论联系实际、教学与生产结合等开创了先例，形成了以武汉为中心的教学基地网。❶ 葛洲坝工程建设时，学院师生又来到工地进行河工泥沙模型试验。此外，张瑞瑾在自己进行学术研究时也要求学生广泛参与其中。如研究长江中下游水流挟沙力时，治河工程系的部分同学积极参与。1977 年后，全国恢复高考及设立学位制度，张瑞瑾亲自制定了水力学及河流动力学专业硕士研究生、博士研究生的培养计划，为加深实践教育还特别开设了"中国河流泥沙理论与实践"课。❷

俗话说"一日为师，终身为师"，对于学生的教育不能局限于一时一地，而应在时间和空间上有所延伸。张瑞瑾曾指导一位已毕业的研究生在国外选校、选课，还关心他的婚姻状况以及农村母亲的生活状况。1982 年他甚至将自己参加葛洲坝水电站科研工作获得的一百元奖金全数赠送给武汉水利电力学院七七级报考研究生的两名成绩优异的学生。❸ 这两位学生家境贫寒，张瑞瑾急学生之所急是值得钦佩的。他的同事郑邦民教授回忆道："他还很关心学生的思想，亲切教诲，有一个学生因为爱情而闹情绪，他也为此掉了泪。"❹ 正如武汉大学的关根志教授对张瑞瑾的女儿说的那样："我们大家都应该向你父亲学习，不光要向他学习做学问，更要向他学习做一个有广博爱心的人。"❺ 一位好老师不仅要关心学生的学习，还要关心学生的生活。这一教育思想来源于张瑞瑾在湖南广益中学求学时受到校长任邦柱无微不至的关怀的教导。

关于学生如何学的问题，张瑞瑾根据自己的教学和治学经验提出了以下几点看法：首先，养成良好的学习态度。一是好学。张瑞瑾曾和他的学生于布深入谈过这个问题。他说孔夫子有三千弟子，但只有七十二贤人，其中颜回"好学，不迁怒，不贰过"，"一箪食，一瓢饮，在陋巷，人不堪其忧，回不改其乐"。❻ 张瑞瑾非常欣赏颜回好学的品质，并告诫他的学生向其学习，应该如饥似渴地学习，对于知识的汲取要像吸铁石对于铁粉那样主动地把它吸过来。二是敢于坚持真理，勇于修正错误。张瑞瑾认为："一个科学技术工作者，在一个重大的科学技术问题的决定过程中，如果不敢坚持自己认为是真理的东西，而屈从乃至迎合'某长''顶头上司'的错误意见，往往贻害是很大的。同时要虚心听取别人的意见，如果发现自己的看法错了，就要勇于及时改正自己的错误。"❼ 其次，树立大志向。张瑞瑾要求学生"要把自己的前途与祖国的前途结合在一起，明白自己肩负的责任重大，这样就不轻易自满，学到一点就自以为了不起了，因而才能真正成材"❽。最后，掌握正确的学习方法。主要有三点：一是在学习过程中善于从实际出发，从实际上升到理论，再使理论回到实际中去；二是在学习过程

❶ 姚纬明：《1915—2015 中国水利高等教育 100 年》，中国水利水电出版社，2015 年，第 101 页。

❷ 段文忠：《怀念恩师张瑞瑾（下）》，《武汉大学报》2011 年 11 月 11 日。

❸ 《张瑞瑾教授将科研奖金赠送给两名成绩优异的学生》，《新华社新闻稿》1982 年第 4389 期。

❹ 郑邦民：《忆张瑞瑾老师对我的关怀与赏识》，《武大校友通讯》2012 年第 2 辑，内部印行。

❺ 张及红：《父亲张瑞瑾的一个小故事》，见张瑞瑾女儿张及红的博客，http://blog.sina.com.cn/s/blog_91ed5c1f01018shh.html。

❻ 于布：《忆师从张瑞瑾院长的岁月》，《武大校友通讯》2009 年第 1 辑，内部印行。

❼❽ 张瑞瑾：《办好一所高等工科学校的几个问题》，《高等教育研究（武汉水利电力学院）》1983 年第 1 期。

中要自觉地充分调动主观能动性，特别是学会如何用脑子，无论教师教得怎样好，最终都必须通过自己的认真学习、思考，才能起作用；三是要自觉地安排好有节奏的学习生活，通过有计划的学习生活的安排，取得德、智、体全面发展的结果。❶

张瑞瑾长期在武汉水利电力学院执教，指导、教授过的优秀学生不胜枚举。著名泥沙研究专家谢鉴衡院士便是张瑞瑾早期的学生，他回忆道："大学期间张瑞瑾教授对我影响甚大。他的教诲使我萌发了毕生致力于泥沙研究的愿望。这个愿望为我 1951 年赴苏联学习治河工程，选河流泥沙为主攻方向而奠定了基础。"❷ 1981 年我国三级学位制度建立后，张瑞瑾亲自指导了 9 名博士研究生（见表 3）。张瑞瑾无疑是一位成功的水利教育家，培养的学生现在大部分已成为我国水利水电战线的科技骨干。

表 3　　　　　　　　　　张瑞瑾指导的博士研究生数据表

姓名	毕业时间	论文题目
谈广鸣	1988 年	《河流阻力宏观影响因素的实践研究》
张小峰	1989 年	《液固两相流基本方程及其在挟沙水流中的应用》
张凌武	1989 年	《平面及竖面二维水流及泥沙运动的数值模拟》
郑贵林	1989 年	《二维紊动流速测试新技术研究》
陈立	1991 年	《高含沙水流流变参数和阻力的变化规律》
冷魁	1993 年	《非均匀沙卵石起动流速及输沙率试验研究》
方红卫	1993 年	《水沙两相流三维数值模拟及河床边界泥沙运动规律研究》
赵昕	1995 年	《掺气浆体管流的阻力特性及其数值研究》
黄东	1998 年	《明渠非恒定流数值模拟应用研究》

资料来源：中国知网硕士博士学位论文数据库。

第三节　高度重视科学研究

张瑞瑾是一位称职的教育家，更是一位优秀的科学家。他最难能可贵的是具有高瞻远瞩的目光，随时站在科学前沿，高屋建瓴地驾驭事物，引领和推动学科向前发展。❸ 作为武汉水利电力学院的领导者，他以敏锐的眼光关注着世界水利水电工程科学的发展趋势，并带领学院的科学研究向前迈进。为了实现将武汉水利电力学院建成世界一流大学的理想，张瑞瑾从多方面入手，力求使学院的科研水平更上一层楼。

---

❶ 张瑞瑾：《办好一所高等工科学校的几个问题》，《高等教育研究（武汉水利电力学院）》1983 年第 1 期。

❷ 中国工程院学部工作部：《中国工程院院士自述》，上海教育出版社，1998 年，第 68～69 页。

❸ 程励：《丹心大师——怀念张瑞瑾教授（下）》，《武汉大学报》2014 年 3 月 21 日。

一、开展科研的特色思路

关于如何推进武汉水利电力学院科研工作的开展，张瑞瑾的思路可以概括为三点。第一，具备创新的精神。他对学院的青年教师郑邦民说："对科学研究要有独创性，有开创精神。"❶ 郑邦民教授对此深有感触，20世纪70年代他就开始应用计算机解溢流坝体形数值模拟，成为国内外水力学方面应用有限元法解实际问题之始。张瑞瑾的谆谆教诲不止影响了郑邦民教授一人，武汉水利电力学院的一批青年教师无不受益匪浅。第二，讲究科研的策略。由于高等院校不同于完全的科研机构，张瑞瑾认为高等院校在科学研究领域发挥作用时有几个问题需要格外注意："一是对今后一段时期国民经济发展向科学研究提出的要求有足够的认识和敏感；二是在照顾一般的基础上，下决心狠抓重点，组织和参加对重大研究项目的联合攻关；三是搞好从事科研的人员配套工作，特别是大力培养提高学科带头人的学术水平，要有计划地把参加毕业设计（毕业论文）的研究生和本科生组织起来，这是两支重要的科研力量；四是狠抓必要的装备工作；五是从指导思想到具体工作安排，都要贯穿着教学与科学研究紧密结合的原则，力求发挥二者相辅相成的有力作用"❷。第三，发展自身的特色。"要注意用大的力量逐步建立和发扬我院的特色。"❸换言之，科学研究不可能面面俱到，所以要结合学院特色有所侧重地选择科研攻关项目。比如说，武汉水利电力学院的水文学及水资源学科已经是强项了，可在此基础上精益求精，使之更上一层楼。以上便是张瑞瑾针对高等工科院校的实际情况提出的关于开展科学研究的建议。

二、从事科研的具体实践

（一）结合国情开展科研活动

中国的江河以泥沙多而著称，其中黄河、长江、海河的年输沙量位居我国河流前三，也是世界上年输沙量大的河流。若要治理好我国的大江大河乃至在干支流上兴建高坝大库，河流泥沙问题是必须要攻克的技术难题。而经济建设对电力的强烈需求、防御洪水的紧迫性又促使国家必须加快兴修水利的步伐。因此，河流泥沙问题无可置疑地成为水利工程学的研究重点。根据我国自然条件的特点和经济建设的需要，张瑞瑾在1958年创办了世界范围内首个河流泥沙及治河工程本科专业❹，为该专业日后的蓬勃发展奠定了坚实的基础。该专业创办、发展至1996年时，已培养出一大批高级专门人才，包括毕业博士生22名，硕士生80名，本科生2100名，他们中的大多数已成为各工程建设和科研机构的业务骨干。❺毫不夸张地说，河流泥沙及治河工程专业的设

❶ 郑邦民：《回忆张瑞瑾老师对我的关怀与赏识》，《武大校友通讯》2012年第2辑，内部印行。

❷❸ 张瑞瑾：《办好一所高等工科学校的几个问题》，《高等教育研究（武汉水利电力学院）》1983年第1期。

❹ 中国科学技术协会：《中国科学技术专家传略·工程技术编·水利卷1》，中国水利水电出版社，2009年，第312页。

❺ 张瑞瑾：《张瑞瑾论文集》，中国水利水电出版社，1996年，卷首：张瑞瑾教授简介。

置解决了我国水利工程建设中关于泥沙问题研究和人才培养的燃眉之急。此外，张瑞瑾还创建了武汉水利电力学院河流泥沙研究室，现在也已成为我国河流泥沙学科教学科研的重要基地。

（二）努力承担科研攻关任务

张瑞瑾在河流泥沙治理研究领域成就斐然，相应地由他主持的武汉水利电力学院在这一领域的科研能力亦十分突出。中华人民共和国成立以来，学院师生多次参加国家重大水利建设工程的科研工作。"不仅在河流运动基本理论上有所建树，而且为解决长江、黄河的泥沙问题作出了重大贡献。如在葛洲坝水利枢纽科研工作中，学院承担科研任务 32 项，提出成果报告 100 余篇。在泥沙研究、大江截流河床演变及河道整治，以及防洪工程的规划、设计、管理等难题研究方面取得重大成果，获国家级奖励多项。在解决葛洲坝水电工程泥沙问题之后，又承担了'三峡变动回水区泥沙冲淤河床演变及对防洪航运的影响及对策'攻关项目。"❶ 通过参加科研项目进行实战演练，深入到具体的水利工程建设实践中去，不但能够锻炼学生的实践能力，而且可以提高学生的科研能力。除此以外，武汉水利电力学院在水电建设方面、农田水利研究方面、水能动力研究方面和水文资源研究方面都承担了大量的科研任务，并且取得了一系列的研究成果。

（三）注重提高科研质量

张瑞瑾极为重视科研质量。他认为只有满足以下四个条件，才能确保学院科研工作保质保量地完成。首先，在科研选题中，必须充分重视理论结合实际、科研结合生产的原则。更进一步而言，即是将教育、科研和生产三者紧密结合起来。其次，培养出一支在教学和科学研究上能打硬仗的队伍，主要依靠自主培养人才，有安排学院教师外出进修深造和引进人才两种途径。再次，加强以应用电子学为主要基础的现代计算设备、量测设备、教学手段以及各项管理手段，并系统地、有效地投入运用。最后，搞好改革，有利于促使科学研究上有重大改进。❷ 在担任副院长、院长期间，他一直为完成上述科研条件而积极努力。事实表明，在张瑞瑾的支持下，武汉水利电力学院的唐懋官、郑邦民、段文忠等一批青年教师逐渐成为科研主力，许多新的理论成果也随之诞生。2000 年武汉水利电力大学并入武汉大学时，学校的科研水平已基本与国际接轨。

❶ 武汉大学水利水电学院院志编纂组：《武汉大学水利水电学院院志（1952—2012）》，内部印行，2012 年，第 110 页。
❷ 张瑞瑾：《回顾与前瞻——纪念武汉水利电力学院建院三十周年》，《中国水利》1984 年第 1 期。

余论　张瑞瑾水利人生成就卓越的成因

张瑞瑾自青少年时就树立了报效祖国的坚定信念，将个人命运与国家、民族命运紧密联系起来。纵览其一生，他在河流泥沙运动基本理论研究、水利工程建设及水利高等教育等方面成就卓著，无愧为一名优秀的水利学家、水利教育家。是什么因素促使他在河流泥沙治理的理论、实践领域及水利高等教育领域均取得如此大的成就？显而易见，客观和主观因素都是必不可少的。

中华人民共和国稳定的政治环境和政府对水利建设的高度重视等因素确保了水利工程建设所需的人力、物力和财力。我国修建水电站的历史可追溯至1910年开工的石龙坝水电站❶。民国时期，水利建设虽然取得了一定成绩，但却没有突破性进展。张瑞瑾等一批学识丰富的水利专家在民国战乱的年代只能大材小用或者根本无法施展所长。中华人民共和国成立后，政治局势稳定，国家亟须恢复工农业生产，改善民生，水利工程因具有防洪、发电、灌溉、航运、供水等综合效益而日益受到党和政府的重视。毛泽东、周恩来等领导人密切关注淮河、黄河及长江等大江大河的治理开发。正是在这样的历史背景下，张瑞瑾相继参与了丹江口水库、三门峡工程、葛洲坝工程及三峡工程等大型水利枢纽工程的建设。在全国高等院校院系调整的契机下，他还参与创建了武汉水利学院、武汉水利电力学院，为我国培育了一大批水利英才。客观历史条件是张瑞瑾取得事业成功的重要保证，主观因素则是根本动力。

首先，又红又专的自我要求。中华人民共和国成立初期，党和政府对知识分子提出了"又红又专"❷的要求。在当时特殊的时代背景下，这一要求无疑是正确的。1949年从国民党政府接收下来的工程师和各类专家总计2万人，而他们当中大多数人的政治观念是崇美和亲美的。❸但是张瑞瑾却是名副其实的"又红又专"的知识分子。他的学生段文忠回忆道："1958年我考入武汉水利学院时，就知道他是一名又红又专的老师，从那时起，他就是师生学习的楷模。"❹张瑞瑾思想上的"红"早年即有显现。据其弟张瑞璠所述，张瑞瑾在求学时期就是学生自治会抗日宣传的活跃分子，崇拜鲁迅，

---

❶　石龙坝水电站：位于云南省昆明市郊的螳螂川上，是我国最早兴建的水电站。电站一厂于1910年7月开工，1912年5月28日发电，最初装机容量为480千瓦。

❷　"又红又专"：1957年，毛泽东主席首次提出。"红"指具有马克思主义世界观、坚定的无产阶级立场和高尚的道德品质，具体表现为全心全意为人民服务的思想；"专"指专门业务和技能，具体表现为全心全意为人民服务的实际本领。

❸　沈志华：《苏联专家在中国（1948—1960）》，中国国际广播出版社，2003年，第105页。

❹　段文忠：《怀念恩师张瑞瑾（上）》，《武汉大学报》2011年11月4日。

立志做有脊梁的中国人。❶ 解放战争期间，他表现出强烈的亲共倾向。1949 年 4 月他加入当时中国共产党领导的地下外围组织——新民主主义教育协会，鼓励、支持中国共产党的教育事业。1950 年 1 月正式加入中国共产党，成为中华人民共和国成立以来武汉大学第一位党员教授。❷ 这在一定程度上反映了张瑞瑾爱党爱国的政治立场。张瑞瑾的"红"不仅体现在政治观念上，还渗透到教学和学术研究中。在教学和科学研究的道路上，张瑞瑾始终以马列主义和毛泽东思想作为指导思想。在他的学术论文中，"毛主席教导"一词随处可见。如 1970 年 9 月在《长江葛洲坝水库泥沙淤积初步研究报告》一文中，张瑞瑾写道："毛主席教导我们：'人们想得到工作的胜利即得到预想的结果，一定要使自己的思想合乎客观外界的规律性，如果不合，就会在实践中失败'。"❸ 诚如他在业务自传中所写："从事业务工作，同干党的行政工作一样，指导思想如何是十分重要的。搞科学理论研究如此，解决重大技术问题也是如此。五十年代我注意以毛主席《实践论》《矛盾论》为主，系统读了一些马、恩、列、斯的哲学著作，感到有如启蒙教育，受益匪浅，从思想深处深信马克思主义哲学是从事科学研究的事半功倍的锐利武器。但同时也深深感到贵在'不唯明字句，而且得精神'，要真正掌握这一武器是要费毕生精力的。"❹ 这是张瑞瑾根据自己的实际工作情况所总结的心得。他解决葛洲坝工程三江船闸引航道泥沙淤积的基本途径——"静水过船，动水冲沙"就是在学习《矛盾论》的基础上提出的科学理论。

作为一名泥沙研究专家，不仅思想上要"红"，还要具备过硬的业务能力。张瑞瑾在河流泥沙治理领域的"专"同样为水利学界普遍认可。他是中国水利学会❺泥沙专业委员会的第一任主任委员。正如钱正英所说："在水利电力界的同行中，张瑞瑾同志是我十分钦佩和信赖的一位科学家。"❻ 中华人民共和国成立初期的水利专家大多是民国时期成长起来的，他们几乎都有留学欧美或苏联的学术背景，泥沙界的代表人物钱宁、林秉南、谢鉴衡皆是如此。与他们"显赫"的学历相比，张瑞瑾的学历或许显得略微"寒酸"。他没有留学苏联的经历，访学美国的时间也只有短短的一年。然而，他精通俄文、英文、德文，故能够及时了解苏联以及欧美等国水利专家提出的最新学术理论。中华人民共和国成立后，他还翻译了德国水利专家尼库拉兹的试验报告——《粗糙管中水流的规律》（英文版）❼。如果没有深厚的学术功底和高超的外语能力，他很难翻译这本深奥的外文著作。难能可贵的是，张瑞瑾以自己在武汉大学土木工程系所学知识

❶　国务院学位委员会办公室：《中国社会科学家自述》，上海教育出版社，1997 年，第 484 页。

❷　周干峙：《20 世纪中国知名科学家学术成就概览·土木水利与建筑工程卷》，科学出版社，2014 年，第 61 页。

❸　张瑞瑾：《张瑞瑾论文集》，中国水利水电出版社，1996 年，第 190 页。

❹　中国科学技术协会：《中国科学技术专家传略·工程技术编·水利卷 1》，中国水利水电出版社，2009 年，第 312 页。

❺　中国水利学会：成立于 1931 年 4 月，前身是中国水利工程学会；1957 年更名为中国水利学会。它的宗旨是促进水利科学技术的繁荣与发展，促进科技创新与人才的成长。

❻　张瑞瑾：《张瑞瑾论文集》，中国水利水电出版社，1996 年，卷首：序。

❼　尼库拉兹著，张瑞瑾译：《粗糙管中水流的规律》，北京：水利出版社，1957 年。

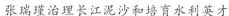
为基础，通过无数次实地考察和广泛阅读中外水利著作扩充知识储备，最终研究形成系统的河流泥沙运动基本理论。此外，他还参与解决了大型水利枢纽工程的泥沙问题，如葛洲坝工程、三峡工程。在工程建设过程中，他"从不以丝毫马虎和侥幸对待任何一个技术问题"❶。或许正是由于没有长时间的留学经历，张瑞瑾研究泥沙问题才不会陷入思维定势，而是立足于中国河流泥沙的实际情况，采取实事求是的态度，借鉴中国历史上的治沙经验和欧美等国及苏联的水利理论，在泥沙研究问题上取得卓越成就。张瑞瑾不仅以"又红又专"的目标要求自己，还将其作为培养学生的目标。他教导青少年"必须走又红又专的道路，热爱祖国，热爱专业，忠实于党，忠实于人民，努力树立辩证唯物主义的科学观点，养成严肃朴实的劳动态度"❷。

其次，坚持真理的无畏精神。第一，不畏学术权威。在学习前人和国外的成果时，张瑞瑾始终坚持批判地继承和批判地吸收的原则，不会因是社会主义国家苏联的理论就全盘肯定，也不会因是欧美等国家的理论就全盘否定，而是实事求是地评价。因此，在治学过程中，他敢于挑战不科学的国际权威假定和不科学的国际通用公式。国际知名流体力学专家普朗特❸没有理论根据地提出掺长假定，张瑞瑾进行了反驳，认为应该进行科学的测量，将雷诺应力真正地测出来。❹ 1957 年，张瑞瑾就苏联水利专家费里堪诺夫的明渠挟沙水流的重力理论发表了自己的看法。他认为从能量平衡的角度来研究水流挟沙力和含沙量沿水深的分布是很有学术前景的。但是，张瑞瑾又指出这个重力理论存在一些问题，并且提出了修正的初步拟议论。除了对苏联水利学界的权威表示质疑，他还指出过欧美国家学者的理论漏洞。张瑞瑾在 1965 年写了一篇名为《评爱因斯坦关于推移质运动的理论兼论推移质运动过程》❺的文章，既肯定了小爱因斯坦首先引用统计理论于推移质运动的创造性贡献，又批判了该理论基础有两大缺陷。我国河流动力学研究成果走在世界前列与张瑞瑾等一批敢于质疑、勇于探索的泥沙研究专家的努力是分不开的。事实上，他不仅自己秉持科学的精神，还以此告诫学生："不可以把前人和外国人的一切成果，都视为正确的、完美无缺的，当成不能打破、不能逾越的框框。"❻ 张瑞瑾的以身作则和谆谆教诲，毫无疑问是在教导学生应该培养学习的质疑精神，不要迷信权威，秉持"不以孔子之是非为是非"的治学态度。第二，不惧政治压力。"文化大革命"期间，张瑞瑾为了坚持科学真理遭受到一些不公正的对待。葛洲坝工程在建设初期出现了违背科学规律的做法，如在讨论如何解决三江上下游引航道泥沙淤积问题时，张瑞瑾"当时还属于被批判对象，每次开会，都得忍受'专家'

❶ 卢江林、张世黎、成绥台：《中国梦想：长江三峡工程备忘录》，中国青年出版社，1996 年，第 140 页。

❷ 张瑞瑾、谢鉴衡、陈文彪：《河流动力学》，武汉大学出版社，2007 年，第 7 页。

❸ 普朗特（1875—1953），德国物理学家，近代力学奠基人之一。在边界层理论、风洞实验技术、机翼理论、紊流理论等方面都作出了重要的贡献，被称作"空气动力学之父"和"现代流体力学之父"。

❹ 周干峙：《20 世纪中国知名科学家学术成就概览·土木水利与建筑工程卷》，科学出版社，2014 年，第 64 页。

❺ 张瑞瑾：《张瑞瑾论文集》，中国水利水电出版社，1996 年，第 41～53 页。

❻ 张瑞瑾、谢鉴衡、陈文彪：《河流动力学》，武汉大学出版社，2007 年，第 7 页。

'教授'的冷嘲热讽，更重要的是政治压力"❶。但因为这是关乎葛洲坝工程成败的关键问题，所以他没有向错误理论妥协，而是本着一个科学家应有的科学态度，坚持真理，实事求是地向国务院和有关部门汇报。正如他本人所说，"似是而非、违背科学的糊涂调子，是成事不足、败事有余的；因而是必须坚持抵制、万万屈从不得"。❷ 与此同时，他也敢于支持别人坚持真理的行为。据郑邦民教授回忆，当年他参加葛洲坝工程建设时大胆指出工人师傅建造的高水槽存在失误时得到张瑞瑾院长的支持。❸

最后，难能可贵的学术修养。第一，不耻下问的治学态度。张瑞瑾虽是国内赫赫有名的泥沙研究专家，但在长江和黄河边生活了一辈子的人面前他依旧像是一位聆听教诲的小学生。泥沙研究乃至所有的科学研究都非常注重第一手资料的收集和掌握，获取途径除了现代手段的水文观测外，还包括直接向当地人取经。张瑞瑾在参与葛洲坝工程勘测、规划、研究时，为了摸清长江的水情沙情，曾访问祖祖辈辈住在江边的老农。不仅如此，他还干脆拜七十多岁的老贫农陈文考为师，多次到现场、到社员家里开座谈会。❹ 长期的实地考察和相互交流使他与当地摆渡长江几十年的老船工沈宗典成了好朋友。这些目不识丁的人不仅是这位泥沙研究专家的老师，还经常帮助他检查模型试验的可行性。如张瑞瑾常常邀请在川江上航行了几十年的船长、老舵工来开座谈会，给试验模型"会诊"。❺ 第二，淡泊名利的价值观。我国河流泥沙研究在世界处于领先地位，张瑞瑾又是这方面的权威，本来是有机会当选为中国科学院学部委员的，❻ 可是却被他本人婉言谢绝了。1980 年，中国科学院首次增补学部委员，中国水利学会可以推荐 1 人。经学会领导研究，考虑到中国的泥沙研究水平处于世界前列，决定推荐泥沙专业委员会主要负责人申报。然而，时任中国水利学会泥沙专业委员会主任委员的张瑞瑾却以身体健康不好为由拒绝了，转而推荐钱宁。张瑞瑾认为"人的一生要根据自己的能力和健康状况做一些自己想做的事，不要刻意追求荣誉。"❼ 由此可见，身体状况不佳是客观事实，淡泊名利或许才是张瑞瑾推辞学部委员这一荣誉学衔的真正原因。

---

❶　詹德光：《装点江河在人谋》，《武汉水利电力学院报》1984 年 9 月 30 日。

❷　张瑞瑾：《张瑞瑾论文集》，中国水利水电出版社，1996 年，第 234 页。

❸　郑邦民：《回忆张瑞瑾老师对我的关怀与赏识》，《武大校友通讯》2012 年第 2 辑，内部印行。

❹　武汉水利电力学院通讯组：《呕心沥血，治水治沙——记出席全国科学大会代表、我国水利专家张瑞瑾教授》，《长江日报》1978 年 4 月 24 日。

❺　湖北省科学技术协会：《湖北科技精英》第 1 集，湖北科学技术出版社，1985 年，第 102～103 页。

❻　中国科学院学部委员 1955 年首次遴选，1993 年 10 月改称中国科学院院士。学部委员、院士是中国最优秀的科学精英和学术权威的荣誉学衔。

❼　谈广鸣：《我眼中的大教授——纪念张瑞瑾教授 100 周年诞辰》，《武汉大学报》2017 年 1 月 13 日。

林秉南与长江治理

绪论

第一章

　　林秉南投身中华人民共和国治水事业的历程

　　第一节　全面抗战年代与水利结缘（1938—1946 年）

　　第二节　赴美学习先进水工技术（1947—1955 年）

　　第三节　参加中华人民共和国水利建设事业（1956—1978 年）

　　第四节　改革开放后大显身手（1978—2014 年）

第二章

　　林秉南在长江治理中的独创性理论成就

　　第一节　明渠不恒定流计算方法的发明与创新

　　第二节　首创当代中国水工新型消能技术——宽尾墩

第三章

　　林秉南在三峡工程溃坝问题与泥沙研究上的卓越贡献

　　第一节　率先开展三峡工程溃坝问题研究

　　第二节　主持与协调三峡工程泥沙问题论证

余论

　　林秉南在治江事业中取得成就的因由与启示

林秉南与长江治理

林秉南是我国著名的水力学与河流动力学专家、中国科学院院士，为我国水利工程学研究及治水工程应用作出了突出贡献。林秉南在长江治理的实践中与水利结缘，为学习先进水工技术而留美深造，1956 年 1 月冲破重重阻碍回国，积极投身中华人民共和国水利水电建设。他提出明渠不恒定流的解法与计算，首创宽尾墩新型消能技术，为长江治理作出重要的理论创新。在泥沙治理方面，林秉南在长江三峡工程重新论证阶段临危受命，担任泥沙论证专家组组长，主持与协调三峡工程泥沙研究与论证工作。林秉南的治水实践与理论创新始于长江治理，且长期应用于治理长江。本篇基于翔实的史料，运用历史唯物主义史观，由概述林秉南从事中华人民共和国治水事业的历史进程切入，着重论述林秉南在长江治理中的理论与实践成就，总结林秉南在长江治理中取得卓越成就的成功之道，以期从一个侧面展现出中华人民共和国成立以来治理长江波澜壮阔的历史及水利工程科技大家的卓越历史贡献。

绪　　论

一、论题的缘由与意义

治水，除害兴利，历来是治国兴邦的大事。水利工程建设是农业生产、经济发展和生态环境保护不可或缺的必要条件。水利工程科技专家是水利建设的中坚力量，对水利事业的发展起着科技先导作用。他们对水利建设的作用集中在两个方面：一方面是水利工程科技理论上的发展与创新；另一方面是在水利工程建设中将先进的工程科技运用于实践，在实践中进一步升华水利工程科技理论。在中华人民共和国水利工程科技专家群体中，林秉南是一位作出过重要贡献的科技大家，在长江治理的理论与实践方面取得独创性的成就。

林秉南，1920 年 4 月 21 日生于马来西亚，1942 年毕业于交通大学唐山工学院❶，其后留学美国，1951 年获得美国爱荷华大学❷水利学博士学位，1956 年 1 月回国后就

---

❶　交通大学：创建于 1896 年，时称山海关北洋铁路官学堂，后迁唐山，更名为唐山路矿学堂，1921 年 7 月改名交通大学。1971 年迁往四川，定址成都，于 1972 年 3 月更名为西南交通大学。该校是中国近代土木工程、交通工程、矿冶工程教育的发祥地之一。

❷　爱荷华大学（The State University of Iowa）：建于 1847 年 2 月 25 日，是美国中西部最早的公立大学之一。该校的世界著名学科包括水力学、遗传学、生物工程与生物科学等。其水利工程学科在国际同行中一直享有极高的威望。

职于中国科学院水工研究室，参加中华人民共和国治水事业。1982—1984 年任水利水电科学研究院院长，1991 年当选为中国科学院学部委员，2014 年 1 月与世长辞。林秉南 60 多年从事水利工程学及河流动力学研究，为我国水利工程学研究及其工程应用作出了重大贡献。通过史料搜集，笔者认识到林秉南一生与长江治理密不可分：他初涉水利时参与规划和设计的修文水电站便处于长江上游南岸最大支流乌江之上。留学回国之后对于明渠不恒定流解法的论证与创新也是基于中华人民共和国成立初期长江治理的实际需求。1958 年 6 月，林秉南率先对长江三峡工程溃坝问题进行研究，模拟溃坝范围及影响。1973 年 5 月，林秉南在汉江安康水电站工地的初步设计中发明了宽尾墩新型消能工，1978 年宽尾墩和消力池联合消能工技术被应用于安康水电站建设中，这代表了中国在狭窄河谷、高坝泄洪消能领域的先进水平。1985 年，林秉南关于宽尾墩新型消能工系列成果获得了国家科技进步二等奖。1986 年 8 月，林秉南临危受命，担任三峡工程泥沙论证专家组组长，主持与协调三峡工程的泥沙论证专题研究工作，采用数学计算、试验模型与原型观测等方法，充分论证三峡工程泥沙问题已基本清楚，且可以解决，泥沙淤积问题不再是三峡工程修建与否的障碍。❶ 晚年他对三峡工程泥沙问题居安思危，持续关注。在对林秉南水利生涯史料的收集、整理与学习过程中，笔者深感林秉南一生在长江治理的理论与实践中作出过卓越的贡献，却鲜有系统深入地论述林秉南在长江治理中独创性理论贡献与实践成就的文章与著作问世，故选取"林秉南与长江治理论探"作为论题进行研究。该论题对中华人民共和国治水史研究的深入具有重要的理论价值与现实意义。

二、学术史回顾

目前史学界关于林秉南与长江治理论题的研究尚无一篇论文发表，也无一部专著出版。但有关林秉南生平事迹的论著已有若干发表与出版。

（一）关于林秉南生平史料和学行的论著

《老科学家学术成长资料采集工程、中国科学院院士传记丛书　智者乐水：林秉南传》一书是百年老科学家学术成长资料采集工程系列丛书之一，此书成稿于 2014 年 1 月林秉南去世之前。在林秉南的积极配合下，该书以四个部分史料为基础编撰而成：第一，个人保存资料，包括林秉南在不同年份的回忆、自传、信件、老照片，还有一些未公开发表过的文稿摘要等；第二，对林秉南的访谈记录；第三，林秉南的人事档案；第四，对其子女的访谈。这本书的特点是收纳了第一手资料，以朴素的纪实写法记述了林秉南从马来西亚出生后回到广州，求学中带着问题赴美留学深造，学成后冲破重重阻碍回国参加中华人民共和国建设，参与我国重大水利工程建设，参与组建水利水电科学研究院，在水利工程学研究方面不断创新，取得成就，

---

❶ 程晓陶、王连祥、范昭等：《老科学家学术成长资料采集工程、中国科学院院士传记丛书　智者乐水：林秉南传》，中国科学技术出版社、上海交通大学出版社，2014 年，第 73 页。

并积极促进国内外泥沙研究事业的交流与发展，一生致力于中华人民共和国水利建设事业的史实。

李浩鸣、蒋晶丽主编的《院士心语》❶ 一书记述了林秉南1991年当选为中国科学院学部委员，回顾和总结自己一生治学与研究，归纳出"学习深钻细研，探其究竟，吸取精华"这十四字的经验，同时也是林秉南水利人生中坚持的治学原则。

胡昌支撰写的《当代治水名人——林秉南》❷ 一文，记录了林秉南一生参与重大水利工程建设的史实，概述了他在河流泥沙治理方面的卓越贡献，赞扬了其治水兴邦的使命感、责任感。叶研撰写的《林老的教导终生难忘——访林秉南同志》❸，以采访纪实的方式记录了记者与林秉南一问一答的内容文献，林秉南回忆了自己几十年的水利生涯，严谨的治学态度与躬行实践的人生格言。林秉南的水利生涯做到了广受博纳而厚积薄发，历经坎坷却矢志不渝，给后人留下许多启迪与思考。

2014年1月，林秉南于北京与世长辞，享年94岁。中国科学院网站发表的《林秉南院士讣告》、国际泥沙培训中心登载的《深切缅怀林秉南院士》和《水利学报》编辑部撰写的《纪念林秉南院士》等文章是有关机构对林秉南院士的悼念和一生的追溯。王天珍在其博客发表的《我的姑父林秉南院士》，是林秉南亲属撰写的回忆林秉南的文章，其中回忆了当年林秉南与妻子放弃美国优越的工作、生活条件，冲破重重阻力，辗转新加坡，终于回到祖国；回国后虽条件艰苦，却满腔热忱地投入中华人民共和国治水事业中。林秉南一生教授过的学生众多，但是由于口述史料较少，内容较为零散，因此能够挖掘到的用于研究的资料相对有限。

此外，国务院侨务办公室国内司主编的《全国归侨侨眷知识分子名人录》❹、叶取源主编的《上海交通大学校友院士风采录》❺、杨保筠主编的《华侨华人百科全书：人物卷》❻、中国人物年鉴编委会编《中国人物年鉴1995》❼、中国科学院院士工作局主编《中国科学院院士画册·技术科学部分册》上册❽、长江年鉴编纂委员会编的《长江年鉴2001》❾ 等知识性工具书中也简要介绍和概述了林秉南的水利生涯，也有一定的学术参考价值。

（二）有关林秉南水利工程技术贡献的科技文献

林秉南在水利工程建设方面的理论成就首先体现在明渠不恒定流计算与解法、宽尾墩新型消能工的发明与应用等方面。黄秋君、吴建华撰写的《收缩式消能工与其他

---

❶ 李浩鸣、蒋晶丽：《院士心语》，湖南大学出版社，2012年。

❷ 胡昌支：《当代治水名人——林秉南》，《水利天地》1994年第3期。

❸ 叶研：《林老的教导终生难忘——访林秉南同志》，《中国青年报》，1986年11月26日。

❹ 国务院侨办国内司：《全国归侨侨眷知识分子名人录》，中国华侨出版社，1997年。

❺ 叶取源：《上海交通大学校友院士风采录》，上海交通大学出版社，2000年。

❻ 杨保筠：《华侨华人百科全书：人物卷》，中国华侨出版社，2001年。

❼ 中国人物年鉴编委会：《中国人物年鉴1995》，中国社会出版社，1996年。

❽ 中国科学院院士工作局：《中国科学院院士画册·技术科学部分册》上册，山东教育出版社，2006年。

❾ 长江年鉴编纂委员会：《长江年鉴2001》，长江年鉴社，2001年。

消能工联合运用的研究现状及进展》❶ 一文和倪汉根编著的《高效消能工》❷ 一书中都明确提出，宽尾墩新型消能工技术是我国学者林秉南和龚振瀛❸在 20 世纪 70 年代的首创，是收缩式消能工在我国水利工程界的创造性发展，在我国高坝消能方面产生了重要的影响。这一理论在安康水电站建设中得到首次运用，促进了我国高坝消能技术的发展。

窦国仁撰写的《三峡工程泥沙问题的研究》❹ 一文记述了林秉南对于三峡工程泥沙问题的特点、泥沙堆积和河道演变以及清淤防淤等方面的分析与思考，认为林秉南的这些科研成果为即将建设的三峡工程提供了有力的支持。纪增华撰写的《从泥沙角度看三峡工程——访三峡工程论证泥沙专家组长林秉南教授》❺ 一文，记述了记者采访三峡工程泥沙论证专家组组长林秉南的口述史料，林秉南从专业角度回答了人们热切关注的三峡工程的几个问题，从防洪、航运、库容、泥沙淤积等问题切入，科学分析了长江三峡大坝的远景，并以阿斯旺大坝❻和三门峡工程❼的泥沙问题作对比，采用以实测资料为依据的模型试验与数学模型，论证三峡工程泥沙问题及其解决之道。

（三）史学界对林秉南与长江治理论题研究所存在的不足

（1）目前学术界对于林秉南学行的研究虽有一定的成果，但多为生平介绍性的人物传记、简短的回忆性文章，这些著作与文章属史料的呈现，学理性不强。

（2）关于林秉南在长江治理中的独创性理论贡献尚缺乏系统性的分析与阐述，没有相关专题研究论文发表或著作出版，且已发表和出版的论著缺乏对林秉南将独创性理论应用于长江治理实践的论证。

（3）已有的论著对林秉南在三峡工程泥沙论证中如何具体主持与协调论证工作鲜有涉及。

综上所述，史学界尚无对林秉南与长江治理论题进行系统与深入研究的论著问世。

---

❶ 黄秋君、吴建华：《收缩式消能工与其他消能工联合运用的研究现状及进展》，见唐洪武、李桂芬、王连祥主编《2007 水力学与水利信息学进展》，河海大学出版社，2007 年，第 249～255 页。

❷ 倪汉根：《高效消能工》，大连理工大学出版社，2000 年。

❸ 龚振瀛（1935—1983），上海人。1956 年毕业于华东水利学院，在高坝水力学、不恒定流方面研究成果颇丰。1973 年 5 月，与出差安康水电站工地的林秉南共同发明了宽尾墩新型消能工。

❹ 窦国仁：《三峡工程泥沙问题的研究》，见《窦国仁论文集》，中国水利水电出版社，2003 年，第 20～35 页。

❺ 纪增华：《从泥沙角度看三峡工程——访三峡工程论证泥沙专家组长林秉南教授》，复印报刊资料《中国地理》1992 年第 5 期。

❻ 阿斯旺大坝：位于埃及开罗以南 900 千米的尼罗河上，大坝兴建于 1960 年，历时 10 年，于 1970 年 7 月完工。是一座大型综合利用水利枢纽工程，具有灌溉、防洪、发电、航运、旅游、水产等综合效益，但大坝建成后水库上游泥沙淤积，造成水库有效库容明显下降，水利工程效益大大降低。

❼ 三门峡工程：是中华人民共和国成立后在黄河上兴建的第一座大型水利枢纽，位于黄河中游下段，连接山西、河南两省，被称为"万里黄河第一坝"。工程于 1957 年 4 月动工，1961 年建成投入使用，后因泥沙淤积经过两次改建，增强了泄洪排沙能力，在防洪、发电、灌溉等方面产生了一定的经济效益。

三、研究内容与方法

（一）研究内容

林秉南作为中国科学院资深院士，对长江治理作出了不可磨灭的贡献。本篇基于《林秉南论文选集》❶等原始文献，以及相关的回忆性口述史料，并借鉴前人研究成果，拟从以下几个方面对林秉南与长江治理的论题进行深入系统的研究。第一，考察林秉南从事中华人民共和国治水事业的历程，对林秉南初涉水利、留美深造、回国后致力于中华人民共和国治水事业的历程进行回顾，再现其伴随中华人民共和国水利事业的发展而不断创新的治水人生。第二，分析林秉南在长江治理实践中的独创性理论贡献。林秉南长期关注高速水流研究，发明了新型收缩式消能工——宽尾墩，并将这一先进的消能理论运用于安康水电站建设的实践当中。对明渠不恒定流计算与解法的创新也始终伴随着在长江这一天然明渠上的治理实践而发展。第三，林秉南在三峡工程溃坝问题与泥沙研究上的卓越贡献。林秉南在三峡工程论证初期率先进行溃坝试验模型的研究，开创了我国江河治理中溃坝研究的先例，这一溃坝试验模型研究对三峡工程前期的论证工作起到重要的作用，同时也为三峡工程重新论证时期的溃坝研究提供了模型。1986年8月，林秉南临危受命，担任三峡工程泥沙论证专家组组长，主持与协调三峡工程的泥沙论证工作，运用数学计算、模型检测与试验模拟相结合的方式论证三峡工程泥沙的基本情况与冲淤排沙的基本方案，为三峡工程的修建解决了后顾之忧。

（二）研究方法

本篇遵循历史唯物主义的基本立场与观点，采用以下方法进行研究：

（1）文献研究法。笔者通过走访国家图书馆、北京大学图书馆等途径进行史料搜集，较为系统、全面地掌握了研究本论题的文献资料，以及相关的史料。论从史出，是本论题研究的追求。

（2）跨学科的研究方法。本论题的研究涉及历史学、水利工程学等学科的基本理论与方法，采用跨学科的综合理论进行论证、分析与阐述。

---

❶　林秉南：《林秉南论文选集》，中国水利水电出版社，2001年。

第一章 林秉南投身中华人民共和国治水事业的历程

　　林秉南，1920 年 4 月出生于马来西亚，1922 年 6 月随父母定居广州。其父林黄卷[1]早年追随孙中山，1924 年 1 月当选为中国国民党第一次全国代表大会代表，并出席会议。林秉南从小受父亲影响，积极向上，学习刻苦。幼年的林秉南深爱文学，偏爱中国古诗词。1931 年 9 月，林秉南进入初中后不久，"九一八"事变爆发，日军入侵我国东北。林秉南也加入到学生游行队伍之中，宣传抗日救国。然而，日本侵华使国家局势日益恶化，时局的转变使林秉南感受到要想救国必须要有实力，遂下定决心弃文学理工，将来为建设中国的工业出力。全面抗战爆发后，林秉南如愿考取了交通大学唐山工学院土木工程系。1943 年毕业之后留校任助教，一年后转入贵州修文水电工程处担任工务员，这也是林秉南结缘长江治理的开始。抗日战争胜利后，1946 年 3 月，林秉南远赴美国爱荷华大学深造。1956 年 1 月，他冲破重重阻力回国，在中国科学院水工研究室水利学组任副组长，开始了投身中华人民共和国治水事业的新征程。

第一节 全面抗战年代与水利结缘（1938—1946 年）

　　近百年来，我国水利水电的发展大致可以分为四个阶段：第一阶段，从 1912 年中国第一座水电站云南石龙坝水电站[2]的建成到中华人民共和国成立之际的艰难创业阶段。这一阶段由于内乱与外侮不已，国力衰微，江河水灾治理举步维艰。全国坝高在 15 米以上的水电站只有 22 座，洪灾、旱灾是国家和民众的心腹大患。虽然有大力发展水利水电的现实需求，但是限于当时的历史条件极难推进。[3] 第二阶段，从 1949 年中华人民共和国成立到 1978 年改革开放。在这一阶段，我国不但开展大江大河的治理，修建了大量的水库大坝，也开始自主探索建立水利工程试验模型与实验室，水利工程

---

　　❶　林黄卷（1893—1968），福建莆田人。早年毕业于福州船政学堂，为同盟会早期成员，支持孙中山领导的反清斗争。作为代表参加了中国国民党一大、二大。新中国成立后，在广州参加民革及侨联，支持中国共产党领导的社会主义事业。他竭尽全力帮助留学美国的林秉南冲破阻力回国为祖国建设服务。

　　❷　石龙坝水电站：位于云南省昆明市郊区的螳螂川上，是中国最早兴建的水电站。该水电站于 1908 年开工，1912 年建成，是一座以滇池为天然调节水库、利用水流落差兴建的引水式水电站。

　　❸　贾金生、徐耀：《从国际水电发展形势看我国水电百年发展》，《水力发电》2012 年第 1 期。

科技有了快速发展。第三阶段，从改革开放至 2001—2009 年小浪底工程❶、长江三峡工程等特大型水利工程的建成。我国水利水电发展在这一阶段实现质的突破，由追赶世界水平到居于世界前列和领先水平。第四阶段是以 2012 年锦屏一级水电站❷等 300 米级高坝为代表的水电站建成至今，标志着我国水利水电进入到以工程科技创新、引领未来为特色的新时代❸。林秉南一生致力于我国水利水电建设事业，参与和见证了中华人民共和国水利水电建设事业艰难起步、持续发展、领先世界的发展历程。

　　1931 年 9 月 18 日，日本帝国主义入侵中国东北。广州市民众同全国人民一样爱国热情高涨，学生罢课，上街游行抗议。林秉南此时已由出生地马来西亚随父母迁居广州，正值进入初中学习不久，也加入到了学生游行队伍中四处宣传抗战。但几个月后，东北的局势并没有改观而是持续恶化。这一时局的变化令从小偏爱文科的林秉南"如梦初醒"，真切感受到救国需要的是强大的国力，需要工业救国，从此他萌生了将来选择理工科、实业救国的想法。❹ 1937 年 6 月，林秉南以优异的成绩毕业于广州市立第一中学，其时林秉南中意的两所大学分别是浙江大学和交通大学，心仪的专业是土木工程学。这两所大学都是当时理工科类地位很高的大学。7 月，全面抗日战争爆发。1938 年 1 月，林秉南如愿考取交通大学唐山工学院土木工程系。从此林秉南走上了"弃文从理"、为救国理想而奋斗的求学之路。❺

　　1939—1942 年，林秉南于西迁至贵州平越（今福泉）的交通大学唐山工学院学习了水力学、水电工程学、水文学、营造学、给水工程等课程，并于课余时间在图书馆借阅美国人 Barrows 编著的《水利工程》一书。1942 年 6 月林秉南以优异的成绩毕业，并被选入斐陶斐励学会，成为会员。❻ 同月留校做了一名混凝土建筑设计的助教。任助教一年后，林秉南转到贵州省修文水电工程处担任工务员。关于这段经历，林秉南有过这样的自述："转到贵州修文县参加修文河❼水电厂的勘测设计工作，是我进入水电

---

❶　小浪底工程：位于河南省洛阳市孟津县与济源市之间、三门峡水利枢纽下游 130 千米的黄河干流上，是黄河干流三门峡以下唯一取得较大库容的控制性工程。该工程于 1994 年动工，2001 年主体工程完工，具有防洪、防凌、减淤、供水和发电等综合效益。

❷　锦屏一级水电站：位于四川省凉山彝族自治州境内，是雅砻江干流下游卡拉至江口河段的控制性水库。2005 年 11 月动工，2012 年 11 月开始正式蓄水，在雅砻江梯级滚动开发中具有承上启下的重要作用。该水电站以发电功能为主，兼有分担长江中下游地区防洪等功能。

❸　贾金生、徐耀：《从国际水电发展形势看我国水电百年发展》，《水力发电》2012 年第 1 期。

❹　林秉南：《我的求学之路》，见程晓陶、王连祥、范昭等著《老科学家学术成长资料采集工程、中国科学院院士传记丛书　智者乐水：林秉南传》附录，中国科学技术出版社、上海交通大学出版社，2014 年，第 212～227 页。

❺　何少苓：《中国现代科学家传记》第四集，科学出版社，1993 年，第 812 页。

❻　斐陶斐励学会：民国时期重要的学术团体之一，以"选拔贤能、奖励学术研究、崇德敬业、共享劝勉。俾有助于社会之进步"为宗旨，当时在全国各主要高校设立分会，各分会皆以校内最知名及品格高尚之教授为会员，另在毕业生中择优选择若干会员。

❼　修文河：长江上游南岸最大支流乌江的二级支流，位于贵州省贵阳市修文县南部，河流全长 34.4 千米，流域面积 232.6 平方千米。

界的开始。"[1]

全面抗日战争爆发之后，1937 年 11 月，国民政府宣布为适应战况，统筹全局，坚持长期抗战，国民政府迁都重庆。[2] 为了解决内迁之后军工生产和生活照明用电，国民政府开始利用四川、贵州、云南等地丰富的水力资源修建水电站。修文水电站便是战时国统区大后方修建的水电站之一。修文河位于乌江支流猫跳河下游，是猫跳河的一条小支流。而乌江又是长江上游南岸最大的支流，长江八大支流[3]之一。修文河是以瀑布的形式注入猫跳河，所以修文水电站[4]就是为了利用这个落差发电而修建。1943 年林秉南受命转入修文水电站工作时，水电站开建伊始，还处于勘测阶段。林秉南参加了修文水电站的勘测、坝址选择、运料公路路线和输水渠道的选线以及渠道水流波动的计算等工作。林秉南在工作一开始就面临一系列困难，当时正处于战争时期，各种设备与资料都不完备，这为勘测工作带来诸多不便。[5]

林秉南遇到的第一个困境便是水利工程参考文献和修文河的水文资料匮乏。战乱致使对这一区域河流的监测与水文记载资料匮乏，当时唯一可以参考的资料只有一本美国垦务局为 Semino 工程发包用的图集。Semino 水利枢纽工程[6]，位于美国俄怀明州的北 Platte 河上，是美国著名的水利工程之一，在当时被当作范本来效仿。这本图集不但没有详尽的技术说明与解释，而且工程属于拱坝坝后厂房形式，与修文水电站工程规划毫无相似之处。除此之外，只有少量的参考书籍。在输水渠道的水力计算中，由于面临着因为电厂负荷的变化引起水流波动、不稳定的问题，需要相关的参考书。但在修文河水电站工程处，只有一本美国、苏联学者编著的《明渠水力学》[7]。这是一本论述恒定流方面的著作，与渠道水流变动联系很少。林秉南和他的同事们只好做一些假设，提出渠道末端的放宽率和管道进口的淹没水深，试图应对工程技术难题。[8]

这一时期困扰林秉南的另一个问题便是水利工程学知识的欠缺。水利工程的具体实践需要充足的理论做支撑与指导，林秉南深谙这一道理。但是在交通大学林秉南学到的相关水力学知识只是基础性知识，对水流动力等河流运动的深度认知还很浅薄。修文河是一条卵石河流，冬季清澈见底，许多地方水深只到膝盖处，林秉南多次顶着

❶ 程晓陶、王连祥、范昭等：《老科学家学术成长资料采集工程、中国科学院院士传记丛书　智者乐水：林秉南传》，中国科学技术出版社、上海交通大学出版社，2014 年，第 107 页。

❷ 苏智良：《去大后方：中国抗战内迁实录》，上海人民出版社，2005 年，第 10 页。

❸ 长江八大支流：雅砻江、岷江、嘉陵江、乌江、湘江、沅江、汉江和赣江。

❹ 修文水电站：位于贵州省修文县乌江支流猫跳河下游，枢纽工程属三等工程，以发电为主。其主要建筑物有混凝土单曲拱坝、坝后式电站厂房和坝内引水道等。该工程是猫跳河梯级开发中的第三个梯级，坝体混凝土工程量为 4.5 万立方米。

❺ 何少苓：《中国现代科学家传记》第四集，科学出版社，1993 年，第 812 页。

❻ Semino 水利枢纽工程：美国近现代史上著名的水利工程。1936 年开工，1939 年竣工，水库大坝为混凝土重力拱坝，高 90 米，长 160 米。其工程设计与施工曾为水利水电领域提供了很多有价值的理论与经验。

❼ S. M. Woodward、C. T. Posey 著，王济棠译：《明渠水力学》，商务印书馆，1951 年。

❽ 林秉南：《我的求学之路》，见程晓陶、王连祥、范昭等著《老科学家学术成长资料采集工程、中国科学院院士传记丛书：智者乐水　林秉南传》附录，中国科学技术出版社、上海交通大学出版社，2014 年，第 212~227 页。

寒风涉水测验。到了夏季河水会暴涨，变得异常湍急，而且浑浊不堪。猫跳河到了夏天暴雨过后，也会变成一条湍急的黄泥河。当时的林秉南完全不理解这种变化的内部机理，他认识到自己水利工程学知识的匮乏，这也成为之后林秉南出国学习水利工程学，并特别注意明渠波动与河流泥沙问题的动因所在。

林秉南在修文水电工程处还参加了贵阳公路的测量工作，目睹了因为受地形限制无法完全避让耕地，一些农民举家搬迁的艰难场景。林秉南切实地认识到，水利工程的修建必须高度重视移民的利益。他在日后从事泥沙与溃坝等水利工程问题研究中，十分在意移民这一问题。❶

1943 年抗日战争胜利在望，国民政府为了适应战后建设的需要，教育部制定了《五年留学计划教育》等政策，鼓励留学深造。❷ 1944 年冬，林秉南参加了国民政府举办的英美奖学金研究生实习生考试，被录取。1946 年 3 月，林秉南告别家人，带着抗日战争胜利的喜悦，怀揣报国之心和自己初涉水利的一系列学识困惑，前往美国爱荷华大学开启了留学深造之路。

纵观这一时期，林秉南弃文从理工，怀抱着工业救国的梦想选择了水利作为一生的事业。在战争时代与水利结缘，从交通大学毕业，辗转修文水电站工地，在水利工程实践中遇到困惑与水利知识的匮乏，对明渠水流波动和泥沙问题内部机理的不解，成为林秉南出国选择水利工程学深造的最初动因。这一时期虽然林秉南在水利工程建设上的理论与实践成就较少，但是参与修文水电站的勘测与水利实践这一段不平凡的经历，促使林秉南在战争年代与长江结缘，开始了自己的水利人生。❸

第二节　赴美学习先进水工技术（1947—1955 年）

1946 年 4 月，林秉南抵达美国爱荷华大学。该校创立于 1847 年，是美国中西部 10 所规模最大、历史最悠久的公立大学之一。这所学校以水利工程学专业闻名，设有水利研究所，美国及欧洲美洲各国许多水利工程学专家都曾就读于这所大学。林秉南当时选择爱荷华大学的水力学专业❹，一方面是由于水力学是该校的名牌专业，另一方面是他在国内已经初涉水利事业，开始了自己的水利生涯，学习水力学，就是学习并精通水流运动的相关知识与规律，从而更好地识水、治水。林秉南曾自述："我是带了问题出国的。在修文时，我负责电厂引水渠道的选线和设计。电厂负荷变化时，引水渠道里水流要发生波动。渠道设计不当时，发电钢管因进气影响发电。对这个不恒定

---

❶ 程晓陶、王连祥、范昭等：《老科学家学术成长资料采集工程、中国科学院院士传记丛书　智者乐水：林秉南传》，中国科学技术出版社、上海交通大学出版社，2014 年，第 107 页。

❷ 易青：《抗战时期国民政府的留学生派遣工作》，《民国春秋》2000 年第 5 期。

❸ 何少苓：《中国现代科学家传记》第四集，科学出版社，1993 年，第 812 页。

❹ 水力学专业，是水利工程学的分支专业。

流的问题,当时没有解决办法。"❶

　　1947—1948 年是林秉南在美国爱荷华大学攻读硕士学位的时期。在这期间,林秉南完成了自己的硕士学位论文《从 Massau 观点研究明渠不恒定流》❷。通过研究这一论题和撰写这篇论文,林秉南初步寻找到了解决修文水电站引水渠水流波动的计算方法,解决了其留学美国初期对于水流波动问题的困惑。1946 年美国第一台真空管构造的计算机问世,为工程计算带来了革命性的变革,林秉南抓住将这一先进的计算工具用于解决复杂实际问题的机遇,在原有的水流特征线计算方法上做出进一步研究与探索,发现了后来被广泛认可的"逆向特征线计算方法",也被称作"指定时段特征差分方法"。这一方法不仅在计算精准度与稳定性方面具有优越性,还具有节省计算时间和应用方便等特征。这些成就是林秉南借助爱荷华大学完备的实验室和科研条件钻研出的成果,解决了林秉南在修文水电站的学术困惑,也使其掌握了先进的水力学理论成果。

　　1948—1951 年林秉南继续在爱荷华大学攻读博士学位。在这一阶段,林秉南在学术研究上进一步取得成就。1949 年 5 月,林秉南参加了爱荷华大学水利研究所每三年举行一次的全美性学术会议。这次会议的宗旨是群策群力出版《工程水力学》一书,其中关于洪水计算这一章,由于原作者因故无法进行修订,林秉南应邀负责该章的修订与例题增编。林秉南提出了当时先进的明渠不恒定流计算方法,该计算方法后来还被收入到周文德❸著《明渠水力学》(1985 年版)、布莱特(Brater)与金(King)合著的《水力学手册》(1976 年版)以及美日等国学者的四部专著中。这是林秉南第一次参加这种美国全国性的大型学术研讨会,通过参与这次学术研讨会,林秉南提出明渠不恒定流的计算方法在学术界广为人知。

　　林秉南的博士学位论文题目为《泥沙群体沉降速度的研究》,这一研究主要是借助实验室模型与分析。❹ 爱荷华大学设立的泥沙分析实验室为林秉南的泥沙研究提供了条件,并使其掌握了各种泥沙分析的方法。林秉南在爱荷华大学水力试验大厅的兼职工作也让他切身了解到美国先进的水力实验室设备和完备的实验室管理规范和章程,熟知了先进的实验模型与观测设备。同时爱荷华大学水利研究所受美国陆军工程师团委托,为委内瑞拉设计国家水力学实验室。林秉南也参与其中,主要负责审查此实验室的总体设计与规划,包括总体布局、进度安排、施工方案和设计原则等,并就水力学方面的问题提出专业的建议与解决方案。❺ 这些经历为林秉南后来回国参与组建中国科

　　❶　程晓陶、王连祥、范昭等:《老科学家学术成长资料采集工程、中国科学院院士传记丛书　智者乐水:林秉南传》,中国科学技术出版社、上海交通大学出版社,2014 年,第 35 页。
　　❷　J. Massau,比利时学者,生卒不详,对明渠不恒定流提出若干论述。
　　❸　周文德,华裔美国水文学家,1919 年出生于中国杭州。1940 年毕业于交通大学,后留学美国获得硕士和博士学位。创建了国际水资源协会,并担任第一任主席。著有《明渠水力学》和《应用水文学手册》。
　　❹　何少苓:《中国现代科学家传记》第四集,科学出版社,1993 年,第 812 页。
　　❺　程晓陶、王连祥、范昭等:《老科学家学术成长资料采集工程、中国科学院院士传记丛书　智者乐水:林秉南传》,中国科学技术出版社、上海交通大学出版社,2014 年,第 41 页。

学院水工研究室和创建水利水电科学研究院水工所打下了坚实的基础。

1951 年 8 月，林秉南学成毕业，获得博士学位，开始执教于美国科罗拉多州立大学❶，从事河流泥沙及水库水面蒸发相关研究工作，同时讲授"明渠水力学""泥沙运动"和"流体力学"三门课程。在任教期间，林秉南考察了位于科罗拉多河上的胡佛水坝。胡佛水坝（Hoover Dam）是美国综合开发科罗拉多河水资源的一项关键性工程，是美国乃至世界的经典大坝之一，于 1936 年竣工。该坝为混凝土重力拱坝，具有防洪、发电、航运、供水等综合效益。林秉南考察完胡佛大坝后，又查阅了相关文献资料，更加认识到宏大水利工程的修建是需要有强大的国力与科学技术做坚强后盾的，同时，伟大的水利工程又可以反过来促进国家的进一步强盛与发展。林秉南联想到了祖国的三峡大坝。修建三峡大坝的最初构想始见于孙中山 1919 年的《实业计划》。❷ 20 世纪 40 年代，美国国家垦务局总设计工程师萨凡奇两度来中国勘察三峡，编写了《扬子江三峡计划初步报告》，提出了兴建三峡工程的具体计划，包括水库、拦河大坝、溢水堰、泄水道厂房设计，并提出将会带来发电、防洪、灌溉等效益。❸ 林秉南在修文水电站时无意间翻阅过由美国寄回中国的有关三峡工程的英文技术资料，这是林秉南第一次接触到长江三峡工程的技术资料，当时觉得在长江上修建这样一个浩大的工程在战乱的中国是遥不可及的设想。1949 年中华人民共和国成立后，在美国留学深造的林秉南看到了希望，认为中国必将开展大规模的水利建设，三峡工程势在必建。所以林秉南在学习、研究之时时刻留意三峡工程的有关建设问题，并思考三峡工程中可能遇到的水力学问题。因为当时水利界普遍认为中国的长江三峡工程一旦修建，势必也是像胡佛大坝那样的高坝，高速水流问题将成为主要的研究方向，再者这样的高坝在战争状态下也将是"定时炸弹"。林秉南在任教之余便开始收集高坝水力学与大坝防空问题两方面的学术资料，搜集和研究在第二次世界大战时期因为大坝被摧毁造成重大损失的案例，开始关注非常状态下溃坝的研究。同时，当时大坝建设带来的筑坝新技术林秉南也多有关注。这些都为他回国后从事长江治理，研究高速水流、河流泥沙和溃坝问题积累了可供参考的知识与经验。

而此时的中国也在发生着变化。中华人民共和国成立初期，我国水灾不断，长江、淮河流域灾情严重。因此，国家的首要任务是恢复国民经济、安定社会，每年国家动员上千万人进行水利建设，治理长江、淮河水灾。林秉南虽然身处美国，但时刻心系祖国，1950 年年初在给也在美国留学深造的钱宁❹的回信中，便表达了要回

---

❶ 科罗拉多州立大学：成立于 1870 年，是美国著名的公立大学之一。

❷ 袁风华、林宇梅：《扬子江三峡计划初步报告》（上），《民国档案》1990 年第 4 期。

❸ 袁风华、林宇梅：《扬子江三峡计划初步报告》（下），《民国档案》1991 年第 1 期。

❹ 钱宁（1922—1986），浙江杭州人。中国水利学家、泥沙研究专家。早年赴美国加利福尼亚大学学习，师从美国水文学家小爱因斯坦，获博士学位。曾任中国科学院水工研究室研究员、水利水电科学研究院河渠研究所副所长、清华大学水利工程系教授，中国科学院学部委员。著有《泥沙运动力学》《河床演变学》等著作。

国服务的决心。❶ 1950 年 6 月，朝鲜战争爆发，中美关系趋向紧张，进入敌对状态。美国政府禁止学理、工、农、医的中国留学生回国，回国通道被关闭，林秉南回国受阻。❷ 为争取美国政府开放禁令，林秉南联合其他留学生集体写信向美国政府表达回国的强烈愿望，要求撤掉禁令。直到 1955 年春，林秉南通过友人与中国驻瑞士日内瓦领事馆取得联系，表达了回国的强烈欲望，最终通过这一渠道于 1956 年 1 月回到祖国。❸

留学美国的这十年，是林秉南水利生涯起步的关键时期。林秉南带着在长江上游修文水电站工作中遇到的水力学与泥沙动力学方面的困惑走出国门，在美国十年的学习、研究中，林秉南不但解决了自己在国内初涉水利时的困惑，弥补了水力学知识的空白，更重要的是掌握了先进的水力学知识与理论，见识了当时处于世界领先地位的水力学实验模型，参与了具有世界水平的水力学学术会议。这些理论与实践也促使林秉南提出了当时先进的明渠不恒定流的计算与解法，初步奠定了林秉南在水利工程学界的地位。总之，这一时期是林秉南投身中华人民共和国治水事业的学术奠基时期。❹

第三节 参加中华人民共和国水利建设事业
（1956—1978 年）

林秉南留学归国后，1956 年 2 月，被分配到中国科学院水工研究室工作。中国科学院水工研究室成立于 1956 年初，成立伊始，水工研究室只设立泥沙、水力学、水工结构三个专业研究组，张光斗❺任研究室主任，林秉南担任水力学组副组长。林秉南开始着手筹备实验室，积极开展科研人员的专业培训，招收第一批研究生和开展专题研究。中国科学院水工研究室从 1956 年初创建，到 1957 年、1958 年与水利部水利科学研究院、电力工业部水电科学研究院先后合并，成立中国科学院、水利电力部水利水电科学研究院。❻

❶ 林秉南：《我的求学之路》，见程晓陶、王连祥、范昭等著《老科学家学术成长资料采集工程、中国科学院院士传记丛书　智者乐水：林秉南传》附录，中国科学技术出版社、上海交通大学出版社，2014 年，第 212～227 页。

❷ 何少苓：《中国现代科学家传记》第四集，科学出版社，1993 年，第 812 页。

❸ 程晓陶、王连祥、范昭等：《老科学家学术成长资料采集工程、中国科学院院士传记丛书　智者乐水：林秉南传》附录，中国科学技术出版社、上海交通大学出版社，2014 年，第 89 页。

❹ 林秉南：《人生受矛盾的影响和偶然事件的支配》，见中国科学院院士工作局编《科学的道路》下卷，上海教育出版社，2005 年，第 1693 页。

❺ 张光斗（1912—2013），江苏常熟人。水利水电工程专家和水利工程教育家，新中国水利水电事业的主要开拓者之一，清华大学原副校长，中国科学院和中国工程院资深院士，编写了《水工建筑物》等学术论著。

❻ 1958 年更名为中国科学院、水利电力部水利水电科学研究院，1994 年更名为中国水利水电科学研究院。

1956 年 1 月，中华人民共和国修订了十二年的中国科学发展远景规划❶，其中水利工程学包括高水头泄水建筑物的研究，这是我国有组织地研究高速水流（包括高速水流消能）课题的开端。❷ 林秉南根据国内水利建设发展的实际需要，积极投入到高坝水力学研究和水利水电工程水工模型试验之中。林秉南从美国留学归来带回的 40 余篇高速水流研究方面的技术论文资料解决了中华人民共和国成立初期高坝建设水流研究方面资料缺乏的问题。在林秉南、钱宁和杨秀英的共同主持下，完成了共约 120 万字的《高速水流论文译丛》❸。这部资料在相当长时期内被作为国内高速水流科学研究的主要参考资料❹，为我国高速水流研究奠定了基础。林秉南同时还负责水工二厅高速水流实验室大型活动掺气陡槽的规划设计。

水力实验室对水流内部机理的研究有着重大的促进作用。早在 20 世纪 30 年代初，我国的水利学家就大力提倡水力试验技术，历经挫折与失败。1935 年 11 月建成了中国第一水工试验所，位于天津市的河北省立工学院内，并进行了试验。1937 年"七七事变"爆发后，试验所毁于日本侵略军的炮火之下。抗日战争胜利后，原中国第一水工试验所副董事长李书田在天津市重建水工试验所，1949 年 9 月更名为"天津水工试验所"。1955 年天津水工试验所全体人员及设备迁往北京，1956 年 7 月与南京水利实验处迁到北京的人员和设备合并为水利部水利科学研究院❺。1958 年水利水电科学研究院成立后，林秉南任水工所副所长。林秉南结合于美国爱荷华大学水力学实验室受到的熏陶和积累的经验，带领水工所科技人员设计与规划水工二厅高速水流实验室。高速水流实验室的外表朴实无华，但是内部的规划布置，包括动力间、平水塔、循环系统等，都采纳了国外的先进经验，同时也引入了不少新的思路。实验室于 1959 年建成，次年正式投入使用。直到 2004 年拆除，使用了四十多年，伴随与见证了中华人民共和国水利事业的成长与发展，并且实验室系统始终运行良好，实践证明了实验室设计的合理性。❻ 林秉南主持创建的高速水流实验室是中华人民共和国成立后建立的第一个水流实验室，为我国此后一系列水利科研项目的开展提供了必要的条件，为中国水利工程研究向更高水平发展奠定了基础。

活动掺气陡槽是高速水流实验研究的重要设备之一。根据国家科学远景规划的需

---

❶　全称《1956—1967 年科学技术发展远景规划纲要》，简称"十二年科技规划"。该规划首先是毛泽东主席在 1956 年 1 月 25 日的最高国务会议上提出来的，由国务院总理周恩来主抓，陈毅和李富春副总理具体组织领导，后改由聂荣臻副总理具体组织领导。有关部门领导组成的 10 人小组负责规划的制定工作，国家计划委员会、中国科学院和有关部门的各方面专家 600 多人参与制定，为未来 12 年的中国社会经济、科技发展、国防建设等方面的不同需求作出战略性规划。

❷　林秉南：《我国高速水流消能技术的发展》，《水利学报》1985 年第 5 期。

❸　中国科学院水工研究室：《高速水流论文译丛》第一辑第一册，科学出版社，1958 年。

❹　程晓陶、王连祥、范昭等：《老科学家学术成长资料采集工程、中国科学院院士传记丛书　智者乐水：林秉南传》，中国科学技术出版社、上海交通大学出版社，2014 年，第 66 页。

❺　程鹏举、周魁一：《中国第一水工试验所始末》，《中国科技史料》1988 年第 2 期。

❻　程晓陶、王连祥、范昭等：《老科学家学术成长资料采集工程、中国科学院院士传记丛书　智者乐水：林秉南传》，中国科学技术出版社、上海交通大学出版社，2014 年，第 71 页。

要，林秉南负责开展掺气问题的研究。在这项研究之中，关键步骤是建立起一个必要的实验装置——活动掺气陡槽。林秉南再次利用自己在美国爱荷华大学实验室习得的知识，设计出了一座长 15 米、宽 45 厘米、最大设计坡度 60°（实际约 57°）、最大流速 17 米每秒的陡槽。❶ 在设计过程中，林秉南遇到旋转接头的难题。为了解决这一问题，他检索了大量国内外技术资料，同时虚心请教机械工程方面的技术人员，最后经过反复思考与计算，他提出利用纵向压缩盘根实现侧向止水的原理来设计旋转接头，制成模型。❷ 从整体布局到关键细节，林秉南亲自构思与反复研究，在借鉴国外同行先进经验的基础上，独具创新，建造出我国第一座大型活动高速水流掺气陡槽，为当时世界上三座试验用大活动陡槽之一，其中的多项性能开创了我国水利界的先河，在当时国际上也位居前列。

1958 年 6 月，林秉南参加了在武汉召开的全国三峡工程科研协调大会，这次会议是林秉南回国后参加的第一个有关长江三峡工程的会议。❸ 会议的技术工作由苏联专家 E. A. 巴柯舍也夫❹主持，会议提出了三峡水库水体突然泄放研究等课题，林秉南主持这一课题的研究。早在贵州修文水电站工作时期林秉南首次结缘长江三峡工程的技术资料，留学美国期间时刻关注三峡工程的研究与讨论情况，并且注意非常状态下水体突然下泄问题的研究，仔细钻研第二次世界大战中德国一些大坝被炸毁、鲁尔工业区等被淹的历史资料，积极思考未来的长江三峡工程也应考虑这些非常状态下的突发性问题。为了研究长江三峡水体突然泄放问题以及溃坝范围和洪水行进路线，林秉南在水利水电科学研究院的同事与北京水电学校师生的帮助下共同完成了实体模型，整个模型虽小，但是对洪水溃坝行进路线、以荆江大堤为首的溃决地区、淹没范围等方面都做了科学清晰地模拟与展示。1959 年 7 月，林秉南主持的试验小组完成了"长江三峡水库水体突然泄放问题研究"的课题，提交了《三峡洪水演进计算方法研究报告》，正式完成了我国第一个溃坝波试验，为三峡大坝的安全性论证做了先行准备，体现了水利建设中居安思危、安全走在建设前的思想。❺

1960 年以后，林秉南应钱塘江工程局之邀，参与杭州湾二维潮波的计算。杭州湾湾口宽约 100 千米，自湾口向西至钱塘江口的澉浦纵深距离也是近 100 千米。对于如此广阔的海域，当时不具备实物模型的条件，林秉南与钱塘江工程局的科技人员便运用电子数字计算和电模拟计算，采用二维数学模型，客观反映了杭州湾大喇叭口的真实情况。在参与钱塘江潮流计算与河道治理中，林秉南提倡使用特征线法进行潮涌计

---

❶ 林秉南：《流体力学在我国水利工程中的一些应用》，《力学与实践》1984 年第 3 期。

❷ 程晓陶、王连祥、范昭等：《老科学家学术成长资料采集工程·中国科学院院士传记丛书 智者乐水：林秉南传》，中国科学技术出版社、上海交通大学出版社，2014 年，第 72 页。

❸ 国务院三峡工程建设委员会：《百年三峡——三峡工程 1919—1992 年新闻选集》，长江出版社，2005 年，第 108 页。

❹ E. A. 巴柯舍也夫，苏联著名水利工程学专家，1958 年担任长江流域规划办公室苏联专家组副组长。

❺ 程晓陶、王连祥、范昭等：《老科学家学术成长资料采集工程·中国科学院院士传记丛书 智者乐水：林秉南传》，中国科学技术出版社、上海交通大学出版社，2014 年，第 80～81 页。

算，将明渠不恒定流研究的理论运用其中，在当时国内属于开创性的研究。钱塘江河口属于强涌潮河口，线摆动较大，林秉南采用垂线积分的方法得到挟沙能力与含沙量比值的两个系数，研究河口的摆动。但为了确保数据的可比性与计算的可行性，林秉南采用了"两条腿"走路的方法，也就是将电子数字计算与电模拟计算相结合的方法。❶ 在林秉南的指导下，由水利水电科学研究院的龚振瀛与中国科学院计算技术研究所的金旦华负责电子数字计算部分，水利水电科学研究院水工所赵世俊负责电模拟计算。在计算过程中，将杭州湾划分为不同单元格，将每一个一维化的单元格纵横联系，实现了杭州湾潮汐问题一维向二维的转化，顺利完成了电模拟计算和电子数字计算。通过这两种方法相结合，可以测算出杭州湾潮汐变化的规律与变化路径，经检验，与监测站的实测数据基本保持一致❷，从而对钱塘江大潮形成规律与主要原因有了较为清晰的认识。这些研究成就在理论上论证了钱塘江治理的指导思想和方向：减少河道进潮量，增大山潮水的比值，缩窄原有江道，减少河床摆动。❸ 这是中华人民共和国成立后依据钱塘江的特性科学有效治理钱塘江河口的开始。

在这一方针的引导下，以遵循钱塘江河口演变规律为基础，以提高河口的防洪御潮能力为目的，在 20 世纪 60 年代开始进行河塘加固、河道整治等一系列河口整治工程。在整治河口的初期，林秉南建议在掌握钱塘江潮汐运动特性的基础上，利用江道摆动的规律，趁淤围涂，促进治江。这一思路打破了石块堆砌筑坝、集中水流于江道内形成淤积之后再筑堤围涂的传统思路，克服了以前投资大、工期长、效果不理想等弊端。❹ 20 世纪 60 年代后期，这一方法首次在浙江省萧山县的之江工程中得以实践，证明这一方法在河床摆动大、涌潮强的河段极其适用。这一方法后来经过发展与完善被称之为"以围代坝"，在钱塘江河口两岸得到广泛推广与应用。

1966 年 5 月，"文化大革命"爆发，随着极"左"狂潮在全国的泛滥，水利水电科学研究院也不可避免地受到了影响，科学研究工作基本停顿。林秉南个人也因为父亲林黄卷的政治背景以及自己的留美经历而受到怀疑与牵连，被下放干校。1972 年从干校返回北京，但因当时特殊的政治氛围，林秉南被原单位水利水电科学研究院拒收，于是在水利电力部科学技术情报研究所工作，潜心研究水利文献。在这一时期林秉南搜集整理资料，勤奋翻译外国文献。当时葛洲坝工程已经上马，在工程建设当中遇到过鱼问题。对于过鱼建筑物有无必要兴建的问题，水利工程学界有着严重的分歧。争论的焦点在于，如果兴建了过鱼建筑但又未能起到应有的作用，浪费了大量的人力、

❶❷　林秉南先生学术成就老专家座谈会会议记录，2012 年 1 月 10 日。见程晓陶、王连祥、范昭等著《老科学家学术成长资料采集工程、中国科学院院士传记丛书　智者乐水：林秉南传》，中国科学技术出版社、上海交通大学出版社，2014 年，第 82 页。

❸　中国海洋工程学会：《第十五届中国海洋（岸）工程学术讨论会论文集》中册，海洋出版社，2011 年，第 1246～1248 页。

❹　潘存鸿、符宁平：《钱塘江河口治理回顾》，《水利水电科技进展》1999 年第 4 期。

物力和财力，被后人所憎恶。❶ 林秉南所在的科学技术情报研究所被要求针对葛洲坝的过鱼问题专门编写一本国外资料专辑，这项工作由林秉南负责。林秉南在搜集翻译大量英、法、美等国资料的基础上，编写了《国外过鱼工程》小册子，对欧美等国的过鱼工程与技术进行详尽地介绍与总结。这对葛洲坝工程评估选择适宜的过鱼方式提供了重要参考。林秉南认为，长江的洄游水族多属于鲟鱼、白鳍豚等大型鱼类，鱼体大的长达数米，体型庞大，若采用传统的鱼梯过鱼，鱼梯的规模将十分庞大，但过鱼数量又较少，所以采用鱼梯并不合理。❷ 根据林秉南编著的《国外过鱼工程》这本小册子，葛洲坝后来合理采用坝下人工养殖、流放鱼苗的方法，科学地解决了葛洲坝过鱼工程的困惑。

林秉南在水利电力部科学技术情报研究所期间，不仅进行文献资料的搜集、翻译，也开展水利工程技术理论的创新研究。虽然在当时"文化大革命"的大环境下失去了继续组织科研工作的平台，但是林秉南始终没有放弃对水利工程学的探索。早在20世纪60年代初，林秉南就开始研究高坝泄洪纵向扩展消能。1973年5月，林秉南出差到安康水电站工地，当时已经下放在安康水电站工地的龚振瀛在试验中也萌发了将方形闸墩尾部加宽的设想，在林秉南的积极倡导下，他们共同创造性地发展了基于纵向消能的收缩式新型消能——宽尾墩。林秉南、龚振瀛等人的这一创新消能方式，减少了高速水流对下游河床的冲刷，为高坝泄洪消能提供了新的方案，特别是为高深峡谷的高坝泄洪消能提供了高效的方法。这一科研成果随后应用于安康、龙羊峡、岩滩等水电站工程建设中，消能防冲效果显著。❸

纵观1956—1978年的20多年间，在1956—1966年的十年中中华人民共和国水利事业出现了第一个建设高潮，大量的水利工程上马，水利科研机构先后组建，不断改组与完善，水力学试验与水利工程模型等设施不断完善与健全。林秉南作为资深的留美水利学专家，积极参与到中华人民共和国水利事业的建设热潮中，积极参加水利水电科学研究院的组建，负责水利水电科学研究院高速水流试验室研究工作，同时将留美十年习得的先进水工科学知识与经验运用于我国水利水电建设事业中，领导完成的水力实验室为水利水电科学研究院的水利工程学研究创造了有利条件，在水利工程理论技术与试验模型方面作出突出贡献。林秉南的这些成就对我国水利事业发展的第一个高潮起到了积极的促进作用，同时也推动我国水利事业与国际先进水平衔接。1966—1976年"文化大革命"的这十年之中，中华人民共和国水利事业在艰难中前进。林秉南未因特殊的政治环境而放弃自己的水利工程学研究，而是潜心研究国内外水利资料与历史文献，在逆境中探索解决葛洲坝工程过鱼等工程技术难题，发明的宽尾墩收缩式消能工技术处于当时世界领先水平，且得到运用。综上所述，这一时期林秉南留美回国，积极投身中华人民共和国长江治理事业，是林

❶ 林一山：《河流辩证法与葛洲坝工程》，湖北科学技术出版社，1984年，第23页。

❷ 何少苓：《中国现代科学家传记》第四集，科学出版社，1993年，第812页

❸ 胡昌支：《当代治水名人——林秉南》，《水利天地》1994年第3期。

秉南水利生涯的重要时期。❶

第四节　改革开放后大显身手（1978—2014 年）

1976 年 10 月，"文化大革命"结束。中华人民共和国水利事业历经艰难之后，随着 1978 年改革开放的到来迎来了新的曙光。林秉南在改革开放之后，凭借着国内外良好的环境与深厚的学养大显身手，执着于水利工程学研究，积极推动中国水利事业走向世界前列。1977 年初，林秉南兼职清华大学水利工程系教授。1978 年 3 月全国科学大会召开了，会议肯定了中华人民共和国成立 20 多年来科学工作的路线、方针和科技人员的努力，号召"树雄心，立大志，向科学技术现代化进军"，邓小平还阐释了"科学技术是第一生产力""四个现代化的关键是科学技术的现代化"等理论。❷ 林秉南参加了这次会议，并荣获先进个人称号。在全国科学大会精神的鼓舞下，林秉南更加全身心地投入到新时期中国水利事业发展的大潮之中。

一、恢复与加强中国水利水电科学研究院的建设

全国科学大会召开后不久，为了适应新时期国家水利水电科学研究的发展需要，1978 年 4—5 月间，水利电力部发文正式决定恢复水利水电科学研究院，恢复后的第一届水利水电科学研究院院长由张光斗担任。在"文化大革命"极"左"思潮的影响下，林秉南带领科技人员呕心沥血创建的实验室与模型设备因动乱的破坏早已荡然无存，当年一起参加科学研究的水利科技人员也被下放各地。当时在水利电力部科学技术情报研究所工作的林秉南兼任清华大学水利工程系教授，张光斗院长极力邀请林秉南回到水利水电科学研究院工作，林秉南在返回水利水电科学研究院前提议将散落在全国各地的科研人员召回科研岗位。❸ 11 月，包括林秉南在内的数十名被下放的水利专家重返水利水电科学研究院。之后，水工与冷却水研究所逐步恢复，林秉南担任副所长。1979 年水工研究所与冷却水研究所代替了原先合并功能的水工与冷却水研究所，林秉南担任水工研究所所长。在此期间，林秉南身体力行地负责三项工作的开展：第一，建立符合新时期水力学研究需要的现代化实验平台，并亲自参与了旧实验室的恢复与新实验室的组建工作。"文化大革命"时期，林秉南负责建立的高速水流实验室遭破坏，大量的实验模型面目全非，改革开放后水利水电迅猛发展的形势要求我国必须具备现代化的实验设备与模型，从而继续推进水利水电的试验与研究，赶超世界先进水平。第二，响应国家号召，积极培养高层次水利科技人才，招收研究生。1977 年，国

---

❶ 何少苓：《中国现代科学家传记》第四集，科学出版社，1993 年，第 812 页。
❷ 邓小平：《在全国科学大会开幕式上的讲话（1978 年 3 月 18 日）》，《邓小平文选》第二卷，人民出版社，1983 年，第 100 页。
❸ 韦凤年、杨桦：《做好恢复重建工作 牢筑科研基础——访中国水利水电科学研究院原院长、两院资深院士张光斗》，《中国水利》2008 年第 21 期。

家恢复研究生招生考试制度，林秉南极力主张水利水电科学研究院恢复招收研究生，水科院招收了"文化大革命"之后的第一批研究生共24名，其中林秉南一人招收了陆吉康与刘树坤❶两名研究生，他们后来成为我国水利水电建设事业的中坚力量。第三，按照当时我国水利水电建设的实际需要拟定专业方向，加强国内外水利水电工程学界的学术交流。❷ 林秉南还积极参加中国水利学会❸的恢复与组建，参与国内外水利水电学术研究会议。

　　1982—1984年，林秉南担任水利水电科学研究院院长。这是改革开放以来水利水电科学研究院的第二位院长，对新时期中国水利水电事业的发展起着关键性的作用。在任期间，林秉南大力推动水利水电科学研究院科研工作的全面展开。一方面制定与落实科研规划，改善科研条件与环境，积极重建与组建水力实验室等必要的科研设施，着手水利水电文献的搜集与整理，提高图书馆检索功能，重视与国际水利名校的资源交流与共享。另一方面，林秉南狠抓水利科研人才队伍建设。留美深造的经历使林秉南深知学好英语的重要性，他要求有计划地组建英语培训班，一线水利技术人员必须加强英语培训。❹ 同时积极为派出留学欧、美、日等发达国家的技术人员制定培养方案，写推荐信。何少苓、刘树坤等学生都是林秉南亲自推荐留学深造的。同时，林秉南坚持奉行"引进来，走出去"的原则，以将中国水利推向世界、促进国际水利合作与交流为己任。聘请国外著名专家学者来中国讲学，当时邀请的外国学者包括国际水利界泰斗、林秉南的导师、美国爱荷华大学饶斯教授，日本京都大学岩佐義朗教授等，力求拓宽我国水利工程研究者的学术视野。❺ 与此同时，林秉南极为重视水利水电科学研究院的学科建设，力求把水利水电科学研究院打造成中国一流的水利科技研发机构与人才培训中心。1985年后至2014年逝世，林秉南一直担任水利水电科学研究院咨询委员与名誉院长。1994年，经国家科学委员会批准，水利水电科学研究院更名为"中国水利水电科学研究院"，加入"中国"二字，这意味着中国水利水电科学研究院几十年的院名演变就此结束，同样也标志着中国水利水电科学研究院历经几十年的发展已成为中国水利水电工程界的权威机构。❻

---

　　❶ 刘树坤（1940—　），山东省新泰县人。中国水利水电科学研究院水力学研究所总工、灾害与环境研究中心总工、教授级高级工程师、博士生导师。曾任中国水利学会理事、水力学专业委员会主任。

　　❷ 程晓陶、王连祥、范昭等：《老科学家学术成长资料采集工程、中国科学院院士传记丛书　智者乐水：林秉南传》，中国科学技术出版社、上海交通大学出版社，2014年，第111页。

　　❸ 中国水利学会：由中国水利科技工作者组成的群众性、学术型社会团体。1931年4月成立，原名中国水利工程学会，1957年重建并改名为"中国水利学会"。该学会的宗旨是：促进水利科学技术的繁荣与发展，促进科技创新与人才的成长。主办《水利学报》《水科学进展》《泥沙研究》《灌溉排水学报》等水利期刊。

　　❹ 何少苓：《难忘的研究生岁月和可敬的导师林秉南先生》，中国水利水电科学研究院网站，2008年8月28日。

　　❺ 李桂芬：《中国水科院外事工作回顾片段》，中国水利水电科学研究院网站，2008年7月23日。

　　❻ 河海大学《水利大辞典》编辑修订委员会：《水利大辞典》，上海辞书出版社，2015年，第509页。

二、推动国内外泥沙研究的发展

1978 年后，长江三峡工程进入重新论证的新阶段。[1] 1986 年 8 月，在之前成立的三峡工程泥沙攻关专家组的基础上成立了三峡工程论证泥沙专家组，林秉南担任组长。当时，有了黄河三门峡工程[2]惨痛的教训，泥沙问题被认为是三峡工程是否上马的关键性问题之一，水利工程学界一致认为三峡大坝不能成为下一个"泥坝"与"淤坝"。林秉南临危受命，主持三峡工程泥沙问题的研究与论证工作。当时三峡工程论证泥沙专家组论证的主要问题有：水库长期保留防洪库容和调节库容问题、水库变动回水区航道与港区的泥沙淤积问题等。[3] 林秉南等人采用原型观测资料、泥沙模型试验和数学模型试验相结合的方式论证了"蓄清排浑"方式运用下的有效库容。1988 年 3 月，以林秉南为组长的三峡工程论证泥沙专家组通过了三峡工程泥沙专题论证报告。1991 年 8 月，国务院通过此报告，同意兴建三峡工程。林秉南对于三峡工程泥沙问题的思考并没有因为三峡工程的上马而结束，在三峡工程建设及建成后的运行时期，他依旧关注库区与回水区泥沙的淤积与冲淤情况。在晚年他仍就三峡工程泥沙问题提出自己的见解，认为目前世界上还没有一个根据计算成功预报水库百年淤积的先例，水库泥沙淤积是一个动态变化的过程，为了防止出现意外的淤积情况，应当对水库淤积进行有效的调节，他提出了优化调度的新思维。[4]

改革开放以来，随着"走出去"与"引进来"的开放步伐，中国的水利工程科技也积极走出国门，向世界展示中国水利工程学界的最新研究成果，同时加强国际学术交流与合作。1980 年 3 月 19—24 日，于北京召开的第一次河流泥沙国际学术研讨会，是"文化大革命"结束之后我国水利工程学界举办的第一个国际水利学术研讨会，全世界 14 个国家与地区的 230 名水利专家赴北京参加这次国际性水利学术研讨会。[5] 这是中华人民共和国成立以来首次承办国际性水利学术研讨会，所以格外受重视，在 1978 年初就开始筹划与准备。这次会议起初是由钱宁负责，但是到了后期，由于钱宁身体状况不佳，无法继续负责，林秉南接过钱宁肩上的重任，开始负责筹划会议一系列文件的修改与翻译工作。林秉南花费了大量的时间去筹备这次会议，最终会议取得了圆满的结果。在这次会

---

❶　苏向荣：《三峡决策论辩——政策论辩的价值探寻》，中央编译出版社，2007 年，第 62 页。

❷　三门峡工程：位于黄河中游下段，两岸连接河南、山西两省，是中华人民共和国成立以来在黄河干流兴建的第一座大型水利枢纽工程，被誉为"万里黄河第一坝"。该工程自 1957 年破土动工，经过三年艰苦奋战，1960 年 9 月开始蓄水使用，运行一年半后，库区淤积泥沙达到 15.3 亿吨，远远超出预计，同时潼关高程提高 4.4 米，在渭河河口形成拦门沙，致使渭河下游两岸农田被淹 25 万亩，被迫于 1962 年、1969 年两次改建。改建后的三门峡工程，基本解决了库区泥沙淤积，保持了一定的长期有效库容。

❸　程晓陶、王连祥、范昭等：《老科学家学术成长资料采集工程、中国科学院院士传记丛书　智者乐水：林秉南传》，中国科学技术出版社、上海交通大学出版社，2014 年，第 137 页。

❹　林秉南：《我对三峡工程泥沙的认识》，见程晓陶、王连祥、范昭等著《老科学家学术成长资料采集工程、中国科学院院士传记丛书　智者乐水：林秉南传》，中国科学技术出版社、上海交通大学出版社，2014 年，第 148 页。

❺　程晓陶、王连祥、范昭等：《老科学家学术成长资料采集工程、中国科学院院士传记丛书　智者乐水：林秉南传》，中国科学技术出版社、上海交通大学出版社，2014 年，第 161～162 页。

议上，林秉南、窦国仁❶等一些老一辈水力学家提出了建立一个国际性的泥沙研究与合作组织的建议。基于中华人民共和国成立以来我国在河流泥沙治理方面取得了重要的进展，在这些治沙实践的推动下，中国的泥沙研究取得了卓著的科研成就，1983年11月，联合国教科文组织（UNESCO）❷通过了林秉南等人提出的关于在中国成立泥沙培训中心的决议。❸ 1984年7月21日，国际泥沙培训中心正式在北京成立。❹ 林秉南兼任培训中心顾问委员会主席和核心期刊《国际泥沙研究》的主编。❺ 该中心是改革开放后我国与联合国教科文组织共同建立在中国的第一个涉水二类国际学术组织。2009年7月，在国际泥沙培训中心成立25周年的庆典上，水利部、联合国教科文组织共同肯定了国际泥沙培训中心取得的成绩，肯定了此中心为推动世界泥沙研究与学术交流、推动我国泥沙研究走向世界发挥了积极的作用。❻ 林秉南作为国际泥沙培训中心发起者之一，在推动国际泥沙培训中心持续发展的道路上发挥了极为重要的作用。

林秉南认为，泥沙问题是世界性问题，我国作为泥沙研究的主体性国家，应积极加入到世界泥沙研究热潮之中，并在国际泥沙研究中发挥主导性作用。早在1998年10月召开的国际泥沙培训中心第二届顾问委员会会议上，林秉南就提出了筹建世界泥沙学会的想法。1998年底，在香港举行的第七届河流泥沙国际研讨会上，各国专家参与讨论了关于组建世界泥沙研究学会的议题，许多专家都表示赞同这一提议，认为虽然世界各国的水利学会设有泥沙研究委员会与泥沙研究组织，但是由于研究规模与专业面相对较小，不能更加全面地反映泥沙研究的重要影响和学科的重要地位，而世界泥沙学会这一组织是世界范围内泥沙研究的专门机构，可以跨学科地研究泥沙与其他相关领域的综合问题，除水利工程学外还涉及化学、土壤学、农学、历史地理学、水土保持学等非水利工程学的研究。❼

2000年12月，林秉南在给水利部部长汪恕诚❽的建议中再次提出关于建立世界泥

❶ 窦国仁（1932—2001），辽宁北镇人。泥沙及河流动力学专家。1956年毕业于苏联列宁格勒水运学院，1959年获得副博士学位，1960年获得技术科学博士学位，1991年当选为中国科学院学部委员，曾担任南京水利科学研究院名誉院长。长期从事紊流和工程泥沙问题研究，参与葛洲坝水利枢纽、长江三峡水利枢纽、小浪底水利枢纽等工程的泥沙问题研究，发展了泥沙物理模型相似理论、河口海岸泥沙数学模型，建立了河床紊流随机理论与泥沙运动基本理论体系。

❷ 联合国教科文组织（UNESCO）：全称联合国教育、科技及文化组织，英文：United Nations Educational, Scientific and Cultural Organization，缩写UNESCO，1946年11月4日正式成立，是联合国旗下专门机构之一，其组织宗旨是"促进教科文方面的国际合作"等。

❸ 水利部科技教育司、三峡工程论证泥沙专家组工作组：《长江三峡工程泥沙研究文集》，中国科学技术出版社，1990年，第687页。

❹ 《国际科技合作征程》编辑部：《国际科技合作征程》第6辑，科学技术文献出版社，2016年，第379页。

❺ 何少苓：《中国现代科学家传记》第四集，科学出版社，1993年，第812页。

❻ 国际泥沙研究培训中心：《探索与发展——国际泥沙研究培训中心20年历程》，黄河水利出版社，2004年，第80页。

❼ 程晓陶、王连祥、范昭等：《老科学家学术成长资料采集工程、中国科学院院士传记丛书　智者乐水：林秉南传》，中国科学技术出版社、上海交通大学出版社，2014年，第174页。

❽ 汪恕诚（1941—　），江苏溧阳人。1965年毕业于清华大学水利工程系，1968年研究生毕业。历任水利电力部第六工程局技术员、工程师，水利电力部水利水电建设总公司党委副书记、副总经理，水利电力部水利水电建设局副局长、局长，1998年11月任水利部部长，2003年3月连任水利部部长。

沙学会的设想。同年，在中国水利水电科学研究院为他举办的 80 寿辰庆祝会上，林秉南感触颇深地提到了世界泥沙学会的筹办与组建的倡议。他认为，泥沙问题是全球性问题，当今需要一个组织来推进世界范围内的泥沙问题研究，中国有着世界泥沙含量最高的河流——黄河，且泥沙问题研究一直以来都是我国水利工程建设中的重点问题之一，当今急需一个学术组织来推进世界泥沙研究的进一步向前发展，而我国作为泥沙研究的重点国家，必须在这一进程中主动发挥作用。❶ 进入 21 世纪以来，林秉南的这一想法得到了国际上许多水利工程学专家的积极响应。至 2004 年 7 月，国际泥沙培训中心成立 20 周年之际，世界泥沙学会的筹办得到了国际水文科学协会与联合国教科文组织等国际权威机构的明确支持与鼓励。❷

2004 年 10 月 30 日，林秉南努力数年的世界泥沙学会❸终于在湖北省宜昌成立，林秉南由于年事已高，担任学会理事会理事。❹ 世界泥沙学会是非政府、非营利性的国际学术组织，学会的宗旨是"联络各国泥沙工作者，开展技术交流与合作，共同促进泥沙领域的研究、设计和管理水平的提高，为合理利用水土资源，保护生态环境，实现可持续发展提供科学支持与技术支持。"世界泥沙学会是国际水利界第一个总部设在中国的世界性学会，它的成立极大地促进了我国泥沙研究界与世界各国泥沙研究机构和学者的交流与合作，推动了中国与世界泥沙研究事业的协同发展，同时又对我国水利工程设备和技术的输出提供了极大的便利，推动向世界展示中国泥沙研究的成果，提高我国在世界水利工程学术界的地位。❺ 林秉南作为我国老一辈的水利工程专家，在世界泥沙学会的创建中花费了极大的精力，有着不可磨灭的作用。英国著名学者沃林教授❻也称赞林秉南为"世界泥沙学会之父"。❼

自 1978 年改革开放到 2014 年的 36 年间，是林秉南参与长江治理的重点工程——三峡工程的关键时期，同时也是其水利生涯厚积薄发的黄金时期。历经十年"文化大革命"，中华人民共和国水利事业随着改革开放新时期的到来走向了迅猛发展的时期，三峡工程经过重新论证之后开工建设并建成投入使用。这一长江治理中关键性工程泥沙问题的解决充分证明了以林秉南为代表的中国泥沙研究专家的卓越学识，中华人民共和国水利事业也因为三峡工程的建成开始走在世界前列。

---

❶❷　林秉南：《国际泥沙研究培训中心建立 20 周年献词》，2004 年，未刊稿。资料存于采集工程数据库。见程晓陶、王连祥、范昭等著《老科学家学术成长资料采集工程、中国科学院院士传记丛书　智者乐水：林秉南传》，中国科学技术出版社、上海交通大学出版社，2014 年，第 175 页。

❸　世界泥沙学会（World Association for Sedimentation and Erosion Research），简称"WASER"。

❹　《国际科技合作征程》编辑部：《国际科技合作征程》第 6 辑，科学技术文献出版社，2016 年，第 379 页。

❺　程晓陶、王连祥、范昭著：《老科学家学术成长资料采集工程、中国科学院院士传记丛书　智者乐水：林秉南传》，中国科学技术出版社、上海交通大学出版社，2014 年，第 176 页。

❻　沃林，英国埃克赛特大学教授，国际著名泥沙专家，世界泥沙学会主席。

❼　同❺注。

第二章 林秉南在长江治理中的
独创性理论成就

　　水利工程技术理论是水利工程建设与运行的理论基础，是衡量一个国家水利工程建设水平高低的重要指标，也是水利科技工作者必备的基本学识和技能。林秉南作为杰出的水利工程学专家，在长江治理中有着一系列独创性理论成果。林秉南自结缘水利以来便是在水利工程学理论与实践相结合的研究与探索中成长起来的，将水利工程实践中遇到的困惑通过学习、理论分析来作出合理解释，通过实验模型、数学试验等手段归纳出一系列计算理论、公式，同时还撰写、编著了水利工程学理论论著，再将理论付诸于工程建设实践进行检验。林秉南在长江治理中的理论成就填补了当时我国水利工程学理论研究领域的空白，其中明渠不恒定流的计算与解法领先世界，收缩式消能工宽尾墩的发明极大地推动了我国高坝建设的发展。[1] 林秉南在水利工程技术方面的独创性成果对中华人民共和国水利事业的发展有着重要的贡献。

　　自古以来，人们对中国水利工程技术理论的探索便从未间断过。早在春秋战国时期，先人就对周代以前的治水活动进行经验总结，重点是对地表水流运动等一般规律的认识；秦汉时期，对水利工程技术理论的系统总结开始出现，水文测量、水工建筑与水流之间的相互作用研究开始展开；到宋元时期，开始对河流淤积、河床演变等规律进行科学探讨，数学开始被广泛运用于水利工程建设之中；明清时期，对传统的水利学技术进行高度的总结，水利工程基础科学已经大体成型。[2] 但中国古代水利工程技术研究的一个重要缺陷便是缺乏系统的定量研究，没有形成一套完整的数学公式及定式、定理，始终处于前科学的界定内。近代以来，民国时期的水利工程技术理论研究在近代中国水利工程建设史上起到了承前启后的作用。民国时期的水利大家们试图打破传统的水利工程技术模式，引进西方先进的水利工程技术理论，将测量、定量分析、试验观测等引入水利工程学研究之中，同时大力宣扬水利治国的思想，但因民国时期历史环境的局限，未能取得大的进展。[3] 中华人民共和国成立以来，大批留美留苏归来的水利学者将国外的先进水工技术带回祖国，我国在水利工程技术理论的探索上开始试图与国际接轨，水力试验模型与实验室如雨后春笋般兴建，为水利工程技术理论的创新提供了有利的条件。林秉南作为留美归国水利学者的杰出代表，于 1956 年 1 月归

　❶　何少岑：《中国现代科学家传记》第四集，科学出版社，1993 年，第 812 页。
　❷　熊达成、郭涛：《中国水利科学技术史概论》，成都科技大学出版社，1989 年，第 17 页。
　❸　李勤：《试论民国时期水利事业从传统到现代的转变》，《三峡大学学报（人文社会科学版）》2005 年第 5 期。

国，迅速成为我国水利建设大军中的一员，将自己在美国所学到的水利工程先进技术运用到我国的水利建设之中，并在长江治理中提出创新型理论，其中明渠不恒定流研究与高速水流收缩式消能工理论的研究与实践影响深远，极大地促进了我国水利工程技术的发展。❶

第一节　明渠不恒定流计算方法的发明与创新

长江作为我国第一大江，不仅是中华文明的摇篮之一，也是中国社会经济可持续发展的重要命脉，更是我国水利建设的重中之重。中华人民共和国自成立以来，便开始了对长江的治理与开发，纵观 60 多年的治理与开发历程，大致可分为四个阶段：第一阶段，1949—1957 年，是起步阶段。在这一阶段修建了荆江分洪工程❷等，提出了修建三峡工程的构想。第二阶段，1958—1977 年，为曲折前进的阶段。在该阶段兴建了长江最大支流汉江上的水利枢纽工程——丹江口水利枢纽工程❸，并在长江干流开始修建葛洲坝工程❹。第三阶段，1978—1994 年，是改革发展的新阶段。在这一阶段进行了三峡工程的重新论证，三峡工程正式动工修建。第四阶段，1994 年至今，为治江事业深入发展与全面推进阶段。❺ 在这些不同发展阶段，相应的水利工程科技理论与试验研究也在探索中不断地推进。

渠道或者天然河道各个断面的水位或流速随时间及地点而变化的水流运动，即明渠不恒定流，亦称为明渠非恒定流。❻ 其研究包括河道中洪水传输、河流潮汐、突然下泄洪水等的研究。近代以来，我国水利建设的重点是在长江、黄河和淮河这些天然明渠上进行。1943 年，林秉南在贵州省修文水电站工作时，负责电站引水渠道的选线与设计，在工作过程当中，对于电站荷载变化引起的渠道水流波动这一明渠不恒定流的问题，感到困惑。❼ 其后留学美国深造，林秉南也是带着这个在长江治理中遇到的具体

---

❶　何少苓：《中国现代科学家传记》第四集，科学出版社，1993 年，第 813 页。

❷　荆江分洪工程：位于湖北省公安县境内，是中华人民共和国成立后为解决长江流域荆江河段部分超额洪水而兴建的大型水利工程。该工程建于 1952 年春末秋初之交，参与建设的 30 万军民以 75 天的惊人速度建成荆江分洪第一期主体工程。荆江河道安全泄洪能力因此得到显著提高，缓解了与上游巨大而频繁的洪水来量不相适应的矛盾。

❸　丹江口水利枢纽：位于湖北省均县境内的汉江干流上，是开发汉江的最大水利枢纽工程。工程于 1959 年 9 月开工，因基建计划调整，1962 年停工，1964 年复工，1968 年 10 月第一台机组发电，1974 年 2 月竣工。该工程自运行以来，在防洪、发电、灌溉等方面发挥了综合效益。

❹　葛洲坝工程：位于湖北省宜昌市境内的长江三峡的西陵峡出口，是中华人民共和国成立后在长江上修建的第一座水利枢纽工程。该工程于 1971 年 5 月开工兴建，1972 年 12 月因航道泥沙淤积、泄洪消能等问题停工，1974 年 10 月复工，1988 年 12 月全部竣工，具有防洪、发电、航运等综合效益。

❺　长江水利委员会：《长江治理开发保护 60 年》，长江出版社，2010 年，第 9 页。

❻　中国电力百科全书编委会：《中国电力百科全书·水力发电卷》，中国电力出版社，1995 年，第 241 页。

❼　程晓陶、王连祥、范昭等：《老科学家学术成长资料采集工程、中国科学院院士传记丛书　智者乐水：林秉南传》，中国科学技术出版社、上海交通大学出版社，2014 年，第 26 页。

明渠不恒定流问题出国的。❶ 这是林秉南接触明渠不恒定流的开始。

1947 年林秉南留学美国爱荷华大学时的硕士研究生毕业论文便以当年在贵州修文水电站的一个明渠不恒定流的困惑为起点，撰写了《从 Massau 观点研究明渠不恒定流》。论文指出，明渠不恒定流是指具有自由水面且域内水力要素随着时间变化而变化的水流。❷ 明渠可以分为天然明渠和人工明渠，及天然河道和人工河道，我国的黄河、长江、淮河、钱塘江等都属于天然明渠。长江作为我国的代表性河流，不恒定流的研究尤为重要。明渠不恒定流的研究主要是探究明渠某一段水面随着时间变化的河流流速、水位变化，如河道或水库中洪水波的传播过程、库区滑坡引起的涌流运动、泄水建筑物流量变化以及潮汐作用下水流变化等。❸ 在这之前，国际水利工程学界对于明渠不恒定流的研究少之甚少，只有比利时水利学者马素（Massau）对此提出过若干的论述，加拿大普曼教授在此基础上于美国地理物理学会上发表过一个短篇的论著，即《明渠不恒定流》❹。明渠不恒定流的研究方法仅局限于单一的计算法。林秉南在前人研究的基础上，提出了明渠不恒定流数值解法，称作"等距特征线计算方法"。这一方法解决了当时在修文水电站时对于渠道水流随着电厂负荷发生变化的问题。❺ 这种方法的优点在于绘制时间过程线时可以避免大量的内插工作。❻ 1950 年，林秉南又进一步提出了明渠不恒定流等时段法，是世界上最早提出两种指定时段构造特征线网法的明渠不恒定流的计算方法，在当时是一种先进的方法，在计算的精准度方面具有极大的优越性，并且具有节省工作量和计算时间等优点，被欧美、日本等国的水利学专著收入其中。❼ 林秉南关于明渠不恒定流这一理论的提出与拓展，丰富了世界水利工程学界对于明渠不恒定流的研究，同时也弥补了我国水利工程学界明渠不恒定流研究领域的空白。

中华人民共和国的成立，开创了长江治理和开发的新纪元。❽ 1956 年 1 月，林秉南留美学成归国后，以长江的治理为对象继续进行明渠不恒定流研究的理论与实践创新，率先在国内开展溃坝波实验和理论研究。❾ 溃坝波是明渠不恒定流的典型代表。大坝溃决时，水库的蓄水将突然下泄，致使下游河道水位陡涨，而库区水位陡降，这种

❶ 《林秉南自述》，存于老科学家学术成长资料采集工程数据库。见程晓陶、王连祥、范昭等著《老科学家学术成长资料采集工程、中国科学院院士传记丛书　智者乐水：林秉南传》，中国科学技术出版社、上海交通大学出版社，2014 年，第 30 页。

❷❸ 南京水利科学研究院、水利水电科学研究院：《水工模型试验（第二版）》，水利电力出版社，1985 年，第 488 页。

❹ 普曼：《明渠不恒定流》（*Unsteady flow in open channels. Trans*），见《林秉南论文选集》，中国水利水电出版社，2001 年，第 370 页。

❺ 程晓陶、王连祥、范昭等：《老科学家学术成长资料采集工程、中国科学院院士传记丛书　智者乐水：林秉南传》，中国科学技术出版社、上海交通大学出版社，2014 年，第 189 页。

❻ 何少苓：《中国现代科学家传记》第四集，科学出版社，1993 年，第 812 页。

❼ 程晓陶、王连祥、范昭等：《老科学家学术成长资料采集工程、中国科学院院士传记丛书　智者乐水：林秉南传》，中国科学技术出版社、上海交通大学出版社，2014 年，第 191 页。

❽ 长江水利委员会：《长江治理开发保护 60 年》，长江出版社，2010 年，第 9 页。

❾ 长江年鉴编纂委员会：《长江年鉴 2001》，长江年鉴社，内部印行，2001 年 12 月，第 536 页。

不稳定流，包括坝址上、下游河道的水流波动，都称为溃坝波。❶ 林秉南是第一个在我国进行溃坝波试验的学者。早在美国留学时，他就注意溃坝这一问题。任何一座大坝在修建时在主观上都是希望它可以平安无事的，但是又存在着一些不可预测的因素。林秉南回国之后，正赶上长江三峡大坝上马与否的激烈争论浪潮，林秉南即开始着手于三峡大坝的溃坝问题研究。这一研究在当时遭到不少反对之声，许多人认为三峡工程的上马与否还未知，大坝工程尚未建成，考虑溃坝问题为时尚早，不必在三峡工程建设还未立项就开始考虑垮掉之后的影响。林秉南却不这样想。他认为，国内外溃坝问题、事件和灾难比比皆是，我们必须防患于未然，进行前瞻性研究。1958 年 6 月，林秉南参加三峡枢纽科学技术研究会议，会后充分考虑和分析了国内外政治环境和历史经验教训，回顾了 1938 年 6 月黄河花园口决堤的惨状，追溯第二次世界大战时期国际上重要水利枢纽成为战略侵袭的重点目标的历史，得出溃坝问题研究是十分必要的这一重要结论。❷ 主持会议的苏联专家 E. A. 巴柯舍也夫邀请林秉南负责三峡工程水体突然泄放的研究。会后林秉南回到水利水电科学研究院开始着手溃坝模型试验。

溃坝问题研究比较可靠的手段是模型试验或者运用电子计算机进行详细计算。❸ 林秉南在设定三峡库前水位为 170～200 米、相应库容 344 亿～732 亿立方米的前提下，基于对长江三峡水流和地形的深刻了解与认识，建造出一个水平比例 1∶30000、垂直比例 1∶300 的小比例模型溃坝实验，模型下游只到湖北省黄石，便可以预计长江中下游的整个灾情。❹ 为了保证明渠水流为紊流状态且阻力与现实水流基本一致，林秉南发明了当时先进的荷兰插棒加糙法，根据计算选定了棒距，模拟水流中的阻力与紊流状态。❺ 林秉南领导的溃坝实验小组按照库区水位高程和不同程度的溃坝形式选取了 23 个不同组合试验工况进行试验，在 1958 年 10 月之前完成了模型试验并撰写了实验报告。林秉南等人完成的首个溃坝实验模型确定了三峡工程突然溃坝下游的淹没范围和洪水的行进路线，明确了荆江大堤为首要决堤地区，揭示出三峡工程可能溃坝的下泄洪水演变的部分规律和特点，预估了灾害损失以及提出了相关的防护对策。❻ 林秉南的这一明渠不恒定流研究在溃坝波方面的具体运用，成为 20 世纪 60 年代三峡工程防护研究的重要依据，为后来三峡工程重新论证阶段的大坝安全研究提供了有益的资料，是我国水利工程技术史上的独创性成果。同时也有力地证明了中国水利工程师有能力独立承担与完成三峡工程的科研任务。

明渠不恒定流溃坝波试验模型这一首创方法也被运用于我国水利工程建设的诸多

❶　黄崇佑：《溃坝洪水波数学模型》，《土木工程学报》1981 年第 3 期。

❷　陆遐龄：《三峡工程防护问题研究的回顾》，《中国三峡建设》1995 年第 2 期。

❸　林秉南等：《突泄坝址过程线简化分析》，《清华大学学报（自然科学版）》1980 年第 1 期。

❹　陆遐龄：《三峡工程防护问题研究的回顾》，《中国三峡建设》1995 年第 2 期。

❺　程晓陶、王连祥、范昭等：《老科学家学术成长资料采集工程、中国科学院院士传记丛书　智者乐水：林秉南传》，中国科学技术出版社、上海交通大学出版社，2014 年，第 80 页。

❻　许唯临：《梯级库群的连锁溃决》，中国水利水电出版社，2013 年，第 7 页。

实践之中。20 世纪 70 年代,黄河水利委员会黄河水利水电科学研究院❶对小浪底水库进行了模型试验,并通过模型试验总结出了计算溃坝流量和溃坝路线等经验公式。清华大学水利工程系针对密云水库❷、郭堡水库❸、子洪水库❹等多座水库采用动态模型进行溃坝实验研究。❺ 此后,林秉南又在溃坝波理论的计算方面将黎曼法❻应用到溃坝波方程式的求解之中,用来计算坝址的流量和波高变化的过程,这一方法相对于古典的溃坝波解法假定水库长度无穷进了一步。❼ 进入 21 世纪以来,国际水利工程学界又出现了新一轮的溃坝研究高潮,这种情况表明,随着社会经济的进一步发展,大坝安全越来越受到众多国际水利工程学专家的关注,对溃坝问题所造成的人民生命财产危害和对下游洪水的演进路线进行科学的风险评估是十分必要的。❽ 而这又一次证明林秉南在明渠不恒定流溃坝波领域研究的前瞻性。

20 世纪 70 年代初,我国从江河治理的实际出发对明渠不恒定流的研究转向空间二维问题。❾ 1971 年林秉南开始与浙江省钱塘江管理局、浙江省河口海岸研究所合作,进行杭州湾一维潮汐计算。河口治理工作必须要事先预知河流治理的效果,以便于估计河口情况的变化。❿ 钱塘江河口是较为典型的河口湾,外形呈喇叭形,河口区上至潮区界芦茨埠,下至杭州湾口,全长 247 千米。而杭州湾口宽约 100 千米,自湾口向西纵深距离也是近 100 千米,这样特殊的地形有利于形成壮阔的钱塘大潮景观,同时也造成了钱塘江河道剧烈的摆动与冲刷。⓫ 对于这样水域范围较大的杭州湾,仅仅通过水工模型试验来进行潮汐计算是有很大困难的,并且一维计算不能真实反映杭州湾大喇叭口的情况。林秉南提出在特征线等时段法的基础上运用二维计算方法,同时借助电

---

❶ 黄河水利委员会黄河水利水电科学研究院:建立于 1950 年 10 月,是水利部所属以河流泥沙研究为中心的多学科、综合性研究机构。建院 60 多年来,紧紧围绕中华人民共和国水利事业的发展与黄河治理开发的现实需求开展学科建设,科学研究领域不断拓展、延伸,已初步形成了以河流泥沙、堤防安全、水土保持等为优势学科,以工程力学、水资源与水生态、水利信息化等为支撑学科的创新体系,涵盖专业达 60 多个,其宗旨为"面向黄河治理开发与经济建设"。

❷ 密云水库:位于北京市密云县城北,始建于 1958 年,为华北第一大水库,是北京的主要水源地之一。

❸ 郭堡水库:位于山西省太谷县王公村,兴建于黄河水系汾河支流象峪河上游河道,1958 年动工修建,1975 年 5 月改建,1980 年 12 月完工,是一座以防洪为主,兼具灌溉、养殖、发电等综合效益的中型水库。

❹ 子洪水库:位于山西省祁县峪口乡子洪村昌源河上,1971 年 7 月破土动工,次年竣工,是一座以防洪为主的中小型水库。

❺ 王立辉、胡四一:《溃坝问题研究综述》,《水利水电科技进展》2007 年第 1 期。

❻ 黎曼法:是一种进行面积计算的数学方法,以德国数学家、物理学家波恩哈德·黎曼的名字命名,具体内容为:对一个在闭区间有定义的实数函数进行取样分割,计算每一个取样的面积,再进行和式计算,和式中的每一项是取样子区间长度与其所在处的函数值的乘积。直观地讲,就是以标记点到 X 轴的距离为高,以分割的子区间为长的矩形的面积。

❼ 何少苓:《中国现代科学家传记》第四集,科学出版社,1993 年,第 813 页。

❽ 王立辉、胡四一:《溃坝问题研究综述》,《水利水电科技进展》2007 年第 1 期。

❾ 林秉南:《近年来明渠不恒定流研究趋向》,见水利水电科学研究院编《中国科学院、水利电力部水利水电科学研究院科学研究论文集 第 29 集 (水力学、泥沙、冷却水)》,水利电力出版社,1989 年,第 308 页。

❿ 林秉南:《流体力学在我国水工程中的一些应用》,《力学与实践》1984 年第 3 期。

⓫ 林秉南等:《潮汐水流泥沙输移与河床变形的二维数学模型》,《泥沙研究》1988 年第 2 期。

子数字计算和电模拟计算，真实反映了杭州湾口潮汐的变化情况，为钱塘江河口治理提供了真实可靠的数据与资料。同期这种方法还被运用于曹娥江❶，得到了进一步的肯定。这种将二维特征线理论运用于杭州湾潮流大面积计算的方法，具有良好的精确度与稳定性，是明渠不恒定流数值研究的一个重要方面，属于当时国内开创性的研究。❷至 20 世纪 80 年代，林秉南又将分步法引入明渠不恒定流一维与二维的实际计算，进一步缩短了计算时间。此后，这种方法在我国水利工程中得到迅速推广与应用。❸

明渠不恒定流作为水力学的一个分支，它的应用常见于水电站的引水和尾水渠道、汛期河流与河口等处，在水利工程建设中常会遇到不恒定流问题。❹ 林秉南对明渠不恒定流的研究缘起于 20 世纪 40 年代在修文水电站对引水渠道因荷载变化而引起的水流波动的困惑，这一问题也成为他留学美国深造、研究撰写硕士学位毕业论文的选题，在论文中他提出的等距特征线计算方法开创了世界明渠不恒定流研究的新的计算方法，同时又在实践中不断改进明渠不恒定流的计算与求解方法。留美深造归国之后，林秉南积极投身到中华人民共和国水利建设事业的热潮中，将明渠不恒定流的研究理论付诸于江河治理的实践，其中三峡工程溃坝问题的研究体现了林秉南在明渠不恒定流研究领域的专业性与前瞻性。后在钱塘江杭州湾河口治理中将计算机、试验模型等方法结合使用，提高了明渠不恒定流计算的精准度与稳定性。将二维计算方法引入潮汐河流研究之中，是林秉南对明渠不恒定流的研究与方法的进一步创新，也广泛应用于中国的江河治理之中，促使我国水利工程科技向纵深发展。

第二节　首创当代中国水工新型消能技术——宽尾墩

宽尾墩新型消能技术是林秉南在长江治理中的首创性成果，这一创造性发明是林秉南留美学成归国后结合国内外研究现状，立足于我国高坝建设与高速水流研究的现实需要，在长江治理的工程实践中发明的。我国高速水流研究的不断深入，促进高坝建设蓬勃发展，随之而来的高坝消能便成为新的研究课题。长江流域又是我国高坝分布最集中的流域，林秉南顺应长江治理发展的趋势，及时提出宽尾墩新型消能工，解决了高坝建设中的泄洪消能问题，延长了坝体寿命，促进了长江的治理与开发。

---

❶ 曹娥江：因孝女曹娥投江寻父而得名，为钱塘江支流，浙江省绍兴市的第一大河流。发源于浙江省金华市磐安县尖公岭，流经新昌、上虞等地，在绍兴县新三江闸以下注入杭州湾。

❷ 《韩曾萃访谈》，2012 年 4 月 6 日。见程晓陶、王连祥、范昭等著《老科学家学术成长资料采集工程、中国科学院院士传记丛书丛书　智者乐水：林秉南传》，中国科学技术出版社、上海交通大学出版社，2014 年，第 103～104 页。

❸ 何少苓：《中国现代科学家传记》第四集，科学出版社，1993 年，第 812 页。

❹ 中国电力百科全书编委会：《中国电力百科全书·水利发电卷》，中国电力出版社，1995 年，第 242 页。

一、新型消能工宽尾墩产生的国内外背景

林秉南关于宽尾墩新型消能技术的发明是有着深刻的国内外研究背景的。宽尾墩是一种纵向扩散、横向收缩的消能方式。而在 20 世纪 50 年代之前，国内外大坝消能工的设置都是以单宽流量作为首要指标，水利工程学界普遍认为单宽流量越小，则水流对下游河道的冲刷也就越轻。[1] 从这种理念出发，当时的消能工技术均是加大泄洪建筑物的整体宽度，以达到水流扩散的目的。进入 20 世纪 50 年代后，随着国际环境的改善与世界性筑坝潮流的到来，这一传统的消能方式正在逐步被打破。

在国际上，突破传统消能模式，第一座采用收缩式消能工的工程是葡萄牙卡勃利尔坝。这是一座兴建于 1954 年的双曲拱坝，长 290 米，高 134 米，左右两岸各有一条泄洪洞。[2] 卡勃利尔坝泄洪洞出口首次采用使水流横向收缩、纵向扩展的收缩式消能工，当时大坝修建之后，发现下泄高速水流经过收缩挑射后雾化效果良好，消能效果优于传统的横向扩散消能。这一应用被视为国际水利工程学界收缩式消能工的开端（见表 1）。

表 1　　20 世纪中期以后采用收缩式消能工的世界主要水坝表

坝　名	国别	坝高/m	设计流量/(m³/s)	溢流落差或水头/m	单宽流量（挑坎前）/[m³/(s·m)]
卡鲁（Karu）	伊朗	203	16200（2 槽）	145	290
卡勒支（Karadj）	伊朗	181	1450（2 槽）	113	145
阿尔门特拉（Alamendra）	西班牙	202	2970（2 槽）		290
托克托古尔（Toktoryn）	苏联	215	1250（2 槽）	约 100	104
波塔斯（Porfas）	西班牙	141	7807（两孔）	121	29

　注　资料来源：《林秉南论文选集》，中国水利水电出版社，2001 年，第 318～319 页。

我国纵向扩散、横向收缩的消能思想萌芽于 20 世纪 60 年代。在这之前的高坝建设之中，研究高坝泄洪消能的工程技术人员基本都采用以底流消能或者挑坎消能为代表的传统的消能方式。但是随着我国高坝建设规模不断扩大，这一传统的消能方式的弊端日益显露。1963 年 9 月，在高速水流活动掺气陡槽实验装备已经具备的条件下，林秉南开始指导陈炳新[3]开展高速水流掺气对挑流消能的影响研究，在掺气陡槽中设定射角为 60°的反常挑坎实验。实验结果初步证明，大挑射角的设置可以加大射流的长度，增加掺气，从而降低水流对下游的冲刷作用。[4] 林秉南的这一结论为高速水流消能

---

　❶　林秉南：《林秉南论文选集》，中国水利水电出版社，2001 年，第 318 页。

　❷　水利水电科学研究院：《中国科学院、水利电力部水利水电科学研究院科学研究论文集 第 13 集（水力学）》，水利电力出版社，1983 年，第 192 页。

　❸　陈炳新（1933—　），广东茂名人。中国水利水电科学研究院教授级高级工程师。1953 年毕业于华东水利学院水工系，1959 年毕业于清华大学工程力学研究班，1990—1993 年任水利水电科学研究院院长。

　❹　程晓陶、王连祥、范昭等：《老科学家学术成长资料采集工程、中国科学院院士传记丛书丛书　智者乐水：林秉南传》，中国科学技术出版社、上海交通大学出版社，2014 年，第 79 页。

提供了新的研究视角，即通过增大射流角度达到消能效果。但是当时由于历史原因，这项研究被迫中断。

二、高速水流研究的开展及成就

林秉南关于高速水流宽尾墩消能工的发明是伴随着我国长江流域高速水流研究的发展而产生的。新中国高速水流（包括高速水流消能）问题❶有组织地进行研究历经了三个重要的阶段：1956—1958 年的从无到有阶段；❷ 1958—1978 年的艰难探索阶段；1978 年之后的突飞猛进阶段。高速水流的研究是为了适应我国高坝建设的现实需要。众所周知，我国大江大河的源头和大约 80％的水能资源集中在西南部崇山峻岭的陡峭河谷之中，这种地形条件适宜于修建移民淹地相对较少而调节性相对较高的高坝大库。❸ 而高坝大库的修建，高速水流消能是一个必须攻克的重要课题。在中华人民共和国成立之初，高坝建设就逐渐成为我国大江大河工程建设中的主要趋向。林秉南虽然留美期间主攻明渠不恒定流与泥沙研究，但是受到我国水利建设蓬勃开展态势的鼓舞，以及治理长江的客观现实需求，回国之后便全身心地投入到高坝水力学的研究之中。❹

1954 年汛期，长江流域发生特大洪水，中下游江段水位居高不下，湖南、湖北、江西、安徽、江苏等省份多个市县受灾，人民生命财产安全遭受较大损失。1954 年 9 月，针对刚刚过去的特大洪水，为了治理长江水患，周恩来总理在第一届全国人民代表大会第一次会议的政府工作报告中指出："今后必须积极从流域规划入手，采取治标治本结合，防洪排涝并重的方针。"❺ 林秉南其时虽身在美国，却时刻关注我国长江治理的动向。1956 年我国全面开展长江流域综合利用规划工作，长江三峡工程建设的规划、论证拉开帷幕。同年，"高速水流"（包括高水头泄水建筑物的消能问题）列入了十二年国家科学技术发展规划之中。❻

1956 年 2 月，林秉南回国之后就职于中国科学院水工研究室，对于高速水流的研究侧重于理论与试验方面。1956 年 5 月，高速水流研究座谈会在北京召开。针对治理大江大河的现实需要和高速水流研究参考资料匮乏的现状，会议提出编译关于国外高速水流研究的专业技术资料，要求由林秉南所在的中国科学院水工研究室负责。❼ 缘

---

❶ 高速水流：是指由于流速较高而随之出现的空白格化、掺气、冲刷、雾化和冲击波等现象的水流，主要出现在高坝泄水建筑物泄洪等情况之下。高速水流带来的主要问题便是消能问题，即弱化高速水流对泄水建筑物以及对高坝两岸河床的冲击。这一问题研究是我国高坝建设科研工作的重中之重。

❷ 《林秉南自述》，存于老科学家学术成长资料采集工程数据库。见程晓陶、王连祥、范昭等著《老科学家学术成长资料采集工程、中国科学院院士传记丛书　智者乐水：林秉南传》，中国科学技术出版社、上海交通大学出版社，2014 年，第 65 页。

❸ 陈厚群：《科学认知高坝抗震安全》，《科技导报》2011 年第 19 期。

❹ 程晓陶、王连祥、范昭等：《老科学家学术成长资料采集工程、中国科学院院士传记丛书　智者乐水：林秉南传》，中国科学技术出版社、上海交通大学出版社，2014 年，第 69 页。

❺ 《长江志》总编辑室：《长江三峡工程前期工作大事记（1919—1986）》，内部印行，1988 年，第 9 页。

❻ 谢省宗等：《我国高坝泄洪消能新技术的研究和创新》，《水利学报》2016 年第 3 期。

❼ 时启燧：《高速水气两相流》，中国水利水电出版社，2007 年，第 80 页。

此，结合国家科学远景规划和我国江河水库高坝建设的双重需要，立足长江全流域治理的现状，林秉南开启了高速水流研究的历程。林秉南在留美期间便对高坝建设怀有极大的兴趣，亲自去考察了位于科罗拉多河上的美国第一高坝——胡佛大坝，从那时起便对中国的高坝建设有所憧憬，相信祖国大地上也会出现高坝林立的景象，长江流域的高坝建设也会蓬勃发展。于是便开始搜集与整理当时国际上相关的高速水流研究资料，并在1956年回国时费尽心血将这些宝贵的资料运回祖国。林秉南这一前瞻性的举措为当时国内开展高速水流的研究提供了极大的便利。林秉南贡献出了40余篇国际上高速水流研究相关的专业技术资料，同时和钱宁等人一起主持和编译相关的工程技术资料，完成了约120万字的《高速水流论文译丛》，并于1958年3月于科学技术出版社出版。❶ 这本书包含有高速水流掺气问题、驻波与动波、气蚀与气穴、高速水流阻力等问题的研究论文资料。此书的编译与出版，填补了我国高速水流理论研究的空白，成为之后几十年内我国水利工程学界开展高速水流研究的参考性著作，为我国高速水流与高坝建设的理论与实践研究奠定了坚实的基础。❷

林秉南认为，长江之所以被称为"水能宝库"，主要得益于其高速的水流与巨大的水能，而高速水流掺气是高速水流问题研究中的一个重要课题，高速水流掺气的研究又要借助于建立高速水流模型试验设施才能得以实现。林秉南自1956年回国起便参与到高速水流实验室的筹建工作之中。在高山峡谷中建立大坝，由于落差较大随之而来的高速水流下泄会引发掺气与侵蚀等问题，对于这些问题的研究则要求建立必需的实验室模型与试验设施。林秉南凭借自己留美深造期间在美国爱荷华大学掌握的实验室规划与管理标准，借鉴国际上先进的经验，秉持着厉行节约的原则与要求，同时根据实际情况引入了一系列新思路，带领初出茅庐的技术人员陶芳轩，设计和规划了水利水电科学研究院水工二厅高速水流实验室，并于1959年建成，次年正式投入使用。这一高速水流实验室的建立，适应了我国科学远景规划的需要，完善了水利水电科学研究院水工研究所的水利研究设施，使水利水电科学研究院开始成为中华人民共和国水利水电科研的排头兵。

1958年，结合长江流域高坝建设的需要，中国科学院、水利电力部要求水利水电科学研究院水工研究所可以在实验室条件下模拟产生掺气水流，以便于做到结合原型高坝溢流和泄槽溢洪道的掺气水流，从而研究泄洪过程中由高速水流带来的泄洪隧道洞顶的压力变化、掺气防范空化空蚀和高坝挑流消能等问题。❸ 掺气活动陡槽这一设备，是实验室内研究掺气问题模拟的前提和基础。当时国际上研究活动掺气陡槽的有

---

❶ 程晓陶、王连祥、范昭等：《老科学家学术成长资料采集工程、中国科学院院士传记丛书　智者乐水：林秉南传》，中国科学技术出版社、上海交通大学出版社，2014年，第66页。

❷ 时启燧：《高速水气两相流》，中国水利水电出版社，2007年，第80页。

❸ 程晓陶、王连祥、范昭等：《老科学家学术成长资料采集工程、中国科学院院士传记丛书　智者乐水：林秉南传》，中国科学技术出版社、上海交通大学出版社，2014年，第71页。

美国、日本、苏联和英国等国，国内开展这项研究的有南京水利科学研究所❶、华东水利学院等机构，林秉南所在的水利水电科学研究院由他负责建立一个活动掺气陡槽装备，以便于研究高速水流掺气所带来空蚀、消能等问题。1958 年 9 月，林秉南指导时启燧❷等人设计并建造了当时国内第一个掺气活动陡槽设备。这条陡槽长 15 米，宽 0.45 米，在水流不停的条件下可以在 0°～57° 自由调节任意倾斜角度，由于陡槽产生的水流掺气，最高流速可达 17 米每秒。❸ 这座活动掺气陡槽的长度、宽度和流量都处于世界领先水平，是中华人民共和国成立以来我国自主设计和建成的第一座高速水流掺气实验设备。在完成第一阶段的陡槽设计与修建工作之后，林秉南在掺气陡槽装备的基础上迅速展开掺气的试验与研究，探求测量高速掺气水流浓度与速度的方法。林秉南根据美国圣安东尼瀑布实验室的资料，将电测方法首次引入到我国掺气水流的研究当中。他领导掺气小组制成电阻式浓度仪，测量不同高速水流之下发生掺气的浓度，研制成功多种掺气量测的仪器，为我国高速水流掺气的室内试验和原型观测提供了重要的手段。❹

1959 年 11 月，全国水利水电科学技术会议在北京召开，总结中华人民共和国成立以来高速水流研究在高速水流原型观测与记载、高速水流室内试验室和仪器建设、高水头水工建筑物消能问题和水流压力振动问题等方面取得的成就，❺ 肯定了以林秉南为主导的高速水流研究团队为我国高坝建设作出的贡献。这次会议对中华人民共和国成立以来的高速水流问题研究具有阶段性的总结、动员与推动的意义，促进了我国高速水流研究向纵深发展。1960 年 2 月，三峡高速水流研究协调会于宜昌召开。这次会议再次重申和安排了全国范围内的高速水流研究工作，参加会议的研究机构以水利水电科学研究院为首，同时还有长江水利水电科学研究院❻、成都工学院❼、西北水利科学研究院等在高速水流大型实验室建设和高速水流研究方面取得可喜成果的科研、教学机构。根据这一时期我国高速水流研究的发展状况，林秉南指出，中华人民共和国成立之初，我国高速水流研究具有以下特点：第一，密切结合我国工程建设的需要。我

---

❶　南京水利科学研究所：始建于 1935 年，原名 "中央水工试验所"，是我国最早成立的水利科学研究机构。1942 年更名为 "中央水利实验处"，1950 年更名为 "南京水利实验处"，1956 年更名为 "南京水利科学研究所"，1984 年更名为 "水利电力部、交通部南京水利科学研究院"，1994 年更名为 "水利部、交通部、电力工业部南京水利科学研究院"，2009 年更名为 "水利部、交通运输部、国家能源局南京水利科学研究院"。

❷　时启燧（1931— ），山西人，教授级高级工程师。1955 年 7 月毕业于清华大学，长期在水利水电科学研究院从事水工水力学研究工作，担任林秉南的助手。

❸　林秉南：《流体力学在我国水利工程中的一些应用》，《力学与实践》1984 年第 3 期。

❹　程晓陶、王连祥、范昭等：《老科学家学术成长资料采集工程·中国科学院院士传记丛书　智者乐水：林秉南传》，中国科学技术出版社、上海交通大学出版社，2014 年，第 78 页。

❺　时启燧：《高速水气两相流》，中国水利水电出版社，2007 年，第 80～81 页。

❻　长江水利水电科学研究院：隶属于长江水利委员会，1955 年成立实验研究所，1956 年扩大为长江水利科学研究院，1959 年更名为长江水利水电科学研究院。主要针对长江上的大型水利枢纽及长江中下游河道整治和防洪要求开展科学试验研究，并为规划、设计和施工提供科学数据与论证。1986 年改名为长江科学院。

❼　成都工学院：前身为 1944 年秋设立的国立四川大学理学院工科，中华人民共和国成立后经拓展于 1954 年独立建院为成都工学院。1978 年 10 月，更名为成都科技大学，1994 年 4 月与四川大学强强联合，成立四川联合大学。1998 年 12 月，四川联合大学更名为四川大学。

国特殊的水文与地理条件决定了我国必须在大量洪量大、洪峰高并且河谷狭窄地区修建高坝，❶ 高坝带来的高速水流会引发对泄洪通道和坝址沿岸的空蚀、气蚀等一系列问题，所以，对高速水流的研究应运而生。第二，大型试验设备的建设已开始。以林秉南所在的水利水电科学研究院为例，对高速水流问题的研究是以建立高速水流实验室为基础，室内模型是进行高速水流研究的载体，对高速水流掺气的研究也建立在掺气活动陡槽这一试验设备的基础之上。第三，高速水流空蚀、气蚀、脉动、振动等问题的研究同时全面展开。针对这些特点，林秉南总结出我国对高速水流问题研究呈现齐头并进的趋势，而不是单一问题独立研究。这一认识促进了对高速水流问题的全面认知与探索，加快了我国高速水流研究向纵深发展。❷

　　林秉南对我国高速水流的研究填补了我国水利工程界学术研究的一项空白，为长江流域的综合治理奠定了基础，同时推动了高速水流研究的全面展开，为宽尾墩的发明提供了必要的理论依据。

三、宽尾墩联合消能应运而生

　　高速水流实验室的建成和掺气活动陡槽设备的完善，使林秉南能够结合国内高坝技术与高速水流研究的现实需要，在总结国内外收缩式消能工运用经验的基础之上，开始立足研究高速水流中的消能工问题。高速水流消能是高坝建设的一个重要方面，伴随着高坝的修建，高速水流掺气等带来的消能问题也日益显露。在水利水电工程建设当中，由于泄水建筑物泄水带来的高速水流具有以动能为主的大量机械能，这巨大的能量将对下游两岸的河床带来巨大的冲击。❸ 特别是我国高坝众多，泄水建筑物多为高水头、大流量泄水建筑物，泄水过程中高速水流带来的消能防冲问题是高速水流建筑物在实践中必须解决的问题。林秉南指出，"消能"一词最早出现在物理学中，根据能量守恒定律，能量不可能被消灭，只能被转化成其他形式的能量。水利工程中的消能有两方面的含义，一方面是动能的转化，另一方面是动能的重新分配。❹ 林秉南同时注意到，在所谓的高速水流消能过程中，伴随着下泄的高速水流而来的巨大动能部分转化为紊动能，通过掺混作用，以类似于接力棒的方式，以不同大小的漩涡向下传递，最终转化为热能和其他形式的能量，能量实际并未被消除，只是被转化。用于消能的工程简称为消能工，这里的消能工不仅是指消能建筑物，同时也包括为了增强消能效果而采取的工程措施。❺ 据不完全统计，消能工建筑的费用约占整个水利水电工程总费用的 40%～50%。由此可见，高坝的消能防冲对整个工程具

---

❶　水利工程界一般认为，高坝是指坝高大于 70 米的坝，中坝是指坝高大于 30 米、小于 70 米的坝，低坝通常指坝高小于 30 米的坝。

❷　时启燧：《高速水气两相流》，中国水利水电出版社，2007 年，第 82 页。

❸　刘士和：《高速水流》，科学出版社，2005 年，第 62 页。

❹　林秉南：《我国高速水流消能技术的发展》，见《林秉南论文选集》，中国水利水电出版社，2000 年，第 496 页。

❺　林秉南：《收缩式消能工和宽尾墩》，见《林秉南论文选集》，中国水利水电出版社，2000 年，第 318 页。

有至关重要的作用。

1966 年 5 月 "文化大革命" 爆发后，林秉南也受到冲击，被迫离开了回国之后坚持耕耘十年的水利水电科学研究院，1969—1972 年被下放干校，1972 年 5 月重返北京之后，由于特殊的政治氛围不被原单位所接收，便被安排至水利电力部科学技术情报研究所工作。虽然限于当时的特殊历史环境，林秉南在水利水电科学研究院水工所的研究被迫中断，但是他从未放弃过对水利工程学专业的追求。在科学技术情报研究所林秉南坚持搜集国内外水工资料，翻译外文文献资料，挖掘水利工程文献资料。1973 年 5 月，林秉南应邀到汉江的安康水电站对泄洪消能问题进行咨询，与被下放在安康水电站工作的龚振瀛在消能试验中共同发现尾部扩宽的闸墩消能效果略胜于平直的闸墩。❶ 据此林秉南等提出了更加大胆的设想——将传统的方形尾墩进一步扩宽。至此，林秉南等提出了我国首创的新型收缩式消能工——宽尾墩。❷

宽尾墩的发明和应用在质疑声中经历了不断完善的过程。此时正是长江支流汉江上游安康水电站的勘测时期，林秉南等提出宽尾墩这一新型消能工之后，通过模型试验一次次地证明了宽尾墩显著的消能效果。林秉南等同时建议在安康工地采用宽尾墩消力池，但由于对新生事物的质疑，安康水电站在勘测设计初期泄洪消能中并未采用这一创新性技术。❸ 1975 年，国内各方面形势好转，水利水电建设的步伐加快，高坝的消能防冲问题再次引起了较为普遍的关注，高速水流消能也得到越来越多水利工程学专家的重视。这一良好的水利水电发展趋势为宽尾墩的应用创造了有利条件。林秉南于是对高速水流消能的问题进一步系统化地展开研究，指导自己的研究生刘树坤、高季章等人对宽尾墩进行深入的探索。

1978 年，安康水电站历经近 20 多年的勘测设计开始修建。安康水电站位于陕西省安康市城西的长江支流汉江上游，是一个以发电为主，兼具防洪、灌溉等功能的综合水利枢纽。坝身为折线型整体式混凝土重力坝，坝身最高处 128 米。水电站坝址位于河流弯道、河谷狭窄的坡面，常年洪水水面仅宽 200 米，坝轴线与河道斜交而非垂直，致使上游来水与下游出水极不通畅。❹ 坝区岩层多为变质的片岩、千枚岩等，地质构造有褶皱和断层，坝区处于断裂带，岩石抗侵蚀能力差。由于特殊的地质构造与地形约束，下泄的洪水集中偏向于右岸，造成下游右岸严重冲刷，左岸淤积。总体特点可归纳为水流流速大、能量大、流向偏。❺ 由于这一特殊的地理环境，安康水电站从规划到正式施工经历了 20 多年的时间：1954 年中南水电局开始对安康

---

❶ 谢省宗、李世琴、李桂芬：《宽尾墩联合消能工在我国的发展》，《红水河》1995 年第 3 期。

❷ 刘沛清：《现代坝工消能防冲原理》，科学出版社，2010 年，第 351 页。

❸ 《林秉南自述》，存于老科学家学术成长资料采集工程数据库。见程晓陶、王连祥、范昭等著《老科学家学术成长资料采集工程、中国科学院院士传记丛书 智者乐水：林秉南传》，中国科学技术出版社、上海交通大学出版社，2014 年，第 101 页。

❹ 同❶注。

❺ 长江水利委员会综合勘测局：《长江志·卷二 水文、勘测·第三篇 工程地质勘察》，中国大百科全书出版社，2005 年，第 276 页。

水电站坝址进行规划，60 年代对坝址进行选择，70 年代进行初步设计与技术攻关，到 1978 年正式动工。在这一高水头、大流量、苛刻的地质条件之下，安康水电站泄洪消能问题的复杂性不言而喻，传统的消能方式已经解决不了这一复杂的高速水流问题。当安康水电站正式开工建设时，施工导流建筑物已经先行修建完成，因此消力池长度与深度不可任意更改，且在安康水电站的规划设计中宽尾墩并未被选入规划。但面对安康水电站施工中复杂的情况，林秉南等的首创技术——新型消能工宽尾墩最终被派上用场，宽尾墩—消力池联合消能被应用于安康水电站泄水建筑物中。宽尾墩—消力池联合消能，使倾泻而下的高速水流通过宽尾墩时被迫于坝面竖向扩展成为窄而高的收缩流，各股收缩流在经过消力池时相互混合，在消力池底部激起涌浪，最后将高速水流下泄携带的巨大能量射向空中，掺气后动能大大减少，最后汇入下游。❶ 这是林秉南等 1973 年发明宽尾墩消能工以来的首次工程应用，同时为宽尾墩的进一步普及奠定了基础。林秉南将宽尾墩消能工掺气减蚀的特点归结为：缩短消能池长度，大大降低工程造价，冲刷明显减轻。安康水电站在建设中表孔采用宽尾墩，仅此一项就节约 750 万元，更使下游河道流量与流速分布均匀，冲沙明显减少，延长了坝体寿命。

安康水电站是长江最大支流汉江干流上游阶梯开发而兴建的水电站，是这个河段坝身最高、库容最大、调节性最好的一座大型水电站。安康水电站的兴建，解决了长江流域支流开发中在复杂地基上建设高坝的抗滑稳定、两岸高边坡稳定与泄洪消能三大技术难题。❷ 其中泄洪消能技术难题的解决，是林秉南等作出的重要贡献。

1978 年下半年，根据林秉南的建议，刘树坤等人又将宽尾墩运用于潘家口水库❸的挑流消能模型试验中。试验结果显示，由于采用了宽尾墩消能工，即将溢洪道闸墩尾部加宽，泄洪时的水流形态发生了明显的变化，由于闸墩尾部的加宽，闸室出口缩窄，下泄的高速水流被压缩成高扁的水墙，在坝面的挑流反射段又急剧扩散，产生了强烈的消能效果。❹ 同时下游左岸的回流完全消失，大坝底部的冲刷问题得到了解决。宽尾墩的应用弥补了单一挑流消能的弊端，解决了潘家口水库高坝消能防冲的问题。随后，这一宽尾墩与挑流的联合消能方式得到了普遍的肯定。

四、宽尾墩在长江治理中的应用

1985 年 2 月，以林秉南为首位完成人的"宽尾墩、窄缝挑坎新型消能工及掺气减蚀

❶ 谢省宗、李世琴、李桂芬：《宽尾墩联合消能工在我国的发展》，《红水河》1995 年第 3 期。

❷ 刘纪仁：《安康水电站工程概况及其地位与作用》，《水力发电》1990 年第 11 期。

❸ 潘家口水库：位于滦河中游迁西县杨查子村，是滦河干流上游的第一座大型水库，是"引滦入津"的重要工程之一。该工程于 1975 年 10 月动工，1983 年 9 月正式供水，以向天津市供水为主，兼具防洪、发电、航运等综合效益，属多年调节性水库。

❹ 程晓陶、王连祥、范昭等：《老科学家学术成长资料采集工程、中国科学院院士传记丛书　智者乐水：林秉南传》，中国科学技术出版社、上海交通大学出版社，2014 年，第 102 页。

的研究与应用"❶ 集体获得了国家科技进步二等奖。❷ 宽尾墩这一我国首创的高坝消能技术，在理论和实践的双重考验中得到肯定，并逐步推广。同年，林秉南在《水利学报》上发表《我国高速水流消能技术的发展》❸ 一文，回顾了自 1956 年中华人民共和国修订十二年科学远景规划以来到 20 世纪 80 年代中期，我国高速水流消能防冲研究 30 年的发展，以及在消能工方面的创新，提出宽尾墩以及宽尾墩方面的新发展是我国的首创，是为了适应我国高水头泄水建筑物众多、洪水流量大、洪峰高等特点而提出、发明的新型消能工。同时，林秉南指出，宽尾墩新型消能工的研究并未止步，还需要结合具体的工程实践而加以完善和发展。

此后，宽尾墩消能技术在我国得到全面推广，几乎所有的消能方式都能与宽尾墩相结合，形成新的联合消能方式。长江中游的五强溪水电站亦采用宽尾墩—底孔挑流联合消能方式。五强溪水电站，位于湖南省沅陵县境内的沅江干流上，是沅江与湖南省最大的水电站。1987 年开工，1996 年全部机组安装建成。水库正常蓄水位 108 米，总库容 29.9 亿立方米，是一座兼具发电、防洪和航运等效益的综合水利枢纽。❹ 枢纽坝基岩层为变质砂岩与板岩，左岸边坡易倾斜、松动、抗冲刷性差。总体特点表现为：大坝地质体条件复杂、洪峰流量大、河床狭窄。泄洪消能问题是工程设计的技术难题之一。规划采用宽尾墩与挑流消能工❺联合消能方式，一方面水流经过宽尾墩能力被冲散，另一方面挑流消能工使水能经过挑流在空中转化为掺气，从而减少了对下游左岸的冲刷，实现良好的消能效果，延长坝体寿命。除了五强溪水电站外，在长江中游支流清江上建设的隔河岩水电站❻，也采用了宽尾墩底流消能联合运用的新形式：宽尾墩—底孔—消力池联合消能工。❼

进入 20 世纪 90 年代以来，出现了宽尾墩与阶梯式坝面消能联合运用的新形式，例如福建龙湘水电站❽采用宽尾墩—阶梯式坝面—消力池联合消能工。❾ 除了上述大中型水电站之外，在河北、广西、吉林等省区的小型工程中也采用宽尾墩联合消能的

❶　获奖证书号：85 - SD - 2 - 011 - 5。获奖人有林秉南、李桂芬、龚振瀛、谢省宗和潘水波。

❷　程晓陶、王连祥、范昭等：《老科学家学术成长资料采集工程、中国科学院院士传记丛书丛书　智者乐水：林秉南传》，中国科学技术出版社、上海交通大学出版社，2014 年，第 116 页。

❸　林秉南：《我国高速水流消能技术的发展》，《水利学报》1985 年第 5 期。

❹　长江水利委员会综合勘测局：《长江志·卷二　水文、勘测·第三篇　工程地质勘察》，中国大百科全书出版社，2005 年，第 304 页。

❺　挑流消能工：是近代水利工程建设中采用较多的消能方法，1933 年首次运用于西班牙的一座重力拱坝之中，之后便被普遍使用。我国 1953 年在对丰满水坝的改建之中采用了挑流消能工，这是中华人民共和国成立以来最早采用挑流消能工的水利工程之一。挑流消能多用于尾水偏低但基岩较好的水利工程之中，其特点是泄水建筑物末端利用鼻坎将下泄的高速水流挑离至距建筑物较远的下游，使高速水流下泄的能量在空中和下游水垫中消耗。

❻　隔河岩水电站：位于湖北省宜昌市长阳县，是清江干流阶梯开发的骨干工程。该工程于 1987 年 1 月动工修建，1995 年竣工。水库以发电为主，兼有防洪、航运等综合效益。

❼　谢省宗、李世琴、李桂芬：《宽尾墩联合消能工在我国的发展》，《红水河》1995 年第 3 期。

❽　龙湘水电站：位于福建省东部大樟溪中上游，是大樟溪阶梯开发的第二级。

❾　林珍喜、郑洪：《宽尾墩在福建龙湘水电站挑流消能中的作用研究》，《湖南水利水电》2008 年第 4 期。

方式。❶

　　综观林秉南对于高速水流消能问题的研究，其适应了中华人民共和国成立后水利规划与建设蓬勃发展的形势，我国高速水流研究从无到有的过程也是林秉南创建高速水流实验室、规划设计掺气陡槽设备和发明宽尾墩新型消能工的过程。宽尾墩新型消能工的发明，适应了我国高坝建设的需要，解决了我国在长江流域高山峡谷中兴建高坝、开发水电资源带来的高速水流消能防冲问题，消除了高坝下泄水流对两岸的冲刷和对水坝安全的威胁，极大地促进了我国水利工程理论与实践的发展。

---

❶　谢省宗、李世琴、李桂芬：《宽尾墩联合消能工在我国的发展》，《红水河》1995 年第 3 期。

第三章　林秉南在三峡工程溃坝问题与泥沙研究上的卓越贡献

举世瞩目的三峡工程是开发与治理长江的骨干性工程，也是最为关键的工程，具有防洪、发电、灌溉、航运等巨大综合效益。规划、建设三峡工程过程中我国遇到了诸多世界级的水利工程技术难题，依托我国高水平的水利科技工程团队，这些难题迎刃而解，三峡工程如期上马并建成投入使用。[1] 林秉南作为资深水利工程学专家，在三峡工程的科学研究和论证中发挥着举足轻重的作用。他在20世纪50年代末率先开展三峡工程溃坝问题研究，为三峡工程建设的可实施性提供了有力依据。20世纪80年代以来，在三峡工程的重新论证阶段，林秉南临危受命，担任三峡工程论证泥沙专家组组长，主持与协调三峡工程泥沙淤积问题的论证，提出合理库容与排淤方案，解决了困扰三峡工程建设与否近半个世纪的泥沙问题。

第一节　率先开展三峡工程溃坝问题研究

水库与堤坝的安全是水工建筑物设计和管理的核心问题。[2] 水坝的兴建，会为相应流域的航运、灌溉、防洪、发电等方面带来综合效益，与此同时，大坝安全与经济等效益又是相互制约、相互影响的。林秉南留美深造时期就认识到，水坝的安全稳定与较高的防洪效能是大坝有效运行的前提与基础。历史证明，在建坝之前对水坝溃决波及范围、造成的影响以及溃坝后的补救措施进行一定的研究是非常必要的。三峡工程是我国治理长江事业的重要一环，是一项集防洪、发电、灌溉、供水、航运等综合效益于一身的水利枢纽，也是长江中下游综合防洪体系中的关键性骨干工程，防洪是其首要功能。三峡工程的修建，能使长江的防洪标准由十年一遇提升到百年一遇，可有效保证中下游特别是荆江的安全。同时长江又是我国的黄金航道，发达的航运促进了长江流域经济社会的发展。[3] 三峡工程的重要地位决定了对于三峡工程溃坝问题的研究同样是不可忽视的。三峡工程的修建在为我国带来巨大综合效益的同时，无疑也会成为水利建设布局上的一个弱点，三峡工程一旦溃坝，长江中下游六省市必然一片汪洋，危及人民的生命与财产安全；我国政府花费千百亿元修建的跨世纪工程，同样不能成

❶ 贾绍凤、刘俊：《大国水情：中国水问题报道》，华中科技大学出版社，2014年，第83页。
❷ 黄灵芝、李守义、司政：《大坝安全风险模型及防洪标准研究》，中国水利水电出版社，2015年，第1页。
❸ 崔京浩：《土木工程与中国发展》，中国水利水电出版社，2015年，第167页。

为非常状态下敌人敲诈勒索的"筹码"。❶ 对于三峡工程溃坝问题的研究，林秉南有着前瞻性的专业敏感度。早在20世纪50年代末，三峡工程尚处于上马与否的激烈争论时，林秉南便认为，三峡工程势必会在中华人民共和国水利建设史上留下浓墨重彩的一笔，其建设只是时间早晚的问题。而三峡工程的溃坝问题与人防研究则是宜早不宜迟，在留美深造归国两年后的1958年，他便率先开始进行长江三峡工程溃坝问题的研究。❷

一、探究非常状态下溃坝问题的起因

古今中外水利发展史上，由于溃坝问题造成的灾难性事件比比皆是。作为防洪蓄水的利民工程措施之一，水库的修建一方面减轻了相应流域洪水灾害和水资源短缺的风险，另一方面又客观地形成了大坝失事的新风险。❸ 任何一个政府、组织修建大坝的初衷必定不包含溃坝这一目的，但是在现实中又客观存在着不可预测的因素。造成大坝溃决的原因可以分为工程原因与社会原因。工程原因主要表现为大坝本身的工程问题所带来的漫顶、裂缝、渗流破坏和大坝滑坡等引发的大坝溃决；社会原因即源于战争或者人为等外力因素，强行破坏坝体，造成溃坝。❹ 在国内外水坝发展史上，由于战争等人为因素导致溃坝的事件多发生在20世纪50年代以前的战争时期，50年代以后的溃坝多归于工程问题等坝体原因，但是依然不可忽视偶然的、突发的战争风险。林秉南对于溃坝问题的研究也是基于国内外重大溃坝事件的惨痛教训以及三峡工程建设的实际需要而开启的。

（一）国内外溃坝事件及历史教训

在国内溃坝史上，林秉南感触最深的便是黄河花园口决堤。黄河是中国的第二大河，同时是中华民族的母亲河之一。在中华文明五千多年的历史长河中，黄河对中华文明的发展起着不可磨灭的贡献，但与此同时，黄河也为下游两岸人民带来深重的水患灾难。在中国近代以前的历史中，桀骜不驯的黄河在进入下游后决堤泛滥、改道甚为频繁，历朝历代的统治者都把治理黄河作为治国兴邦的重要任务。❺ 黄河流经黄土高原之后，携带大量泥沙东流，进入华北平原的下游之后，地势变低，流速放缓，泥沙逐渐淤积，汛期造成洪水灾害。黄河下游两岸人民为了抵挡洪水，不断加高堤坝，形成河床远远高出地面的"地上河""悬河"。花园口位于黄河下游地区，南临郑州，北望新乡。❻ 1938年豫东作战结束后，国民党军第一战区部队被迫向西撤离，面对日军

❶ 国务院三峡工程建设委员会：《百年三峡——三峡工程1919—1992年新闻选集》，长江出版社，2005年，第166页。

❷ 程晓陶、王连祥、范昭等：《老科学家学术成长资料采集工程、中国科学院院士传记丛书 智者乐水：林秉南传》，中国科学技术出版社、上海交通大学出版社，2014年，第79页。

❸ 黄灵芝、李守义、司政：《大坝安全风险模型及防洪标准研究》，中国水利水电出版社，2015年，第2页。

❹ 谢任之：《溃坝水力学》，山东科学技术出版社，1993年，第25页。

❺ 水利部黄河水利委员会《黄河水利史述要》编写组：《黄河水利史述要》，水利出版社，1982年，第8页。

❻ 魏宏运：《民国史纪事本末（五）》，辽宁人民出版社，2000年，第279页。

精锐的第 14、16 师团的步步紧逼，郑州面临着失守的危险。郑州是连接南北、东西的重要交通枢纽，一旦郑州沦陷，平汉和陇海两条铁路线将失去作用，国民党军运送物资与军力的生命线将被阻断，日军势必将沿平汉铁路南下进攻武汉。在战情危急的时刻，"以水代兵"成为国民党当局的首选。1938 年 6 月，国民党军队掘开花园口黄河大堤，此时恰逢黄河汛期，连夜大雨，河水暴涨后倾泻而下，下泄的洪水夺淮入海，黄河再次改道，经淮河入运河，再沿运河南下入长江，流入东海。❶ 黄河改道，无情的洪水淹没豫、皖、苏三省 40 余县，吞噬了约 90 万人的生命，1200 万民众流离失所，背井离乡。❷ 这一溃坝事件使林秉南深刻地认识到，大坝在战时会成为极不稳定因素，危害人民生命财产安全。

在国际方面，林秉南在留美深造期间注意到在第二次世界大战期间，出于战争的目的，存在大坝被炸毁、坝区下游城市和人民无辜受难的史实，感触颇深。特别是在"二战"的空战之中，为了打击德国法西斯侵略势力，1942 年 6 月，英国空军轰炸机采用"地震炸弹"对位于德国鲁尔河上游的默内水库大坝进行投射，经过几次爆炸的猛烈冲击，默内大坝发生了动摇，坝体裂开长达 30 米的口子，近亿立方米的洪水倾泻而下，库区下游的大量农田、厂房、民居等被淹没。紧接着英国空军轰炸机又连续数日对位于德国鲁尔峡谷的欧洲最大的埃德尔水坝、孟纳大坝等进行轰炸，水坝被炸出近百米长的豁口，连坝内发电设备都被水库洪水冲走，溃坝使下游的德国鲁尔军事区惨遭灭顶之灾，在一定程度上加速了"二战"的结束。对水库大坝的轰炸成为一次著名的战例被载入军事史册，但是这样的后果更是值得人们深思。❸ 林秉南通过对这一显著案例的研究，深刻地认识到，在和平时期，水坝的修建会带来防洪、灌溉、发电、通航等利国利民的综合效益，减轻水坝下游人民的洪水威胁，缓解水资源短缺的状况；但是在战时，又会成为一颗随时都可能引爆的"定时炸弹"，一旦出于战争的原因被炸毁，其后果不堪设想。❹

林秉南的溃坝研究意识萌生于对国内外溃坝事件的思考与总结。通过对比国内外历史上的重大溃坝事件，林秉南认识到，古今中外筑坝壅水、破坝放水、水淹敌军的事实证明，在军事对抗中，水库大坝从来都是主要的打击目标，也会成为恐怖分子要挟的首要目标。中华人民共和国成立以来，国际上军事毁坝的事件也不在少数。1950—1953 年朝鲜战争中，美军对朝鲜境内的 20 多个水库进行轰炸，溃坝造成洪水泛滥，下游农田、交通、村庄被淹没与破坏所带来的损失远远超过了中小核弹的威力。❺

（二）国内外溃坝问题研究进展

由于溃坝洪水下泄的巨大危害性后果，针对溃坝问题与大坝安全防御的研究，自

---

❶　魏宏运：《民国史纪事本末（五）》，辽宁人民出版社，2000 年，第 283 页。

❷　魏宏运：《中国现代史》，高等教育出版社，2002 年，第 335 页。

❸　萧洪：《20 世纪世界通鉴》上册，广州出版社，1998 年，第 1785 页。

❹　何少苓：《中国现代科学家传记》第四集，科学出版社，1993 年，第 812 页。

❺　贾绍凤、刘俊：《大国水情：中国水问题报道》，华中科技大学出版社，2014 年，第 84 页。

19 世纪以来便开始在水利工程学的理论分析、物理试验等方面进行。1871 年，法国力学家圣维南提出了从数学角度进行溃坝问题演算的"圣维南方程组"，这一公式为世界溃坝问题的分析奠定了理论基础。❶ 中华人民共和国成立后，为了满足工农业发展的需要，我国兴建了大量的水坝。这些大坝有不少是在勘测、设计和施工技术尚不成熟、水文监测资料缺乏的条件下修建的，其时"边勘测、边设计、边施工"的现象非常普遍。❷ 这样粗糙的水利工程建设造成的直接后果就是防洪、蓄水等基本功能不健全，一些大坝甚至在修建时期便出现溃坝现象，建坝高潮随之而来的便是溃坝高潮。中华人民共和国水利建设史上的两大溃坝多发期，一个是 20 世纪 60 年代前后（即 1959—1961 年），另一个是 1973 年前后。❸ 我国大坝出现溃决的客观现实亟待溃坝理论研究的进一步发展。同时我国对于溃坝问题的研究也是伴随着三峡工程兴建与否的争议开启的。

促使林秉南进行非常状态下溃坝问题研究的直接原因是三峡工程修建与否的争论。三峡工程是举世瞩目的世界性大工程，坝高 185 米，泄洪建筑物的最大泄洪标准可达 10 万立方米每秒，是世界其他大型水利枢纽的 2～3 倍，且三峡水电站一共装有 32 台 70 万千瓦的机组，总装机容量达 2240 万千瓦，年发电量高达 988 亿千瓦时。三峡大坝 185 米的坝高，虽然不是世界第一高坝，但就其防洪和发电的综合效益而言为世界第一高坝。外媒曾用"巨坝"一词来形容三峡工程。这充分说明，三峡工程的综合效益是目前为止世界上任何一座大坝都难以比拟的。正是出于这样的原因，林秉南在 20 世纪 50 年代末，三峡工程上马与否的第一个争论高潮来临之际，不是纠结于三峡工程上马的问题而是进行三峡工程溃坝问题的研究，坚持理论走在实践的前面，以解三峡工程上马的后顾之忧。❹ 同时，基于对古今中外溃坝事件的研究，林秉南也思考到，一些几十米高的、不起眼的低坝，在溃决时造成的损失都是巨大的，那么对于三峡工程而言呢？很多人担忧，花费千百亿元修建的工程会成为我国战时的一个"软肋"，成为敌人要挟我们的"筹码"。❺ 林秉南认为进行溃坝问题研究，事先模拟非常状态下三峡大坝溃决洪水淹没路线及淹没面积，掌握溃坝洪水演变的规律与路线，防患于未然，是十分有必要的。因此，林秉南对三峡工程溃坝问题进行研究的超前意识是值得肯定的。

二、三峡工程溃坝模型试验及影响

20 世纪 50 年代后期我国出现了一些大坝溃决的事件，到 2008 年为止，我国已发

---

❶ 姚志坚、彭瑜：《溃坝洪水数值模拟及其应用》，中国水利水电出版社，2013 年，第 5 页。

❷ 黄灵芝、李守义、司政：《大坝安全风险模型及防洪标准研究》，中国水利水电出版社，2015 年，第 30 页。

❸ 黄灵芝、李守义、司政：《大坝安全风险模型及防洪标准研究》，中国水利水电出版社，2015 年，第 31 页。

❹ 程晓陶、王连祥、范昭等：《老科学家学术成长资料采集工程、中国科学院院士传记丛书　智者乐水：林秉南传》，中国科学技术出版社、上海交通大学出版社，2014 年，第 79 页。

❺ 国务院三峡工程建设委员会：《百年三峡——三峡工程 1919—1992 年新闻选集》，长江出版社，2005 年，第 166 页。

生了 3480 余件溃坝事件。❶ 溃坝问题不仅在我国频频发生，在世界许多国家也是如此。由于大坝溃决会带来巨大的灾难性后果，针对大坝安全及溃坝问题的研究也就应运而生。自 19 世纪以来，世界各国的水利工程学家便从理论分析、物理实验、数值模拟等方面进行溃坝问题的研究。❷ 溃坝模型试验的数值与参数是工程设计与施工的主要依据，同时模型试验的结果也可以有效验证数值模拟计算方法的可行性。世界上最早进行溃坝模型试验的是 19 世纪中叶的法国，美国和奥地利在 20 世纪五六十年代也曾进行过大量关于溃坝的室内试验，美国在 20 世纪中叶甚至在水坝现场做过一个 1∶2 的溃坝试验模型，用来模拟大坝溃决洪水演进的路线。❸

　　林秉南是我国进行溃坝问题研究的第一人。❹ 20 世纪四五十年代留美求学的林秉南，在美国这样一个高坝众多的"筑坝"国家，不仅学到了水利工程学学科的基础知识和前沿知识，更为重要的是开阔了眼界，接触了世界顶级的水利工程学家，参与了顶尖的国际水利工程学术研讨会，培养了其独特的水利工程学视野、思维与创造能力。同时林秉南也关注到第二次世界大战中的水库溃坝事件，注意搜集溃坝研究方面的历史技术资料。1956 年 1 月林秉南留美深造学成归国之际，三峡工程建设与否已处于热烈的争论之中。1958 年 2 月，周恩来总理率领中央有关部门负责人近百人视察了长江三峡工程坝址。1958 年 6 月，第一次全国三峡工程科研协调会议在湖北武汉召开，林秉南参加了这次三峡工程研讨会议。❺ 这次会议的技术研讨工作实际上是由苏联专家 E. A. 巴柯舍也夫主持，主要讨论三峡工程建设中会遇到的水利工程技术问题，其中一项研究课题为"关于三峡水库水体突然泄放的研究"。所谓"水体突然泄放问题"就是"溃坝波问题"。当时研究课题是按照三峡水库正常蓄水水位 200 米、库容 700 多亿立方米的方案进行研究，对于如此巨大的蓄水空间和大坝库容，大坝的安全问题是首要的考虑因素。林秉南代表刚刚成立的水利水电科学研究院承担了这一课题的研究工作，并被要求在翌年召开全国三峡工程第二次科研协调会的时候，作出关于三峡水利枢纽水体下泄对水库下游水情及对整个长江中下游流域影响情况的详细说明。

　　林秉南所承担的三峡工程水体突然泄放研究课题，也是中华人民共和国成立以来第一次进行突然溃坝问题研究。这一课题的研究要求采用蓄水水位 200 米的高坝方案，要求对坝下河道全长 1800 千米作出全面性的洪水预测，显然这是一项规模很大的研究工作。当时的水利水电科学研究院尚在初建、起步阶段，科研队伍、试验、实验设施也不完善。作为学术带头人，林秉南主动寻求兄弟单位如长江流域规划办

❶　黄伦超、许光祥：《水工与河工模型试验》，黄河水利出版社，2008 年，第 123 页。

❷　姚志坚、彭瑜：《溃坝洪水数值模拟及其应用》，中国水利水电出版社，2013 年，第 5 页。

❸　同❶注。

❹❺　程晓陶、王连祥、范昭等：《老科学家学术成长资料采集工程、中国科学院院士传记丛书　智者乐水：林秉南传》，中国科学技术出版社、上海交通大学出版社，2014 年，第 79 页。

公室水文水利计算室、北京水利水电学院❶等给予支持与帮助。❷ 林秉南在调查与研究长江中、下游的地形与洪水的生成时，发现洞庭湖以南的山脉和荆北平原以北的山脉在湖北省黄石附近发生交汇，南北之间形成一个巨大的盆地，长江在这一盆地中间穿过，在非常状态下，长江下泄的大部分洪水将会储存于这一地势低洼的盆地内，黄石以下的洪水不会超过 1931 年和 1935 年等大水年份，且经过黄石的长江水位会下降，流量也将大大削减。所以，林秉南提出，模型下游的研究范围可止于黄石。由此减少了 1200 千米需要模拟的河道，模型范围可以大大缩减，但是模型的试验效果却不会因此缩水。❸ 林秉南根据对溃坝波理论的多方位理解和自己在美国对溃坝资料的搜集与钻研，制作三峡工程溃坝模型的工作规模得到有效缩减，使加速完成模型制作成为可能。❹ 另外，由于受水利水电科学研究院实验场地小的限制，林秉南大胆采用 1∶30000 的水平比例尺和 1∶300 的垂直比例尺，同时又考虑到实际运作中的问题发明了插棒加糙法，增加实验模型水流阻力，提高模型的真实性。❺ 历时三个月，林秉南带领水利水电科学研究院的同仁，在兄弟单位长江流域规划办公室水文水利计算室、北京水利水电学院的帮助下按期完成了任务，我国首个溃坝模型——三峡水库水体突然泄放模型如期完成。❻ 模型的各项具体指标见表 2。

表 2 　　　　　　　　　　三峡水库水体突然泄放模型数据表

试验项目	取值范围及影响
试验库区水位	150～200 米
相应库容	197 亿～732 亿立方米
调节下泄流量	32700 立方米每秒
模型平面比尺	1∶30000
模型水平比尺	1∶300
模拟范围	南至湖南望城、常德，北至湖北应城，东至黄石以下的田家镇，水库部分至重庆。模型中干流的大堤按 1954 年最高洪水水位加高 1 米修建
试验结果	在不采取其他措施（如设防空潜坝或降低库水位等）情况下，非常时期如库水位 200 米溃坝时，下游灾害可按流量 75000 立方米每秒估计，这一流量和 1954 年洪水相近

注　资料来源：长江水利委员会长江科学院编《长江志·卷三　规划、设计、科研·第三篇　科学研究》，中国大百科全书出版社，2000 年，第 225 页。

---

❶　北京水利水电学院：是华北水利水电大学的前身。该校在 1951 年由当时的水利部部长傅作义在北京主持创建，校名为"水利部北京水利学校"，1954 年更名为北京水利学校。1958 年 10 月，与北京水利发电函授学院、北京水力发电学校合建"北京水利水电学院"。1970 年 12 月，北京水利水电学院更名为河北水利水电学院，1978 年 9 月更名为华北水利水电学院。2013 年 4 月，华北水利水电学院更名为华北水利水电大学。

❷　林秉南：《人生受矛盾的影响和偶然事件的支配》，见中国科学院院士工作局编《科学的道路》下卷，上海教育出版社，2005 年，第 1693 页。

❸　何少苓：《中国现代科学家传记》第四集，科学出版社，1993 年，第 812 页。

❹　同❷注。

❺　同❸注。

❻　同❷注。

三峡工程溃坝模型于 1958 年 9 月底完成，被水利水电科学研究院定为当年国庆节的献礼项目。这一溃坝试验模型的完成，林秉南认为有着比较重要的意义。第一，它是国内最早开展的有关溃坝波的试验模型，不仅成为未来三峡工程泄洪建筑物规划设计的有力基础，而且对国内同类研究有着开创性的指导与指引作用。第二，它的完成意味着我国水利工程科技专家有能力独立承担三峡工程的水利科学研究工作，标志着我国水利工程技术研究正在开启崭新的一页。在林秉南领导的溃坝试验模型制作过程中，各攻关单位通力合作，无私奉献，体现了我国水利学界良好的学术氛围。[1] 1959 年 10 月，在第二次全国三峡工程科研协调会上，林秉南关于三峡工程溃坝模型试验的汇报引到了强烈反响，赢得在场苏联专家 E. A. 巴柯舍也夫等人的肯定与表扬。[2] 林秉南的这一研究，为我国水利工程学界后来的溃坝研究所作的贡献功不可没。

1959 年 12 月 2 日，法国东南部的莱朗河上发生了近代世界坝工史上最令人震惊的一次瞬间溃坝事件——"马尔帕塞的悲剧"。马尔帕塞拱坝[3]在毫无预兆的情况下一瞬间突然溃决，下泄的洪水直接冲垮了河道左岸的堤坝，造成 421 人死亡，下游损失惨重。[4] 这一事件再次说明了林秉南对溃坝问题研究的前瞻性。

20 世纪 70 年代初，长江水利水电科学研究院在规划荆北减淤放淤方案时，进行了荆江溃堤分洪模型试验。这是受林秉南开展溃坝研究的影响而开展的试验。1982 年林秉南进一步分析了摩擦阻力作用时有限长水库的溃坝问题，利用特征线法与黎曼方法获得了有限长水库抛物形断面瞬时全溃问题的解析式，改进了溃坝数学计算的方式与条件。[5] 改革开放后，三峡工程的建设再次被提上日程，为了三峡工程坝址的重新选择与论证，长江水利委员会重新进行了三峡工程溃坝模型试验研究。这一时期林秉南关于明渠不恒定流的溃坝波研究也在一定程度上促进了三峡工程溃坝问题的研究与论证。[6] 他首创的溃坝试验模型被当做范本，被借鉴、应用于三峡工程溃坝问题的再论证当中。

第二节　主持与协调三峡工程泥沙问题论证

泥沙问题自古以来就是世界江河治理的难题之一，在我国亦是如此。黄河和长江

---

❶　何少苓：《中国现代科学家传记》第四集，科学出版社，1993 年，第 813 页。

❷　林秉南：《人生受矛盾的影响和偶然事件的支配》，见中国科学院院士工作局编《科学的道路》下卷，上海教育出版社，2005 年，第 1693 页。

❸　马尔帕塞拱坝：位于法国东南部的莱朗河上，坝高仅 66 米，水库总库容 0.51 亿立方米，坝身是典型的薄形拱坝。该工程是在地质勘探资料有限、未充分实地勘测与规划的前提下，由法国著名的柯因——贝利埃公司负责设计，是权威坝工设计者柯因在以往的薄形拱坝建设经验的基础上迅速设计动工，历经两年于 1954 年完成并开始投入使用的，大坝在运行的第四年（1959 年），在毫无预兆的情况下瞬间突然溃决，下游损失惨重。

❹　张光斗：《法国马尔帕塞拱坝失事的启示》，《水力发电学报》，1998 年第 4 期。

❺　姚志坚、彭瑜：《溃坝洪水数值模拟及其应用》，中国水利水电出版社，2013 年，第 5 页。

❻　长江水利委员会长江科学院：《长江志·卷三　规划、设计、科研·第三篇　科学研究》，中国大百科全书出版社，2000 年，第 225 页。

是我国最重要的两条河流，黄河是典型的多泥沙河流，长江的携沙量也较大。由于我国黄河、长江等河流多沙的显著特点，在水库修建、水土保持、河口整治和河流灌溉工程中都会不可避免地碰到泥沙问题。同时由于泥沙问题的复杂性，中华人民共和国成立之后的泥沙研究便显得尤为重要。❶ 林秉南在留美深造期间，注意到泥沙问题是世界性的，不但在中国江河治理中存在，在世界各国水利工程建设中也是普遍问题。他在美国爱荷华大学撰写的博士学位论文便涉及泥沙沉降速度的研究，开启了泥沙研究的历程。❷

一、三峡工程泥沙研究的必要性

（一）泥沙问题研究的普遍性

林秉南在美国爱荷华大学深造时期，便已认识到泥沙问题的研究是世界性的。❸ 林秉南在撰写博士学位论文期间围绕河流泥沙沉降这一课题，对世界范围内高含沙河流的历史资料进行搜集与总结，开始关注世界范围内的泥沙淤积问题（见表3）。林秉南认识到，河流泥沙淤积带来的影响是多方面的：首先，泥沙淤积会导致水库库容减少，缩减水库使用寿命；其次，泥沙淤积会造成水库功能削弱、效益降低和出现病危等问题；最后，泥沙淤积还会向水库上游延伸，影响河流航运与水文环境。❹

表 3　　　　　　　　　美国、苏联、日本、意大利四国水库泥沙淤积概况表

国别	水库泥沙淤积基本情况
美国	因水库泥沙淤积每年平均损失库容达 11 亿立方米。据统计，1935 年之前修建的水库，10% 的水库已完全淤废，14% 的水库库容损失 50%～75%，33% 的水库库容损失 25%～50%。据 1975 年对 1665 座水库的统计，水库泥沙淤积率达 20% 左右
苏联	中亚细亚、高加索地区的多沙河流，水库泥沙淤积严重。该地区 41 个灌溉区发电水库，坝高 6 米以下的水库，淤满年限为 1～3 年；坝高 7～30 米的水库，淤满年限为 3～13 年；大型水库，例如法尔哈达水库，12 年淤积损失库容达 87%
日本	据对 256 个发电水库的统计，水库平均寿命为 53 年。其中 56 个（占 22%）水库因泥沙淤积库容已减少 50%，26 个（占 10%）水库因泥沙淤积库容已减少 80%，5 个（占 2%）水库已完全淤满
意大利	萨优河第 4 号水库，1925 年建成，1933 年泥沙淤积库容达 52%，1958 年泥沙淤积库容达 86%。推移质严重的萨夫河上库尔托水库，1933 年建成，1961 年淤积库容达 86%

注　资料来源：中国科学院成都图书馆、中国科学院三峡工程科研领导小组办公室编《长江三峡工程争鸣集·专论》，成都科技大学出版社，1987 年，第 40 页。

世界范围内的泥沙淤积情况表明，泥沙淤积问题是河流建库必须重视的水利工程技术问题之一。林秉南从事泥沙问题研究之日起便坚定认为，泥沙问题的研究在世界

---

❶　曾庆华：《江河泥沙问题研究文集》，中国水利水电出版社，2013 年，第 300 页。

❷　林秉南：《工程泥沙》，水利电力出版社，1992 年，第 75 页。

❸　何少苓：《中国现代科学家传记》第四集，科学出版社，1993 年，第 814 页。

❹　刘孝盈等：《水库有效库容保持》，中国水利水电出版社，2015 年，第 31 页。

水利工程界是具有普遍性的。泥沙淤积问题对于兼具防洪、发电、航运、蓄水等综合效益的水利枢纽来说是重要的威胁之一，在任何水利枢纽的规划、建设与维护中都是不容忽视的。❶

（二）三峡工程泥沙问题研究的必要性

在中国的水利工程建设当中，提到泥沙问题，人们首先会想到有着"九曲黄河万里沙"之称的黄河。这条古老的母亲河五千年来养育了祖祖辈辈的中华儿女，让人们为之敬仰，同时，对黄河泥沙问题的研究与治理也伴随着五千年中华文明的历史从未停止过。古有大禹治水的传说；明代，潘季驯❷提出"束水冲沙"的治黄思想；民国时期，治黄大家李仪祉提出黄河治理要上中下游并重的思想；中华人民共和国成立以来，以河官王化云❸为代表的新一批治黄水利工程专家，致力于黄河泥沙的治理。在中华人民共和国对黄河治理的历程中，林秉南对三门峡水利枢纽工程极为关注。黄河三门峡大坝是中华人民共和国成立以来修建的治黄第一坝，也是在治理黄河泥沙问题上的首次实践与探索，虽然遇到了挫折，却为治理江河泥沙问题提供了重要的经验教训。林秉南认识到，泥沙问题是不能靠勇气去解决的，必须在遵循泥沙运动规律的基础上，依靠科学的监测与试验分析，合理规划大坝排沙与减淤方案。林秉南同时也认为，三门峡大坝为其后的水利工程建设提供了许多有益的经验和教训，特别是在高含沙河流上建库与管理运行的经验，为长江三峡工程泥沙问题的研究奠定了基础。❹

三峡水利枢纽是治理长江的关键性工程，同时又是中华人民共和国成立以来备受关注的大型水利枢纽之一。1956 年长江流域规划办公室开展长江流域的全面规划工作，同时对三峡水利枢纽进行全面的勘测设计。1958 年 3 月，中共中央召开的成都会议提出关于三峡工程要坚持"积极准备，充分可靠"的原则，标志着三峡工程进入初步设计与规划的科学研究阶段。❺ 三峡工程泥沙问题的研究与论证经历了四个阶段：1958—1970 年，为三峡工程初步设计、专门研究人防安全和水库泥沙问题的阶段；1971—1983 年，为修建葛洲坝水利枢纽作为三峡工程"实战演练"的阶段；1983—1992 年，是三峡工程重新论证（包括三峡工程泥沙问题的重新论证）的阶段；1992 年至今，为三峡工程施工、建设使用与三峡工程泥沙问题研究的追踪阶段。❻ 林秉南作为

❶ 林秉南：《工程泥沙》，水利电力出版社，1992 年，第 69 页。

❷ 潘季驯（1521—1594），明代水利学家。明嘉靖末至万历年间，曾四次出任总理河道都御史，先后长达二十七年。提出了"筑堤束水，以水攻沙"的治黄方略，为中国古代的治黄事业作出了重大的贡献，同时也为近现代水利专家们所提出的"束水冲沙法"以及"收紧河道"等理论提供了有益的借鉴。著有《两河管见》《河防一览》等书。

❸ 王化云（1908—1992），山东馆陶人。长期担任黄河水利委员会主任，致力于治理黄河的工作。先后提出"宽河固堤""蓄水拦沙""除害兴利，综合利用""上拦下排"和"调水调沙"等治河方针，大大推进了对黄河的治理及黄河流域的水土保持工作，参与领导了三门峡水利枢纽的修建和后期的改建工作，著有《我的治河实践》等论著。

❹ 中国水利学会：《黄河三门峡工程泥沙问题》，中国水利水电出版社，2006 年，第 31 页。

❺ 林一山：《三峡工程准备工作的回顾》，见中国科学院成都图书馆、中国科学院三峡工程科研领导小组办公室编《长江三峡工程争鸣集·总论》，成都科技大学出版社，1987 年，第 7 页。

❻ 潘庆燊、程济生、黄悦：《三峡工程泥沙问题研究进展》，中国水利水电出版社，2014 年，第 4 页。

留美归来的水利工程专家，参与了三峡工程泥沙问题研究的重新论证阶段和三峡工程泥沙问题研究追踪阶段的工作，也是最为关键的两个阶段的工作。❶

泥沙问题一度被认为是决定三峡工程上马与否的关键性问题之一，这不是没有道理的。林秉南深知三峡工程泥沙问题研究对长江流域开发与治理的重要性。首先，长江三峡水利枢纽上游（宜昌水文站以上）流域面积达 100 万平方千米，包含有高原、丘陵、盆地等不同地形。长江上游的地形与地质因素，决定了长江三峡泥沙有以下特点：水流含沙量较小，但年输沙量大且集中在汛期来沙，83％的年输沙量来自金沙江下游和嘉陵江，多以悬移质为主。❷ 林秉南始终认为，长江虽然不及黄河携沙量大，但是作为世界最大的水利枢纽工程，三峡工程泥沙问题的研究极具全局性和长期性，长江三峡的来水来沙特性决定了三峡工程的寿命、航运等综合效益问题。三峡大坝不能建成"泥坝"和"淤坝"。其次，林秉南还指出，泥沙问题不只是存在于长江三峡工程的修建期间，更为重要的是存在于三峡工程建成后运行与使用的几十年或是上百年间，并且随着水库寿命的延伸，泥沙淤积对三峡工程的影响程度也会不断加深。最后，因泥沙淤积而失去作用的水坝在国内外水利史上并不少见。黄河三门峡工程治理的实践与经验启示着我们，泥沙淤积问题是我国水利工程建设中不可忽视的问题。治理我国江河的泥沙，应在遵循泥沙运动基本规律和水文监测资料的基础上，通过科学的研究手段，正确把握和预知建库后泥沙活动的基本情况、对航运与水库寿命的影响、未来泥沙淤积进度等。林秉南认为，如果泥沙淤积问题出现在长江这条航运能力极佳的"黄金河道"上，会使上游航道淤积并使重庆港变为死港，甚至将武汉的洪水灾害转移到上游的重庆，其后果是不堪设想的，泥沙问题不能成为三峡工程防洪与航运的拦路虎。❸

正是因为对三峡工程有着如此重要的影响，泥沙淤积问题在三峡工程论证的各个阶段都被认为是技术攻关中的一个焦点问题，特别是在长江三峡工程的"实战演练性工程"——葛洲坝水利枢纽顺利运行之后。葛洲坝水利枢纽在大坝底部修建多个泄沙排沙孔，且采用"静水通航，动水冲沙""蓄清排浑"的运作方式，使大部分的泥沙可以实现在汛期被高速洪水冲走，库区泥沙淤积可以在水库运行后实现冲淤平衡，保证一定的库容。❹ 作为资深的水利工程专家，林秉南深知泥沙淤积问题的解决对于三峡工程的重要性。改革开放后，随着国内社会经济形势的好转与治水事业发展的需要，搁置多年的三峡工程建设问题被重新提上日程。1986 年 8 月，长江三峡工程论证泥沙专家组在三峡工程泥沙攻关小组的基础上成立，林秉南被任命为组长，年届 67 岁的林秉

❶ 林秉南：《工程泥沙》，水利电力出版社，1992 年，第 80 页。

❷ 林秉南：《工程泥沙》，水利电力出版社，1992 年，第 75 页。

❸ 中国科学院成都图书馆、中国科学院三峡工程科研领导小组办公室：《长江三峡工程争鸣集·总论》，成都科技大学出版社，1987 年，第 84 页。

❹ 国务院三峡工程建设委员会：《百年三峡——三峡工程 1919—1992 年新闻选集》，长江出版社，2005 年，第 261 页。

南深感责任重大，为了不辱使命，他向上级请辞了时任的五项职务（包括国务院学位委员会学科评议组土建水分组第一召集人等），全身心投入到三峡工程这一伟大工程的泥沙问题研究与论证工作中。❶

二、三峡工程泥沙问题的重新论证与解决

1984 年 4 月，国务院发布了《关于长江三峡工程可行性报告的批文》，标志着改革开放以来三峡工程前期准备工作的正式开始。❷ 1986 年 6 月，中共中央、国务院发出《关于长江三峡工程论证的有关问题的通知》，三峡工程继 20 世纪 50 年代的初步论证之后，正式开启了重新论证的工作。❸ 水库泥沙淤积问题是影响长江三峡工程效益的重要因素之一，所以泥沙问题再次成为新时期研究与论证的重点问题之一。1986 年 8 月，在三峡工程泥沙攻关小组的基础上成立了三峡工程论证泥沙专家组，林秉南担任组长。在两位副组长窦国仁、谢鉴衡❹的协助下，他组织来自全国各地的 27 位泥沙研究专家共同开启长江三峡工程泥沙问题的重新论证工作。❺

泥沙问题在当时被公认为是长江三峡工程的"癌症"，黄河三门峡工程泥沙淤积与多次改建的惨痛教训以及国内外泥沙淤库的事实警示着人们，泥沙淤积的历史不应当出现在长江三峡工程当中。20 世纪 50 年代以来，泥沙问题研究就被列入三峡工程技术攻关的重点课题，历经葛洲坝工程的实战，我国在战胜大江大河泥沙淤积与排沙冲沙等方面取得突破性进展。但是即便如此，怀着对人民事业高度负责的态度与精神，仍有一大批水利专家和政协委员对三峡工程泥沙问题比较担忧，对三峡工程建设持反对意见。❻ 他们认为，从 20 世纪 50 年代中期长江流域规划办公室成立之日起，到 1978 年改革开放前长江三峡工程的初步论证阶段、以葛洲坝工程兴建为代表的实战演练阶段，长江流域规划办公室对于三峡工程泥沙问题的分析，只是根据过去多年的平均输沙量计算。而近几十年，由于上游植被的破坏、水土流失等问题引发的泥沙情况变化，致使长江的输沙量在明显增加，特别是 1981—1984 年长江的平均输沙量已经从 5.2 亿吨增加到了 6.8 亿吨。这样大的输沙量，对于必须兼顾航运的长江三峡工程来说无疑

---

❶　程晓陶、王连祥、范昭等：《老科学家学术成长资料采集工程、中国科学院院士传记丛书　智者乐水：林秉南传》，中国科学技术出版社、上海交通大学出版社，2014 年，第 136 页。

❷　长江年鉴编纂委员会：《长江年鉴 1993》，长江年鉴社，1995 年，第 97 页。

❸　三峡工程论证领导小组办公室：《三峡工程专题论证报告汇编》，内部印行，1988 年，第 2 页。

❹　谢鉴衡（1925—2011），湖北洪湖人。河流泥沙工程学家，中国工程院院士。1950 年毕业于武汉大学工学院土木工程系，1964 年留学苏联归国后一直在武汉大学任教。在河流泥沙运动的基本理论研究、长江黄河治理领域取得诸多成就，参加葛洲坝水利枢纽泥沙淤积问题的科研攻关，与张瑞瑾一道提出并实现了葛洲坝工程引航道泥沙问题"静水过船，动水冲沙"的科学设想。曾参与组织并领导了长江三峡工程泥沙问题的研究工作。

❺　何少苓：《中国现代科学家传记》第四集，科学出版社，1993 年，第 812 页。

❻　国务院三峡工程建设委员会：《百年三峡——三峡工程 1919—1992 年新闻选集》，长江出版社，2005 年，第 261 页。

是严重的威胁。❶ 现实再次证明，新时期三峡工程泥沙问题论证工作是尤为重要的。

在三峡工程的重新论证阶段，林秉南带领的泥沙专家组论证的主要问题有：①水库长期使用与保留防洪、调节库容问题；②回水变动区的冲淤问题；③重庆港的洪水水位问题；④坝区泥沙淤积及水库运用对下游河床与河口演变的影响。❷ 虽然在三峡工程泥沙再论证之前，基于建设大型水利枢纽实践与经验的总结，以及对长江来水来沙规律的深入分析，已经可以初步证实采用合理调度、蓄清排浑以及"静水通航，动水冲沙"等方式，三峡工程的泥沙淤积是基本可以解决的，但是林秉南领导的泥沙专家组认为，这些论证只是基于葛洲坝工程的经验而得出的，且当时的数学模型中带有不少经验性的处理，选取的水文系列资料不具有代表性。同时葛洲坝工程与三峡工程的泥沙论证在重点区域又不完全相同，均有所侧重：葛洲坝工程重点是解决上游引航道回水区泥沙淤积问题，三峡工程重点在于论证库区泥沙淤积与水库的寿命问题。❸ 林秉南坚定地认为，虽然葛洲坝工程作为三峡工程的"排头兵"，在水库排淤减淤研究方面取得了一定成果，但还不足以支撑整个三峡工程泥沙的论证。❹ 对于长江三峡工程泥沙淤积的问题，必须采用多种方法进行对比研究。虽然对于采用量化的方法来证明这种认识的客观性与可行性仍旧面临着巨大的技术问题，但在这一关键性论证时期，必须迎难而上。❺

林秉南带领的三峡工程论证泥沙专家组在泥沙论证阶段分两步走：第一步，先确定与论证开发方案；第二步，在既定开发方案的指导下论证该方案的可行性与影响。❻因为三峡水库的各个特征水位线对水库的调节与制约作用直接影响到水库冲沙排沙的效益，所以特征水位线的确定是开展三峡工程泥沙论证工作的前提和基础。❼ 与1983年长江流域规划办公室提出的三峡工程正常蓄水水位150米的可行性论证报告相比，林秉南提出要分析水库蓄水在160～180米水位的各种方案，同时继续研究150米蓄水方案的影响。林秉南研究发现，150米蓄水方案下库区回水末端造成的泥沙淤积会影响重庆港，特别是无法满足万吨货船抵达重庆九龙港口，严重削减了西南地区经济的发展，且库区排沙情况并不乐观，整体来看，150米蓄水方案综合效益较低，经不起实践的检验。180米蓄水方案虽然提高了水库的容量，但是汛期洪水来临时水位偏高，且移民人数偏多。林秉南同时又排除了因洪水下泄调节能力不足造成葛洲坝下游航道阻碍的170米蓄水方案。历经蓄水水位方案150米、180米、170米三阶段的研究与论

---

❶ 中国科学院成都图书馆、中国科学院三峡工程科研领导小组办公室：《长江三峡工程争鸣集·总论》，成都科技大学出版社，1987年，第84页。

❷ 林秉南：《工程泥沙》，水利电力出版社，1992年，第80页。

❸ 中国科学院成都图书馆、中国科学院三峡工程科研领导小组办公室：《长江三峡工程争鸣集·总论》，成都科技大学出版社，1987年，第105页。

❹❺ 中国科学院成都图书馆、中国科学院三峡工程科研领导小组办公室：《长江三峡工程争鸣集·总论》，成都科技大学出版社，1987年，第107页。

❻ 何少苓：《中国现代科学家传记》第四集，科学出版社，1993年，第812页。

❼ 杨彪：《三峡工程水位论证集》，重庆出版社，1994年，第5页。

证之后，最后论证通过了 175－145－155 米方案。❶ 即水库正常蓄水水位为 175 米，枯水期为了保证有效地通航，最低水位为 155 米，汛期防洪限讯水位为 145 米，为汛期洪水的到来腾出有效库容。❷ 林秉南研究与论证后认为，175 米正常蓄水水位方案与150 米、180 米、170 米的蓄水方案相比，首先不会使重庆港因为泥沙淤积而失去通航作用。其次，库区泥沙淤积情况及库区回水区泥沙淤积可以得到有效解决，不会大幅度缩短大坝的库容使用寿命。最后，此方案在移民、航运、防洪、灌溉等综合效益方面高于前面的几种方案（见表 4）。

表 4　　　　　　　　　主要蓄水方案之库区泥沙淤积和运行情况对比数据表

项目	方案	150－135－130 米方案	160－135－145 米方案	170－140－150 米方案	175－145－155 米（分期蓄水）方案	180－150－160 米方案
库区干流淤积量/亿立方米	30 年	77.82	77.97	82.07	85.74	90.15
	100 年	106.70	127.10	145.06	166.56	183.26
淤积末端离坝距离/千米	20 年	522	550	560	570	579
	100 年	550	579	604	616	628
初步淤积平衡年限/年		50	63	63	80	87
保留防洪库容/%	80 年	87.7	84.9	87.2	87.1	88.4
	100 年	—	82.6	85.2	85.8	86.6
保留调节库容/%	80 年	82.3	92.3	93.5	93.3	94.7
	100 年	—	90.6	92.0	91.5	93.4

注　本表根据以下资料整理：长江三峡工程论证泥沙专家组编《长江三峡工程泥沙与航运专题泥沙论证报告（节录）》，《中国水利》1990 年第 11 期，第 26 页。

通过长江三峡工程论证泥沙专家组写的《长江三峡工程泥沙与航运专题泥沙论证报告》❸ 的数据也可以看出，175－145－155 米蓄水方案在泥沙淤积、水库库容等方面的运行情况优于其他方案。

175－145－155 米蓄水方案初步确定之后，林秉南领导的泥沙专家组，以开发方案确定的各特征水位线和"蓄清排浑"运作方式为基础，在确保水库长期运作的条件下，对库区、回水变动区❹、坝底以及坝区下游河道泥沙的冲淤状态和行进变化进行了量化模拟分析。量化模拟分析是在实时数据的演算下运用模拟试验更加精确地进行论证。❺林秉南作为泥沙专家组的带头人，格外重视泥沙论证的模拟试验应用。在三峡工程泥沙的论证当中，采用了以原型观测与分析为基础，实体模型试验与数学模型计算相结

---

❶　杨彪：《三峡工程水位论证集》，重庆出版社，1994 年，第 2 页。

❷❸　长江三峡工程论证泥沙专家组：《长江三峡工程泥沙与航运专题泥沙论证报告（节录）》，《中国水利》1990 年第 11 期。

❹　回水变动区：指从常年回水区末端至水库终点的区域。

❺　潘庆燊：《三峡工程泥沙问题研究进展》，中国水利水电出版社，2014 年，第 20 页。

合的方法。❶ 这种方法虽已在葛洲坝水利枢纽修建时由我国水利工程技术人员运用过，但在三峡工程重新论证中，鉴于三峡工程的重要地位，林秉南等人在论证初期还是事先利用这种方法在丹江口水库进行试验与验证。林秉南等人在未知丹江口水库实测资料的情况下结合给定试验资料，设计丹江口水库回水变动区模型试验，最后将模型试验所得数据与给定实测资料进行对比，结果基本一致，证明了试验模型的可靠性。❷

此后，林秉南才将试验模型放心地应用于三峡工程泥沙的研究与论证中。回水变动区的泥沙淤积碍航问题是泥沙论证的重要问题之一。林秉南在论证三峡工程回水变动区泥沙淤积对重庆主要河段的影响时，采用了数个实体模型进行平行试验，这一方法也被应用于坝区泥沙淤积等问题的论证。林秉南领导的长江三峡工程论证泥沙专家组在各个水利机构和学校分别制作了 12 个大型泥沙物理模型试验设施，单单重庆主河段便建立了 4 个试验模型，由水利水电科学研究院、长江科学院、清华大学和南京水利科学研究院各建立一个模型，4 个模型平行进行实验，对比试验结果，增加了论证的可靠性。❸

采用上述数学计算、试验模型与原型观测对比的方法，林秉南带领的三峡工程论证泥沙专家组得出以下结论：水库库容方面，采用"蓄清排浑"的水库调节方式，可以削减一般大洪水的洪峰，库区水位可以在短时间内超过汛限水位，遇到类似 1954 年的特大洪水❹，可以采用非常调度的手段，启用 175 米水位来蓄洪，可以长期保持有效防洪库容和调节库容；❺水库回水变动区、港区淤积方面，采用 175 - 145 - 155 米方案运行的前 20 年，重庆港区泥沙淤积情况不严重，运行状态良好，但是运行 20 年之后，重庆港区的泥沙淤积会有逐渐增加的趋势，但结合合理的整治与疏浚措施，以及优化水库的调度，问题可以解决；❻坝区泥沙淤积方面，在 175 - 145 - 155 米方案运行之下，在运行初期上游引航道和电厂前淤积的沙量会大大减少，在枢纽运行接近平衡的第 81～90 年间，上游引航道的淤积量为 36 万～101 万立方米，下游引航道的回淤量达 79 万～133 万立方米，在运行初期可采用冲淤减淤的方式保持泥沙冲淤平衡，在后期，下游航道可采取冲沙措施积极应对。同时证明，三峡工程的修建不会引发长江口泥沙的明显减少。

❶ 林秉南：《工程泥沙》，水利电力出版社，1992 年，第 75 页。

❷ 《潘庆燊访谈》，2012 年 8 月 15 日。见程晓陶、王连祥、范昭等著《老科学家学术成长资料采集工程、中国科学院院士传记丛书　智者乐水：林秉南传》，中国科学技术出版社、上海交通大学出版社，2014 年，第 139～140 页。

❸ 潘庆燊：《三峡工程泥沙问题研究进展》，中国水利水电出版社，2014 年，第 14 页。

❹ 1954 年特大洪水：1954 年 6 月起，长江中下游与淮河流域连降暴雨，形成中国数十年来的特大洪水。正阳关最高水位比淮河历史最高水位——1931 年的 24.62 米高出 1.79 米，长江武汉段最高水位比长江历史上最高水位 28.28 米高出 1.45 米。荆江防洪工程在此次洪水中发挥了巨大作用，但是仍然造成了巨大的经济损失和社会影响。

❺ 林秉南：《工程泥沙》，水利电力出版社，1992 年，第 88 页。

❻ 长江三峡工程论证泥沙专家组：《长江三峡工程泥沙与航运专题泥沙论证报告（节录）》，《中国水利》1990 年第 11 期。

1988 年 3 月，林秉南领导的三峡工程论证泥沙专家组提交了三峡工程泥沙专题论证报告。[❶] 与此同时，1986—1988 年期间，加拿大共派出专家 89 批 541 人次与中国合作进行"三峡工程可行性研究"，最后提出的主要结论是：长江三峡工程的效益是空前的，在泥沙、技术、地质等方面的论证资料都是充分和可靠的，均符合国际水利标准，长江三峡工程的修建不会为环境带来巨大的危害，泥沙问题可以解决。[❷] 关于泥沙问题的结论与林秉南为首的三峡工程论证泥沙专家组的结论基本一致。[❸] 几个月后，林秉南等人提交的三峡工程泥沙专题论证报告得到审议通过。报告的核心结论是：情况已清楚，问题可以解决。[❹] 这 11 个字是从 1986 年 8 月三峡工程论证泥沙专家组成立以来，历经近两年的时间，为三峡工程建设交上的一份满意答卷。这一论证报告的通过，使笼罩在人们心头的泥沙问题烟云渐渐散去。经过不懈的努力，1989 年关于三峡工程可行性论证的各个专题报告相继通过。1991 年 8 月，国务院审议通过了三峡工程可行性研究报告，同意兴建三峡工程。

长江三峡工程的研究与论证历经半个世纪，在不断的质疑与肯定声中于 20 世纪 90 年代破土动工。年过古稀的林秉南带领的三峡工程论证泥沙专家组不仅完成了困惑已久的三峡工程泥沙问题的论证，更是将我国水利工程科技的发展推上一个新台阶。正如林秉南所说的："在当前各国文献中，笔者还没有见到利用长系列实测资料成功地验证泥沙数学模型与实体模型试验技术的先例。"[❺] 林秉南将谨慎、科学、民主等原则贯穿于三峡工程泥沙问题的初步论证与全面重新论证之中，是我国水利工程建设决策的一大进步。

三、持续探究三峡工程泥沙问题

1992 年 4 月 3 日，第七届全国人民代表大会第五次会议审议了关于兴建三峡工程的议案，并通过投票表决的方式，以 1767 票赞成（出席会议的代表共 2633 人）、177 票反对、664 票弃权、25 人未按表决器，通过了这一决议。[❻] 1994 年 12 月，长江三峡工程破土动工，三峡工程泥沙论证工作正式结束，林秉南等泥沙专家的论证工作告一段落。[❼] 三峡工程泥沙论证工作的结束，并不意味着三峡工程泥沙问题研究就此终止。林秉南在对三峡工程泥沙问题进行研究与论证之时便认识到，三峡工程泥沙问题研究具有复杂性与长期性等特点，修建三峡大坝以后，泥沙淤积会呈现一个动态发展的过

---

❶　三峡工程论证领导小组办公室：《三峡工程专题论证报告汇编》，内部印行，1988 年，第 80 页。

❷　国务院三峡工程建设委员会：《百年三峡——三峡工程 1919—1992 年新闻选集》，长江出版社，2005 年，第 424 页。

❸　李西曼：《当代武汉科学技术国际合作及与港澳台合作》，武汉出版社，1998 年，第 344 页。

❹　国务院三峡工程建设委员会：《百年三峡——三峡工程 1919—1992 年新闻选集》，长江出版社，2005 年，第 263 页。

❺　林秉南：《工程泥沙》，水利电力出版社，1992 年，第 86 页。

❻　陈赓仪：《兴建长江三峡工程加快我国现代化建设》，《三峡工程科技通讯》1991 第 1 期。

❼　国务院三峡工程建设委员会：《百年三峡——三峡工程 1919—1992 年新闻选集》，长江出版社，2005 年，第 263 页。

程，三峡工程泥沙问题论证阶段的报告并不能完全反映建坝后泥沙的运行状态，所以，对三峡工程泥沙问题的研究是不会因三峡大坝的修建而终止的。❶ 1992 年 1 月，林秉南在接受记者采访时曾表示，"三峡工程泥沙问题已基本清楚，问题可以解决"这一核心结论，是对三峡工程论证泥沙专家组两年工作的高度肯定，也是对三峡工程泥沙论证过程中采用的试验模型、数学模型等计算方法的肯定。但是林秉南又补充说明，对于三峡工程泥沙问题的研究还会继续下去。❷ 1993 年 7 月，国务院三峡工程建设委员会第二次会议针对三峡工程泥沙问题研究的复杂性等特点，成立了"泥沙课题专家组"，协调整个三峡工程泥沙科研工作，再次选聘林秉南为组长。❸ 至此，林秉南对于三峡工程的泥沙研究工作开启了一个新篇章。

1994 年 2 月，国务院三峡工程建设委员会再次召开会议，听取了林秉南等泥沙课题专家组的宝贵建议，将三峡工程的泥沙研究纳入"九五"泥沙科研工作的重点规划当中。在"九五"计划期间，以林秉南为组长的泥沙课题专家组的主要任务是继续对长江上、中、下游的泥沙问题进行追踪研究，泥沙研究的重点区域依次为三峡坝区、下游、上游。对于三峡坝区泥沙问题的研究主要集中在对永久通航建筑物上、下引航道的泥沙淤积及解决对策的研究上；下游研究的中心问题还是河段冲刷及河口冲淤；上游以研究三峡工程施工期间的回水变动区对上游重庆港等通航条件的影响为重点，同时包括长江泥沙的主要来源——金沙江产沙区的泥沙变化趋势等问题。❹

1997 年，林秉南将三峡工程兴建以来泥沙问题的继续研究做了总结，指出：三峡水利枢纽工程几个关键性问题的应用基础研究自 1994 年 7 月执行以来历时两年多的时间，通过引进一些相邻学科的研究方法，使泥沙运动的研究有了进一步的发展，下一阶段将会进行更加具体且深入的研究，进入攻坚的关键时期。❺这一时期将会大力推进计算机技术的应用，将电子计算技术用于处理泥沙资料与试验研究，同时保证模型试验、数字试验、原型观测与实际案例相结合的类比分析途径，多方位研究三峡工程泥沙的动态变化与冲淤状况。❻

进入 21 世纪，林秉南基于对长江三峡泥沙研究多年的经验和水库建成开始蓄水的现实变化，在之前 175 - 145 - 155 米蓄水方案的基础上提出了双汛限的方案，即建议在上游洪水来临之前，将坝前水位从原来的 145 米限洪水位下调至 140 米，这样可以腾出部分有效库容进行防洪，同时可以使增大的洪水带走库区一部分淤积的泥沙。❼ 双汛限方案最早是 1992 年林秉南针对降低重庆洪水水位、增加防洪有效库容、减少回水

———————

❶ 陈赓仪：《兴建长江三峡工程加快我国现代化建设》，《三峡工程科技通讯》1991 第 1 期。

❷ 纪增华：《从泥沙角度看三峡工程——访三峡工程论证泥沙专家组长林秉南教授》，复印报刊资料《中国地理》1992 年第 5 期。

❸❹❺ 中国水力发电年鉴编辑部：《中国水力发电年鉴 1995—1997》，中国电力出版社，1998 年，第 308 页。

❻ 林秉南：《三峡水利枢纽工程几个关键问题的应用基础研究》，《中国科学基金》1997 年第 1 期。

❼ 周建军、林秉南、张仁：《三峡水库减淤增容调度方式研究——双汛限水位调度方案》，《水利学报》2000 年第 10 期。

变动区泥沙淤积等问题提出来的。❶ 林秉南与他的学生周建军❷运用室内模型（包括模型试验）、数学模型和原型观测相结合的方法论证了双汛限方案对三峡大坝的影响，结论如下：采用双汛限方案后，在防洪方面，通过限洪水位 145 米到 140 米的调整，可以大大增加水库的防洪库容，增强三峡大坝的防洪能力，防洪库容与原方案相比将增加 33 亿～50 亿立方米；在移民方面，由于泥沙淤积大量减少，大坝的防洪能力增强，减低了泥沙淤积引起的回水上延幅度及其对移民的不利影响，从而减少移民数量，缓解库区移民与三峡水库防洪之间的矛盾；在回水变动区方面，双汛限方案不但可以减少回水变动区泥沙淤积，同时下泄的洪水还可以带走库区的部分泥沙。❸ 但是这一方案对三峡工程的航运与发电效益带来不利影响，这是双汛限方案的弊端所在。

2002 年，针对双汛限方案影响三峡工程发电与航运的弊端，林秉南等人对双汛限方案作了进一步的优化，提出了可以保证三峡大坝不断航的"多汛限方案"。❹ 多汛限方案是在充分考虑保证三峡大坝汛期不断航的前提下，参考首级船闸闸槛高程为 139 米的条件，提出 150 - 142 - 135 米三个阶梯式的汛限水位，即汛限水位根据预计洪水的大小确定，保证有效的防洪库容，同时也不影响船只的通航，弥补了双汛限方案的弊端。❺

林秉南从 1986 年主持与协调三峡工程泥沙论证到 2008 年对原论证的现实评估，走过了 22 年的历程。在此期间，由于三峡工程上游新建水库拦沙等综合效益的影响，三峡水库上游的来沙量呈现明显减少的趋势，库区等泥沙淤积的压力有所缓减，但三峡工程的泥沙研究仍在继续。年近 90 岁的林秉南此后虽然不再继续参与泥沙课题专家组的科研活动，但对三峡工程泥沙问题的思考并未因此而停止。《我对三峡工程泥沙问题的认识》❻ 一文是林秉南在世的最后几年对三峡工程泥沙问题最后一次系统性的论述，文中提到自己之所以对三峡工程泥沙问题的研究与思考从未停歇，是因为他基于对国际泥沙研究与认知的深度了解，深刻地认识到，迄今为止，世界上尚未有一个根据数学计算成功预知水库百年淤积的先例。林秉南始终认为，水库的泥沙淤积是一个动态积累的过程，数学计算与模型试验虽然可以预计三峡水库百年泥沙淤积的基本情况，但是我们对三峡水库运行过程中的泥沙淤积动态变化要保持监测，当库区出现超出预计的大面积泥沙淤积情况时要积极应对。林秉南同时还提到，在 20 世纪 80 年代三峡工程泥沙论证阶段，为了应对三峡水利枢纽运行后出现的超出预计的意外泥沙淤

---

❶　周建军、林秉南、张仁：《三峡水库减淤增容调度方式研究——双汛限水位调度方案》，《水利学报》2000年第 10 期。

❷　周建军（1960—　），四川人。清华大学水利水电工程系教授，水资源专家。曾获国际泥沙中心钱宁泥沙科学个人奖、国家杰出青年科学基金。

❸　同❶注。

❹❺　周建军、林秉南、张仁：《三峡水库减淤增容调度方式研究——多汛限水位调度方案》，《水利学报》2002年第 3 期。

❻　林秉南：《我对三峡工程泥沙问题的认识》，见程晓陶、王连祥、范昭等著《老科学家学术成长资料采集工程、中国科学院院士传记丛书　智者乐水：林秉南传》，中国科学技术出版社、上海交通大学出版社，2014 年，第148 页。

积情况，林秉南代表专家组提出了关于"安全阀"的主张，即当出现意外的水库泥沙淤积时，在必要的条件下可将水库水位下调至 135 米，甚至更低，借以冲刷坝底淤积的泥沙。❶ 林秉南在晚年还曾提出优化调度的思想。他表明，采用人工调度的方式，减少三峡大坝库区泥沙淤积，保证水库有效库容，不管未来在水库运行的第几十个年头都不能放弃，都要对库区泥沙淤积情况做实时监测，并且在第十个年头或者第二十个年头做阶段性的分析与评价，同时根据实际情况寻求最优的减淤方案，充分保证水库的有效库容，延长水库的使用寿命。

纵观林秉南参与和主持长江三峡工程泥沙问题研究的历程，自 20 世纪 80 年代初至 2014 年逝世的前几年，历经近三十年。三峡工程的重新论证解决了三峡工程建设的关键性问题——泥沙淤积问题，以林秉南为首的中国泥沙研究专家群体在三峡工程泥沙问题论证中取得的成就，受到了世界水利工程学界的高度评价。国际著名泥沙专家沃林教授曾有过这样的评价："三峡工程泥沙问题的研究与解决，是中国泥沙专家最为成功的典范。"❷

---

❶ 林秉南：《我对三峡工程泥沙问题的认识》，见程晓陶、王连祥、范昭等著《老科学家学术成长资料采集工程、中国科学院院士传记丛书　智者乐水：林秉南传》，中国科学技术出版社、上海交通大学出版社，2014 年，第 149 页。

❷ 程晓陶、王连祥、范昭等：《老科学家学术成长资料采集工程、中国科学院院士传记丛书　智者乐水：林秉南传》，中国科学技术出版社、上海交通大学出版社，2014 年，第 152 页。

余论　林秉南在治江事业中取得
成就的因由与启示

　　林秉南在中华人民共和国长江治理事业中取得的独创性理论与实践成就，为我国治水事业作出了重要贡献。他提出和完善的明渠不恒定流的计算与解法，为我国明渠水流研究提供了理论和方法。伴随着中华人民共和国水利水电建设中应对高速水流发展的现实需要应运而生的新型消能工宽尾墩，是林秉南等在水利工程科技上的又一创新性研究成果。这一新型消能方式更加有效地实现了高速水流的泄洪消能，减少了高速水流下泄带来的水工建筑物、河床冲刷等问题，延长了坝体等水工建筑物的寿命。在长江三峡工程泥沙问题重新论证阶段，林秉南临危受命，担任泥沙专家组组长，主持与协调三峡工程泥沙问题的策解，推动了三峡工程的建设。林秉南在长江治理中之所以能取得一系列卓越成就，有主客观方面的因由。

一、治理长江事业成就卓越的因由

　　林秉南自幼偏爱文科，但日本帝国主义残暴的侵略行径，近代中国的积贫积弱，使他有了"弃文从理工，振兴中华"的念头并付诸实践。❶ 民国战乱年代林秉南与水利结缘，留美学成后冲破重重阻碍回到祖国，积极投身中华人民共和国治理大江大河的事业中，在长江治理中取得独创性理论与实践成就，成为我国杰出的水利工程专家，并成为中国科学院资深院士。林秉南在中华人民共和国治理长江事业中取得卓越成就有主客观方面的因由。

　　第一，中华人民共和国的成立为林秉南投身治理长江事业提供了稳定的社会环境与发挥聪明才智、施展才华的条件。民国时期政局混乱，连年战争。1931年"九一八事变"的爆发，年少的林秉南深切地感受到"国家兴亡，匹夫有责"的责任感，遂弃文从理工，决心走"工业救国、科学救国"的道路，从此结缘水利。❷ 为了更好地建设自己的国家，林秉南选择留美深造。中华人民共和国成立后大力发展水利水电，治水兴邦，意义重大。❸ 林秉南积极响应国家号召，冲破重重阻力回国参加水利水电建设。林秉南回国后虽面对的是国内一穷二白的现状，但他深刻感受到中华人民共和国的成

---

❶　林秉南：《人生受矛盾的影响和偶然事件的支配》，见中国科学院院士工作局编《科学的道路》下卷，上海教育出版社，2005年，第1693页。

❷　程晓陶、王连祥、范昭等：《老科学家学术成长资料采集工程、中国科学院院士传记丛书　智者乐水：林秉南传》，中国科学技术出版社、上海交通大学出版社，2014年，第18页。

❸　同❶注。

立带来了稳定的社会环境与重视水利水电科研事业的良好氛围，这一状况让他倍感欣慰。他不畏条件艰苦，迎难而上，积极开展水利工程的科研活动。他以中国科学院水工研究室为平台，一方面负责实验室的规划设计与建设，另一方面积极响应国家号召，根据我国水利水电建设的实际需要开展高速水流研究。林秉南曾回忆说："1956 年是我国高速水流研究从无到有的时期。"❶ 此后，林秉南在水利工程学方面的研究工作逐次展开。如果没有和平安定的环境与良好的工作岗位，林秉南还会像 20 世纪 40 年代初在贵州修文水电站工地那样，环境艰苦，因战乱水文资料和工程技术资料匮乏，无法施展自己的才华。中华人民共和国的成立为林秉南创造了从事科学研究的良好的外部环境，为他提供了发挥聪明才智、施展才华的良好平台。这是林秉南能够在中华人民共和国水利事业中作出卓越贡献的社会历史条件。

第二，爱党爱国，心系祖国水利事业的信念和志向。巴斯德曾经说过："科学没有国界，但科学家有祖国。"❷ 1946 年林秉南是带着在贵州修文水电站遇到的两个未解水利工程技术问题出国的，留美深造的初衷也是为了学习美国先进的水工技术以弥补国内水利水电建设的不足。留美深造期间，林秉南时刻心系祖国水利建设事业，听闻国内长江三峡工程建设的讨论，便开始关注国外溃坝问题的实例，搜集溃坝研究的历史资料，认为长江三峡工程一旦上马，大坝安全必定是重要的研究内容之一。❸ 林秉南在与留美同学的信件中多次表示想早日学成归国，报效祖国，参与祖国水利水电建设事业。1950 年朝鲜战争爆发后，中美关系趋向紧张，在美国的中国留学生正常回国渠道被关闭，许多留美深造的中国学生因此留在美国工作生活，但是也有一批像林秉南一样的爱国学生，联名与美国政府相关方面沟通，公开表达回国的意愿，积极争取回国的机会。直至 1953 年朝鲜战争停战协定的签署，留美的中国科学家通过战俘交换的条件得以获得部分人员回国的机会，林秉南则是几经打探，通过中国驻瑞士日内瓦领事馆的帮助获得回国资格。历经几年的争取，林秉南终于回到祖国的怀抱。❹ 在"文化大革命"期间，林秉南被打成"资产阶级学术权威"，被革职下放干校，调离了水利水电科学研究院的工作岗位，即便受到了不公正的待遇，林秉南始终凭着爱党爱国，致力于祖国水利事业的坚定信念，在艰苦的条件下没有放弃事业，而是以坚韧的毅力坚持科研，发明了宽尾墩新型消能工等首创性成果。他的学生何少苓❺曾回忆说："从未听

---

❶ 何少苓：《中国现代科学家传记》第四集，科学出版社，1993 年，第 812 页。

❷ "科学没有国界，但科学家有祖国"，这句话出自法国著名的生物学家、化学家巴斯德。原话为"科学虽没有国界，但是学者却有他自己的国家。" 1870 年，普法战争爆发后，德国占领了法国的领土，出于对自己祖国的深厚感情和对侵略者德国的极大仇恨，巴斯德毅然决然地把自己的名誉学位证书还给了德国波恩大学。

❸ 程晓陶、王连祥、范昭等：《老科学家学术成长资料采集工程、中国科学院院士传记丛书　智者乐水：林秉南传》，中国科学技术出版社、上海交通大学出版社，2014 年，第 55～56 页。

❹ 程晓陶、王连祥、范昭等：《老科学家学术成长资料采集工程、中国科学院院士传记丛书　智者乐水：林秉南传》，中国科学技术出版社、上海交通大学出版社，2014 年，第 58 页。

❺ 何少苓（1946—　），女，广东南海人。教授级高级工程师。1967 年毕业于清华大学水利系河川枢纽与水电站建筑专业。1979—1982 年在水利水电科学研究院水力学与河口海岸动力学专业攻读硕士研究生，师从林秉南。

到过林秉南先生对乱世中的不公待遇有一丝不满与抱怨，他常常教导我们，人生最重要的是在自己的学术领域刻苦钻研，有所建树，为祖国增砖添瓦……"❶ 林秉南在九十岁的时候回顾自己所经历的祖国发展历程，说过这样一段话："我们俩（指林秉南本人及其夫人）都非常庆幸可以生活在这样一个时代。我们当时回来时没想过会这么好，当然知道要往好的方向去，但没想过发展地这么好。当时在美国郊外，看到高楼别墅林立、每一家都有电视天线，心想我们国家什么时候也可以这样。现在我们国家发展的很快，大街上小车遍地。这些变化，主要得益于中国共产党领导……"❷ 这些话足以看出林秉南的爱党爱国之心，以及对祖国美好未来的坚定信念。正是这种爱党爱国、心系祖国水利大业的信念和志向，促使林秉南冲破阻力、放弃国外优越的生活与工作条件，回到自己的祖国，并在回国之后的水利生涯中不管遭遇什么困境始终不忘初心，立足自己的学术研究和创新领域。

　　第三，不断创新，为国家和人民作奉献。在水利科学研究的道路上，他勤于探索，注重创新。"文化大革命"期间，出差安康水电站时，针对安康水电站复杂的泄洪消能问题，林秉南梳理与总结近年来我国水利工程建设中传统消能工的弊端，与龚振瀛等人面对消能新问题，探索出泄洪消能新出路新水工——宽尾墩。这一创新性消能方式解决了我国水利工程建设在高山峡谷等复杂地形建坝时的泄洪消能问题。林秉南等人的宽尾墩这一创新性消能成果在 1978 年之后迅速被应用于我国水利工程建设当中，并与其他消能方式相结合进行联合消能，大大减轻了高速水流下泄带来的河床冲刷问题，延长了坝体寿命。林秉南一生致力于水利工程技术理论与实践的创新，一旦自己的最新研究和发明经过理论与实践两方面的检验是行得通并且是效果显著的，就会最快时间公布出来，将最新理论成果与整个水利工程研究界共享。林秉南常常说："科学是为人类服务的，有了成果应当及时交流，以利于推广和抛砖引玉。"❸ 他的学生何少苓回忆说："当年我的研究生论文是研究河口治理方向的，当我的论文基本完成并通过试验检验之后，林先生要我马上到浙江省河口海岸研究所，把试验模型原原本本地告诉他们，当时我有点舍不得，有点迟疑，但是林先生对我讲：'科学是为全人类服务的。'这句话让我认识到了自己眼光的局限，马上出发到杭州与研究所的同行进行交流，在双方的坦诚交流与讨论中，改进模型得到了进一步的启发。"❹ 林秉南在自己不断创新、追求卓越的同时，也鼓励年轻人出成果，出自己的创新性成果。林秉南在三峡工程泥沙论证以及负责多个项目当中，总是让出自己的发言时间，广泛地听取各方面的意见

❶　何少苓：《难忘的研究生岁月和可敬的导师林秉南先生》，中国水科院网站，2008 年 8 月 28 日。

❷　林秉南：《九十感怀》，见程晓陶、王连祥、范昭等著：《老科学家学术成长资料采集工程、中国科学院院士传记丛书　智者乐水：林秉南传》，中国科学技术出版社、上海交通大学出版社，2014 年，第 120～121 页。

❸　李万青：《竢实扬华 自强不息：从山海关北洋铁路官学堂到西南交通大学》上册，西南交通大学出版社，2007 年，第 265 页。

❹　程晓陶、王连祥、范昭等：《老科学家学术成长资料采集工程、中国科学院院士传记丛书　智者乐水：林秉南传》，中国科学技术出版社、上海交通大学出版社，2014 年，第 125 页。

与建议，认真倾听各家想法，实现集思广益，以追求创新。

第四，治学严谨，注重对青年一代的培养。除了水利工程科学家的身份，林秉南还是一位学术涵养深厚且具有前瞻性思想的学者。[1] 他总结自己在美国近十年的学习经验，认识到美国应用科学领域中的创新途径是将理论与工程知识紧密结合。林秉南在1956年回国后供职于中国科学院水工研究室时，便积极培养与其一起工作的年轻人，一边热情开办补习班帮他们补充与更新水利工程理论基础知识，一边和年轻人一起开展试验研究，一起到水工现场解决实际问题。留美深造期间，林秉南曾经指导过三位研究生。留美深造归国之后，1963年，他招收了第一位国内研究生。1978年国家开始实行学位制度，林秉南积极响应党和政府的号召，连续多年招收研究生，先后指导了包括攻读硕士与博士学位的14位研究生[2]，研究方向主要包含水力学与河流动力学的高速水流研究、泥沙研究、不恒定流研究等方面。在繁忙的工作之余，林秉南还会一字一句地修改学生的练笔与论文，甚至要求字写得差的学生进行书法练习，规范书写与字体。身体力行地教导学生们在学术演讲中从材料的准备到发言时间的控制都要细致入微，甚至连外语的发音和文法方面的错误都会一一纠正，力求完美。在水工建设试验中，林秉南也积极邀请年轻研究生加入，热情地培养他们。林秉南细致入微的关怀和严谨的学风对其学生未来的成长产生了极大地影响。[3] 周建军曾回忆说："长期以来，先生的为人、操守和胸襟不断地感染着我，他做学问的价值取向与严于律己的作风深刻影响着我。他治学严谨的作风对我影响极其深刻。多年来，我与他合作发表了数篇论文，林先生对每一篇文章都严格要求，反复推敲与修改，直至满意才送出去发表。"[4] 正是因为有像林秉南这样一批作风严谨、乐于培养青年才俊的老科学家的奉献，才使得在"文化大革命"之后我国水利水电事业的发展出现大批优秀人才，满足了社会发展的需要。林秉南不辞劳苦地紧抓人才培养，促进了中华人民共和国水利事业在改革开放时期实现承前启后的飞跃发展。

综上所述，中华人民共和国成立后长期大规模治理江河的客观需求，以及林秉南个人的优秀品质，促成了林秉南在水利事业中不断取得水利工程科技的新业绩，在中华人民共和国治水史中发挥出不可替代的作用。林秉南的爱国强国梦是他一切行为的动力源泉，他的思想、言行和品质都在影响着一代又一代的水利工作者。在当今社会，老一辈水利科技大家的思想品质和科学精神仍具有重要的时代价值，是留给后人的宝贵财富。

---

[1] 林秉南：《人生受矛盾的影响和偶然事件的支配》，见中国科学院院士工作局编《科学的道路》下卷，上海教育出版社，2005年，第1693页。

[2] 14位国内研究生分别是：王连祥、刘树坤、陆吉康、何少苓、程晓陶、皮占忠、刘智、孙宏斌、余锡平、向立云、宿俊山、姚运达、郭振仁（博士生）、周建军（博士生）。

[3] 何少苓：《中国现代科学家传记》第四集，科学出版社，1993年，第812页。

[4] 周建军：《林秉南——为人师范》，见程晓陶、王连祥、范昭等著《老科学家学术成长资料采集工程、中国科学院院士传记丛书　智者乐水：林秉南传》，中国科学技术出版社、上海交通大学出版社，2014年，第128～129页。

二、对当代治水事业的启示

林秉南在长江治理中无论是提出明渠不恒定流计算与解法的创造性理论，还是首创新型消能工宽尾墩，或是主持与协调三峡工程泥沙问题的论证，在各个历史时期都推进了长江治理与开发事业的蓬勃发展，在长江治理中取得卓越成就，对当代治水事业和水利科技工作者有着若干启迪。

第一，水利工程技术的不断创新是推动水利建设蓬勃发展的内在动力。创新是一个国家兴盛的强大动力，同样也是水利事业蓬勃发展的内在动力。林秉南在美国攻读硕士学位期间开始明渠不恒定流的研究，回国后在长江治理中对明渠不恒定流的计算与解法继续探索，在溃坝波与潮汐研究方面不断加强明渠不恒定流计算方法的演进与创新。在应邀前往安康水电站咨询泄洪消能问题时，面对安康水电站拟定坝址易断裂与倾斜的特殊地质地形条件，林秉南等人发明了宽尾墩消能工，解决了安康水电站大坝建设特殊条件下的消能问题。这些理论与技术创新在我国长江治理中起到关键性作用。21世纪的今天，我国水利工程科技已处于世界前列，这举世瞩目的成就得益于像林秉南等一大批水利工程技术人员实践与理论的持续创新。在当代水利事业蓬勃发展的过程中，更应注重水利工程的技术理论与实践创新，为当代中国水利事业的发展注入新的活力。

第二，水利工程科技精英、大家是水利建设的中坚力量，应大力培养优秀的水利工程技术人才。大中型水电工程的兴建能够改造江河，除害兴利，实现防洪、发电、灌溉、城市供水、航运等诸多目标，对科学技术要求较高，需要强有力的科技力量和高水平的科技人才队伍作为支撑。水利工程科技精英、大家在大中型水电建设中起着科技主导的作用，他们是推动中国水利水电开发的主要力量。林秉南在长江三峡工程泥沙问题的重新论证阶段，与国内各位泥沙研究专家通力合作，协同完成三峡工程泥沙问题的论证工作。长江三峡工程重新论证阶段与林秉南领导的泥沙专家组并行的专家小组还包括水文、施工、机电、移民等14个小组，每个小组又由数十位水利工程技术专家组成，这些专家组成的精英团体同广大建设者共同促使三峡工程这一伟大工程从梦想变为现实。正是有一大批像林秉南这样的水利工程技术精英、大家的不断努力，才成就了中华人民共和国治水事业突飞猛进的发展。这一历史事实启示着我们，在水利事业高速发展的今天，水利工程科技人才依旧是水利建设的中坚力量，加大对水利工程技术优秀人才的培养力度仍具有重要的现实意义。

钱宁与黄河治水治沙

绪论

第一章

黄河中游粗泥沙来源区理论的形成及其影响
第一节 黄河中游粗泥沙来源区理论的形成历程
第二节 黄河中游粗泥沙来源区理论对水土保持工作的影响

第二章

有关黄河水沙冲淤规律的研究及其影响
第一节 对黄河下游河床演变规律的探索
第二节 高含沙水流研究的先驱
第三节 水沙冲淤规律研究对调水调沙的影响

第三章

对黄河泥沙研究作出的长远谋划
第一节 培养新一代泥沙研究队伍
第二节 推动泥沙研究走向世界

第四章

钱宁在黄河泥沙研究中作出卓著贡献的原因探析

钱宁与黄河治水治沙

　　黄河历来难治，决堤泛滥几成常态。人民治黄以来，治理黄河取得了 70 余载从未决堤的成就。其中，作为新中国成立初期留美归国的泥沙研究专家，钱宁对人民治黄事业作出了不可磨灭的贡献。由他创立的黄河中游粗泥沙来源区理论为我国重点开展黄土高原粗沙集中来源区的水土保持工作提供了理论指导；有关以黄河下游河床演变和高含沙水流为特征的水沙冲淤规律研究，不但指导了三门峡工程的兴建和改造，而且还影响着现阶段调水调沙方略的实施；新一代泥沙队伍的培养和推动泥沙研究走向世界，这两项长远谋划则改变了新中国成立初期人才匮乏和国际合作不足的缺陷，保证了治黄大业的可持续发展。本篇试图运用历史唯物主义的理论和方法，对钱宁在黄河治水治沙中作出的贡献作一个较为详细的再现和总结，并从钱宁自身的学识、品行和工作方法等方面出发，对其取得成就的原因进行分析，以期对当今治黄工作和治黄史研究提供些许有益的借鉴。

绪　　论

一、论题的缘由和意义

　　黄河是中华民族的母亲河，数千年来，滚滚黄河水一直哺育着千千万万的中华儿女。黄河流域特别是黄河中下游地区一直是我国古代的政治、经济和文化的中心。在古代，黄河的安澜更关乎沿河群众的生存生产，乃至一个政权的生死存亡。然而，由于黄河流经了沟壑纵横、植被破坏严重的黄土高原，这就注定了黄河含沙量极大的特性。由于含沙量极高，黄河具有"善淤、善决、善徙"特性，给沿河的群众带去了深重的灾难。历史上黄河就有"三年两决口，百年一改道"的说法。据黄河水利委员会统计，历史上黄河共决口 1500 余次，主要改道 26 次，具有重大影响的改道 7 次。黄河下游的河道向北可至天津，入海河，经大沽口出海，向南可夺淮河入海，在明清时期甚至经洪泽湖、大运河继续南下，成为长江的支流。整个黄淮海平原都是黄河下游的游荡区域，一旦发生大水灾，整个平原汪洋一片，哀鸿遍野，造成巨大的财产损失和人员伤亡。

　　先人们为减轻黄河灾害，与黄河作了艰苦的斗争，提出了一系列诸如分流行水以杀水势、束水攻沙等治河方略。这些治河方略虽然是先人们在长期治河历程中不断实践、不断总结的经验，但由于受制于时代的政治经济社会条件和人们对黄河水沙规律

认识水平，并没有从根本上改变黄河泛滥成灾的被动局面。

然而自 1946 年起，中国共产党领导的人民治黄事业则改变了历史上黄河泛滥成灾的被动局面。人民治黄事业已走过 70 余载艰辛历程，其中虽经历过挫折，但 70 余年来，黄河从未决口的成就是有目共睹的。人民治黄事业能取得如此成就，固然离不开中国共产党的英明领导，重要的成因尚有一批优秀治黄专家们的辛勤工作。因此，研究这批专家们的治黄历程对当代治黄史乃至新中国治水史都具有重大的理论意义。

钱宁就是这批优秀治黄专家中的佼佼者，作为在国际上享有盛誉的泥沙研究专家，他在黄河灾难症结的泥沙问题研究中取得了卓越的成就。

1922 年 12 月 4 日，钱宁出生于南京一个典型的书香世家。良好的家庭条件，使他从小饱读诗书，成为文学家是他早年的梦想。1937 年，日本全面侵华战争的爆发打破了他的文学梦，使他走上了学习工科以救国的道路。钱宁 1939 年考入重庆中央大学土木系，在大学期间他主动选修了水利工程专业。1946 年，钱宁考取了美国提供给中华农学会的农田水利专业奖学金，并于次年 4 月赴美留学。留学美国期间，他先后师从爱荷华大学的著名流体力学教授劳斯和加州大学伯克利分校的国际泥沙研究权威汉斯·爱因斯坦教授❶，掌握了系统的泥沙运动理论。1955 年，钱宁不为利益诱惑所动，突破阻碍毅然回国。回国后，他一生致力于祖国江河泥沙的研究工作，在黄河泥沙研究上用力最大。然而，钱宁的科研之路并不是一帆风顺的，"文化大革命"十年，钱宁也因有留学美国和亲属有台湾的背景❷，被冠以"美蒋特务"名号，被迫离开了工作岗位。改革开放以后，迎来了科研工作的春天，但钱宁又于 1979 年罹患癌症。患病期间，钱宁以乐观的心态和顽强的意志积极配合治疗，为开展各项科研工作争取到宝贵的时间。1986 年 12 月 6 日，钱宁因癌症医治无效，病逝于北京。在钱宁三十余年的治黄实践中，他在泥沙问题理论研究、培育泥沙人才和推动国际泥沙研究合作方面都作出了巨大贡献。钱宁所主持的"集中治理黄河中游粗沙来源区"的研究成果，被认定为"治黄认识上的重大突破"，为我国分区域重点开展水土保持工作提供了理论依据。钱宁的《黄河下游河床演变》一书系统阐述了黄河下游自然河道的演变过程及缘由。钱宁根据黄河的特性开展的高含沙水流研究，加深了世人对黄河特殊水沙冲淤规律的认识，揭示了黄河水沙运动的特性。上述成果都具有极高的理论价值，因此研究钱宁的治河思想是很有必要的，不仅能丰富新中国治水史的内容，而且对于进一步总结治黄经验、吸取教训和实现黄河长治久安有着现实的指导意义。

当前，我国社会经济的发展对黄河的治理、开发与管理提出了更高的要求，治黄工作依旧任重而道远。治理好黄河对经济发展、民族团结和社会稳定都具有积极意义。因此，笔者希冀通过对钱宁治水治沙实践的研究，尽可能地还原钱宁治水治沙各理论

---

❶ 汉斯·爱因斯坦（1904—1973），世界著名物理学家爱因斯坦之子，美国加州大学伯克利分校水利工程学教授，为泥沙运动力学理论始创者，提出了床沙质和冲泻质的概念。

❷ 钱宁的台湾背景主要是受父亲钱天鹤的影响。其父曾担任国民政府农业部次长，1949 年随蒋介石迁居台湾。

提出的始末，尽可能地阐述其系列理论的主要内容以及对新中国治理黄河事业的影响与意义，并借由钱宁的主要活动为窗口，以小见大，展现新中国成立以来波澜壮阔的治黄历史篇章，为当代治黄史研究的发展贡献自己的绵薄之力。

二、学术史回顾

钱宁是国内外知名的泥沙研究专家，他一生为我国江河的泥沙研究而四处奔波，特别在黄河泥沙的研究上作出了突破性的贡献。钱宁自 1986 年因癌症医治无效逝世后，为缅怀钱宁为我国水利事业、泥沙研究作出的贡献，各类回忆纪念钱宁的文集相继出版，但遗憾的是，至今为止，学术界未有一部系统地从史学角度探讨钱宁治水治沙贡献及思想的学术专著出版。尽管如此，先前业已出版的纪念钱宁的文集，都为系统地研究钱宁的治水治沙贡献及思想奠定了史料基础。

由清华大学与水利电力部共同选编的《纪念钱宁同志》文集于 1987 年出版。该书主要向曾与钱宁一起共事过的水利同仁、学生以及钱宁亲属约稿，除收录了包括钱正英、张光斗等老专家在内的回忆纪念性文章 66 余篇外，还在篇末附上钱宁亲撰的文章 3 篇，系统展现了钱宁一生的主要活动，反映了钱宁数十年来的工作态度、生活作风，以及对待同事、学生和亲人的风采。

1991 年科学普及出版社出版了一套《中国科技人物》丛书，其中就有钱宁的胞弟钱理群所著的《心系黄河——著名泥沙专家钱宁》。此书以作者的亲身体验以及各界人士对钱宁的回忆录为基础，用生动的笔触展示了钱宁心系黄河、与黄河共命运的一生。因为该书是以青少年为主要读者，为求故事生动以吸引阅读，在行文中过多地运用了文学的修辞手法，使得某些事实失真。这部科普类书籍虽不具学术价值，但在保存基本资料方面亦有所贡献。

《追求工、理、文科的融合——钱宁学术思想与教育思想概述》一文选自钱理群学苑笔记类著作《生命的沉湖》❶。该文分"注重理论、试验和现场查勘三结合的治学道路""走跨学科的道路发展泥沙科学的思想""追求自然科学与社会科学、人文科学的结合，工、理、文科的交融""博采众长，创造有中国特色的泥沙学派""培养一支队伍"等五个篇章，对钱宁的学术和教育思想作了简要的概述。虽名为思想概述，但该文杂谈笔记类的文体决定了作者在行文风格上的自由随性，而且全文只一万余字，并不能全面论述钱宁的学术和教育思想。凡此种种，该文并不是一篇严格意义上的学术论文，亦只能算作一篇记述钱宁的回忆录。

钱宁生前好友美籍华裔科学家沈学汶于 2004 年发表了篇名为《钱宁生平和他的〈泥沙运动力学〉》一文。该文将钱宁一生分为五段时期，介绍了他的主要活动及其主要成就，并扼要介绍了钱宁著《泥沙运动力学》一书，以专业人士的视角对该书作了评述。但沈先生对钱宁活动的分期很大程度上是按照新中国成立以来的政治经济发展

---

❶　钱理群：《生命的沉湖》，生活·读书·新知三联书店，2006 年。

变迁时期来划分的，未体现出钱宁活动特殊的学术分期，且对《泥沙运动力学》的评述科普色彩过重，过于浅显。

2011 年由中国三峡出版社出版的《从清华走出的科学家》之"钱宁篇"应该算是学术界最新关于钱宁学行的文献。全文分"生平""学术贡献""人品和风格"三个方面对钱宁进行介绍。在短短一万余字的篇幅内，全文对钱宁在某些生活琐事和个人爱好方面的记述过于详细，但对钱宁的学术贡献的分析又浅尝辄止。

总之，有关钱宁生平的回忆文章刊发颇丰，但大多属于宣传科普类，是对钱宁的缅怀之作，学术性不足。即使涉及钱宁治水治沙思想的文章，基本上因篇幅较小，分析探讨都是浅尝辄止式的。因此，深入研究"钱宁与黄河治水治沙"这一论题有着广阔的学术空间。

第一章 黄河中游粗泥沙来源区
理论的形成及其影响

经历了以分疏和筑堤争论不休为特点的两千余年古代治黄史的发展演变，人们对黄河水沙冲淤规律的认识虽不断得到提升，但由于受到社会条件的制约，治黄虽费尽心力但始终未能彻底地解决黄河泛滥的问题。究其原因，李仪祉❶所说的"测验之术未精，治导之理未明"❷一语可谓一针见血地点明了古代治河在理论和技术上的弱点。理论水平的不足，技术手段的缺乏，始终制约着治黄事业向更高层次发展。不能在治黄理论和技术手段上取得突破，治黄事业也只能在以单纯治水为特点的传统治黄的范畴内举步维艰，难以取得变革性的发展。20世纪，中国经历了三千年来未有之变局，西方先进的水利科学技术借由西学东渐的浪潮大量引入，这为钱宁进行黄河水沙研究提供了必要的技术支撑。而钱宁本身在泥沙研究等关乎治黄的关键方面具有很高的理论素养。在重庆中央大学土木系求学期间，除了完成本专业的课程，钱宁还主动选修了水利工程专业，灌溉工程学、海港工程学、河工设计等课程的成绩都名列前茅。1946年钱宁经考试获取了美国提供的农田水利灌溉专业的奖学金，赴美国爱荷华大学水利系留学，在著名流体力学专家劳斯的指导下获硕士学位，后于1948年秋转入加州大学伯克利分校泥沙专业进一步求学，师从国际泥沙研究的权威学者小爱因斯坦，系统继承了导师的泥沙学说体系。基于现代水利工程理论和技术的发展，并借鉴我国古代治河成败得失的经验教训，钱宁在亲身参加新中国治黄事业的历程中对黄河的治理作出了一系列重要贡献，特别是被认定为"治黄指导思想上的重大突破"的"黄河中游粗泥沙来源区理论"是他独创性的泥沙理论贡献，为我国分区域重点开展黄土高原粗沙集中来源区的水土保持工作提供了正确的理论指导，产生了深远的影响。

第一节 黄河中游粗泥沙来源区理论的形成历程

一、黄河下游粗泥沙淤积现象的发现

如今，尽人皆知，黄河泛滥成灾的根本原因是由于中上游来沙过多，黄河的水流

---

❶ 李仪祉（1882—1938），我国现代水利建设的先驱。他主张治理黄河要上中下游并重，防洪、航运、灌溉和水电兼顾，改变了几千年来单纯着眼于黄河下游的治水思想，把我国治理黄河的理论和方略向前推进了一大步。

❷ 李仪祉：《黄河之根本治法商榷》，《华北水利月刊》1928年第2期。

无法携带如此多的泥沙入海，导致泥沙大量堆积在下游河床，河床日益淤高，一遇洪水，宽浅的河床排水不及，两岸堤防无力御水，洪水便冲决泛滥。然而，取得这样的认知，先人们也经历了漫长的过程。古人治黄大多着眼于下游的洪水，要么分流以杀水势，要么筑堤严防洪水，甚少关注到中游的泥沙，即使有注意到中游的泥沙者，如清代指出"西北土性松浮，湍急之水即随波而行"的陈潢，也因治沙见效慢、朝廷只关注下游水灾等现实原因，将治河的重心放在下游的洪水治理上。

新中国成立后便进行了水土保持工作，人民群众虽干劲十足，但幅员辽阔的黄土高原水土流失现象普遍存在，工作无重点，加上当时的物质条件无力承担起整个黄土高原的水土保持费用，因此水土保持工作成效甚微。钱宁留美回国之际，正逢我国筹建三门峡水利枢纽。钱宁回国后初始几年一直奔波在三门峡工程建设的第一线，担任中方泥沙工作组副组长一职，致力于三门峡工程建成后黄河下游河床演变与河道整治的研究。然而，由于对实际成效不大的水土保持工作的预估过于乐观，三门峡工程在设计上出现了严重的失误，导致工程建成后泥沙大量淤积在水库中，并在水库的尾端出现了"翘尾沙"。渭河水因翘尾沙的阻挡难以顺畅地注入黄河，水位壅高，回水危及西安，八百里秦川的渭河平原陷入困局。

面对始料未及的严峻情况，钱宁一面参加三门峡工程的改建，一面认真总结经验。在反复的思索中，他逐渐意识到，新中国的治黄正在走古代治黄只顾下游洪水而忽视中上游、对中上游来沙认识不足的老路，而割裂地对待黄河下游问题难以达到根治黄河这一目标。当钱宁在思考和探索，正努力寻求某种认知转变的关键时刻，周恩来总理的一番讲话，使钱宁的思想豁然开朗。1964年12月，周恩来总理就三门峡工程的改建问题亲自主持召开了治黄工作会议。在会议的总结阶段，他指出，"战略方面要把黄河治好，上中下游要兼顾，不能只想一个方面，不能只顾下游，不顾中游"。❶ 周恩来总理这番高屋建瓴的讲话，使钱宁陷入了沉思，治黄的全流域意识在他心中成型，认识到不能只忙于黄河下游河道的整治工作，应上中下游兼顾，有关上中下游的研究工作必须加紧着手进行。"黄河中游粗泥沙来源区理论"就是钱宁转变思想观念后重新着手研究的项目。其实早在1959年，钱宁就已经有了这一理论的初步设想，只是由于全国治黄只顾黄河下游氛围的影响以及后来一直忙于三门峡工程改建的工作而无暇涉及。

1959年，钱宁应河南黄河河务局的邀请去查勘从花园口滩地挖掘出来的一座唐代墓葬，目的是通过比较唐代墓葬基座的高程和黄河当时的河床高程来推算从唐代至当时黄河泥沙的淤积量。在查勘的过程中，钱宁发现，淤积在墓葬基坑立面上的泥沙要比黄河河床表面上的泥沙粗得多。这一发现引起了钱宁的注意。回到郑州后，他就广泛搜集各处河床钻孔的资料，发现淤积在河床深处的泥沙都比表层的粗，而且绝大多

❶ 《周恩来总理在治理黄河会议上的讲话（1964年12月18日）》，载中国水利学会主编《黄河三门峡工程泥沙问题》，中国水利水电出版社，2006年，卷首。

数是粒径大于 0.05 毫米的。❶ 基于这两项发现，钱宁得出了"粗泥沙可能是造成黄河下游河道淤积的主要原因"这一猜想。之后，根据黄河 20 世纪 50 年代的水文资料来论证这一猜想是钱宁的下一项工作。首先，钱宁根据黄河 20 世纪 50 年代的水文资料绘制了黄河 20 世纪 50 年代多年平均来沙、排沙及河道淤积情况表（见表 1）。

表 1　　　20 世纪 50 年代黄河下游多年平均来沙、排沙及河道淤积情况表

泥沙粒径类别	沙量/亿吨			排沙百分比/%
	来沙量	利津出海量	河道淤积量	
<0.025 毫米	9.70	8.50	0.69	87.6
0.025～0.05 毫米	4.61	3.12	1.28	67.7
>0.05 毫米	3.64	1.60	1.90	44.0
全沙	17.95	13.22	3.87	72.7

注　该表格出自钱宁等的论文《黄河中游粗泥沙来源区对黄河下游冲淤的影响》，载《钱宁论文集》，清华大学出版社，1990 年，第 615 页。

根据表 1，钱宁发现这十年中进入下游的年平均泥沙量为 17.95 亿吨，淤积在下游河道的泥沙有 3.87 亿吨，约占来沙总量的 1/4，黄河仍是下游河道淤积强烈的河流。在所有来沙中，粒径小于 0.025 毫米的细沙虽然来沙量极大，但大约有 87.6% 都能排泄入海，年平均淤积量不到来沙量的 1/14；相反地，虽然粒径大于 0.05 毫米的泥沙来沙量仅为 3.64 亿吨，却有 1.90 亿吨淤积在下游河道中，淤积比例竟然高达 56%。通过以上的数据分析，钱宁发现虽然粗泥沙来沙量较少，仅占总来沙量的 1/5，但因为它难以随水流排泄入海，大多数淤积在河床上，继而得出"黄河下游河道的淤积物主要是由粗颗粒泥沙组成"的结论。❷ 这一结论正好印证了"粗泥沙可能是造成黄河下游河道淤积的主要原因"猜想的正确性。因此，钱宁认为，控制进入下游河道的粗泥沙的来量，对遏制黄河下游淤积恶化具有重要意义。这样，钱宁设想，"在黄河中游黄土高原的水土流失区，是否存在一个比较集中的粗泥沙产沙区可以作为水土保持工作的重点，便成为一个亟待查明的关键性研究课题"❸。正当钱宁准备前往黄土高原进行现场勘查之时，三门峡水利工程出现了严重的泥沙淤积问题，钱宁与全国的水利科技专家们一道忙于三门峡工程的改建工作，有关粗泥沙来源区的研究只能暂且搁置。

二、黄土高原粗沙集中产沙区的划定

1965 年，改建后的三门峡工程的泥沙淤积问题得到缓解，黄河水利委员会得以分

---

❶ 钱宁：《往事三则》，载《纪念钱宁同志》编辑小组编《纪念钱宁同志》，清华大学出版社、水利电力出版社，1987 年，第 277 页。

❷ 钱宁等：《黄河中游粗泥沙来源区对黄河下游冲淤的影响》，《钱宁论文集》，清华大学出版社，1990 年，第 615～616 页。

❸ 钱宁：《往事三则》，载《纪念钱宁同志》编辑小组编《纪念钱宁同志》，清华大学出版社、水利电力出版社，1987 年，第 278 页。

出精力组织技术人员前往郑州修改 1954 年制定的治黄规划，具有全流域治理意识的钱宁一同前往，负责领导基本资料及基本规律组的工作。他在负责全组工作的同时，及时把研究的重点转向黄河中游，重新进行中断了五年的"黄河中游粗泥沙来源区研究"的探索。

是年 7—8 月，钱宁动员了南京大学地理系的二十余位师生与黄河水利委员会技术人员相互配合，一同前往黄土高原勘查各地表物质的组成。他们首先到延安看延水，再到绥德看无定河和大理河，后北上榆林去看榆溪河，掉头南下西行到靖边去看芦河和旧城水库，再入宁夏去看清水河，最后翻过六盘山，沿着泾河、渭河回到西安。此次现场勘查历时两月有余，行程约 2200 千米，钱宁一行人查勘了黄土高原重要的山山水水，得到了珍贵的实测资料。另外，钱宁组织水文站网的技术人员重新分析以往测流取沙的资料，把泥沙分成粗细两类分别计算它们的年均输沙量，并于 9 月绘制出黄河中游的全沙和粗泥沙输沙模数等值线图。

通过此次的现场调查和资料分析，钱宁按照泥沙的粗细多寡将中游产沙区分成三大类：①托克托以上、伊洛河流域和渭河南山支流，归为少沙来源区；②晋陕间支流，即托克托至龙门段支流区，如窟野河、无定河等，归为多沙粗沙来源区；③六盘山河源区，即泾河、渭河上游及清水河流域，归为多沙细沙来源区。❶

通过两个阶段的研究，钱宁既明确了造成黄河下游淤积的主要是粗泥沙，又查清了在黄土高原确实存在着粗泥沙比较集中的产沙区。因此，只要证明淤积在黄河下游的粗泥沙确实来自中游的粗沙集中产沙区，整个理论的逻辑就能完全站得住脚。正当钱宁兴致勃勃准备攻克最后一个难关之时，"文化大革命"爆发了，所有的研究工作都被迫中断。

三、黄河中游粗泥沙来源区理论的形成

"文化大革命"期间，在无休止的动乱中，钱宁受到了一系列不公正的对待，先是被列为"反动学术权威""美蒋特务"关进"牛棚"，后又被下放到山西忻县地区❷工作两年。虽离开了热爱的治黄岗位，但钱宁只要一想起这项研究，总觉得有一桩心事未了。❸ 所以，自 1973 年钱宁获得部分解放重新回到治黄岗位后，无论工作有多忙，只要有机会都会进行粗泥沙来源区的研究。1975 年 6—8 月和 1977 年 4—6 月，钱宁借由黄河搞规划需要现场勘查的机会，先后两次查勘了黄河中游，几乎跑遍了所有的重要支流，对黄土高原水土流失区的泥沙分布有了更全面深刻的认识。1974—1979 年期间，钱宁组织了清华大学水利工程系师生、黄河水利委员会科研所及三门峡工程局的技术人员共同协作，陆续开展了"粗沙多沙来源区洪水对黄河下游淤积的影响"的分

---

❶ 钱宁等：《黄河中游粗泥沙来源区对黄河下游冲淤的影响》，《钱宁论文集》，清华大学出版社，1990 年，第617 页。

❷ 1983 年，忻县地区改为忻州地区。2000 年，经国务院批准，撤销忻州地区和县级忻州市，设立地级忻州市。

❸ 钱宁：《往事三则》，载《纪念钱宁同志》编辑小组编《纪念钱宁同志》，清华大学出版社、水利电力出版社，1987 年，第 279 页。

析和计算工作。在此次的资料分析中，钱宁等分析了三门峡水库建库前后（1952—1960 年及 1969—1978 年）十九年内黄河下游 103 次的洪峰资料，并按洪水来自不同的产沙区分为六种组合：①三区都有洪水；②粗泥沙区有较大洪水，少沙区来水较少；③粗泥沙区有中等洪水，少沙区也有补给；④粗、细泥沙两区皆有小型洪水与少沙区较大洪水相遇；⑤洪水主要来自少沙区；⑥洪水主要来自细沙区。然后分别分析每种组合的洪水对黄河下游河道冲淤的影响（见表 2）。

表 2　　　　　　　　　黄河流域不同洪水来源组合对下游河道冲淤的影响

洪水来源组合	洪峰出现次数 /次	洪峰出现频率 /%	下游冲淤强度 /（万吨/天）	洪峰淤积量占全部洪峰淤积量的比重 /%
①	7	6.8	+341	4
②	13	12.6	+3100	59.8
③	22	21.4	+545	13.6
④	10	9.7	+189.9	28.2
⑤	47	45.6	−100	−9
⑥	4	3.9	+932	3.4

注　1. 表中，"+"表示泥沙淤积，"−"表示泥沙冲刷。

　　2. 该表格整理自钱宁等论文《黄河中游粗泥沙来源区对黄河下游冲淤的影响》，载《钱宁论文集》，清华大学出版社，1990 年，第 619 页。

　　分析结果，钱宁发现组合②的洪水，即主要来自粗泥沙来源区的洪水，虽然在 103 次洪峰只出现洪峰 13 次，只占总洪峰数的 12.6%，但所造成的淤积量却占全部洪峰淤积量的 59.8%。而组合④ 的洪水虽然淤积强度也比较大，但因为洪水大多来自少沙区，洪峰含沙量偏低，在下游大多以淤滩刷槽[1]形式的大漫滩洪水出现，这类洪水泥沙的淤积类型与粗泥沙来源区洪水以淤槽为主有本质的区别。[2] 这就最终证实了淤积在下游河道的粗泥沙果真来自中游的粗泥沙集中区。

　　从发现淤积在下游河道的粗泥沙，再到中游粗泥沙集中区的划定，最终到下游淤积的粗泥沙主要来自中游粗泥沙集中来源区的证实，黄河中游粗泥沙来源区理论研究历时二十余年之久，每一次突破无不凝聚着钱宁的心血。1982 年，钱宁公布了他和其他同志共同研究的成果——在黄土高原 43 万平方公里的水土流失区中，来自晋陕间支流区，即皇甫川、窟野河以及无定河、北洛河河源区，这 5 万～10 万平方千米的粗泥沙是造成黄河下游淤积的主要原因。这 5 万～10 万平方千米应该作为水土保持工作的重点。[3] 之后，这一理论成果被确认为"治黄指导思想上的重大突破"[4]，并荣获当年

---

[1]　淤滩刷槽：即泥沙淤积在滩地，主槽泥沙得到冲刷，长时间的淤滩刷槽会使河床向着窄深河道发展，有利于洪水的迅速通过。

[2]　钱宁：《关于黄河中下游治理的意见》，载《钱宁论文集》，清华大学出版社，1990 年，第 662～663 页。

[3][4]　李延安等：《他的名字与黄河连在一起》，载《纪念钱宁同志》编辑小组编《纪念钱宁同志》，清华大学出版社、水利电力出版社，1987 年，第 120 页。

国家自然科学二等奖。除此之外，钱宁还针对粗泥沙的特点提出了一系列整治措施，这些措施是"黄河中游粗泥沙来源区理论"的有机组成部分。此项理论的问世，标志着我国水土保持工作有了科学的理论指导。这是钱宁为遏制黄土高原水土流失、减缓黄河下游河道淤积作出的不可磨灭的贡献。

第二节　黄河中游粗泥沙来源区理论对水土保持工作的影响

　　我国黄土高原水土流失严重，大量泥沙的入河是造成黄河下游河道淤积抬高泛滥成灾的根本原因。因此，为减少入河泥沙，水土保持古来有之。在数千年的实践中，我国古代劳动人民虽创造了一系列诸如沟洫治水治田、法自然、任地待役等有利于蓄水保土的措施，但由于各方面条件的制约，水土流失的问题非但未得到遏制，反而呈愈演愈烈的态势。新中国成立以后，我国的水土保持工作进入了新纪元。但是，初期由于缺少新的理论做指导，水土保持工作在很长一段时间内只能遵循古代流传下来的传统方法和思想，虽大力提倡，但成效甚微。钱宁的黄河中游粗泥沙来源区理论则为处在艰辛探索状态的黄土高原水土保持工作提供了理论指导，特别是在粗泥沙意识的树立和粗泥沙治理措施两方面产生了深远的影响。

　　当前，黄土高原水土流失治理中强烈的粗泥沙意识已经成为水土保持工作的基本出发点和工作原则，这一意识在很大程度上是源于钱宁的粗泥沙研究。在钱宁进行粗泥沙研究之前，我国虽然已经认识到黄河泥沙的 90% 是从甘肃、陕西、山西境内的支流来的[1]，也意识到必须在甘肃、陕西、山西和其他黄土区域开展大规模的水土保持工作，[2] 但所有的认识也仅限于对全部泥沙的整体把握，并未细化到粗泥沙层面。钱宁的研究则将泥沙按粒径大小进行分级探讨。通过研究，钱宁得出"造成黄河淤积的主要原因是来自晋陕间支流区的粗泥沙，对这 5 万平方千米地区进行重点水土保持能有效缓解黄河淤积"的结论。这一结论的问世，使粗泥沙得到了广泛的关注，吸引更多的研究者们投入到粗泥沙的研究中。许多学者虽然对粗泥沙大小的界定以及黄河中游粗泥沙集中来源区的范围存在分歧，但大多认同了钱宁关于"粗泥沙是造成黄河淤积的主要原因"的论断。这就决定了学者们为给水土保持工作提供更为精确的理论而展开的进一步研究，大多是沿着钱宁的研究轨迹进行的。

　　1996 年，由黄河水利委员会提出的"黄河中游多沙粗沙区区域界定产沙输沙规律研究"的水土保持科研基金项目被纳入水利部科研计划项目进行实施。经过四年的研究，项目组于 2000 年公布了最新成果：粗泥沙的颗粒直径确定为大于 0.05 毫米；黄

---

　　[1]　邓子恢：《关于根治黄河水害和开发黄河水利的综合规划的报告（1955 年 7 月 18 日）》，载《建国以来重要文献选编》第七册，中央文献出版社，1993 年，第 15 页。

　　[2]　邓子恢：《关于根治黄河水害和开发黄河水利的综合规划的报告（1955 年 7 月 18 日）》，载《建国以来重要文献选编》第七册，中央文献出版社，1993 年，第 22 页。

河中游存在着 7.86 万平方千米的多沙粗沙区。2004 年 1 月，黄河水利委员会再次组织实施"黄河中游粗泥沙集中来源区界定研究"工作，成立了由 50 多位来自不同单位的科研人员组成的项目组。2005 年 3 月，项目组公布研究成果：确定颗粒直径大于 0.1 毫米为粗泥沙；年输沙模式大于 1400 吨每平方千米的区域为粗沙集中来源区，且面积为 1.88 万平方千米。❶ 随着粗泥沙理论研究新成果的不断问世，粗泥沙这一全新的概念得到越来越多水土保持工作者的认可。如今，重点治理粗泥沙集中来源区的水土流失已经成为水土保持界的共识。2002 年 7 月公布的《黄河近期重点治理开发规划》就一改之前规划中只谈中游泥沙的说法，在"水土保持生态建设"板块，明确将"要以产沙集中、对黄河下游河道淤积造成重要影响且经济相对落后的 7.86 万平方千米多沙粗沙区为重点"❷ 写入规划中。

回顾粗泥沙意识的形成历程，不难发现钱宁的研究在其中起着决定性的影响。如果没有他的研究，水土保持工作者可能在面对广阔的黄土高原时依旧存在无从下手的茫然感。正因为钱宁的研究，粗泥沙的概念第一次呈现在世人眼前。研究中所提及的粗泥沙对黄河下游河道淤积的重要影响以及粗泥沙区面积只占黄土高原总面积一成的现实，使身处迷惘状态的治黄工作者们一下子看到了治理成功的希望，找到了努力的方向。粗泥沙研究的光明前景吸引了众多的学者沿着钱宁的步伐加入到粗泥沙研究的队伍中。在各方的努力下，粗泥沙理论变得完整系统，并最终成为水土保持工作的指导思想。总之，钱宁的研究在粗泥沙意识的树立中具有开拓性意义，没有他的研究，粗泥沙概念便鲜为人知，至于学者们共同致力于粗泥沙研究的盛况更是无从说起。

除了提出先集中力量治理粗泥沙区外，钱宁还根据先前水土保持的经验教训提出了一系列针对粗泥沙的防治措施。这些措施针对性强、可行性高，经过改进和发展一直沿用至今，使我国在粗泥沙的治理方面取得了显著成效。钱宁提出的防治体系是建立在淤地坝的基础之上的。他认为粗泥沙颗粒粗，排水条件好，与细沙相比更适宜修建淤地坝，而且先前的治沙经验表明，淤地坝在蓄水固沙上的确发挥了作用，因此，应大力推广淤地坝。同时，他也认为当前的淤地坝建设存在着三大弊端，应及时给予改进。

首先，钱宁认为当前的淤地坝防洪标准过低，大多坝库只能防御十年一遇的洪水。这样的低标准坝库很容易被黄土高原暴涨的洪水冲毁，非但起不了防洪拦沙作用，反而会引起更大规模的山洪。针对这一问题，钱宁提出应该提高淤地坝整体的防洪标准，而且在面积大于 4 平方千米的沟道内必须修建一两座库容较大、具有泄洪洞道的骨干工程，用以调节水沙来保证整条沟道内的淤地坝体系安全运转。其次，他认为当前的坝库布局不合理，缺乏统一的规划。坝库往往是各社队自发修建的，在布局上常常呈现出孤军奋战，各自为政，未联结成一个整体的局面。要解决这一矛盾，必须打破以

---

❶ 郭国顺：《黄河：1946—2006——纪念人民治理黄河 60 年专稿》，黄河水利出版社，2006 年，第 163 页。

❷ 史料来源：水利部黄河水利委员会主办"黄河网"中的《黄河近期重点治理开发规划》。

行政区划为准的思维定势，以流域为单位，把有关社队组织起来，统一规划，制定治理方案。最后，钱宁认为防治粗泥沙仅在沟道内修建淤地坝拦截泥沙是不够的，还必须同时兼治坡面，通过植树造林或种植刺槐、草木樨等根系发达的草本植物来减少坡面的水土流失。总之，钱宁认为水土保持是一种综合措施，必须采取坡面工程和沟谷工程、生物措施和工程措施相结合的方法。❶

钱宁的这些治沙的措施和意见虽然是针对 20 世纪 80 年代初的治沙现状提出的，却一直广泛应用于后来的水土保持工作中。如今，淤地坝建设经过几十年的实践和探索，已经成功建立起一套大、中、小型淤地坝联合运用工程体系，不仅减少了入河泥沙，还淤成大片良田，成为治理黄河泥沙的桥头堡。随着产权制度改革的深入，水土保持终于打破了行政区划和社队归属的局限，通过"户包""拍卖四荒"❷ 等方式，不仅调动了群众治沙的积极性，还实现了钱宁倡导的"以小流域为单位，统一规划，综合治理"的格局，从而极大地提高了我国水土保持工作的效率。现今无论在治黄规划还是在实际工作中，"坚持工程、生物、耕作措施相结合，沟道坝系建设和坡面治理相结合，以小流域为单位因地制宜进行综合治理"❸ 的原则，或多或少受到了钱宁 20 世纪 80 年代初提出的防治粗泥沙措施的影响。

概而言之，钱宁的黄河中游粗泥沙来源区理论以及针对粗泥沙而提出的防治措施，不但使粗泥沙意识深入人心，为黄土高原的水土保持找到了主要矛盾，还提供了一系列行之有效的措施。凡此种种，都对我国的水土保持工作产生了深远的影响。

---

❶　钱宁：《关于黄河中下游治理的意见》，载《钱宁论文集》，清华大学出版社，1990 年，第 664～666 页。

❷　"户包"，即以户为单位承包小流域的治理；"拍卖四荒"，即拍卖荒山、荒沟、荒丘和荒滩的使用权。两种方法都是将使用权承包出去，这样可以调动承包户的积极性，综合治理，将水土保持与治贫致富相结合。

❸　史料来源：水利部黄河水利委员会主办"黄河网"中的《黄河近期重点治理开发规划》。

第二章　有关黄河水沙冲淤规律
的研究及其影响

黄河是世界上极具特色的河流。它是世界上含沙量最多的河流，中下游河水年平均含沙量高达 37.7 千克每立方米。同时，作为世界第五大长河，它的年径流量却不及世界河流的平均水平，并大多在夏秋季节以洪峰的形式集中下泄。独特的水沙状况导致特殊的水沙冲淤规律。黄河下游河床的演变和高含沙水流则是这种特殊水沙冲淤规律的两大表现。在三十余年的黄河泥沙研究历程中，钱宁对这两种表现做了较为深刻的研究，并在一定程度上揭示了其中所蕴含的客观规律。水沙冲淤规律的揭示，不但指导了三门峡工程的兴建和改造，而且最终对现阶段治黄中广泛使用的调水调沙方略产生了深远影响。

第一节　对黄河下游河床演变规律的探索

新中国成立之初，为了解决迫在眉睫的洪水问题，下游河道的整治工作一直是治黄的重心。对黄河下游的治理研究工作大致可以 1958 年为界分为两个阶段。1958 年前，只是进行布设观测站网、广泛搜集水文实测资料等常规工作。1958 年，为了预测三门峡工程修建后下游河道的演变趋势，及时修订治黄规划，水利电力部水利水电科学研究院与黄河水利委员会共同组建黄河下游研究组。在研究组的负责下，除了较系统地分析了过去的水文资料外，水利工作者们还进行了河床演变的模型试验，对黄河下游河床的演变规律有了更深刻的认识。[1] 在这样的背景下，钱宁有关黄河下游河道演变规律的研究也可以三门峡工程的修建分为两个阶段。三门峡工程修建前，黄河下游游荡性河道的特性及其成因分析是钱宁主要的研究工作，其理论成果集中体现在《黄河下游河床演变》一书中；三门峡工程建成后，黄河出现了始料未及的问题，钱宁适时地将研究的重点转向三门峡工程对下游河道的影响以及三门峡工程的改建上来。这两个阶段的成果都在一定程度上反映出黄河下游河床的演变规律，具有较高的理论指导意义。

一、对自然状态下黄河下游游荡性特征及其成因的分析

1958 年 12 月，伴随着三门峡工程的截流成功，这一新形势对黄河下游的研究提出

---

[1]　钱宁、周文浩：《黄河下游河床演变》，科学出版社，1965 年，第 5 页。

新的更高层次的要求。钱宁受中国科学院、水利电力部水利水电科学研究院委托，组建了河渠研究所❶郑州工作组，开展了根据 1956 年 7 月从郑州到河口的第一次实测资料的黄河河床演变研究。然而，由于钱宁刚回国不久，对黄河河情不熟悉，加之其修习的泥沙运动理论也需要一个时间过程才能与治黄实践融合，所以，工作的起步并不顺利，无从下手。钱宁经过深思熟虑后明白，要治理黄河，必先认识黄河，必须从历史的、自然的、人为的等多方面全面地总结黄河下游的变化规律。只有这样，才能从普遍的常识性的认识中提炼出科学性认知，用以预测三门峡水库修建后下游河道可能发生的特殊变化，为三门峡水库建设提出可行的建议。

基于以上认识，钱宁一方面进一步搜集和分析黄河的实测资料，另一方面经常深入黄河第一线，向沿河的群众和河工们请教，从而不断丰富和深化自己的认识。经过近半年的努力，钱宁感到工作从棘手变得顺手一些了。❷ 1960 年，钱宁将两年的研究成果系统地总结提升，写成《黄河下游河床演变》一书初稿。钱宁认为，黄河下游以高村为界可分为不同的河性，高村以上为典型的游荡性河道，高村以下则为弯曲性河道。钱宁解释了造成河性差异的两大原因。一是因为水流的分选作用，易被冲刷的细沙和粉沙首先落淤在河南段，而淤积在山东段的泥沙中则夹杂着大量胶着性强的不易被冲刷的黏土。由于河南黄河河道两岸间土质的抗冲刷性不同，使水流在河南段有充足的游荡空间，而流经山东后，受到黏土的约束，河道比较固定，转而向弯曲外形发展。二是两段河道堤距不同。山东段河道是 1855 年改道侵夺大清河而形成的。大清河本身系窄深河道，黄河夺流后，沿岸居民为了防御洪水，保护耕地和家园，又紧依河道修建了两岸堤防，将黄河水最大限度地束缚在原大清河河道中，使得黄河下游山东段河道较河南段要窄深得多，形成了上宽下窄的堤防体系。游荡的黄河水因山东段窄堤的限制作用逐渐导向弯曲。

钱宁着重分析了黄河下游游荡性河道的特征及成因。所谓游荡性河道，除了主槽摆动不定外，还具有河床宽浅、水流散乱、江心多沙洲等特征。钱宁认为，河床的堆积抬高是造成游荡性河道的根本原因。由于泥沙的落淤，河床变得宽浅，汊流丛生，行水阻力增大，主槽就会摆向河床地势低洼处，或冲出一条新槽，或将另一汊流冲刷扩大，形成主流。新主流在行水后又会因泥沙的堆积而废弃，河流再一次发生改道。❸

这一理论研究成果，第一次从现代科学的角度总结了黄河下游的河床演变规律，探讨了黄河游荡性河道的特征及成因，虽未直接涉及三门峡工程建成后的河床演变问题，但无论从研究方法上还是内容上都具有开创性意义，为我国进一步开展河床演变

---

❶ 1958 年春，中国科学院水工研究室泥沙组与水利部水利科学研究院泥沙研究所合并，组成中国科学院、水利电力部水利水电科学研究院河渠研究所。

❷ 李延安等：《他的名字与黄河连在一起》，载《纪念钱宁同志》编辑小组编《纪念钱宁同志》，清华大学出版社、水利电力出版社，1987 年，第 111 页。

❸ 钱宁等：《黄河下游游荡性河道的特性及其成因分析》，载《钱宁论文集》，清华大学出版社，1990 年，第 467 页。

研究树立了典范。在进行这项研究的两年多时间里，钱宁对黄河的认识不断深化，真正将所学的理论知识与黄河的实际相结合，为以后的研究奠定了坚实基础。

二、对三门峡工程建成后下游河道演变规律认识的深入

伴随着 1960 年 9 月三门峡工程正式下闸蓄水，黄河下游的研究和治理面临新的形势。由于对水土保持工作的成效过于乐观，我国在三门峡工程的修建上遭遇了重大挫折：库尾翘尾沙的淤积使得渭河排水不畅，回水危及渭河平原；水库本身的库容被泥沙迅速淤死；库区下游的河道也因清水下泄被淘刷，固有滩地变得变化无常。面对始料未及的问题，治黄工作一时陷入困局。由于前期对三门峡以上中游泥沙问题估计不足，钱宁对三门峡工程建成后下游河道演变的认识也经历了一个从肤浅到深刻的过程。

1960 年水库即将蓄水之际，钱宁认为，三门峡水库的修建，拦截了来自上游的大量泥沙，除去了为害下游的祸根，使下游河道整治问题进入了一个新纪元。❶ 为了保护滩地固有主槽，钱宁建议三门峡水库在汛期中应避免宣泄过大流量，必要时甚至闭闸停水，以减少下游河道因河水漫滩造成的滩地泥沙淘刷。❷ 1962 年初，因下闸蓄水导致水库库容淤死、库区回水危及渭河流域的现实证明了钱宁以上建议的不可行性。1962—1964 年，围绕着三门峡工程改建与废弃的问题，全国水利工程界争论不休。为了给三门峡工程问题提供有益借鉴，钱宁继续深入进行水沙冲淤规律的研究，以期找到合适的三门峡工程改建方案，使下游河床的演变朝着有利于治河的方向发展。1963 年 6 月，钱宁完成了《三门峡水库低水位运用后黄河下游河床演变预报》的报告。在报告中，钱宁修正了三门峡建库之初必须控制下泄水量的观点，认为三门峡工程应增建泄流排沙设置，改为低水位运用，只要尽量放大泄水闸孔，尽量放低底坎，就可以利用低水头枢纽壅水区具有水库及河道的两重性特点，以及上游下泄清水的溯源冲刷能力，使库区主槽保持一定的下切深度，减缓水库库容的淤积。❸ 1964 年，在钱宁的倡议下，水利电力部决定在汛前进行三门峡水库人造洪峰及低水位发电试验，虽因非汛期下泄的水量不足，泥沙难以长距离冲刷入海，试验成效不大，但钱宁始终认为这是三门峡工程正确的运用方式。1964 年 12 月 5—18 日，在周恩来总理主持的治黄会议上，钱宁做了汇报发言，明确赞同三门峡工程增建泄洪排沙设施，为第一期改建工程"两洞四管"方案的拍板起了积极作用。

"文化大革命"结束后，全国科技工作迎来新的春天。三门峡工程在经历了两次改建和三次运用方式的转变后，也在不同程度上发挥出社会和经济效益。钱宁适时总结三门峡建库以来十九年的经验，完成了《从黄河下游的河床演变规律来看河道治理中的调水调沙问题》的学术论文。在该文中，钱宁认为，在防洪许可范围内汛期不必要

---

❶ 钱宁：《从泥沙的角度来看黄河下游河道整治问题》，载《钱宁论文集》，清华大学出版社，1990 年，第 425 页。

❷ 钱宁：《从泥沙的角度来看黄河下游河道整治问题》，载《钱宁论文集》，清华大学出版社，1990 年，第 430 页。

❸ 钱宁等：《多沙河流上修建大型蓄水库后下游游荡性河道的演变趋势及治理》，载《钱宁论文集》，清华大学出版社，1990 年，第 516～517 页。

的削减洪峰只会带来不利影响。因为"大水出好河",大漫滩洪水期间,除了能冲走非汛期淤积在库区的泥沙外,一般在下游也能出现淤滩刷槽,使河道朝着滩高槽深的方向发展。在非汛期,由于汛期大水的冲刷,淤积在下游河道的泥沙本就不多,可以通过人造洪峰在下游营造一个历时三天的不漫滩洪峰,进一步冲刷淤积在主槽内的泥沙。[1] 这一理论是钱宁自1960年开始研究三门峡水库对黄河下游河道影响问题的成果总结,在相当程度上揭示了在多沙河流上修建水库后下游河道的演变规律,不仅为三门峡水库的改建及以后小浪底水库的修建提供了有力的理论指导,而且为当今的调水调沙策略提供了前期的理论准备。

第二节　高含沙水流研究的先驱

高含沙水流是我国黄河中下游特有的水流流动现象,是黄河水沙冲淤规律的极具特色的表现。它不同于一般的水流,一旦出现,往往会引起水位的猛涨猛落。如不对其加以研究,揭示其规律,往往会在具体的治理黄河实践中遇到问题时感到束手无策。与其他国家相比,我国泥沙研究起步较晚,新中国成立后才陆续成立了泥沙研究机构,但高含沙水流研究在国际上一直处于领先地位。高含沙水流研究之所以能成为我国泥沙研究的骄傲,离不开钱宁的努力奋斗。钱宁是高含沙水流研究的先驱者和组织者。

流经黄土高原后,黄河挟带了大量的泥沙,黄河水流变成了有别于一般清水的含沙量极大的浑水。1958年,刚回国不久的钱宁,在经历了三年的治黄实践锻炼后,敏锐地意识到,如不考虑泥沙颗粒的存在引起的水流物理化学性质的变化,单纯地将黄河水流按清水来处理,可能会带来相当大的偏差。[2] 为了更好地减小此类误差,钱宁开展了较为系统的浑水流变性质研究。在《浑水的粘性及流型》一文中,钱宁第一次明确将多沙的黄河水流与清水区分开,强调泥沙对水流性质的影响,为进一步进行高含沙水流的研究指明方向。

1962年初,钱宁开始组织团队进行高含沙水流研究。一方面,钱宁安排南开大学化学系毕业的周永浩[3]从胶体化学角度深入进行浑水性质的研究,所得成果受到化学界和水利界的高度赞扬。另一方面,钱宁指导万兆惠[4]等在他和导师小爱因斯坦的水槽试验成果的基础上,进一步研究接近水槽底部的一层高含沙流层对整个水层的影响。在研究过程中,钱宁团队逐渐意识到,当含沙量超过一定数值后,泥沙的沉速将随着含沙量的增大而减小。这一有悖于常识现象的发现引起钱宁极大的兴趣,他认识到这可

[1] 钱宁等:《从黄河下游的河床演变规律来看河道治理中的调水调沙问题》,载《钱宁论文集》,清华大学出版社,1990年,第569~571页。

[2] 钱宁等:《浑水的粘性及流型》,载《钱宁论文集》,清华大学出版社,1990年,第358页。

[3] 周永浩(1934—),江苏苏州人。1958年毕业于南开大学化学系,曾任南开大学化学系教授。

[4] 万兆惠(1934—),上海市人,泥沙研究专家,1955年毕业于清华大学水利系,毕业后曾长期跟随钱宁学习和研究泥沙理论,为中国水利水电科学研究院教授级高工。

能是进一步研究高含沙水流的线索和突破口。

　　然而，以上认识只是在水槽中用无黏性的均匀沙得出的，这毕竟有别于黄河上自然条件下的高含沙水流。为了更真实地反映自然状态下的高含沙水流，钱宁组织同仁先后于 1963 年在渭南南川水文站、1964 年在无定河丁家沟水文站进行高含沙水流的泥流观测。经过两年的努力，终于取得了被钱宁称作是"迄今为止最完整的野外河道资料"，并通过分析资料，钱宁发现，高含沙水流挟带的泥沙不仅不细，反而异常的粗。❶ 这一现象推翻了之前认为的高含沙水流之所以能挟带大量泥沙是因为细泥沙易被挟带的设想。新现象的不断发现，新认识的不断得出，使得钱宁备受鼓舞，他欣喜地认为只要理清各个新现象之间的因果联系，攻克高含沙水流问题指日可待。遗憾的是，此后出现的政治运动尤其是十年"文化大革命"的爆发，高含沙水流研究被迫终止。

　　"文化大革命"结束后，钱宁因忙于其他工作一时无暇涉及这方面的研究，直到 1977 年 8 月黄河下游因高含沙洪峰出现对防汛造成极大威胁的异常水位涨落现象，他重新意识到进行高含沙水流研究的重要性。十一届三中全会后，钱宁团结清华大学水利工程系师生，重建泥沙研究室，进行的第一个基础性项目便是高含沙水流的研究。在他的带领和安排下，他身边的同事和研究生对高含沙水流进行了全方位的研究：从高含沙水流的汇流形成机制到高含沙水流的流变特性；从高含沙水流中泥沙的沉降特性到高含沙水流在管道和河道中的运动机制。通过努力，短短几年内，研究取得可观的成果，越来越深入地发掘出高含沙水流的本质，提出了数个崭新的概念。他们整理出一套计算浑水流变特性的参数，提出精确测量泥沙沉速的新方法，得出了不同粗细级配下水流内部的絮凝结构。与此同时，钱宁也重视高含沙水流理论在生产实践中的运用，他们积极探讨高含沙水流理论应用于引洪淤灌、高浓度管道输送、远距离河道输送等实际生产中的途径，为高含沙水流的研究开拓出新前景。

　　除组织和参与研究外，钱宁时刻关注研究的每一步进展，及时做好各阶段理论成果的总结升华工作。1977 年 10 月，在兰州召开的黄河干流大型水库泥沙观测研究成果交流会上，钱宁提交了名为《西北地区高含沙水流运动机理的初步探讨》的报告。报告全面总结了"文化大革命"前已经在高含沙水流研究方面取得的成果，包括高含沙水流的地区分布特点、水流的水力学性质和挟沙特性，❷ 为"文化大革命"后继续开展这方面的研究提供了前期参考。1978 年底，得益于西北水利科学研究所蒋素绮的研究成果的启发，钱宁完成了《黄河的高含沙水流问题》一文，着重对近年来在高含沙水流运动机理上的研究成果作总结，基本得出了该运动机理的理论雏形，并初步解释了

　　❶　费祥俊等：《高含沙水流研究的先驱》，载《纪念钱宁同志》编辑小组编《纪念钱宁同志》，清华大学出版社、水利电力出版社，1987 年，第 179 页。

　　❷　钱宁：《西北地区高含沙水流运动机理的初步探讨》，载《钱宁论文集》，清华大学出版社，1990 年，第623、624、630 页。

黄河上出现的"浆河"❶ 和"揭河底"❷ 现象产生的原因，提醒防汛工作者注意防范。1981 年，钱宁完成了《高含沙水流运动的几个问题》一文，指出："粉碎'四人帮'，迎来了科学的春天，我们在这个领域已取得了不少进展，本文将对已经取得的成果作一简单的回顾。"❸ 明确表明钱宁撰写本文的意图在于总结之前的成果。1985 年初，在清华大学召开的高含沙水流研究交流会上，钱宁作了《高含沙水流运动研究述评》的报告。在报告中，他在肯定了近十年研究成绩的同时，也指出了研究中存在的误区，比如过于重视伪一相流，忽略黄河更常出现的两相高含沙水流的研究。❹ 这一见解，及时纠正了高含沙水流研究的误区，为高含沙水流的研究更好地服务于治黄实践指明了方向。高含沙水流的理论成果集中体现在《高含沙水流运动》一书中。该书出版于 1989 年，此时钱宁虽已逝世三年，但该书的完成仍是建立在钱宁生前研究的基础之上的。早在 1984 年，钱宁就设计出书目的框架，制订了详尽的编撰提纲，并组织清华大学的学者分别撰写。虽然由于等候一位研究生的实验结果，钱宁未能完成终稿便病逝，但如若没有钱宁前期的筹措安排，该书未必能成型。正是钱宁适时的总结提升，才使工作在高含沙水流研究各方面的研究人员不至于各自为战，才使各方面取得的阶段性成果能集中于一体。而各阶段性成果之间能够相互联系相互借鉴，才共同推动整个高含沙水流理论在仅十年的时间内快速地成熟、发展。

高含沙水流运动是我国黄河水流特有的流动现象。在钱宁回国前，由于缺乏对此类现象的观测，一无所知的认知状态使得无论中外，有关高含沙水流的研究可谓是空白一片。钱宁甫一回国即在实践中敏锐地发现了黄河的高含沙水流运动。作为新中国的泥沙研究工作者，钱宁深有从我国特有的高含沙水流运动实际出发创立有中国特色且能跻身世界先进行列的泥沙理论的自觉，并坚信通过研究黄河高含沙水流的特殊规律将有助于阐明全世界河流的泥沙运动的一般性规律。在钱宁及其团队数十年的努力下，我国的高含沙水流研究已逐渐成为泥沙运动理论的一个新开拓的不可或缺的完整分支，在国际上处于领先地位。如今，高含沙水流理论揭示了高含沙洪峰引起的强烈的冲淤现象，为黄河的防洪提供了理论指导。此外，高含沙水流理论还广泛应用于高浓度管道的煤浆输送、高含沙水库异重流排沙、渠道引洪淤灌等领域的生产建设。高含沙水流理论从无到有，从理论探索到应用于实践，每一步的发展都凝聚着钱宁的心血。钱宁在黄河高含沙水流理论研究领域发挥出先驱者和组织者的作用，其功绩是值得后代治黄实践者铭记和缅怀的。

❶　浆河是高含沙水流条件下剧烈的河床淤积现象。整个水流因含有大量泥沙呈现出固定不流动的状态，当含沙量超过某一极限值后，水流又突然恢复流动状态。浆河现象一般维持 3 小时左右，其危害表现为水位的暴涨暴跌。

❷　揭河底是高含沙水流中河床的剧烈冲刷现象，它的特点并非是单颗粒的泥沙被水流冲走，而是大片的河床淤积物被水流掀起冲走。

❸　钱宁：《高含沙水流运动的几个问题》，载《钱宁论文集》，清华大学出版社，1990 年，第 649 页。

❹　钱宁、万兆惠：《高含沙水流运动研究述评》，载《钱宁论文集》，清华大学出版社，1990 年，第 815 页。

第三节　水沙冲淤规律研究对调水调沙的影响

上中游的水土保持虽然能有效地减少入河泥沙量，但需要一个较长的治理周期才能发挥成效。在此之前，平均每年仍有 16 亿吨的泥沙进入黄河，如不对这些泥沙加以疏导，黄河下游河道淤高的趋势仍得不到遏制，这将对沿黄两岸居民的生产生活造成极大的威胁。为了减缓河道的淤积，经过几十年的实践摸索，治黄科技工作者提出了"调水调沙"的治河方略。所谓"调水调沙"，就是在充分考虑黄河下游河道的行洪和输沙能力的前提下，利用万家寨、三门峡、故县、陆浑、小浪底等水库的调节库容，适时蓄存或泄流，调整不适应输沙的天然水沙过程，以便把淤积在河道中的泥沙尽可能多的输送入海，从而减轻河道的淤积，实现下游河床不抬高的目标。❶ 自 2002 年 7 月以来，黄河下游已经开展了 13 次调水调沙实践。通过实践，黄河下游共冲刷泥沙 3.90 亿吨，主槽刷深 2.03 米，小水大漫滩状况得到初步改善，二级悬河的河势开始缓解。❷ 取得如此成绩的调水调沙是一个复杂的系统，它的提出和实践是几代治黄科技工作者共同努力的结果。其中，钱宁有关水沙冲淤规律的研究就对调水调沙理论和实践的发展产生了重要影响。

钱宁是位极具泥沙理论修养的学者。三十余年黄河水沙冲淤规律的研究，特别是黄河下游河床演变和高含沙水流的研究，使得他清醒地认识到"必须掌握并运用大水对下游河道有利的特点，通过工程的调节运用，改变水沙过程，使下游的冲淤演变有利于防洪排沙"。为了更好地发挥水库调节作用，他还设想了三种调水调沙方式，即人造洪峰、创造漫滩条件和水库合理拦沙。❸

钱宁有关人造洪峰的研究可追溯至 20 世纪 60 年代。60 年代初，三门峡工程的改建问题陷入僵局，为寻求三门峡水库运用的新模式，钱宁积极倡导在三门峡水库进行人造洪峰试验。虽然 1964 年的汛前试验并未取得理想的效果，但因为这次试验，使得众多治黄工作者认识了人造洪峰这一全新的方法，而人造洪峰在输沙上展现出的前景也吸引了更多的学者投入到这一领域的研究中，这就在人造洪峰的整体研究历程中起了思想启蒙作用。在人造洪峰方式的设想中，钱宁认为三门峡工程这种 600～800 立方米每秒的均匀泄流方式只会把泥沙从河南段搬到山东段，要使冲刷遍及全河，必须将水流集中起来以 4000～5000 立方米每秒的流量下泄。❹ 虽然经过近十年的研究，人造洪峰流量最终确定为 2600 立方米每秒，但是钱宁有关人造洪峰的理论对人造洪峰意识的培养以及当前人造洪峰流量的确定都具有指导意义。

在创造漫滩条件的设想中，钱宁提供了两条途径：不轻易削减洪峰和人为加大洪

---

❶　郭国顺：《黄河：1946—2006——纪念人民治理黄河 60 年专稿》，黄河水利出版社，2006 年，第 286 页。

❷　万占伟：《黄河调水调沙有关问题的探讨》，《华北水利水电学院学报》2012 年第 3 期。

❸❹　钱宁：《关于黄河中下游治理的意见》，载《钱宁论文集》，清华大学出版社，1990 年，第 667 页。

峰流量。钱宁认为除非是威胁到大堤安全必须利用水库削减洪峰的特大洪水，否则一般洪水应任其下泄。在人为加大流量方面，钱宁主张在支流修建水库，在非汛期蓄水以便适时补水加大干流洪峰的流量。如今，黄河来水来沙普遍偏少，修建在含沙量较少降水量颇丰的伊洛河流域上的故县、陆浑水库，很大一部分原因就是出于向黄河干流补水，从而保证有足够多的水量用于人造洪峰这一方面的考虑。

水库库容是调节水沙的关键场所，如果不对入库泥沙进行合理的分选，而是将所有泥沙全部拦截在水库内，库容将很快淤死。因此，为减缓水库库容淤积，延长水库使用寿命，钱宁所提倡的水库合理拦沙的主要方法就是牺牲小部分库容用以拦截对黄河淤积造成重大影响的粗泥沙。同时，钱宁发现粗泥沙的绝大多数来自非汛期河床的冲刷，所以，水库"拦粗排细"的拦沙原则在水库的具体运用方式上表现为"蓄清排浑"。小浪底工程是黄河干流最大的枢纽工程，调水调沙的有效运作在很大程度上是通过小浪底巨大的库容来实现，因此，小浪底库容的保证是关乎调水调沙全局的大事。目前，小浪底库区淤积量已达 75.5 亿立方米，库区死库容已经淤完，水库运用也从拦沙初期转入正常运用期。❶ 在正常运用期，因为缺失了死库容的调节，为最大限度地减少库区的泥沙淤积，水库必须按照"蓄清排浑"的原则运转，以期保证相当的有效库容用以调水调沙。因此，钱宁提出的水库合理拦沙设想对当今小浪底的运用仍具有指导意义。

以上三种调水调沙的设想是钱宁多年水沙冲淤规律研究经验的总结。虽然当前所实施的调水调沙方略并未完全采用其中的任何一种设想，但通过对比，我们不难发现，当前的方略，则是治黄科技工作者分别借鉴了三种设想中适应当前黄河实际的部分理论，并加以研究扩展提升而提出的。因此，钱宁虽未直接参与调水调沙的实践，但是他对此所提出的三种方略却对调水调沙方略的形成和实施具有不可磨灭的影响。

异重流被誉为调水调沙的点睛之笔。在多沙河流水库中，所谓异重流即表现为密度较大的挟沙水流潜入库区清水底部继续向前的运动形式。❷ 通过异重流的塑造，可以有效增大水库泥沙的排泄量，对于延长水库使用寿命具有重要意义。钱宁的研究也对人们认识和塑造异重流产生了积极的影响。在 1958 年出版的《异重流》一书中，钱宁就指出了异重流研究的发展方向，他认为"如果我们能够预测异重流在什么情况下将在库首出现，届时多久将会抵达坝前，就可以打开预设的闸门，把异重流及时放走。这是在上游展开大规模水土保持工作，减少泥沙来源以次，最有效的延长水库寿命的方法"❸。同时，在该书中，钱宁还对异重流的产生和运动机理作了粗浅的概述。因此，该书成为研究异重流的入门级图书，对人们初步认识异重流具有重要作用。另外，异重流是高含沙水流运动的表现形式之一，虽然在水库库区能自然形成，但如仅依靠自

❶ 张宏先：《小浪底水库调水调沙运用方式与实践》，《红水河》2012 年第 4 期。

❷ 郭国顺：《黄河：1946—2006——纪念人民治理黄河 60 年专稿》，黄河水利出版社，2006 年，第 292 页。

❸ 钱宁等：《异重流》，水利出版社，1957 年，第 13 页。

然形成的异重流排沙，对延长水库寿命的要求是不够的，往往需要借助人工塑造异重流来加大排沙量。钱宁在高含沙水流研究上取得的成果，使得人们对异重流的产生和运行机理有了更为深刻的认识，这在一定程度上指导了现今异重流的塑造，有助于水库排沙和延长水库的使用寿命。

多年水沙冲淤规律的研究经验，使钱宁的眼界得到拓展和提升，不仅在具体措施上对调水调沙运用方式产生了影响，而且还能从治黄全局的战略高度推动调水调沙的发展。他认为，调水调沙的运用方式可能因与发电灌溉的需要产生矛盾而不易被人们所接受，但黄河要谈综合利用和兴利指标，就不能像少沙的清水河流那样，只考虑灌溉、发电、航运的需要，而必须把减少下游河道淤积放在首位。在减淤问题上，我们没有多大的回旋余地，不能再以这样那样的顾虑束缚自己的手脚了。❶ 这番论断是钱宁对后代治黄人提出的殷切希望。后人也不忘钱宁遗志，到时机成熟的 2002 年，即使仍有反对声，依旧摒除顾虑义无反顾地进行调水调沙实践，并取得了显著成效。

总之，钱宁虽未直接参与调水调沙的实践，但他凭借多年水沙规律研究经验提出的三种调水调沙设想、关于高含沙水流特别是异重流的理论成果以及排除顾虑抓紧实施调水调沙的论断，都对当今的调水调沙实践产生了深远的影响。

---

❶ 钱宁：《关于黄河中下游治理的意见》，载《钱宁论文集》，清华大学出版社，1990 年，第 668 页。

第三章　对黄河泥沙研究
作出的长远谋划

　　黄河中游粗泥沙来源区和黄河水沙冲淤规律的研究这两大理论的确在解决黄河泥沙问题中发挥了积极作用，但仅依靠科学理论的指导，对于解决复杂的黄河泥沙问题是不够的。钱宁所作出的非理论性贡献同样事关黄河泥沙研究乃至黄河治理的大局。新中国成立初期，现代治黄事业还属于草创时期，泥沙研究的专业人才匮乏，除与苏联进行少量的交流合作外，同美英等西方发达国家的交流合作基本处于零状态。新一代具有较高技术水平的泥沙队伍的培养和推动泥沙研究走向世界，则较好地弥补了上述不足，这是钱宁为可持续发展泥沙研究及治黄事业所作的努力，也是钱宁对黄河泥沙研究作出的长远谋划。

第一节　培养新一代泥沙研究队伍

　　"科教兴国，人才强国"是新时期我国进行经济建设的重要战略。虽然这一战略在改革开放以后才正式提出，但有着长远眼光的钱宁早在20世纪50年代就意识到了人才的重要性。在准备回国期间，钱宁就把培养一支高水平的泥沙研究队伍作为构成未来蓝图的两项战略目标之一。❶ 在长达三十余年的治黄实践中，钱宁除创造新的理论外，还培养了新一代具有高素质的泥沙研究队伍，麦乔威甚至认为"人才队伍是钱宁留给黄河泥沙研究事业最宝贵的财富"。❷

　　归国参加治黄实践后，钱宁更深刻地认识到培养人才的重要性和紧迫性。黄河拥有世界上最复杂的泥沙问题，解决这些问题单靠几个人的工作是不够的，必须通过一支既有理论修养又有实践经验的研究队伍的协同作战，才能取得成效。我国现代泥沙研究事业是在零基础之上起步的。20世纪50年代，国内从事泥沙研究的专家教授屈指可数，开设泥沙专业的高等院校几乎没有。人才的匮乏使得本应大步向前的治黄事业举步维艰。1955年，钱宁参加中国科学院水工研究室工作后，立即为在职科研人员讲授泥沙运动力学课程，开始着手组建新中国自己的泥沙研究队伍。1962年担任水利水电科学研究院河渠研究所副所长后，钱宁与其他领导通力合作，将河渠研究所建成拥

---

　　❶ 中国科学技术协会：《中国科学技术专家传略·工程技术编·水利卷1》，中国水利水电出版社，2009年，第354页。

　　❷ 麦乔威：《钱宁对治黄事业的贡献》，载《纪念钱宁同志》编辑小组编《纪念钱宁同志》，清华大学出版社、水利电力出版社，1987年，第106页。

有异重流、水库、河道、引水枢纽、仪器研究等多部门的专业研究所。不论多忙，只要有时间，钱宁都会亲自指导研究。河渠研究所一时精英荟萃，成果频出。1964 年，在钱宁的倡导下，第一届全国泥沙培训班在郑州举办，吸引了大批从未接触过泥沙研究但有志于为治理黄河贡献力量的年轻技术人员前来学习。除了亲自编写教材、登台授课这些日常的教学工作外，钱宁还依据每个同志的特点帮助制定进修计划，选择主攻方向。❶ 正是因为钱宁这几年的努力，为我国培养了第一批初步具有泥沙知识的人才，在一定程度上缓解了治黄起步阶段亟待解决的人才匮乏问题，为进一步治理黄河提供了人才储备。

钱宁重视中青年科技人才的培养是从泥沙研究的战略全局出发的，虽然 20 世纪五六十年代他亲手培养的一批技术人员早已在工作岗位上担任起精英骨干角色，但他深知要使泥沙研究事业稳健持续地发展下去，除了一批知名的老专家，还要有大批实干的青年工作者。这一理念，直到晚年，钱宁仍在践行着。在 1978 年召开的郑州泥沙会议期间，钱宁就呼吁为一批中年骨干创造能充分发挥才能的必要机会，所以，在他主编的《泥沙手册》中有相当数量的撰稿人是中年同志。❷ 1985 年，在改选中国水利学会泥沙专业委员会时，钱宁以个人名义推荐了一批实干的中年学者，既为了锻炼中年学者，又使新的委员会形成老中青三结合的格局。❸ 1986 年，当听到有同志指责水利水电科学研究院泥沙研究所对青年同志使用过多、培养较少时，钱宁向泥沙研究所作了"要从长远考虑，将培养和帮助年轻同志作为科研组织工作的一个基本环节，这样研究工作才能持续不断发展下去，才能后继有人"❹的嘱咐。

钱宁认为研究室是科研工作的物质基础，是培养人才的基地，因此他将研究室的基础建设当作培养青年人的基本环节。1962 年在担任水利水电科学研究院河渠研究所副所长期间，他大力引进仪器设备，狠抓基础设施建设，将河渠研究所建设成为拥有四个大型实验室的专业研究所。1977 年，钱宁积极筹建清华大学水利工程系泥沙研究室。为了得到清华大学和教育部的批准，他不失时机地向时任清华大学党委副书记、副校长的何东昌等同志解释泥沙研究室对于解决我国复杂泥沙问题的重要性。为了挽留老师，钱宁登门拜访，挨个说明从事泥沙研究的历史使命和光明前景，终于为泥沙研究室保住师资力量。为了尽快建成泥沙研究室，在清华大学建筑系同志的帮助下，钱宁组织水利工程系同事在三个月内设计了全部施工图纸，为泥沙研究室的建设节约了时间。清华大学泥沙研究室建成后，迅速成长为培养人才的重要基地，为我国的泥沙研究和治黄事业输送了大批优秀人才。

---

❶　吴德一等：《钱先生带领我们创业》，载《纪念钱宁同志》编辑小组编《纪念钱宁同志》，清华大学出版社、水利电力出版社，1987 年，第 76～77 页。

❷　韩其为：《钱先生关怀中青年成长》，载《纪念钱宁同志》编辑小组编《纪念钱宁同志》，清华大学出版社、水利电力出版社，1987 年，第 96 页。

❸❹　韩其为：《钱先生关怀中青年成长》，载《纪念钱宁同志》编辑小组编《纪念钱宁同志》，清华大学出版社、水利电力出版社，1987 年，第 97 页。

　　钱宁深知人才的重要性，因此在培养人才方面一直是尽心尽责全力以赴的。新中国成立之初，我国泥沙研究基础薄弱，甚至于连一本完整的泥沙研究的教材都没有。为弥补这个空白，更好地培养我国第一批本土学者，钱宁在河渠研究所开授泥沙课程期间，亲自编写教材，紧张备课。钱宁病逝后，在纪念他的文集中，有多篇文章提及他伏案翻阅文献紧张备课的情形，可见钱宁备课之勤。而由他编写的教材，配图详尽，论证严密，叙述深入浅出，即使在"文化大革命"时期，教材的油印本也在水利工作者中间广为流传，足见教材的珍贵性，也从侧面反映出钱宁在编写教材时花费了不少心血。除编写教材外，钱宁在讲课方面也深受学生的喜爱。泥沙理论本是比较枯燥晦涩难懂的，但他讲课条理清晰，概念明确，方法新颖别致，语言浅显易懂，常常用恰当形象的比喻引出繁难深奥的物理结论。因此，无论来自何种专业、何种岗位，学员都能从钱宁的课上在泥沙方面有所收获。钱宁在培养人才方面可谓是坚持到人生的最后一刻。在确诊患癌症后，钱宁仍指导了两名博士生和五名硕士生。在他的博士研究生王兆印❶即将毕业之际，尽管病情恶化，但钱宁仍尽最大的努力给予指导。1984年底，他怕身体无法撑到毕业论文答辩那天，就先邀请林秉南教授代为参加，但表示如若身体允许，一定参加答辩。1985年5月，钱宁果然凭借过人的毅力，忍着剧痛，拖着病体，出现在四楼的答辩现场，一直坚持到答辩结束。❷ 钱宁这种对学生尽心尽责的态度，感染了身边的众人，同事因他而奋进，学生因他而刻苦。他的点滴言行都激励着泥沙工作者前进，继而推动整个泥沙研究事业向前发展。

　　除了传授专业知识外，钱宁还注重学习方法和学习习惯的培养。重视理论联系实际是钱宁在指导学员时突出强调的学习方法。他要求学员在阅读文献了解学科基本理论的同时，更要参加实践，从实践中检验并获得新的理论。在指导模型试验时，他总要求学员先对模型的自然原型进行现场勘查，掌握原型的基本数据后，才能构建出正确的物理模型，继而促进试验模型的顺利进行，得出科学的数据，从而有利于进一步认识自然原型。此外，钱宁还将根据自己几十年经验得出的"厚—薄—厚"的学习方法传授学员。❸ 钱宁认为，泥沙研究就像一本书，刚开始泥沙研究时，因为一下子接触了大量的理论，书变得特别厚；随着研究的深入，了解了泥沙领域的发展脉络和症结所在后，书因无关痛痒的内容被剔除而变薄；再进一步加深研究时，因为吸收了新技术、新概念，书重新变厚起来。钱宁强调这一过程并不是简单的重复轮回，而是知识结构在去粗取精基础上的更新换代。❹ 钱宁这一番论述旨在强调长期积累在科研中的重

❶ 王兆印（1951— ），山东济南人。中国首批博士学位获得者。1979年9月至1985年5月期间师从钱宁，1985年获工学博士学位。曾任清华大学教授、博士生导师，主要从事泥沙运动规律和江河治理方面的科研工作。

❷ 黄銮彩等：《钱宁与教育》，载《纪念钱宁同志》编辑小组编《纪念钱宁同志》，清华大学出版社、水利电力出版社，1987年，第209页。

❸ 这是钱宁在1980年的研究生课堂上谈到"如何学习"时提出来的。

❹ 张仁等：《钱宁同志指导我们进行科学研究》，载《纪念钱宁同志》编辑小组编《纪念钱宁同志》，清华大学出版社、水利电力出版社，1987年，第82～83页。

要性，希望学员能养成广泛阅读国内外的著作的学习习惯，从中消化吸收最新成果，积少成多，不断丰富自身学识。

在培养人才上，钱宁还十分注重爱护人才的个性，培养学生科学的思维和态度，鼓励学员敢于挑战权威，敢于坚持自己的观点，培养学员独立性，启发学员进行独立性思考。在一次针对高含沙水流同一问题的试验中，他发现两个研究生得出不同的结果。面对这个情况，钱宁并没有强求统一，也没有轻易地做出绝对肯定或否定的判断，而是在肯定两人努力的基础上，启发学员独立去思考两者产生分歧的原因，最终使试验结果归于统一。[1] 因此，钱宁的学员，除了拥有精湛的理论水平、高超的实践能力外，在学习方法、习惯、思维模式等方面都具有很高的修养，这是钱宁传授给他们的一笔受益终生的财富。

除在专业学习上的提携外，钱宁还关心着学员的其他方面，包括他们的生活起居、思想信仰，强调学生要全面健康成长。在钱宁的观念中，有着明确的自我角色定位，他认为自己除了是位严格的教师外，更应该先是位合格的长辈，理应关心学员在生活起居方面的困难。一次，他的研究生王兴奎[2]要去陕北作实地勘查。钱宁虽身患重病，但仍为王兴奎做了从勘查路线、寻求帮助的人员到具体时间安排等方面的详细计划。临行前，钱宁还再三叮嘱他带上雨具以防感冒，管好钱粮衣服，路上注意安全。王兴奎深受感动，发出"似当年父母送我远行"的感慨。[3] 1986年国庆期间，钱宁生命垂危，张启舜入院探望。钱宁在交谈时最关心的不是自己的病情，而是50年代后参加泥沙工作的大学生的工作、家庭和生活情况。[4] 简单的询问中流露出他对在他启蒙下成长起来的新一代治沙人的关怀。由于在教学方面的卓越成就，人们常常忽略钱宁作为长辈的风范。其实，他对学员的关心和爱护常常犹如慈父般和煦温暖。也正因感受到满满的关爱，他的学员们则以更饱满的精神、更好学的态度和更努力的拼搏回馈给钱宁。先进的思想是构成人全面健康发展的必要条件，因此，钱宁在学员的思想信仰方面丝毫不放松。"文化大革命"结束初期，由于许多历史遗留问题未得妥善解决，全国上下在思想路线上处于徘徊阶段，部分学生对共产党的领导、社会主义制度和国家的前途产生了困惑，陷入了"信仰危机"。钱宁深知如果此风继续下去，势必会危及泥沙研究事业乃至整个社会主义建设大局。他在忧虑的同时，根据自己的心得体会，以他分别在社会主义和资本主义两种制度下的见闻作对比，向处于迷惘中的学生作了题为《历

[1] 张仁等：《钱宁同志指导我们进行科学研究》，载《纪念钱宁同志》编辑小组编《纪念钱宁同志》，清华大学出版社、水利电力出版社，1987年，第82～83页。

[2] 王兴奎（1951—　），四川资中人。1978年10月至1985年12月期间师从钱宁，1985年获工学博士学位。曾任清华大学水利工程系教授、博士生教师。

[3] 黄鎏彩等：《钱宁与教育》，载《纪念钱宁同志》编辑小组编《纪念钱宁同志》，清华大学出版社、水利电力出版社，1987年，第206页。

[4] 张启舜：《难忘的往事》，载《纪念钱宁同志》编辑小组编《纪念钱宁同志》，清华大学出版社、水利电力出版社，1987年，第57页。

尽沧桑得到一个真题》的报告❶。该报告以质朴的语言和真挚的感情，告诫学生们要认清历史的趋势，坚持正确的路线，及时消弭了这场信仰危机。此后，学生们重新建立起对党和社会主义祖国的信心，大家思想统一，努力工作学习，朝着发展我国泥沙研究和整个治黄事业的共同目标奋力前进，为新时期泥沙研究和治黄事业的快速发展奠定了良好的思想基础。

从 20 世纪五六十年代水利水电科学研究院河渠研究所的泥沙培训班到七八十年代清华大学水利工程系的泥沙研究室，短短三十余年时间，我国的泥沙研究从无才可用发展到拥有老中青三代相结合的人才济济的局面。局面的转换，离不开钱宁艰辛的努力。桃李不言，下自成蹊。只要得到过钱宁帮助、鼓励和培训的同志大多以"钱宁的学生"自称，这样的表达是对钱宁在教书育人方面的充分肯定。钱宁在培养我国新一代泥沙研究队伍的时候，除了在课堂上以生动的形象、深入浅出的语言传授专业知识外，他更多的是言传身教，以自身严谨的治学态度、高效的学习方法、强烈的使命感、无私的奉献精神和对学生无微不至的关怀默默影响着身边的学生。如今，钱宁的学生大多成为泥沙研究中的骨干力量，泥沙研究事业也在数代人的合作下蒸蒸日上。凡此种种，无不建立在钱宁生前打下的人才基础之上。钱宁曾说："办培训班，是我参加工作以来花费气力最大的工作。"❷ 付出总有回报，对比今昔，通过时间的助力，这最大的气力已经转化为他对泥沙研究和治黄事业最大的成就和贡献。

第二节　推动泥沙研究走向世界

在全球化观念深入人心的今天，要理解"中国的发展离不开世界，世界的发展也离不开中国"这句话，并不是件稀奇的事。但在 20 世纪六七十年代就能洞察和践行国际合作的人，可谓是具有远见卓识的。在泥沙研究方面，钱宁是一位心中拥有一幅完整世界范围泥沙研究工作图景的科学家。他认为，有着黄河这样河流的中国理应在泥沙研究领域里走在世界的前列，同时他也深知只有注重国际交流合作，才能博采众长，既能解决我国的泥沙问题，又能使中国的泥沙研究在国际上占有一席之地。❸ 钱宁一生，特别是在生命的最后阶段，致力于推动国际交流和合作，最终使我国的泥沙研究走向世界并跻身世界先进行列。

要走向世界，必须先对国外泥沙研究的现状有所了解，这样才能在开启交流之时不致与国际脱轨。在改革开放以前，由于种种条件的限制，我国几乎中断了和西方国家的交流，因此钱宁倍加珍惜与苏联专家交流学习的机会，希冀苏联成为交流的窗口，

---

❶　此报告原只面向清华大学水利工程系申请入党的学生，整理成录音后在多个单位播放，后发表在 1981 年 11 月 4 日的《新清华》报上。

❷　黄銮彩等：《钱宁与教育》，载《纪念钱宁同志》编辑小组编《纪念钱宁同志》，清华大学出版社、水利电力出版社，1987 年，第 204 页。

❸　周志德：《钱宁与国际泥沙研究》，载《纪念钱宁同志》编辑小组编《纪念钱宁同志》，清华大学出版社、水利电力出版社，1987 年，第 186 页。

以此来了解世界学术动态。20 世纪 50 年代，每当有苏联专家开课讲学，钱宁总是欣然前往，并坐在最前排，认真地记笔记，一时传为美谈。1957 年，列维教授访华，钱宁忙与之交流学术观点；1958 年，罗辛斯基❶来华指导三门峡工程建设，钱宁全程陪同，不时在勘查黄河的工作中请教学习。❷ 然而，这种与国外学者面对面交流的机会毕竟不多，钱宁更多的是通过阅读文献尽可能地去了解国外的学术动态。1956 年，钱宁见到了英国拜格诺❸有关水流输沙的论文后，认为是泥沙研究领域重要的新理论，立即请龙毓骞❹翻译出版，介绍给国内学术界。❺ 1973 年，在黄河查勘期间，钱宁随身携带加拿大雅林❻新著的著作，一路上一有空闲就捧着书认真地阅读。在外文文献被认为是无需看的年代，刚恢复工作不久的钱宁，为了紧跟学术的发展，仍然冒着风险订阅美国杂志。❼ 钱宁不断搜集新资料，亲自摘录的国外泥沙理论笔记多达几千份，这些资料笔记成为国内学者迅速了解国外泥沙研究现状的重要信息来源。

新中国成立后，虽然通过二十余年的奋斗，我国的泥沙工作取得斐然成绩，对国外的研究成果也涉及颇多，但钱宁始终为无法当面与国外学者交流、无法推动我国泥沙研究走向世界而感到遗憾。直到改革开放，才迎来了推动泥沙研究走向世界的契机。

改革开放以后，我国以自信的姿态主动地走向世界。钱宁抓住时机，联合国内泥沙研究界的同仁，率先提出在我国举办河流泥沙国际学术讨论会的倡议。当时不少同志对我国举办会议能否得到国际上的认可表示担忧，在筹备会议的工作中积极性不高。钱宁依据自己对国内外泥沙研究现状的了解，鼓励同志们不要妄自菲薄，我国的泥沙研究工作已经具备与世界各国比肩的资格，之所以产生差人一等的错觉，只是因为外界与我们相互不了解。❽ 这一番论断，极大地增强了同志们的自信，鼓舞了士气，推动了筹备工作的顺利进行。为了组织好讨论会，钱宁亲自致信外国学者，诚邀他们撰写论文、参加会议。为了向各国学者全面介绍新中国成立以来取得的泥沙研究成果，钱宁除了组织各单位撰写论文，还与戴定忠合作完成了极具概括意义的《中国河流泥沙

❶　罗辛斯基：苏联著名水利工程专家，苏联来华的指导专家，为我国三门峡工程兴建作出过贡献。

❷　周志德：《钱宁与国际泥沙研究》，载《纪念钱宁同志》编辑小组编《纪念钱宁同志》，清华大学出版社、水利电力出版社，1987 年，第 185 页。

❸　拉尔夫·阿尔诺·拜格诺（1896—1990），苏联风沙物理学奠基人。在泥沙研究领域，拜格诺用物理力学分析方法创立了推算推移质输沙率公式。

❹　龙毓骞（1923—2006），湖南攸县人。1947—1949 年留学美国，回国后先后在官厅水库、黄河水利委员会三门峡水库实验总站和水文处等单位工作，1983—1985 年任黄河水利委员会总工程师。

❺　周志德：《钱宁与国际泥沙研究》，载《纪念钱宁同志》编辑小组编《纪念钱宁同志》，清华大学出版社、水利电力出版社，1987 年，第 186 页。

❻　M. S. 雅林（1925—2007），加拿大著名泥沙专家，1977 年出版的《输沙力学》一书奠定了其在泥沙学术界的地位。

❼　夏震寰：《缅怀钱宁的好学精神》，载《纪念钱宁同志》编辑小组编《纪念钱宁同志》，清华大学出版社、水利电力出版社，1987 年，第 45～46 页。

❽　钱理群：《心系黄河——著名泥沙专家钱宁》，科学普及出版社，1991 年，第 58 页。

问题及其研究现状》的报告。为了方便国外学者的阅读，钱宁分秒必争，在接受手术之前完成了论文汉译英工作。1980年3月，第一届河流泥沙国际学术讨论会在北京召开。在钱宁的邀请约稿下，有30余位外国学者参加了会议。40余篇国内论文，全面展示了我国泥沙研究的成就，使国际泥沙学界为之瞩目震惊。此次会议，使我国泥沙研究成就得到了世界的认可，宣告了我国泥沙研究已能自立于世界泥沙学界，奠定了我国在国际泥沙学界的地位。

为了巩固我国在国际泥沙学术界的地位，进一步推进国际合作，钱宁再接再厉，在大会上提出在我国成立国际泥沙研究培训中心的倡议。因为我国在泥沙研究方面有目共睹的成就，这一倡议得到了与会外国学者的响应。为了得到国内有关单位同仁的支持，钱宁多方斡旋，多次解释"中国有个黄土高原，有世界含沙最多的黄河，更重要的是有这样一支有作为的泥沙研究队伍和一大批研究成果，在中国成立国际泥沙研究培训中心，我们是当之无愧，也是责无旁贷的"❶。在钱宁的努力下，国内成立国际泥沙研究培训中心的意见取得一致。1983年，联合国教科文组织同意中国提出的在中国成立国际泥沙研究培训中心的申请。1984年7月21日，国际泥沙研究培训中心在北京正式成立。国际泥沙研究培训中心的挂牌成立，吸引来自世界各地的学者聚集于此，使我国成为交流、学习和培养人才的重镇，再一次展示了我国在泥沙研究上的实力，进一步奠定了我国在国际上的地位。

《国际泥沙研究》（季刊）是国际泥沙研究培训中心展示研究成果的窗口和园地，在很大程度上反映出国际泥沙研究培训中心的实际研究水平。钱宁深知"如果'中心'拿不出像样的刊物，怎么能得到国际上的公认？"的道理❷。为办好这份杂志，钱宁可谓耗尽心血。钱宁被推选为杂志主编之时，已经身患癌症6年，但他仍不顾身体状况，尽最大的努力将杂志办到最好。钱宁一面写信向国内外知名学者约稿，一面自己也根据新的研究成果撰写论文。他对论文的质量要求很高，对每篇来稿都做到亲自审读，提出修改意见，只有观点新颖、论证全面的论文才能获准刊登。总之，杂志从论文质量、版式设计，到印刷质量，钱宁都要求尽善尽美。《国际泥沙研究》正式发行后，得到各国业内人士的高度评价。"版式精美，学术标准很高"❸，"一本对泥沙研究来说开创新纪元的杂志"❹，这些赞美之词，无不证明了《国际泥沙研究》成为我国泥沙研究走向世界的另一个重要标志。

从时刻关注学术动态到河流泥沙国际学术讨论会的召开，从国际泥沙研究培训中

---

❶ 钱理群：《生命的沉湖》，生活·读书·新知三联书店，2006年，第130页。
❷ 周志德：《钱宁与国际泥沙研究》，载《纪念钱宁同志》编辑小组编《纪念钱宁同志》，清华大学出版社、水利电力出版社，1987年，第190页。
❸ 评价来自美国爱荷华大学水利研究所主任肯尼迪教授。参见周志德：《钱宁与国际泥沙研究》，载《纪念钱宁同志》编辑小组编《纪念钱宁同志》，清华大学出版社、水利电力出版社，1987年，第190页。
❹ 评价来自日本中央大学水利实验室主任林泰造教授。参见周志德：《钱宁与国际泥沙研究》，载《纪念钱宁同志》编辑小组编《纪念钱宁同志》，清华大学出版社、水利电力出版社，1987年，第190页。

心的成立到《国际泥沙研究》的创刊发行，钱宁以一个学者的远见卓识稳扎稳打地将我国的泥沙研究从默默无闻一步步推向世界先进行列。通过钱宁的努力，中国一改往日在国际学术界落后的形象，展示了自身在泥沙研究方面的雄厚实力。凡此种种，为之后中外在水利建设乃至其他领域的合作奠定了基础。

第四章　钱宁在黄河泥沙研究中作出卓著贡献的原因探析

在钱宁短暂的一生中，他对泥沙研究乃至整个治黄事业都作出了不可磨灭的贡献，也赢得了国内外学者的普遍赞誉和尊重。任何事物都不是凭空出现的，其产生和发展都有着内在的联系。只有透过浮于表层的现象对蕴含其中的因果联系作透彻的剖析，才算真正了解一个事物。因此，如不对钱宁之所以能作出如此重大贡献的原因有所分析，有关钱宁学行的研究也只能算是浅尝辄止。引起事物产生发展的原因有千千万，但大体可分为内因和外因。唯物辩证法认为内因是事物自身运动的源泉和动力，是事物发展的根本原因；外因是通过内因起作用的。因此，在分析钱宁作出卓著贡献的原因时，更应侧重对钱宁本身的研究，包括他的学识、品行、工作方法等方面，而外部环境对钱宁的影响则应归属于外因所起的辅助作用，拟略微涉及，不做过多的探讨。

第一，从不计较个人得失，始终心系黄河，矢志报效祖国。钱宁在美国留学期间，就已经取得相当高的学术成就了。他参加了导师小爱因斯坦主持的加州工程师兵团密苏里分团工程建设的咨询工作，并在美国各学术刊物上单独或与导师联名发表了十多篇学术论文，初步奠定了在国际泥沙学术界的地位。❶倘若钱宁继续在美国发展下去，定能继承小爱因斯坦的衣钵，成为美国功成名就的泥沙学术权威。但钱宁从小心系黄河，立志要做中国自己的治理黄河的专家学者，1954年底，当美国政府在我国政府的施压和留学生的努力下被迫取消禁止学理工医农的中国留学生回国的禁令后，他毅然放弃业已在美国取得的成就，拒绝美国政府为挽留他而开出的条件，于1955年回到了当时百废待举的祖国，投身到黄河泥沙的研究中。

回国之后，钱宁的研究工作开展得并不顺利。新中国成立的前三十年，以阶级斗争为纲的错误思想始终未能完全摒弃，政治运动不断，有美国留学经历的钱宁经常受到不公正对待。"文化大革命"期间，钱宁甚至被冠以"美蒋特务"的罪名关进牛棚长达9个月之久。但"文化大革命"结束后，钱宁并没有计较个人得失，认为"十年动乱中，国家的损失比起个人损失更大，现在国家已经纠正了错误，创造了更好的条件，我们应该把失去的时间夺回来"❷。所以，钱宁一得到解放就立即投身到科研工作中。

正因为心系黄河，对祖国怀有真挚的爱，始终将改变黄河面貌、为人民谋福祉、

---

❶ 钱理群：《心系黄河——著名泥沙专家钱宁》，科学普及出版社，1991年，第13~14页。

❷ 董曾南等：《悼念钱宁 学习钱宁》，载《纪念钱宁同志》编辑小组编《纪念钱宁同志》，清华大学出版社、水利电力出版社，1987年，第63页。

618

使国家富强作为人生的最终追求，钱宁才能将个人得失置之度外，在严酷的政治运动中坚持下来，并最终在黄河泥沙理论研究、教书育人和国际合作等方面作出卓越的贡献。

第二，以乐观的心态、顽强的意志积极配合医护人员治疗，为各项工作的进行争取了时间。钱宁主要成就的获得基本是在"文化大革命"以后，但1979年他就罹患了癌症，如果没有乐观的心态积极配合医护人员的治疗，钱宁极有可能会在各项成果未成熟之前病逝。因此，乐观的心态为钱宁进行各项工作争取了宝贵时间。

钱宁自1979年发现罹患肾癌，直到1986年底病逝，这八年的时间对恶性度极高的左侧肾癌来说可谓是生命的奇迹。八年中，钱宁七次重病住院，经历了三次放射治疗，五次化学治疗，两次腹腔大手术。❶ 此中痛苦不言而喻，但他始终以乐观的心态和异于常人的顽强意志挺了过来。在得知身患癌症后，钱宁很快从震惊无措中调整好心态，他希望"老天爷要能再给五年的时间，他就可以把泥沙队伍带起来，也可以把几本书写出来"❷。面对癌症的降临，首先想到的不是个人生死而是未完成事业的坦然态度，注定了他在之后的抗癌斗争中会坚持乐观的心态。在治疗过程中，钱宁深知心态的重要性。他认为面对癌症，悲观和悔恨是没有用的，要积极与医生配合，把病治好，多想想怎么增强体质，为接受治疗创造条件才是正事。❸ 1982年，摘除左肾的钱宁，发现癌细胞开始向腹部转移。一般人遇到此类情况大多会心灰意冷，但钱宁却只是淡定安详地说了一句："我一生经历了三次大难关，第一次是'文革'中被关牛棚，第二次是得了癌症，这是第三次。"❹ 言外之意就是钱宁坚信他定能像克服前两次难关一样顺利地克服第三次的难关。正是抱有这样的积极心态，无论手术或化疗如何痛苦，他都表现得坦然处之。"很好，没有什么反应，该怎么治就怎么治"❺ 是钱宁对医护人员说得最多的一句话。

钱宁以乐观的心态配合治疗并不是在乎个人生死，而是为了尽可能多地与死神抢时间完成未完成的事业。他深知癌症痊愈的可能性不大，在接受治疗之初就真诚地询问过医生他到底还有多长时间，以便他更好地安排剩余的工作。❻ 所以，只要病情稍有好转，即使在病房中，钱宁也会抓紧时间着手科研工作。钱宁不认为抱病工作是痛苦，

---

❶ 晓亮：《从清华走出的科学家》，中国三峡出版社，2011年，第145页。

❷ 万兆惠：《他把自己的一生献给了泥沙事业》，载《纪念钱宁同志》编辑小组编《纪念钱宁同志》，清华大学出版社、水利电力出版社，1987年，第86页。

❸ 孙燕等：《他赢得了医护人员的尊重》，载《纪念钱宁同志》编辑小组编《纪念钱宁同志》，清华大学出版社、水利电力出版社，1987年，第74页。

❹ 陈稚聪：《生命的最后冲刺》，载《纪念钱宁同志》编辑小组编《纪念钱宁同志》，清华大学出版社、水利电力出版社，1987年，第234页。

❺ 晓亮：《从清华走出的科学家》，中国三峡出版社，2011年，第146页。

❻ 孙燕等：《他赢得了医护人员的尊重》，载《纪念钱宁同志》编辑小组编《纪念钱宁同志》，清华大学出版社、水利电力出版社，1987年，第73页。

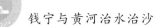

反而觉得"在与时间竞赛中忙忙碌碌，倒也感受到生活的乐趣，增加与疾病斗争的勇气"❶。这样，乐观的心态有助于钱宁科研工作的开展，而抱病科研又反过来促进钱宁更好地保持乐观的心态，形成了一个良性循环。因此，病中八年，钱宁非但没有消沉，反而因乐观的心态，以更拼搏的姿态，不仅完成了被誉为"学术上和治河工程中的里程碑"的《泥沙运动力学》专著的修订，编撰了开启河流动力学和地貌学综合研究的《河床演变学》一书，开拓和组织了结合黄河水流特点的高含沙水流的研究，还培养出一批高素质的泥沙研究人才，并推动我国泥沙研究走向世界。总之，倘若钱宁没有乐观的心态，即使有医护人员的全力治疗，治疗效果肯定也会大打折扣，钱宁或许无法坚持八年的时间，更遑论抱病主持与参加科研工作并在各项科研工作中取得突破性的进展了。

第三，坚持注重实践。钱宁在科研中始终坚持注重实践，在很大程度上是受导师小爱因斯坦的影响。小爱因斯坦在科研中十分注重将实验室理论研究和野外研究相结合，"到野外去，到实际工程去"更是他的名言。因此，在求学阶段钱宁就因导师的言传身教对注重实践的方法有了深刻的印象。回国以后，面对黄河，钱宁才真正领悟到导师提倡的研究方法的科学性和重要性。要解决如黄河般复杂的泥沙问题，单纯依靠实验室里的研究是行不通的，必须从黄河的实情出发，有针对性地进行研究才能找到解决问题的方法。

正因为知晓注重实践的重要性，钱宁在进行科研工作时总少不了实地勘查这一环节。在进行粗泥沙研究的过程中，为了印证"黄河中游是否存在粗泥沙集中产沙区"这一设想，钱宁先后三次组织人员前往黄河中游地区进行实地勘测；为揭示三门峡工程修建后黄河下游的输沙规律，钱宁则长期驻扎在三门峡一线基地，一面参加下游的实地观测，一面根据所得的观测数据进行泥沙模型的试验；在高含沙水流研究的起始阶段，钱宁即组织力量在渭南水文站和无定河水文站进行连续两年的观测，获得完备的野外河道资料，形成了高含沙水流研究的最初认识，为深入研究打下了基本思路。正因为有了此环节，他得出的理论很大程度上都能切中实际问题的要害，具有较强的理论指导意义。

钱宁坚持注重实践还表现在他向基层工作者学习的行为上。每次现场勘查，他总爱与老乡、河工、技术人员交谈请教，边谈边记笔记，因为他认为基层工作者在长期的基层工作中，形成了一系列有别于学院派学者的直观认识和方法。这些东西虽显得粗陋，但都是基层工作者长期工作的经验总结，往往能从宏观方面看出问题症结所在，在解决实际问题中常常能显示出意想不到的效果。❷ 正因为这样，钱宁才能吸收基层人员的长处，弥补自身作为理论工作者在实际问题上的不足，形成优势互补，进而不断深化和丰富认识，以便最终得出的理论更有利于实际问题的解决。

第四，善于抓主要矛盾。主要矛盾决定事物发展的方向和性质，抓住主要矛盾就

❶ 钱理群：《心系黄河——著名泥沙专家钱宁》，科学普及出版社，1991年，第53页。
❷ 钱理群：《生命的沉湖》，生活·读书·新知三联书店，2006年，第121页。

能把握住事物发展的方向和性质，对解决事物发展过程中的问题起事半功倍的效果。其实钱宁在进行黄河泥沙理论研究过程中就具备抓主要矛盾的意识。他认为，影响事物发展的因素有很多，如果全部考虑，则得出的相关理论会过于繁琐，在应用于现实问题时也会因理论的繁琐性变得难以操作，因此，突出其中起主要作用的因素，忽略次要因素是进行理论研究的前提。❶ 这一意识集中体现在"黄河中游粗泥沙来源区理论"的研究中。

在钱宁研究之前，虽然治黄工作者们已经知道泥沙问题是根治黄河的关键，但在减少黄河泥沙淤积问题上将有限的人力物力财力分散在整个黄土高原的水土保持上。钱宁于 1959 年提出的"粒径大于 0.05 毫米的粗泥沙可能是造成黄河下游淤积的主要原因"设想虽然起于一次偶然的发现，但这偶然中蕴含着必然，正因为钱宁心中长存抓主要矛盾的意识，才能使他在常人看来平常的发现中敏锐地发现粗泥沙的与众不同。在明确了粗泥沙的特殊性之后，钱宁在此后的有关粗泥沙来源区的研究中，时刻抓住粗泥沙这一主要矛盾。在分析黄河 20 世纪 50 年代年平均来水来沙及淤积情况时，钱宁着重剖析全部泥沙中粒径大于 0.05 毫米的粗泥沙，得到这类粗泥沙果真是造成黄河下游河道淤积的主要原因的结论。在前往黄河中游进行实地勘查时，钱宁着重考察粗泥沙分布区，发现了黄河中游果真存在粗泥沙集中来源区；在分析三门峡工程建库前后 19 年的洪峰资料时，又着重关注来自粗泥沙区洪峰对黄河下游河道淤积的影响。正因为钱宁在"黄河中游粗泥沙来源区理论"的研究过程中，时刻抓住粗泥沙这一主要矛盾，才使他找出造成黄河下游河道淤积的主因，并划定出粗泥沙集中来源区，为开展重点区域的水土保持工作提供了理论指导。

第五，走跨学科研究之路。早在从事泥沙研究之初，钱宁就树立起跨学科研究的意识。1950 年还在美国留学的他就在与林秉南❷的通信中表达了跨学科研究的思想，他指出不应只从水力学或流体力学的角度去研究泥沙，而应结合水文、地理、地质地貌等学科去研究。❸ 因此，在美留学期间，除了完成学业外，他还广泛涉猎相关学科的文献，为以后的研究作了原始积累。回国以后，钱宁在他长期的研究工作中始终践行着跨学科交叉研究的理念。回国之初，钱宁就积极加强与地理学界的联系。1959 年，在他的促成下，水利水电科学研究院河渠研究所接纳了中国科学院地理研究所来学习河流泥沙模型试验和技术的人员，并指派两名有经验的工程师具体指导地理研究所地貌实验室的设计工作。这就为水利工程界和地理学界之后的合作开了个好头。为了消除水利工程界同志对为什么要与地理学界合作的困惑，改变水利工程和地理学两界各

---

❶ 张仁等：《钱宁同志指导我们进行科学研究》，载《纪念钱宁同志》编辑小组编《纪念钱宁同志》，清华大学出版社、水利电力出版社，1987 年，第 82 页。

❷ 林秉南（1920—2014），原籍福建莆田。中国科学院院士，中国水利水电科学研究院院长。长期从事水力学及河流动力学研究。

❸ 林秉南：《学者、工程师、组织者的钱宁》，载《纪念钱宁同志》编辑小组编《纪念钱宁同志》，清华大学出版社、水利电力出版社，1987 年，第 29 页。

自为政的局面，钱宁做了大量的宣传和推广工作。在 1964 年举办的第一届泥沙进修班中，钱宁将河流地貌学作为其中的必修课程，就是为了使水利工程界更深入地了解地理学。讲课期间，钱宁多次向学员强调，泥沙研究应当把水力学、河流动力学和河流地貌学三方面结合起来，同时发挥不同学科的长处，彼此尊重各学科自身的特点。他告诫水利工程界同志，不要轻视地理学，在水利工程界有许多用公式讲不清楚的问题，地理学家以其完整的系统逻辑性就可以阐述清楚。同时，他也告诫地理学研究工作者应发挥自己的特点和优势，不要简单地重复水利工程学的一套。❶ 这样，不仅使水利工程和地理学两界加强了联系，建立起互信，还培养了一批具有跨学科研究意识的人才，为水利工程和地理学两界的共同协作奠定了思想和人才基础。

除了在教书育人方面注重培养学员的跨学科意识，钱宁自身也注重学习相邻学科的知识。他不仅自己阅读文献，而且尽可能抓住向他人请教学习的机会。历次的全国地貌专业学术会议他都尽力参加。在讨论会上，钱宁不仅敢于将自己的未成型的论文拿出来请与会专家就涉及地理学方面的内容提出意见，而且经常向地理学研究工作者咨询工作中遇到的各种问题。这就为钱宁的学术体系拓展了广度，使其能以超越水利工程界范畴的眼光来看待黄河的泥沙问题。

跨学科的交叉研究还体现在钱宁对工作伙伴的选择上。1962 年初，钱宁请毕业于南开大学化学系的周永浍从物理化学的角度进行浑水流变性质的研究。通过周永浍的研究，钱宁发现细泥沙在高含沙水流中的絮凝结构。❷ 这一发现为高含沙水流研究提供了早期的理论准备。1965 年 7 月，为理清黄河中游的泥沙分布，钱宁组织了二十余名南京大学地理学系师生共同前往黄土高原勘查。在地理学系师生的协助下，钱宁团队发现黄土高原的确存在粗泥沙集中产沙区，这就使得粗泥沙的研究向前迈进了一大步。

此外，钱宁的跨学科交叉研究之路，并不局限于相邻学科的协作，还突破了文理科的隔阂。钱宁早年酷爱文学，后虽弃文从工，但文学素养和文士情操都融入了他的知识体系中。所以，钱宁虽然走上了自然科学研究的道路，但他仍然是一位具有人文关怀的自然科学家。在勘查日记中，钱宁记录的内容不仅有河床地貌，还包括了当地的风土人情。这是因为钱宁并不是为了治河而治河，他的最终目的是为了通过治河实现国强民富。这就决定了钱宁总能以更高远的眼界和心境去从事科学研究。

总之，走跨学科研究之路是钱宁自接触泥沙研究伊始就选择的方法之一。通过这一方法，钱宁充分发挥了各学科的优势，联合了诸多有利于泥沙研究的力量，这也是

---

❶ 沈玉昌等：《走地理水利共同协作的道路》，载《纪念钱宁同志》编辑小组编《纪念钱宁同志》，清华大学出版社、水利电力出版社，1987 年，第 172 页。

❷ 絮凝结构：高含沙水流中的特殊现象。在含沙量高的水流中，细泥沙表面会与水分子产生化学反应，能吸收大量的水体附着在泥沙表面，形成絮凝结构，极大地减小泥沙的沉速。絮凝结构还能与粗泥沙共同组成更大的絮团结构，减小整体泥沙的沉速，继而提高水流的整体携沙量。

钱宁之所以能作出贡献的原因之一。

黄河泥沙问题历来复杂难治，钱宁以他丰富的学识、科学的研究方法和高尚的品行，在黄河泥沙理论研究、黄河泥沙研究队伍建设、推动黄河泥沙研究国际交流合作乃至整个治黄事业方面作出了巨大贡献。以上成因相互影响，相互促进。除了主观原因，诸多客观原因，如新中国的统一安定、各级水利和治黄机构及领导同仁的支持与关怀等，都对钱宁从事的黄河治水治沙研究产生了积极影响。

罗西北与新中国
水利水电事业

绪论

第一章

罗西北从事新中国水利水电事业的历程

第一节　新中国成立初期的初露锋芒（1953—1956 年）

第二节　十年探索时期的全面发展（1956—1966 年）

第三节　动荡年代的坚持不懈（1966—1976 年）

第四节　改革开放后的再展宏图（1978—2005 年）

第二章

罗西北参与河流的水电梯级开发

第一节　参与黄河的水电梯级开发

第二节　参与乌江的水电梯级开发

第三章

罗西北对大型水利工程的建言献策

第一节　对三峡工程的建言献策

第二节　对南水北调工程的建言献策

第四章

罗西北对优先发展水电的深刻认知

第一节　全面分析优先发展水电的必要性与可能性

第二节　为优先发展水电建言献策

第五章

罗西北对新中国水利水电事业作出重大贡献的原因分析

罗西北与新中国水利水电事业

罗西北是新中国水利水电领域的著名专家，一生致力于水利水电建设。新中国成立后，罗西北担任成都勘测设计院总工程师，领导科技人员对西南地区的水力资源展开了大规模的勘测工作，积累了丰富的水文地质资料。为了水利水电事业的发展，罗西北力促黄河和乌江的水电梯级开发，在刘家峡水电站及龙羊峡水电站建设过程当中担任重要领导职务，并身体力行，在这两个水电站以及一系列梯级水电站的勘测、规划、设计乃至施工方面都发挥出重要作用。在三峡工程和南水北调工程的建设上，罗西北也提出了诸多宝贵的意见，促使这些工程在论证中不断完善规划，减少工程建设失误。此外，罗西北还针对水电建设方面存在的诸如水电开发程度低、水电前期工作经费不足等问题进行了深入分析，为水电的优先发展建言献策。本篇从一个科技大家生平事略的角度，通过对罗西北水利活动的全面论述，以期加深对新中国水利水电事业发展历程的认识，力图凸显以罗西北为代表的老一辈水利水电专家为国家建设作出的杰出贡献，激励今天的科技英才发奋图强，报效祖国。

绪　　论

一、论题的缘由与意义

中国自古以来就是农业国家，农业在国家经济中占据举足轻重的地位。而与农业息息相关的水利事业在中国历史上自然也有着重要的地位。水利事业的兴衰关系到农业的兴盛与否、关系到人民幸福与否、关系到国家安定与否。从传说中的大禹治水起，历朝历代都十分重视治理江河、兴修水利、防范水灾。近代以来，由于列强入侵、军阀混战、社会动荡，水利事业的发展受到较为严重的阻碍。新中国成立后，党和国家领导人深知水利事业的重要性，把水利事业摆在突出的地位。同时，毛泽东、周恩来等党和国家领导人多次考察中国的大江大河，并多次召开有关水利工作方面的会议，积极为新中国水利事业的发展制定大政方针。如今，随着社会经济的发展，用水、用电需求不断增加，水利水电工程建设再次成为社会关注的热点之一。如何协调工农业用水；如何满足居民用水、用电的需求；如何制定合理的河流规划以促进水资源的综合利用；如何协调河流水电开发与地区经济发展和环境保护之间的关系，成为亟需解决的问题。因此，促进水利水电事业的蓬勃发展显得尤为重要。

水利水电事业是一项复杂的建设事业，需要水利水电工程专家对河流进行勘测、

规划、设计和充分论证，才能制定科学、合理的可行性报告和施工方案，从而保证施工质量。此外，水利水电工程建设还需要水利水电工程专家有宏观的战略眼光，才能充分发挥水利水电工程的防洪、发电、灌溉、航运、生态等综合效益。新中国水利水电事业经历 70 年的艰苦奋斗，能有今天的成就，离不开水利水电工程专家的贡献和付出。在众多的水利水电工程专家当中，罗西北是个比较独特的人物。他的父亲是中国共产党早期领导人之一的罗亦农，而他自己则是一个不折不扣的水利水电工程专家、实干家。罗西北几乎走遍了我国每一条大江大河，每到一个地方，他都要实地考察河流的水文、地形、地势。治理这些大江大河的规划设想，许多已建、在建和将建的水电站的勘测设计，都留有罗西北的智慧和贡献。因此，他是新中国水利水电事业中的重要专家学者。1987 年，罗西北退出工作一线后，仍然退而不休，在中国国际咨询公司担任水利水电工程方面的顾问，工作丝毫不比以前轻松，找他指导和帮助的工程建设事务也是有增无减。罗西北从来都是哪里需要就到哪里去，即使 77 岁高龄仍然参加江河考察。对于这样一位一生在水利水电事业上辛勤奉献的水利水电工程专家，笔者对其充满敬意。希望通过对罗西北与新中国水利水电事业的研究，能够从一个侧面反映新中国水利水电事业取得的成就及存在的问题，为当今的水利水电工程建设提供借鉴。此外，作为水利水电工程建设领域的大家，罗西北服务祖国和人民、全身心投入水利水电工程建设和淡泊名利的优良作风和优秀品质，对于现今各行各业的劳动者而言，都是值得学习的。

二、学术史回顾

迄今学术界尚无"罗西北与新中国水利水电事业研究"论题的论著问世。但罗西北的家人及同仁已撰写了若干记述罗西北水利水电人生的书籍、文章。由罗西北夫人赵仕杰撰写、李锐和汪恕诚[1]作序的《我嫁了个烈士遗孤——记罗西北的水电生涯》[2]一书，共三十六章，以纪实的手法记述了罗西北从延安鲁迅小学学习到留学苏联再到回国建设祖国，投身新中国水利水电事业，成为我国著名水利水电工程专家的坎坷曲折的人生经历。该书内容翔实、丰富，以较多的篇幅详细地介绍了罗西北一生从事水利水电工程建设的情况，不足的是对罗西北参与的一系列重要水利水电工程建设的技术问题和经历的诸多历史事件的来龙去脉缺乏深入的探究，因而学理性不强。

一些报刊对罗西北从事的水利水电活动及其生平事迹进行了介绍。一批报刊记者对罗西北进行了采访，了解到罗西北广博精深的专业学识、不平凡的水利水电人生和踏实的工作作风。其中，《贵州日报》记者谢念、万群到罗西北家中拜访他后写了《把握优势——著名水电专家罗西北谈贵州电力开发》[3] 一文。这篇文章讲述了罗西北为了

---

[1]　汪恕诚（1941—　），江苏溧阳人。1968 年清华大学水利工程系研究生毕业，曾任水利部部长、第十一届全国人大财政经济委员会副主任委员等职。

[2]　燕秋：《我嫁了个烈士遗孤——记罗西北的水电生涯》，中国电力出版社，2002 年。

[3]　谢念、万群：《把握优势——著名水电专家罗西北谈贵州电力开发》，《贵州水力发电》1994 年第 4 期。

研究贵州电力起步问题，多次前往贵州，推动了乌江的水电梯级开发。同时，还着重叙述了罗西北为成立乌江水电开发公司，带动贵州经济发展所作出的不懈努力。徐晓撰写的《罗西北》❶、郭道义撰写的《罗西北：江河入梦梦长久》❷两篇文章，由罗西北从事的具体水利水电建设项目展开，强调其对中国水利水电事业作出的贡献。唐振南的《在坎坷的生活之路上洒下辉煌——记水电专家罗西北》❸、王杰民的《江河之魂——记我国著名水电专家罗西北》❹、郭鹏的《江河之魂，水电情深——追忆我国著名水电专家罗西北》❺，这三篇文章回顾了罗西北一生的留学、工作经历，突出其艰辛的水电生涯，有助于整体了解罗西北的生平经历以及他所参与的水利水电建设事业。

2005年11月17日罗西北逝世后，中国水力发电工程学会在中国水电工程顾问集团公司等单位的帮助下，收集了大量个人回忆、纪念文章及单位悼文，由中国电力出版社出版了《罗西北纪念文集》❻。书中的许多文章通过对罗西北参与水利水电工程建设的回忆，反映了罗西北为新中国水利水电事业作出的突出贡献。该书对了解罗西北的为人、具体参与的水利水电工程以及发挥的作用均有助益。

关于罗西北留学苏联及"4821"❼群体历史的研究亦有论著发表和出版。杜魏华主编的《在苏联长大的红色后代》和《先驱者的后代——苏联国际儿童院中国学生纪实》❽两本书，以翔实的内容描述了"4821"群体人生的诸多事迹，讲述了罗西北从事水利水电事业受到的两次政治冲击以及平反后的工作生活概况。杨飞写的《"红色海归"：神秘的"4821"》一文❾，还关注到罗西北与其他革命后代留苏期间及归国之后的互动情况，对了解罗西北的人际关系有所帮助。

综上所述，目前国内已有一些关于罗西北生平事迹的著作和文章，但系统研究罗西北与新中国水利水电事业的论著尚无。已有著作和文章缺乏从整体上认知罗西北与新中国水利水电事业发展变迁的互动关系，缺乏对罗西北在新中国水利水电事业中作出卓越贡献的原因分析。因此，这方面的研究亟待进一步拓展和深入。

---

❶ 徐晓：《罗西北》，《财经》2005年第25期。

❷ 郭道义：《罗西北：江河入梦梦长久》，《中华英才》1997年第23期。

❸ 唐振南：《在坎坷的生活之路上洒下辉煌——记水电专家罗西北》，《湘潮》2001年第5期。

❹ 王杰民：《江河之魂——记我国著名水电专家罗西北》，《中国土族》2007年第4期。

❺ 郭鹏：《江河之魂，水电情深——追忆我国著名水电专家罗西北》，《中国电力教育》2013年第27期。

❻ 中国水力发电工程学会：《罗西北纪念文集》，中国电力出版社，2006年。

❼ "4821"指的是1948年9月，经中共中央批准，受中共中央东北局派遣，21位军级以上烈士或干部子女到苏联留学。罗西北（罗亦农之子）是其中之一，其余的人分别是：叶正大（叶挺之子）、叶正明（叶挺次子）、叶楚梅（叶剑英之女）、李鹏（李硕勋之子）、朱忠洪（王稼祥义子）、任岳（任铭鼎之女）、任湘（任作明之子）、江明（高岗外甥）、刘虎生（刘伯坚之子）、杨廷藩（杨棋之子）、肖永定（肖劲光之子）、邹家华（邹韬奋之子）、张代侠（张宗逊之侄）、林汉雄（张浩之子）、罗镇涛（罗炳辉之女）、项苏云（项英之女）、贺毅（贺晋年之子）、高毅（高岗之子）、崔军（崔田夫之子）、谢绍明（谢子长之子）。21位留苏生中有6位选择学习水力发电专业，是人数最多的，分别是罗西北、李鹏、林汉雄、贺毅、高毅、崔军。

❽ 杜魏华：《在苏联长大的红色后代》，世界知识出版社，2003年；杜魏华：《先驱者的后代——苏联国际儿童院中国学生纪实》，中国民主法制出版社，1990年。

❾ 杨飞：《"红色海归"：神秘的"4821"》，《文史博览》2010年第1期。

三、研究内容与方法

罗西北与新中国水利水电事业研究的论题，拟系统归纳罗西北从事新中国水利水电事业的历程，进而着重阐述其在江河水电梯级开发实践中如何克服规划、设计、施工领域的困难，促使水电开发事业不断向前发展的史实，分析其对优先发展水电和建设大型水利水电工程的远见卓识，分析其在新中国水利水电建设事业上作出重要贡献的原因，再现以罗西北为代表的水利水电专家这一群体为新中国治水事业立下的丰功伟绩。

本论题的研究方法：①文献研究法。整理、分析与本论题有关的档案资料、文献汇编、史志、年鉴、著作、报刊资料，将研究工作建立在坚实的史料基础之上。②多学科相结合的研究方法。从历史学的角度研究新中国水利水电科技大家，研究新中国水利水电发展史，势必涉及诸多与水利工程相关的自然科学、工程技术方面的学识，需结合历史学、水利工程学等学科的知识进行综合研究。

第一章　罗西北从事新中国
水利水电事业的历程

　　罗西北出生于 1926 年 12 月，湖南省湘潭县人。其父是中国共产党早期领导人之一的罗亦农。罗亦农在 1927 年 8 月召开的党的"八七"会议和 11 月召开的中共中央政治局扩大会议上被选为中共中央政治局委员、政治局常委，1928 年 4 月因叛徒告密被捕牺牲。罗西北的母亲诸有能曾在上海做过妇女工作，后被送往莫斯科东方大学培养，1928 年不慎掉入莫斯科河里溺死。罗西北外婆是个深明大义之人，自从罗亦农将罗西北托付给她之后，为了罗西北的安全，她带着罗西北回到了四川老家。罗西北五岁时，他的外婆为了让他接受良好的教育，又将他带到成都读书。1937 年秋，中共中央找到了罗西北和他的外婆，几个月后外婆难舍难分地将罗西北带到八路军驻武汉办事处，让他跟随周恩来同志到延安接受革命教育。在延安，罗西北读了《烈士传》，开始对父亲罗亦农有了较为全面的了解。他还读了李大钊、瞿秋白等烈士的传记。烈士们的英勇事迹激励着他，从此，他渴望能够成为像父亲一样的英雄，为国家作贡献。1941 年春，罗西北被党组织选送到苏联伊万诺夫国际儿童院学习。儿童院要求在校学生掌握一定的劳动技能，罗西北在学习劳动技能的过程中对无线电技术产生了特殊的兴趣。苏德战争爆发后，共产国际于 1943 年 5 月解散，罗西北也被迫离开了儿童院。罗西北由于热爱无线电技术，因此报考了伊万诺沃机电工程学校继续学习。1945 年 8 月苏联对日宣战后，苏军准备解放整个中国东北，苏联军官询问罗西北是否愿意参加工作，罗西北心想既然是为了打倒日本帝国主义，解放祖国东北，那就是自己义不容辞的责任，所以答应了。❶ 不久日本无条件投降，国民党军队进驻东北。1946 年 6 月苏联红军撤离东北，苏方要求罗西北在哈尔滨待命，等待时机，再次潜入敌后工作。1947 年，罗西北转到中共中央东北局，以公开身份在哈尔滨工业大学学习。1948 年 9 月，罗西北等 21 位高级干部子女或烈士子女被中共中央东北局派到苏联学习。临行前，时任中共中央东北局副书记的李富春特别叮嘱他们："开辟新中国是我们的任务，你们每个人都要学好技术，成为我们自己的专家。"❷ 李富春希望他们学习科学技术，回国后建设祖国。罗西北记得列宁曾经说过："共产主义就是苏维埃加全国电气化。"❸他深知中国的建设急需技术人才，因此毅然选择到莫斯科动力学院学习水能利用专业。

---

❶ 燕秋：《我嫁了个烈士遗孤——记罗西北的水电生涯》，中国电力出版社，2002 年，第 28 页。

❷ 李秀平：《〈红樱桃〉以外的罗西北》，《中华儿女》2000 年第 12 期。

❸ 中共中央马克思恩格斯列宁斯大林著作编译局：《列宁选集》第四卷，人民出版社，1972 年，第 399 页。

1953 年罗西北从莫斯科学成回国，不久即被分配到燃料工业部北京水电勘测设计院工作。从此罗西北开始从事新中国水利水电建设事业。

第一节　新中国成立初期的初露锋芒
（1953—1956 年）

罗西北 1953 年从莫斯科学成回国，1954 年被分配到燃料工业部北京水电勘测设计院，任规划室主任工程师兼苏联动能经济专家库滋涅佐夫的助理。❶ 罗西北时常陪同苏联专家一起组队出差到水利水电工程的建设工地，传授河流规划与动能经济方面的业务知识，同时，他还参与了梅山、佛子岭等水库的水能设计以及这些水电站的勘测设计，使这些水库除了防洪之外，还兼有发电、灌溉、航运的功能。当时大多数人对水力发电不了解，修水库的目的只为了防洪。在已建好的水库上再加修水电站本是一举两得的事，可是要使大家都认同，并非一件易事。罗西北回国从事水利水电事业之后，第一件事就是与水利部门打交道，争取各方统一认识。在他系统解释、耐心劝说之下，各方终于取得了初步共识。众多水库加修了水电站，使这些水库实现了综合利用。

1954 年 12 月，罗西北参加了刘澜波、李锐领导的访苏电站考察团，在苏联访问和参观了电站部、电站建筑部、科学院、高教部及所属有关部门，以及动力制造工厂等，共约 70 个单位；水电方面，共听了 30 次以上报告，进行了 40 次以上谈话，参观了已建成的和在建的 14 座水电站。❷ 在考察期间，罗西北还担任考察团的翻译工作。通过这次考察，考察团了解了苏联水电建设的基本情况、水电建设的经验以及苏联水电建设在初期遇到挫折的原因。其间许多宝贵的资料都是经罗西北翻译成中文的，为中国水利水电事业的发展提供了重要借鉴和帮助。

从苏联考察回国后，为了提高自己的工作能力，为国家的第一个五年计划作出贡献，罗西北决心到祖国最需要的地方去，从基层干起，在具体的工作岗位上锻炼自己。1955 年 12 月，罗西北从北京带着十几个技术骨干和分配到这里的一百多个刚毕业的大学生，来到四川省广元市苍溪县大坪村挂起了成都勘测设计院的牌子，罗西北被任命为该院的总工程师。❸ 四川省丰富的水能资源使罗西北废寝忘食地工作，他时常工作到深夜一两点。1956 年，当他发现成都勘测设计院的水文资料不足时，立刻与水文科长交流，向他阐明水文站的重要性，要求他们尽快建立高质量的水文站。在他的鼓舞下，水文科的同志在短时间内就建立了大大小小一二百个水文站，为成都勘测设计院提供了大量精确的水文情报，为成都勘测设计院设计水平的提高起到了推动作用。❹

成都勘测设计院除了规划工作之外，还要查勘川、黔等地丰富的水能资源情况，

❶　燕秋：《我嫁了个烈士遗孤——记罗西北的水电生涯》，中国电力出版社，2002 年，第 35 页。
❷　李锐：《李锐往事杂忆》，江苏人民出版社，1997 年，第 196 页。
❸　燕秋：《我嫁了个烈士遗孤——记罗西北的水电生涯》，中国电力出版社，2002 年，第 42 页。
❹　中国水力发电工程学会：《罗西北纪念文集》，中国电力出版社，2006 年，第 34 页。

首要目标便是查勘岷江流域。岷江是一条落差大、流量充沛的河流，是成都平原的主要水源。罗西北带领工作人员多次查勘岷江上游，为岷江流域的水电开发做了大量规划、选址方面的工作。第一个五年计划期间，为了缓解成都日益增长的用电需求，提高都江堰灌区的受益面积，缓解成都平原的洪水危害，在苏联专家的帮助下，设计了紫坪铺水电站，并很快投入建设。❶ 针对岷江上游灌汶段❷的开发，水利水电专家曾提出过许多方案，比较有名的就是美国权威水利专家萨凡奇曾提出的麻溪、漩口高坝方案。罗西北本着实事求是的态度，对上述两个坝址进行了深入细致的勘测，在勘测的基础上反复论证，最后否定了这两个高坝方案。在岷江上游灌汶段第一期开发工程的选择上，对于选择兴文坪工程还是紫坪铺工程，水利水电专家争议较大。罗西北从对外交通、施工条件、供电距离和综合利用动能经济指标等方面进行了充分的论证，坚持紫坪铺作为第一期工程，历史和现实都证明是正确的。❸

此外，罗西北还开展了岷江中、下游规划阶段的勘测工作，完成了龙溪河回龙寨和下硐两个工程的设计。龙溪河梯级水电站由狮子滩、上硐、回龙寨、下硐等 4 座水电站组成。❹ 回龙寨、下硐水电站设计的完成，使得龙溪河的梯级开发得以较早完成，对附近地区经济的发展起到了重要的推动作用。

纵观这一时期，罗西北从苏联学成回国后就开始涉足新中国水利水电建设事业，并逐渐在专业上崭露头角。留学苏联的经历，不仅使他在访苏考察期间能够担任翻译工作，将接触到的水电资料译成中文，而且使他能够胜任苏联专家助理的工作，参与一些水库的水能设计和一些水电站的勘测设计工作。这些经历不仅丰富了罗西北水利水电建设方面的理论知识，开拓了其视野，而且锻炼了罗西北的实践能力。担任成都勘测设计院总工程师期间，罗西北充分展现了自己的专业学识和组织领导才能。在岷江上游以及龙溪河的开发过程中，罗西北负责主要的勘测、设计工作。针对岷江上游不同的开发方案，罗西北通过实地勘测，科学论证，合理分析比较，选择了最优方案，充分展现了罗西北科技专家的本色。总之，新中国成立初期是罗西北在水利水电事业上初露锋芒的时期，也是其从事水利水电事业的奠基时期。

第二节　十年探索时期的全面发展
（1956—1966 年）

1956—1966 年，是新中国"探索社会主义道路"的时期，也是新中国水利水电事业的一个重要发展时期。其时，罗西北所在的成都勘测设计院业务范围包括云、贵、川三省的河流勘测。由于资料不足，成都勘测设计院面临的开发任务十分艰巨。为此，

---

❶ 当代口述史丛书编委会：《当代四川要事实录》第 2 辑，四川人民出版社，2008 年，第 81 页。

❷ 灌汶段：即岷江自汶川县城威州镇到都江堰市河段。

❸ 中国水力发电工程学会：《罗西北纪念文集》，中国电力出版社，2006 年，第 177 页。

❹ 《中国电力百科全书》编辑委员会：《中国电力百科全书·水力发电卷》，中国电力出版社，1995 年，第 230 页。

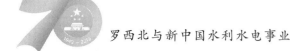

罗西北带领同仁特别认真地进行了众多河流的水力资源普查工作，[●] 为云、贵、川三省的水利水电建设收集资料。1957 年 4 月，正当他全身心投入到岷江中下游勘测工作之时，整风运动兴起，罗西北成为大字报的主要批评对象，有的大字报说他凭着"烈士子弟""共产党员""留苏学生"三块金字招牌爬上了总工程师的宝座。[●] 短时间之内，一些同仁以异样的眼光看待他。罗西北根本无暇顾及整风运动中"大鸣大放"对他的批评，此时他正埋头研究"大马"（大渡河和马边河）方案，就是要从大渡河引水到马边河，利用两河之间的落差建水电站。这个方案是民国时期黄育贤[●]等人提出的，美国杂志曾报道过，朱德元帅也曾建议实施该方案。[●] 罗西北与成都勘测设计院的技术人员经过反复研究，认为引走大渡河的水会影响大渡河下游的航运；而水引到马边河后，会增加马边河的流量，加剧对马边河两岸的冲刷，从而造成生态破坏。罗西北通过综合分析和论证，最后否定了"大马"方案。当时，罗西北只是一个初出茅庐的青年，但是他依靠实地勘测、反复研究有关资料、合理展开论证，最后否定了这一方案，在水利水电界产生了较大的影响。

　　1958 年 5 月，"大跃进"运动兴起，经济建设中出现了片面追求速度和指标的情况。当时水利电力部要求尽快上马一些工程，面对这种情形，成都勘测设计院决定研究已经确定为岷江上游第一期开发工程的紫坪铺水电站的开发方案，争取其尽快上马。紫坪铺工程设计刚开始，建设方案就出现了不同的意见：一是能不能修的问题，二是修多大规模的问题。[●] 针对第一个争论，中国专家与苏联专家经过研究，最终得出结论：虽然有断裂构造，对工程地质有一定影响，但建坝还是有可能的。[●] 争论的重点在于大坝的规模问题，一部分苏联专家认为紫坪铺地质条件复杂、岩石破碎，建议建 60 米的低坝。罗西北及成都勘测设计院的技术人员认为兴建 60 米低坝，其库容和效益都比建 90 米的高坝差，不能充分满足城市用水、用电的需求，因此倾向于建 90 米高坝。面对"大跃进"的形势，工程建设刻不容缓，水利电力部副部长李锐做了政治决定，建 90 米高坝。[●] 与紫坪铺水电站几乎同时上马的还有鱼嘴水电站。罗西北认为紫坪铺与鱼嘴是姊妹工程，只建紫坪铺水电站不建鱼嘴水电站，就不能发挥紫坪铺水电站的综合效益。只建鱼嘴水电站不建紫坪铺水电站，鱼嘴水电站就会很快被推移质（即粗砂和鹅卵石）淤掉，直接影响下游的灌溉利益。[●]

　　❶　中国水力发电工程学会：《罗西北纪念文集》，中国电力出版社，2006 年，第 217 页。

　　❷　燕秋：《蹉跎人生太匆匆》，中国电力出版社，2012 年，第 67 页。

　　❸　黄育贤（1902—1990），江西崇仁人。水力发电工程专家。民国时期曾任国民政府资源委员会专员，龙溪河水力发电工程处、全国水力发电工程总处处长等职。中华人民共和国成立后，历任燃料工业部水力发电工程局局长、电力工业部水力发电建设总局总工程师、水利电力部水利水电建设总局总工程师等职。

　　❹　燕秋：《我嫁了个烈士遗孤——记罗西北的水电生涯》，中国电力出版社，2002 年，第 43 页。

　　❺　袁亮：《紫坪铺沧桑四十载》，《今日四川》2000 年第 3 期。

　　❻　罗西北：《罗西北谈水利水电工程》，中国电力出版社，2007 年，第 50 页。

　　❼❽　燕秋：《我嫁了个烈士遗孤——记罗西北的水电生涯》，中国电力出版社，2002 年，第 67 页。

紫坪铺水电站于 1958 年 9 月 1 日正式动工，要求 1961 年建成发电，[1] 但是在挖导流隧洞过程中遇到了瓦斯爆炸，工程被迫暂停。三个月后，才重新开始施工。由于当时是"大跃进"时期，重新施工的紫坪铺工程片面追求速度，再加上战线拉得太长，水泥、钢筋等建材难以供应。于是水泥不够，用炉渣代替，没有钢筋，直接混凝土顶上，导致兴建的大坝质量无法得到保障。后来遇到洪水，大坝一冲即垮。此时，罗西北及其所在的成都勘测设计院遇到了大麻烦。1959 年 8 月庐山会议后，水利电力部召开了全国下属单位会议，开展批判李锐"反党集团"的部署，结果在成都勘测设计院内揪出了"刘、郭、罗反党集团"[2]。因此，尽管罗西北与成都勘测设计院对紫坪铺水电站又做了新的建设方案，但是无人理睬，紫坪铺水电站就这样停建了。

紫坪铺水电站停建之后，施工队伍很快又投入到鱼嘴水电站的建设当中。鱼嘴水电站是以灌溉为主，兼顾防洪、结合发电的综合性枢纽电站。[3] 其重要性不言而喻。1960 年 2 月，鱼嘴水电站截流失败，四川省政府要求全力抢修鱼嘴水电站，使其尽快发电。但是紫坪铺水电站已经停建，鱼嘴水电站兴建起来后，一旦蓄水，不仅水库会很快淤积，而且会危及都江堰水利工程。罗西北深知只建鱼嘴水电站的危害，因此他向四川省委反映情况，但是四川省委并没有采纳罗西北的意见。鱼嘴水电站的兴建威胁到都江堰工程的安全，国家十分重视。不久，李富春副总理为解决鱼嘴水电站问题专程来到了成都，罗西北与四川省水利厅副厅长杨玉才立刻向李富春副总理汇报了兴建鱼嘴水电站存在的问题。此后，四川省委派罗西北和杨玉才负责指挥鱼嘴工程下马。就这样鱼嘴水电站也和紫坪铺水电站一样匆匆上马，又匆匆下马。其下马的原因是多方面的：一方面"大跃进"时期仓促开工的一大批大中型水电站，前期工作没有做好，又提出边勘测、边设计、边施工的"三边"做法，严重违反基建程序，不讲科学、瞎指挥、浮夸风和共产风等流行，致使开工后在设计中发生一系列问题；另一方面由于基建战线太长，资金和"三材"（水泥、钢筋、木材）不足，不少工程被迫下马停建缓建。[4] 紫坪铺水电站与鱼嘴水电站下马后，许多不明事理的人将紫坪铺水电站的下马归因于罗西北执行、兴建了李锐反革命的"政治坝"[5]，罗西北在成都勘测设计院受到的批判日益严重，后来甚至连人身自由都受到了限制。1962 年 1 月，"七千人大会"召开，会议对"大跃进"的经验教训进行了初步总结。这次会议后，国家为部分在反右倾运动中被错误批判的成都勘测设计院工作人员进行了甄别平反。罗西北也属于被甄别平反的对象，其"反党分子"的帽子被摘掉，恢复了人身自由。

---

[1]　徐慕菊：《四川省水利志·第一卷·大事记》，内部印行，1988 年，第 170 页。

[2]　"刘、郭、罗反党集团"：刘、郭、罗分别指的是成都勘测设计院党委书记刘有义、院长郭焕中、总工程师罗西北。

[3]　《灌县都江堰水利志》编辑组：《灌县都江堰水利志》，内部发行，1983 年，第 275 页。

[4]　中国水力发电年鉴编辑委员会：《中国水力发电年鉴 1949—1983》，水力发电杂志社出版，1985 年，第 297 页。

[5]　"政治坝"：即 1958 年面对"大跃进"的形势，水利电力部副部长李锐在紫坪铺水库修建规模上做了政治决定，建 90 米高坝。

"七千人大会"之后，四川省委于 1963 年提出了"以机电提灌为主，提蓄结合，综合利用"的水利建设方针，❶ 理由是涪江兴建的龙凤引水式发电站，为四川遂宁专区提供了电力灌溉的便利，同时也为农副产品的加工提供了电力支持。四川省委看到了建设引水式发电站及电力提灌的好处，决心大力普及这一做法。1963 年秋，罗西北代表成都勘测设计院向水利电力部进行工作汇报时，阐述了四川省下一步的水利水电建设设想，即在岷江上游兴建映秀湾引水式发电站。罗西北认为岷江上游坡降较陡，一公里引水可以集中十几米落差，岷江规划中除了紫坪铺、大索桥工程可以建两个较大水库外，其他河段只能建引水式发电站，紫坪铺已经下马，所以只能修引水式电站。❷ 在决定兴建映秀湾水电站后，成都勘测设计院做了大量的勘察和设计方案的比较工作：进行了 20 组（项）各式水工模型试验，完成各种地质力学水文地质试验近 2000 组。❸ 经过不断地试验、研究，完成了映秀湾水电站的初步设计。

为了普及引水式发电站，四川省主要领导人打算在长江也兴建若干个引水式电站。他们考察了长江两岸，认为兴建泸州兰天坝是个可行的方案。罗西北和成都勘测设计院的规划人员奉命前往泸州。罗西北等人认真查勘了现场并查阅了大量相关的水文资料，发现在这个河段，长江的坡降与涪江相比十分缓和，十公里范围内只有一米左右的落差，而且长江在此河段枯水期和洪水期的水位变幅很大。同时，罗西北还沿江考察了泸州至重庆一带，从专业角度出发，分析了兴建水电站的工程量、投资、施工难度、可能集中的落差等问题。最后，罗西北得出结论：在此河段兴建引水式电站行不通。但是四川省主要领导人仍然坚持要在泸州建引水式电站，在后来召开的水利会议上不再征求罗西北的意见，直接部署工作安排，要求各个专区实施引水发电方针，结果以失败告终，造成了严重的经济损失。经过这次失败，四川省主要领导人终于放弃了在长江上兴建引水电站的想法。

1964 年初，罗西北出差到北京期间，水利电力部副部长刘澜波❹接见了他并与他亲切交谈。刘澜波对罗西北说："西北啊，你已搞了十年设计，再干干施工怎么样？我们要全面培养你。"❺ 罗西北爽快答应了。不久，罗西北被派往甘肃省刘家峡工地，担任刘家峡水电工程局总工程师。刘家峡水电站于 1958 年 9 月上马，后来由于各种原因暂时下马了。此时，罗西北的主要任务是主持刘家峡水电站的复工工作。在他的带领下，刘家峡水电站各项工作进展顺利。1966 年初，刘家峡工地开展了"四清运动"，水利电力部水利水电建设总局副局长林汉雄❻决定让罗西北到基层加强锻炼，于是任命

❶ 杨超：《当代中国的四川》上册，中国社会科学出版社，1990 年，第 260 页。

❷ 燕秋：《我嫁了个烈士遗孤——记罗西北的水电生涯》，中国电力出版社，2002 年，第 78～79 页。

❸ 四川省水力发电工程学会：《四川水电史略》，四川科学技术出版社，2011 年，第 57～58 页。

❹ 刘澜波（1904—1982），辽宁凤城人，新中国电力工业主要领导者之一。曾任燃料工业部副部长、电力工业部部长、水利电力部副部长等职。

❺ 燕秋：《我嫁了个烈士遗孤——记罗西北的水电生涯》，中国电力出版社，2002 年，第 84 页。

❻ 林汉雄（1929—   ），湖北黄冈人，水利水电专家。林育英之子，林彪堂侄。曾任水利电力部水利水电建设总局副局长、葛洲坝工程指挥部参谋长、国家建材局局长、建设部部长等职。

罗西北为刘家峡水电工程局房建队党总支书记，主要任务是浇筑大坝。罗西北团结工人，很好地完成了大坝的浇筑工作，保证了刘家峡水电站后续工作的开展。

1956—1966 年的社会主义建设十年探索时期是新中国水利水电事业迅猛发展且遭遇困难的时期。一大批水利水电工程在形势要求下纷纷上马，其中不乏规模大、设计难度高、施工条件恶劣的大型工程。❶ 这些水利水电工程在特殊的历史背景下动工，由于缺乏科学理论指导、片面追求速度、忽视水利建设客观规律、匆匆上马，因而有的工程质量低下，在保护生态环境、维护移民正当利益、促进水资源综合利用与地区经济良性互动方面存在诸多不足，导致部分水利水电工程存在严重安全隐患。尽管如此，罗西北作为水利工作者，始终全身心地投入到水利水电工程建设当中，他对"大马"方案的论证，突出体现了他实事求是、不盲从权威的科学态度，提高了他在水利水电工程领域的影响力。他对紫坪铺工程和鱼嘴工程的规划、设计总体上是科学的，尽管在施工过程中遇到了瓦斯爆炸等意外事件，但是不能因此否定他卓越的规划、设计能力。还有诸如规划映秀湾引水电站、主持刘家峡水电站复工建设等都集中展现了罗西北的专业技术能力，也在一定程度上开阔了他的工程技术视野。社会主义建设十年探索时期，是罗西北水利水电业务能力得到全面发展的时期，他从事了勘测、规划、设计以及施工工作，面对复杂技术工程问题的处理能力也得到了较大的提高。

第三节　动荡年代的坚持不懈（1966—1976 年）

"文化大革命"对新中国各项建设事业带来了较大的消极影响，水利水电事业也难以幸免。大批水利水电工作者遭受到不公正对待，失去了报效国家、从事水利水电事业的机会，使得新中国水利水电建设呈现曲折发展的态势。

"文化大革命"狂飙突起的时候，罗西北正在以总工程师的身份领导建设黄河刘家峡水电站。❷ 此时的罗西北并未因"文化大革命"的兴起而遭受打击。可是好景不长，1968 年 6 月，罗西北被剥夺了一切权利，被带到刘家峡水电工程局房建队隔离，罪名是"苏修特务"。从 1968 年至 1973 年的五年里，罗西北一直被关押着，可是关押人员连他的一丝罪证也没有查出，最后罗西北得以无罪释放。被关押的五年里，罗西北无法参加水利水电工程建设，他的内心痛苦万分。因此，1973 年底罗西北被释放之后，立刻走马上任，准备大干一场。不久，他被刘家峡水电工程局任命为勘测设计院党委书记、院长兼总工程师，❸ 负责黄河上游黑山峡河段❹水电站的勘测、设计。一个被关押五年的水利水电专家突然回到复杂的施工建设场地，罗西北面临着诸多难题。最主

---

❶ 王得恒：《潘家铮与新中国水利事业研究》，福建师范大学硕士学位论文，2013 年，第 10 页。

❷ 韩磊：《"4821"苏修特务案》，《炎黄春秋》2009 年第 5 期。

❸ 燕秋：《我嫁了个烈士遗孤——记罗西北的水电生涯》，中国电力出版社，2002 年，第 155 页。

❹ 黑山峡河段：黄河从甘肃省靖远县大庙村入峡，到宁夏中卫县南长滩出峡，全长 70 余千米。黑山峡峡谷深且水流急。

要的问题就是缺少技术干部，因此罗西北必须先从凑班子、搭架子做起。他先着手设置设计水电站必需的各种专业小组和室、处、队，在人员奇缺的条件下，先凑集起了一定的技术力量。❶ 此后，他又从甘肃省调来一批技术骨干和设计人员，进一步完善队伍班子。

凑齐班子后，罗西北带领队伍勘测黄河上游的黑山峡河段。黑山峡河段位于黄河上游经济中心和负荷中心，上接兰州工业区，下临宁蒙平原，也是我国中部与西部地区的结合带。❷ 黑山峡河段的开发将为大柳树灌区的开发创造良好条件，使其成为重要的商品粮基地。❸

在罗西北的带领下，勘测人员日夜辛勤工作，很快完成了黄河黑山峡河段的初步设计。当时的理想建坝地点有大柳树和小观音两处，相距 48 千米，分属宁夏回族自治区和甘肃省。在具体开发方式上，主要有一级开发与两级开发两种开发方案。一级开发方案是在大柳树建高坝，两级开发方案是在小观音处建高坝并在大柳树处建低坝。宁夏回族自治区主张一级开发方案，原因是一级开发比两级开发水资源利用程度高，能够保证宁蒙地区和华北能源基地的供水，而且能够为部分大柳树灌区提供自流灌溉的便利。甘肃省主张两级开发方案，原因是大柳树坝址地质问题较多，小观音坝址工程相对安全可靠，而且工程的主要淹没损失和移民在甘肃省境内，坝址建在甘肃省，问题容易解决。罗西北倾向于一级开发方案，他认为黑山峡河段的水利工程是黄河上游承上启下的重点工程，应该灌溉、发电并重，这样可以兼顾甘肃、宁夏两省区的利益。其后，在黑山峡工程的初步设计审查会上，水利电力部的领导指示黑山峡工程以发电为主，遭到宁夏方面的极力反对。因为宁夏是个极度缺水的地区，不仅农业灌区缺水，而且部分地区连饮水都成问题。宁夏地区煤的蕴藏量较为丰富，因此对电力的需求不大。由于甘肃、宁夏双方互不妥协，最后工程被迫停止。

黑山峡工程停止之后，罗西北又应邀前去兴建黄河上游的龙头水电站——龙羊峡水电站。龙羊峡水电站位于青海省海南藏族自治州黄河龙羊峡峡谷进口，工程区海拔高程 2460～2640 米，平均缺氧 27%。❹ 1976 年刚过正月初三，建设龙羊峡水电站的先遣队的八名同志便辞别了亲人，捆上行装，踏上西去的征程，千里迢迢来到这"风吹石头跑，遍地不长草"的茶纳山安营扎寨。❺ 那里除了缺氧之外，还是鼠疫的流行区，气候环境让人难以适应，可是罗西北仍然带着队伍进驻龙羊峡，与恶劣的自然环境作斗争。在罗西北坚持不懈的努力下，龙羊峡水电站的前期工作进展顺利，为后续的工程进展提供了重要保障。然而，罗西北的身体出现了问题。由于"文化大革命"期间

❶ 燕秋：《我嫁了个烈士遗孤——记罗西北的水电生涯》，中国电力出版社，2002 年，第 166 页。
❷ 罗西北：《河流规划与水资源的综合利用》，中南工业大学出版社，1994 年，第 78 页。
❸ 罗西北：《水资源开发实践与地区经济》，四川科学技术出版社，1997 年，第 66～67 页。
❹ 电力工业部西北勘测设计研究院：《黄河龙羊峡水电站勘测设计重点技术问题总结》第 1 卷，中国电力出版社，1998 年，第 1 页。
❺ 水利电力部办公厅宣传处：《现代中国电力建设》，水利电力出版社，1984 年，第 70 页。

五年的关押，罗西北的身体已大不如前；龙羊峡水电站初创期繁重的工作、恶劣的自然环境，加上长期的工作劳累，使罗西北的身体状况迅速恶化，最后罗西北被迫离开了龙羊峡水电站。龙羊峡水电站是罗西北亲自组织、从头抓起的水电站，从工程队伍的组建、水电站初步设计的完成到建设者居住场所的兴建，倾注了他无数的心血和汗水。他深知龙羊峡水电站的重要性，也十分希望能够继续完成龙羊峡水电站后续工程的兴建，但是健康问题刻不容缓。不得已，罗西北离开了龙羊峡水电站，心中充满不舍与无奈。

总之，在"文化大革命"的动荡年代里，中国水利水电事业的发展进程受到影响，许多水利水电工程由于出现质量问题停建或下马。尽管如此，部分地区的水利水电事业还是取得了一定的成就，如黄河上游河段的龙羊峡水电站，其初期规划、设计都较好地完成了。罗西北在这一时期，虽然被关押五年，但是他始终关心水利水电事业。无罪释放之后，罗西北立刻投身到龙羊峡水电站的勘测、设计和建设准备工作当中。龙羊峡水电站的勘测、设计工作，使罗西北积累了在高寒缺氧、地质复杂条件下进行水利水电工程建设的经验。尽管罗西北因身体健康问题离开了龙羊峡水电站，但他已经出色地完成了龙羊峡水电站的前期工作，龙羊峡水电站的最终建成离不开罗西北的奉献。

第四节　改革开放后的再展宏图（1978—2005 年）

在龙羊峡水电站工作一年多的罗西北被确诊为高山反应症和糖尿病，不能再在龙羊峡水电站这样高寒缺氧的地方工作。1977 年底，罗西北被调到水利电力部水利水电规划设计院[1]，任该院水电处处长兼党支部书记。1979 年底，罗西北被任命为水利部水利规划设计院院长。1986 年 9 月，罗西北被任命为水利电力部水利水电规划设计院院长兼党组书记。水利电力部水利水电规划设计院是为了全面摸清电力建设的现状、重新安排建设布局和全面领导国家水电建设的前期工作而成立的。水电建设的前期工作，包括河流规划、电站选点和勘测设计等一系列工作。[2]

在水利电力部水利水电规划设计院任职后，罗西北于 1978 年 4 月组织了全国第一次全程考察金沙江的活动。金沙江全长 3498 公里，为长江上游的一段，流域面积 50 万平方公里，水力蕴藏量 1 亿多千瓦，约占全国总量的 1/5。该流域水力资源的特点

---

[1] 水利电力部水利水电规划设计院：1975 年 9 月成立。1979 年 4 月国务院决定撤销水利电力部，分别成立水利部和电力工业部，该机构被撤销，同时成立了水利部水利水电规划设计院。1982 年 5 月，水利部与电力工业部重新合并，成立水利电力部，原水利水电规划设计院被水利电力部水利水电规划设计院取代。1988 年国务院撤销水利电力部，成立能源部及水利部，水利电力部水利水电规划设计院更名为能源部水利部水利水电规划设计总院，归两部共管，以能源部为主。1994 年 8 月，电力工业部、水利部宣布，将能源部水利部水利水电规划设计总院分为电力工业部水电水利规划设计总院和水利部水利水电规划设计总院。

[2] 燕秋：《我嫁了个烈士遗孤——记罗西北的水电生涯》，中国电力出版社，2002 年，第 192 页。

是：水量充沛，落差集中，淹没损失较少。❶ 这次考察金沙江的目的是了解金沙江流域的现状，复勘金沙江各梯级水电站的开发条件，征求有关方面对开发金沙江的意见，研究下一步规划、勘测、设计工作。❷ 考察组从云南的虎跳峡沿江而下，一直到达四川宜宾。罗西北等人首先查勘了虎跳峡。罗西北当时希望从峡谷入口徒步沿峡谷查勘，直到出口，以了解虎跳峡全貌。❸ 然而，从峡谷入口到出口全长 22 千米，峡谷两旁山势险峻，行走不仅难度很大，还有相当大的危险。最后在随行人员的劝说下，罗西北才放弃了这个打算。经过这次考察，罗西北等人确认了虎跳峡可以建高坝、形成较大的龙头调节水库，拟定其为重点勘测设计目标。同时，罗西北认为虎跳峡虽然可以建高坝，但是仍然需要注意坝址渗漏以及强地震对坝区的影响等问题。

考察完虎跳峡后，考察组又考察了半边街、二滩以及白鹤滩。罗西北认为半边街坝址的选择还需要重新规划研究。至于二滩水电站，原本成都勘测设计院就已做了大量的勘探工作，此次考察基本上查明了二滩水电站的地质情况。罗西北等人认为二滩水电站地质条件好，应该列为第一期工程，尽快兴建。而白鹤滩由于山高谷深，地形狭窄，施工条件十分困难，对外交通相对不便，需要进一步研究这些问题的解决方案。

这次考察的终点站是溪洛渡和向家坝。溪洛渡工程地质情况较为复杂，原先规划的坝高需进一步研究。而向家坝施工场所较为开阔，交通情况也较为便利，但是地质条件复杂，因此，罗西北等人建议进一步加强向家坝的勘测设计，对此处的建坝工程地质进行深入调查和研究，将开发向家坝水电站提上议程。

第一次全程考察金沙江结束后，罗西北又多次到全国各地考察江河。1979 年 6 月至 1987 年 4 月，罗西北先后到黑龙江、广西、新疆、四川、海南、广东、贵州、浙江、福建、甘肃、宁夏、陕西、内蒙古、安徽等地考察江河，领导河流规划和水电站勘测设计工作。1987 年 5 月，罗西北在考察乌江时，被免去了水利电力部水利水电规划设计院院长的职务，这时，他才意识到已经到了退休的年龄了。❹ 1987 年 6 月，罗西北被聘请到中国国际工程咨询公司担任顾问。罗西北虽然退休了，但水利水电工作依然繁忙。

1988 年 4 月，罗西北参加了中国水力发电工程学会组织的对澜沧江流域中下游的综合考察。❺ 通过这次考察，罗西北加深了对澜沧江干流的认识，同时对云南省的水能资源也有了进一步的认识。云南省的水能资源理论蕴藏量达 1 亿多千瓦，占全国的 15.3%，居全国第三位。❻ 而澜沧江水量充沛、落差集中，是云南省众多河流中开发条件较好的河流之一。由于澜沧江流经各民族聚居的地方，因此它的开发对于民族地区的经济发展大有裨益。另外，云南省矿产资源丰富，磷矿、锌矿以及有色金属都具备

❶ 罗西北：《河流规划与水电经济》，经济科学出版社，1989 年，第 102 页。
❷ 罗西北：《河流规划与水电经济》，经济科学出版社，1989 年，第 101 页。
❸ 中国水力发电工程学会：《罗西北纪念文集》，中国电力出版社，2006 年，第 186 页。
❹ 汉文、林枫：《罗西北风雨不改水电情》，《中华儿女》2005 年第 2 期。
❺ 中国水力发电工程学会：《罗西北纪念文集》，中国电力出版社，2006 年，第 317 页。
❻ 罗西北：《水资源开发实践与地区经济》，四川科学技术出版社，1997 年，第 118 页。

良好的开采条件。开发澜沧江，能够为附近地区提供电力，促进矿业、冶金业以及农产品加工业的发展，从而带动云南省经济的发展。正是在这个基础上，云南省提出了"电力先行，矿电结合，对外开放，综合开发"的 16 字方针，是极其正确的。❶ 此外，开发澜沧江，为民族地区提供电量，能够减少民族地区的伐木数量，间接保护了森林植被，从而起到保护生态环境的作用。

在澜沧江的开发方案上，罗西北对昆明勘测设计院提出的两库 8 级的开发方案持基本肯定态度，但是对于水库的坝高和库容，他认为应从多角度进行研究。另外，在开发程序上，罗西北主张先上小湾水库，后上糯扎渡水库。同时，罗西北等人还建议尽快组建澜沧江水电开发股份公司，国家赋予公司对澜沧江的水电开发权和经营权，由云南省管理。❷ 对于有人提议建立综合开发公司，罗西北认为这个想法是好的，但是目前不适合，因为没有支柱行业，综合公司发展较慢。

罗西北认为开发澜沧江水电不仅能够为云南省提供廉价、清洁的电能，满足工农业用水用电需求，而且还具有以下作用：促进地区生态良性循环；促进澜沧江下游航运的发展，发展西南国际贸易；发挥云南省矿产资源优势，促进地区经济发展；促进全国能源战略的调整，推动西电东送战略的实施。此外，通过开发澜沧江的水电，向民族地区供电，可以带动各民族人民生活水平的提高，从而增强民族团结，巩固祖国西南边防。为此，罗西北建议云南省要加快澜沧江水电开发的前期工作，保证前期工作高效、稳定进行，避免出现水利项目储备不足的情况。同时，罗西北建议开发澜沧江要站在宏观的战略层面，不仅要考虑供电问题，而且要考虑工农业的发展问题；不仅要考虑云南省的经济发展问题，而且要考虑国家能源布局问题，用系统、科学的方法来统筹规划，做出最合理的决定。

为了进一步加快溪洛渡和向家坝这两个工程前期工作的进展，促进金沙江的全面开发，罗西北再次考察了金沙江。1994 年 5 月，罗西北陪同全国政协副主席钱正英考察了金沙江下游的溪洛渡和向家坝两个水电站坝址。❸ 通过这次考察，罗西北又进一步加深了对金沙江的认识。罗西北十分认同水利部水利水电规划设计总院提出的"全面规划、突出重点、衔接三峡、兼顾长远"的 16 字前期工作基本方针。❹ 他认为金沙江能够建成我国最好的水电基地，但是在开发金沙江的过程中，需要充分估计可能遇到的困难与挑战；在勘测、设计和施工等各个环节都要仔细把关，严格要求，必须组织人员攻坚克难，保障工程质量。同时，他认为溪洛渡和向家坝两个工程经济效益明显，再加上坝址已经确定，因此应把第一批工作的重心放在溪洛渡和向家坝两个工程上，通过这两个工程尽快带动整个金沙江的开发。同时，金沙江的规划工作也不能松懈，尤其是金沙江中段的规划，重点是虎跳峡水电站。

---

❶ 罗西北：《河流规划与水电经济》，经济科学出版社，1989 年，第 247～248 页。
❷ 罗西北：《罗西北谈水利水电工程》，中国电力出版社，2007 年，第 209 页。
❸ 中国水力发电工程学会：《罗西北纪念文集》，中国电力出版社，2006 年，第 319 页。
❹ 罗西北：《河流规划与水电经济》，经济科学出版社，1989 年，第 262 页。

1995年5月，罗西北应云南省人民政府的邀请考察了金沙江中游河段的虎跳峡水电站坝址。此次考察发现，在虎跳峡峡谷内建坝难度极大，勘探和施工任务艰巨，因此罗西北主张跳出峡谷段。通过此次考察，罗西北等人还发现虎跳峡上游河段有大断裂通过，因此对于上游的坝址仍需进一步进行地质勘探工作，弄清状况后再选择坝址。罗西北建议将虎跳峡水电站的各种开发方案进行深入对比，通过地质、水工、施工人员的群策群力，争取早日确定虎跳峡水电站的开发方案。

进入改革开放新时期，罗西北被调到水利电力部水利水电规划设计院任职，逐步走上了主管全国河流规划及水电站勘测设计工作的领导岗位。❶ 期间，他的业务范围得到进一步开拓，不仅涉及河流的勘测、规划、设计，还包括水资源的综合利用、河流开发与地区经济、水电开发与能源战略、新型技术理论的实践与推广等。退出一线后，罗西北在原来的业务基础上又参与了城市供水工程的咨询、评估以及抽水蓄能电站的推广等工作。改革开放新时期，无论是在水利电力部水利水电规划设计院还是在中国国际工程咨询公司，罗西北都因为技术过硬、实践经验丰富而备受同行尊重，许多地方政府和工程单位都慕名邀请罗西北去帮助理顺水利工程建设的复杂关系，优化水利工程设计方案，进行城市供水工程的论证评估。

总之，罗西北一生都在从事水利水电有关的工作。他在水利水电工作上遭受坎坷、挫折的时期，也是新中国水利事业艰难发展的时期。而新中国水利水电事业迅猛发展的时期，也是他在水利水电工作中大有作为的时期。新中国成立后，水利水电事业方兴未艾，为罗西北发挥所长提供了机遇和平台，同时罗西北投身水利水电建设事业又充分地施展了才华，为新中国水利水电事业的发展作出了重要贡献。

---

❶ 中国水力发电工程学会：《罗西北纪念文集》，中国电力出版社，2006年，第314页。

第二章 罗西北参与河流的
水电梯级开发

河流的开发，不仅是一项勘测、规划、设计工作，也是一项改造大自然的系统工程，不仅需要水利水电工作者有全面、长远的战略眼光，而且需要有丰富的实践经验。罗西北自 1953 年以来就一直从事水利水电规划、设计工作，考察和勘探了近 200 多条河流，中国的大江大河几乎都留有他的足迹。罗西北对河流的开发、水资源的利用不仅有自己独到的见解，而且在实践中也被证实是科学的。在黄河、乌江的梯级开发中，罗西北注重实地考察，根据实际情况提出符合流域特性的开发、规划思想，并和其他水利工作者不断克服遇到的种种困难，使黄河和乌江的水电梯级开发取得突破性的进展，极大地促进了我国水利水电事业的发展。

第一节 参与黄河的水电梯级开发

新中国成立后，党和政府对黄河的治理、开发十分重视。1954 年，黄河规划委员会完成了《黄河综合利用规划技术经济报告》。1955 年 7 月，第一届全国人民代表大会第二次会议批准了该报告的原则和内容 [1]，拉开了黄河开发的序幕。黄河综合利用规划包括远景计划和第一期计划两部分。远景计划的主要内容就是黄河干流梯级开发计划，在黄河干流上兴建一系列的拦河坝，把黄河改造成"梯河"。[2] 初步计划在黄河龙羊峡至桃花峪河段兴建拦河坝 44 座。[3] 刘家峡水电站、三门峡水电站、青铜峡水电站为第一期工程。罗西北最早接触黄河是在 20 世纪 50 年代初期，当时他参加了黄河上游水电开发规划的选点工作。[4] 1954 年，罗西北又对黄河流域尤其是上游地区进行了考察。此后十年，罗西北一直在西南从事水电勘测、规划、设计工作。

一、主持刘家峡水电站复工工作

1964 年 5 月，在西南从事了十年水电勘测、规划、设计工作的罗西北奉命前往甘肃省永靖县主持黄河上游梯级开发的重要项目——刘家峡水电站建设，担任刘家峡水电工程局总工程师。刘家峡水电站是中国第一座百万千瓦级的水电站，曾在"大跃进"

---

[1] 河南大学黄河文明与可持续发展研究中心：《黄河开发与治理 60 年》，科学出版社，2009 年，第 115 页。
[2] 陈效国：《黄河枢纽工程技术》，黄河水利出版社，1997 年，第 10 页。
[3] 陈效国：《黄河枢纽工程技术》，黄河水利出版社，1997 年，第 11 页。
[4] 中国水力发电工程学会：《罗西北纪念文集》，中国电力出版社，2006 年，第 120 页。

时期仓促上马，但是由于当时原材料短缺，施工过程中又忽视客观规律，片面强调施工进度，急于求成，导致大坝出现了严重的质量问题，再加上战线拉得太长，最后下马了。1964年国家在国民经济恢复态势良好的情况下，为了加快黄河上游的综合开发，满足西北地区工农业用水用电需求，水利电力部决定重新兴建刘家峡水电站。

罗西北到达刘家峡工地后，首先面临的是刘家峡水电站的对外交通问题。从刘家峡工地到兰州市的刘兰公路，由于塌方、滑坡等原因无法通行。为此，罗西北组织施工队伍决定另外修建一条线路，但是由于接连暴雨，再加上新修路段地质条件十分恶劣，罗西北查勘整条线路后，最终放弃了另建新线路的想法，而决定抢修原有的刘兰公路。在抢修刘兰公路的过程中，罗西北一方面加强对滑坡等自然灾害的防范，组织路面维护人员随时抢修因塌方、滑坡导致的路面堵塞；另一方面加强路面拓宽工作，初步解决了刘家峡水电站的对外交通问题。

刘家峡水电站对外交通问题解决后，罗西北又开始组织炸除刘家峡水电站原有大坝的工作，因为"大跃进"期间兴建的大坝在质量上存在严重问题。刘家峡水电站复工工作就要把原先不合格的大坝炸除，重新兴建大坝，工程量比新建大坝有增无减。炸完大坝，罗西北又开始"下基坑"❶。这是一项要求非常严格的工作，不能有半点疏忽。否则，坝基清理不干净，会影响整个大坝的质量安全。❷ 此后，工程队将重心和精力全部放在"下基坑"上。

刘家峡水电站复工工作开展后不久，罗西北的同学、水利电力部水利水电建设总局副局长林汉雄来刘家峡水电站视察工作。林汉雄主张取消刘家峡水电站上游的拱围堰❸，直接修大坝，这样可以节约混凝土。罗西北认为围堰不能取消，因为没有围堰，汛期时洪水水流会涌进基坑，后患无穷。在罗西北的再三劝说下，上游的拱围堰保留了下来，汛期洪水无法进入基坑，保证了工程的进展。此后，刘家峡水电站进入到了浇筑大坝的关键阶段，但是此时"文化大革命"在全国兴起，罗西北为了保障大坝的成功浇筑，紧密团结工人进行浇筑工作。浇筑大坝对混凝土的质量要求十分严格，既要满足强度的要求，又要满足温度控制的需要。因此，需要不断地试验，寻找水泥、沙石骨料、添加剂的合理比例。当时，没有任何可以借鉴的经验，再加上缺乏添加剂，工作难度极大。为此，罗西北几乎每天往返于工地与实验室之间，一次次进行数据分析，经过近千次的试验，终于研制出了低流态混凝土并成功浇筑在大坝上，这是当时国内首次使用化学灌浆❹新技术。在罗西北和刘家峡水电站工作人员的不懈努力下，刘

---

❶ 下基坑：即炸除了不合格的大坝后在原坝址处开挖上面的覆盖层，一直挖到全部基岩裸露出来，清理干净，才能在上面重建新的大坝。

❷ 燕秋：《我嫁了个烈士遗孤——记罗西北的水电生涯》，中国电力出版社，2002年，第90页。

❸ 围堰：是指在水利工程建设中为建造永久性水利设施修建的临时性围护结构。

❹ 化学灌浆：是将一定的化学材料（无机或有机材料）配制成真溶液，用化学灌浆泵等压送设备将其灌入地层或缝隙内，使其渗透、扩散、胶凝或固化，以增加地层强度、降低地层渗透性、防止地层变形和进行混凝土建筑物裂缝修补的一项加固基础、防水堵漏和混凝土缺陷补强技术。

家峡水电站的大坝终于保质保量地建立起来了。

刘家峡水电站大坝建成后即将下闸蓄水之际，建坝功臣罗西北却被调离了指挥部。当时大多数人都为大坝即将下闸蓄水而兴高采烈，罗西北却忧心忡忡，不是因为他离开了指挥部，而是因为他的意见未被采纳。罗西北认为，应该先下右岸闸门，观察一两天后再下左岸闸门。❶ 但是罗西北当时根本没法接近指挥部，他的提议也未被军事管制小组采纳。最后军事管制小组作出让左右两岸闸门同时下闸的决定。由于左边的闸门没能下到底，水流从缝隙间不断流出，渗漏问题日益严重。不得已，罗西北又奉命去指挥刘家峡水电站的堵漏工程。由于当时刘家峡水库已经开始蓄水，水压很大，堵漏工程难度极大，罗西北连续九天九夜守护在现场指挥堵漏工作。❷ 在罗西北等人的努力下，堵漏工程进展顺利，保障了刘家峡水电站日后的发电、运行。罗西北虽然在刘家峡水电站的堵漏工程中发挥了重要作用，但是他并没有因此而受到嘉奖，反而于1968 年6 月被扣上"苏修特务"的罪名，剥夺了一切权利，关押了起来。虽然罗西北在"文化大革命"期间被关押了五年，没能亲自指导刘家峡水电站后续工作的完成，但是无数水利水电工作者却始终牢记着罗西北对刘家峡水电站作出的贡献。

二、领导龙羊峡水电站勘测、规划和设计工作

1973 年底，被关押五年之久的罗西北得以无罪释放。获释后，罗西北立刻组织开展了黄河黑山峡河段的勘测设计工作。由于水利电力部未能协调好甘肃和宁夏两省区的利益分配问题，黑山峡河段的水电站建设被迫终止。于是，罗西北转移到黄河上游梯级开发的另一个重点工程——龙羊峡水电站的工地，领导了龙羊峡水电站的勘测、规划、设计工作。龙羊峡水电站坝址所在地位于青海省共和县，海拔2600 米，坝址荒无人烟，处于高地震区，自然气候条件恶劣，兴建难度很大。但是，兴建龙羊峡水电站对发展青海以及甘肃两省的经济、增加下游水电站的发电量、保障周边地区的生活用水以及促进西北电网的安全运行都具有十分重要的作用。再加上龙羊峡水电站具有突出的灌溉、防洪效益，因此，兴建龙羊峡水电站意义重大。龙羊峡水电站拥有一座总库容达276 亿立方米的巨型水库，其中有效库容达193.5 亿立方米，可以进行多年径流调节，被称为黄河"龙头"工程。❸ 它的库容、发电装机容量、大坝的高度在当时堪称我国"三最"电站。❹ 龙羊峡水电站于1952 年进行了首次查勘选点，1956 年开始勘测工作，1961 年、1965 年提出建设龙羊峡水电站可行性论证报告。❺ 1976 年罗西北带队进驻龙羊峡时，又进行了第四次勘测设计。经过反复勘测、论证才确定了龙羊峡水电站最后的坝址。

---

❶ 燕秋：《我嫁了个烈士遗孤——记罗西北的水电生涯》，中国电力出版社，2002 年，第98 页。

❷ 燕秋：《我嫁了个烈士遗孤——记罗西北的水电生涯》，中国电力出版社，2002 年，第102 页。

❸ 能源部、水利部西北勘测设计院：《大中型水电站规划》，河海大学出版社，1991 年，第6 页。

❹ 王干国等：《中国明珠》，水利电力出版社，1984 年，第46 页。

❺ 贺成全：《世界著名水利枢纽》，吉林教育出版社，1999 年，第100 页。

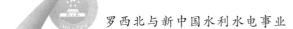

　　罗西北进驻龙羊峡工地后，首先需要解决的是工作场所问题。为此，他亲自砌墙，建起了用油毛毡封顶的工棚，然后在工棚中画图纸、搞设计。这种工棚既不挡风又不御寒，罗西北经常由于大风的影响而被迫停止工作。在这样艰苦的条件下，罗西北身先士卒，每天早上、下午、晚上"三段时间"，跑现场、开会、计算设计，再跑现场、开会、计算设计，就这样周而复始地抢做工作，图纸一出马上交给一万多人的施工队伍施工。❶ 当时，龙羊峡水电站基本上是个"三边工程"（边勘测、边设计、边施工）。由于地勘工作和设计工作同时并进，且设计时间太紧张，不少地质问题都是由地质和设计人员现场研究分析统一认识。❷ 基本上只要一挖洞，罗西北作为工地的领导者，总是身体力行，和普通工作者一样，随时跑到现场，爬进山洞了解地质情况。

　　由于能够查阅的资料少之又少，而且在高寒缺氧、地质情况复杂的条件下兴建水电站，没有任何可以借鉴的经验，因此在龙羊峡工程勘测、设计、施工过程中遇到了诸多问题。其中大多数问题是罗西北提出或解决的，如龙羊峡库岸滑坡问题、导流洞的选择问题、对外交通问题等。但也有部分问题罗西北虽然提出了自己的意见，但并未被采纳，如上游围堰问题。在主持龙羊峡上游围堰修筑时，罗西北决定采用五十余米高的混凝土围堰❸。他认为龙羊峡水电站地质情况复杂，高原上的气象条件不好掌握，水库库容大，下游是各民族聚居地，又有刘家峡水库，因此围堰挡水年限需考虑适当延长。采用混凝土溢流拱围堰可以超标准应对各种突发状况，风险最小，工程最安全。但是上级有关部门却要求采用土石围堰❹。尽管罗西北与西北勘测设计院在讨论会上完整阐述了采用土石围堰可能造成的严重后果，坚决主张采用混凝土溢流拱围堰，但是无济于事。1981 年 9 月，龙羊峡水电站遭遇百年一遇的大洪水，围堰前水位疯狂上涨，为了保住围堰，施工人员不断加高堰顶，时任电力工业部部长的李鹏同志也到现场指挥，❺ 武警水电部队和工程队伍日夜奋战在龙羊峡水电站，经过不懈的努力，龙羊峡水电站的大坝保住了，抗洪斗争也取得了最后的胜利。尽管发生大洪水时罗西北由于身体原因已经离开了龙羊峡水电站，但是此前罗西北所设计的上游溢流拱围堰如果被采纳，后来震惊中外的龙羊峡抗洪事件就可以避免了。

　　经过一年多的努力，罗西北完成了龙羊峡水电站大部分的前期工作。如：选择水电站坝址、坝型，深入勘测地质情况；科学分析水文情况；讨论施工方案；解决工程设计难题；组织修建施工场所、住所；解决龙羊峡工地粮食、蔬菜供应问题；解决对外交通问题等。

　　龙羊峡水电站前期工作的完成，保障了龙羊峡水电站后续工作的开展。尽管 1977 年底，罗西北由于高山反应症、糖尿病等疾病被迫离开了龙羊峡工地，但是罗西北为

❶　中国水力发电工程学会：《罗西北纪念文集》，中国电力出版社，2006 年，第 128 页。

❷　李瓒、陈飞：《龙羊峡水电站设计 20 年的回顾》，《西北水电》1997 年第 4 期。

❸　混凝土围堰：常用在岩基上修建的水利枢纽工程，这种围堰抗冲、防渗性能好，安全可靠。

❹　土石围堰：由土石填筑而成，多用作上下游横向围堰，这种围堰抗冲刷能力较低，施工工艺简单。

❺　中国水力发电工程学会：《罗西北纪念文集》，中国电力出版社，2006 年，第 132 页。

龙羊峡水电站倾注的汗水和心血却不会被人遗忘。龙羊峡水电站的建成离不开罗西北和水利水电工作者的辛勤付出。

三、优化黄河北干流的水电梯级开发方案

离开龙羊峡工地后，罗西北于 1977 年底前往水利电力部水利水电规划设计院任职。此后，罗西北开始转向黄河北干流❶的水电梯级开发。他认为黄河北干流是黄河中游水电开发的重点。黄河北干流落差集中，理论水能蕴藏量为 593 万千瓦，占黄河干流的 20％，仅次于黄河上游龙羊峡至青铜峡河段，是黄河水能资源最丰富的河段之一。❷黄河北干流的开发对于缓和华北地区水资源供需矛盾十分重要，同时也能够为华北地区供电，改善华北地区的能源结构，因此加快开发黄河北干流是当务之急。1986 年，罗西北参加了水利电力部组织的黄河北干流考察活动，查勘了万家寨、军渡、三交等坝址。考察完后，罗西北参与了黄河北干流的水电梯级开发方案的优化工作。

罗西北对黄河北干流的水电梯级开发作用有自己的思考。他认为一条河流开发作用的确定关键在于实事求是地分析河流所处的自然环境状况以及周边区域的社会经济状况，做到统筹兼顾。罗西北认为黄河北干流的开发除了要发挥发电、供水作用之外，还要发挥防洪、航运、减淤的作用。黄河上游地区兴建的龙羊峡、刘家峡等梯级水电站对防范黄河上游的洪水灾害效果明显，中游地区三门峡水库泄洪能力不足，因此黄河北干流的开发可以减轻三门峡水库的防洪压力。黄河北干流流经煤炭资源丰富的山西、陕西等地，由于这两个地方水运交通不便，因此其经济发展受到了制约。开发北干流可以为山西、陕西两省对外运输煤炭资源提供便利的航运通道，这对发展两省的经济作用显著。同时，黄河北干流是黄河泥沙问题十分严重的河段之一，通过黄河北干流的开发，兴建大型水库，一定程度上可以解决三门峡水库的泥沙淤积问题。罗西北对黄河北干流开发作用的分析基本上得到了其他考察团成员的认同。

在黄河北干流的水电梯级开发方案上，罗西北主张按照河流梯度高低自上而下开发，优先开发万家寨和龙口水电站，再逐级往下开发。对于黄河水利委员会提出的推荐方案：万家寨、龙口、天桥、碛口、军渡、三交、龙门、禹门口 8 级，❸罗西北基本认同。罗西北认为，促进黄河北干流的开发，不仅要加大水电的前期工作力度，而且要注重改革水电管理体制，拓宽水电站建设资金的获得渠道。只有保证黄河北干流的水电梯级开发拥有充足的资金，才能更好地落实黄河北干流水电开发的前期工作，进而不断优化水利水电工程的勘测、设计方案。

1990 年 10 月，罗西北对黄河北干流进行了第二次考察，这次考察进一步加深了他对黄河北干流的认识。罗西北认为开发黄河北干流要有全局意识，要立足于两个全局：

---

❶ 黄河北干流：即黄河中游内蒙古托克托县至山西、陕西交界处的禹门口河段。

❷ 罗西北、赵毓昆：《黄河北干流可以建成华北地区的重要水电调峰基地》，《水力发电》1987 年第 7 期。

❸ 仝立功：《略论黄河北干流的综合开发》，《水力发电学报》1994 年第 2 期。

一要立足于黄河开发的全局，二是立足于区域经济发展的全局。❶ 只有把黄河北干流的开发放在全流域去把握，充分考虑黄河上下游流域的现状，立足全局、统筹兼顾，才能正确规划好这一河段。只有明确各梯级的开发任务，才能做到综合开发。第二次考察黄河北干流后，罗西北又开始投入到黄河北干流梯级水电站的优化工作当中。

在黄河北干流8个梯级水电站的开发上，争议较大的是万家寨工程。在万家寨工程的开发作用上，主要存在以供水为主和以发电为主的争议。当时水利水电专家设想了三个方案，一个是引黄入晋济京❷方案，这个方案至少需60多亿元，不经济，被迫放弃；一个是解决山西大同、平朔用水的引水应急方案，不修坝，在万家寨坝址下提水到大同、平朔；还有一个是建电站方案。❸ 罗西北认为后面两个方案各自分散，电站主要考虑发电，引水主要考虑用水，太过片面，主张将两个方案适当结合起来，统筹兼顾。最后，水利部采纳了罗西北的见解，根据山西自然经济特点，确定万家寨工程以供水为主，❹ 兼顾发电、调峰等。万家寨的开发方案主要涉及如何分级的问题，有万家寨、龙口二级开发方案和小沙湾、万家寨、龙口三级开发方案。罗西北和其他专家经过多次研究，最后根据地质地形、经济比较、水电站在电力系统中的作用以及充分利用水资源等方面的考虑，决定采取二级开发方案。

总之，在黄河水电梯级开发上，罗西北始终坚持综合开发的思想，立足于黄河流域的实际情况，实事求是地加以分析，重点加快黄河上游龙羊峡至青铜峡河段以及黄河北干流的水电梯级开发，以水电的开发促进工农业的发展，从而带动地区经济发展。他的开发思想集中体现在梯级水电站的规划、设计以及建设过程当中，并在实践中不断发展。在罗西北的规划、设计和指导下，黄河上游和黄河北干流的水电梯级开发工作进展顺利并取得了可喜的成就，这是罗西北在新中国水利水电事业中的重要贡献之一。

第二节　参与乌江的水电梯级开发

乌江是长江上游的一条支流，流域河流落差大且集中，水能资源丰富。1956—1958年，时任成都勘测设计院总工程师的罗西北，组织了四个水力资源普查队，对云南、贵州和四川开展了水力资源普查工作，❺ 并查勘了乌江流域。1958年罗西北到贵州研究贵州水电起步问题，重点研究乌江开发问题。当时水利水电专家们重点考虑兴

---

❶ 罗西北：《罗西北谈水利水电工程》，中国电力出版社，2007年，第303页。

❷ 引黄入晋济京：即从黄河引水到平朔、大同，再沿桑干河入永定河至北京官厅水库，以解决北京短期用水问题。

❸ 罗西北：《黄河北干流的综合开发与治理》，《科技导报》1991年第4期。

❹ 罗西北：《河流规划与水资源的综合利用》，中南工业大学出版社，1994年，第100页。

❺ 燕秋：《我嫁了个烈士遗孤——记罗西北的水电生涯》，中国电力出版社，2002年，第49～50页。

建乌江干流的乌江渡水电站，但是乌江干流大部分流域处在岩溶❶地区，地质条件较为复杂，建坝技术要求高，再加上当时筹措资金较为困难，对乌江流域整体地质情况缺乏深入的了解，立即开发乌江干流难以实现。❷ 为此罗西北等水利水电专家提议开发乌江支流猫跳河，作为乌江水电开发的起点。同时，罗西北与苏联专家经过讨论、研究，确定了猫跳河梯级开发方案，❸选定了一期工程——红枫水电站，并对该水电站做了初步设计，于 1958 年投入建设。❹

一、优化乌江的水电梯级开发方案

猫跳河梯级开发实施后，水利电力部加强了对乌江干流的勘测和设计，着重勘测了乌江渡水电站的地质情况。1965 年，罗西北参加了乌江渡水电站初步设计的审查工作。1970 年 4 月，乌江渡水电站开始兴建。乌江渡水电站是我国在岩溶地区兴建的第一座大型水电站，❺ 兴建之初，不少技术问题尚未很好解决。当时我国不仅缺乏在岩溶地区兴建高坝的经验，而且乌江渡水电站是边勘测、边设计、边施工，地质问题研究不够深入，加上混凝土质量问题，最后国务院要求工程停工检查，重新研究新的设计方案。❻ 为此，领导层中的部分人要求乌江渡水电站的坝高不超过百米。❼面对各方的压力，1973 年 12 月，罗西北考察了乌江渡水电站的施工场所，并参与了乌江渡水电站建设规模的优化工作。罗西北认为中国大江大河的水电开发必将是河流梯级、滚动开发，单个站点开发方式终将结束。❽ 而乌江渡水电站原来的设计方案充分考虑了乌江梯级开发的原则，其坝高是合理的。他坚决反对缩小乌江渡水电站的规模，因为乌江渡水电站的规模关系到整个乌江流域的水电梯级开发。在罗西北的据理力争下，乌江渡水电站的坝高仍然按照最初规划的最大坝高 165 米施工。1979 年乌江渡水电站第一台机组发电，1983 年完工。❾

1985 年 7 月，罗西北与长江流域规划办公室、贵阳勘测设计院的专家考察了乌江，研究乌江梯级开发方案的优化选择和合理布局问题。罗西北全面查勘了乌江干流规划的各个梯级水电站，了解了水电站周围的水文、地质、地形特征。经过实地考察，罗西北对乌江的水电梯级开发方案进行了优化，使得水电站的规划更加合理。当时有专家建议在文家渡兴建水电站，罗西北与部分专家根据实地考察的情况，否定了这一想法，坚持兴建洪家渡水电站，并且将原先规划的洪家渡水电站的坝高增加了 20 米。罗西北认为增加洪家渡水电站的坝高，效益最高，也更符合地区用电需求。初步确定乌

---

❶ 岩溶：水对可溶性岩石进行以化学溶蚀作用为主，流水的冲蚀、潜蚀和崩塌等机械作用为辅的地质作用，以及由这些作用产生的现象的总称。又称喀斯特。

❷❸ 中国水力发电工程学会：《罗西北纪念文集》，中国电力出版社，2006 年，第 28 页。

❹ 燕秋：《我嫁了个烈士遗孤——记罗西北的水电生涯》，中国电力出版社，2002 年，第 50 页。

❺ 薛启亮、杨汝戬：《中国重点建设工程概览》，河北人民出版社，1992 年，第 36 页。

❻❼ 中国水力发电工程学会：《罗西北纪念文集》，中国电力出版社，2006 年，第 82 页。

❽ 中国水力发电工程学会：《罗西北纪念文集》，中国电力出版社，2006 年，第 83 页。

❾ 同❺注。

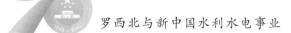

江干流为 9 级开发：以洪家渡水电站为龙头梯级，下接东风、索风营、乌江渡、构皮滩、思林、沙沱、彭水及武隆（或大溪口）各梯级。❶

通过这次全程考察乌江，罗西北等人对乌江水能资源的认识进一步加深了。乌江流域水能资源丰富，自然条件优越，9 个梯级开发方案充分考虑了水资源的综合利用。以洪家渡水电站为龙头水电站，洪水期可以将水量蓄积起来，供应枯水期使用，保证下游各梯级水电站的发电量。1958 年开发乌江之时，对于在乌江干流建大坝尚无把握，因为乌江干流大部分处于岩溶地区。但是此时，乌江渡水电站已经建成，对于在岩溶地区建坝已经积累了一定经验，而且证明了在岩溶地区建坝在技术上是可行的。同时水利电力部又对乌江干流的梯级开发方案进行了详细的论证、分析，对乌江干流的地质情况也有了更加深入的了解。乌江流域的大坝所在地区地震强度较低，坝址防渗能力较强，工程量相对较少。此外，乌江干流梯级开发实现之后，可以淹没部分险滩，使航道的宽度和深度增加，部分航道在枯水期的水量增加，可极大改善乌江下游的航运条件，为贵州省的资源外送提供便利条件。同时，乌江附近地区用电需求大，乌江规划的这些水电站规模恰当，基本上可以满足这些地区的工业用电需求，从而带动地区经济发展。9 个梯级开发方案，具有淹没小、移民少、工程量不大、投资较省的优点。❷ 总体而言，罗西北认为乌江流域开发条件优越，应尽快实现乌江的梯级、滚动开发，使其成为西南地区的水电基地。

1987 年 3 月，长江流域规划办公室与贵阳勘测设计院共同完成了《乌江干流规划报告》，❸调整了原先的 9 个梯级开发方案，新增了两个梯级水电站，即普定水电站和引子渡水电站。1989 年 5 月，国家计划委员会对《乌江干流规划报告》进行批复，指出"乌江干流梯级开发方案可按普定、引子渡、洪家渡、东风、索风营、乌江渡、构皮滩、思林、沙沱、彭水等 10 个梯级考虑"。❹

在乌江的开发次序上，罗西北建议优先兴建投资少、见效快、效益高的工程，因为乌江开发的一个重要制约因素就是资金。在乌江水电开发公司建立之前，资金筹措还需要依靠国家支持，同时还需要考虑乌江附近地区的实际用电需求。罗西北认为应首先开发乌江渡以上河段，优先开发洪家渡水电站。洪家渡水电站自 1956 年西南地区水力资源普查开始，就进行了勘测、设计工作。其时罗西北参与了西南水资源的普查、乌江流域的规划、可行性研究以及初步设计工作，并建议水利电力部加快乌江流域水电开发的前期工作。此后罗西北又开始研究洪家渡水电站，对洪家渡水电站的建坝条件、水文、地质以及泥沙情况做了大量的研究。罗西北与其他专家都认为洪家渡水电站交通较为方便，附近地区用电需求高，地理位置相对较好，作为龙头水电站，调节性能好，对提高下游梯级水电站的发电效益作用巨大。另外，洪家渡水电站在规划时，

❶ 罗西北、赵毓昆、陈祖安：《我国水能资源的又一"富矿"——乌江》，《水力发电》1985 年第 12 期。
❷ 中国科学院西南资源开发考察队：《乌江流域资源开发研究》，中国科学技术出版社，1990 年，第 14 页。
❸ 彭善群：《乌江干流规划报告将对乌江开发起重要作用》，《人民长江》1989 年第 11 期。
❹ 贾兰、黄家文：《乌江干流水电开发规划中的绿色水电理念》，《中国水能及电气化》2011 年第 9 期。

对水库防渗漏做了充分的考虑，总结了乌江渡水电站和猫跳河梯级水电站在岩溶地区建坝的经验，并对大坝设计进行了深入分析，因此，洪家渡水电站的大坝质量有保障。当时洪家渡水电站的主要问题是坝址的选择问题。洪家渡水电站坝址选择河段为峡谷河段，在上下游拟定相距约 600 米的上、下两个坝址。❶ 工程人员对坝址进行了大量的可行性论证、分析比对，经过反复的研究，综合考虑地质、投资、工期等多方面因素，认为上坝址无明显的地质问题，且投资少，工期短，最后选择了上坝址。对于洪家渡水电站的开发作用，罗西北认为洪家渡水电站附近地区用电需求大，因此，洪家渡水电站应以发电为主，兼顾径流调节、供水、航运。

洪家渡水电站虽然勘测、设计工作较早进行，专家们也曾多次提议兴建，但因为资金、工程地质等问题，并未马上动工。2000 年 11 月洪家渡水电站开工建设。由于做了大量的前期工作，包括设计方案的优化，工程设备、材料的供给以及解决了对外交通问题，使得洪家渡水电站动工之后各项任务进展顺利，不仅水电站五年建成，而且质量有保障。

二、力促乌江渡水电站扩建

乌江渡水电站前期工程于 1970 年 5 月 7 日开始兴建，1983 年竣工投产。❷ 尽管乌江渡水电站兴建的过程中遇到了很多难题，包括岩溶地区防渗漏、洪水淹没厂房等问题，但是在水利水电工作人员的不懈努力之下，乌江渡水电站最终建成了。乌江渡水电站投产后，由于用电需求的增加，包括罗西北在内的许多水利水电专家都主张加快对乌江渡水电站扩建工作的研究。1985 年，中南勘测设计院针对乌江渡水电站扩建问题做了可行性研究报告，提出乌江渡水电站扩建后其开发任务仍然是以发电为主，兼有航运、发展渔场养殖业等综合效益。同时，中南勘测设计院推荐乌江渡水电站扩建规模为 42 万千瓦。但是水利电力部并未对中南勘测设计院提出的关于乌江渡水电站扩建的可行性研究报告开展审查工作。

为了促进乌江渡水电站扩建，进一步开发乌江水电，带动地区经济发展，1987 年 4 月，罗西北应贵州省人民政府邀请，再次参与了对乌江的考察。这次考察，对乌江流域的矿产资源情况有了较为深入的了解。乌江流域矿产资源丰富，种类繁多，分布连片且集中，煤、天然气、铁、铝、磷、镁、汞等资源蕴藏量都十分丰富，具备建成能源基地的能力。罗西北认为乌江的水电开发不仅要从整个流域水资源利用的角度考虑，也要从地区经济发展的角度考虑。乌江开发在"西电东送"中具有重要的战略作用。乌江开发的电量除了满足贵州省的用电需求外，还可解决广东省的用电问题。广东省经济发展快，用电需求大，其发展的火电对环境造成了严重污染。乌江流域水能

---

❶ 杨泽艳、湛正刚、文亚豪、肖万春、慕洪友等：《洪家渡水电站工程设计创新技术与应用》，中国水利水电出版社，2008 年，第 27 页。

❷ 乌江渡发电厂：《乌江渡水电站扩建工程技术与管理》，中国水利水电出版社，2010 年，第 3 页。

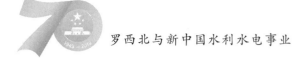
资源丰富，可发电量在全国名列前茅，相比云南、四川等省份的其他河流，乌江距离广东省广州等市最近，促进乌江梯级、滚动开发，将乌江流域多余电量送往广东省，不仅能促进贵州省、广东省的经济发展，而且响应了国家"西电东送"的号召，战略意义重大。

针对乌江流域的综合开发问题，罗西北提出乌江的开发要以水电为龙头，大、中、小型电站相结合，走流域、梯级、滚动开发的道路，❶将水电开发与矿产资源开发结合起来，从而带动地区经济发展。他建议组建乌江水电开发公司。该公司以梯级、滚动开发乌江为原则，以水电养水电，把水电生产所得继续专项投入到水电建设中，❷避免出现由于缺乏资金而导致水电开发进展延缓的问题。同时，罗西北认为乌江水电开发公司只是一个起步，应以水电为支柱产业，然后横向联合其他能源工业，最后形成一个综合性的经济开发公司。尽管乌江水电开发公司在运作过程中遇到了许多难题，但最后还是发展起来了。

这次乌江考察结束后，罗西北等水利水电专家重申了加快乌江渡水电站扩建的意见。罗西北认为，乌江渡水电站扩建意义重大，不仅有利于解决乌江流域的用电需求，而且有利于带动乌江流域矿产资源的开发，从而带动乌江流域经济水平的提高。罗西北认为乌江渡水电站扩建应该在"七五"期间兴建，力争在1995年以前实现。❸

虽然水利部没有按照罗西北的意见于"七五"期间开展乌江渡水电站扩建工作，但是仍然于1999年提出了乌江渡水电站扩建工程可行性研究报告，主要拟定了三个扩建规模方案：42万千瓦、50万千瓦、60万千瓦。❹最后，水利部从水电站扩建的经济效益、周边地区对电量的实际需求以及水电站安全运行等方面进行综合对比后，确定扩建规模为50万千瓦。罗西北认为乌江渡水电站的扩建工程虽然是在原来的水电站基础上进行扩建，但在实际的施工过程中仍将面临不少工程难题，主要表现在以下几点：施工场地狭窄，使施工布置难度加大；❺工程布置区域山体陡峻，技术难度大；复杂地质区域的防渗漏问题。尽管乌江渡水电站扩建工程存在不少困难，但罗西北认为乌江渡水电站扩建是必要的，是促进"西电东送"的战略性工程。乌江渡水电站的扩建能减少每年的弃水，促进水资源的有效利用，提高发电效益。乌江渡水电站扩机改造项目完成后，将达到125万千瓦的装机规模，每年可增加发电量7.19亿千瓦时。❻贵州省矿产资源丰富，用电需求随着经济发展日益增加，只有提供充足的电量，才能促进贵州省将地区资源优势转化成经济优势，才能真正做到"矿电结合"，将多余的电量输送到东部地区，促进经济发展。

❶ 中国水力发电工程学会：《罗西北纪念文集》，中国电力出版社，2006年，第171页。

❷ 谢念、万群：《把握优势——著名水电专家罗西北谈贵州电力开发》，《贵州水力发电》1994年第4期。

❸ 罗西北：《罗西北谈水利水电工程》，中国电力出版社，2007年，第228页。

❹ 乌江渡发电厂：《乌江渡水电站扩建工程技术与管理》，中国水利水电出版社，2010年，第15页。

❺ 周钧平、阳恩国：《乌江渡水电站扩机工程设计简介》，《中南水力发电》2002年第4期。

❻ 鲍玉发：《乌江水电开发"西电东送"的重头戏》，《贵州政协报》2001年6月23日。

乌江渡水电站扩建方案确定后，于 2000 年 11 月 8 日正式动工。2003 年 8 月 26 日完成 72 小时试运行正式投入商业运行，首台机组比计划工期提前 7 个月投产发电，第二台机组于 12 月 9 日投产发电，实现了年内双投目标。❶

总之，在乌江水电开发上，罗西北始终坚持乌江梯级、滚动开发的思想。他主张成立乌江水电开发公司，一方面将乌江的水电梯级开发与贵州省的地区矿产资源开发相结合，做到矿电结合，另一方面将乌江水电开发公司的收入作为乌江"以水电养水电"滚动开发的基础。此外，罗西北还对乌江梯级水电站兴建的重要性进行了多方面的阐述。他从宏观的战略角度出发，以娴熟的专业能力对乌江流域梯级水电站的设计进行了优化，分析并解决了乌江渡水电站扩建以及洪家渡水电站兴建过程当中存在的诸多问题，为乌江支流猫跳河的开发以及乌江干流梯级水电站的顺利建成发挥了重要的作用。罗西北的这些举措，推动了乌江流域的水电梯级开发，加快了乌江成为我国水电基地的步伐。这是罗西北对新中国水利水电事业的又一重要贡献。

---

❶　安志明：《科学管理　建设绿色环保乌江扩建工程》，《中国南方十三省（市、区）水电学会联络会暨学术交流研讨会论文集》，2006 年，第 3 页。

第三章　罗西北对大型水利工程的
建言献策

　　水利工程的建设，不仅关系到安邦治国的战略部署，而且关系到老百姓的生产、生活以及生态环境等方面。因此，任何一项水利工程的建设都是一项系统工程，都要先进行勘测、规划、设计等前期工作，然后立项并编写可行性报告，经过反复论证、研究，通过审查之后才可以施工建设。同时，水利工程的建设需要大量的人力、物力和财力，其建设不是一朝一夕之事。三峡工程和南水北调工程都是关系中国经济发展的重大水利工程，为了研究这些工程，中国众多的水利水电工作者大都竭尽全力。罗西北作为水利工作者也不例外，他在实地考察和不断思考、研究的基础上，秉持实事求是的科学态度，积极为三峡工程和南水北调工程建言献策。尽管有些意见未被采纳，但罗西北并未因此失望，而是一如既往地提出自己认为正确的建议，对最终的决策产生了较大的影响。他用自己的专业知识和实践经验，努力推动三峡工程和南水北调工程服务国家需要，造福人民。

第一节　对三峡工程的建言献策

　　三峡工程的设想最早是由孙中山于 1919 年提出来的。新中国成立后，党和国家领导人十分重视长江流域的防洪工作。1953 年，毛泽东在长江水利委员会主任林一山的陪同下视察了长江。毛泽东在与林一山交谈时，就曾提出兴建三峡工程的主张。1954年 6 月，长江发生了严重的洪水灾害。洪水过后，长江水利委员会主任林一山提出了兴建三峡水库的方案。1958 年 1 月，南宁会议召开，毛泽东要求周恩来亲自负责三峡工程。1958 年 3 月，中共中央在成都召开工作会议，通过了《关于三峡水利枢纽和长江流域规划的意见》，并于 4 月由政治局会议批准。这标志着三峡工程的兴建已列入国家建设的规划之中。[1]

一、对三峡工程建设规模和建设时机的建言

　　罗西北最早接触三峡工程是在 1951 年 9 月。1951 年夏，周恩来总理为了使在苏联留学的中国学生罗西北等人了解新中国当时的建设情况，在他们回国休假时，组织他

---

　　[1]　高峻等：《中国当代治水史论探》，福建人民出版社，2012 年，第 3 页。

们参观了东北重工业基地。[1] 1951 年 9 月罗西北等人参观完东北重工业基地返回苏联前，燃料工业部曾指派唐季友[2]工程师为他们介绍三峡工程。[3] 1954 年 12 月，回国后的罗西北参加了刘澜波、李锐领导的访苏电站考察团，罗西北担任翻译。由于当时长江发生了大洪水，国家十分重视三峡工程，要求考察团就三峡工程征求苏联有关部门和专家的意见，争取苏联援助。苏联方面认为三峡工程资金需求大，与当时中国经济发展水平不适应，而且对中国的水力资源情况不了解，建议不要轻易兴建三峡工程。但是，由于三峡工程对长江防洪作用重大，中国没有采纳苏联方面的建议。

　　1958 年 2 月，周恩来总理率领国务院有关领导同志考察了长江，李锐、罗西北参加了这次考察。考察完后，罗西北对三峡工程表达了自己的看法，他主张三峡工程应该缓建、慎建。罗西北认为当时国力并不强盛，经济能力有限，兴建三峡工程耗资巨大，建设周期长，很有可能会因为资金问题导致工程被迫暂停，而且兴建三峡工程将导致西南、西北一大批水电站因为缺乏资金而无法兴建，只建三峡工程无法解决所有问题。同时，罗西北认为三峡工程涉及面广，对国计民生影响巨大。三峡工程坝址、坝高的选择，移民问题以及许多技术问题都要反复研究才能确定，因此三峡工程不宜现在兴建。当时水利水电工程界不少专家对兴建三峡工程热情很高，有专家建议三峡水库的正常蓄水位为 235 米，库容 1000 多亿立方米，装机 1000 多万千瓦。[4] 罗西北反对 235 米正常蓄水位方案，因为这个方案将淹没大半个重庆，淹没损失巨大，而且长江附近地区人口稠密，移民数量十分庞大。最后，周恩来总理定下"积极准备，充分可靠"的原则，保护重庆，三峡水库的正常蓄水位不能超过 200 米。[5]1958 年 4 月，根据周恩来总理的指示，国家科学技术委员会、中国科学院成立了三峡科研领导小组（通称"科委三峡组"），负责组织三峡工程科研大协作。[6] 1962 年 12 月，科委三峡组在中国科学院召开扩大会议，提出 1963—1972 年十年科研规划，将三峡科研工作列为重要课题之一。[7] 1966 年，我国进入"文化大革命"十年动荡时期，三峡工程并未取得实质性进展。

　　1979 年初，罗西北再次接触三峡工程问题，当时他作为电力工业部代表，参加了三峡工程选择坝址的会议。1980 年 7 月，国务院组织召开了三峡工程论证预报会。此后水利水电专家对三峡工程的建设规模及建设时机进行了讨论、研究。1983 年 3 月，长江流域规划办公室完成了《三峡水利枢纽 150 米方案可行性研究报告》。[8] 罗西北对

---

❶　燕秋：《我嫁了个烈士遗孤——记罗西北的水电生涯》，中国电力出版社，2002 年，第 213 页。

❷　唐季友（1909—1983），江苏宜兴人。民国时期曾任国民政府资源委员会水力发电工程总处规划组工程师。新中国成立后，曾任燃料工业部水力发电建设总局勘测处处长、东北勘测设计院总工程师等职。

❸　燕秋：《我嫁了个烈士遗孤——记罗西北的水电生涯》，中国电力出版社，2002 年，第 214 页。

❹❺　罗西北：《水资源开发实践与地区经济》，四川科学技术出版社，1997 年，第 36 页。

❻　国务院三峡工程建设委员会：《百年三峡——三峡工程 1919—1992 年新闻选集》，长江出版社，2005 年，第 433 页。

❼　国务院三峡工程建设委员会：《百年三峡——三峡工程 1919—1992 年新闻选集》，长江出版社，2005 年，第 434 页。

❽　国务院三峡工程建设委员会：《百年三峡——三峡工程 1919—1992 年新闻选集》，长江出版社，2005 年，第 437 页。

三峡水库 150 米正常蓄水位方案基本表示赞同。1984 年 2 月，国务院组织专家对三峡水库 150 米正常蓄水位方案进行审查，绝大多数专家对 150 米正常蓄水位方案表示赞同。但是，1984 年 11 月重庆市委市政府提出了不同看法，建议三峡工程蓄水位为 180 米。❶ 不同蓄水位方案的提出，使水利水电工程界围绕三峡工程兴建与否以及蓄水位问题展开了激烈的讨论。1986 年 6 月，根据中共中央、国务院关于组织三峡工程重新论证的通知，水利电力部立即成立了三峡工程论证领导小组。❷ 1986 年 11 月，国务院组织全国各方面有关专家 400 多人对三峡工程进行全国性的论证和审查，罗西北参与了 14 个专家组中 2 个专家组的论证和审查工作。三峡工程重新论证结束后，提出了 175 米正常蓄水位和"一级开发，一次建成，分期蓄水，连续移民"❸ 的建设方案。

罗西北认为三峡水库的建设规模实质上取决于水位的选择。三峡工程的规模不能纯粹从某一方面来考虑，要综合考虑各方面的因素。从移民角度来说，移民问题不仅与经济发展紧密相关，而且关系到社会稳定，对环境也有重大影响。160 米方案可以减少一半以上的移民，移民人数不超过一百万人。❹ 从泥沙以及航运角度来讲，160 米方案相比于 175 米方案，对于嘉陵江的泥沙淤积影响较小。因此他主张三峡水库的正常蓄水位定为 160 米。罗西北的这个观点与加拿大咨询集团的看法一致，后者在考察、研究和论证三峡工程后，提出的可行性研究报告中也主张三峡工程正常蓄水位应为 160 米。理由是这个水位的经济效益最大，移民人数与涉及的社会问题较少。❺

1988 年 11 月 21—30 日，水利部三峡工程论证领导小组召开第九次（扩大）会议。会议得出主要结论：三峡工程建比不建好，早建比晚建有利。❻ 1989 年 2 月，罗西北在三峡工程论证领导小组召开的第十次（扩大）会议上作了发言。他认为既应该从整个长江流域全面、系统地研究三峡工程，也要从宏观战略角度如全国电力配置、能源布局等方面去考虑三峡工程。三峡工程的建设必须要符合自然规律和社会发展规律，不能简单地就三峡谈三峡、就工程论工程。罗西北认为看待三峡工程既要看到其有利方面，也要看到其不利方面。一方面三峡工程具有防洪、发电、灌溉等综合效益：三峡工程对防范长江上游的洪水灾害具有特殊的作用；三峡工程的发电量不仅可以满足沿江地区的用电需求，而且距离东部地区较近，输电成本较低，可以为"西电东送"提供重要支持；三峡工程所在流域水量充沛，可以为工农业用水、城市生活用水提供便利。另一方面也需注意兴建三峡工程存在的问题：兴建三峡工程淹没损失大、移民多；兴建三峡工程会加重嘉陵江泥沙淤积，进而影响嘉陵江的航运。

❶ 罗西北：《河流规划与水资源的综合利用》，中南工业大学出版社，1994 年，第 45 页。
❷ 陈精求：《三峡梦成真：三峡工程历史回顾与展望》，新华出版社，1992 年，第 25 页。
❸ 陈精求：《三峡梦成真：三峡工程历史回顾与展望》，新华出版社，1992 年，第 36 页。
❹ 罗西北：《水资源开发实践与地区经济》，四川科学技术出版社，1997 年，第 30 页。
❺ 陈精求：《三峡梦成真：三峡工程历史回顾与展望》，新华出版社，1992 年，第 38～39 页。
❻ 国务院三峡工程建设委员会：《百年三峡——三峡工程 1919—1992 年新闻选集》，长江出版社，2005 年，第 438 页。

对于三峡工程的建设时机，罗西北认为应该取决于国家的经济实力以及国家发展战略的实际需求。三峡工程耗资巨大，需要考虑建设资金的筹措渠道、引进外资的途径与方式、国家的扶持政策等诸多因素。此外，三峡工程的建设，将会导致西南、西北诸多中小型水电站的建设延后，形成水利水电建设的真空期，影响水利水电事业的整体布局。从电力供应角度来讲，罗西北认为三峡工程的兴建，华东和华中无疑是最主要的受益地区。但是华东、华中地区的工业布局、产业结构、对电力的需求当前都没有系统地研究过，纯粹依靠主观预测，不可能准确地反映出华东、华中地区实际的电力需求情况。而西南地区水能资源和矿产资源都十分丰富，具备发展高能耗能源工业基地的条件，可以适当将华东、华中的高能耗产业转移到西南、西北地区，再投入资金加快西南、西北地区的水电建设。罗西北认为，三峡工程兴建具有重要的战略意义，至于何时兴建还要重新研究。三峡工程在分步骤治理全流域以及综合部署方面的规划还不够完善，暂时缺乏明确的战略目标。因此，罗西北认为三峡工程论证时提出的"三峡工程早建比晚建有利"是不合适的，要根据实际情况，不可一概而论。

二、对三峡工程的主要作用和泥沙淤积问题的建言

对于三峡工程的主要作用是发电还是防洪，水利水电专家们争论不断。1992年3月，全国政协第七届第五次会议召开，罗西北在会上就三峡工程的主要作用做了发言。他认为三峡工程的论证过程是对三峡工程认识不断深化的过程，对于三峡工程的不同看法都在一定程度上推动了三峡工程决策的科学化、合理化。因此，要允许不同看法的存在，并重视这些不同的看法。对于三峡工程的主要作用，罗西北主张三峡工程的第一作用是防洪。[1] 同时，罗西北在会议上强调三峡工程的泥沙淤积问题需要认真反复研究。在发言最后，罗西北同意将三峡工程列入国家长远规划，但是对于三峡工程的建设规模仍需不断研究、论证，做出最有利的选择，经过国家审查通过后，依据国家财力状况，适时兴建，争取三峡工程一气呵成。[2]

面对部分专家认为三峡工程的主要作用是发电的看法，罗西北数次向李鹏、邹家华等领导人重申"建设三峡工程的目的是以防洪为主，发电为辅"[3] 的意见。罗西北认为"三峡工程的主要作用是发电"这一观点是不科学的，因为三峡工程相比于溪洛渡、向家坝等水电站而言，移民更多、发电量更小、电力质量也不优越。若主要是考虑发电，那么溪洛渡和向家坝两个水电站明显效益更好，所以优先兴建三峡工程主要还是为了防范长江流域的洪水灾害。经过罗西北客观的分析，邹家华副总理也认同了罗西北的看法，并在1992年3月第七届全国人民代表大会第五次会议召开期间提出："三峡工程是长江综合治理中关键性的一个措施，它的首要作用是防洪。"[4]

---

[1]　燕秋：《我嫁了个烈士遗孤——记罗西北的水电生涯》，中国电力出版社，2002年，第220页。

[2]　燕秋：《我嫁了个烈士遗孤——记罗西北的水电生涯》，中国电力出版社，2002年，第219～220页。

[3]　徐晓：《罗西北》，《财经》2005年第25期。

[4]　《四川代表认真审议三峡工程，邹家华、钱正英到会听取意见并发言》，《人民日报》1992年3月27日。

针对三峡工程的防洪问题，罗西北有自己的思考。他认为洪水问题需要具体分析，要明确洪水的类型，是全流域型的，还是部分流域型的。还要明确防洪标准，不同防洪对象的防洪标准是不一样的。城乡地区、灌区和非灌区、人口密集地区和人口稀少地区，防洪标准都是有差别的。长江的防洪应该明确每一步的具体任务、阶段性的标准，而不是笼统地确定为千年一遇，应该分时期、分地域、分条件来研究。采用的防洪标准不同，对于三峡工程防洪作用的认识就会产生差异。

1992年4月3日，第七届全国人民代表大会第五次会议2633名代表，对《国务院关于提请兴建长江三峡工程的议案》进行表决，以1767票赞同、177票反对、644票弃权、25人未按表决器的结果通过了三峡水库蓄水位为175米的新方案。❶ 三峡水库175米蓄水位方案通过后，罗西北就开始研究三峡水库175米正常蓄水位方案可能造成的泥沙淤积问题。罗西北曾对乌江和长江的交汇处进行过深入的考察。他发现，乌江与长江交汇处已存在泥沙淤积现象。三峡工程建成后，不仅会使该地区泥沙淤积情况更加严重，而且还会使嘉陵江和三峡水库库尾出现泥沙淤积。泥沙淤积不仅会影响长江支流乌江及嘉陵江的航运，而且会加剧长江中下游的洪水灾害。因此，减少河流泥沙淤积已成为长江防洪的"治本"措施。❷

为了解决三峡工程的泥沙淤积问题，罗西北建议将溪洛渡、向家坝工程作为三峡工程的后续工程。早在三峡工程确定兴建之前，罗西北就曾建议优先兴建溪洛渡、向家坝两个水电站，因为三峡水库的泥沙大部分来自长江上游的金沙江，优先兴建金沙江流域的溪洛渡、向家坝两个水电站，可以有效减少三峡水库的泥沙入库量。但是国家并没有采纳罗西北的观点，还是决定优先兴建三峡工程。三峡工程兴建后，国家的下一步水电站兴建计划暂未确定。开发溪洛渡、向家坝两个水电站既可以填补水电建设的空档期，又可促进金沙江的开发。最重要的是，兴建溪洛渡、向家坝两个水电站可以解决三峡水库的泥沙淤积问题，减轻长江中下游的洪水灾害。

为了推动溪洛渡、向家坝水电站作为三峡工程的后续工程，以解决三峡工程的泥沙淤积问题，减轻长江中下游的洪水灾害，罗西北又多次向李鹏总理以及邹家华副总理建议兴建这两个水电站，并在1994年3月召开的全国政协第八届第二次会议上专门写了提案，全国政协副主席钱正英在提案上批上了自己的肯定意见。❸ 在罗西北坚持不懈的努力下，国务院三峡工程建设委员会批准溪洛渡、向家坝两个水电站作为三峡工程的后续工程。❹罗西北为解决三峡工程的泥沙淤积问题发挥了重要作用。

总之，罗西北自接触三峡工程以来，一直主张缓建、慎建三峡工程。罗西北参与了三峡工程的论证，并在诸多会议上发表了对三峡工程的看法。他认为三峡工程的兴建与否取决于国家经济发展水平和技术水平，三峡工程的主要问题是建设规模和建设

❶ 国务院三峡工程建设委员会：《百年三峡——三峡工程1919—1992年新闻选集》，长江出版社，2005年，第440页。

❷ 李长安等：《长江中游环境演化与防洪对策》，中国地质大学出版社，2001年，第125～126页。

❸❹ 燕秋：《我嫁了个烈士遗孤——记罗西北的水电生涯》，中国电力出版社，2002年，第223页。

时机的问题。针对三峡工程主要作用的争论，罗西北通过客观分析，使"三峡工程主要作用是防洪"的观点得到了邹家华副总理的认同。在三峡工程的正常蓄水位问题上，罗西北始终主张 160 米蓄水位方案，并为此做了大量的研究，尽管最后未被采纳，但仍然对决策产生了重要影响，推动了三峡工程建设规模的优化。三峡水库 175 米蓄水位方案确定后，罗西北并没有因为自己的意见不被采纳而耿耿于怀。相反，他以更加积极的心态投入到对三峡工程泥沙淤积问题的研究当中，促使溪洛渡、向家坝两个水电站成为三峡工程的后续工程。罗西北时刻关注着三峡工程的动态，他以自己的专业知识，积极为三峡工程的兴建建言献策，在三峡工程的论证和决策过程中发挥了重要的作用。作为一名水利水电工作者，罗西北希望能够尽最大的努力去优化三峡工程的建设，使之造福人民，服务社会。

第二节　对南水北调工程的建言献策

南水北调工程主要是为解决中国北方地区尤其是华北地区水资源匮乏问题而兴建的大型水利工程。南水北调工程设想由来已久，1951 年，水利专家在治理和开发利用黄河时，就有部分专家提出是否可以从长江调水到黄河的设想。[1] 1952 年 10 月，毛泽东主席视察黄河与黄河水利委员会主任王化云交谈时说过这样一句话："南方水多，北方水少，如有可能，借点水来也是可以的。"[2] 这是南水北调设想的雏形。此后，黄河水利委员会和长江水利委员会对调水线路进行了大量的勘测工作，分别提出了从长江上游、中游调水的初步设想，并逐步形成后来的南水北调西线方案和中线方案。1958年 3 月，在成都召开的中共中央政治局扩大会议的会议文件中首次正式提出"南水北调"一词。[3] 1972 年，华北地区发生特大干旱。1973 年，中央召开抗旱工作会议，会议中重新提出了南水北调问题。围绕解决华北缺水问题，水利专家进行了反复研究，提出从长江下游扬州抽长江水，基本沿京杭大运河输水到华北东部的方案，即后来形成的南水北调东线方案。[4] 1978 年 3 月，第五届全国人民代表大会第一次会议正式提出兴建南水北调工程。[5] 此后，水利部开始对长江上、中、下游调水方案进行深入研究。

一、建议优先兴建南水北调东线工程

罗西北最早发表对南水北调工程的看法是在 1988 年 11 月。当时在中国国际咨询公司任职的罗西北开展了"关于解决能源基地与京津地区用水途径专题"的研究，发表了《关于研究解决能源基地与京津地区用水途径专题的几个问题》一文。[6] 罗西北认

❶　严恺：《指点江山展宏图 中国南水北调》，浙江科学技术出版社，1999 年，第 85 页。

❷　《南水北调大事记》，《人民日报》2014 年 12 月 28 日。

❸❹　严恺：《指点江山展宏图 中国南水北调》，浙江科学技术出版社，1999 年，第 86 页。

❺　同❷注。

❻　中国水力发电工程学会：《罗西北纪念文集》，中国电力出版社，2006 年，第 317 页。

为，解决京津地区用水问题首先应该充分利用京津地区的地表水和地下水，然后才谈到外来调水。❶ 针对解决京津地区调水的两个方案：一个是从黄河调水，一个是从长江调水。罗西北认为引黄河水只能解决京津地区短期用水问题，只是应急的措施，不是长远之计。他认为要从长江引水来解决京津用水问题，要兴建南水北调工程。❷

南水北调东线工程第一期工程方案虽然于 1983 年 2 月获国务院批准，但由于在调水规模和北调水量方面，省与省之间存在很大矛盾，未能协调成功，工程没有如期建设。❸ 1989 年 9 月，罗西北参加了南水北调东线工程的实地考察，提出了对南水北调工程的建议。罗西北认为解决京津用水问题，重点应放在南水北调东线工程。南水北调东线工程调水的规模、水量的分配需依据华北地区、沿线地区的缺水情况以及东线调水工程对环境的影响来决定。南水北调东线工程应认真评估建设所需资金，可适当采取分期实施的方案，提高经济效益，争取南水北调东线工程尽快发挥作用。原来水利部曾主张南水北调东线工程解决华北平原东部和天津的缺水问题，中线工程解决华北平原西部和北京用水问题，西线工程解决西北地区用水问题。罗西北认为，南水北调中线、东线工程同时兴建才能解决华北平原和京津用水问题。南水北调中线工程是需要的，但是就目前而言，它与我国当前的经济发展水平不适应，工程技术难度较高，经济效益也需进一步研究，因此需等待国家技术更加成熟、经济进一步发展之后再兴建，可以适当推迟。当前应该集中人力、物力研究南水北调东线工程，优先兴建东线工程，因为东线工程经济效益好、水源充足以及工程技术上有把握。罗西北认为南水北调东线工程不能单纯为华北平原东部和天津供水，也应适当向北京供水。东线工程在兴建的过程中，应尽量与地区已有的水利工程相衔接，充分利用现有设施，减少投资。此外，还应该重视工程沿线地区的实际情况，包括自然气候情况、工农业缺水情况、交通运输情况等，统筹考虑地方的利益，做出有利的选择。对于沿线缺水较严重的地方，尽量多供水。对于沿线洪涝灾害严重的地方，在工程兴建的时候要充分考虑排涝和防汛要求。对于沿线地区迫切要求改善航运条件的，也应尽力帮忙解决，因为这样有利于调动地方的积极性，促进地区经济发展。

罗西北还针对南水北调东线工程的建设规模表达了看法。他认为要明确南水北调东线工程的近期规模和长远规模。近期规模应充分利用已有的水利工程，认真反复研究现有的资料，结合实地考察的发现，减少资金投入。远期规模则需考虑不影响环境或对环境的影响降到最低的情况下长江的可调水量。罗西北认为要综合考虑近期规模和远期规模之间的联系和区别，科学、合理地研究南水北调东线工程的建设规模，争取南水北调东线工程尽早兴建。

❶ 罗西北：《罗西北谈水利水电工程》，中国电力出版社，2007 年，第 59 页。
❷ 罗西北：《河流规划与水资源的综合利用》，中南工业大学出版社，1994 年，第 10 页。
❸ 魏山忠：《南水北调实施顺序研究》，《西安交通大学学报（社会科学版）》1999 年第 3 期。

二、提出新思考——优先兴建南水北调中线工程

由于南水北调中线工程和东线工程争论不断，罗西北认为应拓宽思路、重新思考新的组合，尽快寻找投资少、效益高而又适应当前社会经济发展水平的调水方案。他认为可适当研究从黄河引水的方案，尤其是小浪底水库兴建后对解决北方用水的实际效果。小浪底水库兴建后，黄河可调水量将会增加，可以考虑从小浪底水库调水。1992 年 5 月，罗西北给邹家华副总理写信，认为不论东线工程还是中线工程，近期都不能解决全部问题。[1] 他建议补充研究另一方案：先引黄河水沿南水北调中线方案北段，为京广铁路沿线地区和北京供水。至于天津用水问题，除了利用原来分配的黄河水之外，继续利用南水北调东线工程调水。[2] 此外，小浪底水库兴建之后，还可以增加天津地区和河北的供水量，这样京津地区和河北省的短期用水问题将得到解决。

为了解决河北省和京津地区的长期用水问题，1992 年 5 月 5—11 日，罗西北陪同全国政协副主席钱正英考察了南水北调中线工程河北段。[3] 这次考察加深了罗西北对南水北调中线工程的认识。罗西北认为解决河北缺水问题迫切需要从黄河或者长江引水，但是要以全局的观点综合考虑水资源的利用。根据受水区和调水区经济发展的水平、受水区自身可用水量以及调水区可调水量统筹规划，比较分析得出最优方案。为了解决北京用水问题，水利部曾提出引拒济京[4]方案，之后，为了补偿河北又提出了引黄入淀[5]。这些方案只能解决北京近期的用水问题，引拒济京方案实施后将导致拒马河到白洋淀一带的农业灌溉用水减少，而且河北省还有相当部分地区的用水问题无法解决。

1989 年 9 月，罗西北考察南水北调东线工程后曾主张优先开发南水北调东线工程。这次考察南水北调中线工程河北段后，罗西北改变了原先的设想，提出应优先兴建南水北调中线工程。他认为南水北调东线工程在过黄河问题上研究得已较为透彻，技术上比较成熟，工程沿线经过农业基地、能源基地、棉花基地，能够解决沿线地区用水问题，对于航运和防汛也有重要的作用。整体而言，南水北调东线工程对促进沿线一带经济发展具有特殊的作用。但是南水北调东线工程可调水的水质较差，过黄河后地势较低只能满足河北省部分地区的用水，无法自流供水北京。若要供水北京需电力提水，资金投入较高，经济效益不高。此外，南水北调东线工程对于京广铁路沿线地区的缺水问题帮助甚微。南水北调中线工程的优势在于其一期工程规划目标明确，分期兴建，耗资少，见效快，水质有保证。南水北调中线工程过黄河后地势较高能解决京

[1]　崔晋、王流泉：《南水北调工程大事记》，《河北水利水电技术》2000 年第 S1 期。
[2]　罗西北：《河流规划与水资源的综合利用》，中南工业大学出版社，1994 年，第 59～60 页。
[3]　罗西北：《水资源开发实践与地区经济》，四川科学技术出版社，1997 年，第 242 页。
[4]　引拒济京：即引处于北京和河北之间的拒马河浅层地下水至燕山石化，以解决北京用水问题。
[5]　引黄入淀：即从河南引黄河之水为白洋淀等地区实施生态补水，缓解农业灌溉缺水和地下水超采状况，改善白洋淀生态环境。

广铁路线附近地区的用水问题，还能自流供水给北京、天津和河北省大部分地区。❶ 但是南水北调中线工程也存在两个问题：一是技术问题。南水北调中线工程穿过黄河，工程量大，地质情况复杂，技术要求高，施工难度大。即使能够建成，建成后工程的运行也无法保证，风险大。二是移民问题。移民问题不仅关系到资金问题，而且还关系到社会安定。目前国家的经济发展水平能否解决好移民问题还需进一步研究。此外，丹江口水库可调水量也未深入研究。经过全面分析南水北调中线工程和东线工程后，罗西北认为中线工程总体效益更高，尤其是不存在众多人担心的水质问题。因此，罗西北建议水利部在认真研究南水北调中线工程调水规模和施工技术问题后，尽快推动南水北调中线工程的实施。

1997 年 4 月，罗西北参与了南水北调工程审查委员会第二次全体会议，在一些重大问题上取得了共识：南水北调势在必行，根据国家财力的可能和经济发展的需要，按中、东、西的顺序逐步实施。❷ 2000 年 9 月，罗西北在中国国际咨询公司南水北调工程座谈会上做了发言。他认为南水北调中线、东线工程各有优缺点，以往总是单独研究中线工程和东线工程，而水利部提出的《南水北调工程总体规划（要点）》与以往的工作相比上了一个台阶。❸ 南水北调中线工程供水规模适中，实现了水资源互补，有效地协调了华北地区的供水矛盾，其分期实施方案是可行的。❹

三、对南水北调西线工程和"大西线"工程的分析

对于南水北调西线工程，罗西北也提出了自己的建议。西线工程主要是从长江上游调水到黄河上游。罗西北认为黄河上游地区不仅承担着为西北地区供水的任务，而且还要向流域外其他地区调水，加上黄河本身径流量并不丰富，因此急需从长江调水补偿。南水北调西线工程一方面可以解决黄河上游地区的用水问题，另一方面可以缓解黄河中下游地区工农业用水的紧张局面，甚至能对黄河下游的调沙提供帮助。南水北调西线工程在资源的科学利用和我国经济可持续发展方面的意义，远非一般跨流域调水工程可比。❺ 罗西北认为南水北调西线工程虽然水资源综合利用效益最大，但是由于施工的地质条件复杂，需要挖掘高埋深长隧洞，技术要求高，难度大，在缺乏建设经验的条件下，需适当延后兴建。他同时建议积极研究辽宁省东水西调工程的建设，以期为南水北调西线工程提供建设经验。

针对西北干旱问题，除了南水北调西线工程外，还有一些人提出南水北调"大西线"方案，基本思路是从五江一河❻向西北地区以及黄河调水。罗西北认为这个想法比

---

❶　罗西北：《水资源开发实践与地区经济》，四川科学技术出版社，1997 年，第 242 页。

❷　李春生：《南水北调：中国跨世纪的又一宏伟水利工程——兼谈中线调水工程对湖北省的影响及其补偿措施》，《科技进步与对策》1998 年第 1 期。

❸❹　《罗西北谈水利水电工程》，中国电力出版社，2007 年，第 54 页。

❺　罗西北、李志超：《南水北调西线跨流域调水的市场化运作与高埋深长隧洞施工技术问题》，《中国水利学会 2001 学术年会论文集》，2001 年，第 153 页。

❻　五江一河：即雅鲁藏布江、怒江、澜沧江、金沙江、雅砻江以及大渡河。

较独特，但是工程地质条件复杂、技术要求高、风险大，需要长距离提水，没有充足的电量根本无法实现。罗西北主张对这个方案进行适当修改，使其符合实际情况。从现实角度出发，罗西北认同从通天河建坝提水到黄河流域的扎陵湖和鄂陵湖的方案。[1]该方案抽水所需电量可由黄河上游的拉西瓦水电站提供，电量损失较少，而且等通天河的水调到黄河上游之后，不仅拉西瓦水电站损失的电量能得到补偿，还可以增加黄河上游梯级水电站的发电量。此外，这个方案技术要求相对简单、地质条件相对较好、工期短，具有现实意义。罗西北希望水利部能够充分考虑这一方案，进一步研究"大西线"工程的各种方案，从中选择最优方案。

总之，在南水北调工程建设问题上，罗西北进行了深入、系统的思考和分析，并积极向国家建言献策。他认为华北地区降水量少、河流水资源少且分布不均，充分利用地表水和地下水，采取节水、污水治理等措施都不能根本解决地区的用水问题，关键还是要靠外来调水。从这个角度出发，罗西北认为南水北调工程必不可少。在南水北调中线、东线工程的比较上，罗西北原先主张优先兴建东线工程，后来随着实地考察次数的增加，罗西北对南水北调工程的认识不断加深，他认为东线工程和中线工程各有利弊，从总体效益来看，可优先分期实施南水北调中线工程。针对西北地区缺水问题，罗西北对南水北调西线工程和"大西线"工程表达了看法。他认为西线工程需要重点解决高埋深长隧洞工程问题。对于"大西线"方案，罗西北认为其不切实际，可通过适当修改方案，使其具备实现条件。在南水北调工程建设问题上，罗西北坚持实事求是的态度，不断更新对各种方案的认识，积极向国家建言献策，在南水北调工程的总体规划方面作出了重要贡献。

---

[1] 《罗西北谈水利水电工程》，中国电力出版社，2007年，第58页。

第四章 罗西北对优先发展
水电的深刻认知

　　水力资源是可再生能源，同时也是清洁能源，不仅不污染环境，而且可以循环利用。开发水电，不仅能够提供电量，而且具有防洪、航运、供水、灌溉等综合效益。世界上依靠优先发展水电取得重大成功的例子不在少数。我国水力资源丰富，水能蕴藏量6.8亿千瓦，高居世界第一，[1] 发展水电优势明显。但是新中国成立之后，由于各方面因素的制约，水电发展处于滞后的状态，水电开发利用程度低下。为此，罗西北多次建议国家优先发展水电。罗西北对优先发展水电的认知最早来源于对西南水力资源的普查工作。1955年12月，罗西北来到成都勘测设计院工作。1956年至1958年开展了西南地区的水力资源普查，在普查的基础上他提出西南等水力资源丰富的地区应优先发展水电。改革开放之后，为了优先发展水电，罗西北全面分析了优先发展水电的必要性和可能性，提出优先发展水电需要解决的问题以及建议采取的措施。针对社会上对水电认识存在偏见，罗西北与部分水电工作者专门撰文对火电与水电进行了深入的比较，使水电的优越性为人们所接受。此外，罗西北还给中央领导人写建议书，建议国家把优先发展水电作为能源发展的战略决策确立起来。[2]

第一节 全面分析优先发展水电的
必要性与可能性

　　新中国成立后，水电开发受多方面因素的制约，处于滞后的状况。第一，受苏联影响，侧重火电。苏联水电建设在初期遇到了一些挫折，再加上苏联部分水电站工程地质情况复杂，出现了一些意外事故。因此，苏联社会对水电开发持反对意见较大。我国水电资源的开发利用相较于苏联而言，不仅投资较低，而且开发建设工期较短，效益较高。但是新中国成立初期，由于对本国水能资源情况了解不透彻，对水电建设缺乏经验，因此，1954年12月，燃料工业部领导人访苏电站考察结束后，就一直采纳苏联电力建设的指导思想，侧重发展火电，水电所占比重低下。第二，受政治因素的影响。1958年1月，李锐在南宁会议上提出"水电为主、火电为辅"的方针。[3] 但是

---

[1]　罗西北：《河流规划与水电经济》，经济科学出版社，1989年，第3页。
[2]　郭道义：《罗西北：江河入梦梦长久》，《中华英才》1997年第23期。
[3]　燕秋：《我嫁了个烈士遗孤——记罗西北的水电生涯》，中国电力出版社，2002年，第66页。

优先发展水电的设想并不为人们所接受，当时四川省提出"水火并举，侧重火电"❶ 的办电方针。罗西北在系统考察中国西南水能资源的情况后，认为"水火并举，侧重火电"的方针不符合四川省水能资源丰富的实际情况，主张优先发展水电，实行"水主火辅"的办电方针。1959 年 8 月庐山会议之后，水利电力部副部长李锐被列为"反党分子"，罗西北由于反对四川省委的办电方针、反火电以及大水电主义，也被列为"反党分子"。成都勘测设计院的许多水利水电专家都深受牵连，被戴上"反党"帽子。当时社会上普遍认为发展水电就是大水电主义，就是"反党"。此后，大批水利水电专家对发展水电心生畏惧。

罗西北于 1962 年 1 月得到甄别平反后，为了促进水电的优先发展，多次参加水利电力部组织的河流考察工作，并在各种报告会、座谈会上提出优先发展水电的意见。改革开放后，我国进入了社会主义发展的新时期，国家能源短缺问题日益严重。罗西北科学、系统地分析了提高水电比重、优先发展水电的必要性和可能性，对水电与火电进行了全面、深入地分析和比较，充分论证了优先发展水电的优越性。

一、优先发展水电的必要性

1981 年，罗西北参加了"国家十二个重要领域技术政策"研究，❷ 在研究报告中，罗西北对优先发展水电的必要性予以充分地分析。罗西北认为 20 世纪 80 年代初期，为了开创社会主义建设新局面，国家工作的重点是大力发展经济，努力提高人民生活水平。随着大规模经济建设的开展，我国对电力的需求日益增加。火电在电力系统中占据重要地位，但是由于发展火电需要消耗大量的煤炭，因此煤炭等能源的供求矛盾日益加剧。当时国家提出 2000 年工业产值翻两番的目标，要想实现这个目标，电量也需翻倍供应。水利电力部设想火电增加 1000 万千瓦，约需原煤 5 亿多吨。❸ 在火电为主的情况下，即使能够供应 5 亿多吨的原煤，对环境的污染也将成为重大问题。随着经济的发展，其他化工产业的煤炭需求量也大大增加，若将绝大部分煤炭用于火电站发电，其他化工产业的发展则会受到限制。因此，火电在电力系统中所占的比重需重新考虑。此外，我国的石油、天然气已探明的储量较少。世界各国储采比为 30 左右，我国在当时的储采比仅 14 左右。❹ 虽然国家已经加大了对石油、天然气等能源的勘测工作，但是短期内产量不可能有较大的增长。核电由于刚刚起步，技术水平还需提高。社会对核电缺乏了解，国家政策对核电的支持力度小，因此核电发展速度较为缓慢。在煤炭、石油、天然气、核能等能源资源有限的条件下，为了解决能源不足的问题，增加我国电量供应，促进工业发展，提高我国的经济实力，国家提出了节约和开发并

❶ 燕秋：《我嫁了个烈士遗孤——记罗西北的水电生涯》，中国电力出版社，2002 年，第 68 页。
❷ 中国水力发电工程学会：《罗西北纪念文集》，中国电力出版社，2006 年，第 312 页。
❸ 罗西北：《河流规划与水电经济》，经济科学出版社，1989 年，第 7 页。
❹ 罗西北：《河流规划与水电经济》，经济科学出版社，1989 年，第 2 页。

举的指导思想。❶ 一方面国家希望工业部门不断提高技术水平，减少能源的消耗；另一方面国家提倡开发可再生能源，提高其在能源中的比重，缓解对煤炭、石油等能源的需求。罗西北认为开发水电可以集一次能源与二次能源于一举，合开发能源与节约能源于一体。❷ 水能资源是可再生能源，尽管新中国成立以来，水电站的发展取得了一些成就，但是开发力度还不够，应加快水电的发展。因为水电不仅清洁无污染，而且发展水电，提高其在电力系统中的比重，就能够相应地减少火电的比重，从而减少煤炭等能源的消耗。在我国煤炭等能源短缺的情况下，优先发展水电这种可再生的清洁能源，对于改善国家能源结构、解决我国能源短缺问题至关重要。

从水电开发程度来看，优先发展水电十分必要。水能资源不仅是可再生能源，而且是清洁能源，世界上大多数国家都注重优先发展水电。截至 1985 年底，发达国家水电平均开发程度为 40%，发展中国家平均开发程度为 8%。法国、意大利水电开发程度超过 90%，挪威、日本、埃及等国家水电开发程度超过 60%，美国水电开发程度超过 40%，印度和巴西水电开发程度分别达到 17% 和 12%，而我国水电开发程度尚不足5%。❸ 我国许多江河基本上都处于未开发的状况，甚至黄河、长江也尚未充分开发。水能资源十分丰富的西南、西北地区除部分河流已着手水电梯级开发外，尚有许多河流勘测、规划、设计工作都进展缓慢。为了促进西部水能资源丰富地区将资源优势转化为经济优势，带动西部地区经济发展，促进西电东送战略的实施，缓解东部地区日益增长的电力需求，加大水电开发利用程度，优先发展水电迫在眉睫。

二、优先发展水电的可能性

罗西北不仅从能源战略和西电东送战略角度全面分析了优先发展水电的必要性，还从各个方面分析了改革开放后我国优先发展水电的可能性。

第一，我国拥有丰富的水能资源，水能资源蕴藏量居世界第一，优先发展水电具有广阔的前景。我国西南、西北的诸多河流不仅流域内水量充沛，而且落差大，发展水电能够最大限度地促进水资源的综合利用。在改革开放的形势下，还可以引进外资解决水电资金的筹措问题。

第二，从新中国成立到改革开放初期，国家多次组织有关部门对中国西南、西北的诸多河流开展了大量的勘测工作，在勘测设计的基础上进行了河流规划，并对河流的水电梯级开发进行了深入研究，前期工作较为深入，为水电开发创造了良好的条件。

第三，我国现有的水利水电建设队伍经历了一系列水利水电工程建设的历练，具备较强的技术水平，而且从事水利水电事业的技术人员数量也大大增加。当时全国有 9 个勘测设计院，共有 2.1 万人，长江流域规划办公室、黄河水利委员会等流域规划单

---

❶ 罗西北：《河流规划与水电经济》，经济科学出版社，1989 年，第 2 页。
❷ 罗西北：《罗西北谈水利水电工程》，中国电力出版社，2007 年，第 178 页。
❸ 罗西北：《河流规划与水电经济》，经济科学出版社，1989 年，第 54～55 页。

位共有 1.5 万人，水利电力部直属水利水电建设队伍 25 万人。❶

第四，水力发电设备日益齐全，大多数发电设备能够自己生产。新中国成立初期，我国能够自己生产的发电设备少之又少。经过 30 多年的发展，到 20 世纪 80 年代初期，我国在水电设备制造技术方面有了较大的发展，能够自己生产诸多发电设备，而且发电设备的种类也日益齐全。

第五，输电技术水平有了长足的进步。我国水能资源主要集中在西南、西北地区，而东部地区由于经济发展较快，用电需求大，国家提出了西电东送战略，把西北、西南剩余的电量通过高压输电线路输送到东部地区。随着我国输电技术水平的提高，长距离输电不仅投资成本有所降低，而且安全性有了保障。

第六，与国际社会关于水电建设的交流日益增多。改革开放新形势下，水利电力部加强了与其他国家的技术交流。1984 年，水利电力部再次组织专家赴苏联考察。早在 1954 年，我国就曾组织对苏联电站的考察，当时由于水电发展在苏联国内遭受重大挫折，因此侧重发展火电。1984 年我国再次对苏联电站进行考察时，苏联已经确定了优先发展水电的建设方针，在水电设备制造、建坝、输电等方面技术成熟，水平先进。通过访苏考察电站，我国加强了与苏联的水电技术交流，借鉴了其水电发展的经验，使我国水电发展受益良多。

虽然在改革开放的新形势下，发展水电的优越性明朗，但是社会上还有业界对发展水电仍然是意见不一，仍然有人对发展水电的优越性认识不足。1985 年 2 月，针对火电与水电的比较，中国人民建设银行投资研究所编辑的《投资信息》上刊登了《重新评价水电的经济性》一文，❷ 在水利电力部引起了极大的轰动。《重新评价水电的经济性》一文，忽视水电的优越性，片面强调发展火电，缺乏科学态度，在火电与水电的比较上采用不同的标准，所采用的数据不够合理，误导了社会以及业界对水电的看法。针对此情况，罗西北与水利电力部部分专家全面分析了水电与火电的各项指标，对火电与水电的综合投资、建设周期、发电成本进行了深入比较，论证了优先发展水电具备极大优越性。

罗西北认为水电是一次能源、可再生能源，发展水电综合效益高，而发展火电需要消耗煤和油，因此在计算火电的投资时，需包括煤矿资源以及运输的资金投入。❸同样地，水电生产和消费存在异域性，水电生产除了满足当地电力消费外，大部分要从水电资源丰富的中西部地区通过输变电系统运送到经济发达的东部沿海地区进行消纳，❹ 因此，也需要计算输电成本。但是火电和水电在输电投入上是有差别的。罗西北在不计算火电站输电投入的情况下，通过计算得出，水、火电综合投资比是 1：1

---

❶　罗西北：《河流规划与水电经济》，经济科学出版社，1989 年，第 4～5 页。
❷❸　罗西北：《河流规划与水电经济》，经济科学出版社，1989 年，第 23 页。
❹　乔欢欢、沈清、黄永兴：《我国大力发展水电的必要性研究》，《科技与企业》2014 年第 23 期。

（2070 元：2015 元）；❶ 如果考虑火电的输电投资，火电的投资无疑比水电多。此外，水电站与火电站功能相比，水电站不仅具备发电效益，而且具有防洪、航运、养殖、灌溉等综合效益。发展水电的投资中，水利枢纽占了较大一部分，而发展火电造成的环境污染问题日益严重，若计算环境污染治理成本，火电的投资还要继续增加。因此，无论站在什么角度，水电的综合投资都不可能比火电投资高一倍。在不考虑外加因素的影响下，水电与火电的综合投资基本相当，在考虑火电输电投资和治理环境污染投资的情况下，水电的优越性十分明显。

从水电与火电运行周期方面来看，罗西北认为水电与火电的运行周期受多方面因素的影响，不能够简单进行比较。水电站建成即可发电，而火电站受煤炭等能源供应、交通运输等因素的影响，其实际运行时间取决于挖矿时间与铁路兴建时间。总体而言，水电与火电的工期是相近的，❷ 水电工期比火电多一倍的论调是不科学的。

罗西北还针对水电与火电的发电成本进行了比较。他认为火电的耗煤量应根据火电站普遍的耗煤量来计算，而煤炭的价格也应该根据当时市场上的统一煤价来计算。《重新评价水电的经济性》一文，采取了不切实际的数据，引用的煤价数据相对于当时的煤价偏低，引用的火电站耗煤量数据也偏小，导致得出水电的成本比火电高一倍的错误结论。此外，在计算水电、火电的修理费以及流动资金时，罗西北认为应有所区分，不能片面采用统一的数值，因为水电站的大坝等水工建筑物不容易损坏，一般不需要大幅度维修。发展水电不消耗燃料，因此流动资金也相对较少。采取相同的数值对于水电来说明显是不合适的。为此，罗西北按照实际数据分析计算之后，得出每千瓦时电的成本，水电为 86.4 元，火电为 116 元，火电比水电高出 34.3%。❸

罗西北与部分水电专家针对《重新评价水电的经济性》一文提出的种种看法，按照实事求是的态度，采用符合当时实际的数据，站在全局的角度，对水电与火电的综合投资、发电成本等方面进行了全面分析，充分论证了水电的优越性。经过罗西北对水电及火电进行深入比较、全面分析后，《重新评价水电的经济性》一文的作者终于改变了自己的看法，不再坚持主张投入大量资金发展火电，社会上对优先发展水电的偏见也逐渐减少，而优先发展水电的优越性也被广大民众所熟知。

第二节　为优先发展水电建言献策

一、优先发展水电需要解决的问题

优先发展水电的设想提出后，罗西北积极投身到为优先发展水电建言献策的工作

---

❶　水利电力部水利水电规划设计院、中国水力发电工程学会水能规划及动能经济委员会：《应该实事求是地评价水电的经济性——对〈重新评价水电的经济性〉一文的意见》，《水力发电》1985 年第 9 期。

❷　罗西北：《河流规划与水电经济》，经济科学出版社，1989 年，第 26 页。

❸　同❶注。

当中。虽然经过不断地宣传，到改革开放初期，优先发展水电的优越性为广大民众所熟知，但是优先发展水电仍需解决面临的诸多难题。

罗西北认为我国优先发展水电需解决以下几个方面的问题：第一，水电投资日益减少，装机容量增长速度缓慢。水电的投资是水电发展的前提，但是随着社会经济的发展，水电在电力系统中的投资比重却日益下降。"四五"期间占35％，"五五"期间还占34.3％，但是到1985年已下降到25.3％。❶ 水电投资比重日益下降，导致水电装机容量的增长也日益减缓。据统计，第一个五年计划期间水电增长率为21.5％，到第六个五年计划期间，水电增长率仅为6％。❷ 这种状况的出现对于水电的优先发展是极其不利的。水电投资日益减少还体现在水电开发缺少前期工作经费。水电前期工作对于江河的水电开发至关重要，优先发展水电必须要加快水电前期工作的进展。虽然改革开放初期，我国对水电前期工作的重视程度大大加强了，水电的储备项目也日益增多，但是由于水电资金的限制，许多具备良好开发条件的项目如金沙江流域的开发，都无法进行勘测、规划工作，致使水电的优先发展受到阻碍。第二，水电的建设规模小。水电的建设规模应根据国家经济的发展适当扩大，这是解决国家电力供应问题、缓解能源短缺问题行之有效的办法之一。但是我国新动工的水电项目，无法满足国家的电力需求，甚至出现水电建设的断档期，白白浪费了大量的水能资源。为此，要想优先发展水电，水电的建设规模无疑需要进一步扩大。第三，水电队伍老化严重，部分水电工人生活待遇较低。到改革开放初期，我国虽然在水电队伍人数上具有较大的优势，但是水电队伍内部的人员业务水平参差不齐，地质勘测人员相对比较缺乏，水电队伍人员老化严重。一大批技术骨干虽然具有丰富的实践经验，但是理论水平有待提高。在技术要求越来越高的条件下，部分老专家由于年龄原因，对新鲜事物和高科技设备了解较少，阻碍了他们的进一步发展。此外，许多水电工人如勘测人员虽然长期奔走于山川河谷，但是工资待遇却低于地质部门的工作人员，地下工程施工工人的工资待遇也低于煤炭部门的工作人员，❸ 工人们情绪波动较为严重，影响水电事业的稳定发展。第四，国家对江河的水电开发和建设项目的安排缺乏科学的长远规划。水电开发不仅要制定近期规划，还要制定长远规划。大、中型水利水电工程建设，建设周期较长，资金投入较多，因此制定科学的长远规划显得极其重要。新中国成立后，在西南水电开发过程中，由于缺乏科学的长远规划，导致水利水电工程在建设中走了不少弯路。例如在岷江流域的紫坪铺水电站兴建过程中，由于缺乏科学的长远规划，导致工程质量出现严重问题，人为地延长了建设周期，浪费了大量的人力、物力。

二、为优先发展水电建言献策

为了优先发展水电，罗西北多次向国家建言献策。1983年2月，罗西北给国务院

---

❶❷　罗西北：《对我国水电经济开发的战略设想》，《科技导报》1987年第3期。
❸　罗西北：《河流规划与水电经济》，经济科学出版社，1989年，第6页。

副总理陈云同志写信建议提高水电的投资比重。罗西北认为优先发展水电的关键在于提高水电投资在能源投资中的比重。发展水电不仅可以提供优质、廉价的电力，而且可以减少煤炭消耗量及运输费用。作为一次能源，水电投资应同石油、煤炭能源同等看待。❶ 单纯在电力投资中分配水电的投资比重，不能够体现水电作为一次能源的特性。同时，罗西北建议我国派遣访苏电站考察团，一方面就东北的水电开发与苏联展开合作；另一方面学习苏联水电建设的管理方式和大型水电站的施工技术，为国内优先发展水电提供借鉴。派遣访苏电站考察团的建议于1984年被国家所采纳。

1984年7月，罗西北和水利电力部其他专家共6人，对苏联的水电建设进行了考察。❷ 罗西北认为，苏联在水电建设方面虽然遇到过一些挫折，影响了其水电发展的进程，但是在起步较晚的情况下，苏联水电建设能够迅速发展，仍然有许多经验值得借鉴。罗西北在认真研究苏联水电建设经验的基础上，结合我国水电发展存在的问题，提出了一些意见。罗西北认为我国需不断提高科技水平，努力促进设计创新，学习先进的工程建设技术，不断提高水电建设队伍的业务水平。水电工程的建设十分重要，但是不能盲目兴建，因为每个水电工程从前期规划、设计到施工，都需要国家提供大量资金，因此需要不断减少施工过程的失误，减少不必要的损失。通过提高水电队伍的技术水平，不断解决施工过程中遇到的技术难题，缩短水电建设的周期，节省资金，使水电的综合效益尽早服务于社会。同时要注重不同河流开发之间的联系，形成综合效益。用长远的眼光看待水电的发展，集中力量综合开发几条河流，而不是就一条河流研究一条河流，一个工程研究一个工程。罗西北建议水利电力部增加水电开发项目的储备，避免水电开发出现建设规模不足的问题。此外，罗西北还建议国家循序渐进地与苏联展开水电工程技术交流和合作，❸ 通过聘请苏联专家作为顾问、定期组织访苏电站考察团等形式，对我国优先发展水电提供技术支持。

1995年10月中国水力发电工程学会第四次全国代表大会召开后，罗西北再次为优先发展水电提出了具体建议：第一，优先开发水电，确立水电开发在能源开发中的战略地位，提高水电开发程度。水电的综合效益十分显著，开发水电，提高水电在电力系统中的比重，不仅对于解决能源短缺问题十分重要，而且相对于火电而言，水电对环境污染较小。我国是水能资源大国，开发水电的优势明显，因此，从战略决策角度明确水电开发的优先地位，不仅有利于从舆论层面引导社会大众，而且能够在政策层面对优先发展水电给予支持，这对水电的发展极其重要。第二，国家应在经济政策上对水电予以支持。水电开发需要国家政策支持，如资金筹措、增值税税收等问题都需要制定有利于水电开发的合理政策。❹ 为此，罗西北建议国家加大对水电的投资力度，

❶ 罗西北：《河流规划与水电经济》，经济科学出版社，1989年，第8页。

❷ 罗西北：《河流规划与水电经济》，经济科学出版社，1989年，第10页。

❸ 罗西北：《河流规划与水电经济》，经济科学出版社，1989年，第22页。

❹ 罗西北：《罗西北谈水利水电工程》，中国电力出版社，2007年，第191页。

拓宽投资、融资渠道。❶ 对关系到国计民生的大型水利水电工程，一方面国家要提供资金支持，采取有利水电发展的财政政策，降低税收和贷款利率，为水电的发展提供相对宽松的环境，适当延长水电的还贷期限，使水电的收益能够继续投入到水电的建设当中。另一方面，国家应尽量拓宽外资引入渠道。在改革开放的新形势下，水电的发展除了国家投资之外，国外的资金也至关重要。因为发展水电的资金不可能全部由国家提供，剩下的资金需要通过社会发行债券或引进外资来筹措。因此，国家对于中外合资建水电站应该予以政策上的支持，拓宽外资进入渠道，解决水电发展的资金问题。第三，注重编制江河水电开发的长远规划。水电站建设规模太小、新增水电项目减少的原因之一就是缺乏长远规划。水电的开发应随着国家经济的发展适当增加，对于增加的规模，应该明确近期、中期、远期目标，然后分期实现，水电的长远规划直接关系到水电储备项目的建设，因此要加快编制水电开发的长远规划，保证水电建设规模与当前经济发展水平相适应。第四，注重水电管理体制的改革。在改革开放的条件下，优先发展水电必须改变传统的水电管理模式。罗西北认为组建水电开发公司是优先发展水电行之有效的新模式，它不仅能协调中央与地方的经济利益关系，加快水电建设资金的筹集，而且能够保证水电施工进展以及水电站的运行管理。水电开发公司应根据河流的区域情况，实事求是地研究和分析水电开发的特点，坚持自主经营，保证水电的盈利继续投入到水电的建设当中，做到"以水电养水电"，并带动区域经济的发展。第五，注重对西南、西北等水能资源丰富地区的水电开发。西南、西北地区虽然经济水平较为落后，但是水能资源和矿产资源丰富。因此，促进西部地区经济发展的关键在于优先发展西南、西北地区的水电，横向带动矿产资源的开发，最终将西部地区的资源优势转化为经济优势。而且，相对于东部地区而言，西北、西南地区的水电开发程度较低，优先发展西部地区的水电，对于提高我国的总体水电开发比重也具有现实意义。

　　针对水电开发前期工作经费不足的问题，罗西北于 2000 年 5 月向国务院提交了《关于落实前期工作费的建议》，建议国家尽快恢复水电开发前期工作经费每年约 1 亿元，❷ 以促进水电的优先发展。改革开放以来，优先发展水电的建议，逐步引起了国家的重视，国家增加了水电勘探费。但是随着水电勘测难度的增大，水电建设项目的增加，水电开发前期工作经费不足的问题再次显露出来，许多水电站的规划、设计工作无法进行。为此，国家为水电前期工作提供了贷款，再加上每年财政部提供的水电事业费、国家计委提供的水电前期费，至 1994 年，国家总计投入到水电前期工作的费用达 1.4 亿元。❸这些水电经费的投入，对促进西部地区水电的优先开发起到了重要的作用。但是好景不长，从 1997 年起，国家陆续停止了对水电前期工作经费的支持，水电规划前期工作处于停滞状态。❹ 在这种情况下，罗西北为筹集水电建设的前期工作经费

---

❶　罗西北：《水资源开发实践与地区经济》，四川科学技术出版社，1997 年，第 15 页。

❷❸　罗西北：《关于落实水电前期工作费的建议》，《水利水电工程造价》2000 年第 4 期。

❹　罗西北：《罗西北谈水利水电工程》，中国电力出版社，2007 年，第 169 页。

多方奔走，积极向国家提交建议书。《关于落实水电前期工作费的建议》提交后第六天，罗西北又向国务院提交了《关于"再次呼吁恢复水电开发工作费的制度"的建议书》，从西部大开发和"西电东送"战略角度重申恢复水电前期工作经费的重要性。在罗西北的不懈努力下，建议得到了国家采纳，国务院决定每年由政府拨付3000万元作为水电前期工作费，❶这对优先发展水电十分重要。虽然国家提供的水电前期工作经费没有达到预期的1亿元，但是这笔资金仍然为优先发展水电提供了有力的支持。

2000年8月，在水电前期工作十年规划座谈会上，罗西北就充分利用水电前期工作经费解决水电发展的突出问题发表了自己的见解。他建议将水电前期工作费投入到水电建设的基础工作当中，主要是河流规划和水电站的开发规划两个方面。❷河流规划的重点是尚未开展水电梯级开发的河段。此外，具有重要战略意义的水电站也应加快开发规划，因为这些水电站对地区经济发展和国家资源配置意义重大。至于水能资源普查等水电工作可以适当延后，等到资金充足时再进行。

针对水电施工工人工资相对较低、物质生活水平较差的情况，罗西北也积极向国家提出了建议。罗西北认为水电施工队伍长期奔走于山川河谷、日夜在水利水电工程施工工地辛勤工作，而他们的工资待遇不如其他水工工人，甚至不如火电的煤炭部门，在生活中遇到种种困难，难免会有不满情绪。因此，国家应该注重解决水电施工工人的生活难题，尽力改善水电施工工人的物质生活条件，对于已退休的水电施工工人保证落实养老金制度，稳定水电施工队伍的情绪，保持水电队伍的团结，保障水电优先发展。

总之，改革开放后，罗西北深入思考了优先发展水电需解决的问题，为优先发展水电他不仅多次给国家有关部门写建议书，还在各种水电会议和工程座谈会上提出自己的意见。经过罗西北的不断努力，他的许多意见都被国家所采纳，如："组织访苏电站考察团"的意见提出后的第二年就被采纳了；"改革水电管理体制，组建水电开发公司"这一意见也很快被国家采纳，并成为我国优先发展水电的重要举措之一；"恢复水电前期工作经费"的建议在罗西北两次向国家提交建议书后被采纳；水电施工工人的养老金及生活待遇问题在罗西北向国家汇报之后也得到了妥善解决。至于罗西北关于优先发展水电其他方面的建议，国家也都充分进行了考虑，在制定政策时也都有所体现。罗西北全面分析了优先发展水电的必要性和可能性，认真思考了优先发展水电需解决的问题并提出了诸多宝贵的建议，为优先发展水电事业作出了重要的贡献。这充分展现了罗西北对优先发展水电的深刻认知，也体现出他扎实的专业水平和敬业精神。

❶ 罗西北：《罗西北谈水利水电工程》，中国电力出版社，2007年，第174页。

❷ 罗西北：《罗西北谈水利水电工程》，中国电力出版社，2007年，第185页。

第五章 罗西北对新中国水利水电事业
作出重大贡献的原因分析

罗西北从苏联留学归国后，就积极投身到我国水利水电事业当中，对我国水利水电事业作出了突出的贡献。罗西北长期从事水能规划和水利水电勘测、设计、施工技术领导工作，组织并参与了西南地区 200 多条大、中河流的勘测、规划、选点以及云南、贵州、四川几乎所有大、中型水电站的勘测、设计工作。罗西北还组织参与了刘家峡、黑山峡、龙羊峡等大型水利水电枢纽工程的勘测、设计、施工工作。在刘家峡水电站设计施工中首次研制成功并扩大使用了低流态混凝土新技术，首次研究并采用了化学灌浆新技术。[1] 罗西北多次组织领导黄河上游、乌江、金沙江、岷江等大江大河的考察、规划选点工作，对黄河和乌江流域的水电梯级开发提出了建设性的意见——组建流域性的水电开发公司。在三峡工程和南水北调工程的兴建过程中，罗西北积极建言献策，为这些工程的设计优化和可行性研究作出了重要的贡献。此外，罗西北还为优先发展水电"鸣锣开道"，[2] 对优先发展水电的必要性和可能性进行了全面分析，使水电的优先发展作为国家能源发展的战略决策被确立下来。半个世纪以来，罗西北对中国水利水电事业作出如此重要的贡献，其原因是多方面的，是内因和外因综合起作用的结果。

第一，党和国家的长期培养，为罗西北学有所成、投身水利水电事业、报效国家提供了前提条件。罗西北出生于 1926 年 12 月，正值国民大革命时期，北伐战争正轰轰烈烈地进行着。第二年，革命运动因为蒋介石和汪精卫的叛变而失败了，国民党的白色恐怖笼罩着整个中国。1928 年 4 月，罗西北的父亲罗亦农壮烈牺牲，他的母亲也在莫斯科意外身亡。抗日战争爆发后，罗西北被中国共产党接到延安学习。1948 年，为了让罗西北学习更多本领，建设新中国，中国共产党派遣罗西北到苏联学习。在苏联，罗西北掌握了扎实的水利水电专业知识。1953 年罗西北学成回国时，正处于新中国成立初期，各项事业百废待兴，迫切需要各行各业的建设人才。罗西北作为留学苏联的水利水电专业人员，被国家予以重任，担任燃料工业部北京水电勘测设计院规划室主任工程师，随后又被任命为成都勘测设计院总工程师，担任起主要负责人的工作。正是党和国家的培养，使罗西北得以健康成长并得以远赴苏联学习专业技术。同时，新中国的成立，使中国的国家地位和面貌发生了翻天覆地的变化，为罗西北施展所长、

---

[1] 中国水力发电工程学会：《罗西北纪念文集》，中国电力出版社，2006 年，第 312 页。
[2] 燕秋：《我嫁了个烈士遗孤——记罗西北的水电生涯》，中国电力出版社，2002 年，第 225 页。

投身新中国水利水电建设提供了广阔的场所。这是罗西北能够在新中国水利水电事业上作出重大贡献的前提条件。

第二，罗西北作为革命烈士的后代，心怀报效国家之心，全身心投入到水利水电建设当中。罗西北在水利水电事业中能够不断取得成就，成为水利水电领域的权威专家，甚至承担起若干工程决策者的角色，除了我国丰富的水能资源为其提供施展才华的广阔舞台之外，还因为他心怀祖国和人民，全身心投入到水利水电建设当中。罗西北作为革命烈士的后代，小时候的大部分光阴是在延安度过的，从小接触到的一直是集体生活、集体行动。因此在"革命大家庭"的环境中长大的罗西北，时刻牢记为国家和人民服务的信念，无论是参加情报工作，还是投身水利事业，他从来都是服从党组织的指挥与安排。投身水利水电事业后，罗西北更是一丝不苟，任劳任怨。他对水库大坝的质量总是严格要求，对坝高的精确度同样也是丝毫必争，这些除了源于对水电站的安全运行考虑之外，还因为他深知建设水利水电工程的首要目的是造福人民和服务国家。因此，对待水利水电工程的建设，罗西北丝毫不敢怠慢，总是多方面综合分析，科学论证，尽心尽力地工作。1955 年调到成都勘测设计院工作后，罗西北几乎每个夜晚都是 12 点左右才匆匆从办公室回去休息。❶ 在从事水利水电事业的 50 多年中，他几乎走遍了我国每一条大江大河。他一年中有大半年在江河两岸奔走。❷ 每到一个地方，他总要实地考察河流的水文特征、地质地貌，然后认真选择坝址。新中国许多水利水电工程的勘测、规划、设计都汇集着罗西北的智慧。即使退出工作一线后，他仍然保持兢兢业业的工作态度。只要国家和地方需要，他总是马不停蹄地奔赴各地考察河流，为水利工程的兴建和水电站的优化设计提供意见。他全身心地投入到水利水电工作当中，即使身患多种疾病，也不曾停下脚步。1990 年 10 月在考察黄河北干流的总结会上，罗西北因低血糖诱发心肌梗塞，所幸抢救及时，医生建议他停止工作，好好休养。可是他并未按照医生的嘱托，照样奔走各地，因为在他的血管里流淌的不是血，是祖国蜿蜒曲折、奔流不息的大江大河之水。❸ 正如他自己所说的："我的五脏六腑都是和水电相通的，我的肾脏就像水轮机，心脏好比发电机，血管就像输电线路，脑子相当于中央控制系统。"❹ 罗西北知道水利水电建设的首要目标是满足国家建设和人民生活需要，因此他没有理由停歇。正是由于罗西北心怀国家和人民，全身心投入水利水电建设当中，才使他主持或兴建的水利水电工程的质量经得起实践的检验，发挥出其应有的效益。

第三，罗西北一生以共产党员的标准严格要求自己，工作中淡泊名利，不计较个人得失。"文化大革命"期间，罗西北被错误批判而关押了五年，得到平反后，他没有计较之前受过的不公正对待，而是立刻调整状态投入到水利水电工作当中。对于他而

❶ 杜魏华：《在苏联长大的红色后代》，世界知识出版社，2003 年，第 188～189 页。
❷ 李秀平：《〈红樱桃〉以外的罗西北》，《中华儿女》2000 年第 12 期。
❸ 汉文、林枫：《罗西北风雨不改水电情》，《中华儿女》2005 年第 2 期。
❹ 胡学萃：《罗西北与他的水电情缘》，《中国能源报》2010 年 9 月 13 日。

言，个人得失从来都不重要，他看重的是能够在水利水电建设中为国家和人民多作贡献。作为中国工程院筹备组成员，罗西北曾五次被提名为中国工程院院士候选人，但是都落选了。为此，许多水利水电工作者为罗西北抱不平，而罗西北总说："对我来说，是不是院士已没多大意思。"❶ 实际上，罗西北的确不在乎院士头衔，第一次院士遴选的申报材料罗西北只是简单填写了一下，最后由于申报材料过于简单而落选。接下来院士遴选的申报材料都是他妻子帮忙整理的。五次落选中国工程院院士，罗西北不仅没有怨言，而且还积极投身工作。罗西北知道水利水电建设首要是造福人类，而不是为贪大求全而让人民受其不便。❷ 因此，罗西北看到他曾经推荐的一名同事当选院士，不仅没有产生不满情绪，反而高兴地祝贺他。对于罗西北而言，单位和同事的认同，相比院士头衔更为重要。水利部水利水电规划设计总院和中国水力发电工程学会一次次推荐罗西北为院士候选人以及水利水电专家为罗西北抱不平，都体现出罗西北的能力和学术水平已经得到了同行的认同。罗西北关于河流规划和工程设计方面的诸多设想，大多数都被社会所接受。罗西北不是院士，但同样声名远扬，许多单位不停地邀请罗西北参加水利水电工程座谈会和江河考察团，向他咨询的专家也是络绎不绝。许多记者都愿意跟随罗西北跋山涉水去考察江河。新华社高级记者李正杰曾说："罗西北从不见风使舵，从来都是不辞辛苦；他奉献了那么多却从来没索取过什么。老罗是个真正的专家，是一个真正的共产党员。因此，我愿意与他同行。"❸ 正是这种淡泊名利、大公无私的品质，让罗西北赢得了同行的信任和社会的认可，使罗西北声名远扬，从而在水利水电事业上作出重要贡献。

第四，罗西北善于从宏观的战略角度来把握水利水电开发和建设，具有超前意识。罗西北原先在莫斯科动力学院学习水能利用，回国后，在水利水电工作的实践当中，不断拓展自己的业务范围，夯实专业知识，在规划、设计、施工等领域都卓有建树。罗西北还利用闲暇时间学习了经济学、工程地质学、哲学等方面的知识，成为了一名全能型的水利水电专家。对待任何一项水利水电工程，罗西北都不是就工程论工程，而是从宏观战略的眼光来看待。在考察乌江时，罗西北曾建议组建乌江水电开发公司，以水电养水电，带动经济发展。这一建议现在已被社会所广泛接受并付诸实践。可是这一建议刚提出来的时候，不被社会大众所接受，碰到了不少麻烦。罗西北到处奔走，多次向国家建言献策，对促进批准成立乌江水电开发公司做了大量的协调工作。❹ 最后经过多方协调，多年的筹备，终于使乌江水电开发有限责任公司成功组建起来，带动了乌江流域的水电开发，对贵州经济的发展作出了重要贡献。抽水蓄能电站从概念的提出到推广也同样充分体现了罗西北的超前意识。兴建抽水蓄能电站的必要性在 20 世纪 80 年代并不为人们所了解，当时的华东地区主要以火电为主，调峰能力差且不经

---

❶ 燕秋：《我嫁了个烈士遗孤——记罗西北的水电生涯》，中国电力出版社，2002 年，第 247 页。

❷ 汉文、林枫：《罗西北风雨不改水电情》，《中华儿女》2005 年第 2 期。

❸ 《中华之魂》编委会：《中华之魂——梦萦录》，中国民主法制出版社，1995 年，第 135 页。

❹ 中国水力发电工程学会：《罗西北纪念文集》，中国电力出版社，2006 年，第 30 页。

济，为了调节白天用电高峰问题，罗西北积极推动抽水蓄能电站的兴建。相对于常规火电站，抽水蓄能电站既可以调峰又可以填谷，[1] 不仅能够促进电网安全、稳定运行，而且能够有效利用电量，缓解华东地区的缺电问题。为了让社会接受抽水蓄能电站并推动抽水蓄能电站的发展，罗西北多次参加实地考察，根据实地考察的结果，积极宣传抽水蓄能电站的优势，对各种批驳意见进行矫正。在 1993 年 11 月召开的抽水蓄能电站经济技术研讨会以及 1995 年 10 月召开的中国水力发电工程学会第四次全国代表大会的会议上，罗西北都旗帜鲜明地提出加快推动抽水蓄能电站建设的意见。正是因为罗西北从全局、从宏观战略的角度研究水电事业的发展趋势，具有远见卓识，因此才能够在水利水电工作中不断提出新的思路，从而在水利水电事业中不断取得突破，得到同行的支持与肯定。

第五，注重实践，坚持实事求是的态度，敢讲真话，也勇于承认错误。罗西北在水利水电工程技术问题上坚持实事求是的态度，敢讲真话，从不隐瞒自己的观点。岷江开发时，包括朱德总司令、苏联专家在内的许多人都赞同实施"大马"方案，但是罗西北经过实地考察、勘测，将存在的问题一一阐述出来。正是这种不唯上、只唯实的态度，使大部分水利水电专家清楚认识到"大马"方案的不足，最后放弃了该方案。罗西北在四川工作时，四川省委当时对长江干流低坝引水开发方案很感兴趣，罗西北沿长江干流考察后，从专业角度发表了不同看法，引起四川省委主要领导的不满。此后，四川省委多次询问罗西北关于长江干流低坝引水方案的看法，罗西北始终坚持不能在泸州建低坝引水式电站。当然，为了坚持真理，罗西北也勇于承认错误。1998年，罗西北受邀去评估淮河上的临淮岗工程。在评估会上罗西北对临淮岗工程的上马提出了一些问题，他主张加高淮北大堤解决淮河干流防洪问题。安徽省水利厅针对罗西北提出的问题进行了解答，此后罗西北又多次考察了临淮岗工程的施工场所，对工程的相关问题进行了认真研究，发现加高淮北大堤的想法行不通，否定了自己原先的看法，认为临淮岗工程对于淮河意义重大，必须兴建。对于自己的这一转变，他解释说："认识错了，就该改，该否定自己就要否定。"[2] 罗西北是一个不折不扣的科学家、实干家，他三次全程考察金沙江，四次考察澜沧江，七赴贵州研究开发乌江，从青海至宁夏 1023 千米的黄河上游，几乎都留下了罗西北的足迹。[3] 罗西北深知水利事业是一项实践性很强的事业，因此，规划设计每一项水利工程，罗西北都要实地考察，获取第一手资料，然后才开始分析研究。为了促进澜沧江流域的综合开发，2003 年 5 月，已 77 岁高龄的罗西北担任了澜沧江考察团副团长。考虑到罗西北的年龄问题，考察团决定省去一些难走的路段，可是罗西北坚持要去拟定的道路险峻的大朝山坝址看看，他说："不亲自去看看，以后对这个坝址的选择等种种技术课题，怎么发表论证意

[1] 燕秋：《我嫁了个烈士遗孤——记罗西北的水电生涯》，中国电力出版社，2002 年，第 258 页。
[2] 中国水力发电工程学会：《罗西北纪念文集》，中国电力出版社，2006 年，第 199 页。
[3] 中国水力发电工程学会：《罗西北纪念文集》，中国电力出版社，2006 年，第 266 页。

见。"❶ 正是因为罗西北注重实践，坚持实地考察，掌握水利水电工程的第一手资料，使他在水利水电工程建设中提出的意见极具说服力。也因为罗西北实事求是的态度，从专业角度客观研究水利水电工程，他才敢于向领导直言自己的观点，否定自己的错误看法。实事求是的态度，不仅使罗西北赢得了广大同行的赞誉，而且使他规划、设计的绝大部分水利水电工程质量有保障，效益突出。这也是罗西北在水利水电事业上不断取得成就的重要内因。

总之，中国共产党的培养和新中国成立后江河开发、治理事业的需要，是罗西北在水利水电事业上作出重要贡献的前提条件。罗西北自小所处的"革命大家庭"式的生活环境以及所接受的革命、专业教育，使罗西北身上具有诸多优秀的品质和出众的才华。这些品质和才华使罗西北在水利水电事业上不断取得新的突破，最终成为著名的水利水电专家。罗西北的这些优秀品质以及他在水利水电建设中的卓越成就在今天仍然值得我们学习和借鉴。

---

❶ 田方等：《澜沧江——小太阳》，云南人民出版社，1989年，第98页。

潘家铮与新中国
水利事业

潘家铮与新中国水利事业

潘家铮是新中国水利建设领域的杰出代表人物，是新中国第一代水利专家，中国科学院、中国工程院资深院士，对新中国成立以来的水利建设事业贡献突出，在水电工程领域提出诸多创新性理论，在中国水生态平衡问题上有着深刻思考与贡献。潘家铮从事水利工程建设的史实反映了新中国成立以来水利建设取得的成就，通过对潘家铮水利活动的研究，可以对新中国水利建设整体情况有深刻的认知。

绪　　论

一、论题的缘由与意义

第一，水是生命之源、生产之要、生态之基，是人类社会最基本的生产资料和生活资料，事关国计民生和社会稳定。自然界水资源在时空分布上呈现不平衡性，存在旱涝灾害发生的可能性，加之现代社会和大工业的飞速发展对于水资源的索取超过自然供给，因此为满足生产生活的需求，减少水灾害所造成的损失，人类采取各种人工措施对自然界的水进行控制、调节、治导、开发、管理和保护，降低其自然属性，使其适应人类生产、满足人类生活需要。这种人工措施就是水利建设，水利建设是事关国计民生的重大体系工程，古今中外各个王朝或政府都十分重视水利设施的建设和水利科学的研究，减轻水旱灾害，充分发挥水资源的福祉，兴利除弊是水利研究的最终目的。然而，在实际的操作开发过程中难免产生弊端，当今水利建设的利与弊成为社会焦点，颇具争议。近年来频繁出现的大范围不寻常旱涝等气象灾害，对我国国民经济和人民生命财产造成巨大损失，在分析这些灾害出现的原因时，部分学者和民众开始关注到水利建设的负面影响，开始深入研究人与自然的互动关系，指出人类对于河流湖泊的过多人为干预对于生态稳定构成威胁。重视研究探讨水利建设带来的弊端，说明我们的社会更加理性和进步，但相对于水利建设产生的良好效益，人们更容易被水利建设产生的弊端所吸引，过分地追纠于一些枝节末端，这种做法不够合理客观。在人类的发展过程中，水利研究是一个永不过时的课题。

第二，水利建设需要科学的指导，需要专家和技术队伍的支持。潘家铮是新中国水利建设的重要人物，几乎参与了新中国所有大中型水利设施的勘察、设计、修建和指导建议，提出许多开创性的设计理论与计算方法，对新中国水利事业的发展作出了

巨大贡献，是新中国水利事业的重要奠基人。他培养了一大批水利战线上的中青年骨干，成为当今中国水利建设事业的中坚力量。退居二线以后，他仍十分关注中国水利事业的发展，对于我国一些重大水利工程，如南水北调工程、区域内水资源利用课题，进行理论指导与建议，意义和作用重大。同时，潘家铮还对已往中国水利建设的经验和教训进行总结，出版多部水利著作，成果丰硕。水利科技人物本身确实值得研究，在研究潘家铮与新中国水利事业相互关系的过程中，可以小见大，见证新中国水利事业的飞跃发展和取得的可喜成就，同时对水利建设过程中的失误加以分析，从中体会人与自然互动关系的真谛。因此，本论题具有重要的学术价值和现实理论指导意义。

二、学术史回顾

潘家铮是我国著名的水利专家、坝工技术专家、岩土工程专家和结构力学专家，曾参与新中国多座大中型水利工程理论设计与建设，获得很多荣誉、头衔。目前，国内有部分学者对其进行研究，大部分为水利专业出身，研究重点在于潘家铮的某些水工建筑和岩土分析方面的具体理论实践。如陈祖煜的论文《建筑物抗滑稳定分析中"潘家铮最大最小原理"的证明》[1] 涉及潘家铮水工建筑物地基稳定抗滑坡的相关理论；李天扶、王晓岚的《岩质边坡抗滑稳定分析中的潘家铮分块极限平衡法》[2] 则对潘家铮在岩土力学方面的分块极限平衡理论做了进一步阐述，对潘家铮在岩基抗滑稳定问题上的贡献予以肯定。这些水利专家学者分别从专业角度对潘家铮某一方面的技术理论进行了分析研究。此外，还有相当数量的学者对潘家铮在工程技术方面贡献进行了研究，在此不一一列数。

除了专业出身的学者之外，有大量的报刊、新闻媒体对潘家铮予以报道。相当数量的编辑、记者与潘家铮进行正面接触，对话内容更多的是对当下社会大众对于中国水利建设的困惑与质疑的回应与解释，并获得部分关于潘家铮对新中国水利事业的意见和想法。包括：《中国三峡建设》杂志的于翔汉参访潘家铮后撰写的《解读潘家铮》[3]，《中国青年报》记者卢跃刚在专访潘家铮后发表的《三峡工程答疑录：三峡工程专家称质量没任何担心》[4]，《瞭望新闻周刊》编辑刘根生的《"反对"意见的价值》[5]，《财经文摘》记者齐介仑采访潘家铮撰写的《潘家铮谈三峡——论争、隐患及三峡工程得失》[6] 等。在这些访谈中，潘家铮对于社会各界的质疑予以专业性和通俗性的解释，试图引导大众对中国水利建设的看法。此类报刊杂志专访学术意义不明显，但对于提

[1] 陈祖煜：《建筑物抗滑稳定分析中"潘家铮最大最小原理"的证明》，《清华大学学报（自然科学版）》1998年第1期。

[2] 李天扶、王晓岚：《岩质边坡抗滑稳定分析中的潘家铮分块极限平衡法》，《西北水电》2007年第2期。

[3] 于翔汉：《解读潘家铮》，《中国三峡建设》2006年第3期。

[4] 卢跃刚、潘家铮：《三峡工程答疑录：三峡工程专家称质量没任何担心》，《中国青年报》2003年7月2日。

[5] 刘根生：《"反对"意见的价值》，《瞭望新闻周刊》1999年第1期。

[6] 齐介仑：《潘家铮谈三峡——论争、隐患及三峡工程得失》，《财经文摘》2008年第3期。

高普通民众对水利建设事业的理解与关注度是有意义的，提升了民众的科普水平，增强了科学素养。

再有，部分学者对潘家铮的生平给予概述性研究。如由《当代中国科学家》丛书编委会主编、孙英兰撰写的《仍在征途：潘家铮传》❶ 一书，对于潘家铮的人生经历和治水事业的大体过程都有描述，且有关于潘家铮对新中国水利事业贡献的评价。

以上是目前国内学者、媒体对于潘家铮的研究与介绍，从中可以看出潘家铮研究有三个明显特点：一是水利专业出身的专家学者对于潘家铮的技术理论贡献的深究与探索，学理性和专业性很强，一般不为外界所理解，向人文学科、普通大众传递的信息微乎其微。二是部分非专业出身的人文学者对于潘家铮的人生轨迹和从事水利事业过程的简单描述，其学理性弱，但普及型较强，易于被普通受众所感知。至于报刊媒体的活动，其主要意义在于解疑释惑，澄清社会谣言，确立正确导向，更好地提高民众对于中国水利事业的认识。因此，潘家铮生平和学行研究类型可概括为专业型和普及型两类。三是大多数专家集中研究潘家铮与近年来水利建设的关系，尤其是与三峡工程的关系，对其早期参与的水利建设的研究相对较少。同时也应看到，目前关于潘家铮的研究才刚起步，很多相关资料未被涉及和挖掘，因此潘家铮研究尚有诸多未开垦的领地。

2012 年 7 月，潘家铮因病去世，水利界相关人士和机构以及网站纷纷撰写纪念性文章怀念曾经的水利界泰斗。如张博庭的博文《忆潘家铮和他魂牵梦绕的水电》回忆了作者同潘家铮一起参加国外水坝大会的经历。水利工程网发表纪念性文章《潘家铮先生生平》，概括了潘家铮获得的荣誉称号和生平简历。北极星电力网在 2012 年 8 月 1 日首页登载《我眼中的潘家铮》一文，是潘家铮生前秘书的回忆文章，谈到潘家铮先生严谨的学术作风。该网站还在 9 月 5 日刊载中国能源建设集团有限公司副总经理撰写的回忆性文章《永不忘怀的潘家铮》，文中对潘家铮精湛的混凝土筑坝技艺和严谨的治学作风赞叹有加。此外，中国水利水电出版社在潘家铮逝世后出版和再版了两本潘家铮的书：《序海拾珍——潘家铮院士序文选》《春梦秋云录——浮生散记》，两本书能够体现出潘家铮深厚的学术理论功底和优美的文笔。

总而言之，关于潘家铮的研究已取得一定成果。第一，关于潘家铮工程技术理论的研究成果众多，在此不必详细阐述。第二，有关潘家铮生平事迹、人文轶事的描述业已繁复，潘家铮基本的人生履历已很清晰，在此不必多言。第三，关于潘家铮的媒体新闻舆论评价更是繁多。然笔者认为，关于潘家铮的记述、研究虽取得了不少成果，但仍明显存在不足。不足之处在于关于潘家铮水利事迹的整体性研究成果仍显薄弱、缺乏，尚没有专门论述潘家铮与新中国水利事业之间互动关系的论著问世。本论题将对潘家铮的水利人生同新中国水利建设事业之间的互动关系和历史作综合性分析与考察，以达到更为全面客观的认识。

---

❶ 孙英兰：《仍在征途：潘家铮传》，广西科学技术出版社，1998 年。

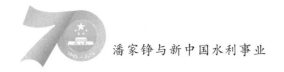

三、研究内容与方法

本论题研究内容包括潘家铮在工程技术理论和实践上的创新，潘家铮对国家水利水电事业的战略性规划与思考，潘家铮与新中国重大水利工程的关系，潘家铮对水利科普事业的关注。本论题涉及较多学科，文理工相互交织，内容丰富，涉及面广，掌握和运用科学有效的研究方法是十分必要的。

（1）文献研究法。主要依据潘家铮本人的论著，相关的水利工程建设文献，以及参与新中国水利建设的当事人的口述史料展开研究。

（2）多学科研究方法的结合。在研究过程中将涉及诸多学科，因此需要运用多学科的综合理论，力求真实客观地叙史，得出科学准确的结论。

第一章　潘家铮投身新中国水利事业的历程

潘家铮出生于 1927 年 11 月，家乡是浙江绍兴，父亲是比较古板、恪守礼教的传统式知识分子。其祖母虽然不是读书人，但明晓事理，懂得如何教育后代。在家族书香的潜移默化熏陶下，潘家铮自幼养成了热爱读书的习惯。全面抗战爆发后，年少的他颠沛流离，求学之路坎坷，但凭着自学努力，学业并没有荒废。抗战胜利后，潘家铮通过刻苦努力考上浙江大学航空工程系，后因考虑到就业问题，"阴差阳错"地转系到土木工程系，在这期间，潘家铮开始涉足水利工程学领域。在校期间，他接触到钱令希教授的结构学、汪胡桢教授的水力发电和张福范教授的弹性力学等课程，这些前辈的教导对于日后潘家铮水利建设工程理论的发展有重要意义。由于国民党发动内战，潘家铮在浙江大学的学习时断时续。1950 年 7 月毕业后，经恩师钱令希教授的介绍，潘家铮到杭州的燃料工业部钱塘江水力发电勘测处工作，从此开始投入到新中国水利建设事业之中。

第一节　新中国成立初期的崭露头角
（1949—1956 年）

潘家铮从浙江大学毕业后，经恩师钱令希教授介绍到杭州的燃料工业部钱塘江水力发电勘测处工作。钱塘江水力发电勘测处成立的初衷在于对钱塘江流域的水文和地形进行勘查测量。这个勘测处原先是国民政府资源委员会全国水力发电工程总处的下设机构，以美国的 TVA❶ 为榜样，拟有中国版的 CVA❷ 计划，但限于国力和动荡的局势，一直没有大的实质性进展。虽然该机构规模很小，但成员素质很高，后来均成为新中国水利事业的骨干。潘家铮来到该处工作，标志着他水利事业生涯的正式起步。新中国成立初期，水电建设领域几乎是空白，理论研究基础薄弱，工程施工经验缺乏。除了民国时期修建的一些装机容量仅数千瓦的小型水电站，如云南的石龙坝、四川长寿的龙溪河电厂外，日本占领的东北和台湾地区修建有较大的水电站，如吉林丰满水电站、鸭绿江水丰电站、台湾的日月潭第一电厂等，它们的装机容量达数十万千瓦。

---

❶　TVA：美国罗斯福政府在 1933 年 5 月成立的"田纳西河流域管理局"的英文简称。该局旨在研究田纳西河流域的水土保持、水利工程建设、粮食生产、交通运输等方面的综合规划，运营至今，效益显著。

❷　CVA："中国流域管理局"的英文简称，无正式机构和规划，仅停留在设想中。

但经过战火洗礼和局势的动荡，这些水电站的日常运行管理混乱，效益低下，有的甚至处于废弃状态。此时，新中国即将开展大规模的经济建设，各项事业对于电力能源的需求旺盛。为解决电力缺口问题，中央人民政府开始酝酿水电工程建设计划。面对这种情况，钱塘江水力发电勘测处的徐洽时主任经过宣传努力，争取到修建一座"湖海塘水电站"的项目，作为勘测处水电设计人员学习实践的小型水电工程，潘家铮参与了其中的绘图作业。这是潘家铮的第一次水利工程建设实践。在这期间，潘家铮还缮写了一些计划书，如《龙游灵山港发电计划书》《衢县黄坛口水力发电计划书》等，但这些计划在当时仅是设想。在钱塘江水力发电勘测处期间，徐洽时主任对潘家铮进行了全面培养教导，包括描图制图、水文专业、测量专业等，为潘家铮日后在水利事业方面的成就奠定了坚实基础。除了徐洽时的指导，潘家铮自身刻苦钻研钱塘江水力发电勘测处保留的美国水利水电技术资料。美国垦务局出版有技术备忘录，简称T.M，是美国政府在设计胡佛大坝面临技术难题时，提请相关科学家、工程师和教授进行专题研究的成果，其中涉及地震时的动水压力、拱坝的试载法分析、重力坝的角端应力集中、坝内孔口的分析、混凝土坝温度控制和温度应力、复杂管道中的水锤计算、差动调压井的过渡过程、连续地基上的梁和板、松散体的极限平衡等。❶ 在苏联水利水电技术大规模传入中国之前，美国方面的相关资料对于新中国成立初期的中国水利水电专家有着重大影响，潘家铮就是其中的受益代表和典型。潘家铮认为T.M"对我叩开水电技术的大门，酷爱这一行业，起了很大的作用"❷。

湖海塘水电站竣工后，潘家铮奉命到浙江龙游县测量调查当地的水文地质情况，为黄坛口水电工程设计做好先期调研。不久，黄坛口工程经徐洽时主任的争取开工建设。黄坛口工程是新中国建设的第一座中型水电站，开启了新中国修建大中型水利工程的序幕。工程修建期间，在浙江省和燃料工业部的督导下，钱塘江水力发电勘测处升格为浙江水力发电工程处，具体负责建设黄坛口工程。该项工程设计施工过程中暴露出不少问题，最大的问题是左岸坝头的地质问题，左坝头被迫设计成"弯坝"，潘家铮负责计算"弯坝应力"，但弯坝方案被其他专家否定，作为工程设计主力的潘家铮等六名技术员被迫对工程重新进行设计，最终满足了工程设计的需要。黄坛口工程是潘家铮第一次以比较重要的身份参与建设的中型水电工程。通过黄坛口工程，潘家铮积累了大量一手资料，丰富了水利工程设计实践经验，迅速成为年轻的能够独当一面的水电建设专家。1953年底，潘家铮和其他浙江水力发电工程处的设计人员集中到北京，在燃料工业部水力发电建设总局设计处接受培训。1954年第四季度，建立了上海勘测设计局（1956年4月更名为上海勘测设计院）❸，潘家铮在1955年初从北京调至上海勘测设计局。1955年5月，为减轻广州地区的用电负荷压力，水力发电建设总局

❶ 潘家铮：《春梦秋云录》，水利电力出版社，1991年，第79页。

❷ 潘家铮：《春梦秋云录》，水利电力出版社，1991年，第80页。

❸ 朱军：《中国水力发电史（1904—2000）》第一册（第一稿），中国电力出版社，2005年，第68页。

决定开发广州附近流溪河的水能资源，并把工程任务交给上海勘测设计局，上海勘测设计局则派遣潘家铮等人赴广州进行先期实地考察。潘家铮到广州后实地勘察了流溪河的地形和地质情况，认为修建薄拱坝比较合理，并开始了相关的理论计算准备。不久，上海勘测设计院成立 502 工程组，任命潘家铮为工程技术组长，具体负责流溪河工程的设计工作。最终，流溪河工程采用了溢流式双曲拱坝坝型。这是中国首座溢流式双曲拱坝，具有开创性意义。潘家铮从试载法和热传导的原理中创造性地开发出许多算法，在拱坝的选型、分析、温控和溢洪问题上花了很多精力；为解决溢流水冲刷坝脚和溢洪时的振动破坏两大难题，潘家铮和同事们在坝顶上布置了差动式挑流槛，使溢流水舌在空中得到充分冲撞消能❶。潘家铮和大连工学院的相关专家对该拱坝做的动力研究是中国坝工史的首创。流溪河工程于 1959 年初竣工，质量上乘，经受住数次大洪水冲击考验。流溪河电站对于潘家铮影响深远，以前学习的相关理论知识得到很好的应用。潘家铮对流溪河工程设计和质量极为满意，而作为工程技术组长，他对水利工程宏观把握和指导的能力则得到进一步锻炼，同时他在水利工程界的地位和影响得到提高。作为新中国第一座薄拱坝，流溪河工程在新中国水利水电建设史上大放异彩。

在流溪河工程建设期间，潘家铮所在的工程技术组接到另一项任务，即修复海南岛东方水电站。东方水电站是二战期间日本为掠夺海南岛石碌铁矿资源所建，二战结束后工程废弃。这个工程规模不大，但技术难度很大，主要技术难点是防御洪水的威胁。潘家铮当时正在研究利用特殊函数分析薄拱坝的课题，所以极力推荐"尾水拱坝"方案，但被苏联专家否定，该方案没有实现。

纵观这一时期，潘家铮开始涉足新中国水利建设事业，并逐渐崭露头角。钱塘江水力发电勘测处保有的美国水利工程资料全面充实了潘家铮水利水电建设的基础理论，为他后来从事水利建设打下了坚实的理论基础，开拓了广阔的技术理论视角。民国时期已成为著名水利专家的徐洽时对于潘家铮的培养和指导是潘家铮成为水利专家的又一重要因素，特别是对潘家铮早期水利建设经验的积累和实践有着入门指导的意义。新中国成立初期的一系列水利工程，从湖海塘工程到黄坛口工程，从流溪河水坝到东方水电站，都极大丰富了潘家铮的水利实践经验。潘家铮从这些工程开始承担比较重要的设计任务，显示了其独当一面的能力。总之，新中国成立初期是潘家铮水利事业活动的奠定基础时期。

第二节　全面建设时期的全面发展
(1957—1966 年)

1957 年，新中国进入全面建设社会主义时期，国家对于电力的需求剧增，水电工

---

❶　潘家铮：《春梦秋云录》，水利电力出版社，1991 年，第 93 页。

程建设也随之进入一个高潮阶段。潘家铮在这一时期参与了诸多水利水电工程建设项目，迅速成为中国水利建设事业的中坚力量。在众多工程中，新安江工程具有首创性的意义。新安江发源于安徽徽州（今黄山市）休宁县境内，向东流入浙西地区，经淳安和建德间与兰江会合后，向东北流入钱塘江，干流长373千米，水力资源较为丰富。新安江水电站是新中国水电开发史的一个里程碑，工程设计坝高为105米，库容达178亿立方米，装机容量为66.25万千瓦，规模大大超过我国以往已建或在建的水电站，总体规模也超过苏联建国后修建的大型水电工程第聂伯河水电站。这是潘家铮第一次以重要身份参与的大型水利水电工程建设，为该工程作出了重大贡献。

《河流文明丛书：新安江卷》中有关于新安江水文地理和历史的描述。新安江流域地形复杂，流经皖南山地和浙西山区，向东流经浙东丘陵平原一带，海拔高差大，河流落差大，河道比降大，水流湍急，险滩众多，航运艰难。尽管如此，新安江仍是连结皖南与浙西乃至长江三角洲的重要水路通道。新安江流域地属亚热带季风气候区，降水月际年际变化大，易发生水旱灾害。加之近数百年来山区开发加剧，地表植被被大量破坏，降低了自然植被蓄水能力，山洪暴发的周期缩短，洪涝灾害发生的频率和规模大大增加。总之，在新安江工程修建之前，新安江的航运价值低，旱涝灾害频繁，严重制约了当地经济社会的发展。新中国成立后，华东地区电力资源紧张，特别是人口密集经济繁荣的上海、杭州等地对电力的需求与日俱增。因此，开发新安江成为水电部门的当务之急。

抗战胜利后，国民政府曾在杭州成立钱塘江水力发电勘测处，该处对新安江的水力资源作了初步勘探，获得一些基本数据。新中国成立后，开发新安江有了现实可能性。1954年，燃料工业部水力发电建设总局决定在全国设立八大水电设计院，分别是北京、上海、长春、武汉（后改为长沙）、兰州（后改为西北）、成都（初在重庆）、广州和昆明8个勘测设计院，新安江工程由于位于华东地区而划归为上海勘测设计院负责。时任燃料工业部水力发电建设总局局长的李锐将新安江工程列为当时拟建的五大水电站❶中的重点，并指示："开发新安江，供电大上海，当务之急，势在必行！"❷。潘家铮与新安江的结缘始于1957年，他完成流溪河工程设计任务后被调回上海，继而被任命为新安江水电站工程的副总设计师，成为时任上海勘测设计院总工程师邹思远和邢观猷的助手，具体负责部分建筑物的设计。1957年底，由于设计工作的相对滞后，潘家铮跟随领导、专家到工地实地了解情况，从此潘家铮就在工地实地工作，并被任命为工地设计代表组组长。1958年，"大跃进"运动开始，全国很多水电站上马，邹思远、邢观猷等人被调走负责其他工程，上海勘测设计院将新安江水电站设计工作搬到现场进行，设计代表组也被改为现场设计组，这样新安江设计工作完全由潘家铮等人负责。对于潘家铮而言，这是他第一次独挑大梁负责设计大型水电工程，为日后

---

❶ 这五大水电站分别是新安、刘家峡、三门峡、五强溪和紫坪铺。

❷ 潘家铮：《春梦秋云录》，水利电力出版社，1991年，第96页。

参与指导大型水利水电工程积累了宝贵经验。

在新安江水电站的具体设计过程中，针对坝址地质条件复杂、基岩风化严重、岩石破碎的不利情况，潘家铮和设计组其他技术人员对坝轴线作了调整，由直线改成折线形，以避开不利的地质区域。在复杂地形地质条件下，工程的枢纽布置是影响整个工程布局合理的重要问题，设计院综合比较各种方案，最终选用厂房顶溢流方案，即将发电厂房布置在溢流坝下，过坝洪水通过厂房顶下泄。这种设计方案克服了河床狭窄、地域不足以及两岸库岸稳定性较差却要布置大规模电厂的矛盾，在当时是罕见的，后来的事实证明这种设计是很成功的。大胆、果断采用厂房顶溢流方案反映了潘家铮敢于创新、勇于实践的可贵品质，更表现了他精密的科学设计能力。据张发华先生的回忆，为了很好地处理新安江复杂的地基问题，潘家铮经常到现场了解情况，与一线施工队员共同处理难题。为节省工程量和投资额，潘家铮对 24 个坝段的建基面高程和坝基摩擦系数重新计算复核，调整坝体宽缝宽度，节省了大量施工量❶。在底孔闸门吊放和输电线路开关站施工方面，潘家铮也根据实际情况别出心裁地提出设计方案，保证了新安江工程顺利按时竣工。新安江工程初步设计在 1957 年 4 月获得国务院批准，在全面施工过程中受到"大跃进"运动的影响，工程施工质量下降，而潘家铮对工程质量标准要求很高，对于施工质量下降问题严厉问责，绝不姑息，故经常被人指责为"右倾"分子，受到不公正待遇。后经周恩来总理的调整，工程施工得以顺利正常进行。最终在 1960 年新安江水电站开始发电。

在建设新安江工程的过程中，潘家铮发现大量新的分析计算方法，完成众多理论分析，撰写了《论不稳定水头下的扬压力的问题》《论重力坝分期施工应力问题》《论重力坝上游面的裂缝稳定和应力控制问题》《连续地基框架的计算》《重力坝弹性理论分析》《水工结构应力分析丛书》❷ 等论著，其中一部分论著成为日后中国水坝设计的理论规范。1960—1965 年，潘家铮参与了其他水利工程的设计工作，如长江北口潮汐电站，黄浦江拦江大闸，飞云江珊溪、九溪梯级电站，钱塘江潮汐电站，乌溪江湖南镇水电站等等，并在其中多次担任设计代表。这些工程种类繁多，情况各异，需要灵活运用科学理论进行设计计算，大大丰富了潘家铮的水利水电工程具体设计经验。在此期间，潘家铮多次回到新安江工程参加工程验收、审查、汇报和遗留问题处理会议，重点解决"大跃进"时期遗留的质量问题，最终保证了新安江工程的质量。值得一提的是，1963 年潘家铮参与了《混凝土重力坝和水工混凝土及钢筋混凝土设计规范》的制订和审定工作，这部规范大量总结了我国独自研发的水利工程设计和施工经验，完善充实了大量理论数据，开了我国独立自主编制具有自身特色的水工设计规范的先河。1965 年 4 月，潘家铮被上海勘测设计院派赴四川工作，参加雅砻江锦屏水电站的勘查

---

❶　本文集编委会：《中国水利水电技术发展与成就——潘家铮院士从事科学技术工作 47 周年纪念文集》，中国电力出版社，1997 年，第 269 页。

❷　本文集编委会：《中国水利水电技术发展与成就——潘家铮院士从事科学技术工作 47 周年纪念文集》，中国电力出版社，1997 年，第 300 页。

设计项目。1965—1966 年间，潘家铮亲自在雅砻江和大渡河流域做实地考察，获得大量一手数据，为后续工程建设做了资料准备。

全面建设社会主义时期是新中国水利建设的一个高潮时期，大量水利水电工程纷纷上马，其中不乏规模大、设计难度高、施工条件恶劣的大型工程，因此各方对于技术、人才、物资的需求旺盛。潘家铮作为水利专家全力投入到水利建设事业中，通过对各种工程技术问题的研究和解决，极大地丰富了自身在不同条件下的水利工程建设经验，提高了工程技术水平，开阔了水利工程技术视野。国家水利工程建设需求为潘家铮施展水利才华提供了坚实的平台，通过这一阶段的磨炼，他成为当时中国重要的水利工程技术专家。

第三节　动乱时期的坚持不懈（1966—1976 年）

"文化大革命"为新中国各项建设事业带来不利影响，大量科技工作者遭受到不公正待遇，损害了他们参与国家建设的热情。水利工程建设领域也因此受到不良影响。

"文化大革命"爆发后，在成都勘测设计院研究龚嘴水电站的潘家铮被召回上海勘测设计院。1966—1970 年的四年间，潘家铮数次被批斗，无法正常参与国家的水利工程建设。虽然全国陷入混乱境地，但国家仍在进行一定的水利工程建设，由于水利人才的被迫害和大量流失，许多工程被迫停工或下马，全国面临着缺乏水利工程建设人才的窘境。此时的潘家铮由于其突出的技术理论贡献和一定的影响力仍能够得到官方的肯定，所以在 1970 年锦屏磨房沟水电站复工之际，潘家铮再次被派往工作。经过艰苦努力，在一年时间里，雅砻江上的第一座中型水电站开始发电。磨房沟水电站虽然规模不大，装机容量只有 3.75 万千瓦，但位于川西高原的过渡地带，地形地质条件复杂，施工难度较大，而且需要架设全国水头最高的明钢管和球形岔管，技术难度很大。因此磨房沟水电工程在"文化大革命"混乱的背景下建设成功实属不易。磨房沟水电工程设计完工后，潘家铮在附近的西昌地区研究盐源、龙塘、大桥等小水电工程建设的可能性。1972 年，潘家铮被调回华东地区参加瓯江和飞云江两处水利工程的勘察设计工作。1972 年 12 月初，水利电力部调潘家铮到成都地区开展工作。在成都地区工作期间，潘家铮参与研究了龚嘴、南桠河、鱼嘴、映秀湾和龙溪等工程的建设，听取了昆明勘测设计院对金沙江和云南水力资源研究情况的汇报。1972 年 12 月 15 日，潘家铮转赴乌江渡工程工地。乌江渡工程位于贵州省遵义市乌江中游，是乌江水能开发的第一项重大工程。坝址所处地质环境为西南地区常见的岩溶地貌，地质条件和水文条件具有独特性和复杂性，是中国在喀斯特地貌上兴建的第一座大型水坝。在工程设计上，为满足泄洪需求，泄洪措施复杂多样，采用多种方式联合泄洪，因此设计难度较高。而且当地缺乏建筑用砂石，工程物料的紧缺严重影响工程进度。在潘家铮到来之前，由于这些地质上、设计上和施工上存在的问题，该工程处于停工状态，甚至有被取消的可能。潘家铮到达工地后，力陈乌江渡工程修建的可能性和合理性，经过长时间讨论，基本解决了困扰工程的技术难题，最终乌江渡工程得以继续修建，并于 1983 年完工，竣工后运行效果良好。正是由于潘家铮的科学分析与论争，乌江渡工程在即将下马的关键时刻得到工程指挥部的重新肯定。可以说，潘家铮对乌江渡工程的建成有不可替代的重大贡献。

20 世纪 60、70 年代，我国政府加大了对第三世界国家和社会主义国家的经济援助。其中，水利工程援助是我国政府对外援助形式中比较有特色的一种。这一时期，我国政府投入大量人力、物力、技术资源帮助非洲、亚洲、欧洲诸新兴国家开展水利工程建设。在此大背景下，潘家铮在 1973 年 3 月被水利电力部对外司从四川调到北京，参与对外援助工作。水利电力部对外司当时负责援助第三世界国家水利工程的设计、勘察和施工任务。潘家铮参与援建了著名的阿尔巴尼亚菲尔泽水电站、刚果布昂札水电站和喀麦隆拉格都水电站等大型水利水电工程。在阿尔巴尼亚菲尔泽水电站设计工作中，潘家铮主要研究土坝和库区内布拉瓦滑坡的稳定问题，研究过程中归纳整理了多种分析方法；在喀麦隆拉格都水电工程设计中，潘家铮主要研究滩地软土固结问题❶。在这些国外水电工程的设计工作中，潘家铮获得了国外的宝贵数据和理论，为日后国内水电工程的设计修建提供参考和依据。通过对外技术交流，潘家铮开阔了水利视野，进一步接触到国外部分先进的水利工程技术和理论，增强了国际视角下水利建设的素养。

纵观这一时期，虽然中国整体处于动乱状态，水利工程建设遭受挫折，部分工程存在设计和施工质量问题，但仍然取得一定的成绩，在部分技术领域有所突破。而且，出于国防战略需要，国家重视西南地区的开发建设，国内水利工程界将更多精力置于西南地区的水力资源开发，这为日后西南地区水利建设事业的蓬勃发展打下了良好的基础，西南水电基地已初具规模。潘家铮在这一时期虽遭受不公正待遇，但并没有放弃水利事业，在国家需要之时仍能够很好地完成使命，体现了他对国家忠诚的可贵品质。随着接触更多的水利工程技术领域，参与不同自然条件和不同工程类型设计工作的增加，潘家铮逐渐成为一名一专多能的水利工程技术专家，在国内水利工程界的地位不断提高，影响不断增强。此时的潘家铮已经成为当时中国一流的水利专家。而且，通过对外技术合作与经验交流，潘家铮在第三世界国家中扩大了影响，使他逐渐成为国际知名的水利工程技术专家。

第四节　改革开放后的继续奋斗（1978—2012 年）

"文化大革命"时期动乱的局面干扰了潘家铮正常的工作和生活。"文化大革命"结束后，潘家铮开始全身心地投入到中国水利建设事业中。1978 年 3 月，潘家铮被调

---

❶ 本文集编委会：《中国水利水电技术发展与成就——潘家铮院士从事科学技术工作 47 周年纪念文集》，中国电力出版社，1997 年，第 302 页。

到水利电力部规划设计院工作。在这里，他参与和负责了更多的大型水电站的规划、设计和建设工作，如铜街子水电站、岩滩水电站、龙羊峡水电站、二滩水电站和三峡水利枢纽工程，其工作能力得到政府高层的认可。因此，潘家铮经常被委派到各地参与急难险重任务。改革开放以后，有两大工程对潘家铮影响很大，给他带来了荣誉，一是龙羊峡工程，一是三峡工程。

在建水电站的度汛问题是关系水电站能否顺利完工的重要因素。1980 年 8 月，凤滩水电站在施工过程中曾发生过上游围堰被汛期洪水冲毁、副厂房和发电机被淹的重大事故。为防止类似情况的再次发生，电力工业部于 1981 年 3 月召开全国水电工程防汛会议，布置全国在建水电工程安全度汛任务，将龙羊峡工程列为防汛重点，并交给潘家铮负责具体指挥。龙羊峡工程是黄河上游梯级开发中的最上一级，号称龙头水库。该工程 1976 年立项，1979 年完成截流工作，正当工程如火如荼进行的时候，1981 年 9 月，一场少见的洪水袭击了它。龙羊峡工程上游围堰是用开挖石渣堆成的混凝土心墙防渗堆石坝，高度达 54 米，最大库容为 11 亿立方米。一旦溃决，洪水将冲毁龙羊峡工地，而且可能波及下游的刘家峡工程，淹没兰州市甚至影响内蒙古地区和包兰铁路的运行。❶ 如果洪水规模更大，造成的后果不堪设想。潘家铮将西北勘测设计院提交的龙羊峡 1981 年度汛报告向电力工业部水力发电建设总局汇报后，总局两次紧急调他赴工地和青海、甘肃两省，做好洪水来临前的准备工作。潘家铮的主要任务有检查工地导流工程质量和滑坡动态，布置加固工作，做好防汛组织、物资、通信等方面的准备，同时向两省领导通报情况，依靠省里的力量做好下游堤防加固、水库联防和必要时沿河人民的撤离工作。❷ 经过充分的思想准备和物质保证，洪水可能带来的一切情况都得到预判，这为以后的防汛抗洪打下坚实基础。1981 年 8 月中旬以后，青海高原阴雨连绵，黄河干流水位持续上升，洪水直逼围堰堰顶，防汛形势日益严峻。此时，潘家铮面临两种选择，一是趁洪水未达到最大之际，主动炸毁围堰，减少下游可能因为围堰溃决而造成的巨大灾难；二是加固加高围堰，对抗洪水。❸ 第二种选择风险很大，围堰一旦溃决，后果不堪设想。潘家铮科学分析了导流工程情况，结合数月以来龙羊峡工程建设者在物质上和精神上的实际准备，认为第二种选择是有把握的。在龙羊峡工程防汛体系中，有三个关键设施，即隧洞、围堰和溢洪道，只要这三个关键部位能够承受住考验，龙羊峡工程总体防汛就没有问题。潘家铮的主要任务之一就是严密关注这三大设施的运转情况❹。在分析了地质和施工原始资料后，潘家铮决定使导流隧洞处于超标准满负荷状态运行，减轻围堰的洪水压力。而围堰仍直接面对洪水的压力，堰体内部的情况难以掌握，一旦出现大量渗水或堰体严重变形的情况，龙羊峡工程安全就会受到严重威胁。幸亏施工方在修建围堰时埋设了大量观测仪器，为潘家铮提供了难

❶ 潘家铮：《春梦秋云录》，水利电力出版社，1991 年，第 213 页。

❷ 潘家铮：《春梦秋云录》，水利电力出版社，1991 年，第 214 页。

❸ 潘家铮：《春梦秋云录》，水利电力出版社，1991 年，第 215 页。

❹ 潘家铮：《春梦秋云录》，水利电力出版社，1991 年，第 220 页。

得的堰体内部数据。根据这些数据，潘家铮对心墙、接缝、堰体的真实工作情况有了科学评估，以此做出围堰不会垮塌的结论。经过十几天紧张的工作，最终三大关键部位承受住考验，龙羊峡工程的度汛任务圆满完成。

潘家铮在龙羊峡工程度汛过程中依靠科学的数据分析和细致入微的观测做出正确的抉择，为决策部门制定正确的应对措施提供了科学技术理论支持。龙羊峡工程抗洪是新中国水利建设史上的重要事件，通过此次成功的洪水防御，我国积累了丰富的水利工程工地度汛经验，潘家铮也因此次独特的重要贡献在中国水利建设史上留下浓墨重彩的一页，进一步得到水利同行和政府高层的认可。

20 世纪 80、90 年代三峡工程论证工作进入实质性高潮阶段。此时的中国具备了实施三峡工程建设的物质基础能力，三峡工程的论争愈演愈烈，引起中国社会各方的普遍关注。此时潘家铮已成为中国水利界的重要代表人物，自然不能独善其身。三峡工程由于其规模巨大，对自然生态环境影响深远，同时技术难度之高、移民数量之多、泥沙问题之复杂和大量缺乏研究认识的未知领域，国内外争议和质疑之声一直存在。中国政府内部对于是否修建三峡工程也充满争议。据苏向荣著《三峡决策论辩——政策论辩的价值探寻》一书介绍，三峡工程决策论辩过程分为六个阶段。第一阶段：1954 年到 1958 年；第二阶段：1969 年到 1970 年；第三阶段：1977 年到 1984 年；第四阶段：1984 年到 1986 年；第五阶段：1986 年到 1992 年；第六阶段：1992 年至今。❶ 早期反对三峡工程建设的代表人物是李锐，后来主要是黄万里。潘家铮没有参与前三个阶段的争论，其时他认为三峡工程是不切实际的，缺乏修建的可性能。1984 年国务院原则批准三峡工程的可行性研究报告，但关于蓄水位和航道问题依然引起很大争论，同时国内外对三峡工程持怀疑和否定态度的人不少，西方政府和媒体大肆进行舆论造势，对中国政府施加压力。面对这种情况，中央决定开展更深入的全面论证，重新编写可行性研究报告。在此期间，潘家铮被任命为三峡工程技术总负责人，不可避免地加入了论争行列。潘家铮作为三峡工程技术总负责人参加了第七届全国人民代表大会第五次会议关于三峡工程议案的决策论辩，并接受质询，会议上争议声不断。潘家铮对于三峡工程建设的总体态度在此期间发生转变，由怀疑和顾虑到肯定和支持。据他本人所讲，在全面接触三峡工程论证技术资料后，他认为修建三峡工程应该上马，愈发觉得这个伟大工程对中国来讲是不可少的，顾虑可以消除，建设条件日趋成熟。❷

在 20 世纪 90 年代，潘家铮参与了国内众多水电项目的论证、建设、咨询和验收工作，足迹遍及大江南北，如溪洛渡、水布垭、岩滩、白鹤滩等大型工程。同时，潘家铮还走出国门与国际水利工程界同行研究探讨，参与一系列国际学术会议，考察过美国、欧洲、拉美和澳大利亚等国家和地区的水利工程，积极研究国内水电与国外水电公司、智囊团的合作问题，努力借鉴欧美发达国家的相关先进技术和管理制度，使

❶ 苏向荣：《三峡决策论辩——政策论辩的价值探寻》，中央编译出版社，2007 年，第 62 页。
❷ 潘家铮：《春梦秋云录》，水利电力出版社，1991 年，第 227 页。

中国水利工程建设理念与水平更上一层楼。

　　进入 21 世纪，潘家铮关注的范围更加广阔，涉及中国的能源战略问题、区域水资源配置与合理使用问题、工程质量问题、水利工程建设利与弊问题、新型技术理论的实践与推广问题等领域，将中国水利建设置于更为广阔的自然社会背景之下思考，推动了中国水利建设的良性发展。特别重要的一点是，晚年的潘家铮对半个世纪的新中国水利建设历程进行了深刻反思，强调水利建设应以适应、保护自然为前提，不能只顾人类自身利益，更应考虑到生态效益和可持续发展需要。他在 2004 年参加《中国水利百科全书》修订工作中，对"水利"一词的定义提出了自己的修改意见，将原有的"控制、调配"等词语更正为"适应、保护、调配和改变"❶。虽然只是小小字词的改变，但其中蕴含的意义却十分深刻，原来强调以人为中心，现在强调以生态保护为前提。对于水资源开发带来的弊端，潘家铮直言不讳，反对目前水利工程界过度开发水资源的行为，重视水利工程建设所附带的负面影响，甚至在清华大学水利水电工程系建系 50 周年庆典上，他提出"水害学"的观念。种种意见的提出反映了经过半个世纪轰轰烈烈水利建设的潘家铮对人地关系互动的深层次思考，由原来"人定胜天"的传统观念转变为"人与自然和谐共处"的新型理念。这是在全球反思工业化浪潮所带来的弊端的大背景下，潘家铮对水利工程建设弊端的重新审视与思考，代表了新时期中国水利建设的新方向，意义深远。

---

　　❶　潘家铮：《老生常谈集》，黄河水利出版社，2005 年，第 2 页。

第二章　潘家铮在水利工程技术领域的理论成就

　　水利工程技术理论是决定一国水利工程建设水平的决定性因素，是水利建设专家必备的基本技能，技术理论水平的高低决定了专家的地位和影响力。潘家铮作为我国知名水利技术专家，其专业素养一流。在长期的水利建设实践中，潘家铮发现、总结、推导出一系列新的理论、方法、公式，并把这些新型技术理论用于具体的水利工程建设实践，取得很好的效果。潘家铮一生撰写了数量众多的水利工程论著，丰富了我国在水利建设领域的理论与方法，对于水利技术理论的传承与创新作出重要贡献。潘家铮还是一专多能型人才，尤其擅长坝体结构力学，在水坝设计、库岸边坡处理等专业领域同样贡献突出。潘家铮的水利工程技术贡献在我国水利工程技术史上占有重要地位，丰富了我国水利工程技术史内涵。

　　人类从事水利工程建设的历史悠久，古代文明在水利建设技术领域颇有建树。以我国为例，北宋时期已掌握成熟的埽工技术，并因其所在位置及作用分若干类；除埽工技术外，宋人还掌握修筑木岸、木龙、马头、锯牙、约、软堰、硬堰的技术用以护岸、截流、挑溜，甚至试用"铁龙爪扬泥车法"的"浚川杷"等机械疏浚河道。❶ 可以说我国传统水工技术有比较辉煌的成就，但存在重实践、缺理论的弊病。工业革命以后，西方国家在修建水利工程技术方面进行创新，涉及勘测、设计、施工、维护等多个领域。我国大规模引进西方现代水利工程技术始于清光绪年间，包括水文测量、施工、建筑材料等领域。民国时期的李仪祉是我国现代水利建设的先驱，曾主持修建陕西泾、渭、洛、梅综合灌溉工程，大量运用混凝土修建技术，开启我国现代水利工程建设的先河。20世纪初期部分中国留学生到海外学习西方先进水利工程技术理论和方法，尤其是美国技术对于中国的影响深远。比如萨凡奇、柯登等人以及美国垦务局援华资料对于潘家铮和新中国成立初期的水利建设技术产生重大影响，潘家铮正是在接触到美国技术之后才真正涉足我国水利建设。但在20世纪50年代之后苏联工程技术大量传入中国，其中大规模江河梯级开发理念对中国影响深远。潘家铮在综合美国、苏联水利工程技术的基础上研究我国现代水利工程建设，推动了我国水利工程技术的发展。

---

❶ 魏华仙：《北宋治河物料与自然环境——以梢芟为中心》，《四川师范大学学报（社会科学版）》2010年第4期。

第一节　潘家铮对于我国水坝建设的贡献

水坝是水利工程领域最基本的水工建筑物，也是整个水利建设领域中工程量最大的构件。水坝类型的选择、施工的好坏、布局的合理性直接关系着整个水利工程的运转与效能。水坝从不同角度可以分为几十种。按筑坝材料大体可分为两种，一类是土、砂、石填筑而成的土石坝或称填筑坝、当地材料坝；一类是石块砌成或混凝土浇成的圬工坝❶。其中，圬工坝按结构型式分为重力坝、拱坝和支墩坝三种❷。此外，随着科技进步涌现出一些新型坝，但基本型式没有很大改变，只在坝体具体形状、施工技术和修筑材料等方面有所损益。现代水坝大部分由混凝土材料构筑，规模和修建难度远高于工业时代之前的传统意义水坝。现代水坝的设计与修建需要大量专业技术理论支撑，可以说参与现代水坝设计与修建的工程技术人员的理论和技术水平决定了一项水利工程的建设水平。因此，现代坝体修建对于从业人员的技术理论水平要求甚高。

潘家铮由于其丰富扎实的技术理论功底可以应对各型水坝的设计需求。在重力坝修筑方面，潘家铮有很高的造诣，发现掌握了大量理论数据，拥有丰富的实践经验。在潘家铮水利事业的早期，美国的筑坝技术对他影响很大。抗日战争胜利后，美国垦务局援助国民政府，美方工作人员带来大量技术资料，使当时国民政府水利建设工作人员接触到大量有关水利工程的数据、图表资料，开阔了中国水利专家的视野。在众多技术资料中有技术备忘录一项，该备忘录记录有大量美国 20 世纪 30 年代的水坝建设资料，诸如重力坝角端应力分析、拱坝试载法分析等技术理论。潘家铮在钱塘江水力发电勘测处期间，通过搜集整理，认真研读了这些资料，初步掌握了水利工程技术知识，奠定了他日后从事水利建设的理论基础。这批美国技术援助资料成为潘家铮叩开水利建设事业大门的钥匙。

很快，在 1957 年潘家铮获得了展示水利工程建设能力的机会。潘家铮参与了新安江工程的建设，所学理论得到实践的检验。新安江工程水坝是我国首座宽缝重力坝，作为工地设计组组长的潘家铮根据实际情况解决大坝修筑过程中的问题，如将坝段缝隙改为斜线、将实体重力坝方案改为大宽缝重力坝方案，并采用"抽排措施"降低坝基扬压力等❸。在新安江大坝及溢流式厂房的设计中，潘家铮对宽缝重力坝设计理论、坝体纵缝缝隙对应力的影响、坝体与溢流式厂房连接的静力和动力分析等技术领域作了初步研究，取得不少成果。在 50 年代的工程实践中，潘家铮撰写了《重力坝的弹性理论分析》《水工结构应力分析丛书》❹ 等著作，这是我国最早的有关重力坝的学术专

❶　潘家铮：《千秋功罪话水坝》，清华大学出版社、暨南大学出版社，2000 年，第 37 页。
❷　潘家铮：《千秋功罪话水坝》，清华大学出版社、暨南大学出版社，2000 年，第 42 页。
❸　本文集编委会：《中国水利水电技术发展与成就——潘家铮院士从事科学技术工作 47 周年纪念文集》，中国电力出版社，1997 年，第 290 页。
❹　潘家铮：《千秋功罪话水坝》，清华大学出版社、暨南大学出版社，2000 年，第 300 页。

著。潘家铮在著作中全面论述了重力坝的枢纽布置、坝体结构、设计理论、计算方法和坝基处理等问题，为我国重力坝设计及技术标准的制订奠定了基础。这些专著在60年代被扩充为《重力坝的设计和计算》一书，日后成为我国重力坝设计的技术标准。

随着新中国水利建设事业的不断发展，大量新增技术理论需要总结概括，加之潘家铮参与水利建设实践经验的日益丰富，他在1987年撰写出版了《重力坝设计》一书，这本著作是对1965年出版的《重力坝的设计和计算》的又一丰富和改进。该书论及重力坝设计与施工的方方面面，从坝型选择、坝体布置、坝体结构到坝体稳定性分析、坝基处理，等等❶。直到今日，它依然是水电设计专业学生的必读书目。潘家铮在《重力坝的弹性理论分析》一书中，系统描述了弹性理论法分析重力坝应力。在有限单元法得到广泛应用之后，潘家铮在《重力坝设计》一书中重点论述有限单元法在重力坝设计中的应用❷。

在重力坝设计方面，潘家铮最大的贡献在于创立了封闭式抽排设计理论。这种理论主要用于解决坝体内扬压力过大的问题，在新安江工程、葛洲坝工程和三峡工程中得到应用，尽管国际水利同行对此异议很大，但事实证明这种理论是正确的。这种理论完全是我国专家在长期的实践中总结的独一无二的技术理论，创新性很强。此外，潘家铮提出了重力坝坝踵裂缝稳定性问题的新概念，主要研究坝踵出现水平裂缝后，在坝基扬压力环境发生改变，裂缝向下游方向发展的情况下，裂缝是否会发生扩展的问题。潘家铮的研究内容还涉及断裂力学。断裂力学是工程建设领域的一门新兴学科，对于工程修建质量和安全意义重大。潘家铮对断裂力学在重力坝设计中的应用作了详细论述，提出几个有发展前途的应用方面，包括浇筑块贯穿裂缝分析、大坝严重裂缝的成因及处理措施分析、重力坝剖面设计方法改进和重力坝稳定分析方法的改进等。总之，潘家铮在重力坝设计方面提出许多实用性理论，总结了重力坝修建的经验，并积极应用于实践，取得很好的效果。

随着工程技术施工工艺的发展，碾压混凝土重力坝逐渐成为我国水坝建设领域的主力坝型。碾压混凝土英文简称为RCC，是一种可以大仓面连续施工的工艺，其优点在于节省材料、施工期短、简化温控、降低造价❸。1988年建成的福建坑口电站大坝是我国首座采用RCC技术修建的混凝土坝，随后修建的铜街子、沙溪口、岩滩等工程都采用该技术。尽管这种技术优点显著，但潘家铮指出这项施工技术仍然存在较大制约因素。首先，RCC技术适用于连续大仓面作业，施工强度很大，对我国大坝建筑领域的管理水平要求很高。由于连续仓面作业，如果施工工艺不达要求，混凝土仓面之间的衔接势必粗糙，会造成大面积的薄弱面，增加大坝的扬压力，缩短工程的使用寿

---

❶　本文集编委会：《中国水利水电技术发展与成就——潘家铮院士从事科学技术工作47周年纪念文集》，中国电力出版社，1997年，第7页。

❷　本文集编委会：《中国水利水电技术发展与成就——潘家铮院士从事科学技术工作47周年纪念文集》，中国电力出版社，1997年，第157页。

❸　《潘家铮院士文选》，中国电力出版社，2003年，第405页。

命。其次，RCC 重力坝的散热问题关系着工程质量。由于连续施工，坝体散热有限，延长了大坝散热过程，散热问题不解决会造成坝体开裂，影响工程质量。最后，重力坝体内要设置大量管道系统，制约 RCC 的施工❶。潘家铮对这种新型筑坝技术的优缺点有充分了解，并提出了解决问题的建议。他强调对 RCC 技术所需材料在数量上、质量上和运输上予以保证，满足施工需要；特别关键的是要建立严格的施工管理制度和质量保证体系；采用优化级配、骨料和混凝土预冷等手段解决温控问题❷。总之，碾压混凝土重力坝是重力坝体系中的新成员，具有明显的技术设计和施工建设优点，但也存在一定制约因素，潘家铮对此种坝型进行了深入研究探讨，解决了大量的相关问题，推动了这种新型重力坝在我国的发展。

在拱坝设计领域，潘家铮同样作出杰出贡献。潘家铮首次接触拱坝设计理论是 20 世纪 40 年代美国援华的水电资料，这些资料对拱坝的试载法有详细的描述。试载法是早期拱坝设计最主要的理论，潘家铮系统地分析掌握了试载法的本质，为其日后从事拱坝设计工作奠定了理论基础。

潘家铮最初接触的拱坝建设实践活动是我国 50 年代中后期修建的流溪河水电工程。当时，潘家铮以工程设计人员的身份参与了流溪河工程的设计工作。流溪河工程是我国修建的第一座溢流式双曲拱坝，打破了苏联专家认为流溪河地域无法修建溢流式拱坝的桎梏，这在当时国内水坝界是一个创举，而潘家铮就是其中敢于第一个吃螃蟹的人。流溪河双曲拱坝的修建成功充分体现了以潘家铮为代表的新中国水利工程技术人员勇于开创和勇于实践的可贵品质。

在 1959 年法国玛尔帕塞拱坝溃坝后，国内水坝建设领域开始关注拱坝的坝肩稳定问题。验算坝肩稳定的方法有多种，其中刚体极限平衡法是目前使用的最广泛的方法。潘家铮在他的理论著作中对验算坝肩稳定的方法进行了总结研究，在大量研究的基础上大力推荐刚体极限平衡法。刚体极限平衡法对于我国拱坝修建与安全起到重要作用。

随着技术进步和施工工艺水平的提高，我国开始在地质条件复杂的西南地区修建高拱坝。拱坝修建高度越高，技术难度越大，安全风险系数越高，这些因素对于我国水坝建设专家是严峻的考验。尽管如此，我国水坝专家依然探索在高海拔宽河谷修建高拱坝的可行性。东江水电站拱坝是我国首座高于 150 米的双曲拱坝，二滩拱坝则是当时我国最高的双曲拱坝，潘家铮在这两座拱坝的设计、决策过程中发挥了重要作用。由于我国在高拱坝修建领域经验薄弱，有人对修建高拱坝的可行性产生质疑，潘家铮从地形地质方面考虑认为修建高双曲拱坝是可靠可行的，坚决主张修建高拱坝，并提出详尽的工程设计方案和解决问题的策略，保证了这两座大型高拱坝的修建成功。东江水电站工程的修建经验为日后我国修建高拱坝提供了重要的实践经验和借鉴。

在拱坝施工工艺方面，传统建筑工艺是柱状法分块浇筑，施工工艺复杂，影响工程进度，经过专家技术攻关，碾压混凝土拱坝修建技术开始成熟。这种技术大大缩短

---

❶❷ 《潘家铮院士文选》，中国电力出版社，2003 年，第 407～408 页。

施工工期，而且降低施工难度，但存在温度应力和收缩方面的技术难题，对此潘家铮建议采取减少水化热量、采用膨胀性补偿混凝土、设置特殊横缝、适当加厚坝体等综合措施解决碾压混凝土拱坝的散热和开裂问题，强调对坝体进行长时间监控❶。温度应力和坝体开裂问题的解决有利于碾压混凝土技术应用到更广阔的施工领域。

在拱坝设计理论总结方面，潘家铮在 50 年代编写的《水工结构应力分析丛书》中就包含有《拱坝》一书，专门对拱坝设计和修建的相关理论和数据进行了总结，是我国较早的关于拱坝设计的理论专著。1981 年出版的《水工结构分析文集》对拱坝试载法的原理和方法作了全面论述，推进了拱坝试载法的研究应用。20 世纪 80 年代，潘家铮主编出版了《水工建筑物设计丛书》，其中《拱坝》一书对新中国成立以来我国拱坝建设成就和经验进行了全面的概述。这些关于拱坝建设的论著非常注重实用性和理论性的结合，有利于我国拱坝建设事业的发展。在计算机技术发展应用起来之后，我国水坝建设也积极引用先进的 CAD 技术❷，大大简化图工作业的难度和繁杂，潘家铮大力支持这种先进的技术在拱坝设计中的应用，做到了与时俱进。

在大坝安全监控领域，潘家铮同样作出卓越的贡献。水电大坝的安全运行关系到人民生命财产安全，一旦发生泄漏、坍塌甚至是垮坝的情况，将造成毁灭性后果。类似例子在国外已有发生，法国的玛尔帕塞拱坝在 1959 年垮塌，造成数百人死亡，紧接着 1963 年意大利瓦伊昂水坝的溃坝事故更是造成近两千人死亡❸。国外水坝的惨烈事故深深地刺激着新中国水电建设者，其中潘家铮对水坝安全和质量尤为关注。1985 年秋，时任水利电力部生产司司长的王鉴三提出成立水电站大坝安全监察中心的建议，同年 11 月 11 日水电站大坝安全监察中心正式成立，潘家铮是该监察中心的发起人之一。监察中心刚成立的时候，潘家铮一方面着手进行水电站安全普查工作，另一方面紧锣密鼓地制定《水电站大坝安全管理暂行办法》。该暂行办法经过九次修改才最终定稿❹，潘家铮亲自参与审阅修改，暂行办法最终通过。对于暂行办法中重要组成部分的《混凝土大坝安全监测技术规范》，由潘家铮主持讨论审阅。为筹措大坝安全运行经费，潘家铮曾努力建立大坝安全基金，后因水利电力部的撤销未果，但终究为以后解决大坝安全监测经费问题打下了坚实的基础。

1989 年 4 月，担任能源部总工程师的潘家铮在杭州主持第一次水电厂防汛和大坝安全工作会议。会上潘家铮作总结讲话，其中说到，"从调查统计情况来看，正常和基本正常的坝只占少数，其余都存在程度不同的问题，有相当比重的大坝问题比较重和

---

❶ 《潘家铮院士文选》，中国电力出版社，2003 年，第 405 页。

❷ 本文集编委会：《中国水利水电技术发展与成就——潘家铮院士从事科学技术工作 47 周年纪念文集》，中国电力出版社，1997 年，第 246 页。

❸ 潘家铮：《千秋功罪话水坝》，清华大学出版社、暨南大学出版社，2000 年，第 90、101 页。

❹ 本文集编委会：《中国水利水电技术发展与成就——潘家铮院士从事科学技术工作 47 周年纪念文集》，中国电力出版社，1997 年，第 180 页。

紧急"❶。潘家铮一针见血地指出新中国成立以来水坝建设领域忽视大坝安全的弊端，对扭转水坝建设质量下降的状况有积极作用。特别是改革开放之后，市场经济开始活跃，部分水坝建设存在偷工减料、以次充好的问题，潘家铮对此提出严厉的批评。潘家铮这种敢于面对问题、勇于纠正时弊的勇气和气魄是值得敬佩的。面对比较严重的大坝安全问题，潘家铮并没有悲观失望，而是充满信心，他讲道："情况虽较严重，但只要我们从现在起就充分重视，采取各种切实可行措施，筹集资金，有计划有步骤地进行除险加固，我们还是有时间做好工作，确保所有大坝的安全"❷。通过这次会议，部分长期困扰大坝安全的工程技术问题得到解决，我国大坝安全状况得到明显改善。1993 年 8 月 27 日，青海省共和县境内的沟后水库大坝突然垮塌，造成下游数百人死亡或失踪。这座水库在 1992 年建成后被评为优秀工程，事故原因为中铁二十局施工中存在质量问题。这次溃坝事故深深刺激了潘家铮的神经，在他的努力下，国家相关部门采纳他提出的议案，加强对水坝的施工管理和后续的安全监测，制止水坝施工过程中的不正之风，加强责任追究，避免再次出现重大水坝安全事故。总之，潘家铮的努力有利于中国水坝安全监测的规范化、制度化和法律化，起到了提高中国水坝安全运行水平的作用。

第二节　库岸边坡处理和地质研究理论

所谓的库岸边坡处理是指通过各种处理手段对水库坡岸进行加固，防止水库坡岸因水体浸泡而产生松软、滑动、脱落甚至是滑坡的不良情况，其中工程加固、工程切除是最主要的处理手段。具体来讲，一座水库的修建将导致周边地区地质状况发生改变。一是，巨大库容导致库区重力分布情况发生改变，导致原有已经相对固定的滑坡体、岩块失去原有平衡；二是，库容导致库区地下水位升高，长期的水浸泡使得一些岩层之间的泥层夹体松软，产生滑动；三是，水库水平面与库岸边坡的结合部位容易受到水浪冲击破坏；四是，高边坡由于相对位置较高，重心不稳也容易导致部分岩体松动滑落。一旦库岸边坡处理不好，将产生比较严重的后果。库岸坍塌将导致涌浪的发生，会对坝体和其他水工建筑物产生巨大的冲击破坏，严重的将造成溃坝的惨烈后果。1963 年 10 月 9 日，意大利瓦伊昂拱坝发生溃坝事故，造成严重的人员伤亡和财产损失，事故原因即为水库上游一次巨大的滑坡激起巨浪冲毁坝体。因此，良好的库岸边坡处理是水坝成功运行的关键。与库岸边坡处理紧密联系的是库区地质状况调查，这是一座水坝修建之前必须要做好的先决条件。简而言之，库区地质状况调查是要将库区周边地质稳定情况摸排清楚，及时对各种不利地质情况做出研判和应对，包括地震强度分布、基岩性状、地质历史、断层断裂带分布等等。潘家铮对库岸边坡处理和库区地质状况调查十分重视，并作出卓越贡献。

---

❶❷ 本文集编委会：《中国水利水电技术发展与成就——潘家铮院士从事科学技术工作 47 周年纪念文集》，中国电力出版社，1997 年，第 180 页。

在边坡稳定分析方面，潘家铮根据极限平衡法提出了"最大最小理论"。所谓"最大最小理论"，根据陈祖煜院士的解读，潘家铮曾将边坡稳定分析理论体系总结为两条：①滑坡如能沿许多滑面滑动，则失稳时，它将沿抵抗力最小的一个滑面破坏（最小值原理）；②滑坡体的滑面稳定时，则滑面上的反力（以及滑坡体内的内力）能自行调整，以发挥最大的抗滑能力（最大值原理）。❶潘家铮的"最大最小理论"是对边坡稳定分析的经典理论概述，使得原本十分复杂的边坡稳定分析变得明晰，该理论至今仍是水坝修筑领域重要的理论。随着我国经济的发展和技术的进步，越来越多的大型水坝不断修建，边坡高度不断升高，边坡处理稳定分析的难度也相应提高，高坝边坡处理成为难题。潘家铮提出高坡处理的一系列方法，包括开挖爆破拆除松散岩体、高坡混凝土喷浆浇筑固结、混凝土钢架铆固，等等，很好地解决了高坡易失衡的问题。在三峡大坝的修筑过程中，国外媒体和部分专家认为三峡水库库岸过于高大，边坡稳定将成为很大的技术工程难题，中国专家无法在短时间内解决。面对质疑，作为三峡工程技术总负责人的潘家铮亲自对库岸高坡进行研究督导，顺利解决了该项问题，保证了三峡工程的进度。尽管有部分地区仍存在岩体脱落松动迹象，而且随着三峡水库蓄水，库区上升的水位使原有的古老滑坡体被激活，库区地质情况有了变化，但就整体而言，三峡水库的库岸边坡稳定处理得相当成功。

与库岸边坡稳定研究领域紧密相连的是库区地质情况调查工作。潘家铮在整个水利建设事业期间都十分关注地质调查，并把该项工作视为修建水坝的先决条件。潘家铮在早年亲身调查了大量水电站库区的地质情况。在 1965 年支援大西南三线建设期间，潘家铮到达四川雅砻江流域展开水利勘察工作，曾冒险强渡雅砻江，查勘锦屏水电站坝址地质情况。后组成小分队向上游更加险恶的地区进行考察，实地勘测水坝坝址。为勘测高坝坝址石泷峡，潘家铮不顾生命安全亲自爬过悬崖到达谷底，整个过程险象环生，但获得宝贵的第一手资料。1972 年，潘家铮参与乌江渡工程的讨论。乌江渡工程是中国首座建设在岩溶地貌上的大型水电站，由于岩溶地貌地质情况复杂，岩体脆弱易被侵蚀，所以施工难度极大，乌江渡工程一度被迫停工。潘家铮到达工地后，仔细勘查研究库区地质地貌情况，在综合分析数据的基础上，主张工程可以继续修建。最终，乌江渡工程成为十分成功的水电项目。该工程的修建成功为我国以后在岩溶地貌区筑坝提供了宝贵经验。龙羊峡工程库区地质情况复杂，存在大量滑坡体、断层断裂带，发生地质灾害的可能性极大，专家内部曾发生严重意见分歧，国家决策机关一时也无法做出决策。潘家铮根据大量库区和坝址的地质地貌资料，肯定了工程修建的可行性，最终促成了龙羊峡工程的顺利建设。

更与众不同的是，潘家铮不仅在水利工程专业领域进行专业的分析和思考，还热衷于向普通民众尤其是青少年传输有关水利的科普知识，提高大众对水利建设的认识

---

❶　本文集编委会：《中国水利水电技术发展与成就——潘家铮院士从事科学技术工作 47 周年纪念文集》，中国电力出版社，1997 年，第 199 页。

程度。1998 年，中国科学院、中国工程院拟编写一套丛书《院士科普书系》，邀请一百多名院士撰写，涉及多个专业领域。作为水利工程专家的潘家铮编写了《千秋功罪话水坝》一书。该书向读者简明介绍了中国治水历史和筑坝技术的进步以及世界坝工技术的发展历程和成就，对新中国坝工技术领域取得的成绩给予详细介绍。在水坝种类和坝工技术方面，潘家铮通过简明易懂的语言将原本十分复杂的技术系统呈现在非专业的普通大众面前，语言诙谐幽默，深受读者的欢迎。对于水坝建设与生态环境变化之间的关系以及水坝安全事故，潘家铮亦均有描述，并非将水坝表述得十全十美。对国外玛尔帕塞坝和瓦伊昂坝的垮塌和我国不为大部分人所知的淮河流域"75·8"事故以及三门峡水库失误都做了相关叙述。

纵观各国的水利工程建设历史，可发现一国水利工程的建设开发与该国相关的技术理论水平有密切关系，可以说技术理论水平的好坏直接决定着该国水利工程建设的兴衰。因此，世界各国对于技术理论的研究投入大量资源。潘家铮以其专业素养为我国的水利工程建设作出了理论和实践上的贡献，推动了新中国水利建设事业的发展。潘家铮研究涉猎的学科领域众多，除在坝工技术和边坡处理等方面造诣很深外，在岩石力学、涌浪计算、土木工程方面也作出很大贡献，提出了诸如涌浪计算理论等简洁明了的技术理论。整体而言，潘家铮作为新中国水利界的泰斗，他提出的水利水电建设方面的技术理论对新中国水利事业的发展有着重要意义，对于中国现代水利工程技术的发展也有重要意义。

第三章　潘家铮对中国水资源
战略问题的研究

众所周知，我国水资源在时空分布上存在巨大差异，水体总量南多北少，水能资源蕴藏量西多东少，与社会经济资源并不匹配。华北地区农田广布，重工业发达，水资源数量却难以满足需要；东部地区经济发展水平高，人口密度大，但水能资源紧缺，无法满足生产生活需要。如何解决我国整体性和地区性水资源紧缺问题关系着国计民生，中国能否实现可持续发展很重要的一方面将依赖于水资源困境得到突破。从目前情况来看，解决地区性水资源紧张困境的主要可行手段是工程调水，在此方面国内外均有比较成功的事例。澳大利亚东南地区墨累—达令盆地饮水工程使该区成为著名的农业地带，美国在科罗拉多河上筑坝调水成就了拉斯维加斯的奇迹，苏联南部和拉美地区也修建了调水工程，中国则修建了诸如万家寨引水工程、南水北调工程等调水工程。潘家铮面对国内水资源日益紧张的局面，主张因地制宜、科学合理的开展调水工程建设；对国内水能资源地区不匹配的情况，建议实行远距离输电工程建设；积极研究国内特定区域内水资源综合利用问题。

第一节　潘家铮对南水北调工程和
西电东送工程的研究

我国河川径流总量在空间分布上极不平衡，东南部外流区流域面积为全国总面积的 64％，但拥有的径流量却占全国总量的 96％，北部、西部及西北部内陆流域面积占全国的 36％，而径流量仅占全国总径流量的 4％。[1] 在外流流域中，长江以北的东北、华北、黄淮及北冰洋流域，流域面积占全国的 27.6％，但径流总量仅占全国的 12.1％，特别是黄淮海流域耕地面积占全国的 40％，径流量仅占 6.1％。[2] 该流域是我国人口稠密、经济社会发展较快的地区，水资源需求量很大，但该地区现有水资源已开发殆尽，而且持续过度开发已经对生态环境造成不良影响，依靠当地资源解决用水紧缺问题已无可能。因此，从北方以外地区调水成为目前解决北方地区水资源严重缺乏问题的可操作性措施。

南水北调工程正是为解决我国北方地区水资源严重短缺问题而修建的巨大跨流域调水工程。工程分为东、中、西三线，分别从长江下游、汉水流域和长江上游向华北

---

[1][2]　熊怡等：《中国的河流》，人民教育出版社，1991 年，第 48 页。

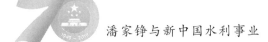

地区和西北地区输送水源，目前东线、中线工程已经完工，西线方案尚在研究规划中。潘家铮在 2000 年 1 月水利部召开的"关于北方地区水资源总体规划的专题研究会"上提出了几点看法，对南水北调工程进行了全面分析，为工程的修建奠定了理论基础。

要打开工作思路，创新思维方式。潘家铮认为仅仅提出规划原则和工作思路是不够的，关键在于这些原则思路要在思想上、工作中得到贯彻。他说道："不要受过去已做工作的影响，不要总是跳不出老框框、旧方案、原思路，总是认为自己过去做的方案最优、最正确。这样，就不能得出科学和符合实际的结论。"❶ 这一意见打破了已有理论方案框架的束缚，强调规划工作要与时俱进，掌握新资料和新动态，达到规划与实际相符的目的。在 2000 年 7 月，中国工程院向国务院汇报有关"中国水资源战略研究"情况时，潘家铮对南水北调工程进行了补充汇报，报告中同样强调三线方案各有优缺点和适应性，不应存在互相竞争、互相排斥的现象，对方案的不同理解要经过充分分析讨论以取得共识。潘家铮所在课题组认为三线都是需要的，东、中线相辅相成，东线修建条件已经成熟可以施工。❷

潘家铮在水资源开源和节流的关系上，主张开源和节流并重，以节流为主。我国北方地区水资源紧缺是既成事实，短时期内无法逆转，即使南水北调工程全部竣工，区外调水量仍无法满足本区的全部需求。因此，北方地区建设节水型社会是主要出路。他强调，在做地区经济发展规划时，必须与水资源条件相协调，必须搞节水农业，城市生活用水只能是低标准的，不能完全"以需定供"。❸ 在此，潘家铮意识到地区性水资源紧张问题的解决需要综合手段，需要依靠系统性的措施，不能依赖某项大工程，不能幻想"一劳永逸"，水资源紧缺问题的解决是一项长期复杂的工程。长期以来，国人缺乏危机感和紧迫感，对于水资源的节约使用意识淡薄，浪费现象严重，使本已严峻的中国水资源紧缺的形势更加恶劣。这种现象反映出部分民众和团体抛弃了中国传统社会勤俭节约的优良传统，在工业化和城市化的浪潮中产生了暴发户心态，在他们眼中水资源是低廉的，无需珍惜。潘家铮强调不能完全"以需定供"是鞭辟入里的，必须严控水资源的使用，加大对无端浪费行为的处罚力度。

针对南水北调工程跨越多个省市，极易产生地区间利益纠纷问题，潘家铮强调南水北调工程是规模巨大的跨流域、跨地区工程，要在全流域大系统内统筹考虑，以国家整体利益为基础，做好资源、开发、环境的协调发展，坚决反对地方保护主义、小团体主义。❹曾任水利部南水北调规划办公室主任的朱承中亦强调水利学的复杂性，他指出规划大型水利工程不仅应按自然规律办事，还应充分考虑"地缘政治"，需要协调上下游、左右岸、省与省、不同地区之间的利益。潘家铮充分吸收朱承中的意见，针对水利建设中地方保护主义盛行、地区和部门之间互相掣肘的矛盾现实，建议在整体

❶ 潘家铮：《老生常谈集》，黄河水利出版社，2005 年，第 30 页。
❷ 《潘家铮院士文选》，中国电力出版社，2003 年，第 196 页。
❸❹ 潘家铮：《老生常谈集》，黄河水利出版社，2005 年，第 31 页。

与局部之间寻求合理的平衡，坚决反对地方保护主义。

基础数据和基本情况的调查是南水北调工程的理论数据基础。基础数据和基本情况决定了南水北调工程的科学性、合理性，如果基本数据和情况不够准确，将严重影响工程的好坏。潘家铮一针见血地指出，现有数据前后不符，存在明显漏洞，要将数据整理动态化，不能只在已有老旧资料基础上进行简单的校对、补充，这是不负责任的。❶ 这种认知反映出潘家铮重视基础数据的实时动态，强调调查情况与实际的相符程度。潘家铮认为可利用的水资源种类很多，包括地表径流、地下径流、大气降水等，这些水资源要结合不同地区情况，分别就工农业和城市生活用水进行合理配置。水资源合理配置解决的是"结构性缺水"问题，而不是原有的华北地区都是"资源性缺水"的问题，不能将解决水资源短缺问题的法宝全部押在南水北调工程上。❷ 在此，潘家铮重视地区内部水资源的优化配置，强调地区内部解决的重要性，只有内外相结合才能很好地解决水资源紧张问题。

在社会经济的发展过程中，潘家铮强调生态环境保护问题的重要性，认为生态环境用水必须要予以满足，"在耗水量计算中，植被、造林、绿化等需水量必须计入。对于地下水的保护十分必要，做到丰水年回灌、枯水年临时超采"❸，开采总量必须做到维持平衡。同时确保自然河道常年保持一定流量，防止河流长时期断流，减缓下游三角洲的萎缩趋势，避免河口地区的地下淡水水位下降引发海水倒灌现象。保护生态环境还必须解决污水处理问题。治理污水，不仅保护生态环境，而且提高了水资源的重复利用率，解决了"水质性缺水"问题，无形之中增加了水资源数量。尤其是东线方案的取水口位于长江下游江阴段，长江沿岸人口密集，污染源众多，致使长江水质恶化。如果不经处理，北调的长江水根本无法达到使用标准。因此，保护生态环境是水利建设不可忽视的重要问题。

关于政策研究，潘家铮强调国家主体在水利工程建设中的主导地位，要充分发挥政府职能研究政策、体制和管理方面的问题，为建立节水型社会，解决生态环境保护问题，合理配置水资源提供强有力的政策法律支持，没有制约手段，即使调入大量水资源也无济于事。潘家铮特别强调水资源的国有性，特别是在水资源紧缺地区应该"由国家统一掌握、调配、使用，实行水价差价管理"❹，超出使用部分应提高价格进行调控。政策法律等手段的支持有利于中国节约型社会建设，只有强有力和完整的政策法律支持，水资源的合理配置才可能实现。

关于南水北调工程方案问题，潘家铮认为现有设计方案很多，可以进行组合，灵活选择最优方案，方案可以分期实施，对各方案存在的主要问题要鲜明提出。对于工程量和投资额要实事求是，认真核算。潘家铮强调为使工程顺利发挥应有功效，要加

---

❶ 潘家铮：《老生常谈集》，黄河水利出版社，2005 年，第 31 页。

❷ 潘家铮：《老生常谈集》，黄河水利出版社，2005 年，第 32 页。

❸❹ 潘家铮：《老生常谈集》，黄河水利出版社，2005 年，第 33 页。

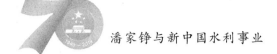

强配套和辅助工程的建设。❶ 在这一意见里体现出潘家铮的系统工程概念和最优原则，对于工程方案选择与顺利施工发挥出重要作用。

最后一点意见是新型技术利用问题。潘家铮认为随着国民经济的发展和科学技术的进步，在南水北调工程长期的建设过程中，应积极采用新技术、指标，对原有的方案应随时进行调整，使工程不至于在技术层面上落伍。

对于西线方案，潘家铮持慎重态度。南水北调西线方案经过我国西北、西南生态环境脆弱地区，贸然动工势必造成重大影响。因此，潘家铮联合钱正英、沈国舫等人于 2006 年 10 月以中国工程院的名义，向国务院提交了一份《关于南水北调西线前期工作的建议》，对西线方案表示应持慎重态度，改变了原有的乐观态度。三位院士从技术难度、生态环境、社会稳定、民族情况等方面做了更深层次的分析，提出西线方案宜放缓的建议。潘家铮总体希望南水北调工程的建设不仅满足北方地区水资源紧张需求，而且能够推进整个社会的进步和国民素质的提高，利于节水型可持续发展社会的建设，增强国民节水意识。南水北调工程是我国重要的跨流域调水工程，是我国经济社会可持续发展的必然选择。潘家铮对于南水北调工程的建设性建议涉及工程的多个方面，预测了可能出现的不良后果并提出了解决方案，他的科学理论指导对于工程的顺利修建起到积极作用。

中国不但区域间水体资源总量差别明显，在水能资源的空间分布上同样差异较大。因此，如何调配水能资源成为中国政府规划经济社会长远发展必须要解决的战略问题。中国特殊的地理环境注定我国水能资源区域分配不均。西部地区，位于中国地势第一阶梯和第二阶梯交界处，海拔落差大，同时西部地区又是我国主要江河的发源处和上游区，水量充足，而且山高谷深，有较好的坝址条件，非常适合水电开发。据 1977—1980 年全国水能资源普查统计，我国水能资源理论蕴藏量为 6.76 亿千瓦，可开发水能资源约为 3.78 亿千瓦。❷ 但水能资源分布极不平衡，主要集中在西部地区，其中西南地区蕴藏量最多，占全国的 70%。按流域统计，长江流域水能蕴藏量大，占全国的 40%，可开发水能资源占全国的 53.4%，其次是雅鲁藏布江，而淮河和海河流域，可开发的水能资源最少。❸ 中国目前已建的十个大型水电基地只有闽浙赣水电基地位于东部经济发达地区，其余水电基地都位于西部地区。资源优势与区位优势地域上的不匹配，严重制约了我国经济社会的发展。东部地区经济发展较快，对于电力资源的需求旺盛，电力的缺乏使得东部地区在用电高峰时段不得不采取拉闸限电，错峰运行，减少照明用电甚至是暂停能耗比较大的企业等措施以缓解用电压力。为了我国东西部经济社会更好的协调健康发展，缓解东部地区能源紧张，优化能源结构，实现经济发展转型，远距离水电输送成为必然选择。

潘家铮在"中国电力工业 2000 论坛"上发表的《加强研究，采取措施，解决西电东送中的难题》一文认为，开发水能资源，大量外送东部经济发达地区，可以促进全

❶ 潘家铮：《老生常谈集》，黄河水利出版社，2005 年，第 34 页。

❷❸ 熊怡等：《中国的河流》，人民教育出版社，1991 年，第 52 页。

国电网联网，充分发挥调节效益，能够优化能源结构，减轻环境污染，符合国家整体利益。❶ 但他同时强调工程实施的难度，在社会主义市场经济条件下，市场调节发挥基础性作用，西电东送不是靠行政手段和强制手段所能解决的。因此，潘家铮建议，一方面要使西部水电增强自身的竞争优势，另一方面要使东部电力市场公平合理吸纳西部水电。❷ 如果这两点问题不能解决，西电东送工程将成为空中楼阁。解决问题涉及技术、经济、体制、社会、政策种种因素，十分复杂，需要谨慎透彻研究并采取相应政策和措施。

在具体政策指导上，潘家铮认为，为增强西部水电的竞争力，必须降低造价、缩短工期，降低水电成本。与火电厂相比，水电建设初期投资很大，工期很长，潘家铮认为可以采取两种措施解决：一是采用新技术解决高坝、长洞、大机组、远距离输电等难题，依靠科技进步降低造价、缩短工期。❸ 二是政策上给予优惠，主要是融资、还贷、贴息、税收上给予优惠，减少水电负担。❹ 这几点意见是潘家铮为增强中国水电竞争力而提出的合理化建议。

潘家铮认为目前水电开发面临的一个比较棘手的问题是水电市场暗淡。已经修建的二滩工程、天生桥工程每年发电量很大，但只能销售一小部分，水电企业难以为继。这个问题牵扯到电力体制问题、地方局部利益和人的思想观念问题，必须要在国家整体层面上加强宏观调控，从大局出发，制定政策法规，做到市场开放。❺ 在电力体制方面，最大的问题是"省为实体"的办法已无法适应新时代的要求。"省为实体"是针对国家过去整体性缺乏电力的实际情况而采取的无奈之举，曾经强大的跨省电网如东北电网、西北电网在"省为实体"面前严重削弱。现在实施的西电东送工程是跨省、跨地区的全国性电网，不能局限于各省之间的小规模交换。因此，放弃"省为实体"的做法是实施西电东送战略的前提。

潘家铮为西电东送工程提出合理意见，指出工程实施中的困难，并提出相应的解决措施，为西电东送工程作出卓越贡献。西电东送工程缓解了东部地区能源紧张，同时促进了西部地区经济发展，很好地做到了区域经济优势和资源优势的互补，有利于我国东西部均衡发展，增强了我国经济社会的可持续发展能力。

第二节　潘家铮对东北和西北地区
水资源综合利用的规划

进入 21 世纪之后，我国经济社会发展迅速，人民生活水平获得提高，对于各种自然资源的需求日益扩大，我国从原来的资源大国转变成资源贫乏的国度，海外资源进口量不断增长，对境外资源的依赖度日益提高，同时国内资源浪费现象严重，资源利用率低，更是加剧我国资源的紧张程度。在国内资源开发方面，存在着无序开发情况，

---

❶❷❸❹　《潘家铮院士文选》，中国电力出版社，2003 年，第 364 页。

❺　《潘家铮院士文选》，中国电力出版社，2003 年，第 365 页。

缺乏长远规划；地方上盛行保护主义、小团体主义，缺乏通盘规划，甚至发生地方之间因争夺资源爆发激烈冲突。水资源在我国属于缺乏程度较高的自然资源，水资源缺乏已成为影响我国经济社会可持续发展的重要因素。如何解决我国区域水资源紧张的问题已成为中国水利专家需要解决的迫切问题。

面对严峻的现实，中国工程院在 21 世纪初编著了一系列有关地区水资源配置和生态保护的研究著作，如《东北地区有关水土资源配置、生态与环境保护和可持续发展的若干战略问题研究》丛书、《西北地区水资源配置生态环境建设和可持续发展战略研究》丛书等。这些专著系统分析了区域水资源分布、利用与水利工程建设，生态环境现状、保护与经济社会发展等存在的问题，成为中国政府应对水资源危机重要的智囊用书。潘家铮以水利专家的身份担任了《东北地区有关水土资源配置、生态与环境保护和可持续发展的若干战略问题研究》丛书所属《东北地区水资源开发利用重大工程布局研究》一书的主编，对东北地区的水资源利用情况进行了全盘研究，涉及防洪、工农业用水、生活用水和生态用水的方方面面，对于东北地区水资源规划有重要参考价值。

在书中，潘家铮等人认为东北地区是我国重要的工农业生产基地，对水资源的需求很大，同时东北地区是我国生态环境较脆弱地区，自然生态用水量大，可供开发的自然水资源数量有限。东北地区经济发展产生的水污染问题，加剧了水资源紧张程度。因此，东北地区水资源综合利用情况不容乐观。潘家铮等人对东北地区水资源利用与保护存在的主要问题作了全面深刻的阐述，使读者能够在短时间内对东北地区存在的水资源问题形成全面深刻的认识。在水资源配置方面，潘家铮等人根据东北地区自然地理环境将东北地区水资源配置的总体格局概括为"东水中引""北水南调"八字方针。在防洪工程建设方面，潘家铮认为要坚持采取"蓄泄兼筹、防治结合、综合治理"的措施。在生态环境保护方面，潘家铮坚持可持续发展观，认为应加大水资源污染防治力度，贯彻以预防为主的方针。在水电开发方面，潘家铮认为东北地区水力资源开发程度不均衡，尚有很大开发潜力，开发水电是解决东北地区能源紧张的有效途径。

经过全盘分析研究，潘家铮等专家对东北地区水资源利用与保护提出建议。第一，建议对东北主要农业区进行综合治理，建设国家商品粮基地，增加有效灌溉面积，合理改造大型灌区。第二，进行"北水南调"工程建设，对松辽流域水资源进行综合规划，解决辽宁地区城市工业用水问题，主要通过工程措施确保城市防洪安全。同时加强水资源统一管理力度，推进农业、环境、水利部门的沟通与协作，提高水资源的利用效率。最后强调保护生态环境，确保基本生态用水需求。由此，潘家铮对东北地区水资源利用存在的问题和可行性解决措施作了全面分析，这些分析兼具科学性和可行性，注重实际效果，涉及面很广。可以说，这本书极具参考价值，是政府决策部门制定政策措施的重要用书。这本书与其他系列丛书一起成为中国水利事业重要的理论研究成果，丛书的编纂出版表明了中国政府对水资源保护与开发的重视程度。

除东北地区之外，潘家铮参与了《西北地区水资源配置生态环境建设和可持续发展战略研究》丛书重大工程卷的编写工作，对我国西北地区的水资源状况和水利设施的建设情况作了全面总结，指出了当下西北地区水资源开发存在的问题和建议措施。在书中，潘家铮根据西北地区自然条件恶劣、干旱严重、沙漠化程度高的实际情况，对水资源在西北地区的战略地位给予充分肯定。水是西北人民生存和社会经济发展最基本的条件，由于水资源缺乏和水利基础设施薄弱，地区经济社会发展水平低下，因此必须将水利基础设施建设放在西北地区基础设施建设的首要位置。同时，潘家铮指出水资源不仅事关人类社会的存在与发展，也是维持西北地区生态系统的重要环节。西北地区生态脆弱，一旦破坏很难恢复，保护生态用水、避免环境污染是西北地区生态环境建设的首要条件❶。潘家铮尤其强调生态用水的重要性，表明他对可持续发展的重视程度，值得政府决策部门认真倾听，以避免经济发展中的短视行为，避免生态环境遭到破坏。

在全面分析西北地区水资源现状之后，潘家铮指出西北地区存在的首要问题是水资源数量短缺，地域分布不均，人均水资源占有量地区差异明显，许多地方严重缺水，比如河西走廊地区、天山北坡地带和关中平原等地，严重影响当地经济发展与社会发展。其次，水利工程建设和管理粗放，水资源利用效率低下。西北地区大部分水利工程修建于 20 世纪 60、70 年代，是地方政府和群众自发修建的产物，缺乏科学指导，加之年代久远，缺乏保养，工程安全情况堪忧。因此，西北地区的水利设施已难以满足社会经济发展的需要。传统的水资源利用模式效率低下，浪费严重，农业生产中仍存在大水漫灌现象并引起土地盐碱化。最为严重的情况是部分地区水资源开发过度以至枯竭，导致生态环境严重恶化。这种问题主要集中在西北内陆人口较为稠密、经济密集程度较高的内流河区域。如甘肃石羊河地区水资源开发过度，造成下游民勤地区地下水位下降，沙漠化现象严重；罗布泊地区因为塔里木河中上游的引水灌溉和筑坝蓄水面临生态环境难以为继的严重局面。如何避免水资源过度开发成为西北地区水利工作的当务之急。西北地区不仅水资源数量缺乏，而且存在水质型缺水问题。黄河上游工业发达地区如兰州市工业污水排放严重影响黄河水质。新疆灌溉农业区向河流排放高矿化度咸水每年有 40 亿吨，塔里木河枯水期干流矿化度超过每升 10 克，水质污染和水质咸化加剧了西北地区水资源紧张程度，水质治理迫在眉睫。

在综合分析西北地区水资源开发存在的问题之后，潘家铮等提出了解决问题的建议。首先，水资源合理配置是实现西北地区经济社会发展和生态环境建设的基本保障。❷ 西北地区历来干旱少雨，水资源数量紧缺，如何处理好人类生产生活用水与生态环境需水之间的关系一直是困扰西北地区可持续发展的难题，合理配置水资源不能概念泛化，更不能是一句空话，必须在实际工作中认真贯彻执行。这种执行不是盲目的

---

❶ 潘家铮等：《西北地区水资源配置生态环境建设和可持续发展战略研究·重大工程卷》，科学出版社，2004年，第 35 页。

❷ 潘家铮等：《西北地区水资源配置生态环境建设和可持续发展战略研究·重大工程卷》，科学出版社，2004年，第 55 页。

执行，必须有科学理论的指导。总之，西北地区水资源合理配置将是一项长期复杂的工程。第二，西北地区水资源问题的解决应立足于本地，必要时可以进行跨流域调水。❶ 西北地区首先应着眼于开发本地现有各种形式的水资源，通过工程将水资源收集集中使用。例如西北甘肃盛行的水窖工程就是很好的收集雨水的工程设施。应加强对各类用水的统一规划和管理，防止水资源浪费现象的发生，提高现有水资源的利用效率。在生态破坏严重的地区应考虑跨流域调水的可行性，如石羊河下游的民勤地区生态环境恶化已经到了极度危险的境地，应考虑从流域外调水补充，防止生态进一步恶化。第三，谨慎研究西北地区水利工程布局。❷ 西北地区特殊的自然地理条件决定了当地水利工程设施应以中小型为主，必要时辅以大型工程。当下水利工程建设应着眼于现有工程的更新改造、续建调整。大面积的水面出露在西北干旱、光照强、风力大的条件下会造成严重的蒸发损失，新疆的坎儿井建设适合当地的自然条件，尽可能减少了水资源的自然损耗，应予以推广。大型灌区应及时修建，如塔里木河综合治理工程、伊犁河综合开发、河西走廊内陆河综合治理工程等，这些工程是西北地区重要的生产生活用水和生态保护用水工程，对于维持整个西北地区生态稳定和经济发展有重要意义。同时对于南水北调西线工程进行规划研究。第四，对重大工程加大投资力度，做好前期规划勘测工作。重大水利工程是一系列工程的有机结合，需要建设大量配套工程，资金需求量大，牵涉方面广，需要做好全面协调工作。❸ 西北地区自然生态环境复杂，地形复杂多样，各种地貌交错，其中不乏连片沙漠、高原冻土、黄土沉积地貌，加大了重大水利工程建设难度。需要提前做好全面勘察，考虑工程对生态环境的影响，制定合理科学的施工方案。国家应加大财政投入保证工程的顺利开展和完工。第五，应加强对水资源的统一管理。潘家铮指出统一管理和调配是实现水资源合理配置的保证。水资源无序开发已经对我国经济社会发展和生态环境造成不良影响。以河流流域管理为例，中上游尽全力筑坝开渠引水，造成下游水量急剧减少甚至断流。黄河在20世纪90年代，下游的河南山东段经常出现断流情况即主要因为中上游水坝蓄水和沿岸开渠引水造成。塔里木河因为上中游引水灌溉棉花，造成下游水位下降，使得原有生态遭到破坏，大片原始胡杨林死亡。因此，加强水资源的全流域统一调配刻不容缓。应加强行政部门的监督和水利科学部门的科学监测，严格按照水利相关法规办事，实现水资源的合理配置。潘家铮等水利专家提出的合理化建议，是西北地区相关部门开展水利工作的科学理论指导。

潘家铮晚年参与的中国区域水资源配置和生态环境保护课题研究，一方面体现出

---

❶ 潘家铮等：《西北地区水资源配置生态环境建设和可持续发展战略研究·重大工程卷》，科学出版社，2004年，第55页。

❷ 潘家铮等：《西北地区水资源配置生态环境建设和可持续发展战略研究·重大工程卷》，科学出版社，2004年，第56页。

❸ 潘家铮等：《西北地区水资源配置生态环境建设和可持续发展战略研究·重大工程卷》，科学出版社，2004年，第57页。

潘家铮作为水利专家对中国水利建设的关心和奉献，另一方面也表明中国政府在新时期对水生态环境恶化的担忧和对水利工程建设的重视。在政府的倡导和支持下，中国水利专家学者积极对水生态变迁和人类活动互动关系进行研究，为政府决策部门提出科学的对策和建议，有力推动了新中国水利事业的发展。潘家铮在区域间水资源综合利用开发和保护这一课题上进行了充分研究，涉及工程建设、经济可持续发展、科学管理、地方政府责任、流域综合管理等方面，强调人类用水与自然生态保护不可偏废，对于中国缺水区域的自然生态和经济社会的可持续良性发展具有重要的指导意义。

第四章　潘家铮关于水利建设
利弊的论争和思考

　　水利工程是人类文明发展与进步的表现。古巴比伦文明、古埃及文明、古印度文明和华夏文明都是在发达的水利工程系统基础上不断发展，水利工程建设能够满足农业大规模扩展、旺盛的水运交通和大规模聚落用水的需求，是维持农耕文明的基础设施。但是，在水利工程带给人们生产生活便利的同时，对于自然界原有系统也造成极大地扰动。如果人们在修建水利工程时考虑到自然界的需求，那么这种扰动一般不会对人类造成严重的不良影响。但如果水利工程的修建仅仅为了满足人类自身的需求，那么这种扰动往往对人类社会具有很大的破坏性，甚至是毁灭性影响。有专家认为，古巴比伦文明和中国新疆的楼兰文明走向衰败和灭亡与人类不合理利用水资源有很大关系，不合理灌溉导致土壤次生盐碱化，造成土质退化，从而破坏了农耕文明最基础的生产资料，水土资源的流失与破坏最终导致它们的灭亡。进入工业化时代之后，人类修建的各种水工建筑物规模更大，对自然界的扰动更加明显，而且这种扰动具有不可恢复性。在西方世界，有不少团体和个人对于水坝的建设所带来的负面影响表示担忧，这不无道理。从目前情况来看，一些水利设施的确已经显现弊端。埃及阿斯旺水坝建设带来的负面影响已经众所周知，有专家认为这些弊端同水坝建设带来的好处相比不值一提，殊不知长远的弊端影响着埃及未来的可持续发展。该水坝建设的目的在初期缺乏科学论证，更多的是纳赛尔政府向西方展示"力量"的手段，政治斗气意味强烈。苏联在中亚地区的阿姆河和锡尔河流域过度引水灌溉导致咸海湖泊水量锐减，最终干涸，引起当地严重的生态灾难。津巴布韦水坝建设导致河流上游南非境内自然保护区的鳄鱼灭绝。相关案例众多，引起社会上部分媒体、民众和学者的担忧和激辩。

第一节　潘家铮与境外反坝势力的论争

　　近年来，中国加大了对亚非部分国家进行经济援助的力度，修建水利工程是其中重要的援助形式。非洲地区的津巴布韦、苏丹、赞比亚等国都有中国援建的水坝工程，亚洲地区的巴基斯坦、缅甸、尼泊尔等国也存在中国公司承建的水利项目。这些工程给当地带来经济和生态效益，但由于不同政治势力的干扰也引起部分民众的误解。以苏丹地区的麦洛维水电工程为例，水坝建设中当地移民存在不满情绪，水电工地曾遭到当地武装袭击。缅甸密松水电项目因部分淹没克钦人的文化遗址引起克钦人的不满，西方有些国家人士借此大肆渲染，反对中国修建水电工程。反坝人士在西方成立了国际反坝委员会（ICALD）的民间团体，其宗旨在于坚决反对修建水坝。潘家铮在 20 世纪 90 年代参加学术会议期间曾与反坝人士有过接触，潘家铮曾问他们，你们反对修建水坝，开发水电，又反对修建火电厂和核电站，那么经济发展和人民生活需要的能源从何而来。❶ 对此，反坝人士认为科学家有能力开发新型替代能源，回避了问题的实质。1997 年，ICALD 在意大利佛罗伦萨举行第 19 届大会，通过所谓"库里蒂巴宣言"。宣言认为水坝建设都要强迫民众从家园迁移，淹没土地，破坏渔业和清洁的水源，引起社会文化的中断和经济的枯竭，建坝带来的效益不足以弥补损失。客观地说，不能对他们的言论一概嗤之以鼻，在建坝过程中的确存在相关问题。我国的黄河三门峡工程建设曾使得数万陕西民众离开肥沃的土地到贫瘠的宁夏北部生活，政府起先忽视了移民正当的生活需求。潘家铮并没有一概否定历史的教训，而是理性地分析了问题所在。

水坝建设的负面影响涉及领域众多，潘家铮经过分析总结，概括出通俗易懂的结论，包括土地淹没、移民问题、动植物生存、库区地质灾害、淹没古迹文物、水库淤积、影响渔业发展、局地气候变化、库区人群身体健康、河口侵蚀、妨碍交通、垮坝风险等方面。❷ 他指出，水坝建设不可避免的产生负面影响，但通过先期研究和补偿机制可以解决大部分问题。如果某座水坝建设存在严重负面影响，水坝建设带来的效益不足以弥补建设造成的损失，那么这座水坝不应建设。潘家铮特别指出，作为发展中国家不能因噎废食。发展中国家处于工业化早期阶段，基础性产业发展旺盛，对于资源的需求量很大。同时这些国家城市化进程加快，大量农村人口进入非农产业，生活节奏加快，对于生活资料的要求更高。而这些国家各项基础设施建设却相对滞后，无法提供足够的自然资源和社会资源。因此，发展中国家面临着严重的资源危机，尤其是能源危机。解决能源危机无外乎有两种手段，即开源和节流。开源就是要增加能源供应手段和渠道，现阶段能源种类包括传统的化石燃料、水能资源、核能以及太阳动力能源（包括太阳能、风能、生物能源）等。传统的化石燃料面临枯竭的境地，核能对于发展中国家技术要求太高，难以大规模普及，而各种新形式的能源要么处在试验阶段，要么效益低下，难以成为能源供应大梁。而水能在目前是唯一可以大规模开发利用，提供稳定的、电网能直接吸纳的可再生清洁能源，成为化石燃料和核能以外的重要可靠能源。因此，在有条件开发水能资源的发展中国家和地区应加大水利能源基地的建设。在水坝建设的过程中，应重视负面影响的研究，提出科学合理的解决措施，对于移民问题和土地淹没问题不能忽视。潘家铮早年曾参与新安江水电站工程建设。"大跃进"运动开展后，大批库区民众加紧迁移，有关部门并没有采取有效措施解决好移民群众的生活稳定问题，致使水电站建设期间和完工以后，部分移民返回库区进行游行示威，影响了库区正常的生产秩序。除了移民问题，有些水坝建设也产生了严重

---

❶　潘家铮：《千秋功罪秋话水坝》，清华大学出版社、暨南大学出版社，2000 年，第 185 页。
❷　潘家铮：《千秋功罪秋话水坝》，清华大学出版社、暨南大学出版社，2000 年，第 188～189 页。

的负面影响，诸如库区泥沙淤积、灌溉农田土地盐碱化、库区水位抬高引发地质滑坡等等。但潘家铮强调，与水利工程建设带来的巨大社会进步效益相比，这些负面影响是指端末节，掩盖不了水利工程是进步的、必要的、科学的主流事实。中国要发展经济，要进行城市化和工业化建设，要提高人民的生活水平，要增强国力和提高国际地位，发展水利能源是必须的选择。国际反坝委员会的人士认为，发展中国家兴建水坝的行为会导致自然资源的破坏和衰退，最终不利于这些国家可持续发展。反对建坝的环境保护主义者所著的《大坝对社会和环境的影响》一书中，反对一切开发利用水资源的工程，反对任何形式的现代灌溉工程。❶ 显然，这种观点是偏执的，不可取的，属于极端环保主义。

当今西方社会已经进入后工业化时代，后现代主义的哲学思维方式和理念大行其道，不少学者对于西方工业化进程带来的弊端进行批判总结，认为工业化并没有给人类社会带来巨大的福祉，相反造成了巨大的痛苦和灾难，工具理性取代了价值理性，人类成为现代社会的新型奴隶。这些学者对于工业化的反思和批判无可厚非，并且对于后起的发展中国家有着很大的借鉴意义，但不能全盘否定工业化和城市化所产生的物质力量。像我国这样处于工业化起步阶段的国家，修建水电站，发展水能资源，是满足经济发展的必要手段。

我国的三峡工程建设同样引起境外势力的关注。工程修建完工后，西方媒体纷纷指责三峡工程，认为工程的修建将导致严重的环境灾难、地质灾害、水体污染、气候紊乱等问题，三峡工程完全是一个灾难性工程。在2007年11月国务院新闻办公室新闻发布会上，潘家铮直指境外媒体和记者对中国偏见太深，对中国取得的成就和贡献闭口不谈，对中国存在的问题则搜罗、渲染和夸大，甚至讽刺挖苦、无中生有。他说道："作为我个人，三峡工程耗尽了我后半辈子的全部精力，现在这个工程被形容为妖魔、炸弹、一库酱油，心里很不好受，我希望这些先生们能够客观地报道中国，中国人民欢迎朋友们的批评和监督，哪怕讲的重一点，我们也是欢迎的，但是请不要妖魔化。"❷

第二节 关于三峡工程的论争问题

三峡工程是一座饱受争议的大型水利枢纽工程。三峡梦想源于孙中山，后有美国人萨凡奇的构想，新中国成立后进入了实质性讨论阶段。三峡是瞿塘峡、巫峡、西陵峡的合称，是上游川江段到下游荆江段的连接处，位于中国陆地第二阶梯和第三阶梯的交界，地势落差大，水能资源丰富。如果在西陵峡出口处修建水坝，将使长江拦腰截断，势必引发巨大的连锁反映，对人地关系的互动平衡产生不可估量的影响，可谓

---

❶ 潘家铮：《千秋功罪秋话水坝》，清华大学出版社、暨南大学出版社，2000年，第195页。

❷ 齐介仑：《傲慢与偏见：三峡工程再调查》，《财经文摘》2008年第3期。

牵一发而动全身。围绕着三峡工程修建与否、采用何种设计方案、产生如何影响等议题，我国水利工程界进行了长达半个世纪以上的论争，至今论争仍未平息。潘家铮作为我国水利界的重要代表人物不可避免地卷入其中。

民国时期虽有建设三峡工程的设想，但困于国力贫弱，局势动荡，南京国民政府没有能力将这一设想付诸实践。中国共产党执政后，国家统一，国力得到迅速提高，在毛泽东主席游览长江作诗"高峡出平湖"以后，有关三峡工程建设的议题被提出，旋即引起较大争论。长江流域规划办公室主任林一山坚决支持修建三峡工程。他1956年在《中国水利》刊物上发表长文，认为只有修建三峡工程才能解决长江洪水问题，并设想大坝高度为235米。[1] 李锐等则反对修建，意见争执不下。改革开放之后的20世纪80年代，三峡工程的论争愈加激烈，水利电力部将三峡工程列为"四个现代化"建设的重大项目，国务院组织国家计委和国家建委对水利电力部提出的"150方案"（蓄水位150米）进行论证。"150方案"较新中国成立初期林一山等人提出的235米高坝方案技术难度低、环境影响小、投资和移民难度低，因此得到多数专家的赞同。国务院于1984年原则批准该方案，但遭到部分社会人士和政协委员的反对，如孙越崎、乔培新、罗西北、林华等人，交通部和重庆市基于自身利益的考虑也反对，三峡工程再次陷入争端。潘家铮早期对三峡工程的建设没有太多关注，但1986年他被任命为三峡工程论证领导小组副组长兼技术总负责人之后，态度由怀疑转向赞成。1986年6月，国务院决定对三峡工程进行补充论证，将决策过程分为三个层次进行：一、由水利电力部组织全国专家进行深入研究论证，重新提出可行性报告。二、由国务院组织专家进行审查，提出审查报告提交中央。三、提交全国人民代表大会审议批准。[2] 重新论证始于1986年6月，终于1989年2月，最后专家组认为三峡工程应建、早建，正常蓄水位提高到175米。1988年11月，水利部三峡工程论证领导小组举行第九次扩大会议讨论"综合规划与水位"和"综合经济评价"两个专题，孙越崎、林华、王兴让、胥光义、乔培新等人提出三峡工程宜晚建不宜早建，长江的开发治理应当先支流后干流的观点，明确反对三峡工程的急促上马。他们对于三峡工程的论证组织方式也提出异议，认为三峡工程论证系统中水电系统的人员占大多数，而且领导职务也大部分由水电系统人员掌握，难免形成一家之言，不利于论证的科学民主。[3] 他们认为国务院对三峡工程可行性报告的审查缺乏民主性。

在三峡工程整体效益问题上，包括潘家铮在内的支持派认为，三峡工程将是中国规模最大的综合水利枢纽工程，具有明显防洪、灌溉、发电、航运等综合效益。但少数反对派对这种观点持怀疑态度，他们认为支持者夸大了三峡工程的实际效益。如李锐认为，在三峡决策过程中，专家只是对某一专业领域内的问题发表意见，很难在工

程整体性问题上发表意见。以"蓄清排浑"理论为例，所谓"蓄清排浑"理论就是枯水期时蓄积清水，抬高水位，汛期到来时开闸放水，排泄泥沙。这个方法成为泥沙论证专家小组为了解决泥沙淤积、延长水库寿命的良策。但是细究起来，在实际操作过程中，这种方法不尽如人意。当洪水到来时，为了排泄泥沙，开闸放水势必加剧下游洪灾；如果关闸蓄水，泥沙会大量淤积，影响水库寿命。再如发电问题，水电站发电机理在于水位差的重力势能，为获取更多的能量，水库必须保持高水位运行，高水头下泄可带动水轮机转动发电。在枯水季节，三峡工程为了电力效益闭闸蓄水，会影响下游水位。客观地说，反对派的观点不能被一概否定。潘家铮多次接受国内主流媒体的采访，强调三峡工程没有问题，三峡工程质量是上乘的，可确保几百年的安全运行，对于外界的质疑之声，他有时坚决回击，有时选择回避。这位经历过新中国成立之后历次运动的白发苍苍的老人在三峡工程建设论争的特殊旋流中保持着自身平衡，完成着自身的使命。

在三峡工程是否有必要修建的问题上，李锐在 80 年代依然反对快速修建三峡工程。而潘家铮认为修建三峡工程可以大大解决长江中下游的防洪问题，面对诸如 1954 年的大洪水，三峡工程可以进行削峰调蓄，并以此作为修建三峡工程的重要理由。但李锐认为，长江洪水治理是一个综合性工程，不是一座工程可以解决的。他认为，根据长江的特点，防洪措施主要应是堤防和利用湖泊洼地的分洪蓄洪区，加上上游干支流的水库建设。❶ 不应该有等待三峡工程建好后，洪水问题就解决的想法，正如周恩来总理在 1958 年所说，"在防洪问题上，要防止等待三峡工程和有了三峡工程就可以万事大吉的思想"。❷ 对此，潘家铮没有完全否定李锐的观点。他认为，长江洪水峰高量大，组成复杂，单靠三峡工程解决不了问题，需要综合治理，在工程措施上要设置分洪区、疏通河道和兴建水库并举，不能一味指望三峡工程。❸ 可以看出，两人分歧的焦点在于何种方式是解决长江洪水问题的主要方式。李锐等人认为依靠现有堤坝和蓄洪区可以解决洪水问题，洪水问题没有宣传中的那么可怕，也不应该成为支持三峡工程的专家学者手中论辩的"金字招牌"。潘家铮则认为长江洪水问题严重，三峡工程是必要的，是长江综合治理体系中重要的环节。随着三峡工程的建设和竣工，这个问题的讨论意义已经不大，眼下对于三峡工程所带来的实际效益和负面影响正逐渐成为社会各方关注和讨论的焦点。

在泥沙和水库淤积问题上，清华大学教授黄万里认为长江上游下泄到下游的泥沙物质以推移质为主，物质主体为砾石，而不是颗粒较小的泥沙；如果修建三峡工程，将使长江拦腰斩断，砾石质物质将淤积在水库内无法排出，其后果将是水库淤积。❹ 对此，潘家铮反驳道，长江三峡每年输出的泥沙，平均为 5.3 亿吨，绝大多数是悬移质，

❶ 戴晴：《长江　长江——三峡工程论争》，贵州人民出版社，1989 年，第 49 页。
❷ 戴晴：《长江　长江——三峡工程论争》，贵州人民出版社，1989 年，第 51 页。
❸ 潘家铮：《千秋功罪秋话水坝》，清华大学出版社、暨南大学出版社，2000 年，第 171 页。
❹ 苏向荣：《三峡决策论辩：政策论辩的价值探寻》，中央编译出版社，2007 年，第 179 页。

推移质（鹅卵石）仅数百万吨，这是几十年的实测资料得到的结论。❶ 他明确表示，三峡水库绝大多数库容可以长期保存。同时潘家铮强调，黄万里先生早年反对三门峡工程，他的正确意见未得到采纳，甚至遭受政治迫害，他的学术品格值得人们尊敬。但这并不能说明黄万里先生在三峡工程上的观点必然是真理，他是水文专家，不是河流动力学和泥沙运动规律方面的专家。❷ 在泥沙问题上，潘家铮认为更应尊重泥沙科学方面专家的意见。有限的泥沙沉积可以通过"蓄清排浑"的方式解决，不存在无法逾越的技术困难。因此，潘家铮力主修建三峡工程。

关于航运问题，潘家铮认为通过三峡水库蓄水可使长江水位保证万吨巨轮直达重庆，长江将成为真正的黄金水道。反对者却认为三峡工程修建后，下游船只将经过五级船闸到达上游，船闸规模太大，技术施工十分复杂，难以保证有效的长时期运行。如今三峡工程已经完工，从主流媒体的报道来看，长江上游航运量明显增加。

三峡工程的议案在巨大的争议声中于 1992 年全国人民代表大会上被表决通过，1994 年三峡工程开工建设，2009 年工程竣工。工程的竣工并不代表争议的终结，更多的人开始重新审视三峡工程。关于三峡工程的论争焦点也从应不应该建设、早建还是晚建、工程利与弊评估方面逐渐转到后三峡时代重新评估三峡工程、重新审视工程建设中有关地质和移民工作的实际效益以及环境影响等方面。随着社会经济的快速发展，我国正经历着历史性的巨变，早年三峡工程的论证很多已无法满足现实的需要。潘家铮在 2010 年接受《南方都市报》记者杨传敏的采访时，承认三峡工程论证没有考虑到社会经济的变化如此之大，当年认为移民工作就是将库区人口要么向地势高的地方搬迁、要么少量迁往外地的想法过于简单，库区原有的工厂曾被设想为吸纳移民剩余劳动力的主要途径，但随着社会经济的变化这些工厂基本上倒闭。❸ 种种事实证明，三峡工程的移民工作要比想象中复杂许多，形势的变化有些始料未及。对于地质和生态环境影响，当年的论证评估也明显不够。三峡工程对于自然环境的扰动需要一个长期的再平衡过程，在这个过程中库区人民将遭受地质灾害的威胁。因此，作为水利专家的潘家铮限于专业的限制和已有知识结构的桎梏，很多问题是他无法系统地预见到的。例如三峡工程修建造成的水生态影响远远超过当年专家论证的结果，尤其是三峡大坝下游河湖关系的永久性改变，下游湖泊的调节功能降低；库区水质的恶化也远远超过当年专家的估计，库区内和上游回水区都存在严重的水污染现象，甚至有藻类暴发情况发生；清水下泄造成下游河床和大堤侵蚀严重，极易造成堤岸崩塌，2004 年以来已发生数次类似情况。

当然，对三峡工程及建设者潘家铮等专家不能求全责备，毕竟三峡工程是水利工程建设史上的奇迹和精品，已成为我国的国之重器。作为三峡工程建设的技术总负责人，潘家铮在三峡大坝的设计和施工过程中解决了众多的技术难题，作出了巨大贡献，再一次在新中国水利建设史上留下浓墨重彩的一笔。同时也要认识到，那些三峡工程

---

❶❷　苏向荣：《三峡决策论辩：政策论辩的价值探寻》，中央编译出版社，2007 年，第 179 页。

❸　杨传敏：《潘家铮：不能把所有账都算在三峡工程头上》，《中国三峡》2010 年第 7 期。

反对者同样值得尊敬，他们提出的问题和质疑使得三峡工程论争更加深入和全面，避免了一些不良情况的发生，他们有着专家学者应有的独立思考的品格。潘家铮曾说，三峡工程最大的贡献者是那些反对者，反对者认为的种种困难和"不可行因素"恰恰提醒着决策者慎重思考，避免了有可能产生的遗憾和浪费。正因为有反对者持续不断的担忧和思考，才使三峡工程论证规划更加科学全面，工程建设更加顺利。

结　语

伴随着新中国半个多世纪水利建设的发展历程，潘家铮在其中贡献出自己的聪明才智，成为中国水利工程界重要的代表人物，获得了崇高的声望。潘家铮几乎参与了新中国成立以来所有重大水利工程的规划、审议、修建、指导工作，见证了新中国水利事业的起步、发展与成就。他在工程技术领域有着独到的见解和理论，编著出版了大量技术性总结论著，对新中国水利工程技术发展与总结有着重要作用。其中，关于各型重力坝设计与施工、各型拱坝设计与施工、库区地质状况调查等方面的著作颇丰。青壮年时的潘家铮足迹遍及大江南北，对多座水利工程亲自规划与设计，倾注了大量心血。晚年的潘家铮从宏观层面对中国水利建设的历史和得失进行思考与总结，对于南水北调、西电东送、区域内水资源综合利用开发等战略问题有着深刻全面的思考，特别强调加强对水利建设与生态环境保护之间关系的研究，强调水利建设利与弊的研究，呼吁传统水利观念向现代水利观念的转变，这表现出一位老一代水利大家的忧患意识和前瞻意识。

概而言之，潘家铮之所以对新中国水利建设作出了重要贡献，原因在于：第一，潘家铮年少时的艰苦生活锻炼了他的身智，磨炼了他的性格，为他日后从容面对工作中的各种困难和困境、勇于接受挑战打下了基础。同时，年少时的潘家铮对内忧外患的祖国的遭遇耳濡目染，激发了他刻苦学习水利工程技术、日后努力建设国家的热情，希冀尽快使祖国走上富强。第二，新中国成立后，党和政府重视水利建设。毛泽东曾认为新中国成立后的两大要务是修建铁路和治理水患。因而，国家投入大量资金和资源进行大江大河的整治和水利建设。大规模的水利工程建设在工程科技方面的需求为潘家铮提供了良好施展才华的契机与平台。但同时也应看到，限于历史条件和自身知识结构等因素，潘家铮在水利建设方面存在一定的实践和理论局限。例如，新中国成立初期水利工程建设中受急于求成、重工程建设而轻移民利益思维定势的影响，移民的正当权益在强调国家集体利益号召面前显得式微，潘家铮虽然也意识到水利工程建设中移民的巨大牺牲和奉献，但无法在现实面前有所作为。对于生态环境保护概念，限于当时"人定胜天"的观念和自身知识结构的不足，潘家铮在早期水利工程建设过程中没有对生态环境保护给予足够重视。但瑕不掩瑜，潘家铮一生为新中国水利建设事业耗费了全部精力，新中国水利建设取得的成绩与他的贡献密不可分。